BROWN & VRANESIC

Verilog를 이용한 논리설계 기초

FUNDAMENTALS OF
DIGITAL LOGIC WITH VERILOG DESIGN

3RD EDITION

Fundamentals of Digital Logic with Verilog Design, 3rd Edition

1 2 3 4 5 6 7 8 9 10 CB 20 15

Original: Fundamentals of Digital Logic with Verilog Design, 3rd Edition © 2014
By Stephen Brown, Zvonko Vranesic
ISBN 978-0-07-338054-4

This authorized Korean translation edition is jointly published by McGraw-Hill Education Korea, Ltd. and Chaos Book. This edition is authorized for sale in the Republic of Korea.

This book is exclusively distributed by Chaos Book.

When ordering this title, please use ISBN 978-89-98338-96-1

Printed in Korea

BROWN & VRANESIC

Verilog를 이용한 논리설계 기초

3RD EDITION

FUNDAMENTALS OF DIGITAL LOGIC WITH VERILOG DESIGN

김준성 | 안병철 | 예윤해 | 이준용 | 전중남 옮김

Mc Graw Hill Education

카오스북 CHAOS BOOK

역자 소개

김준성 중앙대학교 전자전기공학부

안병철 영남대학교 컴퓨터공학과

예윤해 경희대학교 전자공학과

이준용 홍익대학교 정보컴퓨터공학부

전중남 충북대학교 소프트웨어학과

Verilog를 이용한 3RD EDITION

논리설계 기초

발 행 일 / 2017년 3월 10일

저　　자 / Brown, Vranesic

역　　자 / 김준성, 안병철, 예윤해, 이준용, 전중남

발 행 인 / 오성준

발 행 처 / 카오스북

등록번호 / 제25100-2015-000038호

주　　소 / 서울 서대문구 연희로 77-12, 영화빌딩 505호

전　　화 / 031-947-1961,1962

팩　　스 / 031-947-1966

웹사이트 / www.chaosbook.co.kr

I S B N / 978-89-98338-96-1 93560

정　　가 / 35,000원

저자에 대하여

About the Authors

Stephen Brown은 Brunswick 대학 전기공학과에서 학부과정을 이수하고, University of Toronto에서 전기공학 석사학위와 박사학위를 받았다. 1992년에 University of Toronto의 전기 및 컴퓨터공학부 교수로 임용되어 현재까지 재직하고 있으며, Altera 사의 Worldwide University Program의 이사직을 겸하고 있다.

그의 연구 분야는 field-programmable VLSI 기술과 컴퓨터 구조이다. 1992년 캐나다 최우수 박사학위 논문상을 받았고, 100개 이상의 연구 논문을 발표했다.

그는 전기공학, 컴퓨터공학, 컴퓨터과학 강좌에 대한 최우수 강의상을 다섯 차례나 수상했다. 두 권의 공저 《Fundamentals of Digital Logic with VHDL Design》과 《Field-Programmable Gate Arrays》가 더 있다.

Zvonko Vranesic은 University of Toronto에서 전기공학과에서 학부과정을 시작하여 박사학위까지 받았다. 1963~1965년 Northern Electric Co. Ltd에서 설계 엔지니어로 근무하였으며, 1968년 University of Toronto에 임용되어 현재 전기 및 컴퓨터공학부 명예교수로 있다. 1978~1979년 영국 케임브리지 대학, 1984~1985년 파리 6대학의 방문교수로 있었으며, 1995~2000년에 토론토 대학의 Engineering Science 부문장을 역임했다. 그는 Altera Toronto Technology 센터에서 연구 개발에도 참여하였다.

이 책 외에도 4권의 공저 《Computer Organization and Embedded Systems, 6th ed.》와 《Fundamentals of Digital Logic with VHDL Design, 3rd ed.》, 《Microcomputer Structure》, 그리고 《Field-Programmable Gate Arrays》가 있다.

저자 서문

Preface

이 책은 전기 및 컴퓨터 공학 교육의 기초 과목인 디지털 논리설계의 입문 과정 교재로 개발되었다. 디지털 논리회로를 잘 설계하기 위해서는 기본 개념을 제대로 이해하고, CAD 툴에 기초한 최신 설계 기법도 확실히 숙지하고 있어야 한다.

이 책의 주요 목표는 (1) 종래의 방식인 수작업에 의한 디지털 설계의 기본 개념을 가르치고, (2) CAD 툴을 사용하는 오늘날의 디지털 회로 설계 기법을 명확히 설명하는 것이다. 최근의 설계자들이 드문 경우를 제외하고 더 이상 수작업으로 설계하지 않음에도, 이러한 기술을 가르치고자 하는 주된 동기는 학생들에게 디지털회로의 동작에 대한 직관을 제공하기 위함이다. 또한, 수작업 설계 기술을 익히면 CAD 툴로 행하는 각종 조작이 쉽게 이해되어, 학생들로 하여금 설계자동화가 제공하는 혜택에 대해 진정한 감사를 느끼게 해준다.

이 책에서 수작업과 최신 CAD 툴에 기초한 방법을 사용하여 간단한 회로를 설계하는 예제를 통해 기본 개념을 소개한다. 기본 개념을 확립한 후, CAD 툴을 사용하는 보다 복잡한 예제가 제공된다. 그렇게 함으로써 오늘날 디지털 설계가 실제로 어떻게 수행되는지 설명하기 위해 최신의 설계방법론을 강조하는 것이다.

기술

이 책은 현대 디지털회로의 구현 기술에 대해 논의한다. 다음의 두 가지 이유로 교재에서 다루기에 가장 적합한 기술인 PLD를 강조하였다. 첫째, PLD는 실제로 널리 사용되고 있으며, 거의 모든 유형의 디지털회로 설계에 적합하다. 사실, 학생들은 PLD 기반의 설계에 참여하게 될 가능성이 크다. 둘째, 회로는 최종 사용자 프로그래밍에 의해 PLD에 구현된다. 따라서 학생들은 실험실 환경에서 교재의 설계 예제를 실제 칩에 구현할 수 있는 기회를 얻을 수 있다. 또한 학생들은 자신의 컴퓨터에서 설계한 회로의 동작을 시뮬레이션할 수 있다. 우리는 설계 대상으로 가장 인기 있는 두 가지 유형인 CPLD와 FPGA를 사용한다. 논리회로를 명시할 때 하드웨어 기술 언어(HDL)를 사용하기를 강조하는데, 실제 HDL 기반 방식이 가장 효율적인 설계 방식이기 때문이다. 우리는 IEEE

표준 Verilog HDL 언어에 대해 자세히 설명하고 예제에서 광범위하게 사용한다.

이 책의 범위

이 책의 개정판은 광범위하게 재구성되었다. 한 학기 과정에서 다루어야 할 모든 내용은 1장부터 6장까지에 걸쳐 제시되어 있다. 보다 고급 과정은 7장에서 11장까지 수록되어 있다.

1장은 디지털시스템 설계 프로세스에 대한 일반적인 소개를 담고 있다. 설계 프로세스의 주요 단계를 설명하고, CAD 툴을 사용하여 필요한 많은 작업을 자동화하는 방법을 설명한다. 또한 디지털 정보의 표현을 소개한다.

2장은 논리회로를 소개한다. 논리회로를 나타내기 위해 부울대수를 어떻게 사용하는지 설명한다. 논리회로의 합성과 최적화 개념을 소개하고, 간단한 회로를 구현하기 위해 논리게이트를 사용하는 방법을 보여준다. 또한 논리회로를 명시하기 위해 사용될 수도 있는 하드웨어 기술 언어의 예제를 통하여 Verilog를 처음으로 소개한다.

3장에서는 산술연산을 수행하는 회로에 대해 집중적으로 설명한다. 숫자에 대해 설명하고 논리회로를 사용하여 숫자를 조작하는 방법을 보여준다. 이 장에서는 Verilog를 사용하여 원하는 기능을 명시하는 방법과 CAD 툴로 원하는 회로를 개발하는 메커니즘에 대해 설명한다.

4장에서는 빌딩 블록으로 사용되는 조합회로를 제시한다. 여기에는 인코더, 디코더 및 멀티플렉서 회로가 포함된다. 이들 회로는 많은 수의 Verilog 구문의 응용을 설명하기에 매우 편리하며, 여러분들에게 Verilog의 고급 기능을 발견할 수 있는 기회를 제공한다.

5장에서 저장 소자를 소개한다. 플립플롭을 사용하여 시프트 레지스터 및 카운터와 같은 일반 구조를 구현하는 방법에 대해 설명한다. 이러한 구조를 Verilog로 명세하는 방식의 설계도 포함되어 있다.

6장에서는 동기 순차회로(유한상태머신)에 대해 자세히 설명한다. 이들 회로의 동작을 설명하고 수작업 및 자동화 방식의 설계를 위한 실제 설계 기법을 개발한다.

7장은 실제 시스템을 설계할 때 발생하는 다양한 설계 이슈에 대해 논의한다. 실제로 자주 발생할 수 있는 문제를 집중 조명하고 극복하는 방법을 알려준다. 보다 큰 회로 예제를 통해 디지털시스템 설계에서의 계층적 접근법을 보여준다. 이들 회로에 대한 완전한 Verilog 코드가 제시된다.

8장에서는 논리함수의 최적화 구현을 위한 고급 기술을 다루고, 최적화를 위한 알고리즘 기술을 제시한다. 2진결정도뿐만 아니라 큐브 표현법을 사용하여 논리함수를 명시하는 방법도 설명한다.

비동기 순차회로는 9장에서 논의되는데, 충분하지는 않지만 이러한 회로의 주요 특성을 잘 제시하였다. 비록 비동기식 회로가 실제로 광범위하게 사용되지는 않지만 일반적으로 디지털회로의 동작에 대한 보다 깊은 이해를 위한 훌륭한 수단을 제공한다. 회로 구조상 발생할 수밖에 없는 전파 지연과 경합조건의 결과를 설명하였다.

10장에서는 디지털회로의 설계, 구현 및 테스트할 때 설계자가 경험하는 전체 CAD 흐름을 보여준다.

11장은 테스트를 주제로 한다. 논리회로의 설계자는 회로 테스트의 필요성을 인식하고 있어야 하고, 적어도 테스팅의 가장 기본적 측면에 정통해야 한다.

부록 A는 Verilog 기능에 대한 전체 요약을 제공한다. 책 전체에 걸쳐 Verilog 사용법을 두루 소개하였지만, 독자가 Verilog 코드를 작성할 때 때때로 사용할 수 있는 편리한 참조로 제공되었다.

디지털 회로의 전자적 측면은 부록 B에 제시되어 있다. 여기서는 트랜지스터를 사용하여 기본 게이트를 구축하는 방법과 회로 성능에 영향을 미치는 다양한 요인을 설명한다. 특히 CMOS 기술과 PLD에 초점을 맞추어 최신 기술에 중점을 두었다.

강좌의 구성

이 책의 내용 중 상당 부분은 한 학기(4학기제의 경우 2학기)에 다룰 수 있다. 핵심적인 내용을 소화하는 데는 한 학기, 또는 심지어 한 분기 과정이면 충분하다. 이것은 강사가 Verilog 및 CAD 툴의 복잡한 내용까지 가르치려 많은 시간을 소비하지 않는 경우에 가능하다. 우리 저자들은 이러한 접근이 가능하도록 Verilog 자료를 스스로 학습할 수 있게 모듈 형식으로 구성하였다. 토론토 대학에서 학생들을 가르쳤던 경험에 비춰보면, Verlog에 대해 디자인 계층의 사용, 스칼라 및 벡터 변수의 사용, 순차회로를 명시하는 데 필요한 코드 스타일, 코드의 구조화 방법 등을 가르치는 데 3~4시간만으로 충분하였다. 교재에 주어진 Verilog 예제는 따로 설명이 필요 없을 정도로 자명하여 학생들이 쉽게 이해할 수 있다.

이 책은 굳이 Verilog를 포함할 필요가 없는 논리설계 과정에도 적합하다. 그러나 비록 초보적인 수준에 그치더라도 Verilog에 대한 지식은 학생들이 설계 엔지니어로 취업을 준비하는 데 매우 유용할 것이다.

한 학기 강좌

- 1장 — 전체
- 2장 — 전체
- 3장 — 3.1절에서 3.5절까지
- 4장 — 전체
- 5장 — 전체
- 6장 — 전체

한 분기 강좌

- 1장 — 전체
- 2장 — 전체
- 3장 — 3.1절에서 3.3절까지, 그리고 3.5절
- 4장 — 전체
- 5장 — 전체
- 6장 — 6.1절에서 6.4절까지

Verilog

Verilog는 복잡한 언어여서 일부 강사들은 초보 학생들을 이해시키기에 너무 어렵다고 느낀다. 우리는 이 문제에 대해 깊이 주목하여 해결하려고 시도하였다. Verilog 언어 전체를 소개할 필요는 없다. 우리는 논리회로의 설계 및 합성에 유용한 중요한 Verilog 구문을 이 책에 제시하고, 시뮬레이션 목적으로만 의미가 있는 구문을 많이 생략하였다. Verilog 자료는 관련 회로 설계에 사용되는 경우에서만 고급 기능을 제공하는 방식으로 점진적으로 소개한다.

이 책은 120개 이상의 Verilog 코드를 포함하고 있다. 이 예제들은 소수의 게이트를 포함하는 회로에서 간단한 프로세서와 같은 디지털시스템을 대표하는 회로에 이르기까지 다양한 종류의 논리회로를 기술하기 위하여 Verilog가 어떻게 사용되는지 설명하고 있다.

이 책에 있는 Verilog 코드 예제는 모두 다음의 저자 웹사이트에서 제공받을 수 있다.

www.eecg.toronto.edu/~brown/Verilog_3e

풀이가 있는 예제

각 장에는 풀이가 있는 예제가 다수 있다. 이들 예제를 통하여 숙제 문제를 푸는 방법을 알 수 있다.

연습문제

이 책에는 400개 이상의 연습문제가 수록되어 있다. 선별된 일부 문제의 해답은 책의 뒷부분에 제공된다. 전체 문제에 대한 해답은 이 책을 교재로 사용하는 강사에게 제공된다.

파워포인트 슬라이드 및 솔루션

이 책을 교재로 사용하는 강사에게는 책에 수록된 그림 PPT 파일 및 솔루션 등 강의자료를 제공한다.

CAD 툴

현대의 디지털시스템은 매우 커서 좋은 CAD 툴을 사용하지 않고는 설계가 어려운 복잡한 논리회로를 포함한다. 우리가 취급하는 Verilog는 독자에게 다양한 복잡도를 갖는 논리회로를 명시하는 Verilog 코드의 개발을 가능하게 한다.

설계 프로세스에 대한 올바른 이해를 위해서는 상용 CAD 툴을 사용하여 설계를 구현하는 것이 매우 유용하다. 일부 우수한 CAD 툴은 무료로 사용할 수 있다. 예를 들어 Altera는 FPGA와 같은 PLD 설계에 널리 사용되는 Quartus II CAD 소프트웨어를 제공한다.

Quartus II 소프트웨어의 웹 에디션은 Altera 웹 사이트에서 다운로드받을 수 있으며 라이센스 없이 무료로 사용할 수 있다. Quartus II에 대한 유용한 자습서(tutorial)는 다음의 Altera 웹 사이트에서 찾을 수 있다. www.altera.com/education/univ.

역자 서문

Translator's Preface

현대의 전자기술은 오래전부터 우리 생활에 깊숙이 침투해 있다. 고용량의 메모리, PC, 각종 스마트 기기, 그리고 이미 지근거리에 와 있어 조만간 일상화될 인공지능, 로봇, 자율 주행 차량, 그리고 드론 등이 전자 기술, 그중에서도 디지털 기술의 산물이다.

시스템으로서의 디지털 기술의 경우, 훌륭한 장치를 위해서는 하드웨어에 대한 기초를 갖춘 뛰어난 소프트웨어 엔지니어, 소프트웨어에 대한 기초를 갖춘 뛰어난 하드웨어 엔지니어, 그리고 하드웨어와 소프트웨어에 대한 기초뿐만 아니라 예술적 소양까지 갖춘 제품 디자이너, 마지막으로 이들 모든 구성 요소에 대한 이해를 갖춘 경험 많은 시스템 엔지니어의 공동 노력이 필수적이다. 그럼에도 불구하고 아직도 적지 않은 수의 기업 경영자(심지어 전자기업의 경영자까지도)와 고위 공직자가 스마트폰 기술에서 국내 제일의 기업과 세계 제일의 기업의 차이가 오로지 소프트웨어에만 있는 것으로 잘못 생각하고 떠들고 있다. 미국의 A사에는 우수한 소프트웨어 엔지니어뿐만 아니라 세계에서 가장 우수한 하드웨어 엔지니어와 뛰어난 제품 디자이너가 있어 우수한 제품이 가능하다는 것을 꿈도 꿔 보지 못한 듯 말하고 행동하고 있다는 말이다.

제아무리 소프트웨어가 있어도 하드웨어, 그것도 우수한 하드웨어 없이는 훌륭한 제품이 있을 수 없다. 따라서 앞으로도 하드웨어 기술은 반드시 필요한 기술이고 그 중요도도 결코 떨어지지 않을 것이다. 오랜 기간에 걸쳐 하드웨어가 어느 정도 기반을 갖추어 각종 표준 부품(별도 부품으로서의 IC 또는 요소로서의 IP-Intellectual Property)이 많아진 것처럼 소프트웨어의 경우에도 표준 모듈이 많아지고 있는 현실이 이를 부분적으로 뒷받침하고 있는 것으로 판단된다.

본 교재는 디지털 하드웨어의 기본 개념을 소개할 목적으로 쓰여진 교재이다. 그리고 하드웨어를 설계하는 데 가장 널리 사용되는 범용 언어인 Verilog HDL도 소개하고 있다. CAD tool을 이용하여 설계된 회로의 동작과 성능을 검증하는 simulation 방법까지 포함한 논리회로 입문서이다. 전자공학의 교육과정에서 첫 번째 전공과목의 교재이면서 디지털 기술의 입문서이다. 이 과목에 대한 이해가 우리 전공의 성공적인 이수에 중요한 열쇠가 된다.

오늘날 요소기술 측면에서 디지털 하드웨어 기술은 일반화되어 간단한 도구와 PC를 이용하여 누구나 쉽게 익혀 활용할 수 있다. PC의 우수한 성능과 표준화된 하드웨어 설계 언어, 각종 프로그램 가능한 소자(PLD), 그리고 복잡한 논리회로를 자동으로 합성할 수 있는 CAD tool이 있어 가능한 일이 되었다.

처음 공부하는 전자공학도에게 이들 여러 요소를 모두 공부한다는 것이 다소 힘든 일이 될 수도 있다. 그러나 기본 개념만 익히고 나면 생각보다 어렵지 않음을 알 수 있을 것이다. 과감히 도전해 보기 바란다.

앞서 언급한 디지털 하드웨어 설계 환경 요인 때문에 디지털 요소 기술에서는 국가 또는 기업 간 기술 격차가 크지 않고, 많은 경우에 설계상의 실수, 검증 에러, 그리고 개발 과정에서의 오류와 실수에 의한 출시 시점의 차이가 기술 격차를 능가하는 경우가 종종 발생한다. 따라서 기본 개념을 제대로 이해하여 설계상의 오류 발생 빈도를 최소화할 필요가 있다. 본 교재가 큰 도움이 될 것으로 생각된다.

마지막으로 전자공학을 이수하고자 하는 목표가 하드웨어 엔지니어 또는 소프트웨어 엔지니어 중 어느 것이든 이들 모두에게 본 과목은 중요하다는 것을 강조하고 싶다. 앞에서 밝힌 것처럼 소프트웨어 엔지니어를 목표로 하는 학생에게는 하드웨어에 대한 기초를 갖춘 뛰어난 소프트웨어 엔지니어가 되기 위해서, 그리고 하드웨어 엔지니어를 목표로 하는 학생에게는 이를 위한 첫 번째 과목으로서의 중요성을 갖는 과목이기 때문이다.

역자 대표

차례

Contents

chapter 3

수의 표현과 산술 회로 125

Number Representation and Arithmetic Circuits

chapter 4

조합회로 빌딩 블록 193

chapter 5

플립플롭, 레지스터, 카운터 253

Flip-Flops, Registers, And Counters

chapter 6

동기 순차회로 337

Synchronous Sequential Circuit

appendix **B**

구현 기법 743

Implementation Technology

chapter 1

소개

Introduction

이 장의 목적

이 장을 학습하고 나면 다음과 같은 것을 배울 수 있다.

- 디지털 하드웨어 구성 요소
- 설계 과정에 대한 개요
- 2진수
- 정보의 디지털 표현

이 교재는 컴퓨터를 만드는 논리회로(logic circuits)를 다룬다. 논리회로의 올바른 이해는 전자 및 컴퓨터 엔지니어에게 필수적이다. 논리회로는 컴퓨터의 주요 구성 요소이고 다른 많은 응용분야에도 사용된다. 논리회로는 음악 및 비디오 플레이어, 전자 게임기, 디지털시계, 카메라, 텔레비전, 프린터, 그리고 많은 가전제품에 사용되는 것은 물론이고 전화 네트워크, 인터넷 장비, TV 방송 시설, 산업용 제어기, 의료 기구 등과 같은 대형 시스템에도 사용된다. 간단히 말하자면 논리회로는 거의 모든 제품에서 중요한 부분을 담당한다.

이 교재에 수록된 내용은 논리회로 설계와 관련된 다양한 주제를 독자에게 소개한다. 중요한 아이디어를 간단한 예제로 설명하고, 나아가서 기본적인 것들을 조합하여 복잡한 회로를 유도하는 방법을 보인다. 논리회로를 설계하는 데 사용되는 고전적인 이론도 다룬다. 이것은 논리회로의 근본을 직관적으로 이해하는 방법을 제공하기 때문이다. 그리고 이 교재 전반에 걸쳐 복잡한 *CAD*(*computer aided design*) 소프트웨어 툴(tool)을 사용하여 논리회로를 설계하는 최근의 방법도 소개한다. 이 책에 수록된 CAD 방법론은 산업 표준 설계 언어인 *Verilog hardware description language*에 기반을 두고 있다. Verilog에 의한 설계를 2장에서 먼저 소개하고, 교재의 각 장에 Verilog와 CAD 툴 사용법을 설명한다.

논리회로는 반도체 집적회로(IC) 칩상의 트랜지스터로 구현된 전자회로이다. 최근의 기술을 사용하는 칩은 컴퓨터 프로세서와 같이 수십억 개 이상의 트랜지스터를 포함하고 있다. 기본 빌딩 블록은 간단하지만, 수십억 개의 트랜지스터를 포함하는 회로는 복잡하다. 매우 조직화된 설계 기법에 의해서만 복잡한 대규모 회로를 성공적으로 취급할 수 있다. 이 장에서는 이런 기술을 소개한다. 그러나 먼저 논리회로를 설계하는 데 사용되는 하드웨어 기술을 간단히 소개한다.

1.1 • 디지털 하드웨어

논리회로는 컴퓨터 하드웨어뿐만 아니라 다른 여러 종류의 제품을 만드는 데 이용된다. 이러한 제품들은 대체로 **디지털 하드웨어**로 분류된다. **디지털**이라는 용어를 사용하는 이유는, 1.5절에서 설명하겠지만, 컴퓨터 안에 정보를 표현하는 방법에서 유래되었다. 컴퓨터는 정보를 숫자에 대응하는 전기 신호로 표현한다.

지난 40년 동안 디지털 하드웨어에 사용된 기술은 극적으로 진화하였다. 1960년대까지 논리회로는 별개의 부품인 트랜지스터나 저항(resistor) 등과 같이 부피가 큰 구성요소들로 만들어졌다. 초기 집적회로는 불과 몇 개의 트랜지스터만을 포함하였으나, 집적회로 제조 기술은 수많은 트랜지스터로 설계된 회로를 하나의 칩에 넣을 수 있도록 발전하였다. 집적회로 칩은 그림 1.1과 같은 실리콘 웨이퍼(silicon wafer)로 제조된다. 실리콘 웨이퍼를 잘라 개별 칩을 만들고, 각 칩은 특별한 형태의 칩 패키지(chip package) 안에 장착된다. 1970년에 이르러 마이크로프로세서를 구현하는 데 필요한 모든 회로

그림 1.1 실리콘 웨이퍼 (Altera 회사에서 제공)

를 하나의 칩에 구현할 수 있게 되었다. 당시 마이크로프로세서는 현재 프로세서에 비해 매우 원시적인 수준이었지만, 오늘날의 PC(personal computer) 개념을 가능하게 하여 정보처리 혁명의 장을 열었다.

약 30여 년 전, Intel의 사장 고든 무어(Gordon Moore)는 칩당 트랜지스터 집적도가 2년마다 약 2배씩 증가하고 있다는 사실을 발견하여 발표하였다. 무어의 법칙(*Moore's law*)이라고 명명된 이 현상은 오늘날까지 계속되고 있다. 따라서 1990년대 초에 수백만 개의 트랜지스터로 구성된 마이크로프로세서가 생산되었고, 1990년대 말에 이르러는 천만 개 이상의 트랜지스터를 포함한 칩을 제조할 수 있게 되었다. 현재 기술로는 수십억 개의 트랜지스터들을 집적시킨 칩을 생산하고 있다.

무어의 법칙은 향후 수년간 계속 적용될 것으로 전망된다. 집적회로 제조업체들로 결성된 협회에서는 기술이 어떻게 발전할지 예측하여 *ITRS(International Technology Roadmap for Semiconductors)*를 발표하였다. 이 예측은 한 개의 칩으로 제조될 수 있는 트랜지스터의 최대 수를 포함하여 기술의 다양한 측면을 논하고 있다. ITRS에서 구한 데이터의 예가 그림 1.2이다. 이것은 1995년에 약 천만 개의 트랜지스터가 성공적으로 제조되었음을 보여주며, 이 수는 지속적으로 증가하여 최근에 십억 트랜지스터를 초과한 칩을 제조하기에 이르렀다. 이 지표에 의하면 2022년에는 약 천억 개의 트랜지스터가 포함된 칩 제조가 가능할 것으로 보인다. 이 기술이 사람들의 삶의 모든 측면에 거대한 영향을 미칠 것임은 의심의 여지가 없다.

디지털 하드웨어 설계자는 논리회로를 하나의 칩에 구현하거나, 혹은 여러 개의 칩을 *PCB(printed circuit board,* 인쇄기판) 위에 배치하여 제작한 회로로 구현한다. 논리회로 중 일부는 이미 제작되어 있는 칩으로 만들어져 있는 경우도 자주 있다. 이런 경우에 설계 공정이 단순해지고 최종 제품을 개발하는 데 필요한 시간이 단축된다. 설계 과정을 자세히 설명하기 전에, 앞으로 사용하게 될 집적회로 칩의 종류를 소개한다.

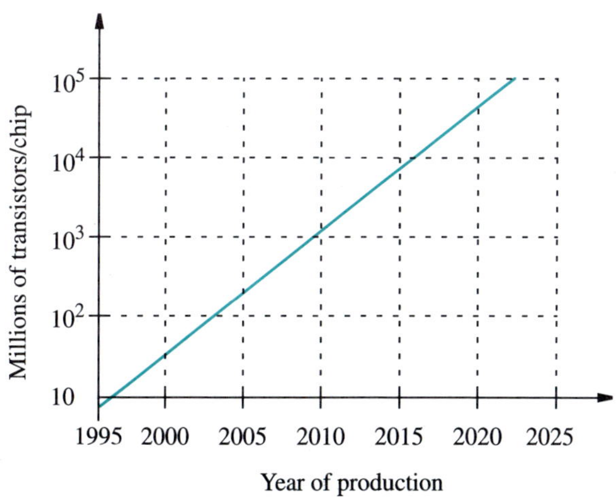

그림 1.2 시간의 흐름에 따라 칩당 트랜지스터 최대 수 예측

디지털 하드웨어를 설계하는 데 사용되는 여러 가지 기능을 구현하는 칩은 다양한 종류가 있다. 간단한 기능을 가진 것부터 복잡한 기능을 가진 것까지 그 범위가 다양하다. 예를 들어, 디지털 하드웨어 제품은 연산기능(arithmetic function)을 수행하는 마이크로프로세서, 데이터를 저장하는 메모리 칩, 입출력 장치를 쉽게 연결하는 인터페이스 칩 등을 필요로 할 수 있다. 여러 제조사들이 이런 칩을 제공한다.

많은 디지털 하드웨어 제품에서, 일부의 논리회로를 처음부터 직접 설계하고 구축해야 할 수도 있다. 이런 회로의 설계에 사용되는 세 가지 종류의 칩들이 있는데, 표준 칩(Standard chip), 프로그램 가능한 논리 디바이스(programmable logic devices), 그리고 주문형 칩(custom chip)이 그것이다. 다음에 이것들에 대하여 설명한다.

1.1.1 표준 칩

논리회로 중 자주 사용되는 것을 미리 부품으로 구현해놓은 칩이 여러 가지 있다. 그 기능과 물리적 형태가 표준화되어 있기 때문에, 이것들을 **표준 칩**(*standard chips*)이라고 한다. 각 표준 칩은 일반적으로 수백 개 이내의 트랜지스터를 포함하는 적은 수의 소자들을 포함하고 있고, 간단한 기능을 수행한다. 표준 칩을 이용하여 논리회로를 설계할 때, 설계자는 더 큰 논리회로를 구현하기 위하여 원하는 기능을 수행하는 표준 칩을 선택하고, 이것들을 어떻게 연결할지 결정한다.

1980년대 초반까지는 표준 칩을 이용한 논리회로 설계가 널리 활용되었다. 그러나 집적회로(integrated circuit, IC) 기술이 발전하면서, 높은 가치의 PCB 공간에 낮은 기능의 칩을 배치하는 것이 비효율적이 되었나. 표준 칩의 또 다른 단점은 각 칩의 기능이 고정되어 변경이 불가능하다는 점이다.

1.1.2 프로그램 가능한 논리 디바이스

기능이 고정된 표준 칩과 다르게, 사용자가 설정하는 대로 다양한 논리회로를 생성하는 회로를 포함하고 있는 칩이 있다. 이 칩은 매우 일반적인 구조를 갖고 있으며, 칩의 내부 회로를 다양하게 설정하도록 만들어주는 **프로그램 가능한 스위치**(*programmable switches*)를 포함하고 있다. 설계자는 프로그램 가능한 스위치를 필요에 맞게 설정함으로써 특정 응용분야에 필요한 기능을 구현할 수 있다. 이런 칩을 *PLD*(*programmable logic device*)라고 한다.

PLD는 크기가 다양하고, 매우 큰 논리회로를 구현하는 데 사용될 수 있다. 가장 자주 사용되는 PLD의 종류는 *FPGA*(*field-programmable gate array*)이다. 가장 큰 FPGA는 수십억 트랜지스터를 포함하고 있고[1,2], 복잡한 디지털시스템을 구현하는 데 사용될 수 있다. FPGA는 많은 수의 간단한 논리회로 소자로 구성되는데, 이것들은 FPGA 안에 있는 프로그램 가능한 스위치로 서로 연결될 수 있다. 큰 용량과 특정 응용분야의 주문에 맞춰 재단될 수 있는 기능 때문에 FPGA는 최근에 널리 사용되고 있다.

1.1.3 주문형 칩

여러 공급자가 FPGA를 기성제품(off-the-shelf component)으로 판매한다. 프로그램 가능하다는(programmable) 특징 때문에, 디지털 하드웨어에 자주 사용되는 논리회로의 구현에 이것을 사용할 수 있다. 그러나 FPGA는 프로그램 가능한 스위치가 가치 있는 칩 면적(chip area)을 소비하고 구현된 회로의 동작 속도를 제한한다는 단점을 갖고 있다. 따라서 FPGA는 사용자가 원하는 성능이나 가격을 충족시키지 못할 수도 있다. 이러한 경우 처음부터 칩을 설계할 수도 있다. 즉, 칩에 포함할 논리회로를 먼저 설계하고 나서 제조 능력이 있는 회사에 맡겨 칩으로 제작한다. 이와 같은 설계 방식을 **주문형**(*custom*) 혹은 **반주문형**(*semi-custom*) **설계**라 하고, 이렇게 제작된 칩을 *ASIC* (*application-specific integrated circuits*)이라고 부른다.

주문형 칩의 주된 장점은 특별히 요구하는 기능에 맞춰 설계를 최적화할 수 있고, 따라서 더 나은 성능으로 구현할 수 있다는 것이다. 주문형 칩은 다른 형태의 칩과 비교할 때 월등히 많은 논리회로를 집적시킬 수 있다. 이러한 칩의 생산 단가는 비교적 높은 편이지만, 만일 제품이 대량으로 생산 판매되면, 제조한 전체 칩의 수를 고려할 때 칩당 가격은 같은 기능을 구현하는 데 필요한 기성제품의 칩을 사용할 때의 비용보다 낮을 수 있다. 더구나 같은 목적을 달성하기 위하여 여러 개의 칩을 사용하는 대신에 한 개의 칩을 사용할 수 있다면, 최종 제품에서 칩을 장착하는 PCB의 면적이 감소한다.

주문형 설계 방법의 단점은 주문형 칩을 제조하는 데 수개월 이상의 상당히 많은 시간이 소요된다는 것이다. 반면에 만일 FPGA를 사용한다면, 최종 사용자가 칩을 프로그램하므로 제조 시간이 필요하지 않다.

1.2 • 설계 과정

컴퓨터 기반 설계 도구(computer-based tools)의 출현은 다양한 환경에서 설계 과정에 많은 영향을 끼쳤다. 예를 들면, 자동차를 설계하는 과정은 일반적인 접근 방법의 측면에서 용광로(furnace)나 컴퓨터를 설계하는 것과 유사하다. 최종 제품이 처음에 설정한 목표를 만족하려면 개발 사이클 과정에 특정 단계가 반드시 포함되어야 한다.

그림 1.3의 흐름도는 제품의 전형적인 개발 단계를 나타낸 것이다. 이 과정은 초기에 예상한 성능을 충족하는 제품을 개발하는 것이라고 가정한다. 가장 분명한 요구사항은 제품이 올바로 동작해야 한다는 것이고, 예상하는 수준 이상의 성능을 만족해야 하고, 그 가격이 정해진 금액을 넘지 않아야 한다는 것이다.

개발 과정은 먼저 제품 사양을 정의하는 것으로 시작된다. 제품의 특성을 정의하고, 완성품을 평가할 수 있는 객관적인 방법을 설정한다. 정의된 제품의 특성은 완성품에서 요구되는 일반적 사양을 명확하게 나타내어야 하는 반면에, 불필요한 제약을 가함으로써 설계에 부담을 주지 않아야 한다. 즉, 제품 사양은 초기에 예상하지 못한 장점을 이

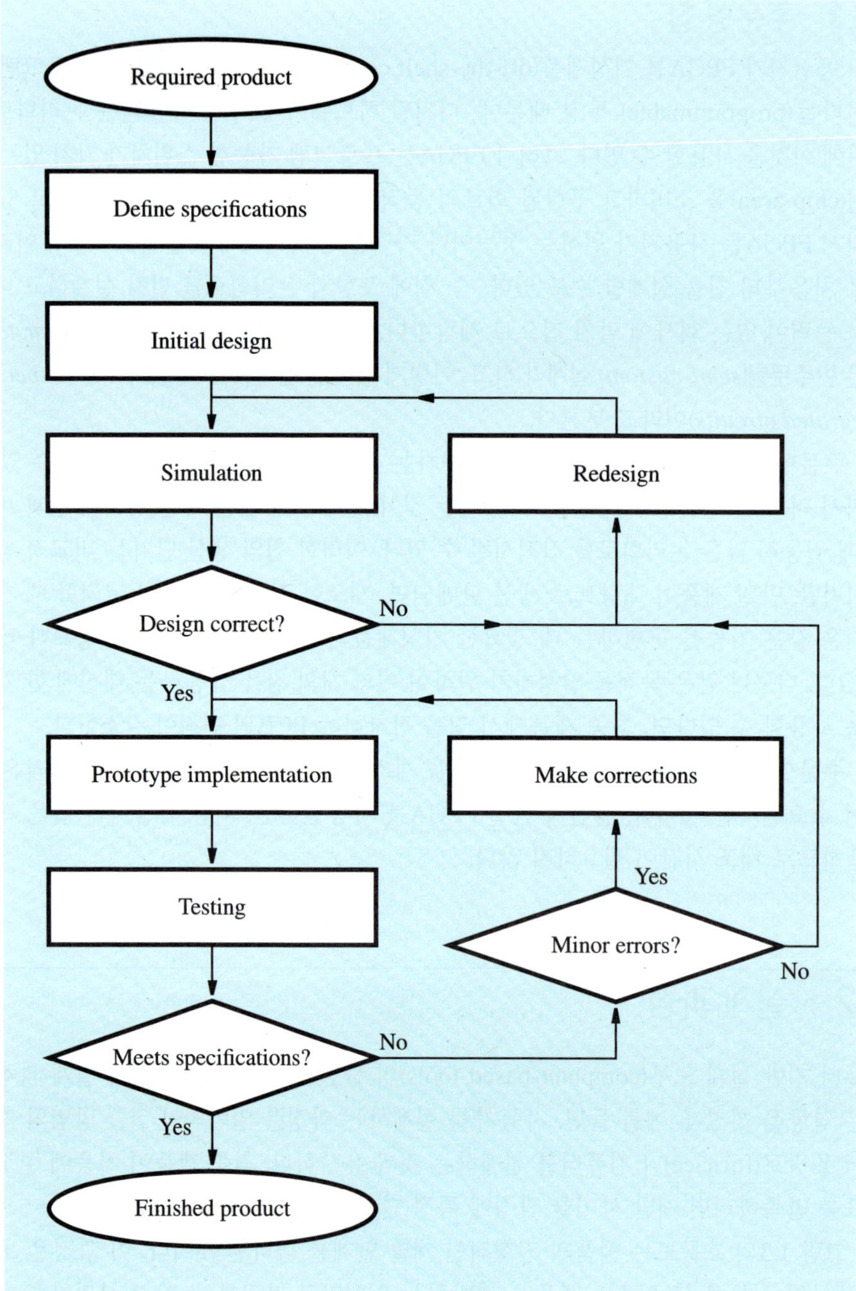

그림 1.3 개발 과정

끌어 낼 수 있는 설계 선택(design choices)을 방해하지 않아야 한다.

완전한 제품 사양으로부터, 제품의 초기 설계(initial design)에 대한 일반적인 구조를 정의할 필요가 있다. 이 단계는 자동화가 어렵다. 제품에 대한 전반적인 구조를 개발하는 명확한 전략이 없기 때문에 이 과정은 상당한 설계 경험과 직관을 갖춘 전문 설계자에 의하여 수행된다.

일단 일반적인 구조가 설정된 후, 그 이후 상세한 작업을 수행하는 데 CAD 툴이 사용된다. 시스템의 일부분에 대한 설계를 도와주는 것부터 전체 시스템의 구조를 컴퓨터로 표현하는 것까지 많은 종류의 CAD 툴을 사용할 수 있다. 초기 설계가 끝났을 때, 그 결과를 원래의 제품 사양과 대조하여 검증해 보아야 한다. 전통적으로, CAD 툴이 발전하기 전에, 이 단계는 통상적으로 중요한 부분만 포함하는 제품의 실제 모형(physical model)을 제작하는 과정을 포함하고 있었다. 최근에는 실제 모형을 만들 필요가 거의 없다. CAD 툴을 사용하여 상당히 복잡한 제품의 동작을 시뮬레이션해 볼 수 있게 되었고, 이 과정을 통하여 설계 결과물이 필요한 사양을 만족하는지 결정할 수 있게 되었다. 만일 오류가 발견된다면, 적절한 수정을 가하고, 새로운 설계에 대한 검증도 시뮬레이션으로 반복한다. 간혹 일부의 설계 오류가 시뮬레이션 과정에서 발견되지 않는 경우도 있지만, 대부분의 오류는 이러한 방법에 의해 발견된다.

시뮬레이션을 통하여 설계가 올바르다고 판단될 때, 완전한 시제품(prototype)을 제작하게 된다. 시제품은 최초 설정한 제품의 사양과 철저하게 비교 평가된다. 시험 과정에서 발견된 오류는 반드시 수정되어야 한다. 사소한 오류의 경우, 시제품에 직접 수정을 가하여 바로 잡는다. 그러나 만일 오류가 심각할 경우, 재설계(redesign) 하고 위에서 설명한 단계를 반복한다. 시제품이 모든 시험 과정을 통과할 때, 제품이 성공적으로 설계된 것으로 간주하고 그 제품은 생산에 들어갈 수 있다.

1.3 • 컴퓨터의 구조

디지털시스템 안에서 논리회로의 역할을 이해하기 위하여, 그림 1.4*a*에 보인 것과 같은 전형적인 컴퓨터의 구조를 생각해 보자. 컴퓨터 케이스는 여러 개의 PCB, 한 개의 전원 공급 장치(power supply), 그림에는 보이지 않지만 하드디스크, DVD 혹은 CD-ROM 드라이브와 같은 저장 장치를 장착하고 있다. 각 장치는 **마더보드**(*motherboard*)라고 불리는 메인 PCB에 연결되어 있다. 그림의 아래 부분과 같이, 마더보드는 몇 개의 집적회로 칩(integrated circuit chip, IC 칩)을 포함하고 있고, 오디오, 비디오, 그리고 네트워크 보드(network board)와 같은 다른 PCB를 연결하기 위한 슬롯을 제공한다.

그림 1.4*b*는 집적회로 칩 내부의 구조를 보여준다. 칩은 여러 개의 부분회로(subcircuit)로 구성되어 있고, 이것들은 완전한 회로의 기능을 수행하도록 서로 연결되어 있다. 부분회로의 예는 산술 연산(arithmetic operations)을 수행하고, 데이터를 저장하고, 또는 데이터의 흐름을 제어하는 것 등이다. 그림의 중간 부분과 같이, 논리회로는 서로 연결된 **논리게이트**(*logic gates*)의 네트워크로 구성되어 있다. 각 논리게이트는 매우 간단한 기능을 수행하고, 더 복잡한 동작은 게이트를 서로 연결함으로써 구현된다. 논리게이트는

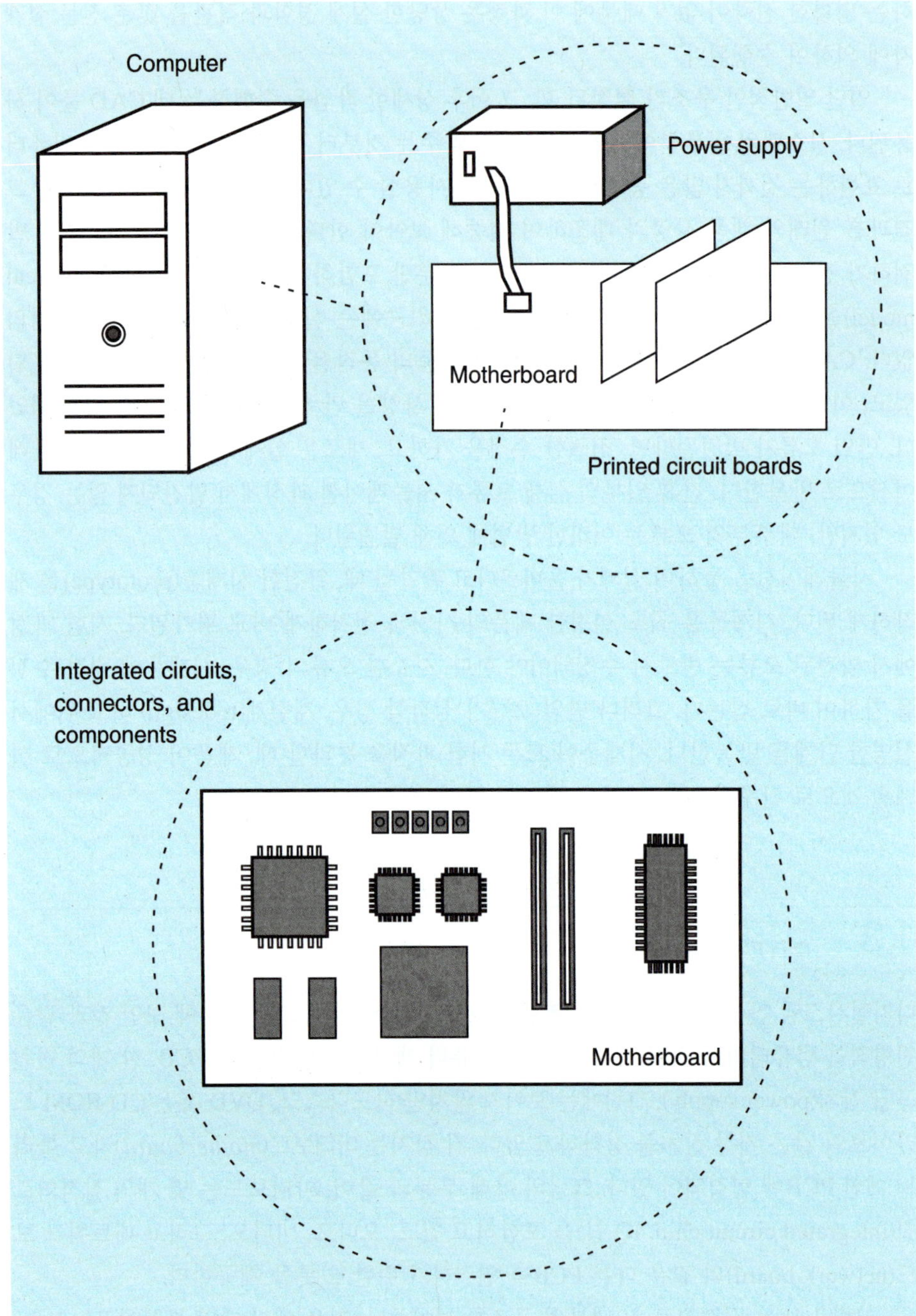

그림 1.4 디지털 하드웨어 시스템 (*a*)

트랜지스터로 구현되고, 이것은 다시 실리콘 칩 상에 여러 가지 물질 계층으로 구현된다.

이 교재는 주로 그림 1.4*b*의 가운데 부분에 해당하는 논리회로의 설계와 관련이 있다. 수를 더하고, 빼고, 곱하는 회로, 수를 세는 회로, 데이터를 저장하는 회로, 그리고

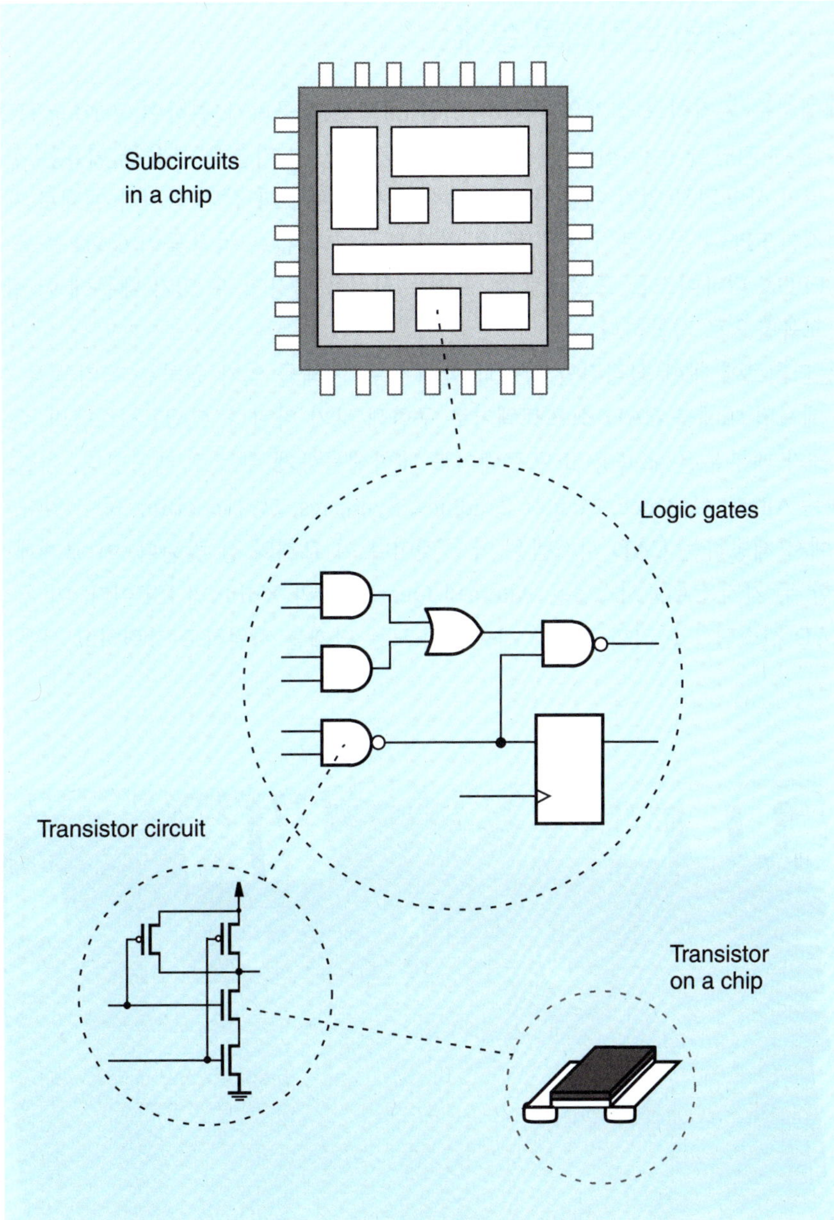

그림 1.4 디지털 하드웨어 시스템 (*b*)

정보의 처리를 제어하는 회로 등과 같이 중요한 기능을 수행하는 회로를 어떻게 설계하는지 설명한다. 이와 같은 회로의 동작을 어떻게 표현할 것인지, 최소 경비 또는 최대 동작 속도에 맞추어 회로를 어떻게 설계할 것인지, 올바른 동작을 보장하기 위하여 이 회로를 어떻게 테스트 할 것인지에 대하여 설명한다. 또한 트랜지스터가 어떻게 동작하고 실리콘 칩에 어떻게 구현되는지에 대해서도 간단히 설명한다.

1.4 • 이 책의 논리회로 설계

이 책에서는 논리회로 설계의 여러 측면을 예제로 제공하기 위하여 Verilog HDL과 CAD 툴에 기반을 둔 최신의 설계 방법을 사용한다. 이 기술을 사용한 이유는 산업체에서 널리 사용되고 있기 때문이고, 다음에 설명하는 것과 같이 독자가 예제로 제시하는 설계를 FPGA 칩으로 구현해 볼 수 있기 때문이다. 많은 독자들이 CAD 툴을 사용하고 FPGA 디바이스를 프로그램할 수 있는 시설을 사용할 수 있기 때문에 이 방법이 특히 교육용으로 적합하다.

논리회로에 대한 실질적인 경험과 함께 깊은 이해를 얻기 원하는 독자들은 이 교재에 제시된 예제를 CAD 소프트웨어로 구현해 보기 바란다. CAD 시스템의 주요 공급자들의 대부분은 교육용 소프트웨어를 대학생들에게 무료로 제공한다. 이런 회사의 예는 Altera, Cadence, Mentor Graphics, Synopsys, 그리고 Xilinx 등이 있다. 이런 회사에서 제공하는 CAD 시스템은 어느 것이나 이 교재와 잘 맞는다. 이 교재에 특히 적합한 두 가지 CAD 시스템은 Altera의 Quartus II와 Xilinx의 ISE이다. 이 두 가지의 CAD 시스템은 논리회로 설계 사이클의 모든 단계를 지원하고 강력하고 사용이 쉽

그림 1.5 FPGA 보드

다. 독자들은 이 회사들의 웹사이트를 방문해 보기 바란다. 거기에서 소프트웨어 툴과 사용 설명서를 내려 받아 개인용 컴퓨터에 설치할 수 있다.

논리회로를 용이하게 실험하기 위하여, 일부 FPGA 제조사는 한 개 이상의 FPGA 칩과 개인용 컴퓨터로의 인터페이스를 포함하는 특별한 PCB를 제공한다. 일단 CAD 툴을 이용하여 논리회로가 설계되면, 설계된 회로는 기판의 FPGA에 프로그램 될 수 있다. 스위치 또는 다른 장치에서 FPGA로 인가되는 입력을 공급할 수 있고, 생성된 출력도 검사할 수 있다. 이런 기판의 예가 그림 1.5에 있다. 이 기판은 간단한 입력과 출력 장치들을 제공하므로 논리회로를 학습하는 데 아주 좋은 장치이다. 이 보드의 FPGA 칩을 사용해서 논리회로를 설계하고 구현해 보는 많은 예제를 실험해 볼 수 있다.

1.5 • 정보의 디지털 표현

1.1절에서 논리회로 안에 표현되는 정보는 전자 신호(electronic signals)로 표현된다고 설명하였다. 각 신호는 정보의 한 **자리**(*digit*)를 표현하는 것으로 생각될 수 있다. 논리회로를 쉽게 설계하기 위하여, 각 자리는 통상적으로 0과 1로 표기되는 단 두 가지의 값을 갖는 것으로 취급된다. 이 논리 값들은 회로에서 전압 레벨로 구현된다. 통상적으로 값 0은 0 V(ground, 접지)로 표현되고, 값 1은 전원공급 장치의 전압 레벨로 표현된다. 부록 B에 제시한 설명과 같이, 논리회로의 전원공급 장치가 제공하는 전압은 통상 직류 1 V부터 5 V이다.

일반적으로 논리회로의 모든 정보는 0과 1의 조합으로 표현된다. 2장에서 논리회로에 대한 논의를 시작하기 전에, 숫자, 영숫자(alphanumeric), 데이터(text) 및 다른 정보가 0과 1로 어떻게 표현되는지 검토하는 것이 도움이 될 것이다.

1.5.1 2진수

우리에게 익숙한 10진수 시스템에서 하나의 수는 10가지 가능한 값을 갖는 자릿수(digits)로 구성되고, 각 자리는 10의 지수승(power of 10)에 대한 배수를 표현한다. 예를 들어, 8547은 $8 \times 10^3 + 5 \times 10^2 + 4 \times 10^1 + 7 \times 10^0$을 표현한다. 각각의 수가 존재하는 위치가 10의 지수승을 암시하기 때문에, 보통은 10의 지수승을 표현하지 않는다. 일반적으로 n개의 10진 자릿수로 구성되는 10진수는 다음과 같이 표현된다.

$$D = d_{n-1} d_{n-2} \cdots d_1 d_0$$

이것은 다음과 같은 값을 갖는다.

$$V(D) = d_{n-1} \times 10^{n-1} + d_{n-2} \times 10^{n-2} + \cdots + d_1 \times 10^1 + d_0 \times 10^0$$

이와 같은 수의 표현을 **자릿수 표현**(*positional number representation*)이라고 한다.

각 자릿수는 열 개의 가능한 값을 갖고 10의 지수승에 해당하는 가중치를 갖고 있기 때문에, 10진수를 *base*-10 number라고 부른다. 10진수는 친숙하고, 편리하고, 이해하기 쉽다. 그러나 디지털 회로는 정보를 단지 값 0과 1로만 표현하기 때문에, 각 자리가 10개의 값을 갖도록 하는 것은 실질적이지 못하다. 이 회로는 각 자리에 0과 1만을 사용하는 2진(binary), 또는 *base*-2 시스템을 사용하는 것이 더 적합하다. 각 2진 자릿수를 **비트**(*bit*)라고 부른다. 2진수(binary number) 시스템도 10진수와 같은 자릿수 표현을 사용한다. 따라서 2진수는 다음과 같이 표기된다.

$$B = b_{n-1} b_{n-2} \cdots b_1 b_0$$

이것은 다음과 같은 값에 해당하는 정수를 표현한다.

$$\begin{aligned} V(B) &= b_{n-1} \times 2^{n-1} + b_{n-2} \times 2^{n-2} + \cdots + b_1 \times 2^1 + b_0 \times 2^0 \\ &= \sum_{i=0}^{n-1} b_i \times 2^i \end{aligned} \qquad \textbf{[1.1]}$$

예를 들어, 2진수 1101은 다음과 같은 값을 표현한다.

$$V = 1 \times 2^3 + 1 \times 2^2 + 0 \times 2^1 + 1 \times 2^0$$

특정 자릿수의 형태는 기수(base)가 달라지면 다른 의미를 갖기 때문에, 혼동될 우려가 있을 때 기수를 아래 첨자(subscript)로 구분하여 나타내기로 한다. 따라서 1101이 기수-2라는 것을 나타내기 위해, $(1101)_2$로 쓴다. 앞에서 제시한 V를 공식으로 계산하면, $V = 8 + 4 + 1 = 13$이다. 즉 다음과 같다.

$$(1101)_2 = (13)_{10}$$

2진수로 나타낼 수 있는 정수의 범위는 사용하는 비트 수에 의해 결정된다. 표 1.1은 처음 15개의 양의 정수와 그에 해당하는 4-비트로 표현한 2진수를 보여준다. 더 큰 수의 예는 $(10110111)_2 = (183)_{10}$이다. 보통 n개 비트의 수는 0부터 $2^n - 1$ 범위의 양의 정수를 표현한다.

2진수에서 일반적으로 가장 오른쪽에 위치한 비트를 *LSB* (*least-significant bit*)라고 부른다. 2의 지수승의 값이 가장 큰 가장 왼쪽의 비트를 *MSB* (*most-significant bit*)라고 부른다. 디지털시스템은 종종 여러 비트를 하나의 그룹으로 묶어 취급하는 것이 편리하다. 4-비트 그룹을 **니블**(*nibble*)이라고 부르고, 8-비트 그룹을 **바이트**(*byte*)라고 부른다.

1.5.2 10진수와 2진수 간의 변환

2진수는 식 1.1을 적용하여 10진수로 쉽게 바꿀 수 있다. 10진수를 2진수로 바꾸는 것은 간단하지 않다. 수를 2의 지수승으로 표현해야 하기 때문이다. 예를 들어, $(17)_{10}$은 $2^4 + 2^0 = (10001)_2$이고, $(50)_{10}$은 $2^5 + 2^4 + 2^1 = (110010)_2$이다. 일반적으로 이 과정은 다음과

표 1.1 10진수와 2진수

Decimal representation	Binary representation
00	0000
01	0001
02	0010
03	0011
04	0100
05	0101
06	0110
07	0111
08	1000
09	1001
10	1010
11	1011
12	1100
13	1101
14	1110
15	1111

같이 10진수를 2로 연속적으로 나누어 얻을 수 있다. 값 V인 10진수 $D = d_{k-1} \cdots d_1 d_0$가 2진수 $B = b_{n-1} \cdots b_2 b_1 b_0$로 변환된다고 가정한다. 그렇다면 V를 다음과 적을 수 있다.

$$V = b_{n-1} \times 2^{n-1} + \cdots + b_2 \times 2^2 + b_1 \times 2^1 + b_0$$

만약 V 값을 2로 나누면, 그 결과는 다음과 같다.

$$\frac{V}{2} = b_{n-1} \times 2^{n-2} + \cdots + b_2 \times 2^1 + b_1 + \frac{b_0}{2}$$

위 식에서 정수 나누기의 몫은 $b_{n-1} \times 2_{n-2} + \cdots + b_2 \times 2 + b_1$이고, 나머지는 b0이다. 만일 나머지가 0이면 $b_0 = 0$이고, 나머지가 1이면 $b_0 = 1$이다. 몫은 $n - 1$ 비트로 구성된 또 다른 2진수이다. 이 몫을 2로 나누면 나머지 b_1이 만들어진다. 새로운 몫은 다음과 같다.

$$b_{n-1} \times 2^{n-3} + \cdots + b_2$$

새로운 몫을 2로 나누는 작업을 계속함으로써, 각 단계마다 하나의 비트를 결정할 수 있고, 결과적으로 2진수의 모든 비트를 구하게 될 것이다. 이 작업은 몫이 0이 될 때까지 계속된다. 그림 1.6은 $(857)_{10} = (1101011001)_2$ 예제에 대한 변환 과정을 보여준다. LSB가 처음에 생성되고, MSB는 맨 마지막에 구해지는 것에 주의하라.

지금까지 양의 정수의 표현에 대해서만 고려하였다. 3장에서 음수를 어떻게 다루는지 그리고 고정 소수점(fixed-point)과 부동(浮動) 소수점(floating-point) 수를 어떻게 표현하는지에 대하여 설명함으로써 완전한 수의 표현을 다룰 것이다. 또한 컴퓨터에서 산술 연산이 어떻게 수행되는지에 대한 것도 설명할 것이다.

Convert $(857)_{10}$

			Remainder	
857 ÷ 2	=	428	1	LSB
428 ÷ 2	=	214	0	
214 ÷ 2	=	107	0	
107 ÷ 2	=	53	1	
53 ÷ 2	=	26	1	
26 ÷ 2	=	13	0	
13 ÷ 2	=	6	1	
6 ÷ 2	=	3	0	
3 ÷ 2	=	1	1	
1 ÷ 2	=	0	1	MSB

Result is $(1101011001)_2$

그림 1.6 10진수를 2진수로 변환

1.5.3 ASCII 문자 코드(ASCII CHARACTER CODE)

컴퓨터 키보드로 입력할 수 있는 문자와 숫자 등과 같은 영숫자(alphanumeric) 정보는 0과 1 자릿수로 구성되는 코드로 표현된다. 이런 유형의 정보로 가장 널리 사용되는 코드가 *ASCII* 코드(*American Standard Code for Information Interchange*)이다. 이 표준 코드는 표 1.2에 제시되어 있다.

ASCII 코드는 7-비트의 패턴을 사용하여 128개의 서로 다른 문자들을 나타낸다. 문자 중 열 개는 10진수의 0부터 9까지이다. 표에서 볼 수 있듯이 열 개의 숫자는 모두 상위(high-order) 비트가 $b_6b_5b_4 = 011$로 같은 값을 갖는다. 각 숫자는 나머지 하위(low-order) 4-비트에 해당하는 b_{3-0}의 2진 패턴으로 구별된다. 대문자와 소문자는 문서 정보를 쉽게 정렬할 수 있도록 인코딩되어 있다. A부터 Z까지의 코드는 오름차순으로 나열되어 있고, 이에 따라 문자를 표현하는 코드를 간단히 산술 비교하는 것으로 단어를 정렬할 수 있다.

문자를 표현하는 코드 이외에, ASCII 코드는 !와 ?와 같은 구두점 기호, &와 %와 같이 자주 사용되는 기호, 그리고 제어 문자(control characters)의 집합을 포함하고 있다. 제어 문자는 컴퓨터에서 여러 장치들 간에 데이터를 다루고 전송하는 데 필요하다. 예를 들면, 표에 있는 CR은 carriage return의 약어로, 프린터나 디스플레이와 같은 출력 장치에서 carriage, 혹은 cursor 위치가 가장 왼쪽 열(column)로 돌아가야 한다는 것을 가리킨다.

ASCII 코드는 텍스트로 다루어지는 정보를 인코딩하는 데 사용된다. 그러나 이와 같은 코드는 산술연산에 사용되는 피연산자(operand)와 같은 수를 표현하기에 적합하지 못하다. 이때는 ASCII 코드로 인코딩된 수를 2진수 표현으로 변환하여야 한다.

ASCII 표준은 문자를 7-비트로 인코딩한다. 컴퓨터 시스템에서 기본 단위는 8-비트

표 1.2 7-bit ASCII 코드

Bit positions 3210	Bit positions 654 000	001	010	011	100	101	110	111
0000	NUL	DLE	SPACE	0	@	P	´	p
0001	SOH	DC1	!	1	A	Q	a	q
0010	STX	DC2	”	2	B	R	b	r
0011	ETX	DC3	#	3	C	S	c	s
0100	EOT	DC4	$	4	D	T	d	t
0101	ENQ	NAK	%	5	E	U	e	u
0110	ACK	SYN	&	6	F	V	f	v
0111	BEL	ETB	’	7	G	W	g	w
1000	BS	CAN	(	8	H	X	h	x
1001	HT	EM	)	9	I	Y	i	y
1010	LF	SUB	*	:	J	Z	j	z
1011	VT	ESC	+	;	K	[	k	{
1100	FF	FS	,	<	L	\	l	|
1101	CR	GS	-	=	M	]	m	}
1110	SO	RS	.	>	N	^	n	~
1111	SI	US	/	?	O	—	o	DEL

NUL	Null/Idle	SI	Shift in
SOH	Start of header	DLE	Data link escape
STX	Start of text	DC1-DC4	Device control
ETX	End of text	NAK	Negative acknowledgement
EOT	End of transmission	SYN	Synchronous idle
ENQ	Enquiry	ETB	End of transmitted block
ACQ	Acknowledgement	CAN	Cancel (error in data)
BEL	Audible signal	EM	End of medium
BS	Back space	SUB	Special sequence
HT	Horizontal tab	ESC	Escape
LF	Line feed	FS	File separator
VT	Vertical tab	GS	Group separator
FF	Form feed	RS	Record separator
CR	Carriage return	US	Unit separator
SO	Shift out	DEL	Delete/Idle

Bit positions of code format = | 6 | 5 | 4 | 3 | 2 | 1 | 0 |

인 1-바이트이다. ASCII로 인코딩된 문자를 바이트로 맞추는 데 자주 사용되는 두 가지 방법이 있다. 한 가지 방법은 여덟 번째 비트인 b_7을 0으로 설정하는 것이고, 또 다른 방법은 이 비트를 다른 7-비트의 패리티(*parity*)를 표현하도록 만드는 것이다. 이것은 7-비트 코드 내에 1의 수가 짝수인지 홀수인지 보여주는 것을 의미한다. 4장에서 패러티 비트(parity bit)를 설명할 것이다.

1.5.4 디지털과 아날로그 정보

2진수는 많은 종류의 정보를 표현하는 데 사용될 수 있다. 예를 들면, 개인용 뮤직 플레이어에 저장된 음악을 표현하는 데 2진수가 사용된다. 그림 1.7은 뮤직 플레이어를 보여준다. 이것은 음악 파일을 저장하기 위한 전자 메모리를 포함하고 있다. 음악 파일은 음을 표현하는 일련의 2진수로 구성되어 있다. 이 2진수를 소리로 변환하기 위하여, *D/A* (*digital-to-analog*) 변환기 회로가 사용된다. 이 장치는 디지털 값을 그에 해당하는 전압 레벨로 바꾸고, 이 결과는 헤드폰 안에 있는 스피커를 구동하는 아날로그 전압 신호로 작용한다. 뮤직 플레이어 안에 저장되어 있는 2진수는 **디지털** 정보로 취급되는 반면에, 스피커를 구동하는 전압 신호는 **아날로그** 정보이다.

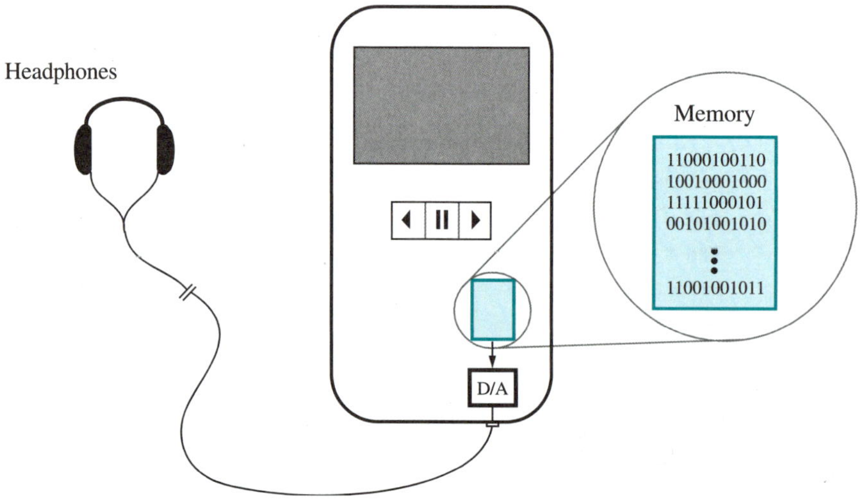

그림 1.7 음악을 표현하는 디지털 기술

1.7 • 이론과 실제

현대의 논리회로 설계는 전적으로 CAD 툴에 의존하고 있다. 그러나 논리회로 설계 기술은 CAD 툴이 개발되기 훨씬 이전부터 발전되어 왔다. 최초의 컴퓨터는 논리회로를 포함하고 있었으나, 당시에 논리회로 설계에 사용할 컴퓨터가 존재하지 않았다는 것으로 볼 때 이와 같은 시대적 고찰은 매우 분명한 사실이다.

논리회로를 설계하기 위하여 여러 가지 수동 설계 기법이 개발되어 왔다. 2장에 소개될 부울 대수(Boolean algebra)는 논리회로를 수학적으로 표현하는 수단으로 사용된다. 특정한 설계 이슈를 어떻게 취급할 것인지를 보여주는 상당히 많은 '이론'이 개발되었다. 이론이 성공적이기 위하여, 개발자는 이론적 지식을 실제 회로에 적용할 수 있어야 한다.

CAD 툴은 대단히 복잡한 회로 설계를 가능케 함은 물론이고, 전반적으로 회로 설계 공정을 훨씬 간단하게 만든다. CAD 툴은 많은 작업을 자동화함으로써, 오늘날 설계자들은 CAD 툴에 도입된 이론적 개념을 이해하지 못하더라도 설계를 할 수 있게 되었다. 그렇다면, 더 이상 이해가 필요하지 않은 수동 설계에 필요한 이론을 왜 학습하여야 하는가 하는 의문이 제기된다. 그저 단순히 CAD 툴에 대한 사용 방법만 익히면 되지 않을까?

관련 이론을 배워야 하는 세 가지 큰 이유가 있다. 첫째, CAD 툴이 특정한 설계 목적에 맞게 논리회로를 최적화하는 과정을 자동으로 수행한다고 해도, 설계자는 논리회로에 대한 최초의 상세한 내역을 제공해야 한다. 만일 설계자가 이 단계에서 원천적으로 부실한 상세 내역을 제공한다면, 최종 결과 또한 부실한 회로가 될 것이다. 둘째, 오늘날 CAD 툴은 논리회로 설계와 조작에 필요한 대수 법칙과 이론을 자체적으로 직접 구현한다. 따라서 사용자가 구체적인 배경 이론을 이해하지 못한다면, CAD 툴이 무엇을 했는지 그 내용을 이해할 수 없다. 셋째, CAD 툴은 설계 과정에서 다양한 선택 사양(option)을 제공한다. 설계자는 CAD 툴이 생성하는 결과 회로를 검토하고 요구하는 목표를 만족하는지 결정함으로써 특정 사양을 선택해야 한다. 설계자가 주어진 상황에서 특정 선택 사양의 채택이 올바른 것인지 판단할 수 있는 유일한 방법은 그 사양을 선택할 때 CAD 툴이 어떤 결과를 초래할 것인가를 알고 있는 것이다. 이것은 설계자가 배경 이론에 친숙해야 함을 의미한다. 이 책에서는 고전적 논리회로 이론을 심도 있게 다룰 것이고, 기본 개념에 대한 이해 없이는 우수한 논리회로 설계자가 될 수 없기 때문이다.

CAD 툴을 사용하는 데에는 필요하지 않다고 해도, 논리회로 이론을 학습하는 데에는 또 다른 이유가 있다. 간단히 말해, 이 공부는 재미있고 지적으로 도전해볼 만하다. 오늘날 세상은 정교하게 만들어진 자동화 기계들로 가득 차 있어, 사람들로 하여금 생각하기보다 이러한 도구에 의존하도록 유혹하고 있다. 그러나 다른 설계 공정과 마찬가지로, 논리회로 설계에서도 컴퓨터를 이용한 도구는 사람의 직관력과 혁신적 기술력을 대체하지 못하고 있다. 컴퓨터를 이용한 도구는 논리회로의 특성을 충분히 이해한 설계자가 사용할 때 비로소 좋은 디지털 하드웨어를 생산할 수 있다.

연습문제

별표가 붙은 문제에 대한 답은 교재 뒤에 수록되어 있다.

***1.1** 그림 1.6에 보인 방법을 사용하여 다음 10진수를 2진수로 변환하라.

(a) $(20)_{10}$

(b) $(100)_{10}$

(c) $(129)_{10}$

(d) $(260)_{10}$

(e) $(10240)_{10}$

1.2 그림 1.6에 보인 방법을 사용하여 다음 10진수를 2진수로 변환하라.

(a) $(30)_{10}$

(b) $(110)_{10}$

(c) $(259)_{10}$

(d) $(500)_{10}$

(e) $(20480)_{10}$

1.3 그림 1.6에 보인 방법을 사용하여 다음 10진수를 2진수로 변환하라.

(a) $(1000)_{10}$

(b) $(10000)_{10}$

(c) $(100000)_{10}$

(d) $(1000000)_{10}$

***1.4** 그림 1.6은 연속적으로 2로 나누어 10진수를 2진수로 변환하는 방법을 보여주고 있다. 답을 유도하는 다른 방법은 수를 2의 지수승으로 구성하는 것이다. 예를 들어, $(23)_{10}$을 변환하고자 할 때, 23보다 크지 않은 가장 큰 2의 지수승은 $2^4 = 16$이다. 그러므로 구하려는 2진수는 5-bit일 것이고 그 수의 most significant bit는 $b_4 = 1$이다. 그러고 나서 빼기 $23 - 16 = 7$을 계산한다. 이제 7보다 크지 않은 가장 큰 2의 지수승은 $2^2 = 4$이다. 그러므로($2^3 = 8$은 7보다 크기 때문에) $b_3 = 0$이고, $b_2 = 1$이다. 이 과정을 계속하면 다음을 구할 수 있다.

$$\begin{aligned} 23 &= 16 + 4 + 2 + 1 \\ &= 2^4 + 2^2 + 2^1 + 2^0 \\ &= 10000 + 00100 + 00010 + 00001 \\ &= 10111 \end{aligned}$$

이 방법을 사용하여, 다음 10진수를 2진수로 변환하라.

(a) $(17)_{10}$

(b) $(33)_{10}$

(c) $(67)_{10}$

(d) $(130)_{10}$

(e) $(2560)_{10}$

(f) $(51200)_{10}$

1.5 문제 3을 문제 4에서 설명한 방법으로 반복하라.

***1.6** 다음 2진수를 10진수로 변환하라.

(a) $(1001)_2$

(b) $(11100)_2$

(c) $(111111)_2$

(d) $(101010101010)_2$

1.7 다음 2진수를 10진수로 변환하라.

(a) $(110010)_2$

(b) $(1100100)_2$

(c) $(11001000)_2$

(d) $(110010000)_2$

***1.8** 다음 10진수를 2진수로 표현하는 데 필요한 bit의 최소 수는 얼마인가?

(a) $(270)_{10}$

(b) $(520)_{10}$

(c) $(780)_{10}$

(d) $(1029)_{10}$

1.9 다음 10진수에 대하여 문제 8을 반복하라.

(a) $(111)_{10}$

(b) $(333)_{10}$

(c) $(555)_{10}$

(d) $(1111)_{10}$

참고문헌

1. "International Technology Roadmap for Semiconductors," http://www.itrs.net
2. Altera Corporation, "Altera Field Programmable Gate Arrays Product Literature," http://www.altera.com
3. Xilinx Corporation, "Xilinx Field Programmable Gate Arrays Product Literature," http://www.xilinx.com

chapter 2

논리회로 소개

Introduction to Logic Circuits

이 장의 목적

이 장을 학습하고 나면 다음과 같은 것을 배울 수 있다.

- 논리함수와 회로
- 논리함수를 다루기 위한 부울 대수
- 논리게이트와 간단한 회로의 합성
- CAD 툴과 Verilog HDL
- 함수의 최소화와 카르노 맵

논리회로를 공부하는 주된 이유는 이것이 컴퓨터에 중요하게 사용되기 때문이다. 그 외에도 논리회로는 제어 어플리케이션을 수행하거나 디지털 통신에 관련된 많은 다른 디지털시스템에도 기초가 된다. 이러한 모든 어플리케이션들은 입력된 정보에 대해 수행되는 간단한 논리 연산을 기초로 하고 있다.

1장에서, 컴퓨터 내의 정보는 두 가지 이산 값을 갖는 전기적인 신호로 표현된다는 것을 설명하였다. 회로에서는 이 두 값이 전압으로 나타나는데, 우리는 이것을 간단하게 논리 값 0과 1로 부른다. 어떤 회로든지 거기서 사용되는 신호가 몇 개의 이산 수치(discrete value)로 한정될 수 있다면 **논리회로**라고 한다. 논리회로는 세 개, 네 개 또는 그 이상의 여러 개의 다른 논리 값을 사용하도록 만들어질 수도 있지만, 이 책에서는 두 개의 논리 값을 갖는 **2진** 논리회로만을 다룬다.

2진(binary) 논리회로는 디지털 기술의 가장 중요한 역할을 담당한다. 여러분들은 이 책을 통해 회로가 어떻게 동작하며, 수학적으로 어떻게 표현되는지, 현대의 설계 자동화 기술에 의해 어떻게 설계되는지 이해할 수 있기를 바란다. 먼저 2진 논리회로와 관련된 기본 개념을 소개한다.

2.1 • 변수와 함수

디지털시스템에서 2진 회로(binary circuits)가 주로 사용되는 이유는 오직 두 가지 신호(0과 1)를 사용함으로써 회로가 간단하다는 것이다. 가장 간단한 2진 소자는 두 가지 상태를 갖는 스위치다. 스위치가 입력 변수 x에 의하여 제어된다고 가정하면, 그림 2.1*a*에서와 같이 $x = 0$일 때 스위치는 열린 상태가 되고, $x = 1$일 때 닫힌 상태가 된다고 할 수 있다. 앞으로 이런 스위치를 표현할 때 그림 2.1*b*에 나타나 있는 기호를 사용할 것이다. 제어 입력 x가 스위치 기호와 함께 표시되어 있다. 부록B에는 이런 스위치가 트랜지스터를 이용하여 어떻게 구현되는지 설명되어 있다.

스위치를 이용하여 꼬마전구를 켜거나 끄는 간단한 경우를 살펴보자. 그림 2.2*a*에 보인 간단한 회로에서, 전지는 전원의 역할을 한다. 전구의 필라멘트에 충분한 전류가 흐를 때 전구는 빛을 발한다. 스위치가 닫힐 때, 즉 $x = 1$일 때 전류가 회로에 흐른다. 이 예에서, 회로의 동작 상태를 제어하는 신호는 스위치 제어 입력 신호 x이다. 출력은 전구 L의 상태로 정의할 수 있다. 만일 전구가 켜지면 $L = 1$이고, 전구가 꺼지면 $L = 0$이다. 이러한 형식을 이용하여 전구 L의 상태는 입력 변수 x의 함수로 정의할 수 있다. 즉, $x = 1$이면 $L = 1$이고, $x = 0$이면 $L = 0$이므로

$$L(x) = x$$

라 한다. 이와 같은 간단한 논리식에서 출력은 입력의 함수로 표기된다. $L(x) = x$를 **논리 함수**라고 하고, x를 **입력 변수**라고 한다.

그림 2.2*a*는 간단한 기계적 스위치가 있는 일반적인 손전등에서 볼 수 있는 회로이다. 전자회로에서 스위치는 트랜지스터로, 전구는 발광 다이오드(LED, light-emitting diode)로 구현할 수 있다. 전자회로는 일반적으로 1 V에서 5 V 범위의 특정 전압 전원에 의해 전력이 공급된다. 전원 장치의 한쪽 극은 그림 2.2*b*에 보인 바와 같이 **접지**(*circuit ground*)된다. 회로에서 접지는 전압에 대한 공통의 기준점이다. 회로도에서 접지로 귀

(a) 스위치의 두 개의 상태

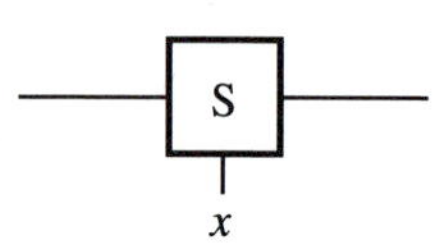

(b) 스위치를 나타내는 기호

그림 2.1 2진 스위치

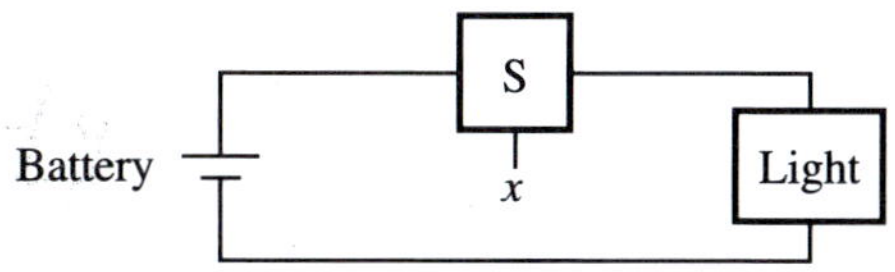

(a) 간단한 배터리 연결

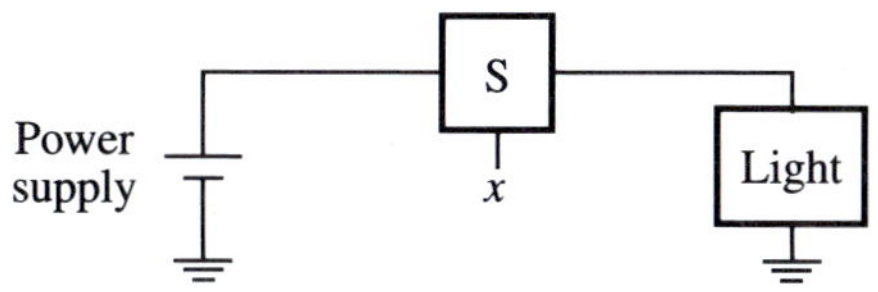

(b) 귀환 경로로서의 접지 연결

그림 2.2 스위치에 의해 제어되는 전구

환(return)하는 모든 노드를 배선으로 그리는 대신 그림에서 전구 L의 바닥 단자에 표시한 것과 같이 접지 기호에 연결함으로써 회로도를 단순화할 수 있다. 두 번째 그림이 보다 간단해 보이므로, 앞으로 이런 방식으로 회로도를 표현한다.

이제 두 개의 스위치를 이용하여 전구의 상태를 제어하는 경우를 생각해보자. 스위치 제어 입력을 x_1과 x_2라 하고, 스위치를 그림 2.3과 같이 직렬 혹은 병렬로 연결한다. 직렬연결의 경우, 전구는 두 개의 스위치가 모두 닫혔을 경우에만 켜진다. 만일 어떤 스위치라도 열리면 전구는 꺼진다. 이를 다음의 식으로 표현할 수 있다.

$$L(x_1, x_2) = x_1 \cdot x_2$$

여기서, $x_1 = 1$이고 $x_2 = 1$일 때 $L = 1$

그 외의 경우 $L = 0$이다.

기호 "·"를 *AND* **연산자**라고 하며, 그림 2.3a의 회로를 **논리** *AND* **함수**를 구현한다고 말한다.

그림 2.3b에서는 두 개의 스위치를 병렬로 연결하였다. 이 경우 스위치 x_1과 x_2 중 어느 하나가 닫혀도 전구는 켜진다. 물론, 두 개의 스위치가 모두 닫힌 경우에도 전구는 켜진다. 따라서 두 개의 스위치가 모두 열린 경우에만 전구가 꺼진다. 이를 다음의 식으로 표기할 수 있다.

$$L(x_1, x_2) = x_1 + x_2$$

여기서, $x_1 = 1$ 또는 $x_2 = 1$일 때, 또는 $x_1 = x_2 = 1$일 때 $L = 1$

$x_1 = x_2 = 0$일 때 $L = 0$이다.

기호 "+"를 *OR* **연산자**라 하고, 그림 2.3b의 회로를 **논리** *OR* **함수**를 구현한다고 한다.

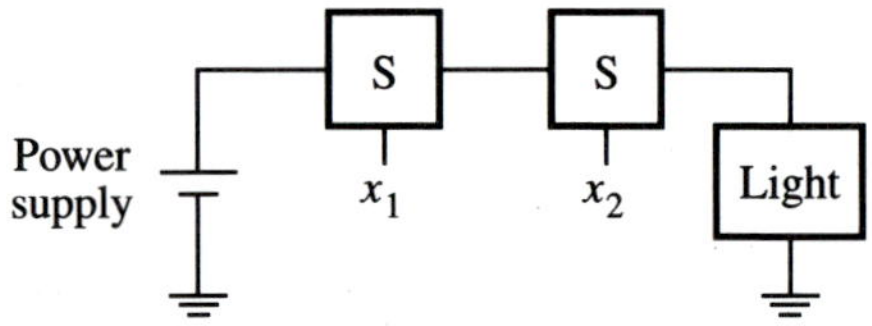

(a) 논리 AND 함수(직렬연결)

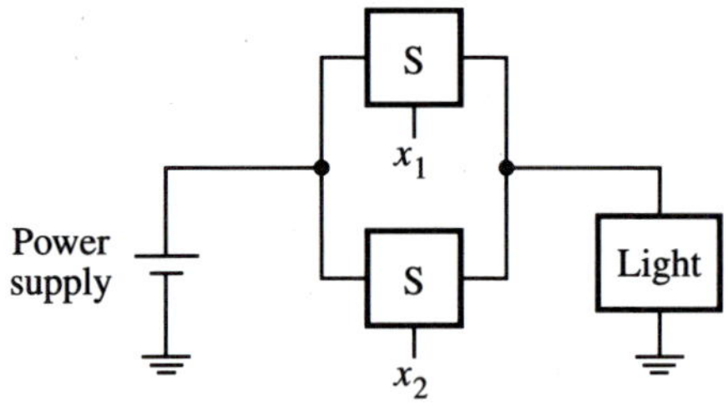

(b) 논리 OR 함수(병렬연결)

그림 2.3 두 가지 기본 함수

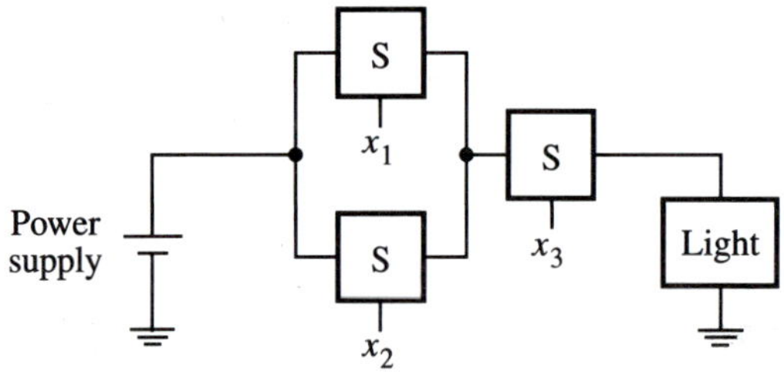

그림 2.4 직렬-병렬 연결

앞서 기술한 AND와 OR 식에서, 출력 $L(x_1, x_2)$는 입력 변수 x_1과 x_2의 논리함수로 표현되었다. AND와 OR 함수는 가장 중요한 두 가지 논리함수이다. 몇몇 다른 간단한 함수들과 함께, AND와 OR는 모든 논리회로 구현에 핵심 요소로 사용된다. 그림 2.4는 세 개의 스위치를 이용하여, 전구를 좀 더 복잡한 방법으로 제어하는 회로를 보여준다. 그림과 같이 스위치를 직렬과 병렬로 연결한 회로의 논리함수는 다음과 같다.

$$L(x_1, x_2, x_3) = (x_1 + x_2) \cdot x_3$$

여기서 $x_3 = 1$이고, 동시에 x_1과 x_2 중 적어도 어느 하나가 1일 때 전구가 켜진다.

2.2 • 역

지금까지는 스위치가 닫혔을 때 전구가 켜지는 경우의 논리를 설명하였다. 그러나 이와 반대로 스위치가 열렸을 때 전구가 켜지는 경우를 생각해 보는 것도 흥미 있는 일이다. 그림 2.5와 같은 회로를 생각해보자. 여기서 스위치는 전구와 병렬로 연결된다. 결과적으로 스위치가 닫히면 전구로 전류가 흘러 들어가지 않게 된다. 이때 그림에서와 같이 회로에 저항을 추가하여 스위치가 닫힐 때 전원이 단락(short)되는 것을 방지해야 한다. 전구는 스위치가 열릴 경우 켜지게 된다. 이러한 기능을 다음 식으로 표현할 수 있다.

$$L(x) = \overline{x}$$

여기서, $x = 0$이면 $L = 1$

$x = 1$이면 $L = 0$이다.

위 식에서 함수의 출력 값은 입력 값의 **역**(*inverse*)으로 주어진다. 역이라는 표현 대신 **컴플리먼트**(*complement*, **보수**)라는 용어가 더 일반적으로 사용된다. 따라서 $L(x)$는 x의 컴플리먼트라 한다. 동일한 함수를 다른 용어로 *NOT* **연산**이라고도 한다. 컴플리먼트를 표시하는 방법으로 몇 가지 표기법이 사용되고 있다. 앞서 보인 식에서는 변수 x 위에 윗줄을 그어 표기하였다. 이런 표기법은 눈으로 식별하기에 용이한 장점이 있다. 그러나 CAD 툴을 사용하는 경우처럼 컴퓨터 키보드를 이용하여 컴플리먼트를 표기하고자 할 때, 이와 같은 표기법은 불편하다. 따라서 변수 뒤에 작은따옴표('), 혹은 변수 앞에 느낌표(!)나 물결무늬(~, tilde)를 이용하여 컴플리먼트를 표기한다. 따라서 다음 표기는 모두 동일하게 컴플리먼트를 표현한다.

$$\overline{x} = x' = !x = \sim x = \text{NOT } x$$

컴플리먼트 연산은 단일 변수는 물론이고, 복잡한 논리식에도 적용된다. 예컨대,

$$f(x_1, x_2) = x_1 + x_2$$

이면, 함수 f의 컴플리먼트는

$$\overline{f}(x_1, x_2) = \overline{x_1 + x_2}$$

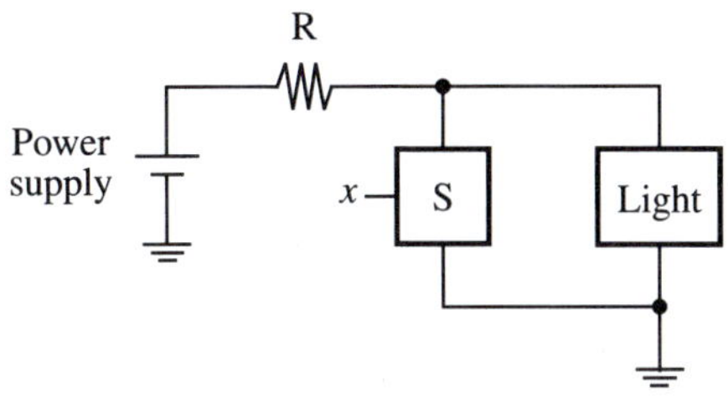

그림 2.5 역 회로

가 된다. 함수 $\bar{f}$는 입력 변수 x_1과 x_2 어느 것도 1이 아닐 때, 즉 $x_1 = x_2 = 0$일 경우, 논리 값 1을 갖는다. 역시 다음 표기법들은 모두 동일한 의미를 갖는다.

$$\overline{x_1 + x_2} \;=\; (x_1 + x_2)' \;=\; !(x_1 + x_2) \;=\; \sim(x_1 + x_2) = \text{ NOT } (x_1 + x_2)$$

2.3 • 진리표

지금까지 가장 기본적인 세 가지 논리 연산(AND, OR, 컴플리먼트)을 스위치로 구성된 회로와 연관 지어 살펴보았다. 이러한 접근 방식은 연산의 실제 의미를 쉽게 이해할 수 있게 해 준다. 이들 논리적 동작은 그림 2.6과 같은 **진리표**(*truth table*)로 나타낼 수 있다. 처음 두 개 열(2중 수직선의 좌측)은 입력 변수 x_1과 x_2의 조합으로 얻을 수 있는 네 가지 경우를 나열한 것이다. 다음 열은 각 x_1과 x_2의 조합에 따른 AND 연산 결과를, 그리고 마지막 열은 OR 연산 결과를 정의한다. '논리 값들의 조합'이라는 개념은 앞으로도 종종 사용될 것이므로, 이를 밸류에이션(valuation, 논리 값 조합)이라는 간략한 용어로 대체하여 사용한다.

진리표는 논리함수를 표현하는 유용한 한 가지 방법이다. 이 책에서는 진리표를 논리함수의 기능을 정의하거나 함수들의 관계를 나타내는 데 사용한다. 크기가 작은 진리표는 다루기에 용이하다. 그러나 입력 변수의 개수가 늘어나면, 진리표의 크기도 지수적으로 커지게 된다. 세 개의 입력 변수를 갖는 논리함수의 경우, 입력 변수들이 여덟 개의 밸류에이션을 생성하므로 진리표는 여덟 개 행(row)을 가진다. 그림 2.7은 3-입력 AND와 OR 함수의 진리표이다. 입력 변수가 네 개인 논리함수의 진리표는 열여섯 개 행을 가진다. 일반적으로 입력 변수가 n개이면 진리표의 행의 수는 2^n개가 된다.

AND와 OR 연산을 입력 변수가 n개인 경우로 확장할 수 있다. 입력 변수가 $x_1, x_2, \ldots, x_n$인 경우에 AND 연산은 모든 입력 값이 1일 때만 출력 값이 1이 된다. 입력 변수 $x_1, x_2, \ldots, x_n$을 갖는 OR 연산은 하나 이상의 입력 변수 값이 1일 때 출력 값이 1이 된다.

x_1	x_2	$x_1 \cdot x_2$	$x_1 + x_2$
0	0	0	0
0	1	0	1
1	0	0	1
1	1	1	1
		AND	OR

그림 2.6 AND, OR 연산에 대한 진리표

x_1	x_2	x_3	$x_1 \cdot x_2 \cdot x_3$	$x_1 + x_2 + x_3$
0	0	0	0	0
0	0	1	0	1
0	1	0	0	1
0	1	1	0	1
1	0	0	0	1
1	0	1	0	1
1	1	0	0	1
1	1	1	1	1

그림 2.7 3-입력 AND, OR 연산

2.4 • 논리게이트와 네트워크

앞 절에서 소개한 세 가지 기본 논리 연산을 조합하면 어떤 형태의 복잡한 논리회로도 구현 가능하다. 복잡한 회로를 구현하기 위해서는 많은 수의 기본 논리 연산의 조합이 필요하다. 각 논리회로는 트랜지스터를 이용하여 구현되며, 이렇게 얻어진 회로를 **논리게이트**(*logic gate*)라 한다. 논리게이트는 하나 이상의 입력과 이들 입력의 함수로 주어지는 하나의 출력으로 구성된다. 편의상 논리회로는 논리게이트를 표시하는 기호들로 그려진 **스키매틱**(*schematic*)이라고 하는 회로도로 묘사된다. 그림 2.8은 AND, OR, NOT 게이트의 기호이다. 왼쪽 그림은 입력 변수가 적은 AND와 OR 게이트를, 오른쪽 그림은 입력 변수가 많은 게이트를 보여주고 있다. 트랜지스터를 이용하여 논리게이트를 구현하는 방법은 부록B에서 다루도록 한다.

보다 큰 규모의 회로는 다수의 논리게이트들의 **네트워크**(*network*)로 구현된다. 예를 들어, 그림 2.4의 논리함수는 그림 2.9와 같은 네트워크로 구현된다. 네트워크의 복잡도는 비용에 직접적인 영향을 미친다. 생산 비용 절감은 공학에서 늘 추구하는 것으로 가능한 저렴한 비용으로 논리회로를 구현하는 방법을 찾아내는 것이 중요하다. 잠시 후, 주어진 논리함수가 몇몇 다른 네트워크 형태로 구현될 수 있음을 보게 될 것이다. 이들 네트워크 가운데 어떤 것은 다른 것들에 비해 간단하고 저렴한 비용으로 구현이 가능하다. 따라서 최소비용이 보장되는 네트워크를 찾아낼 필요가 있다.

기술적 용어로 게이트들의 네트워크를 **논리 네트워크**(*logic network*) 혹은 **논리회로**(*logic circuit*)라 부른다. 이 책에서는 이들 용어를 같이 사용한다.

2.4.1 논리 네트워크의 분석

디지털시스템을 설계하려면 다음의 두 가지를 고려해야 한다. 첫째는 이미 존재하는 논리 네트워크의 기능을 해석하는 것으로, 이를 **분석**(*analysis*)이라 한다. 다른 하나는 기존의 회로를 해석하는 것과는 반대로, 원하는 동작을 수행하는 회로의 구현 과정으로,

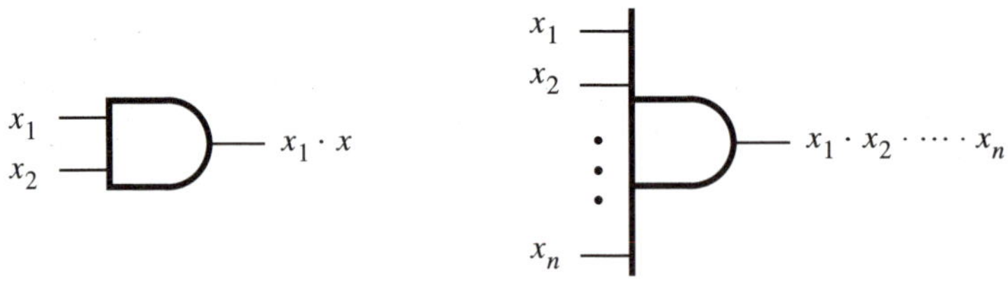

(a) AND 게이트

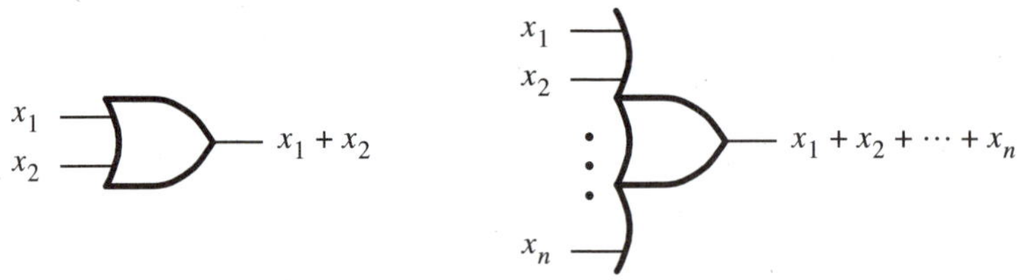

(b) OR 게이트

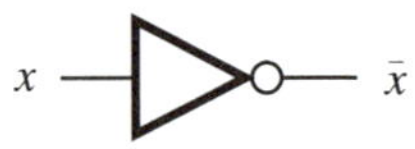

(c) NOT 게이트

그림 2.8 기본 게이트

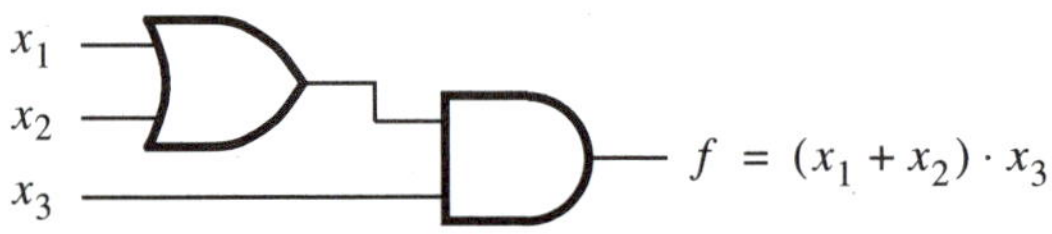

그림 2.9 그림 2.4의 함수

이를 합성(*synthesis*)이라 한다. 분석은 합성에 비해 비교적 쉽고 간단하다.

그림 2.10*a*는 세 개의 논리게이트로 구성된 간단한 네트워크이다. 회로의 기능을 분석하기 위해 가능한 모든 입력 신호의 조합을 회로에 적용한다. 우선, $x_1 = x_2 = 0$인 경우를 생각해보자. 이것은 NOT 게이트의 출력을 1로 만들고, 동시에 AND 게이트의 출력을 0으로 만든다. 그러므로 $x_1 = x_2 = 0$이면 $f = 1$이 된다. 이번에는 $x_1 = 0$이고 $x_2 = 1$이라면, NOT 게이트와 AND 게이트의 출력은 각각 1과 0을 유지하므로 f 값이 1이 된다. 다음에 $x_1 = 1$이고 $x_2 = 0$으로 주어지면, NOT 게이트의 출력과 AND 게이트의 출력 모두 0이 된다. 따라서 OR 게이트의 입력이 모두 0이 되어 출력 f는 0이 된다. 끝으로, $x_1 = x_2 = 1$인 경우를 생각해보자. AND 게이트의 출력은 1이 되고, 이로

인해 출력 f는 1이 된다. 위에서 설명한 내용을 그림 2.10b의 진리표 형태로 요약할 수 있다.

타이밍도

지금까지 입력 x_1과 x_2의 네 가지 가능한 밸류에이션을 대입하여, 그림 2.10a에 보인 회로를 분석하였다. 이들 밸류에이션(valuation)이 앞서 기술한대로 $(x_1, x_2) = (0, 0)$, $(0, 1)$, $(1, 0)$, $(1, 1)$의 순서로 회로에 주어진다고 가정해 보자. 이때 네트워크 내부 여러 지점에서의 신호의 변화는 그림 2.10a의 컬러로 표시된 값과 같다. 동일한 신호 값들을 그림 2.10c의 **타이밍도**(*timing diagram*)로 표시할 수 있다. 시간은 좌측에서 우측 방향으로 횡축을 따라 증가하고, 각 입력 변수 값은 일정한 시간 동안 정해진 값을 유지한다. 그림은 회로의 입출력 파형과 함께 내부에 A와 B로 표시된 위치의 신호 파형을 보여준다.

그림 2.10c의 타이밍도는 입력 x_1과 x_2의 값이 변경되면 점 A와 B 및 출력 f에서 파형의 변화가 순간적으로 발생함을 보여준다. 이러한 이상적인 파형은 논리게이트가 입력의 변화에 대해 즉각적으로 응답한다는 가정을 전제로 한다. 이러한 타이밍도는 논리회로의 **기능적 동작**(*functional behavior*)을 나타내는 데 유용하다. 그러나 실제 논리게이트는 상태의 변화에 약간의 시간이 필요한 전자회로를 사용하여 구현된다. 따라서 입력 값의 변화와 대응하는 게이트의 출력 값의 변화 사이에 지연이 존재한다. 다음 장에서는 이러한 지연을 포함하는 타이밍도를 사용할 것이다.

타이밍도는 여러 가지 목적으로 사용된다. 예를 들면, 논리 분석기(logic analyzer) 혹은 오실로스코프(oscilloscope) 등의 기기를 이용하여 회로를 테스트할 때, 논리회로의 동작 상태를 파형으로 보여준다. 또한 실제의 전자회로로 구현되기 전에 예상되는 동작 상태를 설계자에게 보여주기 위해 CAD 툴에 의해 생성되기도 한다. CAD 툴에 대한 내용은 이 장의 후반부에 소개하는데, 이 책 전반에 걸쳐 사용할 것이다.

기능적 등가 네트워크

그림 2.10d의 회로를 살펴보자. 회로를 해석하면 출력 g는 그림 2.10a의 출력 f와 같은 값을 갖는다는 것을 알 수 있다. 따라서 $g(x_1, x_2) = f(x_1, x_2)$이다. 즉, 두 회로는 기능적으로 서로 같다. 이들 두 네트워크의 출력 값에 대한 진리표는 그림 2.10b와 같다. 두 회로의 기능이 같으므로 가격이 저렴하고 간단한 회로를 선택하는 것이 당연히 유리할 것이다.

일반적으로 논리함수는 상이한 비용이 들어가는 다양한 네트워크로 구현될 수 있다. 문제는 주어진 기능을 수행하는 최적의 네트워크를 어떻게 구현하느냐는 것이다. 논리함수를 합성하는 몇 가지 주요 방법에 대해서는 이 장의 뒷부분에서 다루기로 한다. 지금은 일단 그림 2.10a의 복잡한 회로를 2.10d와 같이 간단한 회로로 변환하는데 약간의 조작이 필요하다는 사실에 주목할 필요가 있다. 두 회로의 출력 $f(x_1, x_2) = \bar{x}_1 + x_1 \cdot x_2$이고, $g(x_1, x_2) = \bar{x}_1 + x_2$이므로, 다음과 같이 두 함수가 등가임을 보일 수 있는 몇 가지 법칙이 있어야 한다.

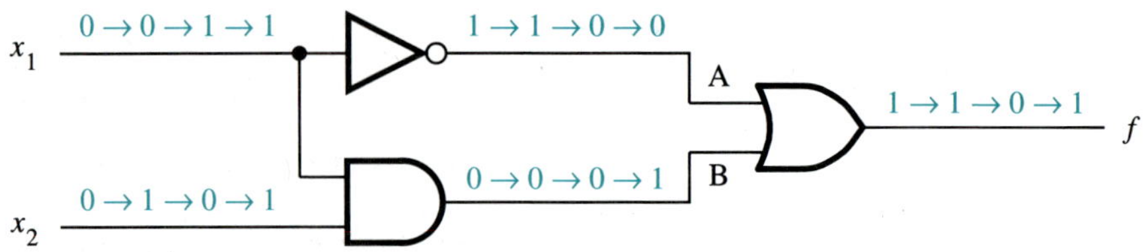

(a) $f = \bar{x}_1 + x_1 \cdot x_2$를 구현한 네트워크

x_1	x_2	$f(x_1, x_2)$	A	B
0	0	1	1	0
0	1	1	1	0
1	0	0	0	0
1	1	1	0	1

(b) 진리표

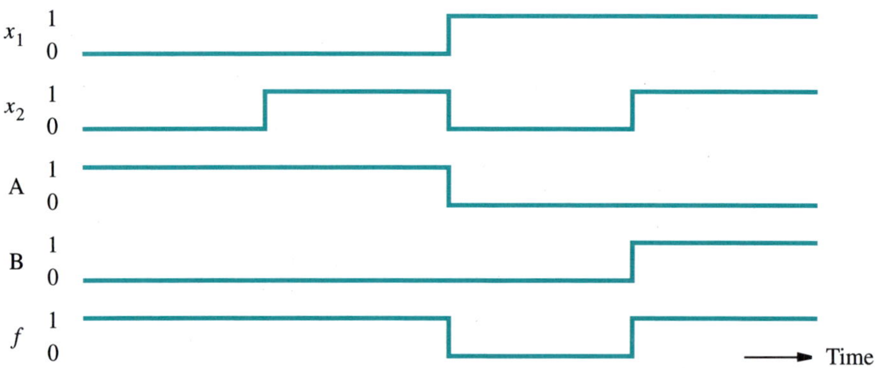

(c) 타이밍도

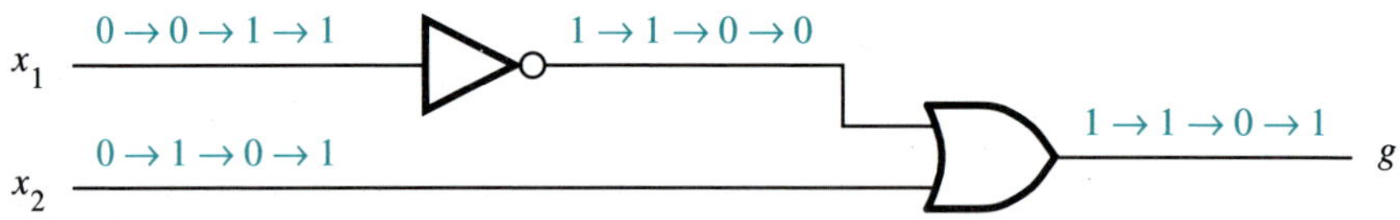

(d) $g = \bar{x}_1 + x_2$를 구현한 네트워크

그림 2.10 논리 네트워크의 예

$$\bar{x}_1 + x_1 \cdot x_2 = \bar{x}_1 + x_2$$

위의 두 논리함수가 같다는 것은 두 회로의 분석과 진리표를 통해 이미 확인하였다. 이와는 별개로 논리식의 대수학적 조작(algebraic manipulation)을 통해서도 같은 결론에 도달할 수 있다. 2.5절에서 논리회로의 설계에 기본이 되는 수학적 원리를 다루도록 한다.

예제 2.1

그림 2.11a의 논리함수를 살펴보자. 이 회로에는 신호 x, y 값을 제어하는 두 개의 토글(toggle)스위치가 있다. 각 스위치는 아래로 내리거나 위로 올릴 수 있게 되어 있다. 토글스위치를 아래로 내릴 때 논리 값 0(ground)에 연결되고, 위로 올리면 논리 값 1(power supply level)에 연결된다. 이런 식으로 토글스위치는 x, y를 0이나 1로 설정하는 데 사용된다.

신호 x, y는 전구 L을 제어하는 논리회로의 입력이 된다. 이 전구가 켜질 조건은 두 개의 토글스위치 중 오직 한 개만 위에 있을 때 켜지는 것이다. 그림 (b)의 진리표에 이 조건이 명시되어 있다. $x = 0$이고 $y = 1$이거나 $x = 1$이고 $y = 0$일 때 $L = 1$이 되므로 이 논리함수는 그림 (c)처럼 구현된다.

흔히 주택의 계단에서 이런 스위치를 볼 수 있는데, 계단의 위쪽과 아래쪽에 스위치가 하나씩 있어서 각각의 스위치에 의해 전구가 제어되는 것과 비슷하다. 이 전구는 각각의 스위치에 의해 그림 2.11b의 진리표와 같이 켜졌다 꺼졌다 하게 된다. 이 논리함수도 많이 사용되는 함수인데, 입력이 둘 다 1일 경우에는 OR 함수와 결과가 다르다. 이 함수를 XOR (*Exclusive-OR*)라고 하며, 논리식에서 기호 $\oplus$로 표현한다. 즉 $L = \bar{x} \cdot y + x \cdot \bar{y}$로 쓰는 대신 $L = x \oplus y$로 쓸 수 있다. XOR 함수는 그림 2.11d의 논리게이트 기호로 표현된다.

예제 2.2

1장에서 컴퓨터 내부의 숫자들을 2진수를 사용하여 표현하는 방법을 설명하였다. 논리함수의 다른 예제로 두 개의 한 자리 2진수 a와 b의 덧셈을 생각해보자. a와 b의 네 가지 가능한 조합에 대한 결과가 그림 2.12a에 주어져 있다(이 그림에서 + 연산자는 덧셈을 나타낸다). 합 $S = s_1 s_0$은 두 자리 2진수로 표현되는데, $a = b = 1$이면 $S = 10$이 되기 때문이다.

그림 2.12b에 논리함수 s_1, s_0에 대한 진리표가 주어져 있다. 이 표에서 $s_1 = a \cdot b$, $s_0 = a \oplus b$임을 알 수 있다. 그림 (c)에 논리회로가 표현되어 있다. 이와 같이 두 2진수를 더하는 논리회로를 가산기(*adder*, 덧셈기)라고 한다. 3장에서 이와 같은 형태의 회로에 대해 자세히 설명한다.

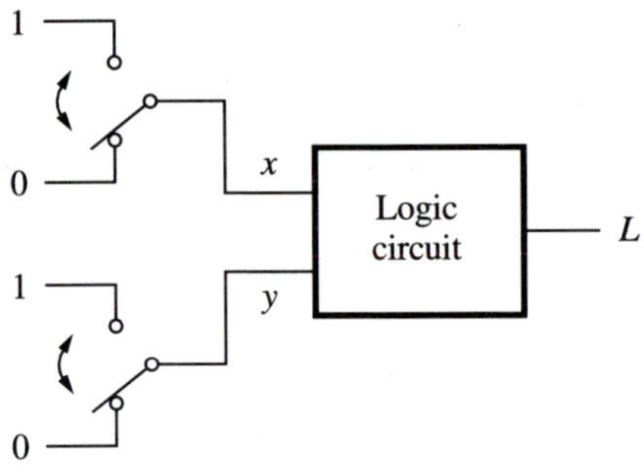

(a) 전구를 제어하는 두 개의 스위치

x	y	L
0	0	0
0	1	1
1	0	1
1	1	0

(b) 진리표

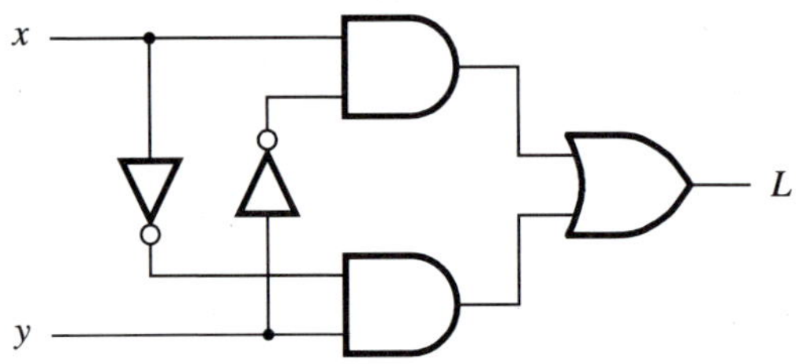

(c) 논리 네트워크

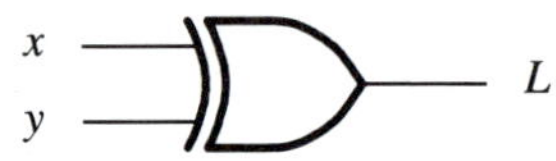

(d) XOR 게이트 심벌

그림 2.11 논리회로의 예

$$\begin{array}{r} a \\ +\,b \\ \hline s_1\, s_0 \end{array} \qquad \begin{array}{r} 0 \\ +\,0 \\ \hline 0\;0 \end{array} \quad \begin{array}{r} 0 \\ +\,1 \\ \hline 0\;1 \end{array} \quad \begin{array}{r} 1 \\ +\,0 \\ \hline 0\;1 \end{array} \quad \begin{array}{r} 1 \\ +\,1 \\ \hline 1\;0 \end{array}$$

(a) $S = a + b$의 값

a	b	s_1	s_0
0	0	0	0
0	1	0	1
1	0	0	1
1	1	1	0

(b) 진리표

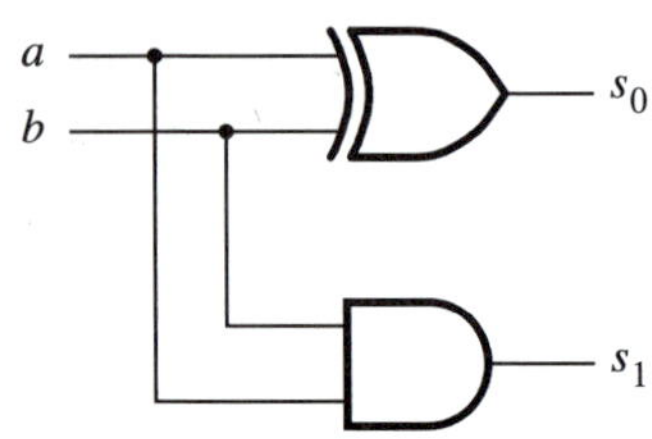

(c) 논리 네트워크

그림 2.12 2진수의 덧셈

2.5 • 부울대수

1849년 조지 부울(George Boole)은 논리적 사고와 추론을 대수학적으로 표현하는 방법을 발표하였다[1]. 이후 부울의 기본 이론과 이를 정리한 내용들을 취합하여 **부울대수**(*Boolean algebra*)를 정립하였다. 부울대수가 공학적 개념으로 적용된 것은 이보다 100여 년 후의 일이다. 1930년대 후반에 클라우드 섀넌(Claude Shannon)은 부울대수가 스위치들로 구성된 회로를 설명하는 데 효과적인 수단임을 증명하였다[2]. 이로부터 부울대수가 논리회로의 기술에 사용될 수 있게 되었다. 부울대수는 논리회로 분석 및 설계에 사용되는 유용한 도구이다. 여러분들은 이 개념이 오늘날 디지털 기술의 기반이 되었음을 알게 될 것이다.

부울대수의 공리

다른 대수(algebra)와 마찬가지로, 부울대수도 몇 개의 기본 가정으로부터 유도된 법칙들에 기반을 두고 있다. 여기서 기본 가정들을 **공리**(*axiom*)라 한다. 부울대수에서는 모든 요소가 0과 1 중 하나의 값을 갖는다고 가정한다. 그리고 다음 공리들을 true라고 가정한다.

1*a*. $0 \cdot 0 = 0$
1*b*. $1 + 1 = 1$
2*a*. $1 \cdot 1 = 1$
2*b*. $0 + 0 = 0$
3*a*. $0 \cdot 1 = 1 \cdot 0 = 0$
3*b*. $1 + 0 = 0 + 1 = 1$
4*a*. $x = 0$ 이면 $\bar{x} = 1$
4*b*. $x = 1$ 이면 $\bar{x} = 0$

단일 변수 정리

위 공리로부터 변수가 한 개인 경우 유효한 법칙들을 정의할 수 있다. 이들 법칙들을 **정리**(*theorem*)라고 한다. x를 부울변수라고 하면, 다음 정리들이 성립된다.

5*a*. $x \cdot 0 = 0$
5*b*. $x + 1 = 1$
6*a*. $x \cdot 1 = x$
6*b*. $x + 0 = x$
7*a*. $x \cdot x = x$
7*b*. $x + x = x$
8*a*. $x \cdot \bar{x} = 0$
8*b*. $x + \bar{x} = 1$
9. $\bar{\bar{x}} = x$

이들 정리들은 식의 x에 0과 1을 각각 대입하고 앞서 살펴본 공리와 연계해 유도함으로써 타당성이 쉽게 입증될 수 있다. 예를 들면, 정리 5*a*에서 $x = 0$이면 주어진 정리는 $0 \cdot 0 = 0$이 되고, 이는 공리 1*a*에 의해 true이다. 이와 유사하게, $x = 1$이면 정리 5*a*는 $1 \cdot 0 = 0$이 되는데, 이는 공리 3*a*에 의해 역시 true이다. 정리 5*a*부터 9까지 같은 방법으로 증명해 보라.

쌍대성

앞서 기술한 공리들과 단일 변수에 대한 정리들이 각각 쌍으로 열거되어 있다는 것에 주목하자. 이는 **쌍대성 원리**(*principle of duality*)를 반영하기 위함이다. 일단 어떤 논리식이 주어지면, 그 식의 **쌍대**(*dual*) 식은 모든 + 연산자는 · 연산자로, 또는 그 반대로 바꾸고, 모든 상수 0은 1로, 또는 그 반대로 바꾸어 구한다. 여기서 어떤 논리식(공리 혹은 정리)이 true이면, 그 식의 쌍대(duality)도 true이다.

2-변수와 3-변수에 대한 특성식

변수들이 여러 개인 논리식을 다루기 위해 2-변수 혹은 3-변수 대수의 항등식을 정의해보자. 각 항등식(identity)의 쌍대(dual)도 함께 나열하였다. 이들 항등식을 **특성식**(*property*)이라고도 한다. 각 특성식은 아래에 나타낸 이름으로 정의된다. 만일 x, y, z가 부울변수라면, 다음 특성식이 성립된다.

10*a*.	$x \cdot y = y \cdot x$	교환법칙(*Commutative*)
10*b*.	$x + y = y + x$	
11*a*.	$x \cdot (y \cdot z) = (x \cdot y) \cdot z$	결합법칙(*Associative*)
11*b*.	$x + (y + z) = (x + y) + z$	
12*a*.	$x \cdot (y + z) = x \cdot y + x \cdot z$	분배법칙(*Distributive*)
12*b*.	$x + y \cdot z = (x + y) \cdot (x + z)$	
13*a*.	$x + x \cdot y = x$	흡수법칙(*Absorption*)
13*b*.	$x \cdot (x + y) = x$	
14*a*.	$x \cdot y + x \cdot \overline{y} = x$	통합법칙(*Combining*)
14*b*.	$(x + y) \cdot (x + \overline{y}) = x$	
15*a*.	$\overline{x \cdot y} = \overline{x} + \overline{y}$	드모르간의 법칙(*DeMorgan's theorem*)
15*b*.	$\overline{x + y} = \overline{x} \cdot \overline{y}$	
16*a*.	$x + \overline{x} \cdot y = x + y$	
16*b*.	$x \cdot (\overline{x} + y) = x \cdot y$	
17*a*.	$x \cdot y + y \cdot z + \overline{x} \cdot z = x \cdot y + \overline{x} \cdot z$	컨센서스(*Consensus*)
17*b*.	$(x + y) \cdot (y + z) \cdot (\overline{x} + z) = (x + y) \cdot (\overline{x} + z)$	

이들 특성식도 단일 변수 정리에서와 마찬가지로 입력 밸류에이션의 대입에 의하거나, 또는 간단한 대수적 전개로 true임을 증명할 수 있다. 그림 2.13은 진리표를 이용하여 가능한 입력 밸류에이션 값을 직접 대입함으로써 드모르간의 법칙을 증명하는 과정을 보여준

x	y	$x \cdot y$	$\overline{x \cdot y}$	$\bar{x}$	$\bar{y}$	$\bar{x} + \bar{y}$
0	0	0	1	1	1	1
0	1	0	1	1	0	1
1	0	0	1	0	1	1
1	1	1	0	0	0	0
		LHS		RHS		

그림 2.13 드모르간 법칙의 증명

다. 진리표로부터 식 15a에 기술된 항등식의 좌변과 우변 식들은 서로 같음을 알 수 있다.

지금까지 여러 가지 공리, 정리, 특성식들을 살펴보았다. 부울대수의 정의에 이 모든 것이 다 필요한 것은 아니다. 예를 들어, +와 · 연산자가 정의되었다고 가정하면, 정리 5와 8, 특성식 10과 12만으로 다른 부울대수들을 정의할 수 있다. 이를 헌팅턴의 기본 조건(Huntington's basic postulates)이라 한다[3]. 다른 항등식들은 이들 기본 조건으로부터 구할 수 있다.

지금까지 나열한 공리, 정리, 특성식들은 보다 복잡한 논리식을 대수를 이용하여 푸는 데 필요한 정보를 제공한다.

예제 2.3

다음 논리식의 타당성을 증명해보자.

$$(x_1 + x_3) \cdot (\bar{x}_1 + \bar{x}_3) = x_1 \cdot \bar{x}_3 + \bar{x}_1 \cdot x_3$$

식의 좌변(LHS, Left Hand Side)은 다음과 같이 바꾸어 쓸 수 있다. 먼저 12a의 분배법칙(distributive property)을 이용하면

$$\text{LHS} = (x_1 + x_3) \cdot \bar{x}_1 + (x_1 + x_3) \cdot \bar{x}_3$$

이 되고, 다시 한 번 분배법칙(distributive property)을 적용하면

$$\text{LHS} = x_1 \cdot \bar{x}_1 + x_3 \cdot \bar{x}_1 + x_1 \cdot \bar{x}_3 + x_3 \cdot \bar{x}_3$$

이 된다. 여기서 사용된 분배법칙은 괄호 밖에 놓인 변수와 괄호 안에 묶인 변수들 간의 AND 연산을 일반 대수에서의 곱셈과 같은 방법으로 적용한다. 이어서 정리 8a에 의해 $x_1 \cdot \bar{x}_1$과 $x_3 \cdot \bar{x}_3$는 모두 0이므로

$$\text{LHS} = 0 + x_3 \cdot \bar{x}_1 + x_1 \cdot \bar{x}_3 + 0$$

이 된다. 다시 식 $6b$에 따라

$$\text{LHS} = x_3 \cdot \bar{x}_1 + x_1 \cdot \bar{x}_3$$

이 되고, 마지막으로 식 $10a$와 $10b$의 교환법칙(commutative property)에 따라

$$\text{LHS} = x_1 \cdot \bar{x}_3 + \bar{x}_1 \cdot x_3$$

이 되어, 처음 주어진 항등식의 우변(RHS, Right Hand Side)과 같은 식이 된다.

예제 2.4

다음 논리식을 살펴보도록 하자.

$$x_1 \cdot \bar{x}_3 + \bar{x}_2 \cdot \bar{x}_3 + x_1 \cdot x_3 + \bar{x}_2 \cdot x_3 = \bar{x}_1 \cdot \bar{x}_2 + x_1 \cdot x_2 + x_1 \cdot \bar{x}_2$$

좌변(LHS)은 다음과 같이 정리할 수 있다.

$$\begin{aligned} \text{LHS} &= x_1 \cdot \bar{x}_3 + x_1 \cdot x_3 + \bar{x}_2 \cdot \bar{x}_3 + \bar{x}_2 \cdot x_3 && 10b\text{를 사용} \\ &= x_1 \cdot (\bar{x}_3 + x_3) + \bar{x}_2 \cdot (\bar{x}_3 + x_3) && 12a\text{를 사용} \\ &= x_1 \cdot 1 + \bar{x}_2 \cdot 1 && 8b\text{를 사용} \\ &= x_1 + \bar{x}_2 && 6a\text{를 사용} \end{aligned}$$

우변(RHS) 역시 다음과 같이 정리할 수 있다.

$$\begin{aligned} \text{RHS} &= \bar{x}_1 \cdot \bar{x}_2 + x_1 \cdot (x_2 + \bar{x}_2) && 12a\text{를 사용} \\ &= \bar{x}_1 \cdot \bar{x}_2 + x_1 \cdot 1 && 8b\text{를 사용} \\ &= \bar{x}_1 \cdot \bar{x}_2 + x_1 && 6a\text{를 사용} \\ &= x_1 + \bar{x}_1 \cdot \bar{x}_2 && 10b\text{를 사용} \\ &= x_1 + \bar{x}_2 && 16a\text{를 사용} \end{aligned}$$

주어진 식의 좌우 양변을 변형하여 같은 식으로 만들면 주어진 식이 항등식임을 알 수 있다. 즉, 동일한 논리함수가 위의 좌변과 우변과 같이 표현될 수 있으므로

$$\begin{aligned} f(x_1, x_2, x_3) &= x_1 \cdot \bar{x}_3 + \bar{x}_2 \cdot \bar{x}_3 + x_1 \cdot x_3 + \bar{x}_2 \cdot x_3 \\ &= \bar{x}_1 \cdot \bar{x}_2 + x_1 \cdot x_2 + x_1 \cdot \bar{x}_2 \end{aligned}$$

가 된다. 여기서, 대수학적 변형을 통해 보다 간단한 표현 식

$$f(x_1, x_2, x_3) = x_1 + \bar{x}_2$$

을 얻을 수 있고, 이는 역시 처음 주어진 식과 같다. 이렇게 얻은 간단한 표현식은 적은 비용으로 논리회로를 구현할 수 있게 한다.

예제 2.3과 2.4에서는 논리식을 대수학적으로 풀기 위해 부울대수의 공리, 정리, 특성식 등을 사용하였다. 물론 앞서 보인 간단한 예에서조차 논리식에 대한 부울대수의 적용이 어려우므로, 더 복잡한 논리식에 대수학적 방법을 사용하는 것은 현실적이지 못함을 알 수 있다. 그러나 이들 정리와 특성식들은 CAD 툴들이 논리함수를 자동으로 합성하는 과정에서 적용하는 기본 개념들이다. 따라서 CAD를 이용하여 얻을 수 있는 다양한 기능을 이해하기 위해서는 이들 기본 개념들을 잘 이해하고 있어야 한다.

2.5.1 벤 다이어그램

정리와 특성식을 증명하기 위해 변수에 0과 1의 모든 조합을 대입함으로써 수학적 귀납법으로 증명할 수도 있다. 이런 방법은 너무 단순하여 대수학의 관점에서는 큰 의미가 없다. 이와 같은 문제를 보완하고 시각적 이해를 돕기 위한 방법으로 벤 다이어그램(Venn diagram)이 있다. 여러분들은 벤 다이어그램 방식이 두 식의 동일성을 직관적으로 이해할 수 있는 방법임을 알고 있을 것이다.

벤 다이어그램은 전통적으로 수학의 집합과 관련된 다양한 연산을 그림으로 해석하는 데 사용된다. 집합 s는 s의 구성원(member)이라 불리는 원소들의 집합이다. 벤 다이어그램에서 집합의 구성원들은 사각형, 원, 혹은 타원형 등 도형의 내부 영역으로 표현된다. 예를 들어, 1부터 10까지의 정수들을 전체 집합 N이라 할 때, 짝수들의 집합 $E = \{2, 4, 6, 8, 10\}$이다. E를 둘러싼 등심원은 짝수들을 포함한다. 홀수는 E의 컴플리먼트가 되고, 등심원의 외부에 존재하며 $\overline{E} = \{1, 3, 5, 7, 9\}$로 표기한다.

부울대수는 전체 집합이 오직 두 개의 원소 $B = \{0, 1\}$만을 가지고 있으므로, $s = 1$인 집합 s를 도형의 내부로 볼 때, 도형의 외부를 $s = 0$으로 볼 수 있다. 그림에서 $s = 1$인 영역은 음영 처리되어 있다. 그림 2.14는 벤 다이어그램의 개념을 보여준 것으로, 전체 집합 B는 직사각형으로 나타내었다. 상수 1과 0은 그림의 (*a*)와 (*b*)처럼 구분한다. 변수 x는 그림 (*c*)에 보인 바와 같이 원으로 구분하는데, 원의 안쪽은 $x = 1$인 경우를, 원의 바깥쪽은 $x = 0$을 표현한다. 하나 혹은 그 이상의 변수인 경우, 결과 값이 1이 되는 부분을 음영으로 나타낸다. 그림 (*d*)는 x의 컴플리먼트 표현 방법을 보여준다.

두 개의 변수 x와 y를 벤 다이어그램으로 표시하기 위해, 두 개의 원을 중첩하여 그렸다. 그림 (*e*)에 보인 바와 같이 두 개의 원이 중첩되는 영역은 $x = y = 1$인 경우, 즉 x와 y의 AND 결과를 나타낸다. 여기서 중첩되는 영역은 x와 y의 공통 영역을 나타내므로 AND 논리 연산을 변수 x와 y의 **교집합**(*intersection*)이라고 한다. 그림 (*f*)는 OR 논리 연산으로 $x + y$는 변수 x와 y 중 적어도 어느 하나 이상이 1인 경우로 두 원이 갖는 내부 영역의 합이 된다. 이때 두 원의 영역을 합해주므로 OR 논리 연산을 변수 x와 y의 **합집합**(*union*)이라고 한다.

그림 (*g*)는 x와 $\overline{y}$의 교집합 영역으로 항 $x \cdot \overline{y}$를 나타낸다. 그림 (*h*)는 3-변수 경우의 예로, x와 $\overline{y}$의 교집합에 z를 합한 식 $x \cdot y + z$를 나타낸다. 벤 다이어그램을 이용해 두 개의 논리식이 항등식임을 입증하기 위하여, 2.5절에 보인 식 12*a*의 분배법칙을 증명해보

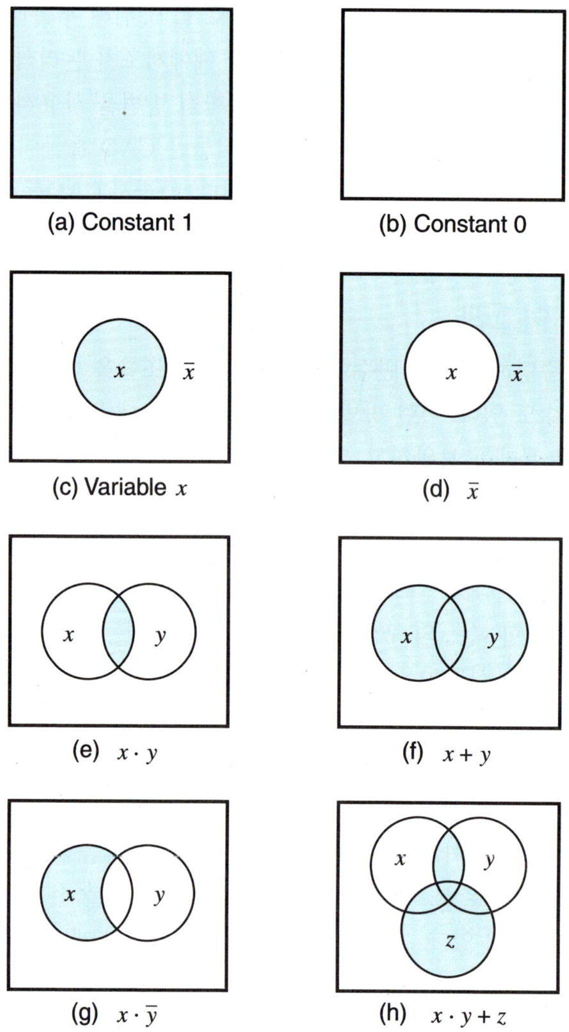

그림 2.14 벤 다이어그램의 표현

자. 그림 2.15는 다음 항등식의 좌·우변을 벤 다이어그램에 표시하는 과정을 보여준다.

$$x \cdot (y + z) = x \cdot y + x \cdot z$$

그림 (*a*)는 $x = 1$인 영역을 보여준다. 그림 (*b*)는 $y + z$ 영역을 표시하고, 그림 (*c*)는 논리식 $x \cdot (y + z)$의 다이어그램으로 그림 (*a*)와 그림 (*b*)의 음영 처리된 부분의 교집합을 나타낸다. 항등식의 우변(RHS)은 그림 (*d*), (*e*), (*f*)와 같다. 그림 (*d*)와 (*e*)는 각각 $x \cdot y$와 $y \cdot z$를 표시한다. 이들 두 다이어그램의 음영 처리된 영역을 합친 그림 (*f*)는 논리식 $x \cdot y + y \cdot z$를 나타낸다. 그림 (*c*)와 그림 (*f*)의 음영 처리된 영역이 동일하므로 분배법칙 논리식이 true임을 증명하였다.

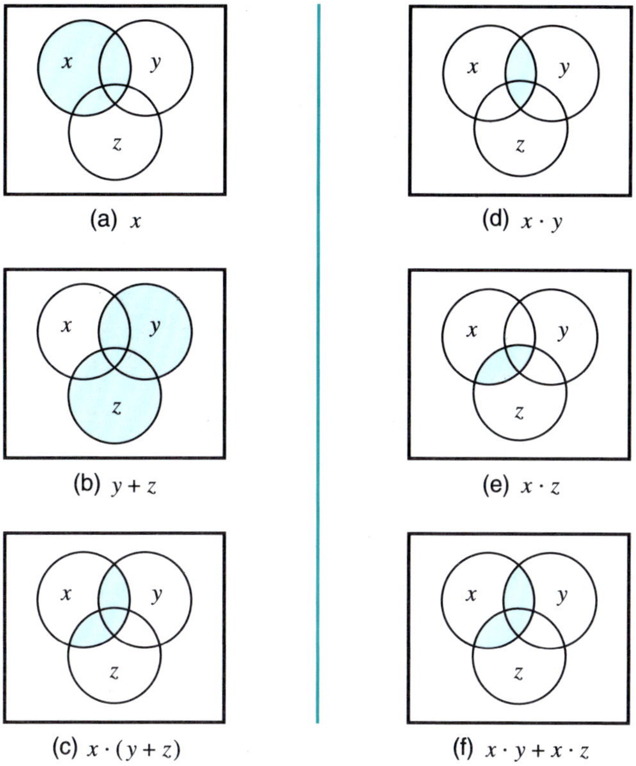

그림 2.15 분배법칙 $x\cdot(y+z)=x\cdot y+x\cdot z$의 증명

다른 예로, 다음 항등식을 생각해 보자.

$$x\cdot y+\bar{x}\cdot z+y\cdot z=x\cdot y+\bar{x}\cdot z$$

위 항등식은 그림 2.16의 벤다이어그램과 같이 표시된다. 여기서, 항 $y\cdot z$는 두 개 항 $x\cdot y$와 $\bar{x}\cdot z$에 완전히 포함됨을 주목하라. 따라서 항 $y\cdot z$는 생략될 수 있다. 이 항등식은 특성식 17*a*로서 컨센서스(consensus)라고도 한다.

이제 여러분들은 다른 항등식의 증명에 벤다이어그램을 활용할 수 있어야 한다. 다음 예제에 특성식 12*b*와 드모르간의 법칙(DeMorgan's theorem) 15*a*에 대한 증명이 설명되어 있다.

예제 2.5

그림 2.15의 분배법칙 12*a*는 이제 익숙할 것이다. 이 법칙은 부울 함수뿐 아니라 실수 체계에서도 똑같이 적용되기 때문이다. 실수 체계에서는 논리적 AND, OR 연산 대신, 곱셈과 덧셈으로 표현될 뿐이다. 그렇지만 12*a*의 쌍대 형태인 12*b*의

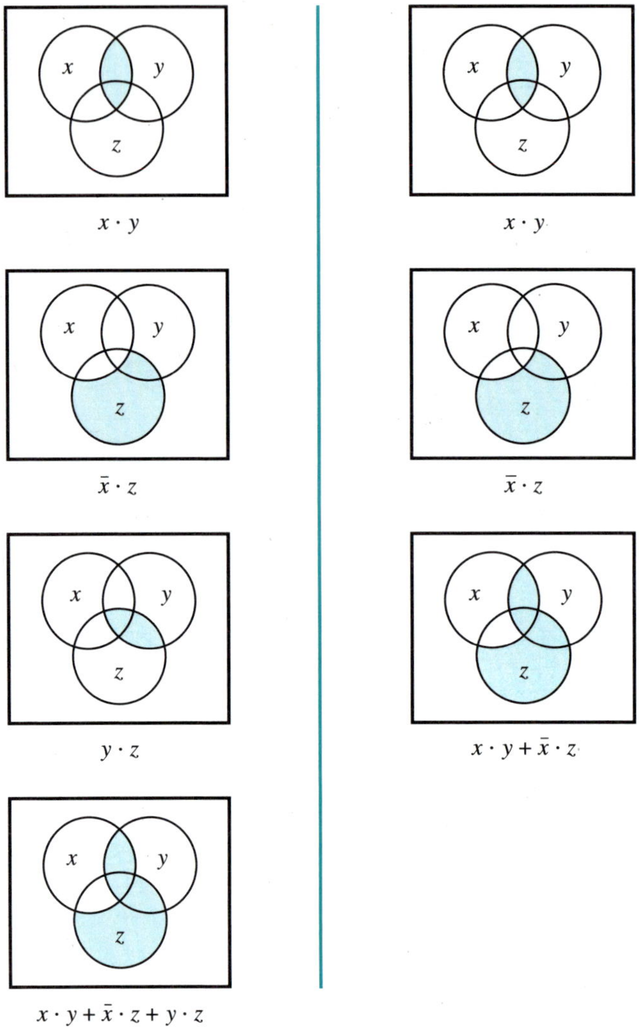

그림 2.16 $x \cdot y + \bar{x} \cdot z + y \cdot z = x \cdot y + \bar{x} \cdot z$의 증명

$x + y \cdot z = (x + y) \cdot (x + z)$는 실수 체계에서는 성립되지 않는다. 그림 2.17은 부울 대수에서 이것이 성립함을 증명하기 위해 벤 다이어그램을 사용해 보여준다. 그림 *(a)* *(b)*는 각각 x와 $y \cdot z$를 나타내고, *(c)*는 *(a)*와 *(b)*의 합집합을 나타낸다. *(d)*와 *(e)*는 $(x + y)$와 $(x + z)$를 나타내며 *(f)*는 *(d)*와 *(e)*의 교집합을 보여준다. 그림에서 *(c)*와 *(f)*가 같으므로, 12*b*가 성립한다.

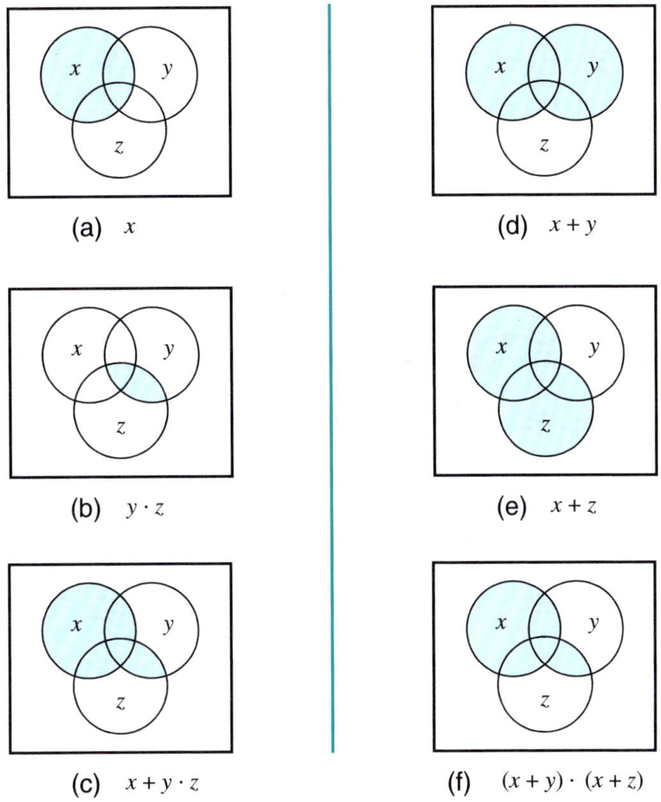

그림 2.17 분배법칙 12*b*의 증명

예제 2.6

그림 2.18에 벤다이어그램을 이용한 드모르간의 법칙 15*a*의 증명이 예시되어 있다. 그림 (*b*)의 다이어그램은 $x \cdot y$의 컴플리먼트이고, (*c*)와 (*d*)의 합집합인 그림 (*e*)와 같으므로 드모르간의 법칙이 증명된다. 드모르간의 법칙의 쌍대인 15*b*는 여러분들이 연습문제를 통해 증명해 보라.

2.5.2 표기법과 용어

부울대수는 AND와 OR 연산을 기본으로 한다. 이들 논리 연산은 기호 · 와 +로 표시한다. 이 논리 연산은 이미 잘 알려진 산술 연산(arithmetic operation)의 곱셈과 덧셈의 표준 기호와 같다. 이렇게 기호를 중복 사용하는 것은 부울 연산과 산술 연산이 상당 부분 유사하기 때문이다. 한 자리 숫자의 경우 부울 연산과 산술 연산은 단 한 가지의 차이가 있다. 산술 연산에서 1 + 1은 2이지만 부울대수에서는 2.5절의 정리 7*b*에서와 같이 1이 된다.

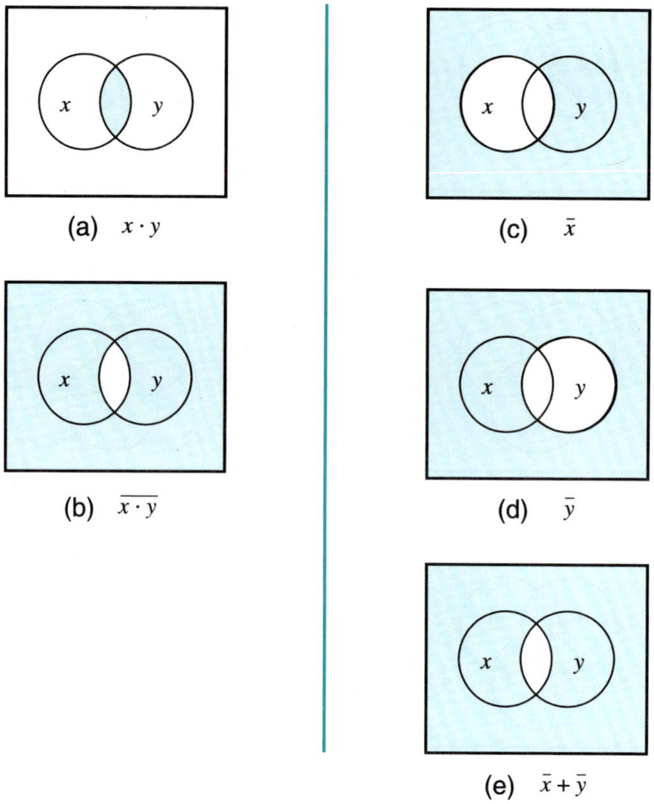

그림 2.18 드모르간법칙의 증명

OR와 AND 논리 연산은 산술 연산의 덧셈 및 곱셈과 비슷하기 때문에 각각 **논리합**(*logical sum*), **논리곱**(*logical product*)이라고도 한다. 따라서 $x_1 + x_2$는 변수 x_1과 x_2의 논리합이고, $x_1 \cdot x_2$는 변수 x_1과 x_2의 논리곱이다. 또한, 논리곱이나 논리합이라는 용어 대신 간단히 '**곱**(*product*)' 또는 '**합**(*sum*)'이라고도 한다. 따라서 다음 식

$$x_1 \cdot \bar{x}_2 \cdot x_3 + \bar{x}_1 \cdot x_4 + x_2 \cdot x_3 \cdot \bar{x}_4$$

은 세 곱 항들의 합(sum of three product terms)이라 하고, 다음 식

$$(\bar{x}_1 + x_3) \cdot (x_1 + \bar{x}_3) \cdot (\bar{x}_2 + x_3 + x_4)$$

은 세 합 항들의 곱(product of three sum terms)이라 한다.

2.5.3 연산의 우선순위

세 가지 기본 논리 연산(AND, OR, NOT)을 이용하면, 다양한 논리회로를 만들 수 있다. 많은 논리 연산에서, 처리되는 항들의 순서에 따라 결과가 달라지므로 괄호를 사용하여 연산의 순서를 정할 수 있다. 그러나 너무 많은 괄호의 사용을 피하기 위해 기본 논

리 연산의 우선순위를 정하였다. 이에 따르면, 괄호가 없는 경우 논리식의 연산은 NOT, AND, OR의 순서로 처리된다. 따라서 논리식

$$x_1 \cdot x_2 + \bar{x}_1 \cdot \bar{x}_2$$

의 경우, 먼저 x_1과 x_2의 보수를 구하고, 곱 항 $x_1 \cdot x_2$ 그리고 $\bar{x}_1 \cdot \bar{x}_2$를 구한 후, 이들 두 곱 항의 합을 구한다. 만일 논리 연산의 우선순위가 지정되지 않았다면, 위와 동일한 논리 연산을 위하여 다음과 같이 괄호를 사용해야 한다.

$$(x_1 \cdot x_2) + ((\bar{x}_1) \cdot (\bar{x}_2))$$

끝으로 논리식을 간단히 표기하기 위해 애매한 경우가 아니라면 일반적으로 연산 기호 ·는 생략한다. 따라서 앞서 보인 식은

$$x_1x_2 + \bar{x}_1\bar{x}_2$$

와 같이 표기할 수 있다. 이 책에서는 앞으로 이와 같은 방법으로 논리식을 표기한다.

2.6 • AND, OR, NOT 게이트를 이용한 합성

지금까지 설명한 논리회로의 개념을 기반으로, AND, OR, NOT 게이트들을 이용하면 모든 논리회로를 만들 수 있다. 두 개의 입력 x_1과 x_2를 갖는 논리회로를 설계한다고 가정하자. 입력 x_1과 x_2가 각각 스위치의 상태를 나타낸다고 가정하면, 각 스위치의 상태는 0 또는 1이 된다. 스위치 (x_1, x_2)가 (0, 0), (0, 1), (1, 1)의 상태일 때 출력 값이 1이 되는 회로를 만들어 보자. 만일 스위치 상태가 (1, 0)이면 회로의 출력은 0이 된다. 이 회로의 동작을 그림 2.19와 같은 진리표로 나타낼 수 있다.

진리표의 기능을 구현하는 논리회로 설계의 한 가지 방법은 먼저 출력 f가 1이 되는 입력의 경우들을 찾아 곱 항을 만들고, 이들 곱 항들의 논리합을 구하여 논리식 f를 구현하는 것이다. 일단 그림 2.19의 진리표에서 입력 $x_1 = x_2 = 1$인 4번째 행을 살펴보자. 해당 입력 행의 곱 항은 $x_1 \cdot x_2$로, x_1과 x_2의 AND로 표기된다. 다음, 진리표에서

x_1	x_2	$f(x_1, x_2)$
0	0	1
0	1	1
1	0	0
1	1	1

그림 2.19 합성을 위한 함수

$x_1 = x_2 = 0$인 첫 번째 행을 살펴보자. 이 입력의 조합으로 출력이 1이 되게 하는 곱 항은 $\bar{x}_1 \cdot \bar{x}_2$이다. 같은 방법으로, 진리표의 두 번째 행의 곱 항은 $\bar{x}_1 \cdot x_2$로 표기된다. 따라서 f는

$$f(x_1, x_2) = x_1x_2 + \bar{x}_1\bar{x}_2 + \bar{x}_1x_2$$

으로 표기된다. 이 식에 대응하는 논리 네트워크를 그림 2.20*a*에 나타내었다.

그림 2.20*a*의 회로가 논리함수 f를 제대로 구현했다 해도 가장 간단한 회로는 아니다. 보다 간단한 회로를 구하기 위해서는 2.5절에 소개한 정리와 특성식들을 이용하여 식 f를 처리해야 한다. 정리 7*b*를 이용하면, 논리합의 형태로 되어 있는 식에서 임의의 곱 항을 중복 나열해도 동일한 식임을 알 수 있다. 앞서 얻은 식의 세 번째 곱 항을 중복시키면

$$f(x_1, x_2) = x_1x_2 + \bar{x}_1\bar{x}_2 + \bar{x}_1x_2 + \bar{x}_1x_2$$

이 된다. 특성식 10*b*의 교환법칙을 두 번째와 세 번째 곱 항에 적용하여 위치를 바꾸면

$$f(x_1, x_2) = x_1x_2 + \bar{x}_1x_2 + \bar{x}_1\bar{x}_2 + \bar{x}_1x_2$$

가 되고, 다시 특성식 12*a*의 분배법칙을 적용하면

$$f(x_1, x_2) = (x_1 + \bar{x}_1)x_2 + \bar{x}_1(\bar{x}_2 + x_2)$$

와 같이 쓸 수 있다. 이제 정리 8*b*를 적용하여

$$f(x_1, x_2) = 1 \cdot x_2 + \bar{x}_1 \cdot 1$$

이 되고, 끝으로 정리 6*a*에 의하여

$$f(x_1, x_2) = x_2 + \bar{x}_1$$

이 된다. 이렇게 얻은 식을 회로로 구현하면 그림 2.20*b*와 같다. 그림 2.20*b*와 그림 2.20*a*의 회로를 비교하면, 그림 2.20*b*의 회로가 비용 면에서 훨씬 저렴함을 알 수 있다.

지금까지 살펴본 간단한 예에서 회로 설계의 두 단계를 기술하였다. 첫째, 진리표에서 출력 값이 1인 행을 찾아 해당 입력 항들의 곱 항(AND 게이트)을 구하고, 이들 곱 항들을 모아 논리합을 구해 논리식을 도출한다. 각 곱 항은 모든 입력 변수들을 포함하며, 해당 입력 항의 입력 변수 x_i가 1이면, x_i를 그대로 곱 항에 기입하고, 만일 입력 변수 x_i가 0이면, $\bar{x}_i$를 곱 항에 기입한다. 이렇게 얻어진 곱 항들을 합하여 원하는 논리식을 구한다. 둘째, 기능은 동일하지만 모양과 구조가 다른 다양한 형태의 회로를 설계할 수 있다. 어떤 회로는 다른 것에 비해 보다 간단할 수 있다. 이런 회로를 얻기 위해 앞서 얻은 논리식에 대수학을 적용하여 단순한 논리식과 저비용의 회로를 유도할 수 있다.

요구하는 회로 기능을 분석하고, 이를 충족시키는 회로를 얻는 공정을 **합성**(*synthesis*)이라고 한다. 따라서 우리는 그림 2.19의 진리표에 서술된 회로 기능으로부터 그림 2.20의 회로를 "합성하였다"고 한다. 진리표로부터 AND-OR 식을 구하는 것은 앞으로 이

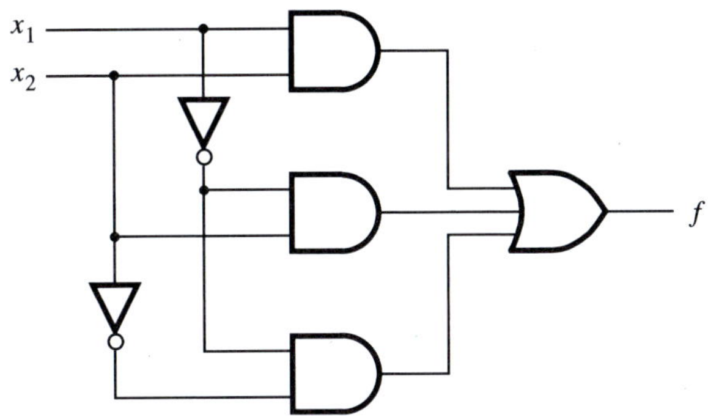

(a) 정형적인 곱의 합

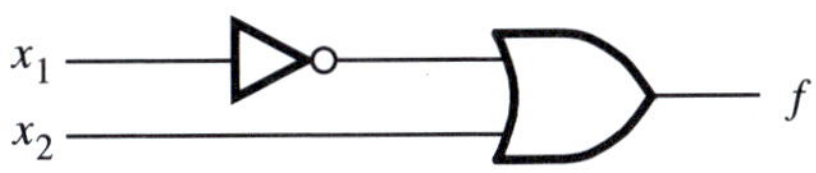

(b) 최소 비용의 구현

그림 2.20 그림 2.19 함수의 두 가지 구현

책에서 소개할 회로의 여러 가지 합성 기술 중 가장 기본이 되는 한 가지 방법이다.

예제 2.7

그림 2.21*a*에 알사탕을 만드는 공장 설비를 나타내었다. 알사탕은 세 개의 센서 s_1, s_2, s_3이 동작하는 컨베이어를 통과한다. 센서 s_1은 알사탕의 무게를 재는데, 무게가 너무 가벼우면 $s_1 = 1$로 설정된다. s_2와 s_3은 알사탕의 크기를 재는데, 알사탕이 기준치보다 작으면 $s_2 = 1$로 설정되고, 기준치보다 크면 $s_3 = 1$로 설정된다. 따라서 알사탕의 무게와 크기가 모두 합격하려면 $s_1 = s_2 = s_3 = 0$이 되어야 한다. 기준에 미달하는 알사탕은 컨베이어의 낙하 문(trap door)을 통해 제거된다. 단, 알사탕이 너무 크거나, 또는 너무 작으면서 가벼울 경우에만 제거된다고 하자(작아도 무게가 무겁거나, 가볍지만 크기가 맞으면 합격으로 가정한다). 낙하 문은 논리함수 f가 1일 때 열리도록 한다. 이 검사에 맞는 논리함수는 $f = s_1s_2 + s_3$이 된다. 부울대수를 이용하여 이 논리식에 대한 진리표를 만들 수 있다.

그림 2.21*b*에 f에 대한 진리표가 주어져 있다. s_3 값이 1이면(너무 크면) 진리표의 해당되는 행의 f 값이 1로 설정된다. 또한 $s_1 = s_2 = 1$이면(너무 가벼우면서 작으면) 진리표의 해당되는 행의 f 값이 1로 설정된다. 앞서 언급한 바와 같이, 논리식 f는 진리표에서 $f = 1$인 행의 곱 항을 모아서 만들 수도 있다. 이 경우, f는 다음과 같이 구할 수 있다.

$$f = \bar{s}_1\bar{s}_2 s_3 + \bar{s}_1 s_2 s_3 + s_1\bar{s}_2 s_3 + s_1 s_2 \bar{s}_3 + s_1 s_2 s_3$$

이 식을 대수적 방법으로 간략화하는 방법에는 여러 가지가 있다. 예를 들면 아래와 같이 규칙 7*b*를 이용하여 항 $s_1s_2s_3$을 반복한 다음 분배법칙 12*a*와 법칙 8*b*를 이용하여 다음과 같이 간략화할 수 있다.

$$\begin{aligned} f &= \bar{s}_1\bar{s}_2 s_3 + \bar{s}_1 s_2 s_3 + s_1\bar{s}_2 s_3 + s_1 s_2 s_3 + s_1 s_2 \bar{s}_3 + s_1 s_2 s_3 \\ &= \bar{s}_1 s_3(\bar{s}_2 + s_2) + s_1 s_3(\bar{s}_2 + s_2) + s_1 s_2(\bar{s}_3 + s_3) \\ &= \bar{s}_1 s_3 + s_1 s_3 + s_1 s_2 \end{aligned}$$

이제 처음의 두 곱 항에 결합법칙 14*a*를 적용하여 아래의 결과를 얻을 수 있다.

$$f = s_3 + s_1 s_2$$

자세히 살펴보면, 결합법칙 14*a*는 우리가 처음에 사용했던 분배법칙 12*a*와 규칙 8*b*를 한꺼번에 적용한 것이라는 것을 알 수 있을 것이다. 간략화된 논리식 *f*는 처음 알사탕 검사에 사용했던 식과 일치한다.

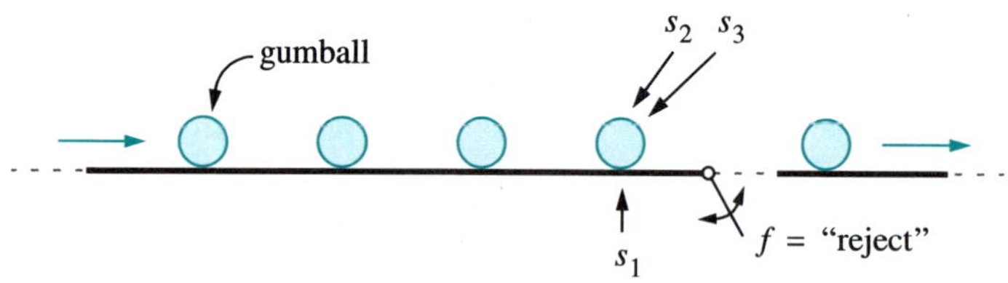

(a) 컨베이어와 센서

s_1	s_2	s_3	f
0	0	0	0
0	0	1	1
0	1	0	0
0	1	1	1
1	0	0	0
1	0	1	1
1	1	0	1
1	1	1	1

(b) 진리표

그림 2.21 알사탕 설비

예제 2.8

그림 2.21b의 진리표에서 만들어진 논리식을 간략화하는 다른 방법을 소개한다. 이번에는 예제 2.7에서처럼 항 $s_1s_2s_3$을 중복시킨 다음 아래와 같이 간략화하는 것이다.

$$\begin{aligned} f &= \bar{s}_1\bar{s}_2s_3 + \bar{s}_1s_2s_3 + s_1\bar{s}_2s_3 + s_1s_2s_3 + s_1s_2\bar{s}_3 + s_1s_2s_3 \\ &= s_3(\bar{s}_1\bar{s}_2 + \bar{s}_1s_2 + s_1\bar{s}_2 + s_1s_2) + s_1s_2(\bar{s}_3 + s_3) \\ &= s_3 \cdot 1 + s_1s_2 \\ &= s_3 + s_1s_2 \end{aligned}$$

여기서는 식 $(\bar{s}_1\bar{s}_2 + \bar{s}_1s_2 + s_1\bar{s}_2 + s_1s_2)$를 만들기 위해 분배법칙 12$a$를 이용하였다. 이 식이 s_1과 s_2의 모든 조합으로 이루어져 있기 때문에 그 값은 1이 된다. 결과적으로 이전의 f와 일치한다.

예제 2.9

간략화된 논리식을 구하는 또 다른 방법을 아래에 소개한다.

$$\begin{aligned} f &= \bar{s}_1\bar{s}_2s_3 + \bar{s}_1s_2s_3 + s_1\bar{s}_2s_3 + s_1s_2\bar{s}_3 + s_1s_2s_3 \\ &= \bar{s}_1\bar{s}_2s_3 + \bar{s}_1s_2s_3 + s_1\bar{s}_2s_3 + \bar{s}_1\bar{s}_2s_3 + s_1s_2\bar{s}_3 + s_1s_2s_3 \\ &= \bar{s}_1s_3(\bar{s}_2 + s_2) + \bar{s}_2s_3(s_1 + \bar{s}_1) + s_1s_2(\bar{s}_3 + s_3) \\ &= \bar{s}_1s_3 + \bar{s}_2s_3 + s_1s_2 \\ &= s_3(\bar{s}_1 + \bar{s}_2) + s_1s_2 \\ &= s_3(\overline{s_1s_2}) + s_1s_2 \\ &= s_3 + s_1s_2 \end{aligned}$$

이번에는 항 $\bar{s}_1\bar{s}_2s_3$을 중복시키고 식 $s_3(\bar{s}_1 + \bar{s}_2) + s_1s_2$를 만든 후 간략화한다. 이 식의 $(\bar{s}_1 + \bar{s}_2)$를 드모르간의 법칙을 적용하여 $(\overline{s_1s_2})$로 치환한 후 특성식 16a를 적용하여 없앨 수 있다.

예제 2.7, 2.8, 2.9에서 보았듯이 부울대수를 이용하여 논리식을 최소화하는 방법은 여러 가지가 있다. 다만 이 과정에서 어떤 규칙과 어떤 특성식을 어떤 순서로 적용해야 하는지를 결정하는 게 까다로워 보일 수 있다. 이 장 후반부의 2.11절에 카르노맵이라고 하는 그래픽 기법을 소개하는데, 이 부분을 학습하고 나면 주어진 함수에 대한 최소 비용의 논리식을 구하는 체계적인 방법을 알게 될 것이다.

2.6.1 곱의 합, 합의 곱 형태

지금까지 간단한 예를 통해 회로 합성 과정을 소개하였다. 이제 기술적으로 주로 언급되는 용어들로써 보다 정형적인 합성 과정을 제시하고자 한다.

임의의 함수 f가 진리표 형태로 기술되면, 앞서 보인 바와 같이 표에서 f가 1인 행을 찾아 전체 식 f를 얻는다. 이와는 반대로 f가 0인 행을 찾아 식 f를 얻을 수도 있다. 이러한 방법에 대한 자세한 내용은 잠시 후 기술하도록 한다.

민텀

n개의 입력 변수를 갖는 함수에서, 모든 입력 변수들이 각각 한 번씩 사용된 곱 항을 **민텀**(*minterm*, **최소항**)이라 한다. 민텀의 각 변수들은 컴플리먼트 형태로 표현되거나, 아니면 그대로 표기된다. 진리표의 어떤 행으로부터 민텀을 만들 때, 입력 변수 x_i가 1이면 x_i가 그대로 민텀에 기입되고, 입력 변수 x_i가 0이면 $\bar{x}_i$가 민텀에 기입된다.

이러한 개념을 살펴보기 위해 그림 2.22의 진리표를 참조하자. 표의 각 행은 0부터 7까지 번호를 붙여 쉽게 이해하도록 하였다. 1.5절의 2진수의 표현에서 보았듯이, 행 번호는 2진 변수 x_1, x_2, x_3으로 만들어진 2진수를 10진수로 변환한 것임을 알 수 있을 것이다. 그림에서 3-변수의 모든 경우에 대한 민텀을 나타내었다. 예를 들면, 표의 첫 행에서 각 변수들의 값은 $x_1 = x_2 = x_3 = 0$이어서, 해당 민텀은 $\bar{x}_1\bar{x}_2\bar{x}_3$으로 표기된다. 두 번째는 $x_1 = x_2 = 0$, $x_3 = 1$로 민텀은 $\bar{x}_1\bar{x}_2x_3$이 된다. 민텀을 쉽게 구별하기 위해 그림에서 나타낸 각 행 번호에 대응하는 표기를 각 민텀에 부여하였다. 민텀의 표기 방법으로 m_i가 사용되는데, 이는 행 번호 i에 해당하는 민텀을 뜻한다. 따라서 $m_0 = \bar{x}_1\bar{x}_2\bar{x}_3$, $m_1 = \bar{x}_1\bar{x}_2x_3$ 등으로 표기된다.

SOP 형

논리식 f는 민텀들의 합 형태 식으로 쓸 수 있다. 예를 들어, 2-변수 민텀들은 $m_0 = \bar{x}_1\bar{x}_2$, $m_1 = \bar{x}_1x_2$, $m_2 = x_1\bar{x}_2$, $m_3 = x_1x_2$이다. 따라서 그림 2.19의 논리식은

Row number	x_1	x_2	x_3	Minterm	Maxterm
0	0	0	0	$m_0 = \bar{x}_1\bar{x}_2\bar{x}_3$	$M_0 = x_1 + x_2 + x_3$
1	0	0	1	$m_1 = \bar{x}_1\bar{x}_2x_3$	$M_1 = x_1 + x_2 + \bar{x}_3$
2	0	1	0	$m_2 = \bar{x}_1x_2\bar{x}_3$	$M_2 = x_1 + \bar{x}_2 + x_3$
3	0	1	1	$m_3 = \bar{x}_1x_2x_3$	$M_3 = x_1 + \bar{x}_2 + \bar{x}_3$
4	1	0	0	$m_4 = x_1\bar{x}_2\bar{x}_3$	$M_4 = \bar{x}_1 + x_2 + x_3$
5	1	0	1	$m_5 = x_1\bar{x}_2x_3$	$M_5 = \bar{x}_1 + x_2 + \bar{x}_3$
6	1	1	0	$m_6 = x_1x_2\bar{x}_3$	$M_6 = \bar{x}_1 + \bar{x}_2 + x_3$
7	1	1	1	$m_7 = x_1x_2x_3$	$M_7 = \bar{x}_1 + \bar{x}_2 + \bar{x}_3$

그림 2.22 3-변수 민텀과 맥스텀

$$\begin{aligned} f &= m_0 \cdot 1 + m_1 \cdot 1 + m_2 \cdot 0 + m_3 \cdot 1 \\ &= m_0 + m_1 + m_3 \\ &= \bar{x}_1\bar{x}_2 + \bar{x}_1 x_2 + x_1 x_2 \end{aligned}$$

와 같이 유도된다. 이는 앞 절에서 직관적인 방법으로 얻은 식과 일치한다. 여기서, $f = 1$로 주어진 행의 민텀만 결과 식에 포함됨을 알 수 있다.

어떤 논리식이든 진리표에서 $f = 1$로 주어진 행에 해당되는 민텀들의 합으로 표시할 수 있다. 이렇게 해서 구현된 회로는 기능 면에서는 바르게 작동하지만, 비용 면에서는 경제적이지 않을 수 있다. 이와 같이 곱(AND) 항들의 합(OR) 형태로 나타내는 논리식을 *SOP*(*sum-of-products*)식이라 한다. 여기서 각 곱 항들이 민텀의 형태를 가지면, 이를 함수 f의 표준 *SOP*(*canonical sum-of-products*)형이라 한다. 그림 2.20의 예에서 본 바와 같이 회로 합성의 첫 단계는 표준 SOP 형의 식을 구하는 것이다. 그 다음, 2.5 절에서 배운 정리와 특성식을 이용하여, 표준 SOP 형의 식을 간단한 형태로 정리한다. 여기서 우리의 목적은 기능적으로는 동등하지만 저렴한 비용으로 구현될 수 있는 SOP 형태의 식을 구하는 것이다.

또 다른 예로, 그림 2.23의 진리표에 보인 3-변수 함수 $f(x_1, x_2, x_3)$을 생각해보자. 주어진 함수의 구현을 위해 민텀 m_1, m_4, m_5, m_6이 식에 포함되어야 한다. 그림 2.22로부터 해당 민텀들을 선택하면, 다음과 같이 f의 표준 SOP 형태의 식을 얻을 수 있다.

$$f(x_1, x_2, x_3) = \bar{x}_1\bar{x}_2 x_3 + x_1\bar{x}_2\bar{x}_3 + x_1\bar{x}_2 x_3 + x_1 x_2\bar{x}_3$$

위 식은 아래와 같이 정리된다.

$$\begin{aligned} f &= (\bar{x}_1 + x_1)\bar{x}_2 x_3 + x_1(\bar{x}_2 + x_2)\bar{x}_3 \\ &= 1 \cdot \bar{x}_2 x_3 + x_1 \cdot 1 \cdot \bar{x}_3 \\ &= \bar{x}_2 x_3 + x_1\bar{x}_3 \end{aligned}$$

Row number	x_1	x_2	x_3	$f(x_1, x_2, x_3)$
0	0	0	0	0
1	0	0	1	1
2	0	1	0	0
3	0	1	1	0
4	1	0	0	1
5	1	0	1	1
6	1	1	0	1
7	1	1	1	0

그림 2.23 3-변수 함수

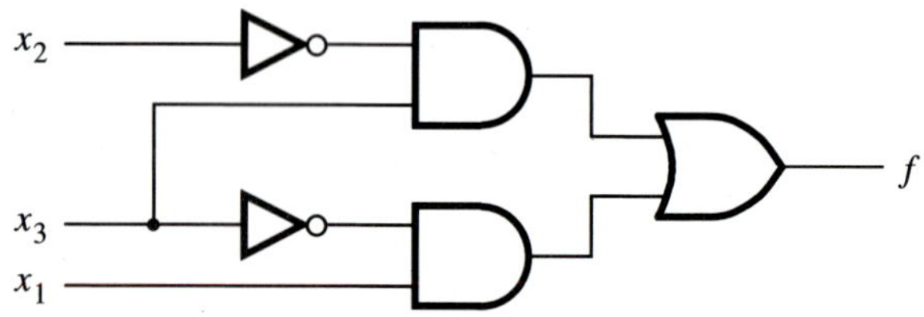

(a) 최소 SOP의 구현

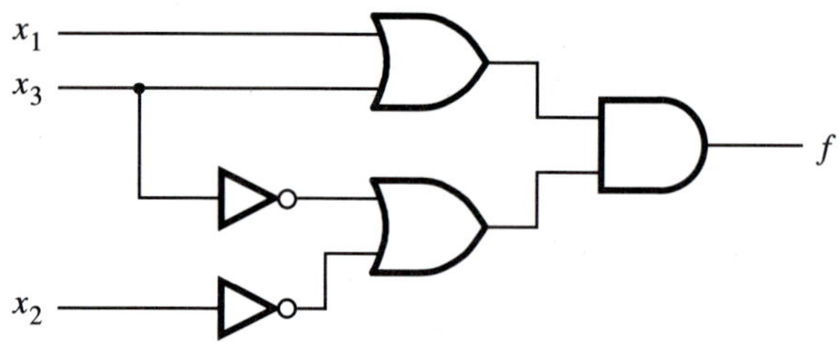

(b) 최소 POS의 구현

그림 2.24 그림 2.23 함수의 두 가지 구현

이렇게 얻은 식 f는 최소의 비용이 드는 제일 간단한 SOP 형태로, 그림 2.24*a*의 회로로 구현된다. 사용된 게이트의 총 개수와 각 게이트 입력의 총 개수를 합한 값을 논리회로 구현에 드는 **비용**을 결정하는 지표로 사용할 수 있다. 이 지표를 사용하면, 그림 2.24*a*의 회로는 다섯 개의 게이트와 총 여덟 개의 입력이 사용되므로 비용은 13이다. 반면에 민텀을 그대로 사용하는 표준 SOP 형의 논리식을 사용하여 회로를 구현할 경우 비용은 27이다(4-입력 OR 게이트 한 개, 3-입력 AND 게이트 네 개, 1-입력 NOT 게이트 세 개가 사용되므로 8게이트 + 19-입력 = 27).

진리표의 행 숫자를 아래 작은 첨자 형식으로 민텀에 사용하면, 논리식을 보다 간편하게 표기할 수 있다. 예컨대, 그림 2.23의 논리식은 다음과 같이 표기된다.

$$f(x_1, x_2, x_3) = \sum(m_1, m_4, m_5, m_6)$$

혹은, 더 간결하게

$$f(x_1, x_2, x_3) = \sum m(1, 4, 5, 6)$$

같이 표기할 수 있다. 여기서 기호 $\sum$는 논리합을 의미하는 기호이다.

예제 2.10

다음 함수에 대해서 생각해보자.

$$f(x_1, x_2, x_3) = \sum m(2, 3, 4, 6, 7)$$

민텀을 이용하여 이 함수의 표준 SOP 식을 구하면 다음과 같다.

$$\begin{aligned} f &= m_2 + m_3 + m_4 + m_6 + m_7 \\ &= \overline{x}_1 x_2 \overline{x}_3 + \overline{x}_1 x_2 x_3 + x_1 \overline{x}_2 \overline{x}_3 + x_1 x_2 \overline{x}_3 + x_1 x_2 x_3 \end{aligned}$$

이 식은 2.5절에 나온 공식들을 이용하여 다음과 같이 간략화된다.

$$\begin{aligned} f &= \overline{x}_1 x_2 (\overline{x}_3 + x_3) + x_1 (\overline{x}_2 + x_2) \overline{x}_3 + x_1 x_2 (\overline{x}_3 + x_3) \\ &= \overline{x}_1 x_2 + x_1 \overline{x}_3 + x_1 x_2 \\ &= (\overline{x}_1 + x_1) x_2 + x_1 \overline{x}_3 \\ &= x_2 + x_1 \overline{x}_3 \end{aligned}$$

예제 2.11

이번에는 변수가 네 개인 다음 함수에 대해서 생각해보자.

$$f(x_1, x_2, x_3, x_4) = \sum m(3, 7, 9, 12, 13, 14, 15)$$

이 함수의 표준 SOP 식을 구하면 다음과 같다.

$$f = \overline{x}_1 \overline{x}_2 x_3 x_4 + \overline{x}_1 x_2 x_3 x_4 + x_1 \overline{x}_2 \overline{x}_3 x_4 + x_1 x_2 \overline{x}_3 \overline{x}_4 + x_1 x_2 \overline{x}_3 x_4 + x_1 x_2 x_3 \overline{x}_4 + x_1 x_2 x_3 x_4$$

이 식은 다음과 같이 간략화된다.

$$\begin{aligned} f &= \overline{x}_1 (\overline{x}_2 + x_2) x_3 x_4 + x_1 (\overline{x}_2 + x_2) \overline{x}_3 x_4 + x_1 x_2 \overline{x}_3 (\overline{x}_4 + x_4) + x_1 x_2 x_3 (\overline{x}_4 + x_4) \\ &= \overline{x}_1 x_3 x_4 + x_1 \overline{x}_3 x_4 + x_1 x_2 \overline{x}_3 + x_1 x_2 x_3 \\ &= \overline{x}_1 x_3 x_4 + x_1 \overline{x}_3 x_4 + x_1 x_2 (\overline{x}_3 + x_3) \\ &= \overline{x}_1 x_3 x_4 + x_1 \overline{x}_3 x_4 + x_1 x_2 \end{aligned}$$

맥스텀

지금까지 진리표상의 $f = 1$인 행을 고려하여 논리식 f를 구하는 방법을 살펴보았다. 이와 유사한 방법으로 $f = 0$인 행을 고려하여 논리식 f를 구할 수도 있다. 이와 같은 접근 방식에서는 **맥스텀**(*maxterm*, 최대항, 민텀의 컴플리먼트 형식)이 사용된다. 3-변수

이 POS 식을 구하는 다른 방법은 다음과 같이 $\bar{f}$의 SOP 식을 이용하는 것이다.

$$\begin{aligned}\bar{f}(x_1, x_2, x_3) &= \sum m(0, 1, 5) \\ &= \bar{x}_1\bar{x}_2\bar{x}_3 + \bar{x}_1\bar{x}_2x_3 + x_1\bar{x}_2x_3 \\ &= \bar{x}_1\bar{x}_2\bar{x}_3 + \bar{x}_1\bar{x}_2x_3 + \bar{x}_1\bar{x}_2x_3 + x_1\bar{x}_2x_3 \\ &= \bar{x}_1\bar{x}_2(\bar{x}_3 + x_3) + \bar{x}_2x_3(\bar{x}_1 + x_1) \\ &= \bar{x}_1\bar{x}_2 + \bar{x}_2x_3\end{aligned}$$

이제 드모르간 법칙 15*b*와 15*a*를 순서대로 적용하면 다음과 같이 된다.

$$\begin{aligned}f &= \bar{\bar{f}} \\ &= \overline{(\bar{x}_1\bar{x}_2 + \bar{x}_2x_3)} \\ &= (\overline{\bar{x}_1\bar{x}_2})(\overline{\bar{x}_2x_3}) \\ &= (x_1 + x_2)(x_2 + \bar{x}_3)\end{aligned}$$

여기서 구한 f의 POS 식이 예제 2.10의 SOP 식과 같은 것을 보이기 위해 f의 변수의 순서를 조금 바꾸면 $f = (x_2 + x_1)(x_2 + \bar{x}_3)$이 된다. 여기에 분배법칙 12*b*를 적용하면 $f = x_2 + x_1\bar{x}_3$이 된다.

2.7 • NAND, NOR 논리회로

지금까지 AND, OR, NOT 게이트들을 이용한 논리회로의 구현 방법에 대해 살펴보았다. 이들 외에도 회로 합성에 유용한 기본 논리함수들이 있다. 특별히 NAND와 NOR가 널리 이용되는데, 이들은 각각 AND와 OR 출력에 컴플리먼트를 취해 얻을 수 있다. 이 함수들은 AND나 OR 함수보다 간단히 전자회로로 구현할 수 있는 장점이 있다. 이에 대한 자세한 내용은 부록B에서 다루도록 한다. 그림 2.25에 NAND와 NOR 게이트의 기호를 나타내었다. 작은 동그라미 기호를 AND와 OR 출력단에 첨가하여 AND와 OR 출력의 컴플리먼트를 표시하였다.

만일 NAND와 NOR 게이트가 AND와 OR 게이트보다 더 간단히 구현된다면, 이들 게이트들을 논리회로 설계에 직접 사용할 수 있지 않을까 하는 의문이 제기된다. 2.5절에서 드모르간 법칙을 소개하였다. 그림 2.26에 드모르간 법칙을 게이트로 나타내었다. 항등식 15*a*는 그림 2.26*a*와 같이 그릴 수 있다. 여기서 변수 x_1과 x_2의 NAND는 먼저 각 입력 변수들의 컴플리먼트를 취하여 OR 연산한 결과와 동일함을 알 수 있다. 그림의 가장 우측 OR 게이트의 입력 부분에 NOT 게이트 대신 간단히 작은 동그라미 기호를 사용하였다. 이는 입력 변수 값이 작은 동그라미를 지나면서 컴플리먼트된다는 것

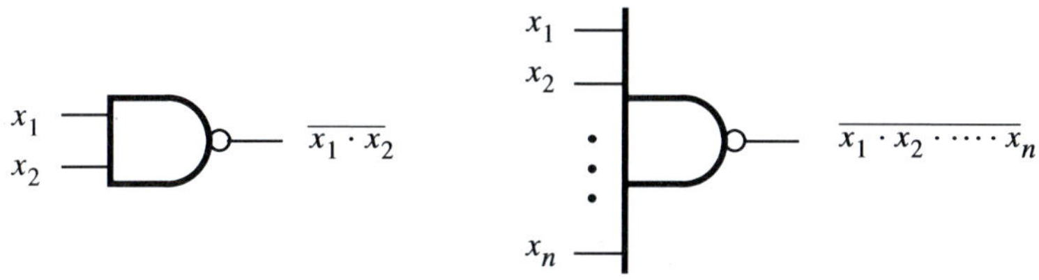

(a) NAND 게이트

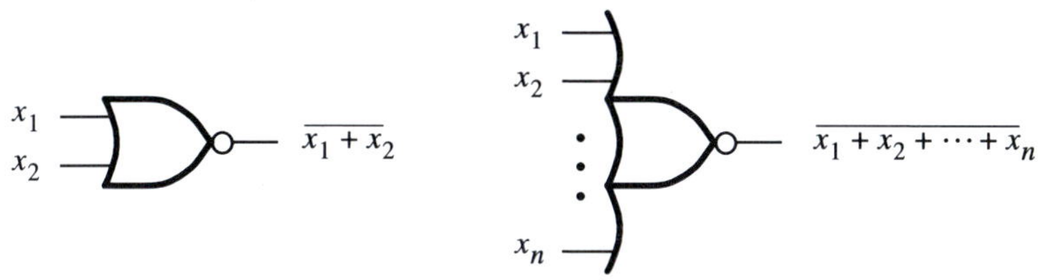

(b) NOR 게이트

그림 2.25 NAND와 NOR 게이트

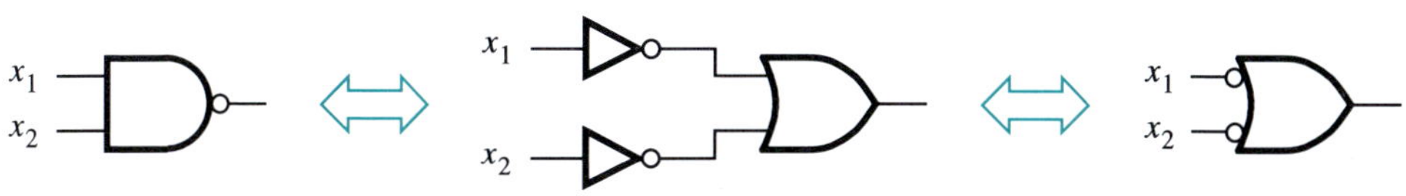

(a) $\overline{x_1 x_2} = \bar{x}_1 + \bar{x}_2$

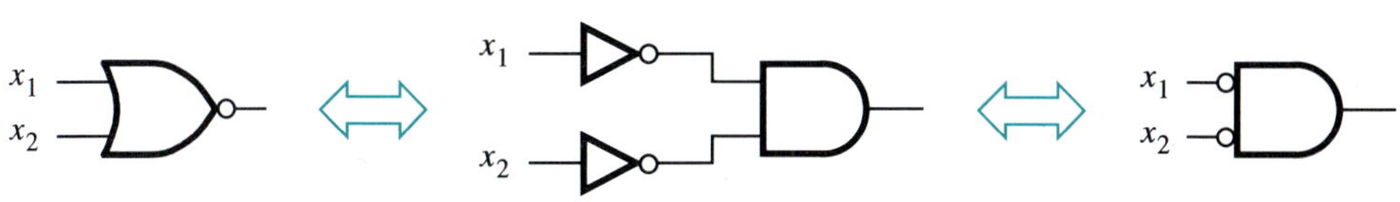

(b) $\overline{x_1 + x_2} = \bar{x}_1 \bar{x}_2$

그림 2.26 논리게이트 형태의 드모르간 법칙

을 의미한다. 항등식 15*b*에 기술된 드모르간 법칙의 나머지 부분은 그림 2.26*b*로 해석 가능하다. 여기서 변수 x_1과 x_2의 NOR는 먼저 각 변수들의 컴플리먼트를 취하여 AND 연산한 결과와 같다.

2.6절에서 어떻게 임의의 논리함수가 SOP 혹은 POS로 표현되는지 살펴보았다. 여기서, SOP는 AND-OR 구조로, POS는 OR-AND 구조로 구현된다. 이제, 이들 회로들이 NAND 게이트 혹은 NOR 게이트만으로 구현될 수 있음을 설명하고자 한다.

그림 2.27의 일반적인 AND-OR 회로를 생각해보자. 주어진 회로는 그림과 같이 NAND 게이트만으로 변환 가능하다. 먼저, AND 게이트와 OR 게이트 간의 연결선에 각각 두 개의 NOT 게이트를 추가한다. NOT 게이트 하나는 AND 게이트 출력 단, 다른 하나는 OR 게이트 입력 단에 추가한다. 이 같은 2중 컴플리먼트는 2.5절의 정리 9에서 기술한 바와 같이 회로 기능에 영향을 미치지 않는다. 여기서 그림 2.26*a*에 따라 입력에 컴플리먼트를 취한 OR 게이트는 NAND 게이트와 등가이다. 따라서 그림 2.27에서와 같이 NAND 게이트들만의 회로로 다시 그릴 수 있다. 이 예에서 모든 AND-OR 회로가 NAND-NAND 회로로 구현될 수 있음을 알 수 있다.

그림 2.28은 NOR 게이트들만으로 변환 가능한 POS 유사 회로를 보여준다. 이 과정은 그림 2.26*b*의 항등식을 사용한 점을 빼고 그림 2.27에 기술한 내용과 일치한다. 결론은 모든 OR-AND 회로는 NOR-NOR 회로로 구현할 수 있다는 것이다.

예제 2.13

다음 함수를 NOR 게이트만을 이용해 구현해보자.

$$f(x_1, x_2, x_3) = \sum m(2, 3, 4, 6, 7)$$

예제 2.12에서 우리는 이 함수가 다음과 같은 POS 식으로 표현될 수 있다고 하였다.

$$f = (x_1 + x_2)(x_2 + \overline{x}_3)$$

이 식에 대한 OR-AND 회로가 그림 2.29*a*에 있다. 이 회로의 구조를 그대로 사용하여 그림 2.29*b*의 NOR 게이트 회로를 만들 수 있다. x_3은 NOR 게이트의 입력을 한데 묶어 연결함으로써 인버트된다는 것을 주목하라.

예제 2.14

다음 함수를 NAND 게이트만을 이용해 구현해보자.

$$f(x_1, x_2, x_3) = \sum m(2, 3, 4, 6, 7)$$

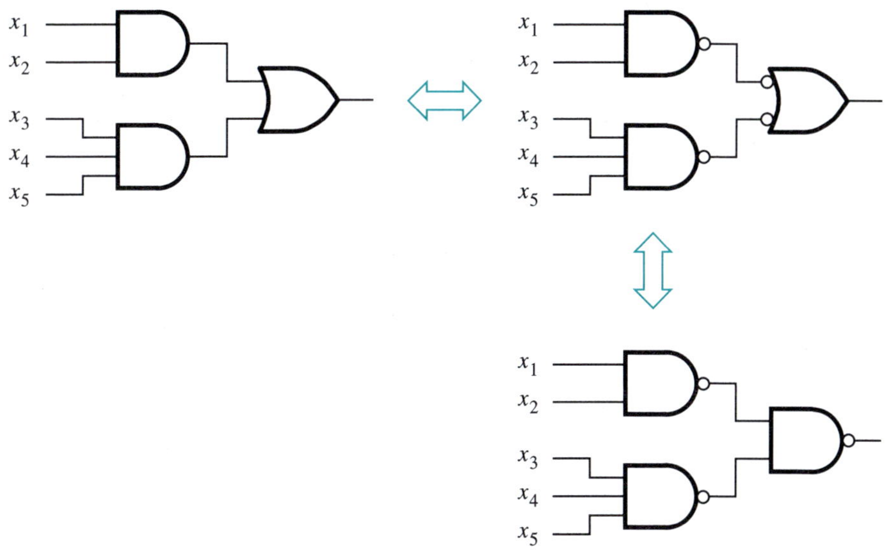

그림 2.27 NAND 게이트를 사용한 SOP의 구현

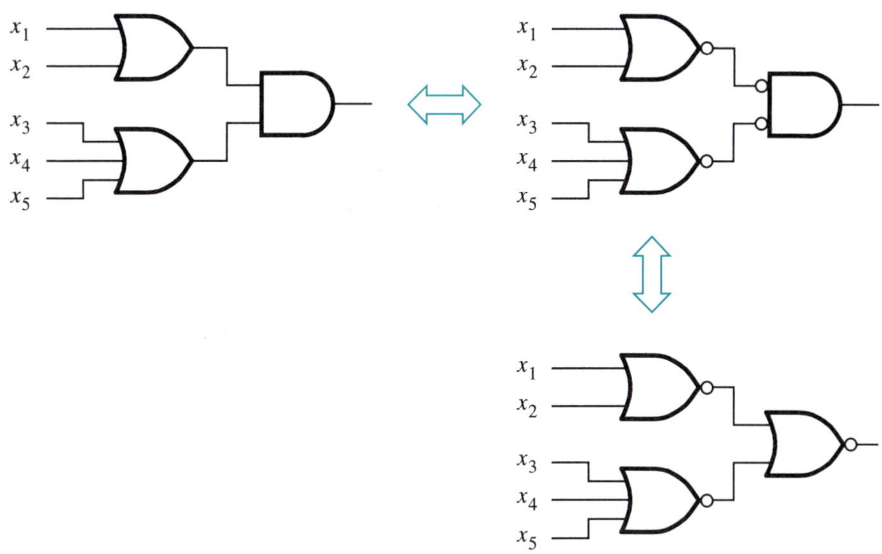

그림 2.28 NOR 게이트를 사용한 POS의 구현

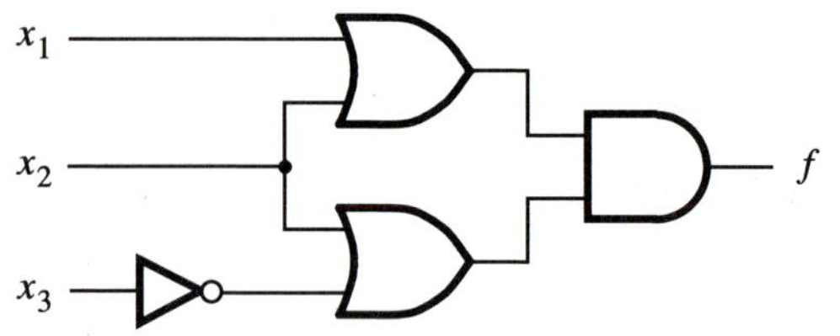

(a) POS 구현

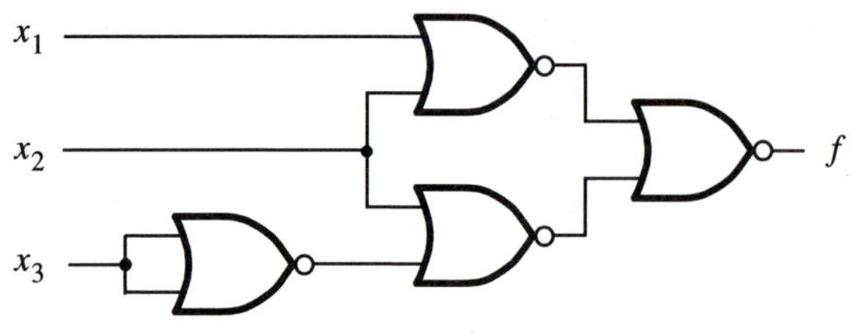

(b) NOR 구현

그림 2.29 예제 2.13 함수의 NOR 게이트 구현

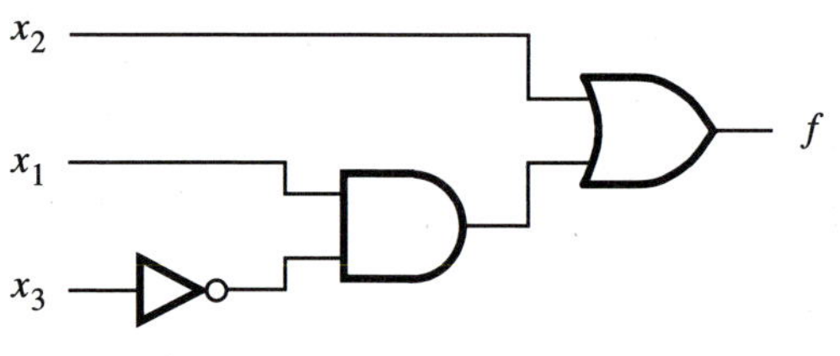

(a) SOP 구현

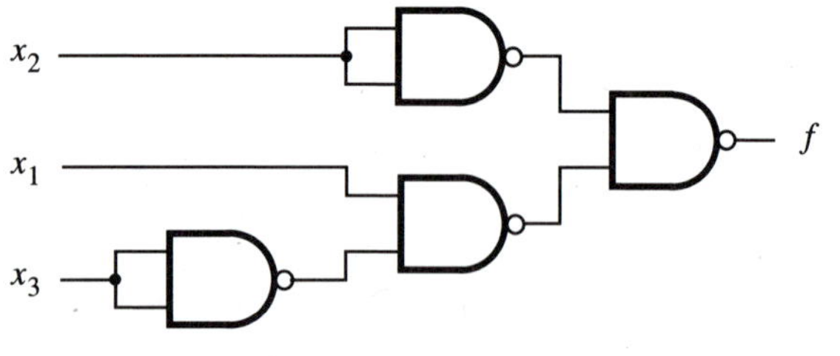

(b) NAND 구현

그림 2.30 예제 2.10 함수의 NAND 게이트 구현

예제 2.10에서 우리는 이 함수가 다음과 같은 SOP 식으로 표현할 수 있다고 하였다.

$$f = x_2 + x_1\bar{x}_3$$

이 식이 그림 2.30*a*에 구현되어 있다. 다시 이 회로의 구조를 그대로 사용하여 NAND 게이트 회로를 만들 수 있으나 한 가지 차이점이 있다. 신호 x_2가 AND 게이트와 OR 게이트를 통과하지 않고 직접 OR 게이트로 연결되기 때문에 OR 게이트를 NAND 게이트로 바꾸는 방법만으로는 x_2가 인버트되므로 다른 출력을 얻게 되는 것이다. x_2가 인버트되지 않게 하거나, 아니면 두 번 인버트되어야 하므로 그림 2.30*b*처럼 x_2가 두 개의 NAND 게이트를 통과하게 하였다. 이 회로의 출력 f는 다음과 같이 표현된다.

$$f = \overline{\bar{x}_2 \cdot \overline{x_1\bar{x}_3}}$$

위의 식에 드모르간의 법칙을 적용하면 다음 식을 얻을 수 있다.

$$f = x_2 + x_1\bar{x}_3$$

2.8 • 설계 예제

논리회로는 특정 작업의 수행에 필요한 기능을 구현하여 주어진 문제에 대한 해법을 제공한다. 컴퓨터의 프레임 워크 내에서 논리회로는 프로그램 실행 및 데이터 처리를 위한 완벽한 기능을 제공한다. 이런 회로들은 복잡하고 설계가 어렵다. 그러나 회로의 복잡도와 관련 없이 설계자는 항상 다음과 같은 기본적인 문제에 동일하게 직면한다. 첫째, 요구되는 회로의 기능을 정의할 필요가 있다. 둘째, 회로를 합성하여 구현해야 한다. 마지막으로, 구현된 회로가 주어진 조건을 만족하는지 테스트해야 한다. 요구되는 회로 기능을 초기에 문장으로 기술할 때가 있는데, 공식적인 회로 사양으로 바꿔 기술해야 한다. 이 절에서는 세 가지 간단한 설계의 예를 살펴보도록 한다.

2.8.1 3-방향 전등 제어

어떤 방에 세 개의 문이 있고, 각 문 옆에 방안의 전등을 제어하는 스위치가 있다고 가정하자. 세 개의 스위치 중 어느 하나의 상태가 바뀜에 따라 전등이 켜지거나 꺼지게 하는 회로를 설계하려고 한다.

첫 단계에 따라 문장으로 기술된 내용을 진리표를 이용하여 공식적인 회로 사양으로 변환한다. 각 스위치의 상태를 나타내는 입력 변수들을 x_1, x_2, x_3이라 하고, 모든 스위치가 열린 상태에서 전등은 꺼진다고 가정하자. 이런 상황에서 세 개 스위치 중 어느

x_1	x_2	x_3	f
0	0	0	0
0	0	1	1
0	1	0	1
0	1	1	0
1	0	0	1
1	0	1	0
1	1	0	0
1	1	1	1

그림 2.31 3-방향 전등 제어를 위한 진리표

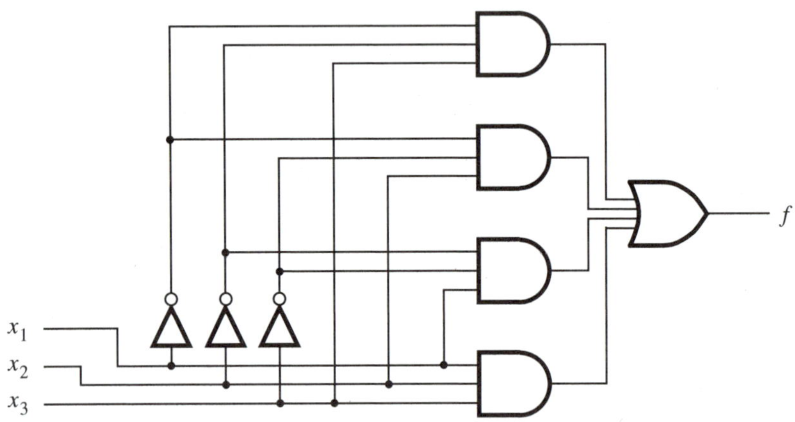

(a) SOP의 구현

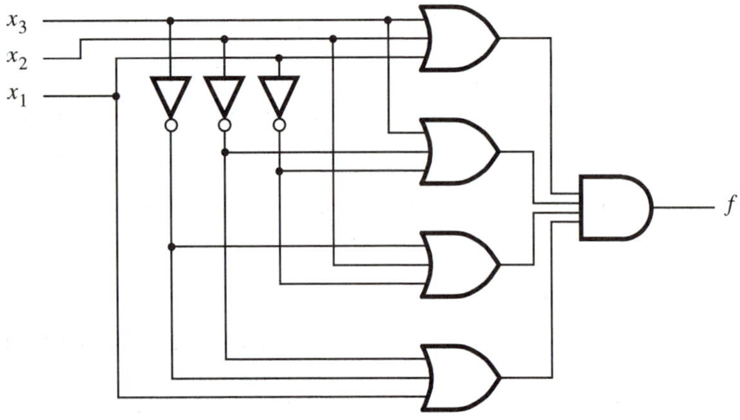

(b) POS의 구현

그림 2.32 그림 2.31 함수의 구현

하나라도 닫히면 전등은 켜진다. 이어서 두 번째 스위치가 닫히면 전등은 꺼진다. 따라서 하나의 스위치가 닫히면 전등이 켜지고, 만일 두 개의 스위치가 닫힌 경우(혹은 모든 스위치가 열린 경우) 전등은 꺼진다. 두 개의 스위치가 닫힌 경우 전등이 꺼진 상태이므로, 세 번째 스위치가 닫히면 전등은 켜져야 한다. $f(x_1, x_2, x_3)$으로 전등의 상태를 표현할 때, 원하는 회로의 기능은 그림 2.31의 진리표와 같이 정의될 수 있다. 진리표를 참조하여 앞서 기술한 기능을 표준 SOP 식으로 정리하면 다음과 같다.

$$
\begin{aligned}
f &= m_1 + m_2 + m_4 + m_7 \\
&= \bar{x}_1\bar{x}_2x_3 + \bar{x}_1x_2\bar{x}_3 + x_1\bar{x}_2\bar{x}_3 + x_1x_2x_3
\end{aligned}
$$

이 식은 더 이상 간단한 SOP식으로 표기할 수 없다. 따라서 그림 2.32*a*는 최종 회로를 보여준다.

주어진 식을 표준 POS로 표현하면

$$
\begin{aligned}
f &= M_0 \cdot M_3 \cdot M_5 \cdot M_6 \\
&= (x_1 + x_2 + x_3)(x_1 + \bar{x}_2 + \bar{x}_3)(\bar{x}_1 + x_2 + \bar{x}_3)(\bar{x}_1 + \bar{x}_2 + x_3)
\end{aligned}
$$

이 되고, 회로는 그림 2.32*b*와 같다. 회로 설계 비용은 그림 2.32*a*와 같다.

회로가 구현된 후, 설계된 회로에 오류가 있는지 확인하기 위해 회로에 여러 값들을 직접 입력하여 얻은 출력 값과 진리표의 해당 출력 값을 비교하여 동작 상태를 테스트한다. 간단한 방법은 여덟 개의 가능한 모든 값을 회로에 입력하고, 각 입력 값에 따라 발생되는 출력 값을 하나하나 확인하는 것이다.

2.8.2 멀티플렉서 회로

컴퓨터 시스템에서 다수의 가능한 소스 중 하나에서 데이터를 선택해야 하는 경우가 종종 있다. 두 개의 입력 신호 x_1과 x_2가 있다고 하자. 이들 신호의 값은 시간에 따라 아마도 (일정한 간격으로) 변한다. 따라서 0과 1의 시퀀스가 각각의 입력 x_1과 x_2에 인가된다. 선택 제어 신호 s의 값에 따라 x_1 또는 x_2와 같은 값을 출력하는 회로를 설계하려고 한다. 회로는 세 개의 입력 x_1, x_2 및 s를 갖는다. 만일 $s = 0$이면 회로의 출력은 입력 x_1의 값과 같고, $s = 1$이면 입력 신호 x_2의 값과 같다고 가정한다.

이와 같은 조건을 충족시키는 회로의 동작을 진리표로 나타내면 그림 2.33*a*와 같다. 진리표로부터 표준 SOP 식을 유도하면

$$
f(s, x_1, x_2) = \bar{s}x_1\bar{x}_2 + \bar{s}x_1x_2 + s\bar{x}_1x_2 + sx_1x_2
$$

이 된다. 분배법칙을 이용하면, 위의 식은 다음과 같이 쓸 수 있다.

$$
f = \bar{s}x_1(\bar{x}_2 + x_2) + s(\bar{x}_1 + x_1)x_2
$$

여기에 정리 8*b*를 적용하면

$$f = \bar{s}x_1 \cdot 1 + s \cdot 1 \cdot x_2$$

이 되고, 끝으로 정리 6*a*를 적용하여 다음의 결과를 얻을 수 있다.

$$f = \bar{s}x_1 + sx_2$$

이 함수를 구현한 회로를 그림 2.33*b*에 나타내었다. 이런 유형의 회로가 꽤 많이 사용되므로 특별한 이름을 부여하는데, 하나 이상의 선택 제어 입력 값에 따라 다수의 데이터 입력 중 하나의 상태를 정확히 반영하는 출력을 생성하는 회로를 **멀티플렉서**(*Multiplexer*)라고 한다. 멀티플렉서 회로가 다수의 입력 신호에 대해 하나의 출력을 생성하는 것을 "멀티플렉스(multiplex)한다"고 한다.

앞의 예에서는 두 개의 입력 신호를 갖는 멀티플렉서를 유도하였는데, 이것을 '2-to-1 멀티플렉서'라고 한다. 그림 2.33*c*는 2-to-1 멀티플렉서의 일반적인 기호이다. 같은 개념을 확장하여 큰 멀티플렉서 회로를 생각해 볼 수 있다. 4-to-1 멀티플렉서는 네 개의 입력과 한 개의 출력으로 구성된다. 이 경우에 네 개의 입력 가운데 하나를 선택하고 이를 출력으로 연결하기 위하여 두 개의 선택 제어 입력이 필요하다. 또한, 8-to-1 멀티플렉서는 여덟 개의 입력과 세 개의 선택 제어 입력이 필요하다.

"$s = 0$이면 $f = x_1$이고, $s = 1$이면 $f = x_2$이다"라는 문장은 그림 2.33*d*에 보인 것처럼 보다 간단한 진리표로 나타낼 수 있는데 이후의 장에서 이런 표현을 자주 사용할 것이다. 앞서 AND, OR, NOT 게이트들을 이용하여 멀티플렉서를 구현하는 방법을 보였다. 2.7절에 설명한 것과 같이 NAND 게이트만을 이용하여 멀티플렉서를 구현하는 데 같은 회로 구조를 사용할 수 있다. 부록B에 멀티플렉서를 설계하는 다른 방법을 설명한다. 4장에서 멀티플렉서의 응용에 대해 깊이 있게 다룰 것이다.

2.8.3 숫자 디스플레이

예제 2.2에서 한 비트의 숫자 *a*와 *b*를 더한 합 $s = a + b$를 계산하는 가산기 회로를 설계했었는데, 이 경우 $S = s_1s_0$은 00, 01, 또는 10의 두 비트 결과를 생성한다. 이번에는 그림 2.34*a*에 있는 것처럼 여러분에게 익숙한 7-세그먼트 디스플레이를 구동하는 논리회로를 만들고자 한다. 이 디스플레이는 *S*의 값을 10진수 0, 1, 또는 2로 보여줄 수 있는데 그림에서 *a*, *b*, ⋯, *g*로 표기한 일곱 개의 LED 세그먼트를 가지고 있다. 만들고자 하는 논리회로에는 두 개의 입력 s_0, s_1이 있고 디스플레이 각각의 세그먼트에 하나씩, 일곱 개의 출력을 생성한다. 출력 값이 1이 되면 디스플레이의 해당 세그먼트가 켜진다. s_0s_1의 각 값에 대한 특정 세그먼트를 밝혀 해당 10진수 숫자를 보여줄 수 있다.

그림 2.34*b*는 s_1s_0의 가능한 결과 값에 대한 진리표와 각각의 경우에 나타나는 디스플레이 방식을 왼쪽에 보였다. 진리표는 일곱 개 함수 각각의 논리 값을 명시한다. 예를 들어 7-세그먼트에서 세그먼트 *a*는 *S*가 10진수 0이나 2인 경우에 점등되지만 *S*가 1일 때 소등된다. 따라서 대응하는 논리함수가 민텀 m_0과 m_2에 대해 1로 설정되므로

$s\ x_1\ x_2$	$f(s, x_1, x_2)$
0 0 0	0
0 0 1	0
0 1 0	1
0 1 1	1
1 0 0	0
1 0 1	1
1 1 0	0
1 1 1	1

(a) 진리표

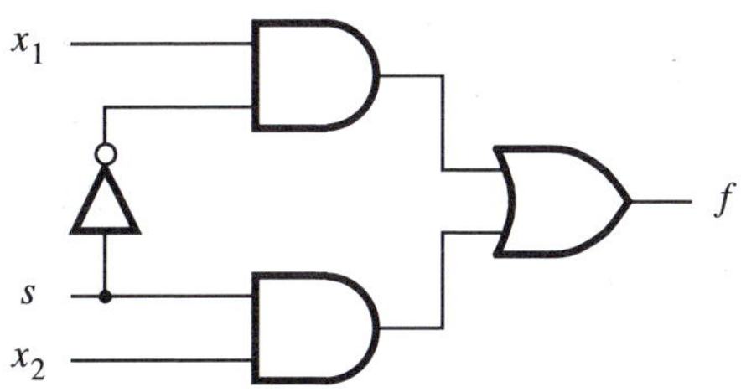

(b) 회로

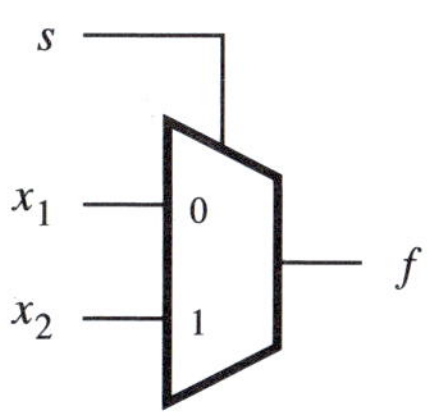

(c) 그래픽 심벌

s	$f(s, x_1, x_2)$
0	x_1
1	x_2

(d) 간결하게 구현된 진리표

그림 2.33 멀티플렉서의 구현

$a = \bar{s}_1\bar{s}_0 + s_1\bar{s}_0 = \bar{s}_0$이 된다. 일곱 개의 논리함수에 대한 식은 각각 다음과 같다.

$$a = d = e = \bar{s}_0$$

$$b = 1$$

$$c = \bar{s}_1$$

$$f = \bar{s}_1\bar{s}_0$$

$$g = s_1\bar{s}_0$$

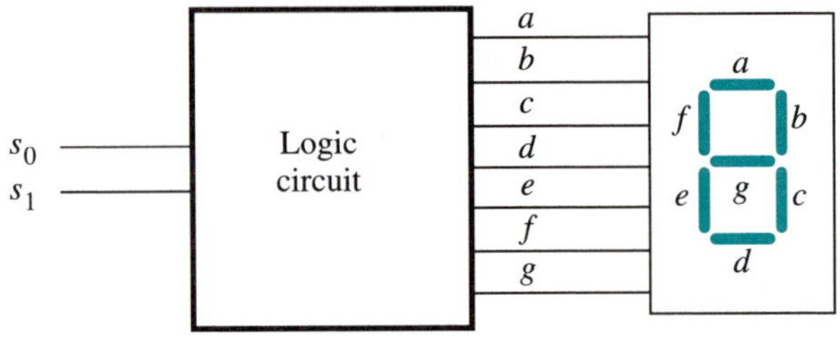

(a) 논리회로와 7-세그먼트 디스플레이

	s_1	s_0	a	b	c	d	e	f	g
0	0	0	1	1	1	1	1	1	0
1	0	1	0	1	1	0	0	0	0
2	1	0	1	1	0	1	1	0	1

(b) 진리표

그림 2.34 숫자의 표현

논리회로 설계자들은 CAD 툴에 많이 의존하게 되므로, 가능한 빨리 CAD 툴을 익숙하게 사용할 수 있길 바란다. 이제 이런 CAD 툴의 유용함에 대해 소개한다. 다음 절에 이런 CAD 툴의 기본 개념이 설명되어 있다. 또한 2.10절에서 Verilog라는 논리회로의 표현을 위한 특별한 언어에 대해서도 소개한다. 이 언어는 CAD 툴의 입력인 회로를 기술하기 위해 사용되며, CAD 툴은 이를 이용하여 적절한 회로를 구현하게 된다.

2.9 • CAD 툴의 소개

지금까지 논리회로의 합성을 위한 기본적인 방법을 소개하였다. 설계자가 수작업으로 소규모 회로를 설계할 때 이러한 접근법을 사용할 수 있다. 그러나 오늘날의 컴퓨터와 같은 복잡한 시스템의 논리회로들은 수작업이 곤란하므로 합성 기술을 자동으로 구현해주는 정교한 CAD 툴을 이용하여 설계한다.

논리회로를 설계하기 위해서는 다수의 CAD 툴이 필요하다. 이들은 일반적으로 CAD 시스템에 패키징되는데, 디자인 엔트리(design entry), 논리 합성과 최적화, 시뮬레이션, 물리적 설계(physical design) 도구들을 포함한다. 이 절에서는 이들 도구들 가운데 일부를 설명하고, 다음 장에서 추가로 설명하도록 한다.

2.9.1 디자인 엔트리

논리회로 설계 공정은 목표하는 회로 기능에 대한 개념 설정과 회로 구조에 대한 정형화(formulation)로부터 시작된다. 이 과정은 설계자의 경험과 직관력이 요구되기 때문에 일반적으로 수작업으로 처리된다. 이후의 과정들은 CAD 툴들의 도움을 통해 이루어진다. 이들 과정의 첫 단계는 설계될 회로의 사양을 CAD 시스템에 입력하는 단계로 **디자인 엔트리**(*design entry*) 단계라 한다. 이 절에서는 두 가지 디자인 엔트리 방법, 즉 스키매틱 캡처(schematic capture)를 이용한 방법과 HDL로 소스코드를 작성하는 방법에 대하여 살펴본다.

스키매틱 캡처

논리회로는 논리게이트와 배선을 통한 연결로 정의할 수 있다. 이러한 방법으로 설계된 회로를 입력하기 위한 CAD 툴을 **스키매틱 캡처**(*schematic capture*) 툴이라고 한다. 스키매틱(schematic)이라는 용어는 그래픽 심벌로 표현된 논리게이트 등의 회로 소자와 선(line)으로 그린 회로 소자들 사이의 연결을 포함하는 회로의 다이어그램을 의미한다.

스키매틱 캡처 툴은 컴퓨터와 컴퓨터 마우스의 그래픽 기능을 이용하여 사용자가 스키매틱을 그릴 수 있게 한다. 스키매틱에 기본 게이트들을 쉽게 그려 넣을 수 있게 CAD 툴은 각각 입력 개수가 다른 다양한 종류의 게이트 모음을 제공한다. 이들 기호들을 종류별로 분류하여 묶어 놓은 것을 **라이브러리**(*library*)라고 한다. 라이브러리에 있는 게이트들은 필요한 대로 스키매틱에 끌어다 붙일 수 있고, 이들 게이트들 간의 연결은 마우스를 이용한 그래픽 기능으로 구현된다.

다른 디자인 엔트리로 설계된 부분회로(subcircuit)나, 사용 중인 스키매틱 캡처로 만든 부분회로들을 그래픽 심벌로 표시할 수 있고, 필요에 따라 스키매틱에 포함시킬 수도 있다. 보통 CAD를 사용할 때는 작은 회로들을 모아 큰 회로로 만들어간다. 이러한 방법은 큰 회로를 직접 설계할 경우 회로가 복잡해서 발생될 수 있는 문제 해결에 좋은 방법으로 **계층적 설계**(*hierarchical design*)라 한다.

스키매틱 캡처 방법은 사용이 간단하지만 대형 회로가 포함될 때는 다루기 어렵다. 대형 회로를 다루는 보다 나은 방법은 회로 기술에 HDL을 사용하여 소스코드를 작성하는 것이다.

하드웨어 기술 언어

하드웨어 기술 언어(*Hardware description language, HDL*)는 일반적인 컴퓨터 프로그래밍 언어와 유사하지만 컴퓨터에서 실행되는 프로그램이 아니라 하드웨어의 기술에 사용된다. 다양한 상용 HDL들이 있는데, 일부는 독점권이 있어 특정 회사에서 제공되는 특정의 기술로 구현되는 회로에만 사용할 수 있다. 이 책에서는 이와 같이 독점권이 있는 HDL은 다루지 않는다. 대신에 *IEEE*(*Institute of Electrical and Electronics Engineering*) 표준으로 공인되고, 모든 제조사들이 지원하는 언어를 주로 다룬다. IEEE는 전기전자공학에 관련된 모든 분야에 도움이 되는 기술 활동을 선도하는 국제기구로서 주요 사업 중 하나가 대다수 사용자가 함께 사용할 수 있도록 기술의 개념을 정의하고 표준화하는 일이다.

IEEE 표준으로 Verilog HDL과 VHDL 두 가지 HDL이 알려져 있는데, 모두 산업체에서 널리 사용되고 있다. 이 책에서는 Verilog를 사용한다. 비록 이들 두 언어들이 여러 면에서는 서로 다르지만, 한편으로는 유사한 특징을 가지므로 논리회로를 공부하는데 어떤 언어를 선택하는가는 크게 문제되지 않는다. Verilog를 이용하여 설명한 개념들은 VHDL을 사용할 경우에도 바로 적용 가능하다.

스키매틱 캡처 방식과 비교하여 Verilog는 많은 장점을 제공한다. Verilog는 디지털회로를 설계 제조하는 대부분의 회사들로부터 지원받기 때문에, 설계의 **호환성**(*portability*)을 제공한다. Verilog로 기술된 회로는 다양한 형태의 칩으로 제작 가능하고, 기술한 내용을 바꾸지 않고도 다른 회사에서 제공하는 CAD 툴에 적용할 수 있다. 설계의 호환성은 디지털회로 기술이 급변하는 상황에서 매우 중요한 장점이다. 표준 언어를 사용함으로써 설계자는 제조 기술에 얽매여 시간을 소비하지 않고 회로의 기능만을 고려하여 설계할 수 있다.

논리회로의 설계 입력은 Verilog 코드를 작성하여 수행된다. 회로 내부의 신호는 변수로 표시하고, 논리함수는 이들 변수들에 특정 값을 할당함으로써 표현된다. Verilog 코드는 평범한 텍스트 파일로 작성되므로 회로의 동작을 설명하는 내용을 코드에 쉽게 포함시킬 수 있다. 이런 특성은 Verilog로 작성된 회로들을 공유하거나 후에 다시 사용할 수 있도록 할 뿐만 아니라, Verilog 사용자가 점점 많아지는 이유이기도 하다. 또한 기존의 Verilog 코드를 새로운 회로의 설계에 적용할 수 있게 함으로써 신제품 개발 일정을 단축시킬 수 있다.

스키매틱 캡처에서 큰 회로를 다루는 방법과 유사하게, Verilog 코드 또한 계층적 설계를 용이하게 하는 모듈 기법을 사용해 작성할 수 있다. Verilog 코드는 소규모 회로에서부터 대규모 회로까지 모두 효과적으로 표현할 수 있다.

Verilog 디자인 엔트리는 다른 방법과 함께 사용할 수도 있다. 예를 들어, Verilog를 이용하여 기술된 부분회로에 스키매틱 캡처를 사용할 수도 있다. Verilog에 대한 보다 자세한 내용은 2.10절에 소개하도록 한다.

2.9.2 논리 합성

합성은 스키매틱 다이어그램이나 HDL로 작성된 코드로 주어진 초기 사양으로부터 논리회로를 만들어내는 과정이다. 합성 CAD 툴은 이러한 사양으로부터 효율적으로 회로를 만들어낸다.

Verilog 코드로부터 논리게이트의 네트워크로 번역하는 과정, 즉 **컴파일링**(*compiling*)은 합성의 일부분이다. 그 산출물은 회로의 구현에 필요한 논리함수를 나타내는 논리식들의 집합이다.

어떤 종류의 디자인 엔트리가 사용되든 합성 툴에 의해 만들어지는 초기 논리식들은 설계자의 입력을 반영하기 때문에 최적화되어 있지 않을 가능성이 크다. 설계자가 수작업으로 대규모 회로의 최적화된 결과를 만들어내는 일은 불가능하다. 따라서 합성 툴의 중요한 임무 중의 하나는 사용자의 설계로부터 동일 기능의 보다 나은 결과를 자동으로 생성하는 것이다.

한 회로를 다른 회로보다 얼마나 더 좋게 만드는가는 설계 프로젝트의 특별한 요구사항과 구현을 위해 선택된 기술에 의해 결정된다. 이 장의 전반부에 가장 적은 비용이 드는 회로가 좋은 회로일 수 있다고 언급한 바 있다. 회로 구현에 사용되는 하드웨어 기술에 따라 논리 최적화의 목표가 다를 수도 있다. 이들 하드웨어 구현 기술은 부록B에서 다룬다.

합성된 회로의 성능은 실제 회로를 구성하고 테스트를 통해 평가가 가능하지만, 회로의 동작은 시뮬레이션을 통해서도 평가할 수 있다.

2.9.3 기능 시뮬레이션

논리식 형태로 표현된 회로는 그것이 원하는 대로 동작하는지 시뮬레이션을 통해 검증할 수 있다. 이러한 작업을 수행하는 도구를 **기능 시뮬레이터**(*functional simulator*)라고 한다. 이것은 합성 과정에서 생성된 논리식을 사용하는데, 이 식들은 신호 지연 없이 완벽하게 동작하는 게이트들로 구현된다고 가정한다. 이러한 시뮬레이터는 사용자가 시뮬레이션 동안에 적용되어야 할 입력 신호의 값을 자세히 설정할 것을 요구한다. 시뮬레이션의 결과는 일반적으로 타이밍도의 형태로 주어지는데, 이를 통해 사용자는 회로가 요구하는 대로 동작하는지 평가할 수 있다.

2.9.4 물리적 설계

설계 흐름에서 논리 합성의 다음 단계는 주어진 칩에 어떻게 실제 회로를 구현할지 정확히 결정하는 것이다. 이 과정을 **물리적 설계**(*physical design*)라고 한다. 부록 B에서 소개하겠지만, 논리회로의 구현에 사용될 수 있는 몇 가지 상이한 기술이 있다. 물리적 설계 툴은 논리식의 형태로 표현된 회로를 목표 칩 상에 가용한 자원을 이용하여 구현한다. 이 툴은 지금까지 우리가 소개하지 않은 특별한 형태의 논리 소자의 배치도 결정한다. 이 툴은 또한 회로의 구현을 위한 소자들 간의 연결도 결정한다.

2.9.5 타이밍 시뮬레이션

논리게이트와 기타 논리 소자들은 전자회로로 구현되는데, 이 회로들의 동작에는 시간 지연(delay)이 불가피하다. 회로의 입력에 변화가 생기면, 그에 따라 출력이 변할 때까지 일정 시간이 소요되는데, 이것을 **전달 지연**(*propagation delay*)이라고 한다. 전달 지연은 두 가지로 구성되는데, 하나는 각 논리 소자에 입력이 전가된 후 출력이 나오기까지 걸리는 시간이고, 다른 하나는 각 논리 소자를 연결하는 배선에 의해 생기는 지연이다. 이 두 가지가 결합되어 회로의 실제 지연이 결정되는데, 이 지연 시간은 연산 속도의 중요한 요소가 된다.

타이밍 시뮬레이터(*timing simulator*)는 설계된 논리회로의 예상 지연 시간을 계산한다. 그 결과를 이용하여, 설계 회로가 타이밍 요구사항을 만족하는지 결정하게 된다. 만약 요구사항이 충족되지 않으면, 설계자는 반드시 만족되어야 하는 시간 제한 조건만으로 물리적 설계 툴이 합성을 다시 시도하게 할 수 있다. 그래도 성공하지 못하면, 설계자는 합성 단계에서 다른 최적화를 시도하거나 합성 툴에 입력한 초기 설계를 개선해야 한다.

2.9.6 회로의 구현

설계 회로가 명시된 모든 요구조건을 만족하는 것이 확실하면 실제 칩에 회로를 구현한다. 이 설계를 위한 주문형 칩 제작 단계를 **칩 공정**(*chip fabrication*)이라고 한다. 그러나 프로그래밍 가능한 하드웨어 칩을 사용한다면, 이 공정을 칩의 **배치**(*configuration*) 또는 프로그래밍이라고 부른다. 다양한 칩 기법의 형태가 부록 B에 기술되어 있다.

2.9.7 전체적인 설계 공정

이상에서 살펴본 CAD 툴들은 CAD 시스템의 필수 부분이다. 우리가 소개한 전체 설계의 흐름을 그림 2.35에 나타내었다. 여기서는 간략하게만 소개하였고, CAD 툴에 대한 전체적인 설명은 10장에서 다룬다.

지금은 CAD 툴의 사용에 있어 관련되어 있는 것들만 이해하기 바란다. 이들 툴에 대한 충분한 지식은 직접 사용하면서 습득할 수 있다. 적당한 CAD 툴을 선택하고 이 툴을 이용하여 몇몇 회로의 예제들을 구현해 보기 바란다. 일반적으로 사용되는 두 가지 CAD 툴을 소개하면, Altera사의 Quartus II와 Xilinx사의 ISE 툴이 있다. 이 두 가지 CAD 시스템은 해당 회사의 웹사이트를 통해 교육용으로 무료 사용할 수 있다.

2.10 • VERILOG 소개

1980년대 IC(Integrated Circuits, 집적회로) 기술의 눈부신 발전은 디지털회로 설계 과정 및 도구의 표준화를 요구하였다. Verilog는 이러한 요구를 충족시키기 위한 노력의 일환으로 만들어진 언어이다. Verilog는 처음에 Gateway Design Automation사에서 개발하였는데 후에 Cadence Design System사에 인수되었다. 1990년에 이르러 많은 주목을 끌기 시작하면서 이후 디지털회로의 기술에 가장 널리 사용하는 언어 중 하나가 되었다. 1995년에는 Verilog가 IEEE 표준 1364-1995로 공식 지정되었다. Verilog 2001 버전은 2001년에 IEEE 표준 1364-2001로 채택되었다. 이 버전은 여러 가지 새로운 기능이 도입되었지만 기존 Verilog 표준의 모든 기능을 지원한다.

Verilog는 애초에 디지털회로 시뮬레이션과 회로 검증을 목적으로 개발되었다. 이후 합성 기능이 추가되면서, Verilog는 CAD 시스템의 디자인 엔트리 수단으로 널리 사용되고 있다. CAD 툴은 기술된 회로의 하드웨어 구현을 위한 합성에 Verilog 코드를 사용한다. 이 책에 사용된 Verilog의 주요 목적은 회로 합성을 위한 것이다.

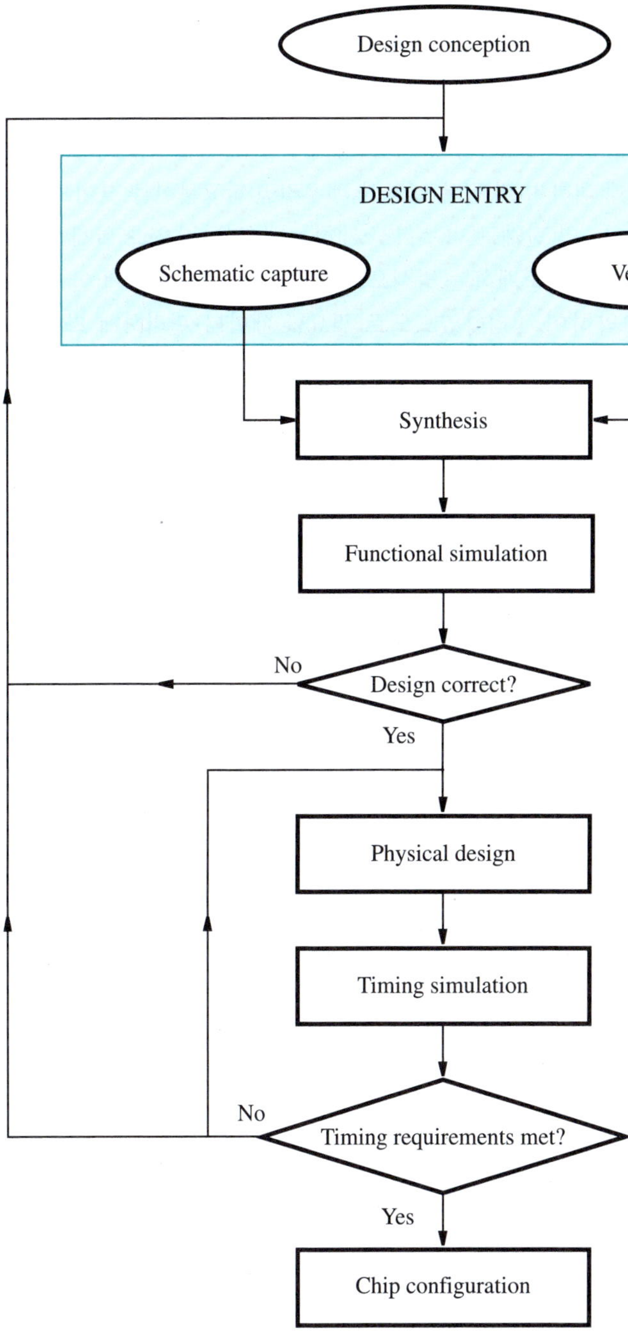

그림 2.35 전형적인 CAD 시스템

Verilog는 복잡하고 정교한 언어이다. Verilog의 모든 특성을 공부하는 것은 쉬운 일이 아니다. 다행히 회로 합성에는 이들 복잡한 특성들 중의 일부만 주로 사용한다. Verilog를 쉽게 이해하기 위해 이 책의 예제에서 사용된 회로들을 중심으로 Verilog 특성을 기술하기로 한다. 여기서 다루는 정도이면 보통 수준의 회로를 충분히 설계할 수 있을 것이다. Verilog 언어에 대하여 더 깊은 내용을 배우려면 참고문헌을 찾아보라[5-11].

이 책에서는 Verilog를 몇 단계로 나누어 소개하는데, 일반적으로 설계 주제에 따라서 관련된 Verilog의 기능을 소개하는 방식으로 전개하였다. 부록 A에 이 책을 포괄하는 Verilog 특성을 요약하여 정리하였으므로 필요할 때마다 편리하게 자료를 찾아볼 수 있을 것이다. 이 장의 나머지 절에서 간단한 Verilog 코드의 작성에 필요한 기본 개념을 설명한다.

Verilog에서 디지털회로의 표현

CAD 툴을 이용하여 논리회로를 설계하는 경우, 앞 절에서 설명한 바와 같이 몇 가지 상이한 방법으로 회로를 기술할 수 있다. 효율적인 방법의 하나로 Verilog 코드를 이용하는 것이다. Verilog 컴파일러는 이들 코드를 논리회로로 변환한다.

Verilog는 설계자에게 요구되는 회로를 기술하기 위한 몇 가지 방법을 제공한다. 그 하나의 방법이 논리게이트와 같은 회로 소자의 측면에서 Verilog 구조를 이용하는 방법이다. 비교적 규모가 큰 회로의 경우, 이들 회로 소자들을 서로 연결하는 코드를 작성함으로써 정의된다. 이와 같은 방법을 논리회로의 **구조적**(*structural*) 표현이라고 한다. 또 다른 방법은 요구되는 회로 동작을 정의하는 논리식과 Verilog 프로그래밍 구조를 사용하여 보다 추상적으로 회로를 기술하지만 게이트의 측면에서 실제적 구조는 기술하지 않는 방식이다. 이러한 방법을 **동작적**(*behavioral*, 또는 **기능적**) 표현이라고 한다.

2.10.1 논리회로의 구조적 사양

Verilog는 일반적으로 많이 사용되는 논리게이트에 해당하는 **게이트 레벨 프리미티브**(*gate-level primitive*)를 제공한다. 게이트는 기능, 출력 및 입력을 표시하여 나타낸다. 예를 들어, 입력 x_1, x_2와 출력 y를 갖는 2-입력 AND 게이트는

and (y, x1, x2);

로 표기된다. 그리고 4-입력 OR 게이트는

or (y, x1, x2, x3, x4);

와 같이 표기한다. 같은 방법으로 **nand**와 **nor**는 각각 NAND와 NOR 게이트를 정의한다. NOT 게이트는

not (y, x);

로 주어지는데, $y = \overline{x}$를 구현한다. 게이트 레벨 프리미티브는 보다 큰 회로를 명시하기 위해 사용할 수 있다. 유용한 모든 Verilog 게이트 레벨 프리미티브를 부록 A의 표 A.2에 나열하였다.

어떤 논리회로는 **모듈**(*module*) 형태로 명시하는데, 모듈은 회로의 기능을 정의하는 문장(statements)을 포함한다. 모듈은 **포트**(*port*)라고 하는 입력 및 출력 단자를 갖는다. 포트라는 용어는 어떤 전자회로에 대한 입력 또는 출력 연결을 지칭하는 일반적인 용어이다. 그림 2.33*b*의 멀티플렉서 회로를 그림 2.36에 다시 나타내었다. 이 회로를 Verilog 코드로 표기하면 그림 2.37과 같다. 첫 번째 문장은 *example1*이라는 모듈 명과 함께 네 개의 입출력 포트를 지시한다. 이어지는 두 개의 문장은 x_1, x_2, s가 **input** 신호인 반면에 f는 **output**임을 선언한다. 회로의 실제 구조는 그 다음 네 개의 문장에 의해 명시된다. NOT 게이트는 $k = \overline{s}$, AND 게이트는 $g = \overline{s}x_1$과 $h = sx_2$를 구현한다. AND 게이트의 출력들은 OR 게이트의 입력으로 사용되어

$$\begin{aligned} f &= g + h \\ &= \overline{s}x_1 + sx_2 \end{aligned}$$

이 된다. 모듈은 **endmodule** 선언으로 종료한다. 이 책 전반에 걸쳐 Verilog 키워드는 굵은 글씨체로 표기하여 이해를 돕도록 하였다.

Verilog 코드의 두 번째 예제를 그림 2.38에 보였다. 이 회로는 네 개의 입력 신호 x_1, x_2, x_3, x_4와 세 개의 출력 신호 f, g, h를 가지고 있음을 정의하였다. 회로가 구현하는 논리식은

$$\begin{aligned} g &= x_1x_3 + x_2x_4 \\ h &= (x_1 + \overline{x}_3)(\overline{x}_2 + x_4) \\ f &= g + h \end{aligned}$$

이다. 여기서 $\overline{x}_2$와 $\overline{x}_3$을 정의하기 위하여 NOT 게이트를 직접 표기하는 대신 컴플리먼트 되었음을 나타내는 Verilog 연산자 "~"(키보드의 tilde 문자)를 사용하였다. 따라서 $\overline{x}_2$는 코드에서 ~x2로 표기하였다. 이 예제를 위해 Verilog 컴파일러에 의해 생성된 회로를 그림 2.39에 나타내었다.

Verilog 문법

Verilog 코드의 모듈과 입출력 신호 명을 지정하기 위해 다음과 같은 간단한 법칙들이 지켜져야 한다. 이름은 문자로 시작하고, "_"(underscore)와 "$" 문자 등을 포함한 어떤 문자나 숫자를 포함할 수 있다. Verilog는 대문자와 소문자를 구분한다. 따라서 k와 K는 서로 다르고, *example1*과 *Example1*도 서로 다르다. Verilog 문법은 코드의 특정 형식을 강요하지 않는다. 예를 들면, 여러 개의 문장들을 한 줄에 표기할 수도 있고, SPACE와 TAB과 빈 줄 등 비어 있는 공간은 무시한다. 좋은 형식을 갖춘다는 측면에서 코드는 읽기 쉬운 방식으로 정형화되어야 한다. 그림 2.37과 2.38에 보인 바와 같이, 들

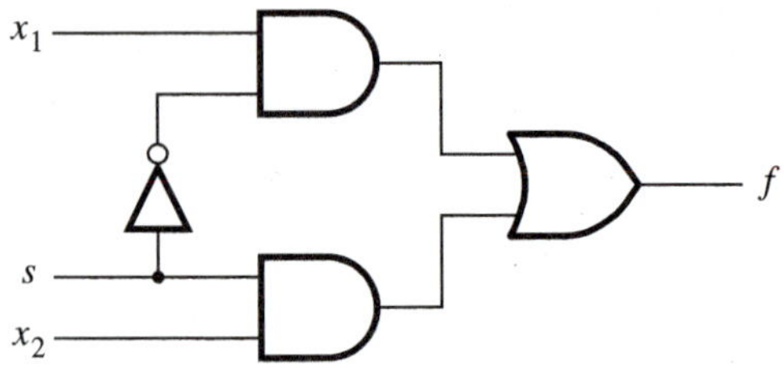

그림 2.36 멀티플렉서의 논리회로

```
module example1 (x1, x2, s, f);
    input x1, x2, s;
    output f;

    not (k, s);
    and (g, k, x1);
    and (h, s, x2);
    or (f, g, h);

endmodule
```

그림 2.37 그림 2.36의 회로를 위한 Verilog 코드

```
module example2 (x1, x2, x3, x4, f, g, h);
    input x1, x2, x3, x4;
    output f, g, h;

    and (z1, x1, x3);
    and (z2, x2, x4);
    or (g, z1, z2);
    or (z3, x1, ~x3);
    or (z4, ~x2, x4);
    and (h, z3, z4);
    or (f, g, h);

endmodule
```

그림 2.38 4-입력 회로를 위한 Verilog 코드

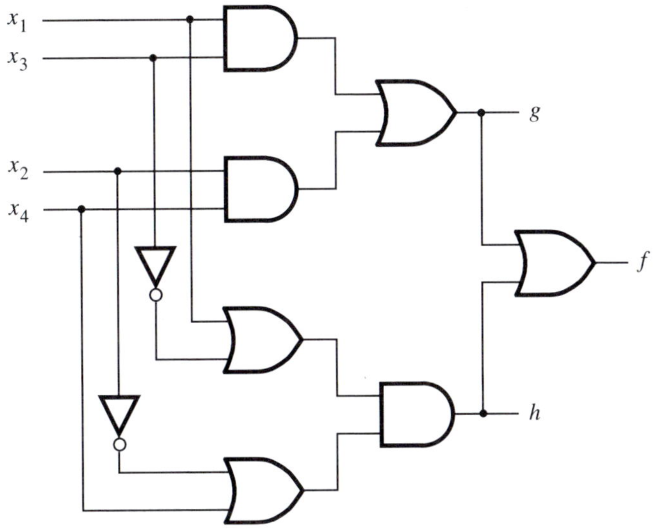

그림 2.39 그림 2.38의 코드를 위한 논리회로

여쓰기와 빈칸 등은 코드를 쉽게 이해할 수 있도록 한다. 주석(comment)은 코드의 의미와 작성 목적을 쉽게 이해하도록 한다. 주석은 이중 사선 "//"으로 시작하며, 해당 줄의 끝까지 기록할 수 있다.

2.10.2 논리회로의 기능적 명시

규모가 큰 회로의 설계에서 앞서 설명한 바와 같이 게이트들을 일일이 나열하는 방법은 바람직하지 않다. 이러한 경우 디지털회로의 기능을 추상적인 논리식이나 프로그램으로 기술하는 방법이 있다. 가능한 한 가지 방법이 논리식을 이용하여 회로를 정의하는 방법이다. 그림 2.40은 그림2.36의 회로를 다음의 논리식

$$f = \bar{s}x_1 + sx_2$$

으로 정의되는 방법을 보여준다. AND와 OR 연산은 각각 Verilog 연산자 "&"과 "|"로 지시하였다. **assign**은 신호 f의 **연속 할당**(*continuous assignment*)을 제공한다. 연속(continuous)이라는 개념은 시뮬레이션을 위한 Verilog의 사용에서 유래하는데, 식의 RHS(우변) 변수에 어떠한 변화가 발생함에 따라 LHS(좌변)의 f값이 재계산(re-evaluate)됨을 의미한다. 이런 효과는 그림 2.37에서의 게이트 레벨 프리미티브를 사용하는 경우에도 같이 적용된다. 이러한 접근 방식에 따라 그림 2.39의 회로를 그림 2.41과 같이 명시할 수 있다.

논리식을 이용하면 Verilog 코드의 작성이 보다 용이하다. 그러나 보다 높은 수준의 추상화(high-level abstraction)가 때로는 이롭게 사용될 수도 있다. 그림 2.36의 멀티플렉서 회로를 다시 고려하자. 주어진 회로의 기능은 $s = 0$일 때 $f = x_1$이고, $s = 1$이면

게 하였다. 이런 형식의 코드를 그림 2.43에 예시하였다. 또한, 그림 2.43에 예시된 것처럼 **always** 문의 반응 리스트에서 or 대신 콤마(,)를 사용할 수도 있다. 게다가, 반응 리스트에서 해당되는 신호를 나열하는 대신, 다음과 같이 간단하게 쓸 수 있다.

always @(*)

컴파일러가 필요한 신호를 처리한다고 가정하여 다음과 같이 더 간단히 쓸 수도 있다.

always @*

논리회로의 동작적 명세(behavioral specification)는 오로지 회로의 동작(기능)만을 정의한다. CAD 합성 툴은 이들 명세를 사용하여 실제 회로를 구성한다. 합성 회로의 상세 구조는 사용된 기술에 따라 달라진다.

2.10.3 계층적 Verilog 코드

지금까지 주어진 Verilog 코드들은 한 개의 모듈로만 구성되어 있었다. 규모가 큰 설계에서는 계층적 구조가 자주 사용되는데, 이 경우 **최상위 계층**(*top-level*) 모듈이 여러 개의 **하위 계층**(*lower-level*) 모듈을 포함하게 된다. 이런 계층적 Verilog 코드를 어떻게 쓰는지 보기 위해 그림 2.44의 회로를 살펴보자. 이 회로는 그림 2.12에서 기술된 가산기 모듈과 그림 2.34에서 소개된 7-세그먼트 디스플레이 모듈이라는 두 개의 하위 계층 모듈로 이루어진다. 이 회로의 목적은 두 개의 입력 x, y를 가산기 모듈을 이용해 더하고, 그 결과를 7-세그먼트 디스플레이에 10진수로 보여주는 것이다.

그림 2.12의 가산기 모듈과 그림 2.34의 디스플레이 모듈에 대한 Verilog 코드를 그림 2.45와 그림 2.46에 각각 나타내었다. 가산기 모듈에서는 두 비트의 합 s_1s_0을 명시하기 위해 연속 할당문을 사용하였다. s_0을 명시하기 위한 할당문은 Verilog XOR 연산자를 사용하는데, $s_0 = a \wedge b$으로 명시되었다. 디스플레이 모듈의 코드는 2.8.3절에 주어

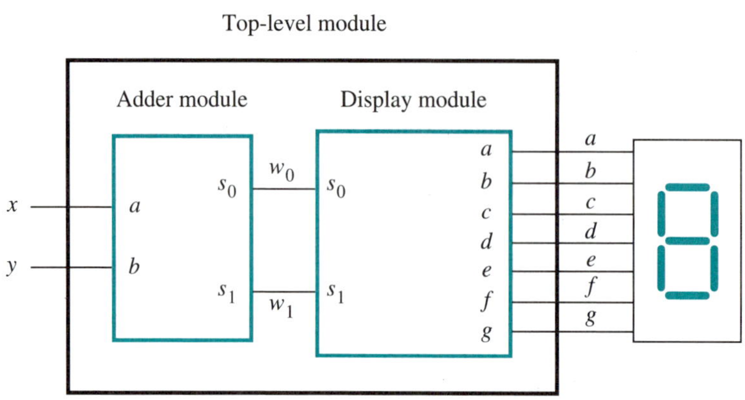

그림 2.44 두 개의 모듈을 갖는 논리회로

```
// An adder module
module  adder (a, b, s1, s0);
    input a, b;
    output s1, s0;

    assign s1 = a & b;
    assign s0 = a ^ b;

endmodule
```

그림 2.45 그림 2.12 회로의 Verilog 명세

```
// A module for driving a 7-segment display
module display (s1, s0, a, b, c, d, e, f, g);
    input s1, s0;
    output a, b, c, d, e, f, g;

    assign a = ~s0;
    assign b = 1;
    assign c = ~s1;
    assign d = ~s0;
    assign e = ~s0;
    assign f = ~s1 & ~s0;
    assign g = s1 & ~s0;

endmodule
```

그림 2.46 그림 2.34 회로의 Verilog 명세

진 디스플레이 회로의 일곱 개 출력 각각에 대한 논리식에 대응하는 연속 할당문이 포함된다. 다음 문장은 디스플레이의 출력 b에 상수 값 1을 할당한다.

```
assign b = 1;
```

Verilog 코드에서의 숫자 표현에 대해서는 3장에서 언급한다.

*adder_display*라고 명명된 상위 계층 Verilog 모듈이 그림 2.47에 주어져 있다. 이 모듈에는 입력 x, y와 출력 a, ⋯, g가 있다. 다음 문장

```
wire w1, w0;
```

은 신호 w_1과 w_0이 그림 2.44 회로의 입력도 출력도 아니기 때문에 필요하다. 이 신호는 Verilog 코드에서 입력이나 출력 포트로 선언될 수 없기 때문에 (내부) *wire*로 선언되어야 한다. 다음 문장

```
adder U1 (x, y, w1, w0);
```

```
module adder_display (x, y, a, b, c, d, e, f, g);
    input x, y;
    output a, b, c, d, e, f, g;
    wire w1, w0;

    adder U1 (x, y, w1, w0);
    display U2 (w1, w0, a, b, c, d, e, f, g);

endmodule
```

그림 2.47 그림 2.44 회로의 계층적 Verilog 명세

은 그림 2.45의 가산기 모듈을 하위 모듈로 **인스턴스화**(*instantiate*) 한다. 하위 모듈의 이름으로 U1이 사용되었는데, 다른 유효한 Verilog 이름을 사용해도 무방하다. 이 인스턴스 생성 문에서는 그림 2.45의 가산기 하위 모듈의 포트에 연결되어 있는 신호의 순서대로 나열된다. 따라서 그림 2.47의 상위 계층의 입력 포트 *x, y*는 가산기의 두 포트 *a, b*와 연결된다. 인스턴스 생성 문에 나열된 신호의 순서가 하위 모듈의 어느 포트에 신호가 연결될지를 결정한다. 또한 이 인스턴스 생성 문의 마지막 두 개의 포트가 상위 계층의 배선 w_1, w_0의 연결을 나타낸다. 다음 문장

```
dispaly U2 (w1, w0, a, b, c, d, e, f, g);
```

은 회로의 두 번째 하위 모듈을 인스턴스화한다. 여기서 배선 w_1, w_0은 이미 가산기 하위 모듈의 출력과 연결되어 있는데, 이들이 디스플레이 하위 모듈의 입력 포트와 연결된다. 디스플레이 하위 모듈의 출력 포트들은 상위 계층 모듈의 출력 포트 *a*, ⋯, *g*에 연결된다.

2.10.4 Verilog 코드 작성 시 주의사항

Verilog 혹은 기타 다른 HDL 언어를 배울 때, 처음에는 많은 변수들을 사용하거나 루프 문(loop statement)을 자주 사용하여 일반 컴퓨터 프로그램과 유사하게 코드를 작성하는 경향이 있다. 그러한 코드를 합성할 때 CAD 툴이 어떤 논리회로를 생성할지 판단하기 어렵다. 이 책은 광범위한 논리회로를 대표하는 100가지 이상의 다양한 예제의 Verilog 코드를 포함하고 있다. 이러한 예제에서 Verilog 코드는 기술된 논리회로와 쉽게 연계되므로 여러분이 설계하려는 회로와 유사할 경우 동일한 스타일의 코드를 사용하는 것이 좋다. 회로 설계에 있어 일반적으로 좋은 지침은 Verilog 코드로 기술된 논리회로가 어떤 회로인지 설계자 자신이 쉽게 판단할 수 없을 경우, CAD 툴도 설계자가 모델링하려고 하는 회로를 합성하지 않을 것이라고 가정하는 것이다.

일단 특정 설계를 위한 Verilog 코드가 완성되면 합성 툴을 이용하여 생성된 회로를 분석해야 한다. 일반적인 CAD 시스템은 Verilog 컴파일러에 의해 생성된 출력에 대응하는 논리회로를 디스플레이할 수 있는 그래픽 툴을 제공한다. 이 과정을 통해 Verilog,

논리회로, 논리 합성 등에 관해 많은 것을 배울 수 있다. 부록 A에 Verilog 코드 작성에 대한 추가 지침을 제공한다.

2.11 • 최소화와 카르노 맵

SOP(sum-of-product)나 POS(product-of-sum) 형태로 주어진 논리함수에 대한 최소 비용의 구현 방법을 찾기 위해서 대수학적 방법을 이용하는 예제들을 많이 다루었다. 이런 예제들에서 우리는 2.5절에 소개된 부울대수의 규칙, 정리, 특성식들을 이용하였는데, 예컨대 분배법칙, 드모르간의 정리, 결합법칙 등을 자주 사용하였다. 그러나 최소 비용의 회로를 찾기 위해 어떤 정리, 어떤 법칙들을 적용해야 하는지는 명확하지 않으며, 이런 과정이 때로는 지루하거나 현실적이지 않은 경우를 자주 마주한다. 이 절에서는 **카르노 맵**(*Karnaugh map*)이라는 방법을 사용하여 최소 비용의 논리식을 쉽게 구하는 법을 소개한다.

카르노 맵 방법의 핵심은 결합법칙 14*a*, 14*b*를 가능한 현명하게 응용하는 것이다. 이 방법이 어떻게 적용되는지 이해하기 위해 그림 2.48의 함수 f를 살펴보자. 함수 f의 표준 SOP 식은 민텀 m_0, m_2, m_4, m_5, m_6으로 구성되며 아래의 식과 같다.

$$f = \bar{x}_1\bar{x}_2\bar{x}_3 + \bar{x}_1x_2\bar{x}_3 + x_1\bar{x}_2\bar{x}_3 + x_1\bar{x}_2x_3 + x_1x_2\bar{x}_3$$

결합법칙 14*a*는 두 개의 민텀들에서 오직 한 개의 변수 값만이 다른 경우, 그 변수 값을 제외한 하나의 곱 항으로 줄일 수 있다는 것이다. 예를 들어, m_0과 m_2에는 $\bar{x}_1$과 $\bar{x}_3$이 공통으로 들어 있는데, m_0은 $\bar{x}_2$를 포함하고 m_2는 x_2를 포함하고 있다. 따라서 다음 식과 같이 된다.

Row number	x_1	x_2	x_3	f
0	0	0	0	1
1	0	0	1	0
2	0	1	0	1
3	0	1	1	0
4	1	0	0	1
5	1	0	1	1
6	1	1	0	1
7	1	1	1	0

그림 2.48 함수 $f(x_1, x_2, x_3) = \sum m(0, 2, 4, 5, 6)$

$$\begin{aligned}\bar{x}_1\bar{x}_2\bar{x}_3 + \bar{x}_1 x_2 \bar{x}_3 &= \bar{x}_1(\bar{x}_2 + x_2)\bar{x}_3 \\ &= \bar{x}_1 \cdot 1 \cdot \bar{x}_3 \\ &= \bar{x}_1\bar{x}_3\end{aligned}$$

위 식에서 보듯이 m_0과 m_2가 결합되어 $\bar{x}_1\bar{x}_3$이 된다. 같은 방법으로 m_4와 m_6은 x_2 값만 다르기 때문에 아래 식과 같이 결합된다.

$$\begin{aligned}x_1\bar{x}_2\bar{x}_3 + x_1 x_2 \bar{x}_3 &= x_1(\bar{x}_2 + x_2)\bar{x}_3 \\ &= x_1 \cdot 1 \cdot \bar{x}_3 \\ &= x_1\bar{x}_3\end{aligned}$$

이제 두 개의 새로 만들어진 항 $\bar{x}_1\bar{x}_3$과 $x_1\bar{x}_3$은 다시 다음과 같이 결합된다.

$$\begin{aligned}\bar{x}_1\bar{x}_3 + x_1\bar{x}_3 &= (\bar{x}_1 + x_1)\bar{x}_3 \\ &= 1 \cdot \bar{x}_3 \\ &= \bar{x}_3\end{aligned}$$

이와 같은 최적화 과정은 네 개의 민텀 m_0, m_2, m_4, m_6을 한 개의 곱 항 $\bar{x}_3$으로 바꾼다. 즉, 민텀 m_0, m_2, m_4, m_6은 모두 $\bar{x}_3$에 포함된다. f의 나머지 민텀은 m_5인데, m_5는 m_4와 결합되어 다음 식으로 된다.

$$x_1\bar{x}_2\bar{x}_3 + x_1\bar{x}_2 x_3 = x_1\bar{x}_2$$

2.5절의 특성식 7b를 이용하여 다음과 같이 표기할 수 있음을 기억하라.

$$m_4 = m_4 + m_4$$

이것은 민텀 m_4를 중복 사용하여 민텀 m_0, m_2, m_6과 결합하여 위에서 설명한 $\bar{x}_3$을 산출하고, m_5와 결합하여 $x_1\bar{x}_2$를 산출한다는 것을 의미한다.

이제 f 함수의 모든 민텀들을 처리하였다. 따라서 $f = 1$이 되게 하는 다섯 가지 입력 조합이 아래의 최소 비용 논리식에 모두 커버된다.

$$f = \bar{x}_3 + x_1\bar{x}_2$$

이 식은 x_1과 x_2의 값에 관계없이 $x_3 = 0$이면 $f = 1$이므로 곱 항 $\bar{x}_3$을 포함한다. 즉, 네 개의 민텀 m_0, m_2, m_4, m_6은 $x_3 = 0$에 대한 가능한 모든 민텀들인데, 이 민텀들의 변수 x_1과 x_2의 값들의 가능한 네 개의 값 00, 01, 10, 11을 포함한다. 따라서 $x_3 = 0$이면 $f = 1$이 보장된다는 뜻이다. 이것을 그림 2.48의 진리표를 통해 직접 확인하기는 쉽지 않지만 해당 값을 다음과 같이 그룹화하면 분명히 알 수 있다.

	x_1	x_2	x_3
m_0	0	0	0
m_2	0	1	0
m_4	1	0	0
m_6	1	1	0

마찬가지 방법으로 m_4, m_5를 아래와 같이 두 그룹으로 묶으면, $x_1 = 1$, $x_2 = 0$일 때 x_3의 값에 상관없이 $f = 1$이 됨을 알 수 있다.

	x_1	x_2	x_3
m_4	1	0	0
m_5	1	0	1

위에서 살펴본 내용은 단일 항으로 결합 가능한 $f = 1$인 민텀을 손쉽게 그룹화할 수 있는 방법이 있다면 유익하다는 사실을 제시한다. 카르노 맵은 이러한 목적을 위한 유용한 수단을 제공한다.

카르노 맵[1]은 함수를 표현하는 진리표의 또 다른 형태이다. 맵은 진리표의 각 행에 해당하는 셀(cell)들로 구성된다. 그림 2.49의 2-변수 예제를 살펴보자.

그림 2.49*a*는 진리표 형태로서 네 개의 행은 각각의 민텀에 해당된다. 그림 2.49*b*는 카르노 맵으로 네 개의 셀로 구성되었다. 카르노 맵의 열은 x_1로 표시하고, 행은 x_2로 표시한다. 이 이름들은 그림에서 민텀의 위치를 유도한다. 진리표와 비교하면 카르노 맵의 장점은 2.5절의 특성식 14(*a*)를 이용한 민텀들의 결합을 쉽게 파악할 수 있게 해 준다는 것이다. 같은 열이나 같은 행에 인접해 있는 두 개의 셀은 결합될 수 있다. 예를 들어, 민텀 m_2와 m_3은 다음과 같이 결합된다.

$$\begin{aligned} m_2 + m_3 &= x_1\bar{x}_2 + x_1x_2 \\ &= x_1(\bar{x}_2 + x_2) \\ &= x_1 \cdot 1 \\ &= x_1 \end{aligned}$$

카르노 맵은 민텀의 결합에 유용할 뿐만 아니라, 앞으로의 예제에서 볼 수 있듯이 주어진 논리함수를 최소 비용으로 구현할 수 있는 회로의 유도에 직접 사용될 수 있다.

2-변수 맵

변수가 두 개인 함수의 카르노 맵을 그림 2.50에 나타내었다. 이 맵은 그림 2.19의 함수 f를 표현한 것이다. 변수 x_1과 x_2의 가능한 조합에 대한 함수 값 f가 맵의 해당되는 셀에 표시된다. 바닥 행에 있는 두 개의 셀들이 모두 1이며 인접하기 때문에, 각각의 셀에 해당되는 입력 조합에 대하여 f가 1이 되게 하는, 한 개의 곱 항이 존재한다. 이것을 표시하기 위해 맵의 해당되는 셀들을 묶는다. 이와 같은 방법으로 결합법칙을 정형적으로 사용하지 않더라도 직관적으로 곱 항을 구할 수 있다. 이 두 셀 모두 $x_2 = 1$에 해당하지만 왼쪽 셀은 $x_1 = 0$인 경우이고, 오른쪽 셀은 $x_1 = 1$인 경우이다. 따라서 $x_2 = 1$이면 x_1의 값에 관계없이 $f = 1$이다. 두 개의 셀을 표현하는 곱 항은 단순히 x_2이다.

마찬가지 방법으로, 첫 번째 열에 있는 두 개의 셀에 대해서도 $f = 1$이다. 이 셀들은 $x_1 = 0$에 해당되므로 곱 항은 $\bar{x}_1$이다. 이것으로 $f = 1$인 모든 경우를 처리하였기 때문에 함수의 최소 비용을 나타내는 식은 다음과 같다.

$$f = x_2 + \bar{x}_1$$

자명하게도 주어진 함수를 최소 비용으로 구현하기 위해서는 $f = 1$인 모든 경우에 대해 1의 값을 생성하는 가장 적은 개수의 곱 항을 찾아야 한다. 또한 이들 곱 항의 비용도 가능한 적어야 한다. 두 개의 인접한 셀을 포함하는 곱 항은 단일 셀을 포함하는 곱 항보다 간단하다. 앞의 예에서 아래 행의 두 셀은 곱 항 x_2에 의해 커버되고 하나의 셀(왼쪽 상단 셀)만 남는다. 남은 한 개의 셀을 곱 항 $\bar{x}_1\bar{x}_2$로 커버할 수도 있지만 왼쪽 열 두 개의 셀을 결합하여 곱 항 $\bar{x}_1$을 만드는 것이 구현에 드는 비용을 보다 덜 들게 하므로 더 낫다.

3-변수 맵

변수가 세 개인 카르노 맵은 변수가 두 개인 카르노 맵을 옆으로 확장하면 된다. 그림 2.51*a*에 세 변수로 이루어지는 민텀이 나열되어 있고, 그림 2.51*b*에 카르노 맵에서의 각

x_1	x_2	
0	0	m_0
0	1	m_1
1	0	m_2
1	1	m_3

(a) 진리표

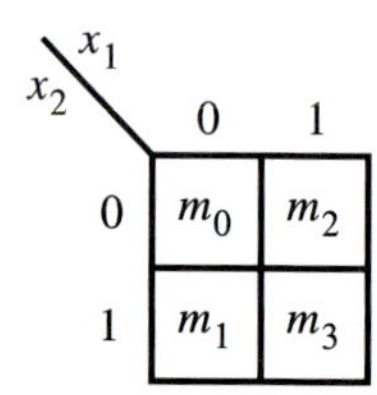

(b) 카르노 맵

그림 2.49 2-변수 민텀의 위치

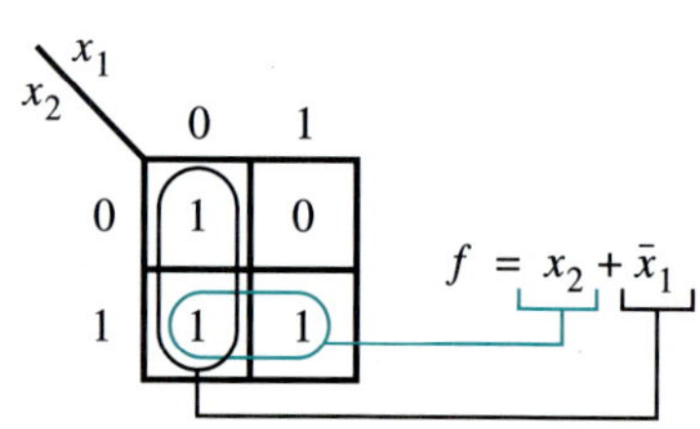

그림 2.50 그림 2.19의 함수

민텀의 위치가 표시되어 있다. 이번에는 x_1과 x_2의 조합들이 맵의 열을 표시하고 x_3 값은 두 개의 행을 구분하는 데 사용되었다. 맵상에서 인접한 셀의 민텀들이 한 개의 곱 항으로 결합되는 것을 보장하기 위해서는 인접한 셀들이 오직 한 개의 변수 값을 달리 해야 한다. 따라서 열은 (x_1, x_2) 값의 순서를 00, 01, 10, 11 대신에 00, 01, 11, 10로 하여 식별되게 하였다. 이렇게 함으로써 두 번째와 세 번째 열은 오직 x_1의 값만 다르게 하였다. 또한 첫 번째와 마지막 열은 오직 변수 x1의 값을 다르게 하여, 이 두 열이 인접한 것으로 간주되도록 하였다. 이 카르노 맵을 네모난 종이의 왼쪽과 오른쪽 모서리를 맞붙여 놓은 원통형으로 생각하면 이해가 쉽다(순서가 한 개 씩만 변하는 코드를 **그레이 코드**(*gray code*)라고 한다. 이 코드는 여러 가지 목적으로 쓰이는데, 이 책의 후반부에 설명한다).

그림 2.52*a*는 그림 2.23의 함수를 카르노 맵으로 표현한 것이다. 이 함수를 구현하기 위해서는 가능한 한 효율적으로 이 네 개의 1을 커버해야 하는데, 이 경우 두 개의 곱 항으로 충분하다. 첫 번째 곱 항은 위쪽 행의 두 1을 커버하는 $x_1\bar{x}_3$이며, 두 번째 곱 항은 $\bar{x}_2x_3$으로 아래 행의 두 1을 커버한다. 따라서 함수는 다음 식으로 나타낼 수 있으며 그림 2.24*a*의 회로와 같다.

$$f = x_1\bar{x}_3 + \bar{x}_2x_3$$

세 개의 변수로 된 카르노 맵에서 한 개의 단일 셀, 두 개의 인접 셀, 또는 네 개의 인접 셀들을 그룹화할 수 있다. 그림 2.48의 함수를 사용하여 네 개의 인접 셀을 그룹화하는 예를 그림 2.52*b*에 보였다. 위쪽 행에 있는 네 개의 셀에 대한 x_1, x_2, x_3 값들은 000, 010, 110, 100이다. 앞서 설명한 바와 같이 $x_3 = 0$이기만 하면, x_1과 x_2의 모든 경우에 대해서 $f = 1$이다. 그러므로 곱 항 $\bar{x}_3$은 네 개의 셀을 의미한다. 출력이 1인 나머지 민텀 m_5는 가장 오른쪽 열에 있는 두 개의 셀을 결합하여 얻은 곱 항 $x_1\bar{x}_2$에 의해 가장 잘 커버된다. f의 최종 결과 식은 다음과 같다.

x_1	x_2	x_3	
0	0	0	m_0
0	0	1	m_1
0	1	0	m_2
0	1	1	m_3
1	0	0	m_4
1	0	1	m_5
1	1	0	m_6
1	1	1	m_7

(a) 진리표

x_3 \ x_1x_2	00	01	11	10
0	m_0	m_2	m_6	m_4
1	m_1	m_3	m_7	m_5

(b) 카르노 맵

그림 2.51 3-변수 민텀의 위치

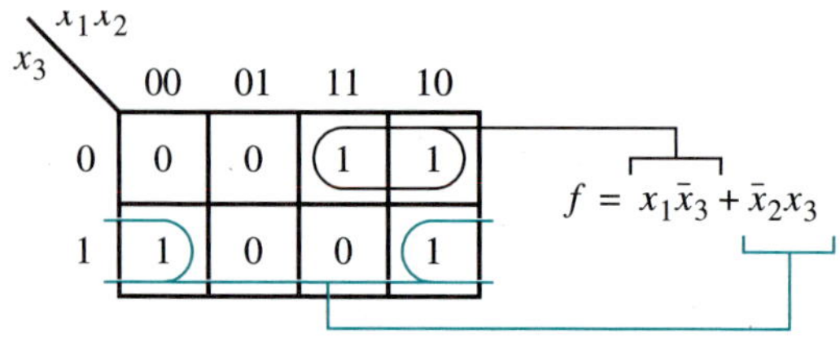

(a) 그림 2.23의 함수

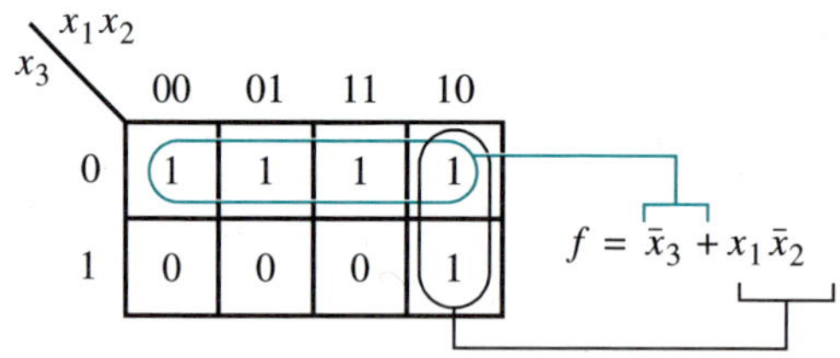

(b) 그림 2.48의 함수

그림 2.52 3-변수 카르노 맵의 예

$$f = \bar{x}_3 + x_1\bar{x}_2$$

3-변수 맵에서의 경우 최대 여덟 개의 1에 대한 결합을 취할 수도 있다. 그러나 이와 같은 경우는 거의 드문 일인데, 입력의 모든 조합에 대해 항상 $f = 1$이기 때문이다. 다시 말하자면 f는 상수 1이다.

카르노 맵은 주어진 함수를 최소 비용의 곱 항으로 만드는 간단한 방법이다. 곱 항들은 그 그룹에 속한 모든 셀들을 커버한다는 의미이다. 만약 그룹에서 변수 값이 1이라면 그 변수는 컴플리먼트되지 않은 형태로 표시되며, 변수 값이 0이라면 컴플리먼트된 형태로 표시된다. 그룹에서 때로는 1이고 때로는 0이 되는 각 변수는 곱 항에 나타나지 않는다.

4-변수 맵

3-변수 카르노 맵에서 네 개의 열을 구성하기 위해 두 개의 2-변수 맵이 사용된 것과 같이 4-변수 카르노 맵은 네 개의 행을 만들기 위해 두 개의 3-변수 맵으로 구성된다. 그림 2.53은 4-변수 맵의 구조와 민텀의 위치를 나타낸 것이다. 이 그림은 행과 열을 지정할 때 일반적으로 사용하는 한 가지 방법을 보여준다. 그림에서 컬러로 표기된 변수는 주어진 변수 값이 1임을 나타낸다. 따라서 오른쪽 두 개의 열에 대해 $x_1 = 1$, 가운데 두 개의 열에 대해 $x_2 = 1$, 바닥의 두 개의 행에 대해 $x_3 = 1$이고, 가운데 두 개의 행에 대해서는 $x_4 = 1$이다.

그림 2.54는 4-변수 맵의 네 가지 예제를 나타낸 것이다. 함수 f_1은 아래 두 개의 행에 네 개의 1이 인접한다. 이 경우 $x_2 = 0$과 $x_3 = 1$이다. 따라서 곱 항 $\bar{x}_2x_3$으로 표시된

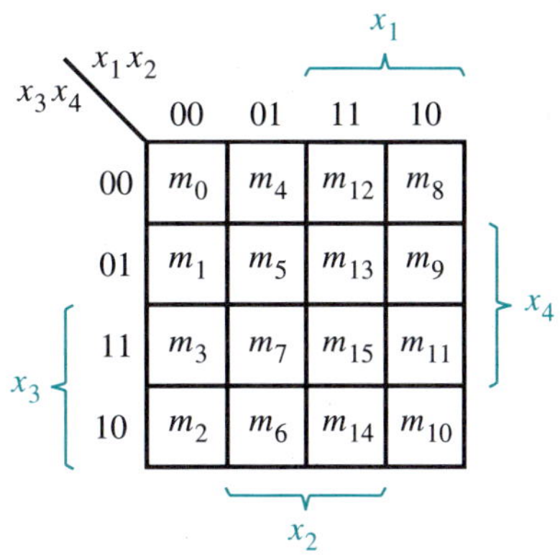

그림 2.53 4-변수 카르노 맵

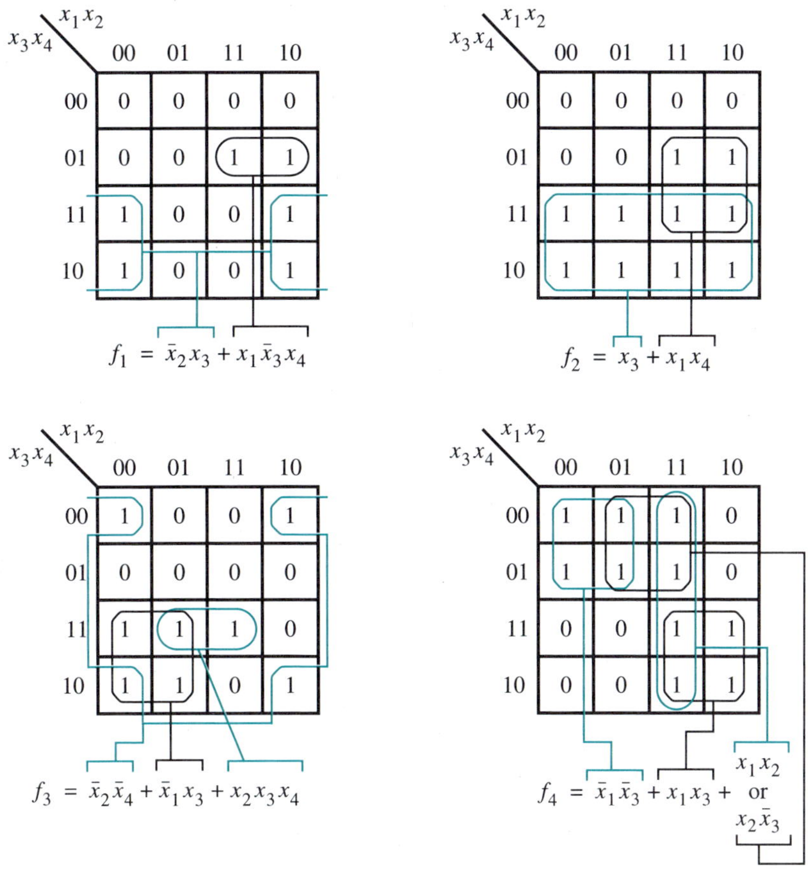

그림 2.54 4-변수 카르노 맵의 예

다. 두 번째 행에 두 개의 인접한 1이 남아 있는데, 이것은 곱 항 $x_1\bar{x}_3x_4$로 표시할 수 있다. 따라서 최소 비용 함수는 다음과 같다.

$$f_1 = \bar{x}_2x_3 + x_1\bar{x}_3x_4$$

함수 f_2는 여덟 개의 1이 그룹화되어 있으므로 단일 항 x_3으로 구현 가능하다. f_2에서 나머지 두 개의 1은 곱 항 $x_1\bar{x}_3x_4$로 표시할 수 있다. 그러나 이 두 개의 1을 네 개의 인접한 1로 묶으면 비용이 더 적은 x_1x_4가 된다.

카르노 맵의 왼쪽과 오른쪽 모서리가 변수의 할당이라는 측면에서 인접한 것으로 간주되는 것과 마찬가지로 위와 아래의 모서리도 인접한 것으로 간주한다. 실은 네 모퉁이의 셀들도 서로 인접하여 네 개의 1의 그룹으로 형성할 수 있으므로 곱 항 $\bar{x}_2\bar{x}_4$로 구현할 수 있다. 이 경우를 함수 f_3으로 나타낸다. 이 그룹 외에도 함수 f_3을 구현하기 위해 반드시 커버되어야 하는 또 다른 네 개의 1이 있는데, 그림에 보이는 바와 같이 결합하여 완성할 수 있다.

앞서 살펴본 예제에서는 최소 비용 회로를 유도하기 위한 한 가지 해법만 존재했다. 함수 f_4는 선택의 여지가 있는 예제를 제공한다. 카르노 맵에서 왼쪽 위와 오른쪽 아래 네 개의 인접한 1은 각각 곱 항 $\bar{x}_1\bar{x}_3$와 x_1x_3이다. 나머지 두 개의 1은 $x_1x_2\bar{x}_3$에 대응한다. 그러나 회로를 더 작게 만들기 위해 두 개의 인접한 1 대신에 네 개의 인접한 1을 그룹화할 수 있다. 이 경우 네 개의 인접한 1의 그룹은 두 개가 존재한다. 하나는 위아래로 길게 컬러로 표시된 곱 항 x_1x_2이며, 또 다른 선택은 정사각형의 검은색 묶음인 $x_2\bar{x}_3$이다. 이 두 개의 항은 똑 같은 비용이기 때문에 무엇을 선택하든 문제가 없다. 곱 항 $x_2\bar{x}_3$에서 x_3의 컴플리먼트는 x_1x_2와 비교하여 비용이 증가하지 않는다. 그 이유는 컴플리먼트를 취하는 데 드는 비용은 다른 곱 항 $\bar{x}_1\bar{x}_3$에서 이미 생성되기 때문이다.

5-변수 맵

변수가 다섯 개인 경우 맵을 구성하기 위해 두 개의 4-변수 맵을 사용한다. 한 개의 맵이 다른 맵 뒤에 있는 구조를 상상하면 쉽다. 이를 $x_5 = 0$인 경우와 $x_5 = 1$인 경우로 구분할 수 있다. 그러나 이와 같은 구조를 그리기가 까다롭기 때문에 두 개의 맵을 그림 2.55와 같이 옆으로 놓는다. 그림에서 예로 든 논리함수의 경우, 네 개의 인접한 1을 가진 셀들이 두 개의 4-변수 카르노 맵상의 같은 위치에 놓여 있다. 즉, $x_5 = 1$인 오른쪽 맵과 $x_5 = 0$인 왼쪽 맵의 같은 위치에 존재한다. 결합된 항은 $\bar{x}_1x_3$이다. 또한, 두 번째 행의 두 개의 인접한 1을 가진 그룹이 양쪽에 존재한다. 이들 네 개의 민텀은 결합되어 $x_1\bar{x}_3x_4$가 된다. 마지막으로 $x_5 = 1$인 오른쪽 맵의 우측 상단 모서리에 1이 존재하는데, 인접한 두 개의 1을 묶어 $x_1\bar{x}_2\bar{x}_3x_5$가 된다. 여기서 $f = 0$인 셀들을 공백으로 처리하여 읽기에 편하게 하였다. 앞으로 경우에 따라 불필요한 셀은 빈칸으로 처리할 것이다.

변수가 다섯 개인 경우에는 이제까지 사용한 맵보다 훨씬 복잡하고 까다롭다. 카르노 맵 개념을 더 많은 변수로 확장하는 것은 실제로 필요하지 않은데, CAD 툴이 논리

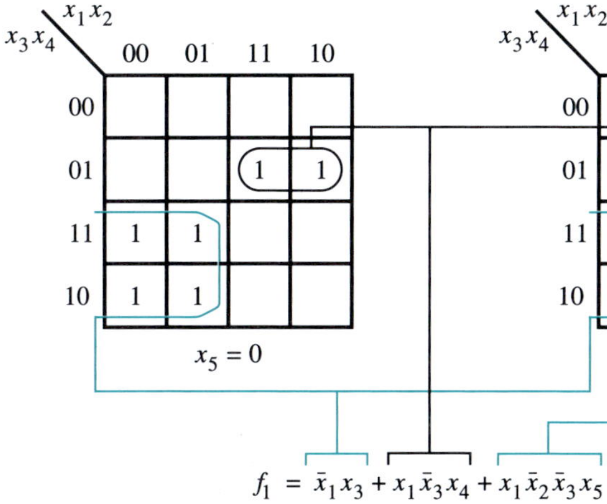

그림 2.55 **5-변수 카르노 맵**

함수의 최소화를 자동으로 처리해주기 때문이다. 카르노 맵이 작은 논리회로의 설계에 가끔 필요할 뿐임에도 불구하고, 여기서 소개하는 이유는 최소화 과정을 수행하는 개념을 설명하기 위한 것이다.

2.12 • 최소화 기법

앞 절에서는 주어진 함수를 최소의 비용으로 구현하기 위해 카르노 맵상에서 이웃하는 1들을 함께 묶는 직관적인 방법을 사용하였다. 직관적인 방법이란 함수가 출력 값 1을 갖는 모든 경우를 커버하는 가능한 큰 1의 그룹을 가능한 한 적은 수로 만드는 것이다. 각각의 1의 그룹은 한 개의 곱 항으로 표시될 수 있는 셀을 포함해야 한다. 그룹의 크기가 클수록, 더 적은 수의 입력 변수들로 구성되는 곱 항이 된다. 이러한 방식은 입력 변수가 적은 우리의 예제와 같은 카르노 맵에서는 좋지만, 입력 변수가 많은 큰 논리함수에 대해서는 부적절하다. 따라서 최소 비용 구현을 유도하기 위한 체계적인 방법이 필요하다. 이번 절에서는 CAD 툴이 자동으로 수행하는 기법과 비슷하게 처리할 수 있는 방법을 소개한다. 중요한 개념을 설명하기 위해서 카르노 맵을 사용한다.

2.12.1 용어

논리함수를 구현하기 위한 많은 연구가 진행되었다. 연구 결과가 많은 논문으로 발표되었는데, 복잡한 설명을 피하기 위해 이해하기 쉽게 정의된 용어를 사용하고 있다. 회로의 최소화 과정을 기술하는 데 매우 유용하므로 다음과 같이 용어를 정의한다.

리터럴

주어진 곱 항은 여러 개의 변수들로 구성된다. 각각의 변수들이 컴플리먼트되지 않거나 컴플리먼트된 형태로 표현된 것을 리터럴(literal)이라 한다. 예를 들면, 곱 항 $x_1\bar{x}_2x_3$은 세 개의 리터럴로 구성되며, $\bar{x}_1x_3\bar{x}_4x_6$항은 네 개의 리터럴로 구성된다.

임플리컨트

함수의 출력을 1이 되게 하는 입력 변수들의 조합으로 구성되는 곱 항을 함수의 임플리컨트(implicant)라고 한다. 가장 기본이 되는 임플리컨트들은 민텀이다. 입력 변수가 n개인 함수에서, 민텀은 n개의 리터럴로 만들어지는 임플리컨트이다.

그림 2.56의 3-변수 함수를 고려하자. 이 함수에는 열한 개의 임플리컨트가 존재한다. 그 구성은 다섯 개의 민텀 $\bar{x}_1\bar{x}_2\bar{x}_3$, $\bar{x}_1\bar{x}_2x_3$, $\bar{x}_1x_2\bar{x}_3$, $\bar{x}_1x_2x_3$, $x_1x_2x_3$과, 이 다섯 개의 민텀이 두 개씩 결합되어 만들어진 임플리컨트 $\bar{x}_1\bar{x}_2$(m_0과 m_1), $\bar{x}_1\bar{x}_3$(m_0과 m_2), $\bar{x}_1x_3$(m_1과 m_3), $\bar{x}_1x_2$(m_2와 m_3), x_2x_3(m_3과 m_7), 마지막으로 네 개의 민텀을 결합한 임플리컨트 $\bar{x}_1$이 있다.

프라임 임플리컨트

프라임 임플리컨트(prime implicant)란 다른 임플리컨트와 결합하여 더 적은 수의 리터럴을 갖는 임플리컨트를 만들지 못하는 임플리컨트를 말한다. 다시 말하면, 프라임 임플리컨트를 구성하는 리터럴 중 어느 하나도 소거할 수 없는 임플리컨트이다(카르노 맵에서 더 큰 그룹으로 확장할 수 없는 임플리컨트).

그림 2.56에는 두 개의 프라임 임플리컨트 $\bar{x}_1$과 x_2x_3이 있다. 이 두 개의 임플리컨트들은 곱 항으로 표시되는 리터럴을 더 이상 소거할 수 없다. 예를 들어, x_2x_3에서 리터럴을 소거하면 x_2 또는 x_3이 남지만, x_2는 $f = 0$에 대한 조합$(x_1, x_2, x_3) = 110$을 포함하고, x_3은 $f = 0$에 대한 조합$(x_1, x_2, x_3) = 101$을 포함하므로 임플리컨트가 아니다. 프라임 임플리컨트에 대한 또 다른 이해는 카르노 맵에서 묶을 수 있는 '가장 큰 1의 묶음'으로 표현된다는 것이다.

커버

주어진 함수가 1이 되게 하는 모든 입력 조합을 포함하는 임플리컨트의 집합을 그

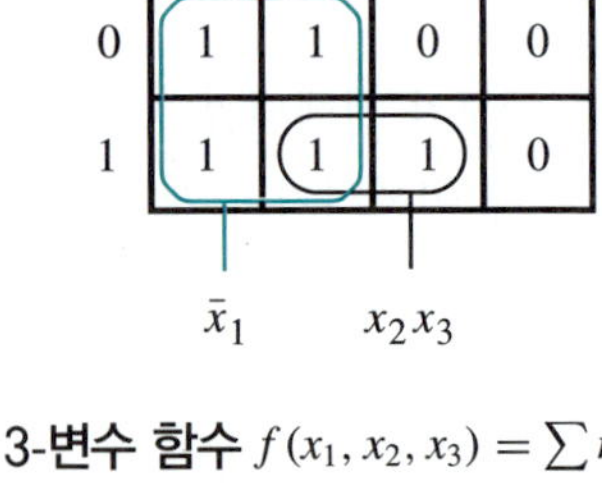

그림 2.56 **3-변수 함수** $f(x_1, x_2, x_3) = \sum m(0, 1, 2, 3, 7)$

함수의 커버(cover)라고 한다. 대부분의 함수들은 여러 개의 서로 다른 커버를 갖는다. $f = 1$인 모든 민텀들의 집합은 당연히 커버이다. 모든 프라임 임플리컨트의 집합도 명백한 커버이다.

커버는 함수의 특정 구현을 정의한다. 그림 2.56에서 민텀들의 커버는 다음 식을 유도한다.

$$f = \bar{x}_1\bar{x}_2\bar{x}_3 + \bar{x}_1\bar{x}_2x_3 + \bar{x}_1x_2\bar{x}_3 + \bar{x}_1x_2x_3 + x_1x_2x_3$$

다른 형태의 커버는 아래 식과 같다.

$$f = \bar{x}_1\bar{x}_2 + \bar{x}_1x_2 + x_2x_3$$

프라임 임플리컨트로 구성된 커버는 다음과 같다.

$$f = \bar{x}_1 + x_2x_3$$

위의 세 식 모두 함수 f를 정확히 표현하지만 그 중에서 프라임 임플리컨트로 구성된 커버가 최소 비용의 회로를 구현한다.

비용

2.6.1절에서 회로의 비용을 나타내는 좋은 지표가 함수를 구현하는 게이트 수와 모든 게이트로의 입력의 총 수라고 했다. 이 책 전체를 거쳐 회로의 비용(cost)을 이렇게 정의된 용어로 사용한다. 단, 입력 변수는 원래의 값과 컴플리먼트 모두 가능하고 컴플리먼트에 따른 추가 비용은 없다고 가정한다. 아래 식은 AND 게이트와 OR 게이트에 대한 여섯 개의 입력을 갖는 두 개의 AND 게이트와 한 개의 OR 게이트를 이용하여 구현 가능하므로 전체 비용은 9이다.

$$f = x_1\bar{x}_2 + x_3\bar{x}_4$$

만약 회로 내부에서 인버전(inversion)이 요구된다면 NOT 게이트와 이 게이트의 입력을 비용에 포함해야 한다. 예를 들면, 아래 식 g는 AND 게이트 두 개, OR 게이트 두 개, $(x_1\bar{x}_2 + x_3)$을 컴플리먼트하는 NOT 게이트 한 개, 그리고 아홉 개의 게이트 입력이 필요하므로 비용은 14이다.

$$g = \overline{(x_1\bar{x}_2 + x_3)}\,(\bar{x}_4 + x_5)$$

2.12.2 최소화 절차

주어진 논리함수를 다양한 형태의 회로로 구현할 수 있음을 보았다. 이러한 회로들은 상이한 구조와 상이한 비용을 가질 수 있다. 논리회로의 설계 시 충족해야 할 몇 가지 기준이 있는데, 이 기준 중 하나가 회로의 비용이다. 일반적으로 회로가 커질수록 비용 문제가 보다 중요하게 대두된다. 이 절에서는 최소 비용의 회로 구현을 주목적으로 한다.

앞 절에서 주어진 함수의 커버가 프라임 임플리컨트로 구성될 때 최소 비용으로 구현될 수 있다는 결론을 얻었다. 남은 문제는 함수를 커버할 수 있는 프라임 임플리컨트들의 최소 비용의 부분집합을 어떻게 구할 것인가 하는 문제이다. 어떤 프라임 임플리컨트들은 커버에 포함되어야 하는 반면, 어떤 프라임 임플리컨트들은 선택적으로 포함될 수도 있다. 만약 어떤 프라임 임플리컨트가 다른 프라임 임플리컨트에는 포함되지 않으면서, $f = 1$이 되게 하는 민텀을 포함한다면, 이를 **엣센셜 프라임 임플리컨트**(*essential prime implicant*)라고 한다. 그림 2.56에서의 프라임 임플리컨트는 모두 엣센셜 프라임 임플리컨트이다. 곱 항 x_2x_3은 민텀 m_7을 커버하는 유일한 프라임 임플리컨트이며, $\bar{x}_1$은 민텀 m_0, m_1, m_2를 커버하는 유일한 프라임 임플리컨트이다. m_3은 두 개의 프라임 임플리컨트에 의해 모두 커버된다. 따라서 함수의 최소 비용은 아래 식과 같다.

$$f = \bar{x}_1 + x_2x_3$$

몇 개의 예를 통해 최종 커버에 포함되는 프라임 임플리컨트를 결정하는 문제를 다루기로 한다. 그림 2.57의 4-변수 함수를 살펴보자. 이 함수에는 다섯 개의 프라임 임플리컨트 $\bar{x}_1x_3$, $\bar{x}_2x_3$, $x_3\bar{x}_4$, $\bar{x}_1x_2x_4$, $x_2\bar{x}_3x_4$가 있다. 엣센셜 프라임 임플리컨트(컬러로 표시)는 $\bar{x}_2x_3$(m_{11}로 인해), $x_3\bar{x}_4$(m_{14}로 인해), $x_2\bar{x}_3x_4$(m_{13}으로 인해)이다. 이 세 개의 엣센셜 임플리컨트는 m_7을 제외한 모든 민텀들을 포함한다. m_7은 $\bar{x}_1x_3$과 $\bar{x}_1x_2x_4$에 커버된다. 최소 비용의 구현 식은 다음과 같다.

$$f = \bar{x}_2x_3 + x_3\bar{x}_4 + x_2\bar{x}_3x_4 + \bar{x}_1x_3$$

앞의 설명으로부터 최소 비용 회로를 찾는 과정은 다음의 단계를 따른다.

1. 주어진 함수에 대한 모든 프라임 임플리컨트를 구한다.

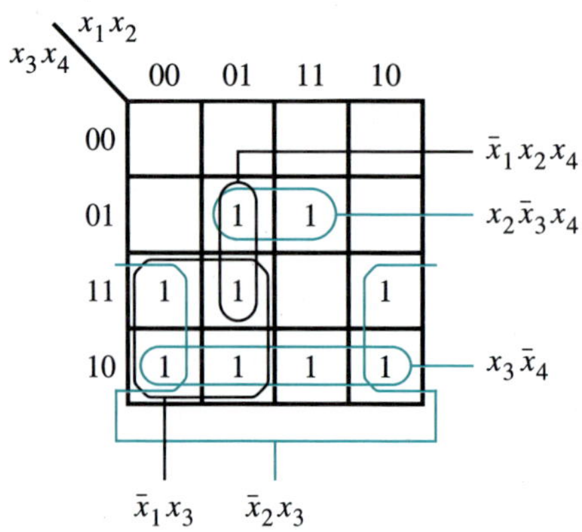

그림 2.57 4-변수 함수 $f(x_1, \ldots, x_4) = \sum m(2, 3, 5, 6, 7, 10, 11, 13, 14)$

2. 엣센셜 프라임 임플리컨트들을 찾는다.
3. 엣센셜 프라임 임플리컨트가 $f = 1$인 모든 경우들을 커버한다면, 이 집합이 f에 대한 최적의 커버이다. 그렇지 않다면 최소 비용으로 커버를 구성하기 위한 논엣센셜 프라임 임플리컨트(nonessential prime implicant)를 추가해야 한다.

커버에 포함되는 논엣센셜 프라임 임플리컨트의 선택은 비용을 고려하여 결정한다. 그러나 논엣센셜 프라임 임플리컨트를 선택하는 과정이 분명하지 않은 경우들이 종종 발생한다. 회로가 대형인 경우에 여러 가지 가능성이 있는데, 경험에 의존하는 휴리스틱(heuristic) 방법들이 사용된다(이 방법은 모든 가능성 중 일부만 고려하지만, 그 최종 결과는 대부분의 경우 양호한 결과를 도출한다). 휴리스틱 방법 중 하나는 임의로 한 개의 논엣센셜 프라임 임플리컨트를 선택하여 커버에 포함시키고, 커버의 나머지를 결정한다. 그런 다음, 이 프라임 임플리컨트가 커버에 포함되지 않았다고 가정하고 다른 커버를 만든다. 이렇게 얻은 커버들의 비용을 비교하여 제일 적은 비용이 드는 커버를 결정한다.

그림 2.58을 이용하여 앞의 과정을 설명해보자. 여섯 개의 프라임 임플리컨트 중 $\bar{x}_3\bar{x}_4$만 엣센셜이다. 다음으로 $x_1x_2\bar{x}_3$을 선택하자. 나머지 민텀인 m_{10}, m_{11}, m_{15}는 두 개의 프라임 임플리컨트가 필요하여 최종 식은 다음과 같다.

$$f = \bar{x}_3\bar{x}_4 + x_1x_2\bar{x}_3 + x_1x_3x_4 + x_1\bar{x}_2x_3$$

두 번째 가능성으로 $x_1x_2\bar{x}_3$을 커버에 포함되지 않도록 하는 것이다. 그러면 $x_1x_2x_4$는 m_{13}을 포함하는 유일한 프라임 임플리컨트가 된다. 또한 $x_1x_2x_4$는 m_{15}를 포함하기 때문에 남아있는 m_{10}과 m_{11}이 커버되어야 하는데, 이들은 $x_1\bar{x}_2x_3$에 포함되므로 결과 식은 아래와 같다.

$$f = \bar{x}_3\bar{x}_4 + x_1x_2x_4 + x_1\bar{x}_2x_3$$

이 식의 비용은 앞의 식보다 저렴하다.

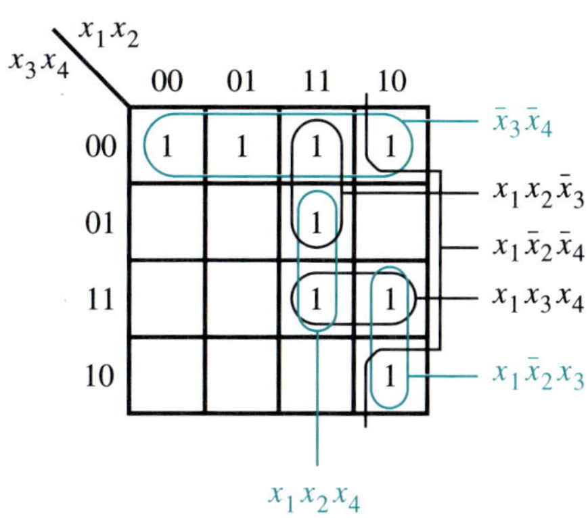

그림 2.58 **함수** $f(x_1, \ldots, x_4) = \sum m(0, 4, 8, 10, 11, 12, 13, 15)$

때때로 엣센셜 프라임 임플리컨트가 전혀 없는 경우도 있다. 그림 2.59에서 임의로 하나의 프라임 임플리컨트를 선택하여 커버에 포함시키면 동일한 비용이 드는 두 개의 식이 만들어진다. 하나는 검정색으로 표시된 부분으로 아래 식과 같다.

$$f = \bar{x}_1\bar{x}_3\bar{x}_4 + x_2\bar{x}_3x_4 + x_1x_3x_4 + \bar{x}_2x_3\bar{x}_4$$

다른 식은 컬러로 표시된 것으로 아래 식과 같다.

$$f = \bar{x}_1\bar{x}_2\bar{x}_4 + \bar{x}_1x_2\bar{x}_3 + x_1x_2x_4 + x_1\bar{x}_2x_3$$

이제까지 설명한 최소 비용을 찾기 위한 방법은 논리함수의 크기가 작거나 큰 경우에 모두 이용할 수 있다. 소규모 회로의 경우에는 카르노 맵을 사용하여 프라임 임플리컨트를 구하는 것이 편리하다. 유사한 개념을 이용한 다른 종류의 방법들이 CAD에서 사용되는데 8장에서 소개한다.

앞의 예들은 SOP의 출력을 이용한 것이다. 출력이 0인 경우에 적용하는 POS의 개념에 대해서는 다음 절에 설명한다.

2.13 • POS 형태의 최소화

지금까지는 주어진 함수를 최소 비용의 SOP 형태로 구현하는 방법을 설명하였다. 이미 소개한 쌍대성(duality) 원리를 이용하여 최소 비용이 소요되는 POS로 회로를 구현할 수 있다. 이 경우에도 $f = 0$이 되는 맥스텀을 가능한 크게 묶어야 한다. OR 게이트가 되는 합 항은 맥스텀들이 많이 있으면 커지며, 항을 크게 묶을수록 비용은 그만큼 적어진다.

그림 2.60은 그림 2.56와 동일한 함수이다. 커버되어야 하는 세 개의 맥스텀 M_4, M_5, M_6이 있다. 그림에서 볼 수 있듯이, 다음 수식과 같이 두 개의 합 항에 의해 커버된다.

$$f = (\bar{x}_1 + x_2)(\bar{x}_1 + x_3)$$

위의 식에 대응하는 회로는 두 개의 OR 게이트와 한 개의 AND 게이트가 있어야 하며, 각 게이트 당 두 개의 입력이 필요하다. 회로의 비용은 그림 2.56에서 살펴본 한 개의 OR 게이트와 한 개의 AND 게이트를 사용하여 동일한 효과를 내는 SOP의 비용보다 크다.

그림 2.61의 함수는 그림 2.57을 다시 그린 것이다. 출력을 $f = 0$으로 하는 맥스텀을 아래 식과 같이 쓸 수 있다.

$$f = (x_2 + x_3)(x_3 + x_4)(\bar{x}_1 + \bar{x}_2 + \bar{x}_3 + \bar{x}_4)$$

이 식은 회로를 세 개의 OR 게이트와 한 개의 AND 게이트로 표현하고 있다. OR 게이트 중 두 개는 두 개의 입력이 있고, 세 번째 OR 게이트는 네 개의 입력이며, AND 게이트는 세 개의 입력이 있어야 한다. 입력 변수 x_1에서 x_4에 대한 컴플리먼트 값에 대해 별

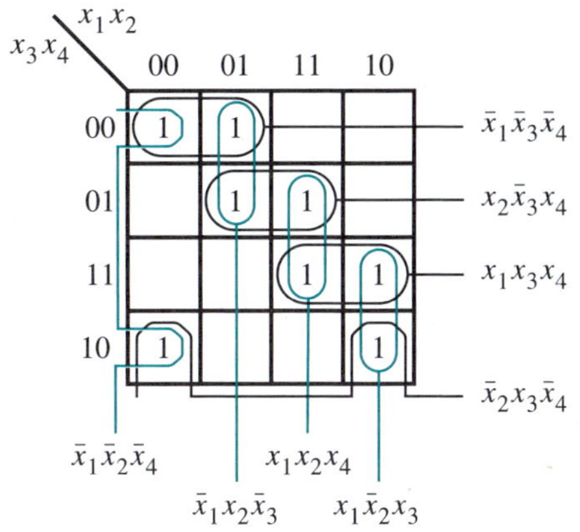

그림 2.59 함수 $f(x_1, \ldots, x_4) = \sum m(0, 2, 4, 5, 10, 11, 13, 15)$

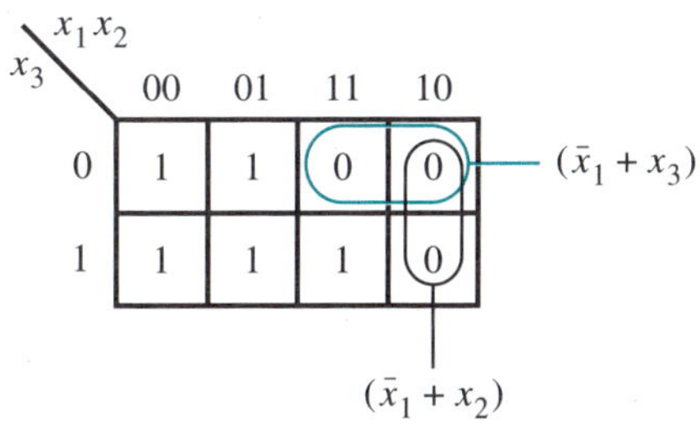

그림 2.60 $f(x_1, x_2, x_3) = \Pi M(4, 5, 6)$의 POS 최소화

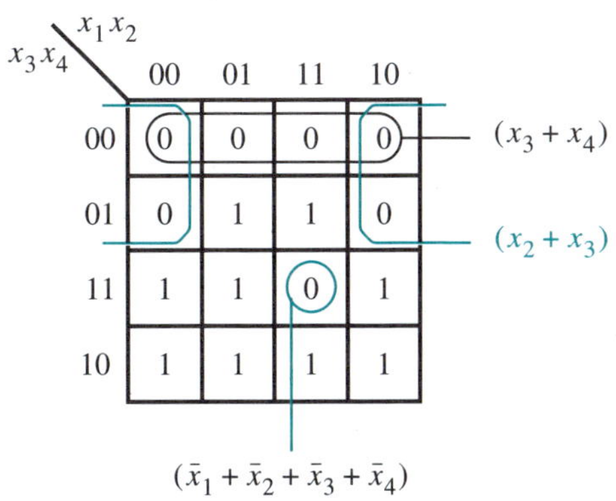

그림 2.61 $f(x_1, \ldots, x_4) = \Pi M(0, 1, 4, 8, 9, 12, 15)$의 최소화

도의 비용이 들지 않는다면, 전체 회로의 비용은 15이다. 이것은 그림 2.57에서 유도한 SOP의 구현과 거의 비슷하며, 그림 4.10은 다섯 개의 게이트와 열세 개의 입력이 필요하여 전체 비용은 18이었다.

일반적으로 2.6.1절에서 소개한 SOP와 POS로 구현할 경우 비용이 같을 수도 있고 다를 수도 있다. 그림 2.58과 그림 2.59의 함수에 대하여 POS 형태로 구현된 경우와 SOP로 구현된 경우의 비용을 비교해 보기 바란다.

지금까지 $f = 0$이 되는 모든 맥스텀을 포함하는 가장 큰 합 항을 찾아 최소 비용의 POS를 찾는 방법을 살펴보았다. 또한 함수 f의 컴플리먼트된 형태로부터 최소 비용의 SOP를 찾으면 동일한 결과를 얻을 수 있다. 드모르간 정리를 이용하여 위 식에 적용하면 $f = \overline{\overline{f}}$이므로 가장 간단한 POS식을 구할 수 있다. 예를 들어, 그림 2.60에 있는 함수 $\overline{f}$의 가장 간단한 SOP 구현 식은 다음과 같이 쓸 수 있다.

$$\overline{f} = x_1\overline{x}_2 + x_1\overline{x}_3$$

드모르간 정리를 이용하여 이 식을 컴플리먼트하면 위에서 살펴본 것과 같은 식을 얻을 수 있다.

$$\begin{aligned} f = \overline{\overline{f}} &= \overline{x_1\overline{x}_2 + x_1\overline{x}_3} \\ &= \overline{x_1\overline{x}_2} \cdot \overline{x_1\overline{x}_3} \\ &= (\overline{x}_1 + x_2)(\overline{x}_1 + x_3) \end{aligned}$$

그림 2.61의 함수를 정리하면 다음과 같다.

$$\overline{f} = \overline{x}_2\overline{x}_3 + \overline{x}_3\overline{x}_4 + x_1x_2x_3x_4$$

위 식을 컴플리먼트하면 앞서 구했던 결과와 일치한다.

$$\begin{aligned} f = \overline{\overline{f}} &= \overline{\overline{x}_2\overline{x}_3 + \overline{x}_3\overline{x}_4 + x_1x_2x_3x_4} \\ &= \overline{\overline{x}_2\overline{x}_3} \cdot \overline{\overline{x}_3\overline{x}_4} \cdot \overline{x_1x_2x_3x_4} \\ &= (x_2 + x_3)(x_3 + x_4)(\overline{x}_1 + \overline{x}_2 + \overline{x}_3 + \overline{x}_4) \end{aligned}$$

2.14 • 불완전하게 정의된 함수

디지털시스템에서 어떤 입력 조건이 결코 발생하지 않는 경우도 종종 있다. 예를 들어, x_1과 x_2가 두 개의 서로 연결된 제어 스위치로, 동시에 닫힐 수는 없다고 하자. 이때 스위치의 상태로는 두 개가 모두 열린 경우, 첫 번째는 열리고 두 번째는 닫힌 경우, 그리고 마지막으로 첫 번째가 닫히고 두 번째 스위치가 열리는 세 가지의 경우가 가능하다. 즉, 입력 값은$(x_1, x_2) = 00, 01, 10$이 가능하지만 11은 절대 발생하지 않는다. 그러므로 $(x_1, x_2) = 11$을 무정의 조건(don't-care condition)이라고 하는데, 입력의 이러한 조건을 무시해도 설계가 가능하다는 의미이다. 이렇게 **무정의 조건**(*don't-care condition*)을 갖는 함수를 **불완전 정의**(*incompletely specified*)되었다고 한다.

무정의 조건을 간단히 무정의라고도 하는데, 이 무정의 항은 논리회로의 설계 시에 유용하게 사용될 수 있다. 이러한 입력 값들은 발생하지 않기 때문에 최소 비용의 회로를 구현하고자 할 때, 이 입력 값들을 1이나 0으로 편리하게 가정하여 사용할 수 있다. 그림 2.62는 이러한 내용을 설명하고 있는데, 요구되는 함수는 민텀 $m_2, m_4, m_5, m_6, m_{10}$에 대해서 1의 값을 갖는다. 그리고 서로 결합된 스위치 x_1과 x_2의 입력이 동시에 1이 될 수 없다고 가정하였으므로, $m_{12}, m_{13}, m_{14}, m_{15}$는 무정의 항으로 사용할 수 있으며 don't의 첫 자를 따서 d로 표시한다. 함수 f는 다음과 같이 쓸 수 있다.

$$f(x_1, \ldots, x_4) = \sum m(2, 4, 5, 6, 10) + D(12, 13, 14, 15)$$

여기서 D는 무정의 항의 집합이다.

그림 2.62*a*는 SOP이다. 최소 비용의 회로를 구현하기 위해 가능한 큰 1의 묶음을 만들어 프라임 임플리컨트를 만들어야 한다. 그러기 위해서는 무정의 항 D_{12}, D_{13}, D_{14} (민텀 m_{12}, m_{13}, m_{14}에 대응)는 1이라고 가정하고, 반면에 D_{15}는 0이라고 가정할 수 있다.

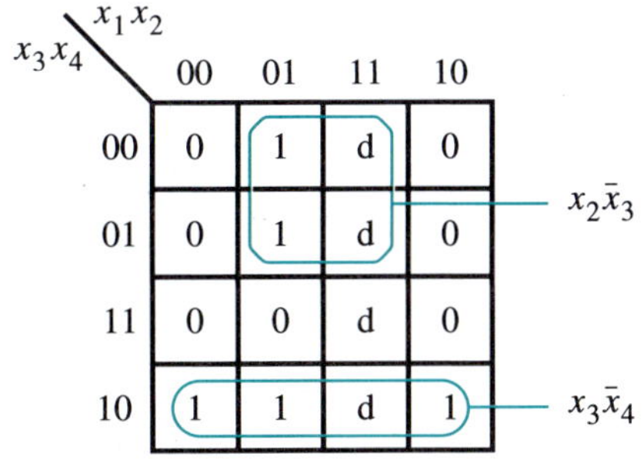

(a) SOP implementation

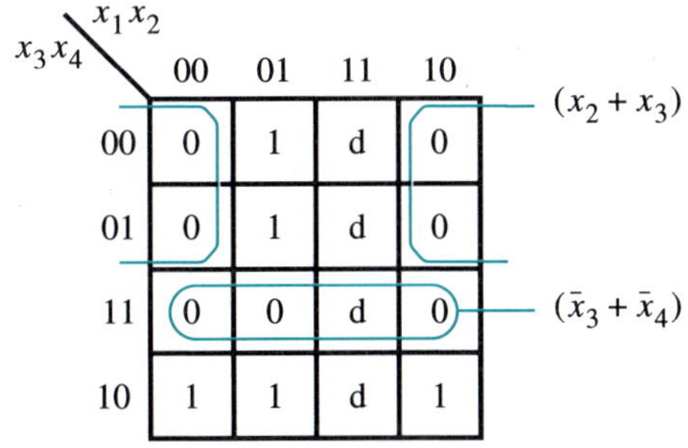

(b) POS implementation

그림 2.62 **함수** $f(x_1, \ldots, x_4) = \sum m(2, 4, 5, 6, 10) + D(12, 13, 14, 15)$**의 두 가지 구현**

따라서 두 개의 프라임 임플리컨트로 f를 완전히 커버할 수 있고, 결과 식은 다음과 같다.

$$f = x_2\bar{x}_3 + x_3\bar{x}_4$$

그림 2.62의 (*b*)는 POS로 구현하는 방법에 대해 설명하고 있는데, 역시 무정의 항이 같다고 가정할 때 결과는 아래와 같다.

$$f = (x_2 + x_3)(\bar{x}_3 + \bar{x}_4)$$

무정의 항 값을 자유롭게 정해줌으로써 매우 간단한 식으로 구현할 수 있다. 만약 함수를 회로로 구현할 때 무정의 항 값이 0이라고 하여 제외한다면, SOP 결과 식은

$$f = \bar{x}_1x_2\bar{x}_3 + \bar{x}_1x_3\bar{x}_4 + \bar{x}_2x_3\bar{x}_4$$

이고, POS식은

$$f = (x_2 + x_3)(\bar{x}_3 + \bar{x}_4)(\bar{x}_1 + \bar{x}_2)$$

이다. 위의 두 식은 어느 쪽이든 무정의 값을 적절히 가정해서 구한 식보다 높은 비용이 든다.

비록 무정의 항들을 임의의 값으로 할당하더라도 항상 제일 저렴한 비용으로 회로를 구현하는 것은 아니다. 만약 k개의 무정의 항이 있다면 여기에 0과 1을 할당하는 방법은 2^k개 있으며, 카르노 맵에서 최소 비용의 회로 구현을 위한 할당 방법을 찾을 수 있다.

연동되어 동작하는 스위치를 사용한 예는 무정의 조건이 실제 시스템에서 어떻게 발생하는지 설명하기 위한 것이다. 아래에 좀 더 실질적인 예제가 주어져 있고, 이 후의 장에서는 실제 디지털회로 설계 과정에서 발생하는 무정의 항의 다양한 조건에 대한 예를 볼 수 있을 것이다.

예제 2.15

2.8.3절에서 2-비트 숫자의 10진수 값을 7-세그먼트 디스플레이에 표시하는 논리회로를 설계한 적이 있다. 이번에는 10진수 0, 1, ⋯, 9를 표시하는 4-비트 숫자 $X = x_3x_2x_1x_0$을 입력으로 하는 비슷한 회로를 설계한다. 4-비트를 이용하여 10진수를 표현하는 방법을 BCD(binary coded decimal)라고 한다. 이 BCD 숫자에 대해서는 3장에서 자세히 다룬다. 그림 2.63*a*에 회로가 그려져 있다. 그림 (*b*)는 일곱 개의 출력 $a, b, \cdots, g$에 대한 진리표이다. X 값에 대해 숫자가 어떻게 표시되는지도 나타나 있다. X는 10진수로 가정하였기 때문에, 1010부터 1111까지의 값은 사용되지 않는다. 이 엔트리들은 진리표에 생략되어 있는데, 회로 설계 시 무정의 항으로 간주한다.

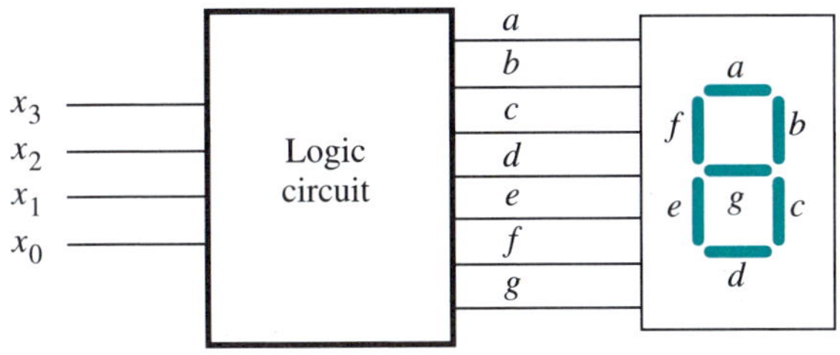

(a) 논리회로와 7-세그먼트 디스플레이

	x_3	x_2	x_1	x_0	a	b	c	d	e	f	g
0	0	0	0	0	1	1	1	1	1	1	0
1	0	0	0	1	0	1	1	0	0	0	0
2	0	0	1	0	1	1	0	1	1	0	1
3	0	0	1	1	1	1	1	1	0	0	1
4	0	1	0	0	0	1	1	0	0	1	1
5	0	1	0	1	1	0	1	1	0	1	1
6	0	1	1	0	1	0	1	1	1	1	1
7	0	1	1	1	1	1	1	0	0	0	0
8	1	0	0	0	1	1	1	1	1	1	1
9	1	0	0	1	1	1	1	1	0	1	1

(b) 진리표

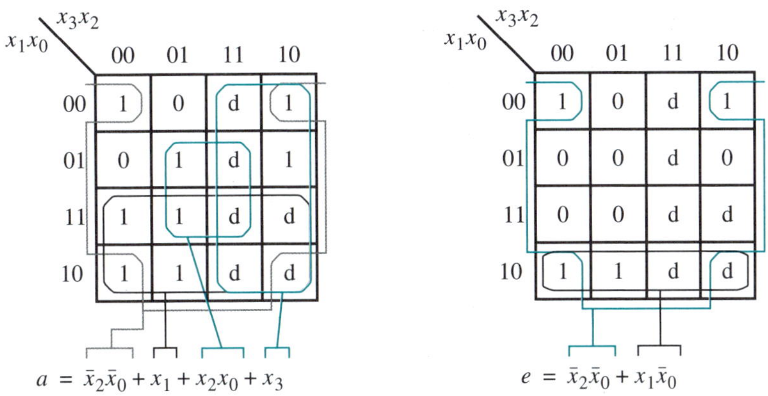

(c) 출력 a와 e의 카르노 맵

그림 2.63 BCD 숫자를 표시하는 경우의 무정의 민텀의 사용

a부터 g까지의 출력에 대한 논리식을 구하기 위해서 카르노 맵을 사용하면 편리하다. 그림 2.63c에 함수 a와 e에 대한 카르노 맵이 주어져 있다. 함수 a에 대한 최적의 결과를 얻기 위해 여섯 개의 무정의 항을 모두 1로 설정하여 논리식 $a = \bar{x}_2\bar{x}_0 + x_1 + x_2x_0 + x_3$을 구하였다. 그러나 함수 e에 대해서는 $x_3x_2x_1x_0 = 1010$과 $x_3\, x_2x_1x_0 = 1110$에 대한 무정의 셀 두 개만을 1로 설정하여 최소 비용의 결과식 $e = \bar{x}_2\bar{x}_0 + x_1\bar{x}_0$을 구할 수 있었다.

2.15 • 다중 출력 회로

예제 2.15에서 보았듯이, 실제 디지털시스템에서는 보다 큰 논리회로의 부품이 되는 여러 개의 함수를 구현할 필요가 자주 생긴다. 각각의 함수를 따로 구현하는 대신 각 함수의 구현에 필요한 일부 게이트는 공유도 가능하다. 예를 들어, 그림 2.63에서 $\bar{x}_2\bar{x}_0$을 만드는 AND 게이트는 함수 a와 e가 공유할 수 있다.

예제 2.16

그림 2.64는 게이트를 공유하는 예제로 동일한 변수를 갖는 두 개의 함수 f_1과 f_2를 구현하고자 한다. 이들 함수의 최소 비용 구현은 그림 2.64의 (*a*)와 (*b*)에서 쉽게 얻을 수 있는데, 다음과 같다.

$$f_1 = x_1\bar{x}_3 + \bar{x}_1x_3 + x_2\bar{x}_3x_4$$
$$f_2 = x_1\bar{x}_3 + \bar{x}_1x_3 + x_2x_3x_4$$

f_1의 비용은 네 개의 게이트와 열 개의 입력으로 모두 14이고, f_2의 비용도 같다. 그러므로 두 개의 함수를 개별 회로로 구현하려면 비용은 모두 28이 된다. 두 개의 회로를 결합하여 두 개의 출력을 갖는 한 개의 회로로 구현될 수 있다면 보다 저렴한 회로가 된다. 두 식에서 두 개의 곱 항이 동일하므로 AND 게이트가 중복 사용될 필요가 없다. 그림 2,64c에 결합된 회로를 나타내었으며 비용은 여섯 개의 게이트와 열여섯 개의 입력으로 구성되어 모두 22이다.

예제에서 f_1과 f_2의 최소 비용 구현을 찾아 공통 곱 항인 게이트를 공유함으로써 총비용을 줄일 수 있었다. 다음 예제에서 확인할 수 있듯이 이러한 방법이 항상 최선은 아니다.

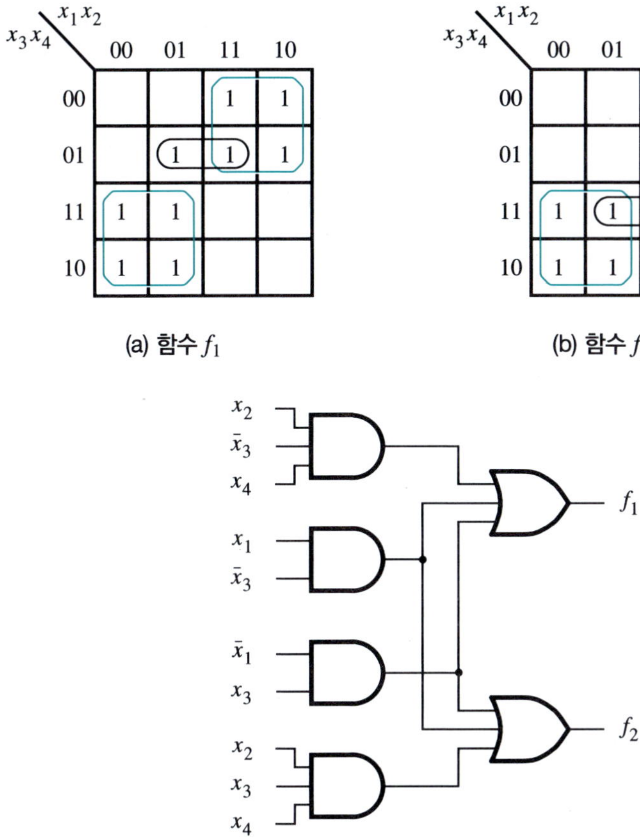

(a) 함수 f_1

(b) 함수 f_2

(c) f_1과 f_2의 조합 회로

그림 2.64 다중 출력 합성의 예제

예제 2.17

그림 2.65는 하나의 회로로 구현되는 두 개의 함수를 보인다. 각각의 함수 f_3과 f_4의 최소 비용 구현은 그림 *a* 및 *b*로부터 유도할 수 있다.

$$f_3 = \bar{x}_1 x_4 + x_2 x_4 + \bar{x}_1 x_2 x_3$$

$$f_4 = x_1 x_4 + \bar{x}_2 x_4 + \bar{x}_1 x_2 x_3 \bar{x}_4$$

이 식에서 어떤 AND 게이트도 공유될 수 없는데, 이렇게 결합된 회로의 비용은 여섯 개의 AND 게이트, 두 개의 OR 게이트, 스물한 개의 입력으로 총 29이다.

하지만 가능한 몇 가지 다른 방법이 있다. 프라임 임플리컨트만을 이용하여 함수 f_3과 f_4의 식을 유도하는 대신, 유익하게 공유할 수 있는 다른 임플리컨트를 찾아 사용하는 것이다. 그림 2.65*c*는 이와 같은 최선의 임플리컨트를 선택하는 방법을 보여주는데, 다음 식으로 구현된다.

$$f_3 = x_1x_2x_4 + \bar{x}_1x_2x_3\bar{x}_4 + \bar{x}_1x_4$$
$$f_4 = x_1x_2x_4 + \bar{x}_1x_2x_3\bar{x}_4 + \bar{x}_2x_4$$

여기서 첫 번째 두 개의 임플리컨트는 양쪽 식 모두에 있다. 결과적으로 구현된 회로는 그림 2.65*d*와 같고, 비용은 여섯 개의 게이트와 열일곱 개의 입력으로 총 23이다.

예제 2.18

예제 2.16에서 그림 2.64의 함수 f_1과 f_2를 최적의 SOP 구현을 보였다. 이제는 같은 함수의 POS를 고려해보자. f_1과 f_2에 대한 최소 비용의 POS식은 다음과 같다.

$$f_1 = (\bar{x}_1 + \bar{x}_3)(x_1 + x_2 + x_3)(x_1 + x_3 + x_4)$$
$$f_2 = (x_1 + x_3)(\bar{x}_1 + x_2 + \bar{x}_3)(\bar{x}_1 + \bar{x}_3 + x_4)$$

위 식을 구현할 때 공유할 수 있는 공통적인 합 항(OR)은 없다. 더욱이 그림 2.64의 카르노 맵을 보면 f_1과 f_2를 모두 구현할 때 유용하게 사용할 수 있는 합 항($f_1 = f_2 = 0$인 셀의 묶음)이 없다는 것은 명백하다. 그러므로 앞의 식에 따라 각 함수를 개별적으로 구현하는 것이 최선의 선택이 된다. 각 함수는 세 개의 OR 게이트, 한 개의 AND 게이트, 열한 개의 입력이 필요하므로 두 함수 모두를 구현하는 데 드는 총 비용은 30이다. 이러한 구현은 예제 2.16에서 유도한 SOP 구현보다 비용이 더 들어간다.

예제 2.19

이제 그림 2.65의 f_3과 f_4의 POS의 구현을 살펴보자. f_3과 f_4에 대한 최소 비용의 POS 식은 아래와 같다.

$$f_3 = (x_3 + x_4)(x_2 + x_4)(\bar{x}_1 + x_4)(\bar{x}_1 + x_2)$$
$$f_4 = (x_3 + x_4)(x_2 + x_4)(\bar{x}_1 + x_4)(x_1 + \bar{x}_2 + \bar{x}_4)$$

처음 세 개의 합 항은 f_3과 f_4 모두 동일하므로 결합된 회로에서 공유 가능하다. 이들 공유 항은 세 개의 OR 게이트와 여섯 개의 입력이 필요하다. f_3은 공유 회로 이외에 한 개의 2-입력 OR 게이트, 한 개의 4-입력 AND 게이트가 필요하며, f_4에 대해서는 한 개의 3-입력 OR 게이트와 한 개의 4-입력 AND 게이트가 필요하다. 결합된 회로에서는 다섯 개의 OR 게이트, 두 개의 AND 게이트, 열아홉 개의 입력으로 총 26의 비용이 필요하므로 예제 4.2에서 유도한 회로의 비용보다 높다.

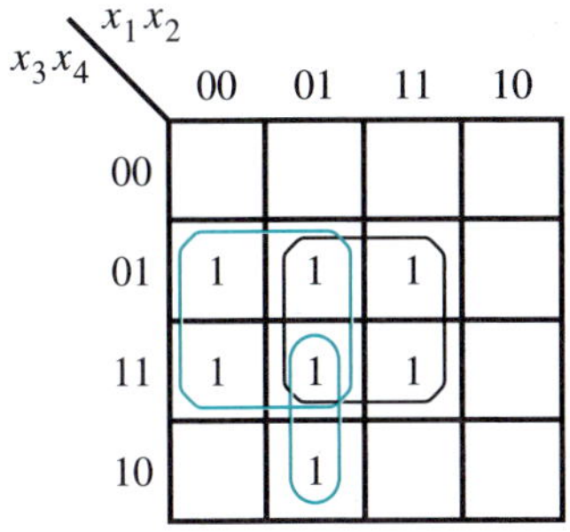

(a) f_3의 최적 구현

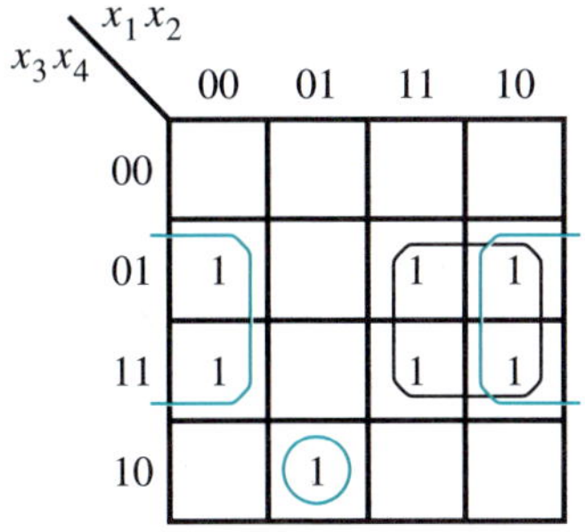

(b) f_4의 최적 구현

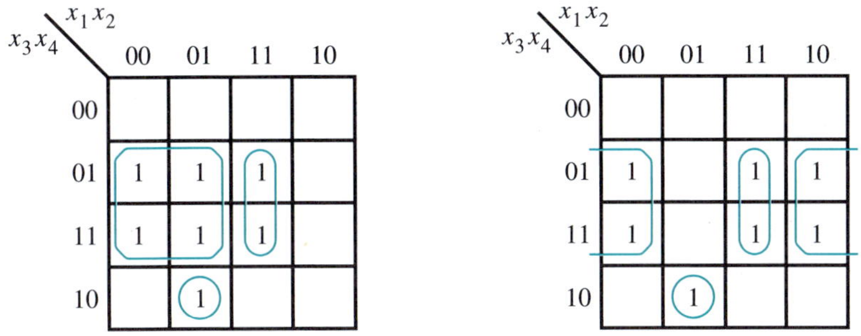

(c) f_3과 f_4 모두의 최적 구현

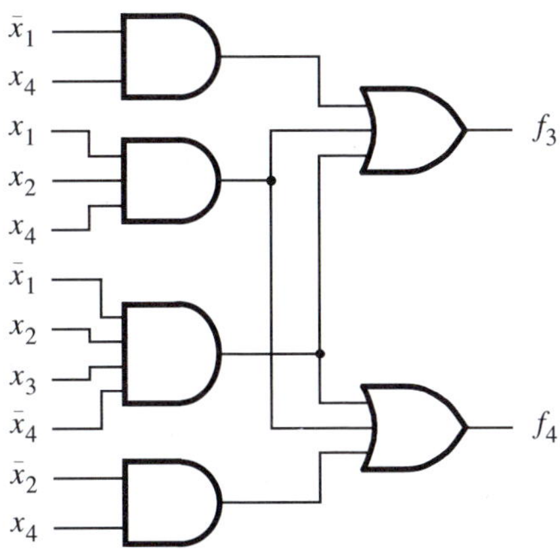

(d) f_3과 f_4의 결합 회로

그림 2.65 다중 출력 합성의 다른 예

이 예제에서 주어진 함수에 대한 최적의 SOP 혹은 POS 구현이 다르다는 것을 알았다. 그림 2.64와 2.65의 함수에 대해서는 SOP 형태가 보다 좋은 결과가 된다. 그러나 이 그림들에서 네 개의 함수에 대한 컴플리먼트를 고려한다면 POS 형태가 비용이 덜 든다. 어떤 CAD 툴은 앞의 예제에서 설명한 최적화 과정을 자동으로 처리한다.

2.16 • 결론

이 장에서 논리회로의 기본 개념을 소개하였다. 논리회로는 다양한 논리게이트를 이용해 구현되며, 부울대수라고 하는 수학적 모델로 기술될 수 있다. 실제 논리회로는 규모가 크므로 설계자에게 도움이 되는 좋은 CAD 툴을 취하는 게 중요하다. 우리는 어떤 CAD 툴에서의 사용을 위해 회로를 규정하는 데 사용할 수 있는 Verilog HDL을 소개하였다. 가능한 한 빨리 논리회로를 설계할 수 있도록 CAD 소프트웨어의 사용을 권장한다.

이 장에서는 논리함수의 합성과 최적화의 일부 측면에 대하여 여러분의 이해를 돕고자 하였다. 기본 개념에 익숙해졌으므로 이제 보다 정교한 특성을 갖는 디지털회로를 살펴볼 수 있을 것이다. 다음 장은 컴퓨터의 핵심 부분인 산술연산을 수행하는 회로를 기술한다.

2.17 • 풀이가 있는 예제 문제

이 절은 여러분이 접할 수 있는 일반적인 문제들을 제시하고 어떻게 해결할 수 있는지 보여준다.

예제 2.20

문제 아래 방정식이 타당한지 확인하라.

$$x_1x_3 + x_2x_3 + x_1x_2 = x_1x_2 + x_1x_3 + x_2x_3$$

풀이 좌변과 우변의 식이 동일한 함수를 나타낸다면 등식이 성립한다. 비교를 위해, 각 변의 진리표를 만들어 봄으로써 동일한지 확인할 수 있다. 대수적인 방법은 각 식의 표준 SOP 형태를 유도하는 것이다.

$x + \bar{x} = 1$(정리 $8b$)을 이용하여, 좌변을 다음과 같이 정리할 수 있다.

$$\begin{aligned} \text{LHS} &= \bar{x}_1\bar{x}_3 + x_2x_3 + x_1\bar{x}_2 \\ &= \bar{x}_1(x_2 + \bar{x}_2)\bar{x}_3 + (x_1 + \bar{x}_1)x_2x_3 + x_1\bar{x}_2(x_3 + \bar{x}_3) \\ &= \bar{x}_1x_2\bar{x}_3 + \bar{x}_1\bar{x}_2\bar{x}_3 + x_1x_2x_3 + \bar{x}_1x_2x_3 + x_1\bar{x}_2x_3 + x_1\bar{x}_2\bar{x}_3 \end{aligned}$$

이 곱 항은 각각 민텀 2, 0, 7, 3, 5 그리고 4를 나타낸다.

우변은 다음과 같이 정리할 수 있다.

$$\begin{aligned}\text{RHS} &= \bar{x}_1x_2 + x_1x_3 + \bar{x}_2\bar{x}_3 \\ &= \bar{x}_1x_2(x_3 + \bar{x}_3) + x_1(x_2 + \bar{x}_2)x_3 + (x_1 + \bar{x}_1)\bar{x}_2\bar{x}_3 \\ &= \bar{x}_1x_2x_3 + \bar{x}_1x_2\bar{x}_3 + x_1x_2x_3 + x_1\bar{x}_2x_3 + x_1\bar{x}_2\bar{x}_3 + \bar{x}_1\bar{x}_2\bar{x}_3\end{aligned}$$

이 곱 항은 각각 민텀 3, 2, 7, 5, 4 그리고 0을 나타낸다. 두 식이 같은 민텀을 명시하므로 같은 함수임을 나타낸다. 그러므로 등식이 성립한다. 이 함수를 표시하는 또 다른 방법은 $\sum m(0, 2, 3, 4, 5, 7)$이다.

예제 2.21

문제 $f(x_1, x_2, x_3, x_4) = \sum m(0, 2, 4, 5, 6, 7, 8, 10, 12, 14, 15)$의 최소 비용 POS를 설계하라.

풀이 함수는 자신의 민텀의 관점에서 정의된다. POS 식을 찾기 위해 $f = \Pi M(1, 3, 9, 11, 13)$인 맥스텀의 관점에서 시작해야 한다. 그러므로 함수는 다음과 같다.

$$\begin{aligned}f &= M_1 \cdot M_3 \cdot M_9 \cdot M_{11} \cdot M_{13} \\ &= (x_1 + x_2 + x_3 + \bar{x}_4)(x_1 + x_2 + \bar{x}_3 + \bar{x}_4)(\bar{x}_1 + x_2 + x_3 + \bar{x}_4) \\ &\quad (\bar{x}_1 + x_2 + \bar{x}_3 + \bar{x}_4)(\bar{x}_1 + \bar{x}_2 + x_3 + \bar{x}_4)\end{aligned}$$

다음과 같이 처음 두 개의 맥스텀의 곱을 다시 쓸 수 있다.

$$\begin{aligned}M_1 \cdot M_3 &= (x_1 + x_2 + \bar{x}_4 + x_3)(x_1 + x_2 + \bar{x}_4 + \bar{x}_3) && \text{교환법칙 10}b\text{ 적용} \\ &= x_1 + x_2 + \bar{x}_4 + x_3\bar{x}_3 && \text{분배법칙 12}b\text{ 적용} \\ &= x_1 + x_2 + \bar{x}_4 + 0 && \text{정리 8}a\text{ 적용} \\ &= x_1 + x_2 + \bar{x}_4 && \text{정리 6}b\text{ 적용}\end{aligned}$$

마찬가지로, $M_9 \cdot M_{11} = \bar{x}_1 + x_2 + \bar{x}_4$ 이제, $M_9 \cdot M_{13} = \bar{x}_1 + x_3 + \bar{x}_4$를 유도하기 위해 법칙 7$a$에 따라 M_9를 다시 사용한다. 따라서 다음의 식을 얻을 수 있다.

$$f = (x_1 + x_2 + \bar{x}_4)(\bar{x}_1 + x_2 + \bar{x}_4)(\bar{x}_1 + x_3 + \bar{x}_4)$$

12b를 다시 적용하면 다음의 최종 결과를 얻을 수 있다.

$$f = (x_2 + \bar{x}_4)(\bar{x}_1 + x_3 + \bar{x}_4)$$

예제 2.22

문제 주어진 디지털시스템을 제어하는 회로는 x_1, x_2, x_3의 세 개의 입력을 갖는다. 이것은 다음의 세 가지 다른 조건으로 구현되어야 한다.

- x_3이 true이고 x_1이 true이거나, 또는 x_2가 false이면 조건 A가 true이다.
- x_1이 true이고 x_2 또는 x_3이 false이면 조건 B가 true이다.
- x_2가 true이고 x_1이 true이거나, 또는 x_3이 false이면 조건 C가 true이다.

제어 회로는 조건 A, B 그리고 C 중 적어도 두 개의 조건이 true이면 반드시 1의 결과를 만들어낸다. 이를 위한 가장 간단한 회로를 구성하라.

풀이 1을 true로 0을 false로 사용하여 식을 다음과 세 가지 조건으로 표현할 수 있다.

$$\begin{aligned} A &= x_3(x_1 + \bar{x}_2) = x_3x_1 + x_3\bar{x}_2 \\ B &= x_1(\bar{x}_2 + \bar{x}_3) = x_1\bar{x}_2 + x_1\bar{x}_3 \\ C &= x_2(x_1 + \bar{x}_3) = x_2x_1 + x_2\bar{x}_3 \end{aligned}$$

그러면, $f = AB + AC + BC$와 같이 회로의 원하는 출력을 나타낼 수 있다. 이 곱의 항들은 다음과 같이 나타낼 수 있다.

$$\begin{aligned} AB &= (x_3x_1 + x_3\bar{x}_2)(x_1\bar{x}_2 + x_1\bar{x}_3) \\ &= x_3x_1x_1\bar{x}_2 + x_3x_1x_1\bar{x}_3 + x_3\bar{x}_2x_1\bar{x}_2 + x_3\bar{x}_2x_1\bar{x}_3 \\ &= x_3x_1\bar{x}_2 + 0 + x_3\bar{x}_2x_1 + 0 \\ &= x_1\bar{x}_2x_3 \end{aligned}$$

$$\begin{aligned} AC &= (x_3x_1 + x_3\bar{x}_2)(x_2x_1 + x_2\bar{x}_3) \\ &= x_3x_1x_2x_1 + x_3x_1x_2\bar{x}_3 + x_3\bar{x}_2x_2x_1 + x_3\bar{x}_2x_2\bar{x}_3 \\ &= x_3x_1x_2 + 0 + 0 + 0 \\ &= x_1x_2x_3 \end{aligned}$$

$$\begin{aligned} BC &= (x_1\bar{x}_2 + x_1\bar{x}_3)(x_2x_1 + x_2\bar{x}_3) \\ &= x_1\bar{x}_2x_2x_1 + x_1\bar{x}_2x_2\bar{x}_3 + x_1\bar{x}_3x_2x_1 + x_1\bar{x}_3x_2\bar{x}_3 \\ &= 0 + 0 + x_1\bar{x}_3x_2 + x_1\bar{x}_3x_2 \\ &= x_1x_2\bar{x}_3 \end{aligned}$$

따라서 f는 다음과 같이 쓸 수 있다.

$$\begin{aligned} f &= x_1\bar{x}_2x_3 + x_1x_2x_3 + x_1x_2\bar{x}_3 \\ &= x_1(\bar{x}_2 + x_2)x_3 + x_1x_2(x_3 + \bar{x}_3) \\ &= x_1x_3 + x_1x_2 \\ &= x_1(x_3 + x_2) \end{aligned}$$

예제 2.23

문제 벤다이어그램을 이용하여 예제 2.22의 문제를 해결하라.

풀이 예제 2.22의 함수 A, B와 C의 벤다이어그램은 그림 2.66의 a, b, c에 나타내었다. 함수 f가 A, B, C 중 두 가지 혹은 그 이상이 true일 경우 true이므로 f의 벤다이어그램은 A, B, C의 벤다이어그램에서 공통으로 컬러 처리된 영역으로 식별되어 구성된다. 두 개 이상의 다이어그램에서 컬러 처리된 영역은 그림 2.66d에서와 같이 f에 컬러 처리된다. 이 다이어그램은 다음 함수에 대응한다.

$$f = x_1x_2 + x_1x_3 = x_1(x_2 + x_3)$$

예제 2.24

문제 대수학적 방법을 이용하여 다음 함수에 대한 가장 간단한 SOP 식을 유도하라.

$$f = x_2\bar{x}_3x_4 + x_1x_3x_4 + x_1\bar{x}_2x_4$$

풀이 처음의 두 항에 법칙 17a의 컨센서스(consensus) 특성을 적용하면 다음의 식을 구할 수 있다.

$$\begin{aligned} f &= x_2\bar{x}_3x_4 + x_1x_3x_4 + x_2x_4x_1x_4 + x_1\bar{x}_2x_4 \\ &= x_2\bar{x}_3x_4 + x_1x_3x_4 + x_1x_2x_4 + x_1\bar{x}_2x_4 \end{aligned}$$

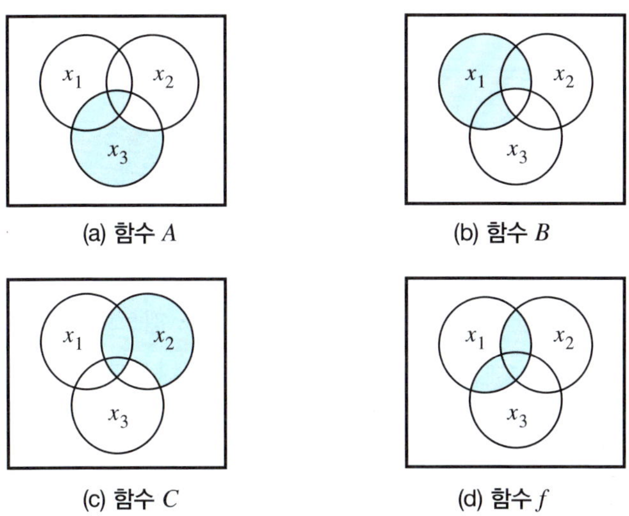

그림 2.66 예제 2.23의 벤다이어그램

이제, 주어진 뒤의 두 항에 14a의 결합법칙을 적용하면 다음을 얻을 수 있다.

$$f = x_2\bar{x}_3x_4 + x_1x_3x_4 + x_1x_4$$

마지막으로, 13a의 흡수법칙을 사용하여 다음 식을 산출한다.

$$f = x_2\bar{x}_3x_4 + x_1x_4$$

예제 2.25

문제 대수학적 방법을 이용하여 이 함수에 대한 가장 간단한 POS 식을 유도하라.

$$f = (\bar{x}_1 + x_2 + x_3)(\bar{x}_1 + \bar{x}_2 + \bar{x}_4)(\bar{x}_1 + x_3 + x_4)$$

풀이 처음 두 항에 17b의 컨센서스(consensus) 성질을 적용하여 다음 식을 유도한다.

$$\begin{aligned} f &= (\bar{x}_1 + x_2 + x_3)(\bar{x}_1 + \bar{x}_2 + \bar{x}_4)(\bar{x}_1 + x_3 + \bar{x}_1 + \bar{x}_4)(\bar{x}_1 + x_3 + x_4) \\ &= (\bar{x}_1 + x_2 + x_3)(\bar{x}_1 + \bar{x}_2 + \bar{x}_4)(\bar{x}_1 + x_3 + \bar{x}_4)(\bar{x}_1 + x_3 + x_4) \end{aligned}$$

이제, 주어진 뒤의 두 항에 14b의 결합법칙을 사용하여 다음 식을 얻는다.

$$f = (\bar{x}_1 + x_2 + x_3)(\bar{x}_1 + \bar{x}_2 + \bar{x}_4)(\bar{x}_1 + x_3)$$

마지막으로, 맨 앞과 맨 뒤의 항에 13b의 병합법칙을 사용하여 다음의 식을 산출한다.

$$f = (\bar{x}_1 + \bar{x}_2 + \bar{x}_4)(\bar{x}_1 + x_3)$$

예제 2.26

문제 함수 $f(x_1, x_2, x_3, x_4) = \sum m(4, 6, 8, 10, 11, 12, 15) + D(3, 5, 7, 9)$의 최소 비용 SOP과 POS 식을 결정하라.

풀이 이 함수는 그림 2.67a에 보인 바와 같은 카르노 맵으로 표현될 수 있다. 그림 2.53에 가리키는 맵에서 민텀의 위치는 그림 2.53에 나타낸 바와 같다. 최소 비용 SOP를 찾기 위해 맵에 모든 1을 커버하는 프라임 임플리컨트들을 찾을 필요가 있다. 무정의 항은 원하는 대로 사용할 수 있다. 민텀 m_6은 오직 프라임 임플리컨트 $x_1\bar{x}_2$로만 커버되므로 이 프라임 임플리컨트는 엣센셜이며 최종 식에 포함되어야 한다. 마찬가지로, $x_1\bar{x}_2$와 x_3x_4는 각각 m_{10}과 m_{15}를 커버하는 유일한 프라

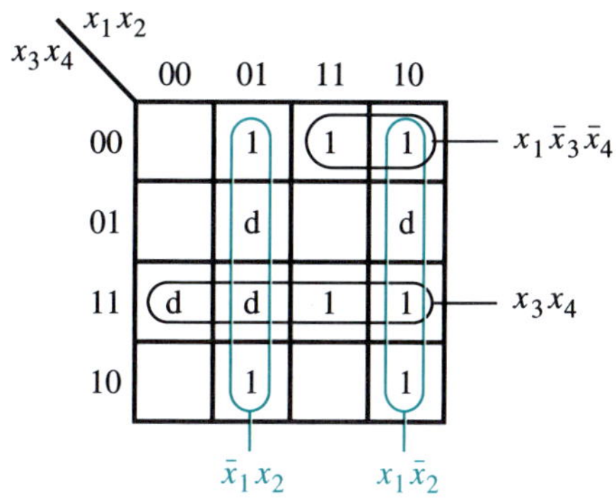

(a) SOP 식의 결정

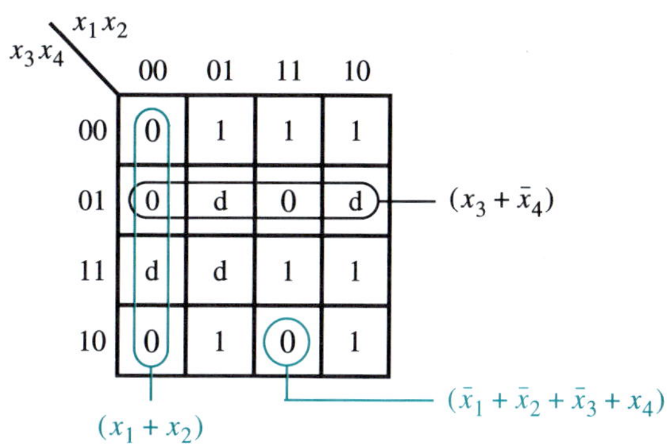

(b) POS 식의 결정

그림 2.67 예제 2.26의 카르노 맵

임 임플리컨트이기 때문에 엣센셜이다. 이 세 개의 프라임 임플리컨트들은 m_{12}를 제외한 $f = 1$의 모든 민텀들을 커버한다. 이 민텀들은 두 가지 방식으로 커버될 수 있는데, $x_1\bar{x}_3\bar{x}_4$ 혹은 $x_2\bar{x}_3\bar{x}_4$를 고를 수 있다. 우리가 어떤 것을 선택하더라도 이 프라임 임플리컨트들은 모두 동일한 비용이 든다. 전자를 선택할 때, 기대되는 SOP 식은 다음과 같다.

$$f = \bar{x}_1x_2 + x_1\bar{x}_2 + x_3x_4 + x_1\bar{x}_3\bar{x}_4$$

이 프라임 임플리컨트들은 맵에서 둘러싸여 있다.

기대되는 POS 식은 그림 2.64*b*에 나타낸 바와 같이 찾을 수 있다. 이 경우, 우리는 함수에서 모든 0을 커버하는 합 항들을 찾아야 한다. 이 사실을 강조하기 위해 맵에 명시적으로 0들을 써 넣었다. 항 $(x_1 + x_2)$는 맥스텀 M_0과 M_2에 해당하는 스퀘어 0과 2의 0들을 커버하기 위한 엣센셜이다. 항 $(x_3 + \overline{x}_4)$와 $(\overline{x}_1 + \overline{x}_2 + \overline{x}_3 + x_4)$는 각각 스퀘어 13과 14의 0을 커버하는 엣센셜이다. 이 세 합 항이 맵의 모든 0을 커버하므로, POS 표현식은 다음과 같다.

$$f = (x_1 + x_2)(x_3 + \overline{x}_4)(\overline{x}_1 + \overline{x}_2 + \overline{x}_3 + x_4)$$

이 선택된 합 항들은 맵에서 둘러싸여 있다.

이 예제에서 무정의 항의 사용을 살펴보자. 최소 비용 SOP 식을 얻으려면 우리는 모두 네 개의 무정의 항이 1의 값을 가진다고 가정한다. 하지만, 최소 비용 POS 표현식은 우리가 무정의 항 3, 5, 그리고 9가 0의 값을 가지고 무정의 항 7이 1의 값을 가진다고 가정할 때 가능해진다. 이것은 SOP과 POS 표현식의 결과가 함수가 나타낸 항들과 같지 않다는 것을 의미한다. 이것들은 1과 0으로 열거된 f의 모든 밸류에이션을 같게 커버하지만 밸류에이션 3, 5, 그리고 9는 다르게 한다. 물론, 이 다른 것들은 문제되지 않는다. 무정의 밸류에이션이 구현된 회로의 입력으로 절대 쓰이지 않기 때문이다.

예제 2.27

문제 카르노 맵을 이용하여 다음 함수의 최소 비용 SOP와 POS 표현식을 찾아라.

$$f(x_1, \ldots, x_4) = \overline{x}_1\overline{x}_3\overline{x}_4 + x_3x_4 + \overline{x}_1\overline{x}_2x_4 + x_1x_2\overline{x}_3x_4$$

무정의 항은 $D = \sum(9, 12, 14)$로 정의한다고 가정한다.

풀이 이 함수를 나타내는 카르노 맵을 그림 2.68a에 보인다. 맵은 f를 규정하는데 사용된 표현식의 각각의 곱 항에 대응하는 1을 배치하여 유도한다. 항 $\overline{x}_1\overline{x}_3\overline{x}_4$은 민텀 0과 4에 대응한다. 항 x_3x_4는 민텀 3, 7, 11과 15로 구성된 맵의 세 번째 행을 나타낸다. 항 $\overline{x}_1\overline{x}_2x_4$는 민텀 1과 3을 규정한다. 네 번째 곱 항은 민텀 13을 나타낸다. 맵은 세 개의 무정의 조건 역시 포함한다.

기대되는 SOP 표현식을 찾기 위해 맵에서 모든 1들을 커버하는 프라임 임플리컨트들의 최소 비용 집합을 찾아야 한다. 항 x_3x_4는 민텀 7을 커버하는 유일한 프라임 임플리컨트이므로 반드시 포함되어야 하는 프라임 임플리컨트이다. 이것은 또한 민텀 3, 11, 15를 커버한다. 민텀 4는 $\overline{x}_1\overline{x}_3\overline{x}_4$ 혹은 $x_2\overline{x}_3\overline{x}_4$로 커버된다. 이 항은 둘 다 동일한 비용을 가진다. 이것은 또한 민텀 0을 커버하므로 $\overline{x}_1\overline{x}_3\overline{x}_4$를 선택해야 한다. 민텀 1은 $\overline{x}_1\overline{x}_2\overline{x}_3$ 혹은 $\overline{x}_2x_4$로 커버된다. 비용이 더 적기 때문에 후자를 선택한다. 이렇게 하면 동일한 비용의 x_1x_4 또는 x_1x_2로 커버될 수 있는 민텀 13만 남는다. x_1x_4를 선택하면 최소 비용 SOP 표현식은 다음과 같다.

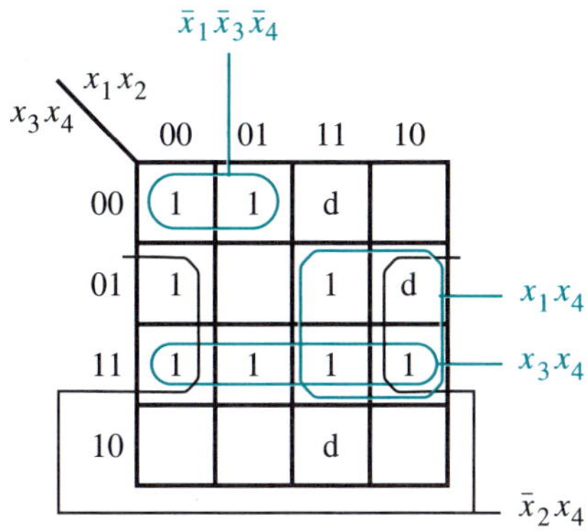

(a) SOP 식의 결정

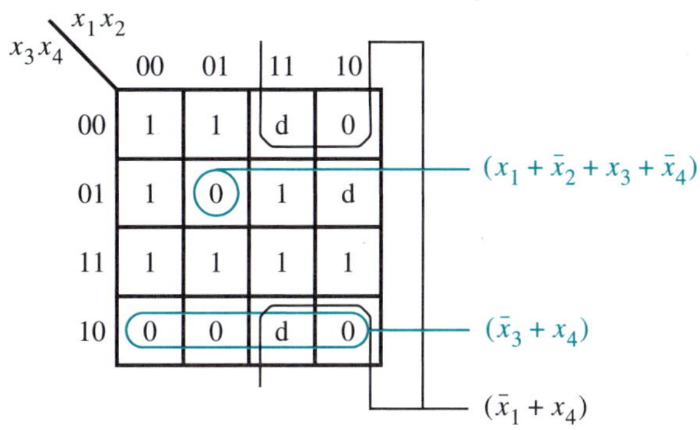

(b) POS 식의 결정

그림 2.68 예제 2.27의 카르노 맵

$$f = x_3x_4 + \bar{x}_1\bar{x}_3\bar{x}_4 + \bar{x}_2x_4 + x_1x_4$$

그림 2.68*b*는 어떻게 POS 표현식을 찾을 수 있는지 보여준다. 합 항 $(\bar{x}_3 + x_4)$는 맨 아래 행의 0들을 커버한다. 0을 커버하기 위해 스퀘어 8에 $(\bar{x}_1 + x_4)$를 포함해야 한다. 스퀘어 5에 남아있는 0은 $(x_1 + \bar{x}_2 + x_3 + \bar{x}_4)$로 커버되어야 한다. 따라서 최소 비용 POS 식은 다음과 같다.

$$f = (\bar{x}_3 + x_4)(\bar{x}_1 + x_4)(x_1 + \bar{x}_2 + x_3 + \bar{x}_4)$$

예제 2.28

문제 다음 식을 고려하자.

$$f = s_3(\overline{s}_1 + \overline{s}_2) + s_1 s_2$$

f의 최소 비용 SOP 표현식을 유도하라.

풀이 12a의 분배법칙을 적용하여 다음과 같이 쓸 수 있다.

$$f = \overline{s}_1 s_3 + \overline{s}_2 s_3 + s_1 s_2$$

이제, 그림 2.69에 묘사된 바와 같이 f를 카르노 맵의 형식으로 어떻게 나타낼 수 있는지 쉽게 알 수 있다. 그림은 카르노 맵의 맨 아래 행을 커버하는 위 세 개 곱 항의 각각의 민텀들을 보여주는 것으로써 다음 식을 유도한다.

$$f = s_3 + s_1 s_2$$

예제 2.29

문제 그림 2.70의 논리회로를 표현하는 Verilog 코드를 작성하라. 요구하는 함수를 명시하기 위해 연속 할당문만 사용한다.

풀이 요구된 Verilog 코드의 예제를 그림 2.71에 보인다.

예제 2.30

문제 그림 2.72의 회로를 고려하라. 이것은 그림 2.33의 두 개의 2-to-1 멀티플렉서 회로와 그림 2.12의 가산기 회로를 포함한다. 멀티플렉서의 선택 입력 $m = 0$이면 회로는 합 $S = a + b$를 산출하지만, $m = 1$이면 회로는 합 $S = c + d$를 산출한다. 멀티플렉서를 사용하면 하나의 가산기를 공유하여 두 개의 다른 합 $a + b$와 $c + d$를 생성할 수 있다. 일반적으로 예제의 1-비트 가산기보다 큰 부분회로들이지만 다중 목적을 위한 부분회로의 공유는 실제로 흔히 사용된다. 그림 2.72의 회로를 위한 Verilog 코드를 작성하라. 2대1 멀티플렉서 회로를 위한 Verilog 모듈의 두 개의 인스턴스와 가산기 회로의 한 개의 인스턴스를 포함하여, 그림 2.47에서 보인 Verilog 코드의 계층적 형태를 사용하라.

풀이 요구하는 Verilog 코드의 예제를 그림 2.73에 보인다. 공유된 모듈과 가산기 모듈 모두 a와 b로 명명된 입력 포트를 가지고 있다는 점을 거론할 필요가 있다. 이

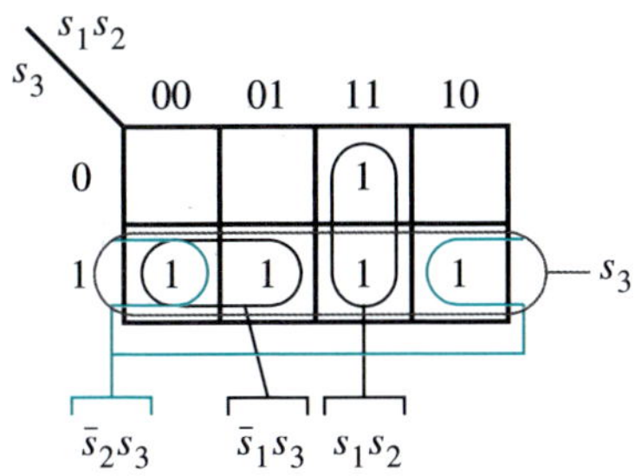

그림 2.69 예제 2.28 함수를 나타내는 카르노 맵

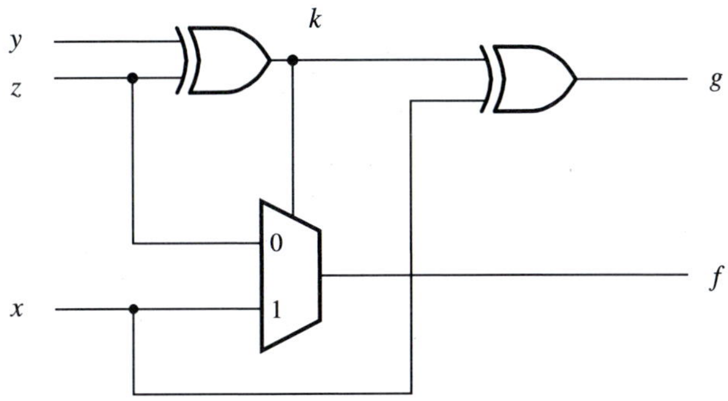

그림 2.70 예제 2.29의 논리함수

```
module f_g (x, y, z, f, g);
   input x, y, z;
   output f, g;
   wire k;

   assign k = y ^ z;
   assign g = k ^ x;
   assign f = (~k & z) | (k & x);

endmodule
```

그림 2.71 예제 2.29의 Verilog 코드

것은 Verilog 모듈에서 선언된 신호명이 그 모듈의 범위에 제한되어 있으므로 어떠한 충돌도 야기하지 않는다.

예제 2.31

문제 1장에서 논리회로의 구현에 여러 종류의 집적회로 칩을 사용할 수 있으며, FPGA(field-programmable gate arrays)가 일반적으로 사용된다고 설명하였다. FPGA에서 논리함수들은 AND, OR, 그리고 NOT 게이트를 사용하여 직접적으로 구현되지는 않는다. 대신, FPGA는 LUT(lookup table)라고 하는 회로 소자의 형태를 사용하여 구현한다. LUT는 사용자가 LUT 입력의 어떠한 논리함수를 구현하도록 프로그래밍할 수 있다. 따라서 LUT가 세 개의 입력을 갖는다면 그 세 개의 입력에 대한 어떠한 논리함수도 구현할 수 있다. 부록 B에 보다 자세하게 FPGA와 LUT들을 설명했다. 다음의 4-입력 함수를 고려하자.

$$f = x_1x_2x_4 + x_2x_3\overline{x}_4 + \overline{x}_1\overline{x}_2\overline{x}_3$$

이 함수가 어떻게 3-입력 LUT를 갖는 FPGA로 구현 가능한지 보여라.

풀이 간단한 구현은 네 개의 3-입력 LUT가 요구된다. 이 중 세 개의 LUT는 3-입력 AND 연산에 사용되고 나머지 LUT는 3-입력 OR 연산을 구현한다. 또한 더 적은 수의 LUT로 논리 합성 기법을 적용하는 것도 가능하다. 8장에서 이 기법을 논의하기로 한다(예제 8.19를 보라).

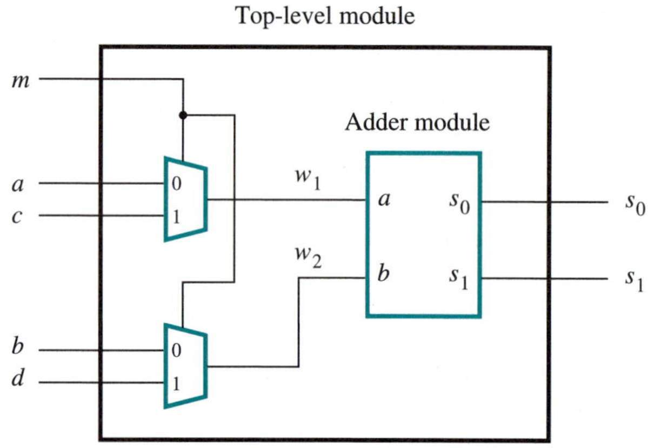

그림 2.72 예제 2.30의 회로

```
module shared (a, b, c, d, m, s1, s0);
    input a, b, c, d, m;
    output s1, s0;
    wire w1, w2;
    mux2to1 U1 (a, c, m, w1);
    mux2to1 U2 (b, d, m, w2);
    adder U3 (w1, w2, s1, s0);
endmodule

module mux2to1 (x1, x2, s, f);
    input x1, x2, s;
    output f;
    assign f = (~s & x1) | (s & x2);
endmodule

module adder (a, b, s1, s0);
    input a, b;
    output s1, s0;
    assign s1 = a & b;
    assign s0 = a ^ b;
endmodule
```

그림 2.73 예제 2.30의 Verilog 코드

연습문제

별표로 표시된 문제에 대한 답은 교재의 뒤에 수록되어 있다.

2.1 대수적 방법을 이용하여 $x + yz = (x + y) \cdot (x + z)$임을 증명하라. 이 식은 2.5절의 항등식 12*b*에 보인 분배법칙에 관한 식이다.

2.2 대수적 방법을 이용하여 $(x + y) \cdot (x + \overline{y}) = x$임을 증명하라.

2.3 대수적 방법을 이용하여 $xy + yz + \overline{x}z = xy + \overline{x}z$임을 증명하라. 이 식은 2.5절의 항등식 17*a*에 보인 consensus에 관한 식이다.

2.4 벤다이어그램을 이용하여 연습문제 2.3을 증명하라.

2.5 벤다이어그램을 이용하여 2.5절의 식 15*a*와 15*b*와 같이 주어진 드모르간의 법칙을 증명하라.

2.6 벤다이어그램을 이용하여 다음 식을 증명하라.

$$(x_1 + x_2 + x_3) \cdot (x_1 + x_2 + \overline{x}_3) = x_1 + x_2$$

***2.7** 다음의 식이 유효한지 또는 그렇지 않은지 결정하라. 즉, 식의 좌변과 우변이 같은 함수인지 증명하라.

(a) $\bar{x}_1x_3 + x_1x_2\bar{x}_3 + \bar{x}_1x_2 + x_1\bar{x}_2 = \bar{x}_2x_3 + x_1\bar{x}_3 + x_2\bar{x}_3 + \bar{x}_1x_2x_3$
(b) $x_1\bar{x}_3 + x_2x_3 + \bar{x}_2\bar{x}_3 = (x_1 + \bar{x}_2 + x_3)(x_1 + x_2 + \bar{x}_3)(\bar{x}_1 + x_2 + \bar{x}_3)$
(c) $(x_1 + x_3)(\bar{x}_1 + \bar{x}_2 + \bar{x}_3)(\bar{x}_1 + x_2) = (x_1 + x_2)(x_2 + x_3)(\bar{x}_1 + \bar{x}_3)$

2.8 그림 2.24*a*의 회로를 위한 타이밍도를 그려라. 회로의 모든 연결선에서 관찰되는 파형을 그려라.

2.9 그림 2.24*b*의 회로에 대해 연습문제 2.8을 반복하라.

2.10 대수적 방법을 이용하여 세 개의 입력 변수 x_1, x_2, x_3을 가진 다음 식을 증명하라.

$$\sum m(1, 2, 3, 4, 5, 6, 7) = x_1 + x_2 + x_3$$

2.11 대수적 방법을 이용하여 세 개의 입력 변수 x_1, x_2, x_3을 가진 다음 식을 증명하라.

$$\Pi M(0, 1, 2, 3, 4, 5, 6) = x_1x_2x_3$$

***2.12** 대수적 방법을 이용하여 다음 함수의 최소 SOP를 구하라.

$$f = x_1x_3 + x_1\bar{x}_2 + \bar{x}_1x_2x_3 + \bar{x}_1\bar{x}_2\bar{x}_3$$

2.13 대수적 방법을 이용하여 다음 함수의 최소 SOP를 구하라.

$$f = x_1\bar{x}_2\bar{x}_3 + x_1x_2x_4 + x_1\bar{x}_2x_3\bar{x}_4$$

2.14 대수적 방법을 이용하여 다음 함수의 최소 POS를 구하라.

$$f = (x_1 + x_3 + x_4) \cdot (x_1 + \bar{x}_2 + x_3) \cdot (x_1 + \bar{x}_2 + \bar{x}_3 + x_4)$$

***2.15** 대수적 방법을 이용하여 다음 함수의 최소 POS를 구하라.

$$f = (x_1 + x_2 + x_3) \cdot (x_1 + \bar{x}_2 + x_3) \cdot (\bar{x}_1 + \bar{x}_2 + x_3) \cdot (x_1 + x_2 + \bar{x}_3)$$

2.16 (a) 3-변수 벤다이어그램에서 모든 민텀의 위치를 표시하라.

(b) 함수 $f = x_1\bar{x}_2x_3 + x_1x_2 + \bar{x}_1x_3$의 각 곱 항을 각각 벤다이어그램에 표시하라. 벤다이어그램을 이용하여 함수 f의 최소 SOP를 구하라.

2.17 그림 2.23의 함수를 벤다이어그램으로 그리고, 최소 SOP를 구하라.

2.18 그림 P2.1은 4-변수 벤다이어그램을 그리기 위한 두 가지 시도를 보이고 있다. 그림 (*a*)와 (*b*)의 벤다이어그램이 올바르지 않은 이유를 설명하라(힌트: 벤다이어그램은 4-변수의 모든 민텀을 표시할 수 있어야 한다).

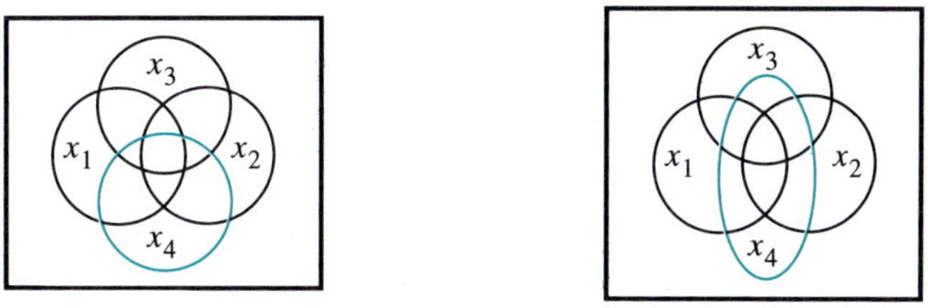

(a) (b)

그림 P2.1 4-변수 벤다이어그램을 그리기 위한 두 가지 시도

2.19 그림 P2.2는 4-변수 벤다이어그램으로 민텀 m_0, m_1, m_2를 보여준다. 벤다이어그램에 다른 민텀들의 위치를 표시하라. 또한 함수 $f = \bar{x}_1\bar{x}_2x_3\bar{x}_4 + x_1x_2x_3x_4 + \bar{x}_1x_2$을 벤다이어그램상에 표시하라.

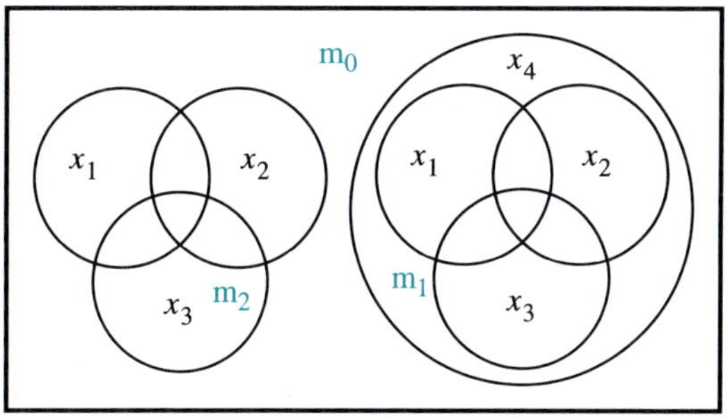

그림 P2.2 4-변수 벤다이어그램

***2.20** 함수 $f(x_1, x_2, x_3) = \sum m(3, 4, 6, 7)$을 구현하는 가장 간단한 SOP 회로를 설계하라.

2.21 함수 $f(x_1, x_2, x_3) = \sum m(1, 3, 4, 6, 7)$을 구현하는 가장 간단한 SOP 회로를 설계하라.

2.22 함수 $f(x_1, x_2, x_3) = \Pi M(0, 2, 5)$를 구현하는 가장 간단한 POS 회로를 설계하라.

***2.23** 함수 $f(x_1, x_2, x_3) = \Pi M(0, 1, 5, 7)$을 구현하는 가장 간단한 POS 회로를 설계하라.

2.24 함수 $f(x_1, x_2, x_3, x_4) = x_1\bar{x}_3\bar{x}_4 + x_2\bar{x}_3x_4 + x_1\bar{x}_2\bar{x}_3$에 대한 가장 간단한 SOP 식을 유도하라.

2.25 대수적 방법을 이용하여 함수 $f(x_1, x_2, x_3, x_4, x_5) = \bar{x}_1\bar{x}_3\bar{x}_5 + \bar{x}_1\bar{x}_3\bar{x}_4 + \bar{x}_1x_4x_5 + x_1\bar{x}_2\bar{x}_3x_5$에 대한 가장 간단한 SOP 식을 유도하라(힌트: 17*a*의 consensus 법칙을 사용하라).

2.26 대수적 방법을 이용하여 함수 $f(x_1, x_2, x_3, x_4) = (\bar{x}_1 + \bar{x}_3 + \bar{x}_4)(\bar{x}_2 + \bar{x}_3 + x_4)(x_1 + \bar{x}_2 + \bar{x}_3)$에 대한 가장 간단한 POS 식을 유도하라(힌트: 17*b*의 consensus 법칙을 사용하라).

2.27 대수적 방법을 이용하여 함수 $f(x_1, x_2, x_3, x_4, x_5) = (\bar{x}_2 + x_3 + x_5)(x_1 + \bar{x}_3 + x_5)(x_1 + x_2 + x_5)(x_1 + \bar{x}_4 + \bar{x}_5)$에 대한 가장 간단한 POS 식을 유도하라(힌트: 17*b*의 consensus 법칙을 사용하라).

***2.28** 세 개의 입력 x_1, x_2, x_3을 갖는 회로로 두 개 이상의 입력 변수 값이 1일 때 출력이 1이 되고, 그 외의 경우 출력이 0이 되는 가장 간단한 형태의 회로를 설계하라.

2.29 세 개의 입력 x_1, x_2, x_3을 갖는 회로로 한 개 또는 두 개의 입력 변수 값이 1일 때 출력이 1이 되고, 그 외의 경우 출력이 0이 되는 가장 간단한 형태의 회로를 설계하라.

2.30 네 개의 입력 x_1, x_2, x_3, x_4를 갖는 회로로 세 개 이상의 입력 변수 값이 1일 때 출력이 1이 되고, 그 외의 경우 출력이 0이 되는 가장 간단한 형태의 회로를 설계하라.

2.31 그림 P2.3의 타이밍도를 참조하여, 함수 $f(x_1, x_2, x_3)$을 가장 간단한 SOP 회로로 구현하라.

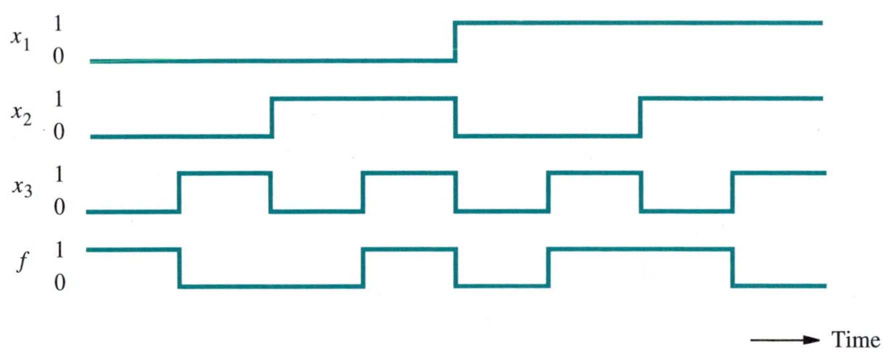

그림 P2.3 논리함수를 표현한 타이밍도

***2.32** 그림 P2.3의 타이밍도를 참조하여, 함수 $f(x_1, x_2, x_3)$을 가장 간단한 POS 회로로 구현하라.

***2.33** 그림 P2.4의 타이밍도를 참조하여, 함수 $f(x_1, x_2, x_3)$을 가장 간단한 SOP 회로로 구현하라.

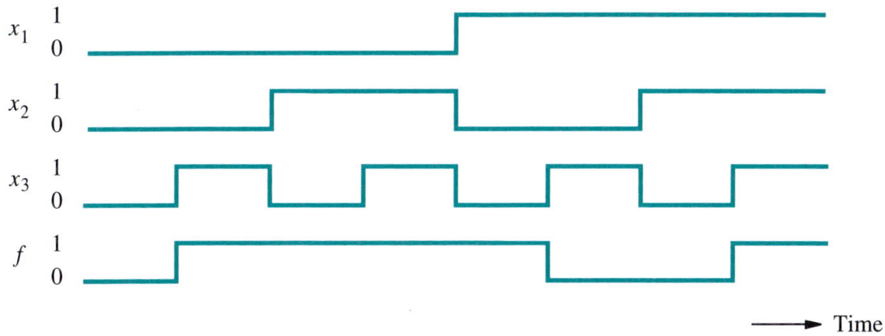

그림 P2.4 논리함수를 표현한 타이밍도

2.34 그림 P2.4의 타이밍도를 참조하여, 함수 $f(x_1, x_2, x_3)$을 가장 간단한 POS 회로로 구현하라.

2.35 출력이 f이고, 입력이 x_1, x_0, y_1, y_0인 회로를 설계하라. 여기서 $X = x_1x_0$이고 $Y = y_1y_0$은 두 개의 두 자리 2진수를 나타낸다고 하자. 두 개의 수 X와 Y로 표시된 숫자가 서로 같으면 출력 f는 1이 되고, 그렇지 않은 경우 0이 되어야 한다. 다음 물음에 답하라.

(a) 출력 f를 위한 진리표를 작성하라.

(b) 출력 f를 위한 가능한 가장 간단한 POS 식을 구하라.

2.36 $X \geq Y$인 경우에만 출력 f가 1이 되는 경우를 가정하여 연습문제 2.25를 반복하라.

(a) 출력 f를 위한 진리표를 작성하라.

(b) 출력 f를 위한 표준 SOP를 구하라.

(c) 출력 f를 위한 가능한 가장 간단한 SOP 식을 구하라.

***2.37** 함수 $f(x_1, x_2, x_3) = \sum m(1, 2, 3, 5)$에 대한 최소의 SOP와 POS를 구하라.

***2.38** 함수 $f(x_1, x_2, x_3) = \sum m(1,4,7) + D(2,5)$에 대해 문제 2.37을 반복하라.

2.39 함수 $f(x_1, \ldots, x_4) = \Pi M(0, 1, 2, 4, 5, 7, 8, 9, 10, 12, 14, 15)$에 대해 문제 2.37을 반복하라.

2.40 함수 $f(x_1, \ldots, x_4) = \sum m(0,2,8,9,10,15) + D(1,3,6,7)$에 대해 문제 2.37을 반복하라.

***2.41** 함수 $f(x_1, \ldots, x_5) = \Pi M(1, 4, 6, 7, 9, 12, 15, 17, 20, 21, 22, 23, 28, 31)$에 대해 문제 2.37을 반복하라.

2.42 함수 $f(x_1, \ldots, x_5) = \sum m(0, 1, 3, 4, 6, 8, 9, 11, 13, 14, 16, 19, 20, 21, 22, 24, 25) + D(5, 7, 12, 15, 17, 23)$에대해 문제 2.37을 반복하라.

2.43 함수 $f(x_1, \ldots, x_5) = \sum m(1, 4, 6, 7, 9, 10, 12, 15, 17, 19, 20, 23, 25, 26, 27, 28, 30, 31) + D(8, 16, 21, 22)$에 대해 문제 2.37을 반복하라.

2.44 SOP 형태보다 적은 비용을 갖는 POS 형태를 위한 다섯 개의 3-변수 함수를 구하라.

***2.45** 어떤 세 개의 변수 값 또는 모든 변수 네 개의 값이 1인 경우의 4-변수 논리함수를 다수결(majority) 함수라고 한다. 이 다수결 함수를 구현하는 최소 비용 SOP 회로를 설계하라.

2.46 정확히 두 개 또는 세 개의 변수 값이 1이 되고 그렇지 않으면 4-변수 함수의 최소 비용 구현을 유도하라.

***2.47** "함수 f가 유일한 최소 비용의 SOP를 갖는다면, 또한 유일한 최소 비용 POS 식이 있다"라는 문장을 증명 또는 반증하라.

***2.48** 두 개의 출력을 갖는 함수가 다음 식과 같다.

$$f(x_1, \ldots, x_4) = \sum m(0, 2, 4, 6, 7, 9) + D(10, 11)$$

$$g(x_1, \ldots, x_4) = \sum m(2, 4, 9, 10, 15) + D(0, 13, 14)$$

최소 비용의 회로를 설계하고, f와 g를 각각 별도로 구현한 두 개의 회로의 비용과 비교하라. 단, 입력 변수는 컴플리먼트된 것과 컴플리먼트되지 않은 입력 모두 제공된다고 가정한다.

2.49 다음 함수에 대해 문제 2.48을 반복하여라.

$$f(x_1, \ldots, x_5) = \sum m(1, 4, 5, 11, 27, 28) + D(10, 12, 14, 15, 20, 31)$$
$$g(x_1, \ldots, x_5) = \sum m(0, 1, 2, 4, 5, 8, 14, 15, 16, 18, 20, 24, 26, 28, 31) + D(10, 11, 12, 27)$$

***2.50** 함수 $f = x_3x_5 + \bar{x}_1x_2x_4 + x_1\bar{x}_2\bar{x}_4 + x_1x_3\bar{x}_4 + \bar{x}_1x_3x_4 + \bar{x}_1x_2x_5 + x_1\bar{x}_2x_5$를 위한 최소 비용 POS 식을 구하라.

2.51 그림 2.31의 함수를 NAND 게이트만으로 구현하라.

2.52 그림 2.31의 함수를 NOR 게이트만으로 구현하라.

2.53 그림 2.29의 회로를 NAND와 NOR 게이트로 구현하라.

***2.54** 함수 $f(x_1, x_2, x_3) = \sum m(3, 4, 6, 7)$에 대하여 NAND 게이트만으로 구성된 가장 간단한 회로를 설계하라.

2.55 함수 $f(x_1, x_2, x_3) = \sum m(1, 3, 4, 6, 7)$에 대하여 NAND 게이트만으로 구성된 가장 간단한 회로를 설계하라.

***2.56** 연습문제 2.54의 함수에 대하여 NOR 게이트만으로 구성된 가장 간단한 회로를 설계하라.

2.57 연습문제 2.55의 함수에 대하여 NOR 게이트만으로 구성된 가장 간단한 회로를 설계하라.

2.58 (a) 스키매틱 캡처 툴을 이용하여 다음의 함수에 대한 스키매틱을 작성하라.

$$f_1 = x_2\bar{x}_3\bar{x}_4 + \bar{x}_1x_2x_4 + \bar{x}_1x_2x_3 + x_1x_2x_3$$
$$f_2 = x_2\bar{x}_4 + \bar{x}_1x_2 + x_2x_3$$

(b) 기능 시뮬레이션을 이용하여 $f_1 = f_2$임을 증명하라.

2.59 (a) 스키매틱 캡처 툴을 이용하여 다음의 함수에 대한 스키매틱을 작성하라.

$$f_1 = (x_1 + x_2 + \bar{x}_4) \cdot (\bar{x}_2 + x_3 + \bar{x}_4) \cdot (\bar{x}_1 + x_3 + \bar{x}_4) \cdot (\bar{x}_1 + \bar{x}_3 + \bar{x}_4)$$
$$f_2 = (x_2 + \bar{x}_4) \cdot (x_3 + \bar{x}_4) \cdot (\bar{x}_1 + \bar{x}_4)$$

(b) 기능 시뮬레이션을 이용하여 $f_1 = f_2$임을 증명하라.

2.60 게이트 레벨 프리미티브를 이용하여 그림 2.32*a*의 회로를 구현하는 Verilog 코드를 작성하라.

2.61 그림 2.32*b*의 회로에 대해 연습문제 2.60을 반복하라.

2.62 게이트 레벨 프리미티브를 이용하여 함수 $f(x_1, x_2, x_3) = \sum m(1, 2, 3, 4, 5, 6)$을 구현하는 Verilog 코드를 작성하라. 결과 회로가 가능한 가장 간단한 회로인지 확인하라.

2.63 연속 할당문을 이용하여 함수 $f(x_1, x_2, x_3) = \sum m(0, 1, 3, 4, 5, 6)$을 구현하는 Verilog 코드를 작성하라.

2.64 (a) 아래 함수들을 기술하는 Verilog 코드를 작성하라.

$$f_1 = x_1\bar{x}_3 + x_2\bar{x}_3 + \bar{x}_3\bar{x}_4 + x_1x_2 + x_1\bar{x}_4$$
$$f_2 = (x_1 + \bar{x}_3) \cdot (x_1 + x_2 + \bar{x}_4) \cdot (x_2 + \bar{x}_3 + \bar{x}_4)$$

(b) 기능 시뮬레이션을 이용하여 $f_1 = f_2$임을 증명하라.

2.65 다음 Verilog 문을 고려하자.

```
f1 = (x1 & x3) | (~x1 & ~x3) | (x2 & x4) | (~x2 & ~x4);
f2 = (x1 & x2 & ~x3 & ~x4) | (~x1 & ~x2 & x3 & x4) |
     (x1 & ~x2 & ~x3 & x4) | (~x1 & x2 & x3 & ~x4);
```

(a) f_1과 f_2를 구현하는 완전한 Verilog 코드를 작성하라.

(b) 기능 시뮬레이션을 이용하여 f1 = f2임을 증명하라.

***2.66** 다음의 논리식을 고려하자.

$$f = x_1\overline{x}_2\overline{x}_5 + \overline{x}_1\overline{x}_2\overline{x}_4\overline{x}_5 + x_1x_2x_4x_5 + \overline{x}_1\overline{x}_2x_3\overline{x}_4 + x_1\overline{x}_2x_3x_5 + \overline{x}_2\overline{x}_3x_4\overline{x}_5 + x_1x_2x_3x_4\overline{x}_5$$
$$g = \overline{x}_2x_3x_4 + \overline{x}_2\overline{x}_3\overline{x}_4\overline{x}_5 + x_1x_3x_4\overline{x}_5 + x_1\overline{x}_2x_4\overline{x}_5 + x_1x_3x_4x_5 + \overline{x}_1\overline{x}_2\overline{x}_3\overline{x}_5 + x_1x_2\overline{x}_3x_4x_5$$

$f = g$임을 증명 또는 반증하라.

2.67 다음 식에 대해 연습문제 2.66을 반복하라.

$$f = x_1\overline{x}_2\overline{x}_3 + x_2x_4 + x_1\overline{x}_2\overline{x}_4 + \overline{x}_2\overline{x}_3\overline{x}_4 + \overline{x}_1x_2x_3$$
$$g = (\overline{x}_2 + x_3 + x_4)(\overline{x}_1 + \overline{x}_2 + x_4)(x_2 + \overline{x}_3 + \overline{x}_4)(x_1 + x_2 + \overline{x}_3)(x_1 + x_2 + \overline{x}_4)$$

2.68 다음 식에 대해 연습문제 2.66을 반복하라.

$$f = x_2\overline{x}_3\overline{x}_4 + \overline{x}_2x_3 + \overline{x}_2x_4 + x_1x_2\overline{x}_4 + x_1x_2\overline{x}_3\overline{x}_5$$
$$g = (x_2 + x_3 + x_4)(\overline{x}_2 + \overline{x}_4 + x_5)(x_1 + \overline{x}_2 + \overline{x}_3)(\overline{x}_2 + x_3 + \overline{x}_4 + \overline{x}_5)$$

2.69 두 개의 출력을 갖는 회로가 다음 논리식에 의해 정의된다.

$$f = x_1\overline{x}_2\overline{x}_3 + \overline{x}_2\overline{x}_4 + \overline{x}_2\overline{x}_3x_4 + x_1x_2x_3x_4$$
$$g = x_1\overline{x}_3x_4 + x_1x_2x_4 + \overline{x}_1x_3x_4 + \overline{x}_2x_3\overline{x}_4$$

이 회로의 최소 비용 구현을 유도하라. 구현된 회로의 비용은 얼마인가?

2.70 다음 함수에 대해 연습문제 2.69를 반복하라.

$$f = (\overline{x}_1 + x_2 + \overline{x}_3)(x_1 + x_3 + \overline{x}_4)(x_1 + \overline{x}_2 + x_3)(\overline{x}_1 + x_2 + x_4)(x_1 + \overline{x}_2 + \overline{x}_4)$$
$$g = (\overline{x}_1 + x_2 + \overline{x}_3)(\overline{x}_1 + \overline{x}_2 + \overline{x}_4)(\overline{x}_2 + \overline{x}_3 + \overline{x}_4)(x_1 + \overline{x}_2 + x_3 + x_4)$$

2.71 출력 0 또는 1을 산출할 수 있는 네 개의 센서를 갖는 주어진 시스템이 있다. 시스템은 정확히 하나의 센서가 출력 값 1일 때 올바로 작동한다. 두 개 이상의 센서가 출력 값 1이 되면 경고를 발생시켜야 한다. 경고를 발생시키는 데 사용할 수 있는 가장 간단한 회로를 설계하라.

2.72 일곱 개의 센서를 갖는 시스템에 대해 연습문제 2.71을 반복하라.

2.73 함수 $f(x_1, \ldots, x_4) = \sum m(0, 1, 2, 3, 4, 6, 8, 9, 12)$에 대해 오직 2-입력 NAND 게이트로 구성되는 최소 비용 회로를 구하라. 입력 변수는 컴플리먼트되거나 컴플리먼트되지 않은 변수 모두 사용 가능하다고 가정한다(**힌트**: 함수의 컴플리먼트를 고려하라).

2.74 함수 $f(x_1, \ldots, x_4) = \sum m(2, 3, 6, 8, 9, 12)$에 대해 연습문제 2.73을 반복하라.

2.75 함수 $f(x_1, \ldots, x_4) = \sum m(6, 7, 8, 10, 12, 14, 15)$에 대해 오직 2-입력 NOR 게이트로 구성되는 최소 비용 회로를 구하라. 입력 변수는 컴플리먼트되거나 컴플리먼트되지 않은 변수 모두 사용 가능하다고 가정한다(**힌트**: 함수의 컴플리먼트를 고려하라).

2.76 함수 $f(x_1, \ldots, x_4) = \sum m(2, 3, 4, 5, 9, 10, 11, 12, 13, 15)$에 대해 연습문제 2.75를 반복하라.

2.77 함수 f와 g를 구현하는 그림 P2.5의 회로를 고려하자. 입력 변수가 실제 변수와 컴플리먼트된 변수 모두 가능하다고 할 때, 회로의 비용은 얼마인가? 가능한 한 저비용으로 같은 함수를 구현하는 회로를 재설계하라. 구현한 회로의 비용은 얼마인가?

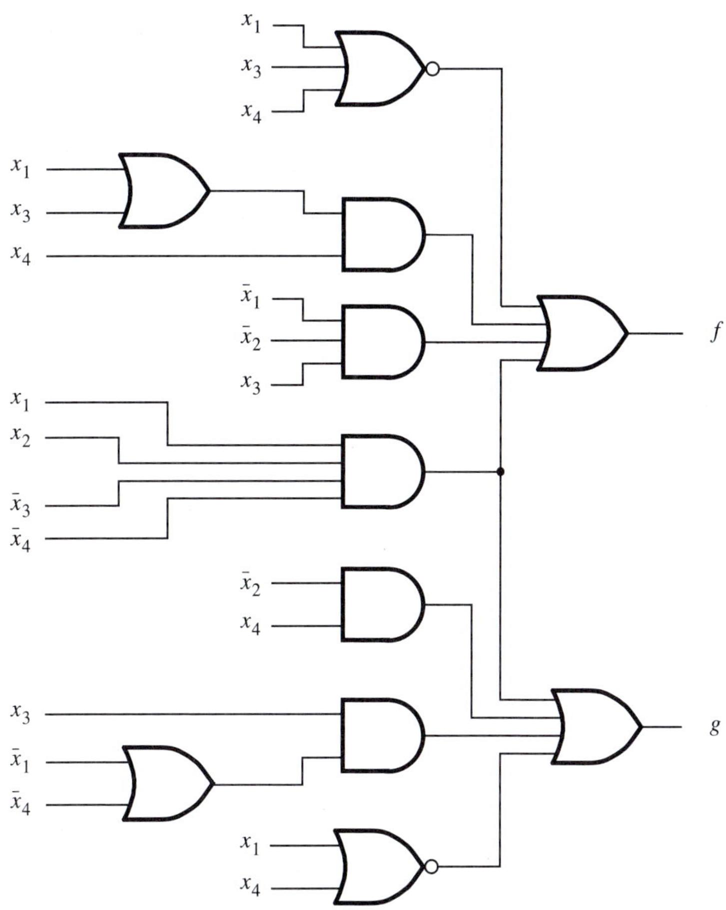

그림 P2.5 연습문제 2.77을 위한 회로

2.78 그림 P2.6의 회로에 대해 연습문제 2.78을 반복하라. 오직 NAND 게이트만 사용한다.

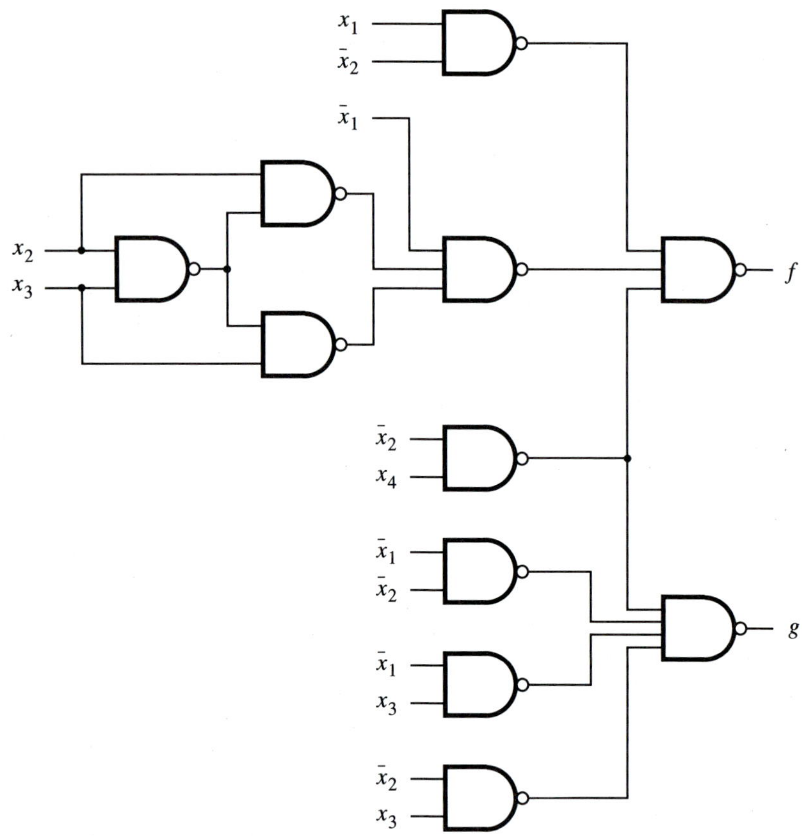

그림 P2.6 연습문제 2.78을 위한 회로

참고문헌

1. G. Boole, *An Investigation of the Laws of Thought*, 1854, reprinted by Dover Publications, New York, 1954.
2. C. E. Shannon, "A Symbolic Analysis of Relay and Switching Circuits," *Transactions of AIEE* 57 (1938), pp. 713–723.
3. E. V. Huntington, "Sets of Independent Postulates for the Algebra of Logic," *Transactions of the American Mathematical Society* 5 (1904), pp. 288–309.
4. S. Brown and Z. Vranesic, *Fundamentals of Digital Logic with VHDL Design*, 3rd ed. (McGraw-Hill: New York, 2009).
5. D. A. Thomas and P. R. Moorby, *The Verilog Hardware Description Language*, 5th ed., (Kluwer: Norwell, MA, 2002).

6. Z. Navabi, *Verilog Digital System Design*, 2nd ed., (McGraw-Hill: New York, 2006).
7. S. Palnitkar, *Verilog HDL—A Guide to Digital Design and Synthesis*, 2nd ed., (Prentice-Hall: Upper Saddle River, NJ, 2003).
8. D. R. Smith and P. D. Franzon, *Verilog Styles for Synthesis of Digital Systems*, (Prentice Hall: Upper Saddle River, NJ, 2000).
9. J. Bhasker, *Verilog HDL Synthesis—A Practical Primer*, (Star Galaxy Publishing: Allentown, PA, 1998).
10. D. J. Smith, *HDL Chip Design*, (Doone Publications: Madison, AL, 1996).
11. S. Sutherland, *Verilog 2001—A Guide to the New Features of the Verilog Hardware Description Language*, (Kluwer: Hingham, MA, 2001).

chapter 3

수의 표현과 산술 회로

Number Representation and Arithmetic Circuits

이 장의 목적

이 장을 학습하고 나면 다음과 같은 것을 배울 수 있다.

- 컴퓨터에서 수의 표현
- 산술 연산 수행을 위한 회로
- 대규모 회로의 성능 문제
- Verilog를 사용한 산술 회로의 명시

이 장에서는 산술 연산(arithmetic operation)을 수행하기 위한 논리회로를 소개한다. 어떻게 숫자들을 더하고, 빼고, 곱할 수 있는지에 대해 다룬다. 또한 산술 회로(arithmetic circuit)를 Verilog 코드로 기술하는 방법을 소개한다. 이러한 회로는 복잡한 논리회로 어셈블리를 명시하는 데 있어 Verilog의 강력함과 다양성을 설명하기 위한 우수한 플랫폼을 제공한다. 산술 회로의 설계에 포함된 이러한 개념은 다양한 회로의 설계에 쉽게 응용될 수 있다.

산술 회로의 설계 방법을 배우기 전에 디지털시스템에서 수를 어떻게 표현하는지 설명할 필요가 있다. 1장에서는 2진수에 대해 소개하고 자릿수 표현(positional number representation)을 사용하여 어떻게 나타내는지 살펴보았다. 또한 10진수와 2진수 간의 변환에 대해서도 살펴보았다. 2장에서는 스위치의 상태나 일반적인 조건들을 표현하기 위해 사용되는 논리 변수(logic variable)에 대해 설명하였다. 이번 장에서는 수를 표현하기 위해 변수를 사용한다. 하나의 수를 표현하기 위해 여러 개의 변수들이 사용되는데, 각 변수는 숫자의 한 자리에 해당한다.

3.1 • 자릿수 표현

수와 산술 연산을 다루는 경우에 정해진 표준 기호를 사용하면 편리하다. 덧셈 기호는 플러스(+) 기호, 뺄셈 기호는 마이너스(–) 기호를 사용한다. 앞 장에서 논리 OR 연산을 위해서 + 기호를 사용하였다. 비록 서로 다른 두 가지 목적을 위해 동일한 기호를 사용하더라도 각 기호의 의미는 서술하는 문장의 문맥에 따라 일반적으로 명료해진다. 해석이 모호하게 생각되는 경우에 한해 그 의미를 분명하게 기술할 것이다.

3.1.1 무부호 정수

정수(integer)는 표현하기에 가장 간단한 수이다. 양의 정수(positive integer)를 먼저 설명하고 다음에 음의 정수(negative integer)를 설명한다. 오직 양(positive)으로만 표현되는 수를 **무부호**(*unsigned*) 정수라고 하고, 음(negative)으로도 표현 가능한 수를 **부호**(*signed*) 정수라고 한다. 소수점을 포함한 실수의 표현은 이 장의 뒷부분에서 설명한다.

1.5.1절에서 설명한 바와 같이, n-비트 무부호 정수

$$B = b_{n-1}b_{n-2}\cdots b_1b_0$$

는 다음의 값을 갖는 정수를 나타낸다.

$$\begin{aligned} V(B) &= b_{n-1} \times 2^{n-1} + b_{n-2} \times 2^{n-2} + \cdots + b_1 \times 2^1 + b_0 \times 2^0 \\ &= \sum_{i=0}^{n-1} b_i \times 2^i \end{aligned} \quad \textbf{[3.1]}$$

3.1.2 8진수와 16진수 표현

자릿수 표현에는 어떤 기수(radix)도 사용 가능하다. 만일 기수가 r이라면 다음처럼 표기된다.

$$K = k_{n-1}k_{n-2}\cdots k_1k_0$$

이 수의 값은 아래와 같다.

$$V(K) = \sum_{i=0}^{n-1} k_i \times r^i$$

다만, 우리가 주로 사용하는 기수에 대해서만 살펴보도록 한다. 가장 많이 쓰이는 기수는 우리가 일상적으로 사용하는 10진수와 컴퓨터에서 사용하는 2진수이다. 이들 외에 가끔씩 사용되는 기수는 8과 16이다. 기수 8로 표현된 수를 **8진수**(*octal*)라고 하고, 기수 16으로 표현되는 수를 **16진수**(*hexadecimal*)라고 한다. 8진수로 표현된 수의 각 자릿수의 범위는 0에서 7이다. *hex*라고 간단히 줄여 부르기도 하는 16진수의 각 자릿수는 열여섯 개의 값을 가질 수 있다. 처음 열 개의 값은 0에서 9까지의 숫자로서 10진수와 동

표 3.1 여러 가지 숫자 체계

Decimal	Binary	Octal	Hexadecimal
00	00000	00	00
01	00001	01	01
02	00010	02	02
03	00011	03	03
04	00100	04	04
05	00101	05	05
06	00110	06	06
07	00111	07	07
08	01000	10	08
09	01001	11	09
10	01010	12	0A
11	01011	13	0B
12	01100	14	0C
13	01101	15	0D
14	01110	16	0E
15	01111	17	0F
16	10000	20	10
17	10001	21	11
18	10010	22	12

일하게 정의된다. 10진수 값 10, 11, 12, 13, 14, 15는 문자 A, B, C, D, E, F로 나타낸다. 표 3.1은 첫 열아홉 개의 정수를 2진법, 8진법, 16진법으로 보인 것이다.

컴퓨터에서는 주로 2진수(binary number)를 사용한다. 8진수와 16진수를 이용하는 이유는 이들이 2진수에 대한 속기적 표기로 사용 가능하기 때문이다. 8진수 한 디지트는 세 비트로 표현한다. 따라서 2진수는 최하위 비트(LSB, least-significant bit)에서 시작해 3비트 그룹으로 묶어 해당하는 8진수로 대체하여 변환한다. 예를 들어, 101011010111은 다음과 같이 변환된다.

$$\underbrace{1\,0\,1}_{5}\qquad\underbrace{0\,1\,1}_{3}\qquad\underbrace{0\,1\,0}_{2}\qquad\underbrace{1\,1\,1}_{7}$$

따라서 $(101011010111)_2 = (5327)_8$이다. 만일, 비트 수가 3의 배수가 아니라면 최상위 비트(MSB, most-significant bit) 왼쪽에 0을 추가한다. 예를 들어, $(10111011)_2 = (273)_{10}$이 된다.

$$\underbrace{0\,1\,0}_{2}\qquad\underbrace{1\,1\,1}_{7}\qquad\underbrace{0\,1\,1}_{3}$$

8진수에서 2진수로의 변환은 간단한데, 8진수 각 디지트를 동일한 값을 나타내는 3비트로 대체하면 된다.

마찬가지로, 16진수 한 디지트는 네 개의 비트를 표현한다. 예를 들어, 아래의 16비트 수는 네 디지트의 16진수로 표현되는데,

$$(1010111100100101)_2 = (\text{AF25})_{16}$$

다음과 같은 그룹 과정을 거쳤다.

$$\underbrace{1010}_{\text{A}} \quad \underbrace{1111}_{\text{F}} \quad \underbrace{0010}_{2} \quad \underbrace{0101}_{5}$$

만일, 비트 수가 4의 배수가 아니면 MSB 왼쪽에 0을 추가한다. 예를 들어 1101101000은 아래와 같이 MSB 왼쪽에 두 개의 0을 추가하여

$$\underbrace{0011}_{3} \quad \underbrace{0110}_{6} \quad \underbrace{1000}_{8}$$

$(1101101000)_2 = (368)_{16}$이 된다. 즉, 16진수에서 2진수로의 변환은 16진수의 각 디지트를 동일한 값을 지시하는 네 개의 비트로 간단히 대체하여 처리한다.

현대 컴퓨터는 2진수를 종종 32비트나 64비트로 처리한다. 비트 벡터라고 하는 n개의 비트로 이루어진(n-tuple) 수들은 길이가 길면 취급하기 어렵다. 그러나 8진수나 16진수의 형태로 짧게 나누어 표시하면 다루기에 훨씬 편하다. 디지털시스템의 산술 연산에는 일반적으로 2진수를 사용하지만, 편리한 속기법으로서 16진수를 사용하기도 한다.

지금까지 가장 간단한 무부호 정수에 대해 설명하였는데, 여러 다른 형태의 수를 처리해야 할 필요가 있다. 이 장의 뒷부분에서 부호 수, 고정 소수점 수(fixed-point numbers), 부동 소수점 수(floating-point numbers)와 같은 여러 수들의 표현에 대해 다룬다. 그러나 이에 앞서 산술 연산의 수행과 디지털회로에 대한 감을 잡는 한편, 향후 논의를 위해 간단한 회로를 살펴보기로 하자.

3.2 • 무부호 수의 덧셈

2진 덧셈은 각 자리의 수가 오직 0 또는 1만 가능하다는 점을 제외하면 10진수의 덧셈과 같다. 2장에서 이미 간단한 논리회로의 예로 두 개의 1-비트 숫자의 덧셈을 살펴보았다. 이제 일반적인 가산기 회로의 맥락에서 이 작업을 고려할 것이다. 1-비트 덧셈은 그림 3.1a에 보인 바와 같이 네 개의 가능한 조합을 수반한다. 덧셈의 결과를 나타내기 위해서는 두 개의 비트가 필요하다. 가장 오른쪽 비트는 **합**(*sum*) s이다. 합산되는 두 비트 모두 1일 때 캐리 아웃으로 생성되는 가장 왼쪽 비트를 **캐리**(*carry*, **올림수**) c라고 한다. 덧셈 연산은 그림 3.1b의 진리표의 형태로 정의된다. 합계 비트 s는 XOR 함수이다. 캐리 c는 입력 x와 y의 AND 함수이다. 그림 3.1c에 이 회로가 구현되어 있다. 이와 같이 단 두 개 비트의 덧셈을 구현하는 회로를 **반가산기**(*half-adder*)라고 한다.

보다 흥미로운 경우는 여러 비트가 포함된 보다 큰 수가 관련된 경우이다. 이 경우에도 각 자리 비트 쌍의 덧셈은 여전히 필요한데, 각 비트 자리 i에 대한 덧셈 연산은 비

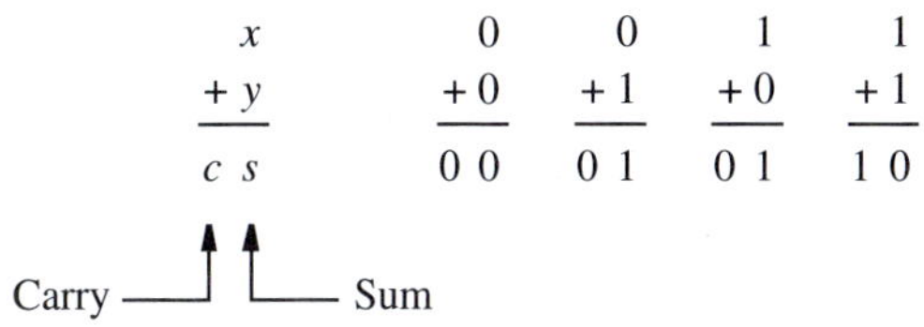

(a) 네 가지 경우

x	y	Carry c	Sum s
0	0	0	0
0	1	0	1
1	0	0	1
1	1	1	0

(b) 진리표

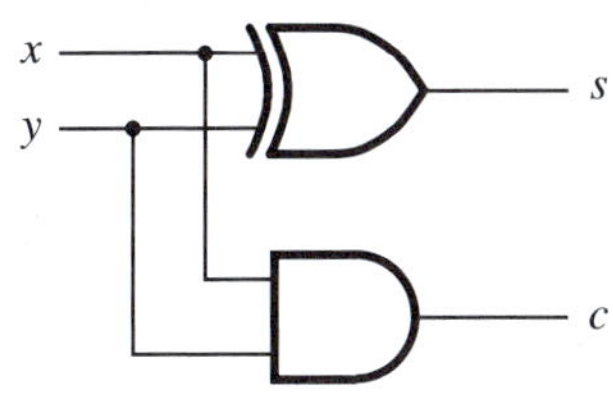

(c) 회로

(d) 그래픽 심벌

그림 3.1 반가산기

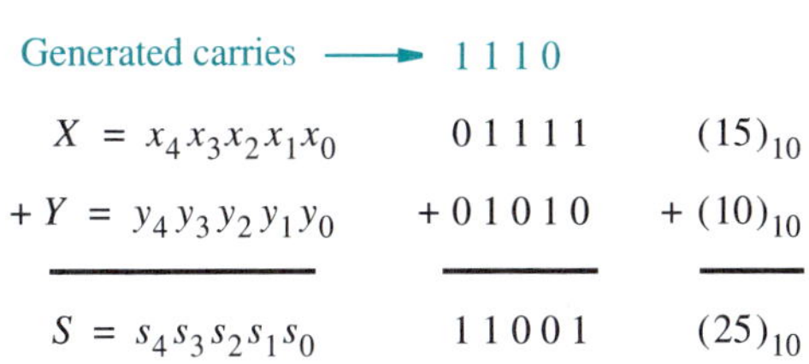

(a) 덧셈의 예

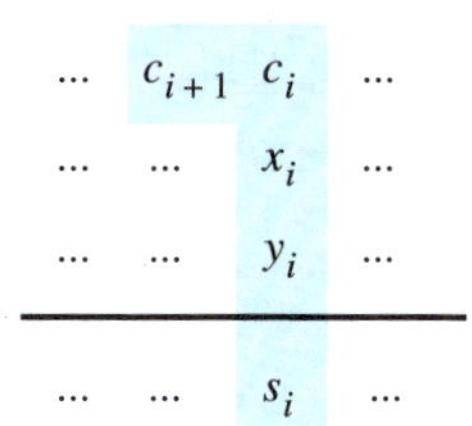

(b) 비트 자리 i

그림 3.2 다중 비트 수의 덧셈

트 자리 $i-1$ 번째에서 생성된 캐리 인(*carry-in*, 올림수)을 포함할 수 있다.

그림 3.2*a*에 덧셈 연산의 예를 보인다. 두 피연산자 X, Y에 대해 $X = (01111)_2 = (15)_{10}$과 $Y = (01010)_2 = (10)_{10}$이다. X와 Y를 나타내기 위해 사용되는 5-비트는 0에서 31까지의 정수 값을 나타낼 수 있다. 합 $S = X + Y = (25)_{10}$도 5-비트의 정수로 표현된다. 각각

의 비트에 이름을 붙여 $X = x_4x_3x_2x_1x_0$와 $Y = y_4y_3y_2y_1y_0$으로 표기한다. 덧셈 과정에서 발생한 캐리들이 그림에 컬러로 표시되어 있다. 위 예에서 x_0과 y_0을 더하면 캐리 0이 생성되고 x_1과 y_1을 더하면 캐리 1이 생성된다.

2장에서는 진리표를 이용해 동작을 기술한 후 논리회로를 설계하였다. 이러한 방법은 그림 3.2의 5-비트 수를 더하는 가산 회로를 설계하는 데는 비효율적이다. *X*와 *Y*에 변수가 각각 다섯 개이므로, 진리표를 만드는 데 총 열 개의 입력 변수가 사용된다. 즉 $2^{10} = 1{,}024$개의 행이 필요하다. 그러므로 각 비트 x_i와 y_i에 대한 덧셈으로 나누어 접근하는 것이 효율적이다.

비트 위치 0에서는 캐리 인이 없으므로 가산기는 그림 3.1과 같다. 비트 위치 *i*에서는 그림 3.2*b*처럼 x_i, y_i, c_i가 덧셈에 사용된다. 이 논리회로는 세 개의 입력 x_i, y_i, c_i로 설계되며, 두 개의 출력 s_i, c_{i+1}이 생성되는 것을 알 수 있다. 요구되는 진리표를 그림 3.3*a*에 나타내었다. 합계 비트 s_i는 x_i, y_i, c_i의 모듈-2 합이다. 캐리 아웃 c_{i+1}은 x_i, y_i, c_i의 합이 2 또는 3이면 1이 된다. 이들에 대한 카르노 맵을 그림 3.3*b*에 나타내었다. 캐리 아웃 함수에 대해 최적화 SOP의 구현은 다음과 같다.

$$c_{i+1} = x_iy_i + x_ic_i + y_ic_i$$

s_i 함수에 대한 SOP 구현은 다음과 같다.

$$s_i = \overline{x}_iy_i\overline{c}_i + x_i\overline{y}_i\overline{c}_i + \overline{x}_i\overline{y}_ic_i + x_iy_ic_i$$

이 함수를 구현하는 보다 매력적인 방법은 다음에 설명한 바와 같이 XOR 게이트를 이용하는 것이다.

XOR 게이트의 사용

2장에서 살펴 본 것처럼, 두 변수의 XOR 함수는 $x_1 \oplus x_2 = \overline{x}_1x_2 + x_1\overline{x}_2$로 정의된다. 합계 비트는 XOR 연산만 사용한 다음 식의 형태로 처리된다.

$$\begin{aligned} s_i &= (\overline{x}_iy_i + x_i\overline{y}_i)\overline{c}_i + (\overline{x}_i\overline{y}_i + x_iy_i)c_i \\ &= (x_i \oplus y_i)\overline{c}_i + \overline{(x_i \oplus y_i)}c_i \\ &= (x_i \oplus y_i) \oplus c_i \end{aligned}$$

XOR 연산은 결합법칙을 적용하여 다음과 같이 표기할 수 있다.

$$s_i = x_i \oplus y_i \oplus c_i$$

따라서 s_i를 구현하기 위해 3-입력 XOR 연산을 사용할 수 있다.

XOR 연산은 입력의 합에 대한 모듈로-2 값을 출력으로 생성한다. 따라서 입력에 1의 값이 홀수 개이면 출력은 1이고, 그렇지 않으면 0이 된다. 이러한 이유로 XOR를 홀수 함수(*odd function*)라 부르기도 한다. 그림 3.3*b*의 맵의 함수 s_i는 체커판(checkerborad,

c_i	x_i	y_i	c_{i+1}	s_i
0	0	0	0	0
0	0	1	0	1
0	1	0	0	1
0	1	1	1	0
1	0	0	0	1
1	0	1	1	0
1	1	0	1	0
1	1	1	1	1

(a) 진리표

c_i \ x_iy_i	00	01	11	10
0		1		1
1	1		1	

$$s_i = x_i \oplus y_i \oplus c_i$$

c_i \ x_iy_i	00	01	11	10
0			1	
1		1	1	1

$$c_{i+1} = x_iy_i + x_ic_i + y_ic_i$$

(b) 카르노 맵

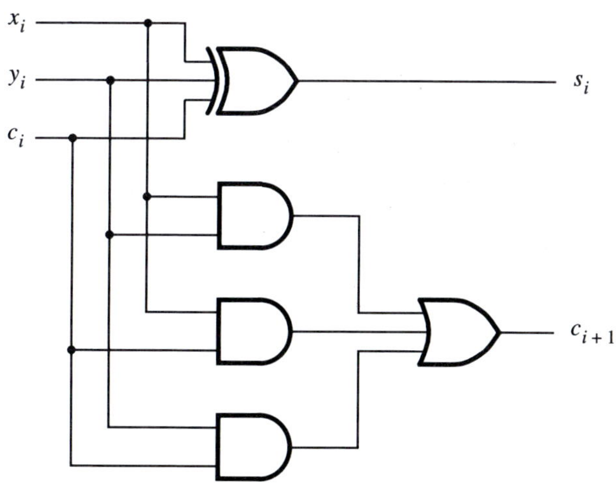

(c) 회로

그림 3.3 전가산기

서양 장기판) 패턴에서 분명히 확인할 수 있듯이 더 큰 곱 항으로 결합될 수 있는 민텀이 없다. 그림 3.3*a*의 진리표를 구현한 논리회로를 그림 3.3*c*에 나타내었다. 이러한 회로를 전가산기(*full-adder*)라고 한다.

XOR 게이트의 흥미 있는 또 다른 특징은 2-입력 XOR 게이트는 하나의 입력을 다른 입력이 그대로 또는 컴플리먼트되어 출력되게 하는 제어 신호로 생각할 수 있다는 것이다. 이와 같은 기능은 XOR 게이트의 정의 $x \oplus y = \bar{x}y + x\bar{y}$로부터 분명히 알 수 있다. x를 제어 입력이라고 할 때, x가 0이면 출력은 y의 값과 동일하고, x가 1이면 출력은

y의 컴플리먼트 값이 된다. 앞에서는 대수학적 방법으로 $s_i = (x_i \oplus y_i) \oplus c_i$ 식을 유도하였다. 다음의 사실을 이용하면 동일한 표현식을 쉽게 얻을 수 있다. 그림 3.3*a* 진리표 위쪽의 반은 c_i가 0이고, 합 s_i는 x_i와 y_i의 XOR이다. 한편 아래쪽 반은 c_i가 1이고 s_i는 위쪽 반의 컴플리먼트이다. 이러한 성질을 이용하면 두 개의 2-입력 XOR 연산을 이용하여 s_i 식을 직접 유도할 수 있다. 3.3.3절에서 다른 신호의 제어하에 XOR 게이트를 이용하여 신호를 실제 값 또는 컴플리먼트된 신호로 통과하는 중요한 예제를 살펴볼 것이다.

앞서 설명하였듯이 $\overline{x \oplus y}$로 표기한 것은 XOR 연산의 컴플리먼트이다. 이 연산을 *XNOR* 연산이라고 하고 다음과 같이 ⊙로 표시한다.

$$x \odot y = \overline{x \oplus y}$$

XNOR는 두 입력 값이 일치할 때, 즉 둘 다 0이거나 둘 다 1일 때, 출력 값 1을 생성하므로 일치 연산(*coincidence operation*)이라고도 한다.

3.2.1 전가산기의 분해

명명된 회로의 이름에서 예상할 수 있듯이 전가산기(full adder)는 반가산기(half adder)를 이용해 구현할 수 있다. 이것은 그림 3.4에 주어진 다단(multi-level) 회로의 생성으로 구현 가능하다. 전가산기의 구성을 위해 두 개의 반가산기를 사용한다. 여러분은 이 회로의 기능적 정확성을 검증할 수 있어야 한다.

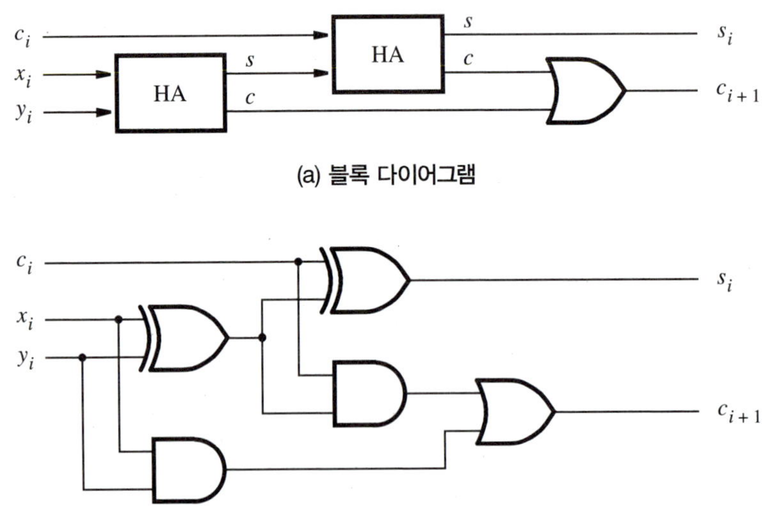

(a) 블록 다이어그램

(b) 상세 다이어그램

그림 3.4 전가산기의 분해

3.2.2 리플 캐리 가산기

수작업에서의 덧셈은 가장 아랫자리의 두 수를 더하기 시작하여 윗자리로 옮겨가며 값을 더한다. 만일 i번째 위치에서 캐리(carry)가 발생하면 이 캐리는 $i + 1$번째 자리의 피연산자에 추가된다. 덧셈을 수행하는 논리회로에서도 이와 동일한 방법이 적용된다. 그림 3.5와 같이 각 비트의 위치에 전가산기를 사용하여 연결한다. 일상적으로 숫자를 쓸 때처럼, 오른쪽에 최하위 비트(LSB, least significant bit)를 둔다. 전가산기에서 만들어진 캐리들은 왼쪽으로 전달된다.

피연산자 X와 Y가 가산기의 입력으로 적용되면 출력 S가 나올 때까지 약간의 시간이 걸린다. 각 전가산기는 출력 s_i와 c_{i+1}의 생성까지 지연 시간을 갖는다. 이 지연 시간을 Δt라고 정의하면, 첫 번째 덧셈 후의 캐리 아웃 c_1은 x_0과 y_0 입력이 인가되고 나서 Δt 시간 후에 두 번째 단계에 도달한다. 두 번째 단계로부터 발생되는 캐리 아웃 c_2는 $2\Delta t$ 시간 지연 후 세 번째 단계에 도달한다. 그러므로 캐리 아웃 c_{n-1}은 $(n-1)\Delta t$의 지연 후에 나타난다. 따라서 최종 값은 $n\Delta t$의 지연 후에 얻을 수 있다. 전가산기의 각 단계를 통해서 캐리 신호가 물결(ripple)처럼 전파되기 때문에 그림 3.5의 회로를 **리플 캐리 가산기**(*ripple-carry adder*)라고 한다.

리플 캐리 가산기에서 최종 합계와 캐리 아웃을 산출하는 데 걸리는 시간은 더하는 수의 크기에 따라 다르다. 32비트나 64비트 수를 적용하는 경우의 지연 시간은 허용할 수 없을 정도로 너무 클 수 있다. 각 전가산기 내의 회로에서는 지연 시간을 줄일 수 있는 여지가 별로 없으므로 n-비트 가산기의 구현을 위한 다른 구조를 찾아야 할 필요성이 대두된다. 3.4절에서 고속 가산기를 만드는 방법에 대하여 설명한다.

지금까지는 오직 무부호 정수에 대해 다루었다. 이러한 수의 덧셈에서 첫 단계(0 stage)에서의 캐리 인은 필요하지 않다. 그림 3.5에는 c_0이 포함되어 있는데 3.3절에서 논의할 뺄셈에서도 이 리플 캐리 가산기를 사용할 수 있다.

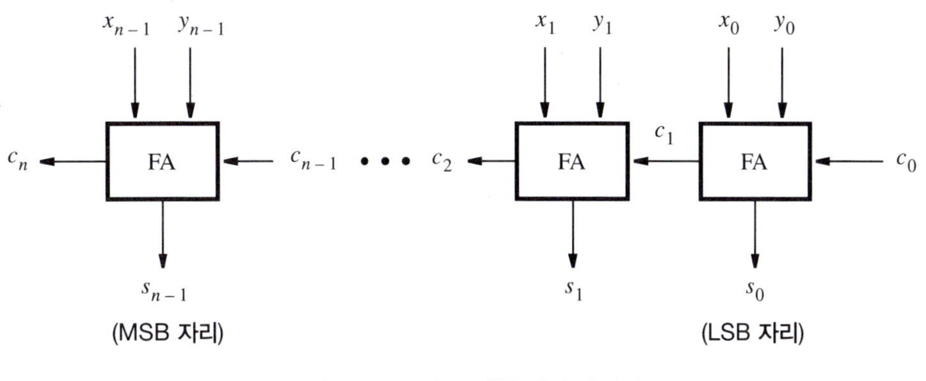

그림 3.5 n-비트 리플 캐리 가산기

3.2.3 설계 예

무부호 8-비트 수에 3을 곱하는 회로를 설계하려고 한다. 8-비트 수 $A = a_7a_6 \cdots a_1a_0$이고, 계산 결과 $P = p_9p_8 \cdots p_1p_0$이라고 하자. $P = 3A$를 표현하기 위하여 10비트가 필요하다.

회로를 쉽게 설계하는 방법은 그림 3.6*a*와 같이 *A*를 복제한 것 세 개를 더할 수 있는 두 개의 리플 캐리 가산기를 이용하는 것이다. 각 가산기를 나타내는 심벌은 일반적으로 가산기를 나타내는 데 흔히 사용된다. 문자 x_i, y_i, s_i, c_i는 그림 3.5에서처럼 입력과 출력을 의미한다. 첫 번째 가산기는 $A + A = 2A$를 산출한다. 이 결과는 여덟 개의 합계 비트와 최상위 비트로부터의 캐리로 표현된다. 두 번째 가산기는 $2A + A = 3A$를 산출한다. 첫 번째 가산기에 의해 생성된 9비트의 $2A$를 처리하려면 9-비트 가산기가 되어야 한다. 입력 y_i가 *A*의 8비트를 사용하기 때문에 아홉 번째 입력 y_8은 상수 0으로 연결된다.

이러한 설계 방법은 간단하지만 효율적이지는 않다. $3A = 2A + A$로 쓸 수 있다. *A*의 비트를 왼쪽으로 1비트 시프트(shift)하면 $2A$를 쉽게 얻을 수 있는데, 비트 패턴 $a_7a_6a_5a_4a_3a_2a_1a_00$으로 쓸 수 있다. 식 3.1에 따라 이 패턴은 $2A$와 같다. 따라서 그림 3.6*b*에 보인 것처럼 한 개의 리플 캐리 가산기로 $3A$를 구현할 수 있다. 이 회로는 본질적으로 그림 3.6*a*의 두 번째 가산기와 같다. 이 가산기의 입력 x_0은 상수 0에 연결되어 있음을 주목하라. 그림 3.6*a*의 두 번째 가산기에서 x_0의 값은 첫 번째 가산기 출력의 최하위 비트 s_0에 의해 구동되더라도 항상 0임을 주목하라. 왜냐하면 첫 번째 가산기에서 $x_0 = y_0 = a_0$이므로 a_0이 0이든 1이든 합계 비트 s_0은 0이기 때문이다.

3.3 • 부호 수

10진수의 부호는 숫자의 왼쪽에 + 또는 − 기호를 붙여 표시한다. 2진수의 부호는 가장 왼쪽 비트를 이용한다. 양수는 가장 왼쪽 비트를 0으로, 음수는 1로 표시한다. 그러므로 그림 3.7처럼 부호 수에서 가장 왼쪽 비트는 부호를 나타내고, 나머지 $n - 1$개의 비트를 이용하여 크기를 표시한다. 최상위 비트(MSB, most-significant bit)의 위치가 달라지는 것에 유의하자. 무부호 수에서는 모든 비트가 크기를 표시하므로 모든 *n*개의 비트는 크기를 정의하는 의미를 갖는다. 따라서 MSB는 가장 왼쪽 비트인 b_{n-1}이다. 부호 수에서는 크기를 나타내는 비트의 수가 $n - 1$개이므로 MSB는 b_{n-2}이다.

3.3.1 음수

양수는 앞에서 설명한 것처럼 자릿수 표기로 나타낸다. 음수는 부호화 절댓값(sign and magnitude), 1의 보수(1's complement), 2의 보수(2's complement)로 표현할 수 있다.

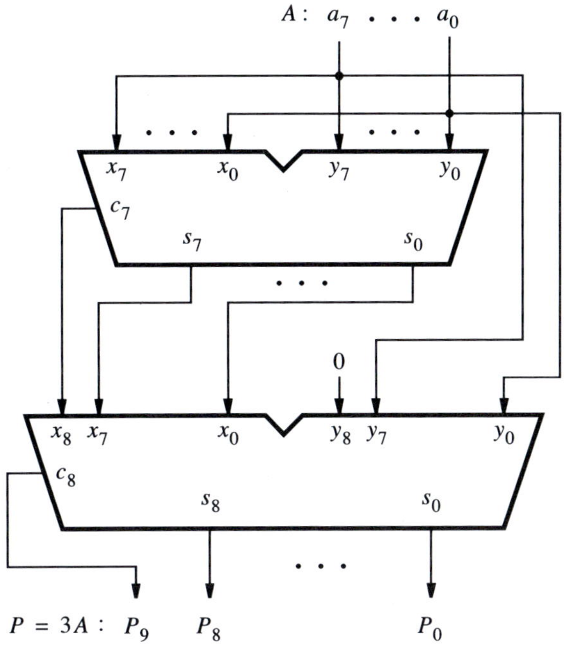

(a) 단순 접근법

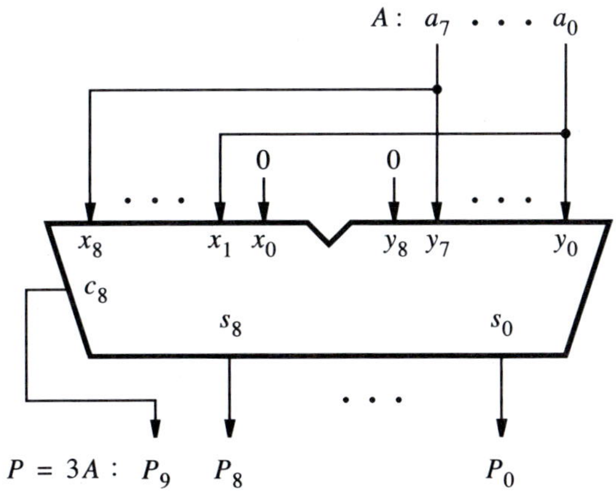

(b) 효율적 설계

그림 3.6 8-비트 무부호 수에 3을 곱하는 회로

부호화 절댓값 표현

우리가 사용하는 10진수에서는 양수와 음수의 크기가 같은 방법으로 표현된다. 부호는 양수와 음수를 구별한다. 이러한 방법을 **부호화 절댓값**(*sign-and-magnitude*) 표현이라고 한다. 2진수에서도 같은 방법으로 부호 비트를 사용하여 양인 경우 0, 음인 경우 1로 표현할 수 있다. 예를 들어 4-비트를 사용할 경우, +5 = 0101로 표현하고

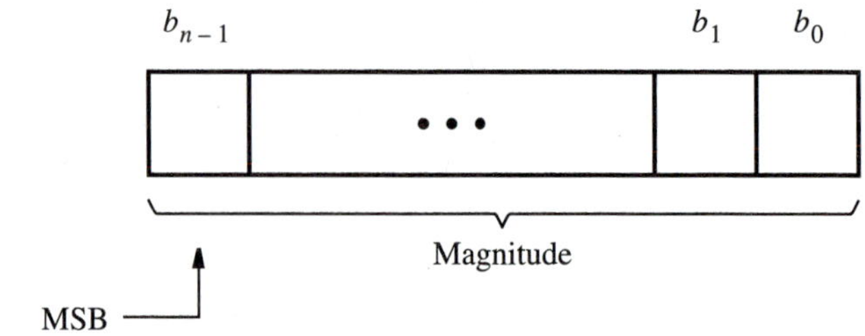

(a) 무부호 수

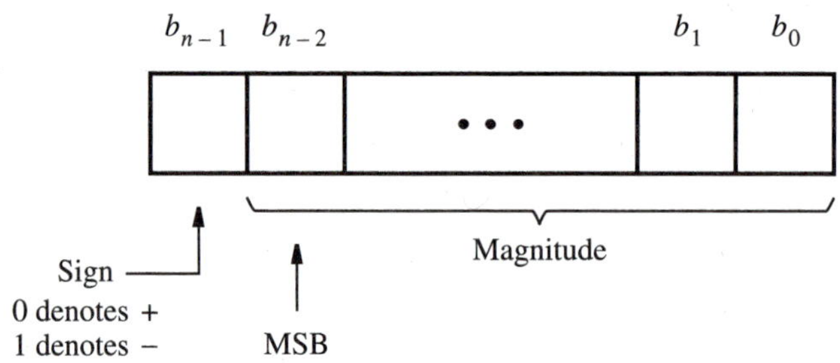

(b) 부호 수

그림 3.7 정수의 표현 형태

−5 = 1101로 표현한다. 이 표현은 10진수와 유사하여 쉽게 이해할 수 있지만 컴퓨터에 사용하기에는 적절하지 못하다. 보다 적절한 표현은 다음과 같이 보수를 이용하는 방법이다.

1의 보수 표현

보수(complementary) 체계에서 음수는 해당 양수의 뺄셈으로 정의된다. 2진수에서는 1의 보수와 2의 보수 두 가지 방법을 사용한다. n-비트인 음수 K의 1의 보수(*1's complement*)는 $2^n - 1$에서 동일한 양수 P를 뺄셈하여 얻는다. 즉, $K = (2^n - 1) - P$가 된다. 예를 들어, $n = 4$이면 $K = (2^4 - 1) - P = (15)_{10} - P = (1111)_2 - P$로 정의한다. 만일 +5를 음수로 바꾸려면, −5 = 1111 − 0101 = 1010이 된다. 같은 방법으로 +3 = 0011, −3 = 1111 − 0011 = 1100이 된다. 1의 보수는 부호 비트를 포함하여 각 비트를 0이면 1로, 1이면 0으로 바꿔 얻을 수 있다. 1의 보수를 구하는 일은 간단하지만, 연산 시 몇 가지 단점이 있는데, 다음 절에서 설명한다.

2의 보수 표현

2의 보수(*2's complement*)에서 음수 K는 2^n에서, 같은 값을 갖는 양수 P를 뺄셈하여 얻을 수 있다. 다시 말하면 $K = 2^n - P$가 된다. 네 개의 비트를 사용하는 예제에서 −5 = 10000 − 0101 = 1011이고, −3 = 10000 − 0011 = 1101이 된다. 이러한 방법으로 2의 보수를 구할 경우 빌림수(borrow)를 필요로 한다. 그러나 K_1이 P의 1의 보수이

고 K_2가 P의 2의 보수이면,

$$K_1 = (2^n - 1) - P$$
$$K_2 = 2^n - P$$

라는 것을 알 수 있다. 즉 $K_2 = K_1 + 1$이 된다. 그러므로 어떤 수에 대한 2의 보수를 찾는 쉬운 방법은 간단히 1의 보수를 구한 다음 1을 더하는 것이다. 이 방법을 이용하여 산술 연산을 수행하는 논리회로에서 2의 보수를 구한다.

간단하게 2의 보수를 찾는 방법이 필요한데, 이를 위한 간단한 규칙이 있다.

2의 보수를 구하는 규칙

주어진 2진수 $B = b_{n-1}b_{n-2} \cdots b_1b_0$에 대해, 이 수의 2의 보수 $K = k_{n-1}k_{n-2} \cdots k_1k_0$은 B의 각 비트들을 오른쪽에서 왼쪽으로 검사하면서 다음과 같이 구한다. 첫 번째 1인 비트가 나올 때까지 B의 비트들을 그대로 K에 복사한 후 나머지 비트는 보수를 취한다.

예를 들어, $B = 0110$이라면 $k_0 = b_0 = 0$이고, $k_1 = b_1 = 1$이다. 나머지 비트들은 $k_2 = \overline{b}_2 = 0$이고 $k_3 = \overline{b}_3 = 1$이 되어 $K = 1010$이다. 또 다른 예제로, $B = 10110100$이라면 $K = 01001100$이다. 이 규칙의 증명은 연습문제로 남겨둔다.

표 3.2는 이제까지 설명한 세 가지 방법으로 열여섯 개의 4-비트 값들을 나타내고

표 3.2 4비트 부호 수의 표현

$b_3b_2b_1b_0$	Sign and magnitude	1's complement	2's complement
0111	+7	+7	+7
0110	+6	+6	+6
0101	+5	+5	+5
0100	+4	+4	+4
0011	+3	+3	+3
0010	+2	+2	+2
0001	+1	+1	+1
0000	+0	+0	+0
1000	−0	−7	−8
1001	−1	−6	−7
1010	−2	−5	−6
1011	−3	−4	−5
1100	−4	−3	−4
1101	−5	−2	−3
1110	−6	−1	−2
1111	−7	−0	−1

있다. 부호화 절댓값(signed-and-magnitude) 표현과 1의 보수 표현에서는 0의 값이 두 가지 형태로 표현된다. 그러나 2의 보수에서는 하나의 형태만 존재한다. 또한, 표현할 수 있는 값의 범위가 2의 보수에서는 −8에서 +7인 반면 다른 두 가지 표현법에서는 −7에서 +7의 범위이다.

2의 보수를 이용하면 n-비트 수 $B = b_{n-1}b_{n-2} \cdots b_1b_0$의 값은

$$V(B) = (-b_{n-1} \times 2^{n-1}) + b_{n-2} \times 2^{n-2} + \cdots + b_1 \times 2^1 + b_0 \times 2^0 \qquad \textbf{[3.2]}$$

으로 표현된다. 가장 큰 음수 값 100 ⋯ 00은 -2^{n-1}이 되고, 가장 큰 양수 값 011 ⋯ 11은 $2^{n-1} - 1$이 된다.

3.3.2 덧셈과 뺄셈

수의 여러 가지 표현 방법 중 어떤 것이 적합한지 가늠하기 위해 산술 연산, 특히 덧셈과 뺄셈에서 어떻게 사용되는지 살펴볼 필요가 있다. 아주 작은 수를 사용하여 이 표현 방법들의 장단점을 보여줄 수 있다. 이를 위해 예제에 부호를 나타내는 1비트와 크기를 나타내는 3비트로 구성되는 4-비트 수를 사용한다. 따라서 3비트로 나타낼 수 있는 값을 초과하지 않아야 하므로 그 합은 7을 넘지 않아야 한다.

양수의 덧셈은 세 가지 표현법에서 모두 동일하다. 실제로 3.2절에서 설명한 무부호 수의 덧셈과 같다. 그러나 음수를 사용할 때는 차이점이 발생한다. 특히 부호가 다른 두 수를 계산하는 경우 어려움이 발생한다.

부호화 절댓값 덧셈

만일 두 연산자의 부호가 같다면 부호화 절댓값의 덧셈은 간단하다. 두 절댓값을 더한 결과 값에 부호만 추가하면 된다. 그러나 피연산자의 부호가 서로 반대라면 문제는 복잡해진다. 이 경우 큰 수에서 작은 수를 빼야 하는데, 이것은 곧 수를 비교하여 감산하는 회로가 필요하다는 의미이다. 여러분은 이러한 회로 없이도 뺄셈이 가능하다는 것을 곧 알게 될 것이다. 이러한 이유로 부호화 절댓값 표현법은 컴퓨터에서 사용하지 않는다.

1의 보수 덧셈

1의 보수의 장점은 양수의 모든 비트를 반대로 뒤집어 간단히 음수를 구할 수 있다는 것이다. 그림 3.8은 두 수를 더할 때 발생할 수 있는 상황을 보여준다. 부호의 조합을 고려하는 네 가지 경우가 있다. 그림 위쪽의 두 가지 경우에서 볼 수 있는 것처럼 5 + 2 = 7과 (−5) + 2 = (−3)의 계산은 간단히 더해 결과를 얻을 수 있지만 다른 두 가지 경우는 그렇지 않다. 5 + (−2) = 3의 계산 결과는 비트 벡터 10010이 된다. 4-비트의 수를 다루기 때문에 부호 비트 자리에서 캐리 아웃이 발생한다. 또한 4-비트의 결과는 3이 아닌 2가 되므로 잘못된 값이다. 만일 부호에서 캐리 아웃이 발생하면 이 캐리를 다시 한 번 합의 LSB에 더한다. 그러면 새로운 합은 올바른 결과 3이 된다. 이러한 추가 과정이 그림에 컬러로 표시되었다. 비슷한 상황은 (−5) + (−2) = (−7)을 계산하는 경우에도 발생

한다. 처음 덧셈 후의 결과는 0111이므로 잘못된 값이다. 올바른 합은 +7이 아닌 −7이다. 이 경우에도 그림 3.8에서 볼 수 있는 것처럼 부호 비트에서 발생된 캐리 아웃을 다시 LSB에 더해 결과를 수정해야 한다.

이 예제에서 알 수 있는 사실은 1의 보수를 이용한 덧셈이 쉬울 수도 있지만 그렇지 않을 수도 있다는 것이다. 즉 어떤 경우 추가의 덧셈 수행 과정이 필요하다. 결과적으로 1의 보수로 표시된 두 수의 덧셈에 드는 시간은 무부호 수의 덧셈에 비해 두 배의 시간이 필요할 수도 있다.

2의 보수 덧셈

1의 보수에서 사용했던 수와 동일한 수를 고려해 보자. 그림 3.9는 2의 보수를 이용한 덧셈의 경우이다. 5 + 2 = 7과 (−5) + 2 = (−3)은 정확하다. 세 번째 계산식 5 + (−2) = 3의 경우 계산된 4-비트는 부호 비트에서 발생한 캐리 아웃을 무시하면 0011로 정확하다. 마지막의 경우에 (−5) + (−2) = (−7)로, 이 경우에도 부호 비트에서 발생된 캐리 아웃을 무시해야 한다.

예제에서 본 바와 같이 2의 보수에 의한 덧셈은 매우 간단하다. 수들을 더한 결과는 항상 정확하고, 만일 부호 비트 자리에서 캐리 아웃이 발생하면 무시한다. 그러므로 덧셈 과정은 피연산자의 부호와 상관없이 동일하다. 이 연산은 그림 3.5에 나타낸 가산기 회로로 처리할 수 있다. 그러므로 2의 보수 표기법은 덧셈의 구현에 적절하다. 이제 뺄셈 연산을 살펴보자.

2의 보수 뺄셈

뺄셈의 연산을 위한 가장 쉬운 방법은 감수(subtrahend)를 뒤집어(negate) 피감수(minuend)에 더하는 것이다. 즉 감수를 2의 보수로 만들어 덧셈을 수행하는 것이다. 그림 3.10은 그 과정을 보여준다. 연산 5 − (+2) = 3은 +2에 대한 2의 보수 1110을 이용하는 것이다. 1110을 0101에 더하면 4-비트 결과는 0011 = (+3)이 되고 부호 비트에서 발

(+5)	0101	(−5)	1010
+ (+2)	+ 0010	+ (+2)	+ 0010
(+7)	0111	(−3)	1100
(+5)	0101	(−5)	1010
+ (−2)	+ 1101	+ (−2)	+ 1101
(+3)	1 0010	(−7)	1 0111
	→ 1		→ 1
	0011		1000

그림 3.8 1의 보수 덧셈의 예제

(+5)	0101	(−5)	1011
+ (+2)	+ 0010	+ (+2)	+ 0010
(+7)	0111	(−3)	1101

(+5)	0101	(−5)	1011
+ (−2)	+ 1110	+ (−2)	+ 1110
(+3)	10011 (1 ← ignore)	(−7)	11001 (1 ← ignore)

그림 3.9 2의 보수의 예제

(+5)	0101		0101
− (+2)	− 0010	⇨	+ 1110
(+3)			10011 (1 ← ignore)
(−5)	1011		1011
− (+2)	− 0010	⇨	+ 1110
(−7)			11001 (1 ← ignore)
(+5)	0101		0101
− (−2)	− 1110	⇨	+ 0010
(+7)			0111
(−5)	1011		1011
− (−2)	− 1110	⇨	+ 0010
(−3)			1101

그림 3.10 2의 보수 감산의 예제

생한 캐리 아웃은 무시한다. 유사한 경우가 (−5) − (+2) = (−7)에서도 발생한다. 나머지 두 경우는 캐리 아웃이 발생하지 않으며 맞는 결과이다.

그림 3.9와 3.10의 4-비트 덧셈과 뺄셈의 이해를 돕기 위해 그림 3.11*a*의 모듈로-16(modulo-16) 서클상에 가능한 모든 4-비트 패턴을 배치할 수 있다. 이들 비트 패턴이 무부호 수라면 0에서 15가 될 것이다. 2의 보수 정수는 보이는 것처럼 −8에서 +7

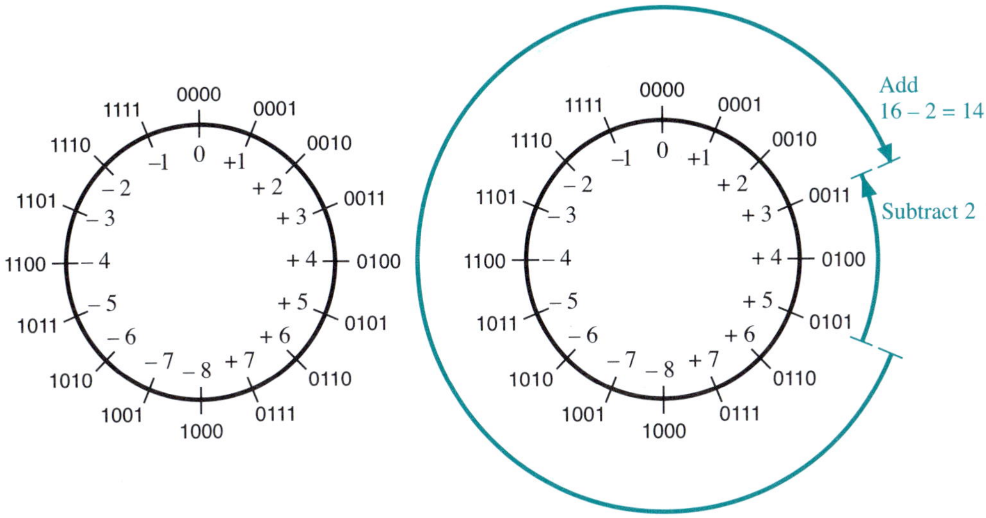

(a) 숫자 서클

(b) 2의 보수를 더하여 2를 빼는 방법

그림 3.11 4비트 2의 보수의 이해를 위한 그림

사이의 값을 가질 것이다. 덧셈 연산은 더하는 수의 크기만큼 시계 방향으로 진행하여 수행된다. 예를 들어, −5 + 2는 1011(= −5)에서 시작해 시계 방향으로 2단계 진행하여 결과 1101(= −3)이 된다. 뺄셈은 시계 반대 방향으로 이동한다. 예를 들어, (−5) − (+2)는 1011에서 시작하여 시계 반대 방향으로 2단계 진행하여 1001(= −7)의 값을 얻는다.

이 절에서 얻은 결론은 뺄셈 연산의 두 피연산자의 부호와 관계없이 감수를 2의 보수로 바꿔 덧셈으로 구현할 수 있다는 것이다. 그러므로 덧셈과 뺄셈 모두 동일한 가산기 회로를 이용하여 계산할 수 있다.

3.3.3 가감산기 장치

덧셈과 뺄셈의 차이점은 뺄셈의 경우 하나의 피연산자를 2의 보수로 표시해야 한다는 점이다. 두 수 X와 Y에서 Y를 뺄셈의 감수라고 하자. 3.3.1절에서 2의 보수는 1의 보수에 1을 더해 얻을 수 있다는 사실을 설명하였다. LSB에 1을 더하는 연산은 캐리 인 비트 c_0을 1로 설정해 쉽게 수행할 수 있다. 임의의 수에 대한 1의 보수는 각 비트를 컴플리먼트하여 얻을 수 있다. 이 작업은 NOT 게이트를 이용해 수행할 수 있지만, 덧셈의 경우 Y의 실제 값을 이용하고 뺄셈의 경우 컴플리먼트를 사용할 수 있는 보다 유연한(flexible) 회로가 필요하다.

3.2절에서 2-입력 XOR 게이트를 사용하여 하나의 입력의 제어하에 다른 입력의 실제 값과 컴플리먼트 값을 선택할 수 있다고 설명하였다. 이 개념을 다음과 같이 가산기와 감산기 장치 설계에 적용할 수 있다. 덧셈과 뺄셈을 선택하는 제어 신호가 있다고 가정하고, 그 신호를 $\overline{\text{Add}}/\text{Sub}$라고 하자. 즉, 이 신호 값이 0이면 덧셈, 1이면 뺄셈을 한다. Y의

각 비트와 $\overline{\text{Add}}$/Sub가 XOR 게이트의 입력으로 연결되어 있다고 하자. 만일 $\overline{\text{Add}}$/Sub의 값이 0이면 XOR 게이트는 Y의 실제 값을 출력하고, $\overline{\text{Add}}$/Sub의 값이 1이면 Y의 컴플리먼트 값을 출력하는데, 그림 3.12의 회로와 같다. 회로의 주요 부분은 그림 3.5의 리플 캐리 가산기를 이용한 n-비트 가산기이다. 또한, 제어 신호 $\overline{\text{Add}}$/Sub는 캐리 인 c_0에 연결되어 있음을 주목하자. 뺄셈을 수행할 때 $c_0 = 1$이 되므로 Y를 2의 보수로 만드는 데 필요한 값 1이 더해진다. 덧셈을 수행할 때 $c_0 = 0$이 된다.

결합된 가감산기는 논리회로 설계의 중요한 개념을 보여주는 좋은 예이다. 회로를 설계할 때 가능한 한 유연하게 하는 것, 그리고 가능한 한 많은 부분을 공통으로 사용할 수 있게 설계하는 것이 유용하다. 이러한 접근이 회로의 구현에 필요한 게이트 수를 최소화할 수 있을 뿐 아니라 복잡한 배선을 줄일 수 있다.

3.3.4 래딕스-컴플리먼트 기법*

2의 보수 기법은 이 절에서 설명하는 래딕스-컴플리먼트 기법(radix-complement scheme)의 특별한 경우이다. 이에 대한 일반적인 설명은 컴퓨터 기술의 맥락에서는 생략해도 무방하다.

감수(subtrahend)의 컴플리먼트 덧셈에 의한 뺄셈 연산은 2진수에서만 가능한 것은 아니다. 10진수 체계에 2의 보수 기법을 고려함으로써 몇 가지 통찰을 얻을 수 있다. 두 자릿수 10진수의 뺄셈을 고려해 보자. $74 - 33 = 41$의 경우 각 감수의 수가 피감수(minuend)보다 작기 때문에 간단히 계산할 수 있다. 그러므로 빌림수(borrow)는 필요하지 않다. 그러나 $74 - 36 = 38$의 경우 최하위 자리의 뺄셈에 빌림수가 필요하므로 계산은 간단치 않다.

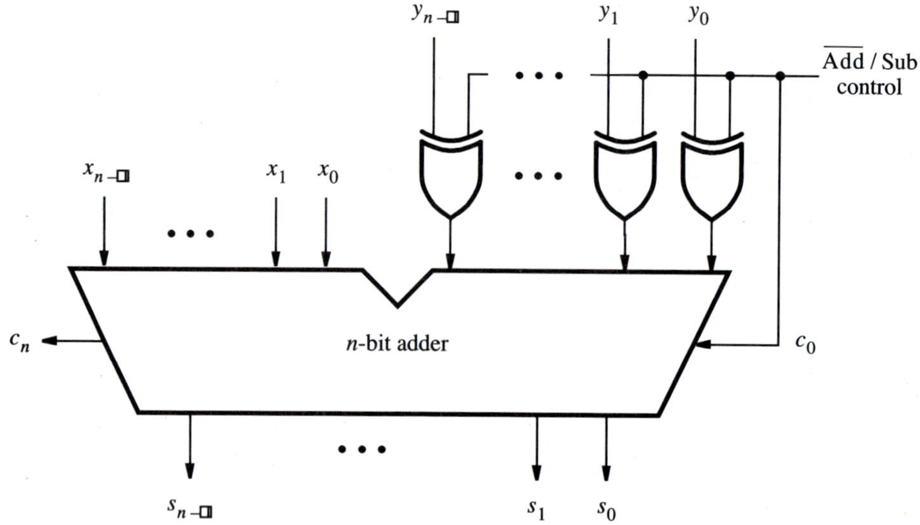

그림 3.12 가감산기 장치

요구하는 계산을 다음과 같이 재구성해보자.

$$\begin{aligned} 74 - 36 &= 74 + 100 - 100 - 36 \\ &= 74 + (100 - 36) - 100 \end{aligned}$$

이제 위 식에서 두 개의 뺄셈이 필요하다. 100에서 36을 빼는 연산은 여전히 빌림수를 필요로 한다. 그러나 100 = 99 + 1을 고려하면 빌림수는 다음과 같이 제거할 수 있다.

$$\begin{aligned} 74 - 36 &= 74 + (99 + 1 - 36) - 100 \\ &= 74 + (99 - 36) + 1 - 100 \end{aligned}$$

괄호 내의 뺄셈은 빌림수가 필요 없다. 즉, 9에서 대응하는 자리의 감수를 빼면 된다. 그림 3.12의 회로에 반영된 바와 같이 이 표현식과 2의 보수를 이용한 연산 사이의 직접적인 상관관계를 확인할 수 있다. (99 − 36)은 1의 보수를 찾기 위해 감수 Y를 컴플리먼트하는 것과 비슷하다. 이것은 1에서 각 비트를 뺀 것과 같다. 10진수를 이용할 때는 9로부터 각 자릿수를 뺌으로써 감수에 대한 9의 보수를 찾는다. 그림 3.12에서 Y에 대한 2의 보수를 구하기 위해 1을 캐리 인으로 추가했다. 10진수의 사용 예제에서 (99 − 36) + 1 = 64를 수행한다. 여기서 64는 36에 대한 10의 보수이다. n-자리 10진수를 N이라 하고 10의 보수를 K_{10}이라고 하면, $K_{10} = 10^n - N$이며 9의 보수는 $K_9 = (10^n - 1) - N$으로 정의한다.

그러므로 뺄셈 74 − 36은 아래와 같이 감수를 10의 보수로 변환하여 덧셈으로 계산한다.

$$\begin{aligned} 74 - 36 &= 74 + 64 - 100 \\ &= 138 - 100 \\ &= 38 \end{aligned}$$

뺄셈 138 − 100은 138의 맨 앞자리의 숫자를 간단히 제거하면 된다. 그림 3.10의 뺄셈 예제에서 설명한 바와 같이 그림 3.12의 회로로부터의 캐리 아웃을 무시하는 것과 비슷하다.

예제 3.1

A와 B가 n-자리 10진수라고 가정하자. 위에서 설명한 10의 보수를 구하는 식을 이용하면 아래와 같다.

$$A - B = A + (10^n - B) - 10^n$$

만일 $A \geq B$라면, 연산 $A + (10^n - B)$는 캐리 아웃을 생성한다. 이 캐리는 10^n과 동일하므로 무시한다.

그러나 $A < B$라면 연산 $A + (10^n - B)$는 캐리 아웃을 생성하지 않는다. 결과가 M이라고 하면

$$A - B = M - 10^n$$

이고, 다시 구성하면

$$10^n - (B - A) = M \text{이 된다.}$$

이 방정식의 왼쪽은 $(B - A)$의 10의 보수이다. 양수의 10의 보수는 동일한 절댓값을 갖는 음수로 나타난다. 따라서 M은 $A < B$인 경우, 식 $A - B$로부터 만들어지는 음수 값을 표현한다. 이러한 개념을 다음 예제로 살펴보자.

예제 3.2

부호 2진수에서 가장 왼쪽 비트는 양수를 나타내기 위해 0, 음수를 나타내기 위해 1을 사용한다. 만일 부호를 갖는 10진수를 처리하기 위한 회로를 구현한다면 2진수와 유사한 방법을 이용할 수 있다. 가장 왼쪽 숫자의 위치가 0이면 양수, 9는 음수를 나타낸다고 하자. 주의할 것은 2진수에서 0에 대한 1의 보수는 1이지만 10진수에서 0에 대한 9의 보수는 9이다.

그러므로 세 자리 부호 수의 경우, $A = 045$와 $B = 027$은 각각 절댓값이 45와 27인 양수를 나타낸다. B의 값은 다음처럼 A에서 뺄 수 있다.

$$\begin{aligned} A - B &= 045 - 027 \\ &= 045 + 1000 - 1000 - 027 \\ &= 045 + (999 - 027) + 1 - 1000 \\ &= 045 + 972 + 1 - 1000 \\ &= 1018 - 1000 \\ &= 018 \end{aligned}$$

여기서 계산된 결과 값은 +18이다.

다음은 아래와 같이 피감수가 감수보다 적은 경우를 생각해 보자.

$$\begin{aligned} B - A &= 027 - 045 \\ &= 027 + 1000 - 1000 - 045 \\ &= 027 + (999 - 045) + 1 - 1000 \\ &= 027 + 954 + 1 - 1000 \\ &= 982 - 1000 \end{aligned}$$

이 식에서 여전히 982 − 1000과 같은 뺄셈을 처리해야 한다. 예제 3.1처럼 다음과 같이 다시 작성할 수 있다.

$$
\begin{aligned}
982 &= 1000 + B - A \\
&= 1000 - (A - B)
\end{aligned}
$$

그러므로 982는 $A - B$를 10의 보수의 형태로 만들었을 때의 결과인 음수이다. 앞의 계산에서 $A - B$는 양수 18이란 것을 알고 있다. 따라서 부호 수로 표현된 982는 −18의 값을 가진 10의 보수 표현이다.

위의 예제에서 부호 수에서 빌림수가 필요한 경우에 뺄셈을 하지 않고 계산하는 방법을 소개하였다. 단지 뺄셈은 감수를 9의 보수로 나타내는 것인데, 이는 단순히 9에서 각 수를 빼는 과정이다. 따라서 9의 보수와 덧셈 회로를 조합하면 10진수의 덧셈과 뺄셈을 처리할 수 있다. 중요한 점은 만일 n-자리의 숫자가 사용된다면 하드웨어는 단지 n개의 자릿수를 필요로 한다는 점이다. 가장 왼쪽 숫자에서 발생될 수 있는 캐리는 무시된다.

래딕스-컴플리먼트를 더하여 뺄셈하는 개념은 보편화되어 있다. 만일 래딕스가 r이라면 n-자리에서 r의 보수 K_r은 $r^n - N$으로 정의된다. $r - 1$의 보수 K_{r-1}은 $(r^n - 1) - N$으로 정의된다. 즉, N의 각 자리에 대하여 $r - 1$의 값에서 각 자리 값을 빼면 간단히 계산된다. $r - 1$의 보수를 **디미니시드 래딕스 컴플리먼트**(*diminished-radix complement*)라고 한다. $r - 1$의 보수를 구현하는 회로는 빌림수를 이용하는 일반적인 뺄셈 연산보다 간단하다. 2진수에서 1의 보수는 오로지 각 비트들을 컴플리먼트하면 되므로 더 간단하다.

예제 3.3

그림 3.10에서 2의 보수로 주어진 2진수의 뺄셈을 소개하였다. 앞에서 설명한 방법을 이용하여 (+5) − (+2) = (+3)을 처리해 보자. 각 수는 네 개의 비트로 나타낸다. 값 2^4는 2진수 10000이다. 따라서

$$
\begin{aligned}
0101 - 0010 &= 0101 + (10000 - 0010) - 10000 \\
&= 0101 + (1111 - 0010) + 1 - 10000 \\
&= 0101 + 1101 + 1 - 10000 \\
&= 10011 - 10000 \\
&= 0011
\end{aligned}
$$

$5 > 2$이므로 4번째 비트에 캐리가 존재하는데, 이 값은 패턴 10000으로 표시된 24 값을 나타낸다.

예제 3.4

계산식 (+2) − (+5) = (−3)을 고려하자.

$$\begin{aligned} 0010 - 0101 &= 0010 + (10000 - 0101) - 10000 \\ &= 0010 + (1111 - 0101) + 1 - 10000 \\ &= 0010 + 1010 + 1 - 10000 \\ &= 1101 - 10000 \end{aligned}$$

2 < 5이기 때문에 네 번째 비트에서 캐리가 발생하지 않는다. 결과 값 1101은 −3에 대한 2의 보수이다. 아래와 같이 1101은 0011(+3)에 대한 2의 보수임을 주목하라.

$$\begin{aligned} 1101 &= 10000 + 0010 - 0101 \\ &= 10000 - (0101 - 0010) \\ &= 10000 - 0011 \end{aligned}$$

예제 3.5

마지막으로 감수가 음수인 경우를 고려해 보자. 계산식 (+5) − (−2) = (+7)은 다음과 같이 처리된다.

$$\begin{aligned} 0101 - 1110 &= 0101 + (10000 - 1110) - 10000 \\ &= 0101 + (1111 - 1110) + 1 - 10000 \\ &= 0101 + 0001 + 1 - 10000 \\ &= 0111 - 10000 \end{aligned}$$

5 > (−2)이기 때문에 무부호 수라면 1110은 0101보다 큰 수이다. 그러므로 네 번째 비트에서 캐리는 발생하지 않는다. 결과 값 0111은 +7에 대한 2의 보수 표현으로

$$\begin{aligned} 0111 &= 10000 + 0101 - 1110 \\ &= 10000 - (1110 - 0101) \\ &= 10000 - 1001 \end{aligned}$$

이고, 1001은 −7에 대한 2의 보수이다.

3.3.5 산술 오버플로

덧셈 또는 뺄셈의 결과는 그 수의 표현에 사용되는 중요 비트(significant bit) 내에 맞아야 한다. n개의 비트를 사용하여 부호 수를 표현하면, 결과는 -2^{n-1}에서 $2^{n-1} - 1$ 사이

값이다. 계산 결과가 이 범위를 벗어난다면 **산술 오버플로**(*arithmetic overflow*)가 발생했다고 말한다. 산술 회로의 정확한 동작을 보장하기 위해서는 오버플로의 발생을 감지할 수 있어야 한다.

그림 3.13은 크기가 7과 2인 두 수의 2의 보수를 더하는 네 가지 경우를 보여준다. 4-비트를 사용하므로 중요 비트는 b_{2-0}의 3-비트이다. 두 수의 부호가 다른 경우 오버플로는 발생하지 않는다. 그러나 같은 부호를 가지고 있는 경우, 더한 결과가 9이므로 표현할 수 없다. 오버플로의 발생 여부를 판단하는 방법은 MSB에서 발생하는 캐리 아웃 c_3와 부호 비트에서 발생하는 캐리 아웃 c_4를 검출하는 것이다. 그림에서 c_3과 c_4 두 개의 캐리 아웃들이 다른 값을 가지고 있을 때 오버플로가 발생하고, 같은 값을 가질 때는 올바른 결과가 나오는 것을 알 수 있다. 이것은 2의 보수를 이용한 덧셈과 뺄셈에 모두 적용된다. 그림 3.9에 숫자가 충분히 작아서 어떠한 경우에도 오버플로가 발생하지 않는 예를 나타내었는데, 이 경우에도 위의 오버플로 검증 방법이 적용된다. 이 그림에서 위쪽 두 개의 예는 부호와 MSB 위치에서 캐리 아웃이 0이고, 아래 두 개의 예는 모두 두 위치에서 캐리 아웃이 1이다. 그러므로 그림 3.9와 3.13의 예제를 통하여 오버플로는 다음과 같이 검출할 수 있다.

$$\begin{aligned}\text{Overflow} &= c_3\overline{c}_4 + \overline{c}_3 c_4 \\ &= c_3 \oplus c_4\end{aligned}$$

n-비트 수를 이용하는 경우라면

$$\text{Overflow} = c_{n-1} \oplus c_n \text{이다.}$$

그림 3.12의 회로에 하나의 XOR 게이트를 추가하여 오버플로 검사 기능을 수행할 수 있도록 변경할 수 있다.

보다 직관적으로 오버플로를 감지하는 다른 방법은 같은 부호의 두 수를 더했는데

(+7)	0111	(−7)	1001
+ (+2)	+ 0010	+ (+2)	+ 0010
(+9)	1001	(−5)	1011
	$c_4 = 0$		$c_4 = 0$
	$c_3 = 1$		$c_3 = 0$
(+7)	0111	(−7)	1001
+ (−2)	+ 1110	+ (−2)	+ 1110
(+5)	10101	(−9)	10111
	$c_4 = 1$		$c_4 = 1$
	$c_3 = 1$		$c_3 = 0$

그림 3.13 오버플로의 결정을 위한 예제

다른 부호의 결과가 나오는 경우이다. $X = x_3x_2x_1x_0$과 $Y = y_3y_2y_1y_0$이 4-비트 2의 보수를 나타내고 $S = s_3s_2s_1s_0$이 $S = X + Y$라 하자. 오버플로는 다음 식으로 주어진다.

$$\text{Overflow} = x_3y_3\bar{s}_3 + \bar{x}_3\bar{y}_3s_3$$

캐리 아웃과 오버플로 신호는 덧셈의 결과가 표현 가능한 비트 수를 초과하는지 알려준다. 캐리 아웃은 무부호 수의 연산에 대해서만 의미가 있고 오버플로 신호는 부호 수의 연산에 대해서만 의미가 있다. 일반적인 컴퓨터에서는 부호 수와 무부호 피연산자를 처리하는 데 동일한 가산기 회로를 사용함으로써 필요한 회로의 양을 줄일 수 있다. 이 얘기는 앞서 설명한 바와 같이 캐리 아웃 신호와 오버플로 신호가 모두 생성되어야 함을 의미한다. 무부호 피연산자를 사용하는 명령에서는 캐리 아웃 신호를 사용하고, 부호 있는 피연산자를 사용하는 명령에서는 오버플로를 사용할 수 있다.

3.3.6 성능 문제

컴퓨터와 같은 디지털시스템을 구입할 때는 처리 능력과 가격을 고려하여 구입한다. 일반적으로 시스템의 처리 능력이 좋으면 가격이 비싸다. 그러나 가끔은 적은 비용으로 처리 능력이 좋은 시스템을 만들어 낼 수 있다. 일반적으로 시스템의 가치를 평가하는 척도는 **가격 대비 성능 비**(*price/performance ratio*, 가성비)이다.

덧셈과 뺄셈은 디지털시스템에서 빈번하게 발생한다. 이 연산을 수행하는 속도는 컴퓨터의 전반적인 처리 능력에 크게 영향을 미친다. 이 사실을 증명하기 위해 그림 3.12에서 사용한 가감산기를 속도의 측면에서 분석해 보자. 피연산자 X와 Y에 값이 입력되고 합계 S와 캐리 아웃 c_n이 모두 출력될 때까지 가장 긴 지연 시간을 알아보자. 가산기는 그림 3.5에 있는 리플 캐리 가산기이며, 각 비트의 가산기 내부 회로는 그림 3.3c와 같다고 하자. 각 단의 캐리 아웃까지의 지연 시간을 Δt라 하면, 이 Δt는 2게이트 지연이다. 첫 번째 단의 캐리 아웃 c_1은 x_0과 y_0이 도달하고 Δt시간 후에 발생하며, 세 번째 단으로 들어가는 캐리 입력은 $2\Delta t$ 시간 후에 발생한다. 3.2.2절에서 최종 합은 $2n$ 게이트 지연인 $n\Delta t$ 후에 얻을 수 있다고 하였다. 리플 캐리 경로에는 이 지연 시간 외에 Y 입력을 필요에 따라 컴플리먼트하는 XOR 게이트 지연이 있다. 이 지연 시간을 1게이트 지연이라고 하면, 그림 3.12의 전체 지연은 $2n + 1$ 게이트 지연이 된다. 따라서 n이 32비트나 64비트와 같이 큰 경우에는 지연 시간이 너무 크므로 리플 캐리 가산기는 이용할 수 없다. 따라서 보다 빠른 가산기가 필요하다.

회로의 처리 속도는 가장 긴 경로에 따라 영향을 받는다. 그림 3.12의 회로의 경우 가장 긴 지연 시간은 XOR 게이트를 지나 각 가산기의 캐리 회로를 통해 전달되는 y_i의 경로에 따라 결정된다. 가장 긴 지연 시간의 원인이 되는 경로를 **임계 경로**(*critical path*)라고 하며, 가장 긴 경로의 지연시간을 **임계 경로 지연**(*critical path delay*)이라고 한다.

3.4 • 고속 가산기

디지털시스템의 성능은 다양한 기능 단위를 구성하는 회로의 속도에 따라 결정된다. 확실히 빠른 회로를 사용하면 더 나은 성능을 구현할 수 있다. 이를 위해서는 기본 게이트의 지연 시간을 줄일 수 있는 보다 나은(일반적으로 최신의) 기술을 적용하여 구현한다. 그러나 기능 단위의 전반적인 구조를 변경하면 더 나은 개선을 이룰 수 있다. 이 절에서는 덧셈을 위한 시간을 크게 줄이는 n-비트 가산기의 구현을 위한 대안을 소개한다.

3.4.1 캐리 예측 가산기

리플 캐리 가산기를 통해 전달되는 캐리의 지연 시간을 줄이기 위해, 이전 단계에서의 캐리 인이 0인지 1인지 여부에 대한 빠른 판단을 시도할 수 있다. 비교적 짧은 시간에 이러한 예측을 할 수 있다면 가산기의 처리 속도를 개선할 수 있다.

그림 3.3*b*에서 단계 i의 캐리 아웃 함수는 다음으로 나타낼 수 있다.

$$c_{i+1} = x_i y_i + x_i c_i + y_i c_i$$

이 식을 정리하면

$$c_{i+1} = x_i y_i + (x_i + y_i) c_i$$

이 된다. 그러므로

$$c_{i+1} = g_i + p_i c_i$$

라고 할 때, 다음과 같이 다시 쓸 수 있다.

$$g_i = x_i y_i$$
$$p_i = x_i + y_i$$

함수 g_i는 이 단계에서의 캐리 입력 c_i 값에 무관하게 입력 x_i와 y_i가 동시에 1일 때 1이다. 이러한 경우 단계 i가 캐리 아웃인 $c_i + 1$을 무조건 생성하기 때문에 g를 **생성 함수**(*generate* function)라고 한다. 식 p_i는 x_i와 y_i 둘 중 어느 하나만 1이면 1의 값을 갖는다. 이 경우 캐리 인 c_i가 1이라면 캐리 아웃이 생성된다. 따라서 캐리 인 c_i를 전파하는 것과 같으므로 p_i를 **전파 함수**(*propagate* function)라고 한다.

식 3.3을 단계 $i - 1$에 대한 식으로 적용하면 다음과 같은 식이 된다.

$$\begin{aligned} c_{i+1} &= g_i + p_i (g_{i-1} + p_{i-1} c_{i-1}) \\ &= g_i + p_i g_{i-1} + p_i p_{i-1} c_{i-1} \end{aligned}$$

단계를 확장하여 0까지 내려가면 식 3.4를 얻을 수 있다.

$$c_{i+1} = g_i + p_i g_{i-1} + p_i p_{i-1} g_{i-2} + \cdots + p_i p_{i-1} \cdots p_2 p_1 g_0 + p_i p_{i-1} \cdots p_1 p_0 c_0 \quad \textbf{[3.4]}$$

위의 식 c_{i+1}은 2단계 AND-OR 회로이다. 이 식에 근거하여 동작하는 가산기를 캐리 예측 가산기(*carry-lookahead adder*)라고 한다.

식 3.4를 회로로 구현하기 전에 리플 캐리 가산기와 자세히 비교해 볼 필요가 있다. LSB 쪽의 단계 0과 1의 구조를 살펴보자. 그림 3.14는 식 3.3의 캐리 아웃을 구현한 리플 캐리 가산기의 처음 두 단계를 나타낸다. 각 단계는 c_{i+1}을 위한 SOP 식으로 정리하기 때문에 AND 게이트 대신에 p_i 항을 만들기 위해 추가로 OR 게이트를 이용한 것을 제외하면 그림 3.3*c* 회로와 동일하다.

리플 캐리 가산기의 속도가 느린 것은 캐리 신호가 전파되는 긴 경로 때문이다. 그림 3.14에서 임계 경로는 입력 x_0과 y_0에서 출력 c_2까지의 경로이다. 컬러로 표시된 선은 다섯 개의 게이트를 통과한다. *N*-비트 가산기의 다른 단계들의 경로도 단계 1과 같다. 그러므로 임계 경로 사이의 총 지연은 $2n + 1$이 된다.

그림 3.15는 캐리 아웃 함수를 구현한 식 3.4를 이용하여 만든 캐리 예측 가산기의 처음 두 단계이다.

$$c_1 = g_0 + p_0 c_0$$
$$c_2 = g_1 + p_1 g_0 + p_1 p_0 c_0$$

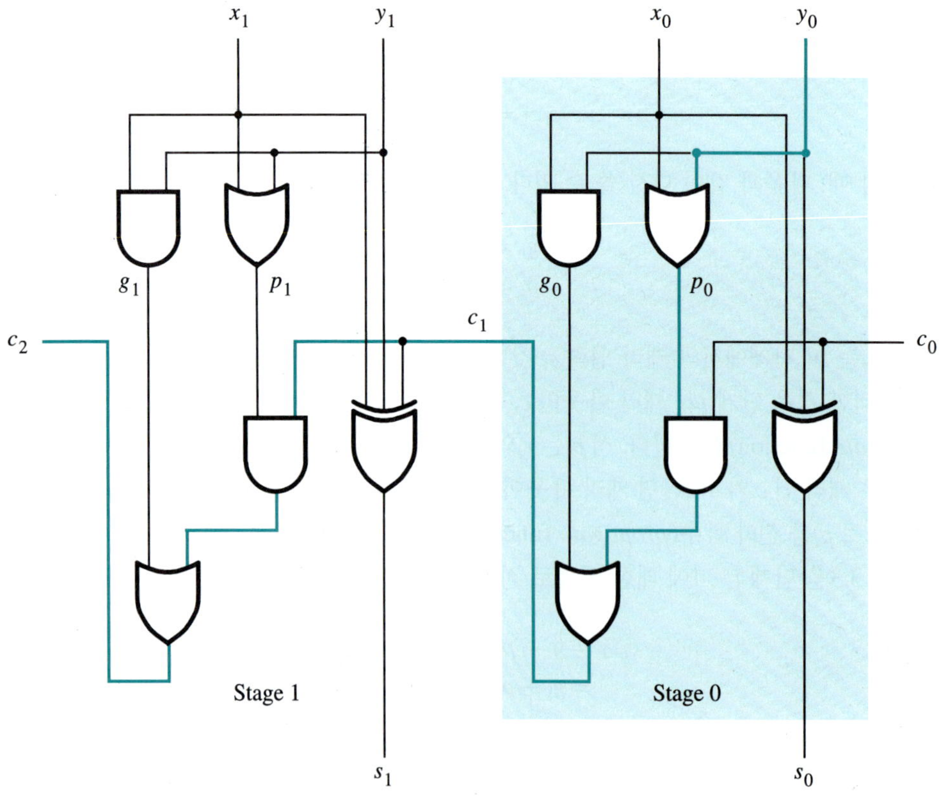

그림 3.14 식 3.3에 근거한 리플 캐리 가산기

이 회로에는 그림 3.14와 같은 긴 리플 캐리 경로가 없다. 그 대신 모든 캐리 신호가 세 개의 게이트 지연 후에 생성된다. 생성과 전파 신호 g_0, g_1, p_0, p_1을 만드는 데 1게이트 지연이 필요하고, c_1, c_2를 만드는 데 추가로 2게이트 지연이 필요하다. 회로를 n-비트로 확장하면 마지막 캐리 아웃 신호 c_n도 식 3.4가 단지 2단계 (AND-OR)회로이므로 단 3게이트 지연 후에 생성된다.

n-비트 캐리 예측 가산기의 총 지연 시간은 4게이트 지연이다. 모든 g_i와 p_i 신호는 1게이트 지연 후에 결정된다. 모든 캐리 신호가 생성되는 데 2게이트가 추가된다. 끝으로, 모든 합 비트들을 생성하기 위해 추가로 1게이트(XOR) 지연이 더 필요하다. 가산기 성능의 주된 요인은 얼마나 빨리 캐리 신호를 만들어내느냐에 좌우된다.

n-비트 캐리 예측 가산기는 n이 커질수록 급격히 복잡해진다. 회로가 복잡해지는 것을 피하기 위해 **계층적**(*hierarchical*) 방법으로 대규모 가산기를 설계할 수 있다. 32-비트 가산기를 설계한다고 가정하면 먼저 가산기를 네 개의 8-비트 블록으로 나눈다. 0번 블록은 b_0 비트에서 b_7 비트까지, 1번 블록은 b_8 비트에서 b_{15} 비트까지, 2번 블록은

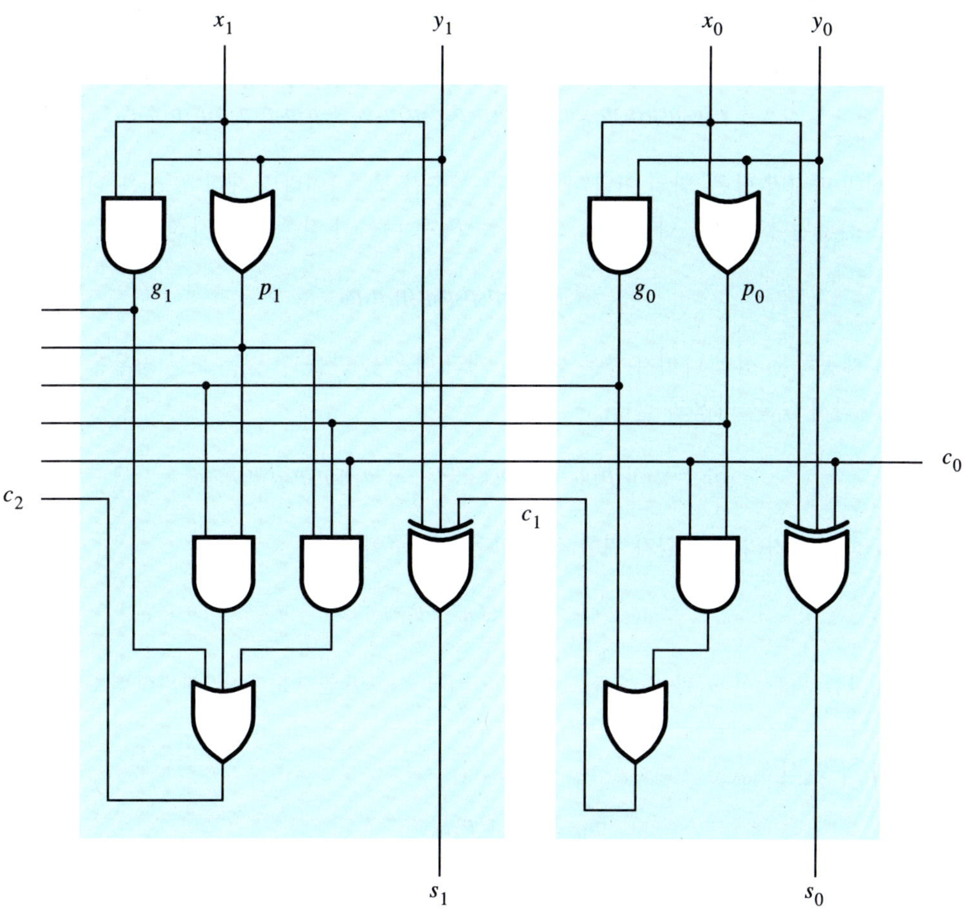

그림 3.15 캐리 예측 가산기의 첫 두 단계

b_{16} 비트에서 b_{03} 비트까지, 마지막 3번 블록은 b_{24} 비트에서 b_{31} 비트까지로 구분한다. 각 블록은 8-비트 캐리 예측 가산기로 구현할 수 있다. 네 개의 블록 c_8, c_{16}, c_{24}, c_{32}에서 캐리 신호가 발생한다. 여기서 두 가지의 가능성이 있다. 한 가지는 네 개의 캐리 예측 가산기 블록을 네 개의 리플 캐리 가산기 구조로 연결할 수 있다. 즉, 각 블록 내부는 캐리 예측을 사용하는 대신 블록들 사이에서 캐리는 리플 방식으로 전달되는데, 이 회로를 그림 3.16에 나타내었다.

블록들 사이에 리플 캐리 방법을 이용하는 대신에, 캐리 신호를 신속하게 처리하기 위해서 두 번째 레벨의 캐리 예측 회로를 블록들 사이에 이용할 수 있다. 이러한 '계층적 캐리 예측 가산기'의 구조를 그림 3.17에 나타내었다. 위쪽에 위치한 블록들은 앞에 설명한 바와 같이 블록들의 각 단계에서 g_i와 p_i를 이용한 8-비트 캐리 예측 가산기로 이루어져 있다. 그러나 각 블록 내 MSB에서 캐리 신호를 만들어 내는 대신, 각 블록은 전체 블록을 위한 생성 신호와 전파 신호를 만들어 낸다. G_j와 P_j를 각 블록 j의 생성과 전파 신호라고 하면, G_j와 P_j는 그림 3.17의 하단부에서처럼 블록들 사이의 모든 캐리를 만들어 내기 위한 두 번째 레벨의 캐리 예측 회로의 입력으로 사용할 수 있다. 예를 들어, c_8을 위한 식은 블록 0의 생성과 전파 신호를 가지고 다음과 같이 유도할 수 있다.

$$\begin{aligned} c_8 = {} & g_7 + p_7g_6 + p_7p_6g_5 + p_7p_6p_5g_4 + p_7p_6p_5p_4g_3 + p_7p_6p_5p_4p_3g_2 \\ & + p_7p_6p_5p_4p_3p_2g_1 + p_7p_6p_5p_4p_3p_2p_1g_0 + p_7p_6p_5p_4p_3p_2p_1p_0c_0 \end{aligned}$$

이 식의 마지막 항은, 만일 여덟 개의 전파 함수가 모두 1이라면 캐리 인 c_0은 전체 블록으로 전파된다는 것을 나타낸다. 그러므로 P_0은 다음과 같은 식을 가진다.

$$P_0 = p_7p_6p_5p_4p_3p_2p_1p_0$$

c_8을 제공하는 식의 나머지 항은 블록이 캐리 아웃을 만들 수 있는 모든 경우를 표시한다. 따라서 G_0은 다음과 같다.

$$G_0 = g_7 + p_7g_6 + p_7p_6g_5 + \cdots + p_7p_6p_5p_4p_3p_2p_1g_0$$

계층적 가산기의 c_8을 얻기 위한 식은 다음처럼 주어진다.

$$c_8 = G_0 + P_0c_0$$

블록 1을 위한 식 G_1과 P_1은 첨자가 i 대신 i + 8로 바뀐다는 것을 제외하면 G_0 및 P_0과 같은 형태를 갖는다. G_2와 P_2, G_3과 P_3의 식 또한 같은 방법으로 유도된다. 블록 1의 캐리 아웃 식 c_{16}은

$$\begin{aligned} c_{16} &= G_1 + P_1c_8 \\ &= G_1 + P_1G_0 + P_1P_0c_0 \end{aligned}$$

이다. 이와 유사하게 c_{24}와 c_{32}를 구하면

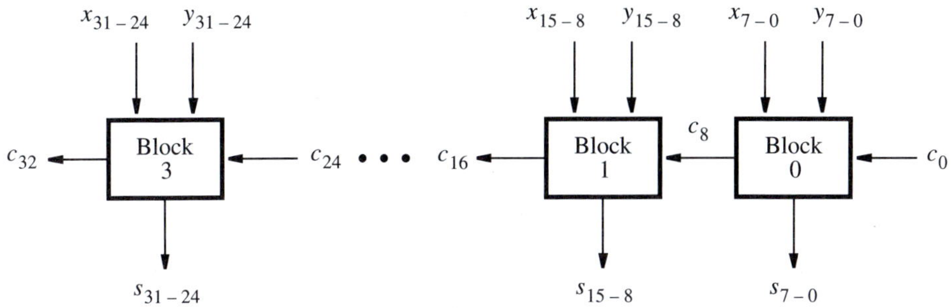

그림 3.16 블록 사이에 리플 캐리를 갖는 계층적 캐리 예측 가산기

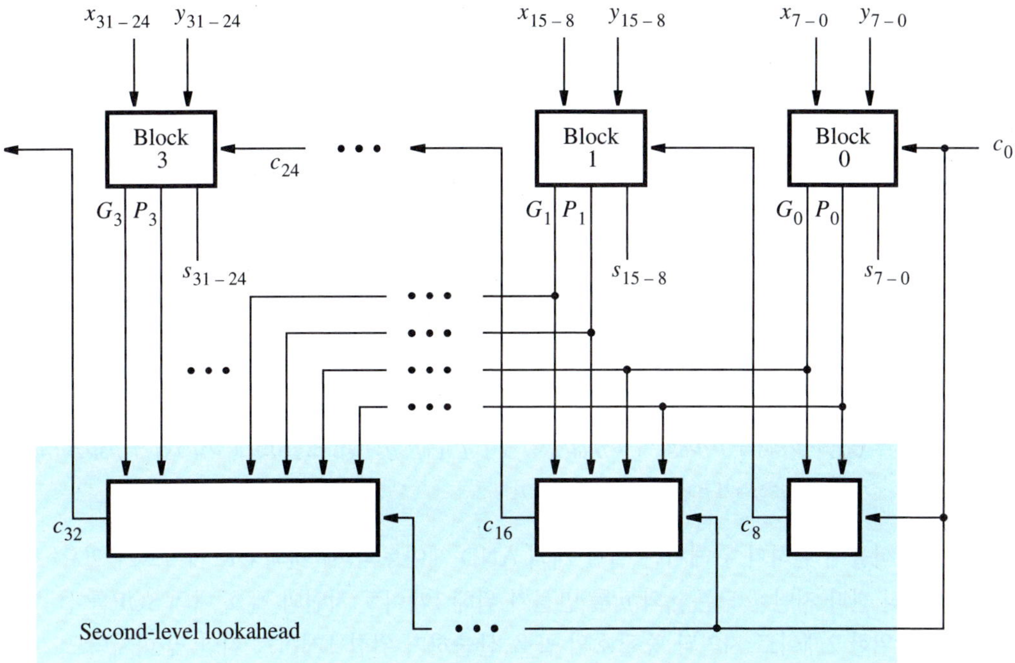

그림 3.17 계층적 캐리 예측 가산기

$$c_{24} = G_2 + P_2G_1 + P_2P_1G_0 + P_2P_1P_0c_0$$
$$c_{32} = G_3 + P_3G_2 + P_3P_2G_1 + P_3P_2P_1G_0 + P_3P_2P_1P_0c_0$$

이다. 이러한 방법을 이용하기 위해 G_j와 P_j의 산출에 필요한 시간보다 캐리 신호 c_8, c_{16}, c_{24}의 산출에 2게이트 지연이 발생한다. 그러므로 G_j와 P_j가 3게이트를 요구하기 때문에 c_8, c_{16}, c_{24}는 5게이트 지연 후에 발생하게 된다. 두 개의 32-비트 수를 더하는 데 필요한 시간은 5게이트 지연 외에 블록 1, 2, 3의 내부 캐리를 산출하기 위한 2게이트 지연과, 각 합계 비트를 만들어 내기 위한 1게이트(XOR) 지연이 추가된다.

3.3.6절에서 리플 캐리 가산기를 이용하여 두 수를 더하기 위해서 $2n + 1$의 게이트

지연이 소요된다고 하였다. 따라서 32-비트의 경우에 65게이트 지연이 발생한다. 캐리 예측 가산기로 빠른 처리 속도를 얻을 수 있음은 분명하다. 단점은 캐리 예측 회로의 구조가 복잡하기 때문에 속도와 회로의 크기 중에서 절충(trade-off)해야 한다.

기술적 고려

이제까지 지연 시간의 분석에 게이트 입력의 수는 제한이 없는 경우로 가정하였다. 그러나 부록 B에서 언급하는 바와 같이 게이트의 **팬인**(*fan-in*)이라고 하는 게이트 입력의 수는 실제로 제한되어야 한다. 따라서 팬인 제약 조건을 고려해야 한다. 이 문제를 설명하기 위해 처음 여덟 개의 식을 고려해 보자.

$$
\begin{aligned}
c_1 &= g_0 + p_0c_0 \\
c_2 &= g_1 + p_1g_0 + p_1p_0c_0 \\
&\ \ \vdots \\
c_8 &= g_7 + p_7g_6 + p_7p_6g_5 + p_7p_6p_5g_4 + p_7p_6p_5p_4g_3 + p_7p_6p_5p_4p_3g_2 \\
&\quad + p_7p_6p_5p_4p_3p_2g_1 + p_7p_6p_5p_4p_3p_2p_1g_0 + p_7p_6p_5p_4p_3p_2p_1p_0c_0
\end{aligned}
$$

게이트의 최대 팬인이 네 개라고 가정하자. 그러면 2단계 AND-OR 회로로 식을 구현하는 것은 불가능하다. 가장 큰 문제는 AND 게이트 중 하나가 아홉 개의 입력을 요구하는 c_8이다. 더욱이 OR 게이트 또한 아홉 개의 입력을 요구한다. 팬인 조건을 만족시키기 위해서 c_8을 위한 식을 다음과 같이 다시 작성해야 한다.

$$
\begin{aligned}
c_8 = &(g_7 + p_7g_6 + p_7p_6g_5 + p_7p_6p_5g_4) + [(p_7p_6p_5p_4)(g_3 + p_3g_2 + p_3p_2g_1 + p_3p_2p_1g_0)] \\
&+ (p_7p_6p_5p_4)(p_3p_2p_1p_0)c_0
\end{aligned}
$$

이 식을 구현하기 위해서는 열한 개의 AND 게이트와 세 개의 OR 게이트가 필요하다. c_8의 전파 지연은 모든 g_i와 p_i를 만들기 위해 1게이트 지연과 괄호 내의 SOP를 산출하기 위한 2게이트 지연과 중괄호의 곱을 산출하기 위한 1게이트 지연 및 마지막으로 항을 OR시키기 위한 1게이트 지연으로 구성된다. 따라서 c_8은 팬인 제약이 없을 때 3게이트 지연보다 많은 5게이트 지연 이후에 유효하게 된다.

팬인 제약이 캐리 예측 가산기의 속도를 저하시키기 때문에, 팬인이 작은 고속 가산기 전용의 회로를 가진 소자도 있다. 그러한 예로는 룩업 테이블을 이용하는 FPGA 논리 블록 등이 있는데 부록 B에서 자세히 설명한다.

3.5 • CAD 툴을 이용한 산술 회로의 설계

이번 절에서는 CAD 툴을 이용하여 산술 회로를 어떻게 설계할 수 있는지에 대해 살펴보자.

3.5.1 스키메틱 캡처를 이용한 산술 회로 설계

스키메틱 캡처를 이용한 회로 설계는 논리게이트를 사용하여 회로를 그리는 방법이다. 예를 들어, n-비트 가산기를 제작하기 위해 우선 전가산기를 나타내는 스키메틱을 그릴 수 있다. 다음, n-비트 리플 캐리 가산기는 전가산기 인스턴스 n개를 연결한 상위 레벨 스키메틱을 그려서 만든다. 이러한 방법으로 만들어진 계층적 스키메틱은 그림 3.5와 같다. 이 방법은 그림 3.12의 회로와 같은 가산기/감산기를 만드는 데도 쓰일 수 있다.

이러한 방법의 문제점은 비트 수가 많아지면 다루기 어렵다는 것이다. 이 문제점은 캐리 예측 가산기를 스키메틱으로 제작할 때 더욱 확실하다. 3.4.1절에서 설명한 것처럼 캐리 예측 가산기의 각 단계에서의 캐리 회로는 더욱 복잡해진다. 그러므로 가산기의 각 단계를 분리하여 스키메틱으로 그릴 필요가 있다. 스키메틱 캡처를 이용하여 회로를 제작하기 위한 편한 방법은 부분회로를 미리 정의하여 사용하는 것이다.

스키메틱 캡처 툴의 라이브러리에서 기본적인 논리게이트를 그래픽 심벌로 제공한다. 이러한 게이트들은 비교적 간단한 회로의 스키메틱의 제작에 이용된다. 기본 게이트 이외에 가산기와 같은 회로를 라이브러리로 제공한다. 각 회로를 스키메틱으로 사용하거나 보다 복잡한 회로의 일부분으로 이용할 수 있도록 모듈로 제공하기도 한다.

CAD 툴 회사들은 제각각의 스키메틱 캡처 방식을 수행한다. 우리는 회로 설계를 위해 스키메틱 캡처 방식을 다루는 대신 Verilog를 이용하여 보다 편리하고 유연한 접근 방식을 중점적으로 다룰 것이다.

3.5.2 Verilog를 사용한 산술 회로 설계

3.5.1절에서 n-비트 가산기를 작성하는 방법은 n개의 전가산기를 계층적 스키메틱으로 그리는 것이라고 설명하였다. 이런 방법을 따라서 전가산기를 Verilog 모듈로 먼저 만들고, 이 가산기 n개를 인스턴스하는 형태로 모듈을 정의여 작성할 수 있다. Verilog를 이용하여 리플 캐리 가산기를 작성해보자.

입력 Cin, x, y, 출력 s, $Cout$인 그림 3.3c의 전가산기 회로가 있다. 이 회로를 Verilog로 구현하는 한 가지 방법은 그림 3.18과 같은 방식의 함수를 사용하는 것이다. Verilog는 그림 3.19에 보이는 바와 같이 각 문장을 하나로 묶을 수도 있다. 이 경우 쉼표는 각 AND 게이트를 구별하는 데 이용된다.

그림 3.20은 함수식을 이용한 또 다른 방법이다. XOR 명령은 ^ 기호를 이용한다. 또한 그림 3.21과 같이 두 개의 연속 할당문을 조합하여 하나의 문장으로 처리하는 것도 가능하다.

두 가지 설계 방법 모두 합성하면 동일한 전가산기가 된다. 부분회로인 *fulladd* 모듈을 이용하여 만든 리플 캐리 가산기를 Verilog로 작성할 수 있다. 이것을 구현하는 프로그램을 그림 3.22에 나타내었다. 모듈은 *adder4*라고 명명된 4-비트 리플 캐리 가산기를 이용한 코드로 이루어져 있다. 덧셈을 위한 하나의 4-비트는 신호 x_3, x_2, x_1, x_0으로 표현하고, 다른 하나는 y_3, y_2, y_1, y_0으로 나타낸다. 합은 s_3, s_2, s_1, s_0으로 나타낸다. 회로

```
module fulladd (Cin, x, y, s, Cout);
   input Cin, x, y;
   output s, Cout;

   xor (s, x, y, Cin);
   and (z1, x, y);
   and (z2, x, Cin);
   and (z3, y, Cin);
   or (Cout, z1, z2, z3);

endmodule
```

그림 3.18 게이트 레벨 프리미티브를 이용한 전가산기의 Verilog 코드

```
module fulladd (Cin, x, y, s, Cout);
   input Cin, x, y;
   output s, Cout;

   xor (s, x, y, Cin);
   and (z1, x, y),
       (z2, x, Cin),
       (z3, y, Cin);
   or (Cout, z1, z2, z3);

endmodule
```

그림 3.19 그림 3.18의 Verilog 코드의 다른 형식

```
module fulladd (Cin, x, y, s, Cout);
   input Cin, x, y;
   output s, Cout;

   assign s = x ^ y ^ Cin;
   assign Cout = (x & y) | (x & Cin) | (y & Cin);

endmodule
```

그림 3.20 연속 할당문을 이용한 전가산기의 Verilog 코드

```
module fulladd (Cin, x, y, s, Cout);
   input Cin, x, y;
   output s, Cout;

   assign s = x ^ y ^ Cin,
          Cout = (x & y) | (x & Cin) | (y & Cin);

endmodule
```

그림 3.21 그림 3.20 Verilog 코드의 다른 형식

는 LSB에서 캐리 입력 *carryin*과 MSB에서 캐리 출력 *carryout*을 포함한다.

그림 3.22의 4-비트 가산기는 네 개의 인스턴스 문을 이용하여 기술되었다. 각 문장은 인스턴스 이름을 생성하는 모듈 명 *fulladd*로 시작한다. 이 인스턴스 명은 고유해야 한다. 가산기 코드에서 가장 낮은 단계는 *stage0*으로 명명되고 가장 높은 단계는 *stage3*이다. 그 후 *fulladd* 모듈상의 각 입출력 포트에 연결된 *adder4*의 신호 이름을 열거한다. *Cin*, *x*, *y*, *s*, *Cout*의 순서처럼 *fulladd* 모듈에 사용되는 변수들은 동일한 순서로 나열된다.

2.10절에 설명한 바와 같이 *fulladd* 모듈의 각 인스턴스와 관련된 신호 명은 전가산기를 어떻게 연결할 것인지를 명시적으로 기술한다. 예를 들어, *stage0*의 캐리 아웃 c_1은 *stage1*의 캐리 인 c_1과 연결된다. 합성된 회로는 그림 3.5와 같은 구조를 갖는다. *fulladd* 모듈은 그림 3.22에서 기술한 것처럼 *adder4* 모듈에서와 같은 Verilog 소스 코드 파일에 포함될 수도 있고, 분리하여 사용할 수도 있다. 분리된 경우 파일 *fulladd*의 위치는 컴파일러가 알고 있어야 한다.

3.5.3 벡터 신호의 사용

그림 3.22에서는 가산기의 4-비트 입력과 4-비트 출력을 각각 1비트 신호로 나타내었다. 보다 편리한 방법은 숫자를 나타낼 목적으로 **벡터**(*vector*)라고 부르는 멀티비트(multibit) 신호를 사용하는 것이다. 숫자가 논리회로에서 여러 가닥 배선상의 신호를 나타내는 데 사용된 것처럼 Verilog 코드에서도 숫자는 멀티비트 벡터로 표현될 수 있다. 입력 벡터의 예제는 다음과 같다.

```
module adder4 (carryin, x3, x2, x1, x0, y3, y2, y1, y0, s3, s2, s1, s0, carryout);
   input carryin, x3, x2, x1, x0, y3, y2, y1, y0;
   output s3, s2, s1, s0, carryout;

   fulladd stage0 (carryin, x0, y0, s0, c1);
   fulladd stage1 (c1, x1, y1, s1, c2);
   fulladd stage2 (c2, x2, y2, s2, c3);
   fulladd stage3 (c3, x3, y3, s3, carryout);

endmodule

module fulladd (Cin, x, y, s, Cout);
   input Cin, x, y;
   output s, Cout;

   assign s = x ^ y ^ Cin;
   assign Cout = (x & y) | (x & Cin) | (y & Cin);

endmodule
```

그림 3.22 4-비트 가산기를 위한 Verilog 코드

```
input  [3:0]  X;
```

이 문장은 *X*를 4-비트 벡터로 정의한 것이다. 개개의 비트는 중괄호 [] 내의 인덱스 값을 이용하여 지정할 수 있다. 그러므로 MSB는 *X*[3], LSB는 *X*[0]을 의미한다. *X*의 두 개의 중간 비트로 구성된 2-비트 벡터는 *X*[2:1]로 정의할 수 있다. 기호 *X*는 전체 벡터를 의미한다.

벡터를 이용하여 그림 3.23에 보인 것과 같은 4-비트 가산기를 기술할 수 있다. 입력 벡터 *X*와 *Y*, 출력 벡터 *S*와 더불어 전가산기 사이의 캐리 신호를 정의하기 위해서 3-비트 벡터 *C*[3:1]을 사용한다. *stage0*으로의 캐리는 여전히 *carryin*이 되는 반면, *stage3*으로의 캐리는 *carryout*이라는 것을 주목하라. 내부 캐리 신호는 다음 문장으로 정의된다.

```
wire  [3:1]  C;
```

그림 3.23에서 신호 *C*[1]은 *stage1*의 전가산기의 캐리 입력에 *stage0*의 전가산기 출력을 연결하는 데 사용한다. 마찬가지로 *C*[2]와 *C*[3]은 가산기의 다른 단계를 연결하는 데 사용된다.

벡터 크기는 *X*[3:0]처럼 중괄호 내에 비트 폭으로 주어진다. 비트 폭은 첫 번째 MSB와 마지막 LSB의 인덱스를 이용하여 명시한다. 따라서 *X*[3]은 MSB이고, *X*[0]은 LSB이다. 역순으로도 사용할 수 있다. 예를 들어, *Z*[0:3]은 MSB가 *Z*[0], LSB가 *Z*[3]인 4-비트 벡터를 정의한다. MSB 및 LSB라는 용어는 벡터를 사용하여 숫자를 표기할 때 자연스럽다. 다른 경우에 비트 선택 인덱스는 벡터의 특정 비트를 식별할 뿐이다.

3.5.4 일반적 명세의 사용

그림 3.23에 있는 리플 캐리 가산기 회로의 설계는 결과 회로가 4-비트로 미리 고정되어 있기 때문에 다소 제한적이다. 32-비트 숫자의 덧셈을 위한 가산기는 별도의 명령문으로 정의된 전가산기 부분회로의 32개의 인스턴스가 있는 Verilog 코드가 필요하다. 설

```
module adder4 (carryin, X, Y, S, carryout);
   input carryin;
   input [3:0] X, Y;
   output [3:0] S;
   output carryout;
   wire [3:1] C;

   fulladd stage0 (carryin, X[0], Y[0], S[0], C[1]);
   fulladd stage1 (C[1], X[1], Y[1], S[1], C[2]);
   fulladd stage2 (C[2], X[2], Y[2], S[2], C[3]);
   fulladd stage3 (C[3], X[3], Y[3], S[3], carryout);

endmodule
```

그림 3.23 벡터를 사용한 4-비트 가산기

계자의 관점에서 볼 때 매개변수(parameter)로 크기를 지정할 수 있는 임의 크기의 가산기를 구현하는 데 이용할 수 있는 모듈을 정의하는 것이 바람직하다.

Verilog는 원하는 대로 특정 값을 부여할 수 있는 일반적인 매개변수를 사용할 수 있다. 예를 들어, 수를 표시하는 n-비트 벡터는 $X[n-1:0]$으로 주어질 수 있다. n이 다음의 Verilog 문장으로 정의된다면 X의 비트 범위는 [3:0]이다.

```
parameter n = 4;
```

그림 3.5의 리플 캐리 가산기는 $k = 0, 1, \ldots, n-1$일 때 다음의 논리식으로 기술할 수 있다.

$$s_k = x_k \oplus y_k \oplus c_k$$
$$c_{k+1} = x_k y_k + x_k c_k + y_k c_k$$

그림 3.23에서처럼 전가산기를 인스턴스 생성(instantiation)하는 대신에, 요구하는 가산기를 명시하기 위해 이와 같은 표현식을 Verilog에 이용할 수 있다.

그림 3.24는 n-비트 가산기를 정의한 Verilog 코드이다. 입력 X와 Y, 출력 S는 크기가 n인 비트 벡터로 선언된다. 가산기 회로의 캐리 신호를 간단히 사용하기 위해서 $n+1$ 비트 벡터 C를 정의한다. 비트 $C[0]$은 LSB에 입력되는 캐리이고 $C[n]$은 MSB에서 나오는 캐리이다. 따라서 n-비트 가산기에서 $C[0] = carryin$이고 $carryout = C[n]$이다.

리플 캐리 가산기의 반복되는 구조를 기술하기 위해 그림 3.24는 Verilog의 **for** 문을 사용한다. 그림에서 보인 바와 같이 **for** 문은 2장에서 설명한 **if-else** 문처럼 **always** 블록 내부에 위치해야 하는 순차문이다. 2장에서 설명한 것처럼, **always** 블록 내의 명령문에 의해 값이 할당된 신호는 **always** 문에 주어진 센서티브티 변수(sensitivity variable)의 변화에 의해 재계산될 때까지 그 값을 유지해야 한다. 그러한 신호들은 **reg** 형으로 선언하는데, 그림 3.24에서 *carryout*과 *S*, *C*가 바로 그러한 신호들이다. 센서티브티 변수는 *X*, *Y*, *carryin*이다.

예에서 **for** 루프는 **begin**과 **end**로 구별된 두 문장으로 구성된다. 이 문장은 루프 변수 k의 값에 대응하는 가산기 단계의 합과 캐리를 정의한다. k의 범위는 0에서 $n-1$까지이며 매 회마다 1씩 증가하는데 가산기의 단계가 된다. Verilog의 **for** 문은 C 언어의 **for** 문과 유사하다. 그러나 C 언어 연산자 ++와 −−는 Verilog에서는 사용하지 않는다. 따라서 루프 변수의 증가나 감소는 k++이나 k−−가 아닌 $k = k + 1$ 또는 $k = k - 1$처럼 표현한다. k는 정수로 선언되며 **for** 루프의 반복 횟수를 제어하는 데 사용된다는 점을 주의하라. 이러한 반복은 회로에서 물리적 연결로 구현되지는 않는다. **for** 루프의 효과는 각 루프 반복마다 루프 내의 문장을 반복하는 것이다. 예를 들면, 만일 예제에서 k가 2라면, **for** 루프는 다음 네 개의 문장과 동일하다.

```
S[0] = X[0] ^ Y[0] ^ C[0];
C[1] = (X[0] & Y[0]) | (X[0] & C[0]) | (Y[0] & C[0]);
S[1] = X[1] ^ Y[1] ^ C[1];
C[2] = (X[1] & Y[1]) | (X[1] & C[1]) | (Y[1] & C[1]);
```

```
module addern (carryin, X, Y, S, carryout);
    parameter n = 32;
    input carryin;
    input [n– 1:0] X, Y;
    output reg [n–1:0] S;
    output reg carryout;
    reg [n:0] C;
    integer k;

    always @(X, Y, carryin)
    begin
        C[0] = carryin;
        for (k = 0; k < n; k = k+1)
        begin
            S[k] = X[k] ^ Y[k] ^ C[k];
            C[k+1] = (X[k] & Y[k]) | (X[k] & C[k]) | (Y[k] & C[k]);
        end
        carryout = C[n];
    end

endmodule
```

그림 3.24 리플 캐리 가산기의 일반적 명세

그림에서 **parameter** 문에서 선언된 바와 같이 *n*의 값은 32이므로 그림의 코드는 32-비트 가산기를 구현한다.

generate 문의 사용

그림 3.23에서, 4-비트 리플 캐리 가산기를 표현하기 위해서 네 개의 *fulladd* 부분회로를 인스턴스 생성하였다. 이 방식은 *fulladd* 부분회로를 루프를 사용하여 *n*회 반복함으로써 *n*-비트 가산기를 표현할 수 있게 해 준다. Verilog의 **generate** 구조가 이 기능을 제공해 준다. Verilog에서는 **for** 루프와 **if-else** 문장 내에 인스턴스 생성 문장을 허용한다. **for** 루프가 **generate** 블록에 포함된다면, 루프 인덱스 변수는 **genvar** 형으로 선언되어야 한다. **genvar** 변수는 정수 변수와 비슷하지만 양수만을 가질 수 있고, **generate** 블록 내에서만 사용되어야 한다.

그림 3.25는 *addern* 모듈이 *n fulladd* 모듈의 인스턴스 생성을 위해 어떻게 작성되는지 보여준다. **for** 루프 내에서 컴파일러에 의해 생성되는 각 인스턴스는 **for** 루프 레이블을 기반으로 컴파일러에 의해 생성된 고유한 인스턴스 이름을 부여한다. 이 이름은 *addbit*[0].*stage*, … , *addbit*[*n* − 1].*stage*가 된다. 이 코드는 그림 3.24의 코드와 같은 결과를 생성한다.

```
module addern (carryin, X, Y, S, carryout);
   parameter n = 32;
   input carryin;
   input [n–1:0] X, Y;
   output [n–1:0] S;
   output carryout;
   wire [n:0] C;

   genvar i;
   assign C[0] = carryin;
   assign carryout = C[n];

   generate
      for (i = 0; i <= n–1; i = i+1)
      begin:addbit
         fulladd stage (C[i], X[i], Y[i], S[i], C[i+1]);
      end
   endgenerate

endmodule

module fulladd (Cin, x, y, s, Cout);
   input Cin, x, y;
   output s, Cout;

   assign s = x ^ y ^ Cin;
   assign Cout = (x & y) | (x & Cin) | (y & Cin);

endmodule
```

그림 3.25 generate 문을 사용해 명시한 리플 캐리 가산기

3.5.5 Verilog에서의 네트와 변수

논리회로는 상호 연결된 논리 소자들과 그 동작을 나타내는 순차문으로 모델링할 수 있다. 논리 소자들 간의 연결은 **네트**(*net*)를 이용하여 정의한다. 순차문에 의해 생성된 신호는 **변수**(*variable*)로 간주한다.

네트

네트(net)는 회로 내의 노드를 나타내며, 서로 다른 형태일 수 있다. 합성에서 중요한 네트는 3.5.3절에서 설명한 **wire** 형이다. **wire** 형은 회로 내의 하나의 논리 소자의 출력을 다른 논리 소자의 입력에 연결한다. 이것은 단일 연결을 나타내는 **스칼라**(*scalar*) 또는 다중 연결을 나타내는 **벡터**가 될 수 있다. 예를 들어, 그림 3.22에서 캐리 신호 c_3, c_2, c_1은 전가산기 모듈 사이의 연결을 나타내는 스칼라 변수이다. 특정 연결은 전가산기 모듈을 인스턴스화하는 방법으로 정의한다. 그림 3.23에서 동일한 캐리 신호는 크기가 3-비트 벡터인 *C*로 정의되었다. 그림 3.22에서 캐리 신호를 **wire** 형을 갖도록 명시적으로 선언된 것이 아니란 것을 주목하라. 이것은 Verilog 문법에서 모든 신호는 디폴트로 네트인 것으로 가정하므로 코드에 다시 네트라고 선언할 필요가 없기 때문이다. 물론 그림 3.22에 있는 코드를 다음과 같이 선언해도 또한 정확하다.

```
wire c3, c2, c1;
```

그림 3.23에서 벡터 *C*의 존재를 선언할 필요가 있다. 그렇지 않으면 Verilog 컴파일러는 *C*[3]과 *C*[2], *C*[1]을 C의 구성 신호로 결정할 수 없다. 이 신호들이 네트이므로 벡터 *C*는 **wire** 형으로 선언된다.

변수

Verilog는 회로의 동작적 측면을 기술하기 위해 **변수**(*variable*)를 제공한다. 변수는 어떤 Verilog 문장에서 값이 할당될 수 있으며, 다음에 오는 할당문에 다시 작성될 때까지 그 값을 유지한다. 변수에는 **reg**와 **integer** 두 가지 형태가 있다. 2장에서 소개한 순차문을 이용하여 값을 할당된 모든 신호는 **reg**나 **integer** 키워드를 이용하여 변수로 선언되어야 한다. 그림 3.24의 스칼라 *carryout*과 벡터 *S*와 *C*는 **reg** 형의 예이다. 같은 그림에서 루프 변수 *k*는 **integer** 형을 나타내는데 이것은 루프 인덱스의 역할을 한다. 이러한 변수들은 회로의 동작을 기술하기에는 유용하지만, 일반적으로 결과 회로의 신호에 직접적으로 대응하는 것은 아니다.

부록 A에 네트와 변수에 대해 보다 깊이 설명하였다.

3.5.6 산술 할당문

산술 연산은 매우 자주 사용되므로 HDL에 직접 포함하는 것이 편리하다. Verilog는 이와 같은 연산을 산술 할당문과 벡터들을 이용하여 구현한다. 다음과 같은 벡터가 정의되었다고 하자.

```
input  [n–1:0] X, Y;
output [n–1:0] S;
```

그러면, 다음의 산술 할당문은 *n*-비트 가산기를 표현한다.

```
S = X + Y;
```

Verilog는 덧셈에 사용되는 + 연산자 이외에 다른 산술 연산자도 제공한다. 4장과 부록 A에 Verilog 연산자가 전부 설명되어 있다. 그림 3.26은 위의 문장을 포함하고 있는 Verilog 코드이다. 그림에서 **always** 블록에 단일 문장만 있으므로 **begin**과 **end**를 사용해 구분할 필요가 없다. 그림 3.26의 코드는 캐리 아웃이나 오버플로 신호가 없는 *n*개의 합계 비트를 생성하는 회로를 정의한다. 앞서 설명한 바와 같이 캐리 아웃 신호는 숫자 *X*, *Y*와 *S*가 무부호 숫자로 해석될 때 유용하다. 무부호 수의 합이 *n* 비트보다 큰 경우 캐리 아웃은 1이다. 그러나 X, Y, S가 부호 수로 해석되면 캐리 아웃은 의미가 없으므로 3.3.5절에 설명한 바와 같이 산술 오버플로 출력을 생성해야 한다. 이러한 신호를 생성할 수 있는 한 가지 방법을 그림 3.27에 보인다.

MSB에서의 캐리 아웃 $n-1$은 x_{n-1}과 y_{n-1}이 모두 1이거나, x_{n-1} 또는 y_{n-1}이고 s_{n-1}이 0이면, 캐리 아웃이 1이 되어야 한다는 사실로부터 유도된다.

따라서 캐리 아웃은 다음과 같다.

$$carryout = x_{n-1}y_{n-1} + x_{n-1}\overline{s}_{n-1} + y_{n-1}\overline{s}_{n-1}$$

주의할 점은 이 식은 오직 일반적인 논리식이며, + 부호는 OR 연산자를 나타낸다는 점이다. 산술 오버플로에 대한 식은 3.3.5절에서 정의된 바와 같이 $c_n \oplus c_{n-1}$이다. 이 경우 c_n은 *carryout*에 해당하지만 비트 위치 $n-2$에서 발생한 캐리 c_{n-1}에 직접 액세스할 방법은 없다. 대신 3.3.5절에서 유도한 보다 직관적인 식을 사용할 수 있다. 따라서 오

```
module addern (carryin, X, Y, S);
  parameter n = 32;
  input carryin;
  input [n-1:0] X, Y;
  output reg [n-1:0] S;

  always @(X, Y, carryin)
    S = X + Y + carryin;

endmodule
```

그림 3.26 산술 할당을 사용한 n-비트 가산기의 명시

```
module addern (carryin, X, Y, S, carryout, overflow);
  parameter n = 32;
  input carryin;
  input [n-1:0] X, Y;
  output reg [n-1:0] S;
  output reg carryout, overflow;

  always @(X, Y, carryin)
  begin
    S = X + Y + carryin;
    carryout = (X[n-1] & Y[n-1]) | (X[n-1] &~ S[n-1]) | (Y[n-1] &~ S[n-1]);
    overflow = (X[n-1] & Y[n-1] &~ S[n-1]) | (~X[n-1] & ~Y[n-1] & S[n-1]);
  end

endmodule
```

그림 3.27 캐리 아웃과 오버플로 신호를 갖는 n-비트 가산기

버플로 식은 다음과 같다.

$$overflow = x_{n-1}y_{n-1}\bar{s}_{n-1} + \bar{x}_{n-1}\bar{y}_{n-1}s_{n-1}$$

캐리 아웃과 오버플로 신호를 포함한 또 다른 방법을 그림 3.28에 보인다. *Sum*으로 명명된 크기가 $n + 1$ 비트 벡터를 이용하였다. 여분의 비트 *Sum*[*n*]은 가산기의 $n - 1$ 비트 위치로부터의 캐리 아웃이 된다. *Sum* 신호에 *X*, *Y*, *carryin* 신호의 합을 할당하기 위해 사용되는 문장은 일반적이지 않은 구문을 사용한다. 괄호 내의 {1'b0, X}와 {1'b0, Y}는 *n*-비트 벡터 *X*와 *Y*의 왼쪽에 0을 결합하여 $n + 1$ 비트 벡터를 생성하라는 의미이다. Verilog에서 { , } 연산자를 **결합 연산자**(*concatenate operator*)라고 한다. 만일 크기가 *m*-비트 벡터 *A*와 *k*-비트 벡터 *B*가 있다면, {A, B}는 *A*를 최상위 *m* 비트로, *B*를 최하위 *k* 비트로 포함하는 $(m + k)$인 벡터를 생성한다. 1'b0의 표기는 0의 값을 갖는 1-비트 2진수를 나타낸다. 그림 3.28에서 결합 연산자를 사용한 이유는 *Sum*[*n*]이 비트 위치 $n - 1$에서 생성된 캐리와 동일하기 때문이다. 결과적으로 $x_n = y_n = 0$이므로 *Sum*[*n*]은 다음과 같다.

$$\text{Sum}[n] = 0 + 0 + c_{n-1}$$

이 예제는 결합(concatenation)의 개념을 간단히 소개하기 위해 사용했다. 그러나 다음과 같이 간단하게 쓸 수도 있다.

$$\text{Sum} = \text{X} + \text{Y} + \text{carryin};$$

*Sum*이 $n + 1$ 비트 벡터이므로 합계는 *X*와 *Y*가 왼쪽에 0을 채워 넣어 크기가 $n + 1$ 비트 벡터처럼 처리될 것이다.

```
module addern (carryin, X, Y, S, carryout, overflow);
   parameter n = 32;
   input carryin;
   input [n–1:0] X, Y;
   output reg [n–1:0] S;
   output reg carryout, overflow;
   reg [n:0] Sum;

   always @(X, Y, carryin)
   begin
      Sum = {1'b0, X} + {1'b0, Y} + carryin;
      S = Sum[n–1:0];
      carryout = Sum[n];
      overflow = (X[n–1] & Y[n–1] & ~S[n–1]) | (~X[n–1] & ~Y[n–1] & S[n–1]);
   end

endmodule
```

그림 3.28 캐리 아웃과 오버플로를 갖는 *n*-비트 가산기의 다른 명세

그림에서 살펴볼 또 다른 세부 사항은 다음의 문장이다.

S = Sum[n−1:0];

이 문장은 *Sum*의 아래쪽 *n*-비트를 출력 합 *S*에 할당한다. 다음 문장은 덧셈에 의하여 발생된 캐리 아웃 신호인 *Sum*[*n*]을 출력 신호 *carryout*에 할당하는 문장이다.

그림 3.27과 3.28의 코드는 가산기 설계의 맥락에서 Verilog의 몇몇 특징들을 보여준다. 일반적으로, 주어진 설계 작업은 이 책 전반에 걸쳐 논의되는 바와 같이 상이한 접근 방법을 통해 수행할 수 있다. 다른 방법으로 *n*-비트 가산기를 명시해 보자. 그림 3.28에서 *n*-비트 *S*와 $n - 1$ 단계에서의 캐리 아웃 신호를 만들기 위해 중간 신호로 $n + 1$ 비트 벡터인 *Sum*을 사용하였다. 이렇게 *Sum*에서 요구되는 비트를 추출하기 위해서는 두 개의 Verilog 문장이 필요하다. 벡터 *X*와 *Y*에 0을 채우기 위해 결합을 사용하는 방법을 보였지만, 보다 큰 비트 크기의 결과를 생성하는 산술 연산에 벡터가 자동으로 0으로 채워지기 때문에 결합이 필요하지 않다는 점도 지적했다. 다음처럼 *S* 벡터에 *carryout*을 결합함으로써 문장을 효율적으로 사용할 수 있다.

{carryout, S} = X + Y + carryin;

그러면 그림 3.29에 나타낸 바와 같이 *Sum* 신호는 불필요하고 Verilog 코드는 간단해진다. 두 그림 3.28과 3.29 모두 가산기의 동일한 동작을 기술하므로 Verilog 컴파일러는 두 그림에 대해 동일한 회로를 만들어 낼 것처럼 보인다. 그림 3.29의 코드가 보다 간결하다.

그림 3.30에 보인 바와 같이 전가산기 회로를 명시하기 위해 같은 방법을 사용할 수 있음을 주목하라. 기본적인 논리연산을 이용하여 전가산기의 구조를 정의한 그림 3.18에서 그림 3.21까지와는 달리 이 경우는 동작을 기술하며 Verilog 컴파일러는 목표 기술(target technology)의 세부 사항에 맞게 회로를 구현한다.

```
module addern (carryin, X, Y, S, carryout, overflow);
   parameter n = 32;
   input carryin;
   input [n−1:0] X, Y;
   output reg [n−1:0] S;
   output reg carryout, overflow;

   always @(X, Y, carryin)
   begin
      {carryout, S} = X + Y + carryin;
      overflow = (X[n−1] & Y[n−1] & ~S[n−1]) | (~X[n−1] & ~Y[n−1] & S[n−1]);
   end

endmodule
```

그림 3.29 *n*-비트 가산기의 단순화된 완전한 명세

```
module fulladd (Cin, x, y, s, Cout);
    input Cin, x, y;
    output reg s, Cout;

    always @(x, y, Cin)
        {Cout, s} = x + y + Cin;

endmodule
```

그림 3.30 전가산기의 거동적 명세

3.5.7 Verilog 코드에서 모듈의 계층

2.10.3절에서 어떤 Verilog 모듈이 다른 Verilog 모듈을 부분회로로 인스턴스 생성하는 계층적 Verilog 코드에 대해 소개하였다. 이때 인스턴스 생성된 모듈이 매개변수(parameter)를 포함한다면, 매개변수의 디폴트 값은 각각의 인스턴스를 위해 사용될 수도 있고, 아니면 매개변수의 새로운 값이 명시될 수도 있다.

다음과 같이 두 개의 가산기로 구성되는 회로를 만들려고 한다고 가정하자. 한 가산기는 16-비트의 합 $S = A + B$를 생성하는 한편 다른 하나는 8-비트 합 $T = C + D$를 생성한다. 이 가산기 모두에서 산술 오버플로 신호가 생성된다면 오버플로 신호는 1로 설정되어야 한다. 요구되는 회로를 명시하는 한 가지 방법을 그림 3.31에 나타내었다. 최상위 모듈 *adder_hier*는 그림 3.29의 *addern* 모듈의 두 개의 인스턴스를 생성한다. *addern*에서 *n*의 디폴트 값이 32이므로 최상위 모듈은 요구되는 값 16과 8을 정의해야 한다. 다음 문장은 *U*1이라는 인스턴스 *addern*에 대해 *n* 값을 16으로 설정한다.

```
defparam   U1.n = 16
```

마찬가지로 다음 문장은 *U*2로 명명된 인스턴스에 대해 *n* 값을 8로 설정한다.

```
defparam   U2.n = 8
```

그림 3.31에서 *S*와 *T*에 대해 가산기에 의해 생성된 캐리 아웃 신호를 포함하도록 1비트를 추가한 것을 주의하라. 결과 값이 무부호 수로 해석되는 경우 이러한 신호가 유용하다.

인스턴스 생성된 모듈에서 *n* 값을 명시할 수 있는 다른 방법을 그림 3.32에 나타내었다. 여기서는 **defparam** 문을 사용하는 대신 Verilog의 # 연산자를 이용하여 *n* 값을 정의하였다. 그림 3.31과 3.32의 코드는 동일한 결과를 산출한다.

그림 3.32의 또 다른 버전이 그림 3.33에 주어져 있다. 여기서도 # 연산자를 다시 사용했지만, 이 경우에 #(.n(16))과 #(.n(8))이라는 구문을 사용하여 이름 *n*을 명시적으로 포함했다. 이와 같이 매개변수 명이 명시적으로 나타날 수 있게 한 것처럼, 그림 3.33의 코드는 부분회로의 포트 명을 명시적으로 포함할 수 있는 방법을 나타내었다. 이와 같은 스타일의 코드를 Verilog 용어로 **명명된**(*named*) 포트 연결이라고 한다. 그림 3.31과

```
module adder_hier (A, B, C, D, S, T, overflow);
   input [15:0] A, B;
   input [7:0] C, D;
   output [16:0] S;
   output [8:0] T;
   output overflow;

   wire o1, o2; // used for the overflow signals

   addern U1 (1'b0, A, B, S[15:0], S[16], o1);
   defparam U1.n = 16;
   addern U2 (1'b0, C, D, T[7:0], T[8], o2);
   defparam U2.n = 8;

   assign overflow = o1 | o2;

endmodule
```

그림 3.31 Verilog 코드에서 매개변수 값의 설정 예

```
module adder_hier (A, B, C, D, S, T, overflow);
   input [15:0] A, B;
   input [7:0] C, D;
   output [16:0] S;
   output [8:0] T;
   output overflow;

   wire o1, o2; // used for the overflow signals

   addern #(16) U1 (1'b0, A, B, S[15:0], S[16], o1);
   addern #(8) U2 (1'b0, C, D, T[7:0], T[8], o2);

   assign overflow = o1 | o2;

endmodule
```

그림 3.32 Verilog # 연산자를 사용한 매개변수 값의 설정

3.32에 보이는 바와 같이 인스턴스 생성된 모듈의 포트 신호 명이 명시적으로 보이지 않는 경우에는 인스턴스 생성문에 나열된 신호의 순서에 따라 연결이 결정된다. 이것을 포트의 **순차적**(*ordered*) 연결이라고 한다. 이 경우 인스턴스 생성문에서 포트들을 인스턴스 생성된 모듈의 순서대로 나열해야 한다. 그림 3.33의 코드 스타일의 단점은 코드가 길어진다는 것이다. 그렇지만 보다 명시적이라는 장점과 부주의에 따른 오류를 줄일 수 있다는 장점이 있다.

```
module adder_hier (A, B, C, D, S, T, overflow);
    input [15:0] A, B;
    input [7:0] C, D;
    output [16:0] S;
    output [8:0] T;
    output overflow;

    wire o1, o2; // used for the overflow signals

    addern #(.n(16)) U1
    (
        .carryin (1'b0),
        .X (A),
        .Y (B),
        .S (S[15:0]),
        .carryout (S[16]),
        .overflow (o1)
    );
    addern #(.n(8)) U2
    (
        .carryin (1'b0),
        .X (C),
        .Y (D),
        .S (T[7:0]),
        .carryout (T[8]),
        .overflow (o2)
    );

    assign overflow = o1 | o2;

endmodule
```

그림 3.33 그림 3.32 코드의 다른 버전

3.5.8 Verilog 코드에서의 수 표현

Verilog에서 수는 상수로 사용될 수 있는데, 2진수(b), 8진수(o), 16진수(h), 10진수(d)로 주어진다. 크기는 고정되어 있거나 그렇지 않을 수 있다. 크기가 정해진 수의 형식은 다음과 같다.

<size_in_bits>'<radix_identifier><significant_digits>

size는 필요한 비트의 수를 제공하는 10진수이며, radix는 문자 b, o, h, d를 이용하여 식별되고, 숫자는 사용한 radix의 표기법을 이용하여 나타낸다. 예를 들면, 10진수 2217은 열두 개의 비트를 이용하여 다음과 같이 나타낼 수 있다.

12'b100010101001
12'o4251
12'h8A9
12'd2217

size가 정의되지 않은 수는 그 크기를 명시하지 않는다. 예를 들어, 10진수 278은 다음과 같이 주어진다.

'b100010110
'o426
'h116
278

10진수의 경우 래딕스 식별자 d는 명시하지 않아도 된다. 크기가 정의되지 않은 수가 식에 사용될 때 Verilog 컴파일러는 일반적으로 식에 있는 다른 피연산자의 크기와 같도록 정의한다. 가독성을 위해 밑줄(underscore) _을 사용할 수 있다. 12'b100010101001로 쓰는 대신 12'b1000_1010_1001과 같이 표시하면 쉽게 볼 수 있다.

음수는 앞에 마이너스(–)를 붙여 나타낸다. 만일 –5가 –4'b101로 명시되었다면, 이것은 5에 대한 4-비트의 2의 보수인 1011로 변환된다.

주어진 수를 나타내기 위해 실제로 필요한 비트 수보다 크게 사이즈를 규정해도 된다. 이 경우, 최종 표기는 필요한 크기를 맞추기 위해 왼쪽 끝까지 채운다. 그러나 규정된 크기가 실제 값의 크기보다 작을 때 여분의 자릿수는 무시된다.

비트 크기가 다른 벡터로 표현된 숫자가 산술 연산에서 사용될 수 있다. *A*를 8-비트의 벡터, *B*를 4-비트의 벡터라고 가정하자. 다음 문장은 8-비트의 합계 벡터 *S*를 생성할 것이다.

S = A + B;

만일 *B*가 양수라면 그 결과 값은 정확하다. 그러나 *B*가 2의 보수로 표현된 음수라면, 그 결과는 가산 연산을 위해 8-비트 벡터로 *B*를 만들려고 왼쪽에 0을 채워 넣으므로 정확하지 않게 된다. *B*가 양수인 경우 0들이 MSB 방향으로 추가된다면 값은 변경되지 않는다. 음수 값인 경우 1들이 MSB 방향으로 추가된다면 음수의 값은 변경되지 않는다. 이러한 부호 비트의 복사를 **부호 확장**(*sign extension*)이라고 한다. 그러므로 정확한 연산을 위해 *B*의 부호 확장된 버전을 이용해야 하는데, 다음과 같이 문장에서 연결하여 수행할 수 있다.

S = A + {4{B[3]}, B};

4{B[3]} 표기는 비트 B[3]이 네 번 반복된다는 것을 의미한다. 이것은 {B[3], *B*[3], B[3], B[3]}과 동일하다. 이것을 **반복 연산자**(*replication operator*)라고 하는데, 4장에서 논의한다.

3.6 • 곱셈

곱셈의 일반적인 문제를 논의하기 전에, 2진수 B에 2 곱하기는 LSB의 오른쪽에 0을 추가함으로써 간단히 연산할 수 있다. 즉, B의 모든 비트를 왼쪽으로 이동시키는데, 이것을 B를 1비트 위치만큼 좌로 **시프트**(*shift*)한다고 한다. 따라서 $B = b_{n-1}b_{n-2}\cdots b_1b_0$이라면 $2 \times B = b_{n-1}b_{n-2}\cdots b_1b_00$이다(이미 3.2.3절에서 이용하였다). 마찬가지로 수를 k 비트만큼 왼쪽으로 시프트하여 2^k을 곱한다. 이것은 무부호 수와 부호 수 모두에 적용된다.

한편 2진수를 k 비트만큼 오른쪽으로 시프트하면 어떠한 일이 발생하는지 살펴보자. 자릿수 표현에 따르면, 이 동작은 그 수를 2^k으로 나누는 결과가 된다. 무부호 수의 경우 시프트는 MSB의 왼쪽에 k개의 0을 추가한다. 예를 들어, B가 무부호 수일 때, $B \div 2 = 0b_{n-1}b_{n-2}\cdots b_2b_1$이다. 비트 b_0은 오른쪽으로 시프트할 때 손실된다. 부호 수라면 부호를 유지해야 한다. 이런 경우 오른쪽으로 비트를 시프트하고 왼쪽에 부호 비트의 값을 채운다. 그러므로 B가 부호 수라면 $B \div 2 = b_{n-1}b_{n-1}b_{n-2}\cdots b_2b_1$이다. 예를 들어, $B = 011000 = (24)_{10}$이라면 $B \div 2 = 001100 = (12)_{10}$이고, $B \div 4 = 000110 = (6)_{10}$이다. 마찬가지로 만일 $B = (101000) = -(24)_{10}$이라면 $B \div 2 = 1101000 = -(12)_{10}$이고 $B \div 4 = 111010 = -(6)_{10}$이다. 양수인 경우 그 크기가 작을수록 첫 번째 1의 왼쪽으로 더 많은 0이 있고, 음수인 경우 첫 번째 0의 왼쪽으로 더 많은 1이 있는 것을 관찰할 수 있다.

이제 곱셈의 일반적인 계산 방법으로 돌아가 보자. 두 2진수의 곱셈은 10진수와 같은 방법을 이용할 수 있다. 무부호 수의 곱셈을 살펴보자. 그림 3.34*a*는 4-비트 수를 이용한 곱셈의 수작업을 보여준다. 승수(multiplier)의 각 비트를 오른쪽에서 왼쪽으로 검사한다. 만일 비트가 1이라면 적절하게 시프트된 피승수(multiplicand)를 **부분 곱**(*partial product*) 항에 더한다. 만일 승수 비트가 0이면 아무 것도 더하지 않는다. 피승수를 모두 시프트하여 더해진 합이 요구하는 곱셈의 결과이다. 그 결과는 8-비트를 차지한다.

3.6.1 무부호 수에 대한 어레이 곱셈기

그림 3.34*b*는 다중 가산기를 이용한 곱셈의 수행 방법을 나타낸다. 각 단계에서 4-비트 가산기는 새로운 부분 곱의 계산에 사용한다. 연산 과정에서 LSB는 다음 순차 덧셈에 영향을 미치지 않는다는 점을 주목하라. 따라서 컬러의 화살표로 지시된 바와 같이 LSB는 최종 결과에 곧바로 전달된다. 물론 이 비트들은 부분 곱의 일부이다.

같은 기법이 곱셈기 회로 설계에 사용된다. 간단한 설명을 위해 4-비트 숫자를 예로 들자. 피승수(M), 승수(Q), 곱셈 값(P)을 각각 $M = m_3m_2m_1m_0$, $Q = q_3q_2q_1q_0$, $P = p_7p_6p_5p_4p_3p_2p_1p_0$이라 하자. 그림 3.34*c*는 요구되는 연산을 보인다. M의 각 비트에 q_0 비트를 AND 연산하여 부분 곱 0을 만들 수 있는데, $q_0 = 0$이면 결과 값은 0이고 $q_0 = 1$이면 그 값은 M이다. 따라서

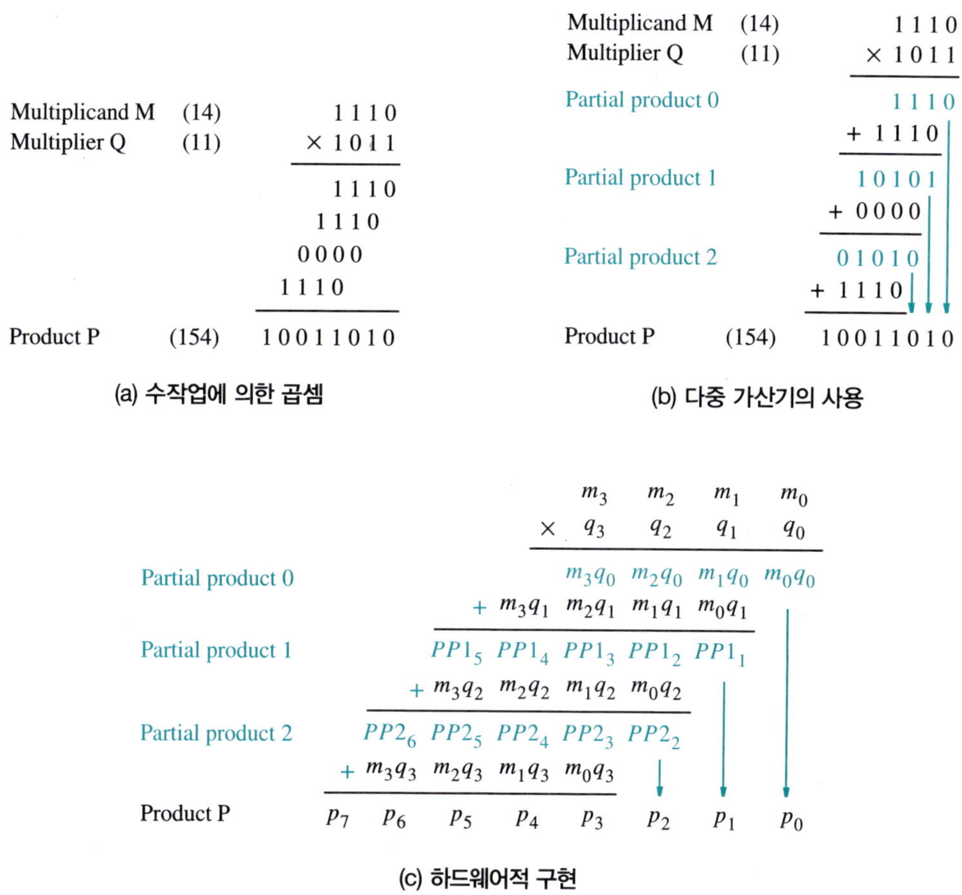

그림 3.34 무부호 수의 곱셈

$$PP0 = m_3q_0 \ \ m_2q_0 \ \ m_1q_0 \ \ m_0q_0$$

다음 두 번째 부분 곱 1, $PP1$은 M과 q_1을 AND 연산하여 시프트한 후 $PP0$에 더하여 구한다. 같은 방법으로, 세 번째 부분 곱인 $PP2$는 M과 q_2를 AND 연산하여 시프트한 후 $PP1$에 더하여 구한다. 이 그림에서 부분 곱을 만드는 AND 게이트와 전가산기는 컬러로 표시되었는데, 그림 3.34c에도 똑같이 컬러로 표시되어 있다. 이 전가산기는 서로 연결되어 리플 캐리 가산기가 된다. 다른 종류의 가산기를 사용하여 이보다 훨씬 빠른 곱셈기를 설계할 수도 있다[1].

3.6.2 부호 수의 곱셈

무부호 수의 곱셈에서 곱셈기 회로에 필요한 주요 문제들을 살펴보았다. 부호 수의 곱셈은 좀 더 복잡하다.

승수가 양수라면 무부호 수와 같은 방법을 이용할 수 있다. 즉, 곱셈기의 해당 비트가 1이면 피승수를 적절히 시프트하여 부분 곱에 더한다. 피승수는 양수이거나 음수일 수 있다.

피승수를 시프트하여 부분 곱에 더하기 때문에 연산에 이용되는 수가 정확히 표시되는지 확인해야 한다. 예를 들어, 승수의 오른쪽 2-비트가 모두 1인 경우 부분 곱 $PP1 = M + 2M$이 되는데, 여기서 M은 피승수이다. 만일 $M = m_{n-1}m_{n-2}\cdots m_1m_0$이라면 $PP1 = m_{n-1}m_{n-2}\cdots m_1m_0 + m_{n-1}m_{n-2}\cdots m_1m_0 0$이다. 가산기는 동일한 길이의 두 연산자를 더하는 회로이다. $2M$을 생성하기 위해 왼쪽으로 피승수를 시프트하면 $n + 1$비트가 되므로, 요구되는 덧셈은 역시 $n + 1$비트로 표현된 두 번째 피연산자 M을 사용해서 수행해야 한다. n-비트 부호 수는 부호 확장을 사용해(즉, 부호 비트를 새로운 가장 왼쪽 비트로 복제하여) $n + 1$비트로 표현되므로, $M = m_{n-1}m_{n-2}\cdots m_1m_0$은 $n + 1$비트를 사용하여 $M = m_{n-1}m_{n-1}m_{n-2}\cdots m_1m_0$으로 나타난다.

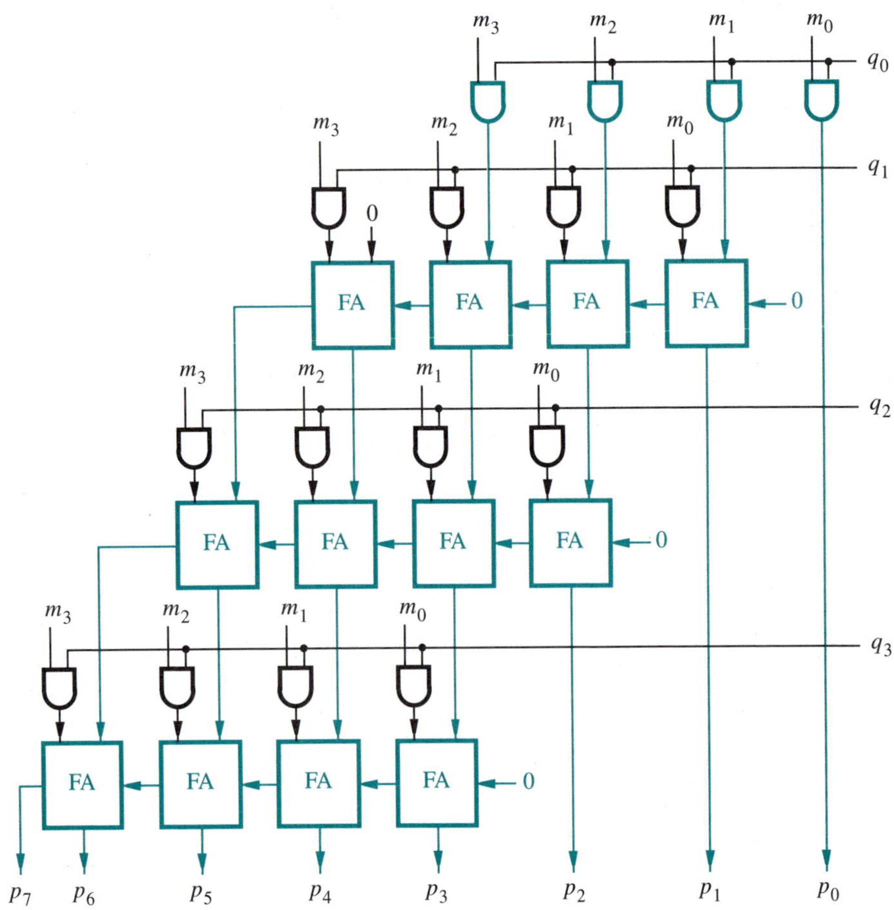

그림 3.35 4 × 4 곱셈기 회로

피승수를 시프트하여 부분 곱에 더할 때 오버플로가 발생해서는 안 된다. 따라서 새로운 부분 곱은 1비트씩 더 커져야 한다. 그림 3.36*a*는 두 양수의 곱셈 과정을 보여준다. 확장된 부호 비트는 컬러로 표시되어 있다. 그림의 part(*b*)는 피승수가 음수인 경우로, 곱의 결과는 두 경우 모두 2*n* 비트이다.

승수가 음수인 경우에 승수와 피승수 값을 모두 2의 보수로 바꿔 주어도 결과 값은 바뀌지 않기 때문에 양수의 곱셈기 회로를 그대로 이용할 수 있다.

부호 수의 곱셈의 경우 비교적 간단한 방법을 설명하였다. 더 효율적이지만 복잡한 방법이 있는데 여기서 이러한 방법을 소개하지는 않지만 관심 있는 독자는 참고문헌을 찾아보라[1].

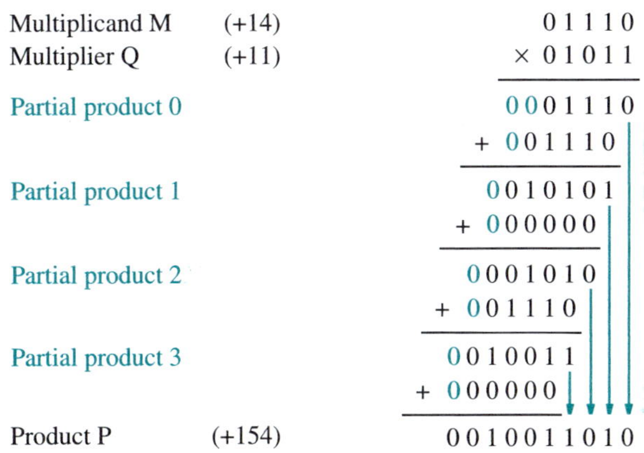

(a) 양의 피승수의 곱셈

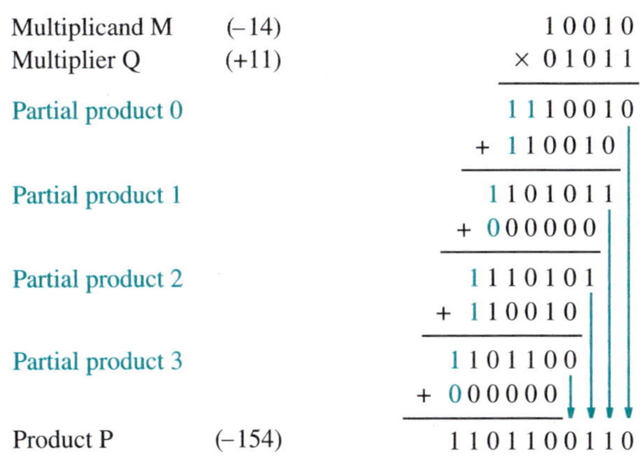

(b) 음의 피승수의 곱셈

그림 3.36 부호 수의 곱셈

이제까지 덧셈과 뺄셈 및 곱셈을 처리하는 회로에 대해 설명하였다. 컴퓨터 시스템에 필요한 또 하나의 산술 연산은 나눗셈이다. 나눗셈 회로는 보다 복잡하다. 7장의 예제에서 이 문제를 소개한다. 나눗셈 연산을 위한 여러 가지 방법은 컴퓨터 구조를 다룬 교재들과 참고 문헌을 찾아보라[1.2].

3.7 • 기타 수 표현 방법

앞의 절에서는 비트의 위치에 따라 값이 표현되는 정수를 다루었다. 디지털시스템에서는 여러 형태의 수들이 사용된다. 이 절에서는 **고정 소수점**(*fixed-point*), 부동 소수점(floating-point), 2진화 10진수(binary-coded decimal number)의 세 가지 다른 형태에 대해 설명할 것이다.

3.7.1 고정 소수점

고정 소수점(fixed-point) 수는 정수와 소수 부분으로 구성된다. 이것을 각각의 위치 형태를 나타내는 자릿수로 표현하면 다음과 같이 쓸 수 있다.

$$B = b_{n-1}b_{n-2}\cdots b_1 b_0.b_{-1}b_{-2}\cdots b_{-k}$$

그 값은 다음과 같다.

$$V(B) = \sum_{i=-k}^{n-1} b_i \times 2^i$$

기숫점(radix point)의 위치가 고정되어 있어서 고정 소수점 수(fixed-point number)라고 한다. 기숫점(radix point)이 나타나 있지 않으면 LSB의 오른쪽에 있다고 가정하는데, 이 경우 이 수는 정수가 된다.

고정 소수점(fixed-point)을 다루는 논리회로는 정수를 사용하는 방법과 같으므로 따로 설명하지 않는다.

3.7.2 부동 소수점 표현

고정 소수점(fixed-point) 수의 범위는 그 수를 표현하는 데 사용되는 유효 자릿수(significant digit)에 의해 결정된다. 예를 들어, 10진수를 여덟 자릿수와 부호를 사용하여 나타낼 수 있는 값의 범위는 0에서 ±99999999이다. 만일 여덟 개의 숫자가 소수를 나타내는 데 사용된다면 표현 가능한 범위는 0.00000001에서 ±0.99999999이다. 공학이나 과학 분야에서는 매우 큰 값이나 작은 값을 계산하는 경우가 많다. 이러한 경우 유효 자릿수가 너무 많이 요구되는 고정 소수점 대신, 유효 자릿수를 포함하는 **가수**(*mantissa*)와 기수(radix) R의 **지수**(*exponent*)로 수를 표현하는 부동(浮動) 소수점을 이용하는 것이 더 좋다. 형태는 다음과 같다.

$$Mantissa \times R^{Exponent}$$

일반적으로 부동 소수점은 5.234×10^{43}이나 6.31×10^{-28}과 같이 0이 아닌 첫 번째 숫자의 오른쪽에 기숫점(radix point)이 위치하도록 정규화(normalize)한다.

2진 부동 소수점 표현은 IEEE(Institute of Electrical and Electronic Engineers)에서 표준화하였다[3]. **단일 정밀도**(*single-precision*) 32-비트 체제와 64-비트 **2배 정밀도**(*double-precision*) 체제가 있으며, 두 가지 체제를 그림 3.37에 나타내었다.

단일 정밀도 부동 소수점

그림 3.37*a*는 단일 정밀도 구성 방식이다. 가장 왼쪽 비트가 0이면 양수이고, 1이면 음수를 나타내는 부호 비트이다. 8-비트의 지수부(exponent field) *E*와 23-비트의 가수부(mantissa field) *M*이 있다. 지수는 기수(radix) 2를 기준으로 한다. 매우 큰 수와 매우 작은 수 모두 나타낼 수 있어야 하므로 지수는 양수 또는 음수일 수 있다. 지수 값을 표현하기 위해, 간단히 −128에서 +127 사이의 범위를 갖는 8-비트의 부호 수를 이용하는 대신, IEEE에서는 *excess-127* 체제로 지수를 명시한다. 이 체제에서 값 127이 실제 지수의 값에 더해진다. 따라서 지수는 다음과 같다.

$$Exponent = E - 127$$

이 방식에서 *E*는 양수가 된다. 이 체제는 부동 소수점 수를 더하거나 뺄 때 편리한데, 이러한 연산의 첫 단계는 지수를 비교하여 주요 비트를 더하거나 빼기 위해 가수를

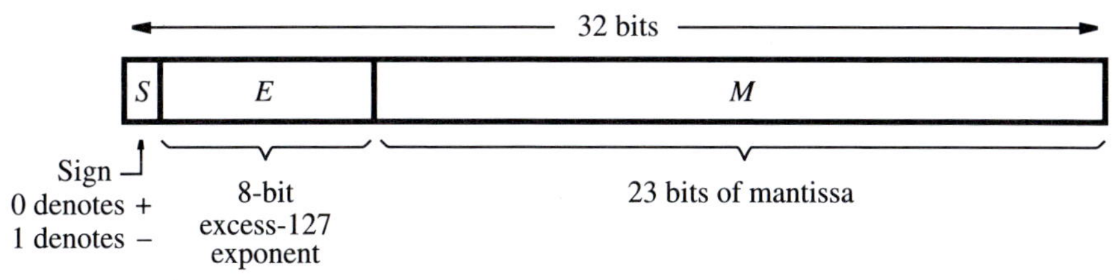

(a) 단일 정밀도

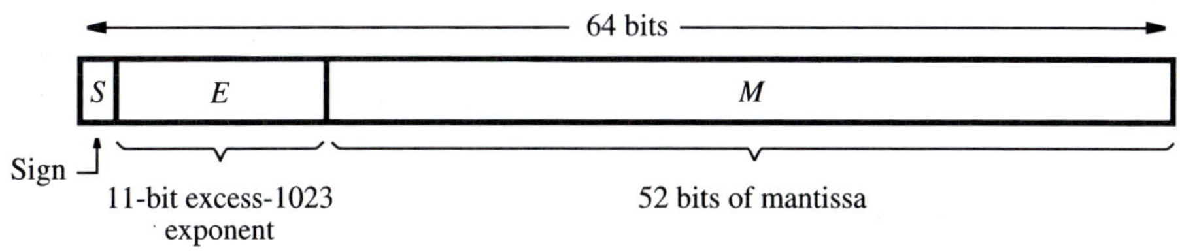

(b) 2배 정밀도

그림 3.37 IEEE 표준 부동 소수점 구성 방식

적절히 시프트해야 하는지 결정하기 때문이다. E의 범위는 0에서 255이다. $E = 0$과 $E = 255$의 값은 각각 0과 무한대의 값을 나타낸다. 따라서 지수의 정규 범위는 −126에서 127이며, 1에서 254까지의 E 값으로 표현된다.

가수는 23-비트로 표현한다. IEEE 표준은 MSB 비트가 항상 1인 정규화된 가수를 사용한다. 따라서 가수부 내에 항상 1인 비트를 포함할 필요가 없다. 그러므로 M이 가수부 내의 비트 벡터라면 가수의 실제 값은 1.M이며, 24-비트 가수를 제공한다. 결론적으로 그림 3.37*a*의 부동 소수점 구성은 다음 값을 나타낸다.

$$\text{Value} = \pm 1.M \times 2^{E-127}$$

가수부의 값은 약 7자리 10진수의 정밀도를 갖는 수의 표현이 가능하다. 지수부는 약 2^{-126}에서 2^{127} 사이의 범위로 약 $10^{\pm 38}$에 해당한다.

2배 정밀도 부동 소수점

그림 3.37*b*는 64-비트를 이용한 2배 정밀도 구성을 보여준다. 이 경우 지수와 가수부 모두 더 크므로 보다 큰 범위와 정밀도를 나타낼 수 있다. 지수부는 11-비트이며, excess-*1023*으로 명시되므로 지수 값은 다음과 같다.

$$Exponent = E - 1023$$

E의 범위는 0에서 2047을 표현하지만 값 $E = 0$과 $E = 2047$은 각각 0과 무한대를 나타내는 데 이용된다. 따라서 지수의 정규 범위는 −1022에서 1023까지이고, 1에서 2046까지의 E의 값으로 표현된다.

가수부는 52-비트로 이루어진다. 가수가 정규화되어 있다고 가정하므로 그 실제 값은 1.M이다. 그러므로 부동 소수점 수의 값은 다음과 같다.

$$\text{Value} = \pm 1.M \times 2^{E-1023}$$

이 체제는 약 16자리 10진수의 정밀도와 약 $10^{\pm 308}$의 범위를 가진 수를 나타낼 수 있다.

부동 소수점 피연산자를 사용한 계산은 부호 정수의 경우보다 더 복잡하며 이 책에서는 다루지 않는다. 부동 소수점에 대한 자세한 내용은 참고문헌을 참조하라[1, 2].

3.7.3 2진화 10진수 표현

디지털시스템에서 10진수 각 디지트를 2진수 형식으로 인코딩하여 표현할 수 있는데, 이를 2진화 10진수(BCD, binary-coded decimal number)라고 한다. 10진수를 인코딩하기 때문에 각 자릿수당 4-비트를 사용한다. 각 숫자는 표 3.3처럼 무부호 값을 나타내는 2진수로 인코딩된다. BCD에서 열여섯 개의 사용 가능한 패턴 중 열 개만 사용된다는 점에 유의하라. 이는 나머지 여섯 개의 패턴은 BCD 피연산자로 동작하는 논리회로에서 발생하면 안 된다는 것을 의미한다. 이러한 패턴은 일반적으로 설계 과정에서 무정의 조건으로 처리된다. BCD 표현은 다수의 소형 계산기뿐만 아니라 몇몇 초기 컴퓨터에 사용되었다. 숫자 정보를 간단히 디스플레이 장치에 나타내려고 할 때 편리한 형식을 제공한다는 장점을 갖는다. 반면 산술 연산을 수행하기 위한 회로가 복잡하며 가능한 여섯 개의 코드 패턴이 낭비된다는 단점을 갖는다.

비록 BCD 코드의 중요성이 감소되었다고는 하나 여전히 많이 이용되고 있다. 요구되는 회로의 복잡성을 설명하기 위해 조금 상세하게 BCD의 덧셈을 살펴보자.

BCD 덧셈

두 BCD 숫자의 덧셈은 합이 9를 초과할 수 없기 때문에 다소 복잡하다. $X = x_3x_2x_1x_0$, $Y = y_3y_2y_1y_0$이 두 숫자를 나타내고, $S = s_3s_2s_1s_0$이 요구되는 합 $S = X + Y$라고 하자. $X + Y \leq 9$일 경우, 덧셈은 두 개의 4-비트 무부호 2진수의 덧셈과 동일하다. 그러나 $X + Y > 9$일 경우, 덧셈의 결과 합은 두 자리의 BCD가 필요하다. 게다가 4-비트 가산기로부터 얻어진 4-비트 합은 틀릴 수도 있다.

약간의 수정이 필요한 두 가지의 경우가 있다. 합이 9보다 크지만 4-비트를 사용하여 캐리가 생성되지 않는 경우와, 합이 15보다 커서 4-비트를 이용하여 캐리가 생성되는 경우이다. 그림 3.38은 이러한 경우를 나타낸다. 첫 번째 경우 4-비트 덧셈은 $Z = 7 + 5 = 12$이다. 올바른 BCD를 얻기 위해 $S = 2$와 캐리 아웃 1을 생성해야 한다. 4-비트 덧셈은 모듈로-16이므로 별 문제가 없지만, 10진수 덧셈은 모듈로-10이므로 분명히 수정이 필요하다. 따라서 이 결과가 9를 초과할 때마다 4-비트 가산 결과에 6을 더함으로써 정확한 10진수를 생성할 수 있다. 따라서 다음처럼 계산을 배열할 수 있다.

$$Z = X + Y$$

$Z \leq 9$이면, $S = Z$, 그리고 carry-out $= 0$

$Z > 9$이면, $S = Z + 6$, 그리고 carry-out $= 1$

표 3.3 2진화 10진수 표현

Decimal digit	BCD code
0	0000
1	0001
2	0010
3	0011
4	0100
5	0101
6	0110
7	0111
8	1000
9	1001

그림 3.38의 두 번째 예제는 $X + Y > 15$인 경우이다. 이 경우 $Z = 17$로 5-비트 2진수이다. 네 개의 LSB Z_{3-0}은 값 1을 나타내는 반면 Z_4는 16을 나타낸다. 올바른 BCD 결과를 생성하기 위해서는 중간 합계 Z_{3-0}에 6을 더해 7을 생성해야 한다. Z_4는 다음 자릿수 위치에 대한 캐리이다.

그림 3.39는 이 체계에 기반한 한 자릿수 BCD 가산기의 블록 다이어그램이다. $Z > 9$인지 여부를 감지하는 블록은 필요한 경우 수정을 제공하는 멀티플렉서를 제어하는 출력 신호 *Adjust*를 생성한다. 수정된 합은 두 번째 4-비트 가산기에서 생성된다. 6을 추가하는 조정(adjustment)이 발생할 때마다 다음 자릿수 위치로의 캐리 C_{out}이 생기는데, 이 값은 *Adjust* 신호와 같은 값이다.

한 자릿수 BCD 가산기는 그림 3.40에 보인 바와 같이 동작을 기술하여 Verilog 코드로 명시할 수 있다. 입력 *X*와 *Y*, 출력 *S*는 4-비트 크기의 수이다. 중간 합계 *Z*는 5-비트로 정의된다. **if-else** 문은 위에서 설명한 조정을 제공하기 위해 사용된다. 따라서 *Adjust* 신호를 이용할 필요가 없다.

만일 Verilog를 사용하지 않고 수작업으로 그림 3.39의 블록 다이어그램을 구현하는 회로를 유도하려고 한다면 다음과 같은 방법을 이용할 수 있다. *Adjust* 함수를 정의하기 위해 4-비트 가산기의 캐리 아웃이 1이거나 $z_3 = 1$이고 z_2 또는 z_1이(또는 둘 다) 1이라면 중간 합은 9를 초과함을 알 수 있다. 따라서 이 함수의 논리식은 다음과 같다.

$$\text{Adjust} = \text{Carry-out} + z_3(z_2 + z_1)$$

수정을 위해 또 다른 완전한 4-비트 가산기를 사용하는 대신, 상수 6을 더하는 경우에는 4-비트 가산기의 모든 기능을 필요로 하지 않으므로 보다 간단한 회로를 사용할 수

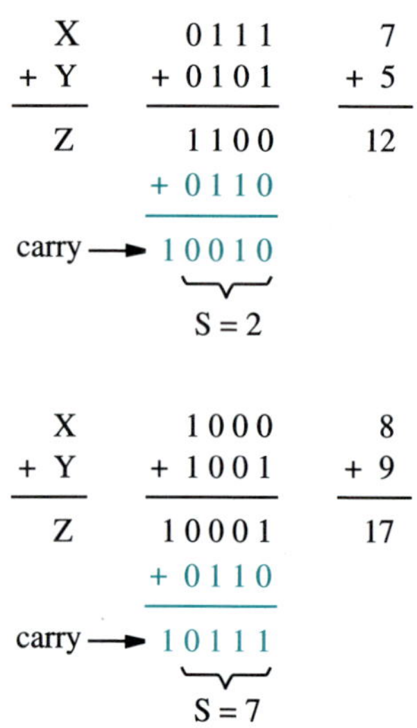

그림 3.38 BCD 수의 덧셈

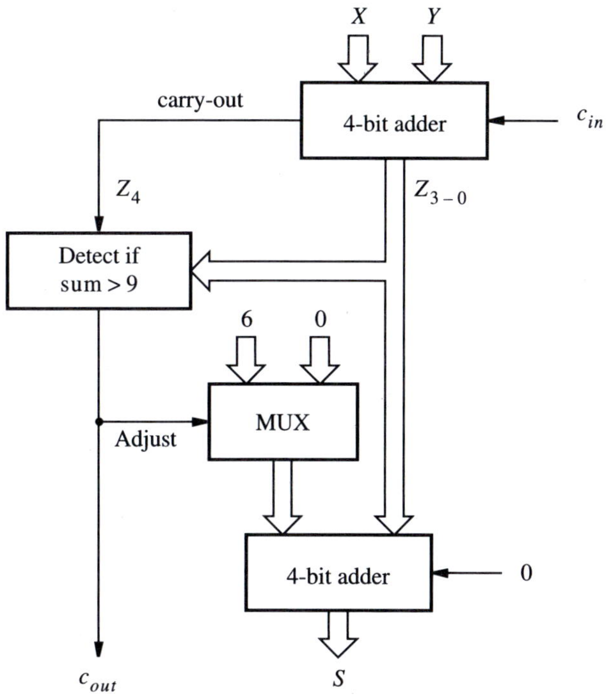

그림 3.39 한 자릿수 BCD 가산기를 위한 블록 다이어그램

```
module bcdadd (Cin, X, Y, S, Cout);
   input Cin;
   input [3:0] X, Y;
   output reg [3:0] S;
   output reg Cout;
   reg [4:0] Z;

   always @(X, Y, Cin)
   begin
      Z = X + Y + Cin;
      if (Z < 10)
         {Cout, S} = Z;
      else
         {Cout, S} = Z + 6;
   end

endmodule
```

그림 3.40 한 자릿수 BCD 가산기를 위한 Verilog 코드

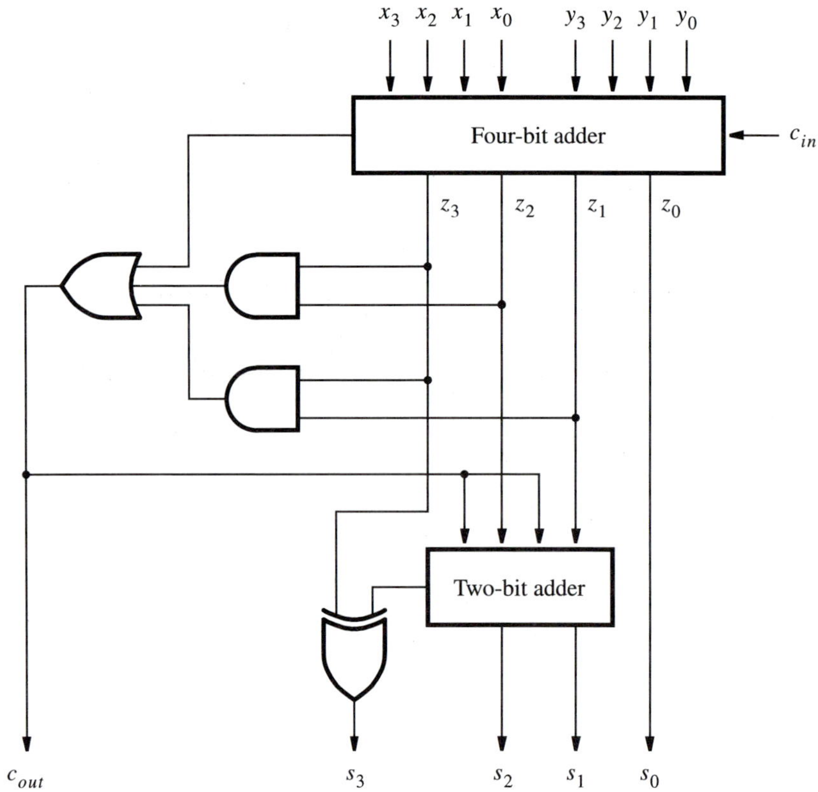

그림 3.41 한 자릿수 BCD 가산기를 위한 회로

있다. 합계의 LSB s_0은 아무런 영향을 미치지 않으므로 $s_0 = z_0$이다. 2-비트 가산기는 s_2와 s_1의 계산을 위해 사용된다. 그러나 s_3은 이 2-비트 가산기로부터의 캐리 아웃이 0이면 z_3과 같고, 캐리 아웃이 1이면 $\bar{z}_3$과 같다. 이러한 기능을 처리하는 완전한 회로를 그림 3.41에 보인다. 한 자릿수 BCD 가산기를 기본 블록으로 이용하면, 2진 전가산기를 이용해 더 큰 리플 캐리 2진 가산기를 만드는 것과 같은 방법으로 더 큰 BCD 가산기를 만들 수 있다.

BCD 수의 뺄셈은 래딕스 컴플리먼트(radix-complement) 방법으로 처리할 수 있다. 단지 음수인 2진수를 처리하기 위해 2의 보수를 이용하는 것과 마찬가지로, 10진수를 계산하기 위해 10의 보수를 사용할 수 있다. BCD의 뺄셈을 구현하는 문제는 여러분을 위해 연습문제로 남겨둔다(연습문제 3.19).

3.8 • 풀이가 있는 예제 문제

이 절에서는 독자가 직면하게 될 몇 가지 전형적인 문제를 제시하고 이러한 문제를 해결할 수 있는 방법을 제시한다.

예제 3.6

문제 10진수 14959를 16진수로 변환하라.

풀이 정수는 16으로 계속 나누어 16진수로 변환되므로 매 단계의 나머지가 16진수의 자릿수이다. 확인을 위해 먼저 네 자리 숫자 $H = h_3h_2h_1h_0$을 고려하자. 그 값은

$$V = h_3 \times 16^3 + h_2 \times 16^2 + h_1 \times 16 + h_0$$

이다. 이 수를 16으로 나누면 다음의 결과를 얻을 수 있다.

$$\frac{V}{16} = h_3 \times 16^2 + h_2 \times 16 + h_1 + \frac{h_0}{16}$$

따라서 나머지는 h_0이다. 그림 3.42는 $(14959)_{10} = (3A6F)_{16}$의 변환 단계를 보여준다.

예제 3.7

문제 10진수 소수 0.8254를 2진 표현으로 변환하라.

풀이 3.7.1절에 나타낸 바와 같이, 2진 소수는 비트 패턴 $B = 0.b_{-1}b_{-2} \ldots b_{-m}$으로 나타낼 수 있으며 그 값은 다음과 같다.

$$V = b_{-1} \times 2^{-1} + b_{-2} \times 2^{-2} + \cdots + b_{-m} \times 2^{-m}$$

이 식에 2를 곱하면 다음과 같다.

$$b_{-1} + b_{-2} \times 2^{-1} + \cdots + b_{-m} \times 2^{-(m-1)}$$

여기서, 가장 왼쪽 항은 소수점 우측의 첫 번째 비트를 뜻한다. 다른 비트들은 나머지 항에 앞과 같은 방법으로 곱하여 구할 수 있다. 따라서 10진 소수를 2진 소수로 변환하기 위해서는 10진수에 2를 곱하고 이 계산된 수가 1보다 작으면 0, 1보다 크거나 같으면 1로 설정한다. 충분한 수의 원하는 정확도를 충족할 때까지 계산을 반복한다. 하지만 10진 소수와 정확히 동일한 값을 가지는 2진 소수를 나타내는 것이 가능하지 않을 수도 있다는 점을 주의해야 한다. 그림 3.43은 $(0.8254)_{10} = (0.11010011\ldots)_2$를 구하기 위한 계산을 보여준다.

Convert $(14959)_{10}$

			Remainder	Hex digit	
14959 ÷ 16	=	934	15	F	LSB
934 ÷ 16	=	58	6	6	
58 ÷ 16	=	3	10	A	
3 ÷ 16	=	0	3	3	MSB

Result is $(3A6F)_{16}$

그림 3.42 10진수의 16진수 변환

Convert $(0.8254)_{10}$

0.8254 × 2 = 1.6508	→	1 MSB
0.6508 × 2 = 1.3016	→	1
0.3016 × 2 = 0.6032	→	0
0.6032 × 2 = 1.2064	→	1
0.2064 × 2 = 0.4128	→	0
0.4128 × 2 = 0.8256	→	0
0.8256 × 2 = 1.6512	→	1
0.6512 × 2 = 1.3024	→	1 LSB

$$(0.8254)_{10} = (0.11010011\ldots)_2$$

그림 3.43 10진 소수의 2진 변환

예제 3.8

문제 10진 고정 소수점 수 214.45를 2진 고정 소수점 수로 변환하라.

풀이 그림 1.6에 제시한 바와 같이 정수 부분은 2로 계속 나누어 구한다. 소수 부분은 예제 3.7에 보인 바와 같이 2를 연속으로 곱하여 변환한다. $(214.45)_{10} = (11010110.0111001)_2$의 완전한 계산은 그림 3.44에 제시하였다.

Convert $(214.45)_{10}$

$$\frac{214}{2} = 107 + \frac{0}{2} \rightarrow 0 \text{ LSB}$$

$$\frac{107}{2} = 53 + \frac{1}{2} \rightarrow 1$$

$$\frac{53}{2} = 26 + \frac{1}{2} \rightarrow 1$$

$$\frac{26}{2} = 13 + \frac{0}{2} \rightarrow 0$$

$$\frac{13}{2} = 6 + \frac{1}{2} \rightarrow 1$$

$$\frac{6}{2} = 3 + \frac{0}{2} \rightarrow 0$$

$$\frac{3}{2} = 1 + \frac{1}{2} \rightarrow 1$$

$$\frac{1}{2} = 0 + \frac{1}{2} \rightarrow 1 \text{ MSB}$$

$$0.45 \times 2 = 0.90 \rightarrow 0 \text{ MSB}$$

$$0.90 \times 2 = 1.80 \rightarrow 1$$

$$0.80 \times 2 = 1.60 \rightarrow 1$$

$$0.60 \times 2 = 1.20 \rightarrow 1$$

$$0.20 \times 2 = 0.40 \rightarrow 0$$

$$0.40 \times 2 = 0.80 \rightarrow 0$$

$$0.80 \times 2 = 1.60 \rightarrow 1 \text{ LSB}$$

$$(214.45)_{10} = (11010110.0111001\ldots)_2$$

그림 3.44 10진 고정 소수점의 2진 변환

예제 3.9

문제 컴퓨터 연산에서 수의 비교가 때때로 필요하다. 두 개의 4-비트 부호 수 $X = x_3x_2x_1x_0$과 $Y = y_3y_2y_1y_0$은 $X - Y$ 연산을 수행하는 그림 3.45의 감산 회로를 사용하여 비교할 수 있다. 세 개의 출력이 다음을 나타낸다.

- 결과가 0이면 $Z = 1$, 그렇지 않으면 $Z = 0$
- 결과가 음수이면 $N = 1$, 그렇지 않으면 $N = 0$
- 산술 오버플로가 발생하면 $V = 1$, 그렇지 않으면 $V = 0$

Z, N, V가 어떻게 $X = Y$, $X < Y$, $X \leq Y$, $X > Y$, $X \geq Y$를 결정하는 데 이용되는지 보여라.

풀이 첫 번째로 $X < Y$의 경우, 다음 상황이 발생할 수 있다.

- X와 Y가 같은 부호를 가진 경우, 오버플로는 발생하지 않으므로 $V = 0$. 두 수가 모두 양수이든, 음수이든 X와 Y의 차는 음수일 것이다($N = 1$).
- X가 음수, Y가 양수일 경우, 오버플로가 발생하지 않았다면 ($V = 0$) 두 수의 차는 음수일 것이다($N = 1$). 하지만 오버플로가 발생했다면($V = 1$) 두 수의 차는 양수일 것이다($N = 0$).

따라서 $X < Y$인 경우 $N \oplus V = 1$이다.

$X = Y$인 경우 $Z = 1$에 의해 검출된다. 그리고 $X \leq Y$는 $Z + (N \oplus V) = 1$에 의해 검출된다. 마지막 두 경우는 반대의 경우를 생각해보면 간단히 알 수 있다. $X > Y$인 경우 $\overline{Z + (N \oplus V)} = 1$, $X \geq Y$인 경우 $\overline{N \oplus V} = 1$이다.

예제 3.10

문제 그림 3.45의 회로를 명시하는 Verilog 코드를 작성하라.

풀이 그림 3.23에 주어진 접근 방식을 사용하여, 그림 3.46에 나타낸 바와 같이 회로를 명시할 수 있다. 다음의 구문

assign $Z = !S$;

는 $S = s_3s_2s_1s_0 = 0000$일 때만 1을 생성하는 것을 유의하라. 따라서 이는 다음의 4-비트 NOR 함수

$$Z = \overline{s_3 + s_2 + s_1 + s_0}$$

을 나타낸다.

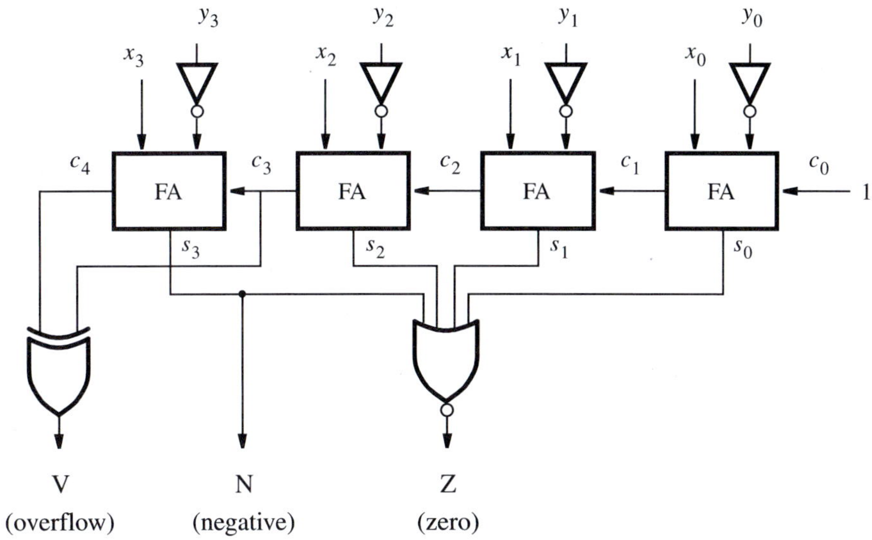

그림 3.45 비교기 회로

```
module comparator (X, Y, V, N, Z);
   input [3:0] X, Y;
   output V, N, Z;
   wire [3:0] S;
   wire [4:1] C;

   fulladd stage0 (1'b1, X[0], ~Y[0], S[0], C[1]);
   fulladd stage1 (C[1], X[1], ~Y[1], S[1], C[2]);
   fulladd stage2 (C[2], X[2], ~Y[2], S[2], C[3]);
   fulladd stage3 (C[3], X[3], ~Y[3], S[3], C[4]);
   assign V = C[4] ^ C[3];
   assign N = S[3];
   assign Z = !S;

endmodule

module fulladd (Cin, x, y, s, Cout);
   input Cin, x, y;
   output s, Cout;

   assign s = x ^ y ^ Cin;
   assign Cout = (x & y) | (x & Cin) | (y & Cin);

endmodule
```

그림 3.46 비교기 회로의 Verilog 코드 구조

32-비트 피연산자를 갖는 비교기와 같이 큰 회로가 포함될 경우 각각의 전가산기를 개별적으로 인스턴스화하면 어색해진다. 다른 방법은 그림 3.47에 나타난 바와 같이 그림 3.24에서 제시된 일반적 명세를 이용하는 것이다.

예제 3.11

문제 그림 3.35는 4-비트 곱셈기 회로를 나타낸다. 이 회로의 각 행은 리플 캐리 내에 연결된 네 개의 전가산기(FA) 블록들로 구성된다. 행들에 반영된 캐리 신호로 인한 지연은 출력 결과를 생성하기 위해 요구되는 시간에 큰 영향을 미친다. 회로를 가속화하기 위해서 그림 3.48의 방식을 사용할 수 있다. 여기서 주어진 행의 캐리들은 '저장'되어 해당 비트 위치에 있는 다음 행에 포함된다. 또한 전가산기는 첫 번째 행에서 승수 비트들에 의해 선택된 대로 올바르게 시프트된 피승수의 3-비트를 추가하기 위해 사용될 수 있다. 예를 들어, 비트의 두 번째 위치에서의 세 입력은 m_2q_0, m_1q_1, m_0q_2이다. 마지막 행에서도 여전히 이 리플 캐리 가산기의 사용이 필요하다. 이러한 방식으로 연결된 전가산기의 배열로 구성된 회로를 **캐리 저장**(*carry-save*) 가산기 배열이라고 한다.

그림 3.35의 회로와 비교하여 그림 3.48의 회로의 총 지연 시간은 어떻게 되는가?

풀이 그림 3.35 회로의 가장 긴 경로는 첫 번째 행의 가장 오른쪽에 위치하는 두 개의 전가산기를 통하고, 두 번째 행의 가장 오른쪽에 위치하는 두 개의 전가산기를 따라, 마지막 행의 모든 네 개의 전가산기들을 통과하는 것이다. 따라서 이 지연 시간은 전가산기 하나를 통과하는 지연의 8배이다. 또한, 첫 번째 행에서 첫 번째 전 가산기의 입력을 형성하기 위한 AND 게이트 지연이 존재한다. 이러한 지연 시간의 합이 곱셈기 회로의 속도를 결정하는 임계 지연(critical delay)이 된다.

그림 3.48의 회로에서 가장 긴 경로는 첫 번째와 두 번째 행의 가장 오른쪽에 위치하는 전가산기를 통해, 마지막 행의 모든 네 개의 전 가산기들을 통과하는 것이다. 따라서 임계 지연은 전가산기 블록 하나를 통과하는 지연의 6배에 첫 번째 행의 첫 번째 전가산기에 입력을 형성하기 위한 AND 게이트 지연을 더한 값이 된다.

```
module comparator (X, Y, V, N, Z);
   parameter n = 32;
   input [n-1:0] X, Y;
   output reg V, N, Z;
   reg [n-1:0] S;
   reg [n:0] C;
   integer k;

   always @(X, Y)
   begin
      C[0] = 1'b1;
      for (k = 0; k < n; k = k+1)
      begin
         S[k] = X[k] ^ ~Y[k] ^ C[k];
         C[k+1] = (X[k] & ~Y[k]) | (X[k] & C[k]) | (~Y[k] & C[k]);
      end
      V = C[n] ^ C[n-1];
      N = S[n-1];
      Z = !S;
   end

endmodule
```

그림 3.47 비교기 회로의 일반적 Verilog 코드

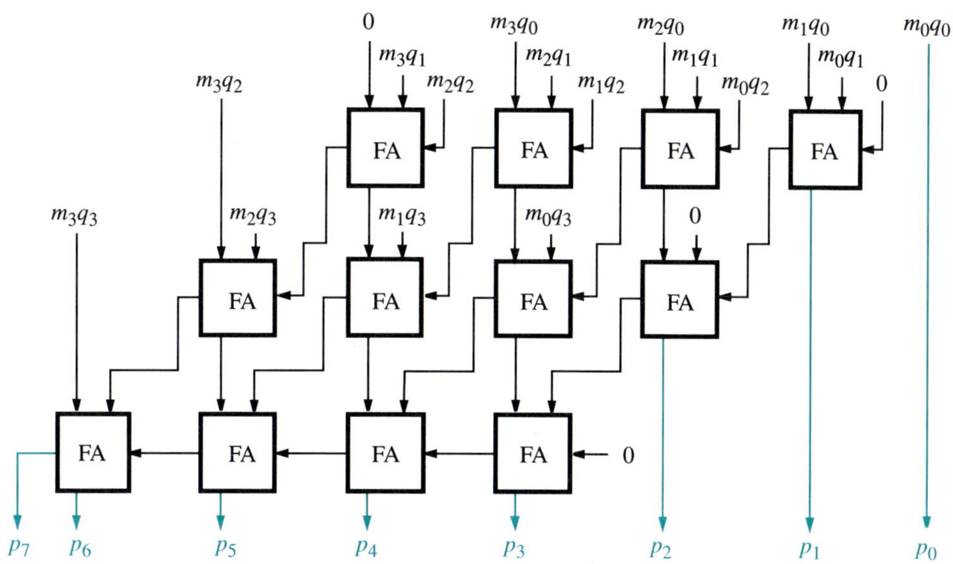

그림 3.48 곱셈기 캐리 저장 배열

연습문제

별표로 표시된 문제에 대한 답은 교재의 뒤에 수록되어 있다.

***3.1** 아래의 무부호 수에 대한 10진 값을 구하라.

(a) $(0111011110)_2$

(b) $(1011100111)_2$

(c) $(3751)_8$

(d) $(A25F)_{16}$

(e) $(F0F0)_{16}$

***3.2** 아래의 1의 보수 수의 10진 값을 구하라.

(a) 0111011110

(b) 1011100111

(c) 1111111110

***3.3** 아래의 2의 보수 수의 10진 값을 구하라.

(a) 0111011110

(b) 1011100111

(c) 1111111110

***3.4** 10진수 73, 1906, −95, −1630을 부호 12-비트 크기인 아래의 방법으로 표현하라.

(a) 부호화 절댓값

(b) 1의 보수

(c) 2의 보수

3.5 8-비트 2의 보수 수에 대한 연산을 하고, 산술 오버플로가 발생하는지 표시하라. 또한 10진수 부호화 절댓값 표현으로 바꾸어 확인하라.

```
  00110110      01110101      11011111
+ 01000101    + 11011110    + 10111000

  00110110      01110101      11010011
− 00101011    − 11010110    − 11101100
```

3.6 다음 XOR 식이 결합인지 증명하라. 즉, $x_i \oplus (y_i \oplus z_i) = (x_i \oplus y_i) \oplus z_i$임을 증명하라.

3.7 그림 3.4의 회로가 그림 3.3a의 전가산기를 구현한 것임을 보여라.

3.8 3.3절에서 설명한 2의 보수를 구하는 다음 방법이 맞는 방법인지 보여라. 이 방법은 오른쪽에서부터 왼쪽으로 검사하여 1의 값이 나올 때까지 복사한다. 그 후 남은 비트들은 모두 컴플리먼트한다.

3.9 n-비트 부호 수의 덧셈에서 식 Overflow $= c_n \oplus c_{n-1}$을 증명하라.

3.10 가산기 회로의 $k-1$ 비트 자릿수에서 생성되는 캐리 아웃 신호는 $c_k = x_k \oplus y_k \oplus s_k$이다. 이 식에서 x_k, y_k는 입력이며, s_k는 합계 비트이다. 이 식을 증명하여라.

***3.11** 그림 P3.1의 회로가 캐리-리플 가산기의 한 단계로 사용될 수 있는가? 이 회로의 장점과 단점을 열거하라. 그림에 있는 트랜지스터의 동작은 부록 B에 설명되어 있다.

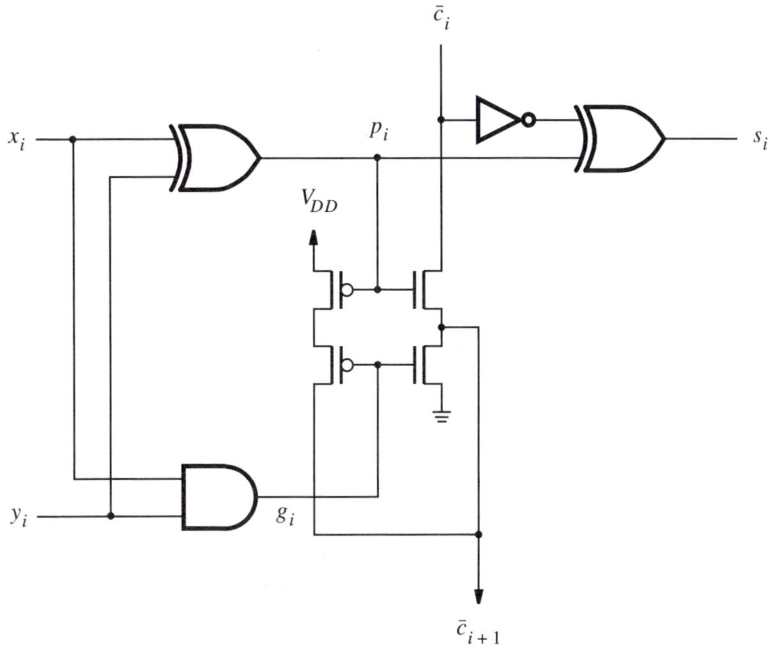

그림 P3.1 연습문제 3.11을 위한 회로

***3.12** 팬인 제한이 없을 때, n-비트 캐리 예측 가산기의 구현에 필요한 게이트 수를 결정하라. 입력의 수에 제한이 없는 AND, OR, XOR 게이트를 사용하라.

***3.13** 최대 팬인의 수가 4인 경우에, 8-비트 캐리 예측 가산기의 구현에 필요한 게이트 수를 결정하라.

3.14 그림 3.17은 계층적 캐리 예측 가산기의 구조이다. 두 개의 2비트 블록을 이용하여 이 가산기의 완전한 4-비트 버전을 설계하라.

3.15 그림 3.35의 곱셈기에서 임계 지연 경로는 어떤 것인가? 게이트 수의 측면에서 이 경로의 지연 시간을 구하라.

3.16 그림 3.35의 4 × 4 곱셈기를 기술하는 Verilog 모듈을 작성하라. 코드로부터 회로를 합성하고 그 기능의 정확성을 확인하라.

***3.17** 그림 P3.2의 Verilog 코드을 고려하자. 신호 IN과 OUT의 관계가 주어지면 코드에 의해 기술된 회로의 기능은 무엇인가? 이 코드가 원래의 기능을 수행하도록 잘 작성된 것인지 평가하라.

```
module problem3_17 (IN, OUT);
   input [3:0] IN;
   output reg [3:0] OUT;

   always @(IN)
      if (IN == 4'b0101)  OUT = 4'b0001;
      else if (IN == 4'b0110)  OUT = 4'b0010;
      else if (IN == 4'b0111)  OUT = 4'b0011;
      else if (IN == 4'b1001)  OUT = 4'b0010;
      else if (IN == 4'b1010)  OUT = 4'b0100;
      else if (IN == 4'b1011)  OUT = 4'b0110;
      else if (IN == 4'b1101)  OUT = 4'b0011;
      else if (IN == 4'b1110)  OUT = 4'b0110;
      else if (IN == 4'b1111)  OUT = 4'b1001;
      else  OUT = 4'b0000;

endmodule
```

그림 P3.2 연습문제 3.17을 위한 코드

3.18 BCD 수의 9의 보수를 생성하는 회로를 설계하라. d의 9의 보수는 $9 - d$이다.

3.19 BCD 피연산자를 사용하여 뺄셈을 수행하는 기법을 유도하라. 감산기 회로의 블록 다이어그램을 그려라(힌트: 피연산자가 10의 보수(래딕스 컴플리먼트) 표현이라면 뺄셈은 쉽게 수행할 수 있다. 이러한 표현에서 부호 자릿수는 양수의 경우 0, 음수의 경우 9이다).

3.20 문제 3.19에서 유도한 회로의 완전한 Verilog 코드를 작성하라.

***3.21** 3-비트 무부호 수에서 얼마나 많은 비트가 1인지 결정한다고 가정하자. 이 작업을 수행할 수 있는 가장 간단한 회로를 설계하라.

3.22 6-비트 무부호 수에 대해 연습문제 3.21을 반복하라.

3.23 8-비트 무부호 수에 대해 연습문제 3.21을 반복하라.

3.24 그림 3.11과 유사하게 세 자리 10진수를 그림으로 표현하라. 가장 왼쪽의 자릿수가 0이면 양수이고, 9이면 음수이다. 몇 가지 덧셈과 뺄셈 예를 통해 타당성을 검증하라.

3.25 3진수 체계는 세 자릿수 0, 1, 2를 사용한다. 그림 P3.3은 3진 반가산기(ternary half-adder)를 정의한다. 2진수로 인코딩된 신호를 이용하여 이 반가산기를 구현하는 회로를 설계하라. 각 3진수에 대해 2-비트가 사용되도록 한다. $A = a_1a_0$, $B = b_1b_0$, $Sum = s_1s_0$으로 하고 캐리는 2진 신호로 하라. 인코딩 00 = $(0)_3$, 01 = $(1)_3$, 10 = $(2)_3$을 사용하라. 회로의 비용을 최소화하라.

A B	Carry	Sum
0 0	0	0
0 1	0	1
0 2	0	2
1 0	0	1
1 1	0	2
1 2	1	0
2 0	0	2
2 1	1	0
2 2	1	1

그림 P3.3 3진 반가산기

3.26 문제 3.25에 기술된 접근법을 사용하여 3진 반가산기를 설계하라.

3.27 뺄셈 26 − 27 = 99와 18 − 34 = 84의 연산을 고려하라. 3.3.4절에서 설명한 개념을 사용하여 이 뺄셈의 결과인 99와 84의 값을 어떻게 해석해야 올바른지 설명하라.

참고문헌

1. C. Hamacher, Z. Vranesic, S. Zaky and N. Manjikian, *Computer Organization and Embedded Systems*, 6th ed. (McGraw-Hill: New York, 2011).
2. D. A. Patterson and J. L. Hennessy, *Computer Organization and Design—The Hardware/Software Interface*, 3rd ed. (Morgan Kaufmann: San Francisco, CA, 2004).
3. Institute of Electrical and Electronic Engineers (IEEE), "A Proposed Standard for Floating-Point Arithmetic," *Computer* 14, no. 3 (March 1981), pp. 51–62.

chapter 4

조합회로 빌딩 블록

Combinational-Circuit Building Blocks

이 장의 목적

이 장을 학습하고 나면 다음과 같은 것을 배울 수 있다.

- 자주 사용되는 조합회로
- 신호를 선택하거나 일반적인 논리 함수를 구현하는 데 사용되는 멀티플렉서
- 인코딩, 디코딩, 코드 변환 목적으로 사용되는 논리회로
- 조합회로를 정의하는 데 사용되는 주요 Verilog 구조

앞 장에서는 기초적인 논리회로 설계 기법을 소개하였다. 실제로 복잡하고 큰 회로를 설계할 때 몇 가지 종류의 논리회로를 빌딩 블록으로 사용하는 경우가 자주 있다. 이 장에서는 여러 가지 빌딩 블록을 설명하고 그 용도를 소개한다. 또한 조합회로를 설계하는 데 사용되는 Verilog의 중요한 기능도 다룬다.

4.1 • 멀티플렉서

이미 2장에서 멀티플렉서(multiplexer)를 간단하게 소개하였다. 멀티플렉서는 여러 개의 데이터 입력, 한 개 이상의 선택 입력, 그리고 한 개의 출력으로 구성된다. 이 장치는 데이터 입력 중 하나의 값을 출력으로 전달하는데, 그 값은 선택 입력의 값에 의해 선택된다. 그림 4.1은 2-to-1 멀티플렉서이다. 그림 4.1*a*는 통상적으로 사용되는 멀티플렉서 기호이다. 선택 입력 s는 입력 w_0나 w_1 중에 하나를 출력으로 선택한다. 기능은 그림 4.1*b*의 진리표 형식으로 기술할 수 있다. 그림 4.1*c*는 2-to-1 멀티플렉서를 SOP로 표현한 것이다. 그림 4.1*d*는 부록 B에서 설명한 트랜스미션 게이트(transmission gate)로 표현한 것이다.

그림 4.2*a*는 네 개의 데이터 입력 $w_0, \cdots, w_3$와 두 개의 선택 입력 s_1과 s_0로 구성된 멀티플렉서이다. 그림 4.2*b*의 진리표에 있는 2-비트의 선택 선 s_1, s_0는 네 개의 입력 중에 하나를 선택하여 출력으로 보내는 역할을 한다. 그림 4.2*c*는 4-to-1 멀티플렉서를 SOP로 구현한 것이다. 이것은 다음의 멀티플렉서 함수를 구현한 것이다.

$$f = \bar{s}_1\bar{s}_0w_0 + \bar{s}_1s_0w_1 + s_1\bar{s}_0w_2 + s_1s_0w_3$$

같은 원리로 더 큰 멀티플렉서를 설계할 수 있다. 일반적으로 데이터 입력의 수 n은 2의 지수승이다. n개의 입력, $w_0, \cdots, w_{n-1}$을 갖는 멀티플렉서는 $\lceil \log_2 n \rceil$개의 선택 입력을 필요로 한다. 그리고 작은 멀티플렉서를 여러 개 이용하여 큰 멀티플렉서를 구현할 수 있다. 예를 들면, 4-to-1 멀티플렉서는 그림 4.3처럼 세 개의 2-to-1 멀티플렉서를 사

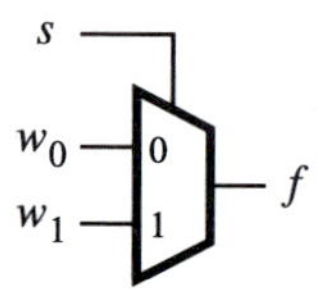

(a) 그래픽 심벌

s	f
0	w_0
1	w_1

(b) 진리표

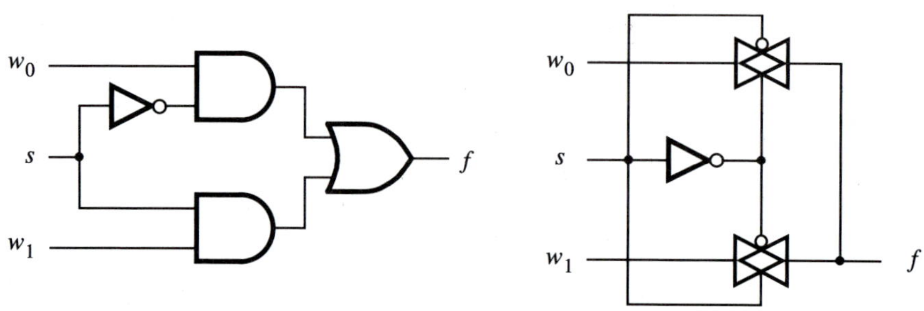

(c) Sum-of-product 회로

(d) transmission gate 회로

그림 4.1 2-to-1 멀티플렉서

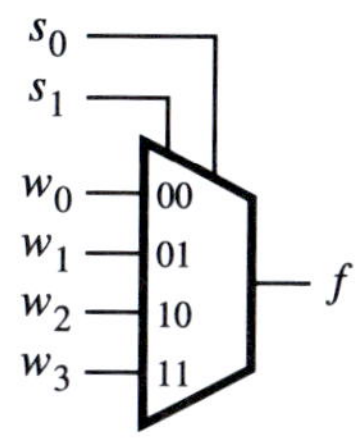

(a) 그래픽 심벌

s_1	s_0	f
0	0	w_0
0	1	w_1
1	0	w_2
1	1	w_3

(b) 진리표

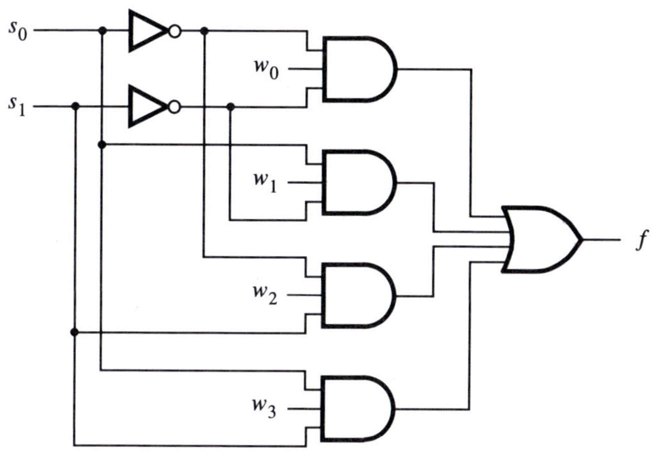

(c) 회로

그림 4.2 4-to-1 멀티플렉서

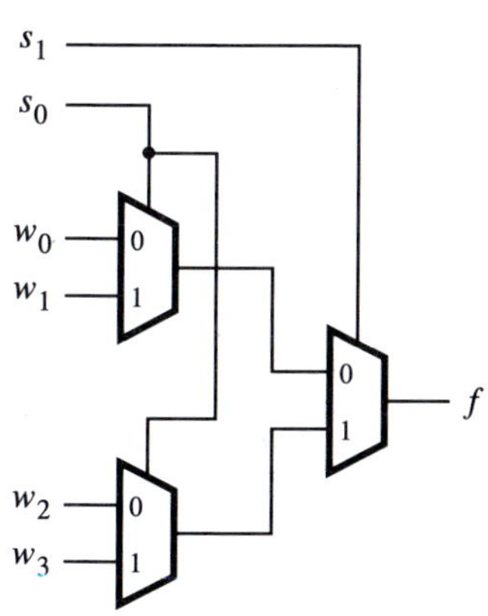

그림 4.3 2-to-1 멀티플렉서로 구현한 4-to-1 멀티플렉서

용해서 만들 수 있다. 그림 4.4는 네 개의 4-to-1 멀티플렉서를 이용하여 16-to-1 멀티플렉서를 구성하는 예를 나타낸 것이다.

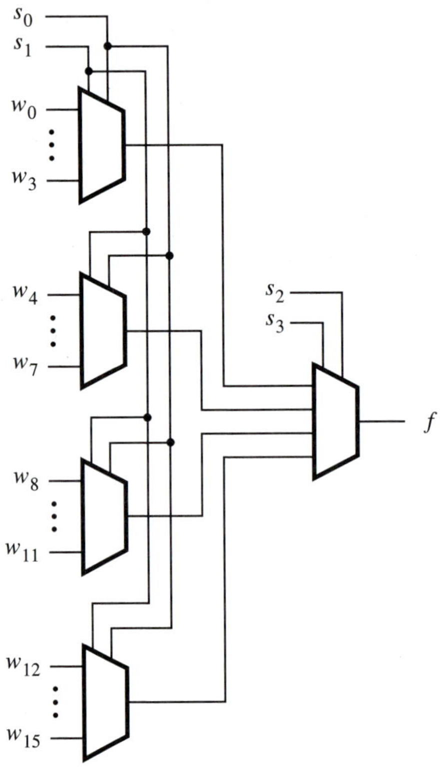

그림 4.4 16-to-1 멀티플렉서

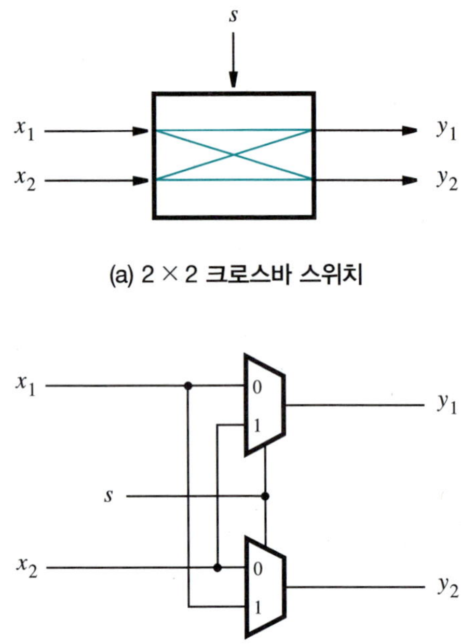

(b) 멀티플렉서를 사용한 구현

그림 4.5 멀티플렉서의 실질적 응용

예제 4.1

그림 4.5는 두 개의 입력 x_1, x_2와 두 개 출력 y_1, y_2가 있는 회로이다. 컬러 선으로 표시한 것처럼, 회로의 기능은 선택 입력 s를 제어하여 두 개의 입력 중 하나를 두 개의 출력 중 하나로 연결하는 것이다. n개 입력 중 임의의 하나를 k개의 출력 중 임의의 하나로 연결하는 회로를 $n \times k$ 크로스바 스위치(crossbar switch)라고 한다. 입력과 출력의 수가 서로 다른 다양한 크기의 크로스바 스위치를 만들 수 있다. 입력이 두 개이고 출력이 두 개인 것을 2 × 2 크로스바 스위치라고 부른다.

그림 4.5*b*는 2-to-1 멀티플렉서를 사용해서 2 × 2 크로스바 스위치를 구현한 것을 보여준다. 선택 입력 s에 의해 멀티플렉서의 입력이 선택된다. 만약 $s = 0$이면 x_1을 y_1에, x_2를 y_2에 연결한다. 그리고 $s = 1$이면 x_1을 y_2에, x_2를 y_1에 연결한다. 크로스바 스위치는 한쪽의 선들 중에 하나를 선택하여 다른 쪽의 선 중에 하나로 연결하면서 그 연결 형태가 시시각각 변하는 응용 분야에 매우 유용하게 사용된다.

4.1.1 멀티플렉서를 사용한 논리함수 구현

멀티플렉서는 앞에서 설명한 바와 같이 실질적인 응용 분야에서 유용하다. 또한 멀티플렉서는 논리함수를 직접 구현하는 데 사용될 수 있다. 그림 4.6*a*에 있는 예제를 고려해 보자. 진리표는 함수 $f = w_1 \oplus w_2$를 정의하고 있다. 4-to-1 멀티플렉서의 입력에 진리표의 출력을 상수(constant)로 연결하여 이 함수를 구현할 수 있다. 멀티플렉서의 선택 입력은 w_1과 w_2에 의해 구동된다. 따라서 w_1w_2 값의 조합에 대한 출력 f는 진리표에 대응하는 함수 값과 같다.

위의 방법은 직관적이지만 비효율적이다. 그림 4.6*b*처럼 진리표를 조작하여 더 좋게 구현할 수 있다. 여기에서는 한 개의 2-to-1 멀티플렉서를 사용하여 f를 구현한다. 입력 신호 중 하나인 w_1을 2-to-1 멀티플렉서의 선택 입력으로 정한다. $w_1 = 0$일 때 f는 입력 w_2와 같고, $w_1 = 1$일 때 f는 $\overline{w}_2$의 값과 같다. 이 진리표를 구현한 회로가 그림 4.6*c*이다. 이 처리 과정을 임의의 논리함수를 구현하는 데 적용할 수 있다.

예제 4.2

그림 4.7*a*는 입력이 세 개인 다수결 함수(majority function)에 대한 진리표로서 4-to-1 멀티플렉서로 그 기능을 구현하기 위하여 진리표를 수정하는 방법을 보여 준다. 세 개의 입력 중 임의의 두 개 입력을 멀티플렉서의 선택 입력으로 선택한다. 여기에서는 선택 입력으로 w_1과 w_2를 선택하였고, 그 회로가 그림 4.7*b*이다.

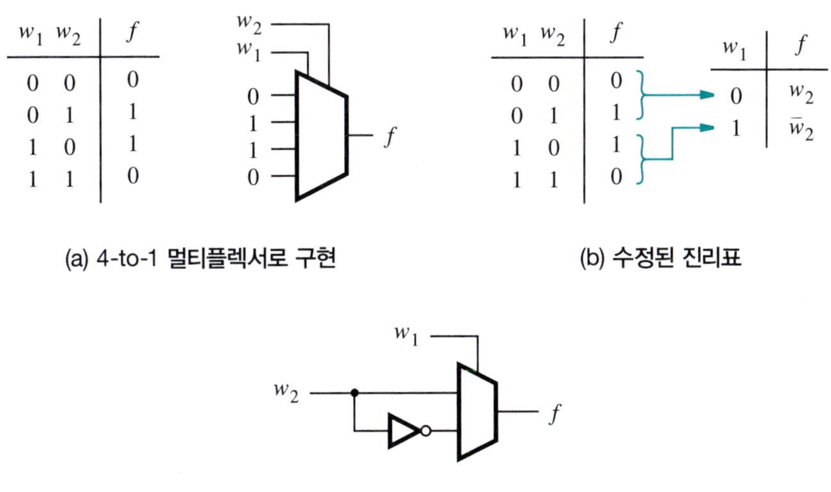

(a) 4-to-1 멀티플렉서로 구현

(b) 수정된 진리표

(c) 회로

그림 4.6 멀티플렉서를 이용한 논리함수 구현

w_1	w_2	w_3	f
0	0	0	0
0	0	1	0
0	1	0	0
0	1	1	1
1	0	0	0
1	0	1	1
1	1	0	1
1	1	1	1

w_1	w_2	f
0	0	0
0	1	w_3
1	0	w_3
1	1	1

(a) 수정된 진리표

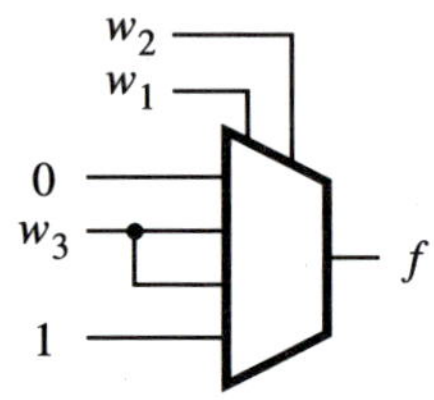

(b) 회로

그림 4.7 4-to-1 멀티플렉서를 사용한 3-입력 다수결 함수의 구현

예제 4.3

그림 4.8*a*는 2-to-1 멀티플렉서를 사용해 함수 $f = w_1 \oplus w_2 \oplus w_3$를 어떻게 구현하는지 보여준다. $w_1 = 0$일 때 f는 w_2와 w_3의 XOR와 같고, $w_1 = 1$일 때 f는 w_2와 w_3의 XNOR이다. 그림 4.8*b*는 이에 해당하는 회로이다. 회로의 좌측 멀티플렉서는 그림 4.6의 결과를 사용해서 $w_2 \oplus w_3$를 산출하고, 우측 멀티플렉서는 w_1의 값을 사용하여 $w_2 \oplus w_3$ 혹은 그것의 컴플리먼트를 선택한다. 이 함수를 $f = (w_2 \oplus w_3) \oplus w_1$로 적고, 이 공식에서 회로를 직접 유도할 수도 있음을 유념하자.

그림 4.9는 4-to-1 멀티플렉서를 사용하여 3-입력 XOR를 구현한 회로이다. 선택 입력으로 w_1과 w_2를 사용한 결과가 이 회로이다.

4.1.2 섀넌의 전개를 사용한 멀티플렉서 구현

그림 4.6에서 그림 4.9까지 멀티플렉서를 이용하여 논리함수를 구현할 때 어떻게 진리표를 해석하는지 설명하였다. 각 경우에 멀티플렉서의 입력은 상수 0과 1, 또는 어떤 변수 또는 그 변수의 컴플리먼트이다. 이렇게 입력을 간단하게 이용하는 방법 이외에도, 조

w_1	w_2	w_3	f	
0	0	0	0	
0	0	1	1	$w_2 \oplus w_3$
0	1	0	1	
0	1	1	0	
1	0	0	1	
1	0	1	0	$\overline{w_2 \oplus w_3}$
1	1	0	0	
1	1	1	1	

(a) 진리표

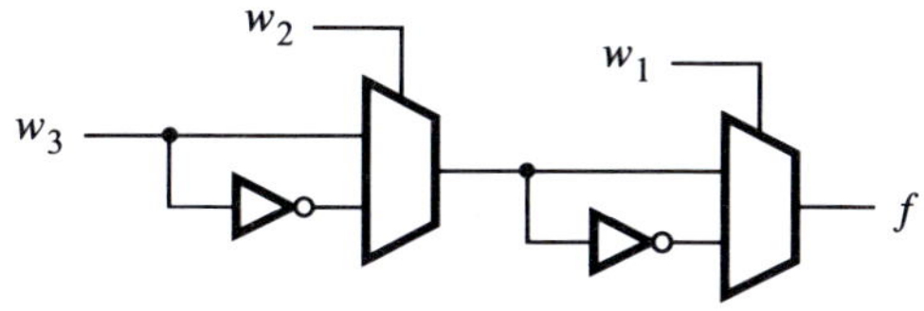

(b) 회로

그림 4.8 2-to-1 멀티플렉서로 구현한 3-입력 XOR

w_1	w_2	w_3	f	
0	0	0	0	w_3
0	0	1	1	
0	1	0	1	$\overline{w}_3$
0	1	1	0	
1	0	0	1	$\overline{w}_3$
1	0	1	0	
1	1	0	0	w_3
1	1	1	1	

(a) 진리표

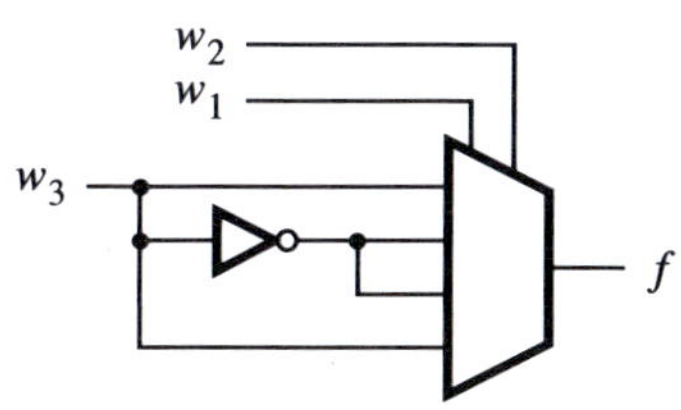

(b) 회로

그림 4.9 4-to-1 멀티플렉서로 구현한 3-입력 XOR

금 더 복잡한 회로를 멀티플렉서의 입력으로 연결할 수도 있다. 즉, 멀티플렉서와 다른 논리게이트를 결합하여 논리함수를 구현할 수 있게 된다. 이 방법으로 그림 4.7의 3-입력 다수결 함수를 2-to-1 멀티플렉서를 사용해 구현해 보자. 그림 4.10은 이 함수를 구현하는 직관적 방법이다. 이 진리표를 우측과 같이 다른 모양으로 수정할 수 있다. 만약 $w_1 = 0$이면 $f = w_2w_3$이고, $w_1 = 1$이면 $f = w_2 + w_3$이다. 선택 입력으로 w_1을 사용하면 그림 4.10*b*와 같은 회로가 된다.

다음과 같은 대수를 사용해서 위와 같은 구현 과정을 유도할 수 있다. 그림 4.10*a*의 함수는 다음 식처럼 SOP 형태로 표현된다.

$$f = \overline{w}_1w_2w_3 + w_1\overline{w}_2w_3 + w_1w_2\overline{w}_3 + w_1w_2w_3$$

이 식은 그림 4.10*b*의 회로와 동등한 다음의 식으로 전개될 수 있다.

w_1	w_2	w_3	f
0	0	0	0
0	0	1	0
0	1	0	0
0	1	1	1
1	0	0	0
1	0	1	1
1	1	0	1
1	1	1	1

w_1	f
0	$w_2 w_3$
1	$w_2 + w_3$

(a) 진리표

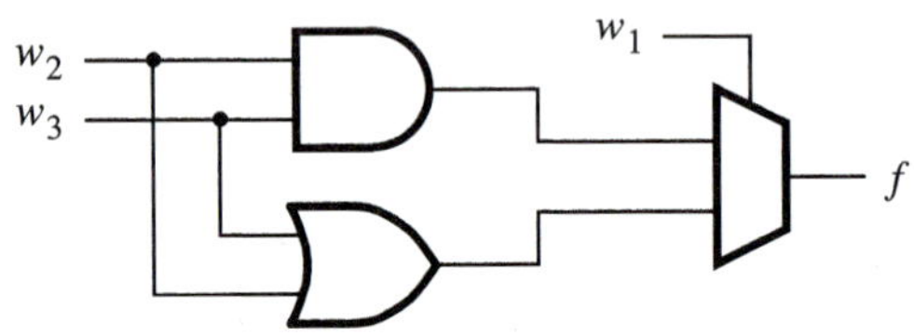

(b) 회로

그림 4.10 2-to-1 멀티플렉서로 구현한 3-입력 다수결 함수

$$
\begin{aligned}
f &= \overline{w}_1(w_2 w_3) + w_1(\overline{w}_2 w_3 + w_2 \overline{w}_3 + w_2 w_3) \\
&= \overline{w}_1(w_2 w_3) + w_1(w_2 + w_3)
\end{aligned}
$$

논리함수를 멀티플렉서로 구현하기 위하여 주어진 함수가 선택 입력으로 사용되는 변수들의 항으로 분해되어야 한다. 클라우드 섀넌(Claude Shannon)이 제안한 정리(theorem)를 이용하면 임의의 함수를 멀티플렉서로 구현하도록 전개할 수 있다[1].

섀넌의 전개 정리(Shannon's Expansion Theorem) 어떤 부울 함수 $f(w_1, w_2, \cdots, w_n)$도 다음 식의 형태로 전개할 수 있다.

$$f(w_1, w_2, \ldots, w_n) = \overline{w}_1 \cdot f(0, w_2, \ldots, w_n) + w_1 \cdot f(1, w_2, \ldots, w_n)$$

이 식에서는 편의상 n개 변수 중에서 w_1에 의한 전개로 표현하였으나 어느 변수로 전개하여도 동일하다. 이 정리의 증명은 연습문제로 남겨둔다(문제 4.9).

이것을 사용한 예로써, 섀넌의 전개 정리를 이용하여 다음 식으로 표현되는 3-입력 다수결 함수를 전개해 보자.

$$f(w_1, w_2, w_3) = w_1 w_2 + w_1 w_3 + w_2 w_3$$

w_1을 기준으로 이 함수를 전개하면 다음 식과 같다.

$$
\begin{aligned}
f &= \overline{w}_1(0 \cdot w_2 + 0 \cdot w_3 + w_2 w_3) + w_1(1 \cdot w_2 + 1 \cdot w_3 + w_2 w_3) \\
&= \overline{w}_1(w_2 w_3) + w_1(w_2 + w_3)
\end{aligned}
$$

이 결과는 우리가 앞에서 유도한 것과 같은 식이다.

3-입력 XOR 함수는 다음 식과 같고 회로는 그림 4.8*b*와 같다.

$$
\begin{aligned}
f &= w_1 \oplus w_2 \oplus w_3 \\
&= \overline{w}_1(0 \oplus w_2 \oplus w_3) + w_1(1 \oplus w_2 \oplus w_3) \\
&= \overline{w}_1 \cdot (w_2 \oplus w_3) + w_1 \cdot (\overline{w_2 \oplus w_3})
\end{aligned}
$$

섀넌의 전개에 있어서, 항 $f(0, w_2, \ldots, w_n)$을 $\overline{w}_1$에 관한 f의 cofactor(공통인자)라고 하며 짧게 $f_{\overline{w}_1}$로 표기한다. 이와 유사하게 항 $f(1, w_2, \ldots, w_n)$을 w_1에 관한 f의 cofactor라고 하며 f_{w_1}로 쓴다. 따라서 다음과 같이 적을 수 있다.

$$
f = \overline{w}_1 f_{\overline{w}_1} + w_1 f_{w_1}
$$

일반적으로 변수 w_i에 대하여 논리식을 전개한다면, $f_{\overline{w}_i}$는 $f(w_1, \ldots, w_{i-1}, 0, w_{i+1}, \ldots, w_n)$을 나타내고, f_{w_i}는 $f(w_1, \ldots, w_{i-1}, 1, w_{i+1}, \ldots, w_n)$을 나타낸다. 그리고 f는 다음과 같다.

$$
f(w_1, \ldots, w_n) = \overline{w}_i f_{\overline{w}_i} + w_i f_{w_i}
$$

이러한 논리식이 얼마나 복잡한지는 선택한 cofactor 변수 w_i에 따라 다르다. 이 예가 예제 4.4이다.

예제 4.4

함수 $f = \overline{w}_1 w_3 + w_2 \overline{w}_3$에 대해 w_1을 사용한 전개는 다음과 같다.

$$
\begin{aligned}
f &= \overline{w}_1 f_{\overline{w}_1} + w_1 f_{w_1} \\
&= \overline{w}_1(w_3 + w_2) + w_1(w_2 \overline{w}_3)
\end{aligned}
$$

w_1 대신에 w_2를 사용해서 다음 식을 얻을 수 있다.

$$
\begin{aligned}
f &= \overline{w}_2 f_{\overline{w}_2} + w_2 f_{w_2} \\
&= \overline{w}_2(\overline{w}_1 w_3) + w_2(\overline{w}_1 w_3 + \overline{w}_3) \\
&= \overline{w}_2(\overline{w}_1 w_3) + w_2(\overline{w}_1 + \overline{w}_3)
\end{aligned}
$$

마지막으로 w_3을 사용한다면 다음과 같다.

$$
\begin{aligned}
f &= \overline{w}_3 f_{\overline{w}_3} + w_3 f_{w_3} \\
&= \overline{w}_3(w_2) + w_3(\overline{w}_1)
\end{aligned}
$$

w_1과 w_2를 사용해서 구현한 결과는 같은 비용이 든다. 그러나 w_3을 사용한 식은

비용이 적게 든다. 실제로 이런 형태로 논리식을 분해할 때 여러 가지 방법들을 시도해 보고 최적인 결과를 산출하는 것을 선택한다.

섀넌의 전개를 한 개 이상의 변수를 cofactor로 처리할 수도 있다. 예를 들면 w_1과 w_2를 cofactor로 보고 함수를 전개하면 다음 식을 얻을 수 있다.

$$\begin{aligned} f(w_1, \ldots, w_n) = {} & \overline{w}_1\overline{w}_2 \cdot f(0, 0, w_3, \ldots, w_n) + \overline{w}_1 w_2 \cdot f(0, 1, w_3, \ldots, w_n) \\ & + w_1\overline{w}_2 \cdot f(1, 0, w_3, \ldots, w_n) + w_1 w_2 \cdot f(1, 1, w_3, \ldots, w_n) \end{aligned}$$

이 전개는 4-to-1 멀티플렉서를 사용해서 구현될 수 있는 형태이다. 만약 섀넌의 전개를 모든 n개의 변수에 대하여 적용한다면, 그 결과는 2.6.1절에서 정의한 표준 SOP 형태가 된다.

예제 4.5

다음의 함수를 한 개의 2-to-1 멀티플렉서와 필요한 게이트를 사용해서 구현해 보자.

$$f = \overline{w}_1\overline{w}_3 + w_1 w_2 + w_1 w_3$$

w_1을 사용한 섀넌의 전개는 다음과 같다.

$$\begin{aligned} f &= \overline{w}_1 f_{\overline{w}_1} + w_1 f_{w_1} \\ &= \overline{w}_1(\overline{w}_3) + w_1(w_2 + w_3) \end{aligned}$$

회로는 그림 4.11a에 있다. 4-to-1 멀티플렉서를 사용한다고 하자. 그렇다면 $w_1 w_2$를 cofactor로 선택하여 전개한 식은 다음과 같고, 이에 대한 회로 구현은 그림 4.11b에 있다.

$$\begin{aligned} f &= \overline{w}_1\overline{w}_2 f_{\overline{w}_1\overline{w}_2} + \overline{w}_1 w_2 f_{\overline{w}_1 w_2} + w_1\overline{w}_2 f_{w_1\overline{w}_2} + w_1 w_2 f_{w_1 w_2} \\ &= \overline{w}_1\overline{w}_2(\overline{w}_3) + \overline{w}_1 w_2(\overline{w}_3) + w_1\overline{w}_2(w_3) + w_1 w_2(1) \end{aligned}$$

예제 4.6

다음과 같은 3-입력 다수결 함수를 생각해 보자.

$$f = w_1 w_2 + w_1 w_3 + w_2 w_3$$

단지 여러 개의 2-to-1 멀티플렉서만 사용해서 이 함수를 구현하려고 한다. w_1을 사용한 섀넌의 전개는 다음과 같다.

$$\begin{aligned} f &= \overline{w}_1(w_2 w_3) + w_1(w_2 + w_3 + w_2 w_3) \\ &= \overline{w}_1(w_2 w_3) + w_1(w_2 + w_3) \end{aligned}$$

여기서 $g = w_2 w_3$으로, $h = w_2 + w_3$이라고 하자. w_2를 이용하여 g와 h를 전개하면 다음과 같다.

$$g = \overline{w}_2(0) + w_2(w_3)$$
$$h = \overline{w}_2(w_3) + w_2(1)$$

이 식을 구현한 회로는 그림 4.12이다. 이것은 그림 4.7의 진리표를 이용하여 유도한 4-to-1 멀티플렉서 회로와 동등하다.

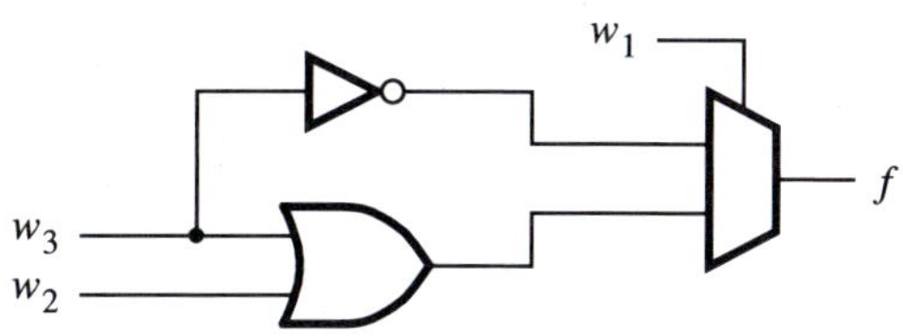

(a) 2-to-1 멀티플렉서 사용

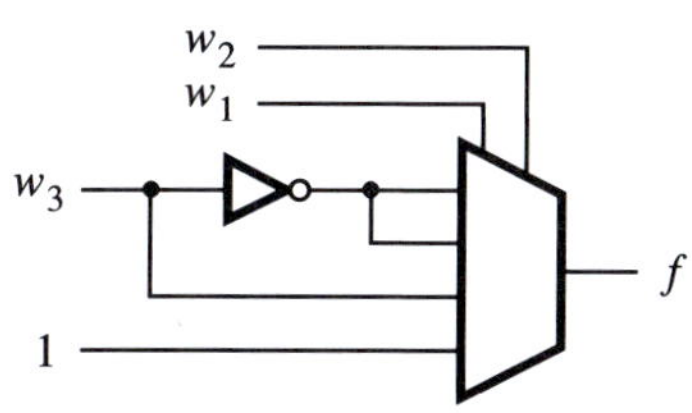

(b) 4-to-1 멀티플렉서 사용

그림 4.11 예제 4.5의 회로 구현

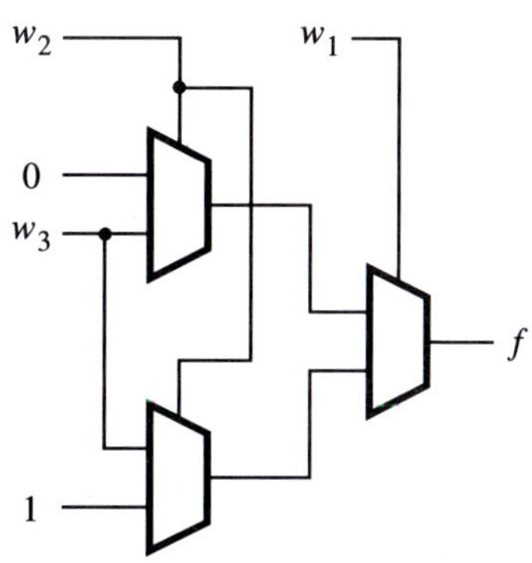

그림 4.12 예제 4.6의 회로 구현

4.2 • 디코더

그림 4.13의 논리회로를 생각해 보자. 두 개의 입력 w_1과 w_0, 그리고 네 개의 출력 y_3, y_2, y_1, y_0이 있다. 진리표와 같이 한 번에 하나의 출력만 활성화(assert)된다. 입력 w_1 w_0을 00, 01, 10, 11으로 설정하면 출력은 각 입력에 대하여 y_0, y_1, y_2, y_3이 1로 설정된다. 이와 같은 유형의 회로를 2진 디코더(*binary decoder*)라고 부른다. 그 입력은 2진수이고, 입력이 해독되어 해당 출력을 활성화한다. 회로의 심벌과 논리회로도는 그림 4.13*b*와 그림 4.13*c*에 있다. 각 출력은 w_1 w_0의 값을 해독하는 AND 게이트에 의해 구동된다.

디코더 회로는 그림 4.14와 같이 *enable* 입력 *En*을 포함하는 것이 유용하다. $En = 1$로 설정하면, 디코더는 그림 4.13과 같이 동작한다. 그러나 $En = 0$으로 설정하여 기능을 disable 상태로 만들면, 어떤 출력도 활성화되지 않는다. 진리표에 다섯 개의 행만 표시함을 유의하자. 만일 $En = 0$이면 변수 w_1과 w_0의 값과 무관하게 모든 출력이 0이기 때문이다. 변수의 값이 0 혹은 1의 값과 관련이 없다는 의미를 진리표에 x로 표시한다.

w_1	w_0	y_0	y_1	y_2	y_3
0	0	1	0	0	0
0	1	0	1	0	0
1	0	0	0	1	0
1	1	0	0	0	1

(a) 진리표

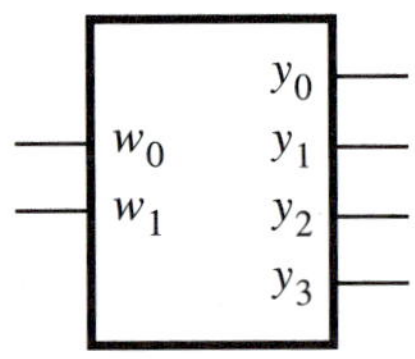

(b) 그래픽 심벌

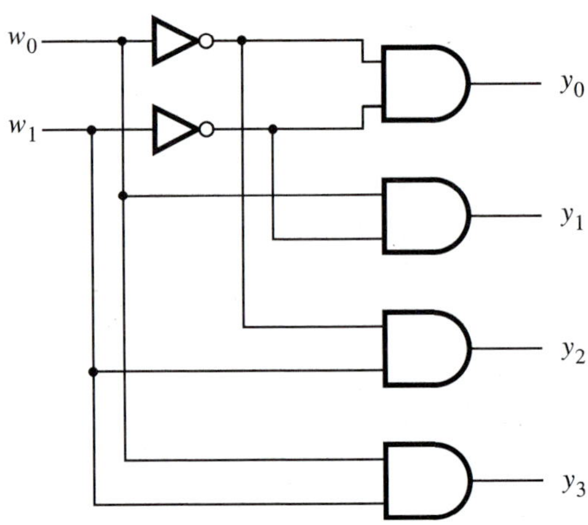

(c) 논리회로도

그림 4.13 2-to-4 디코더

이 디코더의 그래픽 심벌은 그림 4.14*b*이다. 그림 4.14*c*는 디코더에 enable 기능이 어떻게 포함되는지 보여준다. *n*개 입력을 가진 2진 디코더는 2^n개의 출력을 갖는다. *n*-to-2^n 디코더에 대한 그래픽 심벌은 그림 4.14*d*이다.

여러 개의 입력 비트 중에서 한 번에 한 비트만 1로 설정되는 *k*-비트 2진 디코더를 one-hot encoded라고 하며, 1로 설정된 하나의 비트를 'hot'이라고 생각하는 것이다.

En	w_1	w_0	y_0	y_1	y_2	y_3
1	0	0	1	0	0	0
1	0	1	0	1	0	0
1	1	0	0	0	1	0
1	1	1	0	0	0	1
0	x	x	0	0	0	0

(a) 진리표

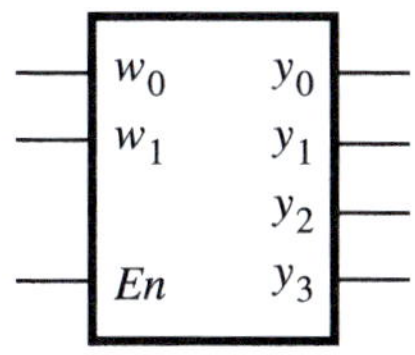

(b) 그래픽 심벌

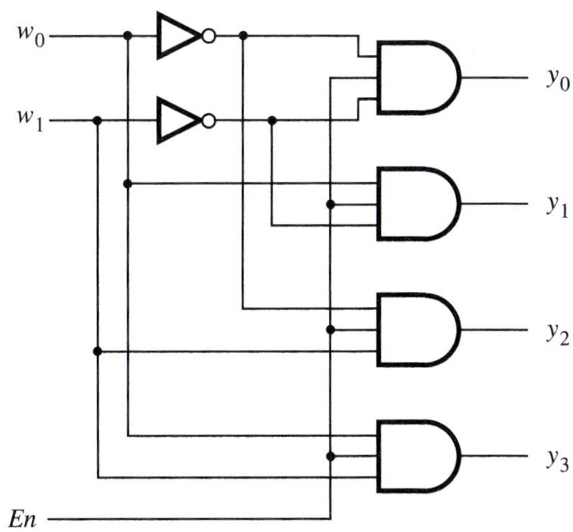

(c) 논리회로도

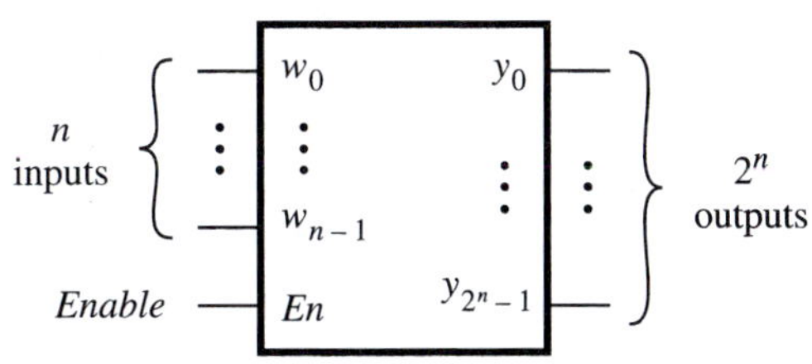

(d) *n*-to-2^n 디코더

그림 4.14 2진 디코더

Enabled binary decoder의 출력은 one-hot encoded이다.

디코더를 active-high 또는 active-low 출력을 갖도록 설계할 수도 있다. 우리는 active-high 출력이 필요하다고 가정하였다.

규모가 큰 디코더는 그림 4.14*c*와 같이 SOP 구조로 구현될 수도 있고, 작은 디코더들로 구성할 수도 있다. 그림 4.15는 두 개의 2-to-4 디코더를 이용하여 3-to-8 디코더를 만든 것이다. 여기서, 입력 w_2는 두 개의 디코더의 enable 입력을 구동한다. 위쪽 디코더는 $w_2 = 0$일 때 enable 되고, 아래쪽 디코더는 $w_2 = 1$일 때 enable 된다. 이 개념은 임의 크기의 디코더에 대하여서도 적용할 수 있다. 그림 4.16은 다섯 개의 2-to-4 디코더들을 사용해서 한 개의 4-to-16 디코더를 구성한 것을 보여준다. 이 모양이 나무와 같은 모습이므로, 이런 회로를 흔히 **디코더 트리**(*decoder tree*)라고 부른다.

예제 4.7

디코더는 실질적으로 많은 목적으로 사용된다. 그림 4.2*c*에서 4-to-1 멀티플렉서를 SOP 형태로 표현한 회로를 보여주었는데, 그 회로는 선택 입력 s_1과 s_0의 네 가지 다른 경우를 AND 게이트로 구별하였다. 디코더는 입력 값에 따라 각기 다른 출력 값을 제공하기 때문에, 그림 4.17과 같이 멀티플렉서를 만드는 데 디코더를 사용할 수 있다. 이 경우에 디코더의 enable 입력은 필요 없으므로 항상 1로 고정한다. 디코더의 네 가지 출력은 선택 입력의 네 가지 값에 해당하는 역할을 한다.

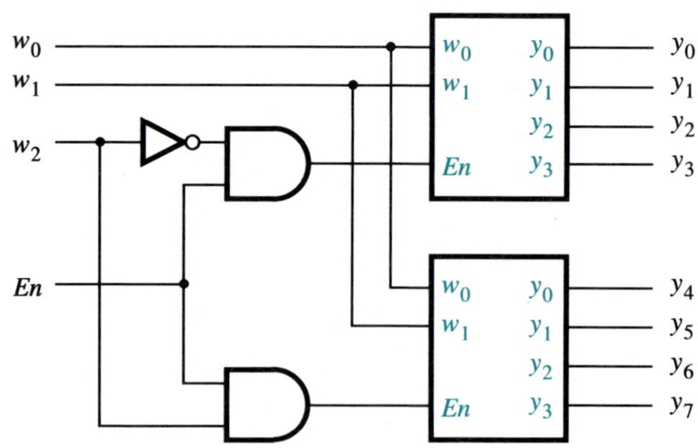

그림 4.15 두 개의 2-to-4 디코더를 사용한 3-to-8 디코더

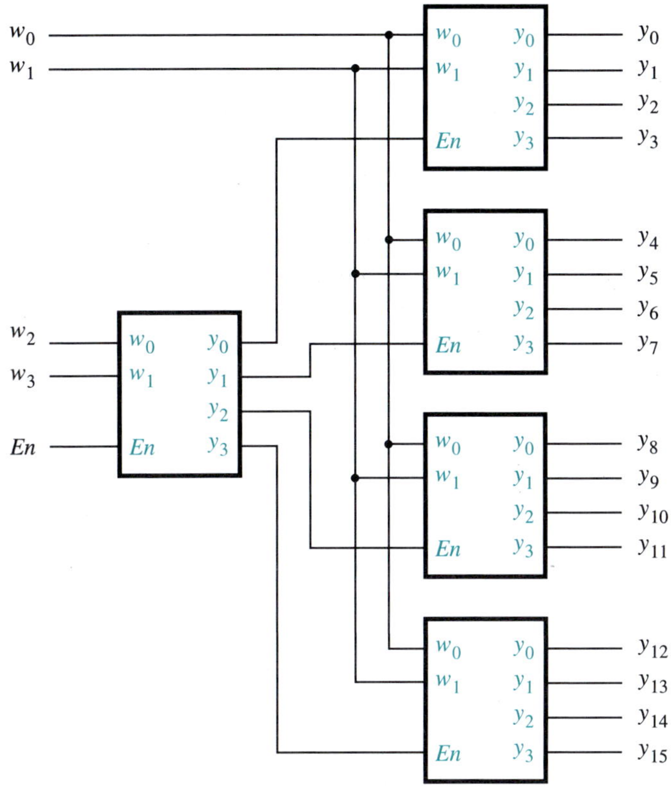

그림 4.16 디코더 트리로 만든 4-to-16 디코더

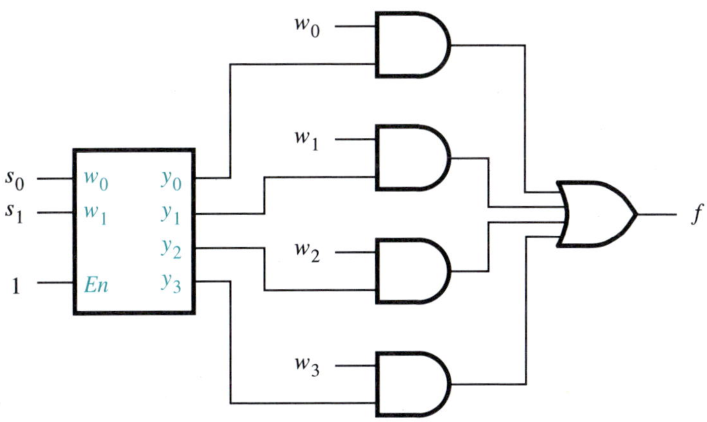

그림 4.17 디코더를 사용하여 만든 4-to-1 멀티플렉서

4.2.1 디멀티플렉서

멀티플렉서는 하나의 출력, n 데이터 입력, 그리고 $\lceil \log_2 n \rceil$개의 선택 입력으로 구성된다는 것을 4.1절에서 보았다. 멀티플렉서 회로의 목적은 n 데이터 입력을 선택 입력의 제어에 따라 하나의 출력에 다중화(multiplexing)하는 것이다. 이와 반대의 기능을 수행하는 회로를 **디멀티플렉서**(*demultiplexer*)라고 부른다. 이 회로는 단일 데이터 입력을 다수의 데이터 출력으로 제공한다. 디코더 회로를 사용해서 디멀티플렉서를 구현할 수 있다. 예를 들면, 그림 4.14의 2-to-4 디코더는 1-to-4 디멀티플렉서로 사용될 수 있다. 이 경우에 En 입력은 디멀티플렉서의 데이터 입력 역할을 하고, 출력 y_0부터 y_3은 디멀티플렉서의 데이터 출력 역할을 한다. $w_1 w_0$의 값은 En을 어느 출력으로 전달할지 결정한다. 회로가 어떻게 동작하는지를 보기 위해서, 그림 4.14a의 진리표를 살펴보자. $En = 0$일 때, $w_1 w_0$의 값에 의해 선택된 출력을 포함하여 모든 출력은 0이 된다. $En = 1$일 때, $w_1 w_0$의 값에 대응하는 하나의 출력을 1로 설정한다.

일반적으로 하나의 n-to-2^n 디코더 회로는 1-to-2^n 디멀티플렉서로 사용될 수 있다. 그러나 실질적으로 디코더 회로는 디멀티플렉서보다 디코더로 훨씬 더 자주 사용된다.

4.3 • 인코더

인코더(encoder)는 디코더의 반대 기능을 수행한다. 주어진 정보를 보다 압축된 형식으로 부호화(encode)한다.

4.3.1 2진 인코더

2진 인코더는 그림 4.18과 같이 2^n개 입력을 n-비트 코드로 부호화한다. 입력 신호 중에 반드시 하나만 1의 값을 가져야 하고, 그 출력은 어느 입력이 1인지를 알려주는 2진수이다. 4-to-2 인코더에 대한 진리표는 그림 4.19a와 같이 주어진다. 입력 w_1이나 w_3 어느 것이든 1일 때 출력 y_0이 1이 되고, 입력 w_2나 w_3이 1일 때 출력 y_1은 1이 된다. 그러므로 이 출력을 그림 4.19b의 회로로 구현할 수 있다. 입력이 one-hot coded임을 가정하고 있음에 유의하라. 입력에 1이 여러 개인 입력 패턴은 진리표에 표시되어 있지 않은데, 이것들을 무정의 조건으로 취급한 것이다.

인코더는 주어진 정보를 표현하는 데 필요한 비트 수를 줄이기 위해서 사용된다. 인코더를 사용하는 한 가지 예는 디지털시스템에서 정보를 전송하는 것이다. 정보를 부호화하면 보다 적은 선들을 사용해서 전송 링크(transmission link)를 구성할 수 있다. 만약 정보를 나중에 다시 사용하기 위해 저장해야 한다면, 보다 적은 비트로 저장하는 것이 유리하므로 이 경우도 부호화는 유용하다.

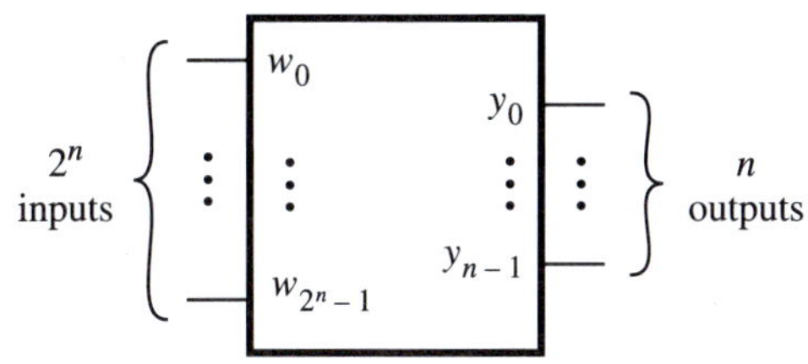

그림 4.18 n-to-$2n$ 2진 인코더

w_3	w_2	w_1	w_0	y_1	y_0
0	0	0	1	0	0
0	0	1	0	0	1
0	1	0	0	1	0
1	0	0	0	1	1

(a) 진리표

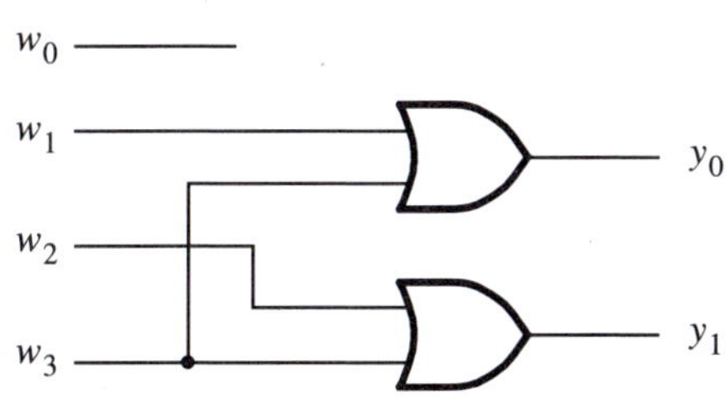

(b) 회로

그림 4.19 4-to-2 2진 인코더

4.3.2 우선순위 인코더

유용한 인코더의 한 가지 종류는 입력 신호에 우선순위(priority)를 부여한 것이다. **우선순위 인코더**(*priority encoder*)에서, 각 입력은 그에 해당하는 우선순위 레벨을 갖는다. 인코더의 출력은 가장 높은 우선순위를 갖는 active 입력을 나타낸다. 우선순위가 높은 입력이 활성화되면, 그보다 우선순위가 낮은 입력들은 무시된다. 4-to-2 우선순위 인코더의 진리표가 그림 4.20에 있다. w_0이 가장 낮은 우선순위이고 w_3이 가장 높은 우선순위라고 가정한다. 2진 출력 y_1과 y_0은 1로 설정된 입력들 중에서 가장 우선순위가 높은 입력에 해당하는 2진수이다. 어느 입력도 1이 아닐 수 있기 때문에, 이 조건을 처리하기 위하여 출력 z가 추가되었다. 적어도 한 개 이상의 입력이 1일 때 $z = 1$로 되고, 모든 입력이 0일 때 $z = 0$으로 된다. 이 경우에 출력 y_1과 y_0은 의미가 없다. 그래서 진리표의 첫

w_3	w_2	w_1	w_0	y_1	y_0	z
0	0	0	0	d	d	0
0	0	0	1	0	0	1
0	0	1	x	0	1	1
0	1	x	x	1	0	1
1	x	x	x	1	1	1

그림 4.20 4-to-2 우선순위 인코더를 위한 진리표

째 행은 y_1과 y_0에 대해 무정의 조건으로 취급된다.

우선순위 인코더의 동작은 진리표의 마지막 행을 먼저 고려하면 쉽게 이해될 수 있다. 만약 입력 w_3이 1이면, 출력은 $y_1y_0 = 11$로 설정된다. w_3은 가장 높은 우선순위를 갖기 때문에 입력 w_2, w_1, w_0의 값은 중요하지 않다. 이들의 값이 무관하다는 사실을 반영하기 위해서 w_2, w_1, w_0은 진리표에 무정의 기호 x로 표시되어 있다. 진리표의 마지막에서 두 번째 열은 만약 $w_3 = 0$이면서 $w_2 = 1$이면 출력 $y_1y_0 = 10$으로 되는 것을 규정하고 있다. 유사하게, 만약 $w_3w_2 = 00$이면서 $w_1 = 1$이면 출력 $y_1y_0 = 01$로 된다. 입력 w_0은 자신이 유일하게 활성화된 때만 출력을 $y_1y_0 = 00$으로 만든다.

이 진리표를 구현하는 논리회로는 2장에서 소개한 방법을 사용하여 구현할 수 있다. 그러나 회로를 유도하는 더욱 편리한 방법은 위의 관찰로부터 중간 신호인 $i_0, \ldots, i_3$을 정의하는 것이다. 각 신호 i_k는 같은 첨자를 갖는 입력 w_k가 1로 된 가장 높은 우선순위를 갖는 입력일 때만 1로 설정된다. $i_0, \ldots, i_3$에 대한 논리식은 다음과 같다.

$$
\begin{aligned}
i_0 &= \overline{w}_3\overline{w}_2\overline{w}_1w_0 \\
i_1 &= \overline{w}_3\overline{w}_2w_1 \\
i_2 &= \overline{w}_3w_2 \\
i_3 &= w_3
\end{aligned}
$$

중간 신호들을 사용함으로써, 우선순위 인코더 회로는 그림 4.19의 2진 인코더와 같은 구조를 갖는다.

$$
\begin{aligned}
y_0 &= i_1 + i_3 \\
y_1 &= i_2 + i_3
\end{aligned}
$$

출력 z는 다음과 같다.

$$z = i_1 + i_2 + i_3 + i_4$$

4.4 • 코드 변환기

디코더와 인코더 회로의 목적은 입력 코드를 다른 코드로 변환하는 것이다. 예를 들면 3-to-8 2진 디코더는 2진수 입력을 one-hot 코드 출력으로 변환한다. 8-to-3 2진 인코더는 반대 변환을 수행한다. 이와 같은 코드 변환기는 여러 종류가 있다. 많이 사용하는 예는 BCD-to-7-세그먼트 디코더이며, 이것을 2.14절에서 소개한 바 있다. 이와 비슷하면서 자주 사용되는 디코더는 16진수 정보를 7-세그먼트 디스플레이에 표시하는 데 사용된다. 3.1.2절에서 설명한 대로, 긴 2진수를 16진수 형태로 표현하면 시각적으로 다루기 편리하다. 그림 4.21은 hex-to-7-세그먼트 디코더를 구현한 것이다. 0부터 9까지는 BCD-to-7-세그먼트 디코더의 경우와 같다. 10부터 15까지는 A, b, C, d, E, 그리고 F로 표시된다.

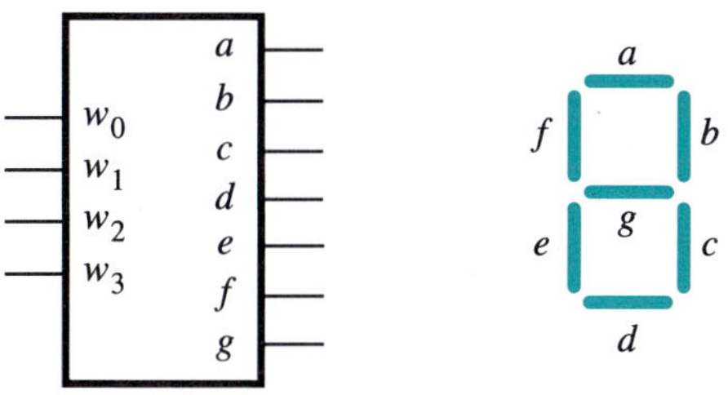

(a) 코드 변환기 (b) 7-세그먼트 디스플레이

w_3	w_2	w_1	w_0	a	b	c	d	e	f	g
0	0	0	0	1	1	1	1	1	1	0
0	0	0	1	0	1	1	0	0	0	0
0	0	1	0	1	1	0	1	1	0	1
0	0	1	1	1	1	1	1	0	0	1
0	1	0	0	0	1	1	0	0	1	1
0	1	0	1	1	0	1	1	0	1	1
0	1	1	0	1	0	1	1	1	1	1
0	1	1	1	1	1	1	0	0	0	0
1	0	0	0	1	1	1	1	1	1	1
1	0	0	1	1	1	1	1	0	1	1
1	0	1	0	1	1	1	0	1	1	1
1	0	1	1	0	0	1	1	1	1	1
1	1	0	0	1	0	0	1	1	1	0
1	1	0	1	0	1	1	1	1	0	1
1	1	1	0	1	0	0	1	1	1	1
1	1	1	1	1	0	0	0	1	1	1

(c) 진리표

그림 4.21 A hex-to-7-세그먼트 디스플레이 코드 변환기

디코더란 용어가 이런 회로에 통상적으로 사용되지만, 더 적절한 용어는 **코드 변환기**(*code converter*)라는 것을 강조하고자 한다. 디코더란 용어는 one-hot encoded 출력을 생성하는 회로에 더 적합하다.

4.5 • 산술 비교 회로

3장에서 2진수의 덧셈, 뺄셈, 곱셈을 수행하는 산술회로를 다루었다. 유용한 산술회로의 한 가지 형태는 2진수 두 개의 상대적 크기를 비교하는 회로이다. 이 회로를 **비교기**(*comparator*)라고 부른다. 이 절에서는 무부호 n-비트 2진수 입력인 A와 B를 비교하는 회로를 설명한다. 비교기는 $AeqB$, $AgtB$, $AltB$라는 세 가지 출력을 생성한다. 만약 A와 B가 같으면 $AeqB$ 출력은 1이 되고, A가 B보다 크면 $AgtB$ 출력이 1, A가 B보다 작으면 $AltB$ 출력이 1이 된다.

A와 B의 함수로 세 개의 출력을 표현하는 진리표를 작성함으로써 원하는 비교기를 설계할 수 있다. 그러나 n의 값이 대단히 크지 않더라도 그 진리표는 매우 크다. 따라서 가능한 해결책은 A와 B의 비트를 짝으로 고려하여 비교기 회로를 설계하는 것이다. 여기서는 $n = 4$인 간단한 예제를 사용한다.

$A = a_3a_2a_1a_0$, $B = b_3b_2b_1b_0$라고 하자. 중간 신호의 집합인 i_3, i_2, i_1, i_0을 정의한다. 각 신호 i_k는 만약 첨자가 같은 A와 B의 비트 값이 같으면 1이다. 즉, $i_k = \overline{a_k \oplus b_k}$이다. 따라서 비교기의 $AeqB$ 출력은 다음과 같다.

$$AeqB = i_3 i_2 i_1 i_0$$

$AgtB$ 출력에 대한 식은 MSB부터 LSB까지 차례대로 A와 B의 비트들을 비교하여 유도할 수 있다. 처음으로 서로 값이 다른 비트의 위치를 k라고 할 때, a_k와 b_k의 크기를 비교하여 A가 B보다 큰지 작은지를 결정할 수 있다. 만약 $a_k = 0$이고 $b_k = 1$이면, $A < B$이다. 그러나 만약 $a_k = 1$이고 $b_k = 0$이면, $A > B$이다. 따라서 $AgtB$ 출력은 다음과 같이 정의된다.

$$AgtB = a_3\overline{b}_3 + i_3a_2\overline{b}_2 + i_3i_2a_1\overline{b}_1 + i_3i_2i_1a_0\overline{b}_0$$

i_k 신호는 A와 B를 왼쪽에서 오른쪽으로 검사하여 값이 다른 첫 번째 자리가 $AgtB$의 값을 결정한다는 것을 보장한다.

$AltB$ 출력은 다음과 같이 다른 두 개의 출력을 사용하여 유도할 수 있다.

$$AltB = \overline{AeqB + AgtB}$$

그림 4.22는 4-비트 비교기를 구현한 논리회로이다. 임의의 n값을 갖는 비교기를 설계하는 데 이 방법을 사용할 수 있다.

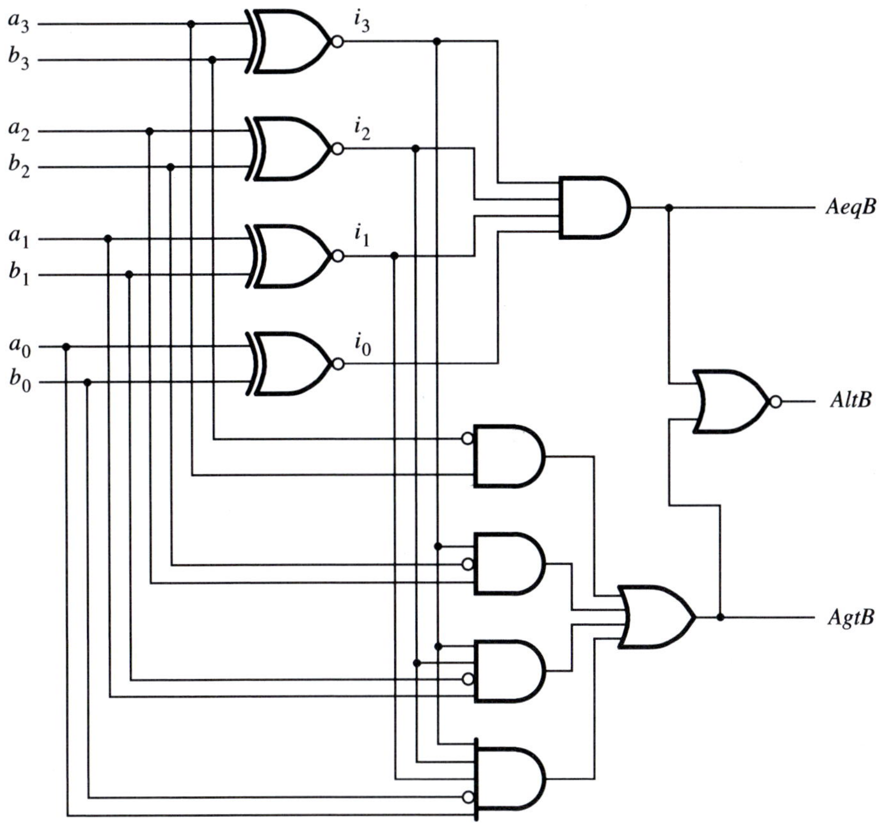

그림 4.22 4-비트 비교기 회로

다른 논리회로와 같이, 비교기 회로를 다른 방법으로 구현할 수도 있다. 비교기 회로를 설계하는 다른 방법을 3장의 예제 3.9에 제시하였다.

4.6 • 조합회로에 대한 Verilog

자주 사용되는 빌딩 블록 회로를 소개하였으므로, 이제 Verilog로 이 회로를 어떻게 기술하는지를 살펴볼 것이다. 게이트 또는 논리식을 사용하기보다 회로의 동작(behavior) 관점에서 기술할 것이다. 또한 이미 앞에서 사용하였던 동작적 Verilog 구조에 대하여 보다 더 정밀한 표현 방법을 제공하고 새로운 개념을 소개할 것이다.

4.6.1 조건부 연산자

논리회로에서 어떤 조건에 따라 여러 가지 가능한 신호 혹은 값 중에 하나를 선택해야 하는 경우가 있다. 전형적인 예는 선택 입력의 값에 의해 선택된 데이터 입력을 출력으로 전달하는 멀티플렉서 회로이다. 이와 같은 선택을 간단하게 구현하기 위하여, Verilog는 조건에 의해 두 개의 값 중 하나를 할당하는 조건부 연산자인 (?:)를 제공한다. 이 구문(syntax) 형식은 세 개의 피연산자를 포함한다.

conditional_expression ? true_expression: false_expression

만약 conditional_expression이 true(1)이면 true_expression의 값이 선택되고, 그렇지 않으면 false_expression의 값이 선택된다. 예를 들면, 다음 문장

A = (B < C) ? (D + 5) : (D + 2);

는 만약 B가 C보다 작다면 A의 값은 $D + 5$가 될 것이고, 그렇지 않으면 A는 $D + 2$의 값을 갖게 될 것이다. 반드시 필요한 것은 아니지만 위의 문장을 읽기 쉽도록 괄호를 사용했다. 이와 같은 조건부 연산자는 연속 할당문이나 **always** 블록 안에 있는 순차문에서 모두 사용될 수 있다.

예제 4.8

그림 4.23처럼 **assign** 문에 조건부 연산자를 사용해 2-to-1 멀티플렉서를 정의할 수 있다. 이름이 *mux2to1*인 모듈은 입력이 w_0, w_1, s이고, 출력은 f이다. 신호 s는 선택 입력으로 사용된다. 출력 f는 선택 입력 s가 1이면 w_1과 같고, s가 0이면 w_0와 같다. 그림 4.24는 **always** 블록 안에 조건부 연산자를 사용해서 어떻게 멀티플렉서를 정의하는지 보여준다.

그림 4.2의 4-to-1 멀티플렉서를 정의하는 데 같은 방법을 사용할 수 있다. 그림 4.2*b*의 진리표와 같이, 만약 선택 입력 $s_1 = 1$이면 f는 s_0의 값에 따라 w_2 또는 w_3으로 세트된다. 이와 비슷하게 $s_1 = 0$이면 f는 w_0 또는 w_1로 설정된다. 그림 4.25는 이 함수를 정의하기 위하여 중첩 조건부 연산자(nested conditional operator)를 사용하는 방법을 보여준다. 모듈의 이름은 *mux4to1*이다. 선택 입력은 2-비트 벡터 S로 표현된다. 첫 번째 조건식은 비트 s_1의 값을 검사한다. 만약 $s_1 = 1$이면, 다음에 s_0이 검사되고, $s_0 = 1$이면 f는 w_3으로 설정되고, $s_0 = 0$이면 f는 w_2로 설정된다. 이것은 그림 4.2*b* 진리표의 3행 및 4행에 대응한다. 유사하게, $s_1 = 0$이면 두 번째 괄호 안의 조건부 연산자가 실행되는데, $s_0 = 1$이면 $f = w_1$을, $s_0 = 0$이면 $f = w_0$을 선택한다. 즉 진리표의 처음 두 개 행을 구현한다.

```
module mux2to1 (w0, w1, s, f);
   input w0, w1, s;
   output f;

   assign f = s ? w1 : w0;

endmodule
```

그림 4.23 조건부 연산자를 사용하여 작성한 2-to-1 멀티플렉서

```
module mux2to1 (w0, w1, s, f);
   input w0, w1, s;
   output reg f;

   always @(w0, w1, s)
      f = s ? w1 : w0;

endmodule
```

그림 4.24 조건부 연산자를 사용하여 2-to-1 멀티플렉서를 구현한 다른 예

```
module mux4to1 (w0, w1, w2, w3, S, f);
   input w0, w1, w2, w3;
   input [1:0] S;
   output f;

   assign f = S[1] ? (S[0] ? w3 : w2) : (S[0] ? w1 : w0);

endmodule
```

그림 4.25 조건부 연산자를 사용하여 구현한 4-to-1 멀티플렉서

4.6.2 if-else 문

이미 앞장에서 **if-else** 문을 사용하였다. 이것의 문법 구조는 다음과 같다.

```
if (conditional_expression) statement;
else statement;
```

조건식은 부록의 표 A.1에 주어진 연산자를 사용할 수 있다. 만약 조건식이 true이면, 첫 문장(혹은 **begin**과 **end** 키워드로 구분되는 문장의 한 블록)이 실행되고, 그렇지 않으면, 두 번째 문장(혹은 문장의 한 블록)이 실행된다.

예제 4.9

그림 4.26은 **if-else** 문을 사용하여 2-to-1 멀티플렉서를 기술한 예제이다. **if** 절은 $s = 0$일 때 f에 w_0의 값을 할당하고, 그렇지 않으면 f에 w_1의 값을 할당한다.

if-else 문은 더욱 큰 멀티플렉서를 구현하는 데 사용될 수 있다. 그림 4.27은 **if-else** 문을 이용하여 구현한 4-to-1 멀티플렉서이다. **if-else** 구문은 S의 값에 따라 f를 입력 $w_0, \ldots, w_3$ 중 하나의 값으로 설정한다.

같은 회로를 정의한 다른 방법이 그림 4.28이다. 이 경우 단일 비트 신호 w_0, w_1, w_2, w_3 대신에 4-비트 벡터 W를 사용하였다. 또한 S의 네 개의 다른 값들을 2진수 대신에 10진수로 표기하였다.

예제 4.10

그림 4.4는 16-to-1 멀티플렉서를 네 개의 4-to-1 멀티플렉서로 구축한 것이다. 그림 4.29는 모듈 *mux4to1*을 다섯 개 생성하여 이 회로를 만든 Verilog 코드이다. 모듈 *mux16to1*의 데이터 입력은 16-비트 벡터 W이고, 그 선택 입력은 4-비트 벡터 S이다. Verilog 코드에서 그림 4.4의 좌측에 있는 네 개의 4-to-1 멀티플렉서의 출력을 표현하기 위하여 신호의 이름이 필요하다. 이름이 M인 4-비트 신호는 이 목적을 위해 사용된 것이다. 이름이 *Mux1*인 첫 번째 멀티플렉서는 그림 4.4의 좌측 상단에 있는 멀티플렉서에 대응한다. 처음 네 개의 포트는 신호 $W[0], \ldots, W[3]$에 의해 구동된다. 구문 $S[1{:}0]$은 신호 $S[1]$과 $S[0]$을 *mux4to1* 모듈의 2-비트 S 포트에 연결하기 위해 사용되었다. $M[0]$ 신호는 멀티플렉서의 출력 포트에 연결된다. 이와 마찬가지로 *Mux2*, *Mux3*, *Mux4*는 좌측의 그 다음 세 개의 멀티플렉서로 선언된 것이다. 그림 4.4의 우측 멀티플렉서는 *Mux5*로 선언된 것이다. 신호 $M[0], \ldots, M[3]$는 데이터 입력에 연결되고, 비트 $S[3]$과 $S[2]$는 선택 입력으로 연결된다. 출력 포트는 *mux16to1*의 출력을 f에 연결한다. 코드를 컴파일하면 다음과 같은 멀티플렉서 출력을 얻는다.

$$f = \bar{s}_3\bar{s}_2\bar{s}_1\bar{s}_0w_0 + \bar{s}_3\bar{s}_2\bar{s}_1s_0w_1 + \bar{s}_3\bar{s}_2s_1\bar{s}_0w_2 + \cdots + s_3s_2s_1\bar{s}_0w_{14} + s_3s_2s_1s_0w_{15}$$

모듈 *mux4to1*은 그림 4.29의 코드에서 *Mux1*부터 *Mux5*를 생성하는 데 사용되므로, *mux16to1* 모듈은 같은 파일 안에 그림 4.28의 코드를 포함시키거나, 혹은 모듈 *mux4to1*을 같은 경로에 별도 파일로 저장하여 Verilog 컴파일러가 찾을 수 있도록 경로를 지정하여야 한다. 만약 그림 4.27의 코드가 *mux4to1*로 사용되었다면, 한 개의 벡터 $W[0{:}3]$으로 사용하지 않고 $W[0]$, $W[1]$, $W[2]$, $W[3]$과 같이 각 포트를 독립적으로 열거해야 한다.

```
module mux2to1 (w0, w1, s, f);
   input w0, w1, s;
   output reg f;

   always @(w0, w1, s)
      if (s == 0)
         f = w0;
      else
         f = w1;

endmodule
```

그림 4.26 if-else 문으로 작성한 2-to-1 멀티플렉서 코드

```
module mux4to1 (w0, w1, w2, w3, S, f);
   input w0, w1, w2, w3;
   input [1:0] S;
   output reg f;

   always @(*)
      if (S == 2'b00)
         f = w0;
      else if (S == 2'b01)
         f = w1;
      else if (S == 2'b10)
         f = w2;
      else
         f = w3;

endmodule
```

그림 4.27 if-else 문으로 작성한 4-to-1 멀티플렉서 코드

```
module mux4to1 (W, S, f);
   input [0:3] W;
   input [1:0] S;
   output reg f;

   always @(W, S)
      if (S == 0)
         f = W[0];
      else if (S == 1)
         f = W[1];
      else if (S == 2)
         f = W[2];
      else
         f = W[3];

endmodule
```

그림 4.28 4-to-1 멀티플렉서를 다른 방법으로 구현한 코드

```
module mux16to1 (W, S, f);
    input [0:15] W;
    input [3:0] S;
    output f;
    wire [0:3] M;

    mux4to1 Mux1 (W[0:3], S[1:0], M[0]);
    mux4to1 Mux2 (W[4:7], S[1:0], M[1]);
    mux4to1 Mux3 (W[8:11], S[1:0], M[2]);
    mux4to1 Mux4 (W[12:15], S[1:0], M[3]);
    mux4to1 Mux5 (M[0:3], S[3:2], f);

endmodule
```

그림 4.29 계층적으로 구현한 16-to-1 멀티플렉서

4.6.3 CASE 문

if-else 문은 expression의 값에 따라서 alternative(분기 경로)를 선택하는 방법을 제공한다. 선택할 alternative가 많을 때, 이 문장으로 작성한 코드는 읽기가 부자연스러워진다. 그 대신에 다음과 같이 정의되는 Verilog **case** 문을 사용할 수 있다.

```
case (expression)
    alternative1: statement;
    alternative2: statement;
    .
    .
    .
    alternativej: statement;
    [default: statement;]
endcase
```

제어로 사용되는 expression과 alternative는 비트 단위로 비교된다. 일치하는 alternative가 하나 이상일 때, 첫 번째로 일치하는 문장만 실행한다. 표현된 alternative들이 제어용 expression의 가능한 값을 전부 포함하지 않을 때, 옵션으로 기술하는 **default** 절을 반드시 포함시켜야 한다. 그렇지 않으면 Verilog 컴파일러는 기술하지 않은 경우를 처리하기 위하여 메모리 소자를 합성하게 된다. 이러한 문제를 5장에서 설명할 것이다.

예제 4.11

case 문은 그림 4.30과 같이 4-to-1 멀티플렉서를 정의하기 위해서 사용될 수 있다. 선택 벡터 *S*가 가질 수 있는 네 가지 값을 10진수로 표기하였으나, 2진수로 표기하여 처리할 수도 있다.

```
module mux4to1 (W, S, f);
   input [0:3] W;
   input [1:0] S;
   output reg f;

   always @(W, S)
      case (S)
         0: f = W[0];
         1: f = W[1];
         2: f = W[2];
         3: f = W[3];
      endcase

endmodule
```

그림 4.30 case 문장으로 정의한 4-to-1 멀티플렉서

예제 4.12

그림 4.31은 2-to-4 2진 디코더의 진리표를 **case** 문을 사용하여 기술한 코드를 보여준다. 모듈의 이름은 *dec2to4*이다. 데이터 입력은 2-비트 벡터 *W*이고, 인에이블 입력은 *En*이다. 네 개의 출력은 4-비트 벡터 *Y*로 표시되어 있다.

그림 4.14*a*의 디코더 진리표에 데이터 입력은 *En*, w_1, w_0 순서로 나열되어 있다. 제어용 expression에 이 세 개의 신호를 하나의 3-비트 벡터로 표현하기 위해서 Verilog 코드는 *En*과 *W* 신호를 연결 연산자를 이용하여 결합하고 있다. **case** 문에 포함된 네 개의 alternative는 그림 4.14*a*의 $En = 1$인 진리표에 대응하고, 디코더 출력은 진리표의 처음 네 개 행(row)의 패턴과 같다. 마지막 절은 **default** 키워드를 사용하여 출력을 0000으로 설정하는데, 이것은 $En = 0$에 해당하는 기타의 경우를 모두 처리한다.

예제 4.13

그림 4.32와 같이 2-to-4 디코더를 **if-else**와 **case** 문을 혼합하여 기술할 수 있다. 만약 $En = 0$이면, 출력 *Y*의 모든 4-비트는 0으로 설정된다. 그렇지 않고 $En = 1$이면, **case** alternative가 실행된다.

```
module dec2to4 (W, En, Y);
    input [1:0] W;
    input En;
    output reg [0:3] Y;

    always @(W, En)
        case ({En, W})
            3'b100: Y = 4'b1000;
            3'b101: Y = 4'b0100;
            3'b110: Y = 4'b0010;
            3'b111: Y = 4'b0001;
            default: Y = 4'b0000;
        endcase

endmodule
```

그림 4.31 2-to-4 2진 디코더에 대한 Verilog 코드

```
module dec2to4 (W, En, Y);
    input [1:0] W;
    input En;
    output reg [0:3] Y;

    always @(W, En)
    begin
        if (En == 0)
            Y = 4'b0000;
        else
            case (W)
                0: Y = 4'b1000;
                1: Y = 4'b0100;
                2: Y = 4'b0010;
                3: Y = 4'b0001;
            endcase
    end

endmodule
```

그림 4.32 2-to-4 2진 디코더를 다르게 구현한 코드

예제 4.14

그림 4.16의 4-to-16 디코더의 트리 구조는 그림 4.33과 같이 정의될 수 있다. 입력은 4-비트 벡터 *W*와 인에이블 신호 *En*이다. 출력은 16-비트 벡터 *Y*이다. 이 회로는 그림 4.31 또는 그림 4.32로 정의된 2-to-4 디코더의 인스턴스를 다섯 개 생성하여 사용한다. 그림 4.16에서 가장 왼쪽에 있는 디코더의 출력은 그림 4.33에 4-비트 벡터 *M*으로 표시되어 있다.

예제 4.15

그림 4.34는 **case** 문의 다른 예이다. 모듈 *seg7*은 그림 4.21의 hex-to-7 세그먼트 디코더를 나타낸다. 16진수 입력은 이름이 *hex*인 4-비트 벡터이고, 일곱 개의 출력은 이름이 *leds*인 7-비트 벡터이다. **case** alternative는 그림 4.21*c*의 진리표와 같은 순서로 나열되어 있다. **case** 문 우측에 하나의 주석이 있는데, 이것은 *a*에서 *g*까지에 해당하는 일곱 개 출력의 레이블이다. 이 레이블은 Verilog 코드 내의 *leds* 벡터의 비트와 그림 4.21*b*의 7 세그먼트 간의 상관관계를 보인 것이다.

예제 4.16

ALU(Arithmetic Logic Unit, 산술연산장치)는 *n*-비트 피연산자에 대하여 여러 가지 부울 및 산술 연산을 수행하는 논리회로이다. 표 4.1은 74381칩으로 알려진 간단한 ALU 기능을 제시한 것이다. 이것은 7400-시리즈라고 불리는 계열 안에 있는 표준 칩의 형태로 제공되고 있다. 이 ALU는 두 개의 4-비트 데이터 입력 *A*와 *B*, 3-비트 선택 입력 *S*, 그리고 4-비트 출력 *F*를 갖고 있다. 이 표에 보이는 것처럼, *F*는 입력 *A*와 *B*에 대한 산술 및 부울 연산을 정의한다. 이 표에서 +는 산술 덧셈을, −는 산술 뺄셈을 의미한다. 혼동을 피하기 위하여, 부울 연산을 XOR, OR, AND로 나타내고 있다. 각 부울 연산은 비트 단위로 수행된다. 예를 들면, $F = A$ AND B는 $f_0 = a_0b_0, f_1 = a_1b_1, f_2 = a_2b_2, f_3 = a_3b_3$로 계산한 4-비트 결과를 산출한다.

그림 4.35는 74381 ALU의 기능을 Verilog 코드로 기술한 것이다. **case** 문은 표 4.1에 직접적으로 대응된다.

```
module dec4to16 (W, En, Y);
   input [3:0] W;
   input En;
   output [0:15] Y;
   wire [0:3] M;

   dec2to4 Dec1 (W[3:2], M[0:3], En);
   dec2to4 Dec2 (W[1:0], Y[0:3], M[0]);
   dec2to4 Dec3 (W[1:0], Y[4:7], M[1]);
   dec2to4 Dec4 (W[1:0], Y[8:11], M[2]);
   dec2to4 Dec5 (W[1:0], Y[12:15], M[3]);

endmodule
```

그림 4.33 4-to-16 디코더에 대한 Verilog 코드

```
module seg7 (hex, leds);
   input [3:0] hex;
   output reg [1:7] leds;

   always @(hex)
      case (hex)   //abcdefg
         0: leds = 7'b1111110;
         1: leds = 7'b0110000;
         2: leds = 7'b1101101;
         3: leds = 7'b1111001;
         4: leds = 7'b0110011;
         5: leds = 7'b1011011;
         6: leds = 7'b1011111;
         7: leds = 7'b1110000;
         8: leds = 7'b1111111;
         9: leds = 7'b1111011;
         10: leds = 7'b1110111;
         11: leds = 7'b0011111;
         12: leds = 7'b1001110;
         13: leds = 7'b0111101;
         14: leds = 7'b1001111;
         15: leds = 7'b1000111;
      endcase

endmodule
```

그림 4.34 hex-to-7 세그먼트 디코더에 대한 코드

표 4.1 74381 ALU의 기능

Operation	Inputs $s_2\ s_1\ s_0$	Outputs F
Clear	0 0 0	0 0 0 0
B–A	0 0 1	$B - A$
A–B	0 1 0	$A - B$
ADD	0 1 1	$A + B$
XOR	1 0 0	*A* XOR *B*
OR	1 0 1	*A* OR *B*
AND	1 1 0	*A* AND *B*
Preset	1 1 1	1 1 1 1

```
// 74381 ALU
module alu (S, A, B, F);
  input [2:0] S;
  input [3:0] A, B;
  output reg [3:0] F;

  always @(S, A, B)
    case (S)
      0: F = 4'b0000;
      1: F = B – A;
      2: F = A – B;
      3: F = A + B;
      4: F = A ^ B;
      5: F = A | B;
      6: F = A & B;
      7: F = 4'b1111;
    endcase

endmodule
```

그림 4.35 74391 ALU 칩의 기능을 표현하는 코드

Casex와 Casez 문

지금까지 우리가 고려한 논리회로는 논리 값 0과 1을 사용하여 동작한다. 어떤 회로의 기능을 진리표 형태로 표현할 때, 그림 4.14*a* 또는 그림 4.20에서 본 것과 같이 논리 값으로 0 또는 1의 값을 갖는 것이 상관이 없을 수 있다. 일반적으로 이와 같은 경우를 문자 *x*로 나타낸다. 여기서 *x*는 알려지지 않은 값(unknown value)을 의미한다.

그리고 세 가지 서로 다른 출력 신호를 생성하는 회로를 구현할 수도 있다. 통상적으로 0과 1 값에 더하여, 세 번째 값은 출력 선이 0 또는 1에 해당하는 전압 레벨(voltage level)에 연결되어 있지 않음을 나타낸다. 이 경우에 출력은 부록 B에 설명되어 있는 개방 회로(open circuit)와 같이 동작한다. 우리는 이 출력을 *high-impedance* 상태에 있다고 말하고, 통상적으로 문자 *z*로 표기한다.

Verilog에서, 한 개의 신호는 0, 1, *z*, 또는 *x*의 네 가지 값을 가질 수 있다. *z*와 *x* 값을 대문자 *Z*와 *X*로 표기할 수도 있다. **case** 문에서 **case** alternative에 논리 값 0, 1, *z*, *x*를 사용할 수 있다. Expression과 일치하는 alternative 중의 하나를 결정하기 위해 비트 단위로 비교한다.

Verilog는 *z*와 *x*값을 처리하기 위하여 **case** 문을 변형한 두 가지 방법을 제공한다. **casez** 문은 case alternative와 controlling expression 안에 있는 모든 *z* 값을 무정의로 취급한다. **casex** 문은 모든 *z*와 *x*값을 무정의로 취급한다.

예제 4.17

그림 4.36은 그림 4.20의 우선순위 인코더에 대한 Verilog 코드이다. 우선순위 체계를 **casex** 문장으로 구현하였다. 첫 번째 alternative는 입력 w_3이 1일 때 출력을 $y_1 y_0 = 3$으로 설정하는 것을 나타낸다. 이 할당은 입력 w_2, w_1, w_0의 값에 의존하지 않으므로, 이 값들은 의미가 없다. **casex** 문 내의 다른 alternative들은 $w_3 = 0$일 때만 처리된다. 두 번째 alternative는 $w_2 = 1$이면 $y_1 y_0 = 2$가 되는 것을 기술한다. 만약 $w_2 = 0$이면, 다음 alternative는 $w_1 = 1$일 경우 $y_1 y_0 = 1$이다. 만약 $w_3 = w_2 = w_1 = 0$이고 $w_0 = 1$이면, 네 번째 alternative는 $y_1 y_0 = 0$을 결정한다.

우선순위 인코더의 출력 *z*는 입력 중 적어도 하나가 1일 때 1로 설정되어야 한다. 이 출력은 **always** 블록 안에 있는 **casex** 문장 밖에서 1로 설정된다. 만약 네 개의 alternative 중에 어느 것도 *W*의 값과 일치하지 않으면, **default** 절이 실행되어 *z* 값을 0으로 설정한다. **default** 절은 또한 무시해야 할 *Y* 출력을 임의의 출력으로 만들고 있다.

4.6.4 For 루프

회로의 구조가 규칙성이 있다면 **for** 루프(loop)를 사용하여 회로를 정의하는 것이 편리할 수 있다. 이미 3.5.4절에서 **for** 루프를 소개한 바 있다. 거기에서는 리플 캐리 가산기를 기술하는 데 사용되었다. **for** 루프는 다음과 같은 형태의 문법 구조를 갖는다.

for (initial_index; terminal_index; increment) statement;

정수형으로 선언된 루프 제어변수는 initial index 값으로 초기화된다. 이 값은 문장 내에서 또는 **begin**과 **end** 키워드로 둘러싸인 문장의 블록에서 사용된다. 매 반복을 실행한 후에 제어변수는 증가분(increment)에 정의된 것만큼 변경된다. 제어변수가 terminal

```
module priority (W, Y, z);
  input [3:0] W;
  output reg [1:0] Y;
  output reg z;

  always @(W)
  begin
    z = 1;
    casex (W)
      4'b1xxx: Y = 3;
      4'b01xx: Y = 2;
      4'b001x: Y = 1;
      4'b0001: Y = 0;
      default: begin
            z = 0;
            Y = 2'bx;
          end
    endcase
  end

endmodule
```

그림 4.36 우선순위 인코더에 대한 Verilog 코드

index에 도달한 후에 반복이 종료된다.

일반 고급 언어의 **for** 루프와는 다르게, Verilog **for** 루프는 반복될 때마다 시간적으로 발생하는 변화를 기술하는 것이 아니다. 대신에 반복될 때마다 다른 부분회로를 기술한다. 그림 3.25에서 **for** 루프는 하나의 전가산기 부분회로를 계속 연결하여 n-비트 리플 캐리 가산기를 정의하기 위하여 사용되었다. **for** 루프는 다음 두 개의 예제에서 설명하는 것처럼 다른 구조를 정의하는 데 사용될 수 있다.

예제 4.18

그림 4.37은 **for** 루프를 이용하여 2-to-4 디코더 회로를 기술한 코드이다. 이 루프의 효과는 **if-else**를 $k = 0, \ldots, 3$에 대해 네 번 반복하는 것이다. 첫 번째 루프는 $W = 0$이고 $En = 1$이면 $y_0 = 1$로 설정한다. 유사하게 나머지 세 번의 반복은 W와 En의 값에 따라 y_1, y_2, y_3의 값을 설정한다.

단순하게 벡터 W와 Y의 크기를 적절히 증가시키고 k의 최종 값을 $n - 1$로 만들면, 이 코드로 n-to-2^n 디코더를 기술하는 데 사용될 수 있다.

```
module dec2to4 (W, En, Y);
   input [1:0] W;
   input En;
   output reg [0:3] Y;
   integer k;

   always @(W, En)
      for (k = 0; k< = 3; k = k+1)
         if ((W == k) && (En == 1))
            Y[k] = 1;
         else
            Y[k] = 0;

endmodule
```

그림 4.37 **for 루프를 정의한 2-to-4 2진 디코더**

예제 4.19

그림 4.20의 우선순위 인코더는 그림 4.38과 같은 Verilog 코드로 정의될 수 있다. **always** 블록에서 출력 비트 y_1과 y_0은 먼저 무정의 상태로 설정되고 z는 0으로 지워진다. 그 다음에 네 개의 입력 $w_3, \ldots, w_0$ 중에 한 개 이상이 1이면, **for** 루프는 값이 1인 것 중에서 우선순위가 가장 높은 입력의 index와 일치하도록 y_1y_0의 값을 설정한다. 루프를 실행한 이후의 반복은 더 높은 우선순위에 해당한다는 점에 유의하자. Verilog 구문은 **always** 블록 안에서 여러 번 할당되는 신호는 마지막 값을 유지한다고 명시하고 있다. 그러므로 반복할 때마다 값이 1인 최상위 우선순위 입력이 이전 반복에서 설정된 Y의 값을 덮어 쓰게 된다.

4.6.5 VERILOG 연산자

이 절에서 논리회로를 합성하는 데 유용한 Verilog 연산자를 소개한다. 표 4.2는 연산의 형식을 반영하여 연산자를 종류별로 분류한 것이다. 보다 완전한 연산자 목록은 부록의 표 A.1에 있다.

여러 가지 연산자에 의해 산출된 결과를 설명하기 위하여, 3-비트 벡터 $A[2:0]$, $B[2:0]$, $C[2:0]$와 스칼라 f와 w를 사용할 것이다.

Bitwise 연산자

Bitwise 연산자는 피연산자의 각 비트에 대하여 동작한다. ~ 연산자는 피연산자에 대한 1의 보수를 계산한다. 그러므로 다음 문장

```
module priority (W, Y, z);
   input [3:0] W;
   output reg [1:0] Y;
   output reg z;
   integer k;

   always @(W)
   begin
      Y = 2'bx;
      z = 0;
      for (k = 0; k < 4; k = k+1)
         if (W[k])
         begin
            Y = k;
            z = 1;
         end
   end

endmodule
```

그림 4.38 for 루프로 정의한 우선순위 인코더

C = ~A;

은 결과 $c_2 = \overline{a}_2, c_1 = \overline{a}_1, c_0 = \overline{a}_0$을 산출하며, 여기서 a_i와 c_i는 벡터 A와 B의 비트이다.

대부분의 bitwise 연산자는 비트를 쌍으로 처리한다. 다음 문장

C = A & B;

은 $c_2 = a_2 \cdot b_2$, $c_1 = a_1 \cdot b_1$, $c_0 = a_0 \cdot b_0$을 생성한다. 유사하게 |와 ^ 연산자는 각각 비트 단위로 OR와 XOR 연산을 수행한다. ~^로 표현하기도 하는 ^~ 연산자는 XNOR를 산출한다. 다음 문장

C = A ~^ B;

는 $c_2 = \overline{a_2 \oplus b_2}$, $c_1 = \overline{a_1 \oplus b_1}$, $c_0 = \overline{a_0 \oplus b_0}$가 된다. 만약 두 피연산자의 크기가 같지 않다면 짧은 피연산자는 왼쪽에 0을 채워 큰 피연산자의 길이로 확장된다.

두 개의 벡터 피연산자에 대해 bitwise 연산을 한 후에 그 결과를 스칼라 함수에 하나의 값으로 할당할 수도 있다. 이 경우에 연산에 포함된 lsb만 사용된다. 그러므로 아래의 문장

f = A ^ B;

는 $f = a_0 \oplus b_0$를 산출한다.

Bitwise 연산은 알지 못하는 논리 값 x가 포함된 피연산자를 처리할 수 있다. 이 경우에 연산은 그림 4.39의 진리표에 따라서 처리된다. 예를 들어, P = 4'b101x이고 Q = 4'b1001이라면, P & Q = 4'b100x이고, P | Q = 4'b1011이다.

Logical 연산자

! 연산자(연산자)는 피연산자가 스칼라인 경우에 ~ 연산자와 같은 효과를 보인다. 따라서 f = !w = ~w이다. 그러나 피연산자가 벡터인 경우에는 다르다. 만약

f = !A;

이면, A의 모든 비트들이 0(false)일 때만 f는 1(true)로 된다. 그러므로 $f=\overline{a_2 + a_1 + a_0}$이다.

&& 연산자는 AND 연산을 구현한다. 그러므로 다음 문장은

f = A && B;

$f = (a_2 + a_1 + a_0) \cdot (b_2 + b_1 + b_0)$을 계산한다. 유사하게 다음 문장

f = A || B;

과 같이 || 연산자를 사용하면, $f = (a_2 + a_1 + a_0) + (b_2 + b_1 + b_0)$이 된다.

축소 연산자

축소 연산자(reduction operator)는 한 개의 벡터 피연산자의 비트에 대하여 연산을 수행하고 1-비트 결과를 제공한다. 다음과 같은 & 연산자 문장은 $f = a_2 \cdot a_1 \cdot a_0$을 계산한다.

f = &A;

유사하게 다음 문장은 $f = a_2 \oplus a_1 \oplus a_0$를 계산한다.

f = ^A;

산술 연산자

이미 3장에서 산술 연산자를 다루었다. 이것은 표준 산술 연산을 수행한다. 그러므로 다음 문장

C = A + B;

은 A와 B를 더하여 C에 저장하는 3-비트 합을 계산한다. 한편 다음 문장

C = A − B;

은 A와 B의 차이를 C에 넣고, 다음 문장

C = −A;

표 4.2 Verilog 연산자

<table>
<tr><th>Operator type</th><th>Operator symbols</th><th>Operation performed</th><th>Number of operands</th></tr>
<tr><td>Bitwise</td><td>~
&
|
^
~^ or ^~</td><td>1's complement
Bitwise AND
Bitwise OR
Bitwise XOR
Bitwise XNOR</td><td>1
2
2
2
2</td></tr>
<tr><td>Logical</td><td>!
&&
||</td><td>NOT
AND
OR</td><td>1
2
2</td></tr>
<tr><td>Reduction</td><td>&
~&
|
~|
^
~^ or ^~</td><td>Reduction AND
Reduction NAND
Reduction OR
Reduction NOR
Reduction XOR
Reduction XNOR</td><td>1
1
1
1
1
1</td></tr>
<tr><td>Arithmetic</td><td>+
−
−
*
/</td><td>Addition
Subtraction
2's complement
Multiplication
Division</td><td>2
2
1
2
2</td></tr>
<tr><td>Relational</td><td>>
<
>=
<=</td><td>Greater than
Less than
Greater than or equal to
Less than or equal to</td><td>2
2
2
2</td></tr>
<tr><td>Equality</td><td>==
!=</td><td>Logical equality
Logical inequality</td><td>2
2</td></tr>
<tr><td>Shift</td><td>>>
<<</td><td>Right shift
Left shift</td><td>2
2</td></tr>
<tr><td>Concatenation</td><td>{,}</td><td>Concatenation</td><td>Any number</td></tr>
<tr><td>Replication</td><td>{{}}</td><td>Replication</td><td>Any number</td></tr>
<tr><td>Conditional</td><td>?:</td><td>Conditional</td><td>3</td></tr>
</table>

&	0	1	x
0	0	0	0
1	0	1	x
x	0	x	x

<table>
<tr><th>|</th><th>0</th><th>1</th><th>x</th></tr>
<tr><td>0</td><td>0</td><td>1</td><td>x</td></tr>
<tr><td>1</td><td>1</td><td>1</td><td>1</td></tr>
<tr><td>x</td><td>x</td><td>1</td><td>x</td></tr>
</table>

^	0	1	x
0	0	1	x
1	1	0	x
x	x	x	x

~^	0	1	x
0	1	0	x
1	0	1	x
x	x	x	x

그림 4.39 Bitwise 연산자에 대한 진리표

은 *A*에 대한 2의 보수를 *C*에 저장한다.

덧셈, 뺄셈, 그리고 곱셈 연산은 대부분 CAD 합성 도구에 의해 지원된다. 그러나 나눗셈은 지원되지 않는 경우가 많다. Verilog 컴파일러가 산술 연산자를 만나면, 일반적으로 라이브러리에서 적절한 모듈을 사용하여 그 연산자를 합성한다.

관계 연산자

관계 연산자(relational operator)는 **if-else**나 **for** 문 안에서 일반적으로 조건을 검사하는 데 이용된다. 이 연산자는 C 프로그래밍 언어에서 사용하는 관계 연산자와 같은 기능을 한다. 관계 연산자를 표현한 식은 결과가 true이면 값 1을, false이면 값 0을 반환한다. 만약 피연산자 안에 알지 못하는 값인 *x*나 *z* 비트가 있다면, 연산의 결과는 값 *x*를 취한다.

예제 4.20

if-else 문장에서 관계 연산자를 사용한 예가 그림 4.40에 있다. 이 회로는 4.5절에서 기술한 4-비트 비교기이다.

등가 연산자(equality operator)

표현식 (A == B)는 만약 *A*가 *B*와 같다면 true이고, 그렇지 않으면 false이다. 한편, != 연산자는 그 반대로 동작한다. 피연산자 중 어느 하나라도 *x* 혹은 *z* 값을 포함한다

```
module compare (A, B, AeqB, AgtB, AltB);
   input [3:0] A, B;
   output reg AeqB, AgtB, AltB;

   always @(A, B)
   begin
      AeqB = 0;
      AgtB = 0;
      AltB = 0;
      if (A == B)
         AeqB = 1;
      else if (A > B)
         AgtB = 1;
      else
         AltB = 1;
   end

endmodule
```

그림 4.40 4-비트 비교기에 대한 Verilog 코드

면, 그 결과는 알 수 없는 값 x를 갖는다.

이동 연산자(shift operator)

벡터 피연산자는 오른쪽 혹은 왼쪽으로 정해진 상수만큼 이동될 수 있다. 비트가 이동될 때 빈자리는 0으로 채워진다. 예를 들어, 다음 문장

B = A << 1;

은 $b_2 = a_1$, $b_1 = a_0$, $b_0 = 0$이 된다. 유사하게 다음 문장

B = A >> 2;

는 $b_0 = a_2$, $b_2 = b_1 = 0$인 결과를 산출한다.

연쇄 연산자

연쇄 연산자(concatenate operator)는 두 개 이상의 벡터를 연결하여 더 큰 벡터를 만든다. 예를 들어 다음 문장

D = {A, B};

는 6-비트 벡터 $D = a_2 a_1 a_0 b_2 b_1 b_0$을 정의한다. 유사하게 다음의 연결

E = {3'b111, A, 2'b00};

은 8-비트 벡터 $E = 111 a_2 a_1 a_0 00$을 만든다.

복제 연산자

이 연산자는 같은 벡터를 반복적으로 연결한다. 주어진 복제 상수(replication constant)만큼 여러 번 벡터를 복제한다. 예를 들면, {3{A}}는{A, A, A}로 작성한 것과 동등하다. {4{2'b10}}는 8-비트 벡터 10101010을 산출한다.

복제 연산자(replication operator)는 연쇄 연산자와 결합해서 사용될 수 있다. 즉 {2{A}, 3{B}}는 {A, A, B, B, B}와 같다. 이미 3.5.6절과 3.5.8절에서 각각 연쇄와 복제 연산자를 소개하였고, 가산기 회로를 기술하는 예를 사용하여 그 용도를 설명하였다.

조건 연산자

조건 연산자(conditional operator)는 4.6.1절에서 충분히 논의하였다.

연산자 우선순위

Verilog 연산자는 표 4.3에서 나타낸 우선순위(precedence)에 따라 처리된다. 우선순위는 위쪽이 높고 아래로 갈수록 낮아진다. 제일 위 행(row)의 연산자의 우선순위가 가장 높고, 최하위 행에 있는 연산자의 우선순위가 가장 낮다. 같은 행에 열거된 연산

표 4.3 Verilog 연산자의 우선순위

Operator type	Operator symbols	Precedence
Complement	! ~ −	Highest precedence
Arithmetic	* / + −	
Shift	<< >>	
Relational	< <= > >=	
Equality	== !=	
Reduction	& ~& ^ ~^ | ~|	
Logical	&& ||	
Conditional	?:	Lowest precedence

자는 우선순위가 같다.

설계자는 괄호를 사용해서 Verilog 코드에서 연산자의 우선순위를 바꾸거나 또는 순위 잘못 판단하는 가능성을 없앨 수 있다. 모호하지 않고 읽기 쉬운 코드를 작성하기 위해서는 괄호의 사용이 바람직하다.

4.6.6 GENERATE 구조

3.5.4절에서 **generate** 루프 기능을 소개하였는데, 이것은 부분회로의 여러 인스턴스를 생성하기 위하여 사용된다. 부분회로는 **generate**와 **endgenerate** 키워드로 구분되는 문장의 블록 안에 정의될 수 있다. 이렇게 정의된 부분회로는 generate-index variable을 사용해서 여러 개의 인스턴스를 만들 수 있다. 이 변수는 **genvar**라는 키워드로 정의되는데 양의 정수 값만을 가질 수 있다. 보통의 **integer** 변수로 선언된 index를 사용하는 것은 불가능하다.

예제 4.21

그림 4.41은 n-비트 리플 캐리 가산기를 기술하는 데 **generate** 구조가 어떻게 사용되는지 보여주는 코드이다. 이 부분회로는 그림 3.18에 소개된 것처럼 프리미티브 게이트의 항으로 구조적으로 정의된 전가산기이다. **for** 루프는 n번에 걸쳐 전가산기 블록에 대한 인스턴스를 생성한다.

이 예제에서 **generate** 블록 안에 있는 **for** 문은 생성된 객체를 선택하기 위하여 사용되었다. **generate** 블록은 또한 어떤 객체가 생성되는지 결정하기 위해서 **if-else**와 **case** 문을 포함할 수 있다.

```
module addern (carryin, X, Y, S, carryout);
   parameter n = 32;
   input carryin;
   input [n-1:0] X, Y;
   output [n-1:0] S;
   output carryout;
   wire [n:0] C;

   genvar k;
   assign C[0] = carryin;
   assign carryout = C[n];
   generate
      for (k = 0; k < n; k = k+1)
      begin: fulladd_stage
         wire z1, z2, z3;  //wires within full-adder
         xor (S[k], X[k], Y[k], C[k]);
         and (z1, X[k], Y[k]);
         and (z2, X[k], C[k]);
         and (z3, Y[k], C[k]);
         or (C[k+1], z1, z2, z3);
      end
   endgenerate

endmodule
```

그림 4.41 n-비트 리플 캐리 가산기를 정의하기 위하여 generate 루프를 사용한 예

4.6.7 Task와 function

고급 프로그래밍 언어에서 프로그램 여러 곳에서 필요한 특정 루틴을 매번 복사하여 사용하는 것을 방지하기 위하여 그 부분을 서브루틴이나 함수로 사용하고 있다. Verilog도 이와 유사한 기능을 제공하는데, task와 function이 그것에 해당한다. 이 기능은 규모가 큰 설계를 모듈화하고 Verilog 코드를 더욱 이해하기 쉽게 만드는 데 사용될 수 있다.

Verilog task

하나의 task는 키워드 **task**로 시작하여 **endtask**로 끝나는 블록으로 선언된다. Task는 반드시 그것을 호출하는 모듈 안에 포함되어야만 한다. Task는 입력과 출력 포트를 가질 수 있다. 이것들은 그 task를 포함하는 모듈에 외부 연결 역할을 하는 포트가 아니다. Task 포트는 모듈과 task 사이에 값을 전달한다.

예제 4.22

그림 4.29에서 우리는 이름이 *mux4to1*인 독립 모듈 4-to-1 멀티플렉서에 대한 인스턴스 다섯 개를 생성하여 16-to-1 멀티플렉서를 구현한 Verilog 코드를 보았다. 같은 회로를 그림 4.42와 같이 task를 사용하여 기술할 수 있다. 주된 차이를 살펴보자. Task *mux4to1*이 모듈 *mux16to1* 안에 포함되어 있다. **always** 블록의 **case** 문에 의해 *mux4to1*가 호출된다. Task의 출력은 하나의 변수이어야 하고, 그래서 *g*는 **reg** 형이다.

Verilog 함수

함수는 키워드 **function**에 의해 선언되고 **endfunction**이라는 키워드로 끝나는 문장들의 블록으로 구성되어 있다. 함수는 적어도 하나의 입력을 가져야 하고, 함수가 호출된 곳에 한 개의 값을 리턴한다.

```
module mux16to1 (W, S16, f);
   input [0:15] W;
   input [3:0] S16;
   output reg f;

   always @(W, S16)
      case (S16[3:2])
         0: mux4to1 (W[0:3], S16[1:0], f);
         1: mux4to1 (W[4:7], S16[1:0], f);
         2: mux4to1 (W[8:11], S16[1:0], f);
         3: mux4to1 (W[12:15], S16[1:0], f);
      endcase

   // Task that specifies a 4-to-1 multiplexer
   task mux4to1;
      input [0:3] X;
      input [1:0] S4;
      output reg g;

      case (S4)
         0: g = X[0];
         1: g = X[1];
         2: g = X[2];
         3: g = X[3];
      endcase
   endtask

endmodule
```

그림 4.42 Verilog 코드에서 task 사용 예

예제 4.23

그림 4.43은 그림 4.42의 코드를 함수를 이용하여 재작성한 것이다. Verilog 컴파일러는 본질적으로 함수가 호출되는 자리에 함수의 몸체를 삽입한다. 그러므로 다음과 같은 절

```
0: f = mux4to1 (W[0:3], S16[1:0])
```

은 다음과 같이 확장된다.

```
0: case (S16[1:0])
       0: f = W[0];
       1: f = W[1];
       2: f = W[2];
       3: f = W[3];
   endcase
```

따라서 함수는 *mux16to1* 모듈을 간결하고 읽기 쉽게 만드는 편의적 수단을 제공한다.

```
module mux16to1 (W, S16, f);
   input [0:15] W;
   input [3:0] S16;
   output reg f;

   // Function that specifies a 4-to-1 multiplexer
   function mux4to1;
      input [0:3] X;
      input [1:0] S4;

      case (S4)
         0: mux4to1 = X[0];
         1: mux4to1 = X[1];
         2: mux4to1 = X[2];
         3: mux4to1 = X[3];
      endcase
   endfunction

   always @(W, S16)
      case (S16[3:2])
         0: f = mux4to1 (W[0:3], S16[1:0]);
         1: f = mux4to1 (W[4:7], S16[1:0]);
         2: f = mux4to1 (W[8:11], S16[1:0]);
         3: f = mux4to1 (W[12:15], S16[1:0]);
      endcase

endmodule
```

그림 4.43 그림 4.42를 function으로 구현한 코드

Verilog 함수는 다른 function을 호출할 수 있으나 Verilog의 task를 호출할 수 없다. 그러나 task는 또 다른 task를 호출할 수 있고 function도 호출할 수 있다. 그림 4.42에서는 task를 호출하는 **always** 블록 이후에 task를 정의하고 있다. 반대로, 그림 4.43에서는 function을 호출하는 **always** 블록 앞에 function을 정의하고 있다. 표준 Verilog에서 task와 function에 대하여 이 두 가지 모두 가능하다. 그러나 function을 호출하는 문장 이전에 function을 정의해야 하는 툴도 있다.

4.7 • 결론

이 장은 여러 가지 빌딩 블록을 소개하였다. 보다 큰 회로를 구성하기 위해 이러한 블록을 사용하는 예제들이 이후의 장에서 소개될 것이다. 빌딩 블록 회로를 효과적으로 기술하기 위해서, 여러 가지 Verilog 구조도 소개하였다. 많은 경우에 주어진 회로는 다른 구조를 사용하여 여러 가지 방법으로 기술될 수 있다. **if-else**를 사용하여 기술되는 회로는 **case**나 **for** 루프를 사용해서 기술될 수도 있다. 일반적으로 어느 형식이 다른 것보다도 좋다고 확실하게 얘기할 수 있는 엄격한 규칙은 없다. 사용자는 경험을 통해서 어떤 형태의 문장이 어떤 상황에 적합한지를 판단하는 감각을 길러야 한다. 개인적인 취향도 역시 어떻게 코드를 작성할지에 영향을 준다.

Verilog는 일반적인 프로그래밍 언어가 아니다. Verilog 코드를 컴퓨터 프로그램처럼 작성하지 않아야 한다. 이 장에서 논의된 문장은 크고 복잡한 회로를 만들기 위해 사용될 수 있다. 이처럼 복잡한 회로를 설계하는 좋은 방법은 멀티플렉서, 디코더, 인코더 등과 같이 정형화된 모듈로 구현하는 것이다. 이 장에서 소개한 Verilog 문장을 사용하여 회로를 기술한 예제들을 5장과 6장에서 좀 더 소개될 것이다. 7장은 큰 디지털시스템을 Verilog 코드로 작성하는 일련의 예제들을 소개하고 있다. Verilog에 대한 더 자세한 내용은 참고문헌을 이용하기 바란다[2-8].

다음 장에서 우리는 메모리 소자에 논리 신호 값을 저장하는 논리회로를 소개한다.

4.8 • 풀이가 있는 예제 문제

이 절은 여러분들이 만날 수 있는 전형적인 문제들을 제시하고, 그런 문제를 어떻게 풀 수 있는지 보여준다.

예제 4.24

문제 함수 $f(w_1, w_2, w_3) = \sum m(0, 1, 3, 4, 6, 7)$을 한 개의 3-to-8 2진 디코더와 한 개의 OR 게이트로 구현하라.

풀이 디코더는 함수의 각 민텀에 대하여 독립적인 출력을 생성한다. 이 출력들을 OR 게이트로 묶으면, 그림 4.44와 같은 회로를 만들 수 있다.

예제 4.25

문제 8-to-3 2진 인코더를 구현하는 회로를 유도하라.

풀이 인코더에 대한 진리표는 그림 4.45에 있다. 여기에는 단 하나의 입력 변수만 값이 1인 열들이 나열되어 있다. 다른 열들은 무정의로 취급될 수 있다. 진리표에서 원하는 회로를 다음과 같은 논리식으로 정의할 수 있음을 알 수 있다.

$$
\begin{aligned}
y_2 &= w_4 + w_5 + w_6 + w_7 \\
y_1 &= w_2 + w_3 + w_6 + w_7 \\
y_0 &= w_1 + w_3 + w_5 + w_7
\end{aligned}
$$

예제 4.26

문제 한 개의 4-to-1 멀티플렉서와 가능한 적은 수의 게이트를 사용하여 다음 함수를 구현하라.

$$f(w_1, w_2, w_3, w_4, w_5) = \overline{w}_1\overline{w}_2\overline{w}_4\overline{w}_5 + w_1w_2 + w_1w_3 + w_1w_4 + w_3w_4w_5$$

보수를 취하지 않은 입력 w_1, w_2, w_3, w_4, w_5만 사용할 수 있다고 가정한다.

풀이 함수 f에 다른 세 변수에 비하여 곱 항에 변수 w_1과 w_4가 더 자주 나타나므로, 이 두 변수에 대하여 섀넌의 전개를 수행하기로 한다. 전개의 결과는 다음과 같다.

$$
\begin{aligned}
f &= \overline{w}_1\overline{w}_4 f_{\overline{w}_1\overline{w}_4} + \overline{w}_1 w_4 f_{\overline{w}_1 w_4} + w_1\overline{w}_4 f_{w_1\overline{w}_4} + w_1 w_4 f_{w_1 w_4} \\
&= \overline{w}_1\overline{w}_4(\overline{w}_2\overline{w}_5) + \overline{w}_1 w_4(w_3w_5) + w_1\overline{w}_4(w_2 + w_3) + w_1w_4(1)
\end{aligned}
$$

$\overline{w}_2\overline{w}_5 = \overline{w_2 + w_5}$를 구현하기 위하여 NOR 게이트를 사용할 수 있다. 그 외에도 AND 게이트와 OR 게이트가 필요하다. 완성된 회로는 그림 4.46이다.

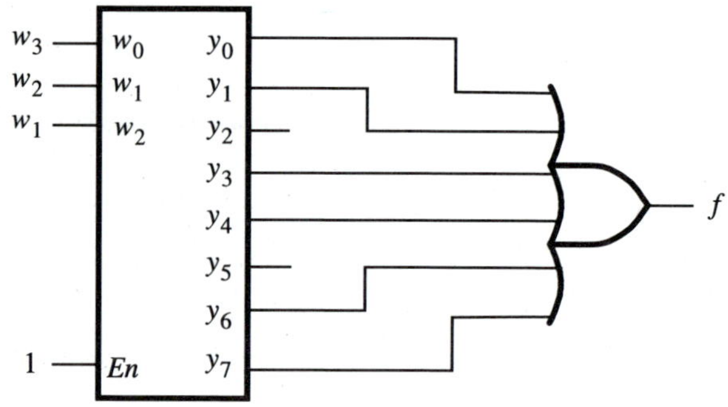

그림 4.44 문제 4.24에 대한 회로

w_7	w_6	w_5	w_4	w_3	w_2	w_1	w_0	y_2	y_1	y_0
0	0	0	0	0	0	0	1	0	0	0
0	0	0	0	0	0	1	0	0	0	1
0	0	0	0	0	1	0	0	0	1	0
0	0	0	0	1	0	0	0	0	1	1
0	0	0	1	0	0	0	0	1	0	0
0	0	1	0	0	0	0	0	1	0	1
0	1	0	0	0	0	0	0	1	1	0
1	0	0	0	0	0	0	0	1	1	1

그림 4.45 8-to-3 2진 인코더에 대한 진리표

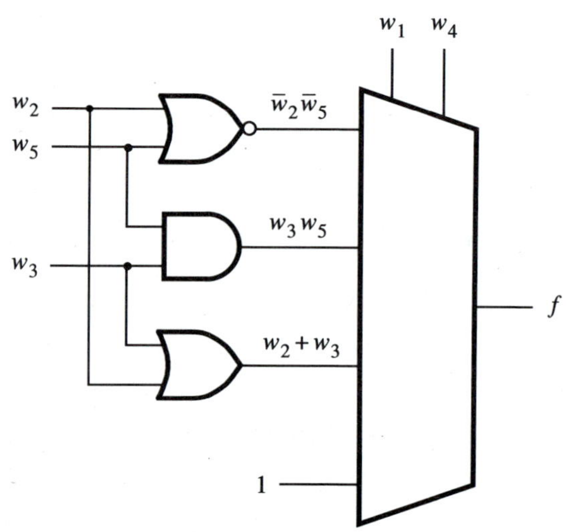

그림 4.46 예제 4.26에 대한 회로

예제 4.27

문제 2장에서 카르노 맵의 행과 열에 그레이 코드로 값을 부여한다고 하였다. 이 코드는 연속된 숫자가 단지 한 개의 비트만 다르다. 그림 4.47은 3-비트 2진 코드를 그레이 코드로 변환하는 표이다. 2진 코드를 그레이 코드로 변환하는 회로를 설계하라.

풀이 그림에서 다음을 유도할 수 있다.

$$g_2 = b_2$$
$$g_1 = b_1\overline{b}_2 + \overline{b}_1 b_2$$
$$= b_1 \oplus b_2$$
$$g_0 = b_0\overline{b}_1 + \overline{b}_0 b_1$$
$$= b_0 \oplus b_1$$

예제 4.28

문제 4.1.2절에서 섀넌의 전개 정리를 사용하여 임의의 논리함수를 분해할 수 있음을 보았다. 4-변수 함수 $f(w_1, \ldots, w_4)$는 w_1에 대하여 다음과 같이 확장된다.

$$f(w_1, \ldots, w_4) = \overline{w}_1 f_{\overline{w}_1} + w_1 f_{w_1}$$

이 식을 구현하는 회로는 그림 4.48*a*에 있다.

(a) 만약 분해 결과 $f_{\overline{w}_1}$ =0이면, 그림의 멀티플렉서는 한 개의 논리게이트로 대치될 수 있다. 이 회로를 제시하라.

(b) f_{w_1} =1인 경우에 대하여 문제(*a*)를 반복하라.

풀이 원하는 회로가 그림 4.48의 (*b*)와 (*c*)에 있다.

b_2	b_1	b_0	g_2	g_1	g_0
0	0	0	0	0	0
0	0	1	0	0	1
0	1	0	0	1	1
0	1	1	0	1	0
1	0	0	1	1	0
1	0	1	1	1	1
1	1	0	1	0	1
1	1	1	1	0	0

그림 4.47 2진 코드를 그레이 코드로 변환

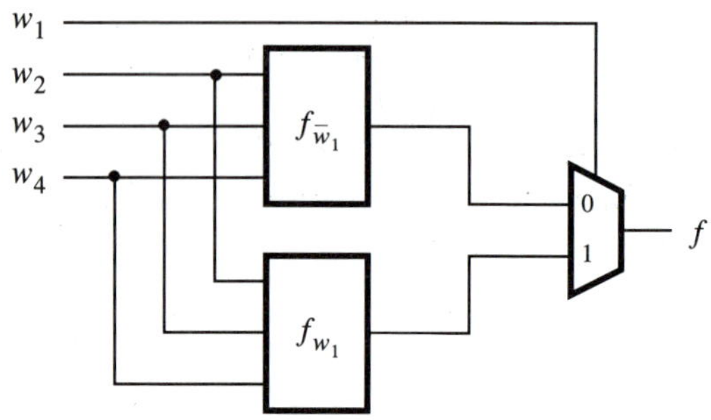

(a) 함수 f에 대한 섀넌의 전개

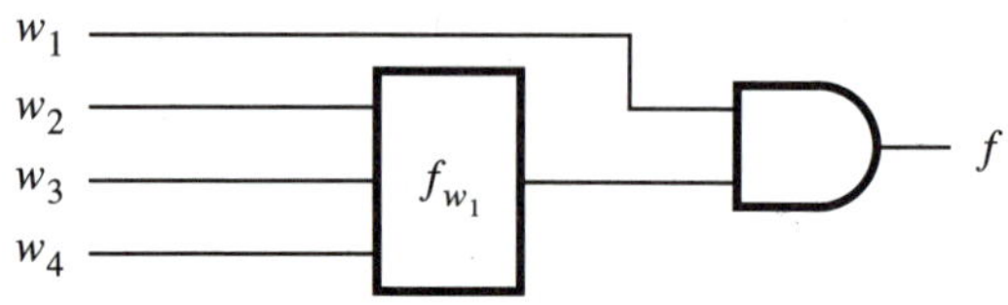

(b) 문제(a)에 대한 풀이

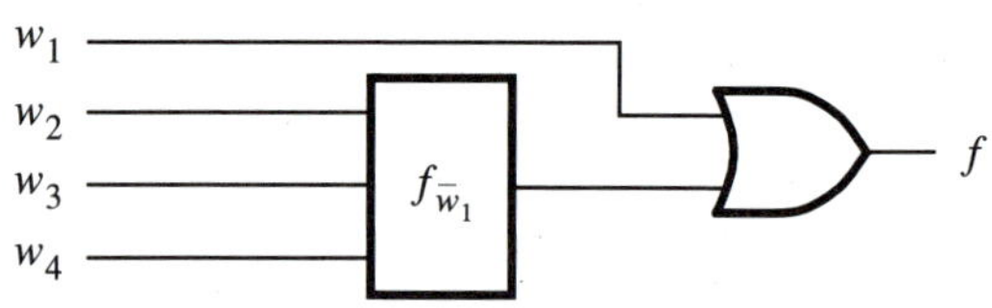

(c) 문제(b)에 대한 풀이

그림 4.48 예제 4.28에 대한 회로

예제 4.29

문제 2.17절에서 우리는 FPGA가 논리함수를 구현하는 데 사용되는 LUT를 포함한다고 얘기하였다. 각 LUT는 그 입력에 대한 임의의 논리함수를 구현하도록 프로그램 될 수 있다. 부록 B에서 FPGA를 자세히 다루고 있다. 많은 상용 FPGA는 4-LUT를 포함하고 있다. 선택 입력 s_1과 s_0, 그리고 데이터 입력 w_3, w_2, w_1, w_0을 가진 4-to-1 멀티플렉서를 구축하는 데 필요한 4-LUT의 최소 수는 얼마인가?

풀이 4-to-1 멀티플렉서를 정의하는 논리식을 직접 사용하여 문제를 해결해 보자.

$$f = \overline{s}_1\overline{s}_0 w_0 + \overline{s}_1 s_0 w_1 + s_1\overline{s}_0 w_2 + s_1 s_0 w_3$$

$g = \overline{s}_1\overline{s}_0 w_0 + \overline{s}_1 s_0 w_1$, 그리고 $h = s_1\overline{s}_0 w_2 + s_1 s_0 w_3$이라고 하면 $f = g + h$이다. 이 분해는 LUT 세 개를 사용하는 그림 4.49*a*의 회로에 해당한다.

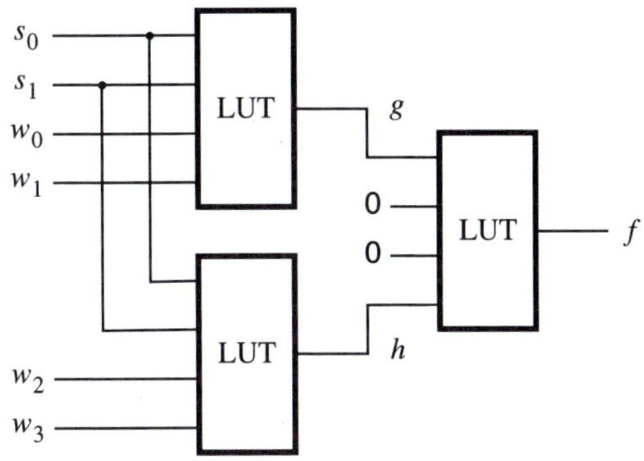

(a) 세 개의 LUT 사용

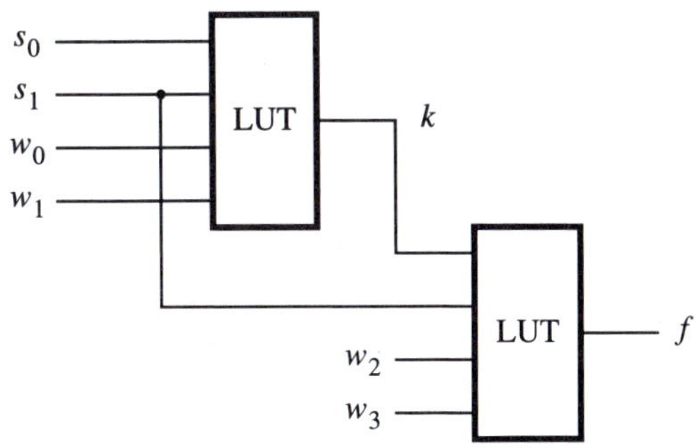

(b) 두 개의 LUT 사용

그림 4.49 예제 4.29에 대한 회로

논리회로를 설계할 때, 사람들은 더 좋은 구현을 만들 수 있는 아이디어를 창출하기도 한다. 그림 4.49*b*는 다음과 같은 관찰에 의하여 단 두 개의 LUT로 구현하는 방법을 보여준다. 그림 4.2*b*의 진리표는 $s_1 = 0$일 때 출력이 반드시 w_0 또는 w_1이어야 함을 나타내고 있다. 이것은 s_0에 의하여 결정된다. 이것은 출력이 k인 첫 번째 멀티플렉서에 의해 생성될 수 있다. 두 번째 LUT는 $s_1 = 1$일 때 w_2와 w_3 가운데 하나를 선택한다. 그러나 s_0의 값을 알기만 한다면 이것을 선택할 수 있다. LUT는 다섯 개의 입력을 갖는 것이 불가능하므로, 그 이상의 정보는 첫 번째에서 두 번째 LUT로 전달되어야만 한다. $s_1 = 1$일 때 출력 f는 w_2와 w_3 중에 하나일 것이고, 이 경우에 w_0이나 w_1의 값을 알고 있을 필요가 없다. 그러므로 이 경우에 첫 번째 LUT를 통해 w_0이나 w_1을 전달하지 않고 s_0의 값을 전달할 수 있다. 이 LUT의 기능을 다음과 같이 만듦으로써 이것을 처리할 수 있다.

$$k = \bar{s}_1(\bar{s}_0 w_0 + s_0 w_1) + s_1 s_0$$

두 번째 LUT는 다음 함수를 수행한다.

$$f = \bar{s}_1 k + s_1(\bar{k} w_3 + k w_4)$$

예제 4.30

문제 디지털시스템에서 벡터를 구성하는 비트를 왼쪽 혹은 오른쪽으로 한 개 이상의 비트 위치로 이동할 수 있는 회로가 필요할 때가 있다. 4-비트 벡터 $W = w_3 w_2 w_1 w_0$을 제어 신호 *Shift*가 1일 때 오른쪽으로 한 비트 이동하는 회로를 설계하라. 이 회로의 출력을 4-비트 벡터 $Y = y_3 y_2 y_1 y_0$과 한 개의 신호 k라고 하자. 만약 $Shift = 1$이면, $y_3 = 0$, $y_2 = y_3$, $y_1 = y_2$, $y_0 = y_1$이다. 만약 $Shift = 0$이면, $Y = W$이고 $k = 0$이다.

풀이 필요한 회로를 그림 4.50과 같이 다섯 개의 2-to-1 멀티플렉서로 구현할 수 있다. *Shift* 신호는 각 멀티플렉서의 입력을 선택하는 데 사용된다.

예제 4.31

문제 예제 4.30의 시프터 회로는 입력 벡터를 한 개의 비트만 오른쪽으로 이동한다. 이것은 왼쪽의 빈 비트를 0으로 채운다. 더 다양한 기능을 가진 시프터는 한 번에 여러 비트를 이동할 수 있다. 만약 이동되어 없어지는 비트를 왼쪽으로 채운다면, 이 회로는 입력 벡터를 지정한 비트 수만큼 효과적으로 회전(rotate)시킨다. 이 회로를 배럴 시프터(*barrel shifter*)라고 한다. 두 개의 제어 신호 s_0과 s_1의 값에 따라 0, 1, 2, 또는 3 비트를 회전하는 4-비트 배럴 시프터를 설계하라.

풀이 필요한 동작을 그림 4.51*a*에 제시하였다. 배럴 시프터는 그림 4.51*b*에 보인 바와 같이 네 개의 4-to-1 멀티플렉서로 구현될 수 있다. 제어 신호 s_0과 s_1은 멀티플렉서의 입력을 선택하는 용도로 사용된다.

예제 4.32

문제 그림 4.17의 회로를 표현하는 Verilog 코드를 작성하라. 그림 4.31의 *dec2to4* 모듈을 부분회로로 사용하라.

풀이 그림 4.52가 그 코드이다. *dec2to4* 모듈은 그림과 같이 같은 파일에 포함될 수도 있지만, 프로젝트 디렉토리 안에 독립된 파일로 존재할 수도 있음을 알아두자.

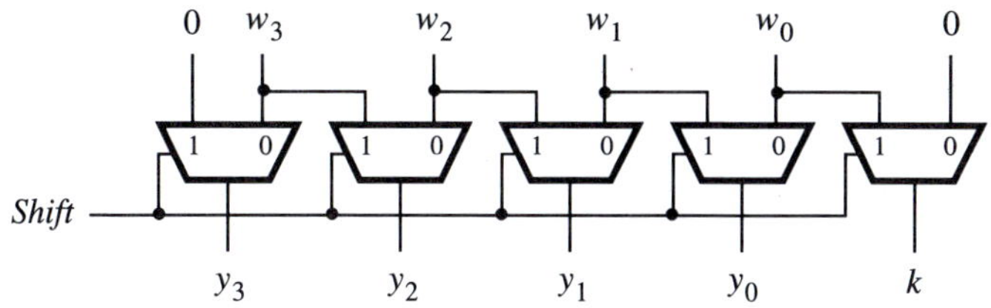

그림 4.50 시프터 회로

s_1	s_0	y_3	y_2	y_1	y_0
0	0	w_3	w_2	w_1	w_0
0	1	w_0	w_3	w_2	w_1
1	0	w_1	w_0	w_3	w_2
1	1	w_2	w_1	w_0	w_3

(a) 진리표

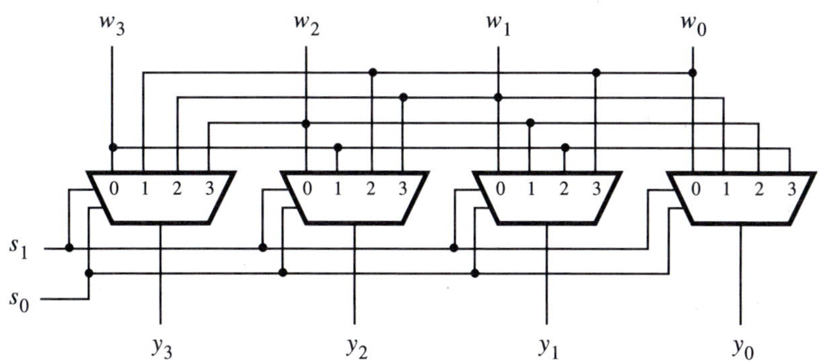

(b) 회로

그림 4.51 배럴 시프터

예제 4.33

문제 그림 4.50의 시프터 회로를 표현하는 Verilog 코드를 작성하라.

풀이 이 회로를 그림 4.53과 같이 표현하는 것도 한 가지 방법이다. **if-else** 구문을 사용하여 각 비트를 이동하는 동작을 정의하였다. 전형적인 Verilog 컴파일러는 이 코드를 그림 4.50에 보인 2-to-1 멀티플렉서로 구현할 것이다.

그림 4.54에 보인 것과 같이 4.6.5절에서 정의한 이동(shift) 연산자를 사용하여 구현하는 것도 다른 방법이다.

```
module mux4to1 (W, S, f);
    input [0:3] W;
    input [1:0] S;
    output f;
    wire [0:3] Y;

    dec2to4 decoder (S, 1, Y);
    assign f = |(W & Y);

endmodule

module dec2to4 (W, En, Y);
    input [1:0] W;
    input En;
    output reg [0:3] Y;

    always @(W, En)
        case ({En, W})
            3'b100: Y = 4'b1000;
            3'b101: Y = 4'b0100;
            3'b110: Y = 4'b0010;
            3'b111: Y = 4'b0001;
            default: Y = 4'b0000;
        endcase

endmodule
```

그림 4.52 예제 4.32에 대한 Verilog 코드

예제 4.34

문제 그림 4.51의 배럴 시프터를 정의하는 Verilog 코드를 작성하라.

풀이 그림 4.55의 코드가 한 가지 가능한 해법이다. 회전(rotate) 기능을 입력 벡터 *W*를 두 번 복제하여 구한 8-비트 벡터를 오른쪽으로 입력 *S*가 지정하는 비트 수만큼 이동하여 구현할 수 있다. 산출 결과인 8-비트 벡터 중에서 하위 4-비트가 원하는 출력 *Y*이다.

```
module shifter (W, Shift, Y, k);
   input [3:0] W;
   input Shift;
   output reg [3:0] Y;
   output reg k;

   always @(W, Shift)
   begin
      if (Shift)
      begin
         Y[3] = 0;
         Y[2:0] = W[3:1];
         k = W[0];
      end
      else
      begin
         Y = W;
         k = 0;
      end
   end

endmodule
```

그림 4.53 그림 4.50 회로에 대한 Verilog 코드

```
module shifter (W, Shift, Y, k);
   input [3:0] W;
   input Shift;
   output reg [3:0] Y;
   output reg k;

   always @(W, Shift)
   begin
      if (Shift)
      begin
         Y = W >> 1;
         k = W[0];
      end
      else
      begin
         Y = W;
         k = 0;
      end
   end

endmodule
```

그림 4.54 그림 4.50 회로를 다르게 구현한 Verilog 코드

예제 4.35

패러티 개념은 디지털시스템에서 에러 체크 목적으로 광범위하게 사용된다. 디지털 정보가 한 곳에서 다른 곳으로 긴 선을 통해 전송될 때, 전송 과정 중에 일부 비트가 손상될 가능성이 있다. 예를 들면, 송신기는 값이 1인 어떤 비트를 전송하였는데, 수신기는 그 값을 0으로 수신할 수 있다. 한 개의 데이터 항목이 n-비트로 구성된다고 가정하자. 간단한 에러 체크 메커니즘은 n-비트 항목에 대한 패러티를 나타내는 한 개의 여유 비트 p를 포함하도록 구현될 수 있다. 두 가지 종류의 패러티가 있을 수 있다. **짝수**(*even*) 패러티는 (n-비트 데이터와 패러티 비트 p를 합쳐) 전송되는 $n+1$ 개의 비트 안에 1의 수를 짝수가 되도록 p 비트를 설정한다. **홀수**(*odd*) 패러티는 전체 1의 수가 홀수가 되도록 p 비트를 설정한다. 송신기는 전송할 n-비트 데이터 항목에 의해서 p 비트를 생성한다. 수신기는 수신된 항목의 패러티가 올바른지 검사한다.

패러티를 생성하고 검사하는 회로를 XOR 게이트로 구현할 수 있다. 예를 들면, $x_3x_2x_1x_0$으로 구성된 4-비트 데이터 항목에 대하여, 짝수 패러티 비트를 다음과 같이 생성할 수 있다.

$$p = x_3 \oplus x_2 \oplus x_1 \oplus x_0$$

수신측에서의 검사는 다음과 같이 수행된다.

$$c = p \oplus x_3 \oplus x_2 \oplus x_1 \oplus x_0$$

만약 $c = 0$이면, 수신된 항목은 올바른 패러티를 나타낸 것이다. 만약 $c = 1$이면, 에러가 발생한 것이다. $c = 0$이 관찰되었다는 것이 수신된 항목이 올바르다는 것을 보장하지 않음에 유의하라. 전송 과정에서 두 개 혹은 짝수의 비트가 바뀌었다면, 데이터 항목의 패러티는 변하지 않는다. 따라서 이런 에러는 검출되지 않을 것이다. 그러나 만약 홀수 개의 비트가 손상된다면, 에러가 검출될 것이다.

문제 1.5.3절에서 다룬 ASCII 코드는 문자를 표현하는 데 7-비트 패턴을 사용한다. 컴퓨터의 응용 분야에서 문자당 한 바이트를 사용하는 것이 일반적이다. 디지털 프로세싱에서 일반적으로 여덟 번째 비트 b_7을 0으로 설정한다. 그러나 만약 문자 데이터가 한 디지털시스템에서 다른 곳으로 전송된다면, 비트 b_7을 패러티 비트로 사용하는 것이 현명한 일이다. 한 개의 입력 바이트(이것의 $b_7 = 0$)를 받아서 출력으로 b_7을 짝수 패러티 비트로 만드는 회로를 나타내는 Verilog 코드를 작성하라.

풀이 X와 Y를 각각 입력과 출력 바이트라고 하자. 그림 4.56이 정답이다.

```
module barrel (W, S, Y);
    input [3:0] W;
    input [1:0] S;
    output [3:0] Y;
    wire [3:0] T;

    assign {T, Y} = {W, W} >> S;

endmodule
```

그림 4.55 배럴 시프터에 대한 Verilog 코드

```
module parity (X, Y);
    input     [7:0] X;
    output    [7:0] Y;

    assign Y = {^X[6:0], X[6:0]};

endmodule
```

그림 4.56 예제 4.35에 대한 Verilog 코드

연습문제

별표로 표시된 문제에 대한 답은 교재의 뒤에 수록되어 있다.

4.1 함수 $f(w_1, w_2, w_3) = \sum m(0, 2, 3, 4, 5, 7)$이 어떻게 하나의 3-to-8 2진 디코더와 하나의 OR 게이트를 사용해서 구현될 수 있는지를 보여라.

4.2 함수 $f(w_1, w_2, w_3) = \sum m(1, 2, 3, 5, 6)$이 어떻게 하나의 3-to-8 2진 디코더와 하나의 OR 게이트를 사용해서 구현될 수 있는지를 보여라.

***4.3** 함수 $f = \overline{w}_1\overline{w}_3 + w_2\overline{w}_3 + \overline{w}_1 w_2$를 생각해 보자. 진리표를 이용하여 한 개의 2-to-1 멀티플렉서로 f를 구현하는 회로를 유도하라.

4.4 함수 $f = \overline{w}_2\overline{w}_3 + w_1 w_2$에 대해 문제 4.3을 반복하라.

***4.5** 함수 $f(w_1, w_2, w_3) = \sum m(0, 2, 3, 6)$에 대하여 섀넌의 전개 정리를 이용하고 한 개의 2-to-1 멀티플렉서와 필요한 게이트를 사용하여 회로를 구현하라.

4.6 함수 $f(w_1, w_2, w_3) = \sum m(0, 4, 6, 7)$에 대하여 문제 4.5를 반복하라.

4.7 함수 $f = \overline{w}_2 + \overline{w}_1\overline{w}_3 + w_1 w_3$를 고려해 보자. 섀넌의 전개 정리를 반복적으로 적용하여 f의 민텀을 유도하는 과정을 제시하라.

4.8 함수 $f = w_2 + \overline{w}_1\overline{w}_3$에 대해 문제 4.7을 반복하라.

4.9 4.1.2절에 제시된 섀넌의 전개 정리를 증명하라.

***4.10** 4.1.2절은 섀넌의 전개 정리를 SOP 형으로 나타내었다. 쌍대성(duality)의 원리를 사용해서 등가 표현식을 POS 형으로 유도하라.

***4.11** 함수 $f = \overline{w}_1\overline{w}_2 + \overline{w}_2\overline{w}_3 + w_1w_2w_3$를 고려해 보자. 이 최소 SOP 식의 비용은 14이고, 네 개의 게이트와 게이트에 대한 입력 열 개를 포함하고 있다. 섀넌의 전개를 사용하여 비용이 더 적은 다단 회로를 유도하고 그 회로의 비용을 제시하라.

4.12 그림 3.15의 캐리 예측 가산기의 단계 0에 대한 회로를 멀티플렉서를 사용하여 구현하라.

***4.13** 그림 4.21 7-세그먼트 디스플레이의 출력 a, b, c에 대한 최소 SOP 표현식을 유도하라.

4.14 그림 4.21 7-s세그먼트 디스플레이의 출력 d, e, f, g에 대한 최소 SOP 표현식을 유도하라.

4.15 예제 4.26의 함수 f에 대하여, 변수 w_1과 w_4가 아닌 w_1과 w_2에 대하여 섀넌의 전개를 수행하라. 그 결과가 그림 4.46의 회로와 어떻게 다른지 비교하라.

4.16 그림 P4.1에 있는 멀티플렉서 기반 회로를 생각해 보자. 이 회로 한 개만을 사용하여 $f = w_2\overline{w}_3 + w_1w_3 + \overline{w}_2w_3$을 어떻게 구현할 수 있는지 보여라.

4.17 그림 P4.1의 회로를 한 개 이상 사용하여 함수 $f = w_1\overline{w}_3 + \overline{w}_1w_3 + w_2\overline{w}_3 + w_1\overline{w}_2$를 어떻게 구현할 수 있는지 보여라. 그림에는 NOT 게이트가 없음을 유의하라. 그래서 신호의 컴플리먼트를 로직 블록 안에 있는 멀티플렉서를 사용해서 만들어야 한다.

***4.18** 그림 P4.2의 Verilog 코드를 살펴보자. 이 코드는 어떤 형태의 회로를 표현하는가? 사용된 코드의 방식이 기술한 회로에 대해 좋은 선택인지 아닌지를 설명하라.

4.19 **case** 문을 사용해서 문제 4.2의 함수를 표현하는 Verilog 코드를 작성하라.

4.20 4-to-2 2진 인코더에 대한 Verilog 코드를 작성하라.

4.21 8-to-3 2진 인코더에 대한 Verilog 코드를 작성하라.

4.22 그림 P4.3은 그림 4.37의 2-to-4 디코더를 변형한 것이다. 이 코드는 거의 대부분이 올바르지만 한 가지 오류가 있다. 그 오류는 무엇인가?

4.23 8-to-3 우선순위 인코더에 대한 회로를 유도하라.

4.24 **casex** 문을 사용해서, 8-to-3 우선순위 인코더에 대한 Verilog 코드를 작성하라.

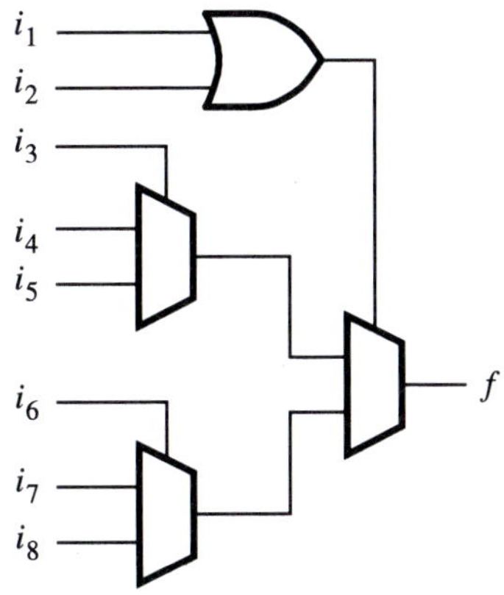

그림 P4.1 멀티플렉서 기반 회로

```
module problem4_18 (W, En, y0, y1, y2, y3);
   input [1:0] W;
   input En;
   output reg y0, y1, y2, y3;

   always @(W, En)
   begin
      y0 = 0;
      y1 = 0;
      y2 = 0;
      y3 = 0;
      if (En)
         if (W == 0)  y0 = 1;
         else if (W == 1)  y1 = 1;
         else if (W == 2)  y2 = 1;
         else  y3 = 1;
   end

endmodule
```

그림 P4.2 문제 4.18을 위한 코드

```
module dec2to4 (W, En, Y);
   input [1:0] W;
   input En;
   output reg [0:3] Y;
   integer k;

   always @(W, En)
      for (k = 0; k <= 3; k = k+1)
         if (W == k)
            Y[k] = En;

endmodule
```

그림 P4.3 문제 4.22를 위한 코드

4.25 **for** 루프를 사용해서 문제 4.24를 반복하라.

4.26 **if-else** 문을 사용하여 2-to-4 2진 디코더 기능을 수행하는 이름이 *if2to4*인 Verilog 모듈을 생성하라. 작성한 모듈 *if2to4*의 인스턴스를 두 개 생성하여 그림 4.15의 3-to-8 2진 디코더를 *h3to8*이라는 이름으로 두 번째 모듈을 만들어라.

4.27 6-to-64 2진 디코더를 나타내는 *h6to64*라는 이름을 가진 Verilog 모듈을 작성하라. 그림 4.16과 같은 트리 형태의 구조를 사용하라. 이 6-to-64 디코더는 문제 4.26에서 만든 *h3to8* 디코더의 인스턴스를 아홉 개 생성하여 만들어진다.

4.28 그림 4.17의 회로를 나타내는 Verilog 코드를 작성하라. 부분회로로 그림 4.31의 *dec2to4* 모듈을 사용하라.

4.29 그림 4.50과 유사한 시프터 회로를 설계하라. 이것은 제어 신호 *Right*가 1일 때 4-비트 입력 벡터인 $W = w_3 w_2 w_1 w_0$을 오른쪽으로 한 비트 이동할 수 있고, 제어 신호 *Left*가 1일 때 왼쪽으로 한 비트 이동할 수 있다. $Right = Left = 0$일 때, 회로의 출력은 입력 벡터와 같다. 조건 $Right = Left = 1$은 결코 발생하지 않는다고 가정한다.

4.30 8-비트 수 $A = a_7, \ldots, a_0$에 1, 2, 3, 혹은 4를 곱하여 A, $2A$, $3A$, 혹은 $4A$를 산출하는 회로를 설계하라.

4.31 문제 4.30을 task로 구현한 Verilog 코드를 작성하라.

4.32 그림 4.47은 2진 코드와 그레이 코드 간의 관계를 보여준다. 그레이 코드를 2진 코드로 변환하는 회로를 설계하라.

4.33 예제 4.35와 그림 4.56은 통신 링크로 전송하기 적합한 ASCII 바이트를 생성하는 회로의 정의 방법을 보여준다. 수신측에서 이 회로와 반대 기능을 수행하는 회로에 대한 Verilog 코드를 작성하라. 패러티 비트를 포함한 바이트 Y를 비트 x_7이 0인 바이트 X로 변환해야 한다. 한 비트의 에러 신호도 생성해야 한다. 이 비트는 올바로 전송되었는가 아니면 오류가 발생하였는가에 따라 0 또는 1로 설정된다.

참고문헌

1. C. E. Shannon, "Symbolic Analysis of Relay and Switching Circuits," *Transactions AIEE* 57 (1938), pp. 713–723.
2. D. A. Thomas and P. R. Moorby, *The Verilog Hardware Description Language*, 5th ed., (Kluwer: Norwell, MA, 2002).
3. Z. Navabi, *Verilog Digital System Design*, 2nd ed., (McGraw-Hill: New York, 2006).
4. S. Palnitkar, *Verilog HDL—A Guide to Digital Design and Synthesis*, 2nd ed., (Prentice-Hall: Upper Saddle River, NJ, 2003).
5. D. R. Smith and P. D. Franzon, *Verilog Styles for Synthesis of Digital Systems*, (Prentice-Hall: Upper Saddle River, NJ, 2000).
6. J. Bhasker, *Verilog HDL Synthesis—A Practical Primer*, (Star Galaxy Publishing: Allentown, PA, 1998).
7. D. J. Smith, *HDL Chip Design*, (Doone Publications: Madison, AL, 1996).
8. S. Sutherland, *Verilog 2001—A Guide to the New Features of the Verilog Hardware Description Language*, (Kluwer: Hingham, MA, 2001).

chapter 5

플립플롭, 레지스터, 카운터

Flip-Flops, Registers, And Counters

이 장의 목적

이 장을 학습하고 나면 다음과 같은 것을 배울 수 있다.

- 정보를 저장할 수 있는 논리회로
- 한 개의 비트를 저장하는 플립플롭
- 여러 비트를 저장하는 레지스터
- 레지스터의 내용을 시프트하는 시프트 레지스터
- 여러 종류의 카운터
- 저장 소자를 구현하는 데 사용되는 Verilog 구조

앞 장에서 우리는 출력 값이 입력에 인가된 신호 값만으로 결정되는 조합회로(combinational circuit)를 고려하였다. 이와 다른 유형의 논리회로도 존재하는데, 이 회로의 출력 값은 현재의 입력 값뿐만 아니라 회로의 과거 행위(behavior)에 의해 결정된다. 이런 회로는 논리 신호의 값을 저장하는 저장 소자(storage element)를 포함하고 있다. 저장 소자의 내용을 회로의 **상태**(*state*)를 표현한다고 말한다. 회로의 입력 값이 변할 때, 새로운 입력은 회로를 이전과 같은 상태에 머물게 하거나 또는 새로운 상태로 변하게 만든다. 시간이 지남에 따라 회로는 입력 신호의 변화 결과에 따라 일련의 상태를 따라 변한다. 이와 같이 동작하는 회로를 순서회로 또는 **순차회로**(*sequential circuits*)라고 부른다.

이 장에서는 저장 소자로 사용될 수 있는 회로를 소개할 것이다. 먼저 간단한 예제를 통해서 저장 소자가 필요한 경우를 생각해 보자. 그림 5.1에서 보인 것처럼 경보 장치를 제어한다고 가정하자. 이 경보 장치는 제어입력 $On/\overline{Off}$에 따라 반응한다. $On/\overline{Off} = 1$일 때 켜지고, $On/\overline{Off} = 0$일 때 꺼진다. 센서가 바람직하지 못한 이벤트에 반응하여 양의 전압 신호 *Set*를 생성할 때 경보 장치가 켜진다. 경보가 한 번 동작되면, 센서의

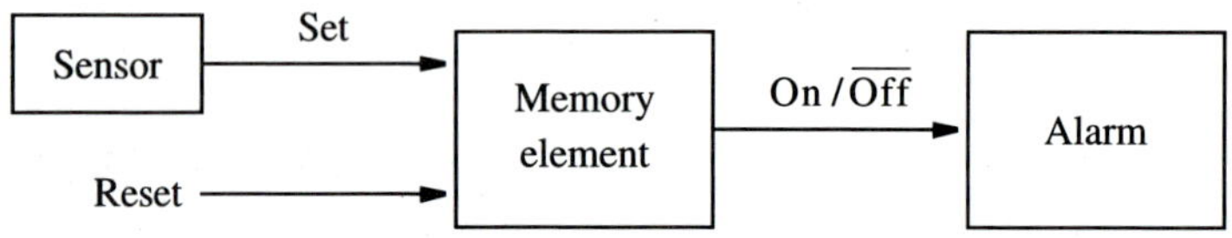

그림 5.1 경보 시스템의 제어

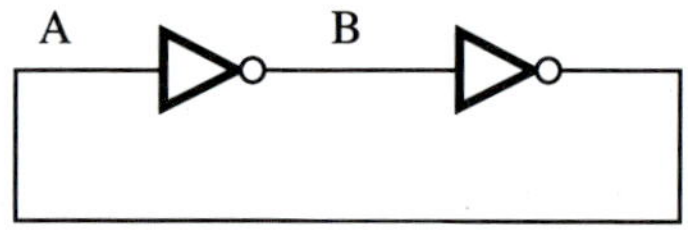

그림 5.2 간단한 메모리 소자

출력이 0으로 돌아가도 계속 경보 상태를 유지하여야 한다. 경보는 수동으로 동작하는 *Reset* 입력에 의해 꺼진다. 따라서 회로는 *Reset* 신호가 도착할 때까지 경보 상태가 유지되어야 한다는 것을 기억하기 위하여 저장 소자가 필요하다.

그림 5.2는 두 개의 인버터로 하나의 루프를 구성한 매우 간단한 저장 소자 회로이다. 만약 $A = 0$이라고 가정하면, $B = 1$이다. 이 회로는 피드백 루프 때문에 계속적으로 이 값을 유지할 것이다. 이러한 경우 회로가 이 값으로 정의된 상태에 있다고 말한다. 만약 $A = 1$이면, $B = 0$이고, 회로는 영원히 이 상태를 유지할 것이다. 그러므로 이 회로는 두 개의 가능한 상태를 가질 수 있다. 그러나 이 회로는 자신의 상태를 바꾸는 방법이 없으므로 실용적이지 못하다. 자신의 상태를 바꾸면서 행위를 기억하는 유용한 소자를 논리게이트로 만들 수 있다.

5.1 • 기본 래치

그림 5.3은 NOR 게이트로 만든 메모리 소자(memory element)를 보여준다. 입력 *Set*와 *Reset*은 회로의 상태 Q를 바꾸는 수단을 제공한다. 더 보기 좋게 그린 회로가 그림 5.4*a*이며, 두 개의 NOR 게이트는 교차결합(cross-coupled) 형태로 연결되어 있다. 이 회로를 **기본 래치**(*basic latch*)라고 한다. 이 회로의 동작을 그림 5.4*b*의 표에 나타내었다. 두 개의 입력 *R*과 *S*가 모두 0일 때, 래치는 피드백 루프로 인하여 기존 상태를 유지한다. 즉, 이때의 상태는 $Q_a = 0$과 $Q_b = 1$이거나 또는 $Q_a = 1$과 $Q_b = 0$이다. 출력 Q_a와 Q_b가 각각 값 0/1과 1/0을 갖는다는 것을 표에 나타내었다. 이 경우에 Q_a와 Q_b는 서로 컴플리먼트임을 알아두자. $R = 1$이고 $S = 0$일 때, 래치는 $Q_a = 0$, $Q_b = 1$인 상태로 *reset* 된다. $R = 0$이고 $S = 1$일 때, 래치는 $Q_a = 1$, $Q_b = 0$인 상태로 *set* 된다. 반면에 네 번째 가능성은 $R = S = 1$일 경우인데, 이때 Q_a와 Q_b가 모두 0일 것이다. 그림 5.4*b*의 표는 진

리표와 닮았다. 그러나 이 표는 입력의 현재 값에만 의존하여 출력의 값이 결정되는 조합회로(combinational circuit)가 아니므로, 이 표를 진리표(truth table)가 아닌 **특성표** (*characteristic table*)라고 한다.

그림 5.4*c*는 NOR 게이트의 전파 지연(propagation delay)을 무시할 만하다고 가정한 경우의 타이밍도(timing diagram)를 보인 것이다. 물론 실제 회로에서의 파형은 게

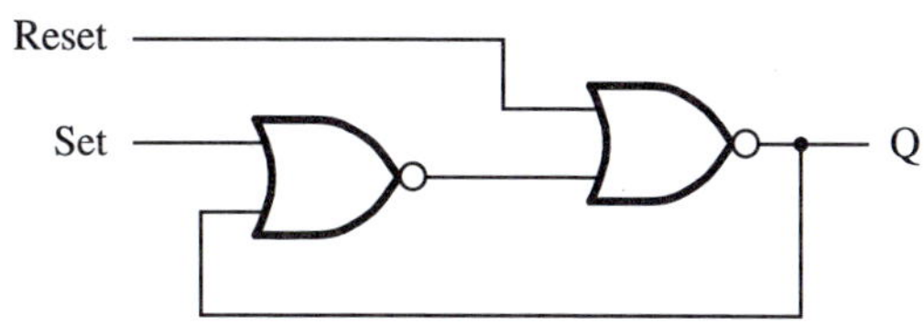

그림 5.3 NOR 게이트로 만든 메모리 소자

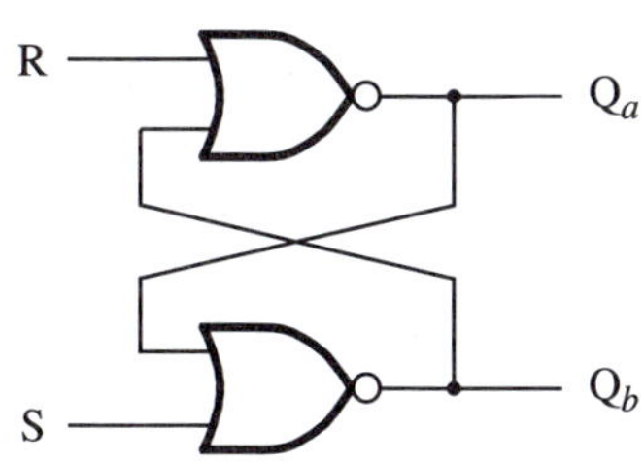

(a) 회로

S	R	Q_a	Q_b	
0	0	0/1	1/0	(no change)
0	1	0	1	
1	0	1	0	
1	1	0	0	

(b) 특성표

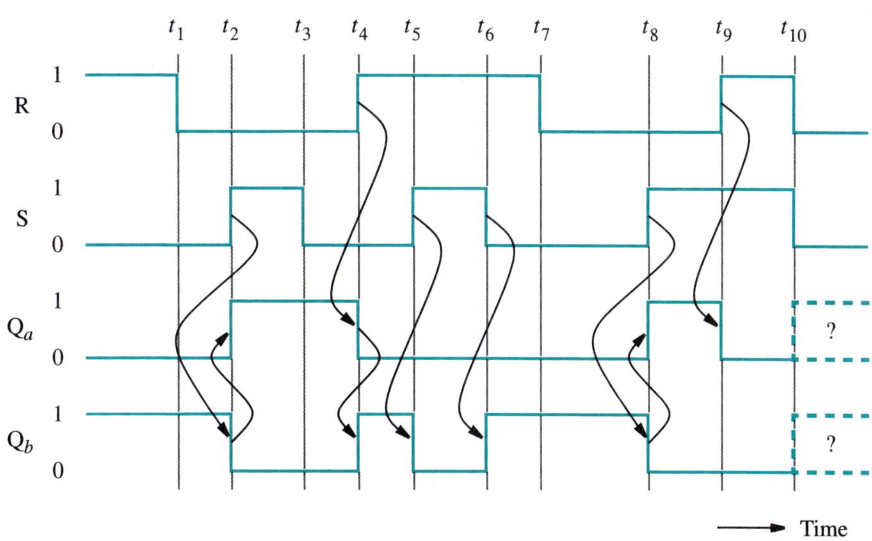

(c) 타이밍도

그림 5.4 NOR 게이트로 만든 기본 래치

이트의 전파 지연에 따라 지연될 것이다. 초기에 $Q_a = 0$이고 $Q_b = 1$이라고 가정하자. 래치의 상태는 S가 1로 되는 시간 t_2까지 변경되지 않고 유지되다가, S가 1일 때 Q_b가 0으로 변경되고, 이어서 $\overline{R + Q_b} = 1$이므로 Q_a가 1로 변경된다. 이와 같은 인과 관계가 다이어그램에 화살표로 표시되어 있다. S가 t_3에서 0으로 변할 때, S와 R이 모두 0이므로 상태가 변하지 않는다. t_4에서 $R = 1$이므로, Q_a는 0으로 변하고 이어서 $\overline{S + Q_a} = 1$이므로 Q_b는 1로 가게 된다. t_5에서 S와 R 모두 1이 되어 Q_a와 Q_b는 둘 다 0이 된다. t_6에서 S가 0으로 변하자마자, Q_b는 다시 1로 된다. t_8에서 $S = 1$이고 $R = 0$이므로, $Q_b = 0$ 그리고 $Q_a = 1$이 된다. 흥미 있는 변화는 t_{10}에서 발생한다. t_9에서부터 t_{10}까지는 $R = S = 1$이기 때문에 $Q_a = Q_b = 0$이다. 지금 만약 R과 S가 t_{10}에서 0으로 바뀐다면, Q_a와 Q_b는 1이 될 것이다. 그러나 Q_a와 Q_b가 1이 되면, 즉각적으로 $Q_a = Q_b = 0$이 될 것이다. 즉, $Q_a = Q_b = 0$과 $Q_a = Q_b = 1$ 사이에 발진(oscillation)이 있게 된다. 만약 두 개 NOR 게이트의 지연 시간이 정확하게 같다면 발진은 무한히 계속될 것이다. 실제 회로에서는 이 게이트의 지연 시간에 약간의 차이가 있을 것이고, 래치는 두 가지 안정한 상태 중의 하나로 머무르게 될 것이다. 그러나 그것이 어떤 상태일지는 알 수 없다. 이러한 불안정한 상태를 파형에 점선으로 표현하였다.

앞에서 살펴본 발진은, 비록 기본 래치가 단순한 회로일지라도, 변하는 동작을 정확히 해석하기 위하여 철저한 분석이 필요함을 보여준다. 일반적으로 한 개 이상의 피드백 경로(feedback path)를 포함하고 있는 회로는, 그 상태가 게이트의 전파 지연에 의해 결정되므로 세심하게 설계되어야 한다. 5.15절과 9장에서 타이밍 이슈를 자세하게 논의한다.

그림 5.4*a*의 래치는 *Set* 신호를 *S* 입력에 그리고 *Reset* 신호를 *R* 입력에 연결함으로써 그림 5.1의 메모리 소자에 필요한 기능을 수행할 수 있다. Q_a 출력은 그림 5.1의 $On/\overline{Off}$ 신호를 제공한다. 경보 장치를 초기화하기 위해서 래치는 reset되어야 한다. 그래야 경보가 꺼진다. 센서가 논리 값 1을 생성할 때, 래치는 set되고 Q_a는 1이 된다. 이에 따라 경보가 켜진다. 만약 센서 출력이 0으로 돌아가더라도, 래치는 $Q_a = 1$인 자신의 상태를 유지한다. 그러므로 경보는 켜진 상태를 지속한다. 경보를 끄는 유일한 방법은 래치를 reset하는 것이고, *Reset* 입력을 1로 만들어 그것을 달성할 수 있다.

5.2 • Gated SR 래치

5.1절에서 기본 SR 래치가 메모리 소자로 사용될 수 있음을 보았다. 래치는 S와 R 입력이 0일 때 자신의 상태를 기억하고, 입력에 인가되는 신호의 변화에 따라 상태를 변경한다. 신호가 변할 때마다 상태 변화가 발생한다. 만약 그런 변화 시간을 제어할 수 없다면, 래치가 언제 상태를 바꿀지는 알 수 없다.

그림 5.1의 경보 장치에 제어 입력 *Enable*을 추가하여 전체 시스템을 enable 혹은 disable 하는 것이 바람직할 수 있다. Enable 되었을 때, 시스템은 위와 같이 동작한다.

Disabled 모드에서, *Set* 입력을 0에서 1로 바꾸더라도 경보가 울리지 않는다. 그림 5.4*a*의 래치는 이와 같은 기능을 제공할 수 없다. 그러나 래치 회로를 오직 *Enable* = 1일 때에만 입력신호 *S*와 *R*에 따라 변화하도록 만들 수 있다. 그렇지 않을 때, 래치는 그 상태를 유지한다.

변형된 회로를 그림 5.5*a*에 나타내었다. 입력을 제어하기 위하여 두 개의 AND 게이트를 포함하고 있다. 제어 신호 *Clk*이 0일 때, *S′*와 *R′* 래치 입력은 신호 *S*와 *R*의 값에 관계없이 0일 것이다. 그러므로 래치는 *Clk* = 0을 유지하는 한, 기존 상태를 유지한다. *Clk*이 1로 바뀔 때, *S′*와 *R′* 신호는 각각 *S*와 *R* 신호와 같을 것이다. 그러므로 이 모드에서 래치는 5.1절에서 설명한 것과 같이 동작한다. 래치의 set 혹은 reset을 제어하는 신호를 *Enable* 신호라고 부르기보다 *Clk*이라는 이름을 사용한다. 이런 회로는 시계에 의하여 제어되는 것처럼 미리 정의된 시간 구간에서만 메모리 소자의 상태가 변하는 디지털시스템에서 자주 사용되기 때문이다. 이와 같은 시간 구간을 정의하는 제어 신호를 일반적으로 **클록**(*clock*) 신호라고 부른다. *Clk*이라는 이름은 이런 특성을 반영한 것이다.

제어 신호를 사용하는 이런 종류의 회로를 ***gated* 래치**라고 부른다. Set과 reset 기능이 있기 때문에 이 회로를 ***gated SR* 래치**라고 부른다. 그림 5.5*b*는 이 동작을 기술하고 있다. 시간 *t* + 1에서 출력 Q의 상태, 즉 Q(*t* + 1)을 입력 *S*, *R*, 및 *Clk*의 함수로서 정의한 것이다. *Clk* = 0일 때, 입력 *S*와 *R*의 값에 관계없이 래치는 시간 t에서의 상태인 Q(*t*)를 유지할 것이다. *S*와 *R*의 값에 무관하다는 것을 *S* = x와 *R* = x로 기술하고 있다. 여기서 x는 신호 값이 0 또는 1과 관계가 없음을 의미한다. *Clk* = 1일 때, 회로는 그림 5.4의 기본 래치와 같이 동작한다. 즉 *S* = 1이면 출력은 set되고 *R* = 1이면 reset된다. *S* = *R* = 1인 표의 마지막 행은 Q(*t* + 1)이 정의될 수 없음을 보여준다. 출력이 1인지 0인지 알 수 없기 때문이다. 이 경우는 5.1절에서 그림 5.4의 타이밍도의 t_{10}에서 설명한 상황에 해당한다. 이때가 *S*와 *R* 입력이 모두 1에서 0으로 변하는 시점이고, 이미 설명한 바와 같이 발진(oscillation) 현상이 나타난다. 만약 *S* = *R* = 1이면, 이 발진 상황은 *Clk*이 1에서 0으로 변화되는 순간에 나타난다. 그러므로 gated SR 래치 회로가 안정적으로 동작하려면, *Clk*이 1에서 0으로 바뀔 때 *S*와 *R* 입력이 모두 1이 되는 경우를 피해야 한다.

Gated SR 래치에 대한 타이밍도가 그림 5.5*c*에 있다. *Clk*을 규칙적인 시간 간격으로 1의 값을 갖는 주기 신호(periodic signal)인 것처럼 표현하고 있는데, 이것은 실제 시스템에서 클록 신호가 이와 같이 나타난다는 것을 반영하고 있다. 이 그림은 신호 값의 여러 가지 조합 효과를 보여준다. 그림 5.4와 같이 출력을 Q_a와 Q_b로 표현하지 않고 여기서 출력을 Q로, 다른 쪽의 출력을 컴플리먼트인 $\overline{Q}$로 표기하였다. *S* = *R* = 1인 정의되지 않은 모드를 피해야 하기 때문에, 래치가 정상적으로 동작할 때 출력은 서로 컴플리먼트된 값을 갖는다. 보통 Q = 1일 때 래치를 *set* 상태, Q = 0일 때 *reset* 상태라고 말한다. Gated SR 래치에 대한 그래픽 심벌은 그림 5.5*d*와 같다.

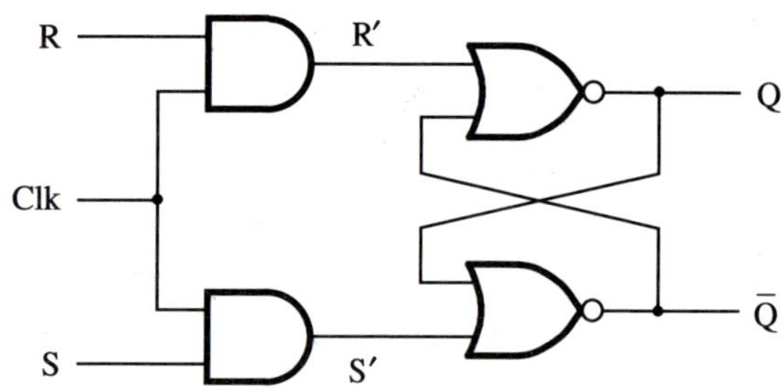

(a) 회로

Clk	S	R	Q(t + 1)
0	x	x	Q(t) (no change)
1	0	0	Q(t) (no change)
1	0	1	0
1	1	0	1
1	1	1	x

(b) 특성표

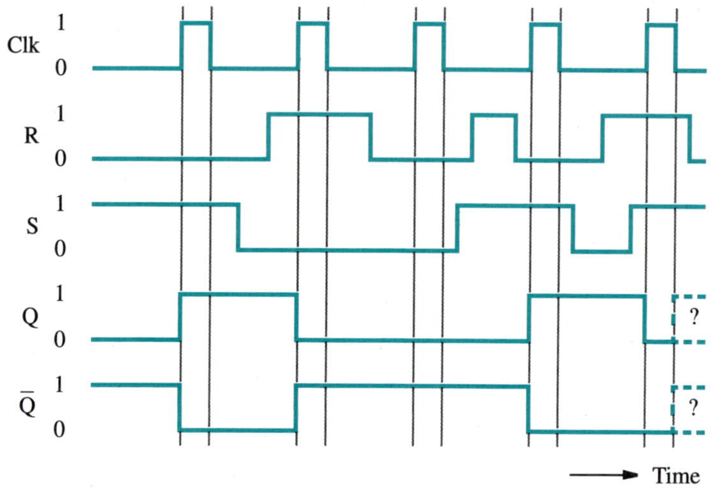

(c) 타이밍도

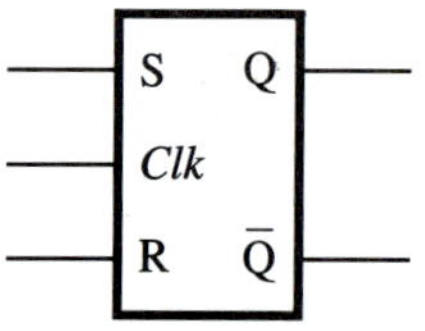

(d) 그래픽 심벌

그림 5.5 Gated SR 래치

5.2.1 NAND 게이트로 만든 gated SR 래치

지금까지 교차결합 NOR 게이트로 구현되는 기본 래치를 살펴보았다. 물론 NAND 게이트로 래치를 구축할 수 있다. 이와 같이 접근하면, 그림 5.6과 같은 gated SR 래치를 구현할 수 있다. 이 회로의 특성표는 그림 5.5*b*와 같이 기술될 수 있다. 이 회로에서 클록은 AND 게이트가 아니고 NAND 게이트에 의해서 게이트되는 것에 유의하라. 또한 *S*와 *R* 입력이 그림 5.5*a*의 회로와 비교하여 바뀌어 있음에도 유의하라.

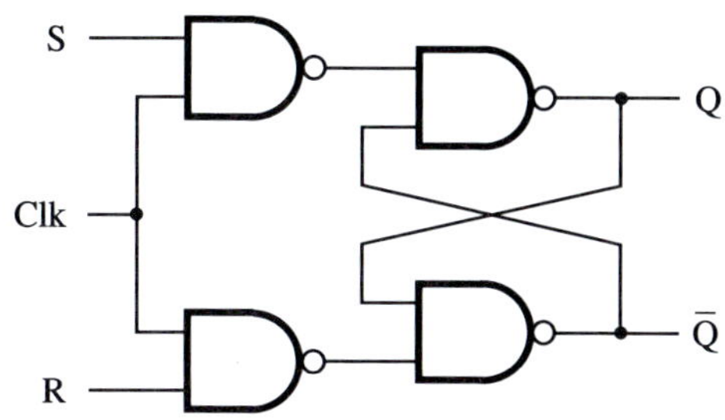

그림 5.6 NAND 게이트로 만든 gated SR 래치

5.3 • Gated D 래치

5.2절에서 gated SR 래치를 소개하고 이 회로가 그림 5.1의 경보 장치에서 어떻게 메모리 소자로 사용될 수 있는지를 설명하였다. 이 래치는 많은 다른 응용 분야에서도 유용하다. 이 절에서는 실제 회로에서 더 많이 사용되는 다른 gated 래치를 설명한다. 이 회로는 *D*라는 한 개의 입력이 있는데, 클록 신호에 따라 이 입력 값을 저장한다. 이것을 *gated* D 래치라고 한다.

Gated D 래치의 필요성을 설명하기 위해서, 3장의 그림 3.12에서 논의한 가산기/감산기 회로를 살펴보자. 두 개의 수를 더하는 가산기를 설명하였을 때, 단순히 가산기가 산출한 결과인 합 비트만 설명하고, 다음에 이 값들을 어떻게 처리할 것인지는 설명하지 않았다. 가산기/감산기 장치는 컴퓨터의 부품으로 흔히 사용된다. 덧셈과 뺄셈의 연산 결과는 이후의 동작에서 피연산자로 사용된다. 그러므로 가산기가 산출한 합계 비트의 값을 다시 필요할 때까지 기억할 필요가 있다. 따라서 한 비트당 기본 래치 한 개를 배정하여 이 값을 저장할 수 있다. 여기서 하나의 래치가 한 비트의 값을 기억한다고 말하는 것 대신에, 래치가 비트의 값을 **저장한다**(*store*)고 말하거나 단순히 "한 비트를 저장한다(store a bit)"라고만 하는 것이 더 명확한 개념이다. 즉, 래치를 저장 소자(storage element)로 간주한다.

그러나 기본 래치를 사용해서 원하는 연산을 얻을 수 있을까? 덧셈을 시작하기 전에 모든 래치를 리셋할 수 있다. 다음에 래치의 *S* 입력에 합계 비트를 연결하면, 합계 비트가 값 1이면 1이 저장될 것이고, 그렇지 않으면 0 값을 유지할 것이다. 만약 모든 합계 비트가 덧셈을 시작하기 전에 0이고, 가산기를 통과하는 약간의 지연 시간 이후에 몇몇 합계 비트만이 1이 된다면 회로는 문제없이 동작할 것이다. 그러나 불행히도 가산기 회로에 존재하는 전파지연 시간 때문에 큰 문제가 발생한다. 여기서 리플 캐리 가산기를 이용한다고 가정하자. *X*와 *Y* 입력이 가산기로 인가될 때, 회로를 통해 캐리가 전달될 때마다 여러 번 합계 출력은 0과 1 사이를 번갈아 변할 수 있다. 만약 합계 비트를 래치의 *S* 입력에 연결한다면, 그리고 만약 합계 비트가 잠시 1이 되었다가 최종적으로 0으로 안정된다면, 래치는 잘못된 값 1로 설정될 것이라는 것이 문제이다.

가산기의 합계 비트가 교대로 바뀌기 때문에 발생하는 문제를 기본 래치 대신에 gated SR 래치를 사용하여 해결할 수 있을 것이다. 이러한 경우에 가산기가 정확한 합을 계산하는 데 걸리는 시간 동안 클록 신호가 0을 유지하도록 조정할 수 있을 것이다. 가산기 회로의 최대 지연시간만큼 기다린 후에, gated 래치에 올바른 합계 비트를 저장하도록 클록 신호가 1로 되어야 한다. 값이 저장되자마자 클록은 0으로 돌아가고, 다시 클록이 1이 될 때까지 저장된 값이 유지되는 것을 보장한다. 또한 덧셈 연산 결과를 저장하기 전에, 모든 래치가 0으로 리셋되어 있어야 한다. 이와 같은 방법은 실용적이지 못하다. 그러므로 gated SR 래치 대신에 gated D 래치를 사용하는 것이 바람직하다.

그림 5.7*a*는 gated D 래치 회로이다. Gated D 래치는 gated SR 래치를 기반으로 만들어졌으나, 독립적인 *S*와 *R* 입력 대신에 단 한 개의 데이터 입력을 갖고 있다. 편의상

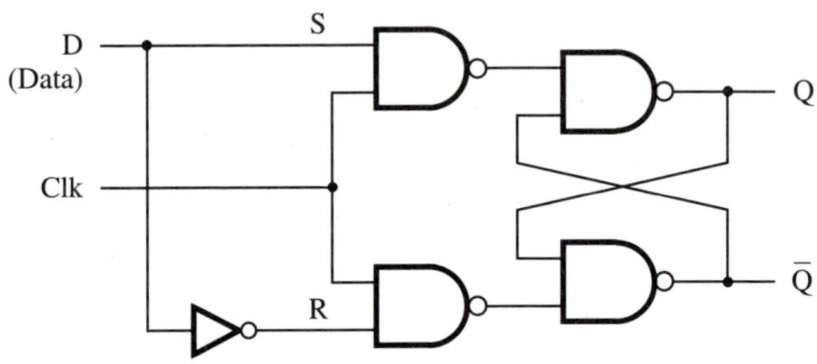

(a) 회로

Clk	D	Q(*t* + 1)
0	x	Q(*t*)
1	0	0
1	1	1

(b) 특성표

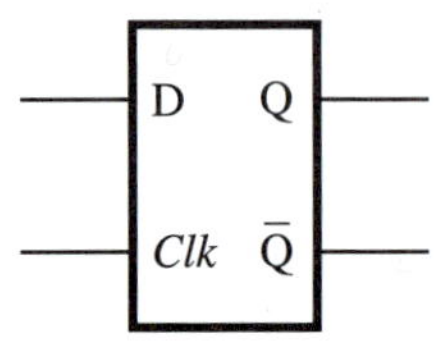

(c) 그래픽 심벌

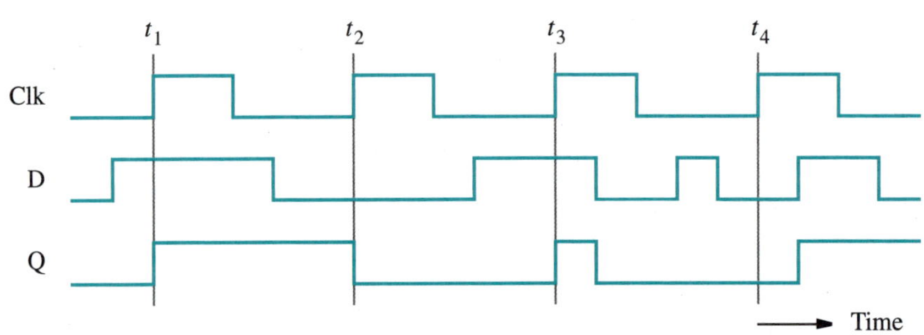

(d) 타이밍도

그림 5.7 Gated D 래치

그림 5.6의 S와 R 입력에 해당하는 지점에 같은 이름을 붙였다. 만약 $D = 1$이면, $S = 1$, $R = 0$이 되어 상태 Q = 1로 만든다. 만약 $D = 0$이면, $S = 0$, $R = 1$이고 따라서 Q = 0이 된다. 물론 $Clk = 1$일 때만 상태가 변한다.

이 회로에서 골치 아픈 상황인 $S = R = 1$인 경우는 발생할 수 없다. Gated D 래치에서 출력 Q는 단순히 $Clk = 1$인 동안 입력 D의 값을 따라간다. Clk이 0이 되는 순간 래치의 상태는 다시 클록이 1이 될 때까지 변하지 않는다. 그러므로 gated D 래치는 클록이 1에서 0으로 변하는 순간에 입력된 D 값을 저장한다. 그림 5.7은 또한 gated D 래치의 특성표, 그래픽 심벌, 그리고 타이밍도를 보여주고 있다.

타이밍도는 $Clk = 1$ 동안에 입력 신호인 D가 변하면 어떤 일이 발생하는지 보여준다. t_3에서 시작하는 세 번째 클록 펄스 동안에, $D = 1$이기 때문에 출력 Q는 1로 변한다. 그러나 클록 펄스 중간에 D 신호가 0으로 가면, 이 변화는 Q를 0으로 가게 만든다. Q의 이 값은 Clk이 0으로 바뀔 때 저장된다. 이 상태에서 t_4의 다음 클록 펄스 때까지 더 이상의 변화는 발생하지 않는다. 결국 요점은 클록이 1의 값을 갖는 한 출력 Q는 D 입력에 따른다는 것이다. 그러나 클록이 0일 때 출력 Q는 변할 수 없다. 부록 B에 자세히 설명한 것과 같이 논리 값은 전압 레벨 low와 high로 구현된다. Gated D 래치의 출력은 클록 입력의 전압 레벨에 의해 제어되기 때문에, 래치를 **레벨 센서티브**(*level sensitive*)라고 부른다. 따라서 그림 5.5에서 5.7까지의 회로는 레벨 센서티브다. 5.4절에서 클록이 한 값에서 다른 값으로 바뀌는 시점에만 출력이 변하는 저장 소자를 설계할 수 있다는 것을 설명할 것이다. 이런 회로를 "에지 트리거 되었다(edge triggered)"라고 말한다.

5.3.1 전파지연의 영향

지금까지 설명에서 우리는 전파지연(propagation delay)의 효과를 무시하였다. 실제 회로에서는 이러한 지연을 신중하게 고려해야 한다. 그림 5.7*a*의 gated D 래치를 고려해 보자. 이것은 클록 신호가 1에서 0으로 변하는 순간에 D 입력의 값을 저장한다. 만약 Clk이 1에서 0이 되는 시점에 D 신호가 아무런 변화 없이 안정하다면, 이 회로는 올바로 동작한다. 그러나 이 시점에 D 신호도 변한다면 예측할 수 없는 결과가 발생할 수 있다. 그러므로 클록 신호가 변하는 중요한 시점에 D 입력이 안정적임을 보장할 수 있어야 한다.

그림 5.8은 중요한 타이밍 구간을 보여준다. D 신호가 Clk 신호의 네거티브 에지(negative edge)에 앞서서 안정해야만 하는 최소 시간을 래치의 **셋업 시간**(*setup time*), t_{su}라고 한다. D 신호가 Clk 신호의 네거티브 에지 후에 안정적으로 유지해야만 하는 최소 시간을 **대기 시간**(*hold time*), t_h라고 한다. t_{su}와 t_h는 사용된 회로 제조 기술에 의해 결정된다. IC 제조사들은 이 값들을 데이터 시트에 표기하고 있다. 최근 기술에서의 전형적인 값은 $t_{su} = 0.3$ ns이고 $t_h = 0.2$ ns이다. 5.15절에서 셋업과 대기 시간이 회로의 동작 속도에 어떤 영향을 미치는지에 대한 예제들을 소개할 것이다. 셋업과 대기 시간이 위배될 때 메모리 소자의 동작을 7장에서 설명한다.

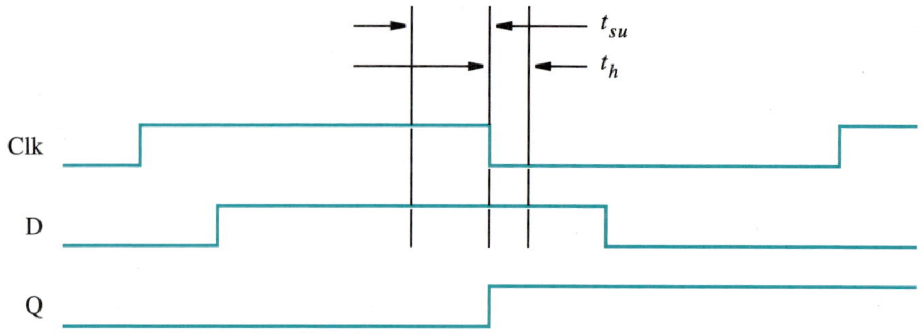

그림 5.8 셋업과 홀드 타임

5.4 • 에지 트리거 D 플립플롭

레벨 센서티브 래치에서 래치의 상태는 클록 신호가 active(교재의 예에서 1에 해당함)인 동안에 입력 신호의 값이 변하면 계속 따라서 변한다. 5.8절과 5.9절에서 소개하겠지만, 한 개의 클록 사이클 동안 한 번만 상태를 바꾸고 그 이상 상태를 바꿀 수 없는 저장 소자도 필요하다. 여기서 이와 같이 동작하는 회로를 소개한다.

5.4.1 마스터-슬레이브 D 플립플롭

그림 5.9*a*에 주어진 회로를 살펴보자. 이 회로는 두 개의 gated D 래치로 구성되어 있다. **마스터**(*master*)라 부르는 첫 번째 래치는 *Clock* = 1인 동안에 상태를 바꾼다. **슬레이브**(*slave*)라 부르는 두 번째 래치는 *Clock* = 0인 동안에 상태를 바꾼다. 클록이 high일 때 마스터는 *D* 입력 신호의 값에 따라 변하고 슬레이브는 변하지 않는다. 즉 Q_m의 값은 *D*의 변화에 따르고, Q_s는 아무런 변화가 없다. 클록 신호가 0으로 바뀔 때, 마스터 단은 *D* 입력에 따라 변하는 것을 중단한다. 이 시간에 슬레이브 단은 신호 Q_m의 값에 따라 반응하여 상태를 바꿀 수 있다. *Clock* = 0인 동안 Q_m은 변하지 않기 때문에, 슬레이브 단은 하나의 클록 사이클 동안 많아야 한 번 상태 변화를 할 수 있다. 외부 관찰자의 관점에서 볼 때, 즉 슬레이브 단의 출력에 연결된 회로에서 볼 때 마스터-슬레이브 회로는 클록의 하강 에지(negative-going edge)에서 자신의 상태를 바꾼다. **네거티브 에지**(*negative edge*)는 클록 신호가 1에서 0으로 바뀌는 곳이다. 한 개의 클록 사이클 동안 마스터의 입력인 *D*가 변화하는 횟수에 관계없이 Q_s 신호의 관찰자는 클록의 네거티브 에지에 대응하는 *D* 입력의 변화만 볼 수 있다.

그림 5.9의 회로를 **마스터-슬레이브 *D* 플립플롭**이라고 부른다. 용어 **플립플롭**은 제어용 클록 신호의 에지에서 출력 상태를 바꾸는 저장 소자를 나타낸다. 이 플립플롭에 대한 타이밍도를 그림 5.9*b*에 보인다. 그래픽 심벌은 그림 5.9*c*에 있다. 그래픽 심벌에서 플립플롭이 클록의 '액티브 에지(active edge)'에서의 반응을 나타내기 위해서 > 표시를 사용한다. 또한 회로의 액티브 에지가 네거티브 에지임을 나타내기 위해서 클록 입력에

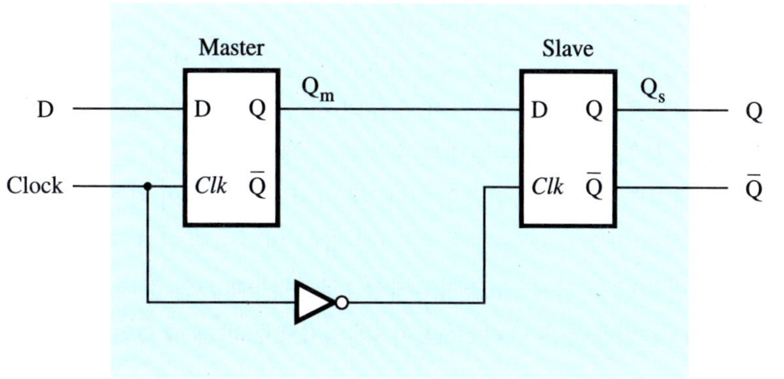

(a) 회로

(b) 타이밍도

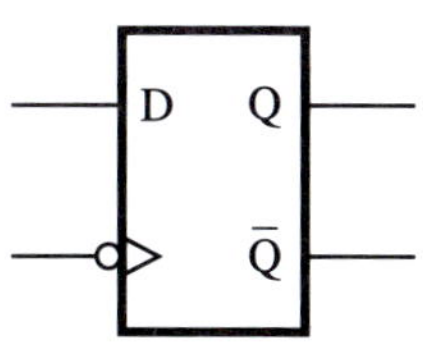

(c) 그래픽 심벌

그림 5.9 마스터-슬래이브 D 플립플롭

버블(bubble, 작은 동그라미)을 붙여 표현한다. 즉 회로가 동작되는 것은 클록 신호가 네거티브 에지인 high에서 low로 변할 때임을 나타낸다.

그림 5.9*a*의 회로에 마스터와 슬래이브 단의 클록 신호를 뒤집어 연결한 것을 생각해 보자. 즉, 마스터 단의 클록 입력에 인버터를 포함시키고, 슬래이브 단의 클록 신호에 컴플리먼트되지 않은 클록 신호를 연결한다. 이제 마스터 단의 상태는 클록 신호가 0에서 1로 변할 때 슬래이브 단으로 전달된다. 이 회로는 **포지티브 에지 트리거**(*positive-edge triggered*) **마스터-슬래이브 *D* 플립플롭**과 같이 동작한다. 이 회로의 그래픽 심벌은 그림 5.9*c*의 클록에 붙은 버블을 없앤 것과 같다.

레벨 센서티브 대 에지 트리거 저장 소자

지금까지 설명한 여러 가지 저장 소자의 타이밍을 비교해 보자. 그림 5.10은 같은 데이터와 클록 입력으로 구동되는 세 가지 종류의 저장 소자를 보여준다. 첫 번째는 레벨 센서티브인 gated D 래치이다. 두 번째는 포지티브 에지 트리거 D 플립플롭이고, 세 번째는 네거티브 에지 트리거 D 플립플롭이다. 세 가지 저장소자의 차이를 강조하기 위하여, *D* 입력은 클록의 반주기 동안에 한 번 이상 값이 변하도록 인가하였다. 포지티브 에지 트리거 D 플립플롭은 단지 clock이 0에서 1로 변할 때 *D*의 값에 반응한다. 네거티브 에지 트리거 D 플립플롭은 단지 clock이 1에서 0으로 변할 때 *D*의 값에만 반응한다.

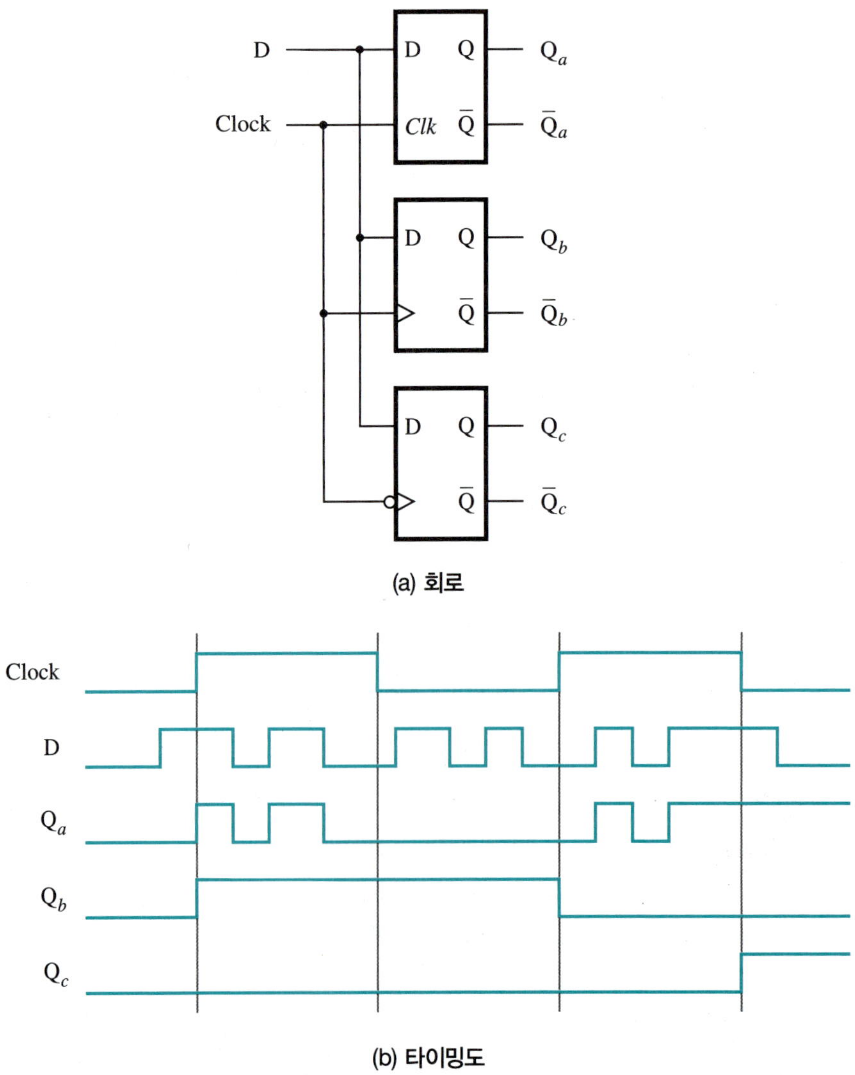

그림 5.10 레벨 센서티브와 에지 트리거 D 저장소자의 비교

5.4.2 에지 트리거 D 플립플롭의 다른 형태

마스터-슬레이브 D 플립플롭은 에지 트리거의 개념을 매우 쉽게 설명한다. 같은 동작을 수행하도록 만들어진 다른 회로들도 있다. 그림 5.11*a*에 제시된 회로를 생각해 보자. 이 회로는 단지 여섯 개의 NAND 게이트만 사용하므로 마스터-슬레이브 회로보다 트랜지스터의 수가 더 적다. 이 회로의 동작은 다음과 같다. *Clock* = 0일 때 게이트 2와 3의 출력이 high이다. 그러므로 *P*1 = *P*2 = 1이고, 이것은 게이트 5와 6으로 구성된 출력 래치를 현재 상태로 유지한다. 같은 순간에 신호 *P*3은 *D*와 같고 *P*4는 $\overline{D}$와 같다. *Clock*이 1로 바뀔 때 다음과 같은 변화가 발생한다. *P*3과 *P*4의 값이 게이트 2와 3을 지나 *P*1 = $\overline{D}$ 및 *P*2 = *D*가 되도록 만들고, 이것은 Q = *D*와 $\overline{\text{Q}}$ = $\overline{D}$로 설정한다. 회로가 안정적으로 동작하기 위해서 *P*3과 *P*4는 *Clock*이 0에서 1로 바뀔 때 변화가 없어야 한다. 그러므로 플립플롭의 셋업 시간은 *D* 입력으로부터 게이트 4와 1을 통해 *P*3까지의 지연 시간과 같다. 대기 시간은 게이트 3을 통과하는 지연 시간으로 주어진다. *P*2가 한 번 안정되면 *D*의 변화는 더 이상 의미가 없기 때문이다.

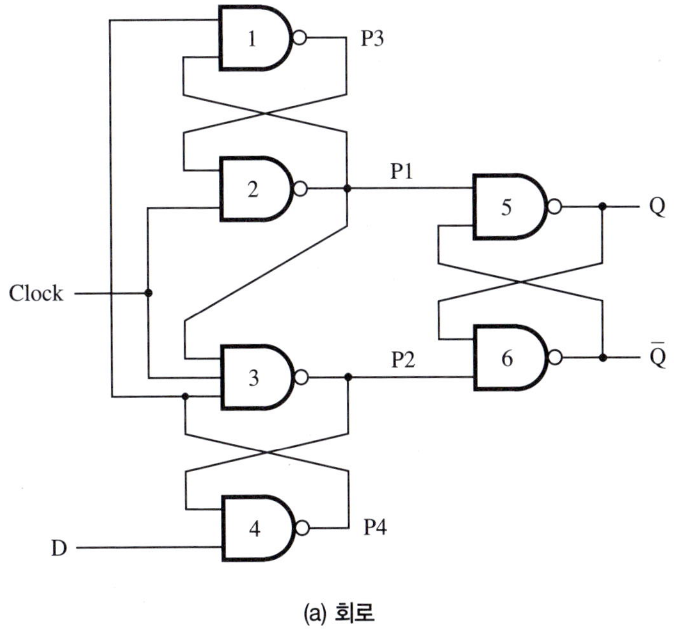

(a) 회로

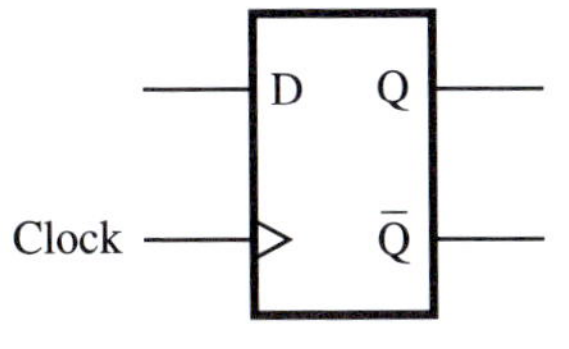

(b) 그래픽 심벌

그림 5.11 포지티브 에지 트리거 D 플립플롭

회로가 원활히 동작하는지 알기 위해서 *Clock*이 1로 바뀐 후에 *Clock* = 1을 유지하는 한 *D*에서의 어떤 변화가 출력 래치에 영향을 미치지 않는다는 것을 확인할 필요가 있다. 이를 위해서 두 가지 경우를 고려해야 한다. 먼저 클록의 포지티브 에지에서 *D* = 0이라고 가정하자. 그러면 *P*2 = 0이고, 그것은 *Clock* = 1인 동안 *D*의 입력에 상관없이 게이트 4의 출력을 1로 유지할 것이다. 두 번째는 클록의 포지티브 에지에서 *D* = 1인 경우이다. 그러면 *P*1 = 0이고, 그것은 *D* 입력에 상관없이 게이트 1과 3의 출력을 강제로 1이 되게 만든다. 그러므로 플립플롭은 *Clock* = 1 동안 *D* 입력의 변화를 무시한다.

이 회로는 포지티브 에지 트리거 D 플립플롭처럼 동작한다. 이와 비슷한 회로를 OR 게이트로 구성할 수 있고, 이것은 네거티브 에지 트리거 플립플롭으로 사용될 수 있다.

5.4.3 Clear와 Reset을 갖는 D 플립플롭

플립플롭은 많은 상태를 갖는 회로의 구현에 사용되는데, 이런 회로는 출력이 현재 입력 값뿐만 아니라 그 시점에서 기억하고 있는 회로의 상태에 따라서 달라진다. 6장에서 이런 회로의 일반적인 형태를 소개할 것이다. 간단한 예는 어떤 사건의 발생 횟수, 예를 들면 시간의 경과를 세는 카운터(counter)이다. 5.9절에서 카운터 회로를 자세하게 다룰 것이다. 카운터는 여러 개의 플립플롭으로 이루어지고, 그 출력은 하나의 수로 해석된다. 카운터 회로는 그 수를 증가 혹은 감소할 수 있어야 한다. 또한 원하는 초기 상태로 초기 값을 설정하는 것도 중요하다. 당연히 카운터의 출력을 0으로 지울 수도 있어야 한다. 이것은 모든 플립플롭이 Q = 0으로 되는 것을 뜻한다. 마찬가지로 카운터의 초기 값으로 어떤 특정 값을 설정하기 위해 각 플립플롭을 Q = 1로 설정할 수 있어야 한다. 이와 같은 기능을 그림 5.9와 5.11의 회로에 추가할 수 있다.

NAND 게이트로 구현한 그림 5.9*a*에 이 기능을 구현한 회로가 그림 5.12*a*에 있다. 마스터 단은 단지 그림 5.7*a*의 gated D 래치이다. 슬래이브 단에 같은 형태의 또 하나의 래치를 사용하는 대신에 그림 5.6의 간단한 gated SR 래치를 사용할 수 있다. 따라서 회로에서 한 개의 NOT 게이트를 제거할 수 있다.

간단하게 clear와 preset 기능을 추가하는 방법은 그림에 컬러로 표시한 것과 같이 교차 결합된(cross-coupled) 래치의 각 NAND 게이트에 별도의 입력을 추가하는 것이다. *Clear_n* 입력에 0을 인가하면, 플립플롭의 상태는 Q = 0이 될 것이다. 만약 *Clear_n* = 1이면 이 입력은 NAND 게이트에 아무런 영향을 미치지 않는다. 유사하게 *Preset_n* = 0은 플립플롭의 상태를 Q = 1로 만들고, *Preset_n* = 1은 아무 영향을 주지 않는다. *Clear_n*과 *Preset_n* 입력이 0일 때 동작한다는 것을 나타내기 위해서 이름에 n('negative')을 붙였다. 이와 같은 플립플롭을 사용하는 회로의 *Clear_n*과 *Preset_n*을 동시에 0으로 만들지 않아야 한다는 것에 유의해야 한다. 이 플립플롭의 그래픽 심벌이 그림 5.12*b*에 있다.

그림 5.11*a*의 에지 트리거 된 플립플롭을 위와 비슷하게 수정한 회로가 그림 5.13*a*에 있다. 여기에서도 *Clear_n*과 *Preset_n*의 두 입력은 active low이고, 이 입력들이 1일 때 출력에 영향을 미치지 않는다.

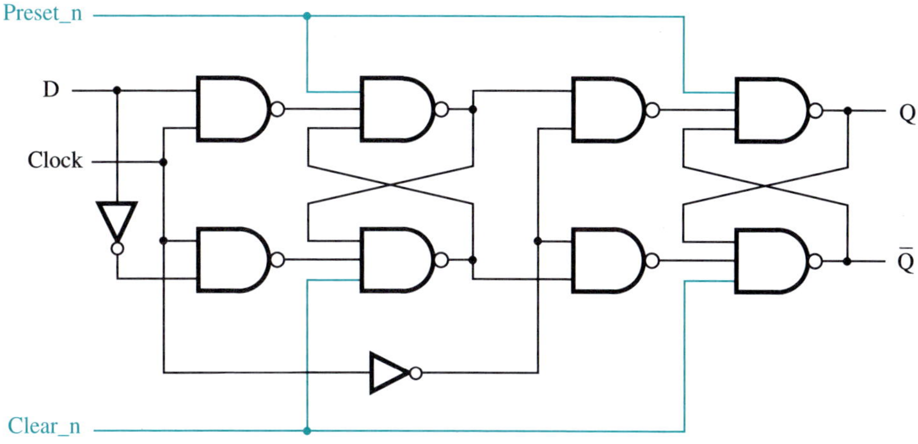

(a) 회로

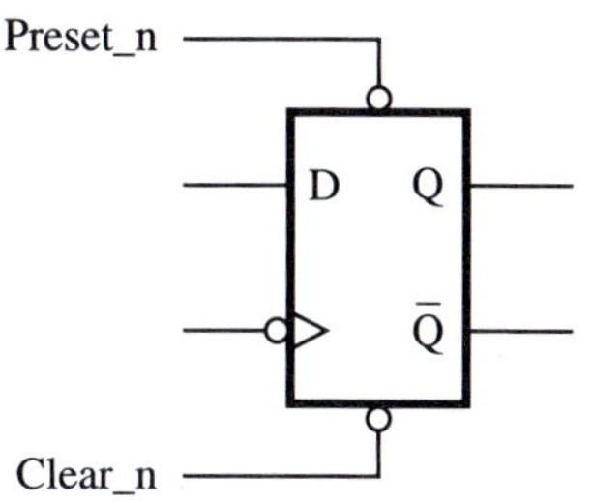

(b) 그래픽 심벌

그림 5.12 *Clear*와 *Preset* 입력이 있는 마스터-슬래이브 D 플립플롭

그림 5.12*a*와 5.13*a*의 회로에서 *Clear_n*이나 *Preset_n* 입력은 그 값이 low로 변하면 즉시 영향을 미친다. 예를 들어, *Clear_n* = 0이면 플립플롭은 클록 신호의 값에 관계없이 즉시 상태 Q = 0이 된다. 이런 회로에서 *Clear_n* 신호는 클록 신호에 관계없이 플립플롭을 clear하기 위해 사용되는데 이를 **비동기**(*asynchronous*) *clear* 기능이라고 한다. 실제로 가끔은 클록의 액티브 에지에서 플립플롭을 clear하는 것이 필요할 수도 있다. 이와 같은 **동기**(*synchronous*) *clear*를 그림 5.13*c*처럼 구현할 수 있다. 이 플립플롭은 *Clear_n* 입력이 1이면 정상적으로 동작한다. 그러나 만약 *Clear_n*이 0이 되면, 클록의 다음 포지티브 에지에서 플립플롭이 0으로 clear될 것이다. 플립플롭을 clear하는 방법에 대하여 5.10절에서 더욱 자세하게 살펴볼 것이다.

5.4.4 플립플롭 타이밍 파라미터

5.3.1절에서 래치 회로와 관련된 타이밍 이슈에 대하여 설명하였다. 실제로 이 이슈는 플립플롭 회로에서도 똑같이 중요하다. 그림 5.14*a*는 비동기 clear 기능이 있는 포지티브 에지 트리거 D 플립플롭이고, 그림 5.14*b*는 플립플롭과 관련된 몇 가지 중요한 파라

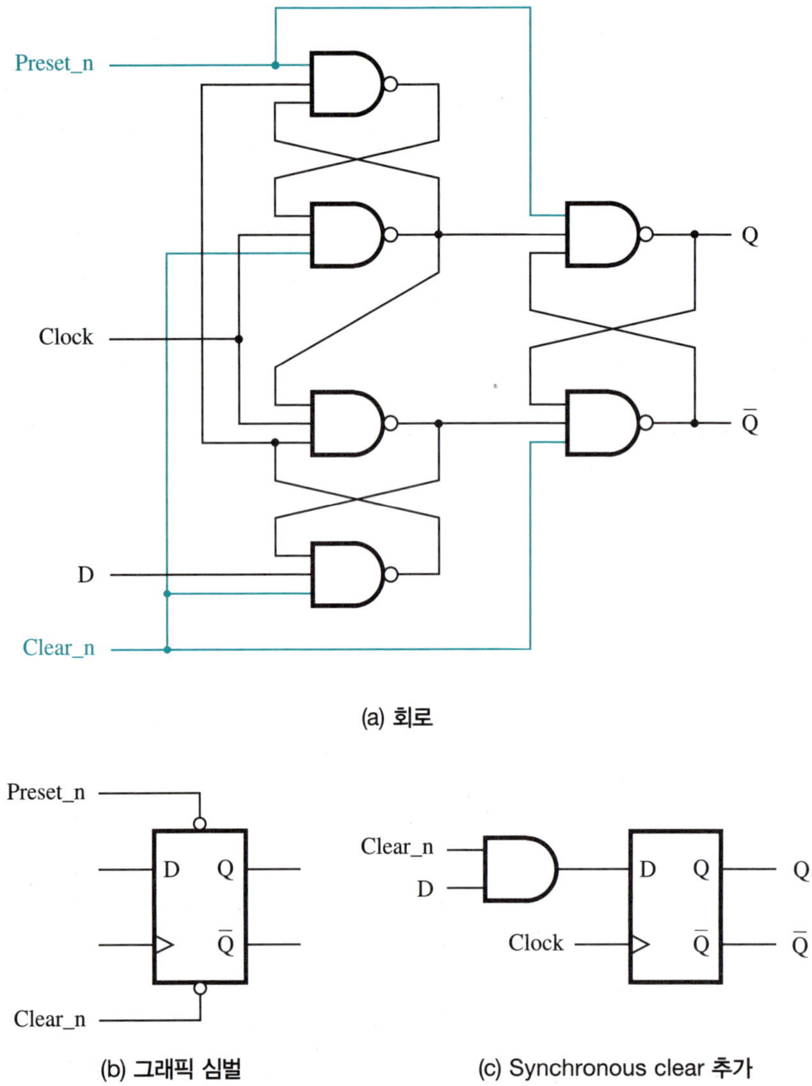

그림 5.13 *Clear*와 *Preset* 입력이 있는 포지티브 에지 트리거 D 플립플롭

미터를 보여준다. 데이터는 포지티브 클록 에지에서 플립플롭의 *D* 입력에 로드되고, 그 논리 값은 반드시 셋업 타임인 t_{su} 동안에 안정되어야 한다. 데이터는 에지 이후 대기 시간인 t_h 동안 안정을 유지해야 한다. 만약 이 플립플롭을 사용하는 회로에서 셋업과 대기 시간 요구 사항을 만족시키지 않는다면, **준안정상태**(*metastability*)라고 알려진 불안정한 조건으로 들어갈 수 있다. 7장에서 이 개념을 설명할 것이다.

그림 5.14에서 지적한 바와 같이, clock-to-Q 전파지연인 t_{cQ}는 포지티브 클록 에지 이후에 Q의 값이 변하기 전까지 시간이다. 일반적으로 이 지연은 Q가 1에서 0으로 변하는 경우와 0에서 1로 변하는 경우가 정확하게 같지 않을 수 있지만, 여기서는 간단히

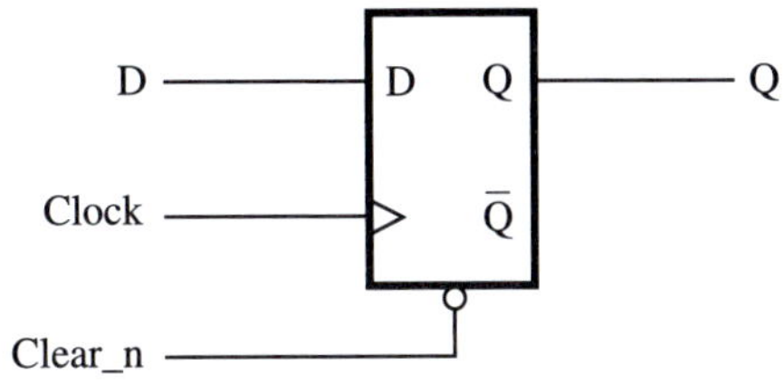

(a) 비동기 clear 기능 D 플립플롭

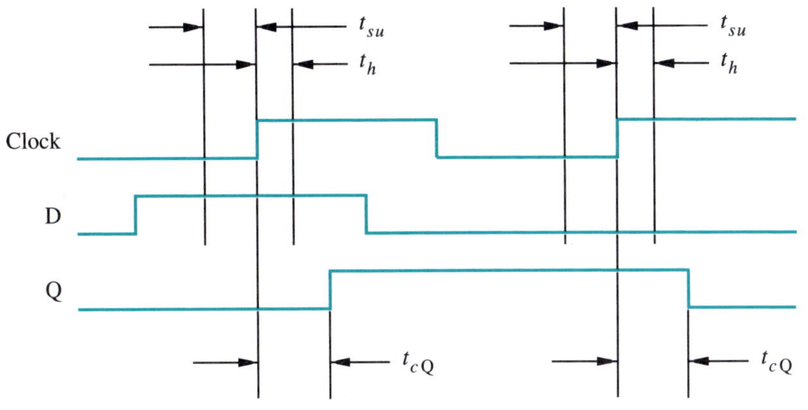

(b) 타이밍도

그림 5.14 플립플롭 타이밍 파라미터

이 값이 같다고 가정한다. 상용 칩에 포함된 플립플롭인 경우에, 이 두 가지 값은 일반적으로 t_{cQ}로 표시되어 있고, 실질적으로 발생할 수 있는 최대와 최소 지연을 나타낸다. 칩 제조 과정에 지연에 영향을 미치는 원인이 많기 때문에 칩의 지연을 범위 값으로 표시하는 것이 현실적인 방법이다. 5.15절에서는 플립플롭의 타이밍 파라미터가 회로의 동작에 영향을 주는 예를 살펴볼 것이다.

5.5 • T 플립플롭

D 플립플롭은 다방면으로 사용될 수 있는 유용한 저장소자이다. 입력에 간단한 논리회로를 추가함으로써 D 플립플롭은 다른 형태의 저장소자가 될 수 있다. 이렇게 수정한 회로가 그림 5.15a에 있다. 이 회로는 포지티브 에지 트리거 D 플립플롭을 사용한다. 피드백 연결은 이름이 T인 신호의 제어에 따라 입력 D의 값을 출력 Q와 $\overline{\text{Q}}$ 중 하나로 만든다. 각 클록의 포지티브 에지에서, 플립플롭은 자신의 상태 Q(t)를 변경할 수 있다. 만약 $T = 0$이면, $D = $ Q가 되어 상태는 변화가 없다. 즉 Q(t + 1) = Q(t)이다. 그러나 $T = 1$

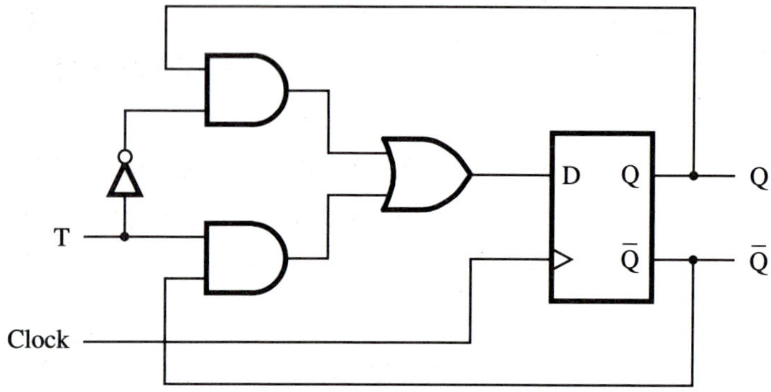

(a) 회로

T	Q(t + 1)
0	Q(t)
1	$\overline{Q}(t)$

(b) 특성표

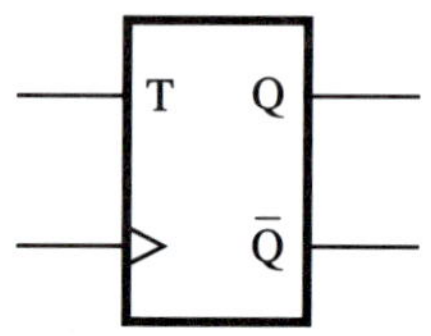

(c) 그래픽 심벌

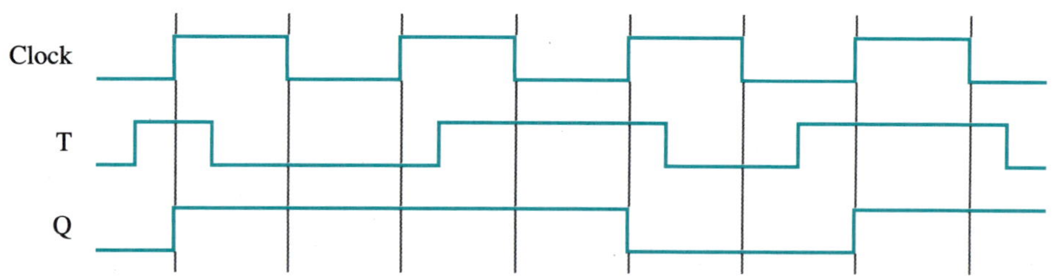

(d) 타이밍도

그림 5.15 T 플립플롭

이면, $D = \overline{Q}$가 되어 새로운 상태는 $Q(t + 1) = \overline{Q}(t)$가 된다. 그러므로 회로의 전반적인 동작은 $T = 0$이면 자신의 현재 상태를 유지하고, $T = 1$이면 현 상태를 반전시킨다.

이 회로의 동작은 그림 5.15*b*의 특성표에 제시되어 있다. 이 표를 구현한 회로를 *T* **플립플롭**이라 부른다. T 플립플롭의 명칭은 $T = 1$일 때 자신의 상태를 '토글(toggle, 1 ↔ 0이 바뀌는 모습)'하기 때문에 붙여졌다. 5.9절에서 볼 수 있는 것처럼 T 플립플롭의 토글을 이용하면 카운터 회로를 쉽게 설계할 수 있다.

5.6 • JK 플립플롭

그림 5.15*a*로부터 재미있는 회로를 하나 더 만들 수 있다. 한 개의 제어 입력 T를 사용하는 대신에 그림 5.16*a*와 같이 두 개의 입력 *J*와 *K*를 사용할 수 있다. 이 회로에서 입력 *D*는 다음과 같이 정의된다.

$$D = J\overline{Q} + \overline{K}Q$$

이에 대응하는 특성표는 그림 5.16*b*와 같다. 이 회로를 *JK* **플립플롭**이라고 부른다. 이것은 SR과 T 플립플롭을 결합한 회로이다. $J = K = 1$인 경우를 제외한 모든 입력 값에 대하여 이 회로는 SR 플립플롭으로 동작하며, 이때 $J = S$, $K = R$이다. 마지막 입력 조건인 경우, SR 플립플롭은 이 조건을 사용할 수 없지만, JK 플립플롭은 T 플립플롭과 같이 자신의 상태를 토글한다.

JK 플립플롭은 유연성이 많은 회로이다. *D*와 SR 플립플롭처럼 직접 입력을 저장할 수 있을 뿐만 아니라, *J*와 *K* 입력을 서로 연결하면 T 플립플롭 역할도 할 수 있다.

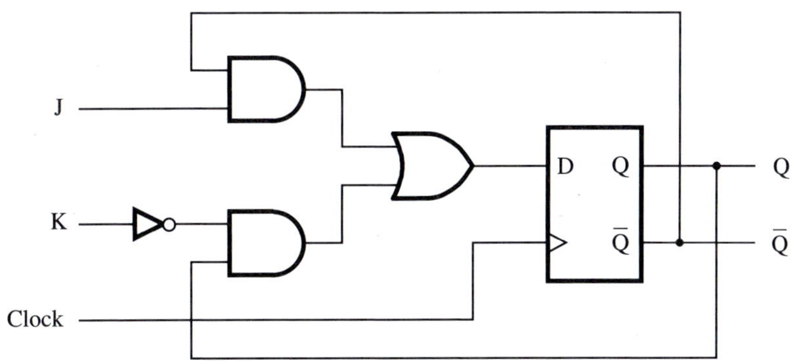

(a) 회로

J	K	Q(t + 1)
0	0	Q(t)
0	1	0
1	0	1
1	1	$\overline{Q}(t)$

(b) 특성표

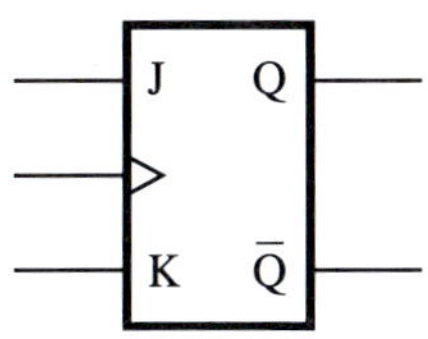

(c) 그래픽 심벌

그림 5.16 JK 플립플롭

5.7 • 용어 요약

이제까지 아주 일반적인 용어를 사용하였다. 그러나 독자들은 이 교재에서 **래치**와 **플립플롭**을 다르게 해석하고 있다는 것을 깨달을 수 있었을 것이다. 이제까지 사용한 용어를 다음과 같이 요약할 수 있다.

기본 래치는 두 개의 NOR 게이트 또는 두 개의 NAND 게이트를 피드백하여 연결한 것으로, 한 비트의 정보를 저장할 수 있다. *S* 입력을 사용해서 1로 설정할 수 있고, *R* 입력을 사용해서 0으로 리셋할 수 있다.

Gated 래치는 입력이 게이트를 통과하고 한 개의 제어 입력 신호가 있는 기본 래치이다. 래치는 제어 입력이 0일 때 자신의 상태를 유지한다. 제어 신호가 1일 때 상태가 변경될 수 있다. 앞의 설명에서 제어 입력을 클록이라고 하였다. 다음과 같은 두 가지 종류의 gated 래치를 고려하였다.

- **Gated SR 래치**는 래치를 1로 세트하거나 0으로 리셋하기 위해서 *S*와 *R* 입력을 사용한다.
- **Gated D 래치**는 래치를 *D* 입력과 같은 값을 갖는 상태로 만들기 위해서 *D* 입력을 사용한다.

플립플롭은 제어용 클록 신호의 에지에서만 출력 상태가 변하는 저장소자이다. 만약 클록 신호가 0에서 1로 변할 때 상태가 변하면, 플립플롭이 **"포지티브 에지 트리거 되었다(positive-edge-triggered)"**라고 말한다. 만약 클록 신호가 1에서 0으로 변할 때 상태가 변하면, 플립플롭이 **"네거티브 에지 트리거 되었다(negative-edge-triggered)"**라고 한다.

5.8 • 레지스터

플립플롭은 1비트의 정보를 저장한다. *n*개의 플립플롭으로 *n*-비트의 정보를 저장하는 소자를 레지스터(*register*)라고 한다. 레지스터 안에 있는 각 플립플롭에 공통적으로 클록이 연결되어 있고, 각 플립플롭은 앞에서 설명한 것처럼 동작한다. 레지스터라는 용어는 단지 플립플롭으로 구성된 *n*-비트 구조를 편리하게 부르는 것이다.

5.8.1 시프트 레지스터

3.6절에서 숫자의 비트를 왼쪽으로 하나씩 시프트하고 새로 생긴 lsb에 0을 추가하면 그 숫자에 2를 곱한 결과와 같다는 것을 설명했다. 이와 유사하게 숫자를 오른쪽으로 시프트하면 숫자는 2로 나눈 결과가 된다. 그 내용을 시프트하는 기능을 제공하는 레

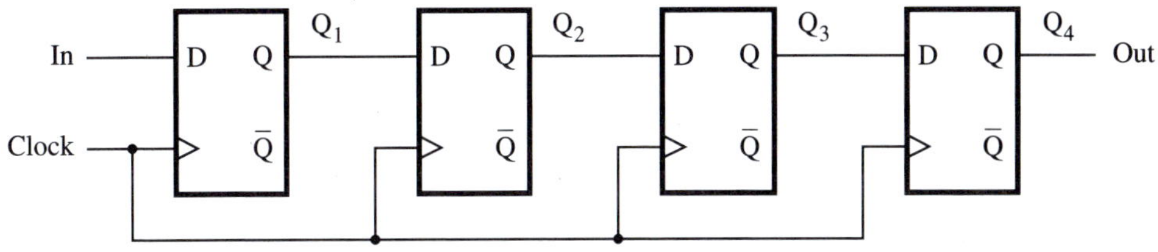

(a) 회로

	In	Q_1	Q_2	Q_3	Q_4 = Out
t_0	1	0	0	0	0
t_1	0	1	0	0	0
t_2	1	0	1	0	0
t_3	1	1	0	1	0
t_4	1	1	1	0	1
t_5	0	1	1	1	0
t_6	0	0	1	1	1
t_7	0	0	0	1	1

(b) 시퀀스 예

그림 5.17 간단한 시프트 레지스터

지스터를 **시프트 레지스터**라고 한다.

그림 5.17*a*는 그 내용을 오른쪽으로 1비트 시프트하는 4-비트 시프트 레지스터이다. 시프트 레지스터에 로드되는 데이터 비트는 입력 *In*을 통해 직렬로 들어온다. 각 플립플롭의 출력은 클록의 포지티브 에지에서 다음 플립플롭으로 전달된다. 전달되는 예를 그림 5.17*b*에 보인다. 모든 플립플롭의 초기상태가 0이라고 가정하고, 여덟 개의 연속적인 클록 사이클 동안 입력 *In*을 통해 공급되는 신호 값이 1, 0, 1, 1, 1, 0, 0, 0일 때 상태가 어떻게 변화하는지 보여준다.

시프트 레지스터는 플립플롭으로 구현된다. 레벨 센서티브 gated 래치는 적합하지 않은데, 그 이유는 래치에서는 입력 *In* 값의 변화가 클록이 1(high)인 동안 한 번 이상 전달될 수 있기 때문이다.

5.8.2 병렬 액세스 시프트 레지스터

컴퓨터 시스템에서는 *n*-비트 데이터 항목을 전달할 필요가 자주 있다. *n*개의 도선(wire)을 사용하여 한 번에 모든 비트를 전달할 수 있는데, 이것을 **병렬**(*parallel*)로 전송한다고 말한다. 그러나 한 개의 도선을 사용하여 전송할 수도 있다. 이 경우는 *n*개의 연속된 클록 사이클에 걸쳐서 1클록 사이클에 1비트씩 전송한다. 이러한 방식을 직렬(*serial*) 전송이라고 한다. 모든 *n*-비트 데이터 항목을 직렬로 전달하기 위해서 (한 개의 클록 사이클에)*n*-비트를 병렬로 로드할 수 있는 시프트 레지스터를 이용할 수 있다. 그러고 나서 다음 *n*개의 클록 사이클 동안에 레지스터에 저장된 내용을 직렬 전송 방법으로 한 비트씩 밀어 낼 수 있다. 이와 반대 동작도 역시 필요하다. 만약 비트가 직렬로 수신된다면, *n*개 클록 사이클 후에 레지스터의 내용 *n*-비트를 한 번에 병렬로 액세스할 수 있다.

그림 5.18은 병렬 액세스 기능을 제공하는 4-비트 시프트 레지스터 구조이다. *D* 입력에 연결된 2-to-1 멀티플렉서로 인하여 각 플립플롭은 두 개의 소스 중 하나로 연결된다. 하나는 이전 단의 플립플롭의 출력인데, 이것은 시프트 레지스터 동작을 위한 것이다. 다른 입력은 플립플롭에 병렬로 외부 값을 저장하는 데 필요한 연결이다. 제어 신호 $\overline{Shift}/Load$는 동작 모두를 선택하기 위해 사용된다. 만약 $\overline{Shift}/Load = 0$이면, 회로는 시프트 레지스터로 동작한다. 만약 $\overline{Shift}/Load = 1$이면, 병렬 입력 데이터가 레지스터에 저장된다. 모든 동작은 클록의 포지티브 에지에서 발생한다.

그림 5.18에서 플립플롭의 출력에 이름을 $Q_3, \ldots, Q_0$으로 붙였는데, 그 이유는 시프트 레지스터가 2진수를 저장하는 경우가 많기 때문이다. 레지스터의 모든 내용은 플립플롭의 출력을 통하여 병렬로 액세스될 수 있다. 또한 연속적으로 인가되는 클록 사이클에 맞추어 그 내용이 시프트되고 있는 동안 Q_0의 값을 관측하면 직렬로 플립플롭의 내용을 액세스할 수 있다. 데이터를 직렬로 로드하고 병렬로 액세스하는 회로를 serial-to-parallel 컨버터라고 부른다. 그 반대의 회로는 parallel-to-serial 컨버터이다. 그림 5.18의 회로는 이와 같은 기능을 모두 수행할 수 있다.

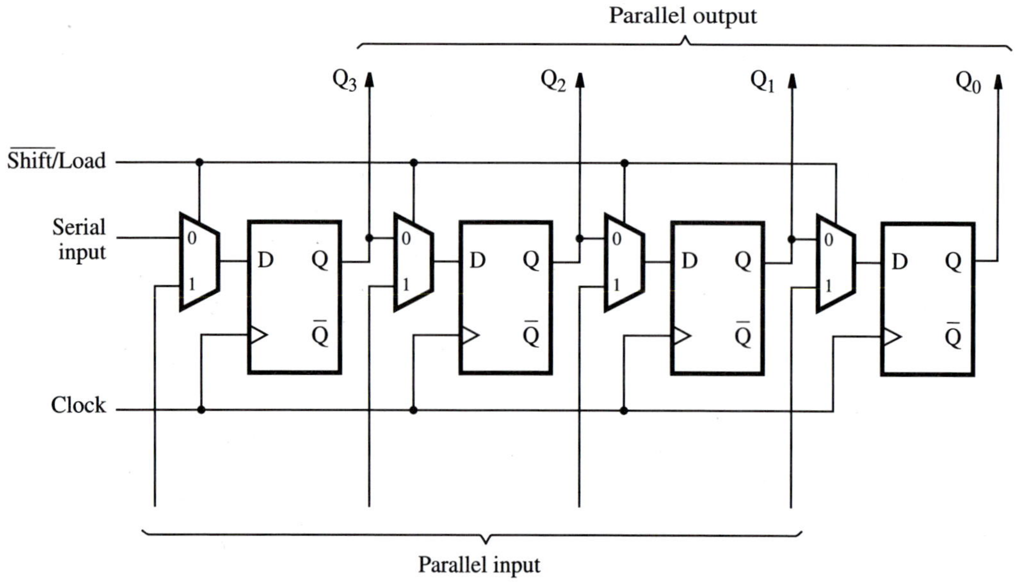

그림 5.18 병렬 액세스 시프트 레지스터

5.9 • 카운터

3장에서 산술연산 동작을 수행하는 회로를 다루었다. 두 가지 형태의 가산기/감산기 회로를 설계하였다. 하나는 가격이 싸고 속도가 느리고 간단한 연결 구조(리플 캐리)이고, 다른 하나는 비싸고 빠르고 복잡한 캐리 예측(carry-lookahead) 구조이다. 이 절에서는 특별한 형태의 덧셈과 뺄셈 동작을 수행하는 회로를 소개한다. 이것은 수를 세는 용도로 사용된다. 특별히 1만큼 증가하거나 감소할 수 있는 회로를 설계하고자 한다. 카운터 회로는 디지털시스템에서 다양하게 사용된다. 이 회로는 어떤 사건의 발생 횟수를 세거나, 시스템에서 다양한 작업을 제어하기 위하여 시간 간격(timing interval)을 생성하거나, 특정 사건들 간에 경과된 시간을 재는 일 등을 할 수 있다.

3장에서 논의한 가산기/감산기 회로와 5.8절에서 논의한 레지스터를 사용해서 카운터를 구현할 수 있다. 그러나 카운터의 내용이 단지 1씩 변하기 때문에, 이런 복잡한 회로를 사용할 필요가 없다. 대신에 저렴한 비용으로 더 간단한 회로를 만들 수 있다. 카운터 회로를 T와 D 플립플롭을 사용해서 어떻게 설계하는지 소개할 것이다.

5.9.1 비동기식 카운터

가장 간단한 카운터 회로를 T 플립플롭으로 만들 수 있다. 토글 특성이 수를 세는 동작을 구현하는 데 가장 적합하기 때문이다.

T 플립플롭에 의한 Up-카운터

그림 5.19*a*는 0부터 7까지 셀 수 있는 3-비트 카운터 회로이다. 플립플롭 세 개의 클록 입력은 캐스캐이드(cascade)로 연결되어 있다. 각 플립플롭의 T 입력은 상수 1에 연결되어 있다. 따라서 플립플롭의 상태는 클록의 각 포지티브 에지마다 토글한다. 이 회로의 목적은 *Clock*이라는 주 입력에 나타나는 펄스의 수를 세는 것이다. 첫 번째 플립플롭의 클록 입력은 *Clock*에 연결된다. 다른 두 개의 플립플롭은 바로 이전 플립플롭의 Q 출력을 자신의 클록 입력으로 받는다. 그러므로 이전 단의 플립플롭이 상태를 Q = 1에서 Q = 0으로 바꿀 때마다, 즉 Q 신호의 포지티브 에지에서, 플립플롭은 자신의 상태를 토글한다.

그림 5.19*b*는 이 카운터 회로의 타이밍도이다. Q_0의 값은 매 클록 사이클마다 토글한다. 이 변화는 *Clock* 신호의 포지티브 에지가 발생한 후 잠시 뒤에 나타난다. 그 지연은 플립플롭을 통과하는 데 걸리는 전파지연 때문에 발생한다. 두 번째 플립플롭은 $\overline{Q}$을 클록으로 사용하기 때문에, Q_1의 값은 Q_0 신호의 네거티브 에지 이후 잠시 뒤에 변한다. 마찬가지로 Q_2의 값은 Q_1 신호의 네거티브 에지 이후 바로 뒤에 변한다. 만약 $Q_2Q_1Q_0$을 숫자(count)로 본다면, 그때 타이밍도의 카운팅 시퀀스는 0, 1, 2, 3, 4, 5, 6, 7, 0, 1로 변한다. 이 회로는 모듈로-8 카운터(8진 카운터)이다. 숫자가 증가하는 방향으로 세기 때문에, up-카운터라고 부른다.

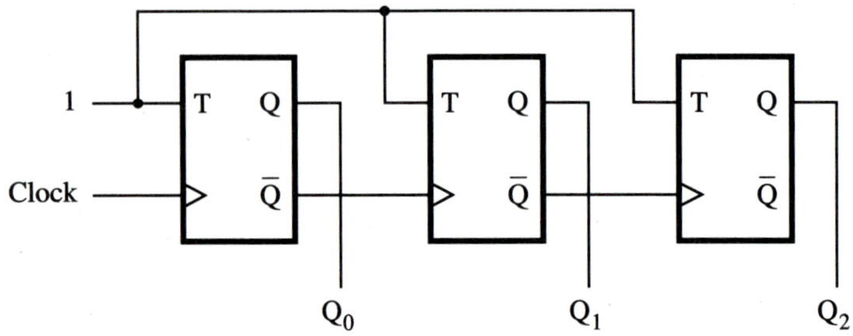

(a) 회로

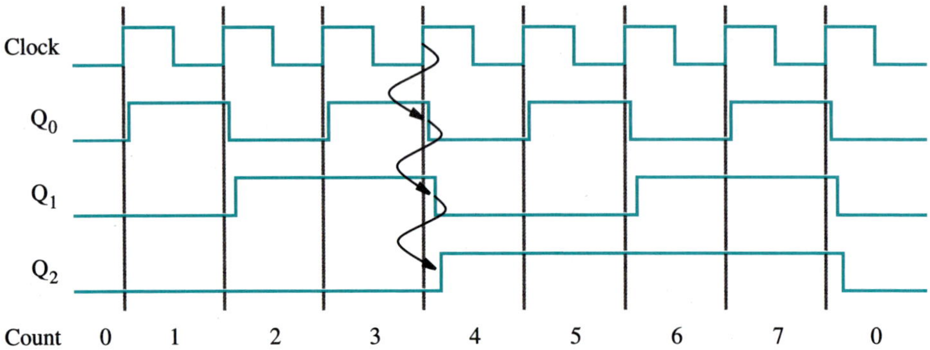

(b) 타이밍도

그림 5.19 3-비트 업-카운터

그림 5.19*a*의 회로는 각 단이 한 개의 플립플롭으로 이뤄진 3단 카운터이다. 첫 번째 플립플롭만이 *Clock* 신호에 직접 반응한다. 이 단은 "**클록에 동기되어 있다**(*synchronized to the clock*)"라고 말한다. 다른 두 개의 단은 지연이 추가된 후에 응답한다. 예를 들어, *Count* = 3일 때, 다음 클록 펄스는 *Count*를 4로 만들 것이다. 그림 5.19*b*의 타이밍도에 화살표로 나타낸 것처럼, 이 변화는 세 개의 모든 플립플롭에서 토글을 유발한다. Q_0에서의 변화는 클록의 포지티브 에지에서 약간의 전파지연 후에 관측된다. 이때까지 Q_1과 Q_2 플립플롭은 아직 변하지 않는다. 그러므로 잠시 동안 count는 $Q_2Q_1Q_0$ = 010이다. Q_1에서의 변화는 두 번째 전파지연 후에 나타나고, 그때 count는 000이다. 마지막으로 Q_2에서의 변화는 세 번째 전파지연 후에 나타나고, 그때 회로는 안정한 상태에 도달하게 되어 count는 100이 된다. 이러한 동작은 그림 3.5의 리플 캐리 가산기 회로에서 carry가 전파되는 것과 유사하다. 그림 5.19*a*의 회로를 **비동기식**(*asynchronous*) **카운터** 혹은 **리플 카운터**라고 부른다.

T 플립플롭에 의한 다운-카운터

그림 5.20*a*는 그림 5.19*a*의 회로를 약간 수정한 회로이다. 차이점은 그림 5.20*a*에서 두 번째와 세 번째 플립플롭의 클록 입력이 $\overline{Q}$ 출력이 아니라 이전 단의 Q 출력에 의해 구

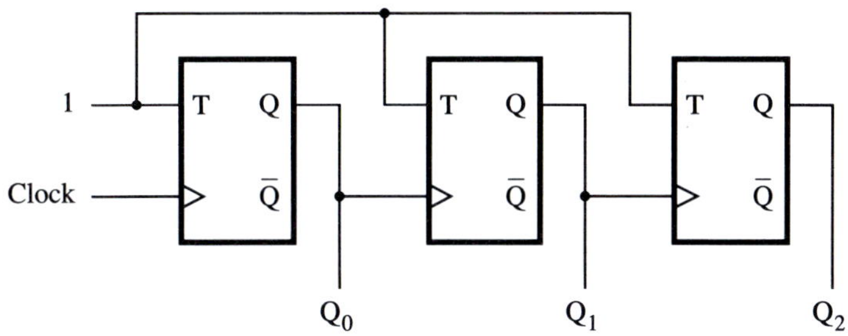

(a) 회로

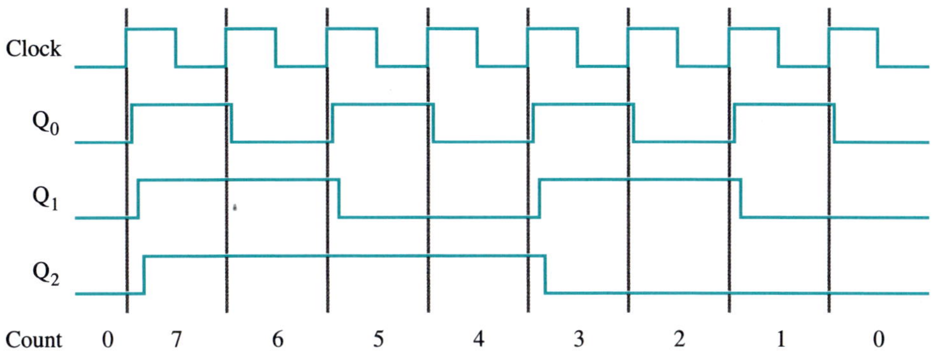

(b) 타이밍도

그림 5.20 3-비트 다운-카운터

동된다는 점이다. 그림 5.20*b*의 타이밍도는 회로가 0, 7, 6, 5, 4, 3, 2, 1, 0의 순서로 count 하는 것을 보여준다. 숫자가 작아지는 방향으로 세기 때문에, **다운-카운터**라고 부른다.

상향 혹은 하향으로 계수할 수 있는 카운터를 구성할 수 있도록 그림 5.19*a*와 5.20*a* 회로의 기능을 결합할 수 있다. 이런 카운터를 **업/다운 카운터**라고 부른다. 이 카운터의 설계는 연습문제로 남긴다(문제 5.15).

5.9.2 동기식 카운터

그림 5.19*a*와 5.20*a*의 비동기식 카운터 회로는 간단하지만, 속도가 빠르지 않다. 만약 이런 방식으로 비트 수가 많은 카운터를 구성한다면, 캐스캐이드 방식으로 연결된 클록의 지연이 너무 길어져서 원하는 성능을 만족할 수 없게 된다. 따라서 다음에 설명하는 방법으로 모든 플립플롭에 클록을 동시에 공급하면 더 빠른 카운터를 만들 수 있다.

T 플립플롭에 의한 동기식 카운터

표 5.1은, 초기에 count가 0이라고 가정하고, 여덟 개의 연속적인 클록 사이클 동안에 3-비트 업-카운터의 출력을 보인 것이다. 표의 각 행에 나타난 패턴을 보면, 비트 Q_0은 매 클록 사이클마다 바뀌는 것을 알 수 있다. 비트 Q_1은 $Q_0 = 1$일 때마다 바뀐다. 비

표 5.1 동기식 업-카운터의 유도

Clock cycle	Q_2 Q_1 Q_0	
0	0 0 0	
1	0 0 1	
2	0 1 0	← Q_1 changes
3	0 1 1	
4	1 0 0	← Q_1 changes, Q_2 changes
5	1 0 1	
6	1 1 0	← Q_1 changes
7	1 1 1	
8	0 0 0	← Q_1 changes, Q_2 changes

트 Q_2는 Q_1과 Q_0 모두가 1일 때 바뀐다. 일반적으로 n-비트 업-카운터에서 플립플롭은 이전 단에 있는 모든 플립플롭이 상태 Q = 1에 있을 때 자신의 값을 바꾼다. 그러므로 T 플립플롭을 사용하여 카운터를 설계한다면, T 입력은 다음처럼 정의될 수 있다.

$$
\begin{aligned}
T_0 &= 1 \\
T_1 &= Q_0 \\
T_2 &= Q_0Q_1 \\
T_3 &= Q_0Q_1Q_2 \\
&\vdots \\
T_n &= Q_0Q_1 \cdots Q_{n-1}
\end{aligned}
$$

그림 5.21a의 회로는 위와 같은 식을 이용한 4-비트 업-카운터의 예이다. 각 단에 입력 수가 많아지는 AND 게이트를 사용하는 대신에, 그림처럼 앞단의 출력을 묶어서 사용하는 factored arrangement 방식을 사용한다. 이 방식은 카운터의 응답 속도를 떨어뜨리지 않는다. 왜냐하면 모든 플립플롭이 클록의 포지티브 에지 이후 전파지연 후에 자신의 상태를 바꾸기 때문이다. Q_0 변화는 다음 단들의 플립플롭에 도달하기 위해서 여러 개의 AND 게이트를 통과하여야 한다. 이것은 일정한 시간을 필요로 한다. 이 시간은 클록 주기를 초과하지 않아야 한다. 실제 회로에서 이 시간은 클록 주기에서 플립플롭의 셋업 시간을 뺀 시간보다 적어야만 한다.

그림 5.21b는 회로가 모듈로-16 업-카운터로 동작함을 나타내는 타이밍도이다. 모든 변화에 대하여 *Clock* 신호의 액티브 에지 이후 같은 지연이 발생하기 때문에, 이 회로를 **동기식**(*synchronous*) 카운터라고 부른다.

Enable과 Clear 기능

그림 5.19부터 5.21의 카운터는 각 클록 펄스에 맞추어 값을 바꾼다. 카운터가 현

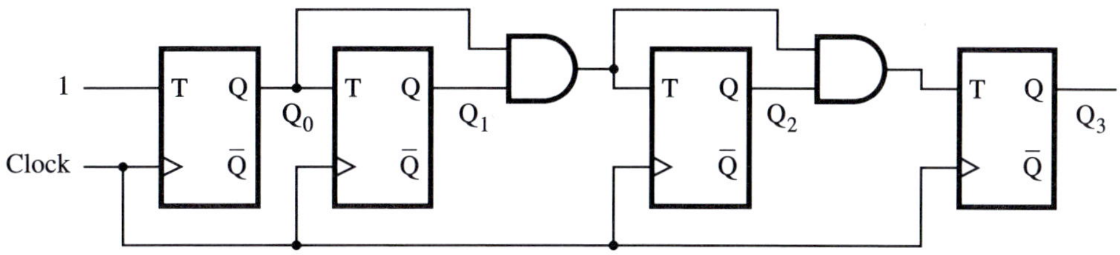

(a) 회로

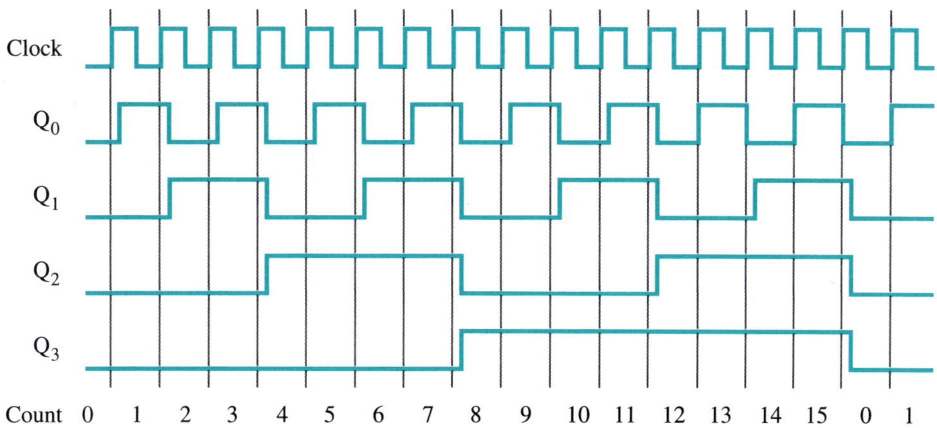

(b) 타이밍도

그림 5.21 4-비트 동기식 업-카운터

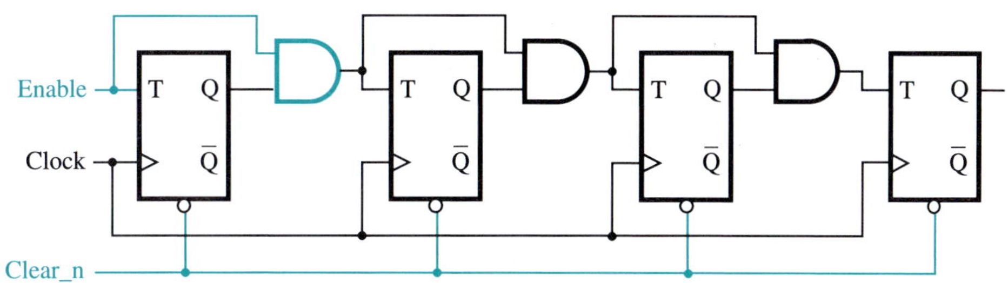

그림 5.22 Enable과 Clear 기능을 포함한 카운터

재 상태를 유지하도록 숫자를 세는 동작을 금지시킬 필요가 있을 때도 있다. 이와 같은 기능을 그림 5.22처럼 *Enable* 제어 신호를 이용하여 구현할 수 있다. 이 회로는 그림 5.21의 카운터이고, 여기서 *Enable* 신호는 첫 번째 플립플롭의 *T* 입력을 직접 제어한다. *Enable*을 AND 게이트에 체인 형태로 연결한다는 것은 *Enable* = 0이면 모든 *T* 입력이 0으로 된다는 것을 의미한다. *Enable* = 1이면 카운터는 앞에서 설명한 것처럼 동작한다.

많은 응용 분야에서 count를 0부터 시작할 필요가 있다. 5.4.3절의 설명과 같이 만약 플립플롭을 clear할 수 있다면, 이것을 쉽게 구현할 수 있다. 모든 플립플롭의 clear 입력을 함께 묶어 제어 입력의 *Clear_n*으로 구동한다.

D 플립플롭으로 만든 동기식 카운터

T 플립플롭의 토글 특성은 카운터 회로를 구현하는 데 적합하지만, 다른 플립플롭을 사용하여 카운터를 구현할 수도 있다. *J*와 *K* 입력을 함께 묶으면 JK 플립플롭은 T 플립플롭이 되기 때문에 JK 플립플롭은 T 플립플롭을 대신할 수 있다. 지금부터 D 플립플롭으로 카운터를 구현해보자.

지금은 어떻게 D 플립플롭으로 카운터 회로를 구현하는지 명확하게 설명하지 않는다. 6장에서 정형적인 방법으로 동기 회로를 유도하는 방법을 설명할 것이다. 여기서는 요구에 맞는 회로 구조를 제시하고, 그 유도 과정을 6장으로 미뤄두기로 한다. 그림 5.23은 0, 1, 2, … , 14, 15, 0, 1 순서로 수를 세는 4-비트 업-카운터 회로이다. 플립플롭의 출력 $Q_3Q_2Q_1Q_0$으로 수를 나타낸다. 만약 *Enable* = 1이라고 가정한다면, 플립플롭의 *D* 입력은 다음 식으로 정의된다.

$$\begin{aligned} D_0 &= Q_0 \oplus 1 = \overline{Q}_0 \\ D_1 &= Q_1 \oplus Q_0 \\ D_2 &= Q_2 \oplus Q_1Q_0 \\ D_3 &= Q_3 \oplus Q_2Q_1Q_0 \end{aligned}$$

보다 큰 카운터의 경우 *i* 번째 단은 다음 식으로 정의된다.

$$D_i = Q_i \oplus Q_{i-1}Q_{i-2}\cdots Q_1Q_0$$

6장에서 이 식이 어떻게 유도되는지를 보일 것이다.

그림 5.23는 *Enable* 제어 신호를 포함하고 있으므로, 카운터는 *Enable* = 1일 때만 수를 센다. 이 특성을 반영하도록 수정한 식은 다음과 같다.

$$\begin{aligned} D_0 &= Q_0 \oplus Enable \\ D_1 &= Q_1 \oplus Q_0 \cdot Enable \\ D_2 &= Q_2 \oplus Q_1 \cdot Q_0 \cdot Enable \\ D_3 &= Q_3 \oplus Q_2 \cdot Q_1 \cdot Q_0 \cdot Enable \end{aligned}$$

표 5.1의 관찰하면 카운터의 동작 원리를 알 수 있다. *i* 번째 단에 있는 플립플롭 상태는 그 이전 단에 있는 모든 플립플롭이 상태 Q = 1일 때 변한다. 이것을 *i* 번째 단으로 공급되는 AND 게이트의 출력이 1인 것으로 검출할 수 있다. 이 출력은 D_i에 연결된 XOR의 출력을 $\overline{Q}_i$로 만든다.[1] AND 게이트의 출력이 0이면, XOR 게이트의 출력에 의하여

1 $D_2 = Q_2 \oplus Q_1 \cdot Q_0 \cdot Enable = Q_2 \oplus 1 = \overline{Q}_2$

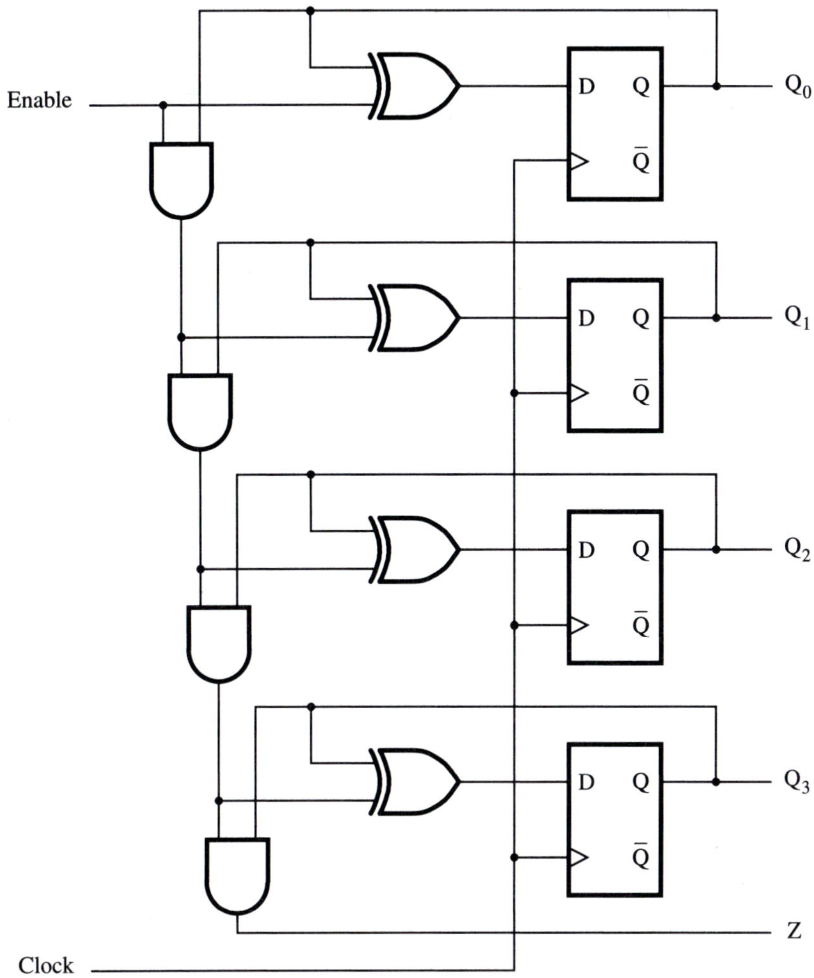

그림 5.23 D 플립플롭으로 구현한 4-비트 카운터

$D_i = Q_i$가 되고,[2] 플립플롭은 같은 상태를 유지한다.

출력 Z를 산출하는 AND 게이트를 하나 더 추가하였다. 이 신호는 이 카운터 두 개를 연결하여 더 큰 카운터를 만들 수 있게 한다. 또한 이 신호는 count가 최댓값(출력이 모두 1)에 도달하여 다음 클록 사이클에 0으로 돌아가는 상태를 검출하는 용도로 사용될 수도 있다.

그림 5.23의 카운터는 그림 5.22의 회로와 근본적으로 같다. 이미 그림 5.15*a*에서 다음과 같이 추가로 게이트를 사용하면 D 플립플롭으로 T 플립플롭을 만들 수 있음을 설명한 바 있다.

2 $D_2 = Q_2 \oplus Q_1 \cdot Q_0 \cdot Enable = Q_2 \oplus 0 = Q_2$

$$D = Q\overline{T} + \overline{Q}T$$
$$= Q \oplus T$$

그러므로 그림 5.23의 각 단에서 D 플립플롭과 그에 해당하는 XOR 게이트는 하나의 T 플립플롭의 기능을 구현한 것이다.

5.9.3 병렬 로드 카운터

흔히 count는 0부터 세기 시작하는 경우가 자주 있다. 이 상태는 그림 5.22에 나타낸 것처럼 플립플롭을 clear하는 기능을 갖추면 된다. 그러나 가끔은 임의의 다른 값으로 시작하는 경우도 필요하다. 이러한 기능을 갖추기 위해서 카운터는 초기 값을 로드하는 입력을 가질 필요가 있다. 이를 위해서는 *Clear*와 *Preset* 입력을 사용할 수 있지만, 다음과 같은 보다 나은 방법이 있다.

그림 5.24의 회로는 병렬 로드(parallel-load) 기능을 제공하도록 그림 5.23의 회로를 수정한 것이다. 2-to-1 멀티플렉서를 각 *D* 입력 앞에 추가하였다. 멀티플렉서의 한 입력은 정상적으로 수를 세는 동작을 위한 것이고, 다른 입력은 직접 플립플롭에 값을 로드하는 데이터 비트이다. 제어 입력 *Load*는 동작의 기능을 선택하기 위해 사용된다. *Load* = 0일 때 카운터로 동작하지만, *Load* = 1일 때 새로운 초기 값으로 $D_3D_2D_1D_0$의 값을 카운터에 로드한다.

5.10 • Reset 동기화

카운터가 계수를 시작하기 전에 그 내용을 지우는 *reset*이 중요하다는 것을 이미 언급했다. 이 기능은 개개의 플립플롭에 있는 clear를 이용해 처리할 수 있다. 그러나 정상적인 계수 과정 동안에도 count를 0으로 reset할 필요도 있다. 당연히 *n*-비트 업-카운터는 모듈로-2^n 카운터 기능을 한다. 2의 지수승이 아닌 모듈로로 계수하는 카운터를 필요로 한다고 가정하자. 예를 들면, 수를 세는 순서가 0, 1, 2, 3, 4, 5, 0, 1과 같은 모듈로-6 카운터를 설계할 수도 있다.

가장 직관적인 방법은 count가 5에 도달했을 때를 인식한 후 그때 카운터를 reset하는 것이다. AND 게이트를 사용하여 5가 발생하는지 검출할 수 있다. 실제로는 $Q_2 = Q_0 = 1$임을 확인하면 충분한데, 이는 카운팅 순서에서 5가 이 조건을 만족하기 때문이다. 이 방법을 이용한 회로가 그림 5.25*a*에 있다. 이 회로는 그림 5.24의 3-비트 동기식 카운터를 사용한다. 이 카운터의 병렬 로드 기능을 사용하여 count가 5에 도달했을 때 자신의 내용을 reset한다. 이 reset 동작은 count가 5에 도달한 후의 포지티브 클록 에지에서 발생하는데, 플립플롭에 $D_2D_1D_0 = 000$을 로드한다. 그림 5.25*b*의 타이밍도에서 알 수 있는 것처럼, 계수 값이 완전한 한 개의 클록 사이클을 차지하면서, 우리가 원하는 카운팅 순서로 동작한다. 카운터가 클록의 액티브 에지에서 reset되기 때문에, 이

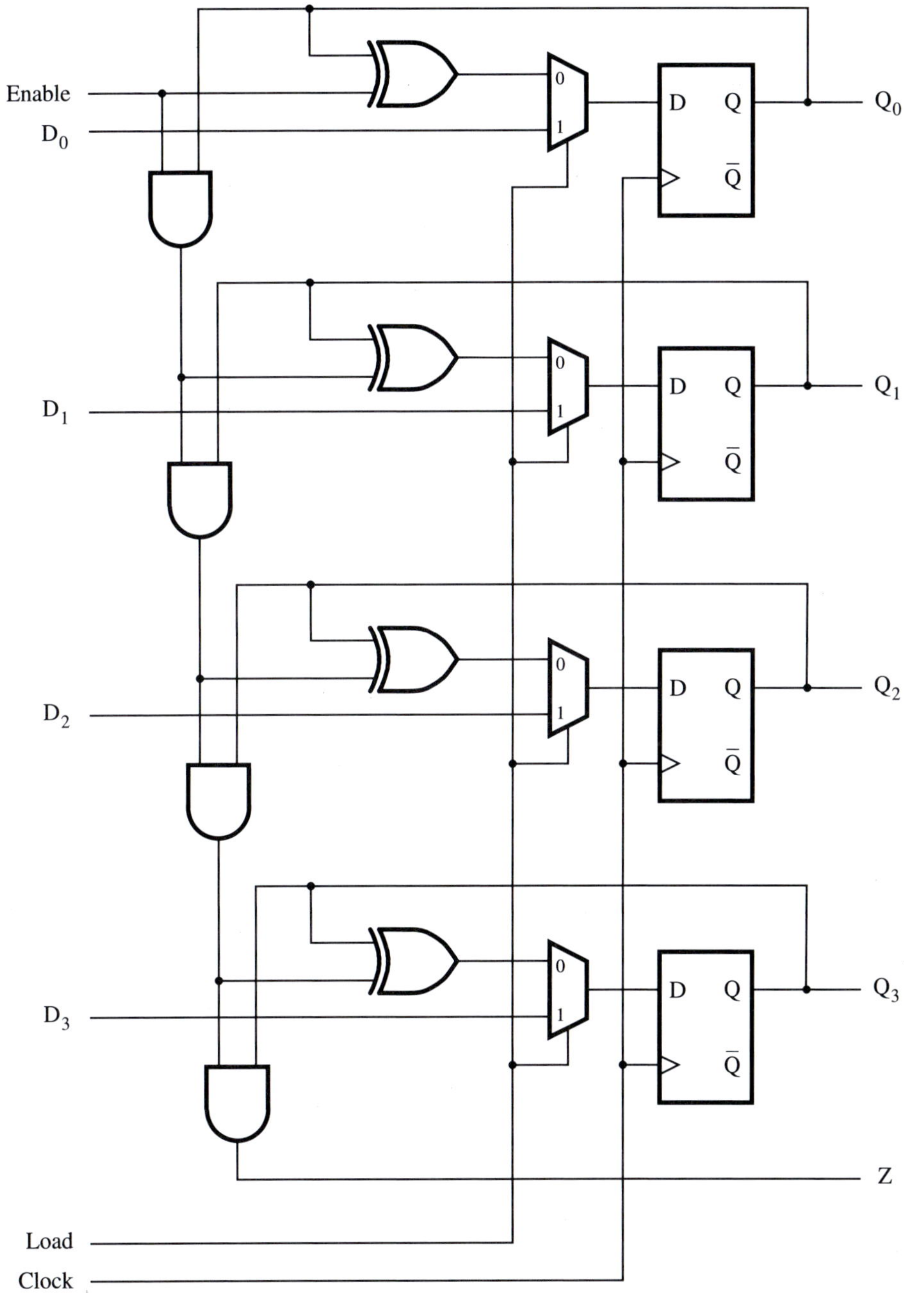

그림 5.24 병렬 로드 기능을 가진 카운터

런 종류의 카운터는 **동기식** *reset* 기능을 갖는다.

이제 병렬 로드 방법이 아닌 각 플립플롭의 clear 특성을 사용하는 방식을 생각해 보자. 그림 5.26*a*의 회로는 한 가지 사례이다. 이 회로는 그림 5.21*a*의 카운터를 사용하고 있다. *Clear* 입력이 active low이므로, NAND 게이트로 count 5를 검출하고, 세 개

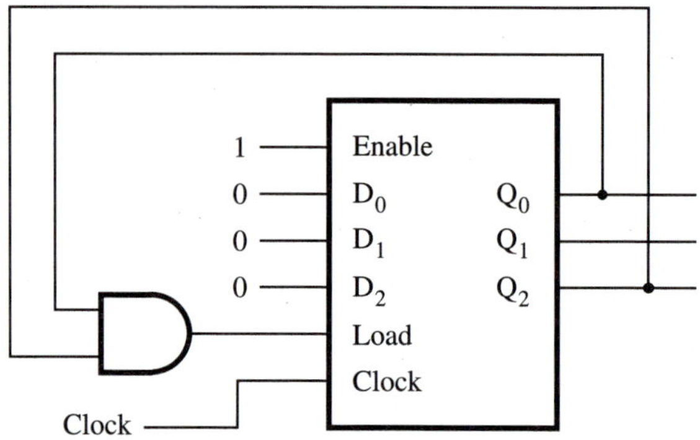

(a) 회로

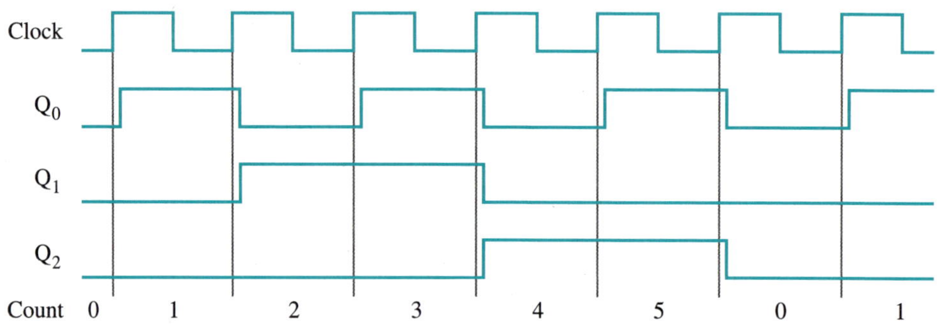

(b) 타이밍도

그림 5.25 동기식 리셋으로 구현한 모듈로-6 카운터

의 플립플롭을 모두 clear하게 만든다. 직관적으로 볼 때 이 회로는 잘 동작하는 것처럼 보이지만, 자세히 보면 약간의 문제가 있다. 이 회로에 대한 타이밍도는 그림 5.26*b*에 있다. 문제점은 count가 5와 같을 때 나타난다. *Count*가 이 값에 도달하자마자, NAND 게이트는 곧 reset 동작을 시작시킨다. NAND 게이트가 count 5를 검출한 후 짧은 시간이 지나고 플립플롭은 0으로 clear된다. 이 시간은 회로의 게이트 지연시간에 의존하며, 클록과 관련이 없다. 그러므로 신호 값 $Q_2Q_1Q_0 = 101$는 1clock 사이클보다 훨씬 작은 시간 동안 유지된다. 이러한 동작은 카운터의 응용에 따라 적합할 수도 있지만, 대부분은 부적합하다. 예를 들어, 이 카운터가 모든 동작이 같은 클록에 의해 동기가 맞도록 구동되는 디지털시스템에 사용된다면, *Count* = 5는 reset에 의해 보이지 않게 될 것이다. 이것은 회로를 설계하는 좋은 방법이 아니다. 길이가 짧은 펄스는 실제로 예측할 수 없는 문제를 발생시키기 때문이다. 그림 5.26*a*에서 사용한 방법은 **비동기식 *reset*** 방식을 사용하고 있다.

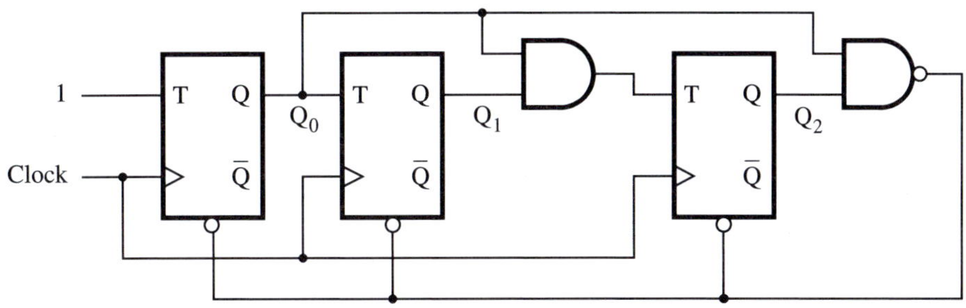

(a) 회로

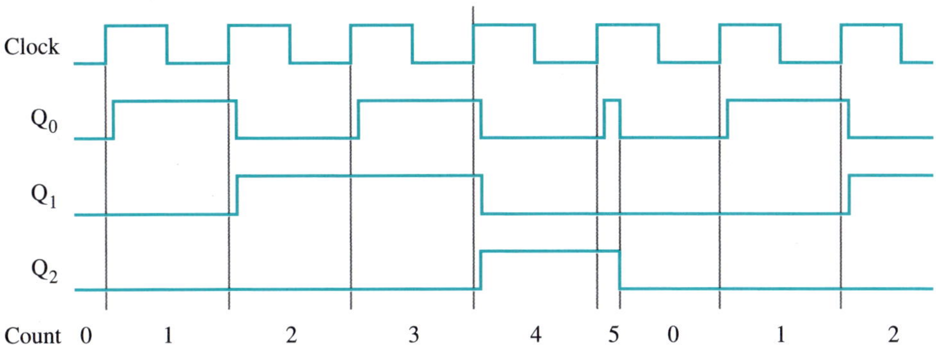

(b) 타이밍도

그림 5.26 비동기식 리셋으로 구현한 모듈로-6 카운터

그림 5.25*b*와 5.26*b*의 타이밍도에서 동기식 reset이 비동기식 reset보다 더 나은 선택임을 알 수 있다. 이와 같은 분석은 계수 순서가 자연스럽지 않게 0이 아닌 다른 어떤 값으로 갑자기 바뀌는 경우에도 타당하다. Count의 새로운 값은 병렬 로드 기능을 사용하면 문제없이 해결된다. 원하는 count 순서를 설정하는 데 각 플립플롭의 clear와 preset 기능을 사용하는 방법은 비동기식 reset으로 처리할 때와 같은 문제점을 내포하고 있다.

5.11 • 카운터의 다른 유형들

이 절에서는 실제 응용분야에서 찾아볼 수 있는 세 가지 다른 형태의 카운터를 소개한다. 첫째는 10진 순서로 계수하는 회로이고, 나머지 두 가지는 2진수가 아닌 코드 시퀀스를 생성하는 회로이다.

5.11.1 BCD 카운터

5.10절에서 설명한 방법으로 BCD(Binary-Coded-Decimal) 카운터를 설계할 수 있다. 2-digit BCD 카운터가 그림 5.27에 있다. 이 회로는 그림 5.24의 병렬 로드 4-비트 카운터를 각 BCD digit 당 하나씩 사용하여 만든 모듈로-10 카운터 두 개로 구성되어 있다. 모듈로-10 카운터는 count 9 다음에 네 개의 플립플롭을 reset하여야 한다. 그래서 각 단의 *Load* 입력은 $Q_3 = Q_0 = 1$일 때 1이 된다. 이로 인하여 클록 신호의 다음 포지티브 에지에서 플립플롭에 0이 로드된다. Stage 0인 처음 단 BCD_0의 count가 9에 도달할 때마다, 두 번째 stage가 enable되어, 다음 클록 펄스가 도달할 때 두 번째 단이 증가된다. $BCD_0 = 9$인 경우를 제외하고는 언제나 BCD_1의 *Enable* 신호를 low로 만들면 된다.

실제로 별도의 제어 신호를 이용하여 카운터 내용을 clear할 수 있어야 한다. 두 개의 OR 게이트가 이 용도로 사용되었다. 제어 입력 *Clear*는 카운터에 0을 로드하는 데 사용된다. 이 경우에 *Clear*가 high일 때 동작한다는 것에 유의하라.

5.11.2 링 카운터

앞에서 소개한 카운터들은 플립플롭의 상태로 count를 표현한다. 항상 count는 2진수

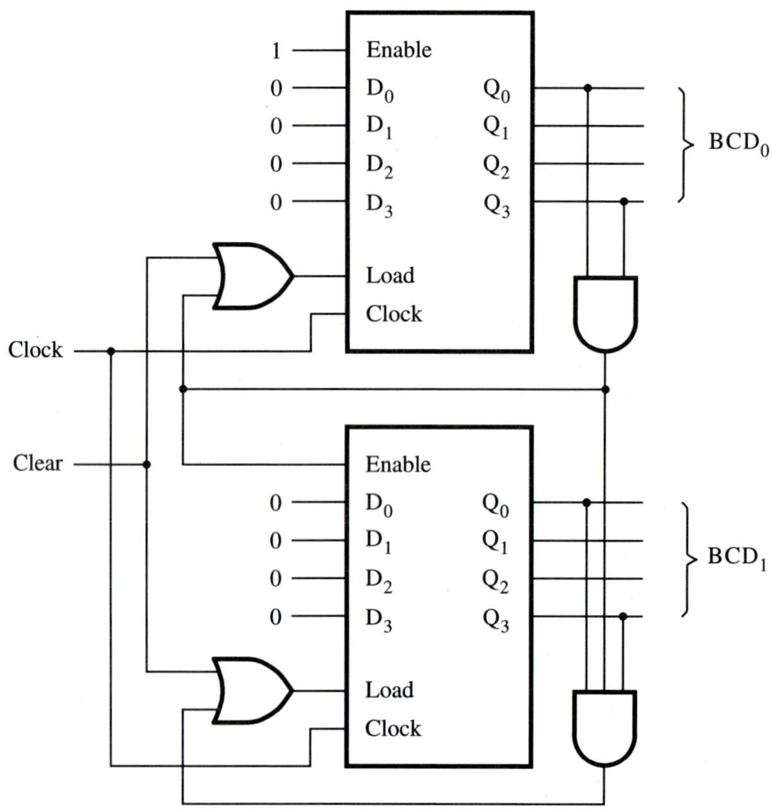

그림 5.27 두 자리의 BCD 카운터

이다. 이런 카운터로 count의 값이 특정한 값에 도달할 때 어떤 동작을 실행하도록 만들려고 한다면, 그 count 값을 검출해야 할 것이다. 그림 5.25에서 5.27까지 예로 제시한 AND 게이트를 사용해서 이것을 처리할 수 있다.

정확히 한 count에 대해서만 각 플립플롭의 $Q_i = 1$이 되고, 모든 다른 count 값에 대해서는 $Q_i = 0$이 되는 카운터와 비슷한 회로를 생각할 수 있다. 이렇게 만들면 Q_i는 해당하는 count 값이 발생하였음을 직접 나타낸다. 실제로 이러한 방식은 2진수를 표현하지 않기 때문에, 플립플롭의 출력이 코드를 나타낸다고 말하는 것이 더 정확하다. 이런 회로를 그림 5.28*a*에서 보여준 것처럼 간단한 시프트 레지스터로 구현할 수 있다. 시

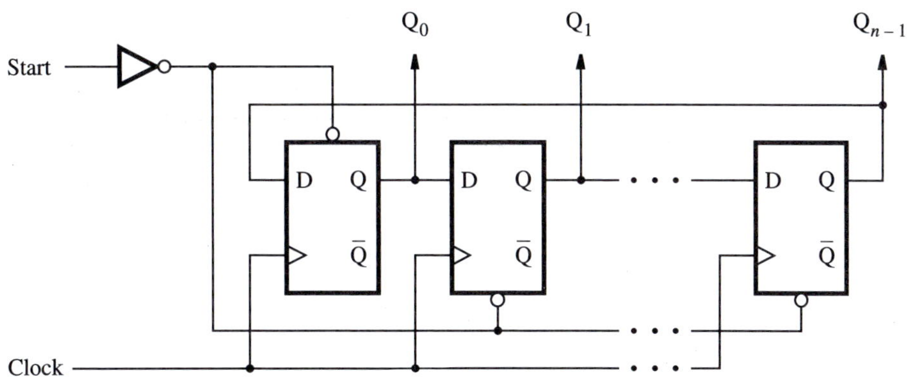

(a) *n*-비트 링 카운터

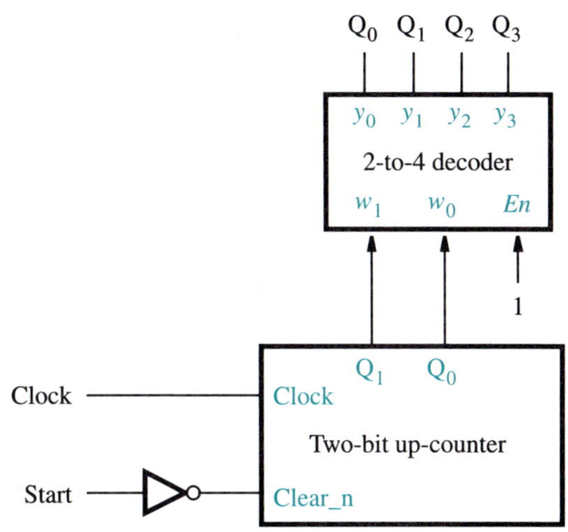

(b) 4-비트 링 카운터

그림 5.28 링 카운터

프트 레지스터의 마지막 단의 Q 출력은 첫째 단의 입력으로 피드백되어 링(ring)과 같은 구조를 형성한다. 만약 한 개의 1이 링에 주입되면, 이 1은 이후 클록 사이클에 따라 링을 따라 이동한다. 예를 들면, 4-비트 구조에서 가능한 코드 $Q_0Q_1Q_2Q_3$은 1000, 0100, 0010, 0001이다. 4.2절에서 설명한 것처럼, 오직 하나의 비트만 1이고, 나머지가 0인 코드를 *one-hot* 코드라고 부른다.

그림 5.28*a*의 회로를 **링 카운터**라고 부른다. 첫 번째 단에 1을 주입하도록 초기화되어야 한다. 이를 위하여 *Start* 제어 신호를 사용하여 가장 왼쪽 플립플롭을 1로 만들고, 나머지를 0으로 clear한다. *Start* 신호에 인가되는 모든 값의 변화는 플립플롭의 타이밍 조건을 벗어나지 않도록 액티브 클록 에지 후에 신속히 처리된다고 가정하고 있다.

그림 5.28*a*의 회로는 임의의 *n*-비트 링 카운터를 만드는 데 사용될 수 있다. 그림 5.28*b* 회로는 $n = 4$인 링 카운터를 2-비트 업-카운터와 디코더를 사용해서 구현하는 방법을 보인 것이다. *Start*가 1로 set될 때, 카운터는 00으로 reset된다. *Start*가 0으로 돌아온 후, 카운터는 정상적으로 값을 증가시킨다. 4.2절의 설명과 같이 2-to-4 디코더는 카운터 출력을 one-hot 코드로 바꾼다. Count 값 00, 01, 10, 11, 00에 대해 디코더는 $Q_0Q_1Q_2Q_3$ = 1000, 0100, 0010, 0001, 1000의 순서를 생성한다. 이 회로는 비트 수가 2의 지수승을 유지하는 한 더 큰 링 카운터를 만드는 데 사용될 수 있다.

5.11.3 존슨 카운터

링 카운터의 마지막 출력 Q 대신에 $\overline{Q}$ 출력을 그림 5.29처럼 첫 번째 단으로 피드백하면 다르게 동작하는 회로를 얻을 수 있다. 이 회로를 **존슨(*Johnson*) 카운터**라고 한다. 이런 종류의 *n*-비트 카운터는 길이가 2*n*인 카운팅 시퀀스를 만든다. 예를 들면 4-비트 카운터는 시퀀스 0000, 1000, 1100, 1110, 1111, 0111, 0011, 0001, 0000을 생성한다. 이 시퀀스는 두 개의 연속된 코드에 대해 단지 한 비트만 다른 값을 가지는 점을 주목하기 바란다.

존슨 카운터를 초기화하기 위해서, 그림에서 보인 것처럼 모든 플립플롭을 reset할

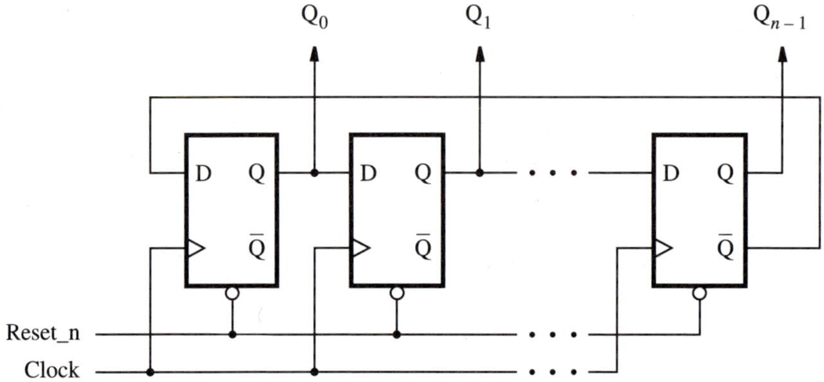

그림 5.29 존슨 카운터

필요가 있다. 존슨 카운터와 링 카운터는 적절히 초기화되지 않으면 원하는 순서열을 생성하지 않는다.

5.11.4 카운터 설계에 대한 첨언

이 장에서 설명한 순차회로인 레지스터와 카운터는 직관적으로 설계할 수 있는 규칙적인 구조로 만들어져 있다. 6장에서 순차회로를 설계하는 정형적인 방법을 제시하고, 이 장에서 소개한 회로들이 어떻게 유도될 수 있는지 보일 것이다.

5.12 • CAD 툴로 저장 소자 사용하기

이 절에서는 스키매틱 캡처 툴 또는 Verilog 코드를 사용해서 저장 소자를 포함하는 회로를 어떻게 설계할 수 있는지 소개한다.

5.12.1 회로도에 저장 소자 추가하기

회로를 생성하는 한 가지 방법은 논리게이트를 사용해서 래치와 플립플롭을 구성하는 회로도(schematic)를 그리는 것이다. 저장 소자(storage element)는 많은 응용 분야에 사용되기 때문에 대부분의 CAD 시스템은 이것들을 미리 모듈로 만들어 제공한다. 그림 5.30은 회로도 캡처 툴로 만든 회로도이고, CAD 시스템의 라이브러리에서 제공하는 세 가지 형태의 플립플롭을 포함하고 있다. 맨 위의 소자는 gated D 래치이고, 중간 소자는 포지티브 에지 트리거 D 플립플롭이며, 마지막 회로는 포지티브 에지 트리거 T 플립플롭이다. *D*와 T 플립플롭은 비동기, active-low clear와 preset 입력을 갖고 있다. 만약 회로에 이 입력들이 연결되어 있지 않다면, CAD 툴은 디폴트 값으로 1을 할당함으로써 동작되지 않게 만든다.

Gated D 래치가 칩 안에 구현되도록 합성될 때, CAD 툴은 5.2절에서 소개한 교차 결합된 NOR나 NAND 게이트를 생성하지 않을 수 있다. 어떤 칩에서는 그림 5.31와 같은 AND-OR 회로를 선택할 수 있다. 이 회로는 5.2절의 교차 결합된 회로와 기능적으로 동일하다. 이 회로의 한 가지 측면을 언급하고자 한다. 기능적으로 볼 때, 입력 *Data*와 래치 입력을 갖는 AND 게이트를 제거하여 회로를 단순화할 수 있다. 이 게이트가 없다면, 위쪽 AND 게이트는 클록이 1일 때 래치에 저장된 값을 설정하고, 아래 AND 게이트는 클록이 0일 때 저장된 값을 유지한다. 그러나 이 게이트가 없으면 회로는 정적 해저드(*static hazard*)로 알려진 타이밍 문제가 발생한다. 해저드에 대한 자세한 설명을 11장에서 소개할 것이다.

그림 5.31의 회로는 그림 5.32와 같이 CPLD 안에 구현될 수 있다. 칩 안에는 *D* 혹은 T 형으로 설정할 수 있는 플립플롭이 있으며, *D*와 T 플립플롭은 이것들로 실현된다. 그림에 컬러로 표시한 게이트와 선은 그림 5.30의 회로를 구현한 것이다.

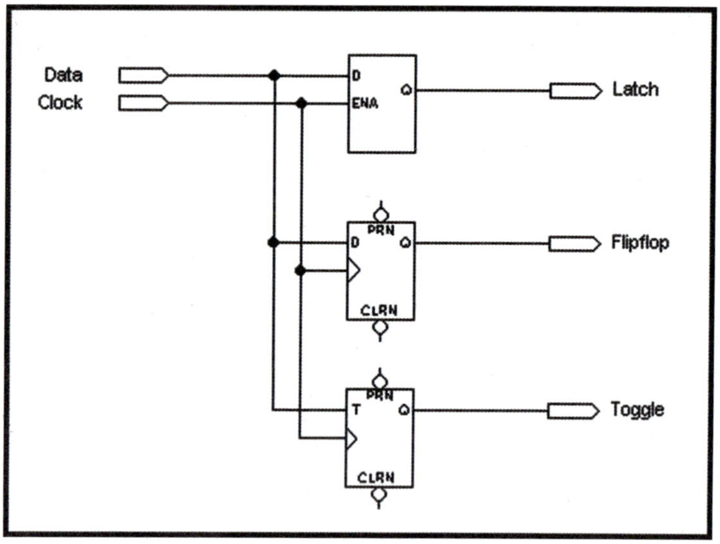

그림 5.30 세 가지 종류의 저장 소자의 회로도

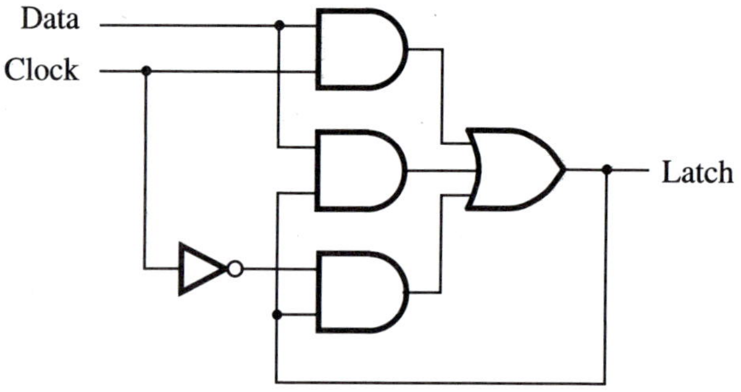

그림 5.31 CAD 툴이 생성한 gated D 래치

그림 5.32 회로의 타이밍 시뮬레이션 결과는 그림 5.33과 같다. 그림 5.31과 같이 구현된 gated D 래치의 출력인 *Latch* 신호는 *Clock* 신호가 1이 될 때마다 *Data* 입력을 따른다. 칩 내의 전파지연 시간 때문에, *Latch* 신호는 *Data* 신호에 비해 시간적으로 지연된다. *Flipflop* 신호는 D 플립플롭의 출력이므로, 포지티브 클록 에지 이후에 변한다. 유사하게 그림에 *Toggle*로 표시된 T 플립플롭의 출력은 *Data* = 1이고 포지티브 클록 에지가 발생할 때 토글한다. 타이밍도는 포지티브 클록 에지가 칩의 입력 핀에 나타난 때부터 플립플롭의 출력의 변화가 칩의 출력 핀에 나타날 때까지의 지연을 보여준다. 이 시간을 *clock-to-output time*, t_{co}라 부른다.

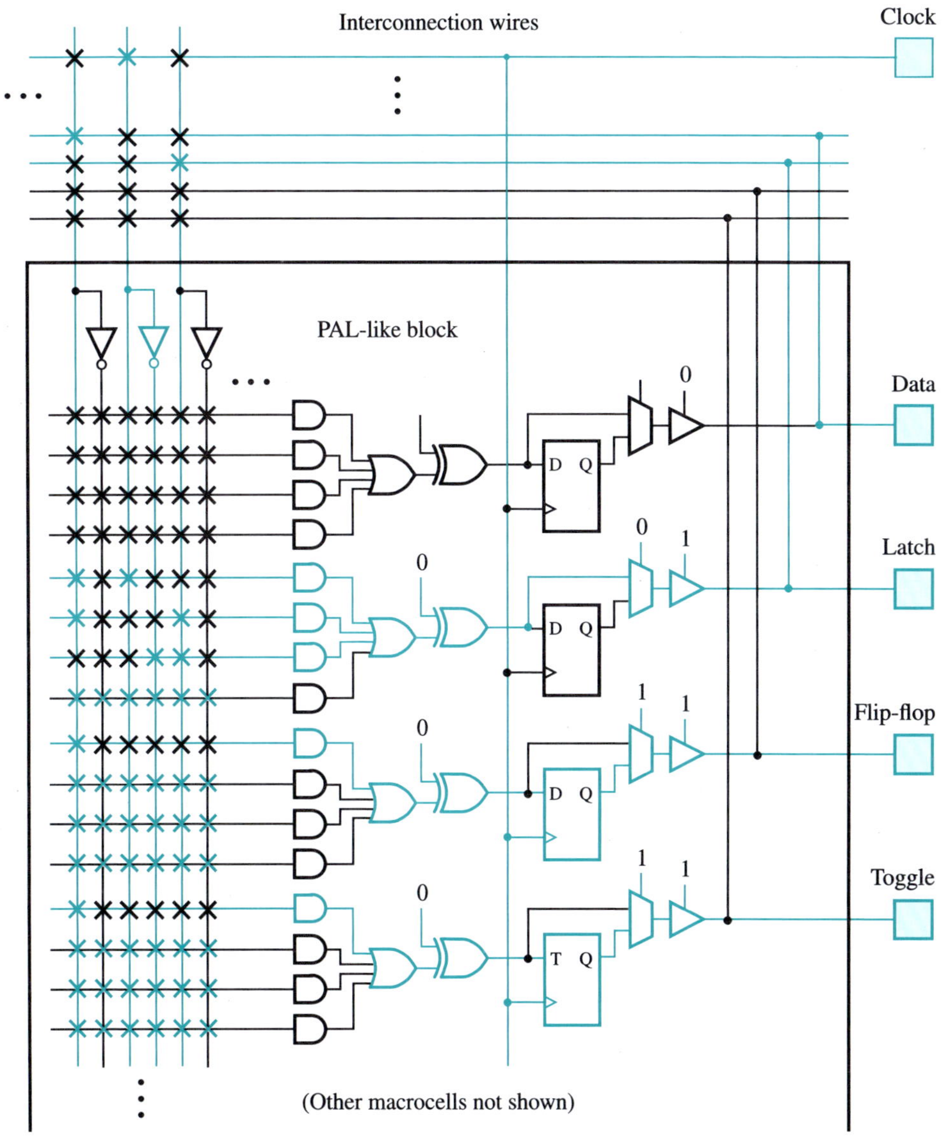

그림 5.32 그림 5.30의 회로도를 CPLD로 구현

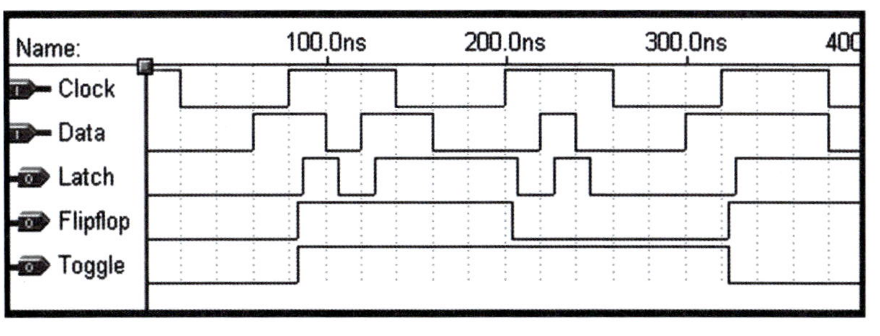

그림 5.33 그림 5.30의 저장 소자에 대한 타이밍 시뮬레이션

5.12.2 저장 소자를 위한 Verilog의 활용

이미 4.6절에서 여러 가지 Verilog의 구조에 대하여 설명하였다. 여기서는 이 구조가 저장 소자를 기술하는 데 어떻게 사용될 수 있는지를 설명한다.

저장 소자를 기술하는 간단한 방법은 **if-else** 문을 사용하여 데이터와 클록 입력 레벨의 변화에 반응하는 행위를 표현하는 것이다. 다음의 **always** 블록을 살펴보자.

```
always @(Control, B)
   if (Control)
      A = B;
```

여기서 *A*는 **reg**형 변수이다. 이 코드는 *Control* = 1일 때 A의 값이 B의 값과 같게 된다는 것을 기술한 것이다. 그러나 이 문장은 *Control* = 0일 때 수행할 동작을 나타내지 않는다. 할당되는 값이 없을 경우에, Verilog 컴파일러는 **if** 문에 의해 만들어진 *A* 값이 *Control*이 1과 같지 않을 때에도 그대로 유지된다고 간주한다. 따라서 이러한 **묵시적 메모리**(*implied memory*)의 표현은 회로에 래치의 인스턴스를 생성하는 것으로 실현된다.

예제 5.1 GATED D 래치에 대한 코드

그림 5.34의 코드는 이름이 *D*_래치인 모듈을 정의한다. *D*와 *Clk*은 입력이고, Q는 출력이다. **if** 절은 *Clk* = 1일 때 Q 출력이 *D*의 값을 저장하는 것을 기술한 것이다. **else** 절이 주어지지 않았기 때문에, *Clk* = 0일 때 Q의 값을 유지하도록 래치가 만들어질 것이다. 그러므로 이 코드는 gated D 래치를 기술한다. 이때 반응 리스트는 *Clk*과 *D*를 포함하는데, 이 신호 모두가 Q 출력의 값에 변화를 초래할 수 있기 때문이다.

---

always 구문은 반응 리스트에 있는 신호들의 변화에 반응하는 회로를 정의하기 위해서 사용된다. 지금까지 살펴본 예제에서 **always** 블록은 반응 리스트에 있는 신호들

```
module D_latch (D, Clk, Q);
   input D, Clk;
   output reg Q;

   always @(D, Clk)
      if (Clk)
         Q = D;

endmodule
```

그림 5.34 Gated D 래치에 대한 코드

의 레벨에 따라 동작하였으나, 신호의 특정 에지에서 반응하도록 지정하는 것도 가능하다. Verilog 키워드 **posedge**와 **negedge**를 사용하여 회로가 동작할 에지를 기술할 수 있는데, 이것은 에지 트리거 회로를 구현하는 데 사용된다.

예제 5.2 D 플립플롭에 대한 코드

그림 5.35는 이름이 *flipflop*인 모듈을 정의한다. 이것은 포지티브 에지 트리거 D 플립플롭이다. 반응 리스트에 클록 신호만 있는데, 이것은 Q 출력의 변화를 일으키는 유일한 신호이기 때문이다. 키워드 **posedge**는 변화가 *Clock*의 포지티브 에지에서만 발생할 수 있음을 나타낸다. 이때 출력 Q는 입력 *D*의 값으로 설정된다. 반응 리스트에 **posedge**가 있으므로, Q는 플립플롭의 출력으로 구현될 것이다.

5.12.3 블로킹과 논-블로킹 할당

지금까지 다룬 모든 Verilog 예제들은 어떤 값을 할당하기 위해서 다음과 같이 등호를 사용하였다.

f = x1 & x2;

혹은

C = A + B;

혹은

Q = D;

이 표기법을 블로킹 할당(*blocking* assignment)이라고 부른다. Verilog 컴파일러는 **always** 블록 안에 있는 문장을 쓰인 순서대로 평가한다. 만약 하나의 변수가 블로킹 할당문에 의해 값이 주어지면, 블록 안에 있는 모든 후속 문장을 평가하는 데 이 새 값이 사용된다.

```
module flipflop (D, Clock, Q);
   input D, Clock;
   output reg Q;

   always @(posedge Clock)
      Q = D;

endmodule
```

그림 5.35 D 플립플롭에 대한 코드

예제 5.3

그림 5.36의 코드를 살펴보자. **always** 블록이 포지티브 클록 에지에 따라 동작하기 때문에, Q1과 Q2 모두 D 플립플롭의 출력으로 구현될 것이다. 그러나 블로킹 할당 때문에, 이 두 플립플롭은 독자가 기대하는 것과 같이 캐스캐이드 형태로 연결되지 않을 것이다. 첫째 문장은 *D*의 값을 Q1에 설정한다.

$$Q1 = D;$$

다음 문장을 평가할 때 이 새 값이 사용된다.

$$Q2 = Q1;$$

결과적으로 Q2 = Q1 = D가 된다. 이것을 합성한 회로는 그림 5.37에서 나타낸 것처럼 두 개의 플립플롭을 병렬로 연결한다. 그러나 합성 툴은 최적화 단계에서 이들 중 중복된 플립플롭 하나를 삭제한다.

```
module example5_3 (D, Clock, Q1, Q2);
   input D, Clock;
   output reg Q1, Q2;

   always @(posedge Clock)
   begin
      Q1 = D;
      Q2 = Q1;
   end

endmodule
```

그림 5.36 틀리게 작성된 플립플롭 두 개를 캐스캐이드로 연결하는 코드

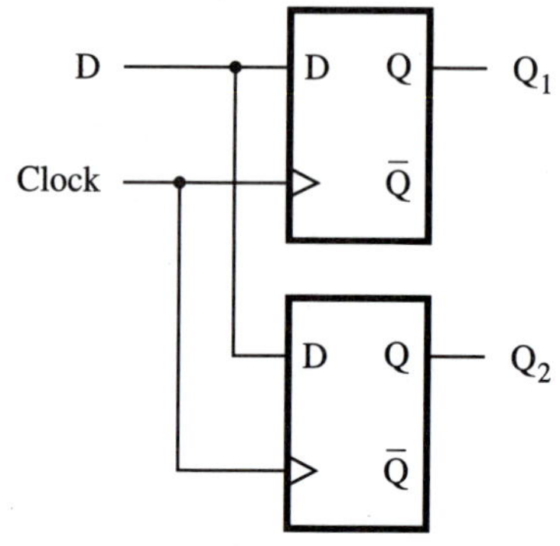

그림 5.37 예제 5.3에 대한 회로

Verilog는 <=로 표현되는 논블로킹 할당을 제공한다. **always** 블록 내의 모든 논블로킹 할당문은 **always** 블록에 진입할 때 변수들이 갖고 있는 값으로 평가된다. 따라서 임의의 변수는 블록 안에 있는 모든 문장에 대해 같은 값을 갖는다. 논블로킹의 의미는 각 할당의 결과가 **always** 블록이 끝날 때까지 적용되지 않는다는 것이다.

예제 5.4

그림 5.38은 그림 5.36과 같은 코드이지만, 논블로킹 할당을 사용한다. 다음 두 개의 문장에서

```
Q1 <= D;
Q2 <= Q1;
```

변수 Q1과 Q2는 **always** 블록을 평가하는 시점의 값을 갖고, **always** 블록이 끝날 때 동시에 새로운 값으로 바뀐다. 이 코드는 그림 5.39와 같이 플립플롭들이 캐스캐이드 형태로 연결된 회로를 생성한다. 이 회로는 시프트 레지스터와 같다.

블로킹과 논블로킹 할당의 차이는 다음 두 개의 예제를 보면 더욱 분명하다.

```
module example5_4 (D, Clock, Q1, Q2);
   input D, Clock;
   output reg Q1, Q2;

   always @(posedge Clock)
   begin
      Q1 <= D;
      Q2 <= Q1;
   end

endmodule
```

그림 5.38 캐스캐이드로 연결된 두 개의 플립플롭에 대한 코드

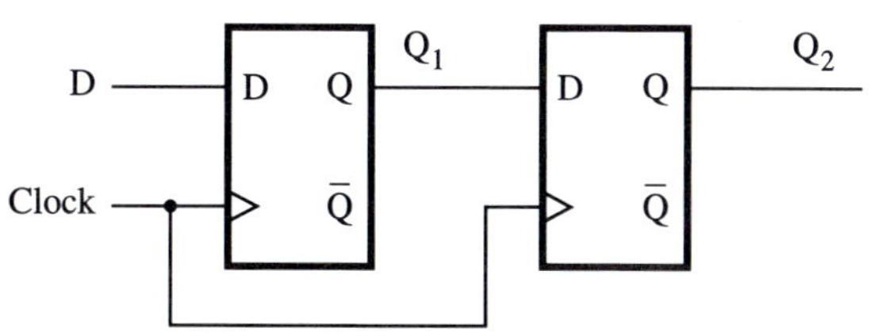

그림 5.39 그림 5.38에 대한 회로

```
module example5_5 (x1, x2, x3, Clock, f, g);
   input x1, x2, x3, Clock;
   output reg f, g;

   always @(posedge Clock)
   begin
      f = x1 & x2;
      g = f | x3;
   end

endmodule
```

그림 5.40 예제 5.5에 대한 코드

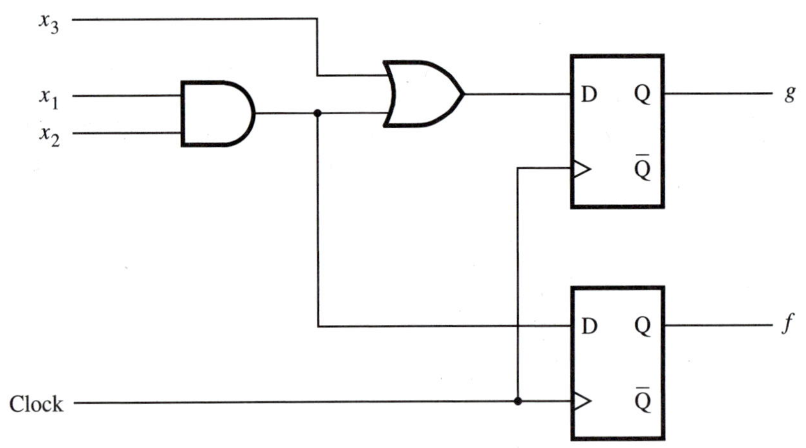

그림 5.41 예제 5.5의 회로

```
module example5_6 (x1, x2, x3, Clock, f, g);
   input x1, x2, x3, Clock;
   output reg f, g;

   always @(posedge Clock)
   begin
      f <= x1 & x2;
      g <= f | x3;
   end

endmodule
```

그림 5.42 예제 5.6에 대한 코드

예제 5.5

그림 5.40은 플립플롭에 몇 개의 게이트를 포함한 회로를 블로킹 할당문으로 정의한 코드이고, 구현된 회로는 그림 5.41과 같다. **always** 블록의 반응 리스트가 **posedge** *Clock*을 나타내고 있기 때문에, *f*와 *g*는 D 플립플롭의 출력으로 구현된다. 블로킹 할당이 사용되었기 때문에, f = x1 & x2 문장에 의해 생성된 새로운 출력 *f*는 다음 문장 g = f | x3에서 바로 사용되어야 한다. 그러므로 x1 & x2를 계산하는 AND 게이트는 그림 5.41와 같이 *g* 플립플롭을 구동하는 OR 게이트로 연결된다.

예제 5.6

그림 5.42에 기술한 것처럼 만약 논블로킹 할당문을 사용한다면, *f*와 *g* 모두 동시에 새로운 값으로 갱신된다. 여기서 *f*의 이전 값은 *g*의 값을 새롭게 저장하는 데 이용된다. 이것은 *f*를 생성하는 플립플롭의 출력이 *g* 플립플롭의 입력 OR 게이트에 연결된다는 것을 의미한다. 이에 대한 회로가 그림 5.43이다.

여기서 *f*와 *g*의 순서가 바뀌었다면 어떤 회로가 될 것인지 알아보자. 그림 5.40에서 코드의 순서를 바꾸면 심각한 문제가 발생한다. 만약 *g*가 먼저 처리된다면, *f*가 *g*에 의존하지 않기 때문에, 두 번째 문장은 첫 번째 문장에 의존하지 않는다. 그 결과 회로는 그림 5.43과 같을 것이다. 반면에 그림 5.42와 같이 논블로킹 할당으로 작성된 경우 문장의 순서를 바꾸어도 차이가 발생하지 않는다.

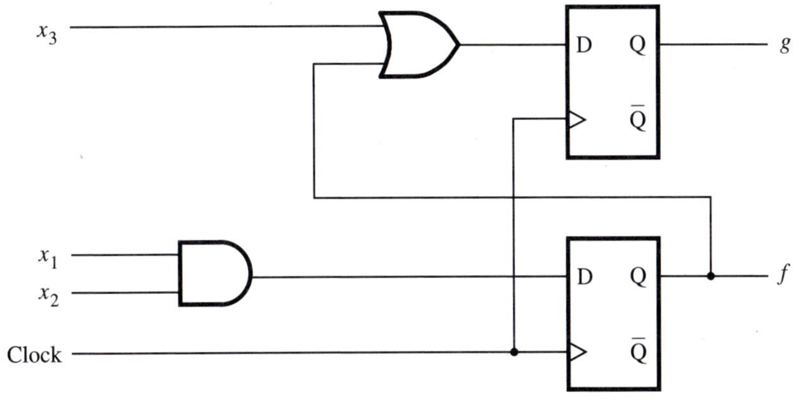

그림 5.43 예제 5.6의 회로

그림 5.37로 입증된 것과 같이 순차회로를 블로킹 할당으로 표현하면 잘못된 결과가 발생할 가능성이 크다. 블로킹 할당이 순서에 의존하는 현상은, 앞의 예에서 보인 것처럼, 위험한 결과를 만들 수 있다. 그러므로 순차회로를 단지 논블로킹 할당만으로 기술하는 것이 좋다.

5.12.4 조합회로를 위한 논 블로킹 할당

이 시점에 자연스럽게 생기는 질문은 '논블로킹 할당을 조합회로에 사용할 수 있는가'이다. 이에 대한 답은 대부분의 경우에 사용될 수 있다는 것이다. 그러나 **always** 블록 내에서 나중에 할당하는 값이 앞의 결과에 의존할 때, 논블로킹 할당은 아주 엉뚱한 회로를 만들 수 있다. 예를 들면, 3-비트 벡터 $A = a_2a_1a_0$에 대하여 인접된 2-비트가 1일 때 출력을 1로 만드는 조합회로 f를 만들어 보자. 블로킹 할당을 이용하여 이 함수를 기술하는 한 가지 방법은 다음과 같다.

```
always @(A)
begin
    f = A[1] & A[0];
    f = f | (A[2] & A[1]);
end
```

이 문장들은 원하는 논리함수 $f = a_1a_0 + a_2a_1$을 생성한다. 다음과 같이 논블로킹 할당을 사용하도록 코드를 바꿔보자.

```
f <= A[1] & A[0];
f <= f | (A[2] & A[1]);
```

이 코드와 관련하여 Verilog 문법에서 두 가지 중요한 관점이 있다.

1. 논블로킹 할당의 결과는 **always** 블록 안에 있는 모든 문장이 평가된 후에 그 값을 볼 수 있다.
2. **always** 블록 안에 동일한 변수에 여러 번 할당하는 문장이 있을 때, 마지막 할당 결과만이 유지된다.

이 예에서 **always** 블록에 들어갈 때 f는 초기 값이 명시되어 있지 않다. 첫째 문장은 $f = a_1a_0$을 할당한다. 그러나 이 결과는 두 번째 문장에 아직 보이지 않는다. 그러므로 여전히 f는 원래 지정되지 않은 값을 유지하고 있다. 두 번째 할당은 첫째 할당을 무시하고 논리함수 $f = f + a_2a_1$을 산출한다. 이 표현은 조합회로에 해당하지 않는다. 이것은 OR 게이트가 자신에게 피드백하는 AND-OR 회로를 표현하기 때문이다. 그러므로 우발적으로 순차회로가 만들어지는 것을 피하도록, 조합회로를 기술할 때 블로킹 할당을 사용하는 것이 최선이다.

5.12.5 Clear 기능을 포함하는 플립플롭

특별한 반응 리스트와 특별한 형식의 **if-else**를 사용하여 플립플롭에 clear(혹은 preset) 신호를 포함하도록 만드는 것이 가능하다.

예제 5.7 비동기식 clear

그림 5.44는 비동기식 active-low reset(clear) 입력이 있는 D 플립플롭을 기술한 모듈이다. Reset 입력 *Resetn*이 0일 때, 플립플롭의 Q 출력은 0이 된다. 반응 리스트에서는 클록의 포지티브 에지에서 발생하는 이벤트 트리거 이외에 *Resetn*의 네거티브 에지도 지정하고 있다. 반응 리스트가 에지 트리거와 레벨 센서티브 신호를 동시에 가질 수 없기 때문에, 키워드 **negedge**를 생략할 수 없다.

예제 5.8 동기식 clear

그림 5.45는 동기식 reset 입력을 가진 D 플립플롭을 기술한 코드이다. 이 경우에 reset 신호는 클록의 포지티브 에지에서만 동작한다. 이 코드는 플립플롭의 *D* 입력에 그림 5.13*c*와 같이 AND 게이트가 연결된 회로를 구현한다.

5.13 • 레지스터와 카운터에 Verilog 사용하기

이 절에서는 Verilog 코드로 레지스터와 카운터를 표현하는 방법을 설명한다. 그림 5.44는 D 플립플롭에 대한 코드이다. *n*-비트 레지스터를 기술하는 한 가지 방법은 부분회로로 D 플립플롭의 인스턴스를 *n*개 포함하도록 계층적 코드를 작성하는 것이다. 더욱 간단한 방법은 그림 5.44와 같은 코드를 사용하고, *D* 입력과 Q 출력을 멀티비트 신호로 정의하는 것이다.

예제 5.9 *n*-비트 카운터

논리회로에서 다른 크기의 레지스터가 자주 필요하기 때문에, 플립플롭의 수를 쉽게 바꿀 수 있도록 레지스터의 모듈을 정의하는 것이 편리하다. *n*-비트 레지스터에 대한 코드는 그림 5.46과 같다. 파라미터 *n*은 레지스터의 플립플롭 수를 지정한다. 이 파라미터 값을 바꾸면 코드는 임의 크기의 레지스터를 기술할 수 있다.

```
module flipflop (D, Clock, Resetn, Q);
   input D, Clock, Resetn;
   output reg Q;

   always @(negedge Resetn, posedge Clock)
      if (!Resetn)
         Q <= 0;
      else
         Q <= D;

endmodule
```

그림 5.44 비동기 리셋 기능이 있는 D 플립플롭

```
module flipflop (D, Clock, Resetn, Q);
   input D, Clock, Resetn;
   output reg Q;

   always @(posedge Clock)
      if (!Resetn)
         Q <= 0;
      else
         Q <= D;

endmodule
```

그림 5.45 동기 리셋 기능이 있는 D 플립플롭

```
module regn (D, Clock, Resetn, Q);
   parameter n = 16;
   input [n-1:0] D;
   input Clock, Resetn;
   output reg [n-1:0] Q;

   always @(negedge Resetn, posedge Clock)
      if (!Resetn)
         Q <= 0;
      else
         Q <= D;

endmodule
```

그림 5.46 비동기 리셋 기능이 있는 n-비트 레지스터 코드

예제 5.10 4-비트 시프트 레지스터

그림 5.18의 4-비트 병렬 액세스 시프트 레지스터를 기술하는 Verilog 코드를 작성하려고 한다. 한 가지 방법은 네 개의 부분회로를 사용하여 계층적으로 코드를 작성하는 것이다. 각 부분회로은 2-to-1 멀티플렉서를 D 입력에 연결한 회로이다. 그림 5.47은 이 부분회로을 기술하는 *muxdff*라는 모듈을 정의한다. 두 개의 입력은 이름이 D_0와 D_1이고, *Sel* 입력에 의하여 선택된다. **if-else** 문에 의하여 포지티브 clock 에지에서 $Sel = 0$이면, Q는 D_0의 값이 할당되고, 그렇지 않으면 Q는 D_1의 값이 할당된다. 같은 회로를 정의한 또 다른 방법이 그림 5.48이다. 이 코드에서 조건부 할당문은 출력이 D인 2-to-1 멀티플렉서를 표현하고, 이 출력은 **always** 블록 안에 있는 플립플롭으로 연결된다.

그림 5.49는 4-비트 시프트 레지스터를 기술한 코드이다. 모듈 *Stage3*은 가장 왼쪽에 있는 플립플롭에 대한 인스턴스를 생성한다. 그 출력은 Q_3이다. 모듈 *Stage0*은 가장 오른쪽에 있는 플립플롭인 Q_0에 대한 인스턴스이다. $L = 1$일 때, 레지스터는 R 입력으로부터 병렬로 값을 로드한다. $L = 0$일 때, 왼쪽에서 오른쪽 방향으로 시프트 된다. 직렬 데이터는 w 입력으로부터 msb Q_3으로 시프트된다.

예제 5.11 4-비트 시프터 레지스터를 다르게 구현한 코드

그림 5.50의 코드는 다른 형태로 구현한 4-비트 시프트 레지스터이다. 부분회로을 이용하는 대신에 예제 5.4에서 사용한 방법을 이용하여 시프트 레지스터를 정의하고 있다. 모든 동작은 클록의 포지티브 에지에서 발생한다. 만약 $L = 1$이면, 이 레지스터는 4-비트 입력 R을 병렬로 로드한다. 만약 $L = 0$이면, 레지스터의 내용은 오른쪽으로 시프트되면서 입력 w의 값은 msb Q_3으로 로드된다.

예제 5.12 *n*-비트 시프트 레지스터

그림 5.51은 크기를 임의로 조절할 수 있는 시프트 레지스터를 기술한 코드이다. 그림에 디폴트 값 16으로 표시한 파라미터 n은 플립플롭의 수를 나타낸다. 이 코드는 두 가지를 제외하면 그림 5.50의 코드와 같다. 첫째, R과 Q는 n의 항으로 정의되어 있다. 둘째, 시프트 동작을 기술하는 **else** 부분은 임의 개수의 플립플롭에 올바로 동작하도록 **for** 루프로 기술되어 있다.

```
module muxdff (D0, D1, Sel, Clock, Q);
   input D0, D1, Sel, Clock;
   output reg Q;

   always @(posedge Clock)
      if (!Sel)
         Q <= D0;
      else
         Q <= D1;

endmodule
```

그림 5.47 D 입력에 2-to-1 멀티플렉서를 가진 D 플립플롭에 대한 코드

```
module muxdff (D0, D1, Sel, Clock, Q);
   input D0, D1, Sel, Clock;
   output reg Q;

   wire D;
   assign D = Sel ? D1 : D0;

   always @(posedge Clock)
      Q <= D;

endmodule
```

그림 5.48 D 입력에 2-to-1 멀티플렉서를 가진 D 플립플롭을 다르게 기술한 코드

```
module shift4 (R, L, w, Clock, Q);
   input [3:0] R;
   input L, w, Clock;
   output wire [3:0] Q;

   muxdff Stage3 (w, R[3], L, Clock, Q[3]);
   muxdff Stage2 (Q[3], R[2], L, Clock, Q[2]);
   muxdff Stage1 (Q[2], R[1], L, Clock, Q[1]);
   muxdff Stage0 (Q[1], R[0], L, Clock, Q[0]);

endmodule
```

그림 5.49 4-비트 시프트 레지스터에 대한 계층적 코드

```
module shift4 (R, L, w, Clock, Q);
   input [3:0] R;
   input L, w, Clock;
   output reg [3:0] Q;

   always @(posedge Clock)
      if (L)
         Q <= R;
      else
      begin
         Q[0] <= Q[1];
         Q[1] <= Q[2];
         Q[2] <= Q[3];
         Q[3] <= w;
      end

endmodule
```

그림 5.50 4-비트 시프트 레지스터를 다르게 구현한 코드

```
module shiftn (R, L, w, Clock, Q);
   parameter n = 16;
   input [n-1:0] R;
   input L, w, Clock;
   output reg [n-1:0] Q;
   integer k;

   always @(posedge Clock)
      if (L)
         Q <= R;
      else
      begin
         for (k = 0; k < n-1; k = k+1)
            Q[k] <= Q[k+1];
         Q[n-1] <= w;
      end

endmodule
```

그림 5.51 n-비트 시프트 레지스터

예제 5.13 업-카운터

그림 5.52는 reset 입력 *Rsetn*과 enable 입력 *E*를 갖는 4-비트 업-카운터를 기술하는 코드이다. 카운터에 포함된 플립플롭의 출력은 이름이 Q인 벡터로 표현되어 있다. **if** 문은 *Resetn* = 0일 때 카운터가 비동기 reset으로 동작하는 것을 나타낸다. **else if** 절은 *E* = 1일 때 카운터가 포지티브 클록 에지에서 증가되는 것을 나타낸다.

예제 5.14 병렬 로드 기능을 가진 4-비트 업-카운터

그림 5.53의 코드는 reset 입력 이외에 병렬 로드 입력이 있는 업-카운터이다. 병렬 데이터는 입력 벡터 *R*로 공급된다. 첫 번째 **if** 문은 그림 5.52와 같이 동일한 비동기식 reset을 제공한다. **else if** 절은 *L* = 1일 때 포지티브 클록 에지에서 카운터의 플립플롭에 *R* 입력을 병렬로 로드하는 것을 나타낸다. 만약 *L* = 0이면, 카운터는 enable 입력 *E*의 제어에 따라 증가된다.

예제 5.15 병렬 로드 기능을 가진 다운-카운터

그림 5.54는 *downcount*로 명명된 다운-카운터 코드이다. 다운-카운터는 일반적으로 어떤 초기 값을 로드하고 나서 그 값을 줄여가는 용도로 사용된다. 초기 값은 코드의 입력 벡터 *R*로 공급된다. 포지티브 클록 에지에서 *L* = 1이면 카운터는 입력 *R*의 값을 병렬로 로드하고, *L* = 0이면 enable 입력 *E*의 제어에 따라 카운터 내용은 감소된다.

예제 5.16 업/다운 카운터

업/다운 카운터에 대한 Verilog 코드가 그림 5.55에 있다. 이 코드는 그림 5.53과 5.54에서 정의한 카운터를 결합한 것이다. 증가와 감소를 결정하는 제어 신호 *up_down*을 포함하고 있다.

5.13.1 Enable 입력을 갖는 플립플롭과 레지스터

그림 5.22와 그림 5.23의 카운터 회로를 통하여 액티브 클록 에지에서 플립플롭이 토글하지 않도록 제어하는 enable 입력에 대하여 설명하였다. 이 기능은 액티브 클록 에지가 발생할 때 플립플롭에 저장된 데이터가 변경되는 것을 방지할 수 있는 다른 종류의

```
module upcount (Resetn, Clock, E, Q);
   input Resetn, Clock, E;
   output reg [3:0] Q;

   always @(negedge Resetn, posedge Clock)
      if (!Resetn)
         Q <= 0;
      else if (E)
         Q <= Q + 1;

endmodule
```

그림 5.52 4-비트 업-카운터에 대한 코드

```
module upcount (R, Resetn, Clock, E, L, Q);
   input [3:0] R;
   input Resetn, Clock, E, L;
   output reg [3:0] Q;

   always @(negedge Resetn, posedge Clock)
      if (!Resetn)
         Q <= 0;
      else if (L)
         Q <= R;
      else if (E)
         Q <= Q + 1;

endmodule
```

그림 5.53 병렬 로드 기능을 가진 4-비트 업-카운터

```
module downcount (R, Clock, E, L, Q);
   parameter n = 8;
   input [n–1:0] R;
   input Clock, L, E;
   output reg [n–1:0] Q;

   always @(posedge Clock)
      if (L)
         Q <= R;
      else if (E)
         Q <= Q – 1;

endmodule
```

그림 5.54 병렬 로드 기능을 가진 다운-카운터

```
module updowncount (R, Clock, L, E, up_down, Q);
   parameter n = 8;
   input [n-1:0] R;
   input Clock, L, E, up_down;
   output reg [n-1:0] Q;

   always @(posedge Clock)
      if (L)
         Q <= R;
      else if (E)
         Q <= Q + (up_down ? 1 : -1);

endmodule
```

그림 5.55 업/다운 카운터에 대한 코드

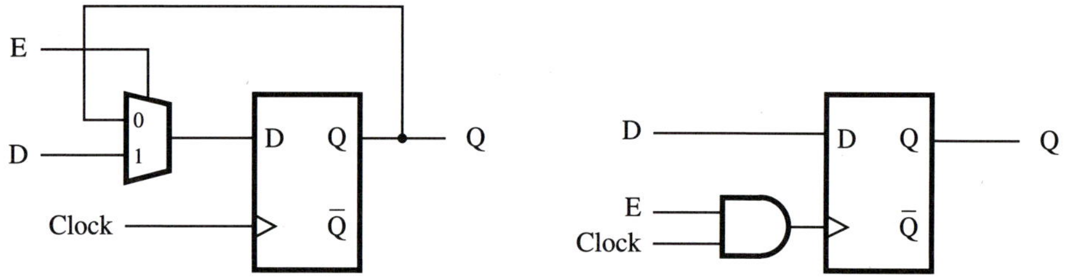

(a) 멀티플렉서 사용

(b) Clock 게이팅

그림 5.56 Enable 기능을 가진 D 플립플롭

회로에서도 역시 유용하다. D 플립플롭인 경우, 그림 5.56*a*에 보인 것과 같이 플립플롭에 멀티플렉서를 추가하여 이 기능을 제공할 수 있다. $E = 0$일 때, 멀티플렉서는 플립플롭의 입력에 Q를 연결하므로 플립플롭의 출력은 변하지 않는다. 그러나 만약 $E = 1$이면, 멀티플렉서는 D 입력에서 플립플롭으로 새로운 데이터를 로드할 수 있게 만든다. 그림에 보인 멀티플렉서를 사용하는 대신에, enable 특성을 구현하는 다른 방법은 그림 5.56*b*와 같이 2-입력 AND 게이트를 사용하는 것이다. 이 방법은 멀티플렉서를 사용하는 방법보다 간단해 보이지만, 5.15절에서 이것이 실제로 동작할 때 문제를 일으킬 수 있다는 것을 설명할 것이다. 따라서 AND 게이트를 클록에 연결한 방법보다 멀티플렉서를 사용하는 방법이 더 좋다.

비동기식 reset 입력과 enable 입력을 가진 D 플립플롭에 대한 Verilog 코드가 그림 5.57에 있다. **always** 절은 먼저 reset 조건을 명시한 다음에, **else if** 절을 사용하여 $E = 1$일 때만 플립플롭에 저장된 데이터가 변경될 수 있음을 보장한다. E에 의하여 제어되는 n개의 2-to-1 멀티플렉서를 사용하여 enable 기능을 n-비트 레지스터로 확장한 것이

```
module rege (D, Clock, Resetn, E, Q);
   input D, Clock, Resetn, E;
   output reg Q;

   always @(posedge Clock, negedge Resetn)
      if (Resetn == 0)
         Q < = 0;
      else if (E)
         Q < = D;

endmodule
```

그림 5.57 Enable 기능을 가진 D 플립플롭에 대한 코드

```
module regne (R, Clock, Resetn, E, Q);
   parameter n = 8;
   input [n–1:0] R;
   input Clock, Resetn, E;
   output reg [n–1:0] Q;

   always @(posedge Clock, negedge Resetn)
      if (Resetn == 0)
         Q <= 0;
      else if (E)
         Q <= R;

endmodule
```

그림 5.58 Enable 입력이 있는 n-비트 레지스터

그림 5.58이다. 각 플립플롭 i에 대한 멀티플렉서는 외부 데이터 bit R_i 또는 플립플롭의 출력 Q_i 중 하나를 선택한다.

5.13.2 Enable 입력을 갖는 시프트 레지스터

Enable 입력 E를 사용해서 시프트 레지스터의 시프트 동작을 금지하는 것도 유용하다. 그림 5.18은 멀티플렉서로 구현한 병렬 로드 기능이 있는 시프트 레지스터를 보여준다. 그림 5.59는 멀티플렉서를 추가하여 enable 기능을 추가하는 방법을 보여준다. 만약 병렬 로드 제어 입력 L이 1이면, 플립플롭은 병렬로 데이터를 로드한다. 만약 $L = 0$이면, 추가한 멀티플렉서에 의하여 새로운 데이터가 플립플롭에 로드된다. 이 동작은 enable E가 1일 때만 수행된다.

그림 5.59의 회로를 표현하는 Verilog 코드가 그림 5.60에 있다. $L = 1$일 때, 레지스터는 R 입력에서 병렬로 데이터를 로드한다. $L = 0$이고 $E = 1$일 때, 시프트 레지스터의 데이터는 왼쪽에서 오른쪽 방향으로 시프트된다.

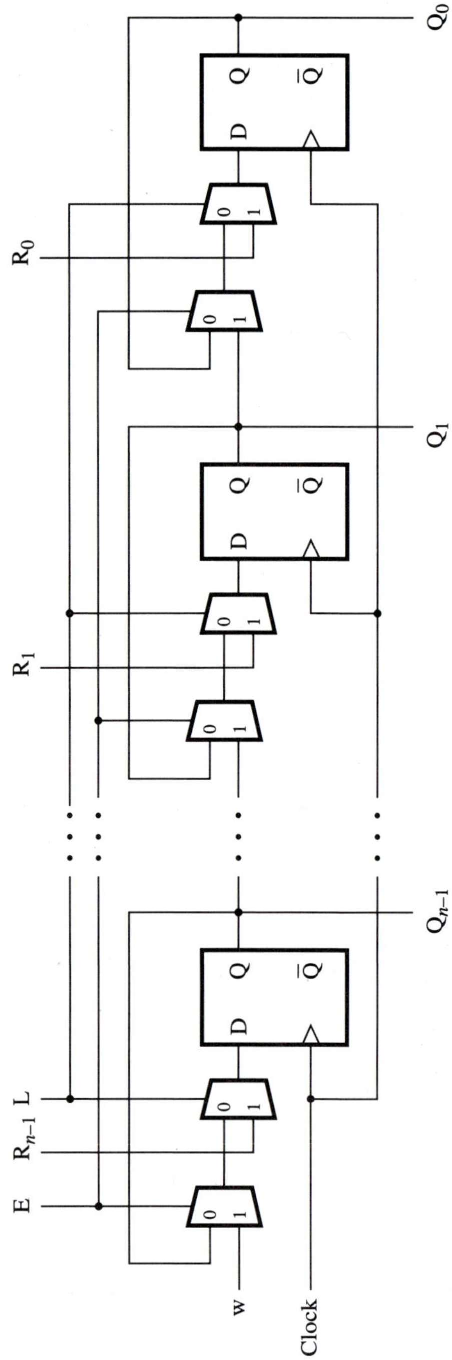

그림 5.59 병렬 로드와 enable 입력이 있는 시프트 레지스터

```
module shiftrne (R, L, E, w, Clock, Q);
   parameter n = 4;
   input [n-1:0] R;
   input L, E, w, Clock;
   output reg [n-1:0] Q;
   integer k;

   always @(posedge Clock)
   begin
      if (L)
         Q <= R;
      else if (E)
      begin
         Q[n-1] <= w;
         for (k = n-2; k >= 0; k = k-1)
            Q[k] <= Q[k+1];
      end
   end

endmodule
```

그림 5.60 Enable 입력이 있는 left-to-right 시프트 레지스터

5.14 • 설계 예제

이 절에서는 4장과 이 장에서 기술한 빌딩 블록을 이용하여 디지털시스템을 구성하는 예제들을 소개한다.

5.14.1 Reaction Timer

전자 장비는 매우 빠른 속도로 동작한다. 논리게이트를 통과하는 지연시간은 일반적으로 1 ns보다 적다. 이 예제에서는 사람과 같이 매우 느리게 움직이는 물체의 속도를 측정하기 위하여 논리회로를 사용하는 방법을 소개한다.

사람이 어떤 특정 사건에 반응하는 시간을 측정하는 회로를 설계하려고 한다. 이 회로는 작은 *LED(light-emitting diode)*를 켠다. LED에 불이 켜지면, 사람은 가능한 빨리 스위치를 누른다. 이 회로는 LED가 켜진 이후부터 스위치가 눌려질 때까지의 경과시간을 측정한다.

반응 시간을 측정하기 위하여, 적당한 주파수의 클록 신호가 필요하다. 예제에서는 100 Hz의 clock을 사용한다. 이것은 1/100초의 해상도로 시간을 측정한다. 00/100부터 99/100까지 초 이하의 두 자리 숫자를 사용해서 반응 시간을 표시하기로 한다.

디지털시스템은 종종 다양한 서브시스템을 제어하기 위하여 높은 주파수의 클록을 이용한다. 여기서는 102.4 kHz 주파수를 갖는 입력 클록을 사용한다고 가정한다. 카운

터로 만든 **클록 분배기**(*clock divider*)를 이용하여 클록 신호로부터 원하는 100 Hz clock 신호를 만들 수 있다. 4-비트 카운터 회로의 타이밍도는 이미 그림 5.21에서 살펴보았다. 카운터의 least significant 비트 출력 Q_0은 입력 주파수의 절반인 주기 신호이다. 그러므로 Q_1 출력은 clock 주파수를 4로 나눈다. 일반적으로 n-비트 카운터에서 출력 Q_i는 클록 주파수를 2^{i+1}로 나눈다. 이 예제의 102.4 kHz clock 신호인 경우, 그림 5.61*a*와 같은 10-비트 카운터를 사용할 수 있다. 카운터 출력 c_9는 102400 Hz /1024 = 100 Hz가 된다.

Reaction timer 회로는 LED를 켜고 끌 수 있어야 한다. LED의 기호는 그림 5.61*b*와 같다. 기호에서 작은 컬러 화살표는 LED가 켜졌을 때 빛이 방출되는 것을 나타낸다. LED는 두 개의 단자가 있는데, 왼쪽 단자를 **캐소드**(*cathode*)라 하고, 오른쪽 단자를 **애노드**(*anode*)라고 한다. LED를 켜기 위해서 캐소드는 애노드보다 충분히 낮은 전압으로 연결되어야 하고, 이때 전류는 LED를 통과하여 흐른다. 만약 두 단자의 전압이 같다면 LED는 꺼진다.

그림 5.61*b*는 인버터를 이용하여 LED를 제어하는 회로이다. 만약 입력 전압 $V_{LED} = 0$이면, 캐소드의 전압은 V_{DD}와 같게 되어 LED는 꺼진다. 그러나 만약 $V_{LED} = V_{DD}$이면, 캐소드 전압은 0 V가 되어 LED는 켜진다. LED를 흐르는 전류의 양은 저항 R_L 값에 의해 제한되는데, 이 전류는 LED와 인버터를 통해 흐른다. 전류가 인버터로 흘러 들어가기 때문에, 인버터는 전류를 sink 한다고 말한다. 논리게이트가 이상 없이 sink 할 수 있는 최대 전류를 보통 I_{OL}이라고 부르고, '출력이 low일 때의 최대 전류'를 의미한다. 따라서 R_L 값은 전류가 I_{OL}보다 작게 흐르도록 결정되어야 한다. 예를 들어, 인버터가 칩 안에 구현되어 있고, 그 칩에 대한 데이터 시트에 표시된 I_{OL} 값이 12 mA라고 가정하자. $V_{DD} = 5$ V이면, 5 V / 450 Ω = 11 mA이므로 $R_L \approx 450\ \Omega$이 된다(LED가 켜질 때 LED를 지나면서 전압 강하가 나타나는데, 여기서는 무시했다). LED에서 방출되는 빛의 양은 전류 흐름에 비례한다. 만일 11 mA가 충분하지 않다면, 부록 B의 설명과 같이, 인버터는 드라이버 칩으로 구현되어야 한다. 드라이버가 큰 I_{OL}을 공급할 수 있기 때문이다.

완전한 reaction timer 회로를 그림 5.61*c*에 보이고 있으며, 흐리게 표시되어 있는 부분이 그림 5.61*b*의 인버터이다. 푸시버튼 스위치 기호는 그림 왼쪽 위에 있다. 그림에 보인 바와 같이 스위치는 보통 때는 위 단자와 접촉되어 있다가 버튼을 누르면 아래 단자와 접촉된다. 누르지 않으면 스프링에 의해 원래의 자리로 돌아간다. 따라서 보통상태는 논리 '1'의 값을 생성하고, 누를 때 '0'의 값을 생성하도록 연결되어 있다.

푸시버튼 스위치가 눌려지면, D 플립플롭은 동기적으로 reset 된다. 이 플립플롭의 출력은 LED가 'on'인지 'off'인지를 결정하고, 또한 두 자리 BCD 카운터의 enable 입력도 제공한다. 5.11절에서 설명한 것과 같이, BCD 카운터는 각 digit이 0000에서 1001의 2진수 값을 갖는 4-비트 출력을 내보낸다. 따라서 카운터의 출력은 00에서 99까지의 10진수로 나타난다. BCD 카운터 회로는 그림 5.27에 있다. 카운터의 각 자리는 코드 컨버터를 통하여 7-세그먼트 디스플레이에 연결되어 있고, 우리는 이 회로의 동작을 그림 2.63에서 다루었다. 그림 5.61*c*를 보면, 카운터의 클록에 그림 5.61*a*에 보여준 클록 분

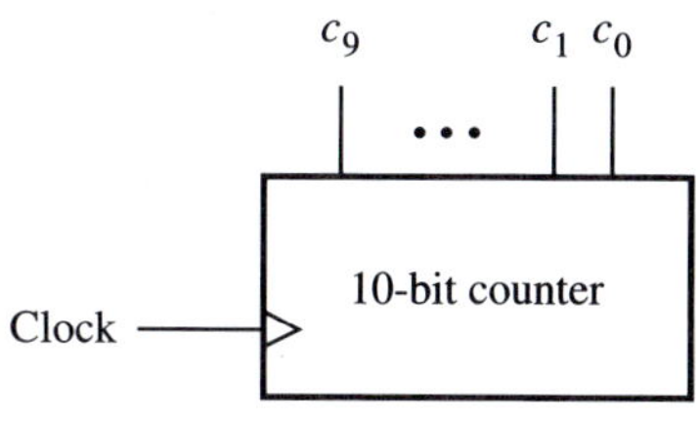

(a) Clock 분주기

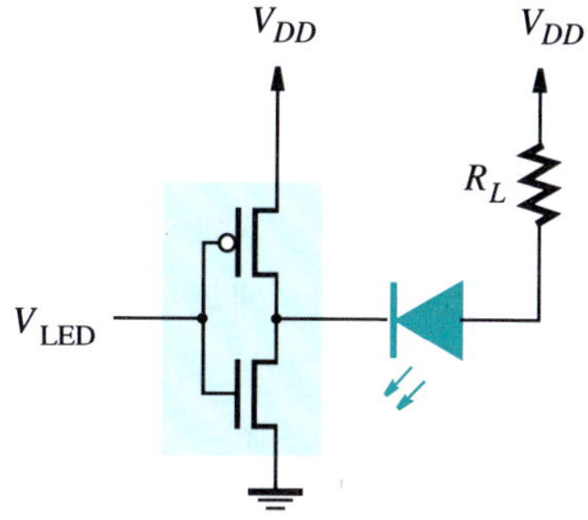

(b) LED 회로

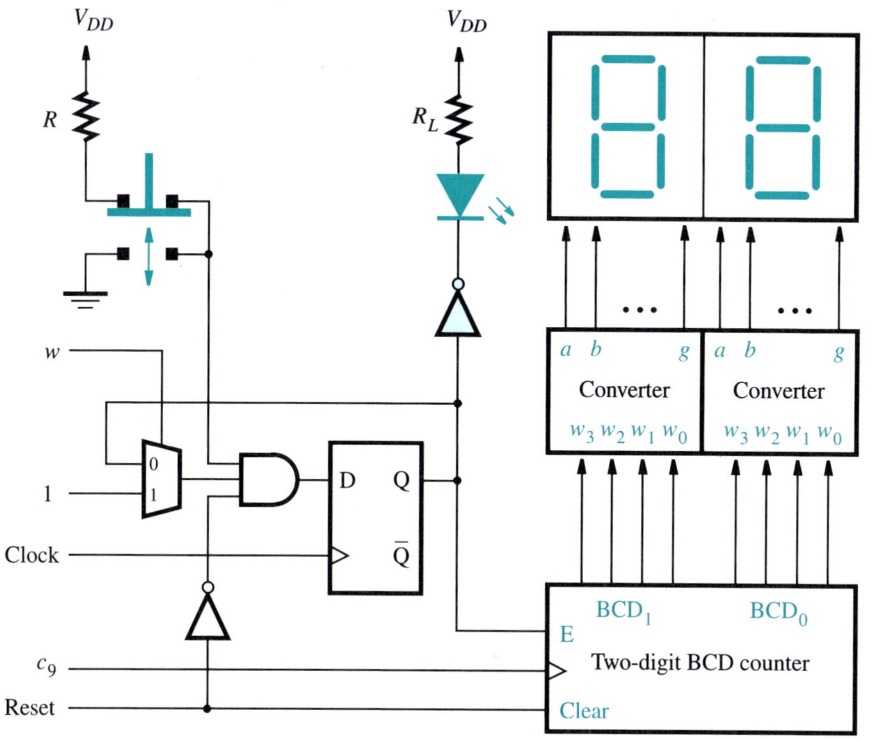

(c) 푸시버튼, 스위치, LED와 7-세그먼트 디스플레이

그림 5.61 Reaction-timer 회로

배기의 출력 c_9가 연결되어 있다. Reaction timer 회로는 처음에 플립플롭을 clear하고 LED를 끄고 카운터 동작을 중지시키기 위하여 먼저 *Reset* 입력을 생성하도록 만들어져 있다. *Reset* 입력을 인가하면 카운터 내용을 00으로 clear시킨다. 입력 w는 보통 0인

데, 플립플롭이 clear된 상태를 유지하면서 카운터 값이 바뀌는 것을 막아주는 역할을 한다. 한 개의 c_9 클록 사이클 동안 $w = 1$로 만들어 주면 반응 검사가 시작된다. c_9 클록의 다음 번 포지티브 에지에서 플립플롭의 출력은 1이 되고, LED는 켜진다. 여기서, 하나의 c_9 클록 사이클 후에 w는 다시 0으로 된다고 가정한다. 그래도 D 입력에 연결된 2-to-1 멀티플렉서 때문에 플립플롭의 출력은 1을 유지한다. 이제 카운터는 매 1/100 초마다 증가된다. 사용자가 스위치를 누를 때 플립플롭은 clear되고, 이로 인하여 LED는 꺼지고 카운터는 정지된다. 두 자리 7-세그먼트는 LED가 켜졌을 때부터 사용자가 스위치를 누를 때까지 경과된 시간을 1/100초 정밀도로 나타낸다.

Verilog 코드

그림 5.61c의 회로를 Verilog 코드로 기술하기 위해 BCD 카운터와 7-세그먼트 코드 컨버터를 부분회로로 이용한다. 그림 5.27의 회로로 표현되는 BCD 카운터에 대한 코드가 그림 5.62이다. 두 자리 BCD 출력은 두 개의 4-비트 신호 *BCD*1과 *BCD*0으로 표현되어 있다. *Clear* 입력은 카운터의 두 숫자를 동기식 방식으로 reset하기 위한 신호이다. 만약 $E = 1$이면, 카운터는 포지티브 에지에서 증가한다. 만약 $E = 0$이면 카운터의 내용

```
module BCDcount (Clock, Clear, E, BCD1, BCD0);
   input Clock, Clear, E;
   output reg [3:0] BCD1, BCD0;

   always @(posedge Clock)
   begin
      if (Clear)
      begin
         BCD1 <= 0;
         BCD0 <= 0;
      end
      else if (E)
         if (BCD0 == 4'b1001)
         begin
            BCD0 <= 0;
            if (BCD1 == 4'b1001)
               BCD1 <= 0;
            else
               BCD1 <= BCD1 + 1;
         end
         else
            BCD0 <= BCD0 + 1;
   end

endmodule
```

그림 5.62 그림 5.27의 2-digit BCD 카운터에 대한 코드

은 변함이 없다. 각 숫자는 0000부터 1001까지 변하게 된다. 그림 5.63은 BCD-to-7-세그먼트 디코더에 대한 코드이다.

그림 5.64는 reaction timer의 코드이다. 입력 신호 *Pushn*은 푸시버튼 스위치에 의해 만들어지는 신호를 나타낸다. 출력 신호 *LEDn*은 LED을 제어하기 위해 사용하는 인버터의 출력을 나타낸다. 두 개의 7-세그먼트 디스플레이는 7-비트 신호 *Digit*1과 *Digit*2에 의해 제어된다.

그림 5.61*c*의 플립플롭은 $w = 1$이면 값 1이 로드되고, $w = 0$이면 플립플롭에 저장된 내용은 변하지 않는다. 이와 같이 동작하는 회로는 그림 5.64의 **always** 블록에 의해 기술되는데, 이것은 동기식 reset 입력을 포함하고 있고, $Pushn = 0$ 또는 $Reset = 1$일 때 회로가 reset 된다. 동기식 reset 입력을 사용한 이유는 플립플롭 출력이 BCD 카운터의 enable 입력 *E*에 연결되어 있기 때문이다. 5.3절에서 설명한 것처럼, 플립플롭에 연결된 모든 신호는 셋업과 대기 시간을 만족하여야 한다. 푸시버튼 스위치는 임의 시간에 눌러질 수 있고, c_9의 클록 신호에 맞추어 동작하지 않을 수 있다. 그림 5.61*c*에서 플립플롭에 동기식 reset을 사용함으로써 카운터에서 발생할 수 있는 타이밍 문제를 피할 수 있다. 물론, 푸시버튼 스위치의 비동기 동작으로 인하여 플립플롭의 셋업 타임 자체는 규정을 지키지 못할 수도 있다. 7장에서 신호를 동기화하도록 플립플롭을 추가하여 이와 같은 문제를 해결하는 방법을 다룰 것이다.

칩으로 구현된 reaction timer 회로의 시뮬레이션은 그림 5.65에 있다. 처음에 플립플롭과 카운터를 clear하기 위하여 *Reset*이 인가된다. *w*가 1로 변할 때 회로는 *LEDn*을

```
module seg7 (bcd, leds);
   input [3:0] bcd;
   output reg [1:7] leds;

   always @(bcd)
      case (bcd)  //abcdefg
         0: leds = 7'b1111110;
         1: leds = 7'b0110000;
         2: leds = 7'b1101101;
         3: leds = 7'b1111001;
         4: leds = 7'b0110011;
         5: leds = 7'b1011011;
         6: leds = 7'b1011111;
         7: leds = 7'b1110000;
         8: leds = 7'b1111111;
         9: leds = 7'b1111011;
         default: leds = 7'bx;
      endcase

endmodule
```

그림 5.63 BCD-to-7-세그먼트 디코더에 대한 코드

```
module reaction (Clock, Reset, c9, w, Pushn, LEDn, Digit1, Digit0);
    input Clock, Reset, c9, w, Pushn;
    output wire LEDn;
    output wire [1:7] Digit1, Digit0;
    reg LED;
    wire [3:0] BCD1, BCD0;

    always @(posedge Clock)
    begin
        if (!Pushn || Reset)
            LED <= 0;
        else if (w)
            LED <= 1;
    end

    assign LEDn = ~LED;
    BCDcount counter (c9, Reset, LED, BCD1, BCD0);
    seg7 seg1 (BCD1, Digit1);
    seg7 seg0 (BCD0, Digit0);

endmodule
```

그림 5.64 Reaction timer에 대한 코드

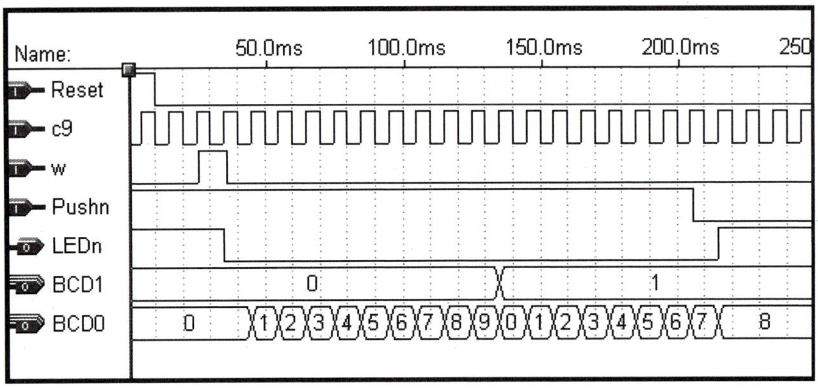

그림 5.65 Reaction timer 회로의 시뮬레이션

0으로 만드는데, 이것은 LED를 켜는 것을 의미한다. 어느 정도 시간이 지난 후에, 스위치는 눌려질 것이다. 시뮬레이션에서는 18 c_9 클록 사이클 후에 임의로 *Pushn*을 0으로 설정하고 있다. 이것은 사람의 반응 시간을 약 0.18초로 정했다는 것을 의미한다. 사람의 경우에 0.18초는 매우 짧은 시간인 반면 전자 회로는 매우 긴 시간이다. 저렴한 PC라고 해도 0.18초에 수천만 개의 동작을 처리할 수 있다!

5.14.2 레지스터 전송 수준 코드

지금까지 회로 합성에 필요한 대부분의 Verilog 구조를 소개하였다. 대부분의 예제들은 **if-else, case, for** 루프 문, 그리고 다른 순차문을 이용하는 행위적 코드였다. 일반적인 컴퓨터 프로그램은 루프나 분기(branch)를 많이 사용하여 복잡한 제어 흐름을 표현하는 동작적(behavioral) 코드 형태이다. 이와 같이 제어 흐름이 복잡한 동작적 코드 스타일로 Verilog 코드를 작성할 수 있다. 이러한 코드를 *high-level* 동작적 코드라고 부르는데, 이런 코드로 작성된 회로를 최종적인 하드웨어 구현과 관련시키는 일이 어렵다. High-level 합성 툴이 어떤 회로를 생성할지 예측하는 것은 더욱 어렵다. 이 책에서는 high-level 코드를 사용하지 않을 것이다. 그 대신 코드와 그 코드가 표현하는 회로를 쉽게 관련지을 수 있는 Verilog 코드를 이용한다. 소개한 대부분의 모듈은 비교적 간단하고, 쉽게 코드를 작성할 수 있고 고칠 수 있다. 보다 큰 시스템을 설계하는 경우에는 작은 모듈을 서로 연결하여 구현할 수 있다. 이러한 방법을 흔히 *RTL(register-transfer level)* 형태의 코드라고 부른다. 이 방법이 실제로 가장 많이 사용되는 보편적인 설계 기법이다. RTL 코드는 제어의 흐름을 용이하게 직접 코드로 작성할 수 있는 특징이 있는데, 확실하고 분명한 부분회로를 간단히 연결하여 구성한다.

5.15 • 플립플롭 회로의 타이밍 분석

그림 5.14는 D 플립플롭과 관련된 타이밍 파라미터를 보여준다. 그림 5.65는 이 플립플롭을 사용하는 간단한 회로이다. 여기에서 이 회로가 올바로 동작하기 위한 최대 클록 주파수 F_{max}를 계산하고자 한다. 그리고 또한 이 회로가 대기 시간 규정을 위배하는지 결정하고자 한다. 회로에 대한 이런 종류의 분석을 문헌에서 통상 **타이밍 분석**(*timing analysis*)이라고 부른다. 플립플롭의 타이밍 파라미터가 $t_{su} = 0.6$ ns, $t_h = 0.4$ ns, 그리고 $0.8 \text{ ns} \le t_{cQ} \le 1.0$ ns이라고 가정한다. t_{cQ}에 최솟값과 최댓값의 범위를 주었다. 5.4.4절에서 설명한 바와 같이 이것은 집적회로 칩에 존재하는 가변 시간으로 취급하는 것이 일반적이기 때문이다.

클록 신호의 최소 주기 $T_{min} = 1/F_{max}$를 계산하기 위하여, 회로에서 플립플롭을 지나가는 처음과 마지막 경로를 모두 고려할 필요가 있다. 이 간단한 회로의 경우, 단 한 개의 경로만 존재한다. 데이터는 포지티브 클록 에지에서 플립플롭에 로드되고, t_{cQ} 시간 지연 이후에 출력 Q로 전파되고, NOT 게이트를 통하여 전파되고, 마지막으로 D 입력의 셋업 요구사항을 맞추어야 한다. 그러므로 T_{min}은 다음과 같다.

$$T_{min} = t_{cQ} + t_{NOT} + t_{su}$$

이 계산에서 가장 긴 시간 지연에 관심이 있으므로, t_{cQ}의 최댓값을 사용해야 한다. t_{NOT}을 계산할 때, 어떤 논리게이트를 통과하는 시간 지연을 $1 + 0.1k$로 계산할 수 있다고 가정한다. 여기서 k는 게이트의 입력 수이다. NOT 게이트는 이 값이 1.1 ns이다. 그러므로 다음 식을 구할 수 있다.

$$T_{min} = 1.0 + 1.1 + 0.6 = 2.7 \text{ ns}$$
$$F_{max} = 1/2.7 \text{ ns} = 370.37 \text{ MHz}$$

대기 시간 규정을 위배하는지 검사할 필요가 있다. 이 경우에 D 입력의 값이 포지티브 클록 에지부터 변경될 때까지 가능한 최소 시간 지연을 구해야 한다. 이 시간 지연은 $t_{cQ} + t_{NOT} = 0.8 + 1.1 = 1.9$ ns이다. 1.9ns $> t_h = 0.4$ ns이므로, 대기 시간을 위배하지 않는다.

플립플롭 회로의 타이밍 분석의 다른 한 가지 예로 그림 5.67의 카운터 회로를 생각해 보자. 그림 5.66의 경우와 같은 플립플롭 타이밍 파리미터를 가정하고 이 회로가 올바로 동작하기 위한 최대 클록 주파수를 계산해 보자. 여기에서도 역시 논리게이트를 통과하는 시간 지연을 $1 + 0.1k$로 계산할 수 있다고 가정한다.

이 회로는 시작부터 끝까지 플립플롭을 지나가는 경로가 많다. 가장 긴 경로는 플립플롭 Q_0에서 시작하여 플립플롭 Q_3에서 끝난다. 회로에서 가장 긴 경로를 **임계 경로**(*critical path*)라고 부른다. 임계 경로의 시간 지연은 플립플롭 Q_0의 clock-to-Q 지연, 세 개의 AND 게이트를 통과하는 전파지연, 그리고 한 개의 XOR 게이트 지연을 포함한다. 그리고 Q_3의 셋업 시간도 고려해야 한다. 이에 따라 최소 지연 시간을 다음과 같이 구할 수 있다.

$$T_{min} = t_{cQ} + 3(t_{AND}) + t_{XOR} + t_{su}$$

t_{cQ}의 최대 시간을 사용하여, 다음을 구할 수 있다.

$$T_{min} = 1.0 + 3(1.2) + 1.2 + 0.6 \text{ ns} = 6.4 \text{ ns}$$
$$F_{max} = 1/6.4 \text{ ns} = 156.25 \text{ MHz}$$

회로를 통과하는 가장 짧은 경로는 각 플립플롭부터 XOR 게이트를 통과하여 자신까지 도착하는 경로이다. 이 경로의 최소 시간 지연은 $t_{cQ} + t_{XOR} = 0.8 + 1.2 = 2.0$ ns이다. 2.0 ns $> t_h = 0.4$ ns이므로, 대기 시간을 위배하지 않는다.

5.15.1 클록 스큐를 갖는 타이밍 분석

지금까지의 분석에서 클록 신호가 네 개의 플립플롭에 정확히 동시에 도착한다고 가정하였다. 이제 클록 신호가 플립플롭 Q_0, Q_1, Q_2에 동시에 도착하지만, 플립플롭 Q_3에 도착할 때 시간 지연이 존재한다고 가정하고 이 분석을 다시 시도해 보자. 이와 같이 서로 다른 플립플롭에 클록 신호 도착시간에 차이가 있는 것을 **클록 스큐**(*clock skew*), t_{skew}라고 하는데, 이것은 여러 가지 요인에 의해 생길 수 있다.

그림 5.67에서 회로를 통과하는 임계 경로는 플립플롭 Q_0에서 시작하여 Q_3에서 끝난다. 그러나 Q_3에서의 클록 스큐는 이 시간 지연을 줄이는 효과를 준다. 왜냐하면 플

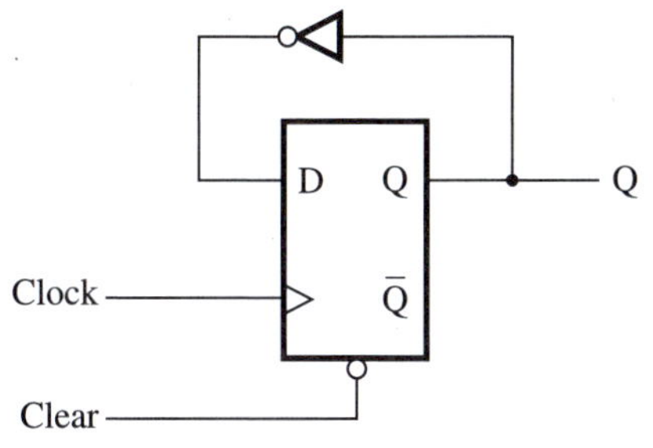

그림 5.66 간단한 플립플롭 회로

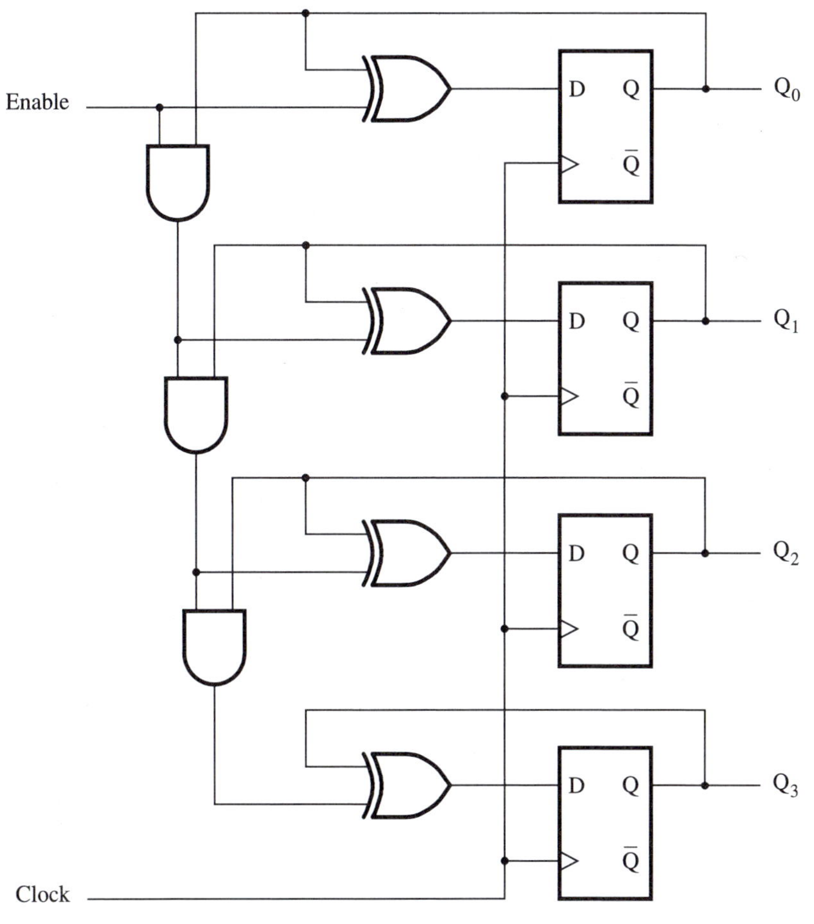

그림 5.67 4-bit 카운터

립플롭에 데이터가 로드되기 전에 여유 시간을 더 시간을 제공하기 때문이다. 클록 스큐를 1.5 ns로 가정한다면, 플립플롭 Q_0부터 Q_3까지 경로의 시간 지연은 $T_{min} = t_{cQ} + 3(t_{AND}) + t_{XOR} + t_{su} - t_{skew} = 6.4 - 1.5$ ns $= 4.9$ ns로 주어진다. 이제 회로를 통과하는 임계 경로가 달라지는데, 플립플롭 Q_0에서 시작하여 Q_2로 끝나는 경로가 지연 시간이 가장 길다. 이 경로의 시간 지연은 다음과 같다.

$$\begin{aligned} T_{min} &= t_{cQ} + 2(t_{AND}) + t_{XOR} + t_{su} \\ &= 1.0 + 2(1.2) + 1.2 + 0.6 \text{ ns} \\ &= 5.2 \text{ ns} \\ F_{max} &= 1/5.2 \text{ ns} = 192.31 \text{ MHz} \end{aligned}$$

이 경우에 클록 스큐는 회로의 최대 클록 주파수를 증가시키는 결과를 가져온다. 그러나 만약 클록 스큐가 음수이면, 이것은 클록 신호가 다른 플립플롭보다 플립플롭 Q_3에 더 빨리 도착하는 경우에 해당하고, 그 결과는 F_{max}를 감소시키는 결과로 나타나게 된다.

플립플롭 Q_3에 데이터를 로드하는 것이 클록 스큐에 의해 지연되므로, 이것은 Q_0, Q_1, 혹은 Q_2에서 시작하여 Q_3으로 끝나는 모든 경로에 대하여 이 플립플롭의 대기 시간 요구사항을 $t_h + t_{skew}$로 증가시키는 효과를 보인다. 가장 짧은 경로인 플립플롭 Q_2부터 Q_3까지이고, 여기는 $t_{cQ} + t_{AND} + t_{XOR} + t_{su} = 0.8 + 1.2 + 1.2 = 3.2$ ns의 시간 지연을 갖는다. 3.2 ns $> t_h + t_{skew} = 1.9$ ns이므로, 대기 시간을 위배하지 않는다.

만약 위의 대기 시간 분석을 클록 스큐 값 $t_{skew} \geq 3.2 - t_h = 2.8$ ns에 대하여 반복한다면, 대기 시간 위배가 존재하게 된다. 따라서 만약 $t_{skew} \geq 2.8$ ns이면, 이 회로는 어떤 클록 주파수에 대해서도 안정적으로 동작하지 않는다.

예제 5.17

그림 5.68의 회로를 생각해 보자. 이 회로에 플립플롭 Q_1에서 시작하여 논리게이트로 구성된 회로를 통과하여, 플립플롭 Q_2의 D 입력으로 끝나는 경로가 있다. 그

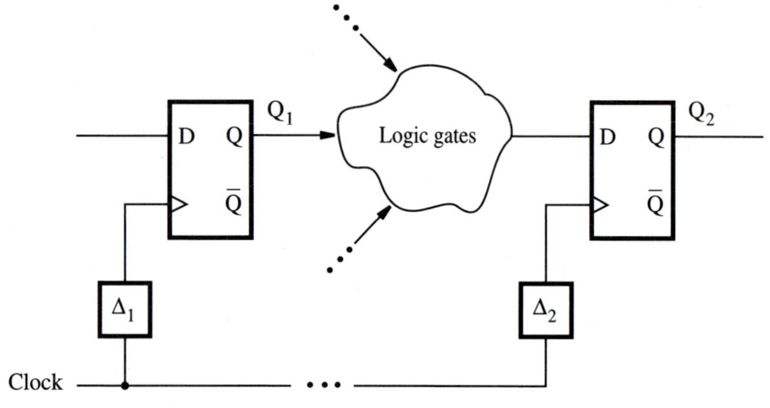

그림 5.68 클록 스큐의 일반적인 예

림에 표현한 것과 같이 클록 신호가 플립플롭에 도달하는 데 서로 다른 시간 지연이 주어질 수 있다. 플립플롭 Q_1과 Q_2에 대한 클록 신호의 시간 지연을 각각 Δ_1과 Δ_2라고 하자. 두 플립플롭 간의 클록 스큐는 다음과 같이 정의된다.

$$t_{skew} = \Delta_2 - \Delta_1$$

회로에서 논리게이트를 통과하는 경로의 가장 긴 시간 지연을 t_L이라고 하자. 이제 이 두 개의 플립플롭에 대하여 최소로 허용할 수 있는 클록 주기는 다음과 같다.

$$T_{min} = t_{cQ} + t_L + t_{su} - t_{skew}$$

따라서 만약 $\Delta_2 > \Delta_1$이면, t_{skew}는 F_{max}의 값을 증가시킨다. 그러나 만약 $\Delta_2 < \Delta_1$이면, 클록 스큐는 F_{max}를 감소시킨다.

플립플롭 Q_2에 대기 시간 위배가 존재하는지 계산하기 위하여, 플립플롭 간의 가장 짧은 경로에 대한 시간 지연을 결정할 필요가 있다. 만약 회로의 논리게이트를 통과하는 최소 지연을 t_l이라고 한다면, 다음 조건을 만족할 때 대기 시간을 위배한다.

$$t_{cQ} + t_l < t_h + t_{skew}$$

만약 $\Delta_2 - \Delta_1 > 0$이면, 대기 시간 조건을 맞추기가 더욱 어려워진다. 만약 $\Delta_2 - \Delta_1 < 0$이면, 대기 시간 조건을 맞추기가 조금 더 쉬워진다.

F_{max}와 대기 시간 분석에 대하여 위에서 설명한 기술은 같은 또는 관련된 클록 신호가 모든 플립플롭으로 연결되는 회로에 적용될 수 있다. 그림 5.61의 reaction timer 회로를 다시 생각해 보자. 그림 5.61*a*의 클록 분배기는 c_9 신호를 생성하고, 이것은 BCD 카운터 안에 있는 플립플롭의 클록 입력을 구동한다. 이 경로들은 c_9 플립플롭의 Q 출력에서 시작하지만 *D* 입력이 아닌 다른 플립플롭의 클록 입력으로 끝나므로, 위의 타이밍 분석 방법을 적용할 수 없다. 그러나 reaction-timer 회로를 그림 5.69와 같이 재구조화할 수 있다. c_9를 직접 BCD 카운터의 클록으로 사용하는 대신에 10-입력 AND 게이트를 사용하여 클록 분배기의 1024 count 값 중에서 단 하나만 값 1을 갖는 신호를 생성한다. 이 신호는 다시 컨트롤 플립플롭의 출력과 AND되어, BCD 카운터를 매 초마다 100번의 속도로 증가시키게 만든다.

그림 5.69의 회로에서 모든 플립플롭은 *Clock* 신호에 의해 직접 클록이 공급된다. 그러므로 F_{max}와 대기 시간 분석이 가능해진다. 일반적으로, 순차회로에서 하나의 공통 클록을 모든 플립플롭의 클록 입력으로 연결하는 것이 좋은 설계 방법이다. 이것에 대하여 7장에서 자세히 다룰 것이다.

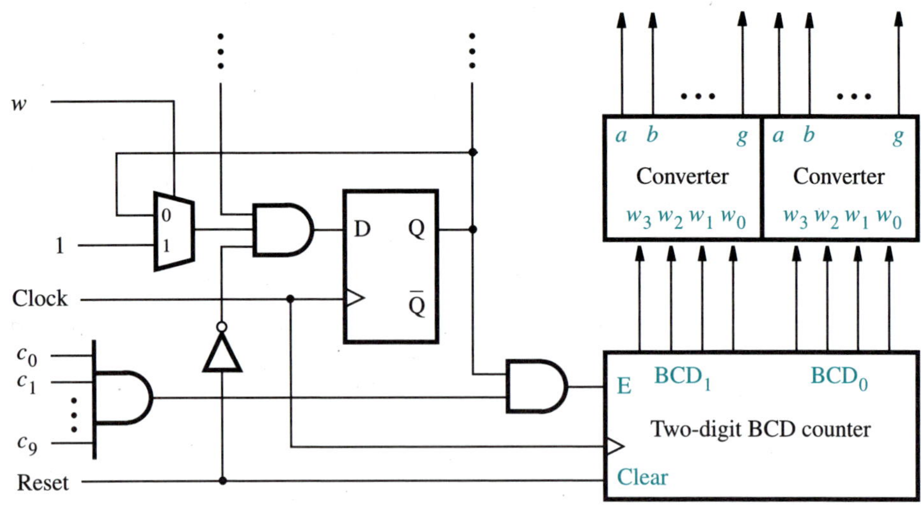

그림 5.69 수정한 reaction-timer 회로

5.16 • 맺음말

이 장에서는 디지털시스템의 기본적인 저장소자 기능을 하는 회로를 소개하였다. 이 소자들은 레지스터, 시프트 레지스터, 카운터와 같이 보다 더 큰 회로를 만드는 데 이용된다. 많은 다른 참고문헌에서도 이와 같은 내용을 다루고 있다[3-10]. 그리고 Verilog 코드를 사용하여 플립플롭으로 구성된 회로를 어떻게 기술하는지를 설명하였다. Verilog에 대한 더 많은 정보는 참고문헌 [11-18]을 찾아보기 바란다. 다음 장에서는 플립플롭으로 만들어진 회로를 설계하는 공식적인 방법을 소개할 것이다.

5.17 • 풀이가 있는 예제

이 절은 여러분들이 만날 수 있는 전형적인 문제들을 제시하고, 이런 문제들을 어떻게 풀 수 있는지 보여준다.

예제 5.18

문제 그림 5.70*a*의 회로를 생각해 보자. 입력 *C*가 duty cycle이 50%인 구형파 신호로 구동된다고 가정한다. *A*와 *B*의 파형을 나타내는 타이밍도를 그려라. 각 게이트에 대한 전파지연을 Δ초라고 가정하라.

풀이 이 예제에 대한 타이밍도가 그림 5.70*b*에 있다.

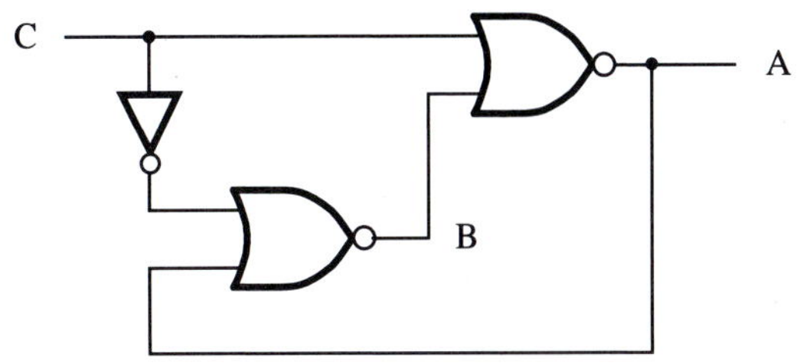

(a) 회로

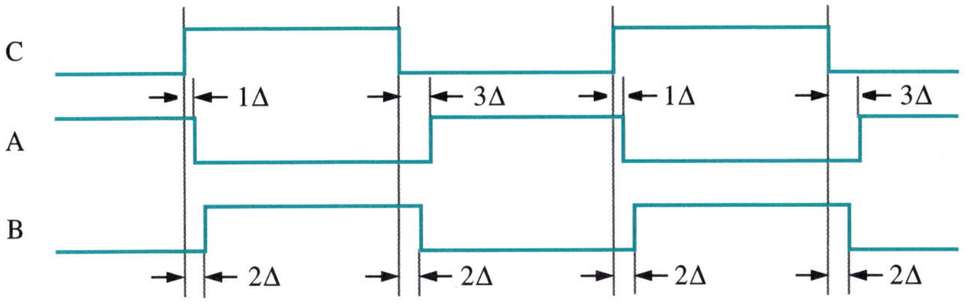

(b) 타이밍도

그림 5.70 예제 5.18의 회로

예제 5.19

문제 그림 5.71에 있는 회로의 동작을 설명하라. 입력 *w*는 구형파 신호로 구동된다고 가정한다.

풀이 두 플립플롭이 모두 clear될 때, 출력은 $Q_0 = Q_1 = 0$이다. *Clear* 입력이 high로 변한 후, 입력 *w*에 인가되는 각 펄스는 그림 5.72와 같이 플립플롭의 입력과 출력을 변경시킨다. 이 그림은 펄스의 상승 에지에서 값이 변한 후 신호의 상태를 보여준다.

Q_1Q_0의 연속적인 시간 구간에서의 값은 00, 01, 10, 00, 01과 같이 변한다. 그러므로 이 회로는 카운팅 시퀀스 0, 1, 2, 0, 1을 반복한다. 따라서 이 회로는 모듈로-3 카운터이다.

예제 5.20

문제 자판기를 제어하는 데 사용되는 회로를 설계하라. 이 회로는 다섯 개의 입력(Q(quarter, 25센트), D(dime, 10센트), N(nickel, 5센트), *Coin*, 그리고 *Resetn*)을 포함한다. 동전을 기계에 넣을 때, 동전을 감지하는 장치가 동전의 종류(Q, D,

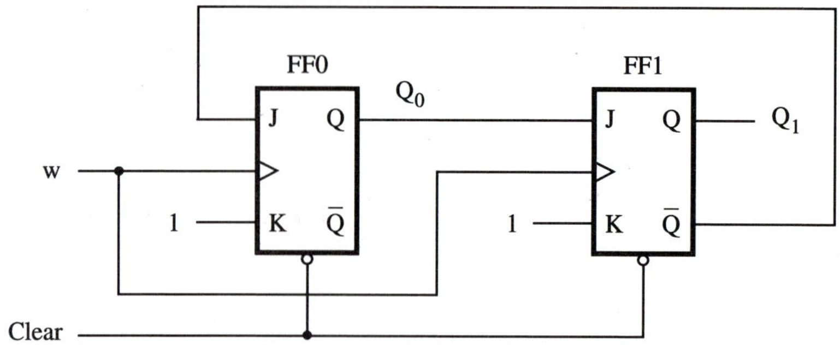

그림 5.71 예제 5.19의 회로

Time interval	FF0			FF1		
	J_0	K_0	Q_0	J_1	K_1	Q_1
Clear	1	1	0	0	1	0
t_1	1	1	1	1	1	0
t_2	0	1	0	0	1	1
t_3	1	1	0	0	1	0
t_4	1	1	1	1	1	0

그림 5.72 그림 5.71의 회로에 대한 동작 요약

또는 N)에 해당하는 펄스를 생성한다. 사건이 발생한 것을 표시하기 위하여, 자판기는 입력 신호 *Coin*에도 펄스를 생성한다. 이 회로는 *Resetn* 신호가 active low로 되면 리셋한다. 투입된 금액이 30센트 이상일 때, 회로는 출력 *Z*를 활성화한다. 금액의 합이 30센트를 넘더라도 잔돈을 반환하지 않는다.

한 개의 6-비트 가산기, 한 개의 6-비트 레지스터, 그리고 임의의 수의 AND, OR, NOT 게이트를 사용하여 이 회로를 설계하라.

풀이 그림 5.73은 가능한 회로를 보여준다. 각 동전의 가치는 5-비트 수로 표현된다. 이것들이 합쳐져 현재까지의 합이 만들어지고, 합이 레지스터 *S*에 저장된다. 필요한 출력은 다음과 같다.

$$Z = s_5 + s_4 s_3 s_2 s_1$$

레지스터는 *Coin* 신호의 네거티브 에지를 클록으로 사용한다. 이것에 의하여 가산기를 통과하는 전파지연을 허용하게 되고, 올바른 합이 레지스터에 저장되는 것을 보장한다.

9장에서 이러한 종류의 제어 회로를 보다 더 체계적으로 설계하는 방법을 보인다.

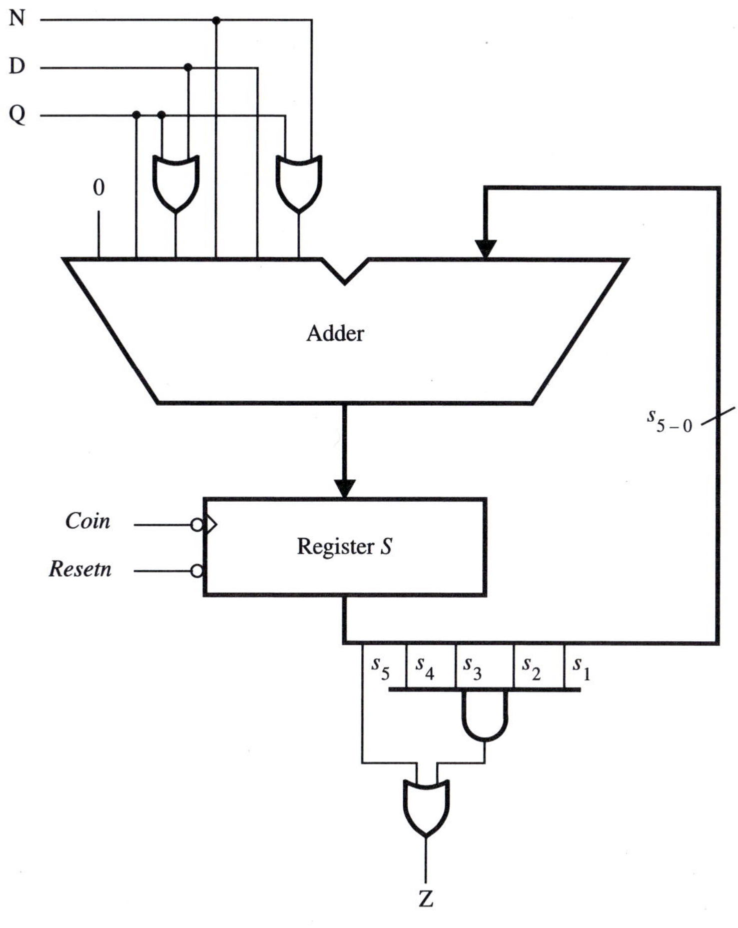

그림 5.73 예제 5.20의 회로

예제 5.21

문제 그림 5.73의 회로를 구현하는 Verilog 코드를 작성하라.

풀이 그림 5.74에 원하는 코드를 제시하였다.

예제 5.22

문제 5.15절에서 그림 5.67에 보인 카운터 회로에 대한 타이밍 분석을 설명하였다. 플립플롭 간에 논리 지연을 줄여서 이 회로가 최대 클록 주파수로 동작할 수 있도록 회로를 다시 설계하라.

풀이 5.15절에서 보인 것과 같이, 카운터 회로의 성능은 캐스캐이드 AND 게이

```
module vend (N, D, Q, Resetn, Coin, Z);
  input N, D, Q, Resetn, Coin;
  output Z;
  wire [4:0] X;
  reg [5:0] S;

  assign X[0] = N | Q;
  assign X[1] = D;
  assign X[2] = N;
  assign X[3] = D | Q;
  assign X[4] = Q;
  assign Z = S[5] | (S[4] & S[3] & S[2] & S[1]);

  always @(negedge Coin, negedge Resetn)
    if (Resetn == 1'b0)
      S <= 5'b00000;
    else
      S <= {1'b0, X} + S;

endmodule
```

그림 5.74 예제 5.21에 대한 코드

트를 통과하는 시간 지연에 의하여 제한된다. 회로의 성능을 높이기 위하여 그림 5.75와 같이 AND 게이트의 입력을 재조정한다. 이렇게 재설계한 회로의 최대 지연 경로는 플립플롭 Q_0에서 시작하여 Q_3으로 끝나는 경로이고, 이 경로에 의하여 다음과 같이 최소 클록 주기가 결정된다.

$$\begin{aligned} T_{min} &= t_{cQ} + t_{AND} + t_{XOR} + t_{su} \\ &= 1.0 + 1.4 + 1.2 + 0.6 \text{ ns} = 4.2 \text{ ns} \end{aligned}$$

원래의 카운터는 156.25 MHz인 것에 비해서, 재설계한 카운터의 최대 클록 주파수는 F_{max} = 1/4.2 ns = 238.1 MHz이다.

예제 5.23

문제 예제 5.17에서 회로의 각 플립플롭에 인가되는 클록 신호에 서로 다른 시간 지연이 있을 때 타이밍 분석을 수행하는 방법을 설명하였다. 그림 5.76의 회로는 세 개의 플립플롭 Q_1, Q_2, Q_3을 포함하고 있고, 각각의 클록 지연은 Δ_1, Δ_2, Δ_3이다. 플립플롭의 타이밍 파라미터는 t_{su} = 0.6 ns, t_h = 0.4 ns, 그리고 0.8 ≤ t_{cQ} ≤ 1 ns

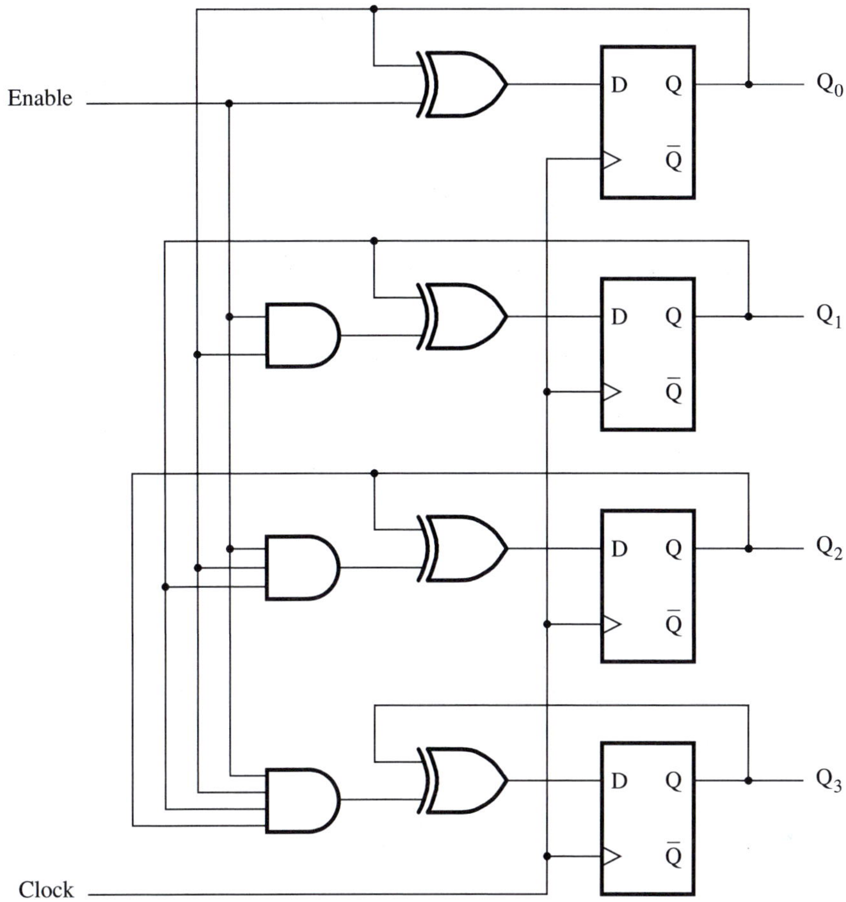

그림 5.75 더 빠른 4-bit 카운터

이다. 그리고 한 개의 논리게이트를 통과하는 시간 지연은 $1 + 0.1k$이고, 여기서 k는 게이트의 입력의 수이다.

클록 지연 세트에 대하여 회로의 F_{max}를 계산하라.

$$\Delta_1 = \Delta_2 = \Delta_3 = 0 \text{ ns}$$
$$\Delta_1 = \Delta_2 = 0 \text{ ns}, \Delta_3 = 0.7 \text{ ns}$$
$$\Delta_1 = 1 \text{ ns}, \Delta_2 = 0 \text{ ns}, \Delta_3 = 0.5 \text{ ns}$$

그리고 다음과 같은 두 가지 경우에 대하여 회로가 대기 시간을 위배하는지 결정하라.

$$\Delta_1 = \Delta_2 = \Delta_3 = 0 \text{ ns}$$
$$\Delta_1 = 1 \text{ ns}, \Delta_2 = 0 \text{ ns}, \Delta_3 = 0.5 \text{ ns}$$

풀이 $\Delta_1 = \Delta_2 = \Delta_3 = 0$ ns인 경우, 클록 스큐가 없다. 두 개의 플립플롭 Q_i와 Q_j 간의 경로 지연을 $T_{Q_i \to Q_j}$라고 하자. 플립플롭 Q_i에 t_{cQ}의 최댓값을 적용하고, Q_j에 셋업 시간을 적용하여 계산함으로써 최대 경로 지연을 계산할 수 있다. 그 결과는 다음과 같다.

$$
\begin{aligned}
T_{Q_1 \to Q_2} &= t_{cQ} + t_{XOR} + t_{AND} + t_{su} = 1 + 1.2 + 1.2 + 0.6 = 4 \text{ ns} \\
T_{Q_2 \to Q_2} &= t_{cQ} + t_{AND} + t_{su} = 1 + 1.2 + 0.6 = 2.8 \text{ ns} \\
T_{Q_2 \to Q_3} &= t_{cQ} + t_{NOT} + t_{su} = 1 + 1.1 + 0.6 = 2.7 \text{ ns} \\
T_{Q_3 \to Q_1} &= t_{cQ} + t_{su} = 1 + 0.6 = 1.6 \text{ ns} \\
T_{Q_3 \to Q_2} &= t_{cQ} + t_{XOR} + t_{AND} + t_{su} = 1 + 1.2 + 1.2 + 0.6 = 4 \text{ ns}
\end{aligned}
$$

그러므로 임계 경로 지연 $T_{Q_1 \to Q_2} = T_{Q_3 \to Q_2} = 4$ ns이고, 이때 $F_{max} = 1/(4 \times 10^{-9}) = 250$ MHz이다.

$\Delta_1 = \Delta_2 = 0$ ns, $\Delta_3 = 0.7$ ns인 경우, 두 개의 플립플롭 Q_1과 Q_3, 그리고 Q_3과 Q_2 간에 클록 스큐가 존재하다. 위에서 계산한 가장 긴 시간 지연을 다음과 같이 클록 스큐를 고려하여 조정한다.

$$
\begin{aligned}
T_{Q_1 \to Q_2} &= 4 - t_{skew} = 4 - (\Delta_2 - \Delta_1) = 4 - 0.7 = 3.3 \text{ ns} \\
T_{Q_2 \to Q_3} &= 2.7 - t_{skew} = 2.7 - (\Delta_3 - \Delta_2) = 2.7 - (0 - 0.7) = 3.4 \text{ ns} \\
T_{Q_3 \to Q_2} &= 4 - t_{skew} = 4 - (\Delta_2 - \Delta_3) = 4 - 0.7 = 3.3 \text{ ns}
\end{aligned}
$$

이제 임계 경로는 플립플롭 Q_2에서 시작하고 플립플롭 Q_3에서 끝난다. $T_{Q_2 \to Q_3} = 3.4$ ns이므로, $F_{max} = 1/(3.4 \times 10^{-9}) = 294$ MHz이다.

$\Delta_1 = 1$ ns, $\Delta_2 = 0$ ns, $\Delta_3 = 0.5$ ns에 대하여, 모든 플립플롭 간에 클록 스큐가 존재한다. 클록 스큐가 없는 경우에 계산한 최대 지연을 조정하면 다음과 같은 결과를 얻는다.

$$
\begin{aligned}
T_{Q_1 \to Q_2} &= 4 - t_{skew} = 4 - (\Delta_2 - \Delta_1) = 4 - (0 - 1) = 5 \text{ ns} \\
T_{Q_2 \to Q_3} &= 2.7 - t_{skew} = 2.7 - (\Delta_3 - \Delta_2) = 2.7 - (0.5) = 2.2 \text{ ns} \\
T_{Q_3 \to Q_1} &= 1.6 - t_{skew} = 1.6 - (\Delta_1 - \Delta_3) = 1.6 - (1 - 0.5) = 1.1 \text{ ns} \\
T_{Q_3 \to Q_2} &= 4 - t_{skew} = 4 - (\Delta_2 - \Delta_3) = 4 - (0 - 0.5) = 4.5 \text{ ns}
\end{aligned}
$$

임계 경로는 플립플롭 Q_1에서 시작하고 플립플롭 Q_2에서 끝난다. $T_{Q_1 \to Q_2} = 5$ ns이므로, $F_{max} = 1/(5 \times 10^{-9}) = 200$ MHz이다.

대기 시간 위배가 존재하는지 검사하기 위하여, t_{cQ}의 최솟값을 사용해서 최소 경로 지연을 계산해야 한다. $\Delta_1 = \Delta_2 = \Delta_3 = 0$ ns인 경우, 다음 결과를 얻을 수 있다.

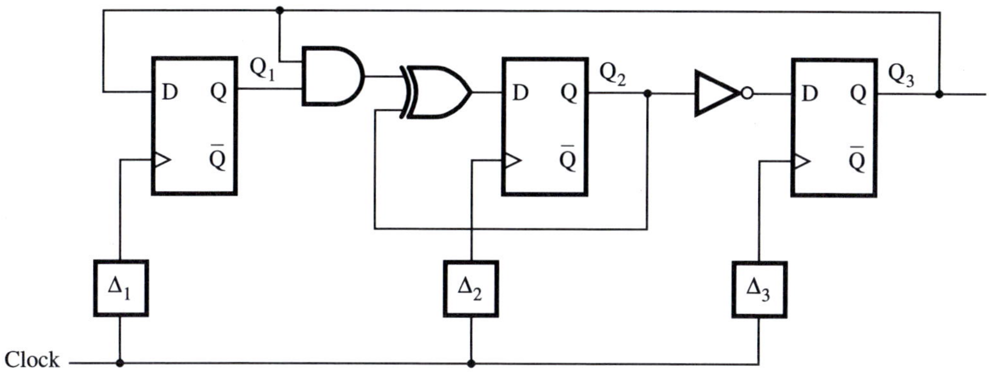

그림 5.76 Clock skew가 있는 회로

$$T_{Q_1\to Q_2} = t_{cQ} + t_{XOR} + t_{AND} = 0.8 + 1.2 + 1.2 = 3.2 \text{ ns}$$
$$T_{Q_2\to Q_2} = t_{cQ} + t_{AND} = 0.8 + 1.2 = 2 \text{ ns}$$
$$T_{Q_2\to Q_3} = t_{cQ} + t_{NOT} = 0.8 + 1.1 = 1.9 \text{ ns}$$
$$T_{Q_3\to Q_1} = t_{cQ} = 0.8 \text{ ns}$$
$$T_{Q_3\to Q_2} = t_{cQ} + t_{XOR} + t_{AND} = 0.8 + 1.2 + 1.2 = 3.2 \text{ ns}$$

최소 경로 지연 $T_{Q_3\to Q_1} = 0.8$ ns $> t_h$이므로, 이 회로에서 대기 시간 위배는 발생하지 않는다.

5.15절에서 만약 최소 경로 지연을 T_1이라고 할 때, 만약 $T_1 - t_{skew} < t_h$이면 대기 시간 위배가 발생한다고 설명하였다. $\Delta_1 = 1$ ns, $\Delta_2 = 0$ ns, $\Delta_3 = 0.5$ ns에 대하여 최소 경로 지연을 계산한 결과는 다음과 같다.

$$T_{Q_1\to Q_2} = 3.2 - t_{skew} = 3.2 - (\Delta_2 - \Delta_1) = 3.2 - (0 - 1) = 4.2 \text{ ns}$$
$$T_{Q_2\to Q_3} = 1.9 - t_{skew} = 1.9 - (\Delta_3 - \Delta_2) = 1.9 - 0.5 = 1.4 \text{ ns}$$
$$T_{Q_3\to Q_1} = 0.8 - t_{skew} = 0.8 - (\Delta_1 - \Delta_3) = 0.8 - (1 - 0.5) = 0.3 \text{ ns}$$
$$T_{Q_3\to Q_2} = 3.2 - t_{skew} = 3.2 - (\Delta_2 - \Delta_3) = 3.2 - (0 - 0.5) = 3.7 \text{ ns}$$

최소 경로 지연은 $T_{Q_3\to Q_1} = 0.3$ ns $< t_h$이고, 이것은 대기 시간 위배의 발생을 나타낸다. 그러므로 클록 신호의 주파수와 상관없이 안정적으로 동작하지 않는다.

연습문제

별표로 표시된 문제에 대한 답은 교재 뒤에 수록되어 있다.

5.1 그림 P5.1의 타이밍도를 생각해 보자. *D*와 클록 입력이 그림 5.10의 회로에 인가된다고 가정하고, 신호 Q_a, Q_b 및 Q_c의 파형을 그려라.

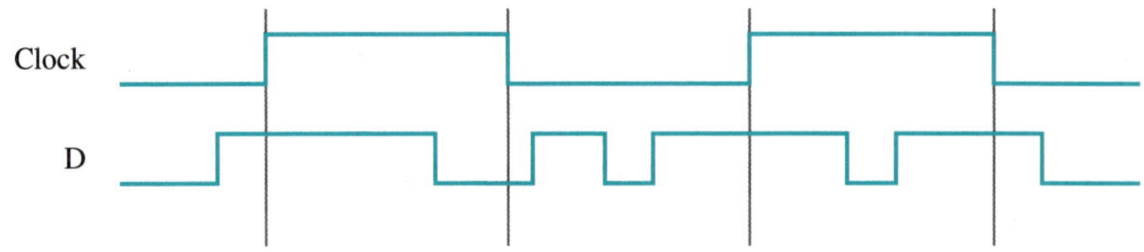

그림 P5.1 문제 5.1의 타이밍도

5.2 그림 5.4는 NOR 게이트로 만든 래치를 보여준다. NAND 게이트를 사용하여 이와 유사한 래치를 그려라. 이것에 대한 특성표를 유도하고 그 타이밍도를 보여라.

***5.3** NAND 게이트만으로 gated SR 래치를 구현하는 회로를 보여라.

5.4 100 MHz 클록 신호가 있다. D 플립플롭을 이용하여 50 MHz와 25 MHz 클록 신호를 만들기 위한 회로를 그려라. 지연 시간을 적당히 가정하고 세 가지 클록 신호에 대한 타이밍도를 그려라.

***5.5** SR 플립플롭은 gated SR 래치와 같이 set와 reset 입력이 있는 플립플롭이다. 어떻게 D 플립플롭과 다른 논리게이트를 이용하여 SR 플립플롭을 구성할 수 있는지 보여라.

5.6 그림 5.5*a*의 gated SR 래치는 *Clk*이 0으로 변할 때, *S*와 *R* 입력이 모두 1이면 예측할 수 없는 동작을 한다. 이 문제를 해결하는 한 가지 방법은 $S = R = 1$ 조건이 래치를 1로 set하는 *set-dominant* gated SR 래치를 만드는 것이다. Set-dominant gated SR 래치를 설계하고 그 회로를 그려라.

5.7 JK 플립플롭이 어떻게 하나의 T 플립플롭과 다른 논리게이트로 구성될 수 있는지 보여라.

***5.8** 그림 P5.2의 회로를 생각해 보자. NAND 게이트는 다른 게이트보다 전파지연이 더 크다고(약 4배) 가정하자. 그렇다면 이 회로가 5장에서 설명한 회로들과 어떤 차이가 있는지를 비교하라.

5.9 비동기식 clear 입력이 있는 T 플립플롭을 나타내는 Verilog 코드를 작성하라. 구조적 코드가 아닌 동작적 코드를 사용하라.

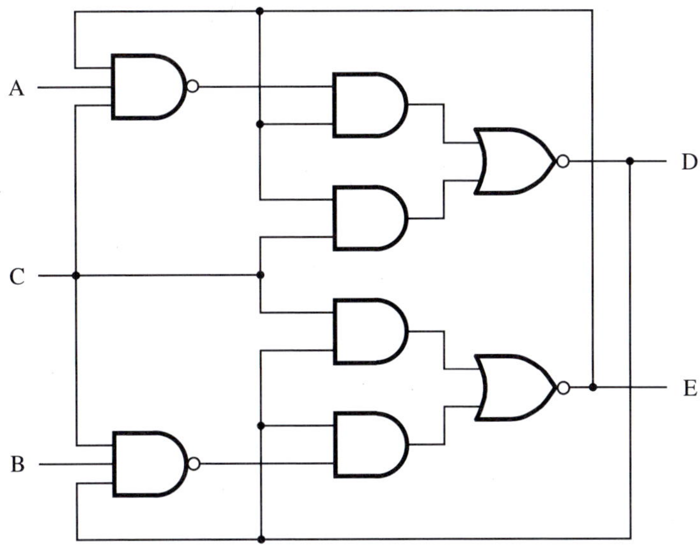

그림 P5.2 문제 5.8의 회로

5.10 JK 플립플롭을 표현하는 Veilog 코드를 작성하라. 구조적 코드가 아닌 동작적 코드를 사용하라.

5.11 문제 5.10에서 작성한 코드를 CAD 툴을 사용하여 회로로 합성하라. 회로를 시뮬레이션하고, 원하는 동작을 검증하기 위해 타이밍도를 제시하라.

5.12 유니버셜 시프트 레지스터는 왼쪽에서 오른쪽으로, 그리고 오른쪽에서 왼쪽으로 양방향으로 시프트할 수 있고, 또한 병렬 로드 기능도 갖고 있다. 이런 시프트 레지스터에 대한 회로를 설계하라.

5.13 *n*-비트 유니버셜 시프트 레지스터에 대한 Verilog 코드를 작성하라.

5.14 병렬 로드 기능을 지원하는 4-비트 동기식 카운터를 설계하라. 5.9.3절에서 사용한 D 플립플롭 대신에 T 플립플롭을 사용하라.

***5.15** T 플립플롭을 사용하여 3-비트 업/다운 카운터를 설계하라. $\overline{Up}/Down$ 제어 입력을 포함해야 한다. 이 회로는 $\overline{Up}/Down = 0$ 일 때 업-카운터로 동작하고, $\overline{Up}/Down = 1$일 때 다운-카운터로 동작해야 한다.

5.16 문제 5.15를 D 플립플롭으로 반복하라.

***5.17** 그림 P5.3의 회로는 카운터 같아 보인다. 이 카운터의 시퀀스는 어떻게 되는가?

5.18 그림 P5.4의 회로를 생각해 보자. 그림 5.16의 회로와 어떻게 다른가? 이 회로를 같은 목적으로 사용할 수 있는가? 그렇지 않다면 이 둘 간의 주요 차이점은 무엇인가?

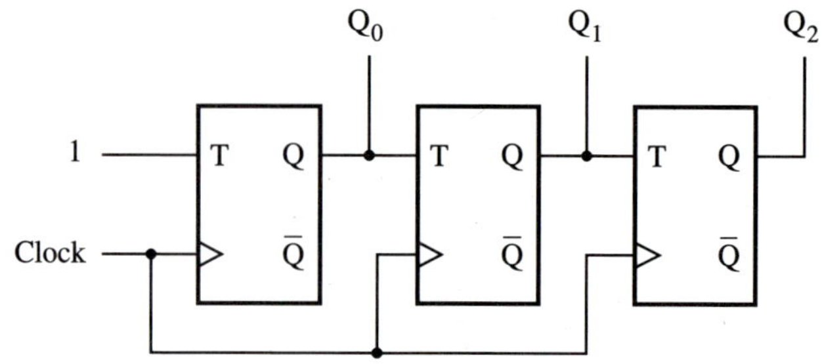

그림 P5.3 문제 5.17의 회로

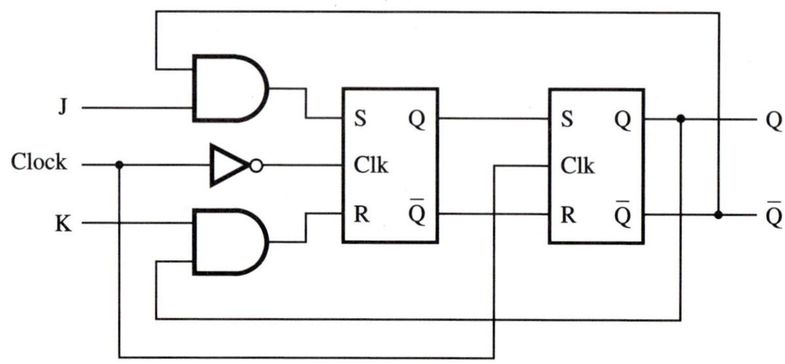

그림 P5.4 문제 5.18의 회로

5.19 그림 5.11*a*의 회로를 참고하여 네거티브 에지 트리거 D 플립플롭을 구현하는 NOR-게이트 회로를 구성하라.

5.20 동기식 reset이 있는 모듈로-12 업-카운터를 Verilog 코드로 작성하라.

***5.21** 그림 5.24의 플립플롭에서 t_{su} = 3 ns, t_h = 1 ns, 플립플롭 전파지연 시간은 1 ns라고 하자. 각 AND 게이트, XOR 게이트, 2-to-1 멀티플렉서의 전파지연 시간은 1 ns라고 하자. 회로가 바르게 동작하기 위한 최대 클록 주파수는 얼마인가?

5.22 8-비트 존슨 카운터를 표현하는 Verilog 코드를 작성하라. CAD 툴을 이용하여 회로를 합성하고, count 시퀀스를 보여주는 타이밍 시뮬레이션을 수행하라.

5.23 그림 5.51에 보여준 스타일로 링 카운터를 표현하는 Verilog 코드를 작성하라. 작성한 코드는 카운터의 플립플롭 수를 파라미터 *n*으로 처리하여야 한다.

5.24 링 오실레이터는 그림 P5.5와 같이 링 형태로 *n*개의 홀수 인버터를 연결한 회로이다. 각 인버터의 출력은 임의의 주기를 갖는 주기 신호(periodic signal)이다.

(a) 모든 인버터는 동일하다고 가정하자. 따라서 모두 같은 시간 지연 t_p를 갖는다. 인버터의 출력을 *f*라 하자. 신호 *f*의 주기를 *n*과 t_p의 함수로 표현하는 방정식을 유도하라.

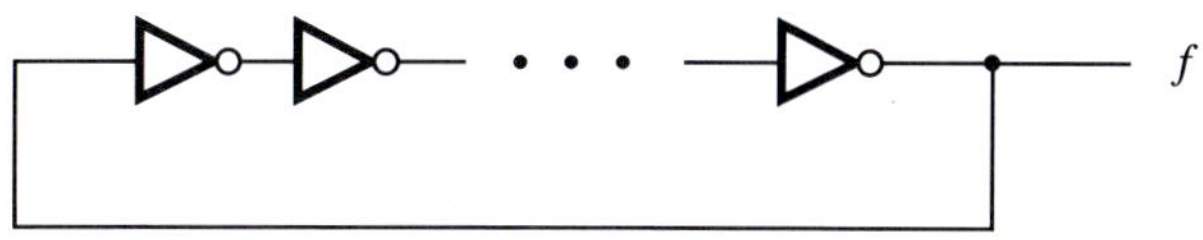

그림 P5.5 링 오실레이터

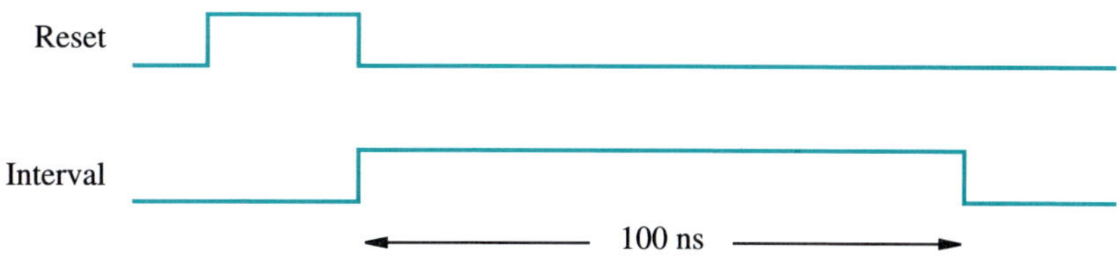

그림 P5.6 문제 5.24 신호의 타이밍

(b) 링 오실레이터에서 인버터 한 개의 시간 지연 t_p를 측정하는 회로를 설계하려고 한다. *Reset*과 *Interval*이라는 입력이 있다고 가정하자. 이 두 신호의 타이밍도는 그림 P5.6과 같다. *Interval*이 1 값을 갖는 시간 길이를 100 ns라고 가정하자. *Reset*과 *Interval* 신호, 그리고 문제(*a*)의 *f* 신호를 사용해서 실험적으로 t_p를 측정하는 회로를 설계하라. 논리게이트와 가산기, 플립플롭, 카운터, 레지스터 등의 부분회로를 사용하라.

5.25 Gated D 래치에 대한 회로가 그림 P5.7에 있다. NAND 게이트와 인버터를 통한 전파지연 시간을 모두 1 ns라 하자. 그림에 제시한 타이밍도를 완성하라. 여기서, 신호의 해상도는 1 ns이다.

***5.26** 어떤 논리회로가 두 개의 입력 *Clock*과 *Start*, 그리고 두 개의 출력 *f*, *g*를 갖고 있다. 회로는 그림 P5.8의 타이밍도와 같이 동작된다. *Start* 입력에 펄스가 인가될 때, 회로는 타이밍도와 같이 *f*와 *g* 출력에 펄스를 발생시킨다. 3-비트 reset 가능한 포지티브 에지 트리거 동기식 카운터와 기본 게이트만을 이용하여 회로를 설계하라. 모든 논리게이트와 카운터의 시간 지연은 무시한다.

5.27 다음은 *n*-비트 벡터에서 인접하는 1을 검사하는 코드이다.

```
always @(A)
begin
   f = A[1] & A[0];
   for (k = 2; k < n; k = k+1)
      f = f | (A[k] & A[k−1]);
end
```

이 코드는 블로킹 할당 방식으로 $f = a_1 a_0 + \ldots + a_{n-1} a_{n-2}$와 같은 논리함수를 만든다. 만일 논블로킹 할당을 사용한다면 어떤 논리함수가 만들어지는가?

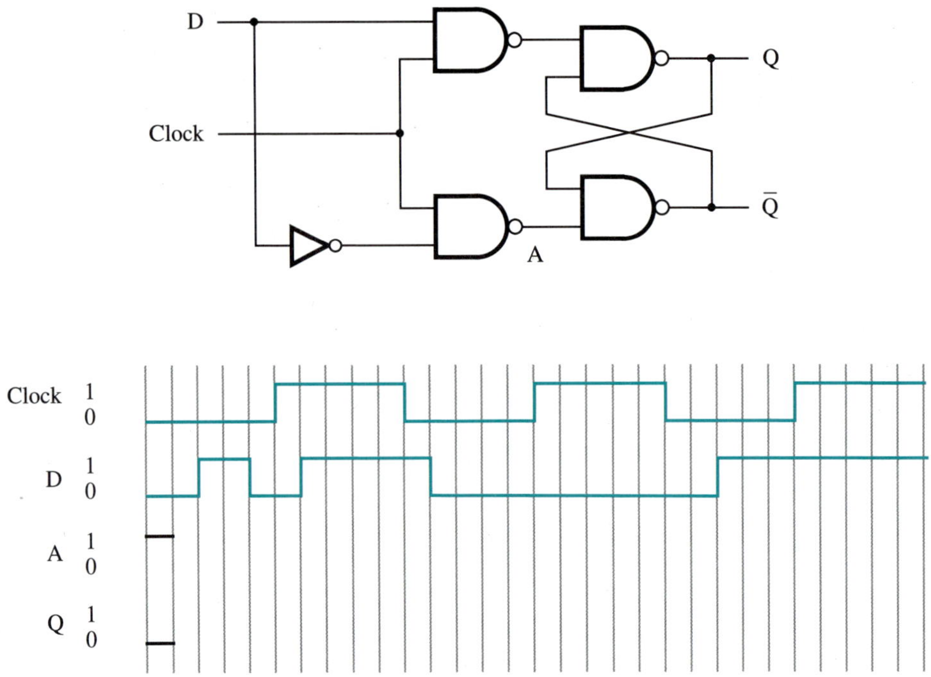

그림 P5.7 문제 5.25의 회로와 타이밍도

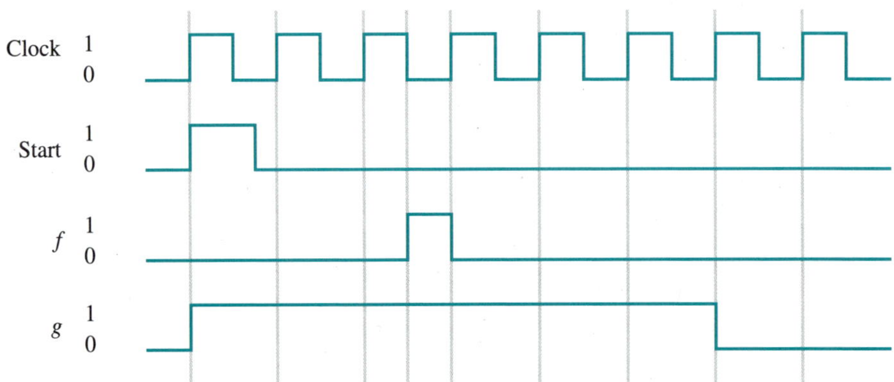

그림 P5.8 문제 5.26의 타이밍도

5.28 그림 P5.9의 Verilog 코드는 3-bit LFSR(*linear-feedback shift register*)를 나타낸다. 이 회로는 $2^n - 1$ 클록 사이클마다 반복하는 pseudo-random number인 카운팅 시퀀스를 만든다. 여기서 n은 LFSR에 있는 플립플롭의 개수이다. 하나의 칩 안에 LFSR을 합성하라. 회로도를 그려라. LFSR에 패턴 001을 로드하고 나서 레지스터를 count하도록 enable하여 회로의 동작을 시뮬레이션하라. 카운팅 시퀀스는 어떻게 되는가?

```
module lfsr (R, L, Clock, Q);
   input [0:2] R;
   input L, Clock;
   output reg [0:2] Q;

   always @(posedge Clock)
      if (L)
         Q <= R;
      else
         Q <= {Q[2], Q[0] ^ Q[2], Q[1]};

endmodule
```

그림 P5.9 LFSR에 대한 코드

```
module lfsr (R, L, Clock, Q);
   input [0:2] R;
   input L, Clock;
   output reg [0:2] Q;

   always @(posedge Clock)
      if (L)
         Q <= R;
      else
         Q <= {Q[2], Q[0], Q[1] ^ Q[2]};

endmodule
```

그림 P5.10 LFSR에 대한 코드

5.29 그림 P5.10의 Verilog 코드로 문제 5.28을 반복하라.

5.30 그림 P5.11은 블로킹 할당을 사용한 것 이외에는 그림 P5.9의 Verilog 코드와 동일하다. 이 코드가 표현하는 회로를 그리고, 카운팅 시퀀스는 어떻게 되는지 밝혀라.

5.31 그림 P5.12의 Verilog 코드는 블로킹 할당을 사용한 것을 제외하고는 그림 P5.10의 Verilog 코드와 동일하다. 이 코드가 표현하는 회로를 그리고, 카운팅 시퀀스는 어떻게 되는지 밝혀라.

5.32 그림 5.59의 회로는 병렬 로드 제어 입력이 enable 입력과 별도로 있는 시프트 레지스터이다. Enable 입력이 인가되어 있을 때만 병렬 로드 동작을 수행할 수 있는 시프트 레지스터 회로를 제시하라.

```
module lfsr (R, L, Clock, Q);
  input [0:2] R;
  input L, Clock;
  output reg [0:2] Q;

  always @(posedge Clock)
    if (L)
      Q <= R;
    else
    begin
      Q[0] = Q[2];
      Q[1] = Q[0] ^ Q[2];
      Q[2] = Q[1];
    end

endmodule
```

그림 P5.11 문제 5.30의 코드

```
module lfsr (R, L, Clock, Q);
  input [0:2] R;
  input L, Clock;
  output reg [0:2] Q;

  always @(posedge Clock)
    if (L)
      Q <= R;
    else
    begin
      Q[0] = Q[2];
      Q[1] = Q[0];
      Q[2] = Q[1] ^ Q[2];
    end

endmodule
```

그림 P5.12 문제 5.31의 코드

참고문헌

1. C. Hamacher, Z. Vranesic, S. Zaky, and N. Manjikian, *Computer Organization and Embedded Systems*, 6th ed., (McGraw-Hill: New York, 2011).
2. D. A. Patterson and J. L. Hennessy, *Computer Organization and Design—The Hardware/Software Interface*, 3rd ed., (Morgan Kaufmann: San Francisco, Ca., 2004).
3. R. H. Katz and G. Borriello, *Contemporary Logic Design*, 2nd ed., (Pearson Prentice-Hall: Upper Saddle River, N.J., 2005).
4. J. F. Wakerly, *Digital Design Principles and Practices*, 4th ed. (Prentice-Hall: Englewood Cliffs, N.J., 2005).
5. C. H. Roth Jr., *Fundamentals of Logic Design*, 5th ed., (Thomson/Brooks/Cole: Belmont, Ca., 2004).
6. M. M. Mano, *Digital Design*, 3rd ed. (Prentice-Hall: Upper Saddle River, N.J., 2002).
7. D. D. Gajski, *Principles of Digital Design*, (Prentice-Hall: Upper Saddle River, N.J., 1997).
8. J. P. Daniels, *Digital Design from Zero to One*, (Wiley: New York, 1996).
9. V. P. Nelson, H. T. Nagle, B. D. Carroll, and J. D. Irwin, *Digital Logic Circuit Analysis and Design*, (Prentice-Hall: Englewood Cliffs, N.J., 1995).
10. J. P. Hayes, *Introduction to Logic Design*, (Addison-Wesley: Reading, Ma., 1993).
11. Institute of Electrical and Electronics Engineers, *IEEE Standard Verilog Hardware Description Language Reference Manual*, (IEEE: Piscataway, NJ, 2001).
12. D. A. Thomas and P. R. Moorby, *The Verilog Hardware Description Language*, 5th ed., (Kluwer: Norwell, MA, 2002).
13. Z. Navabi, *Verilog Digital System Design*, 2nd ed., (McGraw-Hill: New York, 2006).
14. S. Palnitkar, *Verilog HDL—A Guide to Digital Design and Synthesis*, 2nd ed., (Prentice-Hall: Upper Saddle River, NJ, 2003).
15. D. R. Smith and P. D. Franzon, *Verilog Styles for Synthesis of Digital Systems*, (Prentice-Hall: Upper Saddle River, NJ, 2000).
16. J. Bhasker, *Verilog HDL Synthesis—A Practical Primer*, (Star Galaxy Publishing: Allentown, PA, 1998).
17. D. J. Smith, *HDL Chip Design*, (Doone Publications: Madison, AL, 1996).
18. S. Sutherland, *Verilog 2001—A Guide to the New Features of the Verilog Hardware Description Language*, (Kluwer: Hingham, MA, 2001).

chapter 6

동기 순차회로

Synchronous Sequential Circuit

이 장의 목적

이 장을 학습하고 나면 다음과 같은 것을 배울 수 있다.

- 플립플롭을 사용한 회로 설계 기법
- 상태의 개념과 플립플롭을 사용한 상태의 구현
- 클록 신호를 이용한 동기 제어
- 디지털회로의 순차 동작
- 동기식 순차회로의 설계 절차
- 순차회로의 Verilog 명세
- 유한상태머신의 개념

이제까지는 출력 값이 현재의 입력 값에 의해 결정되는 조합논리회로에 대해 고찰했다. 또 플립플롭 형태의 간단한 저장 소자를 구현하는 방법에 대해서도 논의했다. 특정 시점에서 플립플롭의 출력은 현재의 입력 값보다는 플립플롭의 상태에 의해 결정되며, 입력은 상태의 변화를 초래한다.

이 장에서는 출력이 현재 입력뿐만 아니라 과거의 동작에도 영향을 받는 회로에 대해 다룬다. 이러한 회로를 **순차회로**(*sequential circuits*)라고 한다. 대개의 경우 순차회로의 동작을 제어할 목적으로 클록 신호를 사용하는데 이러한 회로를 **동기 순차회로**(*synchronous sequential circuit*)라고 한다. 이와는 달리 클록 신호를 사용하지 않는 회로는 **비동기 순차회로**(*asynchronous sequential circuit*)라고 한다. 이 장에서 다루는 동기회로는 설계하기 쉽고, 다양한 응용분야에서 실제로 널리 사용되는 회로이다. 비동기회로는 9장에서 논의한다.

동기 순차회로는 조합 논리와 한 개 이상의 플립플롭을 사용하여 구현된다. 이 회로

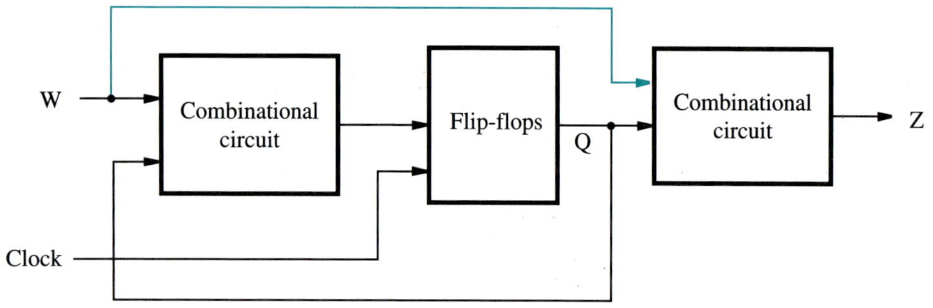

그림 6.1 순차회로의 일반적인 형태

의 일반적인 구조는 그림 6.1과 같다. 회로는 한 세트의 주 입력, *W*를 가지며, 한 세트의 출력, *Z*를 생성한다. 플립플롭에 저장된 값을 회로의 **상태**(*state*), Q라고 한다. 클록 신호의 제어하에 플립플롭은 플립플롭에 입력을 공급하는 조합 논리에 의해 결정된 상태로 상태를 바꾼다. 이런 방식으로 회로는 한 상태에서 다른 상태로 바뀐다. 한 개의 클록 사이클 동안 한 상태에서 다른 상태로 단 한 번만 천이가 발생하게 하려면 플립플롭이 에지 트리거(edge-triggered) 유형이어야 한다. 즉, 플립플롭이 클록의 포지티브 에지(positive-edge, 0에서 1로 천이) 또는 네거티브 에지(negative-edge, 1에서 0으로 천이)에서 트리거할 수 있다. 상태 변화를 초래하는 클록 에지를 '**활성 클록 에지**(*active clock edge*)'라는 용어로 표현한다.

플립플롭에 입력 신호를 제공하는 조합 논리는 주 입력, *W*와 플립플롭의 현재 상태, Q를 입력으로 받는다. 그러므로 상태 변화는 현재 상태와 주 입력의 값에 의하여 결정된다.

그림 6.1은 순차회로의 출력이 또 다른 조합회로에 의하여 생성되는 것을 보이고 있는데, 이는 회로의 출력이 플립플롭의 현재 상태와 주 입력의 함수라는 것을 의미한다. 현재 상태는 항상 출력에 영향을 미치지만, 주 입력은 직접적으로 출력에 영향을 미치지 않을 수 있다. 따라서 그림 6.1에서 컬러로 표현된 연결은 있을 수도 있고, 없을 수도 있다. 이 두 가지 가능성을 구별하기 위하여, 출력이 회로의 상태만으로 결정되는 순차회로를 **무어**(*Moore*) 유형, 출력이 상태와 주 입력 둘 다에 의해 결정되는 순차회로를 **밀리**(*Mealy*) 유형이라고 한다. 이 이름은 1950년대에 이들 회로의 동작에 대하여 연구했던 에드워드 무어(Edward Moore)와 조지 밀리(George Mealy)를 기념하기 위한 것이다.

순차회로는 **유한상태머신**(*finite state machines, FSMs*)이라고도 하는데, 기술 자료에서는 이 용어가 더 자주 사용된다. 회로의 동작이 유한한 개수의 상태를 사용하여 표현될 수 있다는 사실에 기인하여 생긴 이름이다. 이 장에서는 순차회로를 말할 때 유한상태머신 또는 간단히 **머신**(*machine*)이라는 용어를 자주 사용할 것이다.

6.1 • 기본 설계 단계

실제 시스템의 동작을 제어하는 데 순차회로가 자주 사용된다. 간단한 예제를 통하여 이러한 회로에 대한 설계 기법을 소개하고자 한다.

자동 제어 차량의 속도를 다음과 같이 조절해야 하는 응용을 가정하자. 자동차는 사전에 정해진 특정 속도로 주행하도록 설계되어 있다. 차량 속도가 적정 속도를 초과하는 상황에서는 감속해야 한다. 감속 동작이 필요한 경우를 결정하기 위해 일정 시간 간격으로 속도가 측정된다. 2진 신호 w를 속도의 적정 한도 초과 여부를 나타내는 것으로 하여, $w = 0$은 속도가 허용 범위 안에 있음을, $w = 1$은 과속 상태를 나타내도록 하자. 바람직한 제어 방식은 측정 결과가 두 번 이상 연속하여 $w = 1$이면 감속하도록 제어 신호 z를 '1'로 출력하는 것이다. 이처럼 $z = 1$은 차량을 감속시키고, $z = 0$은 현재의 속도를 유지하게 하자. *Clock* 신호로 필요한 타이밍 간격을 정의하며, 각 클록 사이클 동안 속도를 한 번씩 측정하는 것으로 한다. 그러므로 다음의 설계 스펙을 충족하는 회로를 설계하여야 한다.

1. 회로는 한 개의 입력 w와 한 개의 출력 z를 가진다.
2. 회로의 모든 변화는 클록 신호의 포지티브 에지에서 발생한다.
3. 직전 2 클록 사이클 동안 입력 w가 1이었으면 출력 z는 1이다. 그렇지 않은 경우에는 $z = 0$이다.

이와 같은 설계 조건으로부터 출력 z가 w의 현재 값과 이전 값, 둘 다에 의해 결정됨을 알 수 있다. 그림 6.2와 같이 11 클록 사이클 동안 w와 z 신호의 시퀀스가 주어졌다고 가정하자. 제어되고 있는 차량에 의해 w의 값이 생성된 것으로 가정하면 z의 값은 설계 스펙과 일치한다. 클록 사이클 t_3에서 $w = 1$이고 사이클 t_4에서도 1로 유지되므로, 사이클 t_5에서 z는 1이 된다. 마찬가지로 사이클 t_6, t_7에서 $w = 1$이므로 사이클 t_8에서 z는 1이 되고, t_7, t_8에서 $w = 1$이므로 t_9에서 역시 1이 된다. 그림에서 보는 바와 같이 주어진 입력 w에 대해 출력 z는 0 또는 1이 될 수도 있다. 예를 들어, 클록 사이클 t_2와 t_5구간에서 $w = 0$으로 값이 같더라도, t_2에서는 $z = 0$이고 t_5에서는 $z = 1$이 된다. 마찬가지로 t_1과 t_8의 구간에서 $w = 1$이지만 t_1에서는 $z = 0$, t_8에서는 $z = 1$이다. 이는 z가 단지 현재의 w 값에 의해서만 결정되지는 않는다는 것을 의미한다. 따라서 z의 값을 결정하는 회로에 다른 상태가 존재해야 한다.

Clock cycle:	t_0	t_1	t_2	t_3	t_4	t_5	t_6	t_7	t_8	t_9	t_{10}
w:	0	1	0	1	1	0	1	1	1	0	1
z:	0	0	0	0	0	1	0	0	1	1	0

그림 6.2 입력 시퀀스와 출력 신호

6.1.1 상태도

FSM을 설계하기 위한 첫 단계는 필요한 상태의 수가 몇 개인지, 어느 한 상태에서 다른 상태로 천이가 가능한 것은 어떤 것인지를 결정하는 것이다. 이러한 작업에 정해진 절차는 없다. 설계자는 회로가 무엇을 해야 하는지에 대해 주의 깊게 생각해야 한다. 설계를 시작하는 좋은 방법으로는 특정 상태 하나를 **초기**(*starting*) 상태로 선택하는 것이다. 초기 상태란 처음으로 전원을 켜거나, **리셋**(*reset*) 신호가 적용되어 회로가 시작되는 상태이다. 여기서는 초기 상태를 A라고 하자. 입력 w가 0으로 유지되는 동안 회로는 아무것도 할 필요가 없다. 따라서 활성 클록 에지 후에도 회로는 A 상태를 유지한다. 입력 w가 1이 되면, FSM은 입력의 변화를 인식하여 다른 상태로 이동하는데, 이 상태를 B라고 하자. 해당 천이는 w가 1로 바뀌고 난 후 다음 활성 클록 에지에서 이루어진다. 상태 B에서의 출력 z는 상태 A에서와 같이 0이어야 하는데, 그 이유는 연속 2클록 사이클 동안 $w = 1$이 아니었기 때문이다. 상태 B에 있을 때, 다음 클록 에지에서 w가 0이면, 회로는 상태 A로 돌아가야 한다. 하지만 상태 B에서 $w = 1$이면, 회로는 C라고 하는 세 번째 상태로 이동하며, 이때 출력 $z = 1$을 생성하여야 한다. $w = 1$인 동안 회로는 상태 C에 머물러야 하고, 출력은 $z = 1$을 유지하여야 한다. w가 0이 될 때, FSM은 상태 A로 되돌아가야 한다. 앞에서 기술한 내용이 다양한 상태에서 FSM이 마주할 수 있는 입력 w의 모든 가능한 값을 다루었으므로, 원하는 FSM을 구현하는 데에는 상태가 세 개 필요하다는 결론을 얻을 수 있다.

앞에서 비공식적인 방법으로 상태 간에 가능한 모든 천이를 결정해봤으니 이제는 순차회로를 설계하는 데 사용할 수 있는 보다 공식적인 방법을 설명해보려 한다. 순차회로의 동작은 여러 가지 방법으로 기술될 수 있다. 개념적으로 가장 간단한 방법은 **상태도**(*state diagram*)의 형태로 도식적으로 표현하는 것이다. 상태도란 회로의 상태를 노드(원, circle)로, 상태들 사이의 천이를 원호(arc)로 나타낸 그림이다. 그림 6.3은 앞에서 설명한 스펙에 해당하는 동작을 정의하는 상태도이다. 상태 A, B, C는 그림에서 노드로 표시되었다. 노드 A는 초기 상태를 나타내는데, 입력 $w = 0$이 인가된 후에 회로가 도달할 상태이기도 하다. 이 상태에서 출력 z는 0이어야 한다. 이것을 노드 안에 $A/z = 0$으로 표시하였다. $w = 0$인 동안 회로는 상태 A에 계속 머물러야 하는데, 이 노드에서 시작되고 끝나는 $w = 0$이란 라벨이 붙은 원호로 표현되었다. (조건 $w = 0$에 이어서) $w = 1$이 처음 발생하면 상태 A에서 상태 B로 이동한다. 이 천이는 A에서 시작해서 B에서 끝나는 원호로 표기한다. 이 원호 위의 표기된 $w = 1$은 해당 천이를 일으킨 입력 값을 나타낸다. 상태 B에서 출력은 0으로 유지되는데, 이것은 노드에서 $B/z = 0$으로 표기되어있다.

회로가 상태 B에 있을 때, 다음 활성 클록 에지에서도 $w = 1$이면 상태 C로 바뀔 것이다. 상태 C에서 출력 z는 1이 된다. 만약 w가 다음 클록 사이클 동안에도 계속 1이면 회로는 $z = 1$을 유지하며, 상태 C에 머물러 있을 것이다. 그러나 회로가 상태 B 또는 C에 있을 때 $w = 0$이 되면, 다음 활성 클록 에지가 상태 A로 천이하게 할 것이다.

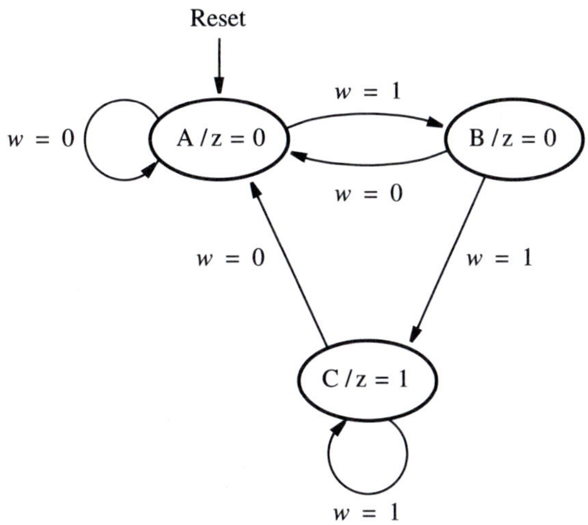

그림 6.3 간단한 순차회로의 상태도

Present state	Next state		Output z
	$w = 0$	$w = 1$	
A	A	B	0
B	A	C	0
C	A	C	1

그림 6.4 그림 6.3에 상응하는 상태표

다이어그램에서 *Reset* 입력은 회로를 상태 *A*로 강제로 보내기 위해 사용되고 있음을 보였다. *Reset*을 회로의 별도 입력으로 취급하여, *Reset*의 제어에 따라 각 상태에서 초기 상태 *A*로 천이하는 것을 표시할 수도 있다. 그러나 이렇게 하면 상태도가 불필요하게 복잡해지므로 그림 6.3에서와 같이 *Reset*으로 표기된 화살표 한 개를 사용하여 *Reset* 입력이 상태와 무관하게 회로를 초기 상태로 변화시킨다는 것을 나타낸다.

6.1.2 상태표

상태도가 순차회로의 동작을 이해하고 구현하기 쉽게 기술하고 있지만 상태도에 포함되어 있는 정보를 표 형식으로 변환하여 사용하면 편리하다. 그림 6.4는 위의 순차회로에 대한 **상태표**(*state table*)이다. 상태표는 입력 신호의 값에 따른 **현재 상태**(*present state*)의 **다음 상태**(*next state*)를 보여준다. 출력 *z*가 현재 상태, 즉 회로가 현재 시점에서의 상태에 의해 결정된다는 점을 주목하라. 또, *Reset* 입력은 포함시키지 않았는데 이는 상태표의 첫 번째 상태를 초기 상태로 암묵적으로 가정하였기 때문이다.

이제 최종 회로를 만들어 내는 설계 단계를 보이고자 한다. 기본적인 설계 개념을 설명하기 위하여 먼저 각 단계를 수작업으로 행하는 종래의 과정을 거친 후, 현대적인 CAD 툴을 사용하는 자동화 설계 기법을 학습하기로 한다.

6.1.3 상태 할당

그림 6.4의 상태표에서는 문자 *A*, *B*, *C*를 사용하여 세 개의 상태를 정의하고 있다. 논리회로로 구현할 때, 각 상태는 **상태 변수**(*state variable*)에 특정한 값을 매긴 것으로 표현되고, 상태 변수는 플립플롭으로 구현된다. 세 개의 상태를 나타내는데 상태 변수가 두 개면 충분하다. 이들 변수를 y_1과 y_2라고 하자.

원하는 FSM을 구현하는 회로의 구조를 나타내기 위해 그림 6.1의 일반적인 블록도 형태를 우리 예제에 맞게 변형하여 그림 6.5에 보였다. 두 개의 플립플롭은 상태 변수를 나타낸다. 그림에 사용할 플립플롭의 종류는 명시하지 않았다; 이 주제는 다음 절에서 다뤄질 것이다. 그림 6.3과 6.4의 스펙에 따라 출력 z는 회로의 현재 상태만으로 정해진다. 따라서 그림 6.5의 블록도는 출력 z가 y_1과 y_2만의 함수임을 보여주고 있으며, 우리가 설계하게 될 회로는 무어(Moore) 형태이다. y_1과 y_2를 입력 신호로 사용하고, 이들 입력의 모든 가능한 값에 대해 정확한 출력 신호 z를 생성하는 조합회로를 설계할 필요가 있다.

신호 y_1과 y_2는 조합회로에 피드백되어 FSM의 다음 상태를 결정한다. 이 조합회로는 주 입력 신호 w도 사용하며, 플립플롭의 다음 상태를 결정하는 데 사용될 두 개의 출력 신호는 Y_1과 Y_2이다. 클록의 활성 에지에서 Y_1과 Y_2의 값에 따라 플립플롭의 상태가 바뀐다. 따라서 Y_1과 Y_2를 **다음 상태 변수**(*next-state variables*)라고 하며, y_1과 y_2는 **현재 상태 변수**(*present-state variable*)라고 한다. 입력이 w, y_1, y_2이고, 이들 입력의 모든 조합에 대하여 FSM이 원하는 스펙을 만족하는 다음 상태로 이동하게 하는 Y_1과 Y_2를

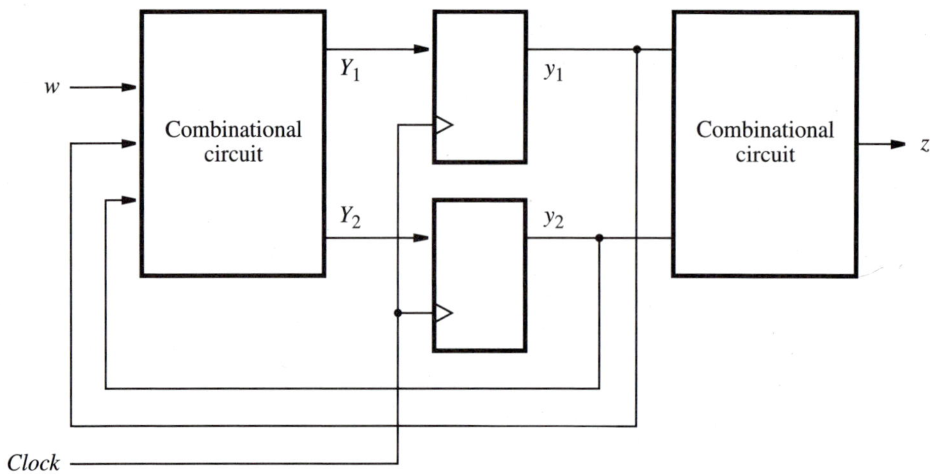

그림 6.5 입력 w, 출력 z, 그리고 상태 플립플롭 두 개를 가진 일반적인 순차회로

	Present state	Next state		Output
		$w = 0$	$w = 1$	
	$y_2 y_1$	$Y_2 Y_1$	$Y_2 Y_1$	z
A	00	00	01	0
B	01	00	10	0
C	10	00	10	1
	11	*dd*	*dd*	*d*

그림 6.6 그림 6.4에 대응하는 상태 할당표

출력하도록 조합회로를 설계해야 한다. 설계 과정에서 다음 단계는 이 회로와 출력 z를 생성하는 회로를 정의하는 진리표를 작성하는 것이다.

진리표를 만들기 위해서는 변수 y_1과 y_2의 규정된 값을 각 상태에 할당해야 한다. 그림 6.6은 가능한 할당의 일례로 $y_2y_1 = 00, 01$, 그리고 10을 각각 상태 A, B, C로 나타낸 것이다. 네 번째 값 $y_2y_1 = 11$은 이 경우에는 필요 없다.

그림 6.6에 보인 표의 유형을 **상태 할당표**(*state-assigned table*)라고 하는데, 그 자체를 입력이 y_1, y_2이고, 출력이 z인 진리표로 사용할 수 있다. w의 값에 따라 두 개의 열(column)로 구분되어 있기 때문에 다음 상태 함수 Y_1과 Y_2에 대한 이 표가 일반적인 진리표와는 달라 보이지만, 그럼에도 표에 입력 값 w, y_1, y_2에 대한 다음 상태 Y_1, Y_2를 정의하는 모든 정보가 포함되어 있다는 것은 명백하다.

6.1.4 플립플롭의 선택과 다음 상태와 출력 식의 유도

그림 6.6의 상태 할당표로부터 다음 상태와 출력 함수에 대한 논리식을 유도할 수 있다. 그러나 먼저 회로에 사용할 플립플롭의 유형을 결정해야 한다. 가장 간단한 선택은 D 플립플롭을 사용하는 것이다. 왜냐하면 D 플립플롭을 사용하는 경우 다음 클록에서 Y_1 및 Y_2의 값이 그대로 y_1, y_2의 새로운 값이 되기 때문이다. 다시 말해, 플립플롭의 입력을 D_1과 D_2라고 하면, 이것이 곧 Y_1과 Y_2와 같기 때문이다. 그림 6.5의 회로도는 D 플립플롭을 사용한 것과 정확히 일치한다. JK 유형과 같은 다른 형태의 플립플롭의 경우 다음 상태 변수와 플립플롭의 입력과의 관계가 간단하지 않은데, 6.7절에서 이러한 경우를 다룰 것이다.

회로 구성에 필요한 논리식을 그림 6.7에 보인 방법으로 유도할 수 있다. 논리식의 타당성을 쉽게 검증할 수 있도록 카르노 맵을 사용하였다. 그림 6.6에서 상태를 나타내는데 사용할 수 있는 2진값 네 개 중에서 세 개만 사용했음을 기억하자. 네 번째 값인 $y_2y_1 = 11$은 회로에서 발생하지 않는데, 그 이유는 회로가 상태 A, B, C내에서만 변하도록 제한되어 있기 때문이다. 그러므로 $y_2y_1 = 11$은 무정의 조건으로 취급해도 된다. 카르노 맵에서 무정의 칸은 d로 표시한다. 논리식을 간단히 하기 위해 무정의를 사용하면 다

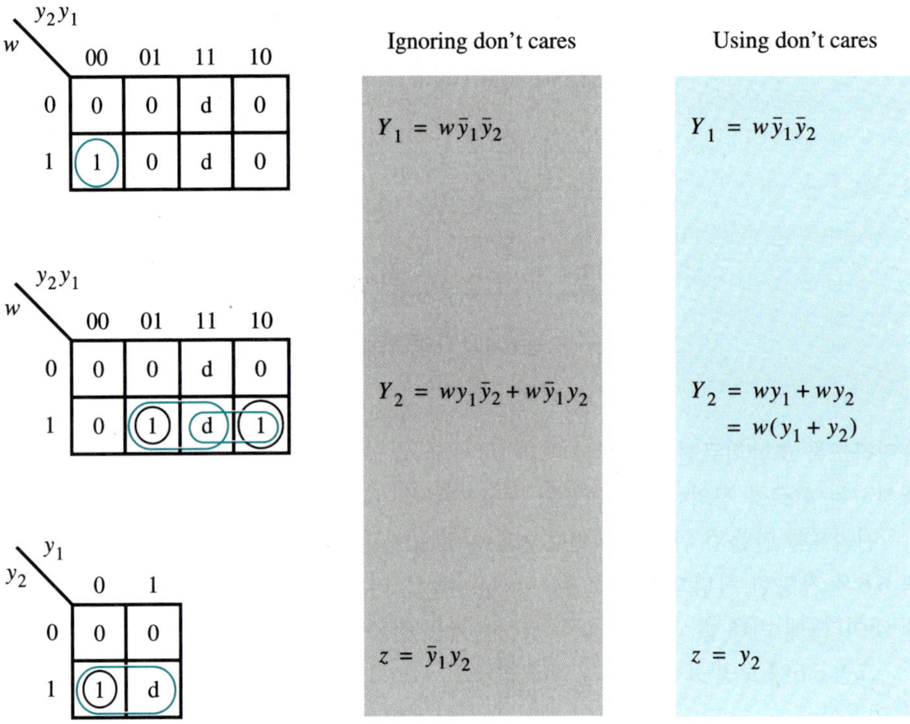

그림 6.7 그림 6.6 상태표에 대한 논리식 유도

음 식을 얻을 수 있다.

$$Y_1 = w\bar{y}_1\bar{y}_2$$
$$Y_2 = w(y_1 + y_2)$$
$$z = y_2$$

무정의 항을 사용하지 않으면 결과 식이 약간 더 복잡해지는데, 그 식을 그림 6.7에서 회색으로 표시한 부분에 보였다.

$D_1 = Y_1$과 $D_2 = Y_2$이므로, 위의 논리식에 상응하는 회로는 그림 6.8과 같이 구현된다. 회로에 클록 신호가 포함되어 있고, active-low reset 기능이 갖춰진 것을 볼 수 있다. 그림에 보인 것처럼 플립플롭의 clear 입력 단자에 외부의 *Resetn* 신호를 연결하여 사전에 정한 상태로 회로를 강제하기 위한 수단을 제공하고 있다. 이 회로에서는 신호 *Resetn* = 0이 인가되면 모든 플립플롭이 0으로 클리어되고, 따라서 FSM은 $y_2y_1 = 00$ 상태로 바뀐다.

6.1.5 타이밍도

그림 6.8 회로의 동작을 완전히 이해하기 위해 그림 6.9의 타이밍도(timing diagram)를 살펴보자. 타이밍도는 그림 6.2의 시퀀스에 대응하는 신호 파형을 나타낸 것이다.

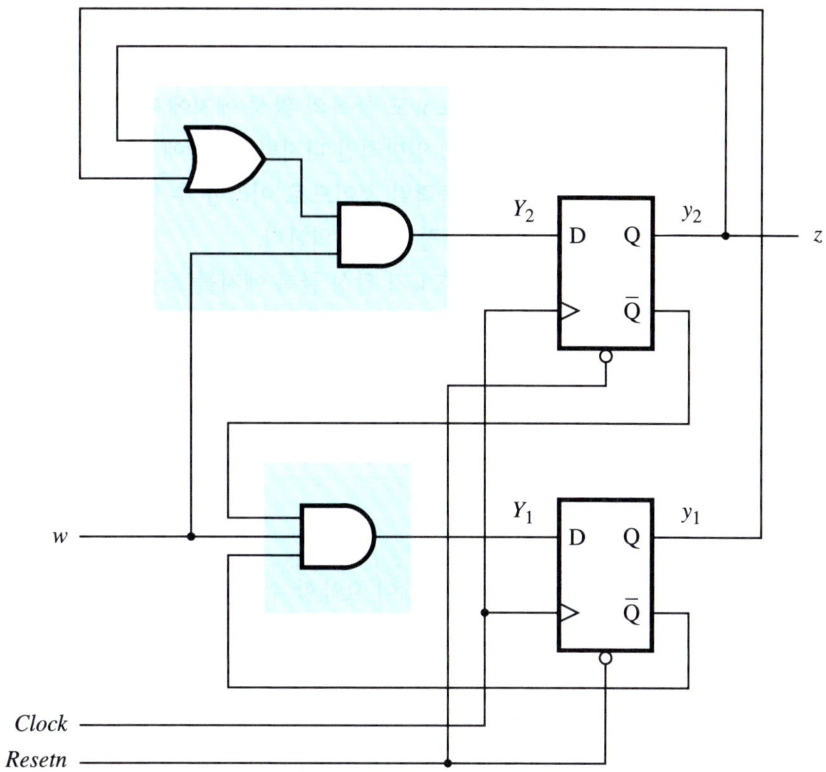

그림 6.8 최종적으로 구현된 순차회로

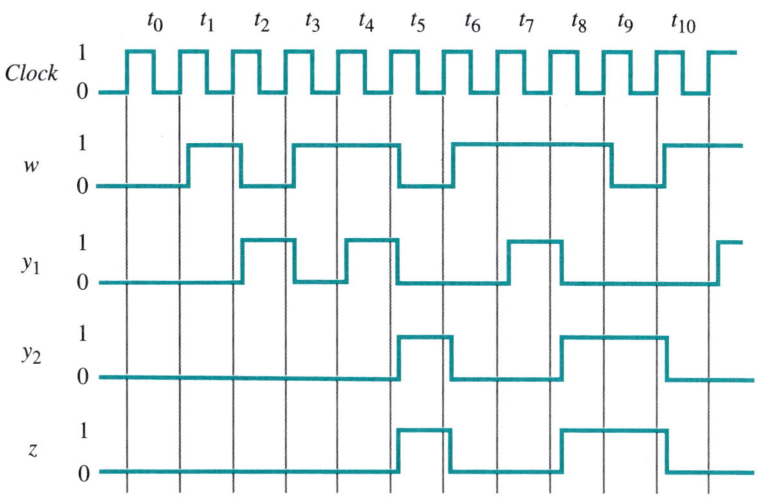

그림 6.9 그림 6.8 회로의 타이밍도

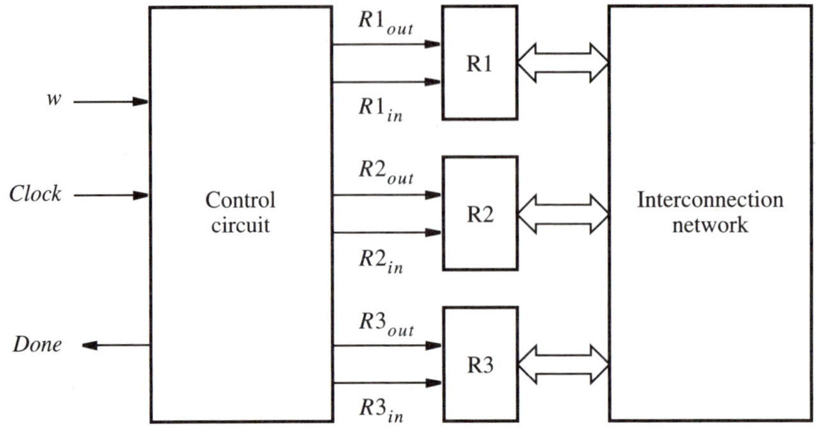

그림 6.10 예제 6.1의 시스템

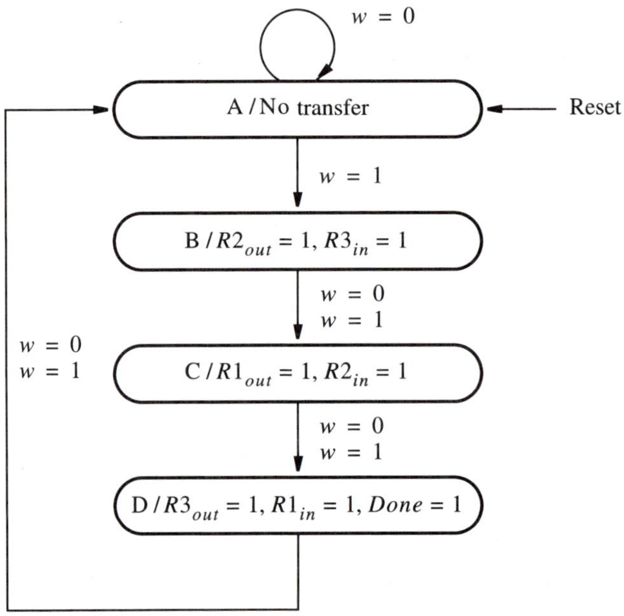

그림 6.11 예제 6.1에 대한 상태도

Present state	Next state		Outputs						
	$w = 0$	$w = 1$	$R1_{out}$	$R1_{in}$	$R2_{out}$	$R2_{in}$	$R3_{out}$	$R3_{in}$	*Done*
A	A	B	0	0	0	0	0	0	0
B	C	C	0	0	1	0	0	1	0
C	D	D	1	0	0	1	0	0	0
D	A	A	0	1	0	0	1	0	1

그림 6.12 예제 6.2에 대한 상태표

	Present state	Next state		Outputs						
		$w = 0$	$w = 1$							
	$y_2 y_1$	$Y_2 Y_1$	$Y_2 Y_1$	$R1_{out}$	$R1_{in}$	$R2_{out}$	$R2_{in}$	$R3_{out}$	$R3_{in}$	$Done$
A	0 0	0 0	0 1	0	0	0	0	0	0	0
B	0 1	1 0	1 0	0	0	1	0	0	1	0
C	1 0	1 1	1 1	1	0	0	1	0	0	0
D	1 1	0 0	0 0	0	1	0	0	1	0	1

그림 6.13 그림 6.12에 해당하는 상태 할당표

위해 출력이 1일 때만 출력 신호를 나타낸 점을 주목하라. 그 외 모든 경우에는 출력 신호가 0이다.

초기 상태 *A*에서는 데이터 이동이 없으므로 출력 신호는 모두 0이다. 신호 *w*를 1로 바꾸어 데이터 교환을 요청할 때까지 이 상태를 유지한다. 상태 *B*에서는 *R*2의 내용을 *R*3으로 이동하는 데 필요한 신호가 assert되고, 다음 활성 클록 에지에서 *R*2의 내용을 *R*3으로 옮긴다. 이 클록 에지는 *w*의 값과 무관하게 회로를 상태 *C*로 바뀌게 한다. 상태 *C*에서는 *R*1의 내용을 *R*2로 옮기는 데 필요한 신호가 발생된다. 데이터 이동은 다음 활성 클록 에지에서 일어나며, 회로는 *w* 값에 관계없이 상태 *D*로 바뀐다. *R*3에서 *R*1로의 마지막 데이터 이동은 상태 *D*를 떠나는 클록 에지에서 일어나며, 이때 회로를 상태 *A*로 복귀시킨다.

그림 6.12는 같은 정보를 상태표로 보인 것이다. 상태가 네 개이므로 상태 변수가 두 개, y_2와 y_1 필요하다. 단순 상태 할당으로 상태 *A*, *B*, *C*, *D*를 각각 $y_2y_1 = 00$, 01, 10, 11으로 정하면 그림 6.13과 같은 상태 할당표를 얻을 수 있다. 이 상태 할당과 D 플립플롭을 사용하면, 다음 상태식은 그림 6.14와 같이 구할 수 있다. 이 식은 다음과 같다.

$$Y_1 = w\bar{y}_1 + \bar{y}_1 y_2$$
$$Y_2 = y_1\bar{y}_2 + \bar{y}_1 y_2$$

출력 제어 신호는 다음과 같이 유도된다.

$$R1_{out} = R2_{in} = \bar{y}_1 y_2$$
$$R1_{in} = R3_{out} = Done = y_1 y_2$$
$$R2_{out} = R3_{in} = y_1 \bar{y}_2$$

이 식을 회로로 구현하면 그림 6.15와 같다.

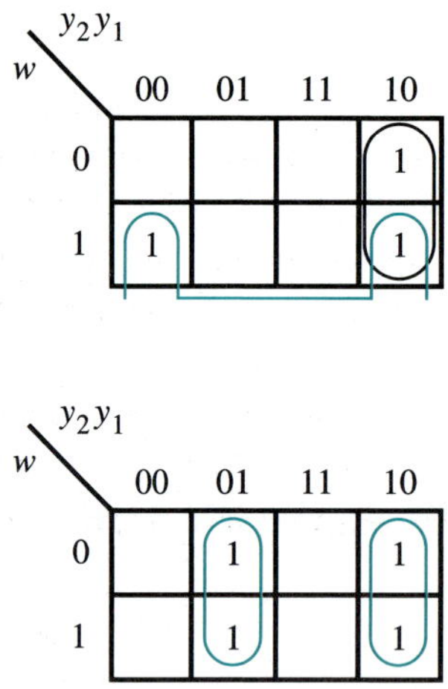

$$Y_1 = w\bar{y}_1 + \bar{y}_1 y_2$$

$$Y_2 = y_1\bar{y}_2 + \bar{y}_1 y_2$$

그림 6.14 그림 6.13에 대한 다음 상태식 유도

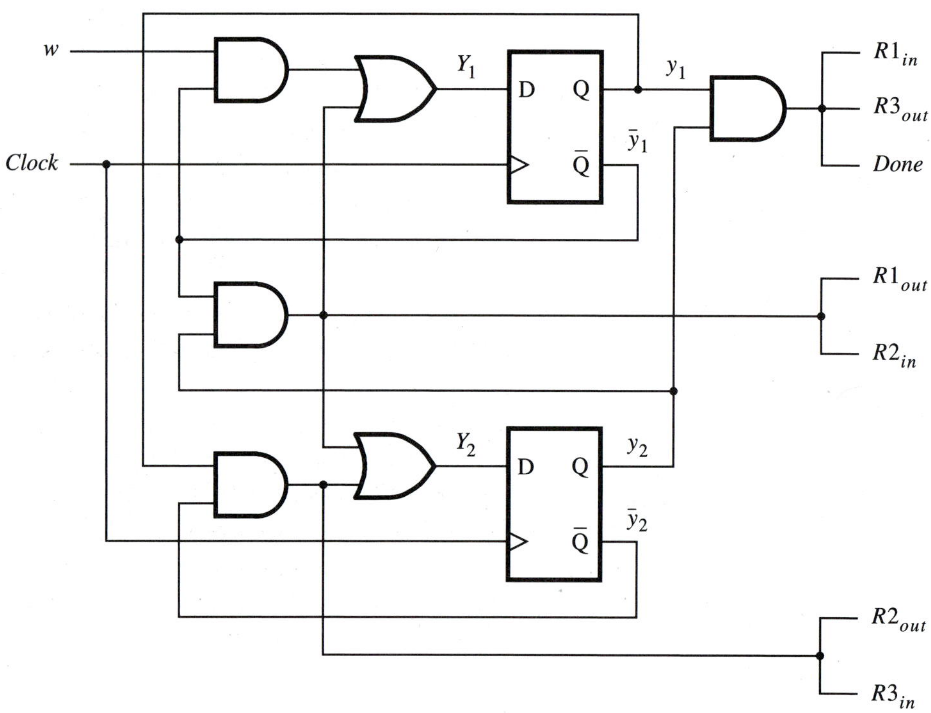

그림 6.15 예제 6.1에 대한 순차회로의 구현 결과

6.2 • 상태 할당 문제

순차회로 설계의 기본 개념은 소개하였으니 이제는 내용에 깊이를 더하여 선택 가능한 대안을 살펴보기로 하자. 6.1.6절에서 어떤 상태 할당은 다른 할당보다 좋을 수 있다고 암시하였다. 이것을 설명하기 위하여 그림 6.4의 예제를 다시 생각해 보자. 그림 6.6처럼 상태 할당하면 그림 6.8과 같은 간단해 보이는 회로가 구현된다는 것을 우리는 이미 알고 있다. 상태 할당을 달리하여 그림 6.4의 FSM을 훨씬 더 간단한 회로로 구현할 수 있을까?

그림 6.16이 한 가지 대안을 보여주고 있다. 이 경우 상태 A, B, C를 각각 $y_2y_1 = 00$, 01, 11의 값으로 나타내었다. 나머지 값, $y_2y_1 = 10$은 필요하지 않아 무정의 조건으로 취급하자. 그림을 참고하여 유도한 다음 상태 식과 출력 식은 아래와 같다.

$$Y_1 = D_1 = w$$
$$Y_2 = D_2 = wy_1$$
$$z = y_2$$

이 식은 그림 6.17의 회로가 된다. 이 회로를 그림 6.8과 비교해보면 새 회로에 사용된 게이트의 수가 적으므로 비용이 싸다는 것을 알 수 있다.

일반적으로, 회로는 여기서 사용한 예제의 것보다 훨씬 크다. 따라서 최종적으로 구현된 회로의 가격에 대해 상태 할당이 미치는 영향은 지대하다. 좋은 상태 할당을 찾는 것이 바람직하지만 대형 회로에서는 최상의 상태 할당을 찾는 것이 불가능할 때가 많다. 가능한 상태 할당을 모두 시도해 보는 철저한 접근법은 가능한 상태 할당의 수가 아주 많은 경우 비현실적이다. CAD 툴은 보통 휴리스틱 기법(heuristic techniques, 경험적 방법)을 사용하여 상태 할당을 한다. 이 기법은 대개 해당 기업의 지적재산으로 세부 사항은 거의 공개되지 않는다.

	Present state	Next state		Output
		$w = 0$	$w = 1$	z
	y_2y_1	Y_2Y_1	Y_2Y_1	
A	00	00	01	0
B	01	00	11	0
C	11	00	11	1
	10	dd	dd	d

그림 6.16 그림 6.4의 상태표에 대한 더 좋은 상태 할당

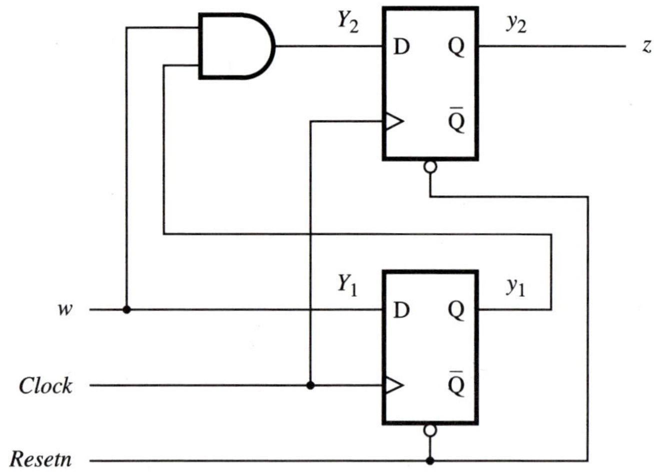

그림 6.17 그림 6.16의 개선된 상태 할당으로 구현한 회로

예제 6.2

그림 6.13에서 그림 6.12의 순차회로에 대해 단순 상태 할당을 사용하였다. 그림 6.18과 같이 상태 *C*와 *D*에 할당된 값을 서로 바꿨을 때의 효과를 알아보자. 그림 6.19에서 유도된 다음 상태식은

$$Y_1 = w\bar{y}_2 + y_1\bar{y}_2$$
$$Y_2 = y_1$$

이고, 출력식은 다음과 같다.

$$R1_{out} = R2_{in} = y_1y_2$$
$$R1_{in} = R3_{out} = Done = \bar{y}_1y_2$$
$$R2_{out} = R3_{in} = y_1\bar{y}_2$$

이 식들은 그림 6.15에 보인 회로보다 조금 더 간단한 회로를 구현한다.

6.2.1 One-Hot 인코딩

앞의 예제에서 FSM의 상태를 표현하는 데 사용하는 플립플롭의 수를 최소로 하였다. 또 다른 재미있는 방법은 상태 변수의 수를 상태의 수와 같게 하는 것이다. 이 방법에서는 하나의 상태 변수를 제외한 모든 상태 변수를 0이 되게 한다. 값이 1인 변수가 "hot"으로 간주된다. 이 접근 방식을 *one-hot* 인코딩이라고 한다.

그림 6.20은 그림 6.4의 순차회로에 one-hot 인코딩 상태 할당을 적용하는 방법을 보인 것이다. 상태가 세 개이므로, 상태변 수가 세 개 필요하다. 값 $y_3y_2y_1$ = 001, 010,

	Present state	Next state		Outputs						
		$w = 0$	$w = 1$							
	$y_2 y_1$	$Y_2 Y_1$	$Y_2 Y_1$	$R1_{out}$	$R1_{in}$	$R2_{out}$	$R2_{in}$	$R3_{out}$	$R3_{in}$	$Done$
A	0 0	0 0	0 1	0	0	0	0	0	0	0
B	0 1	1 1	1 1	0	0	1	0	0	1	0
C	1 1	1 0	1 0	1	0	0	1	0	0	0
D	1 0	0 0	0 0	0	1	0	0	1	0	1

그림 6.18 그림 6.12의 상태표에 대한 개선된 상태 할당

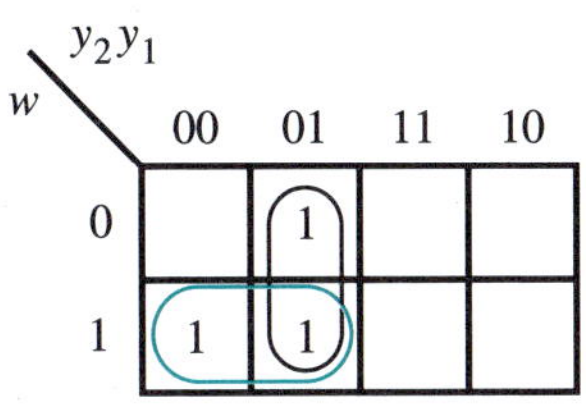

$$Y_1 = w\bar{y}_2 + y_1\bar{y}_2$$

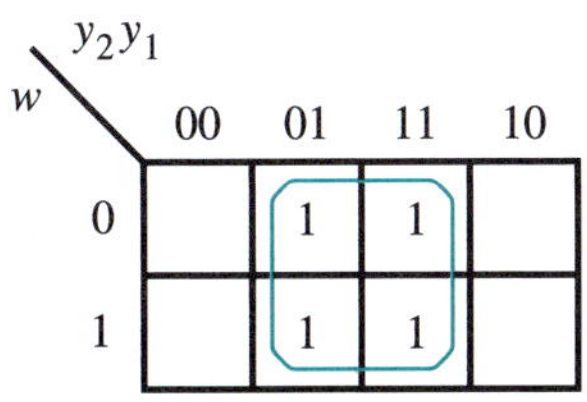

$$Y_2 = y_1$$

그림 6.19 그림 6.18에 대한 다음 상태식의 유도

100이 각각 상태 A, B, C를 나타내도록 선택하였다. 상태 변수의 값 중 나머지 다섯 개는 사용되지 않았다. 다음 상태식과 출력식을 유도할 때 이들 다섯 개를 무정의 항으로 취급할 수 있다. One-hot 인코딩 상태 할당을 이용하여 얻은 결과 식은 다음과 같다.

$$\begin{aligned} Y_1 &= \overline{w} \\ Y_2 &= wy_1 \\ Y_3 &= w\overline{y}_1 \\ z &= y_3 \end{aligned}$$

다음 상태 변수 모두 현재 상태 변수 y_2와 무관함을 주목하라. 다시 말해 두 번째 플립플롭과 식 $Y_2 = wy_1$가 필요 없다(CAD 툴은 이러한 종류의 중복을 감지하여 제거한다!). 그럼에도 불구하고 결과 식은 그림 6.16의 상태 할당으로 얻은 것보다 간단하지 않다. 이 경우에는 one-hot 할당이 유리하지 않으나 이 방식이 매력적인 때가 많다.

	Present state	Next state		Output
		$w=0$	$w=1$	z
	$y_3y_2y_1$	$Y_3Y_2Y_1$	$Y_3Y_2Y_1$	
A	001	001	010	0
B	010	001	100	0
C	100	001	100	1

그림 6.20 그림 6.4 상태표에 대한 one-hot 상태 할당

예제 6.3

그림 6.21에 보인 것과 같이 그림 6.12의 순차회로에 one-hot 상태할당을 적용할 수 있다. 상태 변수 네 개가 필요하며, 상태 A, B, C, D를 각각 $y_4y_3y_2y_1 = 0001, 0010, 0100, 1000$으로 인코딩하였다. 나머지 열두 개의 상태 변수 값은 무정의로 취급하여 구한 다음 상태식은 아래와 같다.

$$Y_1 = \overline{w}y_1 + y_4$$
$$Y_2 = wy_1$$
$$Y_3 = y_2$$
$$Y_4 = y_3$$

그림 6.11의 상태도를 살펴보는 정도로 간단히 이 식을 유도할 수 있다는 사실은 주목할 만하다. 상태 A에 이르는 원호가 두 개 있다(Reset 신호에 대한 원호를 제외하고). 이들 두 개의 원호가 의미하는 것은 FSM이 상태 A에 있고 $w = 0$이거나, FSM이 상태 D에 있으면 플립플롭 y_1이 1로 되어야 함을 의미한다. 따라서 $Y_1 = \overline{w}y_1 + y_4$이다. 마찬가지로, 현재 상태가 A이고 $w = 1$이면 플립플롭 y_2는 1이 되어야 한다. 따라서 $Y_2 = wy_1$이다. 플립플롭 y_3과 y_4는 FSM이 현재 상태 B 또는 C에 있으면 각각 1이 되어야 한다. 따라서 $Y_3 = y_2$, $Y_4 = y_3$이다.

출력식이 바로 플립플롭의 출력이므로 다음을 얻을 수 있다.

$$R1_{out} = R2_{in} = y_3$$
$$R1_{in} = R3_{out} = Done = y_4$$
$$R2_{out} = R3_{in} = y_2$$

이들 식은 예제 6.2에서 유도한 것보다 더 간단하지만 플립플롭의 수가 두 개가 아니라 네 개가 필요하다.

One-hot 상태 할당의 특징은 최소 수의 상태 변수로 상태 할당할 때에 비해 대개 출력식이 더 간단하다는 것이다. 출력식이 간단하다는 것은 속도가 더 빠른 회

	Present state	Next state		Outputs						
		$w=0$	$w=1$							
	$y_4y_3y_2y_1$	$Y_4Y_3Y_2Y_1$	$Y_4Y_3Y_2Y_1$	$R1_{out}$	$R1_{in}$	$R2_{out}$	$R2_{in}$	$R3_{out}$	$R3_{in}$	$Done$
A	0001	0001	0010	0	0	0	0	0	0	0
B	0010	0100	0100	0	0	1	0	0	1	0
C	0100	1000	1000	1	0	0	1	0	0	0
D	1000	0001	0001	0	1	0	0	1	0	1

그림 6.21 그림 6.12의 상태표에 대한 one-hot 상태 할당

로를 구현한다는 것을 의미한다. 예컨대, 순차회로의 출력이 곧 플립플롭의 출력이라면, 예제에서 본 대로 플립플롭의 상태가 바뀜과 동시에 출력 신호가 나온다. 출력식이 복잡한 경우에는 이들 식을 구현하는 데 사용된 게이트를 통과할 때의 지연 시간을 고려해야 한다. 이 문제는 6.8.2절에서 다루기로 한다.

지금까지 다룬 예제를 통하여 순차회로로서의 FSM을 구현하는 방법이 다양하다는 것을 알았다. 구현 방법에 따라 비용과 타이밍 특성이 달라진다. 다음 절에서는 훨씬 많은 가능성을 가진 다른 FSM 모델링 방법을 소개한다.

6.3 • 밀리 상태 모델

지금까지 살펴본 예제는 상태에 따라 출력 신호의 값이 정해지는 순차회로에 대한 것이었다. 이 장을 시작할 때 설명한 대로 이러한 유한상태머신을 무어 유형(Moore type)이라고 한다. 이제는 출력 값이 회로의 상태와 현재 입력 값 둘 다에 의해 정해지는 밀리 유형(Mealy type) 머신의 개념을 살펴보고자 한다. 이 머신은 순차회로를 설계할 때 보다 많은 유연성을 제공한다. 앞의 예제를 약간 변경한 버전을 통해 밀리 머신을 소개하려 한다.

6.1절의 첫 번째 순차회로의 핵심은 연속된 클록 사이클 동안 $w = 1$이 두 번 입력될 때마다 $z = 1$을 출력한다는 것이다. 스펙에 따르면 $w = 1$이 두 번째 입력된 것을 감지한 직후의 클록 사이클에 출력 z가 1이 되어야 한다.

이제 두 번째 요건을 제거하는 대신, $w = 1$의 발생을 두 번째 감지한 바로 그 클록 사이클에서 출력 z가 1이 되어야 하는 것으로 가정하자. 그러면 이에 합당한 입출력 시퀀스는 그림 6.22와 같을 것이다. 이 표에 주어진 동작을 어떻게 구현할 수 있는지 보기 위해 초기 상태 A를 선택하는 것으로 시작해보자.

$w = 0$인 동안 머신은 상태 A에 머무르고, 출력은 $z = 0$이다. $w = 1$일 때, 머신은 입력에 1이 발생했다는 사실을 기록하기 위해 새로운 상태 B로 옮겨가야 한다. 머신이 상태 B에 있을 때 $w = 1$ 값을 유지하여, 최소 2 연속 사이클 동안 $w = 1$이면 머신은 상태 B에 머물러야 하고, 출력은 $z = 1$이어야 한다. $w = 0$이 되자마자 z는 즉시 0이 되어야 하며, 머신은 다음 활성 클록 에지에서 상태 A로 되돌아가야 한다. 따라서 그림 6.22에 규정된 동작은 그림 6.23의 상태도를 가진 2-상태 머신으로 구현될 수 있다. 상태가 두 개만 필요한 이유는 출력 값이 머신의 현재 상태와 입력의 현재 값의 함수이기 때문이다. 상태도는 머신이 상태 A에 있을 때 w가 0이면 상태 A에 머물면서 출력이 0이 된다는 것을 나타내고 있는데, 이것을 $w = 0/z = 0$으로 표기한 원호로 표시했다. w가 1이 될 때, 출력은 다음 활성 클록 에지에서 상태 B로 바뀔 때까지 0을 유지한다. 이것을 상태 A에서 B로의 원호에 $w = 1/z = 0$으로 표기하여 나타낸다. 상태 B에서 $w = 1$이면, 출력은 1이 되고 머신의 상태는 B를 유지하는데, 이를 해당되는 원호에 $w = 1/z = 1$로 표시하였다. 그러나 상태 B에서 $w = 0$이면, 출력은 0이 되고 다음 활성 클록 에지에서 상태 A로 천이가 일어난다. 이해해야 할 핵심 포인트는 현재 클록 사이클 동안의 출력 값이 현재 상태 노드에서 나오는 원호상의 표기(label)와 같다는 것이다.

6.1절에서 소개한 것과 꼭 같은 설계 단계를 이용하여 그림 6.23의 FSM을 구현할 수 있다. 그림 6.24에 상태표가 있다. 상태표를 보면 출력 z는 현재 상태뿐만 아니라 입력 w의 현재 값에도 영향을 받는 것을 알 수 있다. 그림 6.25는 상태 할당을 마친 상태표이다. 상태의 수가 두 개뿐이므로 상태 변수, y 한 개로 충분하다. D 플립플롭으로 y를 구현하는 것으로 가정할 때 다음 상태식과 출력식은 다음과 같다.

$$Y = D = w$$

$$z = wy$$

Clock cycle:	t_0	t_1	t_2	t_3	t_4	t_5	t_6	t_7	t_8	t_9	t_{10}
w:	0	1	0	1	1	0	1	1	1	0	1
z:	0	0	0	0	1	0	0	1	1	0	0

그림 6.22 입력 시퀀스와 출력 신호

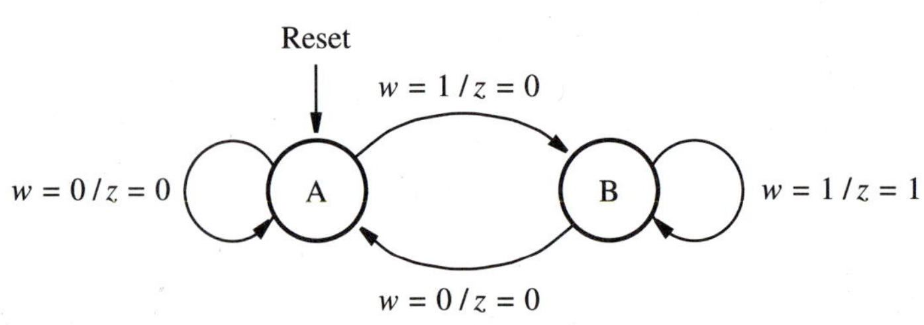

그림 6.23 그림 6.22의 작업을 실현하는 FSM의 상태도

Present state	Next state		Output z	
	$w = 0$	$w = 1$	$w = 0$	$w = 1$
A	A	B	0	0
B	A	B	0	1

그림 6.24 그림 6.23의 FSM을 위한 상태표

	Present state	Next state		Output	
		$w = 0$	$w = 1$	$w = 0$	$w = 1$
	y	Y	Y	z	z
A	0	0	1	0	0
B	1	0	1	0	1

그림 6.25 그림 6.24의 FSM을 위한 상태 할당표

그림 6.26에 구현된 회로와 타이밍도를 함께 보였다. 타이밍도는 그림 6.22의 입력-출력 시퀀스와 일치한다.

밀리 유형의 FSM은 유연성이 뛰어나므로 더 간단한 회로로 구현될 수 있다. 설계 요구 조건이 입력 $w = 1$이 연속 두 번 발생하는 것을 검출하는 것이라고만 가정하면, 그림 6.8, 6.17 그리고 6.26의 회로를 생성한 우리 예제에서는 이 말이 확실한 사실로 보인다. 그러나 출력 관점에서 보면 그림 6.26의 회로는 그림 6.8 회로와 그림 6.17의 회로와 같지 않다는 점에 주목해야 한다. 그림 6.26*b*의 출력 신호는 그림 6.9의 출력 신호에 비해 1클록 사이클 이동되어 있다. 밀리 방식을 사용하여 똑같은 출력 동작을 만들고 싶으면, 그림 6.27처럼 플립플롭을 하나 더 추가하는 것으로 그림 6.26*a*의 회로를 변경해야 한다. 이 플립플롭은 타이밍도에 표시된 것처럼 출력 신호 Z를 z를 기준으로 1클록 사이클만큼 지연시킨다. 이러한 변화를 통하여 밀리 회로를 출력 Z를 가진 무어 유형 회로로 바꿀 수 있다. 그림 6.27의 회로는 본질적으로 그림 6.17의 회로와 같다는 것에 주목하기 바란다.

예제 6.4

예제 6.1에서 두 개의 레지스터의 내용을 교환하는 데 필요한 제어 회로를 생각하고, 무어 유형의 FSM으로 구현하였다. 그림 6.28에 나타낸 것처럼 같은 작업을 밀리 유형의 FSM을 사용하여 수행할 수 있다. 상태 A는 여기서도 리셋 상태로 동작한다. 하지만 입력 w가 0에서 1로 바뀌자마자 출력 제어 신호 $R2_{out}$과 $R3_{in}$이 1이

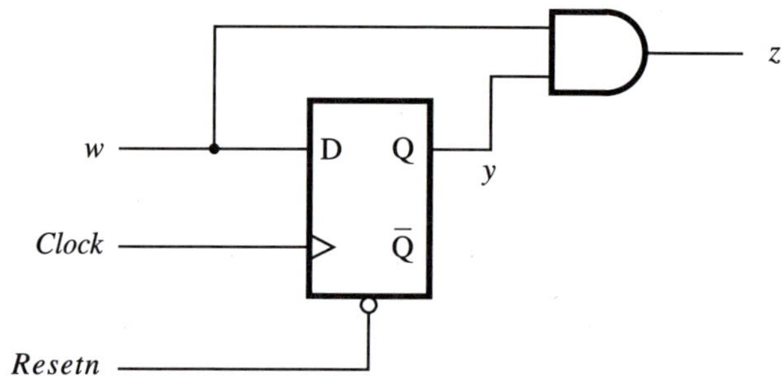

(a) 회로

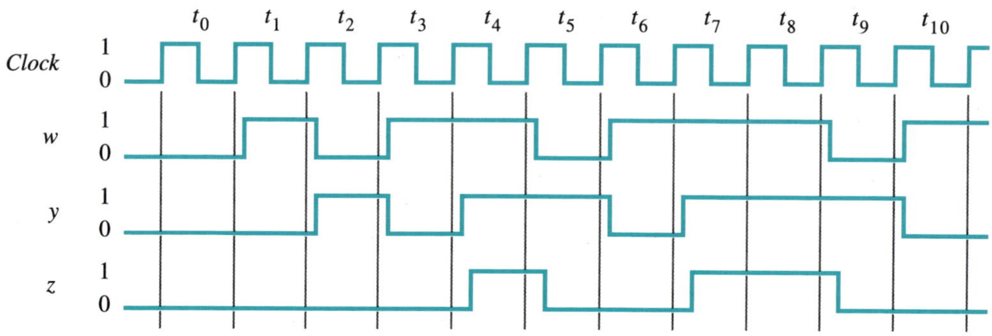

(b) 타이밍도

그림 6.26 그림 6.25의 FSM의 구현

된다. 이들 신호는 회로가 상태 *A*를 떠나 상태 *B*로 바뀌는 시점인 다음 클록 사이클이 시작될 때까지 1로 유지된다. 상태 *B*에서 출력 $R1_{out}$과 $R2_{in}$은 *w*의 값에 무관하게 1이 된다. 마지막으로, 상태 *C*에서 $R3_{out}$과 $R1_{in}$을 1로 하여 레지스터 내용의 교환을 완료시킨다.

제어 회로를 밀리 유형으로 구현하는 데에는 세 개의 상태가 필요하다. 그렇다고 회로가 더 간단해진다는 말은 아니다. 왜냐하면 상태 변수를 구현하려면 여전히 2개의 플립플롭이 필요하기 때문이다. 무어 유형으로 구현한 것과 비교할 때 가장 중요한 차이는 출력 신호의 타이밍이다. 그림 6.28의 FSM으로 구현한 회로에서는 예제 6.1과 2.2에서 유도한 회로보다 출력 신호가 1클록 사이클 더 빠르게 생성된다.

그림 6.28의 FSM을 사용하는 경우 *R*1과 *R*2의 내용을 교환하는 전 과정은 상태 *A*에서 시작하여 상태 *A*로 끝나며, 3클록 사이클이 소요된다. 이에 반해 예제 6.1의 무어 유형 FSM을 사용하는 경우, 레지스터 내용의 교환 과정은 상태 *A*로 돌아오기 전까지 4클록 사이클이 필요하다.

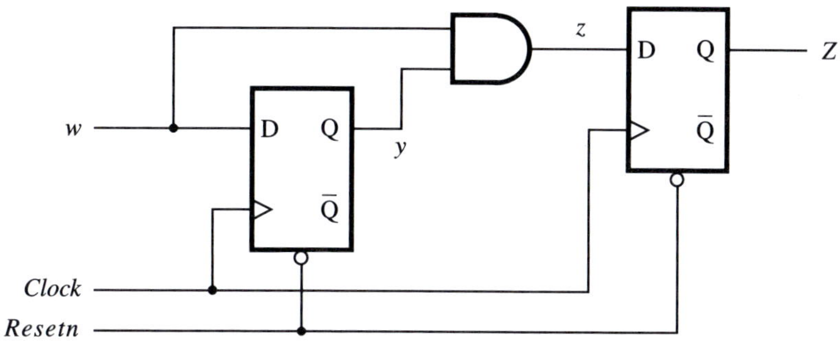

(a) 회로

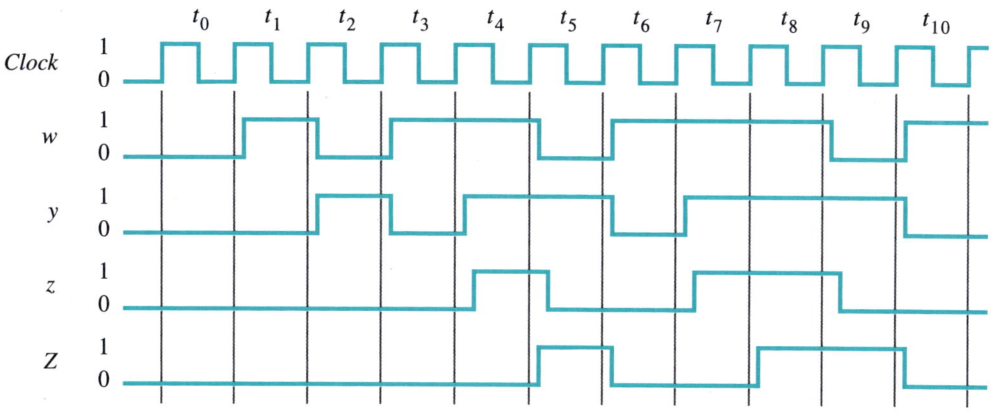

(b) 타이밍도

그림 6.27 그림 6.2의 스펙을 구현하는 회로

One-hot 인코딩을 사용하여 이 FSM을 구현하는 것으로 가정해보라. 그러면 플립플롭이 세 개 필요한데, 상태 *A*, *B*, *C*를 각각 $y_3y_2y_1 = 001$, 010, 100으로 할당해보자. 그림 6.28의 상태도를 보면, 눈짐작만으로도 다음 상태식을 유도할 수 있다. FSM이 상태 *A*에 있고 $w = 0$이거나 FSM이 상태 *C*에 있는 경우 플립플롭 y_1의 입력은 1이 되어야 한다. 따라서 $Y_1 = \overline{w}y_1 + y_3$이다. FSM이 상태 *A*에 있고 $w = 1$이면 플립플롭 y_2는 1로 설정되어야 한다. 따라서 $Y_2 = wy_1$. 플립플롭 y_3는 현재 상태가 *B*이면 1로 되어야 하므로 $Y_3 = y_2$. 출력 식 또한 눈대중으로 쉽게 유도할 수 있는데, 독자를 위해 연습문제로 남겨두기로 한다.

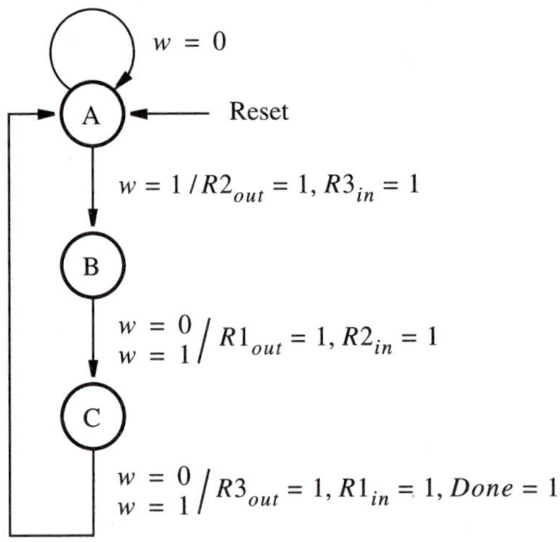

그림 6.28 예제 6.4의 상태도

지금까지 소개한 내용이 순차회로의 설계에 대한 기본 원리이다. 이 원리를 이해하는 것이 중요하지만, 대형 회로를 설계할 때 예제에서 사용한 수작업 설계법을 적용하는 것은 어렵기도 하거니와 많은 시간을 필요로 한다. 이제는 CAD 툴을 사용하여 설계 작업을 얼마나 단순화할 수 있는지 보여줄 것이다.

6.4 • CAD 툴을 사용한 FSM의 설계

FSM의 설계에 사용할 수 있는 첨단 CAD 툴이 다수 있는데 이 절에서 소개하고자 한다. FSM의 설계용 CAD 툴의 기본적인 사용법은 다음과 같다. 앞에서 기술한 것처럼 설계자가 수작업으로 상태도로부터 플립플롭과 논리 게이트를 포함하는 회로를 설계한다. 이 회로를 회로도로 그리거나 구조적 HDL 코드로 기술하여 CAD 시스템에 입력한다. 그 다음 CAD 시스템을 사용하여 회로의 동작을 시뮬레이션하고, 툴을 사용하여 회로를 PLD와 같은 칩으로 구현한다.

상태도로부터 회로를 수작업으로 합성하는 것은 지루한 일이다. CAD 툴은 이 지루한 일을 피할 목적으로 개발되었으며, FSM 설계용 CAD 툴에는 재미있는 이용 방식이 다수 준비되어 있다. 예를 들면, 상태도를 그대로 CAD 시스템에 입력시킨 다음, 회로 합성 과정 전부를 자동으로 수행하게 할 수 있다. CAD 툴은 두 가지 방법으로 이러한 접근 방식을 지원한다. 한 가지 방법은 설계자가 회로도를 그리는 도구와 유사한 그래픽 툴을 사용하여 상태도를 그리는 것이다. 설계자가 상태를 표시하는 원(circle)과 상태 천이를 표시하는 원호(arc)를 그리고, 또 머신이 생성하는 출력을 표기한다. 더 인기 있는 방식은 HDL로 상태도를 표현하는 코드를 작성하는 것인데 아래에서 설명하려고 한다.

많은 수의 HDL은 상태도를 표현할 수 있는 도구를 제공한다. 이것이 어떻게 이루어지는지 보이기 위하여 6.1절에서 첫 예제로서 수작업으로 설계한 간단한 회로를 Verilog 코드로 작성한 다음 CAD 툴을 사용하여 칩으로 구현할 수 있는 회로로 합성해보려 한다.

6.4.1 무어 유형 FSM에 대한 Verilog 코드

Verilog에서는 FSM을 기술하는 표준 방식이란 것을 정의하고 있지 않다. 따라서 문법에 오류가 없다는 가정하에 주어진 FSM을 다양한 방법으로 기술할 수 있다. 그림 6.3의 FSM을 Verilog 코드로 기술한 예를 그림 6.29에 보였다. 이 코드는 그림 6.5의 FSM 구조를 그대로 반영하고 있다. 모듈 *simple*에는 *Clock*, *Resetn*, *w*의 입력과 출력 *z*가 있다. 2-비트 벡터 *y*와 *Y*는 각각 머신의 현재 상태와 다음 상태를 나타낸다. **parameter** 문은 그림 6.6에 사용된 현재 상태 값을 기호 *A*, *B*, *C*와 연관시키고 있다.

상태 천이는 **always** 블록 두 개에 명시되어 있다. 첫 번째 블록은 필요한 조합회로를 기술한다. 현재 상태 *y*의 값에 대해 다음 상태 값 *Y*를 기술하고자 **case** 문을 사용하였다. 각 case는 FSM의 현재 상태에 해당하고, 관련 **if-else** 문은 *w*의 값에 따라 도달하게 되

```
module simple (Clock, Resetn, w, z);
   input Clock, Resetn, w;
   output z;
   reg [2:1] y, Y;
   parameter [2:1] A = 2'b00, B = 2'b01, C = 2'b10;

   // Define the next state combinational circuit
   always @(w, y)
      case (y)
         A: if (w)   Y = B;
            else     Y = A;
         B: if (w)   Y = C;
            else     Y = A;
         C: if (w)   Y = C;
            else     Y = A;
         default:    Y = 2'bxx;
      endcase

   // Define the sequential block
   always @(negedge Resetn, posedge Clock)
      if (Resetn == 0) y <= A;
      else y <= Y;

   // Define output
   assign z = (y == C);

endmodule
```

그림 6.29 그림 6.3의 FSM에 대한 Verilog 코드

는 다음 상태를 지정한다. 코드의 이 부분은 그림 6.5에서 왼쪽의 조합회로에 해당한다.

예제의 FSM에는 상태가 세 개만 있으므로 그림 6.29의 **case** 문에는 사용하되 않는 값, $y = 11$을 담당하는 **default** 절이 포함되어 있다. 이 절은 Y = 2'bxx를 명시하고 있는데, 이것은 $y = 11$일 때 Y의 값을 무정의로 취급할 수 있다고 Verilog 컴파일러에 알리고 있다. **default** 절을 포함하지 않았을 때 컴파일러에 미치는 영향을 반드시 살펴봐야 한다. 그 경우 $y = 11$에 대한 Y값은 지정되지 않을 것이다. 5장에서 설명한 대로 Verilog 컴파일러는 신호의 값이 할당으로 지정되지 않은 경우 신호 값이 변함없이 유지되어야 하는 것으로 판단하며, 따라서 메모리 소자를 합성하게 된다. 그림 6.29의 코드에서 이것은 Y에 대한 조합회로에 래치가 생성된다는 것을 의미한다. 일반적으로 모든 경우를 커버하지 않은 **case** 문을 사용할 때에는 **default** 절을 반드시 포함시켜야 한다.

두 번째 **always** 블록은 회로에 플립플롭을 끌어들인다. 이 블록의 반응 리스트에는 리셋과 클록 신호가 있다. *Resetn* 입력이 0이 될 때 비동기 리셋이 수행되고, FSM은 상태 A로 간다. **else** 절은 각 포지티브 클록 에지 후에 y 신호가 Y 신호의 값을 취하여 상태 변화가 이루어지는 것을 요구하고 있다.

이것은 상태 C에서만 출력 z가 1인 무어 유형 FSM이다. $y = C$일 때 $z = 1$로 설정하는 조건부 할당문으로 출력이 정의되어 있다. 이 코드가 그림 6.5에서의 오른편 조합회로를 구현한다.

6.4.2 Verilog 코드의 합성

합성 툴에 의해 생성된 회로의 예를 보이기 위해, 부록 B에 기술한 것과 같은 CPLD에 구현할 목적으로 그림 6.29의 코드를 합성하였다. 입력 Y_1과 Y_2, 출력 y_1과 y_2를 가진 플립플롭 두 개로 합성되었다. 합성 툴이 생성한 다음 상태 논리식은 아래와 같다.

$$Y_1 = w\bar{y}_1\bar{y}_2$$
$$Y_2 = wy_1 + wy_2$$

출력 식은 다음과 같다.

$$z = y_2$$

이들 식은 그림 6.7에서 Y_1, Y_2, z에 대한 카르노 맵에서 사용하지 않는 상태 패턴 $y_2y_1 = 11$을 무정의(don't cares)로 처리한 경우에 해당한다.

그림 6.30은 CPLD에 구현된 FSM 회로의 일부분을 묘사한 것으로, 편의상 y_1, y_2, z를 구현하는 두 개의 매크로셀(macrocells)에 대해 사용된 자원만 보인 것이다. 회로의 구현에 사용된 매크로셀의 부분은 컬러로 표시하였다.

회로의 w 입력은 CPLD의 상호 접속 배선(interconnection wires) 중 하나에 연결되어 있다. 칩에 w를 생성하는 소스 노드는 그림에 나타내지 않았다. w 입력은 입력 핀이거나 아니면 (현재의 FSM에 연결되는 다른 회로가 CPLD 내에 구현되어 있는 것으로 가정할 경우) 다른 매크로셀의 출력일 수 있다. *Clock* 신호는 칩 상의 클록 신호 전용 핀

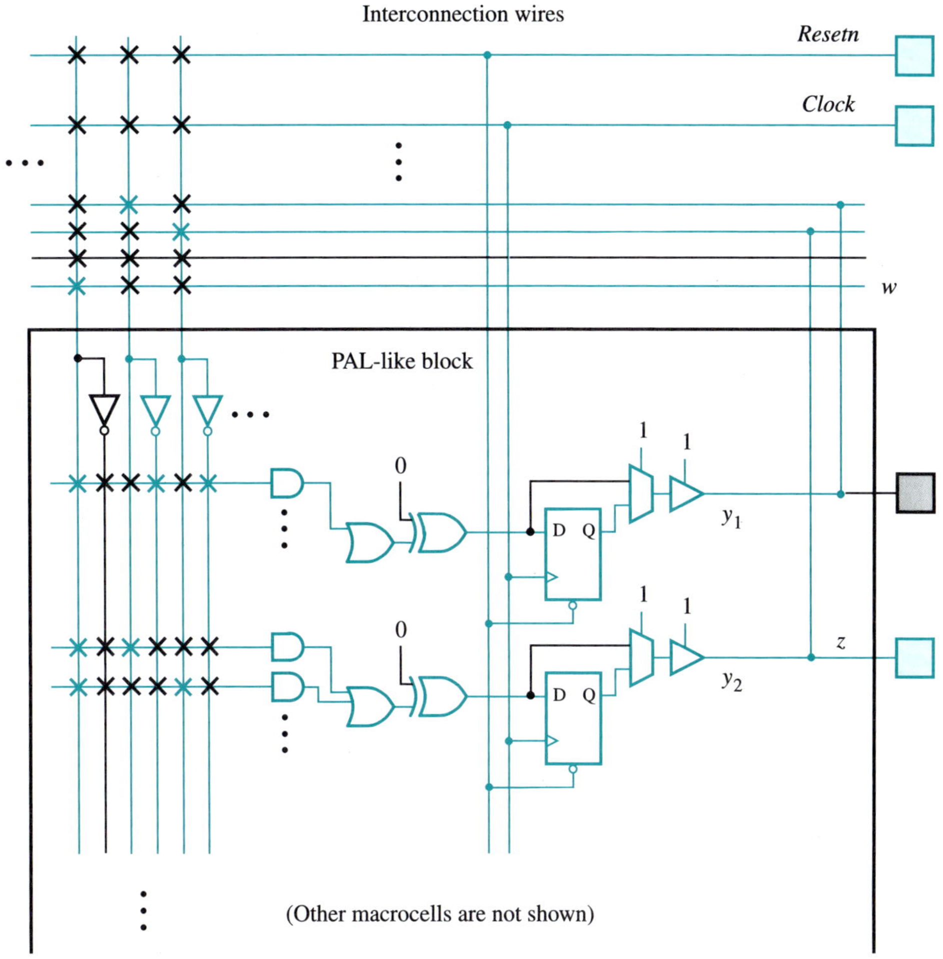

그림 6.30 CPLD 내에 그림 6.3 FSM의 구현

에 할당되어 있다. 이 전용 핀에는 *global wire*가 있어서 클록 신호를 칩 내 모든 플립플롭에 분배한다. *Global wire*는 각 플립플롭에 클록 신호가 도착하기까지 시간의 차이인 **클록 스큐**(*clock skew*)가 최소가 되도록 클록 신호를 플립플롭에 분배한다. 클록 스큐의 개념은 5장에서 논의하였다. *Reset* 신호에도 *global wire*가 사용된다.

그림 6.31은 회로가 소형 CPLD 상에서 핀(pin) 할당이 어떻게 되었는지 보인 것이다. 이 그림은 그림 6.30의 두 개 매크로셀이 개념적으로 보이게 칩 패키지 상단의 일부를 잘라내어 컬러로 표시하여 그린 것이다. 우리의 예제 회로는 디바이스의 극히 일부만 사용하고 있다.

6.4.3 회로의 시뮬레이션과 테스트

그림 6.32에 보인 것처럼 CPLD 칩에 구현된 회로의 동작을 타이밍 시뮬레이션을 이용

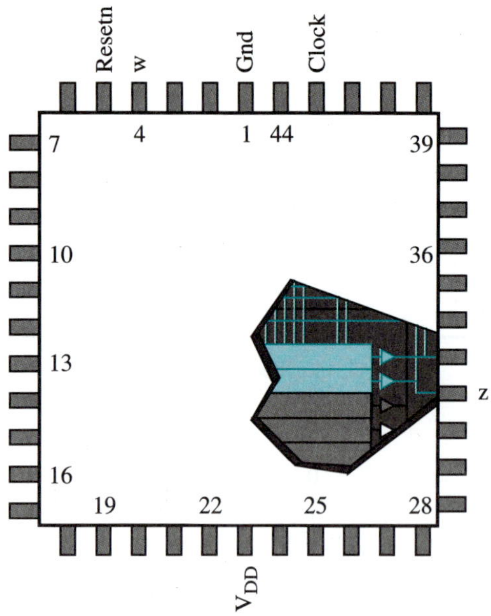

그림 6.31 소형 CPLD에서의 그림 6.30 회로

하여 테스트할 수 있다. 이 그림은 클록 주기를 100 ns라고 가정하여 그림 6.9의 타이밍도에 해당하는 파형을 보인 것이다. 시뮬레이션을 시작할 때 *Resetn*을 0으로 설정하였다가 이후 1로 변경하였다. 회로는 *w*가 연속 2클록 사이클 동안 1이 된 후, 1클록 사이클 동안 출력 $z = 1$을 생성한다. 3클록 사이클 동안 $w = 1$일 때에는 당연히 *z*가 2클록 사이클 동안 1이 된다. 가독성을 위해 문자 *A*, *B*, *C*를 사용하여 상태의 변화를 보였다.

시뮬레이션 출력을 검사하고 나서, 회로가 올바르게 동작하고 모든 설계 조건을 만족하는지에 대해 결론 내리는 문제를 생각해봐야 한다. 여기서 보인 간단한 예제의 경우 회로의 입력이 한 개뿐이고, 그 동작도 간단하므로 이 질문에 답하는 것은 어렵지 않다. 그러나 일반적인 경우 모든 입력 시퀀스에 대하여 순차회로가 제대로 동작하는지 확신을 갖고 답하기는 어려운데, 그 이유는 무수히 많은 입력 패턴이 있을 수 있기 때문이다. 대형 FSM의 경우, 설계자는 테스팅 목적으로 시뮬레이션에 사용할 입력 패턴에 대해 세심하게 생각해야 한다.

6.4.4 다른 유형의 Verilog 코드

이 절 앞부분에서 Verilog에서는 FSM을 기술하는 표준 방식이란 것을 정의하고 있지 않다고 말했다. 그림 6.29에 보인 코드는 단지 하나의 기술 방법에 지나지 않는다. 앞서 살펴 본 간단한 머신에 대해 조금 달리 작성한 코드가 그림 6.33에 있다. 여기서는 조합회로를 정의하는 **always** 블록 안에서 출력 *z*를 기술하였다. 그 효과는 그림 6.29과 같다.

그림 6.34는 다른 방식을 적용한 것으로, **always** 블록을 하나만 사용하였다. 상태는

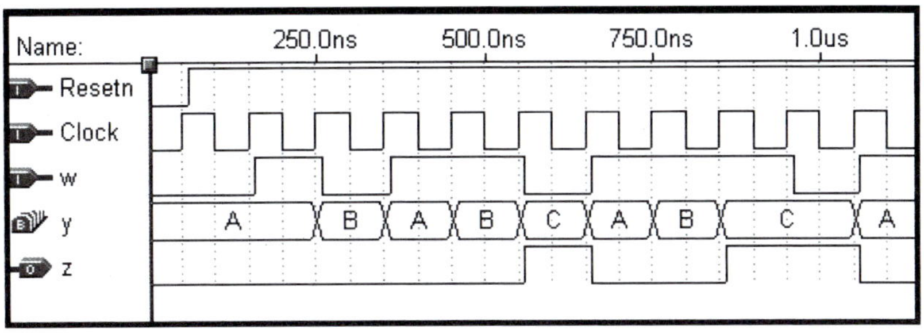

그림 6.32 그림 6.30 회로의 시뮬레이션 결과

```
module simple (Clock, Resetn, w, z);
  input Clock, Resetn, w;
  output reg z;
  reg [2:1] y, Y;
  parameter [2:1] A = 2'b00, B = 2'b01, C = 2'b10;

  // Define the next state and output combinational circuits
  always @(w, y)
  begin
    case (y)
      A: if (w)   Y = B;
         else     Y = A;
      B: if (w)   Y = C;
         else     Y = A;
      C: if (w)   Y = C;
         else     Y = A;
      default:    Y = 2'bxx;
    endcase
    z = (y == C);   // Define output
  end

  // Define the sequential block
  always @(negedge Resetn, posedge Clock)
    if (Resetn == 0)  y <= A;
    else  y <= Y;

endmodule
```

그림 6.33 그림 6.3의 FSM을 위한 두 번째 코드 버전

2-비트 벡터 y로 나타내었다. 리셋과 클록 신호를 포함하는 반응 리스트를 가진 **always** 블록 안에서 상태 천이를 기술하고 있다. *Resetn*이 0으로 갈 때 비동기 리셋이 발생하는 것으로 기술되어 있다. 상태 천이는 그림 6.3의 상태도에 바로 부합되게 **case** 문에 정의되었다. **default** 절은 $y = y_2y_1 = 11$을 무정의 조건으로 처리할 수 있다고 표시하고 있다.

```
module simple (Clock, Resetn, w, z);
   input Clock, Resetn, w;
   output z;
   reg [2:1] y;
   parameter [2:1] A = 2'b00, B = 2'b01, C = 2'b10;

   // Define the sequential block
   always @(negedge Resetn, posedge Clock)
      if (Resetn == 0) y < = A;
      else
         case (y)
            A: if (w)    y < = B;
               else      y < = A;
            B: if (w)    y < = C;
               else      y < = A;
            C: if (w)    y < = C;
               else      y < = A;
            default:     y < = 2'bxx;
         endcase

   // Define output
   assign z = (y == C);

endmodule
```

그림 6.34 그림 6.3의 FSM에 대한 세 번째 코드

z를 정의하는 할당문은 **always** 블록 밖에 두었다. 그림 6.33에서처럼 이 할당을 **always** 블록 안에 둘 수는 없다. 이렇게 하는 것은 z용으로 별도의 플립플롭을 하나 더 추가한다는 것을 의미하는데, 그렇게 하면 z의 변화는 y_2에 비해 1클록 사이클 늦춰진다.

지금까지 우리의 FSM 예제에 대해 세 가지 다른 형태의 Verilog 코드를 살펴보았다. 코드 버전에 따라 Verilog 컴파일러가 생성하는 회로는 약간 다를 수 있는데, 이는 여러분도 잘 알다시피 주어진 논리함수를 구현하는 방법이 다양하기 때문이다. 그러나 세 가지 코드로부터 생성된 회로들의 기능은 동일하다.

예제 6.5

그림 6.35는 그림 6.11의 FSM을 그림 6.29에 설명한 스타일로 Verilog로 기술하는 방법을 보인 것이다. 이 FSM에는 상태가 네 개 있고, 따라서 상태 변수가 가질 수 있는 네 개 값 전부를 사용하여 인코딩되므로 **case** 문에는 **default** 절이 필요 없다.

```
module control (Clock, Resetn, w, R1in, R1out, R2in, R2out, R3in, R3out, Done);
  input Clock, Resetn, w;
  output R1in, R1out, R2in, R2out, R3in, R3out, Done;
  reg [2:1] y, Y;
  parameter [2:1] A = 2'b00, B = 2'b01, C = 2'b10, D = 2'b11;

  // Define the next state combinational circuit
  always @(w, y)
    case (y)
      A: if (w)   Y = B;
         else     Y = A;
      B:          Y = C;
      C:          Y = D;
      D:          Y = A;
    endcase

  // Define the sequential block
  always @(negedge Resetn, posedge Clock)
    if (Resetn == 0)  y <= A;
    else  y <= Y;

  // Define outputs
  assign R2out = (y == B);
  assign R3in = (y == B);
  assign R1out = (y == C);
  assign R2in = (y == C);
  assign R3out = (y == D);
  assign R1in = (y == D);
  assign Done = (y == D);

endmodule
```

그림 6.35 그림 6.11의 FSM에 대한 Verilog 코드

6.4.5 CAD 툴을 사용할 때 설계 단계의 요약

6.1.6절에서 수작업으로 순차회로를 유도할 때 필요한 설계 단계를 요약하였다. 이제 CAD 툴이 설계의 대부분을 자동으로 수행할 수 있다는 것도 알았다. 그러나 CAD 툴이 수작업의 모든 단계를 대체할 수는 없다는 것을 이해해야 한다. 6.1.6절에 나열한 것을 기준으로, 머신의 스펙을 구하고 상태도를 유도하는 처음의 두 단계는 아직도 수작업으로 처리해야 한다. 상태도 정보가 입력으로 주어지면, CAD 툴은 논리게이트와 플립플롭으로 구성된 회로를 생성하는 데 필요한 모든 작업을 자동으로 수행할 것이다. 6.1.6절에 주어진 설계 단계 외에도 테스트와 시뮬레이션 단계가 더 필요하다. 이 주제에 대한 자세한 논의는 11장까지 미루기로 한다.

6.4.6 Verilog 코드에서 상태 할당을 명시하기

6.2절에서 상태 할당이 설계된 회로의 복잡도에 영향을 미친다는 것을 알았다. 상태 할당 과정의 분명한 목적은 회로를 구현하는 비용을 최소화하는 것이다. 최적화되어야 할 비용 함수는 단순히 게이트와 플립플롭의 개수일 수도 있다. 그러나 또 다른 요인들도 고려할 수 있는데, 대표적인 것이 회로의 구현에 사용되는 칩의 유형이다.

그림 6.29에서 6.35까지 보인 바와 같이 Verilog 코드에서 **Parameter** 문으로 특정 상태 할당을 명시할 수 있다. 그러나 Verilog 컴파일러는 대개 더 좋은 결과를 줄 수 있는 다른 상태 할당을 찾는 능력을 갖고 있다. 대부분의 컴파일러는 이 장에서 사용한 것과 같이 일반적 유형에 부합되게 명시된 코드를 보면 FSM을 인식할 수 있다. 컴파일러가 FSM을 감지하면, 더 좋은 상태 할당을 찾거나 one-hot 코딩을 시도하거나, 구현 대상 소자만의 특수한 특징을 활용하는 등의 전략을 동원하여 최적화를 시도할 수 있다. 사용자는 컴파일러에게 FSM 처리 기능을 허용하거나, 아니면 FSM 처리 기능을 차단하여 컴파일러가 Verilog 문장을 통상적인 방법으로 다루게 할 수 있다.

6.4.7 Verilog로 밀리 머신 기술하기

밀리형 FSM을 무어형 FSM과 유사한 방법으로 기술할 수 있다. 그림 6.36은 그림 6.23의 FSM에 대한 Verilog 코드를 보인 것이다. 그림 6.29의 첫 번째 Verilog 예제와 같은 방법으로 상태 천이가 기술되어 있다. 변수 y와 Y의 값은 A 또는 B이며, 현재 상태와 다음 상태를 나타낸다. 그림 6.29의 코드와 비교할 때 주된 차이는 출력에 대한 코드의 작성 방식이다. 그림 6.36에서 출력 z는 상태 천이를 정의하는 **case** 문 안에 정의되어 있으므로, FSM이 상태 A에 있을 때 출력 z는 0이 되어야 한다. 상태 B에 있을 때 출력 z가 w 값을 취한다. **always** 블록의 반응 리스트에 w가 포함되어 있으므로 머신이 상태 B에 있을 때 w 값이 변하면 z 값에 즉각 반영될 것이다. 다시 말하면 밀리형 FSM의 조건을 만족하고 있다.

그림 6.36에 명시된 FSM을 CPLD 칩에 구현하면 6.3절에서 수작업으로 유도한 것과 똑같은 식을 만들어 낸다. 합성된 회로의 시뮬레이션 결과를 그림 6.37에 보였다. w의 입력 파형은 그림 6.32의 무어형 머신에 사용했던 것과 같다. 여기서 다룬 밀리형 머신은 $w = 1$이 연속된 두 번째 클록 사이클의 시작 직후 z가 1이 되므로 올바르게 동작하고 있음을 알 수 있다.

이 절에서 보인 시뮬레이션 결과에서 입력 w의 변화는 모두 포지티브 클록 에지 직후에 발생하는 것으로 되어 있다. 이는 6.1.5절에서 언급한 가정에 기초한 것이다. 즉 실제 회로에서 w는 FSM을 제어하는 클록에 동기되어 있다. 그림 6.38에서 w가 이러한 조건을 만족하지 못했을 때 발생할 수 있는 문제를 보이고 있다. 여기서는 w의 변화가 FSM이 상태를 바꾸는 포지티브 에지에서가 아니라 네거티브 에지에서 일어난다고 가정하였다. 입력 w의 첫 번째 펄스의 길이는 100 ns이다. 따라서 이 펄스가 출력 z를 1이 되게 해서는 안된다. 그러나 회로는 이렇게 동작하지 않는다. 신호 w가 1이 된 후 클

```
module mealy (Clock, Resetn, w, z);
   input Clock, Resetn, w;
   output reg z;
   reg y, Y;
   parameter A = 1'b0, B = 1'b1;

   // Define the next state and output combinational circuits
   always @(w, y)
      case (y)
         A:  if (w)
             begin
                z = 0;
                Y = B;
             end
             else
             begin
                z = 0;
                Y = A;
             end
         B:  if (w)
             begin
                z = 1;
                Y = B;
             end
             else
             begin
                z = 0;
                Y = A;
             end
      endcase

   // Define the sequential block
   always @(negedge Resetn, posedge Clock)
      if (Resetn == 0)  y <= A;
      else  y <= Y;

endmodule
```

그림 6.36 그림 6.23의 밀리 머신에 대한 Verilog 코드

록의 첫 번째 포지티브 에지는 FSM을 상태 A에서 B로의 변화를 일으킨다. 회로가 상태 B에 도달하고 난 이후에도 50 ns 동안 더 입력 w가 1을 유지하며, 따라서 출력 z를 1로 만든다. w가 0으로 바뀔 때 신호 z도 0으로 바뀐다. 따라서 출력 z에 잘못된 50 ns의 펄스가 생성된다.

이 문제의 결과를 좀 더 살펴볼 필요가 있다. z가 동일한 클록에 의해 제어되지 않는 다른 회로를 구동하는 데 사용되는 경우, 이 잘못된 50 ns 펄스가 큰 문제를 야기할 수

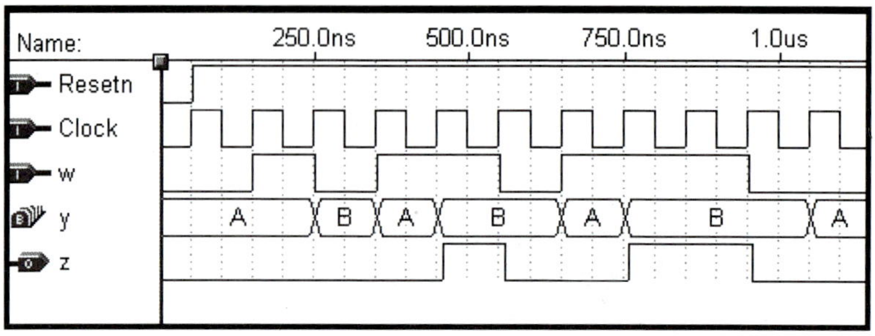

그림 6.37 밀리 머신에 대한 시뮬레이션 결과

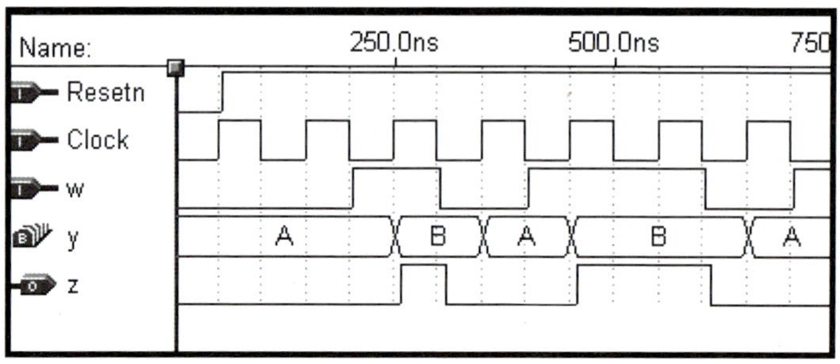

그림 6.38 비동기 입력을 가진 밀리 FSM에서의 잠재적 문제

있다. 그러나 z가 같은 클록에 의해 제어되는 회로(아마도 다른 FSM)의 입력으로 사용될 때에는 클록의 다음 포지티브 에지 전에 $z = 0$이므로 (셋업 타임을 고려하여)이 회로에서 50 ns 펄스는 무시될 것이다.

6.5 • 직렬 가산기 예제

설계의 전 과정을 설명할 목적으로 간단한 예제를 하나 더 소개하려고 한다. 3장에서 2진수의 덧셈을 자세히 살펴보았다. 캐리 리플 가산기에서 캐리 예측 가산기에 이르기까지 n-비트의 수 두 개를 병렬로 더하는 데 사용할 수 있는 기법을 몇 가지 설명했다. 이들 기법에서 가산기 단위의 처리 속도는 중요한 설계 변수다. 연산 속도가 빠른 가산기는 더 복잡하고, 가격도 더 비싸다. 처리 속도가 중요한 요인이 아니라면, 비트별로 차례차례 더하는 **직렬 가산기**를 사용하는 것이 비용 측면에서 효율적이다.

6.5.1 직렬 가산기용 밀리형 FSM

두 개의 무부호 수(unsigned number) $A = a_{n-1}a_{n-2} \cdots a_0$과 $B = b_{n-1}b_{n-2} \cdots b_0$을 더하여 $Sum = s_{n-1}s_{n-2} \cdots s_0$이 된다고 하자. 설계할 작업은 1클록 사이클에 한 쌍의 비트를

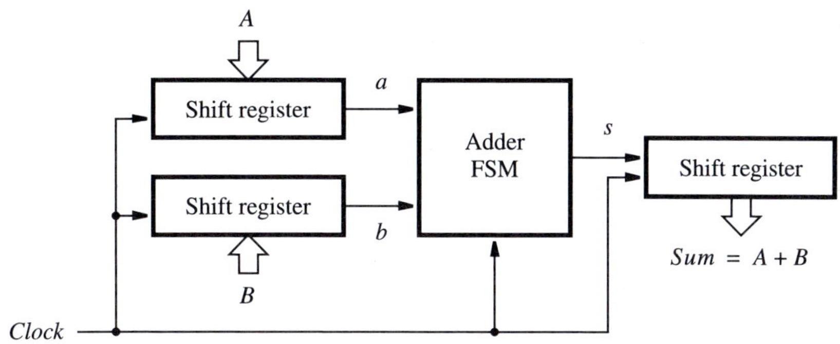

그림 6.39 직렬 가산기의 블록 다이어그램

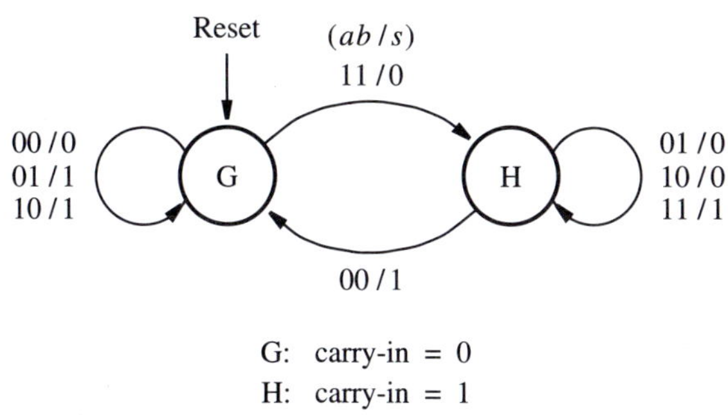

그림 6.40 직렬 가산기 FSM에 대한 상태도

하나씩 순서에 따라(직렬로) 더하는 회로이다. 과정은 비트 a_0과 b_0을 더하는 것으로 시작한다. 다음 클록 사이클에서 a_1과 b_1을 비트 위치 0에서 발생할 수 있는 캐리를 포함하여 더하고, 이 과정을 계속 반복한다. 그림 6.39는 구현될 법한 회로의 블록 다이어그램을 보인 것이다. 여기에는 계산이 진행되는 과정 동안 *A*, *B* 및 *Sum*을 저장하는데 필요한 시프트 레지스터 세 개가 있다. 그림 5.18에 묘사된 것처럼 입력 시프트 레지스터가 병렬 로드(parallel-load) 기능을 가지고 있다고 가정하면, 덧셈 작업은 *A*와 *B*의 값을 이들 레지스터에 로딩하는 것과 동시에 시작된다. 각 클록 사이클마다 가산기 FSM은 한 쌍의 비트를 더하고, 사이클이 끝날 때 비트의 합을 *Sum* 레지스터에 옮긴다. 클록의 포지티브 에지 직후, 즉 에지에서 플립플롭 내에서의 전달 지연만큼 지연된 시점에서 모든 변화가 발생하도록 포지티브 에지 트리거 플립플롭을 사용할 것이다. 이 시점에서 시프트 레지스터 세 개 전부의 내용이 오른쪽으로 이동된다. 즉, 비트 합 *s*을 *Sum*으로 옮기고, 다음 입력 비트 쌍 a_i와 b_i를 가산기 FSM에 제공한다.

이제 요구되는 FSM을 설계해 보자. 이 회로는 이전 비트 위치에서 오는 캐리의 값에 따라 다르게 동작해야 하므로 조합회로가 될 수 없다. 따라서 두 개의 상태가 필요하다. 캐리 인 값이 0과 1인 상태를 *G*와 *H*로 표시하자. 그림 6.40의 밀리 모델로 정의한 상태도가 적절하다. 출력 값 s는 상태와 입력 a, b의 현재 값에 의해 결정된다. 각 천이는 주어진 ab 값에 대한 s의 값을 나타내는 기호 ab/s로 표기되어 있다. 상태 G에서 입력 값이 00이면, $s = 0$을 출력하고, FSM은 같은 상태로 유지된다. 입력 값이 01과 10이면 출력은 $s = 1$이 되고, FSM은 상태 G를 유지할 것이다. 그러나 입력이 11인 경우 $s = 0$이 생성되고, 머신은 상태 H로 바뀐다. 상태 H에서 입력이 01과 10이면 $s = 0$이 출력되고, 11이면 $s = 1$이 된다. 이 세 경우 모두 머신은 상태 H를 유지한다. 그러나 입력 00이 발생하면 1이 출력되고 상태 G로 바뀐다.

상응하는 상태표를 그림 6.41에 나타내었다. 두 개 상태를 표현하므로 플립플롭 한 개면 충분하다. 그림 6.42에서 보인 것처럼 상태 할당해도 된다. 이렇게 할당한 경우 다음 상태식과 출력식은 아래와 같다.

$$Y = ab + ay + by$$
$$s = a \oplus b \oplus y$$

이 식을 3.2절의 전가산기(full-adder)에 대한 식과 비교해보면 y는 캐리 인, Y는 캐리 아웃, s는 전가산기의 합임을 분명히 알 수 있다. 그러므로 그림 6.39의 가산기 FSM 박스는 그림 6.43에 보이는 회로로 구성된다. 덧셈 연산을 시작할 때 *Reset* 신호로 플립플롭을 초기화할 수 있다.

직렬 가산기는 임의 길이의 수를 더하는 데 사용할 수 있는 간단한 회로이다. 그림 6.39 구조에서 길이를 제한하는 요인은 시프트 레지스터의 크기뿐이다.

6.5.2 직렬 가산기에 대한 무어형 FSM

앞의 예제에서는 밀리형 FSM이 직렬 가산기의 구현 요건을 잘 충족하는 것을 보았다. 이제 무어형 FSM을 사용해 같은 목적을 수행해보려 한다. 그림 6.40의 상태도가 출발점으로 좋다. 무어형 FSM에서 출력은 머신 상태만의 함수이어야 한다. 두 개의 상태, G와 H에서 입력 a와 b의 값에 따라 두 개의 다른 출력이 생성될 수 있기 때문에 무어형 FSM에는 두 개 이상의 상태가 필요하다. G와 H 각각 두 개의 상태로 분리하는 것으로 적절한 상태도를 도출할 수 있다. G 대신 G_0과 G_1을 사용하여 carry가 0이면서 합이 0과 1인 상태를 나타내자. 마찬가지로 H를 대신 H_0과 H_1을 사용하자. 그러면 그림 6.40의 정보를 간단하게 그림 6.44의 무어형 상태도로 그릴 수 있다.

대응하는 상태표는 그림 6.45에, 상태 할당표는 그림 6.46에 주어져 있다. 다음 상태식과 출력식은 아래와 같다.

$$Y_1 = a \oplus b \oplus y_2$$
$$Y_2 = ab + ay_2 + by_2$$
$$s = y_1$$

식 Y_1과 Y_2는 전가산기 회로의 합 및 캐리 아웃 식과 일치한다. FSM은 그림 6.47과 같이 구현된다. 이 회로가 그림 6.43의 회로와 매우 유사하다는 게 흥미롭다. 유일한 차

Present state	Next state				Output s			
	ab = 00	01	10	11	00	01	10	11
G	G	G	G	H	0	1	1	0
H	G	H	H	H	1	0	0	1

그림 6.41 직렬 가산기 FSM의 상태표

Present state	Next state				Output			
	ab = 00	01	10	11	00	01	10	11
y	Y				s			
0	0	0	0	1	0	1	1	0
1	0	1	1	1	1	0	0	1

그림 6.42 그림 6.41의 상태 할당표

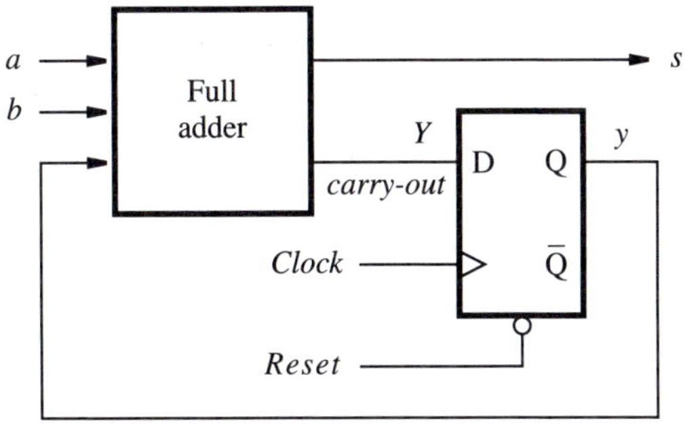

그림 6.43 그림 6.39 가산기 FSM의 회로

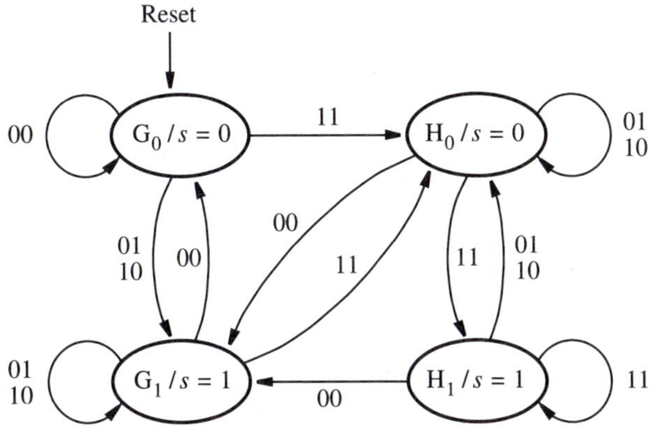

그림 6.44 무어형 직렬 가산기 FSM의 상태도

Present state	Next state				Output
	ab = 00	01	10	11	s
G_0	G_0	G_1	G_1	H_0	0
G_1	G_0	G_1	G_1	H_0	1
H_0	G_1	H_0	H_0	H_1	0
H_1	G_1	H_0	H_0	H_1	1

그림 6.45 무어형 직렬 가산기 FSM의 상태표

Present state y_2y_1	Next state				Output s
	ab = 00	01	10	11	
	Y_2Y_1				
0 0	0 0	0 1	0 1	1 0	0
0 1	0 0	0 1	0 1	1 0	1
1 0	0 1	1 0	1 0	1 1	0
1 1	0 1	1 0	1 0	1 1	1

그림 6.46 그림 6.45에 대한 상태 할당표

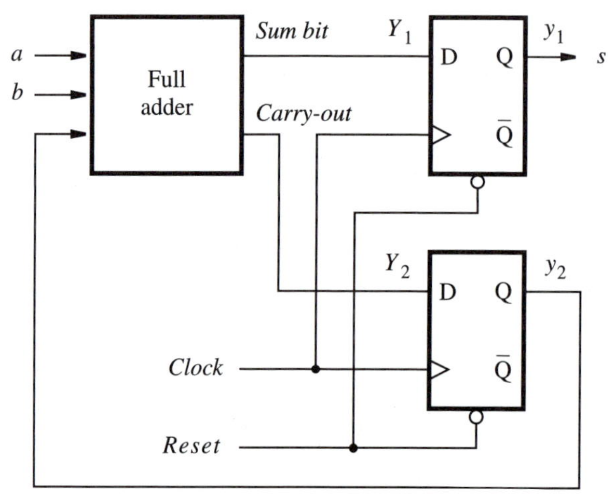

그림 6.47 무어형 직렬 가산기 FSM의 회로

이는 무어형 회로에서는 출력 신호 *s*가 플립플롭을 하나 더 통과하며, 이로 인해 출력이 밀리형 회로에 비해 1클록 사이클만큼 지연되었다는 것이다. 그림 6.26과 6.27에 보인 이전 예제에서도 동일한 차이가 관측되었음을 상기하라.

밀리형와 무어형 FSM 간의 핵심적 차이는 밀리 머신에서는 입력 변화가 곧바로 출력에 반영되는 반면, 무어 머신에서는 입력 변화가 머신을 새로운 상태로 강제할 때까지 출력이 변하지 않아 결국 출력 변화가 1클록 사이클 늦춰진다는 점이다. 그림 6.43과 6.47 회로에 대한 타이밍도를 여러분이 그려봄으로써 FSM의 두 유형 간 핵심적인 차이를 실증해 보기 바란다.

6.5.3 직렬 가산기에 대한 Verilog 코드

시프트 레지스터와 가산기 FSM에 대한 코드를 작성함으로써 직렬 가산기를 Verilog로 표현할 수 있다. 시프트 레지스터를 설계한 다음, 이를 직렬 가산기의 하위 회로(subcircuit)로 사용하려 한다.

시프트 레지스터 회로

직렬 가산기에서 활성 클록 에지가 발생할 때 시프트 레지스터의 내용이 변하는 것을 방지하는 기능을 갖추는 것이 유익하다. 그림 6.48은 enable 입력 *E*를 가진 *shiftrne* 라는 이름의 시프트 레지스터에 대한 코드를 나타낸다. $E = 1$일 때 레지스터의 내용은 클록의 포지티브 에지에서 좌에서 우로 시프트된다. $E = 0$으로 놓으면 시프트 레지스터의 내용은 변하지 않는다.

```
module shiftrne (R, L, E, w, Clock, Q);
    parameter n = 8;
    input [n-1:0] R;
    input L, E, w, Clock;
    output reg [n-1:0] Q;
    integer k;

    always @(posedge Clock)
        if (L)
            Q <= R;
        else if (E)
        begin
            for (k = n-1; k > 0; k = k-1)
                Q[k-1] <= Q[k];
            Q[n-1] <= w;
        end

endmodule
```

그림 6.48 Enable 입력을 가진 left-to-right 시프트 레지스터에 대한 코드

전체 코드

직렬 가산기에 대한 코드를 그림 6.49에 보였다. 이 코드에서는 입력 *A*와 *B*, 그리고 출력 *Sum*용으로 세 개의 시프트 레지스터를 예시하고 있다. 시프트 레지스터에는 회로가 reset 될 때 병렬 데이터가 로드된다. 가산기 FSM의 상태도는 그림 6.36의 코드 유형을 사용하여 두 개의 **always** 블록으로 기술되어 있다. Verilog 코드에는 그림 6.39에 보인 직렬 가산기 구성 요소 외에 다운 카운터 한 개가 포함되어 있는데, 다운 카운터는 *n* 비트 모두 합한 결과가 출력 시프트 레지스터에 있어서 가산기가 멈춰야 하는 시점을 결정하기 위한 것이다. 회로가 reset될 때, 카운터는 직렬 가산기의 비트 수, *n*으로 로드되고, 카운트가 0으로 감소하면 동작을 멈추어 출력 시프트 레지스터에 변화가 더 이상 일어나지 않도록 한다.

그림 6.49의 코드는 8-비트 직렬 가산기를 구현한 것이다. Wire Q*A*와 Q*B*는 그림 6.39의 입력 *A*, *B*를 가진 시프트 레지스터의 병렬 출력에 해당한다. 변수 *s*는 가산기 FSM의 출력을 나타낸다.

그림 6.39에서 입력 *A*와 *B*용 시프트 레지스터에는 직렬 입력이나 enable 입력이 보이지 않는다. 그러나 시프트 레지스터 세 개 모두에 사용되는 부품 *shiftrne*에는 직렬 및 enable 입력 포트가 포함되어 있으므로 해당 신호를 이들 포트에 연결하여야 한다. 시프트 레지스터 두 개의 enable 입력은 값 1에 연결되어 있다. 직렬 입력에 시프트되어 입력되는 값은 중요치 않으므로 0 또는 1 어느 값에 연결되어도 무방하지만, 여기서는 0에 연결하였다. 시프트 레지스터는 *Reset* 신호에 의해 병렬 로드되는데 여기 회로에서는 active-high reset 신호를 사용하고 있다. 출력 시프트 레지스터는 병렬 데이터 입력이 필요치 않으므로 이들 입력을 전부 0으로 설정하였다.

첫 번째 **always** 블록은 상태 천이와 그림 6.40의 가산기 FSM의 출력을 기술하고 있다. 출력을 구하기 위해 그림 6.40을 살펴보면, FSM이 상태 *G*에 있을 때 합은 $s = a \oplus b$이고, 상태 *H*에서는 $s = \overline{a \oplus b}$이다. 두 번째 **always** 블록은 플립플롭 *y*를 구현하며 *Reset* = 1일 때 클럭에 동기되어 리셋한다.

출력 시프트 레지스터의 enable 입력은 *Run*으로 명명되었다. 이것은 세 번째 **always** 블록에 기술된 다운 카운터의 출력으로부터 나온다. *Reset* = 1일 때 count는 값 8로 초기화된다. 이후 *Run* = 1인 동안 *Count*는 매 클록 사이클마다 감소된다. *Count*가 0이 될 때 *Run*은 0으로 설정되는데, 이것은 감소 OR 연산자(reduction OR operator)로 검출된다.

Verilog 코드의 합성과 시뮬레이션

그림 6.49의 코드를 회로 합성한 결과를 그림 6.50*a*에 그렸다. 카운터의 출력은 OR 연산되어 *Run* 신호를 생성하는데, 이 신호는 출력 시프트 레지스터와 카운터가 클로킹(clocking)하는 것을 허용한다. 그림 6.50*b*에 회로의 타이밍 시뮬레이션을 수행한 예제를 보였다. 회로는 처음에 리셋되며, 이로 인해 *A*와 *B*의 값이 입력 시프트 레지스터에 로드되고, 다운 카운터에는 값 8이 로드된다. 매 클록 사이클 후 입력 수의 비트 한 쌍

```
module serial_adder(A, B, Reset, Clock, Sum);
   input [7:0] A, B;
   input Reset, Clock;
   output wire [7:0] Sum;
   reg [3:0] Count;
   reg s, y, Y;
   wire [7:0] QA, QB;
   wire Run;
   parameter G = 1'b0, H = 1'b1;

   shiftrne shift_A (A, Reset, 1'b1, 1'b0, Clock, QA);
   shiftrne shift_B (B, Reset, 1'b1, 1'b0, Clock, QB);
   shiftrne shift_Sum (8'b0, Reset, Run, s, Clock, Sum);

   // Adder FSM
   // Output and next state combinational circuit
   always @(QA, QB, y)
      case (y)
         G: begin
               s = QA[0] ^ QB[0];
               if (QA[0] & QB[0])  Y = H;
               else  Y = G;
            end
         H: begin
               s = QA[0] ~^ QB[0];
               if (~QA[0] & ~QB[0])  Y = G;
               else  Y = H;
            end
         default:  Y = G;
      endcase

   // Sequential block
   always @(posedge Clock)
      if (Reset)  y <= G;
      else  y <= Y;

   // Control the shifting process
   always @(posedge Clock)
      if (Reset)  Count = 8;
      else if (Run)  Count = Count - 1;
   assign Run = |Count;

endmodule
```

그림 6.49 직렬 카운터의 Verilog 코드

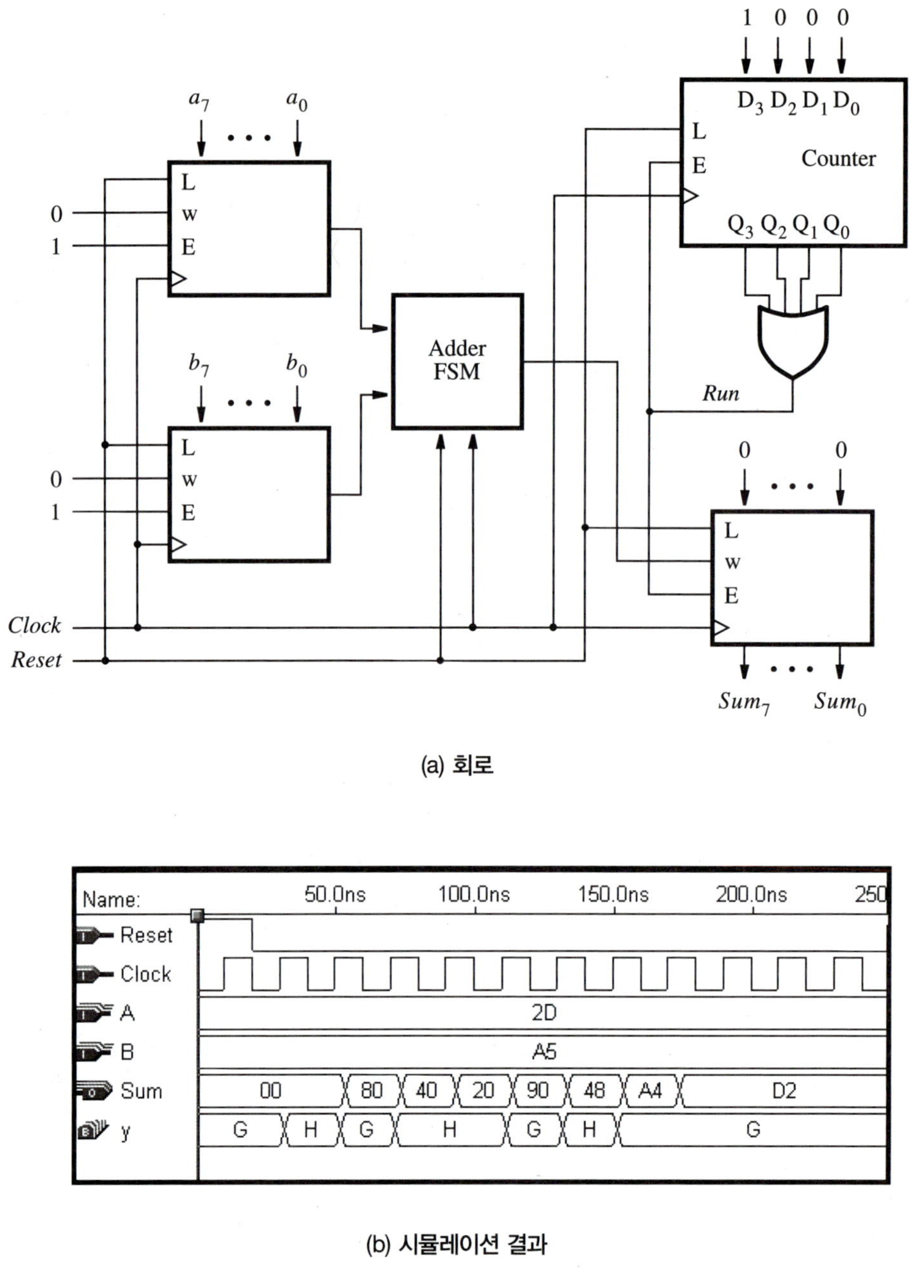

그림 6.50 합성된 직렬 가산기

이 가산기 FSM에서 더해지고, 그 합의 비트가 출력 시프트 레지스터로 옮겨진다. 8클록 사이클 후 출력 시프트 레지스터는 정확히 합의 값을 가지며, *Run* 신호가 0이 되어 시프트 동작을 멈춘다.

6.6 • 상태 최소화

이제까지 설명한 유한상태머신들은 너무 간단해서 필요한 기능을 수행하는 데 사용한 상태의 수가 최소였다는 것을 쉽게 알 수 있었다. 좀 더 복잡한 FSM을 설계해야 하는 경우, 첫 시도에서는 상태의 수가 실제 요구되는 상태의 수보다 더 많을 가능성이 높다. 상태의 수를 최소로 하는 것이 중요한데, 이는 상태를 나타내기 위해 필요한 플립플롭의 수도 줄일 수 있고, FSM에 필요한 조합회로의 복잡도까지 낮출 수 있기 때문이다. FSM에서 상태의 수를 줄일 수 있다는 것은 원래의 설계에서 일부 상태가 FSM의 동작 전반에 대한 기여 측면에서 다른 상태와 일치한다는 것을 의미한다. 이것을 좀 더 격식을 갖춰 정의해보면 다음과 같다.

정의 6.1 S_i, S_j 둘 중 어느 것이 초기 상태인가와 무관하게 가능한 모든 입력 시퀀스에 대해서 같은 출력 시퀀스가 생성되면, 두 상태 S_i와 S_j는 등가(*equivalent*)라고 한다.

등가인 상태를 찾아내는 최소화 절차를 정의하는 것이 가능하다. 이런 절차를 수작업으로 처리하는 것은 매우 지루하나, CAD 툴에서의 사용을 전제로 자동화가 가능하다. 지루한 까닭에 그것을 여기서 수행하지 않으려 한다. 그러나 상태 최소화의 효과에 대한 평가를 제공하기 위해 지나치게 광범위하게 다루지 않으면서도 훨씬 더 효율적인 대안을 소개하려고 한다.

주어진 FSM의 일부 상태가 등가라는 것을 보이는 대신 어떤 상태는 분명히 등가가 아니라는 것을 보이는 것이 때로는 더 쉽다. 이러한 아이디어가 단순한 최소화 과정을 정의하는 데 활용될 수 있다.

6.6.1 분할을 통한 최소화 절차

상태 머신이 단 한 개의 입력, w를 가지고 있다고 하자. 상태 Si에서 입력 신호 $w = 0$이 머신에 인가되고 그 결과 머신이 상태 S_u로 이동할 때, S_u를 S_i의 0-**후속자**(*successor*)라고 한다. 이와 비슷하게 상태 S_i에서 $w = 1$이 인가될 때, 머신이 상태 S_v로 이동하면 S_v는 S_i의 1-**후속자**라고 한다. 일반적으로 S_i의 후속자를 S_i의 k-후속자라고 부른다. FSM의 입력이 하나뿐일 때, k는 0 아니면 1이다. 그러나 FSM의 입력이 여러 개이면, k는 모든 가능한 입력의 조합을 나타낸다.

정의 6.1로부터 상태 S_i, S_j가 등가이면, 그들에 (모든 k에 대해) 관련된 k-후속자도 등가여야 한다. 이 사실을 이용하여 최소화 과정을 공식으로 만들 수 있다. 이 과정은 머신의 상태들을 한 개의 집합으로 간주한 후, 이 집합을 확실하게 등가가 아닌 부분집합(subset)으로 구성된 파티션(partition)들로 쪼개는 과정을 반복하는 것이다.

정의 6.2 파티션은 하나 이상의 블록으로 구성되는데, 여기서 블록이란 서로 등가일 수 있는 상태들의 부분집합을 의미한다. 그러나 주어진 블록에 속해 있는 상태는 다른 블록 내의 상태와 등가여서는 안 된다.

처음 모든 상태가 등가라고 가정하자. 이것이 첫 파티션 P_1이 되며, 따라서 모든 상태가 같은 블록 내에 있다. 다음 단계로 파티션 P_2를 만들자. 여기서는 같은 출력 값을 생성하는 상태들은 동일한 블록에 두는 방식으로 상태들을 블록으로 분할한다. 서로 다른 출력을 생성하는 상태가 서로 등가일 수 없음은 명백하다. 각 블록에 있는 상태들의 k-후속자가 한 블록 내에 포함되어 있는지의 여부를 점검함으로써 새로운 파티션들을 계속 만들어 간다. k-후속자가 다른 블록에 있는 경우 해당 상태는 동일한 블록에 있을 수 없다. 이리하여 새로운 파티션 내에 새 블록들이 만들어진다. 새 파티션이 이전 파티션과 같을 때 분할 과정은 끝난다. 그때 한 블록 내에 있는 모든 상태들은 등가이다. 이와 같은 과정을 설명하는 예제 8.6을 살펴보자.

예제 6.6

그림 6.51은 특정 FSM에 대한 상태표이다. 상태 수의 최소화를 위해 분할 절차를 적용해보자. 첫 번째 파티션은 하나의 블록 안에 모든 상태를 포함한다.

$$P_1 = (ABCDEFG)$$

다음 파티션은 출력이 다른 상태들을 분리시킨다(이 FSM이 무어형인 것에 주목하라). 즉 상태 A, B, D는 상태 C, E, F, G와 서로 다르다. 따라서 새 파티션은 다음과 같이 두 개의 블록으로 분할된다.

$$P_2 = (ABD)(CEFG)$$

이제 각 블록에 있는 상태들의 모든 0-후속자와 1-후속자를 고려해야 한다. 블록 (ABD)에 대하여 0-후속자는 각각 (BDB)이다. 이 후속자 상태들은 모두 P_2 내의 같은 블록에 있으므로 상태 A, B, D는 여전히 등가라고 가정할 수 있다. 이들 상태의 1-후속자는 (CFG)이다. 이들 후속자 역시 P_2의 같은 블록 내에 있으므로 (ABD)는 P_3의 한 블록에 있어야 된다. 다음으로 블록 ($CEFG$)를 살펴보자. 0-후속자는 ($FFEF$)이다. 이것은 P_2의 같은 블록에 속해 있다. 1-후속자는 ($ECDG$)이다. 이들 상태가 P_2의 같은 블록 안에 있지 않다는 것은 블록 ($CEFG$)에 있는 상태 중 최소한 하나는 그 외의 상태들과 등가가 아님을 의미한다. 특히, 상태 F는 상태 C, E, G와 분명히 다르다. 왜냐하면 F의 1-후속자가 C, E, G와는 다른 블록에 있는 D이기 때문이다. 그러므로

$$P_3 = (ABD)(CEG)(F)$$

이 과정을 반복하면 다음과 같이 된다. (ABD)의 0-후속자는 (BDB)로서, P_3의 같은 블록에 있다. 1-후속자는 (CFG)인데, 같은 블록에 있지 않다. F는 C, G와는 다른 블록에 있으므로 상태 B는 상태 A 및 D와 등가가 될 수 없다. (CEG)의 0-과 1-후속자는 각각 (FFF)와 (ECG)이다. 이들 부분집합 둘은 P_3의 블록에 수용

Present state	Next state		Output
	$w = 0$	$w = 1$	z
A	B	C	1
B	D	F	1
C	F	E	0
D	B	G	1
E	F	C	0
F	E	D	0
G	F	G	0

그림 6.51 예제 6.6의 상태표

된다. 그러므로

$$P_4 = (AD)(B)(CEG)(F)$$

블록 (AD)와 (CEG)의 0-과 1-후속자를 확인하기 위해 같은 방식으로 접근하면, 다음을 확인할 수 있다.

$$P_5 = (AD)(B)(CEG)(F)$$

$P_5 = P_4$이고 새로 생성된 블록이 없기 때문에 각 블록 내의 상태들은 서로 등가이다. 어떤 블록 내의 상태들이 등가가 아니라면 그들의 k-후속자는 다른 블록에 있어야 한다. 그러므로 상태 A와 D는 등가이고, C, E, G도 서로 등가이다. 각 블록을 한 개의 상태로 나타낼 수 있으므로, 그림 6.51의 상태표에 정의된 FSM을 구현하는 데 필요한 상태의 수는 네 개뿐이다. 심벌 A는 상태 A와 D를 대표하고, 심벌 C가 상태 C, E, G를 대표하게 하면, 상태표는 그림 6.52로 축소된다.

애초의 설계에서는 세 개의 플립플롭을 필요로 한 데 비해 최소화된 상태표의 네 개의 상태를 구현하기 위한 두 개의 플립플롭만을 요하는 해법을 찾아냈다는 데에서 최소화의 효과를 알 수 있다. 항상 그렇지는 않지만 상태의 수가 적은 FSM은 구현이 더 간단할 것으로 기대된다.

상태 최소화 개념은 두 개의 다른 FSM이 가능한 모든 입력에 대해 생성한 출력의 관점에서 동일한 동작을 보인다는 사실에 기초하고 있다. 이러한 머신은 크게 다른 회로로 구현되었다 하더라도 기능적으로는 등가이다. 일반적으로 임의의 두 개의 FSM이 등가인지 아닌지 결정하는 것은 쉽지 않다.

여기서 소개한 상태 최소화 절차는 단순화한 FSM이 원래의 FSM과 기능적으로 등가임을 보장한다. 그림 6.51과 6.52의 두 개의 머신을 구현하고, CAD 툴을 사용하여 동작 시뮬레이션도 해보면서 이들 두 개가 확실히 기능적으로 등가이라는 것을 직관적으로 느껴보길 권한다.

Present state	Next state		Output z
	$w = 0$	$w = 1$	
A	B	C	1
B	A	F	1
C	F	C	0
F	C	A	0

그림 6.52 예제 6.6의 최소화된 상태표

예제 6.7

상태 최소화의 또 다른 예제로서 자판기 제어 순차회로의 설계를 생각해 보자. 동전으로 작동되는 자판기는 다음과 같은 조건에서 사탕을 내어준다.

- 50원과 100원짜리 동전만 받아들인다.
- 동전 150원이 투입되면 사탕 한 개를 내준다.
- 200원이 들어오면 거슬러주는 대신 구매자에게 50원을 잔고로 두고, 다음 구매할 때를 기다린다.

자판기의 모든 전자 신호는 *Clock*으로 명명된 클록 신호의 포지티브 에지에 동기된다. 우리 예제에서 클록 신호의 정확한 주파수는 중요하지 않지만, 클록 주기를 100 ns라고 가정하자. 자판기의 동전 수용기(coin-receptor) 메커니즘은 100원짜리($sense_D$)와 50원짜리($sense_N$) 동전이 감지될 때마다 1이 되는 두 신호 $sense_D$와 $sense_N$을 생성한다. 동전 수용기는 기계적인 장치여서 전자회로에 비하여 속도가 매우 느리므로 동전을 투입하면 다수의 클록 사이클 동안 신호 $sense_D$와 $sense_N$가 1로 유지된다. 동전 수용기는 D와 N이라는 이름의 또 다른 신호 두 개를 생성하는데, 신호 D는 $sense_D$가 1이 된 후 1클록 사이클 동안 1이 되고, N 신호는 $sense_N$이 1이 된 후 1클록 사이클 동안 1이 된다. *Clock*, $sense_D$, $sense_N$, D, N의 타이밍 관계는 그림 6.53*a*와 같다. 파형에서 해쉬(//) 표시는 $sense_D$ 또는 $sense_N$이 여러 사이클 동안 해당 값을 유지한다는 것을 나타낸다. 또, 두 개의 동전을 연달아 집어넣기까지의 시간 간격이 아주 긴 경우도 있다. 동전 수용기는 한 번에 단 한 개의 동전만을 받을 수 있으므로 D와 N이 동시에 1이 된다는 것은 불가하다. 그림 6.53*b*는 $sense_N$ 신호로부터 신호 N을 생성하는 방법을 보인 것이다.

이러한 가정에 기초하여 꽤 간단한 방법으로 그림 6.54에 보인 것과 같은 최초 상태도를 전개할 수 있다. FSM의 입력은 D와 N이고, 시작 상태는 $S1$이다. $D = N = 0$인 동안에는 FSM이 $S1$의 상태에 머무는데, 이를 $\overline{D} \cdot \overline{N}$으로 표기된 원호로 나타낸다. 여기서 100원짜리 동전을 받으면 상태 $S2$로 가고, 50원짜리 동전을 받으면 상태 $S3$으로 이동한다. 이 두 경우 모두 투입 금액이 150원이 안 되므로 사탕

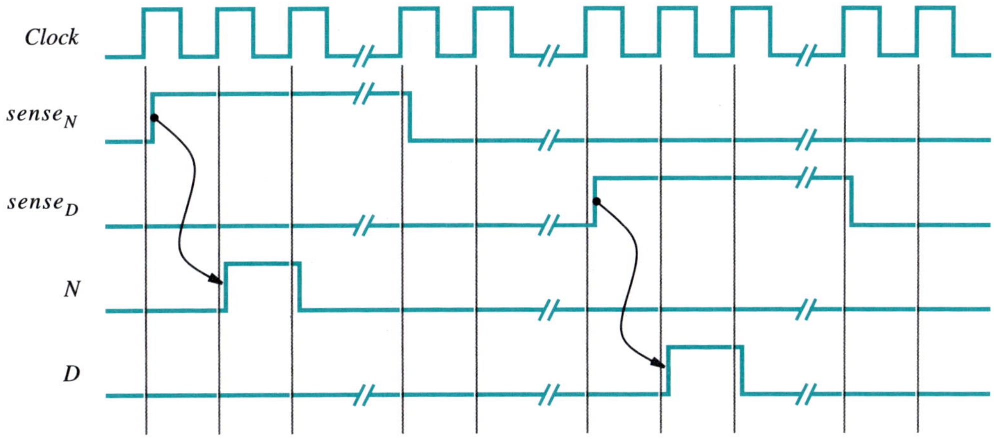

(a) 타이밍도

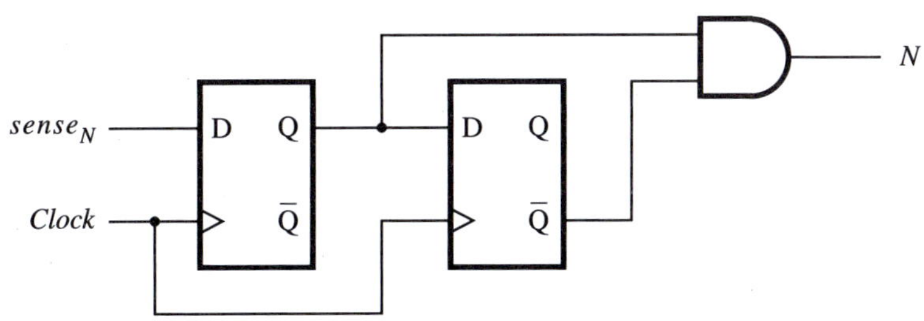

(b) N을 생성하는 회로

그림 6.53 자판기에 대한 신호

을 내어줄 수 없다. 이것을 $S2/0$과 $S3/0$에서처럼 출력 z가 0인 것으로 나타내었다. 동전이 하나 더 투입될 때까지 $D = N = 0$이므로 FSM은 상태 $S2$ 또는 $S3$에 머문다. 상태 $S2$에서 50원짜리 동전이 투입되면 $S4$로, 100원짜리 동전이 투입되면 $S5$로 천이한다. 이 두 상태 모두 충분한 돈이 예치되었으므로 사탕을 내어주는 출력 메커니즘을 활성화해야 한다. 따라서 상태 노드를 $S4/1$과 $S5/1$로 표기하였다. $S4$에서 예치된 돈은 150원이고, 따라서 다음 활성 클록 에지에서 FSM을 리셋 상태인 $S1$로 되돌려야 한다. 머신이 상태 $S4$에 머무는 시간은 단 100 ns로 새로운 동전이 투입되기에는 시간이 너무 짧기 때문에 $S4$에서 나오는 원호상의 조건 $\overline{D} \cdot \overline{N}$은 명백한 진실이다.[1]

상태 $S5$는 총 200원이 예치된 상태이므로 사탕을 내어주고, 다음 클록 에지에서

1 역주 즉, $S4$에서는 100 ns 동안 머문 후 무조건 $S1$로 간다. 다시 말하면 조건을 빼도 무방하다.

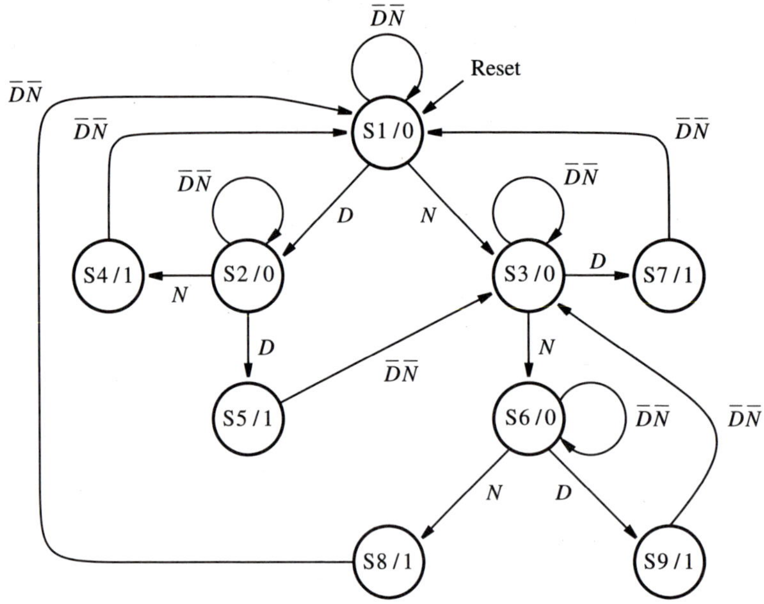

그림 6.54 예제 6.7의 상태도

FSM은 $S3$으로 천이하여 50원이 남아 있음을 나타내야 한다. 상태 $S3$에 대해 마찬가지 방법으로 추리하여 상태 $S6$부터 $S9$까지 도출할 수 있다. 이렇게 하여 원하는 FSM의 상태도가 완성된다. 같은 정보를 상태표로 바꾸어 그림 6.55에 보였다.

조건 $D = N = 1$이 상태표에서 무정의로 표기된 것을 주목하라. 상태 $S4$, $S5$, $S7$, $S8$, $S9$의 다른 무정의 항들도 주목하라. 이들 무정의 항은 동전이 하나 더 투입되기에는 너무 짧은 시간에 머신이 다른 상태로 변하는 것을 의미하므로 굳이 신호 D와 N을 체크할 필요가 없는 경우에 해당된다.

최소화 절차를 사용하여 다음의 파티션들을 구할 수 있다.

$$P_1 = (S1, S2, S3, S4, S5, S6, S7, S8, S9)$$
$$P_2 = (S1, S2, S3, S6)(S4, S5, S7, S8, S9)$$
$$P_3 = (S1)(S3)(S2, S6)(S4, S5, S7, S8, S9)$$
$$P_4 = (S1)(S3)(S2, S6)(S4, S7, S8)(S5, S9)$$
$$P_5 = (S1)(S3)(S2, S6)(S4, S7, S8)(S5, S9)$$

마지막 파티션에는 다섯 개의 블록이 있다. 서로 등가인 $S2$와 S을를 $S2$로 표시하자. $S4$가 이와 등가인 $S7$과 $S8$을 대표하고, $S5$가 $S5$와 $S9$를 대표하는 것으로 하자. 그러면 그림 6.56의 최소화된 상태표가 유도된다. 이 표를 구현하는 실제 회로를 앞 절에서 설명한 대로 설계할 수 있다.

이 예제에서 우리는 간단한 방법으로 최초 상태도를 유도하고, 다음에 분할 절

Present state	Next state				Output
	DN = 00	01	10	11	z
S1	S1	S3	S2	–	0
S2	S2	S4	S5	–	0
S3	S3	S6	S7	–	0
S4	S1	–	–	–	1
S5	S3	–	–	–	1
S6	S6	S8	S9	–	0
S7	S1	–	–	–	1
S8	S1	–	–	–	1
S9	S3	–	–	–	1

그림 6.55 예제 6.7의 상태표

Present state	Next state				Output
	DN = 00	01	10	11	z
S1	S1	S3	S2	–	0
S2	S2	S4	S5	–	0
S3	S3	S2	S4	–	0
S4	S1	–	–	–	1
S5	S3	–	–	–	1

그림 6.56 예제 6.7에 대한 최소화된 상태표

차를 적용하여 최소화하였다. 그림 6.57은 그림 6.56 상태표의 정보를 상태도로 나타낸 것이다. 이 상태도를 보면 여러분은 아마 다음과 같은 추론을 적용하여 바로 최적화된 다이어그램을 도출할 수 있었을 것으로 생각할 수 있다. 상태는 투입된 동전의 액수에 대응한다고 상상하자. 특히 상태 *S*1, *S*3, *S*2, *S*4, *S*5는 각각 0, 50, 100, 150, 200원에 해당한다. 상태를 이렇게 해석하면 원하는 FSM을 정의하는 천이 원호(transition arc)를 유도하는 일이 어렵지 않다. 실제로 설계자는 불필요한 상태를 그리 많이 포함하지 않는 최초 설계를 종종 생성할 수 있다.

우리는 원하는 자판기 제어 임무를 실현하는 무어형 FSM을 위해 상태의 개수가 최소, 즉 다섯 개의 상태를 필요로 하는 답을 찾았다. 비록 (회로 전체를 기준으로 할 때)밀리형 FSM으로 구현된 회로가 항상 더 간단한 것은 아니지만, 무어형 머신에 비해 더 적은 수의 상태를 필요로 한다는 것을 6.3절에서 알았다. 밀리 모델을 사용하면, 그림 6.57에서 상태 *S*4와 *S*5를 제거할 수 있다. 그 결과를 그림 6.58에 보였다. 따라서 밀리 모델을 사용하면 상태의 수를 세 개로 줄일 수 있지만 대신 출력 함수가 더 복잡해진다. 그림 6.57과 6.58의 FSM에 대하여 설계 단계를 완료하여 구현한 결과 회로를 통하여 복잡도를 비교해 보기 바란다.

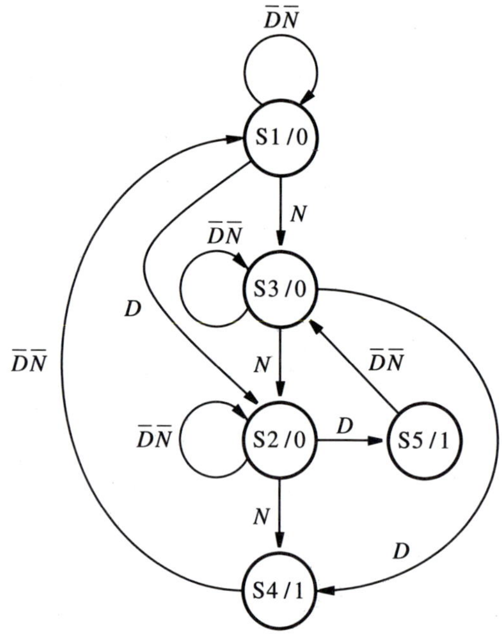

그림 6.57 예제 6.7에 대한 최소화된 상태도

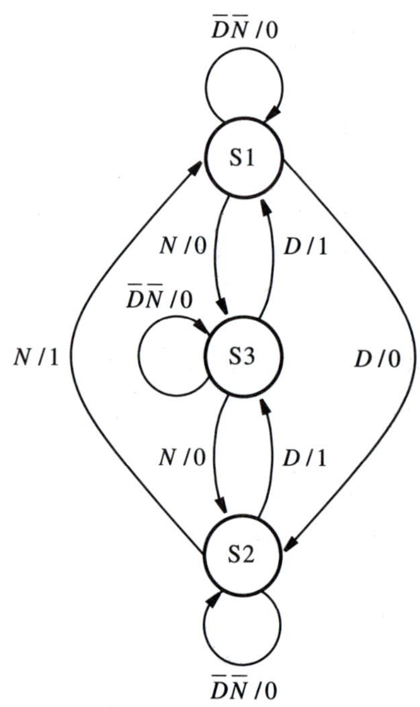

그림 6.58 예제 6.7에 대한 밀리형 FSM

6.6.2 불완전 명시된 FSM

상태표에 모든 엔트리가 명시된 경우에는 상태의 최소화를 위한 분할 기법이 잘 작동한다. 그림 6.51에 정의된 FSM의 경우가 그렇다. 이러한 형태의 FSM을 **완전 명시**(*completely specified*)되었다고 한다. 상태표에 하나 이상의 엔트리가 명시되지 않아, 무정의 조건에 해당할 때 FSM이 **불완전 명시**(*incompletely specified*)되었다고 한다. 이러한 FSM의 예가 그림 6.55에 주어져 있다. 예제 6.7에 보인 바와 같이 분할 기법은 이러한 FSM에도 잘 적용된다. 그러나 일반적으로 분할 기법은 예제 6.8에 보인 것처럼 불완전 명시된 FSM의 경우에는 유용성이 떨어진다.

예제 6.8

머신이 상태 B 또는 G에 있을 때 입력 $w = 1$이 발생하지 않을 것으로 가정했기 때문에 네 개의 명시되지 않은 엔트리를 가진 그림 6.59의 FSM을 생각해보라. 이에 따라 이들 두 경우에는 상태 천이와 출력 값이 명시되지 않았다. 이 FSM과 그림 6.55의 FSM 간의 중요한 차이는 이 FSM에는 일부 출력이 명시되지 않은 반면, 그림 6.55 FSM의 출력은 모두 명시되었다는 것이다.

분할을 이용한 최소화 과정은 예제 6.6과 6.7에서 설명한 무어형 FSM에 대한 것과 같은 방법으로 밀리형 FSM에도 적용할 수 있다. 모든 입력 값에 대하여 출력이 같으면, 두 상태를 등가로 보고, 특정 파티션의 같은 블록에 놓을 수 있다.

분할 과정을 수행하기 위해 명시되지 않은 출력이 특정 값을 가진 것으로 가정할 수 있다. 이 값이 0 또는 1인지 모르기 때문에 명시되지 않은 두 개의 출력 값이 0을 가진다고 가정하자. 그러면 첫 두 파티션은

$$P_1 = (ABCDEFG)$$
$$P_2 = (ABDG)(CEF)$$

$w = 0$과 $w = 1$ 두 경우에 대하여 출력이 0이기 때문에 상태 A, B, D, G는 같은 블록에 있다는 것을 주목하라. 또한, 상태 C, E, F도 같은 출력 동작을 취하므로 (즉, 모든 상태가 $w = 0$이면 $z = 0$, $w = 1$이면 $z = 1$을 출력한다) 같은 블록에 있다. 분할 절차를 계속해 나가면 다음의 파티션들을 구할 수 있다.

$$P_3 = (AB)(D)(G)(CE)(F)$$
$$P_4 = (A)(B)(D)(G)(CE)(F)$$
$$P_5 = P_4$$

결과는 상태가 여섯 개인 FSM이다.

다음으로 그림 6.59의 명시되지 않은 두 개의 출력이 1의 값을 가진 경우를 생각해보자. 다음과 같은 파티션이 만들어진다.

<table>
<tr><th rowspan="2">Present state</th><th colspan="2">Next state</th><th colspan="2">Output z</th></tr>
<tr><th>w = 0</th><th>w = 1</th><th>w = 0</th><th>w = 1</th></tr>
<tr><td>A</td><td>B</td><td>C</td><td>0</td><td>0</td></tr>
<tr><td>B</td><td>D</td><td>–</td><td>0</td><td>–</td></tr>
<tr><td>C</td><td>F</td><td>E</td><td>0</td><td>1</td></tr>
<tr><td>D</td><td>B</td><td>G</td><td>0</td><td>0</td></tr>
<tr><td>E</td><td>F</td><td>C</td><td>0</td><td>1</td></tr>
<tr><td>F</td><td>E</td><td>D</td><td>0</td><td>1</td></tr>
<tr><td>G</td><td>F</td><td>–</td><td>0</td><td>–</td></tr>
</table>

그림 6.59 예제 6.8의 불완전하게 명시된 상태표

$$P_1 = (ABCDEFG)$$
$$P_2 = (AD)(BCEFG)$$
$$P_3 = (AD)(B)(CEFG)$$
$$P_4 = (AD)(B)(CEG)(F)$$
$$P_5 = P_4$$

이 풀이에는 상태가 네 개 있다. 분명히, 명시되지 않은 출력에 어떤 값을 할당하느냐가 아주 중요하다는 것을 알 수 있다.

우리는 불완전 명시된 FSM에 대한 상태 최소화 문제를 더 이상 다루지 않으려 한다. 이미 언급한 바와 같이 정의 6.1에 기초하여 등가 상태를 찾는 최소화 기법을 전개할 수 있다. 논리 설계를 다룬 다수의 책에 이 접근법이 설명되어 있다[2, 5-8, 12-14].

끝으로, 주어진 FSM에 대해 상태의 수를 축소한다고 해서 구현된 회로가 항상 더 간단한 것은 아니라는 점을 말하고 싶다. 흥미롭게도 6.2절에서 논의한 상태 할당의 효과는 상태의 수를 최소화하는 데보다 회로를 간단히 하는 데 더 큰 영향을 미친다. 현대의 설계 환경에서 설계자는 상태머신을 효율적으로 구현하기 위하여 CAD 툴에 의존한다.

6.7 • 순차회로 기법을 사용한 카운터 설계

이 절에서는 카운터 회로를 FSM으로 설계해 보려 한다. 5장으로부터 카운터는 복수의 플립플롭을 직결한 것에 약간의 논리게이트를 합친 형태로 구현될 수 있으며, 각 플립플롭 단은 입력되는 펄스를 2로 나눈다는 것을 이미 알고 있다. 여기서는 편의상 소규모 카운터를 다루지만 대규모 회로의 설계로 확장하는 방법도 보여준다. 카운터의 스

펙은 다음과 같다.

- 카운팅 순서는 0, 1, 2, … 6, 7, 0, 1, …이다.
- 입력 신호 w의 값이 각 클록 사이클 동안 검토된다. $w = 0$이면 현재 카운트 값이 유지되고, $w = 1$이면 카운트가 증가된다.

카운터는 앞 절에서 소개한 설계 기법을 통하여 동기 순차회로로 설계될 수 있다.

6.7.1 모듈로-8 카운터의 상태도와 상태표

그림 6.60은 구현하려는 카운터의 상태도이다. 카운트마다 상태를 하나씩 관련짓고 있다. 그림에서 상태 A는 카운트 0에, 상태 B는 카운트 1에, 이런 식이다. 카운팅 시퀀스를 구현하기 위해 필요한 상태의 천이를 그림에 나타내었다. 출력 신호가 주어진 시점에서 카운터의 상태만으로 결정되므로 이 회로는 순차회로의 무어 모델이다.

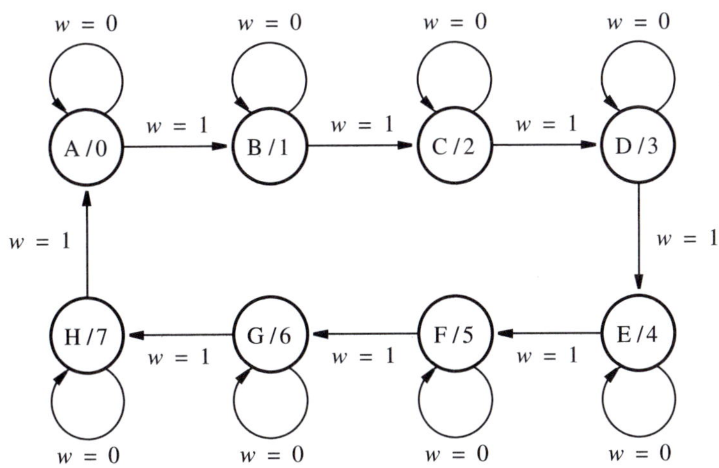

그림 6.60 카운터의 상태도

Present state	Next state		Output
	$w = 0$	$w = 1$	
A	A	B	0
B	B	C	1
C	C	D	2
D	D	E	3
E	E	F	4
F	F	G	5
G	G	H	6
H	H	A	7

그림 6.61 카운터의 상태표

상태도를 그림 6.61과 같은 상태표로 나타낼 수 있다.

6.7.2 상태 할당

여덟 개의 상태를 나타내려면 상태 변수 세 개가 필요하다. 현재 상태를 나타내는 이들 변수를 y_2, y_1, y_0이라고 하고, 이에 대응하는 다음 상태를 Y_2, Y_1, Y_0으로 나타내자. 가장 편리한(그리고 가장 간단한) 상태 할당은 특정 상태에서 카운터가 출력하고 있는 2진수로 각 상태를 인코딩하는 것이다. 그러면 필요한 출력 신호는 상태 변수를 나타내는 신호와 같게 된다. 이렇게 하여 구한 상태 할당표는 그림 6.62와 같다.

설계의 최종 단계는 플립플롭의 종류를 선택하고, 플립플롭 입력을 제어하는 논리식을 유도하는 것이다. 가장 간단한 선택은 D 플립플롭을 사용하는 것이다. 여기서는 우선 이 방법을 따르고자 한다. 그리고 나서 JK 플립플롭을 사용하여 설계하는 방법을 설명한다.

6.7.3 D 플립플롭을 사용한 구현

FSM을 구현하기 위해 D 플립플롭을 사용하는 경우, 다음 상태 함수 Y_i는 상태 변수 y_i를 구현하는 플립플롭의 D 입력에 연결된다. 다음 상태 함수는 그림 6.62의 정보로부터 유도할 수 있으며, 그림 6.63의 카르노 맵을 이용하여 얻은 식은 다음과 같다.

$$D_0 = Y_0 = \overline{w}y_0 + w\overline{y}_0$$
$$D_1 = Y_1 = \overline{w}y_1 + y_1\overline{y}_0 + wy_0\overline{y}_1$$
$$D_2 = Y_2 = \overline{w}y_2 + \overline{y}_0y_2 + \overline{y}_1y_2 + wy_0y_1\overline{y}_2$$

결과 회로를 그림 6.64에 보였다. 이 회로를 더 큰 카운터로 확장하는 방법은 아직 분명하지 않다. D_0, D_1, D_2에 대한 식에서는 아직 확실한 패턴이 인식되지 않기 때문이다. 그러나 이들 식을 아래와 같이 다시 써 보면,

	Present state $y_2y_1y_0$	Next state $w = 0$ $Y_2Y_1Y_0$	Next state $w = 1$ $Y_2Y_1Y_0$	Count $z_2z_1z_0$
A	000	000	001	000
B	001	001	010	001
C	010	010	011	010
D	011	011	100	011
E	100	100	101	100
F	101	101	110	101
G	110	110	111	110
H	111	111	000	111

그림 6.62 카운터의 상태-할당표

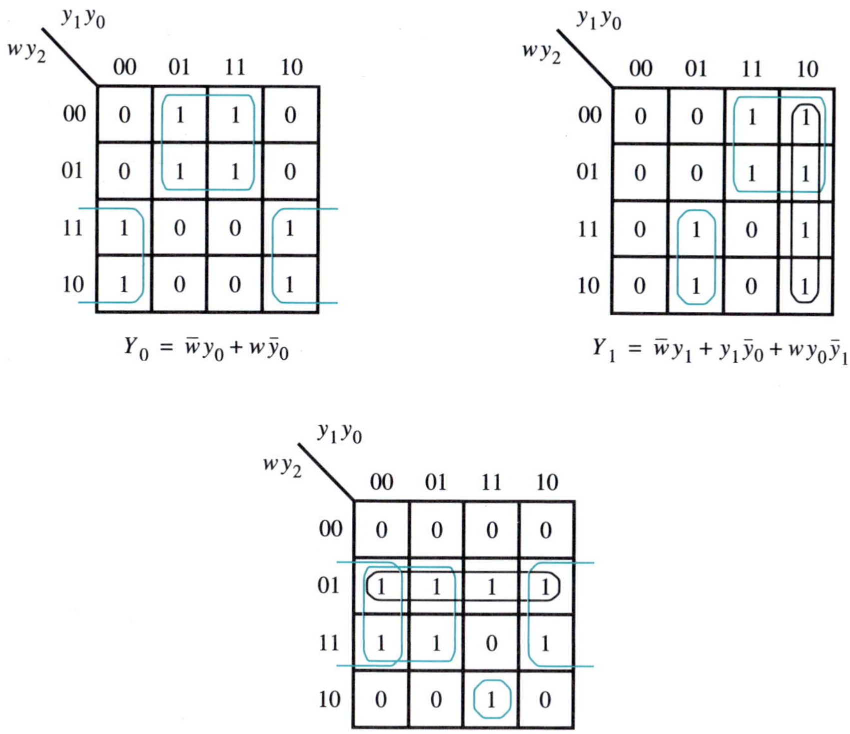

$Y_0 = \bar{w}y_0 + w\bar{y}_0$

$Y_1 = \bar{w}y_1 + y_1\bar{y}_0 + wy_0\bar{y}_1$

$Y_2 = \bar{w}y_2 + \bar{y}_0y_2 + \bar{y}_1y_2 + wy_0y_1\bar{y}_2$

그림 6.63 카운터의 D 플립플롭에 대한 카르노 맵

$$\begin{aligned} D_0 &= \overline{w}y_0 + w\overline{y}_0 \\ &= w \oplus y_0 \end{aligned}$$

$$\begin{aligned} D_1 &= \overline{w}y_1 + y_1\overline{y}_0 + wy_0\overline{y}_1 \\ &= (\overline{w} + \overline{y}_0)y_1 + wy_0\overline{y}_1 \\ &= \overline{wy_0}y_1 + wy_0\overline{y}_1 \\ &= wy_0 \oplus y_1 \end{aligned}$$

$$\begin{aligned} D_2 &= \overline{w}y_2 + \overline{y}_0y_2 + \overline{y}_1y_2 + wy_0y_1\overline{y}_2 \\ &= (\overline{w} + \overline{y}_0 + \overline{y}_1)y_2 + wy_0y_1\overline{y}_2 \\ &= \overline{wy_0y_1}y_2 + wy_0y_1\overline{y}_2 \\ &= wy_0y_1 \oplus y_2 \end{aligned}$$

분명한 패턴이 보이는데, 그림 5.23의 회로에서 이를 확인할 수 있다.

6.7.4 JK 플립플롭을 이용한 구현

JK 플립플롭은 매력적인 대안을 제공한다. 그림 6.62에 명시된 순차회로를 구현하는 데 이 플립플롭을 사용하려면 각 플립플롭에 대한 *J*와 *K* 입력을 구해야 하며, 다음의 제

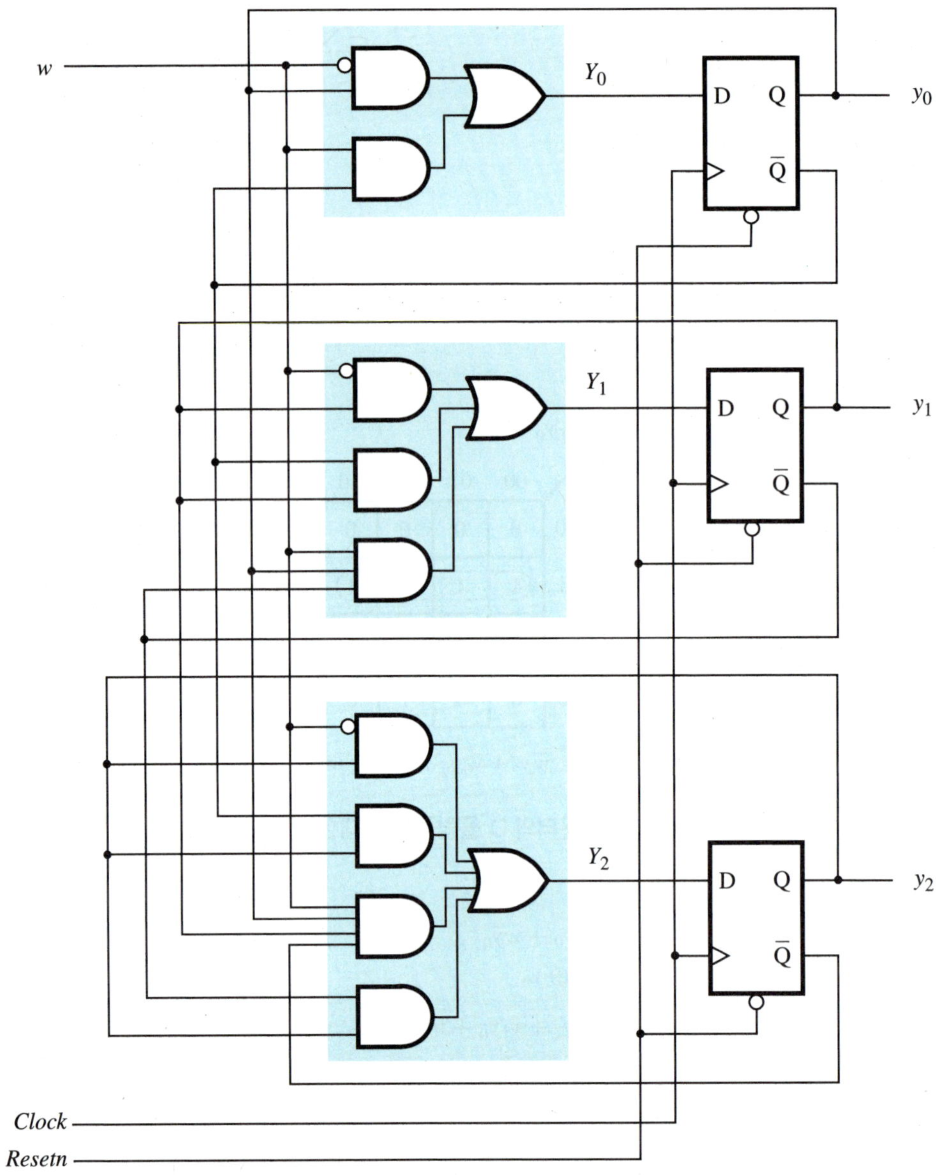

그림 6.64 D 플립플롭으로 구현한 카운터의 회로도

어 규칙을 알아야 한다.

- 상태 0에 있는 플립플롭이 상태 0을 유지하려면, $J = 0$과 $K = d$이어야 한다(여기서 d는 K가 0 또는 1이 될 수 있음을 의미한다).
- 상태 0의 플립플롭이 상태 1로 변하기 위해서는, $J = 1$과 $K = d$이어야 한다.
- 상태 1의 플립플롭이 상태 1을 유지하려면, $J = d$와 $K = 0$이어야 한다.
- 상태 1에 있는 플립플롭이 상태 0으로 변하려면, $J = d$와 $K = 1$이어야 한다.

	Present state $y_2y_1y_0$	Flip-flop inputs								Count $z_2z_1z_0$
		$w=0$				$w=1$				
		$Y_2Y_1Y_0$	J_2K_2	J_1K_1	J_0K_0	$Y_2Y_1Y_0$	J_2K_2	J_1K_1	J_0K_0	
A	000	000	0d	0d	0d	001	0d	0d	1d	000
B	001	001	0d	0d	d0	010	0d	1d	d1	001
C	010	010	0d	d0	0d	011	0d	d0	1d	010
D	011	011	0d	d0	d0	100	1d	d1	d1	011
E	100	100	d0	0d	0d	101	d0	0d	1d	100
F	101	101	d0	0d	d0	110	d0	1d	d1	101
G	110	110	d0	d0	0d	111	d0	d0	1d	110
H	111	111	d0	d0	d0	000	d1	d1	d1	111

그림 6.65 JK 플립플롭을 가진 카운터를 위한 여기표

이러한 지침에 따라 우리 설계에서 세 개 플립플롭의 J와 K 입력에 필요한 값을 명시한 진리표를 생성할 수 있다. 그림 6.65는 J와 K 입력 함수를 포함하도록 그림 6.62 상태 할당표를 변경한 수정 버전을 보인 것이다. 이 표가 어떻게 유도되었는지 보려면, 현재 상태가 $y_2y_1y_0 = 000$인 첫 번째 행을 살펴보자. $w = 0$이면, 다음 상태 또한 $Y_2Y_1Y_0 = 000$이다. 따라서 각 플립플롭의 현재 값은 0이고, 다음에도 0에 머물러 있어야 한다. 세 개의 플립플롭 모두에 대해 $J = 0$과 $K = d$이어야 함을 의미한다. 첫 번째 행에 대한 논의를 계속해서 $w = 1$이면, 다음 상태는 $Y_2Y_1Y_0 = 001$이 될 것이다. 따라서 플립플롭 y_2와 y_1은 여전히 0을 유지하므로, $J = 0$과 $K = d$이어야 한다. 그러나 플립플롭 y_0은 0에서 1로 바뀌어야 하는데 $J = 1$과 $K = d$이면 된다. 현재 상태 $y_2y_1y_0$을 고려하여, 새로운 상태 $Y_2Y_1Y_0$에 도달하는 데 필요한 제어 신호를 공급하는 앞에서와 같은 방법을 따라 표의 나머지를 채울 수 있다.

상태 할당표는 본질적으로 각 상태를 상태 변수를 사용하여 인코딩한 상태표이다. D 플립플롭으로 FSM을 구현할 때, 상태 할당표의 다음 상태 엔트리(entry)는 입력 D에 인가되어야 하는 신호 그 자체이다. 다른 형태의 플립플롭을 사용하는 경우에는 이와 다르다. 다음 상태로의 천이를 야기하도록 '여기되어야(excited)' 하는 플립플롭의 입력의 형태로 상태 정보를 제공하는 표를 보통 **여기표**(*eacitation table*)라고 한다. 그림 6.65의 여기표는 JK 플립플롭이 어떻게 사용될 수 있는지 보여주고 있다. 많은 책에서 D 플립플롭을 사용하는 경우에도 여기표란 용어를 사용하는데, 이 경우의 여기표는 상태 할당표와 같은 의미이다.

일단 그림 6.65의 여기표를 구하고 나면, 입력이 y_2, y_1, y_0과 w인 출력 J_2, K_2, J_1, K_1, J_0, K_0에 대한 진리표를 만들 수 있다. 또, 그림 6.66에 보인 것처럼 이들 출력에 대한 식을 유도할 수 있다. 결과 식은 다음과 같다.

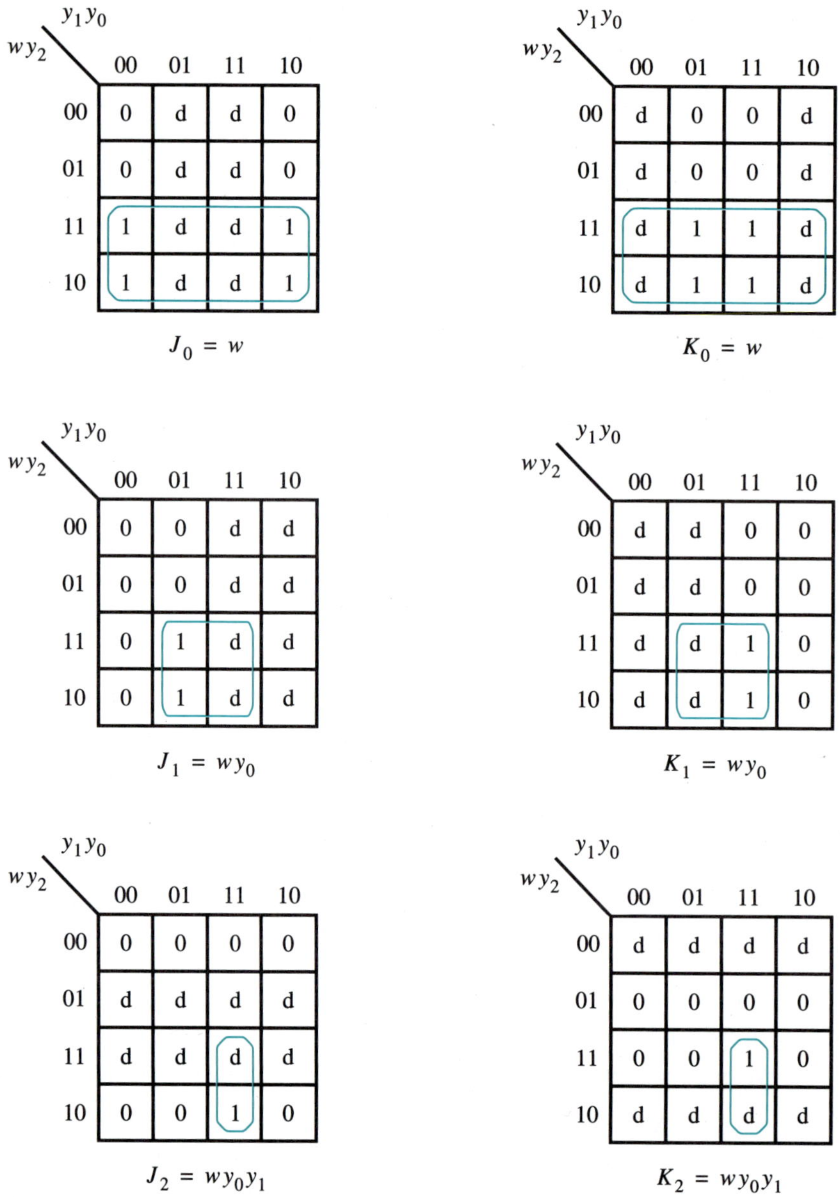

그림 6.66 카운터에서 JK 플립플롭에 대한 카르노 맵

$$J_0 = K_0 = w$$
$$J_1 = K_1 = wy_0$$
$$J_2 = K_2 = wy_0y_1$$

이 식을 회로로 바꾸면 그림 6.67과 같이 된다. 이 설계를 대형 카운터로 쉽게 확장할 수 있음은 명백해 보인다. 패턴 $J_n = K_n = wy_0y_1 \cdots y_{n-1}$이 카운터에서 각 단의 회로를

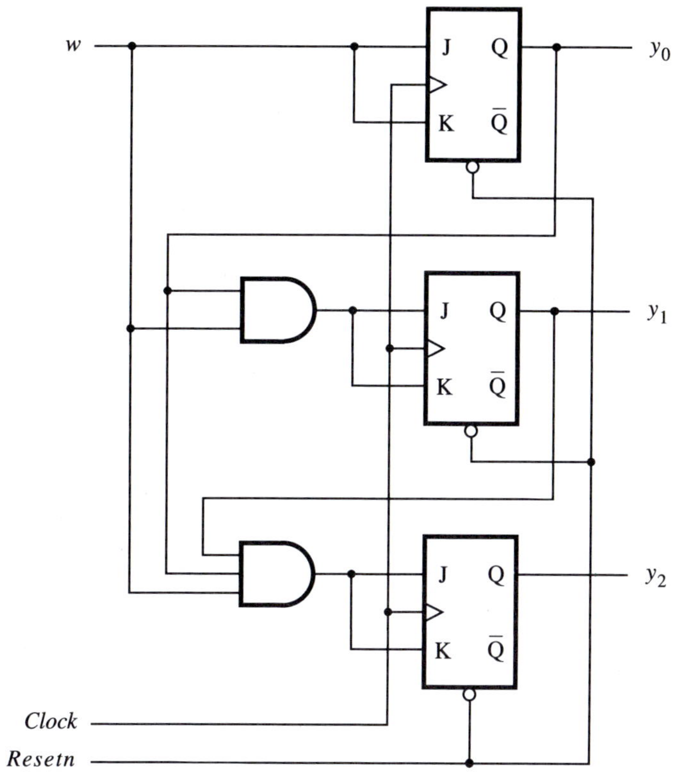

그림 6.67 JK 플립플롭을 사용한 회로도

정의하고 있다. 곱 항 $wy_0y_1 \cdots y_{n-1}$을 구현하는 AND 게이트의 크기가 후속 단으로 가면서 증가한다. 카운터의 단을 거치면서 이전 단계에서 사용했던 항을 새 요소로 발췌하여(factoring out) 사용함으로써 보다 규칙적인 구조의 회로를 구할 수 있다. 이 방식에 따르면,

$$J_2 = K_2 = (wy_0)y_1 = J_1y_1$$
$$J_n = K_n = (wy_0 \cdots y_{n-2})y_{n-1} = J_{n-1}y_{n-1}$$

Factored 형태를 적용하면 카운터 회로는 그림 6.68에 보인 것처럼 구현될 수 있다. 이 회로에서 (첫 단계를 제외하고) 모든 단계가 똑 같아 보인다. 또, 플립플롭의 입력 J와 K를 같이 연결하면 T 플립플롭이 되므로, 이 회로는 그림 5.22의 회로와 구조가 같다는 것을 주목하기 바란다.

6.7.5 다른 카운터의 예

지금까지 통상적인 카운터의 설계에 대해 고찰하였다. 이제는 이러한 설계 지식을 유사 카운터 회로의 설계에 적용해보자. 입력 w에서 입력된 펄스의 수를 세는 3-비트 카운터

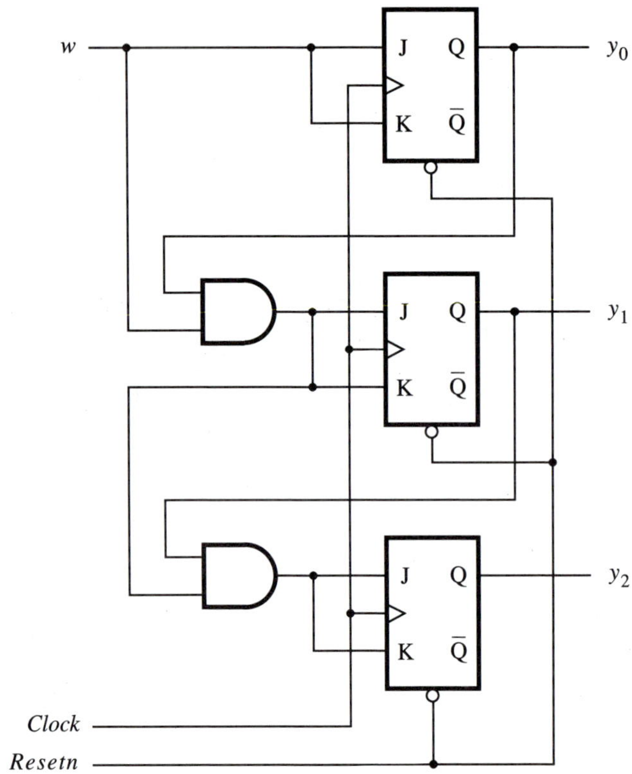

그림 6.68 Factored 형태로 구현한 카운터

를 설계하고자 한다. 그러나 이 카운터는 0, 1, 2, 3, 4, 5, 6, 7, 0, 1, …이 아닌, 0, 4, 2, 6, 1, 5, 3, 7, 0, 4, …의 순서로 카운트하여야 한다. 게이트를 추가로 사용하지 않고 플립플롭의 값 그 자체로 카운트를 나타내야 한다. 즉 Count = $Q_2Q_1Q_0$이다.

입력 라인 *w*상의 펄스를 카운트하고자 하므로 *w*를 플립플롭의 클록 입력으로 사용하는 것이 합리적이다. 따라서 카운터 회로는 항상 인에이블 상태여야 하고, *w*선상에 펄스가 발생할 때마다 자신의 상태를 바꾸어야 한다. 원하는 카운터를 FSM 방식을 이용하여 간단히 설계할 수 있다. 그림 6.69와 6.70은 필요한 상태표와 적절한 상태 할당을 보여준다. D 플립플롭을 사용하는 것으로 가정하여 다음 상태 식을 구한다.

$$D_2 = Y_2 = \overline{y}_2$$

$$D_1 = Y_1 = y_1 \oplus y_2$$

$$\begin{aligned} D_0 = Y_0 &= y_0\overline{y}_1 + y_0\overline{y}_2 + \overline{y}_0 y_1 y_2 \\ &= y_0(\overline{y}_1 + \overline{y}_2) + \overline{y}_0 y_1 y_2 \\ &= y_0 \oplus y_1 y_2 \end{aligned}$$

Present state	Next state	Output $z_2z_1z_0$
A	B	0 0 0
B	C	1 0 0
C	D	0 1 0
D	E	1 1 0
E	F	0 0 1
F	G	1 0 1
G	H	0 1 1
H	A	1 1 1

그림 6.69 유사 카운터 예제에 대한 상태표

Present state $y_2y_1y_0$	Next state $Y_2Y_1Y_0$	Output $z_2z_1z_0$
0 0 0	1 0 0	0 0 0
1 0 0	0 1 0	1 0 0
0 1 0	1 1 0	0 1 0
1 1 0	0 0 1	1 1 0
0 0 1	1 0 1	0 0 1
1 0 1	0 1 1	1 0 1
0 1 1	1 1 1	0 1 1
1 1 1	0 0 0	1 1 1

그림 6.70 그림 6.69의 상태 할당표

이 식은 그림 6.71의 회로가 된다.

이 회로를 그림 5.23의 보통의 업 카운터와 비교해보라. 그림 5.23 카운터의 처음 세 개의 플립플롭을 선택하여 *Enable* 입력을 1로 세트하고, *Clock* = *w*로 하라. 그러면 카운트의 비트 순서가 약간 다르다는 것 말고는 두 회로가 본질적으로 같다. 그림 5.23에서 최상위 플립플롭은 카운트의 최하위 비트(LSB)에 해당하는데 반해, 그림 6.71의 최상위 플립플롭은 카운트의 최상위 비트(MSB)에 해당한다. 이것은 우연의 일치가 아니다. 그림 6.70에서 원하는 카운트를 $Count = y_2y_1y_0$으로 정의하였다. 그러나 상태를 정의하는 비트의 패턴을 $Count = y_0y_1y_2$와 같이 역순으로 놓고 2진수로 해석하면 상태 *A*, *B*, *C*, … , *H*는 값 0, 1, 2, … , 7을 가진다. 이들 값은 보통의 3-비트 업 카운터의 값과 같다.

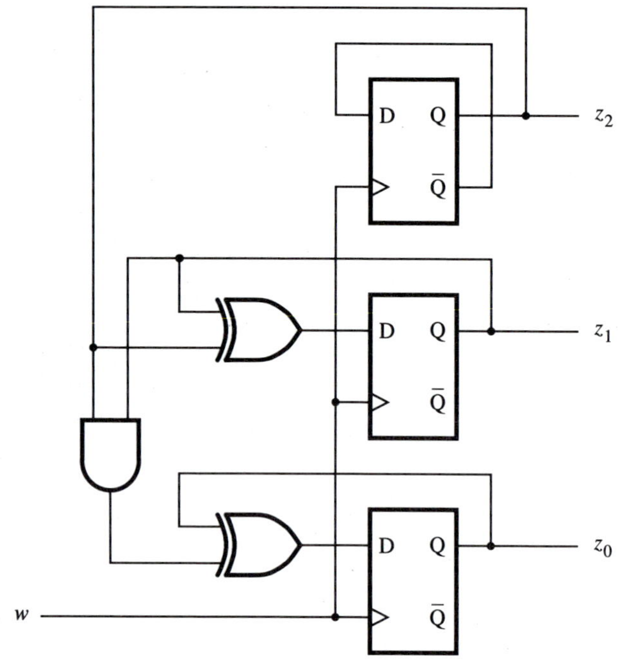

그림 6.71 그림 6.70에 대한 회로

6.8 • 중재기 회로

이 절에서는 이전 예제들보다 약간 더 복잡한 FSM의 설계를 다룬다. 설계하려는 머신의 목적은 주어진 시스템에서 다양한 장치가 공유 자원(shared resource)에 액세스하는 것을 제어하는 것이다. 한 번에 하나의 장치만 자원을 사용할 수 있다. 시스템의 모든 신호는 클록의 포지티브 에지에서만 값을 변경할 수 있다고 가정하라. 각 장치는 FSM에 *request*라고 하는 입력을 보내고, FSM은 각 장치별로 *grant*라는 별도의 출력을 생성한다. 장치는 request 신호를 assert함으로써 공유 자원을 사용하려는 의도를 표한다. 공유 자원이 이미 사용되고 있는 경우가 아니면, FSM은 활성화된 모든 request를 검토한다. 우선순위(priority)에 따라서 request를 요청한 장치 중 하나에게 grant 신호를 보낸다. 그 장치가 공유 자원의 사용을 끝낸 후에는 자신의 request 신호를 끊는다(deassert).

시스템에 장치 1, 2, 3의 세 개의 장치가 있다고 가정하자. 보다 많은 수의 장치를 처리하도록 FSM을 확장할 수 있는 방법을 쉽게 알 수 있다. Request 신호를 r_1, r_2, r_3으로 명명하고, grant 신호를 g_1, g_2, g_3이라 부르자. 장치에 우선순위 레벨이 할당되는데 장치 1이 순위가 가장 높고, 장치 2가 그 다음, 그리고 장치 3이 가장 낮다. 따라서 FSM이 grant를 할당할 때, 하나 이상의 request 신호가 동시에 들어오면 우선순위가 가장 높은 request 장치에 grant를 부여한다.[2]

2 역주 이러한 동작을 수행하는 회로를 중재기라고 한다.

무어형 머신으로 설계한 FSM의 상태도를 그림 6.72에 나타내었다. 처음에 리셋하면 머신은 *Idle* 상태가 된다. 이 상태에서는 grant 신호가 하나도 없고, 공유 자원도 사용되지 않는다. *gnt*1, *gnt*2, *gnt*3으로 명명된 세 개의 상태가 있다. 각 상태는 장치들 중의 하나에게 grant 신호를 보낸다.

모든 request 신호가 0이면 FSM은 계속 *Idle* 상태로 남는다. 조건 $r_1r_2r_3 = 000$이 상태도에 000으로 표기된 원호로 표시되었다. 하나 이상의 request 신호가 1이 되면, 머신은 우선순위 계획에 따라 세 개의 grant 상태 중 하나로 이동한다. r_1이 요청되면 장치 1이 우선순위가 가장 높기 때문에 grant를 받는다. 이것을 $g_1 = 1$로 설정하는, 상태 *gnt*1에 이르는 1xx로 표기된 원호로 나타낸다. 1xx의 뜻은 request 신호 r_1은 1이고, (우선순위에 따라) 신호 r_2와 r_3의 값은 관계없다는 것이다. 이미 앞서 배운 바와 같이 심벌 x는 해당 변수의 값이 0이나 1이 될 수 있다는 것을 나타낸다. r_1이 1인 동안 머신은 상태 *gnt*1에 머문다. $r_1 = 0$이면 0xx로 표기된 원호는 다음 포지티브 클록 에지에서 *Idle* 상태로 돌아가게 하고, g_1은 해제된다(deassert). 이때 다른 request들이 활성화되면 FSM은 다음 클록 에지 후에 새로운 grant 상태로 이동할 것이다.

상태 *gnt*2로 변화를 일으키는 원호는 레이블이 01x이다. $r_2 = 1$이고, $r_1 = 0$인 조건을 나타내므로 이 표기는 우선순위 계획에 부합한다. 마찬가지로 *gnt*3 상태로 이동하기 위한 조건은 001인데, request 신호 r_3만 발생했음을 나타낸다.

상태도를 그림 6.73에 다시 그렸다. 그림 6.72와 차이점은 오직 원호를 표기하는 방

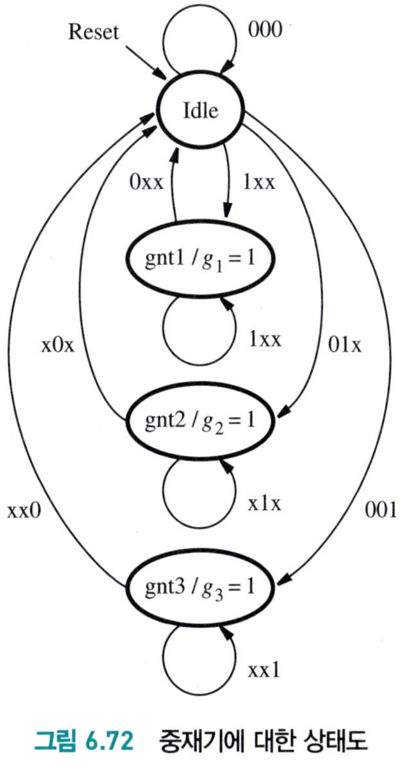

그림 6.72 중재기에 대한 상태도

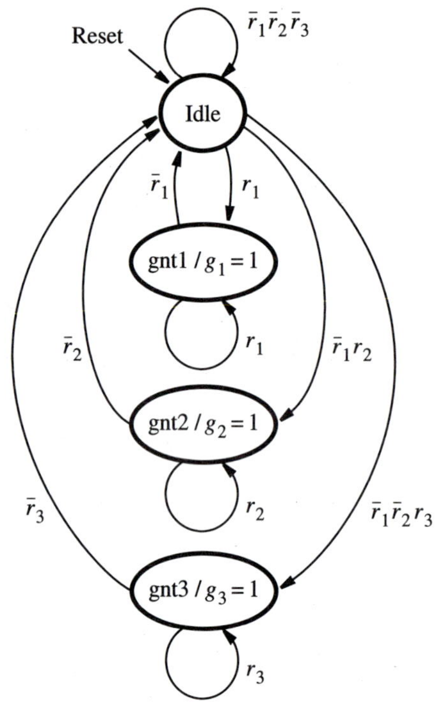

그림 6.73 **중재기에 대한 다른 유형의 상태도**

식뿐이다. 그림 6.73에서는 좀 더 단순한 표기를 사용하여 직관성을 높였다. 상태 *Idle* 에서 상태 *gnt*1에 이르는 조건의 경우 1xx 대신에 r_1로 표기하였다. 이 표기는 r_1 = 1이면 FSM은 다른 입력에 관계없이 *gnt*1 상태로 변화한다는 것을 의미한다. *Idle* 상태에서 *gnt*2 상태로 유도하는 $\bar{r}_1 r_2$로 표기된 원호는 조건 $r_1 r_2 = 01$을 나타내며, r_3의 값은 관계가 없다. 상태도에서 원호를 표기하는 방법에는 표준이 없다. 일부 설계자는 그림 6.72의 유형을 선호하는 반면, 그림 6.73과 같은 유형을 선호하는 설계자도 있다.

그림 6.74는 위의 머신에 대한 Verilog 코드이다. 세 개의 request와 grant 신호를 3-비트 벡터 *r*과 *g*로 나타냈다. FSM 천이는 그림 6.29에서 사용한 형태의 **case** 문을 사용하여 기술되었다. *Idle* 상태에서 원하는 우선순위 계획은 중첩된(nested) **casex** 문으로 기술하였다. r_1 = 1이면 머신의 다음 상태는 *gnt*1이다. r_1이 요청되지 않으면, 다른 request 신호를 체크하는데, 규정에 따라 r_2 = 1이면 다음 상태는 *gnt*2가 된다. 우선순위가 더 높은 request 신호가 없는 경우에 한해 우선순위가 낮은 request 신호를 처리한다.

각 grant 상태에 대한 천이는 간단하다. r_1 = 1인 동안 FSM은 상태 *gnt*1에 머물지만, r_1 = 0이 되면 다음 상태는 *Idle*이 된다. 다른 grant 상태들도 같은 구조를 가진다.

Grant 신호 g_1, g_2, g_3은 끝부분에 정의되어 있다. 머신이 상태 *gnt*1에 있을 때 g_1의 값은 1이 되고, 그렇지 않으면 g_1은 0이 된다. 마찬가지로 다른 grant 신호는 적절한 상태에서만 1이 된다.

```
module arbiter (r, Resetn, Clock, g);
  input [1:3] r;
  input Resetn, Clock;
  output wire [1:3] g;
  reg [2:1] y, Y;
  parameter Idle = 2'b00, gnt1 = 2'b01, gnt2 = 2'b10, gnt3 = 2'b11;

  // Next state combinational circuit
  always @(r, y)
    case (y)
      Idle:   casex (r)
                3'b000:   Y = Idle;
                3'b1xx:   Y = gnt1;
                3'b01x:   Y = gnt2;
                3'b001:   Y = gnt3;
                default:  Y = Idle;
              endcase
      gnt1:   if (r[1])  Y = gnt1;
              else       Y = Idle;
      gnt2:   if (r[2])  Y = gnt2;
              else       Y = Idle;
      gnt3:   if (r[3])  Y = gnt3;
              else       Y = Idle;
      default:           Y = Idle;
    endcase

  // Sequential block
  always @(posedge Clock)
    if (Resetn == 0)  y <= Idle;
    else  y <= Y;

  // Define output
  assign g[1] = (y == gnt1);
  assign g[2] = (y == gnt2);
  assign g[3] = (y == gnt3);

endmodule
```

그림 6.74 중재기에 대한 Verilog 코드

6.9 • 동기식 순차회로의 분석

설계자는 동기식 순차회로의 설계 방법을 알아야 할 뿐만 아니라, 기존 회로의 동작을 분석할 수도 있어야 한다. 분석 작업은 합성 작업보다 훨씬 간단하다. 이 절에서는 회로의 분석 방법을 살펴본다.

회로를 분석하려면, 합성 절차의 단계를 역순으로 하면 된다. 플립플롭의 출력은

현재 상태 변수를 나타낸다. 이들 입력은 회로가 진입하게 될 다음 상태를 결정한다. 이 정보로부터 회로에 대한 상태 할당표를 만들 수 있다. 각 상태에 이름을 부여하면 이 표가 상태표 및 그에 상응하는 상태도가 된다. 다음 예제에서 보는 것처럼, 회로에 사용된 플립플롭의 종류도 분석 요소의 하나이다.

예제 6.9 D 플립플롭

그림 6.75는 D 플립플롭이 두 개 있는 FSM이다. y_1과 y_2는 현재 상태 변수이고 Y_1과 Y_2는 다음 상태 변수이다. 다음 상태와 출력식은 아래와 같다.

$$Y_1 = w\overline{y}_1 + wy_2$$

$$Y_2 = wy_1 + wy_2$$

$$z = y_1y_2$$

플립플롭이 두 개 있으므로 FSM은 많아야 네 개의 상태를 갖는다. 플립플롭의 초기 상태를 $y_1 = y_2 = 0$으로 가정하는 것이 분석의 좋은 출발점이 된다. Y_1과 Y_2의 식에서 그림 6.76*a*의 상태 할당표를 유도할 수 있다. 예를 들어, 표의 첫 번째 행에서 $y_1 = y_2 = 0$이다. 여기서 $w = 0$이면 $Y_1 = Y_2 = 0$이 되고, $w = 1$이면 $Y_1 = 1$과 $Y_2 = 0$이 된다. 이 상태에 대한 출력은 $z = 0$이다. 다른 행들도 같은 방법으로 구한다. 상태를 *A*, *B*, *C*, *D*로 표기하면 그림 6.76*b*의 상태표가 된다. 이 표로부터 리셋 조건에 이어 입력 w에 1이 연속하여 세 번 발생할 때마다 FSM이 출력 $z = 1$을 생성하는 것을 확인할 수 있다. 그러므로 이 FSM은 이 패턴의 시퀀스 검출기로 동작한다.

예제 6.10 JK 플립플롭

이제 두 개의 JK 플립플롭을 가진 그림 6.77의 회로를 보자. 플립플롭의 입력 식은 아래와 같고,

$$J_1 = w$$

$$K_1 = \overline{w} + \overline{y}_2$$

$$J_2 = wy_1$$

$$K_2 = \overline{w}$$

출력은 $z = y_1y_2$로 주어진다.

이들 식에서 그림 6.78의 여기표를 유도할 수 있다. 이 표의 엔트리를 해석하여, 상태 할당표를 만들 수 있다. 예를 들어, $y_2y_1 = 00$과 $w = 0$을 보라. $J_2 = J_1 = 0$과 $K_2 = K_1 = 1$이므로 플립플롭 둘 다 상태 0을 유지할 것이다. 따라서 $Y_2 = Y_1 = 0$이다. $y_2y_1 = 00$이고 $w = 1$이면, $J_2 = K_2 = 0$과 $J_1 = K_1 = 1$이다. 따라서 y_2 플립

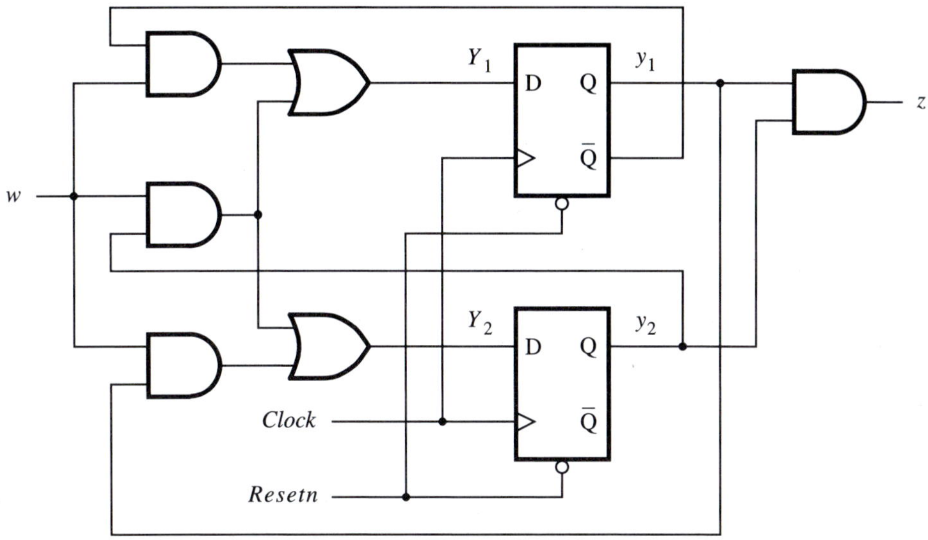

그림 6.75 예제 6.9의 회로

Present state y_2y_1	Next state $w = 0$ Y_2Y_1	Next state $w = 1$ Y_2Y_1	Output z
0 0	0 0	0 1	0
0 1	0 0	1 0	0
1 0	0 0	1 1	0
1 1	0 0	1 1	1

(a) 상태 할당표

Present state	Next state $w = 0$	Next state $w = 1$	Output z
A	A	B	0
B	A	C	0
C	A	D	0
D	A	D	1

(b) 상태표

그림 6.76 그림 6.75 회로에 대한 표

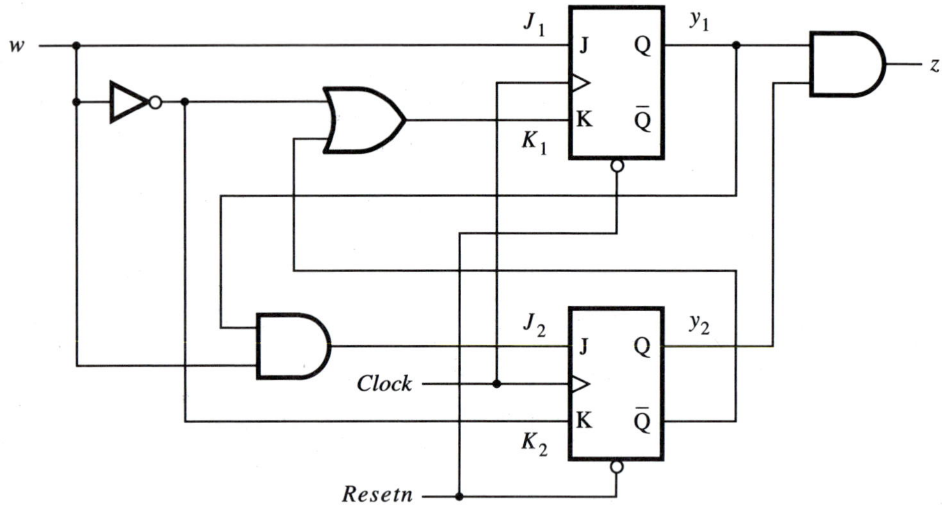

그림 6.77 예제 6.10의 회로

Present state y_2y_1	Flip-flop inputs				Output z
	$w = 0$		$w = 1$		
	J_2K_2	J_1K_1	J_2K_2	J_1K_1	
0 0	0 1	0 1	0 0	1 1	0
0 1	0 1	0 1	1 0	1 1	0
1 0	0 1	0 1	0 0	1 0	0
1 1	0 1	0 1	1 0	1 0	1

그림 6.78 그림 6.77 회로에 대한 여기표

플롭은 그대로 두고 y_1 플립플롭을 1로 세트한다. 그러므로 $Y_2 = 0$과 $Y_1 = 1$이다. $y_2y_1 = 01$이고 $w = 0$이면, $J_2 = J_1 = 0$과 $K_2 = K_1 = 1$이다. 이것은 y_1 플립플롭을 리셋하여 상태 $y_2y_1 = 00$이 된다. 그러므로 $Y_2 = Y_1 = 0$이다. 마찬가지로, $y_2y_1 =$ 01과 $w = 1$이면, $J_2 = 1$이고 $K_2 = 0$이 되어 $y_2 = 1$로 세트한다. 따라서 $Y_2 = 1$이다. 반면에 $J_1 = K_1 = 1$은 y_1의 값을 뒤집는다. 따라서 $Y_1 = 0$이 된다. 이리하여 상태 $y_2y_1 = 10$으로 유도한다. 이 과정을 모두 마친 후 만들어질 상태 할당표는 그림 6.76*a*에 있는 것과 같다. 결론적으로 말하면 그림 6.75와 그림 6.77의 회로는 동일한 FSM을 구현한 것이다.

예제 6.11 플립플롭 섞어쓰기

한 회로에 여러 종류의 플립플롭을 사용하지 못할 이유는 없다. 그림 6.79는 D 플립플롭과 T 플립플롭을 한 개씩 사용한 회로를 보이고 있다. 이 회로에 대한 식은 다음과 같다.

$$D_1 = w(\overline{y}_1 + y_2)$$
$$T_2 = \overline{w}y_2 + wy_1\overline{y}_2$$
$$z = y_1y_2$$

이 식으로부터 그림 6.80의 여기표를 유도할 수 있다. T 플립플롭이므로 y_2는 $T_2 = 1$일 때만 상태가 바뀐다. 따라서 $y_2y_1 = 00$이고 $w = 0$이면, $T_2 = D1 = 0$이므로 회로의 상태는 변하지 않는다. $y_2y_1 = 01$이고 $w = 1$일 때 $T_2 = 1$이며, 이것이 y_2를 1로 바꾼다. 또 $D_1 = 0$은 $y_1 = 0$이 되게 하므로, $Y_2 = 1$과 $Y_1 = 0$이다. $w = 0$이고 y_2y_1이 10 또는 11인 경우에도 $T_2 = 1$이 된다. 이 두 경우 모두 $D_1 = 0$이다. 그러므로 T 플립플롭은 상태가 1에서 0으로 바뀌는 반면, D 플립플롭은 0이 되므로 다음 상태는 $Y_2Y_1 = 00$이 된다. 이 분석을 마무리하면, 또 한 번 그림 6.76*a*의 상태표를 얻는다. 그러므로 이 회로는 그림 6.76*b*의 상태표로 나타낸 FSM의 또 다른 구현이다.

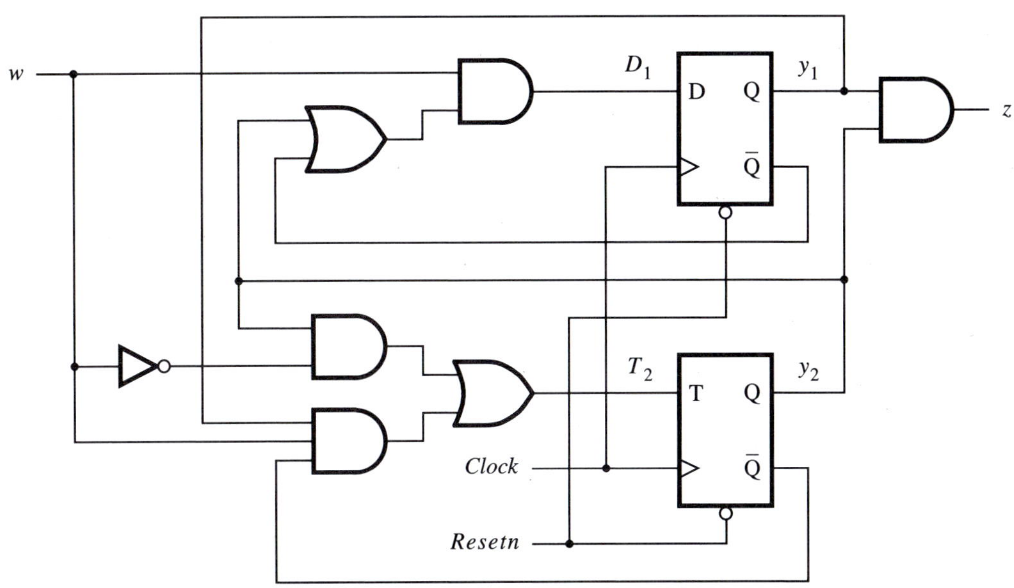

그림 6.79 예제 6.11의 회로

Present state y_2y_1	Flip-flop inputs		Output z
	$w = 0$	$w = 1$	
	T_2D_1	T_2D_1	
0 0	0 0	0 1	0
0 1	0 0	1 0	0
1 0	1 0	0 1	0
1 1	1 0	0 1	1

그림 6.80 그림 6.79 회로에 대한 여기표

6.10 • ASM 차트

이 장에서 사용한 상태도와 상태표는 소수의 입력과 출력을 가진 FSM의 동작을 기술하는 데 편리하다. 규모가 큰 머신의 경우 설계자는 *ASM(algorithmic state machine)* 차트라고 하는 다른 표현 형식을 주로 사용한다.

ASM 차트는 FSM의 상태 천이와 생성된 출력을 나타내는 데 사용할 수 있는 흐름도의 한 형태이다. ASM 차트에 이용되는 세 가지 요소를 그림 6.81에 기술하였다.

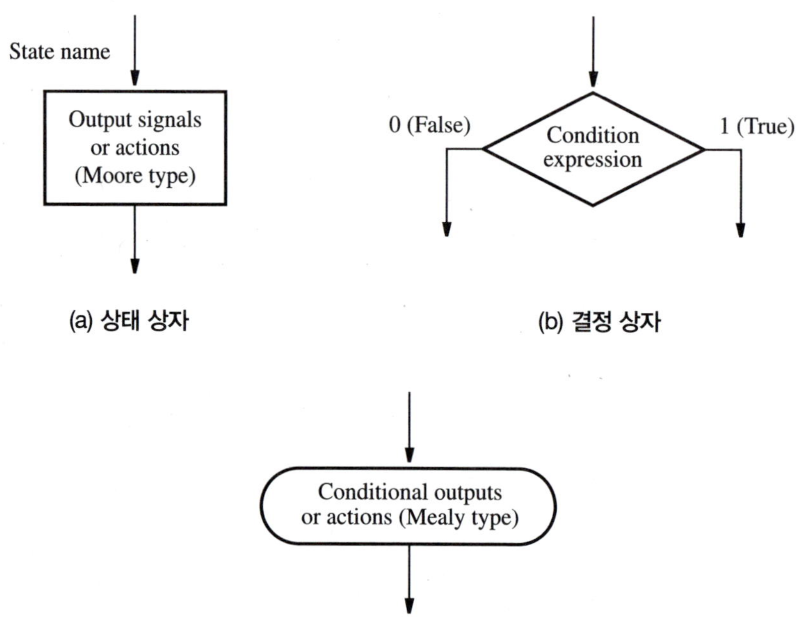

(a) 상태 상자

(b) 결정 상자

(c) 조건부 출력 상자

그림 6.81 ASM 차트에 사용되는 요소

- **상태 상자** – 직사각형은 FSM의 상태를 나타내며, 상태도의 노드 또는 상태표의 행에 해당한다. 상태의 이름은 상자 외부의 왼쪽 상단 모서리에 표시한다. 무어형 출력은 상자 내부에 나열한다. 이것은 상태를 정의하는 상태 변수의 값만으로 결정되는 출력으로, 간단히 **무어 출력**이라고 한다. 관례상 assert되어야 하는 신호의 이름만 쓴다. 따라서 출력 z가 값 1을 가져야 한다는 것을 나타내려면 $z = 1$보다는 z라고 쓰는 것으로 충분하다. 또, 수행되어야 하는 동작을 표시하는 데에도 유용하다. 예를 들어 $Count \leftarrow Count + 1$은 카운터의 내용이 1 증가되어야 함을 표시한다. 물론 카운터를 증가시키는 제어 신호가 반드시 assert되어야 한다는 것을 표현하는 간단한 방법이기도 하다. 7장에서 다루게 될 대규모 시스템에서는 동작을 명시할 때 이 방법을 사용할 것이다.
- **결정(Decision) 상자** – 마름모는 언급된 조건식을 검사하고, 그 결과에 따라 선택될 출구 경로를 지시한다. 조건식은 하나 이상의 FSM 입력으로 표현된다. 예를 들면, w는 입력 w의 값에 기초하여 결정된다는 것을 나타내며, 이에 반해 $w_1 \cdot w_2$는 $w_1 = w_2 = 1$이면 true 경로가 선택되고, 그 외의 경우에는 false 경로가 선택된다는 것을 나타낸다.
- **조건부 출력(Conditional output) 상자** – 타원은 밀리형 출력 신호를 나타낸다. 이 출력은 상태 변수의 값과 FSM의 입력에 의해서 결정된다. 이러한 출력을 간단히 **밀리 출력**이라 한다. 이들 출력의 생성 여부를 결정하는 조건은 결정 상자 안에 표기한다.

그림 6.82는 그림 6.3의 FSM을 표현한 ASM 차트이다. 상태 상자들 간의 천이는 입력 변수 w의 값을 테스트하여 얻어진 결정에 따른다. $w = 0$이면 결정 상자에서 나온 경로는 상태 A로 간다. $w = 1$이면 A에서 B, 또는 B에서 C로 천이한다. 상태 C에서 $w = 1$이면 FSM은 그 상태에 머문다. 이 차트는 무어 출력 z를 명시하고 있는데, 출력 z는 상태 상자에 표시된 것처럼 상태 C에서만 assert된다. 상태 A와 B에서 z 값은 0이며(not asserted), 이는 해당 상태 상자가 비워진 것에서 암시되어 있다.

그림 6.83은 밀리 출력의 예를 보이고 있다. 이 차트는 그림 6.23의 FSM을 나타낸 것으로 출력 z는 머신이 상태 B이고 입력이 $w = 1$일 때 1이다. 이것을 조건부 출력 상자를 사용해 표시하였다. 그 외 모든 경우에는 z 값이 0인데, 이는 z를 상태 B에서 $w = 0$일 때와 상태 A에서 w가 0 또는 1일 때의 출력으로 표시하지 않은 것으로 봐서 짐작할 수 있다.

그림 6.84는 그림 6.73의 중재기 FSM에 대한 ASM 차트이다. *Idle* 상태 상자 아래의 결정 상자는 $r_1 = 1$이면, FSM이 상태 $gnt1$로 바뀐다는 것을 나타낸다. 이 상태에서 FSM은 출력 신호 g_1을 assert한다. $gnt1$ 상태 상자 오른쪽에 있는 결정 상자는 $r_1 = 1$인 동안 머신은 $gnt1$ 상태에 머물고, $r_1 = 0$이면 *Idle* 상태로 바뀐다는 것을 명시한다. *Idle* 상태 상자 아래의 r_2로 표기된 결정 상자는 $r_2 = 1$이면 FSM이 $gnt2$ 상태로 바뀐다는 것을 나타낸다. 이 결정 상자는 r_1의 값을 우선 점검하고 $r_1 = 0$에 대응하는 화살표를 따른 후

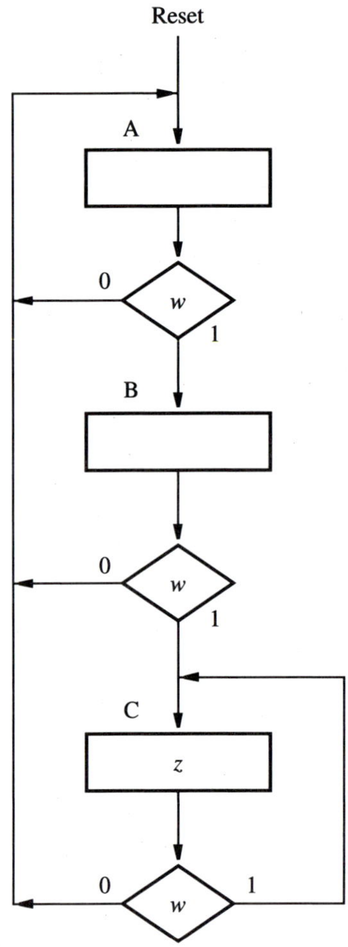

그림 6.82 그림 6.3의 FSM에 대한 ASM 차트

에 비로소 도달할 수 있다. 마찬가지로, r_3으로 표기된 결정 상자는 r_1과 r_1가 0 값을 가진 경우에만 도달할 수 있다. 이런 식으로 ASM 차트는 중재기의 우선 순위를 표현한다.

ASM 차트는 종래의 흐름도와 유사하다. 종래의 흐름도와 다른 점은 ASM 차트가 시간 정보를 포함하고 있다는 점인데, 이는 각 활성 에지 직후에서만 FSM이 한 상태에서 다른 상태로 바뀐다는 것을 암시하고 있기 때문이다. 여기서 보인 ASM 차트의 예제들은 꽤 단순한 것들이다. 이들을 이용하여 상태, 결정, 조건부 출력 상자의 예를 보임으로써 ASM 차트 용어를 소개하였다. 종종 ASM 차트에 적용되는 용어로 *ASM 블록*이라는 것이 있는데, 이것은 상태 상자 한 개와 이 상태 상자에 연결된 모든 결정 상자와 조건부 출력 상자를 의미한다. ASM 차트는 하나 이상의 FSM과 레지스터, 시프트 레지스터, 카운터, 가산기, 곱셈기 등과 같은 다른 회로를 포함하는 복잡한 회로를 기술하는 데 사용될 수 있다. 7장에서 보다 복잡한 회로를 설계하기 위한 보조 수단으로 ASM 차트를 이용할 것이다.

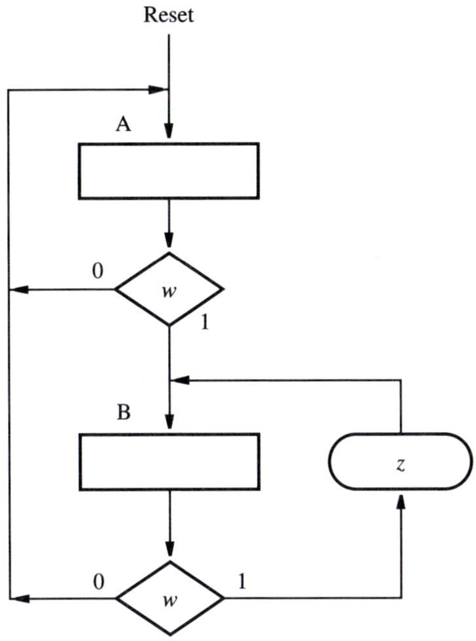

그림 6.83 그림 6.23의 FSM에 대한 ASM 차트

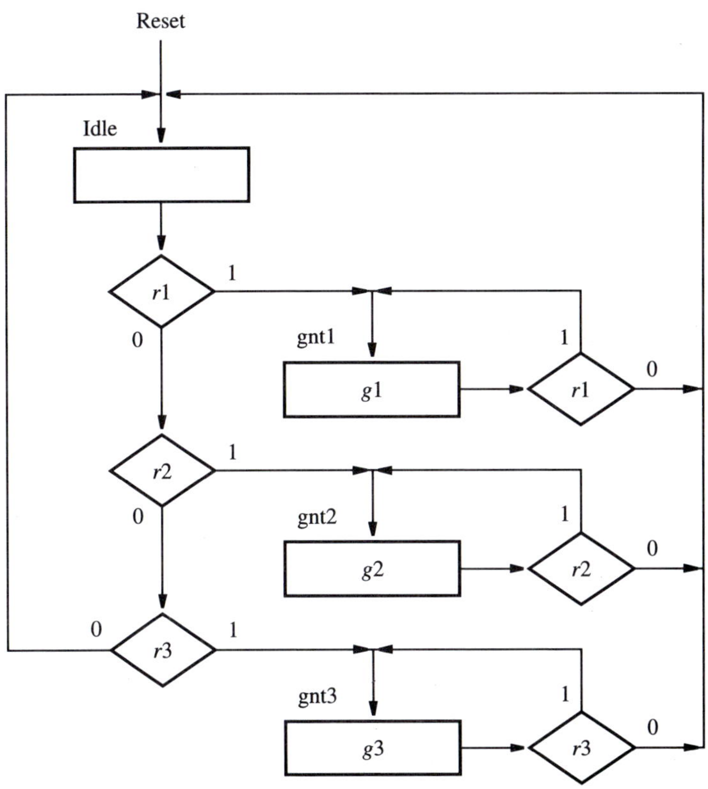

그림 6.84 그림 6.73의 중재기 FSM에 대한 ASM 차트

6.11 • 순차회로의 공식 모델

이 장에서는 순차회로의 설계에 필수적인 개념을 파악하는 가장 쉬운 방법이므로 다소 형식을 무시한 수단을 사용하여 동기 순차회로를 소개하였다. CAD 툴을 사용한 설계보다 스위칭 이론 측면을 강조한 여러 책에서는 같은 주제를 보다 공식적인 방식으로 소개하고 있다. 좀 더 서술적으로 제시하기에는 어려운 자세한 스펙을 공식 모델(formal model)에서는 제공한다. 이 절에서는 동기식을 포함한 모든 종류의 순차회로를 나타내는 공식 모델을 설명하고자 한다.

그림 6.85는 일반적인 순차회로를 나타낸다. 회로에는 입력 $W = \{w_1, w_2, \ldots, w_n\}$, 출력 $Z = \{z_1, z_2, \ldots, z_m\}$, 현재-상태 변수 $y = \{y_1, y_2, \ldots, y_k\}$, 다음 상태 변수 $Y = \{Y_1, Y_2, \ldots, Y_k\}$가 있다. 이 회로에는 최대 2^k개의 상태 $S = \{S_1, S_2, \ldots, S_{2^k}\}$가 있을 수 있다. 상태 변수의 피드백 경로에는 지연 요소가 있어서 y가 Y 값 취하는 것을 보장하려면 시간 Δ를 기다려야 한다. 동기식 순차회로의 경우 지연 요소는 플립플롭이며, 플립플롭의 상태는 클록 신호의 활성 에지에서 바뀐다. 그러므로 지연 시간 Δ는 클록 주기에 의해서 결정된다. 클록 주기는 플립플롭의 셋업과 대기 시간 파라메타뿐만 아니라 조합회로에서의 전달 지연 시간까지도 허용될 만큼 충분히 길어야 한다.

그림 6.85의 모델을 사용하면, 동기식 순차회로 M은 아래의 5변수 함수로 공식화하여 정의할 수 있다.

$$M = (W, Z, S, \varphi, \lambda)$$

여기서

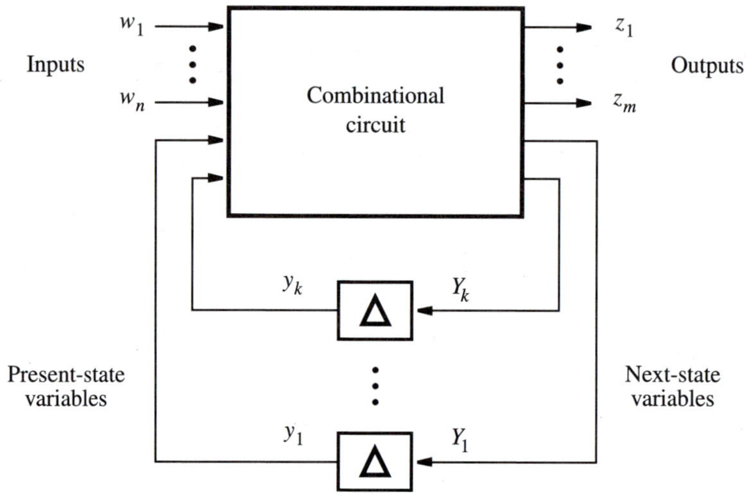

그림 6.85 순차회로의 일반 모델

- W, Z, S는 각각 공집합이 아닌 유한집합으로 입력, 출력, 그리고 상태의 집합이다.
- φ는 상태 천이 함수로서, $S(t+1) = \varphi[W(t), S(t)]$이다.
- λ는 출력 함수로서, 무어 모델의 경우 $\lambda(t) = \lambda[S(t)]$이고, 밀리 모델인 경우 $\lambda(t) = \lambda[W(t), S(t)]$이다.

이 정의에서는 t와 $t+1$ 사이의 시간을 1클록 사이클이라고 가정하였다.

9장에서 지연 시간 Δ를 클록으로 제어할 필요는 없다는 것을 알게 될 것이다. 비동기 순서회로에서의 지연은 다양한 종류의 게이트에서의 전달 지연에 의한 것뿐이다.

6.12 • 결론

순차회로에는 지연과 폐루프(closed loop)가 있기 때문에 회로가 도달하는 상태들의 집합으로 설명되는 동작을 한다. 동일한 입력이라도 상태에 따라서 회로가 다르게 동작하기 때문에 현재의 입력 값만 이 동작을 결정하는 요소는 아니다.

순차회로에서의 전달 지연은 반드시 고려되어야 한다. 이 장에서 소개한 설계 기법은 회로에서의 모든 변화가 클록 신호의 활성 에지에서 트리거된다는 가정에 기초하고 있다. 이러한 회로는 클록 신호가 도달할 때 내부 신호가 모두 안정된 경우에만 올바르게 동작한다. 따라서 클록의 주기는 회로에서의 최대 전달 지연 시간보다 더 길어야 한다.

동기 순차회로는 실제 설계에서 광범위하게 사용되며, 일반적으로 사용되는 CAD tool은 이를 지원한다. 논리회로 설계에 대한 모든 교재는 동기회로에 대한 설명에 많은 지면을 할애하고 있다. 좋은 참고서 몇 권을 참고문헌[1-14]에 소개하였다.

9장에서는 다른 종류의 순차회로를 소개하려고 하는데, 그들 회로에서는 회로의 상태를 표현하기 위해 플립플롭을 사용하는 것도 아니고, 상태의 변화를 트리거하기 위한 클록 펄스도 사용하지 않는다.

6.13 • 풀이가 있는 예제 문제

이 절은 독자들이 만날 수 있는 전형적인 문제 몇몇을 제시하고, 이에 대한 해법을 보여준다.

예제 6.12

문제 입력 w와 출력 z를 가진 FSM을 설계하라. 머신은 시퀀스 검출기로서 w의 이전 두 값이 00 또는 11이었을 때 $z = 1$, 그렇지 않은 경우 $z = 0$을 출력한다.

풀이 6.1절에서 연속되는 1의 발생을 검출하는 FSM의 설계를 보였다. 같은 접근 방식을 따라, 그림 6.86의 상태도로 원하는 FSM을 나타낼 수 있다. 상태 C는 0이 두 번 이상 발생하였음을 나타내고, 상태 E는 1이 두 번 발생하였음을 나타낸다. 해당 상태표를 그림 6.87에 나타내었다.

단순 상태 할당하면 그림 6.88의 상태 할당표를 구할 수 있다. 코드 $y_3y_2y_1$ = 101, 110, 111은 무정의 조건으로 처리할 수 있다. 그러면 다음 상태 식은 아래와 같다.

$$Y_1 = w\overline{y}_1\overline{y}_3 + w\overline{y}_2\overline{y}_3 + \overline{w}y_1y_2 + \overline{w}\,\overline{y}_1\overline{y}_2$$
$$Y_2 = y_1\overline{y}_2 + \overline{y}_1y_2 + w\overline{y}_2\overline{y}_3$$
$$Y_3 = wy_3 + wy_1y_2$$

출력식은 다음과 같다.

$$z = y_3 + \overline{y}_1y_2$$

이들 식이 불필요하게 복잡해 보이는 까닭에 더 나은 상태 할당을 시도할 필요가 있어 보인다. 머신은 *Reset* 입력에 의해 리셋되는 경우에만 상태 A에 도달한다는 것을 관찰하라. 그래서 상태 B, C, D, E에 $y_3 = 1$인 네 개의 코드를 할당하는 것이 유리할 것 같다. 그 결과가 그림 6.89의 상태 할당표이다. 이로부터 다음 상태와 출력의 식을 구할 수 있다.

$$Y_1 = wy_2 + \overline{w}y_3\overline{y}_2$$
$$Y_2 = w$$
$$Y_3 = 1$$
$$z = y_1$$

$Y_3 = 1$이므로 플립플롭 y_3은 필요 없고, Y_1의 식은 $\overline{w \oplus y_2}$로 단순화된다. 이것이 훨씬 더 나은 풀이이다.

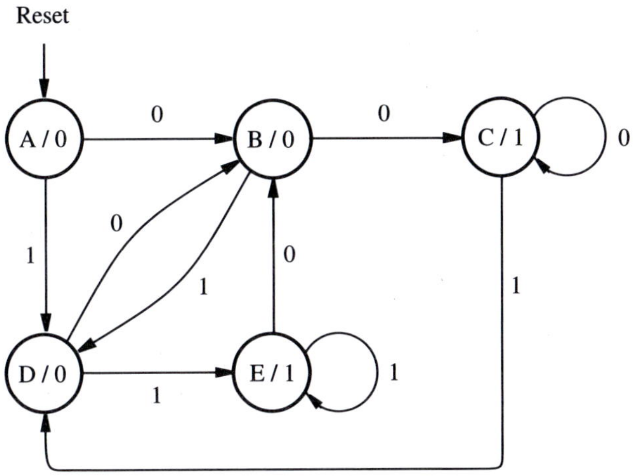

그림 6.86 예제 6.12에 대한 상태도

Present state	Next state		Output
	$w = 0$	$w = 1$	z
A	B	D	0
B	C	D	0
C	C	D	1
D	B	E	0
E	B	E	1

그림 6.87 그림 6.86의 FSM에 대한 상태표

	Present state $y_3y_2y_1$	Next state		Output
		$w = 0$	$w = 1$	
		$Y_3Y_2Y_1$	$Y_3Y_2Y_1$	z
A	000	001	011	0
B	001	010	011	0
C	010	010	011	1
D	011	001	100	0
E	100	001	100	1

그림 6.88 그림 6.87의 FSM에 대한 상태 할당표

	Present state $y_3y_2y_1$	Next state $w=0$ $Y_3Y_2Y_1$	Next state $w=1$ $Y_3Y_2Y_1$	Output z
A	000	100	110	0
B	100	101	110	0
C	101	101	110	1
D	110	100	111	0
E	111	100	111	1

그림 6.89 그림 6.87의 FSM에 대한 개선된 상태 할당

예제 6.13

문제 FSM 두 개를 사용하여 예제 6.12의 시퀀스 검출기를 구현하라. FSM 하나는 1이 연속되는 것을 검출하고, 나머지 FSM은 0이 연속되는 것을 검출한다.

풀이 연속되는 1을 검출하는 FSM을 잘 구현한 회로 하나를 그림 6.17에 보였다. 다음 상태와 출력식은 다음과 같다.

$$Y_1 = w$$
$$Y_2 = wy_1$$
$$z_{ones} = y_2$$

연속되는 0을 검출하는 비슷한 FSM이 그림 6.90에 정의되어 있다. 이에 대한 다음 상태와 출력식은 다음과 같다.

$$Y_3 = \overline{w}$$
$$Y_4 = \overline{w}y_3$$
$$z_{zeros} = y_4$$

이들 둘을 결합한 회로의 출력은 다음과 같다.

$$z = z_{ones} + z_{zeros}$$

예제 6.14

문제 예제 6.12에서 설명한 시퀀스 검출기로 동작하는 밀리형 FSM을 유도하라.

풀이 원하는 FSM의 상태도를 그림 6.91에 나타냈다. 이에 상응하는 상태표는 그림 6.92와 같다. 이 FSM을 구현하려면 플립플롭이 두 개 필요하다. 상태 할당표는 그림 6.93와 같고, 이로부터 구한 다음 상태와 출력식은 다음과 같다.

Present state	Next state		Output
	$w = 0$	$w = 1$	z_{zeros}
D	E	D	0
E	F	D	0
F	F	D	1

(a) 상태표

	Present state	Next state		Output
		$w = 0$	$w = 1$	z_{zeros}
	y_4y_3	Y_4Y_3	Y_4Y_3	
D	00	01	00	0
E	01	11	00	0
F	11	11	00	1
	10	*dd*	*dd*	*d*

(b) 상태 할당표

그림 6.90 0이 두 개인 시퀀스를 검출하는 FSM

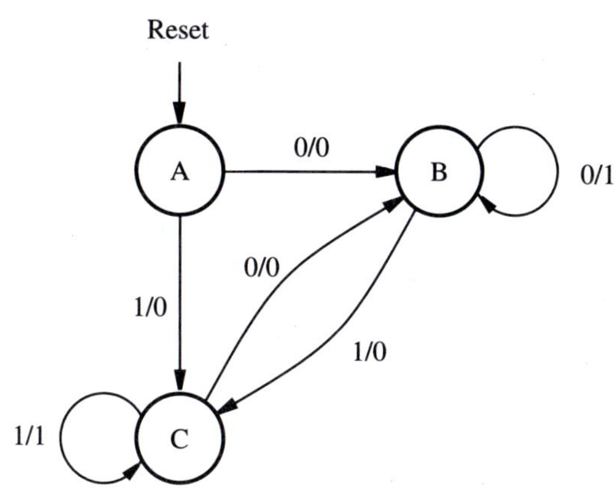

그림 6.91 예제 6.14에 대한 상태도

Present state	Next state		Output z	
	$w = 0$	$w = 1$	$w = 0$	$w = 1$
A	B	C	0	0
B	B	C	1	0
C	B	C	0	1

그림 6.92 그림 6.91의 FSM에 대한 상태표

	Present state	Next state		Output	
		$w=0$	$w=1$	$w=0$	$w=1$
	y_2y_1	Y_2Y_1	Y_2Y_1	z	z
A	00	01	11	0	0
B	01	01	11	1	0
C	11	01	11	0	1

그림 6.93 그림 6.92의 FSM에 대한 상태 할당표

$$Y_1 = 1$$
$$Y_2 = w$$
$$z = \overline{w}y_1\overline{y}_2 + wy_2$$

예제 6.15

문제 그림 6.89의 상태 할당표를 JK 플립플롭으로 구현하라.

풀이 여기표는 그림 6.94와 같다. 이로부터 아래의 다음 상태 식과 출력 식을 구할 수 있다.

$$J_1 = wy_2 + \overline{w}y_3\overline{y}_2$$
$$K_1 = \overline{w}y_2 + wy_1\overline{y}_2$$
$$J_2 = w$$
$$K_2 = \overline{w}$$
$$J_3 = 1$$
$$K_3 = 0$$
$$z = y_1$$

예제 6.16

문제 그림 6.86의 FSM을 구현하는 Verilog 코드를 작성하라.

풀이 그림 6.29에 주어진 코드 형식을 사용하여, 원하는 FSM을 그림 6.95과 같이 쓸 수 있다.

	Present state $y_3y_2y_1$	Flip-flop inputs								Output z
		$w = 0$				$w = 1$				
		$Y_3Y_2Y_1$	J_3K_3	J_2K_2	J_1K_1	$Y_3Y_2Y_1$	J_3K_3	J_2K_2	J_1K_1	
A	000	100	1d	0d	0d	110	1d	1d	0d	0
B	100	101	d0	0d	1d	110	d0	1d	0d	0
C	101	101	d0	0d	d0	110	d0	1d	d1	1
D	110	100	d0	d1	0d	111	d0	d0	1d	0
E	111	100	d0	d1	d1	111	d0	d0	d0	1

그림 6.94 그림 6.89의 FSM에 대한 JK 플립플롭 여기표

```
module sequence (Clock, Resetn, w, z);
   input Clock, Resetn, w;
   output z;
   reg [3:1] y, Y;
   parameter [3:1] A = 3'b000, B = 3'b001, C = 3'b010, D = 3'b011, E = 3'b100;

   // Define the next state combinational circuit
   always @(w, y)
      case (y)
         A: if (w)   Y = D;
            else     Y = B;
         B: if (w)   Y = D;
            else     Y = C;
         C: if (w)   Y = D;
            else     Y = C;
         D: if (w)   Y = E;
            else     Y = B;
         E: if (w)   Y = E;
            else     Y = B;
         default:    Y = 3'bxxx;
      endcase

   // Define the sequential block
   always @(negedge Resetn, posedge Clock)
      if (Resetn == 0)  y <= A;
      else  y <= Y;

   // Define output
   assign z = (y == C) | (y == E);

endmodule
```

그림 6.95 그림 6.86의 FSM에 대한 Verilog 코드

```
module seqmealy (Clock, Resetn, w, z);
   input Clock, Resetn, w;
   output reg z;
   reg [2:1] y, Y;
   parameter [2:1] A = 2'b00, B = 2'b01, C = 2'b11;

   // Define the next state and output combinational circuits
   always @(w, y)
      case (y)
         A:  if (w)
                begin
                   z = 0; Y = C;
                end
                else
                begin
                   z = 0; Y = B;
                end
         B:  if (w)
                begin
                   z = 0; Y = C;
                end
                else
                begin
                   z = 1; Y = B;
                end
         C:  if (w)
                begin
                   z = 1; Y = C;
                end
                else
                begin
                   z = 0; Y = B;
                end
         default:
                begin
                   z = 0; Y = 2'bxx;
                end
      endcase

   // Define the sequential block
   always @(negedge Resetn, posedge Clock)
      if (Resetn == 0)  y <= A;
      else  y <= Y;

endmodule
```

그림 6.96 그림 6.91의 FSM에 대한 Verilog 코드

예제 6.17

문제 그림 6.91의 FSM을 구현하는 Verilog 코드를 작성하라.

풀이 그림 6.36에 주어진 코드 형식을 사용하여, 밀리형 FSM을 그림 6.96과 같이 작성할 수 있다.

예제 6.18

문제 컴퓨터시스템에서 케이블을 서로 연결하는 비용을 절감하기 위해 데이터를 직렬로, 즉 한 번에 한 비트씩 전송하는 것이 바람직할 때가 있다. 이렇게 하려면 한쪽에서는 병렬 데이터를 직렬로 전송해야 하고, 그 반대 측에서는 수신된 직렬 데이터를 병렬 형태로 되돌려야 한다. 이 방법으로 표준 ASCII 코드를 전송한다고 가정해보자. 1장에서 설명한 대로 표준 ASCII 코드는 각각의 문자를 정의하기 위해 7비트를 사용한다. 일반적으로 문자는 1바이트를 차지하는데, 이 경우 여덟 번째 비트는 0으로 설정되거나 전송의 신뢰성을 높일 목적으로 나머지 비트들의 패리티를 나타내는 데 사용되기도 한다.

시프트 레지스터를 사용하면 병렬-직렬(parallel-to-serial) 변환이 가능하다. 회로가 ASCII 문자를 나타내는 병렬 데이터, $B = b_7, b_6, \ldots, b_0$을 받는데, 비트 b_7은 0으로 설정되었다고 가정하라. 또, 회로가 패리티 비트 p를 생성하고, 이를 (직렬 전송의 일부로서) b_7 대신 보내는 것으로 가정하라. 그림 6.97의 회로가 그렇게 동작한다. FSM이 패리티 비트를 생성하고, 이 패리티 비트를 멀티플렉서를 이용하여 출력 스트림에 포함시킨다. p비트가 전송되어야 할 때, 즉 출력 스트림에 포함될 때를 결정할 목적으로 3-비트 카운터를 사용하는데, 카운트가 7에 도달한 때가 바로 그 순간이다. 원하는 FSM을 설계하라.

풀이 비트가 시프트 레지스터의 외부로 빠져 나올 때, FSM은 그 비트를 검사하여 1의 개수의 홀짝 여부를 추적해 나간다. 패리티가 홀수이면 p를 1로 설정한다. 따라서 FSM은 상태가 두 개여야 한다. 그림 6.98에 상태표, 상태 할당표, 그리고 결과 회로를 보였다. 다음 상태식은 아래와 같다.

$$Y = \overline{w}y + w\overline{y}$$

출력 p는 y와 같다.

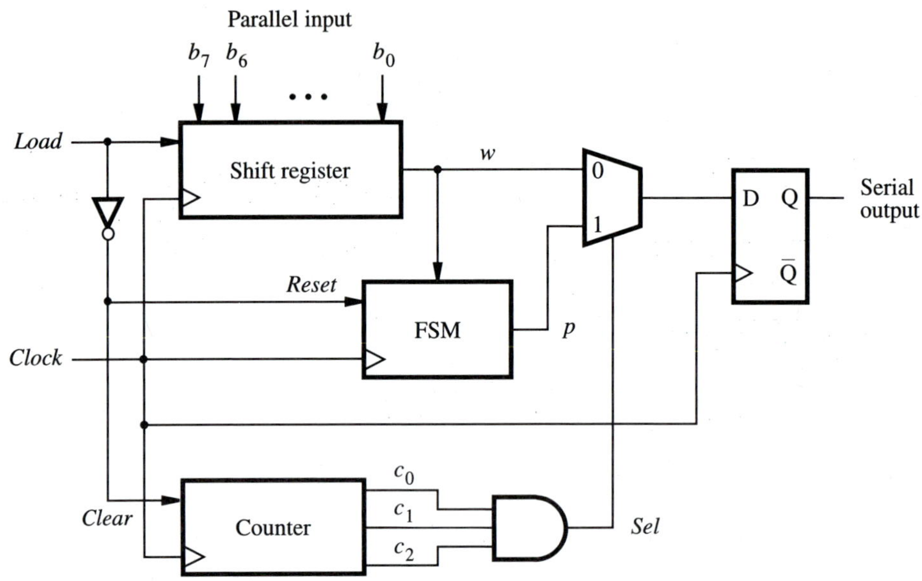

그림 6.97 병렬-직렬 변환기

Present state	Next state		Output p
	$w = 0$	$w = 1$	
S_{even}	S_{even}	S_{odd}	0
S_{odd}	S_{odd}	S_{even}	1

(a) 상태표

Present state	Next state		Output
	$w = 0$	$w = 1$	
y	Y	Y	p
0	0	1	0
1	1	0	1

(b) 상태 할당표

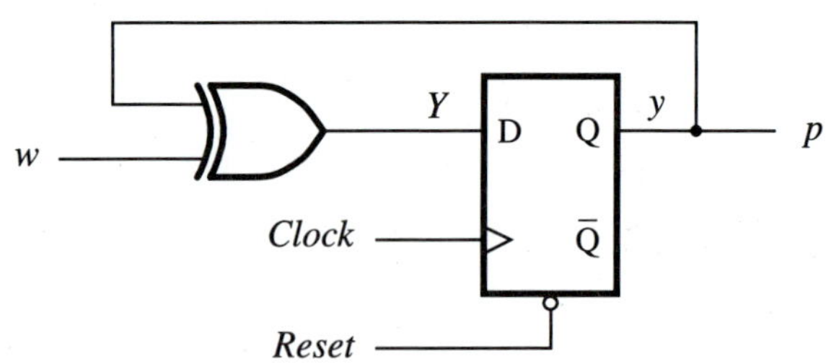

(c) 회로

그림 6.98 패리티 생성 FSM

연습문제

별표로 표시된 문제에 대한 답은 교재의 뒤에 수록되어 있다.

***6.1** 그림 P6.1의 상태 할당표로 정의된 FSM이 있다. D 플립플롭을 사용하여 이 FSM을 구현하는 회로를 유도하라.

***6.2** JK 플립플롭을 사용하여 그림 P6.1의 상태 할당표로 정의된 FSM을 구현한 회로를 유도하라.

Present state y_2y_1	Next state $w = 0$ Y_2Y_1	Next state $w = 1$ Y_2Y_1	Output z
0 0	1 0	1 1	0
0 1	0 1	0 0	0
1 0	1 1	0 0	0
1 1	1 0	0 1	1

그림 P6.1 문제 6.1과 6.2에 대한 상태 할당표

6.3 입력 w와 출력 z를 가진 FSM에 대한 상태도를 유도하라. 이 머신은 이전에 입력된 w값 네 개가 1001 또는 1111일 때, $z = 1$을 출력한다. 그 외의 경우 $z = 0$이다. 입력 패턴은 중복되어도 된다. 원하는 동작의 예는 다음과 같다.

$$w : 010111100110011111$$
$$z : 000000100100010011$$

6.4 6.4 문제 6.3에 기술된 FSM에 대한 Verilog 코드를 작성하라.

***6.5** 입력과 출력이 각각 한 개이고, 입력 시퀀스에서 110 또는 101이 검출되는 경우 1을 출력하는 무어형 FSM에 대한 최소 상태표를 유도하라. 중복 시퀀스도 감지하여야 한다.

***6.6** 문제 6.5를 밀리형 FSM으로 가정하여 반복하라.

6.7 그림 6.51과 6.52의 상태표를 구현하는 회로를 유도하라. 구현 비용 측면에서 상태 최소화의 효과는 무엇인가?

6.8 그림 6.55과 6.56의 상태표를 구현하는 회로를 유도하라. 이 두 회로의 가격을 비교하라.

6.9 두 개의 입력 w_1과 w_2과 출력 z로 가진 순차회로가 있다. 회로의 기능은 두 개의 입력 시퀀스를 비교하는 것이다. 연속 4클록 사이클 동안 $w_1 = w_2$이면 $z = 1$을 출력하고, 그 외의 경우 $z = 0$이다. 예를 들면

$$
\begin{aligned}
w_1 &: 0110111000110 \\
w_2 &: 1110101000111 \\
z &: 0000100001110
\end{aligned}
$$

합당한 회로를 유도하라.

6.10 문제 6.9에 기술된 FSM에 대한 Verilog 코드를 쓰라.

6.11 주어진 FSM은 입력 w와 출력 z를 한 개씩 갖고 있다. 연속 4클록 펄스 동안 w 값의 시퀀스가 0010 또는 1110인 것을 검출하면 $z = 1$을 출력하고, 그 외에는 $z = 0$을 출력하는 FSM에 대한 상태표를 유도하라. 네 번째 클록 펄스 후에 머신은 리셋 상태로 돌아가서 다음 시퀀스를 준비한다. 구현에 필요한 상태의 수가 최소가 되게 하라.

***6.12** 3-비트 패리티 생성기로 동작하는 FSM에 대한 최소 상태표를 유도하라. FSM은 연속 세 클록 사이클 동안 입력 w를 관측하여 얻은 3비트 시퀀스에서 1의 개수가 홀수일 때에만 패리티 비트 $p = 1$을 생성한다.

6.13 문제 6.12에 기술된 FSM에 대한 Verilog 코드를 쓰라.

6.14 두 회로에서 a와 b의 신호가 똑같이 변하는 것으로 가정하여 그림 6.43과 그림 6.47의 회로에 대한 타이밍도를 그려라. 전달 지연을 설명하라.

***6.15** 표에서 네 개의 행을 A, B, C, D로 하여 그림 P6.1 상태 할당표에 대한 상태표를 보여라. One-hot 인코딩을 사용하여 새로운 상태 할당표를 그려라. 상태 A를 $y_4y_3y_2y_1 = 0001$로 코드하고, 상태 B, C, D는 각각 0010, 0100, 0100으로 코드하라. D 플립플롭을 사용하여 회로를 합성하라.

6.16 리셋 상태 A를 $y_4y_3y_2y_1 = 0000$으로 코드하고, 상태 B, C, D에 대한 코드도 필요에 따라 바뀐 경우 문제 6.15에서 유도된 회로를 어떻게 변경할 수 있을지 그 방법을 보여라(**힌트**: 회로를 다시 합성할 필요는 없다).

***6.17** 그림 6.59에서 상태 B와 G에 명시되지 않은 출력을 각각 0과 1이라고 가정하라. 이 FSM에 대하여 최소화된 상태표를 구하라.

6.18 그림 6.59에서 상태 B와 G에서 명시되지 않은 출력을 각각 1과 0이라고 가정하라. 이 FSM에 대하여 최소화된 상태표를 구하라.

6.19 그림 6.57과 6.58에 정의된 FSM을 구현하는 회로를 설계하라. 무어와 밀리형 머신을 구현하는 회로의 복잡도에 대해 어떤 결론을 내릴 수 있는가?

6.20 입력 w에서의 펄스를 0, 2, 1, 3, 0, 2, … 순서로 세는 카운터를 설계하라. D 플립플롭을 사용하라.

***6.21** 문제 6.20을 JK 플립플롭을 사용하는 것으로 하여 반복하라.

***6.22** 문제 6.20을 T 플립플롭을 사용하는 것으로 하여 반복하라.

6.23 0, 1, 2, 3, 4, 5, 0, 1, … 순서로 카운트하는 모듈로-6 카운터를 설계하라. 이 카운터는 enable 입력 w가 1일 때 클록 펄스의 수를 센다. D 플립플롭을 사용하라.

6.24 문제 6.23을 JK 플립플롭으로 설계하라.

6.25 문제 6.23을 T 플립플롭으로 설계하라.

6.26 입력 w로 제어하는 3-비트 유사 카운터(counterlike) 회로를 설계하라. $w = 1$이면 카운터는 자신의 값에 2를 더하고, 8 또는 9에 도달하면 처음으로 돌아간다(wrapping around). 그러므로 현재 상태가 8 이나 9인 경우, 다음 상태는 0 또는 1이 된다. $w = 0$이면, 보통의 다운 카운터와 같이 동작하여 값이 하나씩 줄어든다. D 플립플롭을 사용하라.

6.27 문제 6.26을 JK 플립플롭으로 설계하라.

6.28 문제 6.26을 T 플립플롭으로 설계하라.

***6.29** 그림 P6.2에 있는 회로에 대한 상태표를 구하라. 이 회로는 w를 통한 어떤 시퀀스를 검출하는가?

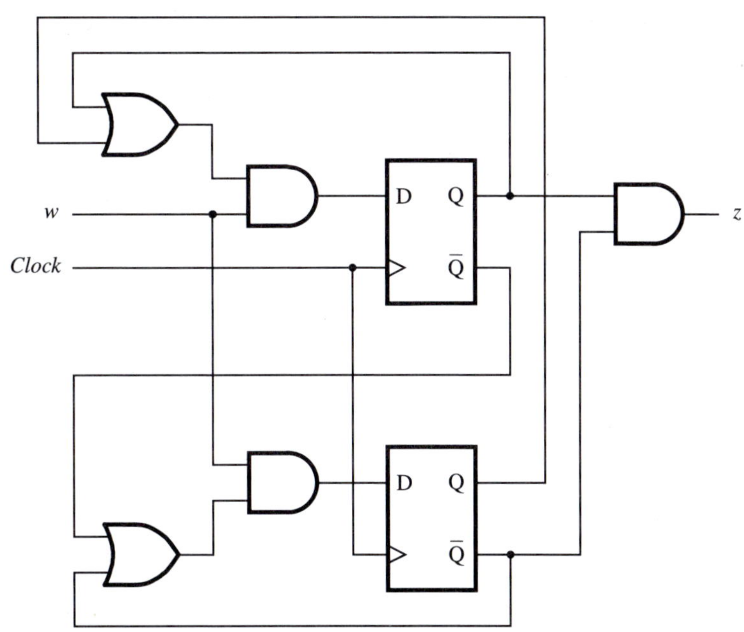

그림 P6.2 문제 6.29에 대한 회로

6.30 그림 6.29의 코드 형식을 사용하여 그림 6.57에 보인 FSM에 대한 Verilog 코드를 쓰라.

6.31 문제 6.30을 반복하되 그림 6.34의 코드 형식을 사용하라.

6.32 그림 6.29의 코드 형식을 사용하여 그림 6.58에 보인 FSM에 대한 Verilog 코드를 쓰라.

6.33 그림 6.34의 코드 형식을 사용하여 문제 6.32를 반복하라.

6.34 그림 P6.1에 보인 FSM에 대한 Verilog 코드를 작성하라.

6.35 ASM 차트의 형태로 그림 6.57의 FSM을 표현하라.

6.36 ASM 차트의 형태로 그림 6.58의 FSM을 표현하라.

6.37 6.8절(그림 6.72)에서 정의한 중재기 FSM은 Idle 상태에서 장치 1 또는 2가 항상 request하여서 장치 1과 2가 request를 지속하면 장치 3은 서비스를 아예 못 받게 된다. FSM을 수정하여 장치 3이 request하는 경우, 장치 1과 장치 2가 한 번 서비스 받은 후에는 장치 3이 서비스 받을 수 있도록 하라.

6.38 문제 6.37에서 설계한 FSM에 대한 Verilog 코드를 쓰라.

6.39 그림 6.97의 회로를 명시하는 Verilog 코드를 쓰라.

6.40 6.5절에서 직렬 가산기의 설계를 보였다. 피연산자 A와 B의 차이를 생성하는 직렬 감산기로 동작하는 유사 회로를 설계하라(힌트: B의 2의 보수를 생성하기 위해 3.3.1절의 2의 보수를 구하는 방법을 사용하라).

6.41 문제 6.40에서 설계한 직렬 감산기를 정의하는 Verilog 코드를 작성하라.

6.42 6.2절에서 가장 좋은 상태 할당을 찾기 위해 가능한 상태 할당을 모두 시도해 본다는 것은 비현실적이라고 말했다. 상태의 수가 n이고, 상태 변수의 수가 $k = log_2 n$인 FSM에 대해 가능한 상태 할당의 수를 계산하라.

참고문헌

1. J. F. Wakerly, *Digital Design Principles and Practices*, 4th ed. (Prentice-Hall: Englewood Cliffs, N.J., 2005).
2. R. H. Katz and G. Borriello, *Contemporary Logic Design*, 2nd ed., (Pearson Prentice-Hall: Upper Saddle River, N.J., 2005).
3. C. H. Roth Jr., *Fundamentals of Logic Design*, 5th ed., (Thomson/Brooks/Cole: Belmont, Ca., 2004).
4. M. M. Mano, *Digital Design*, 3rd ed. (Prentice-Hall: Upper Saddle River, NJ, 2002).
5. A. Dewey, *Analysis and Design of Digital Systems with VHDL*, (PWS Publishing Co.: 1997).
6. D. D. Gajski, *Principles of Digital Design*, (Prentice-Hall: Upper Saddle River, NJ, 1997).
7. J. P. Daniels, *Digital Design from Zero to One*, (Wiley: New York, 1996).
8. V. P. Nelson, H. T. Nagle, B. D. Carroll, and J. D. Irwin, *Digital Logic Circuit Analysis and Design*, (Prentice-Hall: Englewood Cliffs, NJ, 1995).
9. F. J. Hill and G. R. Peterson, *Computer Aided Logical Design with Emphasis on VLSI*, 4th ed., (Wiley: New York, 1993).
10. J. P. Hayes, *Introduction to Logic Design*, (Addison-Wesley: Reading, MA, 1993).
11. E. J. McCluskey, *Logic Design Principles*, (Prentice-Hall: Englewood Cliffs, NJ, 1986).
12. T. L. Booth, *Digital Networks and Computer Systems*, (Wiley: New York, 1971).
13. Z. Kohavi, *Switching and Finite Automata Theory*, (McGraw-Hill: New York, 1970).
14. J. Hartmanis and R. E. Stearns, *Algebraic Structure Theory of Sequential Machines*, (Prentice-Hall: Englewood Cliffs, NJ, 1966).

chapter 7

디지털시스템 설계

Digital System Design

이 장의 목적

이 장을 학습하고 나면 다음과 같은 것을 배울 수 있다.

- 버스의 구조
- 간단한 프로세서
- ASM 차트의 사용법
- 클록 동기화와 타이밍 문제
- 칩 레벨에서의 플립플롭 타이밍

앞 장에서 빌딩 블록으로 사용될 수 있는 멀티플렉서, 디코더, 플립플롭, 레지스터, 그리고 카운터와 같이 많은 종류의 간단한 회로를 설계하는 방법에 대하여 알아보았다. 이 장에서는 빌딩 블록을 부분회로(subcircuit)로 사용하여 구성할 수 있는 더 복잡한 회로의 예를 살펴보려 한다. 이러한 대형 회로가 디지털시스템을 구성한다. 현실적인 이유로 우리가 다루는 **디지털시스템** 예제가 대형은 아니지만, 여기서 제시하는 설계기법은 시스템의 규모에 상관없이 적용이 가능하다.

디지털시스템은 크게 datapath(데이터 경로)와 제어 회로라고 부르는 두 부분으로 이루어진다. ***Datapath* 회로**는 시스템의 한 부분에서 다른 부분으로 데이터를 옮기고, 저장하고, 조작하는 데 사용하는 회로이다. Datapath 회로는 레지스터, shift 레지스터, 카운터, 멀티플렉서, 디코더, 가산기 등과 같은 빌딩 블록을 포함한다. **제어 회로**는 datapath 회로의 동작을 제어한다. 6장에서 제어 회로를 유한상태머신(FSM)으로 소개하였다. 디지털시스템의 몇 가지 예를 들고, datapath와 제어 회로를 설계하는 방법을 보이려고 한다.

7.1 • 버스 구조

디지털시스템은 흔히 데이터를 저장하기 위한 레지스터를 한 세트 갖고 있다. 6장에서 논의한 대로 이들 레지스터는 그림 6.10에 보인 것처럼 상호 접속 네트워크(interconnection network)를 통해 서로 연결된다. 상호 접속 네트워크를 구현하는 방법은 여러 가지 있다. 이 절에서 통상적으로 사용하는 기법들 중에서 하나를 소개하려고 한다.

디지털시스템에 다수의 *n*-비트 레지스터가 있고, 어떤 레지스터에서 다른 레지스터로 데이터 전송이 가능하다고 가정하라. 이를 위해 필요한 상호 연결의 쉬운 방법은 레지스터 내·외부로 데이터를 주고받을 때 사용되는 *n*가닥으로 이루어진 한 조의 공통선(a common set of *n* wires)에 각 레지스터를 연결하는 것이다. 여기서 말한 한 조의 공통 연결선을 보통 **버스**(*bus*)라고 한다. 다수의 공급원에서 다수의 목적지로 데이터를 전송하는 데 공통 경로를 사용하는 경우, 주어진 시간에 단 하나의 레지스터만 공급원으로 동작하고, 다른 레지스터들은 방해하지 않는다는 것이 보장되어야 한다. 버스 구조를 구현하는 그럴듯한 장치 두 개를 제시하고자 한다.

7.1.1 3-상태 드라이버를 사용한 버스의 구현

보통의 논리게이트의 경우 두 개의 출력을 서로 연결할 수 없는데, 이는 어느 한 게이트가 1을 출력할 때 다른 게이트가 0을 출력하면 단락(short circuit)이 발생하기 때문이다. 따라서 두 레지스터의 출력을 공통의 선에 연결하려면 특별한 게이트가 필요하다. 이 목적으로 흔히 사용되는 회로소자를 그림 7.1*a*에 보였다. 데이터 입력 *w*, 출력 *f*, 그리고 enable 입력 *e*를 가진 이 소자의 동작을 그림 7.1*b*에서 등가회로로 설명하였다. 그림에서 삼각형 기호는 비반전 드라이버(noninverting driver)를 나타내는데, 논리 연산 없이 입력 신호를 그대로 복제하여 출력하는 회로이다. 출력 스위치와 함께 하여 그림 7.1*c*에 나타낸 동작을 수행한다.

$e = 1$일 때, 출력은 데이터 입력의 논리 값을 반영한다. 그러나 $e = 0$일 때에는, 출력을 데이터 입력과 전기적으로 분리시키는데 이를 **고임피던스**(*high-impedance*) 상태라고

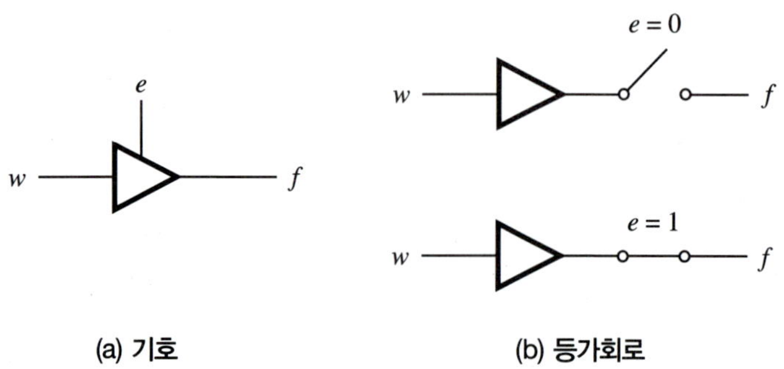

e	w	f
0	0	Z
0	1	Z
1	0	0
1	1	1

(c) 진리표

그림 7.1 3-상태 드라이버

하며, 문자 Z(또는 z)로 표기한다. 이 회로 소자는 0, 1, 그리고 Z의 세 가지 상태를 나타내기 때문에 3-상태(*tri-state*) 드라이버(또는 버퍼)라고 한다. 부록 B에서 이 소자를 트랜지스터로 구현하는 방법을 설명한다.

*R*1에서 *Rk*까지 *k*개의 *n*-비트 레지스터로 구성된 어떤 시스템을 생각해보자. 그림 7.2는 이들 레지스터가 버스 구조를 구현하기 위해 3-상태 드라이버를 사용하여 연결하는 방법을 보인 것이다. 각 레지스터의 데이터 출력은 3-상태 드라이버에 연결된다. 드라이버가 enable 신호에 의해 선택되면, 그 드라이버는 해당 레지스터의 내용을 버스에 출력한다. 그림 5.56에서 레지스터에 enable 입력을 추가하는 방법을 보였다. enable 입력이 1이 되면 클록의 다음 활성 에지에서 레지스터의 내용이 바뀐다. 그림 7.2에 각 레지스터의 enable 입력은 *load*를 나타내는 *L*로 표기되어있다. 레지스터 R_j에 대한 로드 입력을 제어하는 신호는 Rj_{in}으로 표기된 반면, 이에 상응하는 3-상태 드라이버를 제어하는 신호는 Rj_{out}이라고 하였다. 이들 신호는 제어 회로에서 만들어진다.

레지스터에 추가하여, 실제 시스템에서는 다른 유형의 회로 블록이 버스에 연결되기도 한다. 그림에서 외부 소스로부터의 *n* 비트 데이터를 제어 입력 *Extern*을 사용하여 버스에 싣는 방법을 보이고 있다.

특정 시점에서 버스에 데이터를 올리려 시도하는 회로 블록은 하나뿐이어야 한다. 그 시점에서 제어 회로는 3-상태 드라이버의 enable 신호, $R1_{out}, \dots, Rk_{out}$ 중 단 하나만 assert되게 한다. 제어 회로는 데이터가 각 레지스터에 로드되는 때를 결정하는 신호 $R1_{in}, \dots, Rk_{in}$도 생성한다. 일반적으로 제어 회로는 한 레지스터에 저장된 데이터를 다른 레지스터로 옮기거나, 시스템 내 다양한 기능 단위에서의 데이터 처리를 제어하는 등 많은 기능을 수행할 수 있다. 그림 7.2에는 특정 작업을 수행하도록 제어 회로에 지시하는 *Function*이란 이름의 입력 신호도 보인다. 제어 회로는 클록 입력으로 동기화되는데, *k*개의 레지스터 모두 이 클록 신호에 의해 제어된다.

그림 7.3은 그림 7.2의 레지스터가 어떻게 버스에 연결될 수 있는지를 좀 더 자세하게 보인 것이다. 그림을 간단히 하려고, 2-비트 레지스터 두 개만 보였으나, 더 큰 레지스터에도 적용할 수 있다. 레지스터 *R*1의 경우, 각 플립플롭 출력을 버스의 선(wire)에 연결하기 위해 $R1_{out}$으로 enable 되는 3-상태 드라이버 두 개를 사용하고 있다. 각 플립플롭의 D 입력은 선택 입력이 $R1_{in}$에 연결된 2-to-1 멀티플렉서에 연결되어 있다. $R1_{in} = 0$이면, 플립플롭은 자신의 Q출력으로 로드되므로 저장된 데이터는 변하지 않는다. 그러나 $R1_{in} = 1$이면, 데이터는 버스에서 플립플롭으로 로드된다.

그림 7.2의 시스템은 제어 회로의 설계, 버스에 연결되는 레지스터와 그 외 회로 블록의 수에 따라 다양하게 다른 형태로 이용된다. 일례로, *R*1, *R*2, *R*3의 세 개의 레지스터를 가진 시스템을 생각해보자. 우리는 *R*3을 임시 저장소로 사용하여 레지스터 *R*1과 *R*2의 내용을 교환(swap)하는 기능을 수행하는 제어 회로를 설명하려고 한다.

설계하고자 하는 교환 동작(swapping)은 3단계로 수행되는데 단계마다 1클록 사이클이 필요하다. 첫 단계에서 *R*2의 내용을 *R*3으로 옮긴다. 그러고 나서 *R*1의 내용을

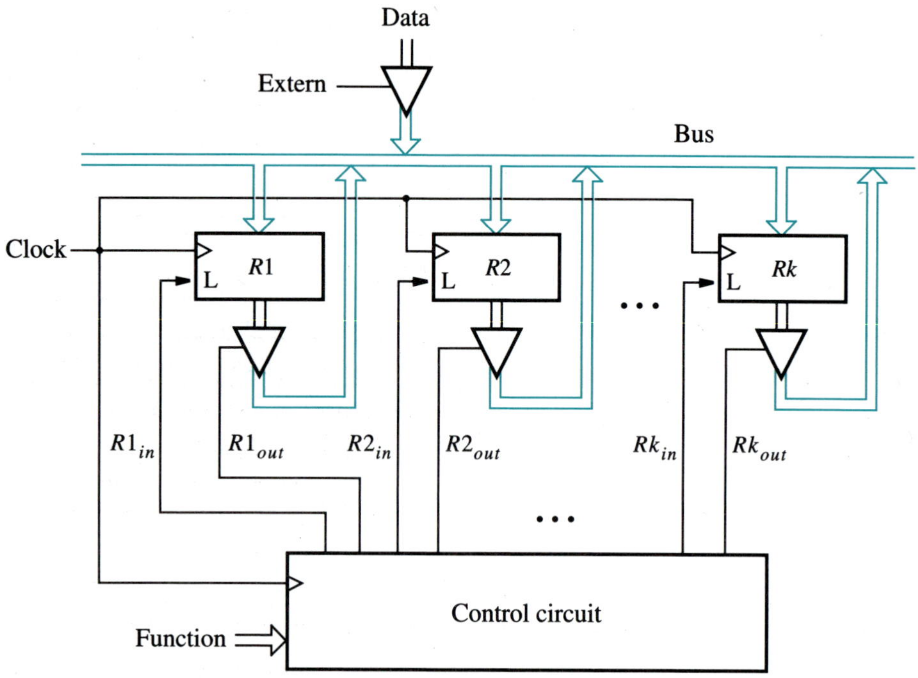

그림 7.2 *k*개의 레지스터를 가진 디지털시스템

*R*2로 옮기고, 마지막으로 *R*2의 원래 내용이었던 *R*3의 내용을 *R*1로 옮긴다. 예제 6.1에서 FSM의 형태로 이 작업을 위한 제어 회로를 이미 설계했었다.

어떤 레지스터 R_i의 내용이 다른 레지스터 R_j로 "옮겨진다(transferred)"고 말한 것에 주목하라. 이 용어는 보통 R_i 내용의 복사본이 R_j의 새로운 내용이 된다는 것을 지시하는데 사용된다. R_i의 내용은 전송 후에도 바뀌지 않는다. 그러므로 R_i의 내용이 R_j로 "복사된다(copied)"라고 하는 것이 더 정확할 것이다.

7.1.2 멀티플렉서를 사용한 버스의 구현

그림 7.2에서는 버스에의 접근(access)을 제어하기 위해 3-상태 드라이버를 사용하였다. 이에 대한 한 가지 대안은 그림 7.4에 보인 것처럼 멀티플렉서를 사용하는 방법이다. 각 레지스터의 출력이 멀티플렉서에 연결되어 있다. 이 멀티플렉서의 출력을 레지스터의 입력에 연결함으로써 버스를 구현한다. 멀티플렉서의 선택 입력으로 어느 레지스터의 내용을 버스에 보일 것인지 결정한다. 그림에는 멀티플렉서 기호가 한 개뿐이지만, 실제로는 레지스터의 각 비트마다 멀티플렉서가 하나씩 필요하다. 예를 들어, *R*1에서 *R*4까지, 8-비트 레지스터 네 개와 외부에서 공급되는 8-비트 *Data*가 있는 경우 이들을 연결하는 데에는 5-to-1 멀티플렉서 여덟 개가 필요하다.

제어 회로는 이전 절에서 설명한 대로 FSM으로 설계될 수 있다. 그러나 레지스터 R_j의 내용을 버스에 싣고자 제어 신호 Rj_{out}을 사용하는 대신, 멀티플렉서의 선택 입력

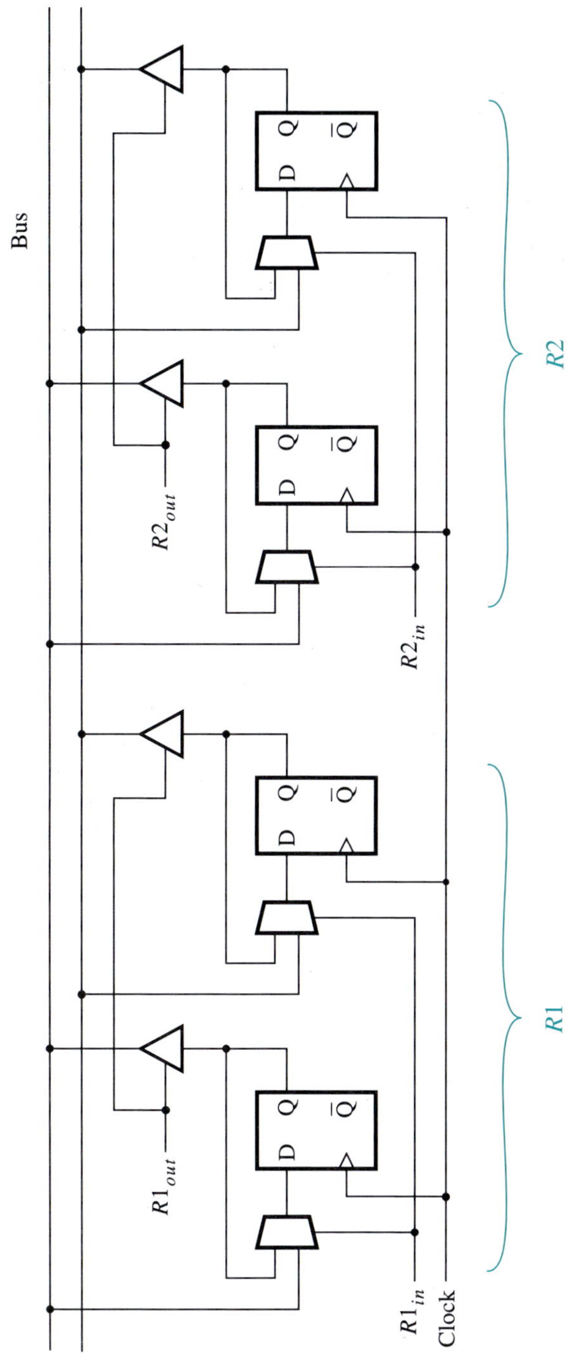

그림 7.3 버스에 레지스터를 연결하는 상세도

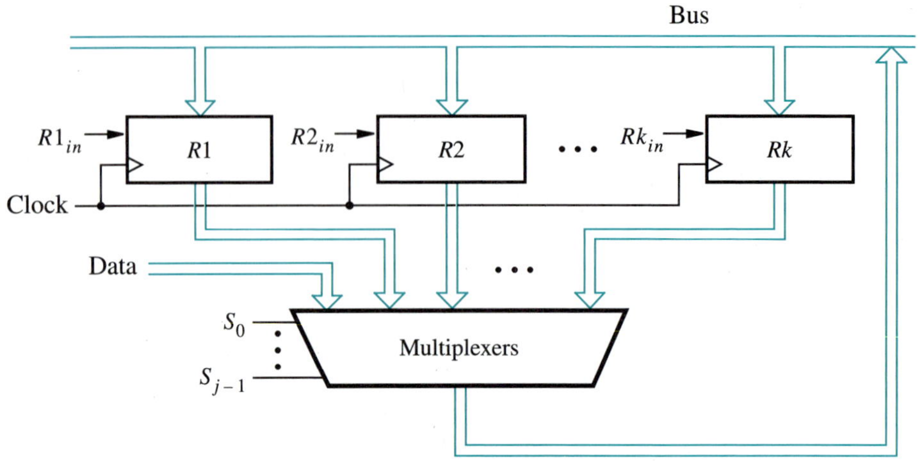

그림 7.4 멀티플렉서를 이용한 버스 구현

을 생성해야 한다.

버스를 구현하는 데에는 3-상태 드라이버 방식과 멀티플렉서 방식 둘 다 유효하다. 그러나 FPGA와 같은 일부 칩 유형에서는 적정 규모의 버스를 구현하기에 충분한 수의 3-상태 드라이버를 갖고 있지 않다. 이러한 경우 멀티플렉스에 기초한 방법이 실제로 선택할 수 있는 유일한 방법이다. 실제로 회로는 CAD 툴로 설계된다. 설계자가 3-상태 드라이버를 사용하는 것으로 회로를 기술하더라도 목표 디바이스(target device) 내에 이들 드라이버의 수가 충분치 않으면, CAD 툴은 자동적으로 멀티플렉서를 사용하는 등가회로를 생성한다.

7.1.3 버스 구조 기록용 Verilog 코드

이 절에서는 두 레지스터의 내용을 교환하는 회로의 예에 대한 Verilog 코드를 작성한다. 먼저 버스를 구현하기 위해 3-상태 드라이버를 사용한 그림 7.2의 회로 유형에 대한 코드를 보이고 나서 멀티플렉서를 사용하는 그림 7.4의 회로 유형에 대한 코드를 제시한다. 그림 7.5는 그림 7.3에 보인 유형의 n-비트 레지스터에 대한 코드이다. 레지스터의 비트 수는 파라미터 n으로 설정되는데, 디폴트 값은 8이다. 레지스터는 입력 $L = 1$일 때 플립플롭들이 n-비트 입력 R로부터 값을 받는 것으로 명시되어 있다. 그렇지 않은 경우 플립플롭은 현재 저장된 값을 유지한다.

그림 7.6은 입력 E에 의해 enable되는 n개의 3-상태 드라이버를 나타내는 부분회로에 대한 코드를 보인 것이다. 드라이버의 입력은 n-비트 신호 Y이고, 출력은 n-비트 신호 F이다. 조건부 할당문은 $E = 1$이면 각 드라이버의 출력이 $F = Y$로, 그렇지 않으면 출력은 고임피던스(high impedance) 값 z로 설정되는 것으로 기술하고 있다. 이 조건부 할당문에서 고임피던스 상태인 경우를 정의할 때 unsized 수를 사용하고 있다. Verilog 컴파일러가 이 수의 크기를 벡터 Y의 크기, 즉 n과 같게 할 것이다. 우리가 n'bz로 그 수를 정

```
module regn (R, L, Clock, Q);
    parameter n = 8;
    input [n-1:0] R;
    input L, Clock;
    output reg [n-1:0] Q;

    always @(posedge Clock)
        if (L)
            Q <= R;

endmodule
```

그림 7.5 그림 7.3 유형의 *n*-비트 레지스터에 대한 코드

```
module trin (Y, E, F);
    parameter n = 8;
    input [n-1:0] Y;
    input E;
    output wire [n-1:0] F;

    assign F = E ? Y : 'bz;

endmodule
```

그림 7.6 *n*-비트 3-상태 모듈용 코드

의할 수 없는데 이유는 크기가 정해진 수의 크기를 파리미터로 정할 수 없기 때문이다.

그림 7.7의 코드는 그림 7.2의 것처럼 세 개의 8-비트 레지스터 *R*1, *R*2, *R*3을 가진 디지털시스템을 표현한다. 그림 7.2의 회로에는 외부에서 공급되는 *n*비트 *Data*를 버스에 싣는데 사용된 3-상태 드라이버가 있다. 그림 7.7에서는 이들 드라이버를 모듈 *tri_ext*로 예시(instantiation)하였다. 여덟 개의 드라이버 각각은 입력 신호 *Extern*에 의해 enable되며, 드라이버의 데이터 입력은 8-비트 신호 *Data*에 연결된다. *Extern* = 1일 때, *Data*의 값이 버스에 올려지는데, 이를 신호 *BusWires*로 나타내었다. *BusWires* 벡터는 내부의 버스 배선뿐만 아니라 회로의 출력도 나타낸다. 이 벡터를 **wire** 형이 아니라 **tri** 형으로 선언하였다. Verilog 컴파일러는 키워드 **tri**를 **wire**와 똑같이 취급된다. **tri**로 지정하면 합성된 연결이 3-상태 기능을 가진다는 것을 여러분들은 분명히 안다.

RinExt1, *RinExt2*, *RinExt3*으로 명명된 세 개의 제어 신호가 있다고 하자. 이들 신호는 외부에서 공급된 데이터가 버스에서 레지스터 *R*1, *R*2 또는 *R*3로 로드될 수 있게 한다. 그림을 간단하게 나타내기 위해 이들 신호를 그림 7.2에 보이지 않았으나, *RinExt*와 *Data*를 생성한 것과 같은 외부 회로 블록에서 생성된다. *RinExt1* = 1이면 버스의 데이터는 레지스터 *R*1에 로드되고, *RinExt2* = 1이면 *R*2로, *RinExt3* = 1이면 *R*3에 로드된다.

```
module swap (Resetn, Clock, w, Data, Extern, RinExt1, RinExt2, RinExt3, BusWires, Done);
   parameter n = 8;
   input Resetn, Clock, w, Extern, RinExt1, RinExt2, RinExt3;
   input [n–1:0] Data;
   output tri [n–1:0] BusWires;
   output Done;
   wire [n–1:0] R1, R2, R3;
   wire R1in, R1out, R2in, R2out, R3in, R3out;
   reg [2:1] y, Y;
   parameter [2:1] A = 2'b00, B = 2'b01, C = 2'b10, D = 2'b11;

   // Define the next state combinational circuit for FSM
   always @(w, y)
      case (y)
         A: if (w)    Y = B;
            else      Y = A;
         B:           Y = C;
         C:           Y = D;
         D:           Y = A;
      endcase

   // Define the sequential block for FSM
   always @(negedge Resetn, posedge Clock)
      if (Resetn == 0)  y <= A;
      else  y <= Y;

   // Define outputs of FSM
   assign R2out = (y == B);
   assign R3in = (y == B);
   assign R1out = (y == C);
   assign R2in = (y == C);
   assign R3out = (y == D);
   assign R1in = (y == D);
   assign Done = (y == D);

   // Instantiate registers
   regn reg_1 (BusWires, RinExt1 | R1in, Clock, R1);
   regn reg_2 (BusWires, RinExt2 | R2in, Clock, R2);
   regn reg_3 (BusWires, RinExt3 | R3in, Clock, R3);
   // Instantiate tri-state drivers
   trin tri_ext (Data, Extern, BusWires);
   trin tri_1 (R1, R1out, BusWires);
   trin tri_2 (R2, R2out, BusWires);
   trin tri_3 (R3, R3out, BusWires);
endmodule
```

그림 7.7 그림 7.2의 것과 같은 디지털시스템

교환 작업 예제의 제어 회로를 구현하는 FSM이 그림 7.7에 포함되어 있다. 이 제어 회로는 한 가지 연산만 수행하므로 그림 7.2의 *Function* 입력을 포함시키지 않았다. 교환 작업이 시작되게 하려면 이름이 *w*인 입력 신호가 1클록 사이클 동안 1로 되어야 하는 것으로 가정하였다. 또, 교환 작업이 끝날 때 *Done* 신호를 assert하여 완료된 것을 표시하고, 제어 회로는 시작 상태로 돌아간다고 가정하였다.

멀티플렉서를 사용한 Verilog 코드

그림 7.8은 그림 7.7의 코드를 3-상태 드라이버 대신 멀티플렉서를 사용하는 것으로 수정하는 방법을 보여준다. 그림 7.4에 보인 회로 구조를 사용하면 버스는 4-to-1 멀티플렉서 여덟 개로 구현된다. 각 4-to-1 멀티플렉서 각각의 데이터 입력 중 세 개는 레지스터 *R*1, *R*2 및 *R*3으로부터의 어느 한 비트에 연결된다. 네 번째 데이터 입력은 외부에서 공급되는 데이터가 레지스터에 기록될 수 있도록 *Data* 입력 신호의 한 비트에 연결된다.

동일한 FSM 제어 회로가 사용되지만, 3-상태 드라이버를 사용하지 않으므로 제어 신호 *R*1*out*, *R*2*out*, *R*3*out*은 필요 없다. 대신, FSM 상태에 따라 데이터 소스를 **if-else** 문에 명시하여 원하는 멀티플렉서를 정의한다. 따라서 FSM의 상태가 *A*이면, 멀티플렉서에 선택된 입력은 *Data*이다. 상태 *B*에서는 레지스터 *R*2가 멀티플렉서에 입력 데이터를 제공한다. 이런 방식으로 동작이 이루어진다.

7.2 • 간단한 프로세서

그림 7.2의 것과 같은 디지털시스템의 두 번째 예제를 그림 7.9에 보였다. 여기에는 3-상태 드라이버로 버스에 연결된 *n*-비트 레지스터 네 개, *R*0, … , *R*3가 있다. 외부 데이터는 제어 신호 *Extern*으로 enable되는 3-상태 드라이버를 이용하여 버스에 연결되는 *n*-비트 *Data* 입력을 통하여 레지스터로 로드될 수 있다. 시스템에는 가/감산기 모듈도 있다. 이 모듈의 데이터 입력 중 하나는 버스에 연결된 *n*-비트 레지스터 *A*에서 들어오고, 나머지 데이터 입력 *B*는 버스에 직접 연결되어 있다.

만일 제어 신호 *AddSub*가 0이면, 모듈은 $A + B$를 생성하고, $AddSub = 1$이면 차이 $A - B$를 생성한다. 3.3절에 설명한 것처럼 가/감산기는 뺄셈을 수행하기 위해 *B*의 2의 보수를 취하는 데 필요한 XOR 게이트를 포함하고 있는 것으로 가정한다. 레지스터 *G*는 가/감산기의 출력을 저장한다. 레지스터 *A*와 *G*는 신호 A_{in}, G_{in} 및 G_{out}에 의해 제어된다.

그림 7.9의 시스템은 제어 회로의 설계에 따라 다양한 기능을 수행할 수 있다. 일례로, 표 7.1에 열거한 네 개의 동작을 처리할 수 있는 제어 회로를 설계해보려고 한다. 표에서 왼쪽 열은 연산의 이름과 이에 필요한 피연산자를 나타내고 오른쪽 열은 연산에서 행하여지는 기능을 나타낸다. *Load* 연산에서 $Rx \leftarrow Data$는 외부 *Data*입력이 버스

```
module swapmux (Resetn, Clock, w, Data, RinExt1, RinExt2, RinExt3, BusWires, Done);
   parameter n = 8;
   input Resetn, Clock, w, RinExt1, RinExt2, RinExt3;
   input [n–1:0] Data;
   output reg [n–1:0] BusWires;
   output Done;
   wire [n–1:0] R1, R2, R3;
   wire R1in, R2in, R3in;
   reg [2:1] y, Y;
   parameter [2:1] A = 2'b00, B = 2'b01, C = 2'b10, D = 2'b11;

   // Define the next state combinational circuit for FSM
   always @(w, y)
      case (y)
         A: if (w)    Y = B;
            else      Y = A;
         B:           Y = C;
         C:           Y = D;
         D:           Y = A;
      endcase

   // Define the sequential block for FSM
   always @(negedge Resetn, posedge Clock)
      if (Resetn == 0)   y < = A;
      else   y < = Y;

   // Define control signals
   assign R3in = (y == B);
   assign R2in = (y == C);
   assign R1in = (y == D);
   assign Done = (y == D);

   // Instantiate registers
   regn reg_1 (BusWires, RinExt1 | R1in, Clock, R1);
   regn reg_2 (BusWires, RinExt2 | R2in, Clock, R2);
   regn reg_3 (BusWires, RinExt3 | R3in, Clock, R3);

   // Define the multiplexers
   always @(y, Data, R1, R2, R3)
      if (y == A) BusWires = Data;
      else if (y == B) BusWires = R2;
      else if (y == C) BusWires = R1;
      else BusWires = R3;
endmodule
```

그림 7.8 버스 구조를 멀티플렉서로 구현하기

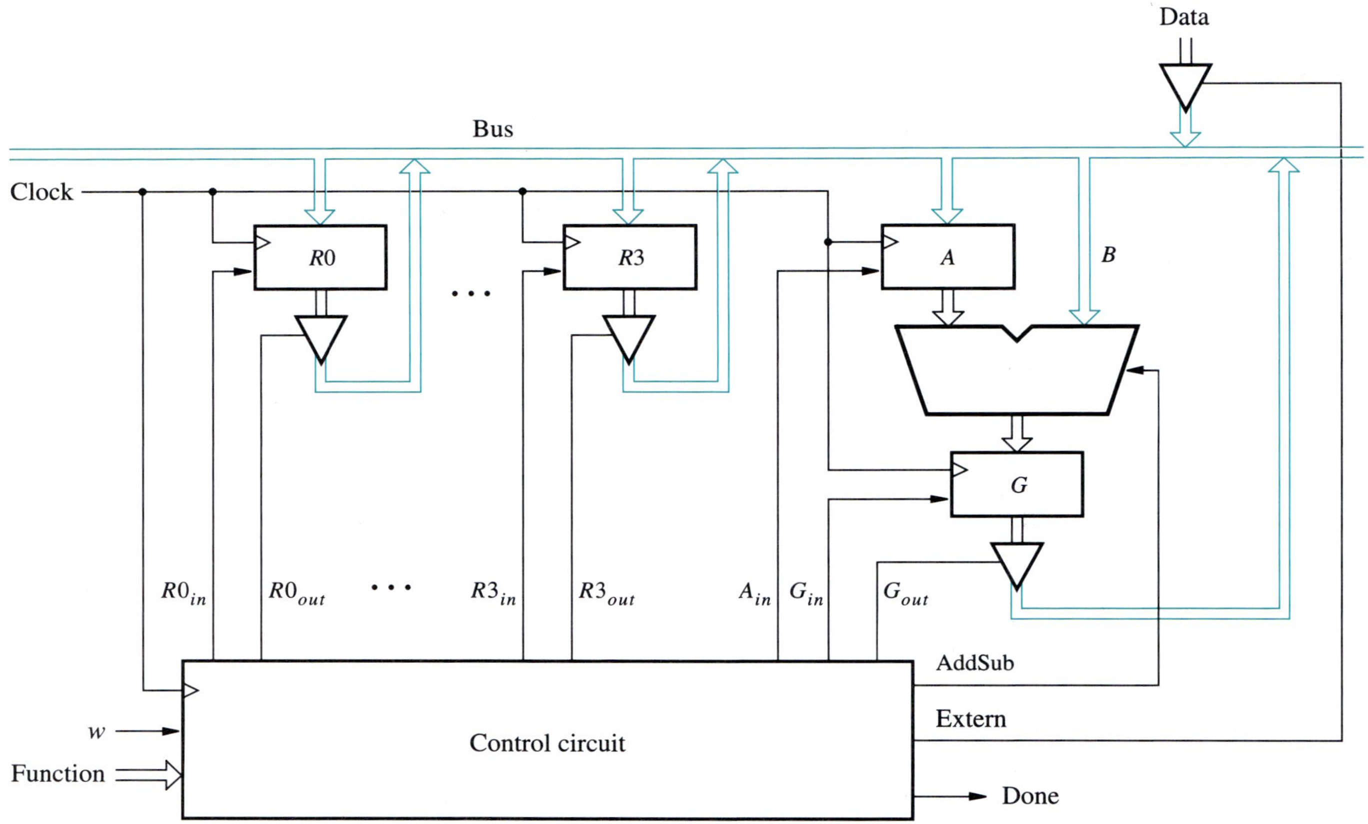

그림 7.9 간단한 프로세서를 구현하는 디지털시스템

표 7.1 프로세서에서 수행되는 연산

Operation	Function performed
Load *Rx*, *Data*	$Rx \leftarrow Data$
Move *Rx*, *Ry*	$Rx \leftarrow [Ry]$
Add *Rx*, *Ry*	$Rx \leftarrow [Rx] + [Ry]$
Sub *Rx*, *Ry*	$Rx \leftarrow [Rx] - [Ry]$

를 통과하여 레지스터 *Rx*로 옮겨진다는 의미인데, 여기서 *Rx*는 *R*0~*R*3중 어느 하나가 될 수 있다. *Move*연산은 레지스터 *Ry*에 저장된 데이터를 레지스터 *Rx*로 복사한다. 표에서 [*Rx*]와 같은 대괄호 [ ]는 레지스터의 내용을 지시한다. 버스를 통하여 한 번만 전송하면 되므로 *Load*와 *Move* 연산에는 1단계(클록 사이클 한 개)이면 충분하다. *Add*와 *Sub* 연산은 다음과 같이 3단계를 필요로 한다. 첫 단계에서 *Rx*의 내용이 버스를 거쳐 레지스터 *A*로 전송된다. 다음 단계에서 *Ry*의 내용이 버스에 실린다. 가/감산기 모듈은 요구되는 기능을 수행하고, 그 결과를 레지스터 *G*에 저장한다. 마지막으로 3단계에서 *G*의 내용이 *Rx*로 전송된다.

표 7.1에 나열된 종류의 연산을 수행하는 디지털시스템을 보통 프로세서(*processor*)라고 한다. 주어진 시간에 수행될 연산의 종류를 *Function*이라고 명명된 제어 회로의 입력으로 나타낸다. *w* 입력을 1로 하면 연산이 시작되고, 연산이 완료되었을 때 제어 회로는 *Done* 출력을 assert한다.

그림 7.2에서 FSM을 이용하여 제어 회로를 구현하였다. 그림 7.9의 시스템에 대해서도 비슷하게 설계할 수 있다. 다른 방법을 설명하기 위해 카운터에 기초한 제어 회로를 설계하려고 한다. 이 회로는 각 연산의 각 단계에 필요한 제어 신호를 생성해야 한다. 가장 오랜 시간을 요하는 연산(*Add*와 *Sub*)의 경우 3단계(클록 사이클 세 개)가 필요하므로 2-비트 카운터를 사용하면 된다. 그림 7.10에 2-to-4 디코더에 연결된 2-비트 업-카운터가 있다. 디코더는 4장에서 설명하였다. 디코더는 enable 입력을 1로 고정하여 항상 enable되게 하였다. 디코더의 각 출력은 연산에서의 한 단계를 나타낸다. 현재 처리되는 연산이 없으면 카운트 값은 00이다. 따라서 디코더의 출력 T_0가 assert 된다. 연산의 첫 단계에서 카운트 값이 01이 되고, T_1이 assert된다. *Add*와 *Sub* 연산의 제2, 제3단계 동안에는 각각 T_2와 T_3가 assert 된다.

T_0에서 T_3까지의 각 단계에서 수행될 연산에 따라 제어 회로는 다양한 제어 신호를 생성하여야 한다. 그림 7.11에서는 *Function*의 6-비트 입력으로 연산을 나타내고 있다. 가장 왼쪽의 2비트 $F = f_1 f_0$는 2-비트로 연산의 종류를 식별하는 데 사용된다. 코드 $f_1 f_0 = 00, 01, 10, 11$은 각각 *Load*, *Move*, *Add*, *Sub*를 나타낸다. 입력 $Rx_1 Rx_0$는 피연산자 *Rx*를 식별하는 2진수이며, $Ry_1 Ry_0$는 피연산자 *Ry*를 식별한다. *Function* 입력은 FR_{in} 신호가 assert 될 때 6-비트 함수 레지스터(function register)에 저장된다.

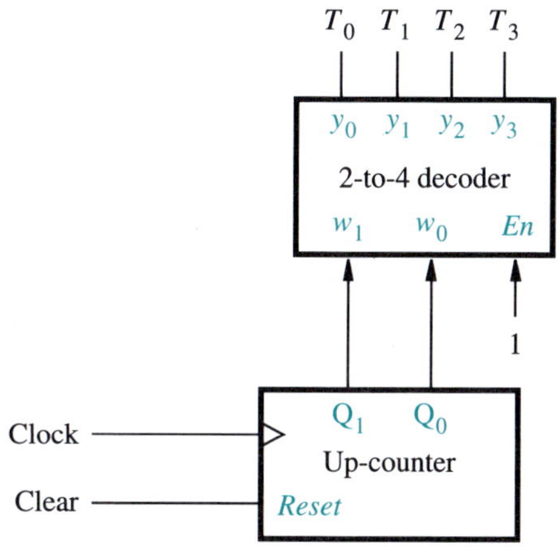

그림 7.10 프로세서 제어 회로의 일부분

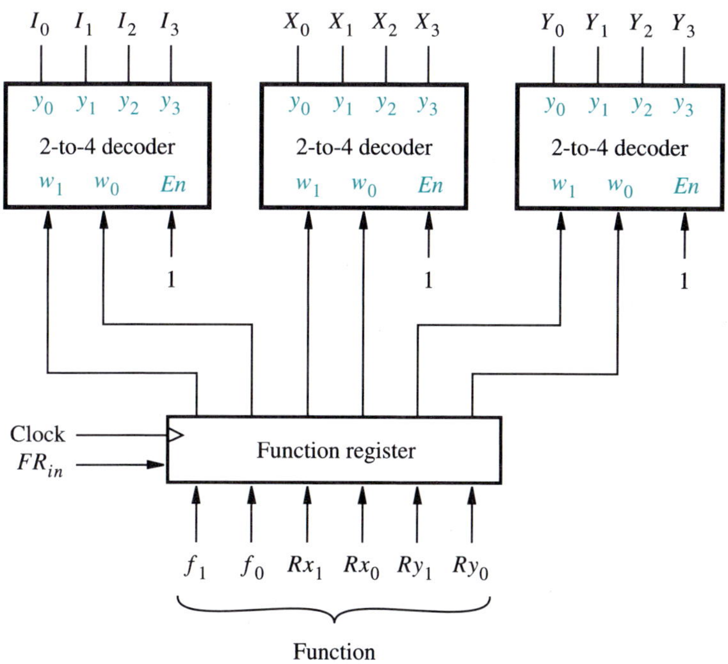

그림 7.11 함수 레지스터(function register)와 디코더

그림 7.11에는 2-to-4 디코더도 세 개 있는데, 이들은 입력 F, Rx, Ry에 인코딩된 (encoded) 정보를 디코딩하기 위한 것이다. 이들 디코더는 편의상 포함된 것으로, 잠시 후 이를 확인할 수 있다. 왜냐하면 디코더를 사용할 필요가 없을 정도로 간단한 제어 신호의 논리식을 출력하는 데 이들 디코더가 사용되었기 때문이다.

그림 7.10과 7.11의 회로는 제어 회로의 한 부분이다. 입력 w와 신호 $T_0, \ldots, T_3, I_0, \ldots, I_3, X_0, \ldots, X_3, Y_0, \ldots, Y_3$을 사용하여 나머지 제어 회로를 유도하는 방법을 보이려고 한다. 제어 회로는 출력 $Extern$, $Done$, A_{in}, G_{in}, G_{out}, $AddSub$, $R0_{in}, \ldots, R3_{in}$, $R0_{out}, \ldots, R3_{out}$을 생성해야 한다. 또, 그림 7.10과 7.11에 사용된 $Clear$와 FR_{in} 신호도 생성해야 한다.

$Clear$와 FR_{in}은 모든 연산에 대해 동일하게 정의된다. $w = 0$이고, 아무런 연산도 수행되지 않을 때 카운트 값을 00으로 유지하기 위해 $Clear$가 사용된다. 또, 각 연산이 종료될 때 카운트 값을 00으로 만들기 위해서도 사용된다. 따라서 논리식은 다음과 같이 표현될 수 있다.

$$Clear = \overline{w}\,T_0 + Done$$

FR_{in} 신호는 w가 1로 바뀔 때 $Function$ 입력 값을 함수 레지스터에 저장하기 위해 사용된다. 따라서

$$FR_{in} = wT_0$$

이다. 제어 회로의 나머지 출력은 각 연산에서 수행되는 단계 별로 달라진다. 각 신호별로 생성되어야 하는 값을 표 7.2에 나타내었다. 표에서 각 행은 특정 연산에 해당하고, 각 열은 시간 단계 하나를 나타낸다. $Extern$ 신호는 $Load$ 동작의 첫 단계에서만 assert 된다. 그러므로 이 신호를 구현하는 논리식은

$$Extern = I_0T_1$$

이다. $Done$은 Add와 Sub의 세 번째 단계와 $Load$와 $Move$의 첫 단계에서 assert된다. 따라서

$$Done = (I_0 + I_1)T_1 + (I_2 + I_3)T_3$$

이다. 신호 A_{in}, G_{in}, G_{out}은 Add와 Sub 연산 때 assert 된다. A_{in}은 T_1 단계, G_{in}은 T_2단계, 그리고 G_{out}은 T_3에서 assert 된다. $AddSub$ 신호는 Add 연산 때는 0으로, Sub 연산 때는 1이 되어야 한다. 이것을 논리식으로 표현하면 다음과 같다.

$$\begin{aligned} A_{in} &= (I_2 + I_3)T_1 \\ G_{in} &= (I_2 + I_3)T_2 \\ G_{out} &= (I_2 + I_3)T_3 \\ AddSub &= I_3 \end{aligned}$$

표 7.2 각 연산/시간 단계에서 assert 되어야 하는 제어 신호

	T_1	T_2	T_3
(Load): I_0	$Extern$, $R_{in} = X$, $Done$		
(Move): I_1	$R_{in} = X$, $R_{out} = Y$, $Done$		
(Add): I_2	$R_{out} = X$, A_{in}	$R_{out} = Y$, G_{in}, $AddSub = 0$	G_{out}, $R_{in} = X$, $Done$
(Sub): I_3	$R_{out} = X$, A_{in}	$R_{out} = Y$, G_{in}, $AddSub = 1$	G_{out}, $R_{in} = X$, $Done$

$R0_{in}, \ldots, R3_{in}$의 값은 신호 $X_0, \ldots, X_3$ 또는 신호 $Y_0, \ldots, Y_3$로 표현될 수 있다. 표 7.2에는 동작이 $R_{in} = X$ 또는 $R_{in} = Y$로 적혀 있는데, 여기서 $R_{in} = X$는 $R0_{in} = X_0$, $R1_{in} = X_1$, …을 의미한다. 마찬가지로 $R0_{out}, \ldots, R3_{out}$의 값은 $R_{out} = X$ 혹은 $R_{out} = Y$로 표현한다.

표 7.2를 들여다보고 $R0_{in}$과 $R0_{out}$에 대한 식을 도출한 후, 그외 다른 레지스터 제어 신호에 대한 논리식을 어떻게 유도하는지 보이려고 한다. 표를 보면 *Load*와 *Move* 두 연산의 첫 단계와 *Add*와 *Sub*의 세 번째 단계에서 $R0_{in}$은 X_0의 값으로 설정되어야 하는 것을 알 수 있다. 따라서 표현식은 아래와 같다.

$$R0_{in} = (I_0 + I_1)T_1X_0 + (I_2 + I_3)T_3X_0$$

마찬가지로, $R0_{out}$은 *Move* 연산의 첫 단계에서 Y_0값으로 설정된다. 또, *Add*와 *Sub*의 첫 단계에서는 X_0으로, 이들 연산의 두 번째 단계에서는 Y_0으로 설정되므로, 표현식은 다음과 같다.

$$R0_{out} = I_1T_1Y_0 + (I_2 + I_3)(T_1X_0 + T_2Y_0)$$

$R1_{in}$과 $R1_{out}$에 대한 식은 X_0와 Y_0 대신 X_1과 Y_1이 사용된다는 점 외에는 $R0_{in}$과 $R0_{out}$에 대한 식과 같다. $R2_{in}$, $R2_{out}$, $R3_{in}$, $R3_{out}$에 대한 표현식도 같은 방법으로 유도된다.

그림 7.10과 7.11의 회로를 위의 식으로 표현된 회로와 결합하면 그림 7.9의 제어 회로가 된다.

프로세서는 널리 이용되는 아주 유용한 회로이다. 여기서는 프로세서 설계의 가장 기초적인 개념만 소개하였다. 그러나 여기서 소개한 기술은 최신 마이크로프로세서와 같은 실제 프로세서를 설계하는 데에도 이용될 수 있다. 관심 있는 독자는 컴퓨터 구조에 대한 책을 참조하여 프로세서 설계에 대해 보다 자세히 공부하기 바란다[1-2].

Verilog 코드

이 절에서는 그림 7.9의 시스템을 기술하기 위한 두 가지 유형의 Verilog 코드를 보이고자 한다. 첫 번째 유형은 버스를 표현할 때에는 3-상태 드라이버를 이용하고, 제어 회로의 출력에 대해서는 위에 보인 논리식을 이용한다. 두 번째 코드 유형은 멀티플렉서를 이용하여 버스를 표현하고, 제어 회로 출력을 기술하기 위해 표 7.2에 해당하는 **case** 문을 사용한다.

*upcount*로 명명된 2-비트 업-카운터의 Verilog 코드를 그림 7.12에 나타냈다. 여기에는 active high 동기식 리셋 입력이 있다. 프로세서의 Verilog 코드에 사용된 다른 부분회로는 그림 4.31, 7.5와 7.6의 *dec2to4*, *regn*, 그리고 *trin* 모듈이다.

그림 7.13은 프로세서에 대한 전체 코드를 나타낸다. 예시된(instantiated) 모듈, *counter*와 *decT*는 그림 7.10의 부분 회로를 나타낸다. 우리는 이 회로가 카운터를 00으로 초기화하는 active high 리셋 입력, *Reset*을 가진 것으로 가정했었다. 문장 **assign** Func = {F, Rx, Ry}은 연결 연산자(concatenate operator)를 사용하여 6-비트 신호 *Func*를 만드는데, 이것은 그림 7.11의 함수 레지스터의 입력이다.

문장 assign Func = {F, Rx, Ry}은 그림 7.11의 함수 레지스터(function register)의 입력을 나타내는 6-비트 입력 *Func*를 만들기 위해 연결 연산자를 사용한다.

functionreg 모듈은 데이터 입력 *Func*와 출력 *FuncReg*인 함수 레지스터를 나타낸다. 예시된 모듈 *decI*, *decX*, *decY*는 그림 7.11의 디코더를 나타낸다. 이들 문장에 이어 제시된 것은 제어 회로의 출력으로 앞에서 유도한 논리식이다. $R0_{in}$, … , $R3_{in}$과 $R0_{out}$, … , $R3_{out}$에 대한 식은 생성하는 데에는 **for** loop가 사용되었다.

코드의 끝 부분에서 가/감산기 모듈을 정의하고, 프로세서의 3-상태 드라이버와 레지스터를 예시하였다.

멀티플렉서와 Case문 사용하기

그림 7.4에서 버스가 3-상태 드라이버 대신 멀티플렉서로 구현될 수 있음을 보였다. 이 방법을 이용하여 프로세서를 기술한 Verilog 코드를 그림 7.14에 나타냈다. 이 코드는 프로세서의 제어 회로를 기술하는 다른 방식을 설명하고 있는데, 그림 7.13에서처럼 *Extern*, *Done* 등의 신호에 대한 논리식을 제공하는 대신 표 7.2에 보인 정보를 나타내

```
module upcount (Clear, Clock, Q);
  input Clear, Clock;
  output reg [1:0] Q;

  always @(posedge Clock)
    if (Clear)
      Q < = 0;
    else
      Q < = Q + 1;

endmodule
```

그림 7.12 동기 리셋을 갖는 2-비트 업 카운터

기 위해 **case** 문을 사용하고 있다. 처음에 제어 신호는 모두 디폴트 값인 0으로 할당되어 있다. 표 7.2에서와 같이 **case** 문에서 제어 신호가 assert 되는 경우에만 값을 명시하기 때문에 필요한 조치이다. 5장에서 설명한 것처럼 신호의 값을 명시하지 않으면 신호는 현재의 값을 유지하게 된다. 이러한 암묵적 기억(implied memory)은 피드백 연결로만 구현될 수 있고, 따라서 회로로 합성하면 래치(latch)가 된다. 이 문제를 피하기 위해 **case** 문에 포함된 모든 제어 신호에 디폴트 값인 0을 부여하였다.

```
module proc (Data, Reset, w, Clock, F, Rx, Ry, Done, BusWires);
   input [7:0] Data;
   input Reset, w, Clock;
   input [1:0] F, Rx, Ry;
   output wire [7:0] BusWires;
   output Done;
   reg [0:3] Rin, Rout;
   reg [7:0] Sum;
   wire Clear, AddSub, Extern, Ain, Gin, Gout, FRin;
   wire [1:0] Count;
   wire [0:3] T, I, Xreg, Y;
   wire [7:0] R0, R1, R2, R3, A, G;
   wire [1:6] Func, FuncReg;
   integer k;

   upcount counter (Clear, Clock, Count);
   dec2to4 decT (Count, 1'b1, T);

   assign Clear = Reset | Done | (~w & T[0]);
   assign Func = {F, Rx, Ry};
   assign FRin = w & T[0];

   regn functionreg (Func, FRin, Clock, FuncReg);
      defparam functionreg.n = 6;
   dec2to4 decI (FuncReg[1:2], 1'b1, I);
   dec2to4 decX (FuncReg[3:4], 1'b1, Xreg);
   dec2to4 decY (FuncReg[5:6], 1'b1, Y);

   assign Extern = I[0] & T[1];
   assign Done = ((I[0] | I[1]) & T[1]) | ((I[2] | I[3]) & T[3]);
   assign Ain = (I[2] | I[3]) & T[1];
   assign Gin = (I[2] | I[3]) & T[2];
   assign Gout = (I[2] | I[3]) & T[3];
   assign AddSub = I[3];

. . . continued in Part b.
```

그림 7.13 프로세서에 대한 코드 (Part *a*)

```
// RegCntl
always @(I, T, Xreg, Y)
    for (k = 0; k < 4; k = k+1)
    begin
        Rin[k] = ((I[0] | I[1]) & T[1] & Xreg[k]) |
            ((I[2] | I[3]) & T[3] & Xreg[k]);
        Rout[k] = (I[1] & T[1] & Y[k]) | ((I[2] | I[3]) &
            ((T[1] & Xreg[k]) | (T[2] & Y[k])));
    end

trin tri_ext (Data, Extern, BusWires);
regn  reg_0 (BusWires, Rin[0], Clock, R0);
regn  reg_1 (BusWires, Rin[1], Clock, R1);
regn  reg_2 (BusWires, Rin[2], Clock, R2);
regn  reg_3 (BusWires, Rin[3], Clock, R3);

trin  tri_0 (R0, Rout[0], BusWires);
trin  tri_1 (R1, Rout[1], BusWires);
trin  tri_2 (R2, Rout[2], BusWires);
trin  tri_3 (R3, Rout[3], BusWires);
regn  reg_A (BusWires, Ain, Clock, A);

// alu
always @(AddSub, A, BusWires)
    if (!AddSub)
        Sum = A + BusWires;
    else
        Sum = A – BusWires;

regn  reg_G (Sum, Gin, Clock, G);
trin  tri_G (G, Gout, BusWires);

endmodule
```

그림 7.13 프로세서에 대한 코드 (Part *b*)

그림 7.13에서 디코더 *decT*와 *decI*는 각각 *Count* 신호와 입력 *F*의 저장된 값을 디코딩하기 위해 사용된다. 디코더 *decT*는 출력이 $T_0, \ldots, T_3$이고, *decI*의 출력은 $I_0, \ldots, I_3$이다. 그림 7.14에서 이들 디코더 두 개는 사용되지 않았는데, 이들이 이 코드에서 별 의미가 없기 때문이다. 대신, 신호 *I*는 2-비트 신호로 정의되고, 2-비트 신호 *Count*가 *T* 대신 사용된다. 이들 신호는 **case** 문에서 사용된다. 코드에서는 *I*를 함수 레지스터의 가장 왼쪽 2-비트 값으로 설정하였는데, 이 값은 입력 *F*의 저장된 값에 해당한다.

이중 레벨의 중첩(two nested levels) **case** 문이 있다. 첫 레벨에서는 *Count* 값에 따라 나열하고 있다. 표 7.2의 열을 표현한 **case** 문의 각 경우에 대해, *I*의 네 가지 값으로 한번 더 나열한 두 번째 레벨 **case** 문, 즉 내부 **case** 문이 있다. 코드에서 주석으로 표시

```
module proc (Data, Reset, w, Clock, F, Rx, Ry, Done, BusWires);
   input [7:0] Data;
   input Reset, w, Clock;
   input [1:0] F, Rx, Ry;
   output reg [7:0] BusWires;
   output reg Done;
   reg [7:0] Sum;
   reg [0:3] Rin, Rout;
   reg Extern, Ain, Gin, Gout, AddSub;
   wire [1:0] Count, I;
   wire [0:3] Xreg, Y;
   wire [7:0] R0, R1, R2, R3, A, G;
   wire [1:6] Func, FuncReg, Sel;

   wire Clear = Reset | Done | (~w & ~Count[1] & ~Count[0]);
   upcount counter (Clear, Clock, Count);
   assign Func = {F, Rx, Ry};
   wire FRin = w & ~Count[1] & ~Count[0];
   regn functionreg (Func, FRin, Clock, FuncReg);
      defparam functionreg.n = 6;
   assign I = FuncReg[1:2];
   dec2to4 decX (FuncReg[3:4], 1'b1, Xreg);
   dec2to4 decY (FuncReg[5:6], 1'b1, Y);

   always @(Count, I, Xreg, Y)
   begin
      Extern = 1'b0; Done = 1'b0; Ain = 1'b0; Gin = 1'b0;
      Gout = 1'b0; AddSub = 1'b0; Rin = 4'b0; Rout = 4'b0;
      case (Count)
         2'b00: ; //no signals asserted in time step T0
         2'b01:   //define signals in time step T1
            case (I)
               2'b00: begin //Load
                        Extern = 1'b1; Rin = Xreg; Done = 1'b1;
                     end
               2'b01: begin //Move
                        Rout = Y; Rin = Xreg; Done = 1'b1;
                     end
               default: begin //Add, Sub
                         Rout = Xreg; Ain = 1'b1;
                       end
            endcase
. . . continued in Part b.
```

그림 7.14 프로세서에 대한 다른 코드 (Part *a*)

```
          2'b10: //define signals in time step T2
             case(I)
                2'b10: begin //Add
                          Rout = Y; Gin = 1'b1;
                       end
                2'b11: begin //Sub
                          Rout = Y; AddSub = 1'b1; Gin = 1'b1;
                       end
                default: ; //Add, Sub
             endcase
          2'b11:
             case (I)
                2'b10, 2'b11: begin
                                 Gout = 1'b1; Rin = Xreg; Done = 1'b1;
                              end
                default: ; //Add, Sub
             endcase
       endcase
    end

    regn reg_0 (BusWires, Rin[0], Clock, R0);
    regn reg_1 (BusWires, Rin[1], Clock, R1);
    regn reg_2 (BusWires, Rin[2], Clock, R2);
    regn reg_3 (BusWires, Rin[3], Clock, R3);
    regn reg_A (BusWires, Ain, Clock, A);

 . . . continued in Part c.
```

그림 7.14 프로세서에 대한 다른 코드 (Part *b*)

한 것처럼 중첩 **case** 문은 표 7.2에 주어진 정보와 정확히 일치한다.

그림 7.14의 끝 부분에서 멀티플렉서를 표현하는 **if-else** 문으로 버스 구조를 기술하였는데, 이 멀티플렉서는 R_{out}, G_{out}, *Extern* 값에 따라 적절한 데이터를 *BusWires*에 싣는다.

그림 7.14의 코드를 구현하는 회로를 칩에 합성했다. 그림 7.15는 타이밍 시뮬레이션 결과의 예를 보인 것이다. 타이밍도에서 $w = 1$인 동안 각 클록 사이클이 연산의 시작을 지시한다. 시뮬레이션 타임 250 ns에서 시작되는 첫 번째 연산에서 입력 *F*와 *Rx*는 둘 다 00이다. 그러므로 처리되는 연산은 "*Load* R_0, *Data*"에 해당한다. *Data*의 값이 2A이므로, 다음 포지티브 클록 에지에서 2A가 R_0에 로드된다. 다음 연산은 레지스터 *R*1에 55를 로드하고, 이어지는 연산에서는 *R*2에 22를 로드한다. 850 ns에서 입력 *F*의 값은 10이고, $Rx = 01$, $Ry = 00$이다. 이 연산은 "*Add R*1, *R*0"이다. 다음 클록 싸이클에서 *R*1의 내용(55)이 버스에 보인다. 이 데이터는 950 ns에서 클록 에지에 의해 레지스터 *A*로 로드되고, 이것이 R_0의 값(2A)이 버스에 실리게 한다. 가/감산기 모듈은 정확한 합의 값(7F)을 생성하는데, 이것은 1050 ns에 레지스터 *G*로 로드된다. 이 클록 에지 후에 *G*

```
// alu
always @(AddSub, A, BusWires)
begin
    if (!AddSub)
        Sum = A + BusWires;
    else
        Sum = A - BusWires;
end

regn reg_G (Sum, Gin, Clock, G);
assign Sel = {Rout, Gout, Extern};

always @(Sel, R0, R1, R2, R3, G, Data)
begin
    if (Sel == 6'b100000)
        BusWires = R0;
    else if (Sel == 6'b010000)
        BusWires = R1;
    else if (Sel == 6'b001000)
        BusWires = R2;
    else if (Sel == 6'b000100)
        BusWires = R3;
    else if (Sel == 6'b000010)
        BusWires = G;
    else BusWires = Data;
end

endmodule
```

그림 7.14 프로세서에 대한 다른 코드 (Part *c*)

의 새로운 내용(7F)이 버스에 실리고, 이것이 1150 ns에 레지스터 *R*1로 로드된다. 타이밍도에는 두 개의 연산이 더 보인다. 1250 ns에 "*Move R*3, *R*1"는 *R*1의 내용(7F)을 *R*3으로 복사한다. 마지막으로 1450 ns에 시작하는 연산 "*Sub R*3, *R*2"는 *R*2의 내용(22)을 *R*3의 내용(7F)에서 감산하여 그 결과 값 $7F - 22 = 5D$를 생성한다.

7.3 • 비트 카운트 회로

6.10절에서 ASM(algorithmic state machine) 차트를 소개하고 FSM을 기술하는 데 어떻게 사용되는지 보여주었다. ASM 차트는 또한 datapath와 제어 회로를 포함하는 디지털 시스템을 기술하는 데에도 사용할 수 있다. 이 장의 이후 예제에서 ASM 차트를 사용함으로써 디지털시스템을 설계할 때 ASM 차트가 얼마나 도움이 되는가를 보이고자 한다.

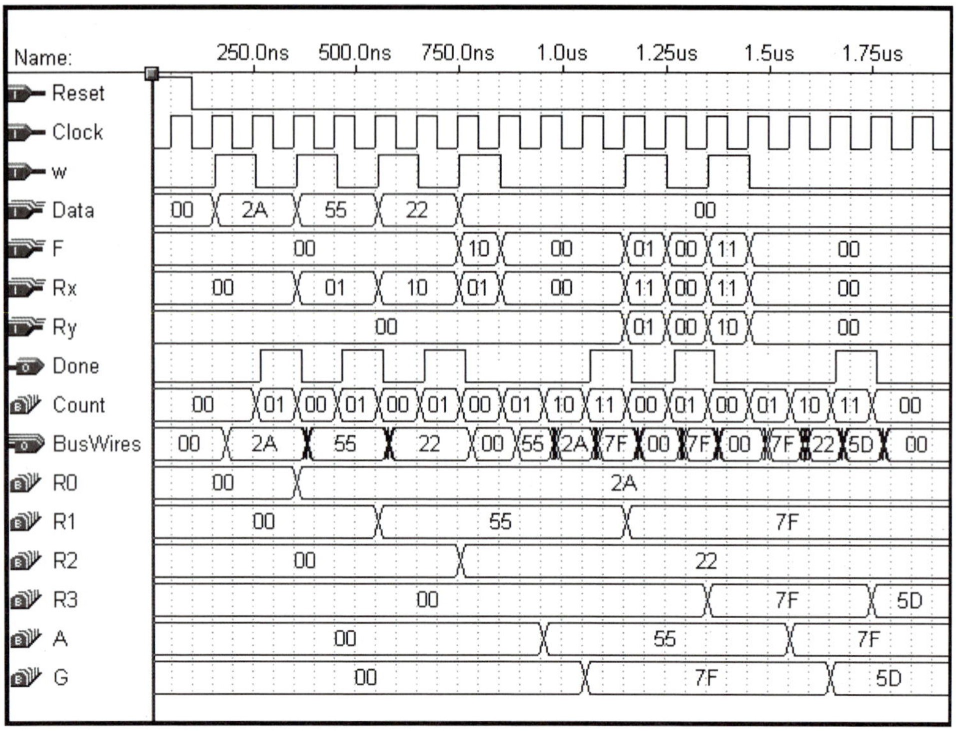

그림 7.15 그림 7.14의 Verilog 코드에 대한 타이밍 시뮬레이션

```
B = 0;
while A ≠ 0 do
    if a0 = 1 then
        B = B + 1;
    end if;
    Right-shift A;
end while;
```

그림 7.16 비트 카운터에 대한 의사-코드

레지스터 A에서 1의 값을 가진 비트의 수를 카운트하기를 원하는 것으로 가정하자. 그림 7.16은 이 작업을 수행하기 위해 사용할 수 있는 단계별 절차 또는 **알고리즘**(*algorithm*)에 대한 의사-코드(pseudo-code)이다. 왼쪽에서 오른쪽으로 저장 값을 시프트할 수 있는 레지스터에 값 A가 저장되어 있다고 가정하자. 알고리즘의 결과 값은 변수 B에 저장된다. 이 알고리즘은 A에 1이 하나도 없을 때, 즉 $A = 0$일 때 종료된다. **while** 루프가 반복될 때 A의 LSB가 1이면 B를 1만큼 증가시키고, 그렇지 않으면 B는 그대로 둔다. 루프 반복의 마지막 시점에서 A의 내용은 오른쪽으로 1비트 시프트된다.

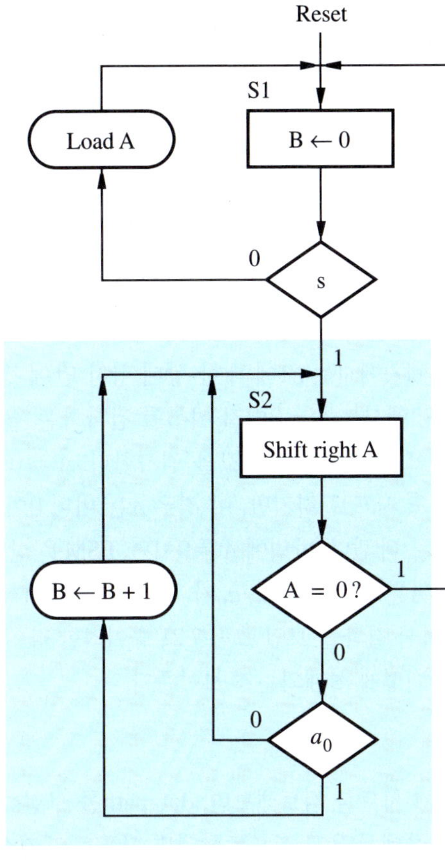

그림 7.17 그림 7.16의 의사-코드에 대한 ASM 차트

그림 7.17은 그림 7.16의 알고리즘을 ASM 차트로 나타낸 것이다. 초기 상태 $S1$의 상태 박스는 B를 0으로 초기화한다. 머신이 알고리즘을 시작할 수 있도록, 처리될 데이터가 A에 로드되었음을 나타내기 위해 사용되는 신호 s가 있는 것으로 가정한다. s로 표기된 결정 상자는 $s = 0$인 동안에는 상태 $S1$에 머물도록 요구한다. 상자 안에 *Load A* 라고 표기된 조건부 출력 상자는 상태 $S1$에서 $s = 0$이면, 외부의 데이터가 A에 로드됨을 나타낸다.

$s = 1$이 되면 머신은 상태 $S2$로 바뀐다. 상태 상자 $S2$ 아래의 결정 상자는 $A = 0$인지 검사한다. $A = 0$이면 비트 카운트는 종료되고, 머신은 상태 $S3$으로 바뀐다. 그렇지 않은 경우 FSM은 상태 $S2$를 유지한다. 차트 최하단의 결정 상자는 a_0 값을 검사한다. $a_0 = 1$이면 차트에 $B \leftarrow B + 1$로 표시된 지시에 따라 B를 증가시킨다. $a_0 = 0$이면 B는 변하지 않는다. 상태 $S3$에서 B는 A에서 1이었던 비트의 수를 결과로 갖게 된다. 출력 신호, *Done*은 1로 설정되어 알고리즘이 종료되었음을 알리고, FSM은 s가 0으로 바뀔 때까지 $S3$에 머문다.

시간 정보를 포함하는 ASM 차트

6장에서 ASM 차트가 시간 정보를 포함하고 있다는 점을 제외하면 기존의 플로 차트와 유사하다고 하였다. 이러한 개념을 설명하기 위한 예제로 비트 카운트 회로를 사용하려고 한다. 그림 7.17에 컬러로 표시된 상태 *S*2에 대한 ASM 블록을 보자. 종래의 플로 차트에서는 상태 *S*2에 진입하면 *A*값이 먼저 오른쪽으로 시프트된다. 그 다음 *A* 값을 검사하여, *A*의 LSB가 1이면 즉시 *B*에 1을 더한다. 그러나 ASM 차트는 순서회로를 표현하므로, 플립플롭의 출력을 나타내는 *A*와 *B*의 변화는 활성 클록 에지 후에 발생한다. 즉, 머신의 상태 변화를 제어하는 클록 신호가 *A*와 *B*의 변화도 제어한다. 머신이 상태 *S*1에 있을 때, 다음 활성 클록 에지에서는 *S*1에 대한 상태 상자 안에 명시된 동작인 $B \leftarrow 0$만 수행한다. 따라서 상태 *S*2에서는 $A = 0$인지 여부를 검사하는 결정 상자는 a_0의 값을 검사하는 상자와 함께 시프트되기 전의 *A* 값을 검사한다. $A = 0$이면, FSM은 다음 클록 에지(이 클록 에지는 *A*도 시프트 하지만, 이 경우 *A*는 이미 0이기 때문에 아무런 영향이 없다)에서 상태 *S*3으로 바뀐다. 반면에 $A \neq 0$이면, FSM은 상태 *S*3으로 바뀌지 않고 *S*2를 유지한다. 동시에 *A*는 시프트되고, a_0가 1이면 *B*는 증가한다. ASM 차트를 구현한 회로에 대한 시뮬레이션 결과를 보인 그림 7.21에 이러한 타이밍 문제가 나타나 있다. 아래에서는 이 회로를 어떻게 설계되는지 보여준다.

datapath 회로

비트 카운트 회로에 대한 ASM 차트를 검토해보면, datapath를 구현하는데 필요한 회로 소자를 추측할 수 있다. *A*를 좌에서 우로 시프트하려면 시프트 레지스터가 필요하다. 이 레지스터는 상태 *S*1에서 데이터를 레지스터에 로드하는 조건부 출력 상자 때문에 병렬 로드 기능을 가져야 한다. 상태 *S*2에서만 시프트가 일어나야 하므로 enable 입력도 필요하다. *B*를 위해 카운터가 필요한데, 상태 *S*1에서 0으로 초기화하려면 병렬 로드 기능이 있어야 한다. 상태 *S*1에서 *B*를 0으로 초기화하기 위해 카운터의 리셋 입력에 의지하는 것은 바람직하지 않다. 실제로 디지털시스템에서 리셋 신호는 전원이 회로에 처음 인가되는 시점에서의 초기화와 오류로부터의 복구, 이 두 가지 목적으로만 사용된다. 이와는 달리 여기서는 $s = 0$의 결과로 머신의 상태가 *S*3에서 *S*1로 바뀐다. 따라서 리셋 신호를 카운터를 클리어하기 위해 사용하려고 생각해서는 안 된다.

datapath 회로가 그림 7.18에 그려져 있다. 시프트 레지스터의 직렬 입력 *w*가 0인 것은 직렬 입력이 필요 없기 때문이다. 시프트 레지스터의 로드와 enable 입력은 각각 신호 *LA*와 *EA*에 의해 구동된다. 시프트 레지스터의 병렬 입력은 이름이 *Data*이고, 병렬 출력은 *A*이다. *n*-입력 NOR 게이트는 $A = 0$인지 검사하기 위해 사용된다. $A = 0$일 때, 이 게이트의 출력, *z*는 1이다. 그림에서 *n*-입력 NOR 게이트를 게이트에 연결된 한 가닥의 선에 레이블 *n*을 붙인 것으로 나타내고 있음을 주목하라. 카운터의 비트 수는 $log_2(n)$이며, 카운터의 병렬 입력은 0에 연결되었고, 병렬 출력은 *B*이다. 또, 병렬 로드 입력 *LB*와 enable 입력 *EB*의 제어 신호도 있다.

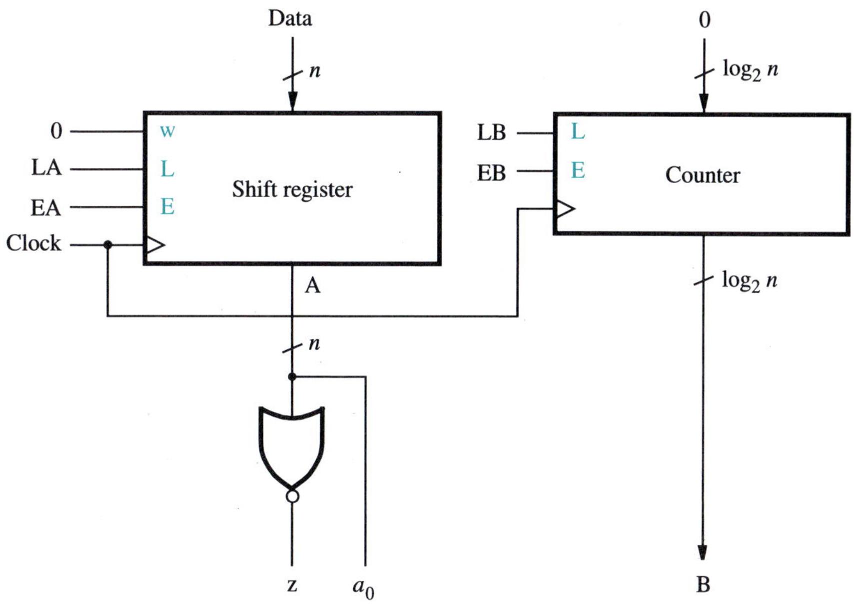

그림 7.18 그림 7.17의 ASM 차트에 대한 datapath

제어 회로

편의상 제어 회로에 필요한 FSM만 나타낸 두 번째 ASM 차트를 그림 7.19에 보였다. FSM의 입력은 s, a_0과 z이고, 출력으로 *EA*, *LB*, *EB*와 *Done*을 생성한다. 상태 *S*1에서 출력 *LB*가 assert되면 카운터에 0이 병렬 로드된다.

*LB*같은 제어 신호에 대해 $LB = 1$로 쓰는 대신 신호가 assert되는 것을 나타내기 위해 간단히 *LB*라고 한 것에 주목하라. 시프트 레지스터의 병렬 입력에 유효한 데이터가 나타나면 외부 회로가 *LA*를 1로 구동하여 $s = 1$로 변화기 전에 시프트 레지스터 값이 초기화된다고 가정한다. 상태 *S*2에서 *EA*가 assert되어 시프트 동작을 하며, *B*에 대한 카운트 enable은 $a_0 = 1$일 때만 assert된다.

Verilog 코드

그림 7.20에 보인 바와 같이 비트 카운트 회로를 Verilog 코드로 기술할 수 있다. *A*를 8-비트 벡터, *B*를 4-비트 벡터 신호로 정의하였다. 그림 7.19의 ASM 차트는 필요한 제어 회로를 기술하는 코드로 곧바로 변환 가능하다. 신호 *y*는 FSM의 현재 상태를, *Y*는 다음 상태를 표현하기 위해 사용된다. FSM은 세 개의 **always** 블록으로 기술되었는데, *State_table*로 표기된 블록은 상태 천이를, *State_flipflops* 블록은 상태 플립플롭을, *FSM_ouputs* 블록은 각 상태에서 생성된 출력을 명시하고 있다. 디폴트 값은 *FSM_outputs* 블록이 시작하는 지점에 명시되어 있으며, 각 출력 값은 **case** 문에 기술되어있다. 예를 들어, *EA*의 디폴트 값은 0이며, *EA*는 상태 *S*2에서만 1로 설정된다. 따라서 *A*는

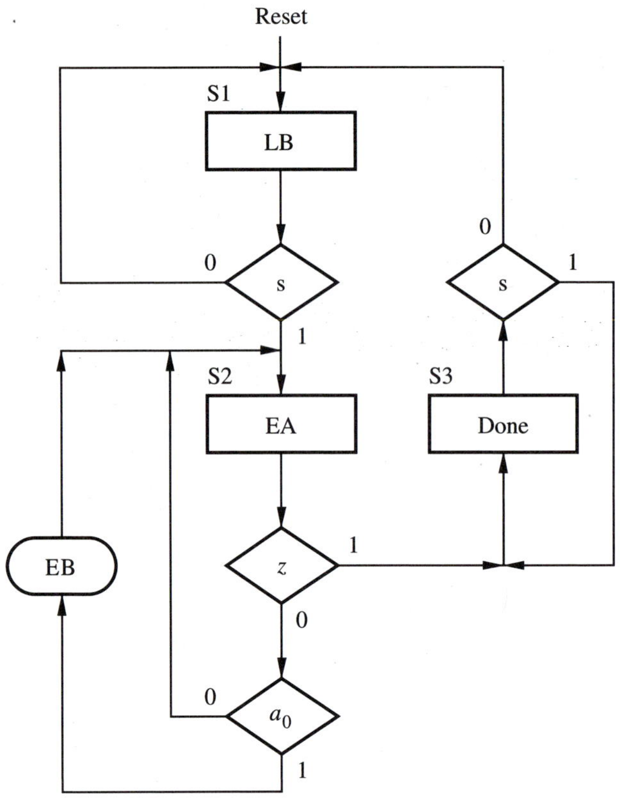

그림 7.19 비트 카운터의 제어 회로에 대한 ASM 차트

FSM이 상태 *S*2에 있고 활성 클록 에지가 발생할 때에만 시프트된다.

네 번째 **always** 블록은 *B*를 구현하는 업-카운터를 정의한다. *A*에 대한 시프트 레지스터는 코드의 끝 부분에 예시되어 있다. 이에 대한 상세한 내용은 그림 5.60에 있는데, 파라미터 값은 $n = 8$이 되어야 한다. 마지막으로, z 신호는 감소 NOR 연산자를 이용하여 정의하였다.

그림 7.20의 코드를 칩에 구현하여 타이밍 시뮬레이션을 수행하였다. 그림 7.21은 $A = 00111011$에 대한 시뮬레이션 결과를 보여준다. 회로가 리셋된 후, 입력 신호 *LA*를 1로 설정하고 필요한 데이터 값 $(3B)_{16}$을 *Data* 입력에 올린다. *s*가 1로 바뀌면 다음 활성 클록 에지에서 FSM은 상태 *S*2로 바뀐다. 이 상태에서 각 활성 클록 에지마다 *A*를 시프트하고, a_0가 1이면 *B* 값을 증가시킨다. $A = 0$이면 다음 활성 클록 에지에서 FSM은 상태 *S*3으로 바뀌면서 $Done = 1$로 설정하고, *B*는 정확한 결과 값 $B = 5$를 가진다. 회로가 정확하게 설계되었는지 더욱 철저히 확인하려면 다른 입력 데이터 값도 시도해보아야 한다.

```
module bitcount (Clock, Resetn, LA, s, Data, B, Done);
   input Clock, Resetn, LA, s;
   input [7:0] Data;
   output reg [3:0] B;
   output reg Done;
   wire [7:0] A;
   wire z;
   reg [1:0] Y, y;
   reg EA, EB, LB;

// control circuit

   parameter S1 = 2'b00, S2 = 2'b01, S3 = 2'b10;

   always @(s, y, z)
   begin: State_table
      case (y)
         S1: if (!s) Y = S1;
             else Y = S2;
         S2: if (z == 0) Y = S2;
             else Y = S3;
         S3: if (s) Y = S3;
             else Y = S1;
         default: Y = 2'bxx;
      endcase
   end

   always @(posedge Clock, negedge Resetn)
   begin: State_flipflops
      if (Resetn == 0)
         y <= S1;
      else
         y <= Y;
   end

. . . continued in Part b.
```

그림 7.20 **비트 카운트 회로에 대한 Verilog 코드 (Part *a*)**

7.4 • shift-and-add 곱셈기

그림 3.35에서 두 개의 무부호(unsigned) n-비트 2진수를 곱하는 회로를 소개하였다. 회로는 한 개씩의 전가산기(full-adder)와 AND 게이트로 구성된 부분 회로를 2차원으로 배열한 것을 사용하였다. n 값이 큰 경우, 이 방법을 적용하려면 많은 수의 게이트가 필요하므로 실용적이지 못하다. 다른 방법 중 하나는 '수작업' 방식인 종래의 곱셈 방법을 구현하기 위해 가산기와 시프트 레지스터의 조합을 이용하는 것이다. 그림 7.22*a*는 두 개

```
        always @(y, A[0])
        begin: FSM_outputs
            // defaults
            EA = 0; LB = 0; EB = 0; Done = 0;
            case (y)
                S1: LB = 1;
                S2: begin
                        EA = 1;
                        if (A[0]) EB = 1;
                        else EB = 0;
                    end
                S3: Done = 1;
            endcase
        end

    // datapath circuit

        // counter B
        always @(negedge Resetn, posedge Clock)
            if (!Resetn)
                B <= 0;
            else if (LB)
                B <= 0;
            else if (EB)
                B <= B + 1;

        shiftrne ShiftA (Data, LA, EA, 1'b0, Clock, A);
        assign z = ~| A;

    endmodule
```

그림 7.20 비트 카운트 회로에 대한 Verilog 코드 (Part *b*)

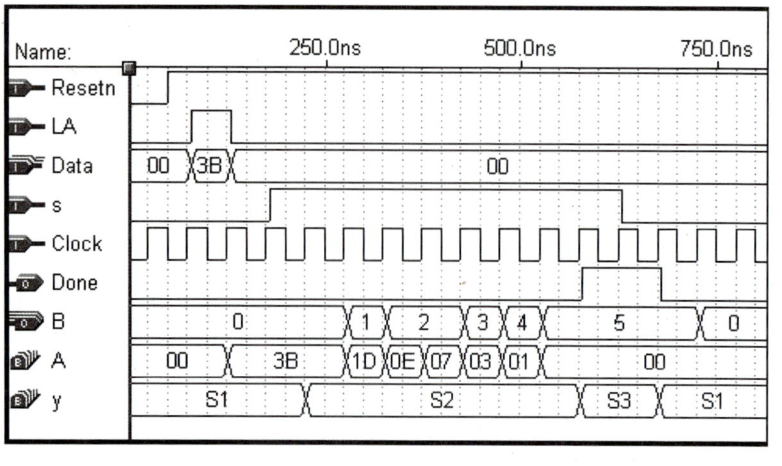

그림 7.21 비트 카운트 회로에 대한 시뮬레이션 결과

의 2진수를 수작업으로 곱하는 과정을 묘사한다. 곱셈은 일련의 덧셈 연산으로 이루어진다. 승수(multiplier)에서 1인 비트 i에 대해 피승수(multiplicand)의 값을 왼쪽으로 i번 시프트한 것을 곱셈 결과 값(product)에 더한다. 이 알고리즘을 그림 7.22b에 보인 의사-코드로 기술할 수 있는데, 여기서 A는 피승수, B는 승수, P는 곱셈 결과 값(product)이다.

그림 7.22b의 알고리즘을 표현한 ASM 차트를 그림 7.23에 나타내었다. 머신이 곱셈 과정을 시작하는 시점을 제어하기 위해 입력 s를 사용한다고 하자. $s = 0$인 동안 머신은 상태 $S1$에 머무르고, A와 B에 대한 데이터가 외부 입력으로부터 로드될 수 있다. 상태 $S2$에서 B의 LSB 값을 검사하여 그 값이 1이면 P에 A값을 더하고, 그렇지 않다면 P의 변화는 없다. B가 0이면, P가 최종 결과를 가지므로 머신은 상태 $S3$으로 이동한다. 머신이 상태 $S2$에 있는 각 클록 사이클 동안, 그림 7.22b의 의사-코드로 규정한 대로 A 값을 왼쪽으로 시프트한다. B의 값을 오른쪽으로 시프트하여 각 클록 사이클마다 P에 A를 더할 것인지 여부를 결정하기 위해 b_0을 사용한다.

Datapath 회로

이제 datapath 회로를 정의할 수 있다. A를 구현하기 위해서는 $2n$ 비트, 우측에서 좌측으로의(right-to-left) 시프트 레지스터가 필요하다. P에도 $2n$ 비트 레지스터가 필요한데, 이것은 상태 $S2$에서 할당 $P \leftarrow P + A$가 조건부 출력 상자 안에 있으므로 enable

```
Decimal          Binary
   13             1 1 0 1    Multiplicand
 × 11           × 1 0 1 1    Multiplier
 ----           ---------
   13             1 1 0 1
  13            1 1 0 1
 ----         0 0 0 0
  143       1 1 0 1
          ---------------
          1 0 0 0 1 1 1 1    Product
```

(a) 수작업

```
P = 0;
for i = 0 to n − 1 do
    if b_i = 1 then
        P = P + A;
    end if;
    Left-shift A;
end for;
```

(b) 의사 코드

그림 7.22 곱셈 알고리즘

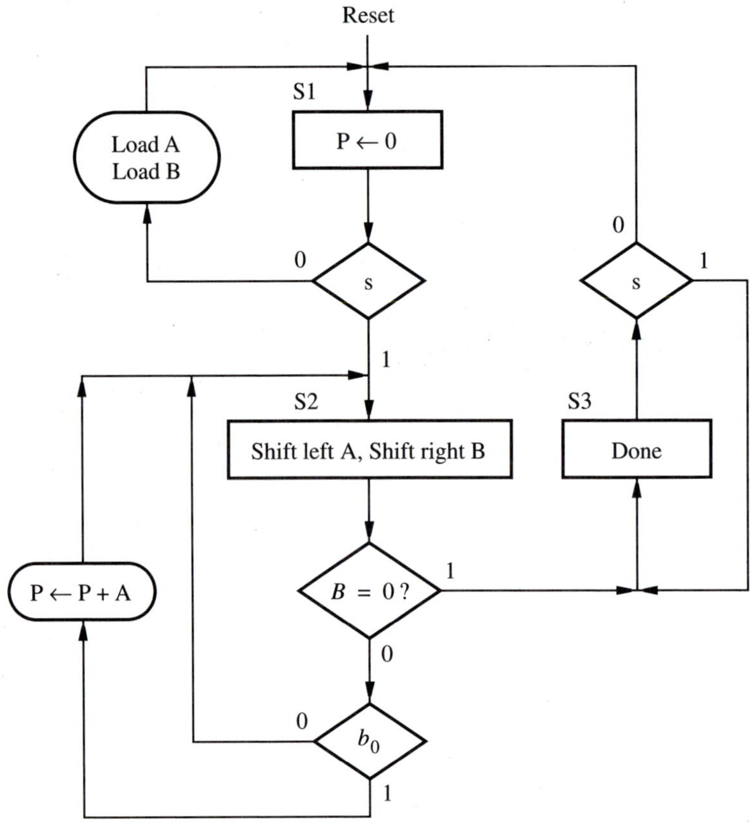

그림 7.23 곱셈기에 대한 ASM 차트

입력을 가져야 한다. $P + A$를 생성하려면 $2n$ 비트 가산기가 필요하다. P는 상태 $S1$에서 0으로 로드되고, 상태 $S2$에서는 가산기의 출력으로 로드되어야 한다는 것을 주목하라. P를 클리어하기 위해 리셋 입력을 사용하는 것으로 가정할 수 없다. 왜냐하면 머신은 리셋 입력이 아닌 입력 s에 의해 상태 $S3$에서 $S1$로 바뀌기 때문이다. 따라서 P의 입력값으로 0 또는 가산기로부터의 적절한 합 비트 중에서 선택하려면 2-to-1 멀티플렉서가 필요하다. B용으로 n-비트 left-to-right 시프트 레지스터가 필요하며, n-입력 NOR 게이트는 $B = 0$인지 검사하기 위해 사용된다.

그림 7.24는 datapath 회로를 보인 것으로, 시프트 레지스터에 대한 제어 신호를 표기하였다. A 값을 보관하는 시프트 레지스터의 입력 데이터는 이름이 *DataA*이다. 시프트 레지스터의 비트 수가 $2n$이므로, 최상위 n 비트 데이터 입력은 0으로 연결되어 있다. 멀티플렉서 기호가 한 개 있는데, 이것이 P를 보관하는 레지스터에 연결되어 있다. 이 기호는 *Psel* 신호에 의해 제어되는 $2n$ 비트 2-to-1 멀티플렉서를 나타낸다.

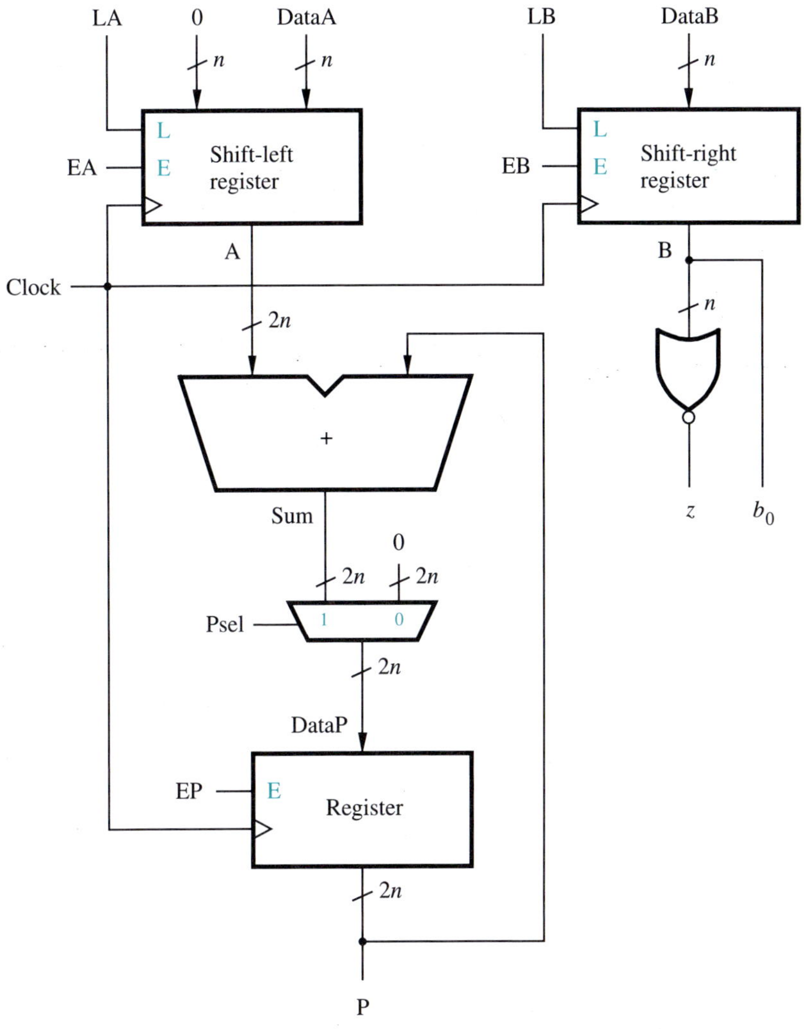

그림 7.24 곱셈기에 대한 datapath 회로

제어 회로

곱셈기(multiplier)에 필요한 제어 신호만 표현한 ASM 차트를 그림 7.25에 나타냈다. 상태 *S*1에서 *Psel*은 0으로 설정되고 *EP*가 assert 되어, 레지스터 *P*가 클리어된다. $s = 0$일 때, 병렬 로드 입력 *LA*와 *LB*를 제어하는 외부 회로에 의해 시프트 레지스터 *A*와 *B*에 병렬 데이터가 로드될 수 있다. $s = 1$일 때 머신은 상태 *S*2로 바뀌며, *Psel*은 1로 설정되고 *A*와 *B*의 시프트가 가능해진다. 만약 $b_0 = 1$이면 *P*에 대한 enable이 assert 된다. $z = 1$이면 머신은 상태 *S*3으로 바뀌며, 이후 $s = 1$인 동안은 *S*3에 계속 머무르면서 *Done*을 1로 출력한다.

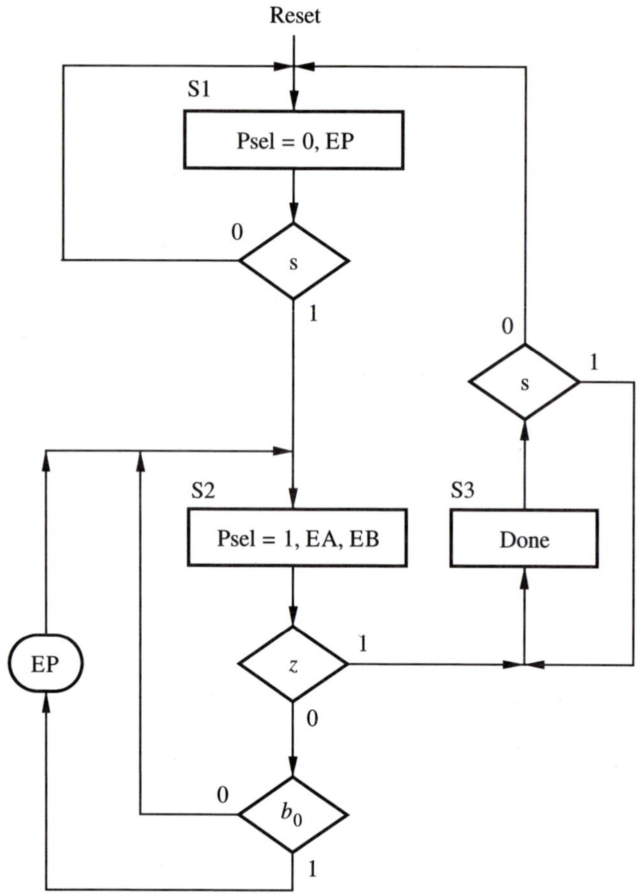

그림 7.25 곱셈기 제어 회로에 대한 ASM 차트

Verilog 코드

곱셈기의 Verilog 코드가 그림 7.26에 있다. *A*와 *B*의 비트 수는 파라미터 *n*으로 설정된다. 폭이 2*n* 비트인 레지스터에 대해 비트 수를 $n + n$으로 설정하였다. 파라미터의 값을 변경함으로써 비트 수에 무관하게 이 코드를 사용할 수 있다. *State_table*과 *State_flipflops*로 표기된 **always** 블록은 각각 상태 천이와 상태 플립플롭을 정의한다. 제어 회로 출력은 이름이 *FSM_outputs*인 **always** 블록 안에 명시되어 있다. 시프트 레지스터 *A*의 병렬 데이터 입력은 폭이 2*n* 비트이지만, *DataA*는 폭이 *n*비트이다. 따라서 시프트 레지스터에 로드하기 위해 *DataA*에 *n*개의 0을 덧붙이는 연결 연산(concatenate operation) {{n{1'b0}}, DataA}을 사용하였다. 레지스터 *P*에 필요한 멀티플렉서는 2*n*개의 2-to-1 멀티플렉서를 정의하는 **for** loop를 사용하여 정의하였다. 그림 7.27은 코드로부터 생성된 회로를 시뮬레이션한 결과를 보인 것이다. 회로를 리셋한 후 *LA*와 *LB*를 1로 설정하고, 곱하고자 하는 숫자를 *DataA*와 *DataB* 입력에 놓는다. *s*가 1로 설정된 후, FSM (*y*)는 상태 *S*2로 바뀌고, 이 상태를 $B = 0$이 될 때까지 유지한다. 상태 *S*2에서

```
module multiply (Clock, Resetn, LA, LB, s, DataA, DataB, P, Done);
   parameter n = 8;
   input Clock, Resetn, LA, LB, s;
   input [n–1:0] DataA, DataB;
   output [n+n–1:0] P;
   output reg Done;
   wire z;
   reg [n+n–1:0] DataP;
   wire [n+n–1:0] A, Sum;
   reg [1:0] y, Y;
   wire [n–1:0] B;
   reg EA, EB, EP, Psel;
   integer k;

// control circuit

   parameter S1 = 2'b00, S2 = 2'b01, S3 = 2'b10;

   always @(s, y, z)
   begin: State_table
      case (y)
         S1: if (s == 0) Y = S1;
             else Y = S2;
         S2: if (z == 0) Y = S2;
             else Y = S3;
         S3: if (s == 1) Y = S3;
             else Y = S1;
         default: Y = 2'bxx;
      endcase
   end

   always @(posedge Clock, negedge Resetn)
   begin: State_flipflops
      if (Resetn == 0)
         y <= S1;
      else
         y <= Y;
      end

. . . continued in Part b.
```

그림 7.26 곱셈기 회로에 대한 Verilog 코드 (Part *a*)

매 클록 사이클에 A는 왼쪽으로, B는 오른쪽으로 시프트된다. 상태 $S2$에서의 클록 사이클 중 세 개에서 A의 값이 P에 더해지는데, 더하는 위치는 B에서 값이 1인 3 비트의 위치와 일치해야 한다. $B = 0$이면 FSM은 상태 $S3$으로 바뀌고, P에는 올바른 결과 값 $(64)_{16} \times (19)_{16} = (9C4)_{16}$이 담겨있다. 이를 10진수로 표시하면 $100 \times 25 = 2500$이다.

```
    always @(s, y, B[0])
    begin: FSM_outputs
        // defaults
        EA = 0; EB = 0; EP = 0; Done = 0; Psel = 0;
        case (y)
            S1: EP = 1;
            S2: begin
                    EA = 1; EB = 1; Psel = 1;
                    if (B[0]) EP = 1;
                    else EP = 0;
                end
            S3: Done = 1;
        endcase
    end

//datapath circuit

    shiftrne ShiftB (DataB, LB, EB, 1'b0, Clock, B);
        defparam ShiftB.n = 8;
    shiftlne ShiftA ({{n{1'b0}}, DataA}, LA, EA, 1'b0, Clock, A);
        defparam ShiftA.n = 16;

    assign z = (B == 0);
    assign Sum = A + P;

    // define the 2n 2-to-1 multiplexers
    always @(Psel, Sum)
        for (k = 0; k < n+n; k = k+1)
            DataP[k] = Psel ? Sum[k] : 1'b0;

    regne RegP (DataP, Clock, Resetn, EP, P);
        defparam RegP.n = 16;

endmodule
```

그림 7.26 곱셈기 회로에 대한 Verilog 코드 (Part *b*)

회로가 최종 결과 값을 생성하기까지 필요한 클록 사이클의 수는 *B*에서 가장 왼쪽에 있는 1의 위치에 의해 결정된다. *A*와 *B*용으로 더 복잡한 시프트 레지스터를 이용하면 필요한 클록 사이클의 수를 줄일 수 있다. *B*에서 가장 오른쪽 비트 두 개가 모두 0이면 *A*와 *B* 둘 다 1클록 사이클에 2비트 위치만큼 시프트 할 수 있다. 마찬가지로, *B*의 가장 낮은 자릿수 세 개가 0이면, 3비트 위치만큼 시프트될 수 있다. 한 번에 여러 비트 위치를 시프트할 수 있는 시프트 레지스터는 **배럴 시프터**(*barrel shifter*)를 사용하여 만들 수 있다. 배럴 시프터를 이용하도록 곱셈기를 개조하는 작업은 여러분들을 위한 연습문제로 남겨둔다.

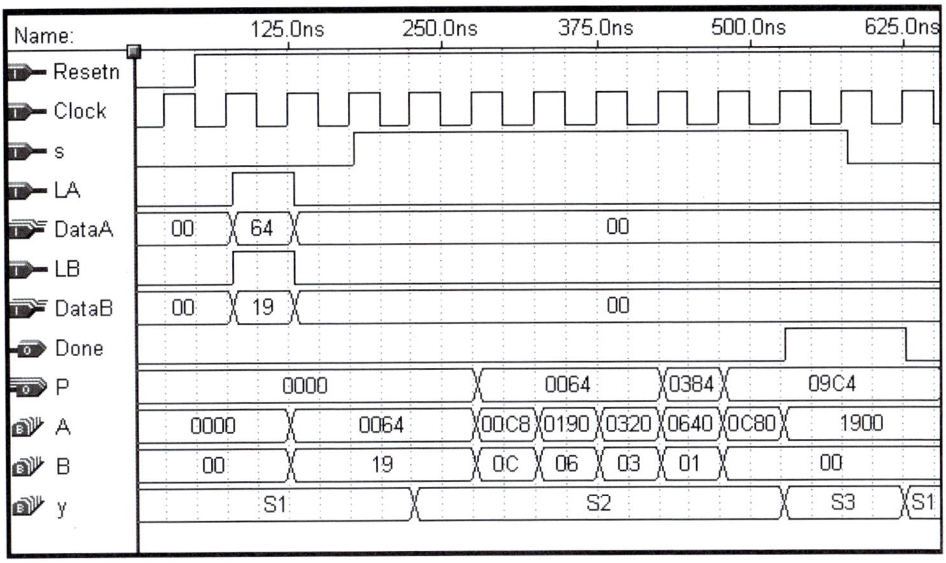

그림 7.27 곱셈기 회로의 시뮬레이션 결과

7.5 • 나눗셈기

앞의 예제에서는 수작업으로 곱셈을 수행하는 종래의 방법을 구현해보았다. 이번 예제에서는 종래의 방식으로 나눗셈(division)을 구현하는 회로를 설계하려고 한다. 그림 7.28*a*는 이 나눗셈의 예를 보여준다. 첫 단계에서 피제수(dividend) 1을 제수(divisor) 9로 나누기를 시도하나 이루어지지 않는다. 다음 단계로 피제수 14를 다시 제수 9로 나누기를 시도하여 몫(quotient)의 첫 자리를 1로 결정한다. 뺄셈 14 − 9 = 5를 수행하고, 피제수의 마지막 자릿수(0)를 내리면 50이 되므로 몫의 다음 자리를 5로 결정한다. 나머지는 50 − 45 = 5이고, 몫은 15이다. 그림 7.28*b*에 나타낸 것처럼 2진수를 사용한 경우도 동일한 과정을 거치는데, 몫의 각 자릿수가 0 아니면 1이란 점에서 차이가 있을 뿐이다.

두 개의 무부호 n-비트 수 A와 B에 대해, 두 개의 n-비트 출력 Q와 R을 출력하는 회로를 설계하고자 한다. 여기서 Q는 몫(quotient) A/B, R은 나머지(remainder)이다. 그림 7.28*b*에 설명된 방법은 A의 자릿수를 한 번에 한 자리씩 왼쪽으로, 즉 시프트 레지스터 R로 시프트하여 구현하면 된다. 각 시프트 동작 후에 R을 B와 비교한다. R≥B이면 몫의 해당 위치에 1을 놓고, R에서 B를 뺀다. 그렇지 않으면 몫의 자리에 0을 놓는다. 알고리즘이 그림 7.28*c*에 의사-코드로 기술되어 있다. 표기 $R||A$는 가장 왼쪽의 n-비트인 R과 가장 오른쪽의 n-비트인 A를 사용하여 구성된 $2n$-비트 시프트 레지스터를 나타낸다.

나눗셈 의사-코드에서 루프를 반복할 때마다 자릿수 q_i를 1 또는 0으로 설정하게 된다. 이것을 달성하는 간단한 방법은 루프를 반복할 때마다 Q의 LSB로 1 또는 0을 shift하는 것이다. 나눗셈기 회로를 표현하는 ASM 차트를 그림 7.29에 나타내었다. 신

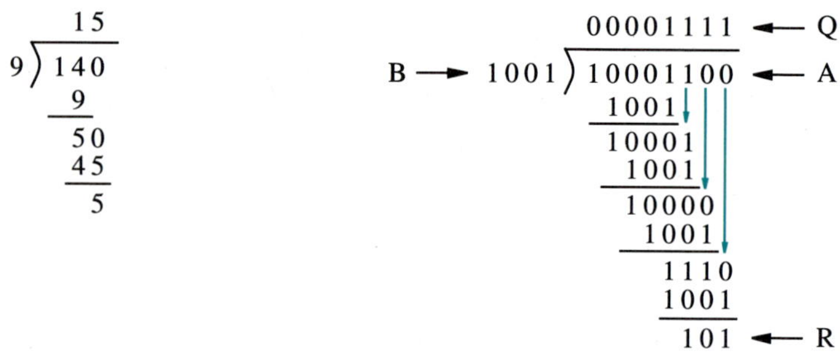

(a) 10진수　　(b) 2진수

```
R = 0;
for i = 0 to n − 1 do
    Left-shift R||A;
    if R ≥ B then
        q_i = 1;
        R = R − B;
    else
        q_i = 0 ;
    end if;
end for;
```

(c) 의사 코드

그림 7.28 나눗셈 알고리즘

호 C는 시작 상태 $S1$에서 $n-1$로 초기화되는 카운터를 나타낸다. 상태 $S2$에서 R과 A 둘 다 왼쪽으로 시프트한 후 상태 $S3$에서 $R \geq B$이면, R에서 B를 뺀다. $C=0$일 때, 머신은 상태 $S4$로 바뀐다.

Datapath 회로

A, R, Q용으로 오른쪽에서 왼쪽으로 시프트하는 n-비트 시프트 레지스터가 필요하다. B용으로 n-비트 레지스터 한 개가 필요하고, $R-B$를 계산하는 감산기도 필요하다. 캐리-인을 1로 하고, B의 보수를 취하는 가산기 모듈을 사용할 수 있다. 이 모듈의 캐리-아웃 c_{out}은 $R \geq B$가 참(true)이면 1 값을 취한다. 따라서 캐리-아웃은 Q를 보관하고 있는 시프트 레지스터의 직렬 입력으로 연결되어 상태 $S3$에서 Q로 시프트된다. R은 상태 $S1$에서는 0을, 상태 $S3$에서는 가산기의 출력을 로드하므로 R의 병렬 데이터 입력용으로 멀티플렉서가 하나 필요하다. datapath 회로를 그림 7.30에 나타내었다. C를 구현하는데 필요한 다운-카운터와 $C=0$일 때 1을 출력하는 NOR 게이트는 그림에서 생략되었다.

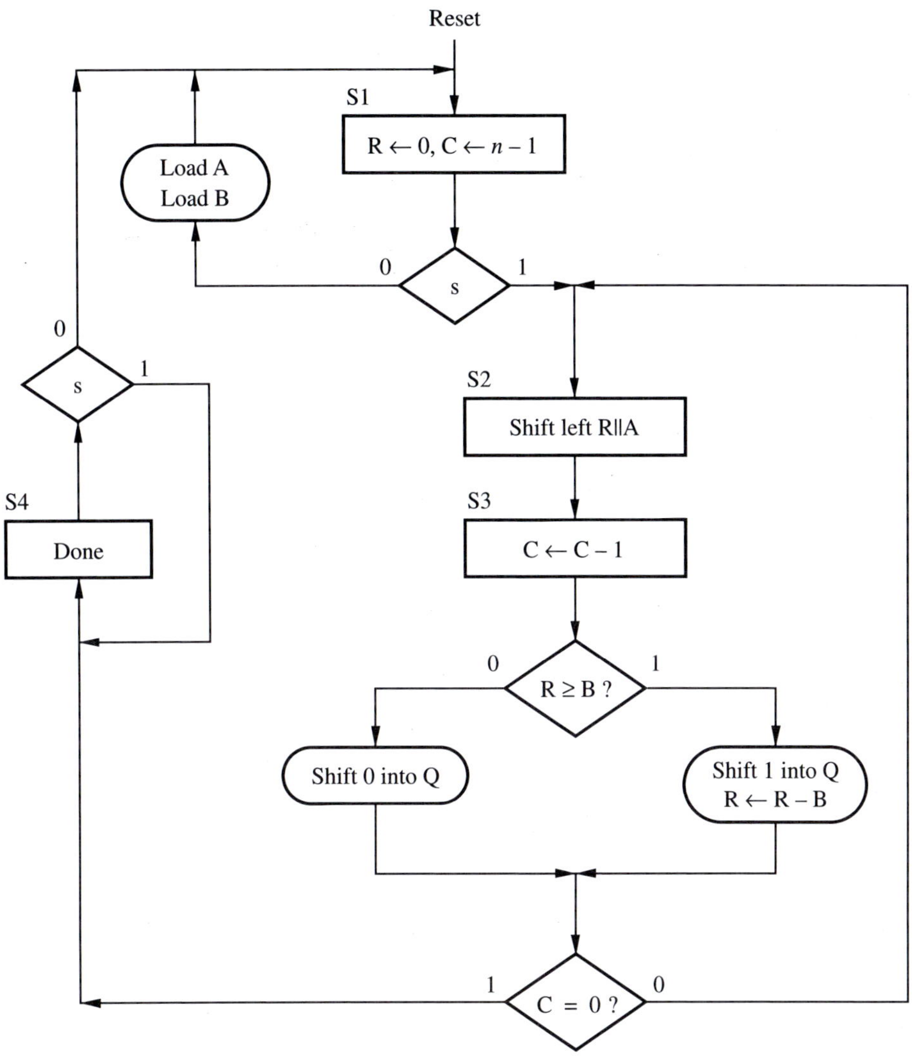

그림 7.29 나눗셈기에 대한 ASM 차트

제어 회로

나눗셈기를 위해 필요한 제어 신호만 보인 ASM 차트가 그림 7.31에 있다. 상태 *S*3에서 c_{out}의 값은 가산기의 합 출력을 *R*로 로드하느냐 마느냐를 결정한다. 상태 *S*3에서 Q의 시프트 enable이 assert된다. c_{out}이 datapath 회로에 있는 Q의 직렬 입력으로 연결되기 때문에 Q에 로드되는 값이 1인지 0인지를 규정할 필요는 없다. 그림 7.31의 ASM 차트와 그림 7.30의 datapath 회로를 나타내는 Verilog 코드를 작성하는 것은 여러분들을 위한 연습문제로 남겨두었다.

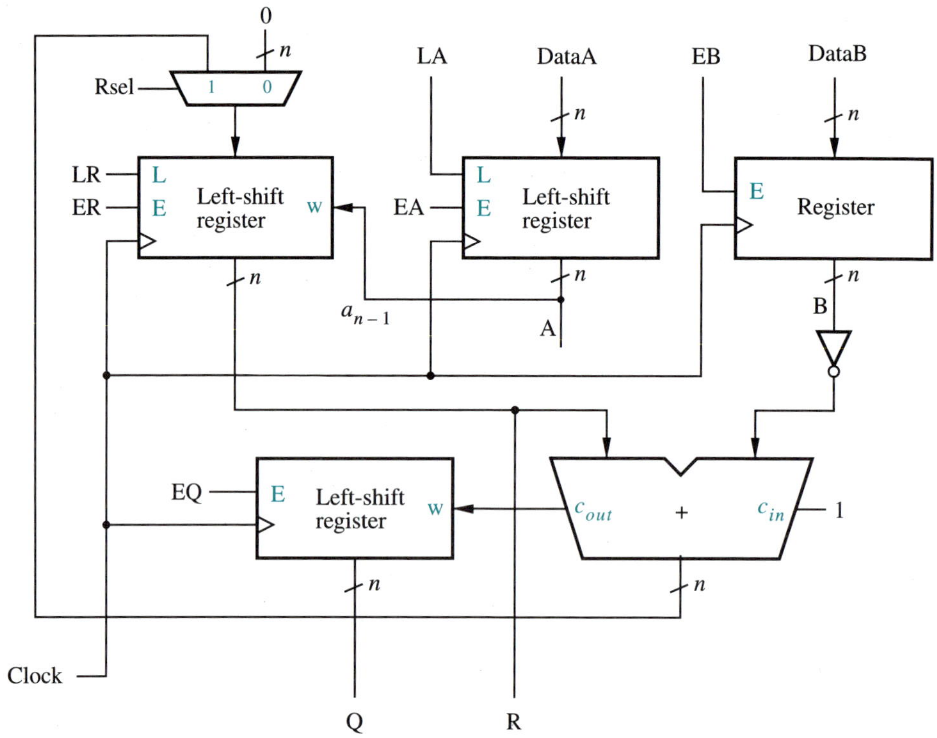

그림 7.30 나눗셈기에 대한 datapath 회로

나눗셈기 회로의 개량

그림 7.31의 ASM 차트를 사용하면 회로가 $2n$개의 클록 사이클 동안 상태 $S2$와 $S3$을 거치게 된다. 이 두 개의 상태를 하나로 묶을 수 있다면, 필요한 클록 사이클 수를 n개로 줄일 수 있다. 상태 $S3$에서 $c_{out} = 1$이면, 가산기의 출력(사실은 뺄셈의 결과 값)을 R로 로드하고 상태를 $S2$로 바꾼다($z = 0$일 경우). 상태 $S2$에서는 R(그리고 A)을 왼쪽으로 시프트한다. 상태 $S2$와 $S3$을 결합하여 이를 새로운 상태 $S2$라고 하면 A의 MSB를 R의 LSB로 시프트하는 동시에, R의 가장 왼쪽 비트에 합의 출력을 가져다 놓을 수 있다. 이 단계는 R의 LSB를 위한 별도의 플립플롭을 사용해야 가능하다. 이 플립플롭의 출력을 rr_0이라고 하자. 이것은 상태 $S1$에서 $s = 0$일 때 0으로 초기화된다. 그 외의 경우 이 플립플롭은 A의 MSB 값을 받는다. 상태 $S2$에서 $c_{out} = 0$이면 R은 왼쪽으로 시프트되고, rr_0은 R로 시프트된다. 그러나 $c_{out} = 1$이면 R은 가산기의 합 출력으로 병렬 로드된다.

그림 7.32는 그림 7.28b의 나눗셈을 n 클록 사이클에 수행하는 방법을 설명하고 있다. 그림에서 표는 나눗셈의 각 단계에서 R, rr_0, A와 Q의 값을 보여준다. 그림 7.30의 datapath 회로에서는 Q를 위해 별도의 시프트 레지스터를 사용하였다. 이 레지스터는 실제로 필요하지는 않은데 그 이유는 몫에 있는 자릿수(digit)를 A용으로 사용된 레지스터의 LSB로 시프트할 수 있기 때문이다. 그림 7.32에서 A로 시프트되는 Q의 자릿수

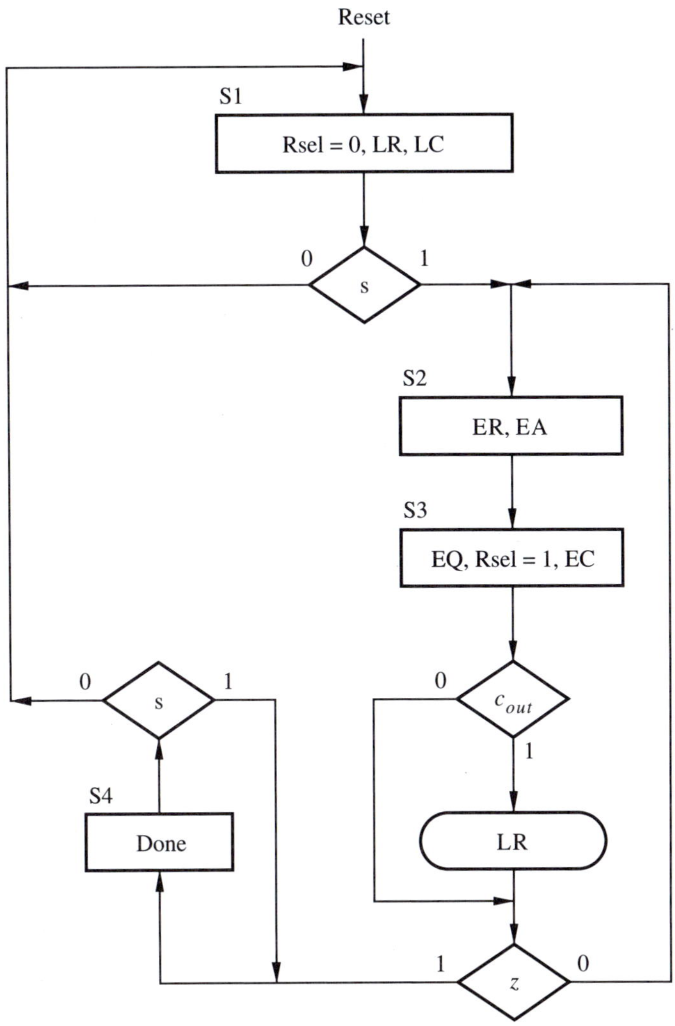

그림 7.31 나눗셈기 제어 회로에 대한 ASM 차트

는 컬러로 표시되어 있다. 표에서 첫 번째 행은 초기 데이터가 레지스터 A(그리고 B)로 로드되고, R과 rr_0이 0으로 클리어 된 것을 보여준다. 클록 사이클 0으로 표기된 두 번째 행에서 대각선의 컬러 화살표는 A의 LSB인 1이 rr_0으로 시프트된 것을 보여준다. $R||rr_0$에 있는 수는 이제 000000001인데, 이 수는 B에 있는 1001보다 작다. 클록 사이클 1에서 rr_0은 R로 시프트되고 A의 MSB는 rr_0으로 시프트된다. 또한, 컬러로 보인 것처럼 Q(A)의 LSB로 0이 시프트된다. $R||rr_0$에 있는 수는 이제 000000010이 되는데, 이 수는 여전히 B보다 작다. 따라서 클록 사이클 2에서도 클록 사이클 1에서와 같은 동작을 수행한다. $R||rr_0$ = 000010001에 이르기까지의 클록 사이클 3과 4에서도 같은 동작을 반복한다. 클록 사이클 5에서 이 값이 B 값보다 크므로 뺄셈 000010001 − 1001 = 00001000의 결과가 R에 로드된다. 그러면 A의 MSB(1)는 전과 같이 rr_0로 시프트되고,

B → 1001) 10001100 ← A

	Clock cycle	R	rr_0	A/Q
	Load A, B	0 0 0 0 0 0 0 0	0	1 0 0 0 1 1 0 0
0	Shift left	0 0 0 0 0 0 0 0	1	0 0 0 1 1 0 0 0
1	Shift left, $Q_0 \leftarrow 0$	0 0 0 0 0 0 0 1	0	0 0 1 1 0 0 0 0
2	Shift left, $Q_0 \leftarrow 0$	0 0 0 0 0 0 1 0	0	0 1 1 0 0 0 0 0
3	Shift left, $Q_0 \leftarrow 0$	0 0 0 0 0 1 0 0	0	1 1 0 0 0 0 0 0
4	Shift left, $Q_0 \leftarrow 0$	0 0 0 0 1 0 0 0	1	1 0 0 0 0 0 0 0
5	Subtract, $Q_0 \leftarrow 1$	0 0 0 0 1 0 0 0	1	0 0 0 0 0 0 0 1
6	Subtract, $Q_0 \leftarrow 1$	0 0 0 0 1 0 0 0	0	0 0 0 0 0 0 1 1
7	Subtract, $Q_0 \leftarrow 1$	0 0 0 0 0 1 1 1	0	0 0 0 0 0 1 1 1
8	Subtract, $Q_0 \leftarrow 1$	0 0 0 0 0 1 0 1	0	0 0 0 0 1 1 1 1

그림 7.32 $n = 8$ 클록 사이클을 이용한 나눗셈의 예

1이 Q로 시프트된다. 클록 사이클 6, 7, 8에서 $R||rr_0$내의 수는 B보다 크므로 각 사이클에서 빼셈 $R||rr_0 - B$의 결과가 R로 로드되고, 1이 Q로 로드된다. 클록 사이클 8 이후 올바른 결과, Q = 00001111와 R = 00000101을 얻는다. 비트 rr_0는 최종 결과와 무관하다.

개선된 나눗셈기에 필요한 제어 신호의 값을 보여주는 ASM 차트를 그림 7.33에 나타냈다. 신호 ER0은 출력이 rr_0인 플립플롭과 함께 사용되는데, ER0 = 0이면 플립플롭에 0이 로드되고, ER0 = 1이면 시프트 레지스터 A의 MSB가 플립플롭으로 로드된다. 상태 $S1$에서 $s = 0$이면 LR이 assert되어 R을 0으로 초기화한다. 레지스터 A와 B는 외부에서의 입력 데이터로 로드된다. $s = 1$로 바뀌면, 머신은 상태 $S2$로 천이가 이루어지고 동시에 $R||R0||A$는 왼쪽으로 시프트된다. 상태 $S2$에서 $c_{out} = 1$이면 가산기의 합 출력이 R에 병렬로 로드된다. 동시에 $R0||A$가 왼쪽으로 시프트된다(이 경우 rr_0은 R로 시프트되지 않는다). $c_{out} = 0$이면, $R||R0||A$는 왼쪽으로 시프트된다. ASM 차트는 원하는 연산을 수행하려면 레지스터의 병렬 로드와 enable 입력이 어떻게 제어되어야 하는지 보여준다.

그림 7.34는 개선된 나눗셈기의 datapath 회로를 보인 것이다. 그림 7.32에서 언급한 바와 같이 몫 Q의 자릿수는 레지스터 A로 시프트된다. 가산기 모듈의 n-비트 데이터 입력 중 하나는 레지스터 R의 $(n - 1)$개 LSB에 rr_0를 오른쪽에 연결한 것이다.

Verilog 코드

그림 7.35는 개선된 나눗셈기를 표현하는 Verilog 코드이다. 파라미터 n은 피연산자의 비트 수를 설정한다. *State_table*, *State_flipflops*, *FSM_outputs* **always** 블록은 앞의 예제에서처럼 제어 회로를 표현한다. Datapath 회로에 있는 시프트 레지스터와 카운터는 코드 마지막 부분에 예시되어 있다. 그림 7.32의 rr_0 신호는 코드에서 $R0$으로 표현되었다. 이 신호는 *muxdff* 소자의 출력으로 구현되는데, 이 부분 회로에 대한 코드는 그

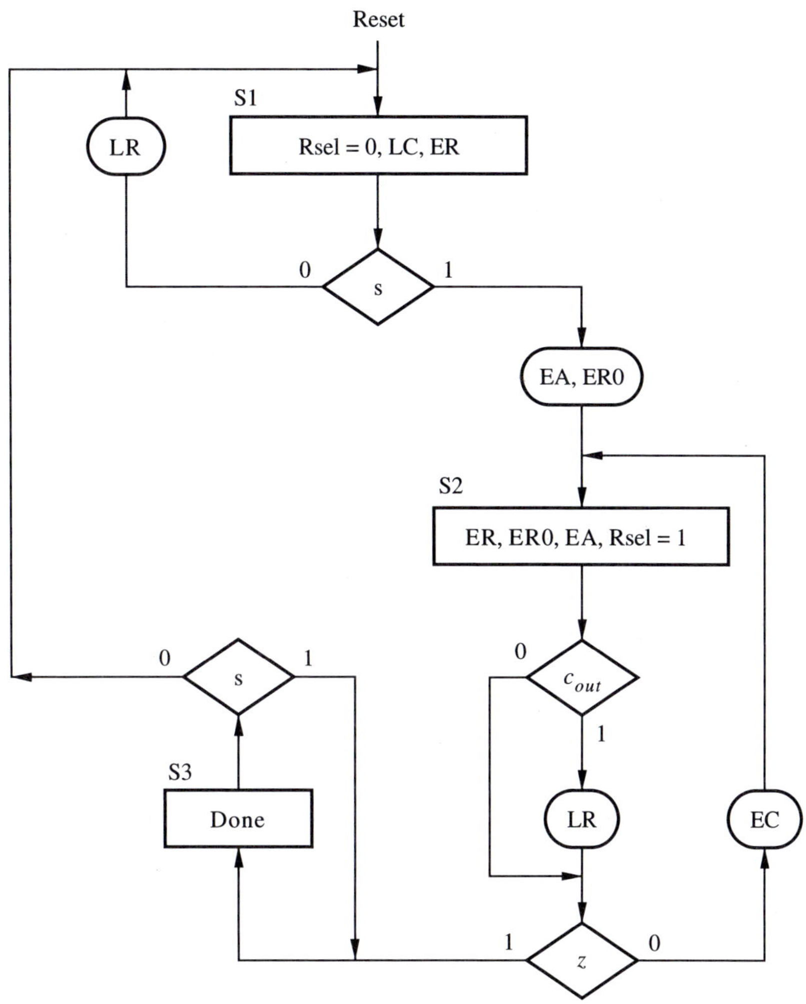

그림 7.33 개선된 나눗셈기의 제어 회로에 대한 ASM 차트

림 5.47에 있다. *Sum* 신호를 생성하는 가산기의 입력 하나가 *R*과 *R*0을 연결한 것으로 정의되었음을 주목하라. *R*의 입력을 만드는 데 필요한 멀티플렉서는 *DataR* 신호로 표현되었는데, 이 멀티플렉서는 코드의 마지막 문장에 정의되어 있다.

이 코드로부터 생성된 회로를 시뮬레이션한 결과가 그림 7.36에 있다. *A* = A6, *B* = 8의 데이터를 로드하고, *s* = 1로 설정한다. 회로는 상태 *S*2로 바뀌고, 동시에 *R*, *R*0, *A*를 왼쪽으로 시프트한다. *A* 값을 보관하는 시프트 레지스터의 출력은 시뮬레이션 결과에서 Q로 표기되었는데, 이유는 나눗셈이 완료되었을 때 이 시프트 레지스터가 몫(quotient)을 가지기 때문이다. 상태 *S*2에서 처음 세 개의 활성 클록 에지에서 *R*||*R*0으로 표현된 수는 *B*의 수(8)보다 적으므로, *R*||*R*0||*A*는 매 클록 에지에서 왼쪽으로 시프트하고, Q에는 0이 시프트되어 들어온다. FSM이 상태 *S*2에 있는 동안의 네 번째 클록 사이클에서

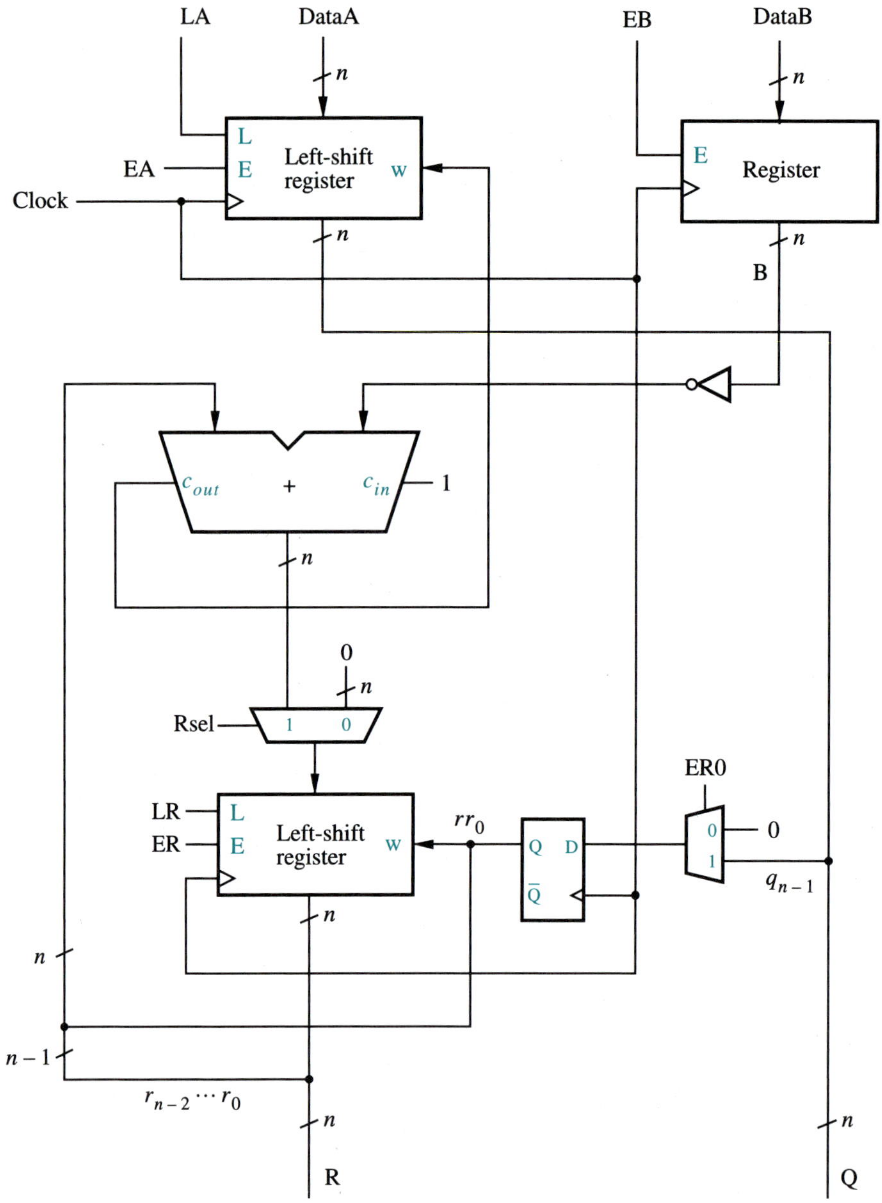

그림 7.34 개선된 나눗셈기의 datapath 회로

```
module divider (Clock, Resetn, s, LA, EB, DataA, DataB, R, Q, Done);
   parameter n = 8, logn = 3;
   input Clock, Resetn, s, LA, EB;
   input [n–1:0] DataA, DataB;
   output [n–1:0] R, Q;
   output reg Done;
   wire Cout, z, R0;
   wire [n–1:0] DataR;
   wire [n:0] Sum;
   reg [1:0] y, Y;
   wire [n–1:0] A, B;
   wire [logn–1:0] Count;
   reg EA, Rsel, LR, ER, ER0, LC, EC;
   integer k;

// control circuit

   parameter S1 = 2'b00, S2 = 2'b01, S3 = 2'b10;

   always @(s, y, z)
   begin: State_table
      case (y)
         S1: if (s == 0) Y = S1;
             else Y = S2;
         S2: if (z == 0) Y = S2;
             else Y = S3;
         S3: if (s == 1) Y = S3;
             else Y = S1;
         default: Y = 2'bxx;
      endcase
   end

   always @(posedge Clock, negedge Resetn)
   begin: State_flipflops
      if (Resetn == 0)
         y <= S1;
      else
         y <= Y;
   end

. . . continued in Part b.
```

그림 7.35 나눗셈기 회로에 대한 Verilog 코드 (Part *a*)

```
always @(y, s, Cout, z)
begin: FSM_outputs
   // defaults
   LR = 0; ER = 0; ER0 = 0; LC = 0; EC = 0; EA = 0;
   Rsel = 0; Done = 0;
   case (y)
      S1: begin
             LC = 1; ER = 1;
             if (s == 0)
             begin
                LR = 1; ER0 = 0;
             end
             else
             begin
                LR = 0; EA = 1; ER0 = 1;
             end
          end
      S2: begin
             Rsel = 1; ER = 1; ER0 = 1; EA = 1;
             if (Cout) LR = 1;
             else LR = 0;
             if (z == 0) EC = 1;
             else EC = 0;
          end
      S3: Done = 1;
   endcase
end
```

. . . continued in Part *c*.

그림 7.35 나눗셈기 회로에 대한 Verilog 코드 (Part *b*)

*R*의 내용은 00000101 = $(5)_{10}$이고 *R*0은 0이므로 *R*||*R*0은 000001010 = $(10)_{10}$이 된다. 다음 활성 클록 에지에서 가산기 출력 10 − 8 = 2가 *R*에 로드되고, 1이 Q로 시프트되어 들어온다. 상태 *S*2에서 *n*개의 클록 사이클 후에 회로는 상태 *S*3으로 바뀌고, 정확한 결과 값 Q = 14 = $(20)_{10}$과 *R* = 6가 얻어진다.

7.6 • 산술평균

n-비트 수 *k*개가 레지스터 $R_0, \ldots, R_k$에 저장된 것으로 가정하자. 레지스터에 저장된 수의 평균(mean) *M*을 계산하는 회로를 설계하려고 한다. 적절한 알고리즘에 대한 의사-코드를 그림 7.37*a*에 나타냈다. 루프가 반복할 때마다 레지스터 하나에 저장된 값, R_i를 변수 *Sum*에 더한다. 합계를 구한 후, *Sum* / *k*로 *M*을 구한다. 정수 나눗셈을 사용하며, 코

```
//datapath circuit

    regne  RegB (DataB, Clock, Resetn, EB, B);
        defparam RegB.n = n;
    shiftlne  ShiftR (DataR, LR, ER, R0, Clock, R);
        defparam ShiftR.n = n;
    muxdff  FF_R0 (1'b0, A[n−1], ER0, Clock, R0);
    shiftlne  ShiftA (DataA, LA, EA, Cout, Clock, A);
        defparam  ShiftA.n = n;
    assign  Q = A;
    downcount  Counter (Clock, EC, LC, Count);
        defparam Counter.n = logn;

    assign  z = (Count == 0);
    assign  Sum = {1'b0, R[n−2:0], R0} + {1'b0, ~B} + 1;
    assign  Cout = Sum[n];

    // define the n 2-to-1 multiplexers
    assign  DataR = Rsel ? Sum : 0;

endmodule
```

그림 7.35 나눗셈기 회로에 대한 Verilog 코드 (Part *c*)

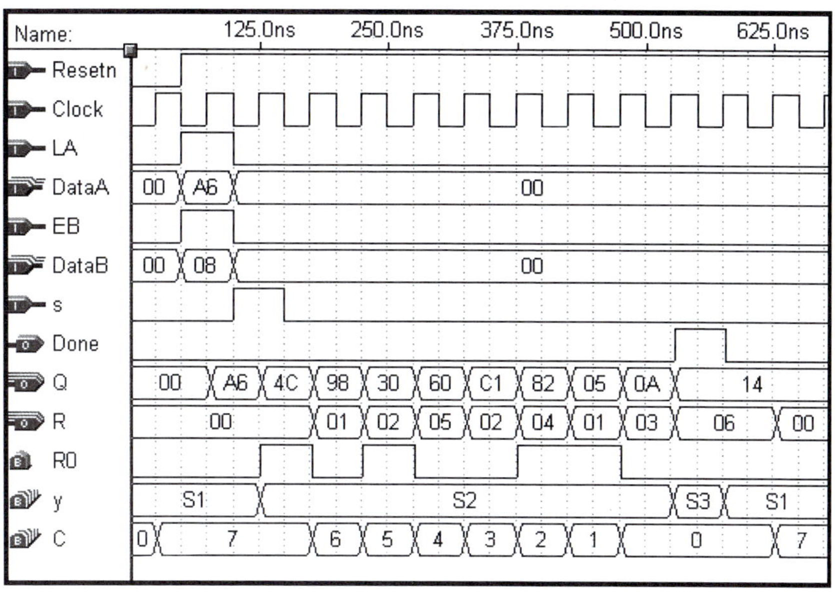

그림 7.36 나눗셈기 회로의 시뮬레이션 결과

드에는 없지만 나머지 R도 생성하는 것으로 가정한다.

그림 7.37b는 이에 대한 ASM 차트이다. 시작 입력 $s = 0$인 동안, 레지스터는 외부 입력으로 로드될 수 있다. $s = 1$이 될 때 머신은 상태 $S2$로 바뀌며, $C \neq 0$인 동안은 이 상태를 유지하면서 합계를 계산한다(C는 그림 7.37a의 i를 나타내는 카운터이다). $C = 0$이면 회로는 상태 $S3$으로 바뀌어 $M = Sum / k$을 계산한다. 앞의 예제로부터 나눗셈 연산을 하려면 다수의 클록 사이클이 필요하다는 사실을 알고 있지만, ASM 차트에는 이를 나타내지 않기로 하였다. 나눗셈 연산을 마친 후, 상태는 $S4$로 바뀌어 $Done = 1$로 설정된다.

Datapath 회로

이 작업을 위한 datapath 회로는 이전 예제에서의 datapath 회로보다 복잡하다. 이 회로를 그림 7.38에 나타내었다. *Sum*을 보관하기 위해 enable 입력을 가진 레지스터가 필요하다. 편의상 *Sum*을 오버플로 없이 n-비트로 나타낼 수 있다고 가정하라. *Sum* 레지스터의 데이터 입력에 멀티플렉서가 필요한데, 이는 상태 $S1$에서는 0을 선택하고, 상태 $S2$에서는 가산기의 출력을 선택하기 위함이다. 가산기의 데이터 입력 중 하나는 *Sum* 레지스터로부터 입력된다. 나머지 입력은 k개의 레지스터 중 하나의 데이터 출력으로 선택되어야 한다. 한 개의 레지스터를 선택하는 방법 중 하나는 가산기에 연결된 k-to-1 멀티플렉서의 데이터 입력에 레지스터의 출력을 연결하는 것이다. 멀티플렉서의 선택 라인(select line)은 카운터 C로 제어할 수 있다. 나눗셈 연산을 위해 7.5절에서 설계한 나눗셈기 회로를 이용할 수 있다.

그림 7.38의 회로는 $k = 4$에 근거한 것이지만, k 값이 더 큰 경우에도 동일한 회로 구조를 사용할 수 있다. R_0에서 R_3까지 레지스터의 enable 입력은 2-비트 입력 *RAdd*를 가진 2-to-4 디코더의 출력에 연결되어 있는데, *RAdd*는 '레지스터 주소(register address)'를 나타낸다. 디코더 enable 입력은 *ER* 신호로 구동된다. 모든 레지스터는 동일한 입력 라인 *Data*로부터 로드된다.

$k = 4$이므로 *Sum*을 오른쪽으로 2비트 시프트하여 간단하게 나눗셈 연산을 수행할 수 있다. 두 자릿수를 시프트하는 시프트 레지스터를 사용하면 1클록 사이클에 마칠 수 있다. 임의의 k값에도 사용가능한 보다 일반적인 회로를 원하는 경우 7.5절에서 설계한 나눗셈기 회로를 사용하면 된다.

제어 회로

그림 7.39는 그림 7.38의 회로를 제어하기 위해 필요한 FSM에 대한 ASM 차트를 보인 것이다. 상태가 $S1$인 동안, 레지스터 $R_0, \ldots, R_{k-1}$에 데이터를 로드할 수 있다. 그러나 이를 위해 제어 신호를 assert할 필요는 없다. 왜냐하면, 위에서 얘기한 바와 같이 레지스터가 입력 *ER*과 *RAdd*의 제어하에 로드되기 때문이다. $s = 1$일 때 FSM은 상태 $S2$로 바뀌는데, 여기서 *Sum* 레지스터의 enable 신호 *ES*를 assert하고 C를 감소시킨다. 카운터가 0에 도달하면($z = 1$), FSM은 상태 $S3$으로 진입하고, 거기서 나눗셈기 회로의

$Sum = 0;$
for $i = k - 1$ down to 0 do
    $Sum = Sum + R_i$
end for;
$M = Sum \div k;$

(a) 의사 코드

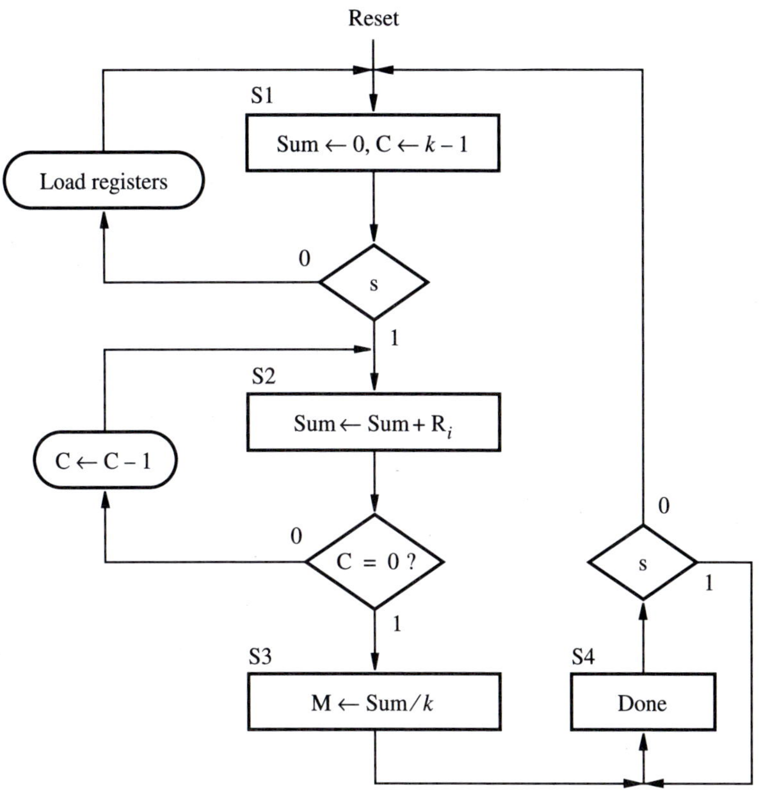

(b) ASM 차트

그림 7.37 *k*개 수의 평균을 찾는 알고리즘

*A*와 *B* 입력에 각각 *Sum*과 *k*를 로드하기 위해 *LA*와 *EB* 신호를 assert한다. 그 후 FSM이 *S4* 상태로 진입하여 나눗셈 연산을 시작하도록 *Div* 신호를 assert한다. 나눗셈 연산이 끝나면 나눗셈기 회로는 $zz = 1$을 출력하고, FSM은 상태 *S5*로 이동한다. 평균 *M*은 나눗셈 회로의 출력 Q와 *R*로(Q와 *R*에는 각각 몫과 나머지가 출력된다) 나온다. *Div* 신호는 나눗셈 회로의 레지스터가 다시 초기화되지 않도록 상태 *S5*에서는 assert 상태를

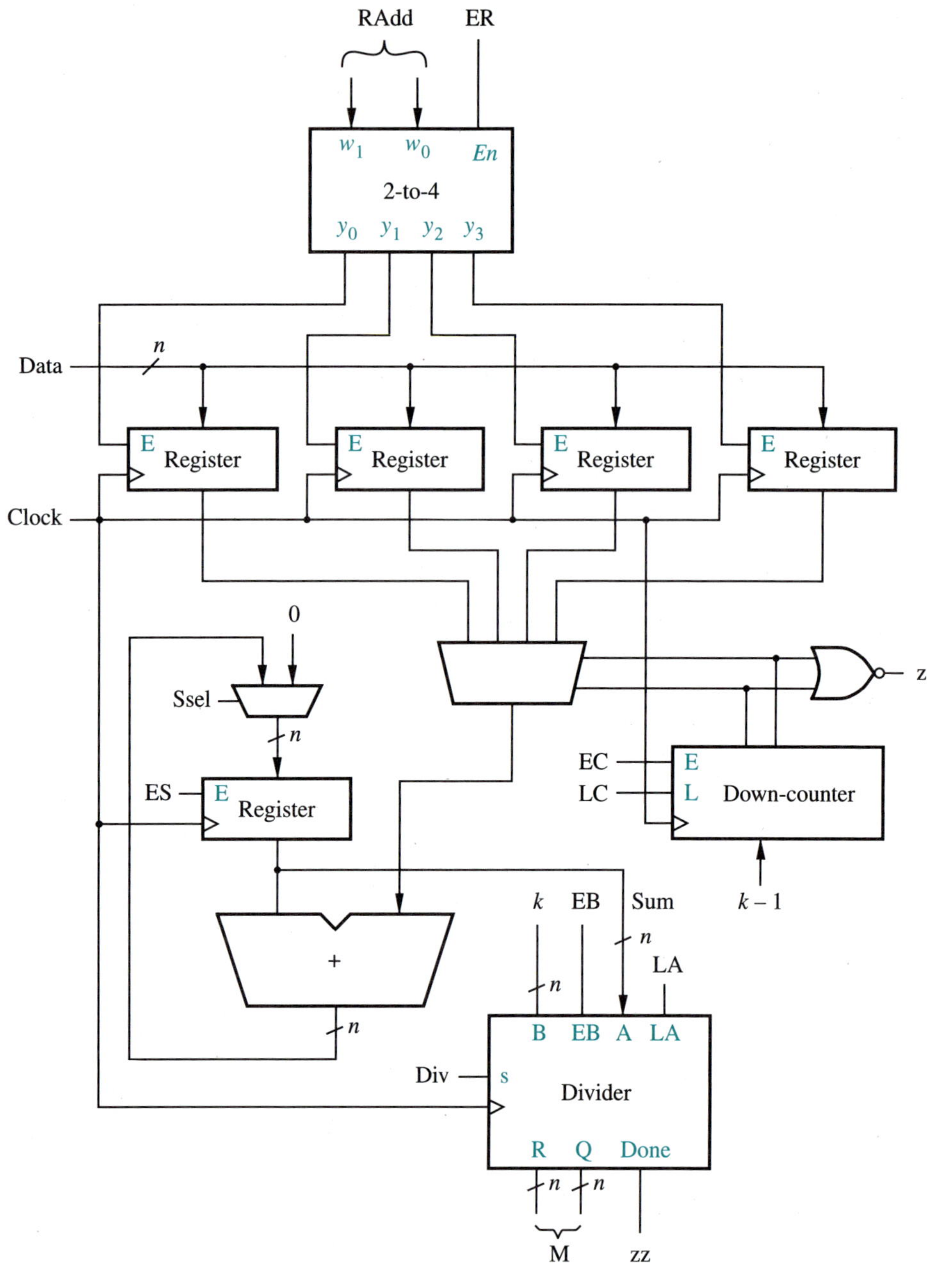

그림 7.38 평균 연산을 위한 datapath 회로

유지해야 한다. 그림 7.37*b*의 ASM 차트에서는 $M = Sum / k$를 계산하는 것을 단 한 개의 상태로 표시하였지만, 그림 7.39에서는 이 목적을 위해 상태 *S*3과 *S*4, 즉 두 개의 상태가 사용된 것에 주목하라. 상태 *S*3과 *S*4를 결합하는 것이 가능한데, 이는 여러분을 위한 연습문제(문제 7.10)로 남기고자 한다.

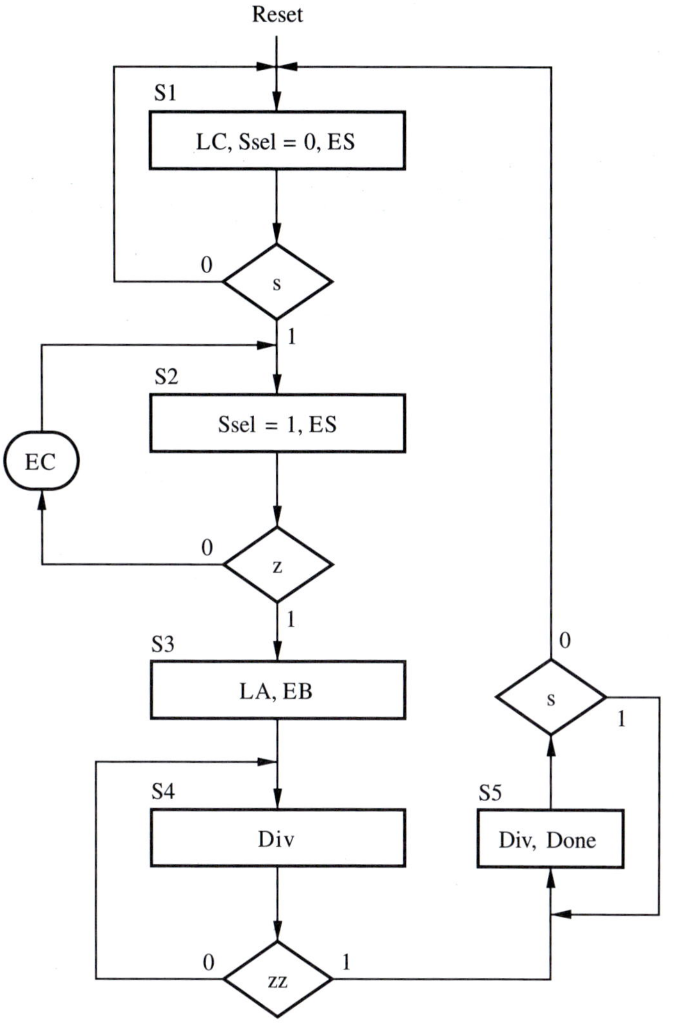

그림 7.39 평균 연산 제어 회로에 대한 ASM 차트

7.7 • 정렬 연산

레지스터 R_0, R_1, … , R_{k-1}에 저장된 k개의 무부호 n-비트 수를 증가하는 순서로 정렬하는 회로를 설계하고자 한다. 간단한 정렬 알고리즘에 대한 의사-코드를 그림 7.40에 보였다. 이 알고리즘은 $i = 0, 1, \ldots, k-2$에 대하여 R_i, … , R_{k-1}에서 가장 작은 수를 찾은 다음, 그 수를 R_i로 옮기는 것이 기본 원리이다. 외부 루프를 반복할 때마다 R_i의 수를 A로 옮긴다. 내부 루프를 반복하면서 이 수를 다른 레지스터 R_j의 값과 비교한다. R_j의 수가 A보다 작으면 R_i와 R_j의 값을 교환하고, A는 R_i의 새로운 값으로 바뀐다.

정렬 알고리즘을 나타내는 ASM 차트를 그림 7.41에 보였다. 초기 상태 $S1$에서 $s = 0$인 동안 레지스터에는 외부 데이터 입력이 로드되고, 외부 루프의 i를 나타내는 카운터 C_i는 클리어 된다. 머신이 상태 $S2$로 변하면 A는 R_i의 값으로 로드된다. 또한, 내부 루프의 j를 나타내는 C_j는 i 값으로 초기화된다. 상태 $S3$은 j를 값 $i + 1$로 초기화 하기 위해 필요하고, 상태 $S4$는 R_j 값을 B에 로드한다. 상태 $S5$에서 A와 B 값을 비교하여, $B < A$이면 FSM은 상태 $S6$으로 이동한다. 상태 $S6$과 $S7$은 R_i와 R_j 값을 교환한다. 상태 $S8$은 부터 A를 R_i 값으로 로드한다. 상태 $S8$은 $B < A$일 경우에만 필요한 과정이지만, 이 과정을 조건에 무관하게 수행하면 제어 흐름이 간단해진다. $C_i \neq k - 1$이면 FSM은 상태 $S8$에서 상태 $S4$로 바뀌어, 내부 루프를 반복하게 된다. $C_j = k - 1$이고, $C_i \neq k - 2$이면 FSM은 상태 $S2$로 바뀌어 외부 루프를 반복한다.

Datapath 회로

그림 7.41의 ASM 차트의 요건을 만족하는 datapath 회로를 구현하는 방법은 많다. 그들 중 하나를 그림 7.42와 7.43에 설명하였다. 그림 7.42는 4-to-1 멀티플렉서를 이용하여 레지스터 $R_0, \ldots, R_{k-1}$를 레지스터 A와 B에 연결하는 방법을 보여주고 있다. 간단히 하기 위해 $k = 4$로 가정하였다. 레지스터 A와 B가 비교기(comparator) 회로에 연결되어있고, 멀티플렉서를 통해 레지스터 $R_0, \ldots, R_{k-1}$의 입력으로 되돌아간다. 레지스터는 *DataIn* 라인을 이용하여 초기(정렬되지 않은) 데이터로 로드될 수 있다. 데이터를 각 레지스터에 로드하려면 *WrInit* 제어 신호를 assert하고 *RAdd* 입력에 레지스터 주소를 올리면 된다. *Rd* 제어 신호에 의해 구동되는 3-상태 드라이버는 *DataOut* 출력에 레지스터의 값을 출력하기 위해 사용된다.

신호 $Rin0, \cdots, Rin_{k-1}$는 그림 7.43에 보인 2-to-4 디코더에 의해 제어된다. $Int = 1$이면 디코더는 카운터 C_i나 C_j에 의해 구동된다. $Int = 0$이면, 디코더는 외부 입력 *RAdd*에 의해 구동된다. 신호 z_i와 z_j는 $C_i = k - 2$이고 $C_j = k - 1$이면 1로 설정된다. Datapath 회로에 사용된 제어 신호를 보여주는 ASM 차트를 그림 7.44에 보였다.

```
for i = 0 to k − 2 do
    A = R_i;
    for j = i C 1 to k − 1 do
        B = R_j;
        if B < A then
            R_i = B;
            R_j = A;
            A = R_i;
        end if;
    end for;
end for;
```

그림 7.40 정렬 연산을 위한 의사-코드

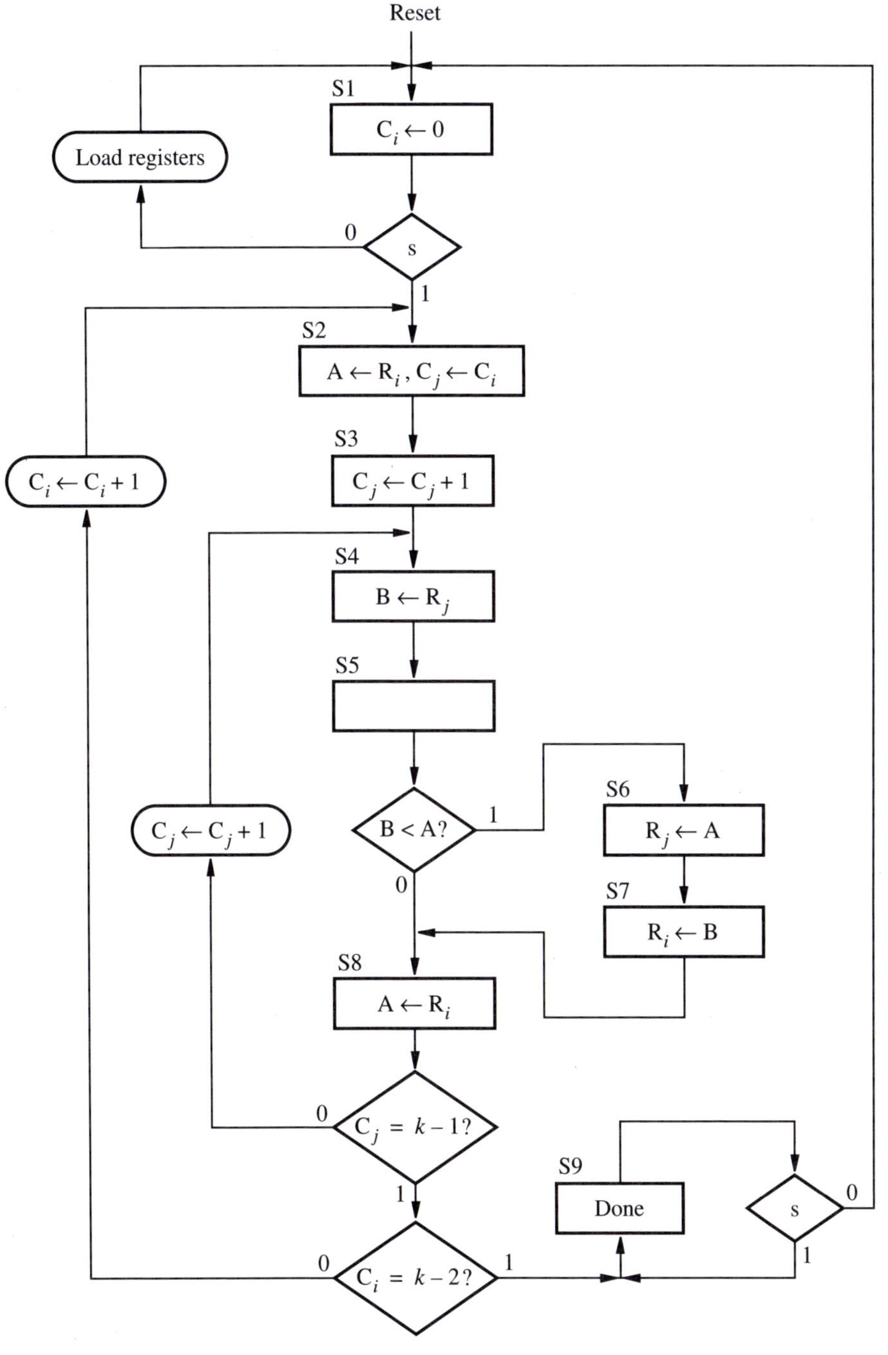

그림 7.41 정렬 연산의 ASM 차트

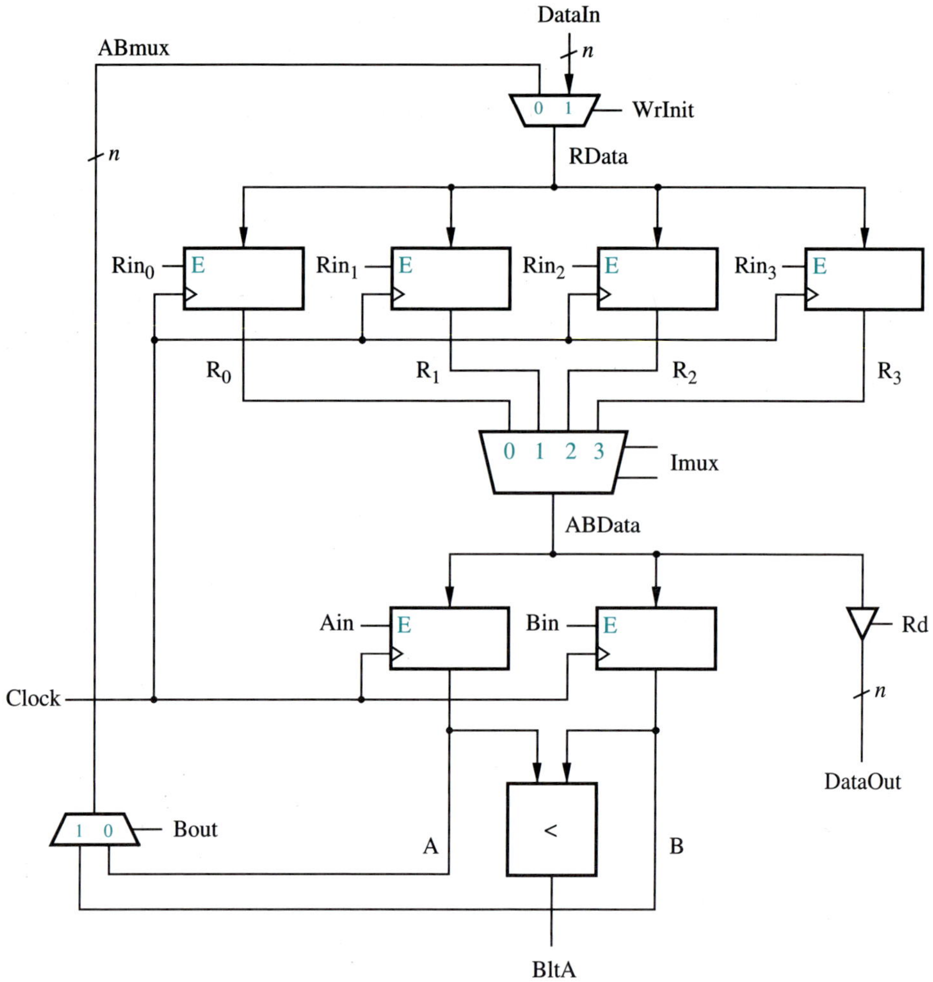

그림 7.42 정렬 연산용 datapath 회로의 일부

Verilog 코드

정렬 연산을 위한 Verilog 코드가 그림 7.45에 제시되어 있다. 정렬 연산을 제어하는 FSM은 **always** 블록 *State_table*, *State_flipflops*, 그리고 *FSM_outputs*을 이용하여 이전 예제에서와 동일한 방법으로 기술되었다. 이들 블록에 이어 레지스터 R_0부터 R_3, 그리고 A와 B까지 코드에 예시하였다. 카운터 C_i와 C_j는 각각 *OuterLoop*와 *InnerLoop*라는 이름으로 예시되어 있고, 출력이 각각 *CMux*와 *IMux*인 멀티플렉서는 조건부 연산자(conditional operator)를 사용하여 예시되었다. 그림 7.42의 4-to-1 멀티플렉서는 *Imux*의 각 값에 대한 *ABData* 신호의 값을 기술하는 **case** 문으로 정의되어 있다. 출력이 Rin_0, … , Rin_3인 그림 7.43의 2-to-4 디코더는 결합 신호 {Rin3, Rin2, Rin1, Rin0}의 값을 설정하는 **case** 문으로 정의되어 있다. 마지막으로 z_i와 z_j 신호의 값을 기술하고, *DataOut* 출력을 위한 3상태 드라이버를 정의하였다.

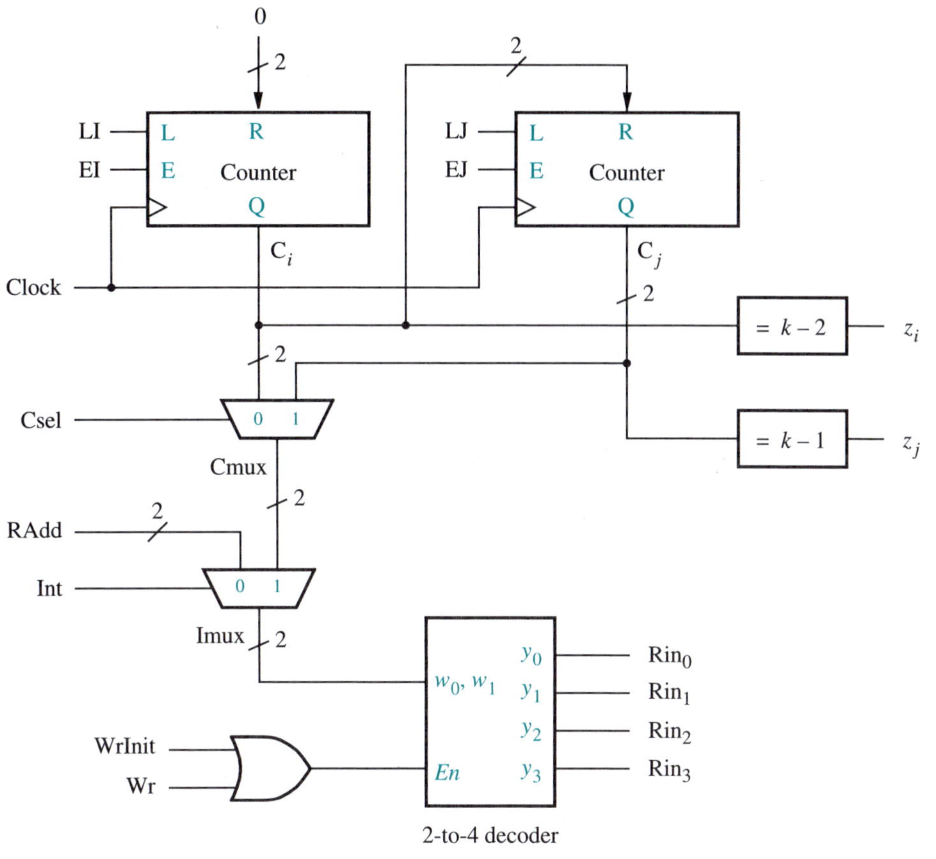

그림 7.43 정렬 연산용 datapath 회로의 일부

그림 7.45의 코드를 FPGA 칩에 구현하였다. 그림 7.46은 시뮬레이션 결과의 예를 보인 것이다. 그림에서 (*a*)는 0에서 1.25 μs까지의 전반기 시뮬레이션 값이고, (*b*)는 1.25에서 2.5 μs까지의 후반기 시뮬레이션 값을 보이고 있다. 회로를 리셋한 후, 4클록 사이클 동안 *WrInit*를 1로 설정하여, *DataIn*과 *RAdd* 입력을 이용하여 네 개의 레지스터에 정렬되지 않은 데이터를 기록한다. $s = 1$로 바뀐 후 FSM은 상태 *S*2로 바뀐다. 상태 *S*2부터 *S*4동안 *A*에 R_0의 값(3)을, *B*에 *R*1의 값(2)을 로드한다. 상태 *S*5에서 *B*를 *A*와 비교한다. $B < A$이므로 FSM은 레지스터 R_0과 R_1의 값을 교환하기 위해 상태 *S*6와 *S*7을 이용한다. 상태 *S*8에서 *A*는 *R*0 값을 다시 로드하는데, 그 값이 이제는 2이다. zj 신호가 assert되지 않았으므로 FSM은 카운터 C_j를 증가시키고, 상태 *S*4로 돌아간다. 레지스터 *B*에는 이제 *R*2의 값(4)이 로드되며, FSM의 상태는 *S*5로 바뀐다. $B = 4$는 $A = 2$보다 작지 않으므로 머신은 상태 *S*8로 바뀌고, 다시 상태 *S*4로 돌아온다. 레지스터 *B*는 이제 *R*3의 값(1)이 로드되며, 상태 *S*5에서 $A = 2$와 비교된다. R_0과 R_3의 값이 교환되고, FSM의 상태는 *S*8로 바뀐다. 이때 레지스터 값은 $R_0 = 1$, $R_1 = 3$, $R_2 = 4$, $R_3 = 2$이다. $z_j = 1$이고 $z_i = 0$이므로 상태가 *S*2로 바뀌고, 따라서 FSM은 외부 루프의 다음 반복을 수

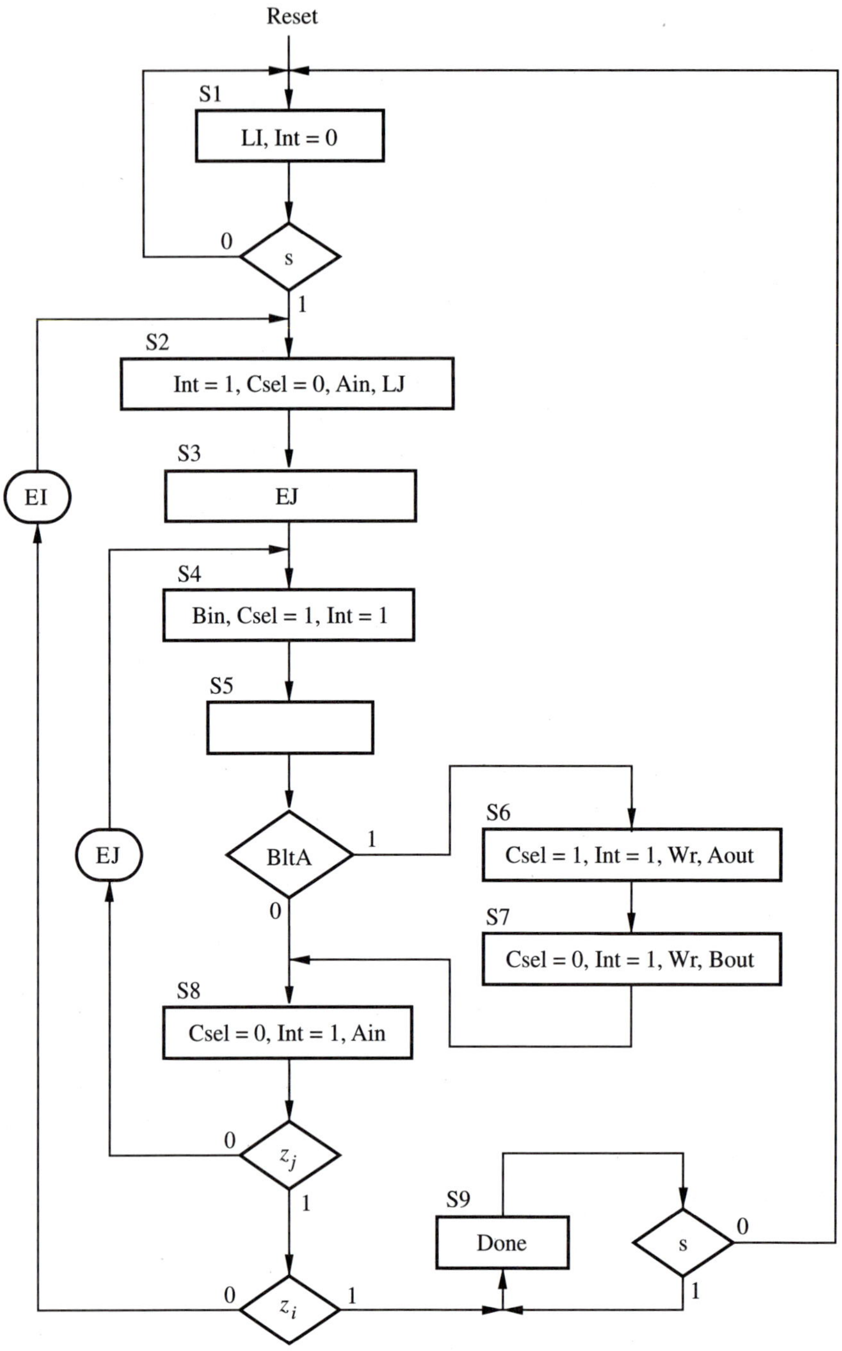

그림 7.44 제어 회로에 대한 ASM 차트

```
module sort (Clock, Resetn, s, WrInit, Rd, DataIn, RAdd, DataOut, Done);
   parameter n = 4;
   input Clock, Resetn, s, WrInit, Rd;
   input [n–1:0] DataIn;
   input [1:0] RAdd;
   output [n–1:0] DataOut;
   output reg Done;
   wire [1:0] Ci, Cj, CMux, IMux;
   wire [n–1:0] R0, R1, R2, R3, A, B, RData, ABMux;
   wire BltA, zi, zj;
   reg Int, Csel, Wr, Ain, Bin, Bout;
   reg LI, LJ, EI, EJ, Rin0, Rin1, Rin2, Rin3;
   reg [3:0] y, Y;
   reg [n–1:0] ABData;

// control circuit
   parameter S1 = 4'b0000, S2 = 4'b0001, S3 = 4'b0010, S4 = 4'b0011;
   parameter S5 = 4'b0100, S6 = 4'b0101, S7 = 4'b0110, S8 = 4'b0111, S9 = 4'b1000;

   always @(s, BltA, zj, zi, y)
   begin: State_table
      case (y)
         S1: if (s == 0) Y = S1;
             else Y = S2;
         S2: Y = S3;
         S3: Y = S4;
         S4: Y = S5;
         S5: if (BltA) Y = S6;
             else Y = S8;
         S6: Y = S7;
         S7: Y = S8;
         S8: if (!zj) Y = S4;
             else if (!zi) Y = S2;
             else Y = S9;
         S9: if (s) Y = S9;
             else Y = S1;
         default: Y = 4'bx;
      endcase
   end

. . . continued in Part b.
```

그림 7.45 정렬 회로의 Verilog 코드 (Part *a*)

```
always @(posedge Clock, negedge Resetn)
begin: State_flipflops
      (Resetn == 0)
       y <= S1;
   else
       y <= Y;
end

always @(y, zj, zi)
begin: FSM_outputs
   // defaults
   Int = 1; Done = 0; LI = 0; LJ = 0; EI = 0; EJ = 0; Csel = 0;
   Wr = 0; Ain = 0; Bin = 0; Bout = 0;
   case (y)
      S1:  begin LI = 1; Int = 0; end
      S2:  begin Ain = 1; LJ = 1; end
      S3:  EJ = 1;
      S4:  begin Bin = 1; Csel = 1; end
      S5:; // no outputs asserted in this state
      S6:  begin Csel = 1; Wr = 1; end
      S7:  begin Wr = 1; Bout = 1; end
      S8:  begin
               Ain = 1;
               if (!zj) EJ = 1;
               else
               begin
                   EJ = 0;
                   if (!zi) EI = 1;
                   else EI = 0;
               end
           end
      S9:  Done = 1;
   endcase
end
```

. . . continued in Part *c*.

그림 7.45 정렬 회로의 Verilog 코드 (Part *b*)

행한다. 시뮬레이션 시간을 건너뛰어 그림 7.46*b*에서 회로가 $C_i = 2$, $C_j = 3$이고, FSM의 상태는 *S*8인 상태에 도달한다. 그 다음 FSM은 상태 *S*9로 바뀌어 *Done*을 1로 설정한다. 신호 $Rd = 1$로 설정하고, 해당 레지스터를 선택하기 위한 *RAdd* 입력을 사용함으로써 올바르게 정렬된 데이터를 레지스터에서 읽어낼 수 있다.

```
//datapath circuit

regne  Reg0 (RData, Clock, Resetn, Rin0, R0);
   defparam Reg0.n = n;
regne  Reg1 (RData, Clock, Resetn, Rin1, R1);
   defparam Reg1.n = n;
regne  Reg2 (RData, Clock, Resetn, Rin2, R2);
   defparam Reg2.n = n;
regne  Reg3 (RData, Clock, Resetn, Rin3, R3);
   defparam Reg3.n = n;

regne  RegA (ABData, Clock, Resetn, Ain, A);
   defparam RegA.n = n;
regne  RegB (ABData, Clock, Resetn, Bin, B);
   defparam RegB.n = n;

assign  BltA = (B < A) ? 1 : 0;
assign  ABMux = (Bout == 0) ? A : B;
assign  RData = (WrInit == 0) ? ABMux : DataIn;

upcount  OuterLoop (2'b00, Resetn, Clock, EI, LI, Ci);
upcount  InnerLoop (Ci, Resetn, Clock, EJ, LJ, Cj);

assign  CMux = (Csel == 0) ? Ci : Cj;
assign  IMux = (Int == 1) ? CMux : RAdd;
```

. . . continued in Part *d*.

그림 7.45 정렬 회로의 Verilog 코드 (Part *c*)

```
always @(WrInit, Wr, IMux, R0, R1, R2, R3)
begin
   case (IMux)
      0:  ABData = R0;
      1:  ABData = R1;
      2:  ABData = R2;
      3:  ABData = R3;
   endcase

   if (WrInit || Wr)
      case (IMux)
         0:  {Rin3, Rin2, Rin1, Rin0} = 4'b0001;
         1:  {Rin3, Rin2, Rin1, Rin0} = 4'b0010;
         2:  {Rin3, Rin2, Rin1, Rin0} = 4'b0100;
         3:  {Rin3, Rin2, Rin1, Rin0} = 4'b1000;
      endcase
   else {Rin3, Rin2, Rin1, Rin0} = 4'b0000;
end

assign  zi = (Ci == 2);
assign  zj = (Cj == 3);
assign  DataOut = (Rd == 0) ? 'bz : ABData;

endmodule
```

그림 7.45 정렬 회로의 Verilog 코드 (Part *d*)

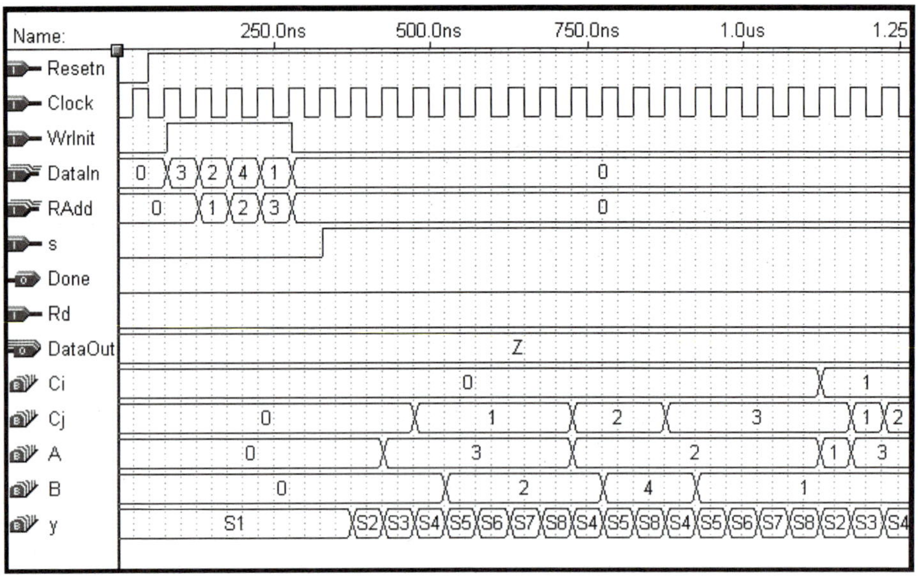

(a) 레지스터를 로드하고 정렬 연산을 시작함

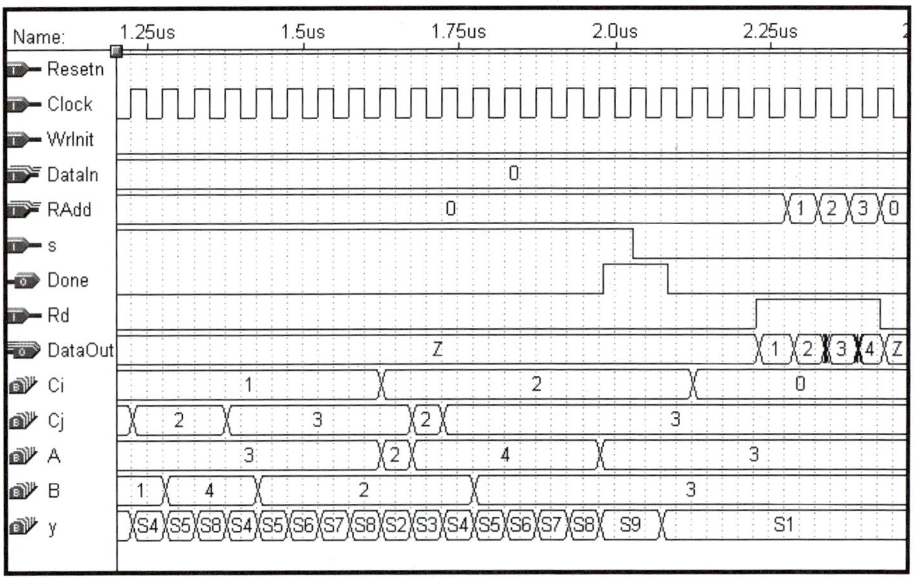

(b) 정렬 연산을 마치고 레지스터를 읽음

그림 7.46 정렬 회로에 대한 시뮬레이션 결과

7.8 • 클록 동기와 타이밍 이슈

앞 절에서 논리회로 몇 가지를 예로 들어 대형 시스템을 설계할 때 설계자가 사용할 수 있는 방법에 대해 설명했다. 이 절에서는 이러한 시스템의 타이밍 측면을 살펴보고자 한다.

7.8.1 클록 분배

5장에서 우리는 클록 스큐(clock skew) 문제를 다루어야 할 필요성에 대해 논의했다. 동기 순차회로가 의도대로 동작하게 하려면 클록 스큐를 가능한 한 최소화하는 것이 필수적이다. PLD와 같이 많은 수의 플립플롭을 가진 칩은 플립플롭에 클록 신호를 분배할 목적으로 신중하게 설계된 배선망을 사용한다. 그림 7.47은 클록 분배망의 일례를 보인 것이다. *ff*로 표기된 각 노드는 플립플롭의 클록 입력을 나타낸 것으로 분배망을 강조하기 위해 그림에 플립플롭은 그리지 않았다. 그림에서 왼쪽의 버퍼는 클록 신호를 생성한다. 이 신호가 각 플립플롭으로 분배되는데, 각 플립플롭과 클록의 생성 지점 사이의 배선 길이가 같도록 설계된다. 배선 부분의 모양이 글자 H와 닮았기 때문에 이 클록 분배 네트워크를 *H tree*라고 하며, PLD에서 **글로벌 클록**(*global clock*)이라는 용어는 클록 네트워크를 의미한다. PLD칩 내에는 보통 모든 플립플롭에 연결될 수 있는 글로벌 클록이 하나 이상 있다. 이러한 칩에 구현될 회로를 설계할 때 회로 내 모든 플립플롭을 단일 글로벌 클록으로 연결하는 것이 좋은 설계 방법이다.

회로에 전원이 처음 인가될 때 순차회로를 아는 상태로 확실히 리셋할 수 있게 하는 것이 유용하다. 플립플롭의 비동기 리셋 입력을 클록 스큐가 적은 리셋 신호를 공급하는 배선망에 연결하는 것이 좋은 설계 방법이다. 이를 위해 대부분의 PLD에는 **글로벌 리셋**(*global reset*) 배선망이 갖춰져 있다.

7.8.2 플립플롭 타이밍 파라미터

5장에서 기억 소자의 타이밍 파라미터에 대해 설명하였다. 플립플롭에 저장될 데이터는 활성 클록 에지 전 t_{su}(setup time)부터 클록 에지 후 t_h(hold time) 시점까지 변하지 않아야 한다. 출력 Q 값이 변하는 시점은 **클록부터 Q까지의 지연**(*clock-to-Q delay*), t_{cQ} 후 이고, Q에서의 변화가 칩의 출력 핀으로 전달되기까지 필요한 시간은 **출력 지연 시간**(*output delay time*), t_{od}이다. 이들 타이밍 파라미터는 IC 칩 내에서 플립플롭과 다른 회로와의 연결을 고려하지 않은 개별 플립플롭의 동작에 대한 것이다.

그림 7.48은 IC의 일부로서의 플립플롭을 묘사한 것으로 플립플롭의 클록, *D*, 그리고 Q 단자에서 칩 패키지상의 핀까지의 연결을 보여주고 있다. 칩의 핀마다 입력 버퍼가 있다. 플립플롭에 다른 회로가 연결되기도 한다. 음영 처리된 상자는 *D*에 연결된 조합회로를 나타낸다. 칩 패키지상의 핀과 플립플롭 사이의 전달 지연을 그림에서 t_{Data}, t_{Clock}, t_{od}로 표시하였다.

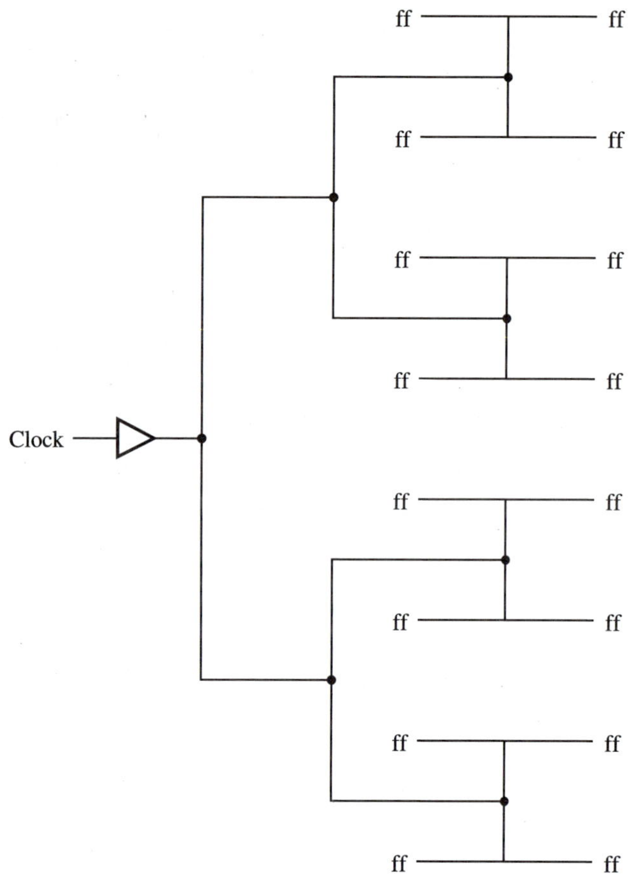

그림 7.47 H 트리 클록 분배 망

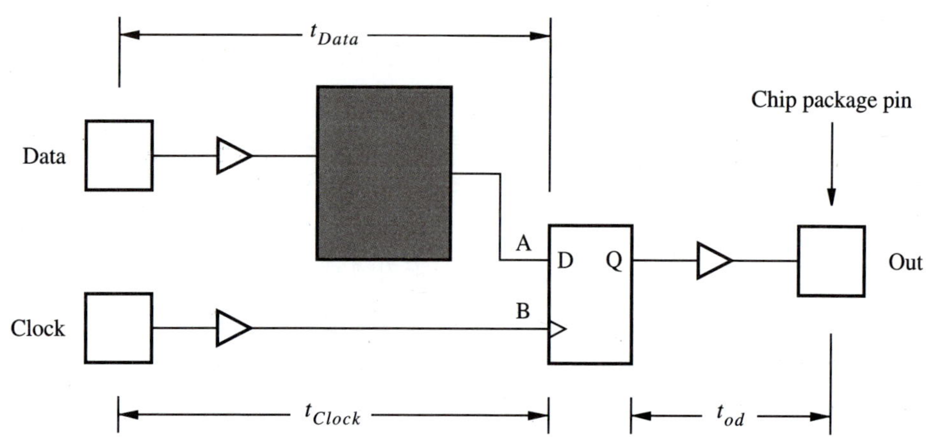

그림 7.48 집적회로 칩내에서의 플립플롭

디지털시스템에서는 한 칩의 출력 신호가 다른 칩의 입력 신호로 사용된다. 모든 칩에서 플립플롭은 대부분의 경우 스큐(skew)가 작은 공통 클록(common clock)에 의해 구동된다. 신호는 어떤 칩 내 플립플롭의 Q 출력으로부터 다른 칩 플립플롭의 D 입력으로 전달되어야 하는데, 모든 타이밍 명세를 만족시키기 위해서는 해당 칩 내에서의 출력 지연과 다른 칩 내에서의 입력 지연에 대한 고려가 필요하다.

t_{co} 지연은 칩 패키지의 클록 핀에서 활성 클록 에지가 발생한 때부터 플립플롭 출력의 변화가 칩의 출력 핀에 나타날 때까지 걸리는 시간이다. 이 지연을 세 가지 중요한 요소로 나눌 수 있다. 먼저 클록 신호가 칩의 입력 핀에서 플립플롭의 *Clock* 입력까지 전파되어야 한다. 이 지연을 그림 7.48에 t_{Clock}으로 표기하였다. Clock-to-Q 지연, t_{cQ} 후 플립플롭은 새 출력을 생성하고, 생성된 출력이 출력 핀으로 전달하는 데에 또 t_{od}를 필요로 한다. 상용 CPLD 칩을 예를 들면 타이밍 파라미터는 $t_{Clock} = 1.5$ ns, $t_{cQ} = 1$ ns, 그리고 $t_{od} = 2$ ns이다. 이들 파라미터로부터 활성 클록 에지에서 출력 핀의 변화까지의 지연 시간은 $t_{co} = 4.5$ ns이다.

만약 칩 간의 거리가 멀다면, 이들 사이의 지연 시간도 고려해야 한다. 그러나 대부분의 경우 칩 간 거리를 짧게 설계하므로 칩 간 신호의 전달 시간은 무시할 수 있다. 일단 칩의 입력 핀에 신호가 도달하고 나서는, t_{Data}와 t_{Clock}(그림 7.48 참조)의 상대적인 값을 고려해야 한다. 예를 들어, 그림 7.49에서 $t_{Data} = 4.5$ ns와 $t_{Clock} = 1.5$ ns라고 가정하자. 칩 내 플립플롭의 셋업 시간은 $t_{su} = 3$ ns로 명시되어 있다. 그림에서 포지티브 클록 에지 3 ns 전에 *Data* 신호가 low에서 high로 바뀌므로 셋업 조건을 만족한다. *Data* 신호가 플립플롭에 도달하는 데 4.5 ns 걸리는 반면, *Clock* 신호는 1.5 ns밖에 걸리지 않는다. *A*로 표기된 신호와 *B*로 표기된 클록 신호가 동시에 플립플롭에 도달한다. 셋업 시간 조건을 위반하므로 플립플롭은 불안정하게 된다. 이러한 조건을 피하려면 칩의 외부에서 본 것처럼(*Clock*과 *Data*) 셋업 시간을 증가시킬 필요가 있다(다시 말해, *A*의 변화는 *B*보다 셋업 시간 만큼의 여유를 두고 일찍 발생해야 한다).

플립플롭의 대기 시간도 칩 수준에서의 지연에 영향을 받는다. 그 결과는 보통 대기 시간의 증가보다는 감소로 나타난다. 예를 들어 그림 7.49의 타이밍 파라미터를 가지고, 대기 시간을 $t_h = 2$ ns로 가정하자. *Clock* 핀에 활성 에지가 발생하는 시간과 정확히 같은 시간에 칩의 *Data* 핀 신호가 변한다고 가정하면, *Clock* 신호의 변화가 노드 *B*에 도달하는 시점은 *Data* 신호의 변화가 노드 *A*에 도달하는 시간보다 $4.5 - 1.5 = 3$ ns만큼 빠를 것이다. 따라서 외부에서의 *Data* 변화가 클록 에지와 일치하더라도 2 ns의 대기 시간 조건은 위반하지 않는다.

대규모 회로에서 플립플롭 타이밍 파라미터를 적절히 지킨다는 것은 회로 설계에서 쉽지 않은 과제이다. 플립플롭 자체의 타이밍 파라미터뿐만 아니라 클록과 데이터 신호가 겪는 상대적인 지연도 고려해야 한다. CAD 시스템은 모든 플립플롭에서 셋업과 대기 시간을 자동으로 검사할 수 있는 도구를 제공한다. 이 작업은 타이밍 분석 전용 툴로 가능할 뿐만 아니라 CAD 시스템 자체의 타이밍 시뮬레이션으로도 수행된다.

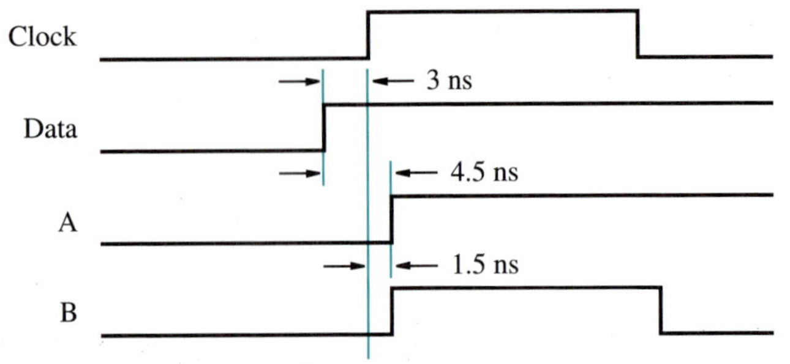

그림 7.49 칩에서의 플립플롭 타이밍

7.8.3 플립플롭의 비동기 입력

예제로 사용한 동기식 순서회로에서 모든 입력 신호의 변화는 활성 클록 에지 직후에 발생한다고 가정하였다. 이렇게 가정하는 이유는 어떤 회로의 입력은 다른 회로의 출력으로 생성된 것이고, 두 회로에 사용된 클록 신호가 같은 것이기 때문이다. 실제의 경우 회로의 일부 입력이 클록 신호에 대하여 비동기적으로 생성된 것 일 수 있다. 이들 신호가 플립플롭의 *D* 입력에 연결되면, 셋업 시간 또는 대기 시간을 어길 수도 있다.

플립플롭의 셋업 또는 대기 시간이 위배될 때, 플립플롭의 출력은 논리 값 0 또는 1에 해당하는 전압 값이 아닐 수 있다. 이 경우를 플립플롭이 **준안정**(*metastable*) 상태에 있다고 한다. 플립플롭은 결국 0 또는 1, 둘 중 하나의 값으로 안정될 것이지만 준안정 상태에서 안정 상태로 복귀하는 데 걸리는 시간은 예측할 수 없다. 비동기 입력을 처리하는 일반적인 방법을 그림 7.50에서 설명하였다. 비동기 데이터 입력은 2-비트 시프트 레지스터의 입력에 연결되어 있다. 그림에서 *A*로 표기된 첫 번째 플립플롭의 출력이 종종 준안정 상태로 될 수 있다. 그러나 클록 주기가 충분히 긴 경우 *A*는 다음 클록 펄스가 발생하기 전에 안정적 논리 값으로 복구될 것이다. 그러므로 두 번째 플립플롭의 출력은 준안정 상태로 되지 않고, 회로의 다른 부분에 안전하게 연결될 수 있다. 신호는 동기화 회로에서 1클록 사이클 지연된 후 회로의 나머지 부분에 사용될 수 있다.

PLD와 같은 상용 칩의 경우 준안정 문제를 해결하기 위해, 그림 7.50의 회로에서 사용할 클록의 최소 허용 주기를 명시한다. 실제의 경우, 노드 *A*가 클록 에지 발생 전에 항상 안정될 것으로 **보장**(*guarantee*)한다는 것은 불가능하다. 따라서 데이터 시트에는 클록 주기의 함수로 노드 *A*가 안정될 확률을 명시한다. 여기서는 이 문제를 더 이상 다루지 않고자 한다. 더 자세한 내용을 원하는 독자는 참고문헌을 참조하기 바란다[10, 11].

7.8.4 스위치 디바운싱

논리회로의 입력은 종종 기계적 스위치에 의해 생성된다. 이러한 스위치에서의 문제는 스위치가 한 위치에서 다른 위치로 위치를 바꿀 때 접점에서 바운스(bounce)가 발생한다는 것이다. 그림 7.51*a*는 논리회로에 입력을 제공하는 SPSW(single-pole single-throw) 스위치

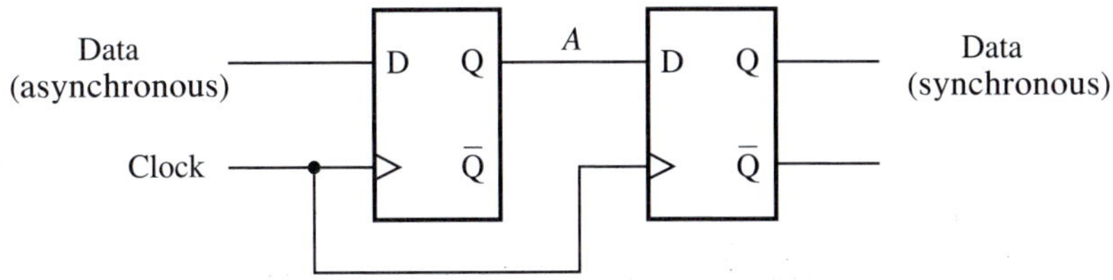

그림 7.50 비동기 입력

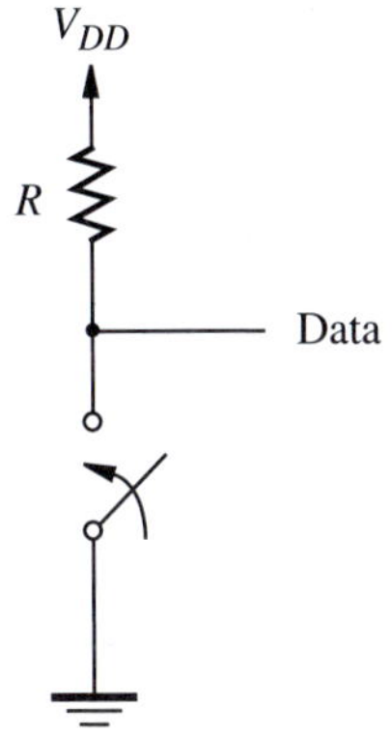

(a) Single-pole single throw 스위치

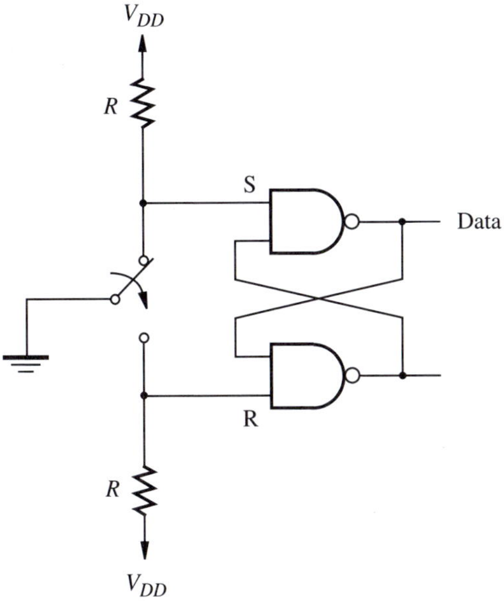

(b) 기본 SR 래치를 갖는 Single-pole double throw 스위치

그림 7.51 스위치 디바운싱 회로

를 그린 것이다. 스위치가 개방되면 *Data* 신호의 값은 1이고, 스위치가 닫히면 *Data*는 0이 된다. 그러나 스위치는 위치가 바뀔 때 얼마 동안 바운스하여 *Data*가 1과 0 사이를 동요하게(oscillate) 되는데, 바운스의 지속 시간은 대개 10 ms 정도이다.

이 문제를 해결하는 한 가지 방법은 *Data* 노드와 접지 사이에 커패시터 *C*를 추가하는 것이다. 스위치가 개방되면 *C*는 전압 V_{DD}로 충전되고, 스위치를 닫힘 위치로 밀면 *C*는 0 Ω에 가까운 저항 값을 가진 스위치를 통하여 0 V(ground)로 재빨리 방전된다. 이제, 스위치 접점이 닫힘 위치에서 튀어 나오면, *C*는 다시 V_{DD}로 충전을 시작할 것이다. 그러나 이 충전은 레지스터 *R*로 인해 느려질 것이다. *R*과 *C*의 크기를 적정 값으로 선택함으로써 바운싱(bouncing) 동안 *Data* 노드의 전압이 급격하게 변하는 것을 방지할 수 있다.

또 다른 가능한 해결 방법은 바운싱 현상이 멈추기까지 기다려야 할 적정 시간을 측정하기 위해 카운터와 같은 회로를 사용하는 것이다(문제 7.20을 보라).

스위치 바운싱을 처리하는 좋은 방법 하나를 그림 7.51*b*에 나타내었다. 논리회로에 입력을 생성하기 위해 SPDW(single-pole double-throw) 스위치와 기본 *SR* 래치를 사용하고 있다. 스위치가 아래쪽 위치에 있을 때, 래치의 *R*입력은 0이고 *Data* = 0이다. 스위치가 위쪽 위치에 있으면 래치의 *S*입력은 0이 되어 *Data*를 1로 설정한다. 스위치가 위쪽 위치에서 튀어 나오면 래치 입력은 $R = S = 1$이 되고 *Data* = 1이 래치에 의해 저장된다. 스위치가 아래쪽으로 떨어지면 *Data* = 0으로 변하고, 스위치가 바운스되면 이 값이 래치에 저장된다. 스위치가 바운스할 때 *S*와 *R* 단자 사이에서 완전히 바운스되지는 않는다는 점을 주목하기 바란다. 접점 중 하나에서 약간 튀어나왔다가 복귀할 뿐이다.

7.9 • 결론

이 장에서는 가산기, 레지스터, 시프트 레지스터, 그리고 카운터와 같은 빌딩 블록뿐만 아니라 하나 이상의 FSM을 포함하는 디지털시스템 예제를 여럿 다뤘다. 이들 예제를 통하여 디지털시스템을 설계하는 데 ASM 차트가 어떻게 이용되며, 또한 Verilog 코드를 사용하여 어떻게 회로를 기술하는지에 대해 살펴보았다. 클록 분배, 비동기 입력의 동기화, 그리고 스위치 바운싱과 같은 실제적인 문제도 다루었다. 이 장에서 제시된 내용을 다룬 책 중에서 주목할 만한 것들을 참고문헌 [3-10]에 소개하였다.

연습문제

7.1 7.1절에서 *R*1에서 *R*3까지 세 개의 레지스터를 가진 디지털시스템을 보았으며, 레지스터 *R*1과 *R*2의 값을 교환하는 데 사용할 수 있는 제어 회로를 설계하였다. 이 디지털시스템과 교환 연산을 표현하는 ASM 차트를 제시하라.

7.2 (a) 문제 7.1에서 유도한 ASM 차트에 대해 datapath 회로를 제어하는 데 필요한 제어 신호를 규정하는 또 다른 ASM 차트를 그려라. 그림 7.4와 같이 레지스터를 연결하는 버스는 멀티플렉서를 사용하여 구현하는 것으로 가정하라.

(b) (*a*)에 기술된 제어 회로를 포함하여, 문제 7.1의 시스템에 대한 전체 Verilog 코드를 쓰라.

(c) (*b*)에서 작성된 Verilog 코드로부터 회로를 합성하고, 회로가 올바른 동작하고 있음을 보여주는 타이밍 시뮬레이션을 제시하라.

7.3 7.2절에서 표 7.1에 열거된 연산을 수행하는 프로세서를 설계하였다. *Rx*, *Ry*의 교환(swap) 연산까지 수행하도록 회로를 변경하라. 이 연산은 레지스터 *Rx*와 *Ry*의 내용을 교환한다. 이제 연산의 종류는 네 개가 아닌 다섯 개이므로 그림 7.11에 보인 입력 *F*를 나타내려면 3비트 $f_2f_1f_0$를 사용하여야 한다. 교환 연산 동안 임시 저장소로 사용하기 위해 이름이 *Tmp*인 새로운 레지스터를 시스템에 추가하라. 7.2절에서 행한 것처럼 제어 회로의 출력에 대한 논리식을 보여라.

7.4 7.2절에서 프로세서로 동작하는 회로를 설계했다. 이 프로세서의 기능을 기술하는 ASM 차트를 보여라.

7.5 (a) 문제 7.4에서 유도한 ASM 차트에 대해, 프로세서의 datapath 회로를 제어하는데 필요한 제어 신호를 명시하는 ASM 차트를 하나 더 그려라. 프로세서에서 *R*0에서 *R*3까지의 레지스터를 연결하는 버스를 구현하기 위해 멀티플렉서를 사용하는 것으로 가정하라.

(b) (*a*)에 기술한 제어 회로를 포함하여 문제 7.4의 시스템에 대해 완전한 Verilog 코드를 쓰라.

(c) (*b*)에서 작성한 Verilog 코드로부터 회로를 합성하고, 회로가 올바르게 동작하고 있음을 나타내는 타이밍 시뮬레이션을 보여라.

7.6 비트 카운트 회로를 기술한 그림 7.17의 ASM 차트를 보면 상태 *S*1, *S*2, *S*3에 무어형 출력이 있고, 상태 *S*2에는 밀리형 출력이 하나 있다.

(a) 상태 *S*2가 무어형 출력만 가지도록 ASM 차트를 수정하는 방법을 보여라.

(b) (*a*)에 해당하는 제어 회로에 대한 ASM 차트를 그려라.

(c) 수정된 제어 회로를 나타내는 Verilog 코드를 작성하라.

7.7 그림 7.24는 shift-and-add multiplier에 대한 datapath 회로이다. B를 위해 시프트 레지스터를 사용함으로써 A를 P에 더할 것인지 여부를 결정하는 데 b_0을 사용할 수 있도록 하고 있다. 다른 방법으로는 피연산자 B를 보관하는 데 보통의 레지스터를 사용하면서, 곱셈 연산의 각 단계에서 비트 b_i을 선택할 목적으로 카운터와 멀티플렉서를 사용하는 방법이 있다.

(a) 시프트 레지스터 대신, B용으로 일반 레지스터를 사용하는 ASM 차트를 그려라.

(b) (*a*)에 해당하는 datapath 회로를 보여라.

(c) (*b*)에 해당하는 제어 회로에 대한 ASM 차트를 보여라.

(d) 곱셈기 회로를 표현하는 Verilog 코드를 보여라.

7.8 그림 7.30의 datapath를 가진 나눗셈기 회로와 그림 7.31의 ASM 차트로 표현된 제어 회로에 대한 Verilog 코드를 작성하라.

7.9 7.5절에서 '수작업'으로 전통적 방식의 나눗셈을 구현하는 방법을 설명하였다. 정수 나눗셈을 구현하는 다른 방법으로 그림 P7.1의 의사-코드로 보인 것처럼 뺄셈을 반복적으로 행하는 방법이 있다.

(a) 그림 P7.1의 의사-코드를 표현하는 ASM 차트를 그려라.

(b) (*a*)에 해당하는 datapath 회로를 보여라.

(c) (*b*)에 해당하는 제어 회로에 대한 ASM 차트를 그려라.

(d) 나눗셈기 회로를 표현하는 Verilog 코드를 작성하라.

(e) 여기서 구현한 회로를 7.5절에서 설계한 회로와 비교하여 상대적인 장점과 단점을 논하라.

```
Q = 0;
R = A;
while ((R − B) > 0) do
      R = R − B;
      Q = Q + 1;
end while;
```

그림 P7.1 정수 나눗셈에 대한 의사-코드

7.10 그림 7.39의 ASM 차트에서 평균 $M = Sum/k$를 계산하는데 두 개의 상태, $S3$과 $S4$가 사용되었다. 상태 $S3$과 $S4$를 하나의 상태, $S3$으로 결합한 수정된 ASM 차트를 그려라.

7.11 문제 7.10에서 정의된 ASM으로 표현된 FSM에 대한 Verilog 코드를 작성하라.

7.12 그림 7.41의 ASM 차트에서, 상태 $S2$에서의 할당 $C_j \leftarrow C_i$를 명시하고 나서 상태 $S3$에서 C_j를 1 증가시켰다. $S2$에서 할당 $C_j \leftarrow C_i + 1$을 수행하면, 상태 $S3$이 삭제 가능한가? 이 변화가 제어 회로와 datapath 회로에 미치는 영향을 설명하라.

7.13 그림 7.40은 정렬 연산을 위한 의사-코드를 보인 것으로 정렬될 레지스터를 변수 i와 j로 인덱스하였다. 그림 7.41의 ASM 차트에서 변수 i와 j는 카운터 C_i와 C_j를 사용하여 구현된다. 다른 방법으로는 시프트 레지스터를 두 개 사용하여 i와 j를 구현하는 것이다.

(a) 레지스터 $R_0, \ldots, R_3$를 인덱스하기 위해 카운터 대신 시프트 레지스터를 사용하여 정렬 연산을 수행하는 회로로 다시 설계하라.

(b) (*a*)에서 설계된 회로의 Verilog 코드를 작성하라.

(c) 여기서 구현한 회로를 카운터 C_i와 C_j를 사용한 회로와 비교하여 상대적 장점과 단점을 논하라.

7.14 n-비트 레지스터에 저장된 피연산자의 log_2를 찾는 회로를 설계하라. 설계 과정의 모든 단계를 보이고 어떠한 가정을 했는지 밝혀라. 설계한 회로를 기술하는 Verilog 코드를 작성하라.

7.15 7.6절에서 설계된 회로는 레지스터 값의 합을 계산하는 데 가산기를 사용하였다. $M = Sum / k$를 계산하는 데 사용된 나눗셈기 회로에서도 가산기를 사용한다. 덧셈과 나눗셈의 두 가지 연산을 위해 가산기를 한 개만 사용하는 회로로 재설계하는 방법을 보여라. 가산기에 연결하기 위해 필요한 추가 회로만 보이고, 이 회로의 동작을 설명하라.

7.16 문제 7.15에서 설계한 회로에 대한 Verilog 코드를 작성하되, datapath와 제어 회로를 포함하라.

7.17 그림 7.40의 정렬 연산에 대한 의사-코드에서는 정렬 중인 레지스터의 값을 보관하기 위해 레지스터 A와 B를 사용한다. 정렬 연산 동안의 임시 데이터를 보관하는데 레지스터 A만 사용하는 정렬 연산을 위한 의사-코드를 보여라. 이에 필요한 datapath와 제어 회로를 표현하는 ASM 차트를 보여라. 그림 7.42에 보인 유형으로 레지스터들을 서로 연결하는 데 멀티플렉서를 사용하라. 제어 회로를 표현하는 별도의 ASM 차트를 작성하라.

7.18 문제 7.17에서 설계한 정렬 회로에 대한 Verilog 코드를 쓰라.

7.19 두 길의 교차 지점에 있는 교통신호등을 제어하는 회로를 설계한다고 하자. 회로는 출력 $G1$, $Y1$, $R1$과 $G2$, $Y2$, $R2$를 생성한다. 이들 출력은 각 길의 녹색, 황색, 적색 등의 상태를 나타낸다. 신호등은 해당 출력 신호가 1값을 가지면 켜진다. 신호등은 다음과 같은 방법으로 제어되어야 한다. $G1$이 켜지면 t_1시간 동안 유지된 후 꺼진다. $G1$이 꺼지면 그 즉시 $Y1$이 켜지고, 이 상태가 t_2시간 동안 유지된 후 꺼진다. $G1$이나 $Y1$이 켜지면 $R2$가 반드시 켜져야 하고, $G2$와 $Y2$는 꺼져야 한다. $Y1$이 꺼지면 곧바로 $G2$가 켜지고, 이를 t_1시간 동안 유지하여야 한다. $G2$가 꺼지면 $Y2$가 t_2시간 동안 켜진다. 물론, $G2$나 $Y2$가 켜질 때 $R1$은 켜져야 하고 $G1$과 $Y1$은 꺼져야 한다.

(a) 교통신호기를 나타내는 ASM 차트를 그려라. 다운-카운터가 두 개 있는 것으로 가정하라. 하나는 t_1시간 지연을 측정하는 데 사용하고, 다른 하나는 t_2를 측정하는 데 사용한다. 각 카운터는 병렬 로드 입력과 enable 입력을 가진다. 이들 입력은 t_1 또는 t_2 지연을 나타내는 적절한 값을 로드하기 위해 사용되며, 카운터는 0으로 내림 카운트하는 것이 허용된다.

(b) 교통신호기의 제어 회로에 대한 ASM 차트를 작성하라.

(c) (*a*)의 제어 회로와 t_1및 t_2를 나타내는 카운터를 포함하는 교통신호 제어기 전체에 대한 Verilog 코드를 쓰라. 회로의 클록으로 편리한 클록 주파수를 사용하고, t_1과 t_2를 나타내는 데 편리한 카운트 값을 가정하라. 이 회로의 동작을 설명하는 시뮬레이션 결과를 제시하라.

7.20 그림 7.51*a*에 보인 것과 같은 SPSW(sing-pole single-throw) 스위치를 사용해야 하는 것으로 가정하라. 스위치에 의해 생성된 *Data* 신호를 디바운싱하는 수단으로 카운터가 어떻게 사용될 수 있는지 보여라(힌트: 입력이 *Data*이고, *Data*가 디바운스된 변형으로서의 출력 z를 생성하는 FSM을 설계하라. 필요한 경우 주파수가 102.4 kHz인 *Clock* 입력 신호를 사용할 수 있다고 가정하라).

7.21 클록 신호는 특수 용도의 칩을 사용하여 생성될 수 있다. 이러한 칩의 한 가지 예가 그림 P7.2에 그려진 555 프로그래머블 타이머이다. 저항 R_a와 R_b, 그리고 커패시터 C_1에 대해 특정 값을 선택함으로써 555 타이머를 사용하여 원하는 클록 신호를 생성할 수 있다. 클록 신호의 주기(clock period)와 duty cycle을 선

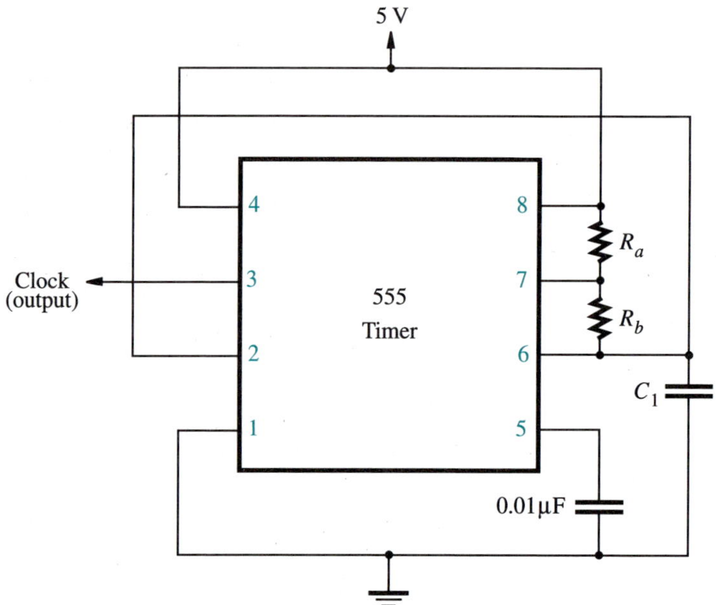

그림 P7.2 555 프로그래머블 타이머 칩

택하는 것도 가능하다. Duty cycle이란 용어는 신호가 high인 시간의 클록 주기에 대한 비율을 의미한다. 다음 식이 칩에 의해 생성된 클록 신호를 정의한다.

$$\text{Clock period} = 0.7(R_a + 2R_b)C_1$$

$$\text{Duty cycle} = \frac{R_a + R_b}{R_a + 2R_b}$$

(a) Duty cycle 50%이고, 주파수가 약 500 kHz인 클록 신호를 생성하기 위한 R_a, R_b, C_1의 값을 결정하라.

(b) Duty cycle 70%를 위해 (*a*)를 반복하라.

참고문헌

1. V. C. Hamacher, Z. G. Vranesic, and S. G. Zaky, *Computer Organization*, 5th ed. (McGraw-Hill: New York, 2002).
2. D. A. Patterson and J. L. Hennessy, *Computer Organization and Design—The Hardware/Software Interface*, 3rd ed. (Morgan Kaufmann: San Francisco, CA, 2004).
3. D. D. Gajski, *Principles of Digital Design* (Prentice-Hall: Upper Saddle River, NJ, 1997).
4. M. M. Mano and C. R. Kime, *Logic and Computer Design Fundamentals* (Prentice-Hall: Upper Saddle River, NJ, 1997).
5. J. P. Daniels, *Digital Design from Zero to One* (Wiley: New York, 1996).
6. V. P. Nelson, H. T. Nagle, B. D. Carroll, and J. D. Irwin, *Digital Logic Circuit Analysis and Design* (Prentice-Hall: Englewood Cliffs, NJ, 1995).
7. R. H. Katz and G. Borriello, *Contemporary Logic Design*, 2nd ed., (Pearson Prentice-Hall: Upper Saddle River, N.J., 2005).
8. J. P. Hayes, *Introduction to Logic Design* (Addison-Wesley: Reading, MA, 1993).
9. C. H. Roth Jr., *Fundamentals of Logic Design*, 5th ed., (Thomson/Brooks/Cole: Belmont, Ca., 2004).
10. J. F. Wakerly, *Digital Design Principles and Practices*, 4th ed. (Prentice-Hall: Englewood Cliffs, N.J., 2005).
11. C. J. Myers, *Asynchronous Circuit Design*, (Wiley: New York, 2001).

chapter **8**

논리함수의 최적화 구현

Optimized Implementation of Logic Functions

이 장의 목적

이 장을 학습하고 나면 다음과 같은 것을 배울 수 있다.

- 논리함수의 합성
- 논리회로의 분석
- 논리함수의 최적화를 위한 알고리즘 기술
- 논리함수의 입방도형(cubical) 표현
- 2진 결정도(binary decision diagram)를 이용한 논리함수의 표현

2장에서 대수적(algebraic) 계산이나 카르노 맵을 사용하여 가장 저렴한 비용으로 논리함수의 구현 방법에 대해 설명하였다. 아마도 독자들은 최소 비용의 회로를 찾는 데 부울 대수의 이론을 어떻게 적용할지에 대해 아직 확신이 없을 것이다. 카르노 맵은 간단한 논리함수를 수작업으로 구현하는 시스템적 방법이지만 변수가 많은 함수에는 현실적이지 못하다.

논리회로를 설계하기 위하여 CAD 툴을 사용한다면, 구현 비용을 최소화하는 작업은 설계자의 몫이 아니라, CAD 툴이 자동으로 최적화(optimization)의 과정을 수행한다. 그럼에도 불구하고 이러한 최적화 과정의 이론을 이해한다면 회로 설계에 많은 도움이 된다. 대부분의 CAD 툴들은 사용자에 의해 제어되어야 하는 기능과 옵션이 많다. 이러한 옵션들이 언제 어떻게 처리되는지 알기 위해서는 그것들이 어떻게 동작하는지 알아야 한다.

이 장에서는 CAD 툴이 처리하는 최적화 기술을 소개하고 이러한 기술들이 어떻게 자동으로 처리되는지 보여준다. 2장에서 학습한 2단의 SOP나 POS보다는 다단 논리회로를 설계하기 위한 합성 기술을 먼저 토의한다. 2진 결정도(binary decision diagram, BDD)라고 하는 그래픽 표현뿐만 아니라 큐브 표현법도 소개한다.

8.1 • 멀티레벨 합성

이전 장에서는 일반적으로 SOP(sum-of-products)나 POS(product-of- sums)의 형태로 논리함수를 구현했다. 이러한 형태의 논리회로는 2단(*two level*)으로 된 게이트를 갖는다. SOP 형태에서는 처음 단계의 AND 게이트가 두 번째 단계의 OR 게이트에 연결되며, POS 형태에서는 처음 단계의 OR 게이트가 두 번째 단계의 AND 게이트에 연결된다. 입력 변수들의 컴플리먼트도 허용하므로 NOT 게이트를 이용할 필요가 없다.

2단 회로 구현은 대개 적은 변수를 갖는 함수에서 효과적이다. 그러나 입력의 수가 증가함에 따라 너무 많은 입력이 논리게이트에서 발생할 수 있다. 이러한 문제는 회로의 구현에 사용되는 기술에 의해 좌우된다. 예를 들어 다음 함수를 고려해보자.

$$f(x_1, \ldots, x_7) = x_1x_3\overline{x}_6 + x_1x_4x_5\overline{x}_6 + x_2x_3x_7 + x_2x_4x_5x_7$$

이 식은 최소 비용의 SOP를 표현한 것이다. 이제 CPLD와 FPGA에 의한 함수 f의 구현을 고려해보자. 그림 8.1은 부록 B에서 보인 바와 같은 전형적인 CPLD에서의 논리소자를 나타낸다. 그림에서 컬러로 표현된 부분은 함수 f의 구현에 사용된 회로를 나타낸다. CPLD의 칩 구조는 SOP의 구현에 매우 적합하다.

다음으로 FPGA에 의한 함수 f의 구현을 고려해보자. 이 예에서는 4-입력 LUT의 논리소자를 갖는 FPGA를 사용할 것이다. 부록 B에서 논의한 바와 같이, 4-입력 LUT는 네 개의 입력을 가진 논리함수를 구현할 수 있다. f의 SOP 표현은 3-입력과 4-입력 AND 게이트와 한 개의 4-입력 OR 게이트가 요구되므로, 이런 논리연산의 각각은 분리된 LUT로 구현될 수 있다. 네 개의 LUT는 AND 연산을 위해 사용되고 OR 연산을 위해 LUT가 추가되므로 총 다섯 개의 LUT가 필요하다.

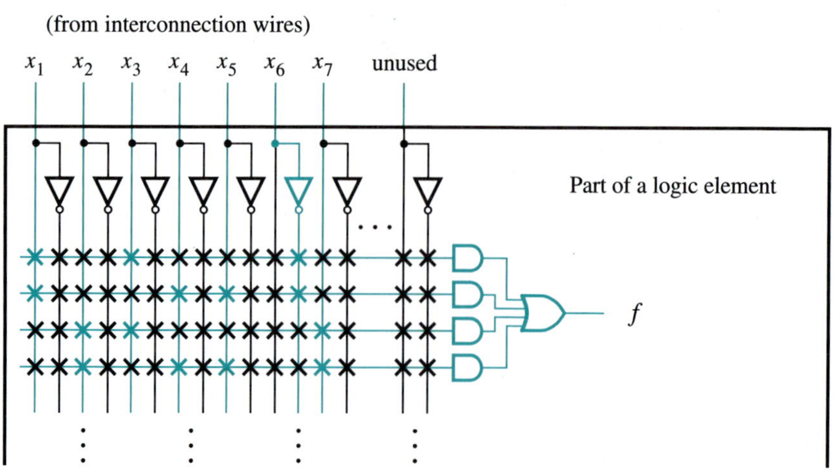

그림 8.1 CPLD를 이용한 구현

f가 두 단계 이상의 논리연산을 갖는 형태로 표현된다면 FPGA 구조에서 보다 효율적인 구현이 가능하다. 이러한 형태를 **멀티레벨**(*multilevel*) 논리식이라고 한다. 멀티레벨로 회로를 합성하는 몇 가지 방법이 있는데, 여기서는 중요한 두 가지 방법인 **인수분해**(*factoring*)와 **함수 분할**(*functional decomposition*)에 대해 설명한다.

8.1.1 인수분해

부울대수의 분배법칙을 이용하면 앞의 식 f를 다음과 같이 인수분해할 수 있다.

$$\begin{aligned} f &= x_1\overline{x}_6(x_3 + x_4x_5) + x_2x_7(x_3 + x_4x_5) \\ &= (x_1\overline{x}_6 + x_2x_7)(x_3 + x_4x_5) \end{aligned}$$

위 식에 대응하는 회로는 그림 8.2와 같이 두 개의 LUT로 구현할 수 있다. 첫 번째 LUT는 $g = (x_1\overline{x}_6 + x_2x_7)$을 구현한 것이고 두 번째 LUT는 $f = g \cdot (x_3 + x_4x_5)$를 구현한 것이다.

팬인 문제

앞의 예에서 각 LUT의 입력 또는 팬인(fan-in)의 수는 FPGA 구조 때문에 네 개로 제한되었다. 그러나 회로를 구현하기 위해 주문형 칩(custom chip)을 만들더라도 게이트의 팬인을 제한할 필요가 있다. 제한 조건들은 부록 B에서 논의한 트랜지스터 기술에 관련된 실제적인 문제 때문에 발생하였다. 주문형 칩에서 가능한 게이트가 최대 네 개의 팬인을 가진다고 가정하자. 어떤 논리식이 7-입력 곱 항(product term)을 포함한다면 그림 8.3에 나타낸 바와 같이 두 개의 4-입력 AND 게이트를 사용해야 할 것이다.

인수분해(factoring)는 팬인 문제를 처리하는 데 사용한다. 예를 들어 함수의 식이 다음과 같다고 가정하자.

$$f = x_1\overline{x}_2x_3\overline{x}_4x_5x_6 + x_1x_2\overline{x}_3\overline{x}_4\overline{x}_5x_6$$

위 식은 최소의 SOP 식이다. 그림 8.3의 방식을 사용하여 이 식을 구현하기 위해서는 네 개의 AND 게이트와 한 개의 OR 게이트가 필요할 것이다.

더 나은 해결책은 다음과 같이 식을 인수분해하는 것이다.

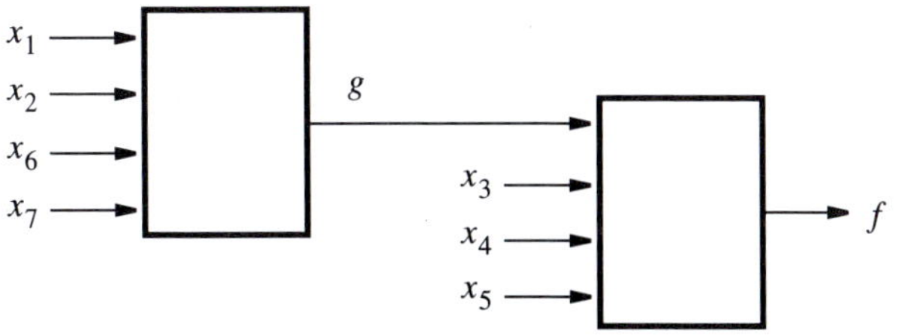

그림 8.2 인수분해 후 세 개의 LUT 사용

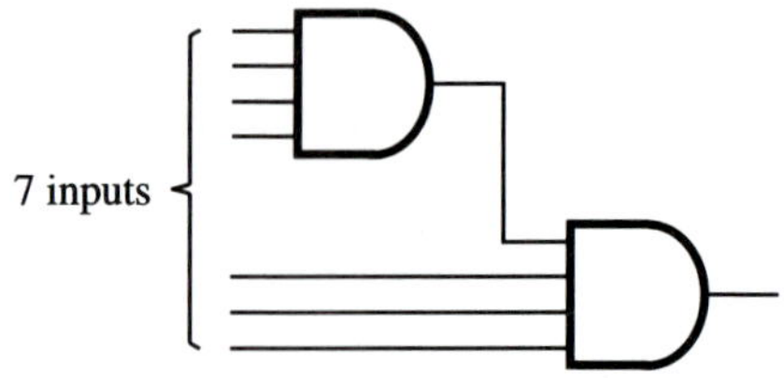

그림 8.3 7-입력 곱의 항을 구현하기 위한 4-입력 AND 게이트 사용

$$f = x_1\bar{x}_4x_6(\bar{x}_2x_3x_5 + x_2\bar{x}_3\bar{x}_5)$$

그러면 그림 8.4에 나타낸 바와 같이 세 개의 AND 게이트와 한 개의 OR 게이트로 주어진 함수를 충분히 구현할 수 있다.

예제 8.1

실제 상황에서는 논리식이 인수분해 형태로 쉽게 만족되는 경우를 종종 접하게 된다. 다음의 조건을 만족하는 회로가 필요하다고 가정하자. 네 개의 입력 x_1, x_2, x_3, x_4에서 함수 f_1은 입력 x_1과 x_2 중 적어도 한 개가 1일 때와 x_3, x_4 모두가 1일 때, $f_1 = 1$이 되어야 한다. 또한 $x_1 = x_2 = 0$이고, x_3이나 x_4가 1일 때 출력 $f_1 = 1$이다. 그 외의 다른 모든 경우에 $f_1 = 0$이다. 다른 한 개의 출력 f_2는 x_1과 x_2가 둘 다 0이거나, x_3과 x_4 둘 다 0일 때를 제외한 모든 경우에 $f_2 = 1$이다.

이러한 조건으로부터 함수 f_1을 다음과 같이 표현할 수 있다.

$$f_1 = (x_1 + x_2)x_3x_4 + \bar{x}_1\bar{x}_2(x_3 + x_4)$$

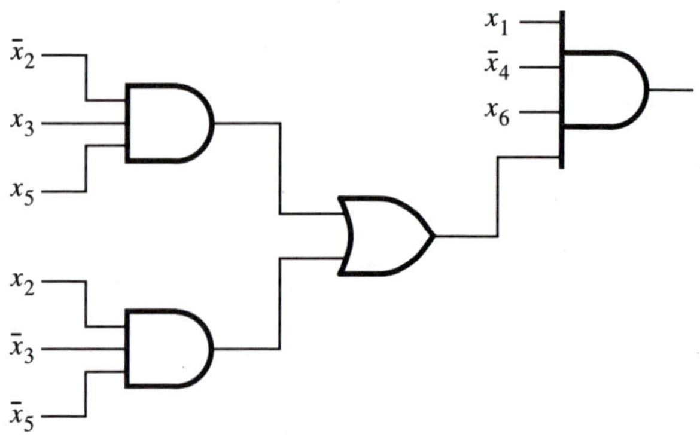

그림 8.4 인수분해된 회로

위 식은 다음과 같이 간략화하여 카르노맵으로 확인할 수 있다.

$$f_1 = x_3x_4 + \bar{x}_1\bar{x}_2(x_3 + x_4)$$

두 번째 함수인 f_2를 컴플리먼트로 표시하면 다음과 같이 쉽게 정의할 수 있다.

$$\overline{f}_2 = \bar{x}_1\bar{x}_2 + \bar{x}_3\bar{x}_4$$

그리고 드모르강(DeMorgan) 정리에 의하여 아래와 같이 표현된다.

$$f_2 = (x_1 + x_2)(x_3 + x_4)$$

이것은 f_2에 대한 최소 비용의 POS 식이다. 만일 SOP를 사용하면 비용은 증가한다.

목표는 f_1과 f_2를 구현하는 최소 비용으로 결합된 회로를 설계하는 것이기 때문에, 두 함수 모두 인수분해 형태를 사용한다면 가장 좋은 결과를 얻는다. 이 경우 합 항(sum term) $(x_3 + x_4)$는 서로 공유될 수 있다. 더욱이 $\bar{x}_1\bar{x}_2 = \overline{x_1 + x_2}$이므로 f_1을 다음과 같은 형태로 표현할 때 합 항 $(x_1 + x_2)$도 공유할 수 있다.

$$f_1 = x_3x_4 + \overline{x_1 + x_2}(x_3 + x_4)$$

그림 8.5의 결합된 회로에는 세 개의 OR 게이트, 세 개의 AND 게이트, 한 개의 NOT 게이트, 열세 개의 입력으로 전체 비용은 20이다.

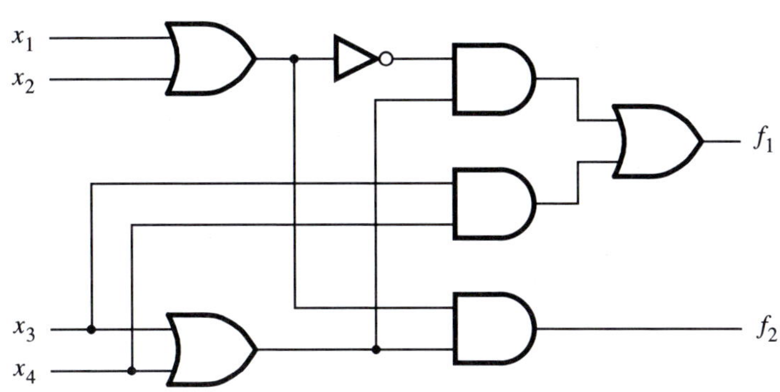

그림 8.5 예제 8.1의 회로

8.1.2 함수 분할

앞의 예제들에서 인수분해 방법은 팬인과 같은 문제를 해결하기 위하여 다단으로 회로를 구현하기 위한 방법이었다. 그러나 팬인이 문제되지 않는다면 2단으로 구현하는 회로가 오히려 좋을 수 있다. 어떤 경우에서는 다단으로 회로를 구현할 때 비용을 감소시킬 수는 있지만, 반면에 게이트의 여러 단계 때문에 긴 시간 지연을 초래한다. 이러한 문제를 예를 들어 분석할 것이다.

배선과 논리게이트들이 복잡한 경우에는 종종 2단 회로를 부분회로로 **분할**(*decomposing*)하여 해결할 수 있다. 하나 또는 그 이상의 부분회로들은 최종 회로를 구현하기 위해 여러 곳에서 공통적으로 사용될 수 있다. 이러한 목적을 달성하기 위하여 2단 논리식은 여러 개의 새로운 식으로 대체되고, 결합되어 다단 회로로 구현되기도 한다. 간단한 예를 들어 이러한 개념을 설명하자.

예제 8.2

그림 8.6*a*의 카르노 맵에서 네 개의 변수를 갖는 함수 f를 생각하자. 카르노 맵에서 함수 f는 최소 비용 SOP 함수로서 아래 식으로 표현된다.

$$f = x_1\overline{x}_3x_4 + x_1x_3\overline{x}_4 + x_2\overline{x}_3\overline{x}_4 + x_2x_3x_4$$

이 식은 일곱 개의 게이트와 열여덟 개의 입력이 게이트에 연결되어 총비용은 25이다. 모든 입력은 true라고 가정하면 x_3와 x_4를 컴플리먼트하기 위한 NOT 게이트 비용이 포함되었다. 함수를 분할하기 위해 입력 변수의 부분집합에 속하는 한 개 이상의 부분 함수(subfunction)를 찾아야 한다. 이 예에서 x_3와 x_4에만 의존하는 부분 함수를 찾아야 한다. 첫 번째 2항에서 x_1과 마지막 2항에서 x_2를 인수분해하면 다음과 같다.

$$f = x_1(\overline{x}_3x_4 + x_3\overline{x}_4) + x_2(\overline{x}_3\overline{x}_4 + x_3x_4)$$

이제 $g(x_3, x_4) = \overline{x}_3x_4 + x_3\overline{x}_4$로 놓으면 $\overline{g} = \overline{x}_3\overline{x}_4 + x_3x_4$가 된다. 분할 함수 f는 다음과 같이 쓸 수 있다.

$$f = x_1g + x_2\overline{g}$$

$g = x_3 \oplus x_4$는 그림 8.6*b*와 같이 도시된다. 아홉 개의 게이트 입력과 다섯 개의 논리게이트를 가지므로 전체 비용은 13이다. 이와 같은 다단 회로의 비용은 함수 f의 SOP 구현보다 훨씬 저렴하다. 논리의 추가 단계로 인한 전달 지연(propagation delay)의 증가와 절충(trade off)한다.

부분 함수를 찾기 위해 대수식을 계산하는 대신에, 보다 체계적인 접근은 카르

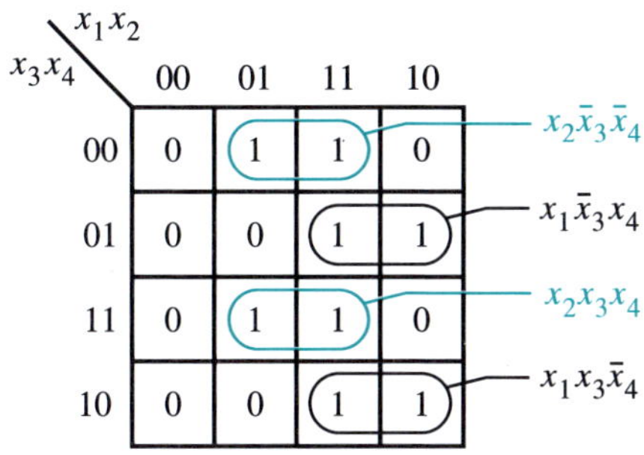

(a) 곱의 항

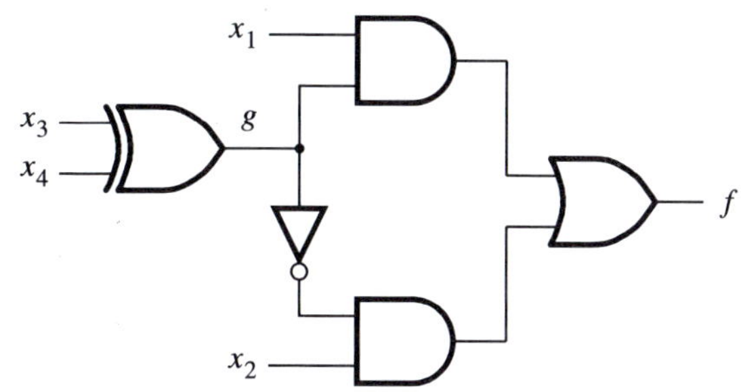

(b) 다단회로

그림 8.6 예제 8.2의 기능

노 맵을 검사하는 방법이다. 그림 8.7*a*는 컬러로 부분 함수 g를 구별하였다. 이 부분 함수는 카르노 맵의 행(row)을 정의한 변수인 x_3과 x_4에 의존한다. 함수 g가 아래와 같다고 하자.

$$
\begin{aligned}
g &= \bar{x}_3x_4 + x_3\bar{x}_4 \\
&= x_3 \oplus x_4
\end{aligned}
$$

g가 맵에서 가장 오른쪽 열, 즉 $x_1 = 1$과 $x_2 = 0$에 있으므로 g로 구성되는 f의 부분식은 $(x_1\bar{x}_2) \cdot g$이다. 지금 카르노 맵에 있는 두 번째 열은 부분 함수 $\bar{g}$를 표현하며 세 번째 열은 부분 함수가 1임을 표현한다. 그러므로 f는 세 개의 변수를 갖는 함수 $h(x_1, x_2, g)$로 아래와 같이 표현된다.

$$
\begin{aligned}
f(x_1, x_2, x_3, x_4) &= h[x_1, x_2, g(x_3, x_4)] \\
&= (\bar{x}_1x_2) \cdot \bar{g} + (x_1\bar{x}_2) \cdot g + (x_1x_2) \cdot 1
\end{aligned}
$$

이런 분할 구조를 그림 8.7*b*에 설명하고 있다. 그림 8.7*c*에 따라 식 h를 최적화하면, 그 결과는 다음과 같다.

$$h = x_1g + x_2\bar{g}$$

위의 식은 대수식을 계산하여 얻은 것과 같은 분할이다.
그림 8.7*a*에서 맵의 열을 조사하여 부분 함수를 정의하였다. 맵의 열을 조사하여 같은 분할할 수 있는 방법을 다음 예제에서 설명한다.

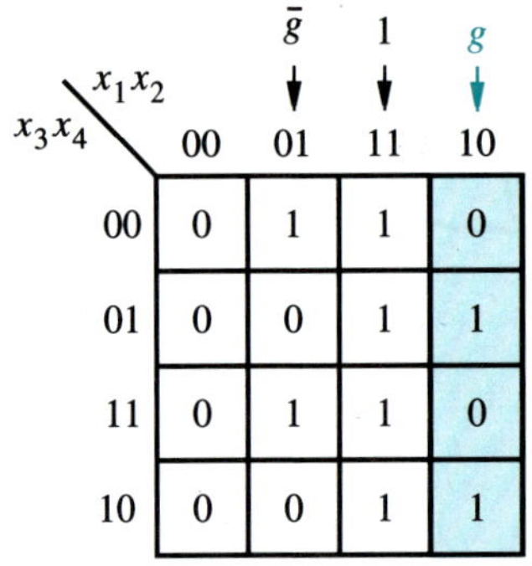

(a) 부분 함수

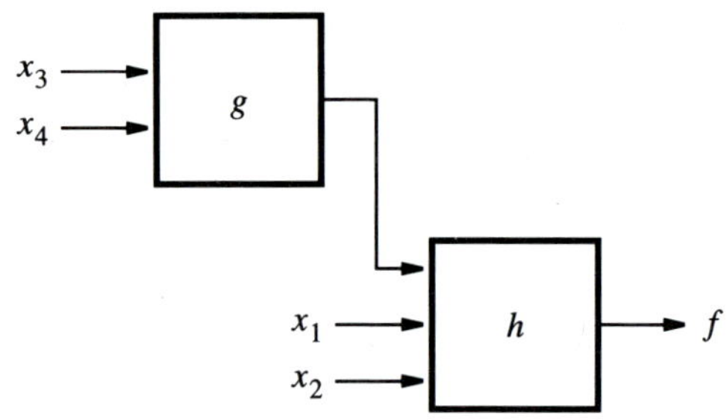

(b) 분할 구조

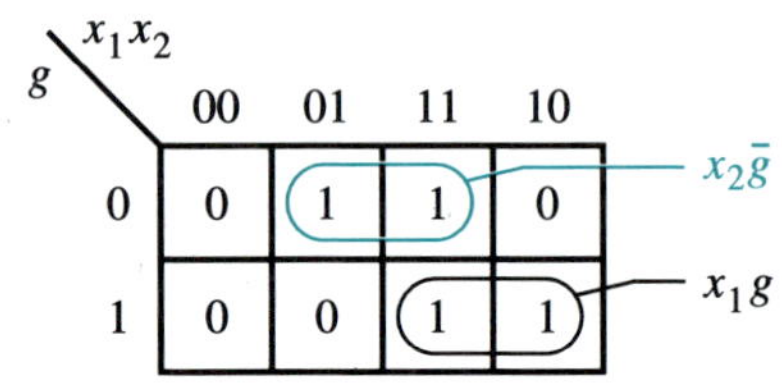

(C) $h(x_1, x_2, g)$의 카르노 맵

그림 8.7 분할에서 사용된 부분 함수

예제 8.3

그림 8.8*a*는 입력이 5-변수인 함수 f의 카르노 맵이다. 맵의 행을 검사하면 두 가지 특별한 형태가 있음을 알 수 있는데, 이것은 행을 구현하기 위한 두 개의 부분 함수가 있다는 것을 의미한다. 한 형태는 컬러로 표시된 두 번째와 네 번째 행인 반면에 첫 번째 행과 세 번째 행은 다른 형태이다. 두 번째 행을 고려하면 각 행에서 열을 정의하는 x_1, x_2, x_5에 따라 결정된다. 부분 함수 $g(x_1, x_2, x_5)$가 행 2와 4를 나타낸다고 하자. 이 부분 함수는 이들 변수 값 중 어느 하나라도 1이면 그 패턴이 1이 되므로 아래 식과 같이 표현할 수 있다.

$$g = x_1 + x_2 + x_5$$

그리고 g가 발생하는 행의 위치를 지정하기 위해서 변수 x_3, x_4을 이용한다. $\bar{x}_3x_4$와 $x_3\bar{x}_4$ 항은 각각 행 2와 4를 나타낸다. 그러므로 식 $(\bar{x}_3x_4 + x_3\bar{x}_4) \cdot g$는 행 2와 4에서 정의한 f의 일부분을 나타낸다.

다음으로, 행 1과 3의 패턴을 구현하는 방법을 찾아야 한다. 이 패턴은 $x_1 = x_2 = x_5 = 0$인, 즉 $\bar{x}_1\bar{x}_2\bar{x}_5$에만 한 개의 1을 갖고 있다. 그러나 이 항을 잘 관찰해보면

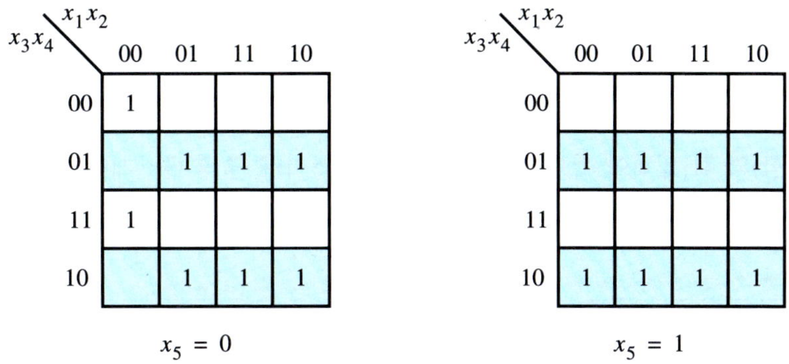

(a) 함수 f의 카르노 맵

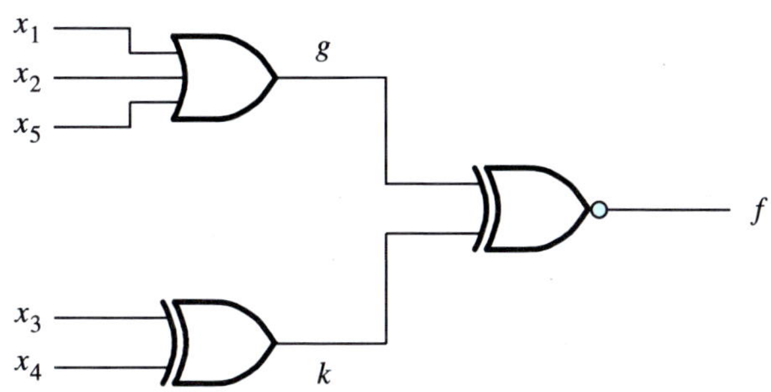

(b) 분할을 적용하여 구한 회로

그림 8.8 예제 8.3의 분할

g의 컴플리먼트임을 알 수 있다. 행 1과 3의 위치는 각각 $\bar{x}_3\bar{x}_4$와 x_3x_4로 표시된다. 그러므로 식 $(\bar{x}_3\bar{x}_4 + x_3x_4) \cdot \bar{g}$은 행 1과 3에 있는 함수를 나타낸다.

다른 관점에서 보면, 식 $(\bar{x}_3x_4 + x_3\bar{x}_4)$와 $(\bar{x}_3\bar{x}_4 + x_3x_4)$는 서로 컴플리먼트 관계에 있다. 그러므로 $k(x_3, x_4) = \bar{x}_3x_4 + x_3\bar{x}_4$라고 하면 f의 완전한 분할은 다음과 같다.

$$
\begin{aligned}
f(x_1, x_2, x_3, x_4, x_5) &= h[g(x_1, x_2, x_5), k(x_3, x_4)] \\
&= kg + \bar{k}\bar{g} = \overline{k \oplus g}
\end{aligned}
$$

여기서,

$$
\begin{aligned}
g &= x_1 + x_2 + x_5 \\
k &= \bar{x}_3x_4 + x_3\bar{x}_4 = x_3 \oplus x_4
\end{aligned}
$$

이다.

이 회로를 그림 8.8b에 나타냈다. 회로는 3게이트와 7게이트 입력을 가지므로 총 비용은 10이다. 가장 큰 게이트의 팬인은 3이다.

비교하자면, 최저 비용으로 구현된 f의 SOP는 아래와 같다.

$$f = x_1\bar{x}_3x_4 + x_1x_3\bar{x}_4 + x_2\bar{x}_3x_4 + x_2x_3\bar{x}_4 + \bar{x}_3x_4x_5 + x_3\bar{x}_4x_5 + \bar{x}_1\bar{x}_2\bar{x}_3\bar{x}_4\bar{x}_5 + \bar{x}_1\bar{x}_2x_3x_4\bar{x}_5$$

이 회로는 모두 14게이트(주입력을 컴플리먼트하기 위한 다섯 개의 NOT 게이트 포함)와 41 입력이 필요하며 전체 비용은 55이다. 출력 OR 게이트의 팬인은 8이다. 분명한 것은, 기능적 분할은 함수의 구현을 보다 단순하게 할 수 있다는 것이다.

앞의 두 예제에서 소개한 분할 방법은 주입력(primary input) 변수의 구성에 따라 부분 함수로 분할하고, 구현하지 않은 부분은 나머지 변수를 사용하여 처리한다. 이러한 분할을 전문적으로 *disjoint decomposition*이라고 부른다. 그러나 이와 달리 부분 함수의 변수들 또한 회로의 나머지 부분을 구현하는 데 사용될 수 있으므로 *non-disjoint decomposition*으로도 가능하다. 다음 예제에서 이러한 가능성을 설명한다.

예제 8.4

NAND 게이트만을 사용해서 XOR(exclusive-OR) 기능을 구현하자. 그림 8.9의 (*a*)는 이 함수의 SOP 구현을 보여주고, (*b*)는 같은 구조를 가진 NAND-NAND 회로를 보여준다.

이제 NAND 게이트만을 사용하여 보다 우수한 XOR를 구현하기 위해서 기능적 분할을 이용하자. 기호 ↑는 NAND 연산을 나타내므로 $x_1 \uparrow x_2 = \overline{x_1 \cdot x_2}$가 된다. XOR 기능을 위한 SOP 표현은 다음과 같다.

$$x_1 \oplus x_2 = x_1\bar{x}_2 + \bar{x}_1x_2$$

2.7절에서 소개한 NAND 기능을 이용하면 이 식은 다음과 같이 NAND 연산 항으로 표현할 수 있다.

$$x_1 \oplus x_2 = (x_1 \uparrow \bar{x}_2) \uparrow (\bar{x}_1 \uparrow x_2)$$

이 식은 다섯 개의 NAND 게이트가 필요하며 그림 8.9*b* 회로와 같이 구현된다. 2-입력 NAND 게이트의 입력을 한데 묶어서 인버터로 사용하였다.

분할을 구하기 위하여 $(x_1 \uparrow \bar{x}_2)$ 항을 다음과 같이 변형하자.

$$(x_1 \uparrow \bar{x}_2) = \overline{(x_1\bar{x}_2)} = \overline{(x_1(\bar{x}_1 + \bar{x}_2))} = (x_1 \uparrow (\bar{x}_1 + \bar{x}_2))$$

$(\bar{x}_1 \uparrow x_2)$ 항에 대해서도 비슷한 연산을 수행하면 XOR는 다음 식으로 된다.

$$x_1 \oplus x_2 = (x_1 \uparrow (\bar{x}_1 + \bar{x}_2)) \uparrow ((\bar{x}_1 + \bar{x}_2) \uparrow x_2)$$

드모르강의 정의를 이용하면 $\bar{x}_1 + \bar{x}_2 = x_1 \uparrow x_2$이므로

$$x_1 \oplus x_2 = (x_1 \uparrow (x_1 \uparrow x_2)) \uparrow ((x_1 \uparrow x_2) \uparrow x_2)$$

이다. 이제 다음과 같이 분할된다.

$$x_1 \oplus x_2 = (x_1 \uparrow g) \uparrow (g \uparrow x_2)$$
$$g = x_1 \uparrow x_2$$

단지 네 개의 NAND 게이트만이 요구되는 해당 회로를 그림 8.9c에 나타냈다.

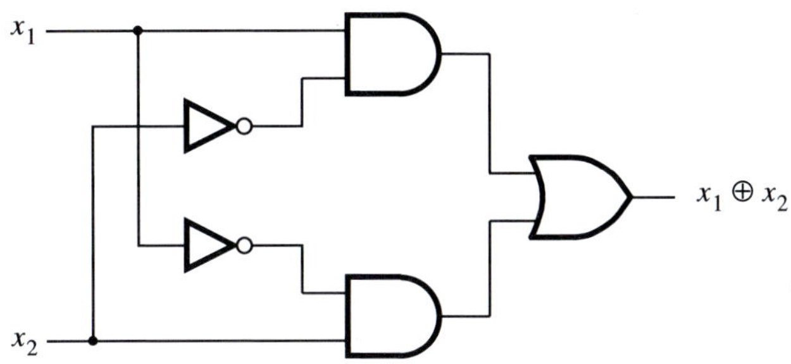

(a) SOP 구현

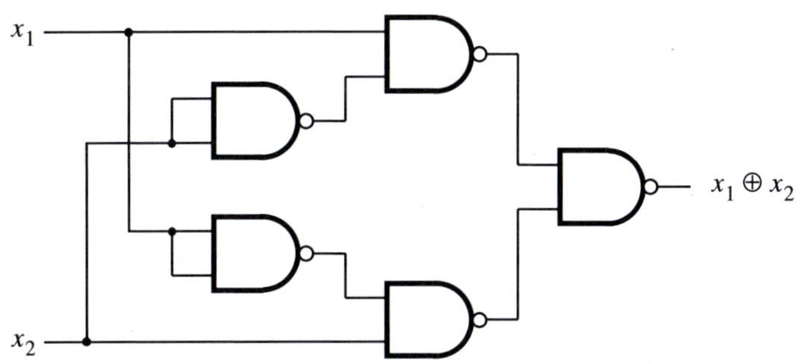

(b) NAND 게이트 구현

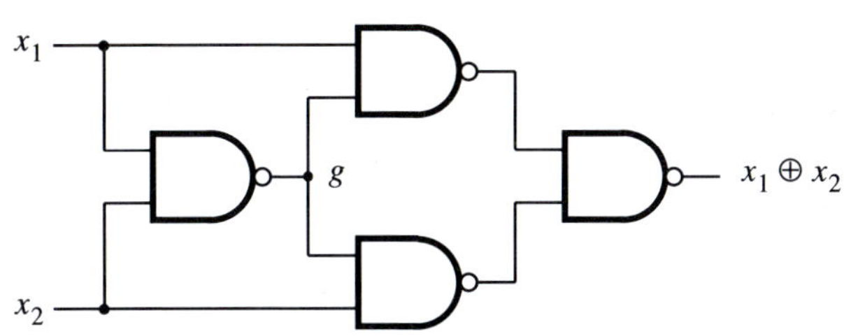

(c) 최적 NAND 게이트 구현

그림 8.9 XOR의 구현

현실적 문제

함수 분할(functional decomposition)은 복잡한 회로를 줄이기 위한 방법이다. 또한, 일반적인 논리함수를 구조적 제한(constraint)이 있는 회로로 구현하는 경우에도 이용할 수 있다. 함수 분할에 있어서 가장 큰 문제는 적절한 부분 함수를 구하는 데 있다. 변수가 많은 함수의 경우 수많은 가능성을 시도하여야 한다. 이러한 경우 최적의 해를 구하기 어렵다. 그 대신에 만족한 해를 구하기 위해 휴리스틱(heuristic) 방법이 이용된다.

함수 분할이나 인수분해에 대한 보다 자세한 내용에 관심 있는 독자들은 참고문헌 [1-4]을 읽어보라. 근래의 CAD 툴들은 분할 개념을 광범위하게 사용하고 있다.

8.1.3 다단 NAND와 NOR 회로

2.7절에서 AND와 OR 게이트를 사용한 2단 회로를 보았으며, 이 회로는 NAND나 NOR 게이트로 쉽게 구현 가능하다고 하였다. 특히, AND-OR(SOP) 회로는 NAND-NAND로 구현할 수 있고, OR-AND(POS) 회로는 NOR-NOR 회로로 변환 가능하다. 같은 변환 방법이 다단회로에도 사용되는데, 다음 예제에서 설명한다.

예제 8.5

그림 8.10*a*는 AND와 OR 게이트로 구성된 4단 회로이다. 먼저 NAND 게이트만 포함하는 같은 기능의 등가회로로 만들어보자. 각 AND 게이트는 출력을 컴플리먼트하면 NAND로 전환된다. 각 OR 게이트의 입력을 컴플리먼트하면 NAND로 전환된다. 이의 원리는 그림 2.26에서 설명한 것과 같이 드모르강의 법칙을 적용한 것이다. 그림 8.10*b*의 컬러 부분은 인버전(inversion)이 필요한 부분이다. 인버전을 신호선의 양끝에 나타내었으며 게이트는 NAND 게이트가 된다. 이것은 원래의 회로에 인버전을 추가함으로써 NAND 게이트로의 변환을 나타낸다. 그러나 인버트되지 않은 네 개의 신호가 아직 존재하므로 이 신호들을 개별적으로 처리하여야 한다. 이 신호들은 입력 x_1, x_5, x_6, x_7과 출력 f이며 2-입력 NAND 게이트의 입력들을 한데 묶어서 구현한다. 결과 회로를 그림 8.10*c*에 나타내었다.

같은 방법으로 그림 8.10*a*의 회로를 NOR 게이트만으로 구성되는 회로로 변환시킬 수 있다. OR 게이트의 출력을 인버트시켜 NOR 게이트로 변환시킨다. AND 게이트는 입력을 인버트시켜 NOR 게이트로 만드는 방법으로 그림 2.26에 있었다. 같은 방법으로 인버전이 필요한 부분을 그림 8.11*a*에 컬러로 표시하였다. 그 다음 각 게이트는 NOR 게이트가 된다. 세 개의 입력 x_2, x_3, x_4는 2-입력 NOR 게이트의 입력을 한데 묶어 구현한다. 결과 회로를 그림 8.11*b*에 나타내었다.

여기서 분명한 사실은 AND 및 OR 게이트 회로가 NAND 혹은 NOR 게이트 회로로 변환될 때 주어진 회로의 기본 형태는 실제로 변하지 않는다는 것이다. 그러

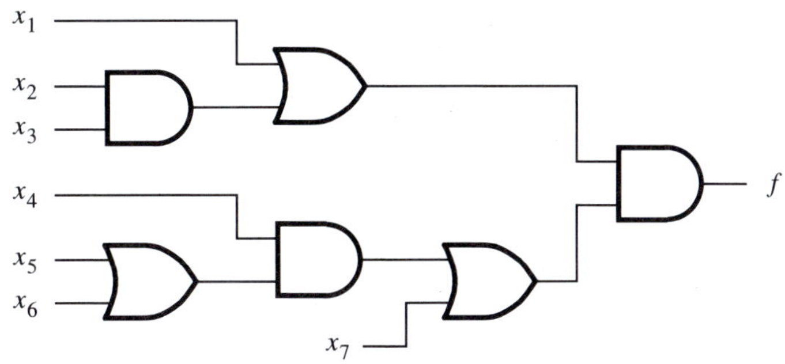

(a) AND와 OR 게이트 구성된 회로

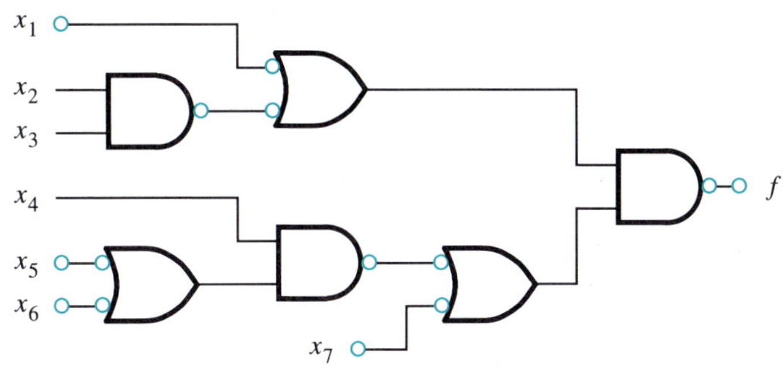

(b) NAND 변환에 필요한 역변환

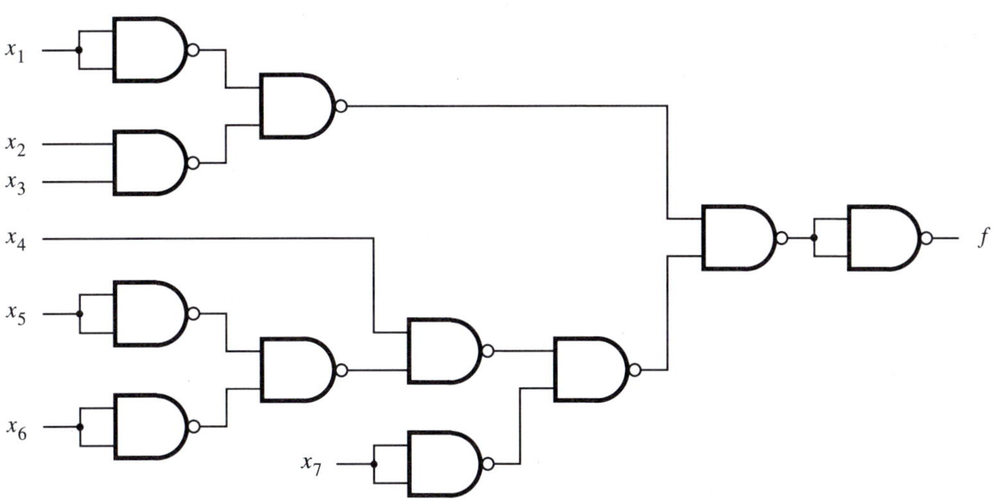

(c) NAND 게이트 회로

그림 8.10 NAND 게이트 회로로 변환

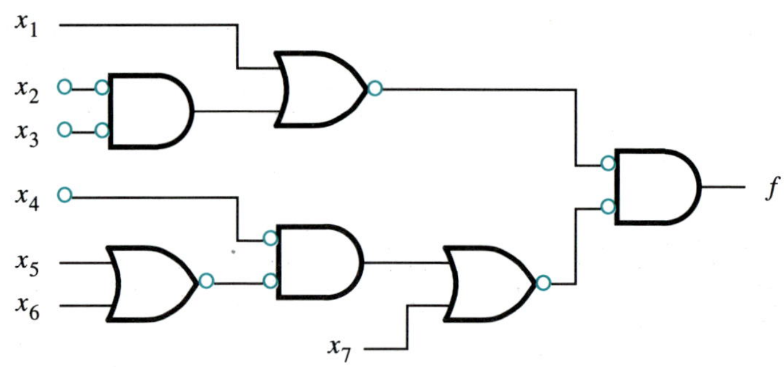

(a) NOR로 변환하기 위한 역변환

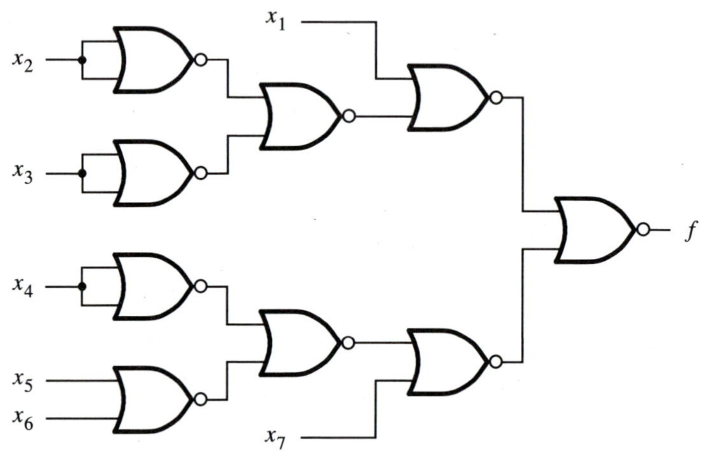

(b) NOR 게이트 회로

그림 8.11 NOR 게이트 회로로 변환

나 회로 안에서 다른 게이트의 일부분으로 흡수되지 않는 인버전을 구현할 NOT 게이트가 필요하다.

8.2 • 다단 회로의 분석

앞 절에서는 논리함수를 다단으로 구현하는 경우의 장점을 설명하였고, 또한 다단으로 회로를 합성하는 데 주로 이용되는 방법도 소개하였다. 이 절에서는 이미 논리회로로 구현된 함수를 분석하는 방법을 알아본다.

2단 회로인 경우의 분석 과정은 간단하다. AND-OR(NAND-NAND) 구조의 회로는 출력 함수를 조사하면 SOP 형태로 표현할 수 있다. 유사하게 OR-AND(NOR-NOR) 회로에 대해서는 POS 형태로 쉽게 유도할 수 있다. 그러나 다단 회로는 함수 표현이 복잡하므로 회로를 분석하고 함수의 기능을 결정하여 식을 유도하여야 한다. 이러한 회로의 분석 방법은 입력에서부터 출력까지, 또는 출력에서 출발하고 입력까지 추적하여 조사해야 한다. 회로의 중간 부분에서는 논리게이트에 의해 구현된 부분 함수의 검토가 필요하다.

예제 8.6

그림 8.12는 그림 8.10*a*를 다시 그린 것이다. 이 회로의 출력 f를 구하기 위해 여러 게이트의 출력에 해당하는 내부 점에서의 함수 관계를 살펴보자. 그림에서 이들 내부 점을 P_1에서 P_5까지 표시할 때, 각 점에서의 함수는 다음과 같다.

$$\begin{aligned}P_1 &= x_2x_3\\ P_2 &= x_5 + x_6\\ P_3 &= x_1 + P_1 = x_1 + x_2x_3\\ P_4 &= x_4P_2 = x_4(x_5 + x_6)\\ P_5 &= P_4 + x_7 = x_4(x_5 + x_6) + x_7\end{aligned}$$

그러므로 함수 f는 다음과 같다.

$$\begin{aligned}f &= P_3P_5\\ &= (x_1 + x_2x_3)(x_4(x_5 + x_6) + x_7)\end{aligned}$$

분배법칙을 적용하여 괄호를 없애면 다음과 같다.

$$f = x_1x_4x_5 + x_1x_4x_6 + x_1x_7 + x_2x_3x_4x_5 + x_2x_3x_4x_6 + x_2x_3x_7$$

이 함수 식은 6 AND 게이트, 1 OR 게이트, 25 입력으로 표현된다. 2단 회로의 비용은 그림 8.12 회로의 비용보다 높으나, 전달 지연은 작다.

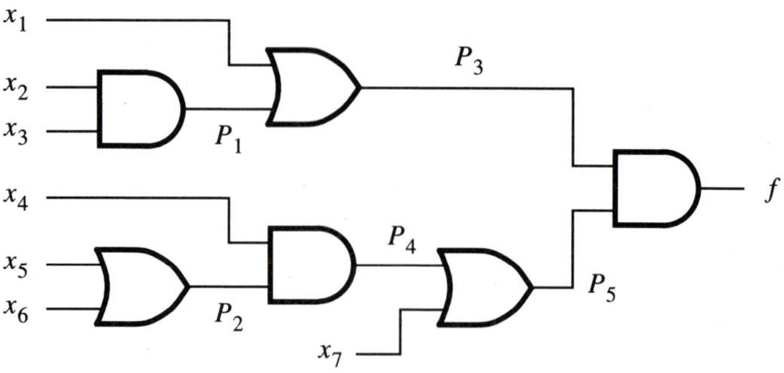

그림 8.12 예제 8.6의 회로

예제 8.7

예제 8.3에서 그림 8.8*b*의 회로를 유도하였다. 그림 8.8*b*에서 XOR와 XNOR 게이트로 대체한 것을 제외하고 동등한 SOP 형태로 그림 8.13에 다시 그렸다. 그림 8.13에서 내부 점을 P_1에서 P_{10}까지 부여하여 아래와 같이 부분 함수를 만들었다.

$$
\begin{aligned}
P_1 &= x_1 + x_2 + x_5 \\
P_2 &= \bar{x}_4 \\
P_3 &= \bar{x}_3 \\
P_4 &= x_3 P_2 \\
P_5 &= x_4 P_3 \\
P_6 &= P_4 + P_5 \\
P_7 &= \overline{P}_1 \\
P_8 &= \overline{P}_6 \\
P_9 &= P_1 P_6 \\
P_{10} &= P_7 P_8
\end{aligned}
$$

출력에서 입력으로 회로를 따라가면 함수 f를 다음과 같이 구할 수 있다.

$$
\begin{aligned}
f &= P_9 + P_{10} \\
&= P_1 P_6 + P_7 P_8 \\
&= (x_1 + x_2 + x_5)(P_4 + P_5) + \overline{P}_1 \overline{P}_6 \\
&= (x_1 + x_2 + x_5)(x_3 P_2 + x_4 P_3) + \bar{x}_1 \bar{x}_2 \bar{x}_5 \overline{P}_4 \overline{P}_5 \\
&= (x_1 + x_2 + x_5)(x_3 \bar{x}_4 + x_4 \bar{x}_3) + \bar{x}_1 \bar{x}_2 \bar{x}_5 (\bar{x}_3 + \overline{P}_2)(\bar{x}_4 + \overline{P}_3) \\
&= (x_1 + x_2 + x_5)(x_3 \bar{x}_4 + \bar{x}_3 x_4) + \bar{x}_1 \bar{x}_2 \bar{x}_5 (\bar{x}_3 + x_4)(\bar{x}_4 + x_3)
\end{aligned}
$$

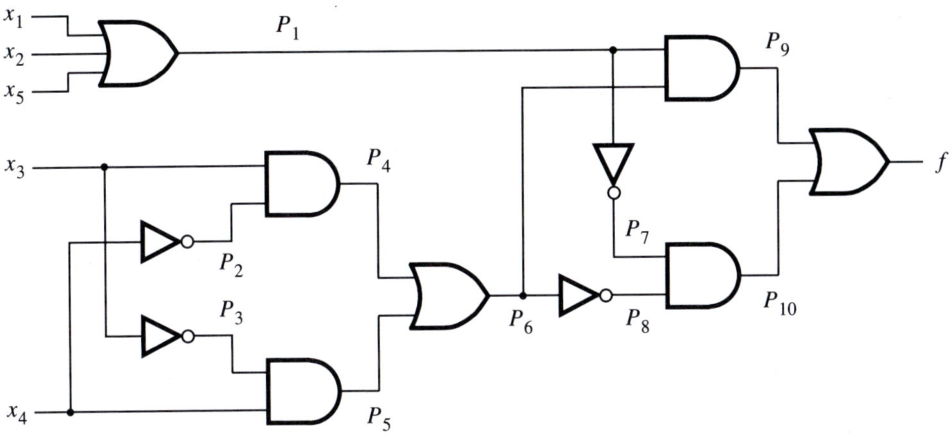

그림 8.13 예제 8.7의 회로

$$= x_1x_3\bar{x}_4 + x_1\bar{x}_3x_4 + x_2x_3\bar{x}_4 + x_2\bar{x}_3x_4 + x_5x_3\bar{x}_4 + x_5\bar{x}_3x_4$$
$$+ \bar{x}_1\bar{x}_2\bar{x}_5\bar{x}_3\bar{x}_4 + \bar{x}_1\bar{x}_2\bar{x}_5x_4x_3$$

이 식은 예제 8.3에서 설명하였던 식과 같다.

예제 8.8

NAND와 NOR 게이트로 구성된 회로는 각각의 게이트에 인버트되어 있기 때문에 분석이 약간 까다롭다. 그림 8.14*a*는 인버전 효과를 설명하기 위한 간단한 NAND 게이트 회로이다. 예제 8.5에서 설명한 방법을 반대로 이용하면 AND와 OR 게이트 회로로 다시 변환할 수 있다. 그림 8.14*b*와 같이 드모르강 정리에 따라 인버전을 의미하는 버블(bubble, 작은 동그라미)은 옮길 수 있다. 따라서 그림 8.14*c* 회로와 같이 AND와 OR로 구성된 회로로 변환할 수 있다. 이렇게 변환된 회로에서 입력 x_3과 x_5가 컴플리먼트되어 회로의 함수 f는 다음과 같이 결정된다.

$$f = (x_1x_2 + \bar{x}_3)x_4 + \bar{x}_5$$
$$= x_1x_2x_4 + \bar{x}_3x_4 + \bar{x}_5$$

그러나 반드시 NAND 회로를 AND와 OR 게이트 회로로 변환하여 함수 값을 결정할 필요는 없다. 예제 8.6과 8.7에서 설명한 방법으로 함수 f를 구할 수도 있다. 즉, 그림 8.14*a*에서 내부 점을 P_1, P_2, P_3이라고 할 때 다음과 같이 표현할 수 있다.

$$
\begin{aligned}
P_1 &= \overline{x_1 x_2} \\
P_2 &= \overline{P_1 x_3} \\
P_3 &= \overline{P_2 x_4} \\
f &= \overline{P_3 x_5} = \overline{P}_3 + \overline{x}_5 \\
&= \overline{\overline{P_2 x_4}} + \overline{x}_5 = P_2 x_4 + \overline{x}_5 \\
&= \overline{P_1 x_3} x_4 + \overline{x}_5 = (\overline{P}_1 + \overline{x}_3) x_4 + \overline{x}_5 \\
&= (\overline{\overline{x_1 x_2}} + \overline{x}_3) x_4 + \overline{x}_5 \\
&= (x_1 x_2 + \overline{x}_3) x_4 + \overline{x}_5 \\
&= x_1 x_2 x_4 + \overline{x}_3 x_4 + \overline{x}_5
\end{aligned}
$$

예제 8.9

그림 8.15의 회로는 NAND 및 NOR 게이트로 구성되어 있으며 다음과 같이 분석할 수 있다.

$$
\begin{aligned}
P_1 &= \overline{x_2 x_3} \\
P_2 &= \overline{x_1 P_1} = \overline{x}_1 + \overline{P}_1 \\
P_3 &= \overline{x_3 x_4} = \overline{x}_3 + \overline{x}_4 \\
P_4 &= \overline{P_2 + P_3} \\
f &= \overline{P_4 + x_5} = \overline{P}_4 \overline{x}_5 \\
&= \overline{\overline{P_2 + P_3}} \cdot \overline{x}_5 \\
&= (P_2 + P_3) \overline{x}_5 \\
&= (\overline{x}_1 + \overline{P}_1 + \overline{x}_3 + \overline{x}_4) \overline{x}_5 \\
&= (\overline{x}_1 + x_2 x_3 + \overline{x}_3 + \overline{x}_4) \overline{x}_5 \\
&= (\overline{x}_1 + x_2 + \overline{x}_3 + \overline{x}_4) \overline{x}_5 \\
&= \overline{x}_1 \overline{x}_5 + x_2 \overline{x}_5 + \overline{x}_3 \overline{x}_5 + \overline{x}_4 \overline{x}_5
\end{aligned}
$$

위 식의 두 번째 줄에서 마지막 줄까지 유도하기 위해 2.5절의 성질 16*a*를 이용하여 $x_2 x_3 + \overline{x}_3$을 $x_2 + \overline{x}_3$로 간략화할 수 있다.

회로의 분석은 합성보다 훨씬 간단하다. 약간만 연습하면 상당히 복잡한 회로라도 쉽게 분석할 수 있다.

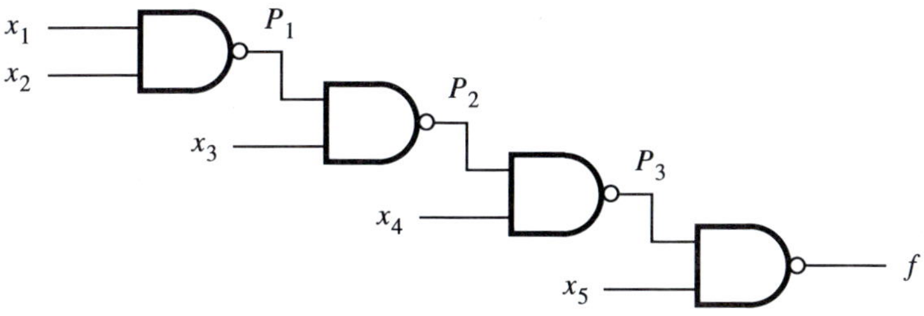

(a) NAND 게이트 회로

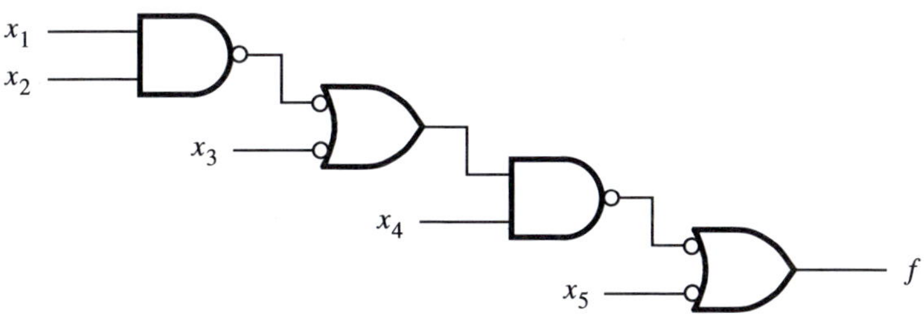

(b) AND와 OR 변환을 위한 버블 이동

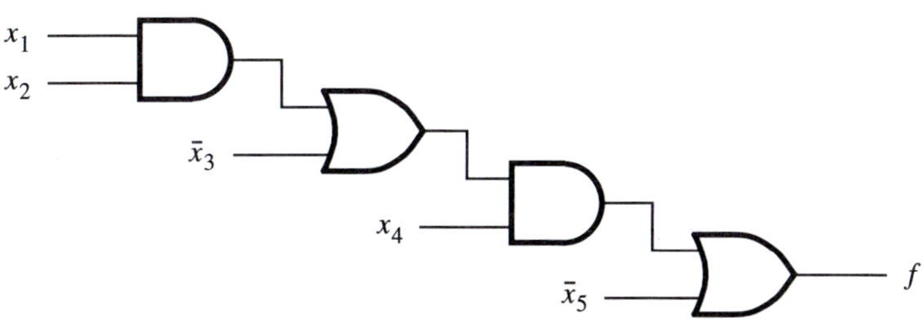

(c) AND와 OR로 구성된 회로

그림 8.14 예제 8.8의 회로

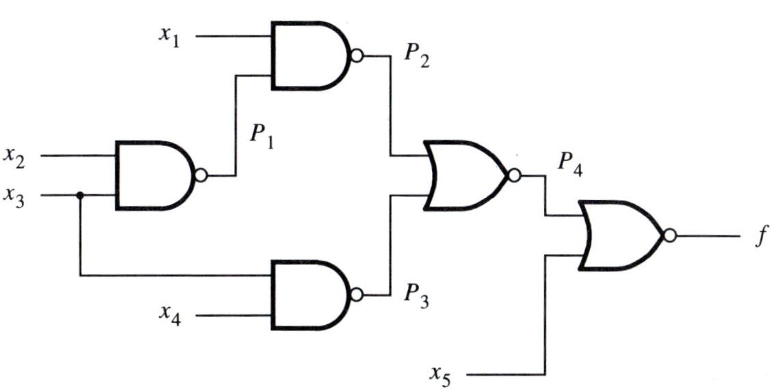

그림 8.15 예제 8.9의 회로

이제까지 논리함수의 합성과 분석에 관하여 많은 논의를 하였다. 논리함수를 최적으로 구현하는 개념을 설명하기 위해 카르노 맵을 사용하였다. 2단 논리회로와 다단 회로의 경우에 논리함수의 다양한 구현을 살펴보았다. 최근의 설계 환경에서는 수작업 대신 CAD를 이용하여 논리회로를 합성한다. 이 장에서 살펴본 여러 가지 이론들은 일반적인 것으로 CAD 알고리즘으로 구현하기 위한 기본적 수단이다. 앞에서 언급한 바와 같이 논리함수 표현을 위해 카르노 맵과 같은 스키마는 CAD 툴로 적용하는 데 적절하지 않다. 다음 절에서 CAD 알고리즘에 사용하기 적당한 두 가지 대안적 표현법을 소개한다.

8.3 • 논리함수의 다른 표현

지금까지 논리함수를 표현하는 데 진리표, 대수식, 벤다이어그램과 카르노 맵을 살펴보았다. 이 절에서는 두 개의 다른 가능한 방법을 소개하는데, 큐브 표현법(cubical notation)과 2진 결정도(binary decision diagram)이다.

8.3.1 큐브 표현법

큐브 표현은 n-변수의 함수를 n차원 큐브에 매핑한다. 먼저 큐브의 간단한 예를 소개한 후 표현법에 대해 설명한다.

2차원 큐브

그림 8.16은 2차원 평면이다. 네 귀퉁이인 꼭짓점(vertex)은 진리표에 있는 네 개의 행에 해당한다. 각 꼭짓점은 두 개의 좌표로 정의된다. 수평축은 변수 x_1에, 수직축은 x_2에 대응한다. 따라서 꼭짓점 00은 바닥의 왼쪽 꼭짓점으로 진리표의 행 0에 해당된다. 꼭짓점 01은 상단 좌측 꼭짓점으로 좌표 $x_1 = 0$과 $x_2 = 1$로서 진리표의 행 1에 해당된다. 다른 두 개의 꼭짓점도 같은 원리로 표현한다.

함수 $f = 1$인 꼭짓점들을 컬러 점으로 표시하여 임의의 함수를 큐브의 모서리와 일치하도록 나타내었다. 그림 8.16의 꼭짓점 01, 10, 11에서 $f = 1$이 되어 함수를 하나의 꼭짓점들의 집합 $f = \{01, 10, 11\}$처럼 표기할 수 있다. 역시 함수 f는 진리표의 형태로 나

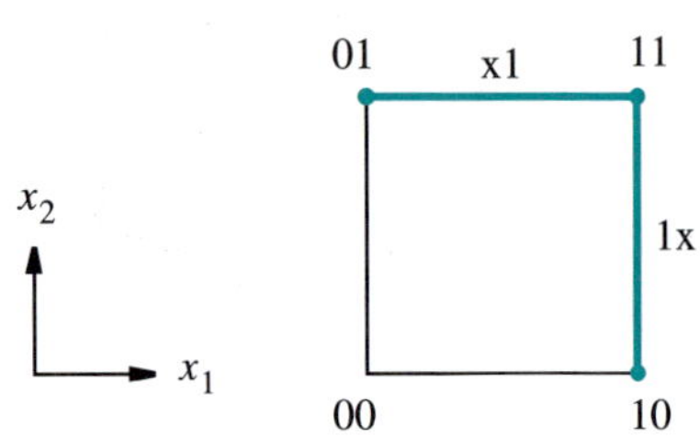

x_1	x_2	f
0	0	0
0	1	1
1	0	1
1	1	1

그림 8.16 $f(x_1, x_2) = \sum m(1, 2, 3)$의 표현

타낼 수도 있다.

두 개의 꼭짓점을 연결할 수 있는 모서리는 단지 한 개의 변수 값만 다르게 되어 있다. 함수 $f = 1$인 두 꼭짓점이 모서리로 연결되어 있다면, 모서리는 두 개의 각 꼭짓점뿐만 아니라 함수의 일부분을 표현한다. 예를 들어, 꼭짓점이 10과 11일 때 $f = 1$이라고 하자. 이들은 1x로 표기된 모서리에 의해 연결되어 있다. 여기서 대응하는 변수 값이 0또는 1일 때, 문자 x로 표현하므로 1x는 $x_1 = 1$이지만 $x_2 = 0$ 또는 $x_2 = 1$이 된다. 이와 유사한 방법으로 꼭짓점 01과 11은 x1로 표기된 모서리에 의해서 연결되어 있어, $x_1 = 0$ 또는 $x_1 = 1$이지만 $x_2 = 1$이 된다. 이렇게 사용되는 문자 x와 변수 자체를 나타내는 x_1이나 x_2와 같은 변수문자를 혼동하지 않아야 한다.

하나의 선에 의해 표현되는 두 개의 꼭짓점은 2.5절의 성질 14a의 결합법칙을 구체적으로 나타내는 표현이다. 모서리 1x는 꼭짓점 10과 11의 논리합이다. 항 x_1은 민텀(minterm) $x_1\bar{x}_2$와 x_1x_2의 합이며, 성질 14a는 다음과 같다.

$$x_1\bar{x}_2 + x_1x_2 = x_1$$

그러므로 $f = 1$이 되는 모서리를 찾아내는 작업은 이러한 결합 법칙을 적용하는 것과 같다. 물론, 카르노 맵에서 $f = 1$이 되는 인접한 항들의 쌍을 찾아내는 작업과도 같다.

모서리 1x와 x1은 그림 8.16에 있는 함수를 표현하기에 충분하다. 그러므로 $f = \{1x, x1\}$로 논리식을 표현할 수 있다. 논리 표현은 다음과 같으며 그림의 진리표를 보면 더욱 명확하다.

$$f = x_1 + x_2$$

3차원 큐브

그림 8.17은 3차원 육면체인 큐브를 표시하고 있다. x_1, x_2, x_3의 직교 좌표축은 그림의 왼쪽과 같다. 각 꼭짓점은 세 개 변수의 특정 값을 나타내고 있다. 큐브 위에 매핑된 함수 f는 그림 2.48의 함수로 그림 2.52b에서 이미 사용하였다. 그림에서 $f = 1$인 꼭짓

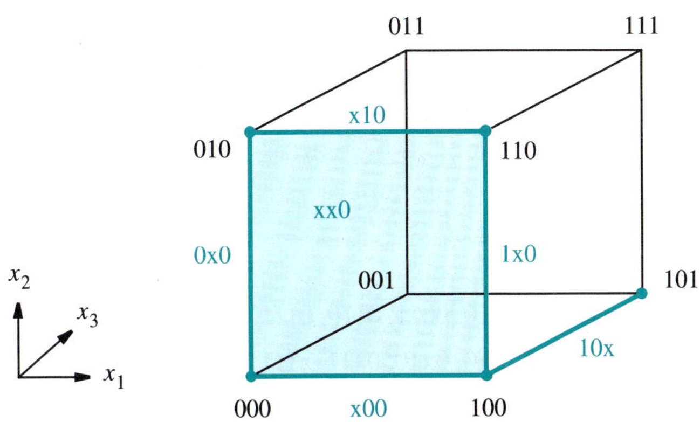

그림 8.17 $f(x_1, x_2, x_3) = \sum m(0, 2, 4, 5, 6)$**의 표현**

점은 다섯 개 있는데 이들의 값은 000, 010, 100, 101, 110이다. 이들 꼭짓점들은 컬러로 표시된 다섯 개의 선으로 연결되어 있으며 값은 x00, 0x0, x10, 1x0, 10x이다. 꼭짓점 000, 010, 100, 110은 x_1과 x_2의 모든 값을 포함하고 있기 때문에 xx0 항으로 표시할 수 있다. 이 항은 x_1과 x_2의 값에 관계없이 $x_3 = 0$일 때 $f = 1$이 된다. 그리고 xx0은 큐브의 앞쪽 면을 나타내며 컬러로 표현하였다.

앞의 설명에 의하면 함수 f는 여러 가지 방법으로 표현할 수 있다. 몇 가지 예를 들어보면 다음과 같다.

$$\begin{aligned} f &= \{000, 010, 100, 101, 110\} \\ &= \{0x0, 1x0, 101\} \\ &= \{x00, x10, 101\} \\ &= \{x00, x10, 10x\} \\ &= \{xx0, 10x\} \end{aligned}$$

실제적으로 회로를 구현함에 있어서, 각 항은 AND 게이트로 구현할 수 있는 곱 항이 된다. 분명한 것은 최소 비용 회로는 $f = \{xx0, 10x\}$로 논리식은 다음과 같다.

$$f = \bar{x}_3 + x_1\bar{x}_2$$

이 식은 그림 2.52*b*에서 카르노 맵으로 유도한 식과 같다.

4차원 큐브

2차원과 3차원 큐브의 그림은 쉽게 그릴 수 있다. 그러나 4차원 큐브는 그리기 쉽지 않다. 4차원 큐브는 두 개의 3차원 큐브 모서리들이 연결된 형태로 구성된다. 4차원 큐브를 가장 간단하게 표현한 것이 그림 8.18로 1개의 큐브를 다른 큐브 속에 그려 넣는 것이다. 여기서 x_1, x_2, x_3 좌표축은 그림 8.17에 표현된 것과 같은 방법이며, $x_4 = 0$은 외부 큐브를 표시하고 $x_4 = 1$은 내부 큐브를 표시하고 있다. 그림 8.18은 그림 2.54의 함수 f_3을 4차원 큐브로 표현한 방법이다. 그림상에서 많은 꼭짓점들의 표시로 인한 혼란을 피하기 위해 $f_3 = 1$이 되는 꼭짓점만을 표시하였으며, 이들 꼭짓점을 연결하는 모서리들은 모두 컬러로 표시하여 구분하였다.

평면으로 표현 가능한 $f_3 = 1$의 이웃하는 네 가지 꼭짓점은 두 가지 그룹이 있는데, 0000, 0010, 1000, 1010을 포함하는 그룹은 x0x0로 표현된다. 0010, 0011, 0110과 0111의 그룹은 0x1x로 표현된다. 이 두 개의 평면이 그림에 컬러 음영으로 표시되어 있다. 함수 f_3은 몇 가지 방식으로 표현할 수 있는데, 예를 들면 다음 식과 같이 표현할 수 있다.

$$\begin{aligned} f_3 &= \{0000, 0010, 0011, 0110, 0111, 1000, 1010, 1111\} \\ &= \{00x0, 10x0, 0x10, 0x11, x111\} \\ &= \{x0x0, 0x1x, x111\} \end{aligned}$$

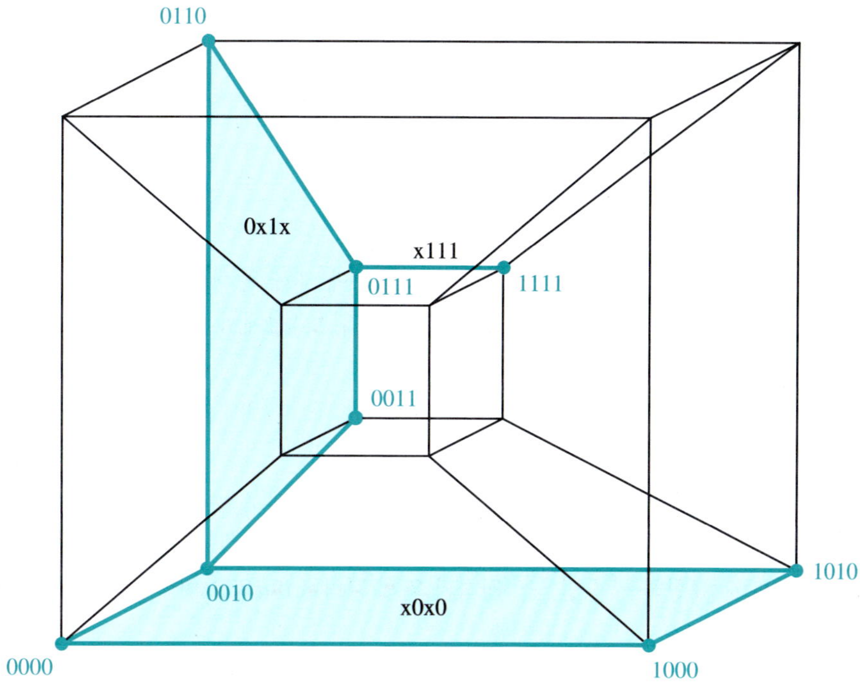

그림 8.18 **그림 2.54의 함수 f_3 표현**

각각의 x는 0 또는 1이기 때문에 그에 대응하는 변수를 무시할 수 있으므로, f = {x0x0, 0x1x, x111}일 때 다음 식과 같이 가장 간단한 회로를 구할 수 있다.

$$f_3 = \bar{x}_2\bar{x}_4 + \bar{x}_1x_3 + x_2x_3x_4$$

우리는 이미 그림 2.54에서 같은 식을 유도하였다.

*n*차원 큐브

이론적으로 *n*개의 변수를 포함하는 함수는 *n*차원 큐브로 변환할 수 있다. 네 개 이상의 변수인 경우 큐브 표현이 비현실적이지만, 일반적으로 *n*-변수의 경우로 확장하는 것은 어렵지 않다. 일반적으로 3차원 구조를 **큐브**라고 하고, 3차원 이상은 시각적 표현이 불가능하기 때문에 **하이퍼큐브**(*Hypercube*)라는 용어를 사용한다. 여기서는 큐브라는 용어를 계속 사용하기로 한다.

꼭짓점의 수가 반영된 명확한 **사이즈**(*size*)로 큐브의 크기를 가늠하는 것이 편리하다. 꼭짓점은 가장 작은 크기이다. 꼭짓점은 0 또는 1의 값을 갖는다. 한 변수의 위치에 x값을 갖는 큐브는 두 개의 꼭짓점으로 구성되어 있기 때문에 더 크다. 예를 들어, 큐브가 1x01이면 꼭짓점 1001과 1101로 구성되어 있다. 두 개의 x가 포함된 큐브는 네 개의 꼭짓점들로 구성되어 있다. k개의 x를 갖는 큐브는 2^k개의 꼭짓점을 포함한다.

n차원 큐브는 2^n개의 꼭짓점으로 구성되어 있다. 단지 한 개의 좌표에서 다른 값일

때 두 개의 꼭짓점은 서로 인접해 있다. n차원 큐브는 n개의 좌표가 있으므로 각각의 꼭짓점은 n개의 다른 꼭짓점들에 대해 이웃해 있다. n차원의 큐브는 적은 차원의 큐브들을 포함하고 있는데, 제일 적은 차원의 큐브는 꼭짓점이며 차원은 0이다. 이것을 **0-큐브**라고 한다. 모서리는 1차원이므로 **1-큐브**라고 한다. 3차원 큐브의 한 면은 **2-큐브**이다. 그리고 3차원 큐브 전체는 **3-큐브**라고 할 수 있다. 일반적으로 2^k의 인접 꼭짓점들의 집합은 k-**큐브**이다.

그림 8.17과 8.18의 예제에서 어떤 주어진 함수에 대해 존재하는 가장 큰 k-**큐브**가 바로 프라임 임플리컨트(prime implicant, 주항)이다. 8.4절에서 함수의 큐브 표현을 이용하여 간략화하는 기법에 대해서 살펴볼 것이다.

8.3.2 2진 결정도

2진 결정도(bianry decision diagram, BBD)는 그래프 형태로 논리함수를 표현한다. 논리함수가 BBD로 표현되면 많은 기억 공간을 요구하지 않으므로 CAD 툴에 유용하다. 함수 f를 BBD로 표현하는 방법을 설명하기 위해 그림 8.19a의 2-변수 진리표를 가정하

x_1	x_2	f
0	0	1
0	1	0
1	0	1
1	1	1

(a) 진리표

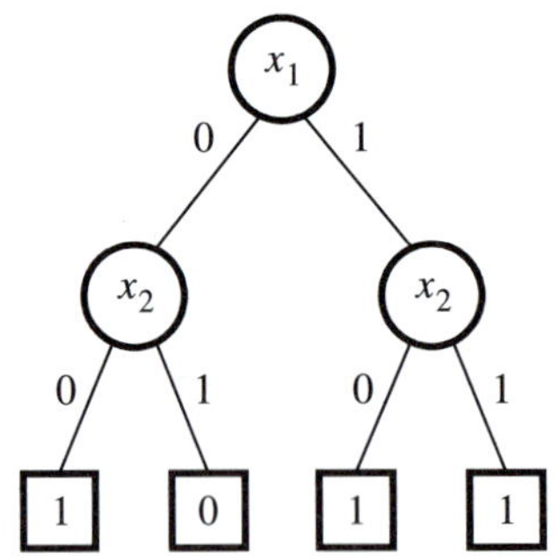

(b) 결정 트리

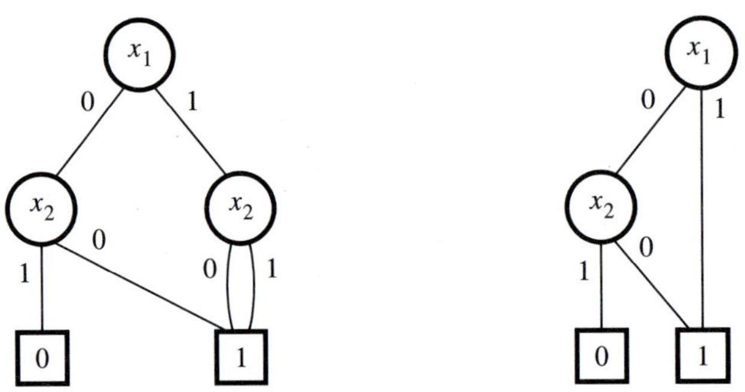

(c) 노드 축소

(d) BDD

그림 8.19 2진 결정도(BDD)의 유도

자. 이 진리표에 해당하는 그래프는 **결정 트리**(*decision tree*)의 형태로 그림 8.19*b*에 보여준다. 트리에서 원형 노드는 입력 변수 x_1과 x_2를 표현한다. x_1은 트리의 뿌리(root)이다. 각 노드는 두 개의 관련 엣지(edge)가 있다, 어떤 노드 x_i에서 0이라고 표시된 엣지는 $x_i = 0$을 표현하고 1이라고 표시된 엣지는 $x_i = 1$에 해당된다. 네모난 노드는 트리의 터미널(terminal) 노드이다. 각 터미널 노드는 $f = 0$인지 $f = 1$인지를 명시한다. 루트 노드에서 터미널 노드까지의 경로는 진리표에서 각 행과 일치한다. 예를 들어 그림 8.19*a*에서 진리표 상단의 행은 $x_1 = x_2 = 0$이고 $f = 1$임을 명시한다. 결정 트리에서 해당되는 경로는 노드 x_1에서 출발하여 0인 엣지를 따라 노드 x_2로 내려가며, 그 다음 0인 엣지를 따라 터미널 노드 1로 내려간다.

트리의 크기가 각 입력 변수의 배가 되므로 결정 트리는 논리함수를 표현하는 효율적인 방법은 아니다. 그러나 그림 8.19*c*와 같이 노드 수를 줄일 수 있다. 한 개의 터미널 노드가 0과 1의 각 값을 표현할 수 있도록 동일한 터미널 노드를 합칠 수 있다. 트리의 오른쪽을 보면 엣지의 두 개 값이 같은 하위 노드로 연결되어 있으므로 오른쪽 노드 x_2가 중복되어 사용되므로 제거될 수 있다. 결과적으로 동일한 노드와 중복 노드가 결정 트리에서 제거된 후의 최종 트리를 **2진 결정도**(*binary decision tree, BDD*)라고 한다. 그림 8.19*a* 진리표의 BDD가 그림 8.19*d*로 주어졌다. 이것은 논리회로의 간결한 표현이다. 그림 8.19*d*에서 $x_1 = 1$이거나 $x_1 = 0$이고 $x_2 = 0$이면 f는 1의 값을 가진다. 그러므로 $f = x_1 + \bar{x}_1\bar{x}_2 = x_1 + \bar{x}_2$. 일반적으로 BDD는 2단이나 다단 형식의 다양한 함수를 구현할 수 있다.

AND와 OR 논리함수의 BDD 예가 그림 8.20에 주어져 있다. 그림 8.20*a*는 $f = x_1x_2$을 표현하고 그림 8.20*b*는 $f = x_1 + x_2$를 표현한다. BDD를 더 복잡한 AND와 OR 함수로 확장할 수 있다. 그림 8.21*a*는 $f = x_1 \oplus x_2$ 함수의 결정 트리이다. 결정 트리에서 동일한 터미널 노드가 합쳐질 때 중복 노드는 만들어지지 않는다. 최종 BDD는 그림 8.21*b*와 같고, 그림 8.21*c*는 3-입력 XOR 함수 $f = x_1 \oplus x_2 \oplus x_3$를 표현하기 위해 확장되

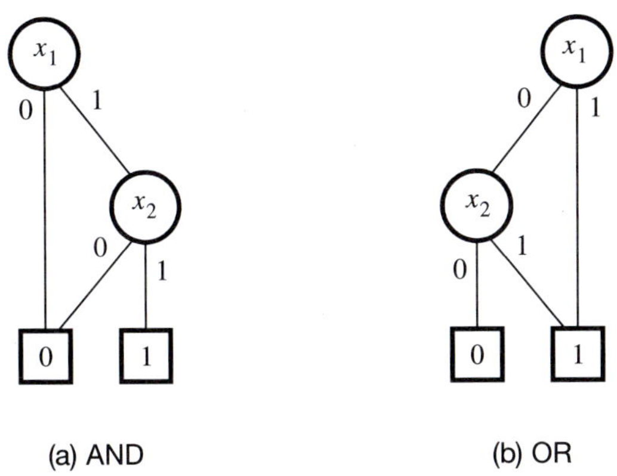

그림 8.20 AND와 OR 함수의 BDD

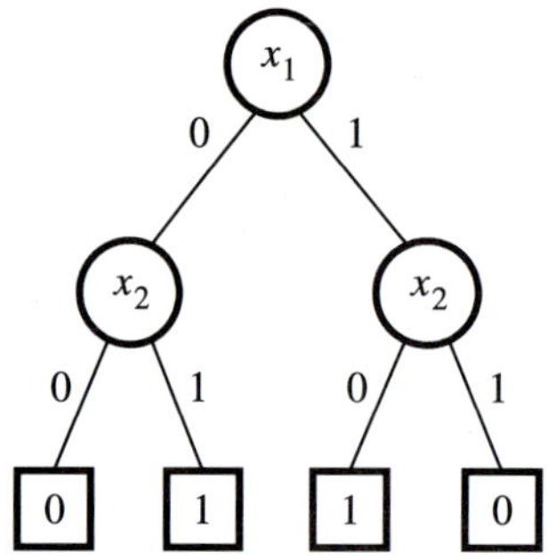

(a) 결정 트리

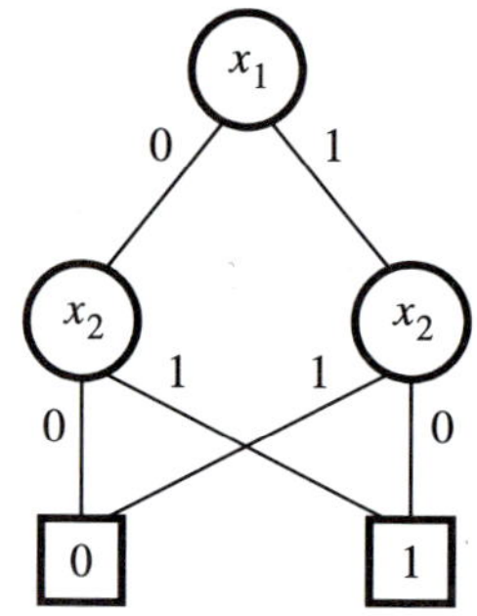

(b) BDD

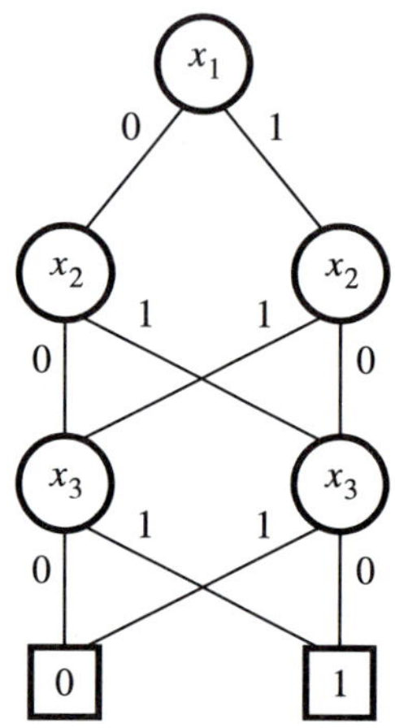

(c) 3-input BDD

그림 8.21 XOR 함수의 BDD 유도

는 방법을 설명한다. XOR 함수에서 요구되는 것과 같이 루트 노드 x_1에서 터미널 노드 1까지의 과정에서 1인 엣지의 수가 홀수인 것을 참고하라.

섀넌의 전개를 사용한 BDD의 유도

그림 8.19와 8.21에서 보여준 바와 같이 중복 노드를 제거하여 결정 트리에 있는 같은 노드에 합치는 것이 가능하다. 이 방법이 모든 논리함수에도 사용될 수 있으나 함수가 보다 많은 입력 변수를 가지는 경우에는 번거로운 일이다.

BDD를 유도하는 다른 방법은 4.1.2절에서 소개한 섀넌(Shannon)의 전개 정리를 사용하는 것이다. 섀넌의 전개는 어떤 부울대수 $f(x_1, x_2, \ldots, x_i, \ldots, x_n)$을 아래와 같은 형식으로 표현할 수 있다.

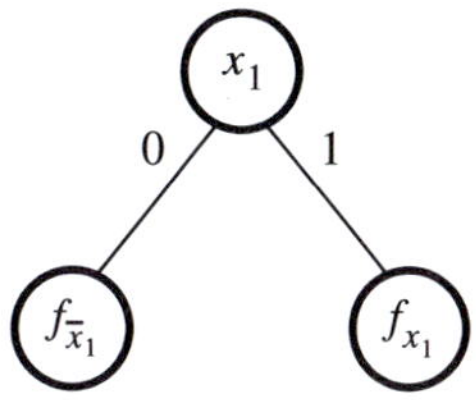

(a) x_1을 사용한 전개

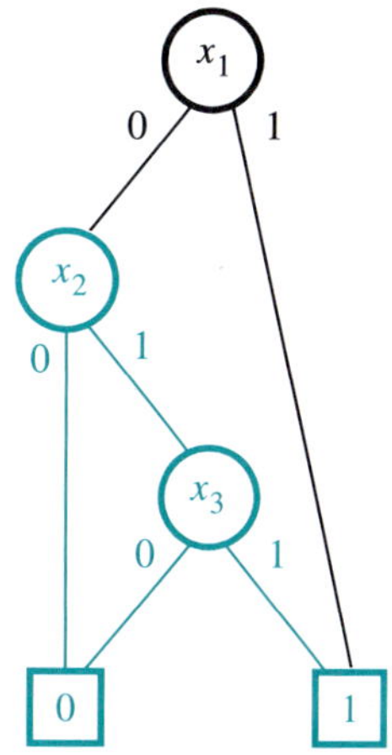

(c) x_2를 사용한 전개

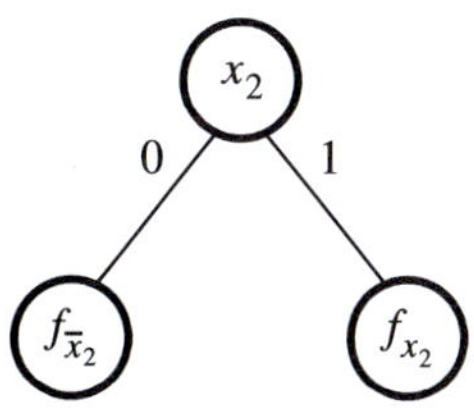

(b) x_1, x_2, x_3 순서의 BDD

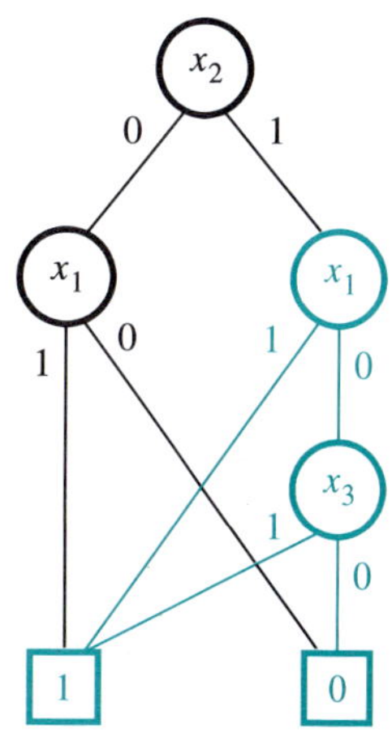

(d) x_2, x_1, x_3 순서의 BDD

그림 8.22 $f = x_1 + x_2 x_3$의 BDD 유도

$$f(x_1, x_2, \ldots, x_i, \ldots, x_n) = \overline{x}_i f_{\overline{x}_i} + x_i f_{x_i}$$

여기서 $f_{\overline{x}_i} = f(x_1, x_2, \ldots, 0, \ldots, x_n)$이고 $f_{x_i} = f(x_1, x_2, \ldots, 1, \ldots, x_n)$이다.

함수 $f = x_1 + x_2 x_3$에서 입력 x_1에 대한 섀넌의 전개는 $f = \overline{x}_1 f_{\overline{x}_1} + x_1 f_{x_1}$가 되며 그림 8.22*a*의 그래프를 사용하여 표현할 수 있다. 공통인자(cofactor) $f_{\overline{x}_1}$과 f_{x_1}은 다음과 같이 고려될 수 있다.

$$f_{\overline{x}_1} = 0 + x_2 x_3 = x_2 x_3$$
$$f_{x_1} = 1 + x_2 x_3 = 1$$

BDD는 그림 8.22*b*와 같이 유도한다. 컬러로 구별한 부분 함수 $f_{\bar{x}_1} = x_2x_3$은 그림 8.20*a*에서 보여준 2-입력 AND 함수의 BDD를 사용한다.

BDD의 유용한 특성 식은 주어진 입력 순서에 대해 단지 하나의 가능한 BDD가 존재한다. 2장의 용어를 사용하면 주어진 입력 순서에 대한 함수의 정규적 표현이다. 그러나 변수의 순서를 변경하면 BDD에도 영향이 있다. 그림 8.22*c*는 x_2, x_1, x_3의 순서에 따라 f의 섀넌 전개를 한 것이다. 노드 x_2는 트리의 루트이며 엣지 끝점은 x_2의 공통인자와 연결되어 있다. 공통인자의 식은 다음과 같다.

$$f_{\bar{x}_2} = x_1 + 0 \cdot x_3 = x_1$$
$$f_{x_2} = x_1 + 1 \cdot x_3 = x_1 + x_3$$

이 수식은 그림 8.22*d*의 BDD로 도시된다. 노드 x_2에서 엣지 0은 부분 함수 x_1과 연결된다. 노드 x_2에서 엣지 1은 부분 함수 $x_1 + x_3$과 연결되는데 컬러로 구별하였다. 이 부분 함수는 그림 8.20*b*의 2-input OR BDD이다.

그림 8.22의 (*b*)와 (*d*)의 BDD를 비교하면 함수의 BDD는 변수의 순서에 영향을 받는다. 그림 8.22*d*의 BDD는 여섯 개 노드가 있는데 반해 그림 8.22*b*의 BDD는 다섯 개 노드가 있다. BDD를 구현한 CAD 툴은 입력 변수의 좋은 순서를 찾기 위해 휴리스틱(heuristic) 기술을 채용한다.

예제 8.10

그림 8.22*d*의 BDD에서 x_1을 BDD의 루트로 만들기 위해 x_1과 x_2 위치를 교환(swapping)할 때의 영향을 분석하자. 교환 연산은 그림 8.23과 같이 나타낼 수 있다. 첫 번째 단계는 그림 8.23의 컬러로 표시된 선과 같이 BDD의 나머지 부분과 x_1과 x_2를 분리시킨다. 그 다음 이 점선을 가로지르는 각 경로에 x_1과 x_2의 값을 차례로 열거하고 도달할 수 있는 다음 노드를 결정한다. 그림 8.23*b*의 진리표는 요구되는 정보를 제공한다. $x_1x_2 = 00$은 터미널 노드 0으로 유도하고, $x_1x_2 = 01$은 x_3 노드로 유도하며, 나머지 경로는 터미널 노드 1로 유도한다. 그림 8.23*c*는 x_1, x_2의 모든 조합이 올바르게 다음 노드로 도달하는 것을 보장하는 그림이다. 그림의 오른쪽에 있는 중복 노드 x_2를 제거하면 그림 8.22*b*의 BDD를 유도할 수 있다.

예제 8.11

$f = x_1x_3 + x_1x_4 + x_2x_4 + x_2x_3 + \bar{x}_1\bar{x}_2x_3x_4$의 SOP 식을 생각하자. x_1, x_2, x_3, x_4의 입력 순으로 BDD를 생성하라. 첫 번째 단계는 x_1에 대해 섀넌 전개하면 $f = \bar{x}_1 f_{\bar{x}_1} + x_1 f_{x_1}$이다. 공통인자는 다음과 같다.

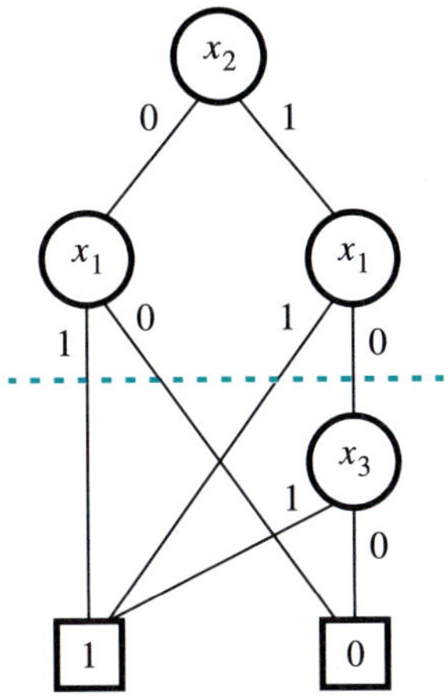

(a) x_2, x_1, x_3으로 정렬

x_1	x_2	Node
0	0	0
0	1	x_3
1	0	1
1	1	1

(b) 진리표

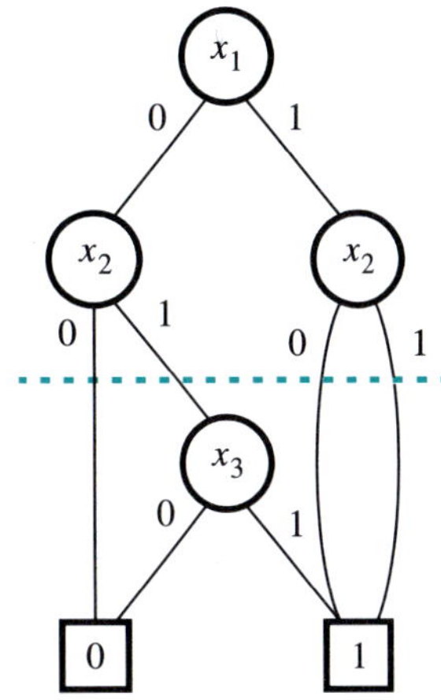

(c) x_1, x_2, x_3 정렬

그림 8.23 BDD에서 노드 재정렬

$$
\begin{aligned}
f_{\bar{x}_1} &= 0 \cdot x_3 + 0 \cdot x_4 + x_2x_4 + x_2x_3 + 1 \cdot \bar{x}_2x_3x_4 \\
&= x_2x_4 + x_2x_3 + \bar{x}_2x_3x_4 \\
f_{x_1} &= 1 \cdot x_3 + 1 \cdot x_4 + x_2x_4 + x_2x_3 + 0 \cdot \bar{x}_2x_3x_4 \\
&= x_3 + x_4 + x_2x_4 + x_2x_3 = x_3 + x_4
\end{aligned}
$$

$f_{x_1} = x_3 + x_4$ 공통인자에 대해 그림 8.20*b*를 사용할 수 있다. 그러나 $f_{\bar{x}_1} = x_2x_4 + x_2x_3 + \bar{x}_2x_3x_4$에 대해서는 다시 x_2에 대한 섀넌 전개를 이용하는 것이 편리하다. 이것은 다음과 같이 표시할 수 있다.

$$
\begin{aligned}
f_{\bar{x}_1\bar{x}_2} &= 0 \cdot x_4 + 0 \cdot x_3 + 1 \cdot x_3x_4 = x_3x_4 \\
f_{\bar{x}_1x_2} &= 1 \cdot x_4 + 1 \cdot x_3 + 0 \cdot x_3x_4 = x_3 + x_4
\end{aligned}
$$

그러면 $f_{\bar{x}_1\bar{x}_2}$와 $f_{\bar{x}_1x_2}$의 공통인자에 대해 각각 그림 8.20*a*와 8.20*b*의 BDD를 사용할 수 있다. 위의 단계는 그림 8.24*a*의 그림을 유도하며 부분 함수 $x_3 + x_4$의 BDD는 컬러로 구별하였다. 이 부분 함수는 $x_1 = 1$일 때 도달할 수 있는 공통인자 f_{x_1}과 $x_1 = 0$이고 $x_2 = 1$일 때 도달할 수 있는 공통인자 $f_{\bar{x}_1x_2}$로 사용된다. 부분 함수 x_3x_4의 BDD는 그림 8.24*a*의 왼쪽에 보여주는데 공통인자 $f_{\bar{x}_1\bar{x}_2}$로 사용되며, $x_1 = x_2 = 0$일 때 도달할 수 있다.

그림 8.24*a*의 그래프에서 동일한 터미널 노드를 합치는 것과 두 개의 동일한 노드 x_4를 합치는 것은 그림 8.24*b*의 BDD로 표시하였다. 이 BDD는 $x_1 = 1$이거나 $x_2 = 1$일 때 f는 부분 함수 $x_3 + x_4$로 정의되며, $x_1 = x_2 = 0$일 때 f는 부분 함수 x_3x_4

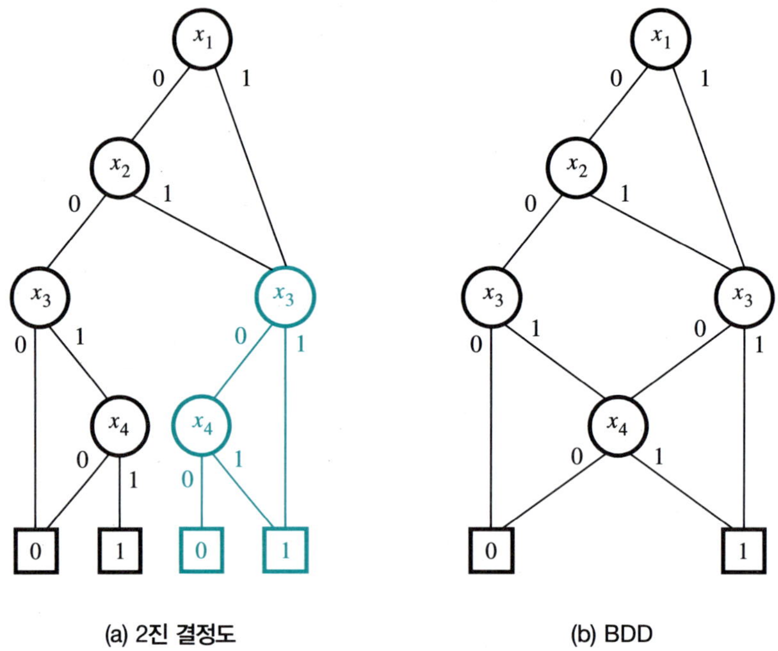

그림 8.24 예제 8.11 함수의 BDD 유도

로 정의되므로 다단식은 아래와 같이 표현된다.

$$f = (x_1 + x_2) \cdot (x_3 + x_4) + \bar{x}_1\bar{x}_2(x_3x_4)$$

이 표현이 위의 SOP 형태와 어떤 관계가 있는지는 쉽게 확인할 수 있다.

BDD의 실제 적용

논리함수를 표현할 수 있는 이 방법에 대해 이해를 돕기 위해 몇 가지 개념을 소개하였다. 보다 상세한 정보는 참고자료 [7-10]에서 찾을 수 있다. BDD의 개념은 인터넷 상에서 구할 수 있는 많은 소프트웨어 프로그램에 이미 구현되어 있다. 이 프로그램을 *BDD* 패키지라고 한다. 논리함수를 위한 BDD 생성, 최적화를 위한 입력 변수 재정렬과 논리연산 실행을 포함한 많은 유용한 기능을 제공하고 있다. BDD 패키지에 대한 상세한 기술은 이 책의 범위를 넘지만 사용 가능한 패키지를 찾아 제공한 기능을 실험해 볼 것을 권장한다. 논리 합성을 위한 CAD 툴의 일부분으로 포함되어 있는 두 개의 인기 있는 패키지는 BuDDy[11]와 CUDD[12]이다.

8.4 • 큐브 표현 기반의 최적화 기술

이 절에서는 큐브 표현을 유용하게 하는 최적화 기술을 소개한다. 논리함수들의 큐브 표현은 컴퓨터 알고리즘으로 구현하기에 적합하다. 큐브 표현은 프로그램되어 컴퓨터에서 효율적 실행이 가능하도록 하는 최소화된 알고리즘 구현에 매우 적합하다. 이러한 알고리즘들은 현대의 CAD 시스템에 내장되어 있다. 최소화 알고리즘이 어떻게 구현되어 있는지에 대한 세부적인 지식 없이도 CAD 툴을 효율적으로 사용할 수 있지만, 이것이 어떻게 구현되는지에 대해서는 관심을 가질 만하다.

8.4.1 최소화를 위한 테이블 방법

이 장에서는 회로를 최소화하는 비교적 간단한 테이블 방식(tabular method)이라는 개념을 설명하고, 발생되는 몇몇 문제점들을 지적할 것이다.

회로를 최소화하기 위한 테이블 방식은 1950년대에 윌라드 콰인(Willard Quine)[6]과 에드워드 맥크러스키(Edward McCluskey)[7]에 의해 제안되었으며, **콰인 맥크러스키 법**(*Quine-McCluskey method*)이라는 이름으로 잘 알려져 있다. 이 방법은 근래의 CAD 들이 사용할 정도로 효율적이지는 않지만 핵심적인 개념을 설명하는 간단한 방법이므로 8.3절에서 논의된 큐브 표현을 이용하여 소개한다.

프라임 임플리컨트 생성

8.3절에서 언급한 것과 같이, 주어진 논리함수 f의 프라임 임플리컨트(prime implicant)는 $f = 1$이 되는 가장 큰 k-큐브이다. 정의되지 않은 꼭짓점(don't-care vertex)들의 집합을 포함하는 불완전하게 기술된 함수에서 프라임 임플리컨트들은 $f = 1$이거나 규정되지 않은 최대 크기의 k-큐브이다.

f는 초기에 $f = 1$인 민텀(minterm)으로 주어진다고 가정하자. 무정의 항들도 민텀이라 가정하면, $f = 1$이거나 무정의 상태인 꼭짓점들의 목록을 만들 수 있다. 이 꼭짓점들을 더 큰 큐브로 묶을 수 있는지 알기 위해 한 개의 쌍으로 비교한 후, 가능하다면 더 큰 큐브로 묶는다. 프라임 임플리컨트를 찾을 때까지 이러한 과정을 반복한다.

이 방법의 기본은 부울 대수의 결합특성에 근거한다.

$$x_i x_j + x_i \bar{x}_j = x_i$$

만약 하나의 큐브가 0으로, 다른 한 큐브는 1인 것을 제외하고 나머지 모든 좌표에서는 동일하게 구성된 두 개의 큐브가 있다면, 이 두 개의 큐브들은 하나의 큰 큐브로 묶을 수 있다. 예를 들어, $f(x_1, \ldots, x_4) = \{1000, 1001, 1010, 1011\}$이 있다고 하자. 큐브 1000과 1001은 변수 x_4에서만 다르므로 이것들은 새로운 큐브 100x로 묶을 수 있다. 마찬가지로 1010과 1011은 101x로 묶을 수 있다. 그 다음 100x와 101x는 더 큰 큐브인 10xx로 묶을 수 있는데, 이는 원래의 함수를 $f = x_1\bar{x}_2$로 간단히 표현할 수 있음을 의미한다.

List 1

0	0 0 0 0	✓
4	0 1 0 0	✓
8	1 0 0 0	✓
10	1 0 1 0	✓
12	1 1 0 0	✓
11	1 0 1 1	✓
13	1 1 0 1	✓
15	1 1 1 1	✓

List 2

0,4	0 x 0 0	✓
0,8	x 0 0 0	✓
8,10	1 0 x 0	
4,12	x 1 0 0	✓
8,12	1 x 0 0	✓
10,11	1 0 1 x	
12,13	1 1 0 x	
11,15	1 x 1 1	
13,15	1 1 x 1	

List 3

0,4,8,12	x x 0 0

그림 8.25 그림 2.58의 함수에 대한 프라임 임플리컨트 생성

그림 8.25는 그림 2.58의 함수 f에 대한 프라임 임플리컨트를 어떻게 만드는지 보여주는 방법이다. 함수 f는 다음과 같이 정의된다.

$$f(x_1, \ldots, x_4) = \sum m(0, 4, 8, 10, 11, 12, 13, 15)$$

여기서 무정의 조건은 없다. 더 큰 큐브는 오직 하나의 변수만 다른 민텀들로부터 생성될 수 있으므로, 1의 개수가 동일한 민텀들을 같이 묶고, 1의 개수에 따라 묶음들을 정렬하여 각각 서로 비교하면 횟수를 줄일 수 있다. 즉, 주어진 묶음 내의 각 큐브들은 1의 개수가 하나 더 많은 그 다음 묶음의 모든 큐브들과만 비교할 필요가 있다. 그림 8.25의 리스트 1에서, 민텀들은 이러한 방식으로 정렬되어 있다(쉽게 설명하기 위해 민텀들을 동일한 값의 10진수로 표시하였다.) 8.3절에서 0-큐브로 불렀던 민텀들은 리스트 2에 있는 1-큐브로 묶일 수 있다. 각 단계를 쉽게 이해할 수 있도록 각기 1-큐브로 묶는 데 포함된 민텀들의 번호를 옆에 표시하였다. 그 다음, 0-큐브들이 1-큐브들에게 포함되었는지 확인하여 각 큐브의 옆에 ✓표시를 한다. 이제 리스트 2에 있는 1-큐브들로부터 2-큐브들을 만든다. 만들 수 있는 유일한 2-큐브는 리스트 3에 표시된 xx00이다. 다시 2-큐브를 만드는 데 포함된 1-큐브 옆에 ✓표시를 한다. 단 하나의 2-큐브만 존재하므로, 이 함수의 3-큐브는 존재하지 않는다. 각 목록에서 ✓표시가 없는 큐브는 f의 프라임 임플리컨트이다. 그러므로 프라임 임플리컨트의 집합 P는 다음과 같다.

$$\begin{aligned} P &= \{10x0,\ 101x,\ 110x,\ 1x11,\ 11x1,\ xx00\} \\ &= \{p_1, p_2, p_3, p_4, p_5, p_6\} \end{aligned}$$

최소 커버의 결정

생성된 모든 프라임 임플리컨트의 집합에서 출력 $f = 1$인 모든 민텀들을 포함하는 최소 비용의 부분집합을 선택할 필요가 있다. 간단하게 비용은 모든 게이트들로 들어가는 입력 값에 대해 선형적으로 비례한다고 가정해 보자. 이러한 가정은 선택된 프라임

Prime implicant	0	4	8	10	11	12	13	15
p_1 = 1 0 x 0			✓	✓				
p_2 = 1 0 1 x				✓	✓			
p_3 = 1 1 0 x						✓	✓	
p_4 = 1 x 1 1					✓			✓
p_5 = 1 1 x 1							✓	✓
p_6 = x x 0 0	✓	✓	✓			✓		

(a) 초기 프라임 임플리컨트 커버 테이블

Prime implicant	10	11	13	15
p_1	✓			
p_2	✓	✓		
p_3			✓	
p_4		✓		✓
p_5			✓	✓

(b) 에센셜 프라임 임플리컨트 제거 후

Prime implicant	10	11	13	15
p_2	✓	✓		
p_4		✓		✓
p_5			✓	✓

(c) 지배 행 제거 후

그림 8.26 그림 2.58 함수의 커버 선택

임플리컨트의 리터럴(literal)의 개수를 의미한다.

최소 비용으로 처리되는 커버를 찾기 위하여 각 프라임 임플리컨트의 행과 각 민텀의 열들로 구성되는 **프라임 임플리컨트 커버 테이블**을 만든다. 다음으로 각 프라임 임플리컨트에 포함되는 민텀을 표시하기 위해 ✓표시를 한다. 그림 8.26*a*는 그림 8.25에서 생성한 여섯 개의 프라임 임플리컨트 테이블이다. 만약 커버 테이블의 어떤 열에 하나의 ✓표시만 있다면, 그 열의 민텀을 포함하는 프라임 임플리컨트는 **에센셜** 프라임 임플리컨트이므로 반드시 최종 커버에 포함되어야 한다. 민텀 0과 4를 포함하는 유일한 프라임 임플리컨트인 p_6이 그러한 경우이다. 다음 단계는 에센셜 프라임 임플리컨트에 해당하는 행(들)과 그들에 의해 포함되는 열(들)을 제거하는 것이다. 그러므로 p_6과 열 0, 4, 8, 12를 제거하면, 그림 8.26*b*의 표와 같다.

이제 커버 테이블을 줄이기 위해 **행 지배**(*row dominance*)의 개념을 사용할 수 있다. p_2가 민텀 10과 11 모두를 커버하는 반면에 p_1은 민텀 10만을 커버하므로, p_2가 p_1을 지배(dominate)한다고 말할 수 있다. p_2의 비용은 p_1의 비용과 동일하므로, p_1을 선택하는 것보다 p_2를 선택하는 것이 더 효과적이다. 따라서 p_1을 표에서 제거한다. 유사하게, p_5는 p_3을 지배하므로 p_3을 표에서 제거하면, 그림 8.26*c*의 표를 얻게 된다. 이 표는 민텀 10을 커버하기 위해 p_2를, 민텀 13을 커버하기 위해 반드시 p_5를 선택해야 한다는 것을 나타내는데, 이들은 또한 민텀 11과 15도 포함한다. 그러므로 최종 커버는 다음과 같다.

$$\begin{aligned} C &= \{p_2, p_5, p_6\} \\ &= \{101\text{x}, 11\text{x}1, \text{xx}00\} \end{aligned}$$

이것은 함수 f의 최소 비용 식이 아래와 같이 구현됨을 의미한다.

$$f = x_1\bar{x}_2x_3 + x_1x_2x_4 + \bar{x}_3\bar{x}_4$$

이 식은 그림 2.58에서 유도한 식과 동일하다.

이 예제에서는 커버 테이블을 줄이기 위해 행 지배(row dominance) 개념을 사용하였다. 지배되는 행들을 제거하는데, 그 이유는 지배하는 행보다 적은 민텀들을 커버하지만 비용은 동일하기 때문이다. 그러나 지배되는 행들의 프라임 임플리컨트의 비용이 지배하는 행의 프라임 임플리컨트의 비용에 비해 적다면 제거해서는 안 된다.

테이블 방식은 아래의 예제에서 설명하는 것과 같이 무정의 조건과 함께 사용될 수도 있다.

예제 8.12

무정의 민텀들이 $f = 1$인 민텀들과 동일한 방법으로 초기 목록에 포함되어 있다. 다음 함수를 고려하자.

$$f(x_1, \ldots, x_4) = \sum m(0, 2, 5, 6, 7, 8, 9, 13) + D(1, 12, 15)$$

이 과정을 시각적으로 이해하기 쉽도록 카르노 맵으로 유도해 보기를 권한다. 그림 8.27은 프라임 임플리컨트가 만들어지는 과정으로 그 결과는 다음과 같다.

$$\begin{aligned} P &= \{00\text{x}0, 0\text{x}10, 011\text{x}, \text{x}00\text{x}, \text{xx}01, 1\text{x}0\text{x}, \text{x}1\text{x}1\} \\ &= \{p_1, p_2, p_3, p_4, p_5, p_6, p_7\} \end{aligned}$$

초기의 프라임 임플리컨트 커버 테이블은 그림 8.28*a*와 같다. 굳이 무정의 민텀

List 1

0	0 0 0 0	✓
1	0 0 0 1	✓
2	0 0 1 0	✓
8	1 0 0 0	✓
5	0 1 0 1	✓
6	0 1 1 0	✓
9	1 0 0 1	✓
12	1 1 0 0	✓
7	0 1 1 1	✓
13	1 1 0 1	✓
15	1 1 1 1	✓

List 2

0,1	0 0 0 x	✓
0,2	0 0 x 0	
0,8	x 0 0 0	✓
1,5	0 x 0 1	✓
2,6	0 x 1 0	
1,9	x 0 0 1	✓
8,9	1 0 0 x	✓
8,12	1 x 0 0	✓
5,7	0 1 x 1	✓
6,7	0 1 1 x	
5,13	x 1 0 1	✓
9,13	1 x 0 1	✓
12,13	1 1 0 x	✓
7,15	x 1 1 1	✓
13,15	1 1 x 1	✓

List 3

0,1,8,9	x 0 0 x
1,5,9,13	x x 0 1
8,9,12,13	1 x 0 x
5,7,13,15	x 1 x 1

그림 8.27 예제 8.12 함수의 프라임 임플리컨트 생성

들을 포함해야 할 필요가 없기 때문에 커버 테이블에 포함하지 않는다. 테이블에는 에센셜 프라임 임플리컨트가 없다. 이 테이블을 검토해보면, 열 8은 열 9와 동일한 행에 ✓되어 있다. 더구나 열 9는 p_5와 만나는 곳에 추가로 ✓표가 있다. 따라서 **열 지배**(*column dominance*)의 개념을 적용할 수 있다. 열 지배란 한 열이 다른 열에 대해 우위를 차지할 때, 지배되는(dominated) 열 대신 지배하는(dominating) 열을 제거할 수 있는데, 바로 열 9가 이 경우에 해당한다. 행의 경우, 지배되는 행을 제거하는 것과 반대임을 주의하라. 그 이유는 지배되는 열을 커버하는 프라임 임플리컨트가 지배하는 열과 동일한 민텀을 커버하기 때문이다. 이 예제에서 p_4나 p_6은 민텀 8, 9 모두를 커버한다. 마찬가지로 열 13은 열 5를 지배하므로 열 13은 제거될 수 있다.

열 9와 13을 제거하여 그림 8.28*b*와 같이 줄인 테이블을 얻을 수 있다. 이 테이블에서 행 p_4는 p_6을 지배하고, p_7은 p_5를 지배한다. 이는 p_5와 p_6는 그림 8.28*c*처럼 제거될 수 있다는 것을 의미한다. 이제 p_4와 p_7은 각각 민텀 8과 5를 포함하기 위해 반드시 필요하다. 그림 8.28*d*는 p_2가 남아 있는 민텀 2와 6을 커버해야 함을 나타낸다. 행 p_2는 p_1과 p_3 둘 다 지배한다. 최종 커버는 다음과 같다.

$$C = \{p_2, p_4, p_7\}$$
$$= \{0x10,\ x00x,\ x1x1\}$$

함수 f는 다음과 같다.

$$f = \bar{x}_1 x_3 \bar{x}_4 + \bar{x}_2 \bar{x}_3 + x_2 x_4$$

Prime implicant	Minterm 0	2	5	6	7	8	9	13
p_1 = 0 0 x 0	√	√						
p_2 = 0 x 1 0		√		√				
p_3 = 0 1 1 x				√	√			
p_4 = x 0 0 x	√					√	√	
p_5 = x x 0 1			√				√	√
p_6 = 1 x 0 x						√	√	√
p_7 = x 1 x 1			√		√			√

(a) 초기 프라임 임플리컨트 커버 테이블

Prime implicant	Minterm 0	2	5	6	7	8
p_1 = 0 0 x 0	√	√				
p_2 = 0 x 1 0		√		√		
p_3 = 0 1 1 x				√	√	
p_4 = x 0 0 x	√					√
p_5 = x x 0 1			√			
p_6 = 1 x 0 x						√
p_7 = x 1 x 1			√		√	

(b) 9와 13열 제거 후

Prime implicant	Minterm 0	2	5	6	7	8
p_1	√	√				
p_2		√		√		
p_3				√	√	
p_4	√					√
p_7			√		√	

(c) 행 p_5와 p_6 제거 후

Prime implicant	Minterm 2	6
p_1	√	
p_2	√	√
p_3		√

(d) 커버 내에서 p_4와 p_7 포함 후

그림 8.28 예제 8.12 함수의 커버 선택

그림 8.26과 8.28에서, 커버 테이블을 줄이기 위해 행과 열의 지배 개념을 사용하였다. 그러나 이와 같은 개념이 다음 예제에서 설명하는 것처럼 항상 가능한 것은 아니다.

예제 8.13

다음과 같은 함수를 고려해 보자.

$$f(x_1, \ldots, x_4) = \sum m(0, 3, 10, 15) + D(1, 2, 7, 8, 11, 14)$$

이 함수의 프라임 임플리컨트는 다음과 같다.

$$\begin{aligned} P &= \{00xx, x0x0, x01x, xx11, 1x1x\} \\ &= \{p_1, p_2, p_3, p_4, p_5\} \end{aligned}$$

초기 프라임 임플리컨트 커버 테이블이 8.29*a*에 있다. 에센셜 프라임 임플리컨트는 없으며, 지배적인 행이나 열도 없다. 더욱이, 모든 프라임 임플리컨트들은 각각 두 개의 변수로 구성되었으므로 동일한 비용이다. 그러므로 이 테이블은 최소 비용의 커버 선택에 사용될 수 있는 어떠한 실마리도 없다.

한 가지 실질적인 방법이 **분기**(*branching*) 개념을 이용하는 것이다. 임의로 프라임 임플리컨트 중 하나, 예컨대 p_3을 선택하여 제일 먼저 이 프라임 임플리컨트가 최종 커버에 포함되도록 한다. 그런 다음 앞서 소개한 일반적인 방법으로 비용을 계산하여 최종 커버의 나머지 프라임 임플리컨트들을 결정할 수 있다. 다음 단계로 최종 커버에서 p_3을 제외한 다른 프라임 임플리컨트를 선택하여 비용을 계산하고, 마지막으로 계산된 비용들을 비교하여 더 작은 쪽을 선택한다.

그림 8.29*b*는 p_3이 최종 커버에 포함될 때 남아 있는 커버 테이블이다. 이 테이블은 p_3에 의해 커버되는 민텀 3과 10을 포함하지 않으며, 커버 전체는 민텀 0을 커버하기 위해 반드시 p_1이나 p_2를, 민텀 15를 커버하기 위해 반드시 p_4나 p_5를 포함해야 함을 나타낸다. 따라서 전체 커버는 아래와 같이 가능하다.

$$C = \{p_1, p_3, p_4\}$$

p_3을 제외한 커버는 그림 8.29*c*와 같다. 여기서, 최소 비용의 커버는 오직 두 개의 프라임 임플리컨트면 충분함을 알 수 있는데, 한 가지 방법이 p_1과 p_5를 선택하는 것이며, 다른 가능성은 p_2와 p_4를 선택하는 것이다. 그러므로 최소 비용의 커버는

$$\begin{aligned} C_{min} &= \{p_1, p_5\} \\ &= \{00xx, 1x1x\} \end{aligned}$$

이고, 함수 f는 다음과 같이 실현 가능하다.

$$f = \bar{x}_1\bar{x}_2 + x_1x_3$$

테이블 방법의 요약

테이블 방식은 다음과 같이 요약할 수 있다.

1. f = 1이거나 무정의 상태인 민텀을 표현하는 큐브의 목록으로부터 시작하여, 큐브들을 한 쌍씩 비교하여 프라임 임플리컨트를 생성한다.
2. 각 프라임 임플리컨트에 의해 포함되는 f = 1인 민텀들을 가리키는 커버 테이블을 만든다.
3. 에센셜 프라임 임플리컨트를 최종 커버에 포함하고(에센셜 프라임 임플리컨트가 있을 경우), 이들 프라임 임플리컨트들과 이것에 의해 포함되는 민텀 모두를 제거하여 테이블을 줄인다.
4. 커버 테이블이 단순하도록 행 지배(row dominance)와 열 지배(column dominance)의 개념을 사용한다. 지배되는(dominated) 행의 프라임 임플리컨트 비용이 지배하는(dominating) 행의 프라임 임플리컨트 비용보다 크거나 같을 경우에 지배되는 행은 제거된다.
5. 커버 테이블이 비거나 더 이상 단순화할 수 없을 때까지 3단계와 4단계를 반복한다.
6. 만일 단순화한 커버 테이블이 비어 있지 않을 경우, 최소 비용 커버에서 반드시 남아야 할 프라임 임플리컨트를 결정하기 위해 분기(branching) 개념을 사용한다.

테이블 방식은 대수적 방법이 어떻게 프라임 임플리컨트를 생성하는 데 사용될 수 있는지 설명하며, 최소 비용의 커버를 찾는 방법을 알려준다. 이 방법을 실제적으로 적용하기에는 다소 한계가 있다. 실제로 함수들은 좀처럼 민텀의 형태로 정의되지 않는다. 보통 대수적인 표현이나 큐브의 집합으로 주어진다. 민텀들을 가지고 최소화를 시작하려면 주어진 식이나 집합을 이 형식으로 확장해야 하는데, 이 민텀들은 매우 클 수 있다. 마찬가지로 큐브들이 많이 생성되면 비교를 많이 해야 하므로 계산이 매우 느리게 된다. 프라임 임플리컨트들의 최적 집합을 선택하기 위해 커버 테이블을 사용하는 방법 역시 함수들이 큰 경우에는 많은 계산이 필요하다.

최적화 커버(optimal cover)들을 생성하는 시간을 줄이기 위한 많은 대수적 방법들이 개발되었다. 그러한 대부분의 방법들은 이 책의 범위를 벗어나지만, 다음 절에서 한 가지 방법을 간단히 소개한다. CAD의 자동화된 최소화 알고리듬에 관심이 없는 독자들은 다음 절로 넘어가도 된다.

8.4.2 최소화를 위한 큐브 기술

임의의 함수 f를 처음에 기술할 때 민텀이나 프라임 임플리컨트가 아닌 임플리컨트로 되어 있다고 가정하자. 최소화를 위해 초기 사양에 나타나지 않은 다른 임플리컨트를 만들어내는 연산을 정의하는 것이 편리하지만, 결국 임플리컨트들은 f의 프라임 임플리컨트로 이어질 것이다. 이러한 연산 중 가능한 하나가 *-*product* 연산이라는 것으로, 일반적으로 "star-product" 연산이라고 부른다. 여기서는 간단히 ∗-연산이라고 한다.

∗-연산

∗-연산은 오직 한 개의 변수가 다른, 두 큐브의 결합에 의해 새로운 큐브를 만드는 단순한 방법을 제공한다. n-변수 함수의 임플리컨트인 두 개의 큐브를 각각 $A = A_1A_2 \cdots A_n$과 $B = B_1B_2 \cdots B_n$이라고 하면, 각각의 좌표 A_i, B_i는 0, 1 또는 x로 정의된다. ∗는 두 단계의 뚜렷한 과정이 있는데, 그 첫 번째는 그림 8.30의 표에 따라 좌표 $i = 1, 2, \cdots, n$에서 A_i와 B_i 쌍에 대한 ∗-연산을 수행한다. 그 다음에 이 표를 적용한 결과에 기초하여 일련의 규칙은 ∗-연산의 전체 결과를 결정하는 데 적용된다. 그림 8.30의 표는 좌표 ∗-연산 $A_i * B_i$를 정의하는데, A_i와 B_i의 가능한 각 조합에 대한 $A_i * B_i$를 명시한다. 이 결과는 좌표 내 A와 B의 교집합(즉, 공통 부분)이다. A_i와 B_i가 반대 값(0과 1, 또는 그 반대)을 가지면, 좌표 ∗-연산의 결과를 기호 ø를 써서 표시함을 유의하라. 이러한 A_i와 B_i의 교집합을 공집합이라고 한다. 이 표를 사용한 A와 B의 ∗-연산은 다음과 같이 정의한다.

$$C = A * B$$

따라서

1. 한 개 이상의 좌표 i에 대하여 $A_i * B_i = \phi$이면 $C = \phi$.
2. 그렇지 않으면, $A_i * B_i \neq \phi$일 때 $C_i = A_i * B_i$이고, $A_i * B_i = \phi$일 때 $C_i = x$이다.

예를 들어, $A = \{0x0\}$, $B = \{111\}$을 고려하자. 그러면 $A_i * B_i = 0 * 1 = \phi$, $A_2 * B_2 = x * 1 = 1$이고 $A_3 * B_3 = 0 * 1 = \phi$이다. 두 개의 좌표에서 결과는 ø이기 때문에 조건 1에 따라서 $A * B = \phi$이다. 즉, 이 두 개의 큐브는 두 개의 좌표가 서로 다르기 때문에 다른 큐브로 결합될 수 없다.

또 다른 예로, $A = \{11x\}$, $B = \{10x\}$를 고려하자. $A_1 * B_1 = 1 * 1 = 1$, $A_2 * B_2 = 1 * 0 = \phi$, $A_3 * B_3 = x * x = x$이다. 위의 조건 2에 따라 $C_1 = 1$, $C_2 = x$, $C_3 = x$이므로 $C = A * B = \{1xx\}$가 된다. 오로지 한 개의 좌표가 다른 두 개의 1-큐브로부터 보다 큰 2-큐브가 만들어진다.

∗-연산의 결과는 연산에 포함된 두 개의 큐브보다 더 작은 큐브가 될 수 있다. $A = \{1x1\}$, $B = \{11x\}$를 가정하면, $C = A * B = \{111\}$이 된다. C가 A와 B 모두에 포함되는 것에 주목하면, 이 큐브는 프라임 임플리컨트를 찾는 데 유용하지 않음을 의미하므로

A_i \ B_i	0	1	x
0	0	ø	0
1	ø	1	1
x	0	1	x

$A_i * B_i$

그림 8.30 좌표 ∗-연산

최소화 알고리듬에 의해 무시되어야 한다.

마지막 예로, $A = \{x10\}$, $B = \{0x1\}$을 고려하자. $C = A * B = \{01x\}$이다. 이 세 개의 모든 큐브들은 같은 크기이지만, C는 A나 B에 포함되지 않는다. 따라서 C는 프라임 임플리컨트를 찾는 데 고려되어야 한다. 큐브 C가 A 및 B 큐브와 어떻게 연관되는지 이해하기 위해 카르노 맵을 그려보면 도움이 될 것이다.

프라임 임플리컨트를 찾기 위한 *-연산 사용

*-연산의 요점은 기존의 큐브 쌍으로부터 새로운 큐브를 만드는 것이다. 특히, 기존의 큐브에 포함되지 않는 새로운 큐브를 찾아내는 것이 관심사이다. 새로운 프라임 임플리컨트를 찾는 과정은 다음과 같이 구성될 수 있다.

함수 f가 큐브로 구성된 임플리컨트들의 조합으로 기술되어 있다고 가정하고, 이 집합을 f의 커버 C^k라고 하고, c^i와 c^j를 C^k의 어떤 두 개의 큐브라고 하자. 그런 다음 C^k에 있는 모든 큐브 쌍들에 대하여 *-연산을 적용한다. G^{k+1}을 새로 만들어진 큐브라고 하자. 그러면

$$\text{모든 } c^i, c^j \in C^k\text{에 대하여 } G^{k+1} = c^i * c^j$$

이제 f의 새로운 커버는 C^k와 G^{k+1}의 큐브들을 이용하여 만들 수 있다. 이 큐브들의 일부는 다른 큐브들에 포함되어 불필요한 잉여 큐브(redundant cube)가 될 수 있으므로 제거해야 한다. 새로운 커버가 아래의 식

$$C^{k+1} = C^k \cup G^{k+1} - \text{redundant cubes}$$

이라고 하면, ∪는 두 집합들의 논리합(logical union)이며, (−) 부호는 집합의 원소를 제거한다는 의미이다. 만약, $C^{k+1} \neq C^k$라면, 새로운 커버 C^{k+2}는 같은 과정으로 만들어진다. 만약 $C^{k+1} = C^k$라면 커버에 있는 큐브들은 f의 프라임 임플리컨트가 된다. n-변수 함수라면 최대 n번의 과정을 반복해야 한다.

지워져야 할 중복 큐브들은 큐브 쌍의 비교를 통하여 규정한다. 큐브 $A = A_1A_2 \cdots A_n$이 모든 좌표 i에 대해서 $A_i = B_i$이거나 $B_i = \text{x}$인 어떤 큐브 $B = B_1B_2 \cdots B_n$에 포함된다면 A는 제거될 수 있다.

예제 8.14

그림 2.56의 함수 $f(x_1, x_2, x_3)$가 있다고 하자. 함수 f가 민텀 m_0, m_1, m_2, m_7에 해당하는 꼭짓점으로 표시되었다고 가정한다. 초기 커버를 $C^0 = \{000, 001, 010, 111\}$로 놓자. 새로운 큐브들을 만들기 위하여 *-연산을 사용하면 $G^1 = \{00x, 0x0, 0x1, 01x, x11\}$이다. 그러면 $C^1 = C^0 \cup G^1 - \text{redundant cubes}$이므로, C^0에 있는 각 큐브는 G^1에 있는 큐브들에 포함되어 있는 것을 볼 수 있다. 그러므로 C^0에 있는 모든

큐브들은 잉여 큐브이다. 따라서 $C^1 = G^1$이다.

다음 단계는 C^1에 있는 큐브들에 대해 ∗-연산을 적용하는 것이다. 이 결과 G^2 = {000, 001, 0xx, 0x1, 010, 01x, 011}이 된다. 이 큐브들의 모든 항들은 큐브 0xx에 포함됨을 알 수 있다. 따라서 0xx 이외의 모든 것은 잉여이다. 이제 다음과 같은 식을 확인할 수 있다.

$$\begin{aligned} C^2 &= C^1 \cup G^2 - \text{redundant terms} \\ &= \{\text{x11, 0xx}\} \end{aligned}$$

x11을 제외한 C^1의 모든 큐브들은 0xx에 의해 커버되기 때문에 잉여이다.

C^2에 ∗-연산을 적용하면 G^3 = {011}이다. 그리고,

$$\begin{aligned} C^3 &= C^2 \cup G^3 - \text{redundant terms} \\ &= \{\text{x11, 0xx}\} \end{aligned}$$

이다. $C^3 = C^2$이기 때문에 f의 프라임 임플리컨트는 {x11, 0xx}이며 이것은 곱 항 x_2x_3와 $\overline{x}_1$이다. 이 결과는 그림 2.56의 카르노 맵을 사용하여 유도한 프라임 임플리컨드 집합과 같다.

이 예제에서의 프라임 임플리컨트의 유도는 8.4.1절에서 설명한 테이블 방식과 유사한데, 민텀의 집합으로 주어진 함수 f에서 시작하였기 때문이다.

예제 8.15

또 다른 예로, 그림 2.57에서 설명한 4-변수 함수를 고려하자. 이 함수가 초기에 C^0 = {0101, 1101, 1110, 011x, x01x}로 주어졌다고 하자. 연속적으로 ∗-연산을 적용하고 잉여 항(redundant term)을 제거하면 다음과 같이 전개된다.

$$\begin{aligned} C^1 &= \{\text{x01x, x101, 01x1, x110, 1x10, 0x1x}\} \\ C^2 &= \{\text{x01x, x101, 01x1, 0x1x, xx10}\} \\ C^3 &= C^2 \end{aligned}$$

따라서 프라임 임플리컨트는 $\overline{x}_2x_3$, $x_2\overline{x}_3x_4$, $\overline{x}_1x_2x_4$, $\overline{x}_1x_3$, $x_3\overline{x}_4$이다.

에센셜 프라임 임플리컨트의 결정

모든 프라임 임플리컨트로 구성된 커버로부터 최소 커버(minimal cover)를 추출하는 것이 필요하다. 2.12.2절에서 설명하였듯이 에센셜 프라임 임플리컨트는 최소 커버에 포함되어야 한다. 에센셜 프라임 임플리컨트를 구하기 위해서는 다른 큐브에 포함되지 **않는** 큐브들을 결정하는 방법이 필요하다. 그런 연산 중의 하나가 #-연산으로 다음

과 같이 정의한다.

#-연산

$A = A_1A_2 \cdots A_n$과 $B = B_1B_2 \cdots B_n$을 n-변수 함수를 갖는 두 개의 큐브(임플리컨트)라고 하자. #-연산 $A\#B$는 B에 포함되지 않는 A의 집합을 제공한다. $*$-연산과 비슷하게, #-연산은 두 개의 단계로 처리한다. $A_i\#B_i$는 각 좌표 i에서 구하는데, 몇 개의 규칙이 적용된다. 각 좌표에 대한 #-연산은 그림 8.31과 같이 정의된다. 모든 쌍 (A_i, B_i)에 대해 이 연산이 수행된 후 완성된 #-연산은 다음과 같이 정의한다.

$$C = A\#B$$

따라서

1. 임의의 i에서 $A_i\#B_i = \emptyset$이면 $C = A$
2. 모든 I에서 $A_i\#B_i = \varepsilon$이면 $C = \emptyset$
3. 그렇지 않으면, $C = \bigcup_i (A_1, A_2, \ldots, \overline{B}_i, \ldots, A_n)$로서 $A_i = \mathrm{x}$와 $B_i \neq \mathrm{x}$인 모든 i에 대한 합집합이다.

첫 번째 조건은 큐브 A와 B가 전혀 공유되지 않는 경우에 해당한다. 즉 A와 B가 적어도 한 개의 변수 값이 다르면 A의 어느 부분도 B에 커버되지 않음을 의미한다. 예를 들어, $A = 0\mathrm{x}1$, $B = 11\mathrm{x}$라 하자. #-연산의 결과 $A_1\#B_1 = \emptyset$, $A_2\#B_2 = 0$, $A_3\#B_3 = \varepsilon$이다. 조건 1에 따라 0x1 # 11x = 0x1이 된다.

두 번째 조건은 A가 B에 완전히 커버되는 경우를 말한다. 예를 들면, 0x1 # 0xx = ø이다. 세 번째 조건은 A의 일부분이 B에 커버되는 경우이다. 이 경우에 #-연산은 한 개 이상의 큐브를 만든다. 보다 구체적으로 설명하면, 각 위치 i에서 A_i에 x 값이 있고, B_i에 x 값이 없는 좌표 i에서 한 개의 큐브를 생성한다. 생성된 각각의 큐브는 A_i가 B_i에 의해 대치된 점을 제외하고는 A와 일치한다. 예를 들어, 0xx # 01x = 00x이며 0xx # 010 = {00x,0x1}이다.

이제 #-연산이 어떻게 에센셜 프라임 임플리컨트를 찾는 데 사용되는지 살펴보자. P를 주어진 함수 f의 프라임 임플리컨트의 집합이라고 하자. p^i는 집합 P의 한 개의 프라임 임플리컨트이고, DC는 f의 무정의 꼭짓점(don't-care vertices)이라고 하자(다른

A_i \ B_i	0	1	x
0	ε	ø	ε
1	ø	ε	ε
x	1	0	ε

$A_i \# B_i$

그림 8.31 좌표 #-연산

프라임 임플리컨트를 참조하기 위해 위 첨자를 사용하는데, 그 이유는 큐브에서 좌표 위치를 첨자로 표시하기 때문이다). 아래 식과 같은 조건에서만 p^i가 에센셜 프라임 임플리컨트가 된다.

$$p^i \# (P - p^i) \# DC \neq \emptyset$$

이 식은 p^i에 포함되지만 다른 프라임 임플리컨트에는 포함되지 않는 $f = 1$인 꼭짓점이 적어도 한 개 존재한다면 p^i는 에센셜이 된다는 것이다. #-연산은 또한 무정의 큐브들에도 적용되는데, 그 이유는 무정의 조건에 해당하는 p^i의 꼭짓점이 커버에 필수적이지 않기 때문이다. 식 $p^i \# (P - p^i)$의 의미는 #-연산이 연속적으로 P에 있는 각각의 프라임 임플리컨트에 적용됨을 의미한다. 예를 들어 $P = \{p^1, p^2, p^3, p^4\}$와 $DC = \{d^1, d^2\}$를 고려하자. p^3이 에센셜인지 검사하기 위하여 다음 식을 계산한다.

$$((((p^3 \# p^1) \# p^2) \# p^4) \# d^1) \# d^2$$

만약 이 식의 결과가 ø가 아니면 p^3은 에센셜이다.

예제 8.16

예제 8.14에서 큐브 x11과 0xx가 그림 2.56의 함수 f에 대한 프라임 임플리컨트임을 알았다. 이제 이들 프라임 임플리컨트들이 에센셜인지를 다음 식으로 알 수 있다.

$$\text{x11} \# \text{0xx} = 111 \neq \emptyset$$
$$\text{0xx} \# \text{x11} = \{\text{00x}, \text{0x0}\} \neq \emptyset$$

$f = 1$에 대하여 큐브 x11은 꼭짓점 111을 포함하는 유일한 프라임 임플리컨트이다. 프라임 임플리컨트 0xx는 꼭짓점 000, 001, 010을 유일하게 커버하므로 에센셜 임플리컨트이다. 이와 같은 사실은 그림 2.56의 카르노 맵에서 확인할 수 있다.

예제 8.17

예제 8.15에서 그림 2.57의 함수에 대한 프라임 임플리컨트는 P = {x01x, x101, 01x1, 0x1x, xx10}임을 안다. 이 함수는 무정의 항을 포함하지 않기 때문에 다음과 같이 계산된다.

$$\text{x01x} \# (P - \text{x01x}) = 1011 \neq \emptyset$$

이 계산 과정은 다음과 같다.

x01x # x101 = x01x, x01x # $01x_1$ = x01x, x01x # 0x1x = 101x, 마지막으로 101x # xx10 = 1011이다. 마찬가지로 다음과 같은 식을 얻을 수 있다.

$$x101 \# (P - x101) = 1101 \neq \emptyset$$
$$01x1 \# (P - 01x1) = \emptyset$$
$$0x1x \# (P - 0x1x) = \emptyset$$
$$xx10 \# (P - xx10) = 1110 \neq \emptyset$$

그러므로 에센셜 프라임 임플리컨트는 x01x, x101, xx10인데, 이들이 꼭짓점 1011, 1101, 1110을 커버하는 유일한 것이기 때문이다. 이와 같은 사실은 그림 2.57의 카르노 맵을 통해 확인할 수 있다.

큐브 A가 에센셜인지 여부를 확인할 때, $P - A$ 중 하나의 큐브로 #-연산을 하면 다단(multiple) 큐브를 생성할 수 있다. 그렇다면 이들 각각의 큐브들은 $P - A$의 나머지 모든 큐브들에 대해 #-연산을 이용하여 검사해야 한다.

최소 커버를 찾기 위한 완전한 과정

$*$-연산과 #-연산을 살펴보았으므로, 이제 어떤 n-변수 함수의 최소 커버를 찾기 위한 전체 과정을 나타낼 수 있다. 함수 f가 $f = 1$이 되는 꼭짓점(이러한 꼭짓점들을 함수의 *ON* 세트라고 부르기도 한다)을 규정하였다고 가정하자. 더불어 무정의 조건을 *DC* 세트라고 가정하면, 함수 f에 대한 최초의 커버는 ON 세트와 DC 세트의 합집합이다.

함수 f의 프라임 임플리컨트는 $*$-연산을 적용하여 생성 가능하며, #-연산은 에센셜 프라임 임플리컨트를 찾기 위해 사용 가능하다. 만일 에센셜 프라임 임플리컨트가 ON 세트 전체를 커버하는 경우, 이 에센셜 프라임 임플리컨트가 함수 f의 최소 비용 커버가 된다. 그렇지 않으면 ON 세트 안에 있는 모든 꼭짓점들이 다 커버될 때까지 다른 프라임 임플리컨트들을 포함시켜야 한다.

논에센셜(nonessential) 프라임 임플리컨트 p^i에 의해 포함되는 ON 세트의 모든 꼭짓점들을 포함하고 있는 더 저비용의 프라임 임플리컨트 p^j가 존재한다면, 그러한 논에센셜 프라임 임플리컨트 p^i는 제거되어야 한다. 만일 남아 있는 논에센셜 프라임 임플리컨트가 동일한 비용이라면 휴리스틱(heuristic) 방법으로 그들 중 하나를 선택하여 커버에 포함시키고, 커버의 나머지 부분도 결정하여야 한다. 다른 선택적인 커버는 이런 프라임 임플리컨트를 배제시켜 만들며, 적은 비용이 드는 커버를 선택하여 구현한다. 이러한 방법을 **분기**(*branching*) 휴리스틱이라 하는데, 이미 2.12.2절과 8.4.1절에서 이 접근법을 적용하였다.

앞서 논의한 내용들을 다음과 같은 최소화 과정으로 요약할 수 있다.

1. $C^0 = ON \cup DC$를 함수 f의 초기화 커버(initial cover)와 무정의 조건으로 놓는다.

2. ∗-연산을 사용하여 C^0의 모든 프라임 임플리컨트를 찾는다. P를 이 프라임 임플리컨트의 집합이라 하자.
3. #-연산을 사용하여 에센셜 프라임 임플리컨트를 찾는다. 이때 $p^i \# (P - p^i) \# DC \neq \emptyset$이면 프라임 임플리컨트 p^i는 에센셜 프라임 임플리컨트가 된다. 만일 에센셜 프라임 임플리컨트가 ON 세트의 모든 꼭짓점들을 포함하면 이 임플리컨트들은 최소 비용의 커버를 형성한다.
4. 만일 $p^i \# DC \# p^j = \emptyset$ 관계라면 p^j보다 비용이 비싼(즉, 보다 작은 큐브) 논에센셜 p^i를 제거한다.
5. ON 세트의 나머지 꼭짓점들을 포함하는 최저 비용의 프라임 임플리컨트를 선택한다. 동일한 비용의 프라임 임플리컨트에 대해 분기 휴리스틱(branching heuristic)을 사용하여 최저 비용의 커버를 유지한다.

예제 8.18

최소화 절차를 구체적으로 설명하기 위하여 다음 함수를 예로 들어보자.

$$f(x_1, x_2, x_3, x_4, x_5) = \sum m(0, 1, 4, 8, 13, 15, 20, 21, 23, 26, 31) + D(5, 10, 24, 28)$$

이해를 돕기 위해 그림 8.32는 카르노 맵의 형태로 보여준다.

f를 민텀으로 명시하는 대신에 다음 SOP 식으로 주어졌다고 가정하자.

$$f = \bar{x}_1\bar{x}_3\bar{x}_4\bar{x}_5 + x_1x_2\bar{x}_3x_4\bar{x}_5 + \bar{x}_1\bar{x}_2\bar{x}_3\bar{x}_4x_5 + \bar{x}_1x_2x_3x_5 + x_1\bar{x}_2x_3x_5 + x_1x_3x_4x_5 + \bar{x}_2x_3\bar{x}_4\bar{x}_5$$

또한, 무정의 항들도 다음 식으로 규정되었다고 가정하자.

$$\text{DC} = x_1x_2\bar{x}_4\bar{x}_5 + \bar{x}_1x_2\bar{x}_3x_4\bar{x}_5 + \bar{x}_1\bar{x}_2x_3\bar{x}_4x_5$$

따라서 ON 세트는 다음과 같은 큐브로 나타난다.

ON = {0x000, 11010, 00001, 011x1, 101x1, 1x111, x0100}

무정의 집합은

DC = {11x00, 01010, 00101}

이다. ON 세트와 DC 세트로 구성되어 있는 초기화 커버 C^0는 다음과 같다.

C^0 = {0x000, 11010, 00001, 011x1, 101x1, 1x111, x0100, 11x00, 01010, 00101}

∗-연산에 따른 추가적인 커버들은 다음과 같다.

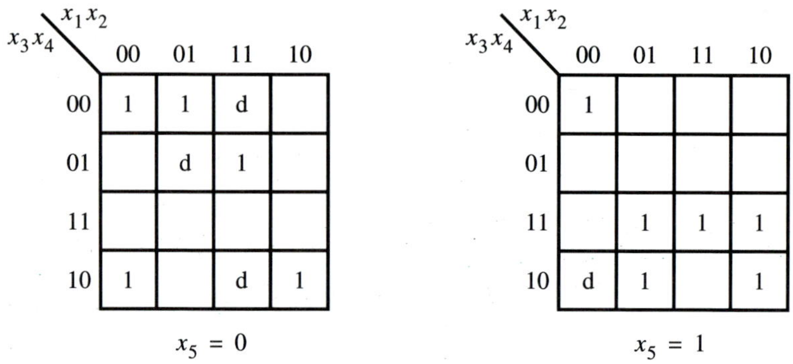

그림 8.32 예제 8.18의 함수

$C^1 = \{$0x000, 011x1, 101x1, 1x111, x0100, 11x00, 0000x, 00x00, x1000, 010x0, 110x0, x1010, 00x01, x1111, 0x101, 1010x, x0101, 1x100, 0010x$\}$

$C^2 = \{$0x000, 011x1, 101x1, 1x111, 11x00, x1111, 0x101, 1x100, x010x, 00x0x, x10x0$\}$

$C^3 = C^2$

그러므로 $P = C^2$이다.

#-연산을 이용하면 다음 두 개의 에센셜 프라임 임플리컨트를 찾을 수 있다. 즉, 00x0x (꼭짓점 00001을 포함하는 유일한 프라임 임플리컨트이므로)와 x10x0(꼭짓점 11010을 포함하는 유일한 프라임 임플리컨트이므로)이다. 이들 두 개의 프라임 임플리컨트가 포함된 함수 f의 민텀은 m(0, 1, 4, 8, 26)이 된다.

다음 1x100을 제거할 수 있는데, 그 이유는 커버하는 유일한 ON 세트 꼭짓점은 10100(m_{20})인데, 이는 x010x에 의해 커버되며 비용도 적기 때문이다. 여기서 주목할 사항은 1x100을 제거하면 나머지 프라임 임플리컨트들 중에서 어느 프라임 임플리컨트도 꼭짓점 10100을 포함하지 않기 때문에 x010x가 에센셜 프라임 임플리컨트가 된다는 것이다. 그러므로 x010x는 최종 커버에 포함되어야 한다. 즉, m(20, 21)을 포함하게 된다.

이제 m(13, 15, 23, 31)을 포함시킬 프라임 임플리컨트를 찾는 일이 남았다. 분기 휴리스틱을 사용하면 프라임 임플리컨트 011x1과 1x111을 포함하는 최소 비용의 커버를 구할 수 있다. 따라서 최종 커버는

$$C_{minimum} = \{00x0x, x10x0, x010x, 011x1, 1x111\}$$

이에 대응하는 SOP 형태의 식은 아래와 같다.

$$f = \bar{x}_1\bar{x}_2\bar{x}_4 + x_2\bar{x}_3\bar{x}_5 + \bar{x}_2x_3\bar{x}_4 + \bar{x}_1x_2x_3x_5 + x_1x_3x_4x_5$$

이 과정을 수작업으로 처리하기엔 까다롭지만, 알고리즘을 자동으로 수행하기 위한 컴퓨터 프로그램의 작성은 어려운 일이 아니다. 그림 8.32의 카르노 맵으로부터 최적화 과정을 구해봄으로써 지금까지의 해결 방법에 대한 효율성을 확인할 수 있다.

8.4.3 실제 고려사항

앞서 논의된 제안들은 CAD 툴로 자동화할 수 있는 논리함수의 최소화 방법에 대한 몇 가지 아이디어들을 여러분에게 제공하기 위한 것이었으며, 우리는 이것들을 설명하는 데 있어서 그리 어렵지 않은 기법들을 선택했다. 실제적 관점에는 몇 가지 결점이 있을 수 있는데, 그러한 결점들 중 하나가 설계 과정에서 고려해야만 하는 큐브들의 수가 상당히 커질 수 있는 경우이다.

회로를 구현할 때 반드시 최소 비용의 구현에 연연하지 않는다면, 휴리스틱 기법을 사용하여 적당한 시간 내에 만족스러운 결과를 얻을 수 있다. 근래에 개발된 Espresso 프로그램은 이러한 방법을 사용한 것이다. 이 프로그램은 UC 버클리대학의 인터넷을 통해 다운로드받을 수 있다. Espresso 프로그램은 2단의 최적화 프로그램으로 구성되어 있다. 프로그램의 입력과 출력을 모두 큐브들의 형식으로 나타낸다. 프라임 임플리컨트를 찾기 위해 *-연산을 사용하는 대신에 Espresso는 임플리컨트 확장 기법(implicant-expansion technique)을 사용한다. (임플리컨트 확장에 대한 설명은 문제 8.25을 보라). Espresso의 자세한 설명은 참고문헌 [14]에 있고, 간단한 설명은 참고문헌[2, 13]에 찾을 수 있다.

UC 버클리대학은 멀티레벨 회로를 설계할 때 사용될 수 있는 두 개의 MIS[15]와 SIS[16]과 ABC[17]이라고 하는 프로그램을 인터넷을 통해 제공하고 있다. 이 프로그램들은 여러 가지 멀티레벨 회로의 구현을 최적화하는 과정을 도와준다. 사용자는 회로의 일부분이나 회로 전체에 대한 인수분해(factoring)와 분할(decomposition) 기법을 적용함으로써 여러 가지 최적화 방법들을 실험할 수 있다.

현재 이용되고 있는 많은 상용 CAD 시스템들이 있는데, 이러한 제품을 판매하고 있는 제작사들로는 Cadence Design Systems, Mentor Graphics, Synopsys, Xilinx 등이 있다. 제품에 관한 정보는 인터넷을 통해 얻을 수 있다. 각 회사들은 FPGA, 게이트 어레이, 표준 전지(standard cell), 주문형 칩(custom chip)과 같은 다양한 칩들을 목적에 알맞게 사용할 수 있는 논리 합성 소프트웨어를 제공한다. 앞서 설명한 바와 같이 회로 합성에는 많은 방법들이 있기 때문에, 각 회사들은 자신들의 휴리스틱을 사용하여 회로를 최적화한다.

CAD 툴을 설명하기 위해 몇 가지 새로운 용어가 생겨났는데, 특히 산업분야에 광범위하게 사용되는 두 가지 용어가 *technology-independent logic synthesis*와 *technology mapping*이다. 첫 번째 용어는 구현하려는 대상 칩의 자원들을 고려하지 않고 회로를 최적화하는 기술을 말하며, 이 장에 소개한 대부분의 기술들이 이러한 형태이다. 두 번째 용어인 technology mapping은 논리합성에 의해 만들어지는 회로가 대상 칩에 따른 자원들을 사용하여 구현되는 기술을 말한다. Technology mapping의 좋은 예로써, AND와 OR와 같은 논리 연산의 형태로 된 회로를 단지 NAND 연산으로 이루어진 회로로 변환하는 것을 들 수 있다. 이런 형태의 technology mapping은 회로를 오직 NAND 게이트만을 포함하는 게이트 어레이로 회로를 만들고자 할 때 이루어진다. 또 다른 예로는, FPGA에서의 디자인을 대상으로 할 때 논리연산을 LUT로 변환하는 것을 들 수 있다.

10장에서 CAD 툴에 대해 상세히 설명하며, 설계자가 디지털시스템을 구현할 수 있는 전형적인 설계 흐름을 설명해 준다.

8.5 • 결론

여러분은 이제 논리함수를 합성하는 다양한 과정을 이해하였을 것이다. 다음 장에서 비동기 순차회로에 대해 설명한다. 이러한 회로설계에서 이 장에서 소개한 큐브 표현법(cubical notation)뿐만 아니라 앞장에서 취급한 많은 합성 기술을 사용할 것이다.

8.6 • 풀이가 있는 예제 문제

이 절에서는 여러분들이 마주칠 수 있는 몇 가지 전형적인 문제를 제시하고 이러한 문제를 해결할 수 있는 방법을 보여준다.

예제 8.19

문제 아래의 4-입력 논리함수를 가정하자.

$$f = x_1x_2x_4 + x_2x_3\bar{x}_4 + \bar{x}_1\bar{x}_2\bar{x}_3$$

3-입력 LUT를 갖는 FPGA에서 구현 가능한 방법을 보여라.

풀이 직관적인 구현은 네 개의 3-입력 LUT가 요구된다. 이 LUT 중 세 개는 AND 연산을 위해 사용하고 마지막 LUT는 OR 연산을 위해 사용한다.
그러나 함수가 다음과 같이 합성된다면 그림 8.33과 같이 세 개의 LUT만 필요하다.

$$f = x_2 \cdot (x_1x_4 + x_3\bar{x}_4) + \bar{x}_2 \cdot (\bar{x}_1\bar{x}_3)$$

첫 번째 LUT는 부분 함수 $g = x_1x_4 + x_3\bar{x}_4$이며 두 번째 LUT는 $h = \bar{x}_1\bar{x}_3$이며 마지막 LUT는 $f = x_2 \cdot g + \bar{x}_2 \cdot h$를 구현한다.

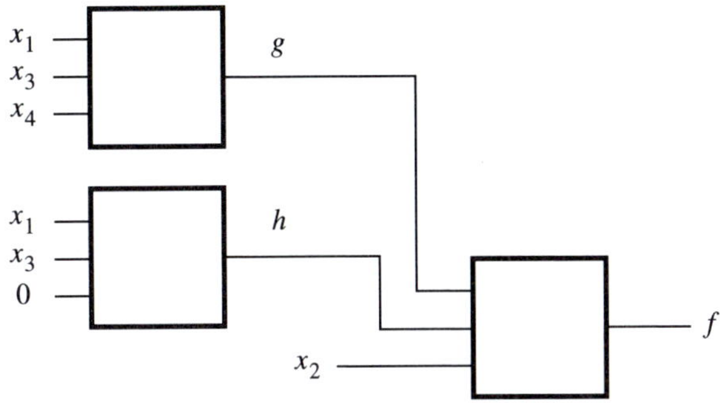

그림 8.33 예제 8.19의 함수

예제 8.20

문제 예제 8.11에서 함수 $f = x_1x_3 + x_1x_4 + x_2x_4 + x_2x_3 + \bar{x}_1\bar{x}_2x_3x_4$의 BDD를 만들었다. 함수 f의 다단계 구현을 위해 함수 분할을 사용하라. x_3과 x_4 입력에 대해 부분 함수를 고려하라.

풀이 그림 8.34는 카르노 맵에서의 f를 보여준다. 첫 번째 열에서 부분 함수 $h = x_3x_4$를 가지며 나머지 열에서 부분 함수 $g = x_3 + x_4$를 가진다. 그러므로 f는 다음과 같다.

$$\begin{aligned} f &= (\bar{x}_1\bar{x}_2) \cdot h + (\bar{x}_1x_2 + x_1x_2 + x_1\bar{x}_2) \cdot g \\ &= (\bar{x}_1\bar{x}_2) \cdot x_3x_4 + (x_1 + x_2) \cdot (x_3 + x_4) \end{aligned}$$

이것은 예제 8.11의 BDD에서 유도한 것과 같은 식으로 더 간략화 할 수 있다. $k = (x_1 + x_2)$라고 하면 다음의 식을 얻는다.

$$\begin{aligned} f &= \bar{k} \cdot x_3x_4 + k \cdot (x_3 + x_4) \\ &= \bar{k} \cdot x_3x_4 + k \cdot x_3 + k \cdot x_4 \\ &= \bar{k} \cdot x_3x_4 + k \cdot x_3x_4 + k \cdot x_3 + k \cdot x_4 \\ &= (\bar{k} + k) \cdot x_3x_4 + k \cdot (x_3 + x_4) \\ &= x_3x_4 + k \cdot (x_3 + x_4) \end{aligned}$$

위에서 $k \cdot x_3$을 두 개의 항 $k \cdot x_3x_4 + k \cdot x_3$으로 전개하기 위해 2.5절의 흡수법칙을 사용하면 더 간략화가 가능하다. $k = (x_1 + x_2)$로 대체하면 아래와 같다.

$$f = x_3x_4 + (x_1 + x_2) \cdot (x_3 + x_4)$$

그림 8.34의 카르노 맵에서 행을 검사하고 x_1과 x_2의 부분 함수를 정의하면 f의 분할을 유도할 수 있다. 2번째와 4번째 행은 부분 함수 $k = x_1 + x_2$이고 세 번째 행은 부분 함수가 1이다. 그러므로 함수는 다음과 같다.

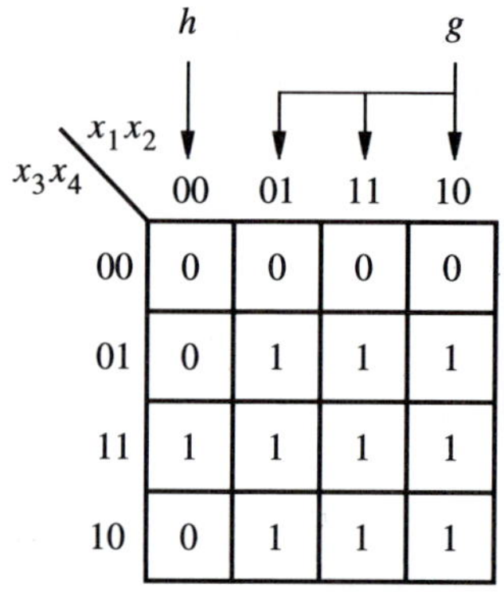

그림 8.34 예제 8.20의 함수

$$\begin{aligned} f &= (\bar{x}_3x_4 + x_3\bar{x}_4) \cdot k + (x_3x_4) \cdot 1 \\ &= (\bar{x}_3x_4) \cdot k + (x_3\bar{x}_4) \cdot k + (x_3x_4) \cdot k + x_3x_4 \\ &= (\bar{x}_3x_4 + x_3\bar{x}_4 + x_3x_4) \cdot k + x_3x_4 \\ &= (x_3 + x_4) \cdot k + x_3x_4 \\ &= (x_3 + x_4) \cdot (x_1 + x_2) + x_3x_4 \end{aligned}$$

예제 8.21

문제 함수 $f = x_1x_3 + x_2x_4$에 대해 x_1, x_2, x_3, x_4의 입력 순으로 BDD를 유도할 수 있는 섀넌의 전개 방법을 보여라.

풀이 x_1에 대한 섀넌 전개는 $f = \bar{x}_1f_{\bar{x}_1} + x_1f_{x_1}$이다. 공통인자는 다음과 같다.

$$\begin{aligned} f_{\bar{x}_1} &= 0 \cdot x_3 + x_2x_4 = x_2x_4 \\ f_{x_1} &= 1 \cdot x_3 + x_2x_4 = x_3 + x_2x_4 \end{aligned}$$

공통인자 $f_{x_1} = x_3 + x_2x_4$에 대해 x_2에 대한 섀넌 전개를 다시 하면 다음과 같다.

$$\begin{aligned} f_{x_1\bar{x}_2} &= x_3 + 0 \cdot x_4 = x_3 \\ f_{x_1x_2} &= x_3 + 1 \cdot x_4 = x_3 + x_4 \end{aligned}$$

그림 8.35는 BDD의 결과를 보여준다. $f_{\bar{x}_1} = x_2x_4$의 BDD는 컬러로 구별하였다. f_{x_1}의 BDD는 그림의 오른쪽에 있으며 노드 x_2의 0-에지에 부분 함수 $f_{x_1\bar{x}_2} = x_3$와 1-에지에는 부분 함수 $f_{x_1x_2} = x_3 + x_4$를 가지고 있다.

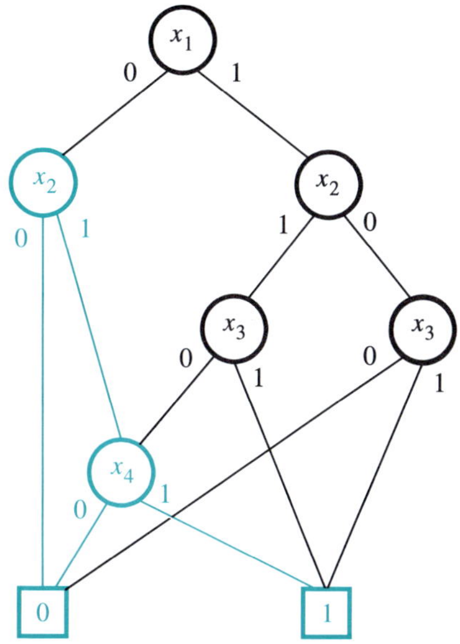

그림 8.35 예제 8.21의 BDD

예제 8.22

문제 예제 8.21의 함수에서 입력 순서 x_1, x_3, x_2, x_4를 가진 BDD를 만들라.

풀이 그림 8.35의 BDD에서 x_2와 x_3을 스와핑하여 BDD를 유도할 수 있다. 첫 단계는 노드 x_2와 x_3을 포함하는 BDD의 일부분을 그림 8.36*a*와 같이 분리시킨다. BDD의 일부분으로 들어가는 E_1과 E_2로 표시된 두 개의 에지가 있다. 노드 x_3에 의존하지 않으므로 에지 E_1에 대해 재정렬은 필요 없다. 그러나 E_2에 대해서는, E_2에서 시작하는 BDD의 경로를 열거하기 위해 그림 8.36*b*에와 같은 진리표를 만드는 것이 유용하다. $x_2x_3 = 00$을 표시하는 경로는 터미널 노드 0으로 연결되며 $x_2x_3 = 10$은 노드 x_4에 연결된다. 남은 두 개의 경로는 터미널 노드 1에 연결된다.

E_2의 에지에서 모든 경로가 진리표에서 보여주는 올바른 목적 노드로 도달할 수 있도록 그림 8.37*a*와 같은 그래프를 만들 수 있다. 그래프 오른쪽에 있는 중복된 노드 x_2를 제거하고 노드 x_2와 같은 나머지 동일한 두 개를 병합하면 그림 8.37*b*와 같은 그림이 된다. 이 BDD는 그림 8.35의 그림보다 간단하다.

예제 8.23

문제 $D = \sum(9, 12, 14)$로 정의한 무정의 항을 가진 아래 함수의 최소비용 SOP를 얻기 위해 8.4.1의 테이블 방법을 사용하라.

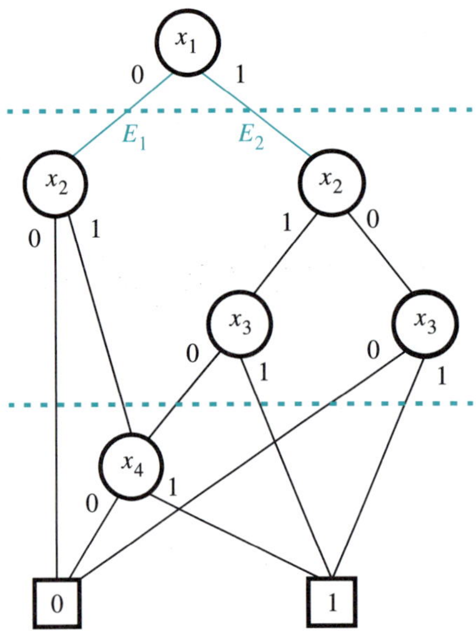

(a) x_2와 x_3의 분리

x_2	x_3	E_2
0	0	0
0	1	1
1	0	x_4
1	1	1

(b) 진리표

그림 8.36 그림 8.35의 BDD 재정렬

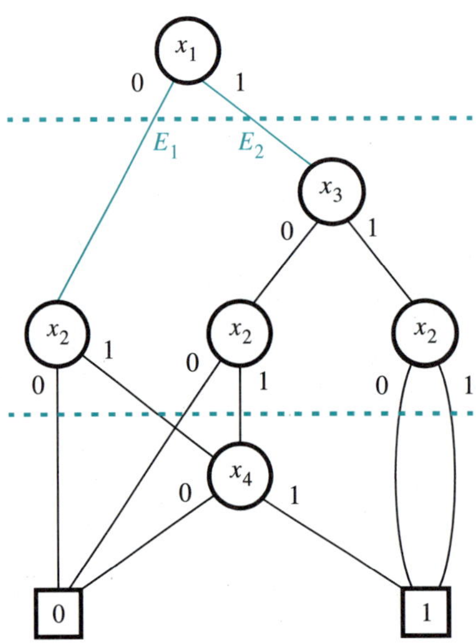

(a) 재정렬된 트리

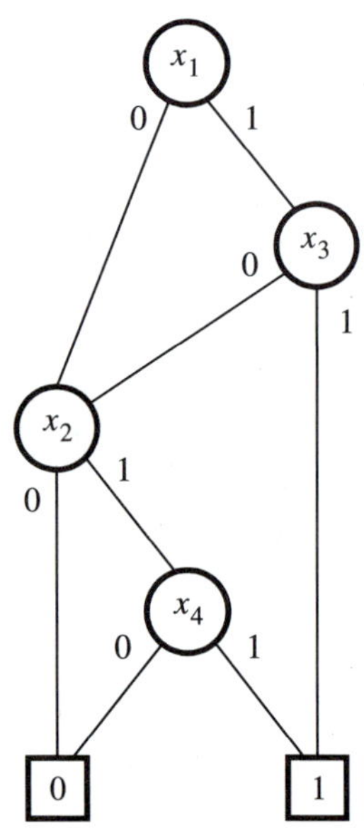

(b) x_1, x_3, x_2, x_4의 정렬

그림 8.37 예제 8.22의 BDD

$$f(x_1, \ldots, x_4) = \bar{x}_1\bar{x}_3\bar{x}_4 + x_3x_4 + \bar{x}_1\bar{x}_2x_4 + x_1x_2\bar{x}_3x_4$$

풀이 우선 테이블 방법은 민텀으로 정의된 함수부터 시작한다. 함수는 그림 2.68에 보이는 바와 같이 아래 식으로 표현된다.

$$f(x_1, \ldots, x_4) = \sum m(0, 1, 3, 4, 7, 11, 13, 15) + D(9, 12, 14)$$

대응하는 열한 개의 0-큐브가 그림 8.38의 List 1에 정렬한다.

이제 List 2에 있는 1-큐브를 결정하기 위해 모든 0-큐브의 쌍대 비교를 수행하는데, 이것은 0-큐브의 각 쌍을 조합하여 얻을 수 있다. List 1에 ✓표시된 것과 같이 모든 0-큐브는 1-큐브에 포함되어 있음을 주목하라. List 3의 2-큐브를 얻기 위해 1-큐브의 각 쌍을 비교한다, 2-큐브의 몇 개는 여러 번 만들어질 수 있으나 한 번 이상 2-큐브에 리스트하지 않는 것이 좋다(예를 들면 List 3의 x0x1은 List 2에서 큐브 1,3과 9,11이나 큐브 1,9와 3,11을 조합하여 얻을 수 있다). 세 개의 1-큐브를 제외한 모든 큐브가 2-큐브에 포함되어 있음을 주목하라. 어떤 3-큐브의 생성도 가능하지 않다. 때문에 다른 항에 포함되지 않은 항(List 2와 List 3에 ✓표시가 없는 항)은 f의 프라임 임플리컨트이다. 프라임 임플리컨트 집합은 다음과 같다.

$$\begin{aligned} P &= \{000\text{x}, 0\text{x}00, \text{x}100, \text{x}0\text{x}1, \text{xx}11, 1\text{xx}1, 11\text{xx}\} \\ &= \{p_1, p_2, p_3, p_4, p_5, p_6, p_7\} \end{aligned}$$

f의 최소 비용 커버를 찾기 위해 $f = 1$로 커버되어야 할 민텀과 모든 프라임 임플리컨트를 보여주는 표를 그림 8.39*a*와 같이 구성하라. ✓표시는 특별한 프라임 임플리컨트에 의해 커버된 민텀을 가리킨다.

민텀 7은 p_5에 의해 커버되므로 이 프라임 임플리컨트는 최종 커버에 포함되어야 한다. 행 p_2가 행 p_3을 지배(dominate)하는 것을 주목하라, 그러므로 p_3은 제거된다. 같은 방법으로 행 p_6이 행 p_7을 지배한다. p_5에 커버된 열 3, 7, 11, 15뿐만 아니라 행 p_5, p_3, p_7을 제거하면 그림 8.39*b*와 같이 축약된 표를 만들 수 있다. 이 표에서 p_2와 p_6은 에센셜이다. 이것은 0, 4, 13의 민텀을 커버한다. 그러므로 민텀 1을 커버해야 하는데 p_1이나 p_4를 선택해서 만들 수 있다. p_4가 더 낮은 비용이므로 이것을 선택해야 한다. 그러므로 최종 커버는 다음과 같다.

$$\begin{aligned} C &= \{p_2, p_4, p_5, p_6\} \\ &= \{0\text{x}00, \text{x}0\text{x}1, \text{xx}11, 1\text{xx}1\} \end{aligned}$$

이 함수는 아래와 같이 구현된다.

$$f = \bar{x}_1\bar{x}_3\bar{x}_4 + \bar{x}_2x_4 + x_3x_4 + x_1x_4$$

List 1

0	0 0 0 0	✓
1	0 0 0 1	✓
4	0 1 0 0	✓
3	0 0 1 1	✓
9	1 0 0 1	✓
12	1 1 0 0	✓
7	0 1 1 1	✓
11	1 0 1 1	✓
13	1 1 0 1	✓
14	1 1 1 0	✓
15	1 1 1 1	✓

List 2

0,1	0 0 0 x	
0,4	0 x 0 0	
1,3	0 0 x 1	✓
1,9	x 0 0 1	✓
4,12	x 1 0 0	
3,7	0 x 1 1	✓
3,11	x 0 1 1	✓
9,11	1 0 x 1	✓
9,13	1 x 0 1	✓
12,13	1 1 0 x	✓
12,14	1 1 x 0	✓
7,15	x 1 1 1	✓
11,15	1 x 1 1	✓
13,15	1 1 x 1	✓
14,15	1 1 1 x	✓

List 3

1,3,9,11	x 0 x 1
3,7,11,15	x x 1 1
9,11,13,15	1 x x 1
12,13,14,15	1 1 x x

그림 8.38 예제 8.23 함수의 프라임 임플리컨트 생성

Prime implicant	Minterm 0	1	3	4	7	11	13	15
p_1 = 0 0 0 x	✓	✓						
p_2 = 0 x 0 0	✓			✓				
p_3 = x 1 0 0				✓				
p_4 = x 0 x 1		✓	✓			✓		
p_5 = x x 1 1			✓		✓	✓		✓
p_6 = 1 x x 1						✓	✓	✓
p_7 = 1 1 x x							✓	✓

(a) 초기 프라임 임플리컨트 커버 표

Prime implicant	Minterm 0	1	4	13
p_1 = 0 0 0 x	✓	✓		
p_2 = 0 x 0 0	✓		✓	
p_4 = x 0 x 1		✓		
p_6 = 1 x x 1				✓

(b) p_3, p_5, p_7과 열 3, 7, 11, 15 제거 후

그림 8.39 예제 8.23 함수를 위한 커버의 선택

예제 8.24

문제 $D = \sum(9, 12, 14)$로 정의된 무정의 항을 가진 아래 함수의 모든 프라임 임플리컨트를 찾기 위한 *-연산을 수행하라.

$$f(x_1, \ldots, x_4) = \bar{x}_1\bar{x}_3\bar{x}_4 + x_3x_4 + \bar{x}_1\bar{x}_2x_4 + x_1x_2\bar{x}_3x_4$$

풀이 이 함수의 ON 세트는 다음과 같다.

$$\text{ON} = \{0\text{x}00, \text{xx}11, 00\text{x}1, 1101\}$$

ON 세트와 무정의 항으로 구성된 초기 커버는 다음과 같다.

$$C^0 = \{0\text{x}00, \text{xx}11, 00\text{x}1, 1101, 1001, 1100, 1110\}$$

*-연산을 사용하여 다음의 커버를 유도한다.

$$C^1 = \{0\text{x}00, \text{xx}11, 00\text{x}1, 000\text{x}, \text{x}100, 11\text{x}1, 10\text{x}1, 111\text{x}, \text{x}001, 1\text{x}01, 110\text{x}, 11\text{x}0\}$$
$$C^2 = \{0\text{x}00, \text{xx}11, 000\text{x}, \text{x}100, \text{x}0\text{x}1, 1\text{xx}1, 11\text{xx}\}$$
$$C^3 = C^2$$

그러므로 모든 프라임 임플리컨트의 집합은 다음과 같다.

$$P = \{\bar{x}_1\bar{x}_3\bar{x}_4, x_3x_4, \bar{x}_1\bar{x}_2\bar{x}_3, x_2\bar{x}_3\bar{x}_4, \bar{x}_2x_4, x_1x_4, x_1x_2\}$$

예제 8.25

문제 $D = \sum(9, 12, 14)$로 정의한 무정의 항을 가진 아래 함수의 최소 비용을 찾아라.

$$f(x_1, \ldots, x_4) = \bar{x}_1\bar{x}_3\bar{x}_4 + x_3x_4 + \bar{x}_1\bar{x}_2x_4 + x_1x_2\bar{x}_3x_4$$

풀이 이것은 예제 8.23과 예제 8.24에서 사용한 것과 같은 함수이다. 이 예제에서 최소 비용 SOP는 다음과 같은데 네 개의 AND 게이트와 한 개의 OR 게이트, 열세 개의 게이트 입력으로 전체 비용은 18이다.

$$f = x_3x_4 + \bar{x}_1\bar{x}_3\bar{x}_4 + \bar{x}_2x_4 + x_1x_4$$

최소 비용 POS는 다음과 같은데 세 개의 OR 게이트, 한 개의 AND 게이트, 열한 개의 게이트 입력이므로 전체 비용은 15이다.

$$f = (\bar{x}_3 + x_4)(\bar{x}_1 + x_4)(x_1 + \bar{x}_2 + x_3 + \bar{x}_4)$$

또한 함수의 멀티레벨의 구현을 고려할 수 있다. 팩토링 개념을 적용하면 위의 SOP는 다음과 같다.

$$f = (x_1 + \bar{x}_2 + x_3)x_4 + \bar{x}_1\bar{x}_3\bar{x}_4$$

이 구현은 두 개의 AND 게이트, 두 개의 OR 게이트와 열 개의 게이트 입력으로 전체 비용은 14이다. SOP와 POS와 비교하면 이것은 게이트와 입력 수로 가장 낮은 비용이 소요되나, 3단계의 게이트를 통해 신호가 전달되므로 조금 느리다.

예제 8.26

문제 상용 FPGA에서 논리 블록은 4-입력 LUT이다. 그림 8.40에 보이는 바와 같이 연결된 두 개의 LUT는 분할을 사용하여 일곱 개의 변수를 가진 함수를 구현하는 데 사용할 수 있다.

$$f(x_1, \ldots, x_7) = f[g(x_1, \ldots, x_4), x_5, x_6, x_7]$$

$f = x_1x_2x_3x_4x_5x_6x_7$와 $f = x_1 + x_2 + x_3 + x_4 + x_5 + x_6 + x_7$과 같은 함수는 이 형식으로 쉽게 구현할 수 있다. 두 개의 4-입력 LUT로 구현할 수 없는 다른 7-변수 함수가 존재함을 보여라.

풀이 7-변수 함수를 위한 진리표를 그림 8.41에 보인다. $2^7 = 128$개의 민텀이 있다. 변수 x_1, x_2, x_3, x_4의 각 값은 진리표에서 16열 중의 하나를 선택하는 반면에 변수 x_5, x_6, x_7의 각 값은 여덟 개의 행에서 하나를 선택한다. 그림 8.40의 회로를 사용하므로 f의 진리표는 부분 함수 g로 정의될 수 있다. 이 경우에 g는 x_1, x_2, x_3, x_4

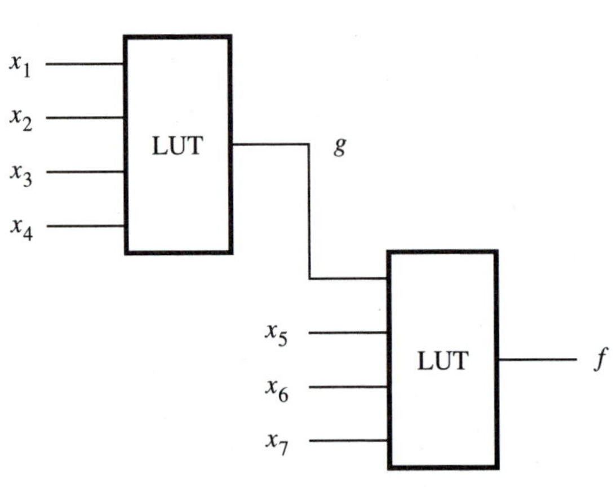

그림 8.40 예제 8.26의 회로

$x_5x_6x_7$ \ $x_1x_2x_3x_4$	0000	0001	$\cdots$	1110	1111
000	m_0	m_8		m_{112}	m_{120}
001	m_1	m_9		m_{113}	m_{121}
010	m_2	m_{10}		m_{114}	m_{122}
011	m_3	m_{11}	$\cdots$	m_{115}	m_{123}
100	m_4	m_{12}		m_{116}	m_{124}
101	m_5	m_{13}		m_{117}	m_{125}
110	m_6	m_{14}		m_{118}	m_{126}
111	m_7	m_{15}		m_{119}	m_{127}

그림 8.41 7-변수 함수 진리표를 위한 가능한 형식

대신에 진리표의 16열 중에서 선택해야 한다. g는 단지 0과 1의 두 개의 가능한 값을 가지므로 진리표에서 단지 두 개의 열을 가진다. 그림 8.40에서 16열에서 0과 1로 두 개의 분명한 패턴을 가진다면 이것은 가능하다. 그러므로 7-변수 함수의 상당히 작은 부분집합만이 단지 두 개의 LUT로 구현될 수 있다.

연습문제

별표로 표시된 문제의 답은 교재 뒤에 수록되어 있다.

***8.1** NAND 게이트만 사용하여 그림 8.6*b*의 논리회로를 구현하라.

***8.2** NOR 게이트만 사용하여 그림 8.6*b*의 논리회로를 구현하라.

8.3 NAND 게이트만 사용하여 그림 8.8*b*의 논리회로를 구현하라.

8.4 NOR 게이트만 사용하여 그림 8.8*b*의 논리회로를 구현하라.

***8.5** 함수 $f = x_3x_5 + \bar{x}_1x_2x_4 + x_1\bar{x}_2\bar{x}_4 + x_1x_3\bar{x}_4 + \bar{x}_1x_3x_4 + \bar{x}_1x_2x_5 + x_1\bar{x}_2x_5$에 대하여 NOT, AND, OR 게이트를 이용하여 최소 비용 회로를 구현하라.

8.6 함수 $f(x_1, \ldots, x_4) = \sum m(4, 7, 8, 11) + D(12, 15)$에 대하여 최소 비용 회로를 구현하라.

8.7 함수 $f(x_1, \ldots, x_4) = \sum m(0, 3, 4, 7, 9, 10, 13, 14)$를 가장 간단하게 구현하라. 단 사용하는 게이트의 최대 팬인(fan-in)은 두 개로 제한되어 있다.

*8.8 함수 $f(x_1, \ldots, x_4) = \sum m(0, 4, 8, 13, 14, 15)$를 가장 간단하게 구현하라. 단 입력 변수는 컴플리먼트되지 않은 입력만을 사용한다(힌트: 함수 분할(functional decomposition)을 사용)

8.9 함수 분할을 사용하여 함수 $f(x_1, \ldots, x_5) = \sum m(1, 2, 7, 9, 10, 18, 19, 25, 31) + D(0, 15, 20, 26)$에 대한 최적 회로를 구현하라. 결과를 최소 비용의 SOP와 비교하면 어떤가? 비용을 구하라.

8.10 그림 8.7에서 카르노 맵의 열에서 부분 함수를 먼저 정의하여 함수 f를 분할하라. 카르노 맵의 행에서 부분 함수를 먼저 정의하여 이 분할을 반복하라.

8.11 그림 8.8에서 카르노 맵의 행에서 부분 함수를 먼저 정의하여 함수 f를 분할하라. 카르노 맵의 열에서 부분 함수를 먼저 정의하여 이 분할을 반복하라.

*8.12 입력 순서 x_1, x_2, x_3, x_4를 사용하여 그림 8.6 함수의 BDD를 만들라.

8.13 입력 순서 x_4, x_3, x_2, x_1을 사용하여 문제 8.12를 반복하라.

8.14 입력 순서 x_1, x_2, x_3, x_4, x_5를 사용하여 그림 8.8 함수의 BDD를 만들라.

8.15 입력 순서 x_5, x_4, x_3, x_2, x_1을 사용하여 문제 8.14를 반복하라.

8.16 예제 8.21의 함수 $f = x_1x_3 + x_2x_4$에 대해 그림 8.37*b*의 BDD를 유도하기 위해 섀넌 확장을 사용하라.

8.17 그림 8.37*b*의 BDD에서 변수 x_2와 x_3을 교환하여 그림 8.35의 BDD를 유도하라.

*8.18 아래 함수의 최소 비용 SOP를 8.4.1절에서 설명한 테이블 기법을 이용하여 구하라.

$$f(x_1, \ldots, x_4) = \sum m(0, 2, 4, 5, 7, 8, 9, 15)$$

8.19 아래 함수에 대해 문제 8.18을 반복하라.

$$f(x_1, \ldots, x_4) = \sum m(0, 4, 6, 8, 9, 15) + D(3, 7, 11, 13)$$

8.20 아래 함수에 대해 문제 8.18을 반복하라.

$$f(x_1, \ldots, x_4) = \sum m(0, 3, 4, 5, 7, 9, 11) + D(8, 12, 13, 14)$$

8.21 다음 분배 규칙이 유효한지 보여라.

$$(A \cdot B)\#C = (A\#C) \cdot (B\#C)$$
$$(A + B)\#C = (A\#C) + (B\#C)$$

8.22 8.4.2절에서 설명한 큐브 표현법을 사용하여 $f(x_1, \ldots, x_4) = \sum m(0, 2, 4, 5, 7, 8, 9, 15)$의 최소 비용 SOP를 구하라.

8.23 함수 $f(x_1, \ldots, x_5) = \bar{x}_1\bar{x}_3\bar{x}_5 + x_1x_2\bar{x}_3 + x_2x_3\bar{x}_4x_5 + x_1\bar{x}_2\bar{x}_3x_4 + x_1x_2x_3x_4\bar{x}_5 + \bar{x}_1 x_2x_4\bar{x}_5 + \bar{x}_1\bar{x}_3x_4x_5$에 대해 문제 8.22를 반복하라.

8.24 8.4.2절에서 설명한 큐브 표현법을 사용하여, ON 세트 ON = {00x0, 100x, x010, 1111}과 무정의 세트(don't-care set) DC = {00x1, 011x}로 정의된 함수 $f(x_1, \ldots, x_4)$의 최소 비용 SOP를 구하라.

8.25 8.4.2절에서 주어진 함수 f의 프라임 임플리컨트를 구하는 데 ∗-product 연산이 어떻게 사용되는지 보았다. 프라임 임플리컨트를 구하는 또 다른 방법은 함수의 초기 커버에서 임플리컨트를 전개해 나가는 것이다. 임플리컨드의 **전개**(*expand*)란 초기 임플리컨트에서 한 개의 변수를 제거하여 보다 큰 임플리컨트를 구하는 것이다(커버된 꼭짓점 수의 관점에서 볼 때). 보다 큰 임플리컨트는 $f = 0$인 어떠한 꼭짓점도 포함하지 않을 때 유효하다. 전개 과정에서 얻어진 제일 크고 올바른 임플리컨트들은 프라임 임플리컨트이다. 그림 P8.1은 예제 8.14에서 사용한 임플리컨트 $\bar{x}_1x_2x_3$을 전개하는 설명이다. 그림 2.56에서 $\bar{f}$는 다음 식과 같다.

$$\bar{f} = x_1\bar{x}_2\bar{x}_3 + x_1\bar{x}_2x_3 + x_1x_2\bar{x}_3$$

그림 P8.1에서 NO는 전개 항이 더 이상 존재하지 않음을 의미하는데, 그 이유는 이 항들은 한 개 이상의 $\bar{f}$ 꼭짓점을 포함하기 때문이다. 그림에서 제일 큰 꼭짓점은 x_2x_3와 $\bar{x}_1$임을 안다. 이들이 f의 프라임 임플리컨트이다.

예제 8.14에 주어진 처음 네 개의 커버로부터 모든 프라임 임플리컨트를 구하기 위하여 전개 개념을 적용하라. ∗-product 와 비교하여 상대적으로 이 개념의 복잡도는 어떠한가?

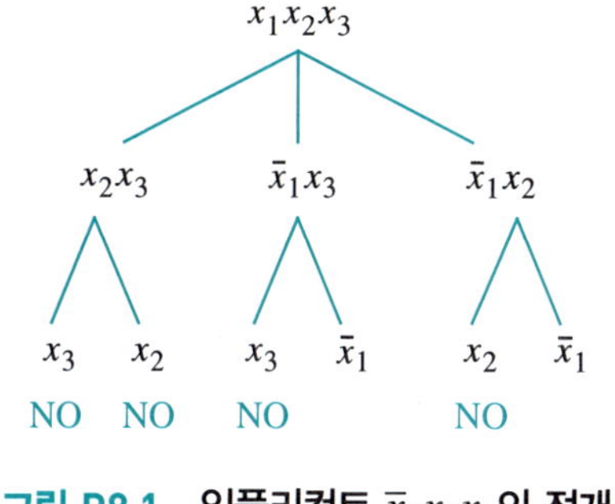

그림 P8.1 임플리컨트 $\bar{x}_1x_2x_3$의 전개

8.26 예제 8.15에 대해 문제 8.25를 반복하라. 초기 커버 C^0에 대해 임플리컨트를 전개하라.

8.27 함수 $f(x_1, \ldots, x_4) = \sum m(0, 1, 2, 3, 4, 6, 8, 9, 12)$를 2-입력 NAND 게이트만으로 구성되는 최소 비용의 회로를 구현하라. 입력 변수는 컴플리먼트되지 않은 입력과 컴플리먼트된 입력 모두 가능하다고 가정하라(**힌트**: 함수의 컴플리컨트를 사용하라).

8.28 함수 $f(x_1, \ldots, x_4) = \sum m(2, 3, 6, 8, 9, 12)$로 문제 8.27을 반복하라.

8.29 함수 $f(x_1, \ldots, x_4) = \sum m(6, 7, 8, 10, 12, 14, 15)$를 2-입력 NOR 게이트만으로 구성되는 최소 비용의 회로를 구현하라. 입력 변수는 컴플리먼트되지 않은 입력과 컴플리먼트된 입력 모두 가능하다고 가정하라(**힌트**: 함수의 컴플리컨트를 사용하라).

8.30 함수 $f(x_1, \ldots, x_4) = \sum m(2, 3, 4, 5, 9, 10, 11, 12, 13, 15)$에 대해 문제 8.29를 반복하라.

참고문헌

1. R. L. Ashenhurst, "The Decomposition of Switching Functions," Proc. of the Symposium on the Theory of Switching, 1957, *Vol. 29 of Annals of Computation Laboratory* (Harvard University: Cambridge, MA, 1959), pp. 74–116.
2. F. J. Hill and G. R. Peterson, *Computer Aided Logical Design with Emphasis on VLSI*, 4th ed. (Wiley: New York, 1993).
3. T. Sasao, *Logic Synthesis and Optimization* (Kluwer: Boston, MA, 1993).
4. S. Devadas, A. Gosh, and K. Keutzer, *Logic Synthesis* (McGraw-Hill: New York, 1994).
5. W. V. Quine, "The Problem of Simplifying Truth Functions," *Amer. Math. Monthly* 59 (1952), pp. 521–531.
6. E. J. McCluskey Jr., "Minimization of Boolean Functions," *Bell System Tech. Journal*, November 1956, pp. 1417–1444.
7. S. B. Akers, "Binary Decision Diagrams," IEEE Transactions on Computers, Vol. C-27, No. 6, pages 509-516, June 1978.
8. R. E. Bryant, "Graph-based algorithms for Boolean function manipulation," IEEE Transactions on Computers, Vol. C-35, No. 8, pages 677-691, August 1986.
9. G. D. Hachtel and F. Somenzi, "Logic Synthesis and Verification Algorithms," (Springer-Verlag: 2006)
10. H. R. Andersen, "An Introduction to Binary Decision Diagrams," Lecture Notes, 1999, IT University of Copenhagen.
11. J. Lind-Nielsen, "BuDDy - A Binary Decision Diagram Package," University of Michigan, http://vlsicad.eecs.umich.edu/BK/Slots/cache/www.itu.dk/research/buddy/index.html
12. F. Somenzi, "CUDD: CU Decision Diagram Package," University of Colorado at Boulder, http://vlsi.colorado.edu/ fabio/CUDD/

13. R. H. Katz and G. Borriello, *Contemporary Logic Design*, 2nd ed. (Pearson Prentice-Hall: Upper Saddle River, NJ, 2005).
14. R. K. Brayton, G. D. Hachtel, C. T. McMullen, and A. L. Sangiovanni-Vincentelli, *Logic Minimization Algorithms for VLSI Synthesis* (Kluwer: Boston, MA, 1984).
15. R. Murgai, R. K. Brayton, and A. Sangiovanni-Vincentelli, "Logic Synthesis for Field-Programmable Gate Arrays," (Kluwer Academic Publishers: 1996)
16. E. M. Sentovic, K. J. Singh, L. Lavagno, C. Moon, R. Murgai, A. Saldanha, H. Savoj, P. R. Stephan, R. K. Brayton, and A. Sangiovanni-Vincentelli, "SIS: A System for Sequential Circuit Synthesis," Technical Report UCB/ERL M92/41, Electronics Research Laboratory, Department of Electrical Engineering and Computer Science, University of California, Berkeley, 1992.
17. R. Brayton and A. Mishchenko, "ABC: A System for Sequential Synthesis and Verification," Berkeley Logic Synthesis and Verification Group, http://www.eecs.berkeley.edu/ alanmi/abc/.

chapter 9

비동기 순차 회로

Asynchronous Sequental Circuits

이 장의 목적

이 장을 학습하고 나면 다음과 같은 것을 배울 수 있다.

- 클록에 동기화되지 않은 순차회로
- 비동기 순차회로
- 비동기 순차회로 합성
- 안정과 불안정 상태의 개념
- 회로의 부정확한 동작을 일으키는 해저드
- 디지털 회로의 타이밍 문제

앞의 6장에서 클록에 따라 동작되는 플립플롭을 이용하여 상태변수(state variable)를 나타내고, 이러한 상태(state)들 사이를 이동하는 동기 순차회로 설계에 대하여 다루었다. 클록은 펄스가 주기적으로 반복하는 신호이다. 상태의 변경은 각 클록 펄스의 포지티브 또는 네거티브 에지에서 발생할 수 있다. 동기회로는 펄스에 의해서 동작하므로 동기 순차회로를 **펄스 모드**에서 동작한다고 말한다. 이 장에서는 펄스 모드에서 동작하지도 않고 상태변수들을 나타내기 위하여 플립플롭들을 사용하지 않는 순차회로를 소개한다. 이 회로를 **비동기 순차회로**(*asynchronous sequential circuits*)라고 한다.

비동기 순차회로에서 상태의 변경은 클록 펄스에 의해 발생되지 않는다. 대신 상태의 변경은 임의의 시간에서 논리 레벨 0 또는 1을 갖는 회로의 입력 값에 따라 정해진다. 회로가 안정적으로 동작하려면 입력은 특정한 방법으로 변경되어야 한다. 이해를 돕기 위해 입력이 한 번에 하나만 변경되어야 한다는 제한을 가진 간단한 경우에 중점을 두었다. 더욱이 회로가 안정 상태(stable state)에 도달할 수 있도록 입력 신호는 충분한 시간 간격을 두고 변해야 한다. 안정 상태는 모든 내부 신호들의 변화가 없을 때 이루어진다. 이러한 제약 조건을 만족하는 회로를 **기본 모드**(*fundamental mode*)에서 동작한다고 한다.

비동기회로는 동기회로보다 훨씬 더 어렵다. 비록 이 책의 범위를 벗어나지만 큰 비동기회로를 취급할 수 있는 특별한 기술이 개발되었다. 비동기 회로는 일반적으로 디지털회로의 동작을 충분히 이해할 수 있는 훌륭한 도구가 됨을 보여주고자 하는 것이 이 장의 목적이다. 특히 논리회로에서 전달지연으로 발생한 타이밍 문제도 설명한다.

이 장에서 제공하는 설계 방법은 아주 작은 회로에 적합한 고전적 기술이다. 이해가 쉬우면서 시간 제약에서 발생하는 문제를 보여준다. 동기회로에서 이 문제는 동기화 문제로써 클록을 사용하여 피할 수 있다.

9.1 • 비동기 동작

비동기 순차회로를 소개하기 위하여 그림 5.3의 기본적인 래치 회로를 다시 살펴보자. 이 SR(Set-Reset) 래치를 그림 9.1*a*에 다시 그렸다. 피드백 루프는 회로의 순차적 특성을 만든다. 출력 값 Q의 변화가 동기화 클록 펄스 없이도 동작하기 때문에 이 회로는 비동기 회로이다. *S*(set) 또는 *R*(reset) 입력이 변화하면 그에 따라 출력 Q의 값이 NOR 게이트들에서 발생하는 짧은 전달 시간(propagation time) 후에 나타나게 된다. 그림 9.1*a*에서 두 개의 NOR 게이트들에서 발생된 전달지연을 합쳐서 컬러 박스로 둘러싸인 Δ로 표시한다. 그러면 NOR 게이트 심벌을 지연이 없는 이상적인 게이트로 나타낼 수 있다. 6장의 표기를 적용하여 회로의 **현재 상태**(*present state*)에 대응하는 Q를 **현재 상태변수**(*present-state variable*) *y*로 표현한다. *y* 값은 회로에 피드백되어 다음 상태변수(next-state variable) *Y* 값을 생성한다. 이 *Y*는 회로의 **다음 상태**(*next state*)를 나타낸다. Δ 시간 지연 후에 *y*는 *Y*의 값을 취한다. 그림 6.85에 제시된 회로는 순차회로의 일반적인 모델임을 주목하라(동기회로에서 사용하는 플립플롭을 피드백 루프에 나타내지 않고 지연시간 Δ만을 나타내었다).

SR 래치를 분석함으로써 그림 9.1*b*의 상태 할당표를 구할 수 있다. 현재 상태가 $y = 0$이고 입력 $S = R = 0$일 때 회로는 $Y = 0$을 생성한다. $y = Y$이므로 회로의 상태는 변화되지 않을 것이다. 이와 같은 입력 조건하에서 그 회로를 **안정**(*stable*)이라고 한다. 이제 *S*가 0에 머물고 있는 동안에 *R*이 1로 변화된다고 가정하자. 회로는 아직도 $Y = 0$을 생성하고 있어 안정 상태에 있다. 이번에는 *R*이 1에 머물고 있는 동안에 *S*가 1로 변화된다고 가정하자. 그래도 *Y*의 값은 변화되지 않고 있으므로 안정 상태에 있다. 그러면 *S*가 1에 머물고 있는 동안에 *R*을 0으로 변경해보자. 이 경우 입력 값인 $SR = 10$은 회로가 $Y = 1$이 되도록 한다. 따라서 $y = Y$가 아니므로 회로는 안정 상태에 있지 않다. Δ 시간 지연 후에 회로는 새로운 현재 상태 $y = 1$로 변화된다. 이 새로운 상태에 도달하면 $SR = 10$인 동안 *Y* 값은 1을 유지하고 있다. 따라서 회로가 다시 안정 상태로 된다. 현재 상태인 $y = 1$로 가정하고 동일하게 분석하여 회로의 동작을 완성할 수 있다.

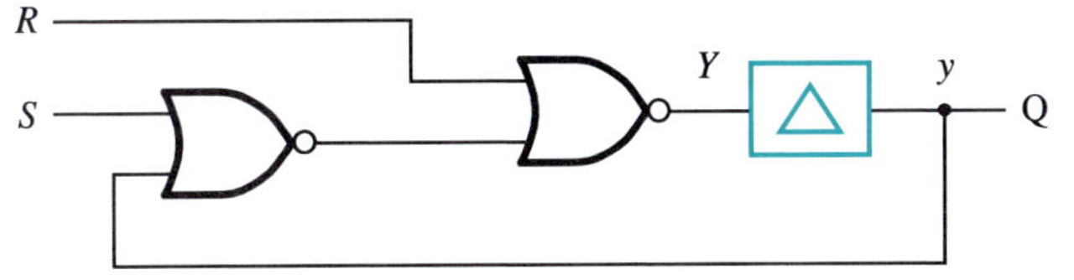

(a) 상태표

Present state y	Next state			
	SR = 00	01	10	11
	Y	Y	Y	Y
0	(0)	(0)	1	(0)
1	(1)	0	(1)	0

(b) 상태도

그림 9.1 SR 래치의 분석

안정 상태의 개념은 비동기 순차회로를 이해하는 데 매우 중요하다. 어떤 주어진 입력 값에 대하여, 회로가 어떤 특정 상태에 도달하여 머물고 있다면 안정된 상태에 있다고 한다. 회로가 안정된 상태로 되는 조건을 명확히 나타내기 위해 그림 9.1*b*에 표시한 것과 같이 안정 상태를 원으로 나타낸다.

상태 할당표에서 그림 9.2*a*와 같은 상태표를 얻을 수 있다. 상태 *A*와 *B*는 각각 현재 상태인 $y = 0$과 $y = 1$을 나타낸다. 출력 Q가 현재 상태에 의해서만 결정되므로 이 회로는 무어머신(Moore machine)이다. 이 FSM의 동작을 나타내는 상태도를 그림 9.2*b*에 나타냈다.

앞의 분석은 비동기 순차회로도 6장의 동기 순차회로와 유사한 방법을 이용하여 FSM으로 나타낼 수 있음을 설명했다. 이제 반대의 작업을 수행보자. 그림 9.2*a*의 상태표로 다음과 같이 비동기회로를 합성할 수 있다. 상태 할당을 수행하면 그림 9.1*b*와 같은 상태 할당표가 된다. 이 표는 입력 *y*, *S*, *R*로 구성된 *Y*에 대한 진리표이다. 최소의 POS 식을 구하면 다음과 같다.

$$Y = \overline{R} \cdot (S + y)$$

이 식을 6장에서 소개한 동기 순차회로로 구현하면 *Y*는 플립플롭의 *D*-입력에 연결되고, 클록 신호는 상태의 변경이 발생하는 시간을 제어하는 데 사용되었을 것이다. 그러나 비동기회로를 합성하고 있으므로 피드백 경로에 플립플롭이 삽입되지 않는다. 그 대신에 필요한 논리게이트들을 사용하여 이 식을 구현하는 회로를 만들고, 출력 신호를

Present state	Next state				Output Q
	SR = 00	01	10	11	
A	(A)	(A)	B	(A)	0
B	(B)	A	(B)	A	1

(a) 상태표

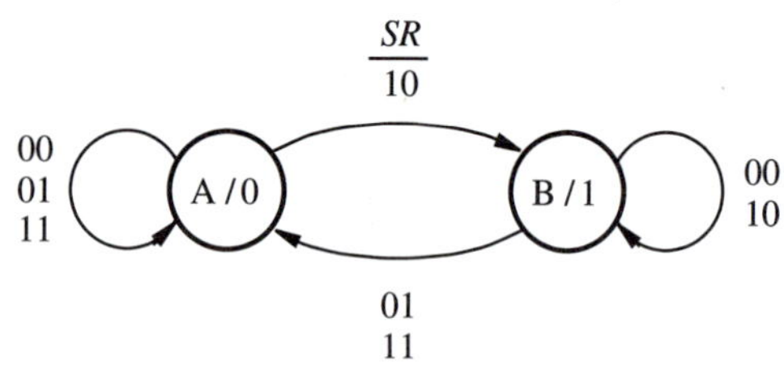

(b) 상태도

그림 9.2 SR FSM 모델

현재 상태 입력 y에 피드백한다. NOR 게이트들을 사용하여 구현하면 그림 9.1a의 회로가 된다. 이처럼 간단한 예제를 통하여 비동기회로와 동기회로가 유사한 기법으로 합성될 수 있다는 것을 알 수 있다. 그러나 더 복잡한 비동기 회로의 설계는 훨씬 어렵다는 사실을 알게 될 것이다.

비동기 회로의 특성을 좀 더 알아보기 위하여 SR 래치의 동작을 밀리 모델(Mealy model)로 어떻게 나타낼 수 있는가를 생각하여 보자. 그림 9.3에 기술한 것처럼 회로가 안정 상태에 있을 때 출력은 무어의 출력과 같다. 즉 A 상태에서 0이고 B 상태에서 1이다. 회로의 상태가 변경될 때 무엇이 발생되는지 생각해보자. 현재 상태는 A이고 입력 값 SR은 00에서 10으로 변경된다고 가정하자. 현재 상태에서 FSM의 다음 상태는 B이다. 회로가 B 상태에 도달할 때 출력 Q는 1로 될 것이다. 그러나 밀리 머신(Mealy machine)에서 출력은 입력 신호의 변화에 의해 즉시 영향을 받는다. 그러므로 상태 A에 있는 동안 SR이 10으로 변경되면 Q = 1로 되어야 한다. 상태표의 상단에 있는 해당 엔트리에 1을 적을 수 있었으나 명시하지 않았다. 그 이유는 회로가 B 상태에 도달하자마자 Q는 1로 변경될 수 있지만, 신속하게 Q를 1로 만들어 얻는 이점이 없기 때문이다. 엔트리를 명시하지 않으면 0 또는 1로 처리가 가능하므로 상태표를 구현하는 회로가 간단하게 된다. 이와 같은 이유로 B에서 A로 변경이 일어나는 두 개의 출력 엔트리도 정하지 않았다.

상태 A를 $y = 0$으로, B는 $y = 1$로 상태 할당을 사용하여 Y와 Q의 진리표인 상태 할당표를 나타낸다. Y의 제일 간단한 식은 무어 머신으로 구한 것과 같다. Q의 식을 구하기 위하여 정해지지 않은 엔트리들을 0이나 1로 지정할 필요가 있다. 첫 번째 행에 정해지지 않은 엔트리를 0으로 지정하고, 두 번째 행의 두 개의 엔트리들을 1로 지정하면

Present state	Next state				Output, Q			
	SR = 00	01	10	11	00	01	10	11
A	Ⓐ	Ⓐ	B	Ⓐ	0	0	–	0
B	Ⓑ	A	Ⓑ	A	1	–	1	–

(a) 상태표

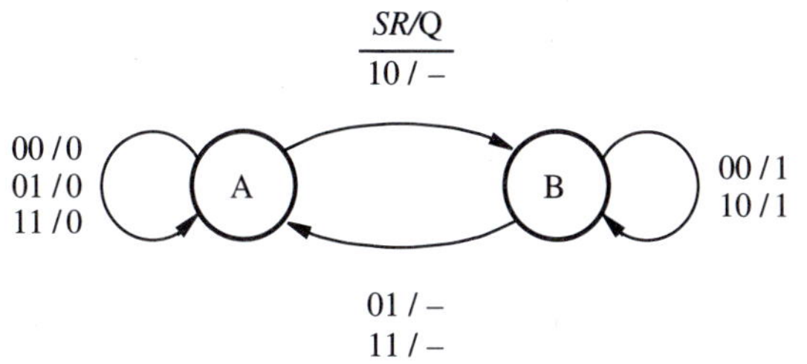

(b) 상태도

그림 9.3 SR 래치의 밀리(Mealy) 표현

Q = *y*가 되어 그림 9.1*a*와 같은 회로가 된다.

용어

앞서 동기 순차회로에서 사용하였던 용어를 똑같이 사용하였다. 그러나 비동기 순차회로를 다룰 때는 보통 두 개의 서로 다른 용어들을 사용한다. '상태표' 대신에 **흐름표**(*flow table*)란 용어를 더 많이 사용한다. 이 흐름표는 입력 신호들이 변경되면 그에 따라 어떻게 상태가 이동하는지를 지시한다. '상태 할당표' 대신에 **천이표**(*transition table*) 또는 **여기표**(勵起表, *excitation table*)로 언급하는 것이 일반적이므로, 이 장에서는 흐름표와 여기표로 용어를 사용할 것이다. 흐름표는 상태의 변경과 출력을 나타낸다. 여기표라는 용어는 새로운 상태로 이동하기 시작하려면 다음 상태 변수를 자극(exciting)함으로써 안정 상태로부터의 변화가 이루어진다는 사실을 나타내려는 것이다.

9.2 • 비동기회로 분석

비동기 회로의 숙지를 위해 몇 개의 예제를 분석한다. 피드백 경로의 지연이 회로의 시간 지연을 대표한다고 가정한 그림 6.85의 일반적 모델을 사용한다. 그러면 각 게이트 심벌은 지연이 없는 이상적 게이트가 된다.

예제 9.1 Gated D 래치

5장과 6장에서 gated D 래치는 동기 클록에 맞추어 동작되는 회로의 주요 부품으로 사용되었다. 클록을 하나의 입력으로 사용하는 비동기회로로 이 래치를 분석하는 것이 이해에 도움이 될 것이다. 비동기회로의 기본적 조건으로 D 신호와 클록 신호가 동시에 변경되지 않는다는 것이다.

그림 9.4a는 그림 6.85와 같은 모양으로 그린 gated D 래치 회로이다. 이 회로는 5.3절의 그림 5.7에서 소개하였다. 이 회로의 다음 상태식은 다음과 같다.

$$\begin{aligned} Y &= (C \uparrow D) \uparrow ((C \uparrow \overline{D}) \uparrow y) \\ &= CD + \overline{C}y + Dy \end{aligned}$$

이 식의 D_y는 중복된 항이고 Y의 논리함수를 변경하지 않으므로 제거될 수 있다. 그러므로 최소 식은 다음과 같다.

$$Y = CD + \overline{C}y$$

회로에 중복된 항을 사용하는 이유는 이 항이 해저드라고 알려진 경합 조건(race condition)을 해결하기 때문이다. 해저드는 9.6절에 자세히 소개한다.

그림 9.4b의 여기표는 C, D, y의 모든 값에 대하여 Y를 나타낸 것이다. $C = 1$이고 D가 현재 상태인 y와 다를 때만 회로의 상태가 변경되는 것에 주목하라. 다른 모든 경우에 회로는 안정한 상태에 있다. y가 0인 경우를 A로 나타내고, y가 1인 경우를 B로 표현하면 그림 9.4의 (c)와 (d)에 보인 흐름도와 상태도를 얻는다.

예제 9.2 마스터-슬래이브 D 플립플롭

예제 9.1에서 비동기회로로서 gated D 래치를 분석하였다. 실제로 모든 회로는 비동기회로이다. 그러나 회로의 동작이 클록 신호로 밀접하게 제어된다면 6장과 같이 보다 간단한 동작의 추정에 사용할 수 있다. 동기 순차회로에서 모든 신호들은 클록 신호에 동기되어 값이 변경된다는 것을 기억하라. 비동기 회로처럼 보이는 동기 회로를 분석하여 보자.

그림 5.9와 같이, 두 개의 gated D 래치가 마스터-슬래이브 D 플립플롭을 구현하는 데 사용되었다. 이 회로를 그림 9.5에 다시 나타내었다. 이 회로를 두 개의 gated D 래치들이 직렬로 연결된 것으로 취급하여 분석할 수 있다. 예제 9.1의 결과를 사용하면 간략화된 다음 상태 Y 식은 아래와 같다.

$$\begin{aligned} Y_m &= CD + \overline{C}y_m \\ Y_s &= \overline{C}y_m + Cy_s \end{aligned}$$

여기서 아래 첨자(subscripts) m과 s는 플립플롭의 마스터와 슬래이브 스테이지

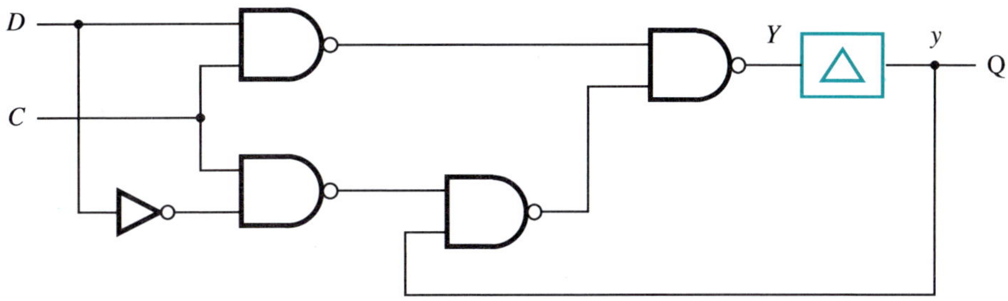

(a) 회로

Present state y	Next state CD = 00 Y	01 Y	10 Y	11 Y	Q
0	0	0	0	1	0
1	1	1	0	1	1

(b) 여기표

Present state	Next state CD = 00	01	10	11	Q
A	A	A	A	B	0
B	B	B	A	B	1

(c) 흐름표

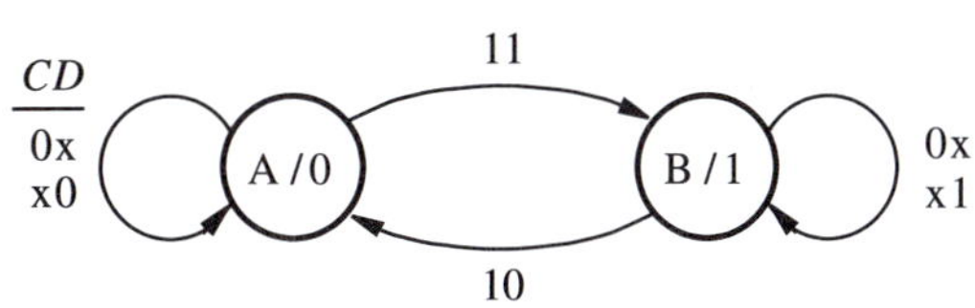

(d) 상태도

그림 9.4 Gated D 래치

(slave stage)를 뜻한다. 이 식들을 그림 9.6a의 여기표로 변환하자. 네 개의 상태들을 S_1, S_2, S_3, S_4로 표시하면 그림 9.6b의 흐름표를 얻는다. 이 정보를 가지고 상태도를 그리면 그림 9.7과 같다.

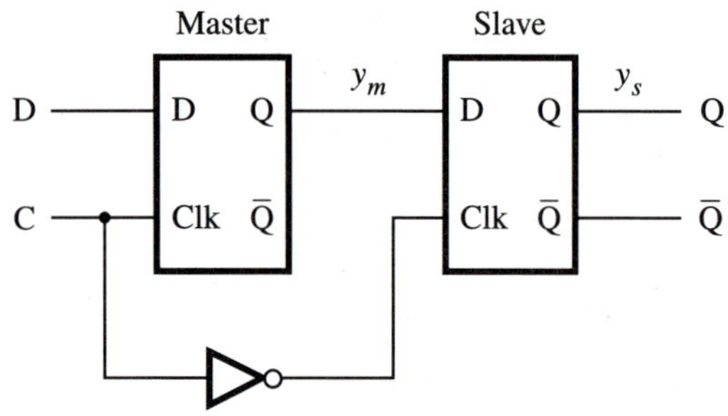

그림 9.5 마스터-슬레이브 D 플립플롭 회로

Present state $y_m y_s$	Next state CD = 00	01	10	11	Output Q
	$Y_m Y_s$				
00	00	00	00	10	0
01	00	00	01	11	1
10	11	11	00	10	0
11	11	11	01	11	1

(a) 여기표

Present state	Next state CD = 00	01	10	11	Output Q
S1	S1	S1	S1	S3	0
S2	S1	S1	S2	S4	1
S3	S4	S4	S1	S3	0
S4	S4	S4	S2	S4	1

(b) 흐름표

Present state	Next state CD = 00	01	10	11	Output Q
S1	S1	S1	S1	S3	0
S2	S1	–	S2	S4	1
S3	–	S4	S1	S3	0
S4	S4	S4	S2	S4	1

(c) 명시되지 않은 엔트리를 갖는 흐름표

그림 9.6 예제 9.2의 여기표와 흐름표

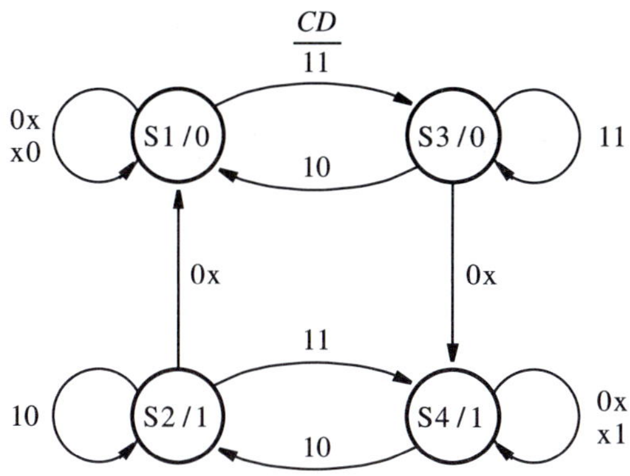

그림 9.7 마스터-슬레이브 D 플립플롭의 상태도

이 FSM의 동작을 더 자세히 살펴보자. 상태 S_1(여기서 $y_m y_s = 00$)은 $CD = 11$을 제외하고 모든 입력에 대하여 안정 상태에 있다. $C = 1$일 때 D의 값은 마스터 스테이지에 저장되어 있다. 그러므로 $CD = 11$은 플립플롭을 $S3$으로 변경시키는데, 이 경우 $y_m = 1$이고 $y_s = 0$이다. 클록이 1인 동안에 D 입력이 0으로 다시 변경되면 플립플롭은 $S1$ 상태로 다시 돌아간다. $C = 1$이면 $S1$과 $S3$ 사이의 이동은 마스터 스테이지의 출력 $Q_m = y_m$은 슬레이브 스테이지에 영향을 주지 않고 D 신호의 변화를 따라간다. 클록이 0으로 될 때 회로는 $S3$에서 $S4$로 변경된다. 클록이 네거티브 에지로 바뀔 때 마스터 스테이지의 값이 슬레이브 스테이지로 전달되기 때문에 $S4$에서 마스터와 슬레이브 스테이지는 모두 1로 된다. 클록이 1로 될 때까지 플립플롭은 $S4$ 상태에 남아있고, D 입력은 0으로 변경되는데, 이 변경으로 인해 $S2$로 변경된다. $S2$에서 마스터 스테이지는 0으로 되지만 슬레이브 스테이지는 1로 남아있다. 다시 플립플롭은 $S2$와 $S4$ 사이에서 변경될 수도 있는데, 그 이유는 마스터 스테이지는 $C = 1$일 동안 D 입력 신호의 변화를 따라가기 때문이다. 클록이 0으로 갈 때 회로는 $S2$에서 $S1$로 이동한다.

그림 9.6과 9.7에서 네거티브 에지 트리거 플립플롭으로 간주하면 플립플롭은 단 하나의 출력만 있다. 그러므로 관찰자의 입장에서 보면 플립플롭은 단 두 개의 상태인 0과 1을 가지고 있다. 그러나 내부적으로 플립플롭은 마스터와 슬레이브로 구성되어 있으므로 위에서 기술한 것과 같이 네 개의 상태들을 만들어낸다.

한 번에 하나의 입력만이 변경되어야 한다는 기본적인 가정을 반드시 점검해야 한다. 회로가 $CD = 10$인 안정 상태 $S2$에 있으면, 입력 값 $CD = 01$일 때 $S2$에서 $S1$로 가는 것은 불가능하다. 양쪽 입력의 변경이 동시에 일어날 수 없기 때문이다. 따라서 흐름표의 두 번째 행에서, $CD = 01$ 조건에서 $S2$가 $S1$로 이동하는 대신에

이 엔트리는 정해지지 않았다. $S2$에서 $S1$로 변경은 CD를 10에서 00으로 변경해야만 일어날 수 있다. 같은 방법으로 회로가 CD = 11일 때, $S3$에 있으면 CD가 00으로 된다고 해도 회로는 $S4$로 이동할 수 없다. 이 엔트리 또한 표에 명시되지 않을 수 있다. 그 결과가 그림 9.6*c*의 흐름표에 나타나 있다.

그림 9.6*a*의 상태 할당을 사용하여 분석 과정과 반대로 합성을 하면 논리식 Y_m과 Y_s는 아래와 같다.

$$Y_m = CD + \overline{C}y_m + y_mD$$
$$Y_s = \overline{C}y_m + Cy_s + y_my_s$$

이 식에서 y_mD와 y_my_s는 중복된 항이다. 앞서 언급한 바와 같이 이 중복된 항들은 9.6절에서 공부할 경합조건들을 제거하기 위하여 회로에 포함된 것이다.

예제 9.3

그림 9.8의 회로를 살펴보자. 이 회로는 다음 식으로 나타냈다.

$$Y_1 = y_1\overline{y}_2 + w_1\overline{y}_2 + \overline{w}_1\overline{w}_2y_1$$
$$Y_2 = y_1y_2 + w_1y_2 + w_2 + \overline{w}_1\overline{w}_2y_1$$
$$z = \overline{y}_1y_2$$

해당하는 여기표와 흐름표가 그림 9.9에 있다.

w_1과 w_2가 동시에 변경될 수 없다는 가정 때문에 흐름표에서 어떤 천이는 실제로 발생하지 않는다. 상태 A에서 회로는 w_2w_1 = 00인 조건에서 안정 상태에 있다. 회로의 입력은 01이나 10을 통과하지 않고서 11로 변경될 수 없다. 01이나 10일 경우에 새로운 상태는 B나 C가 되어야 한다. 따라서 w_2w_1 = 11에서 A에서 시작하는 천이는 정해지지 않을 수 있다. 같은 방법으로, 회로가 w_2w_1 = 01일 때 B에서 안정 상태에 있다면 입력을 w_2w_1 = 10으로 변경하여 회로를 상태 D로 강제로 변경시키는 것은 불가능하다. 이 엔트리 역시 정해지지 않아야 한다. 회로가 w_2w_1 = 11의 조건으로 안정 상태인 C에 있다면 직접 입력을 w_2w_1 = 00으로 변경하여 A로 가는 것은 가능하지 않다. 그러나 C에서 A로의 천이는 한 번에 하나의 입력을 변경함으로써 가능하다. 그 이유는 w_2w_1 = 01과 w_2w_1 = 10인 동안에 회로가 C에서 안정된 상태로 남아 있기 때문이다.

회로가 w_2w_1 = 00 조건에서 D의 안정된 상태에 있다면 다른 상황이 일어난다. w_2w_1 = 11 조건에서 엔트리는 정해지지 않아야 된다. 이 입력 변화는 안정된 상태인 D에서 만들 수 없기 때문이다. 그러나 w_2w_1 = 01 조건에서 회로가 B에서 안정된 상태에 있다고 생각해 보자. 그런데 여기서 입력을w_2w_1 = 11로 변경하자. 이것은

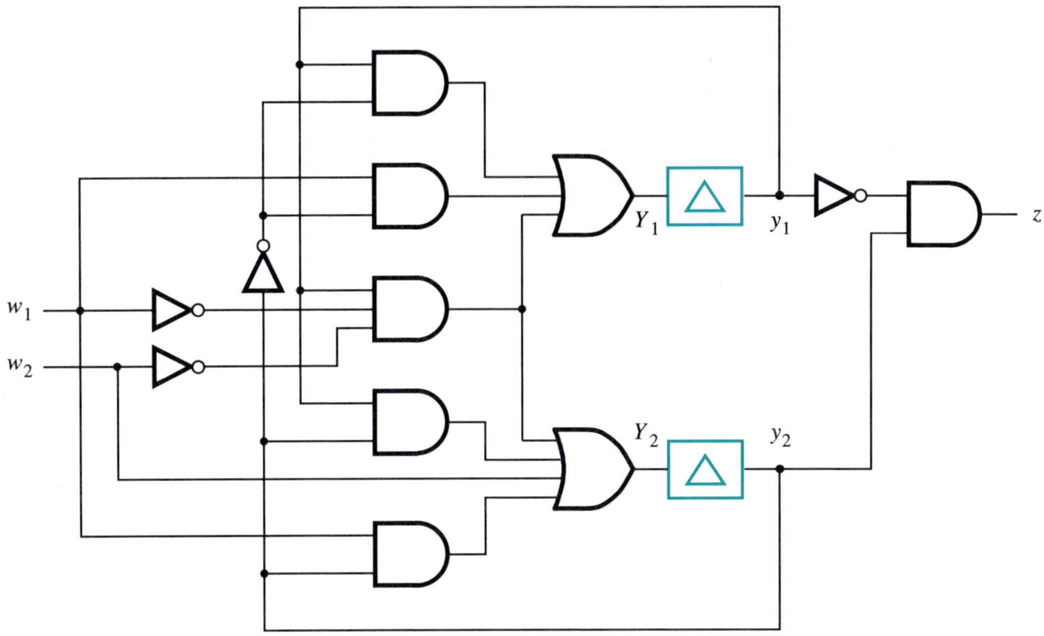

그림 9.8 예제 9.3의 회로

Present state y_2y_1	Next state $w_2w_1 = 00$ Y_2Y_1	01 Y_2Y_1	10 Y_2Y_1	11 Y_2Y_1	Output z
00	(00)	01	10	11	0
01	11	(01)	11	11	0
10	00	(10)	(10)	(10)	1
11	(11)	10	10	10	0

(a) 여기표

Present state	Next state $w_2w_1 = 00$	01	10	11	Output z
A	(A)	B	C	D	0
B	D	(B)	D	D	0
C	A	(C)	(C)	(C)	1
D	(D)	C	C	C	0

(b) 흐름표

그림 9.9 그림 9.8 함수의 여기표와 흐름표

D 상태로 이동을 일으킨다. 회로는 실제로 D로 변경하지만, 이 입력 동안 D에서 불안정한 상태에 있게 된다. 회로는 D 상태로 되자마자 $w_2w_1 = 11$이 요구하는 C 상태로 변경을 진행한다. 회로는 양쪽 입력이 모두 1로 남아있는 동안 C 상태에서 안정된다. 결론적으로 말하면, $w_2w_1 = 11$ 조건에서 D에서 C로 변경을 알리는 엔트리는 의미가 있기 때문에 생략할 수 없다. 안정 상태 B에서 안정 상태 C로 바뀌는 경우(D 상태를 거쳐감)는 모든 천이가 한 상태에서 다른 상태로 직접 일어나지 않아도 된다는 것을 알려주고 있다. 회로가 한 상태에서 다른 상태로 가는 도중의 상태를 **불안정 상태**(*unstable state*)라고 한다. 불안정 상태가 원치 않는 출력을 생성하지 않는 한, 불안정 상태를 통과하는 것은 문제되지 않는다. 예를 들면, 출력 신호가 0이어야 되는 두 개의 상태들 사이에 천이가 있다면, 출력을 1로 만드는 불안정 스테이지를 통과하는 것은 허용될 수 없다. 회로가 불안정 상태를 통과하여 매우 빨리 이동하지만 출력 신호의 짧은 글리치(glitch)는 문제를 일으키기 쉽다. 이와 같은 글리치는 이 예제에서는 문제되지 않는다. 회로가 B에서 안정 상태에 있을 때 출력 $z = 0$이다. 입력이 $w_2w_1 = 11$로 변경될 때 D로 천이는 출력을 0으로 유지한다. 회로가 최종적으로 상태 C로 변경할 때에만 z가 1로 변경될 것이다. 그러므로 $z = 0$에서 $z = 1$로 바뀌는 경우는 천이가 발생하는 동안에 단 한 번 일어난다.

수정된 흐름표가 그림 9.10에 있다. 이 표는 그림 9.8에 있는 회로의 상태들 간의 천이를 나타낸다. 회로가 무엇을 하는지 모른다면 이 회로를 실제 응용에 사용할 수 없다. 다행히도, 실제로 회로의 목적은 알려져 있고, 회로가 원하는 대로 수행되는지 확인하기 위해 설계자에 의한 회로 분석이 이루어진다. 이 예제에서는 회로가 다른 세 개의 상태를 사용하여 검출되는 어떤 입력 패턴의 결과로서 도달한 상태 C에 출력 $z = 1$을 생성하는 것이 명백하다. 그림 9.10에서 구한 상태도가 그림 9.11에 있다.

이 다이어그램은 100원과 50원짜리 두 종류의 동전을 투입 받고 사탕을 내어주는 간단한 자판기의 제어회로를 구현한 것이다. w_1이 50원짜리, w_2가 100원짜리 동전을 나타낸다고 할 때, 총 100원이 투입되면 FSM은 상태 C가 되어 사탕이 나온다. 동전을 검출하는 기계장치는 한 번에 하나의 동전만을 받아들인다. 즉 $w_2w_1 = 11$은 절대 일어날 수 없다는 뜻이다. 그러므로 앞서 언급한 천이는 불안정 상태 D를 통과하여 B에서 C로 바뀌는 천이는 결코 일어나지 않는다. B와 D 상태는 50원짜리 동전이 투입되었다는 것을 나타낸다. 상태 B는 50원이 동전 검출기에 의해 현재 감지되고 있다는 것을, 상태 D는 50원이 투입되었으며 더 이상의 동전 투입은 없다는 것을 나타낸다. 상태 D에서 50원이나 100원의 동전이 투입되어도 모두 상태 C로 간다. 상태 D에서 50원과 100원 두 종류의 동전은 구별할 수 없다. 그러므로 150원이 투입되었더라도 잔돈을 돌려주지 않는다. 상태 A에서 100원을 넣으면 바로 상태 C로 된다. $w_2w_1 = 11$의 조건은 일어나지 않으므로 그림 9.12와 같은 흐름표를 얻는다. 그림 9.9*a*의 상태 할당을 사용하여, Y_1과 Y_2의 SOP 논리식을 구현한다면 그림 9.8의 회로를 얻을 수 있다.

Present state	Next state w_2w_1 = 00	01	10	11	Output z
A	(A)	B	C	–	0
B	D	(B)	–	D	0
C	A	(C)	(C)	(C)	1
D	(D)	C	C	C	0

그림 9.10 예제 9.3의 수정된 흐름표

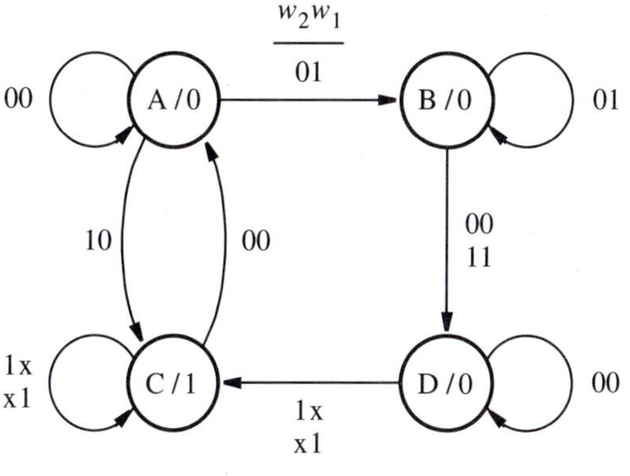

그림 9.11 예제 9.3의 상태도

Present state	Next state w_2w_1 = 00	01	10	11	Output z
A	(A)	B	C	–	0
B	D	(B)	–	–	0
C	A	(C)	(C)	–	1
D	(D)	C	C	–	0

$w_2 \equiv$ 100원 동전 $w_1 \equiv$ 50원 동전

그림 9.12 간단한 자판기의 흐름표

분석 과정 단계

실례를 들어 분석 과정을 살펴보았다. 요구되는 단계는 다음과 같이 규정할 수 있다.

- 주어진 회로를 그림 6.85와 같은 일반적 모델로 처리하는데, 각각의 피드백 경로가 차단되고, 차단이 이루어진 지점에 지연 요소가 삽입된다. 지연 요소의 입력 신호는 대응하는 다음 상태변수 Y_i를 나타내고, 이 지연 요소의 출력 신호는 현재 상태변수 y_i가 된다. 이렇게 피드백 경로를 차단하고 지연 요소로 처리하려는 지점은 한 개의 상태변수로 구성된 루프 내 어떤 지점에도 가능한데 한 곳이어야 한다. 따라서 만들어야 할 차단(cut)의 수는 최소여야 하고 지연 요소의 출력에서 나오는 것을 제외하고는 회로의 어느 곳에도 피드백이 없게 된다. 이러한 최소 개의 차단들을 **커트 세트**(*cut set*)라 한다. 주어진 루프의 한 점에서 만들어진 커트를 토대로 분석하여 만든 흐름표는 루프의 다른 점에서 만들어진 커트에 의한 흐름표와 다를 수 있다. 그러나 이 두 개의 흐름표는 입력과 출력에서 보면 같은 기능적 동작을 할 것이다.
- 다음 상태와 출력 식을 회로에서 유도한다.
- 다음 상태와 출력 식에 일치하는 여기표가 만들어진다.
- 각각의 상태에 임의의 이름을 넣어 흐름표를 만든다.
- 필요한 경우 흐름표를 이용해 해당되는 상태도를 그린다.

9.3 • 비동기회로의 합성

비동기 순차회로의 합성은 6장에서 배운 동기회로의 합성에 적용했던 것과 같은 단계를 따른다. 설계를 어렵게 하는 비동기회로의 자체적 특성으로 인해 약간의 차이점이 있다. 몇 개의 예제를 통해 그 차이점을 설명하고자 한다. 설계의 기본 단계는 다음과 같다.

- FSM의 회로 동작을 상태도로 나타낸다.
- 흐름표를 유도하고 가능하면 상태 수를 줄인다.
- 상태 할당을 실시하고 여기표를 만든다.
- 다음 상태와 출력에 관한 식들을 구한다.
- 이 식들을 구현하는 회로를 만든다.

상태도 또는 흐름표를 계획할 때, 회로가 안정 상태에 있는 경우 정확한 출력 신호가 만들어진다는 것이 확실해야 한다. 만약 회로가 불안정 상태를 통과해야 한다면 이 상태에서 원하지 않는 출력 신호가 나오면 안 된다.

상태들의 최소화는 간단치 않다. 최소화 절차는 9.4절에 기술한다.

최종 회로의 비용을 줄이려는 목적만으로 상태 할당을 처리하지는 않는다. 비동기 회로에서 어떤 상태 할당은 회로의 동작을 신뢰할 수 없게 만든다. 다음 예제를 통해 이와 같은 문제가 발생하는 경우를 다루어보자.

예제 9.4 직렬 패리티 생성기

입력 w와 출력 z로 구성된 다음과 같은 회로를 설계하려고 한다. 이 회로는 펄스가 w에 인가될 때 바로 전까지 인가된 펄스들의 수가 짝수면 출력 z는 0이고, 홀수면 z는 1이 된다. 따라서 이 회로는 직렬로 들어오는 펄스(1) 입력 수를 검사하여 이에 해당하는 패리티를 만드는 회로로 직렬 패리티 생성기(serial parity generator)라 부른다.

짝수 개의 펄스들을 받은 상태를 A로 하자. 무어 모델을 사용하면 회로가 상태 A에 있을 때 출력 z는 0이다. w가 0인 동안 회로는 A에 남아 있어야 한다. 이와 같은 경우를 나타내는 것은 상태 A에서 시작하여 다시 A로 돌아가는 원호(arc)로 처리한다. 따라서 $w = 0$일 때 A는 안정 상태에 있다. 다음 펄스가 $w = 1$이면 FSM은 새로운 상태로 이동해야 한다. 이 상태를 B라고 하자. 이제 상태 B는 입력에 들어온 펄스 수가 홀수이므로 출력은 1이 되어야 한다. FSM이 B이고, $w = 1$인 동안에는 회로는 B에서 남아 있어야 하므로 안정 상태이다. 따라서 B에서 시작하고 끝나는 원호로 표시한다. 그러나 w가 1에서 0으로 변한 것은 펄스가 완전히 끝난 것이므로 FSM은 B와 같은 상태가 아닌 새로운 상태가 되어야 한다. 이 새로운 상태를 C라고 하자. 그러나 아직은 새로운 두 번째 1을 받은 것이 아니라 한 개의 펄스가 완전히 종료된 것이므로 출력 $z = 1$이 되어야 한다. 입력이 계속 $w = 0$이면 C는 안정 상태에 있다. 다음 펄스가 도착하여 $w = 1$이면, FSM은 상태 D로 변경되어야 한다. 상태 D는 짝수 개의 펄스를 받은 것으로 마지막 펄스가 아직 존재하고 있음을 나타낸다. 따라서 $w = 1$이면 두 번째 입력된 펄스가 아직 0으로 떨어지지 않은 상태로서 D는 안정 상태로 유지하며 출력 z는 0이다. 마지막으로, 펄스의 끝 부분에서 w가 0이 되면 FSM은 상태 A로 되돌아온다. 상태 A는 완전히 짝수 개의 펄스를 받은 것으로 현재 입력 w는 0이다. 이와 같은 결과를 그림 9.13a의 상태도로 나타낼 수 있다.

이제 단순히 입력 펄스의 수가 홀수인지 아니면 짝수인지를 구별하는 데 왜 두 개의 상태가 아니라 네 개의 상태가 필요한지 이해해만 한다. 상태 B와 C 모두 펄스 수가 홀수 개인 경우를 나타내지만 한 개의 상태로 합칠 수는 없다. 만약 두 개의 상태를 합쳐서 상태 B로 나타낸다고 가정하자. 그러면 상태 B에서 시작하고 끝나는 0 원호를 추가하여 홀수 개의 펄스가 입력되었다는 것을 표시할 수 있다. 아직은 아무런 문제가 없는 것처럼 보인다. 그러나 상태 C가 없으면 다음과 같은 문제가 발생한다. 새로운 펄스가 도착할 때, 즉 $w = 1$인 새 펄스가 입력되면 B에서

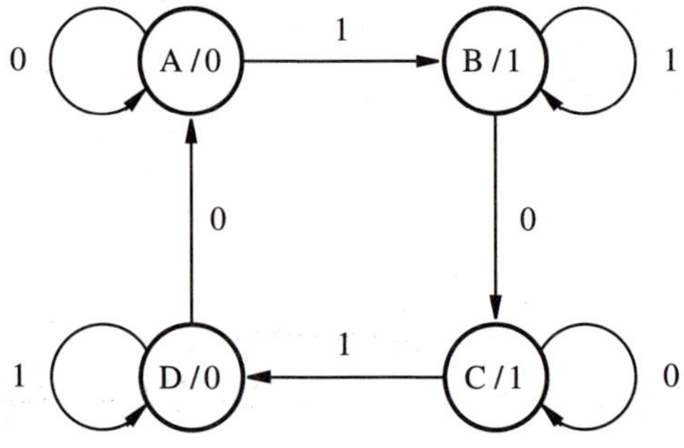

(a) 상태도

Present state	Next state		Output
	$w = 0$	$w = 1$	z
A	(A)	B	0
B	C	(B)	1
C	(C)	D	1
D	A	(D)	0

(b) 흐름표

그림 9.13 비동기 FSM 패리티 생성

바로 D로 이동하여 안정하여야 한다. 그러나 B가 $w = 1$인 안정 조건을 만족하면서 동시에 D로 변경할 수 없다.[1] 같은 방법으로 상태 A와 D는 하나의 상태로 통합될 수 없다는 것을 보일 수 있다.

그림 9.13b는 상태도에서 직접 얻을 수 있는 흐름표이다. 많은 경우에 설계자는 흐름표를 직접 구할 수 있다. 상태도를 사용하는 이유는 상태도가 FSM의 천이효과를 가시적으로 명백하게 보여주기 때문이다.

다음 단계는 각 상태에 2진수 값을 지정하는 상태 할당을 처리해야 한다. FSM은 네 개의 상태들로 구성되어 있으므로 적어도 두 개의 변수들이 필요하다. 각각의 변수를 y_1과 y_2라고 하자. 상태 할당 과정에서 A, B, C, D 상태들을 각각, y_2y_1 = 00, 01, 10, 11로 코딩하자. 이렇게 할당하면 그림 9.14a의 여기표로 표시된다. 불행히도 이런 할당에는 중대한 결함이 있다. 이와 같은 할당으로 구현한 회로의

1 역주 입력이 1인 상태에서 0으로 돌아가야만 한 개의 완전한 입력으로 간주한다. 클록 주기에 맞추어 그때 입력의 값을 파악하는 동기회로와는 다르다는 것을 이해하라.

Present state y_2y_1	Next state $w=0$	$w=1$	Output z
	Y_2Y_1		
00	00	01	0
01	10	01	1
10	10	11	1
11	00	11	0

(a) 나쁜 상태 할당

Present state y_2y_1	Next state $w=0$	$w=1$	Output z
	Y_2Y_1		
00	00	01	0
01	11	01	1
11	11	10	1
10	00	10	0

(b) 좋은 상태 할당

그림 9.14 그림 9.13*b*의 상태 할당

상태 D에서, 입력이 $w = 1$일 경우에 $D(= 11)$는 안정 상태에 있다. 그러나 입력 $w = 0$으로 바뀌는 경우에 어떤 현상이 발생하는지 생각해보자. 여기표에 의하면 회로는 $A(= 00)$ 상태로 변경되어야 하고, $w = 0$인 동안에 안정된 상태로 남아 있어야 한다. 문제는 $y_2y_1 = 11$에서 $y_2y_1 = 00$으로 갈 때, 양쪽 상태변수의 값을 동시에 변경하여야 한다. 그러나 두 신호의 변화는 정확히 같은 시간에 발생한다고 보장할 수 없다. 비동기회로에서 다음 상태변수의 값은 지연 시간들이 서로 다른 논리게이트들로 구성된 네트워크들에 의해 결정된다. 따라서 한 상태변수가 다른 것보다 조금 먼저 변경될 것이라고 생각하여야 한다. 그러므로 회로가 어떤 임의의 다른 상태로 이동할 수 있어서 같은 입력이라도 완전히 다른 동작을 하게 될지도 모른다. 여기서, y_1이 먼저 변경된다고 가정하자. 그러면 회로는 $y_2y_1 = 11$에서 $y_2y_1 = 10$으로 간다. 회로가 상태 C에 도착하자마자, $w = 0$이면 안정 상태가 되어 C에 남아 있게 된다. 그러나 이것은 잘못된 동작이다. 이번에는 y_2가 먼저 변경된다고 가정하자. 그러면 회로는 $y_2y_1 = 11$에서 $y_2y_1 = 01$로 변경될 것인데, 이는 상태

B에 해당된다. $w = 0$이므로 회로는 다시 상태 C인 $y_2y_1 = 10$으로 변화하려고 할 것이다. 그러므로 B에서 C로 바뀌는 것은 다시 y_1과 y_2 둘 다 변경될 것을 요구한다. $y_2y_1 = 01$에서 시작하는 천이에서 y_1이 먼저 변경된다고 가정하면, $y_2y_1 = 00$이 되어 올바른 상태인 A로 가게 된다. 이 논리는 y_2가 y_1보다 먼저 변경되면 D에서 A로 요구된 천이는 올바르게 수행된다. 그러나 y_1이 y_2보다 먼저 변경되면 그렇게 되지 않는다. 결과는 y_1과 y_2 신호 사이에서 변경되는 '경합(race)' 결과에 달려 있다.

어떤 상태에서 다른 상태로 확실히 이동시키는 입력의 변화에서 내부적인 상태 변수들이 다중으로 변화하기 때문에 발생되는 불확실성은 제거하여야 한다. 이렇게 예측할 수 없는 동작을 언급하기 위하여 **경합조건**(*race condition*)이란 용어를 사용한다. 9.5절에서 경합에 관하여 자세하게 설명할 것이다.

경합조건은 현재 상태변수들을 회로의 입력들인 것처럼 취급하여 제거할 수 있다. 즉 한 번에 단 하나의 상태변수만 변한다는 것이다. 예를 들면, $A = 00$, $B = 01$, $C = 11$, $D = 10$으로 상태들을 할당하면 경합 문제를 제거할 수 있다. 그 결과로 얻은 여기표가 그림 9.14*b*에 있다. 모든 상태 이동이 단 하나의 상태변수만 변화한다는 사실을 확인해야 한다.

그림 9.14*b*에서 다음 상태와 출력 식은 아래와 같다.

$$Y_1 = w\overline{y}_2 + \overline{w}y_1 + y_1\overline{y}_2$$
$$Y_2 = wy_2 + \overline{w}y_1 + y_1y_2$$
$$z = y_1$$

Y_1과 Y_2의 마지막 곱 항은 9.6절에서 논의할 해저드가 발생되는 경우를 대비하기 위하여 포함하였다. 이에 해당하는 회로가 그림 9.15에 있다.

동기 방식을 사용하여 직렬 패리티 생성기가 어떻게 구현될 수 있는지 생각해 보는 것도 흥미롭다. 입력 펄스가 도착할 때마다 상태를 변경할 수 있으면 되므로 한 개의 플립플롭이면 충분하다. 그림 9.16의 포지티브 에지 트리거 D 플립플롭이 초기에 $Q = 0$으로 되어 있다고 가정하면 회로가 완성된다. 플립플롭의 복잡도는 그림 9.15의 회로와 정확히 동일하다. 실제로 위의 식에서 Y_1과 Y_2에서 w를 C로, $\overline{y}_2$를 D로, y_1을 y_m으로, y_2를 y_s로 바꾸면 예제 9.2의 마스터 슬레이브 D 플립플롭의 여기(excitation) 식으로 귀결된다. 그림 9.15의 회로는 실제로 네거티브 에지 트리거된 마스터 슬레이브 플립플롭으로 출력 $Q(y_2)$의 컴플리먼트가 D 입력에 연결되었다. 출력 z는 플립플롭 내부에 있는 마스터 스테이지의 출력에 연결되었다.

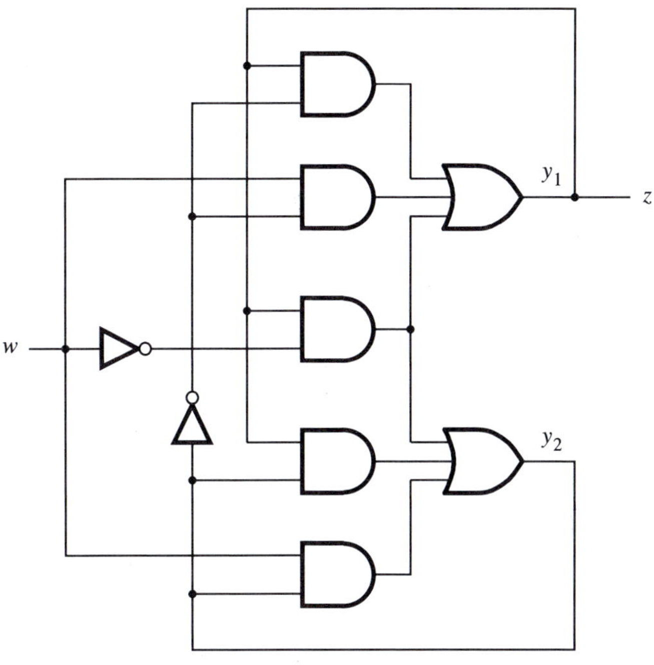

그림 9.15 그림 9.13*b*의 FSM을 구현한 회로

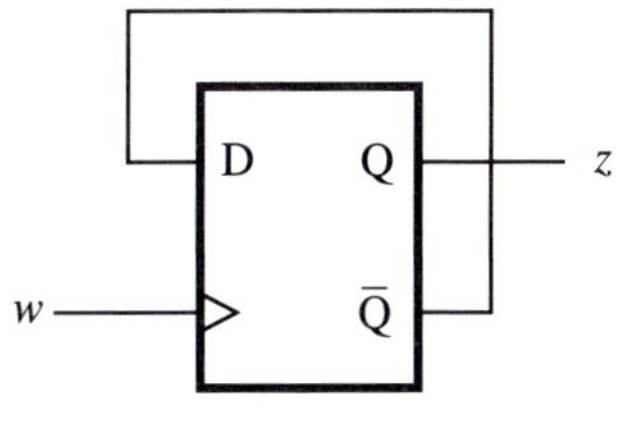

그림 9.16 예제 9.4의 동기 해

예제 9.5 4진 카운터

5장과 6장에서 플립플롭을 이용하여 카운터를 설계하였다. 이번에는 비동기 순차회로로 카운터를 구현해보자. 그림 9.17은 모듈로-4 업 카운터로 입력 w에 도착하는 펄스들의 수를 계수하는 상태도이다. 이 회로는 비동기회로이므로 입력 신호가 변하는 모든 경우에 반응할 수 있어야 한다. 따라서 각 펄스의 포지티브와 네거티브 에지 양쪽 모두에서 특정한 동작을 하여야 한다. 따라서 여덟 개의 상태가 네 개의 연속적인 펄스의 에지를 다루는 데 필요하다.

카운터는 상태 A에서 출발하여 $w = 0$인 동안에는 아무런 입력의 변화가 없으므로 이 상태를 유지한다. w가 1로 변화하면 상태 B로 천이가 이루어지며, 계속하

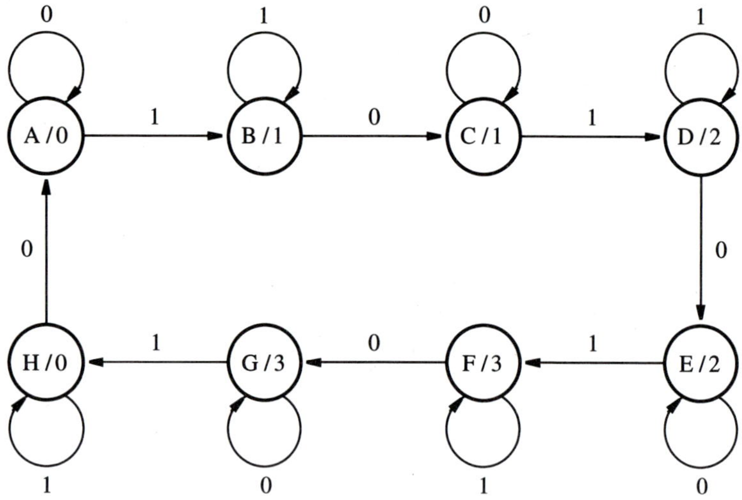

그림 9.17 모듈로-4의 상태도

여 $w = 1$이면 안정 상태로 남아 있다. w가 다시 0으로 되면 회로는 상태 C로 이동하고, w가 다시 1로 될 때까지 안정 상태로 남아있다. w가 1이 되면 상태 D로 천이가 일어난다. 이와 같은 방식으로 계속된다. 무어 방법을 사용하면 상태들은 특정 계수 값들과 일치한다. 각각의 정해진 카운트 값에 대하여 두 개의 상태들이 존재한다. 펄스의 시작에서 입력 w가 처음에 0에서 1로 변경할 때 들어가는 상태와 펄스 입력 끝에서 w가 0으로 돌아갈 때 들어가는 상태로 구분한다. 상태 B와 C는 1, 상태 D와 E는 2, 상태 F와 G는 3, 상태 F와 G는 3의 계수에 해당한다. 상태 A와 H는 0의 계수를 나타낸다.

카운터의 흐름표와 여기표가 그림 9.18에 있다. 상태 할당은 경합조건들이 발생하지 않도록 단 하나의 상태변수(상태변수) 값이 변할 경우에 천이가 이루어지도록 하였다. 출력은 두 개의 변수 z_2와 z_1을 사용하여 2진수로 코딩하였다. 여기표에서 구한 다음 상태와 출력 식들은 아래와 같다.

$$\begin{aligned}
Y_1 &= \overline{w}y_1 + wy_2y_3 + w\overline{y}_2\overline{y}_3 + y_1y_2y_3 + y_1\overline{y}_2\overline{y}_3 \\
&= \overline{w}y_1 + (w + y_1)(y_2y_3 + \overline{y}_2\overline{y}_3) \\
Y_2 &= wy_2 + \overline{w}y_1\overline{y}_3 + \overline{y}_1y_2 + y_2\overline{y}_3 \\
Y_3 &= wy_3 + y_1y_3 + \overline{y}_1y_2\overline{w} + y_2y_3 \\
z_1 &= y_1 \\
z_2 &= y_1y_3 + \overline{y}_1y_2
\end{aligned}$$

이 식으로 모듈로-4 펄스 카운터를 구현할 수 있다.

Present state	Next state w = 0	Next state w = 1	Output z
A	**A**	B	0
B	C	**B**	1
C	**C**	D	1
D	E	**D**	2
E	**E**	F	2
F	G	**F**	3
G	**G**	H	3
H	A	**H**	0

(a) 흐름표

Present state $y_3y_2y_1$	Next state $w = 0$ ($Y_3Y_2Y_1$)	Next state $w = 1$ ($Y_3Y_2Y_1$)	Output z_2z_1
000	**000**	001	00
001	011	**001**	01
011	**011**	010	01
010	110	**010**	10
110	**110**	111	10
111	101	**111**	11
101	**101**	100	11
100	000	**100**	00

(b) 여기표

Mod-8 output $z_3z_2z_1$
000
001
010
011
100
101
110
111

(c) 카운터 출력

그림 9.18 모듈로-4 카운터의 흐름표과 여기표

앞에서 구현한 회로는 입력 신호 w가 변하는 에지마다 상태를 변경하도록 하여 총 여덟 개의 상태가 되는 회로를 설계하였다. 상승과 하강 에지로 구성되는 완전한 펄스 수를 헤아리는 회로이므로 출력 z_2z_1은 두 번째 상태마다 값을 변경한다. 이 FSM은 입력 w가 0에서 1로 변할 때 출력이 나타나는 동기 순차회로 동작과 동일하다.

이제 입력 신호 w의 값이 변하는 에지의 수인 에지 카운터 회로를 구현한다고 하자. 모듈로-8 카운터로 설계한 그림 9.17과 9.18의 상태 천이는 이러한 에지 카운터로 사용할 수 있는데, 각 상태의 출력은 그림 9.18*c*와 같이 각각 다르게 구분하면 된다. $z_3z_2z_1$의 값은 그림과 같이 0, 1, 2, … , 7, 0의 순서가 되어 에지를 계수한 값이 된다. 이들 출력에 대한 논리식은 그림 9.18*b*의 상태 할당을 사용하면 다음과 같다.

$$z_1 = y_1 \oplus y_2 \oplus y_3$$
$$z_2 = y_2 \oplus y_3$$
$$z_3 = y_3$$

예제 9.6 간단한 중재기

컴퓨터시스템에서 몇몇 리소스(resource)를 많은 다른 디바이스에 공유하는 것은 아주 효율적이다. 일반적으로 리소스는 한 번에 하나의 디바이스에 의해서만 사용될 수 있다. 여러 디바이스들이 리소스를 사용할 필요가 있다면, 그 리소스를 사용하겠다고 요청해야 한다. 이 요구는 중재기(arbiter) 회로에 의해서 처리된다. 두 개 이상의 디바이스들이 리소스를 사용하겠다고 하면, 6.8절에서 설명한 바와 같이 중재기의 우선순위(priority)에 따라서 하나를 선택해야 한다.

비동기 순차회로로 간단한 중재기를 구현하는 예제를 다루어보자. 편의상 그림 9.19*a*와 같이 두 개의 디바이스들이 리소스를 서로 먼저 사용하기 위하여 경쟁한다고 하자. 각 디바이스는 *Request*와 *Grant* 두 개의 신호를 사용하여 중재기와 통신하고 있다. 디바이스는 리소스를 사용할 필요가 있을 때, *Request* 신호를 1로 하여 중재기에게 보낸다. 그런 후에 중재기가 *Grant* 신호를 보낼 때까지 기다린다.

그림 9.19*b*는 **핸드셰이크 시그널링**(*handshake signaling*)이라고 알려진 비동기 환경에서 두 개의 디바이스 간에 자주 이용되는 통신 방법이다. 두 개의 신호들은 핸드셰이크를 처리하기 위하여 사용된다. 디바이스는 request 신호 $r = 1$을 보냄으로써 시작한다. 리소스의 이용이 가능하면 중재기는 grant 신호 $g = 1$을 내보냄으로써 응답한다. 디바이스가 grant 신호를 받으면, 요청한 리소스를 사용하기 시작한다. 디바이스가 리소스의 사용을 마치면, $r = 0$으로 놓음으로써 request를 하

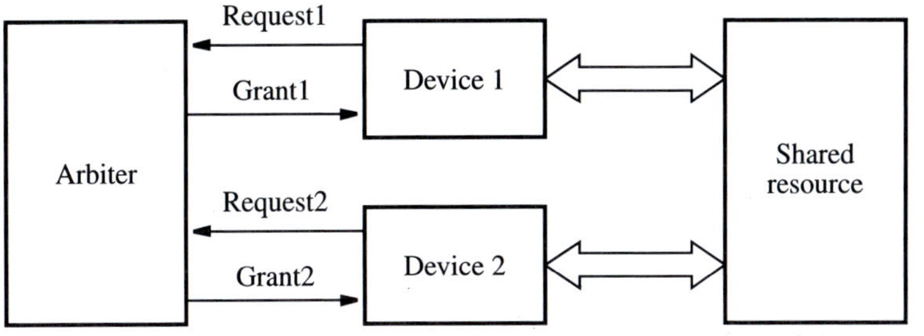

(a) 아비트레이션 구조

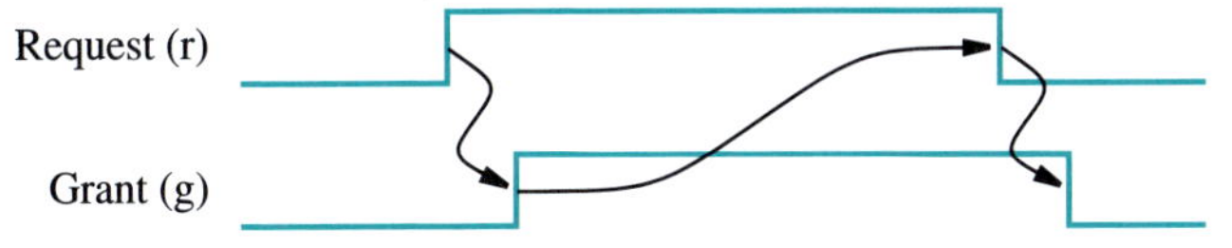

(b) 핸드셰이크 시그널링

그림 9.19 아비트레이션(arbitration)의 예

지 않는다. 중재기가 $r = 0$인 것을 받으면 $g = 0$을 만들어 grant 신호를 취소한다. 그림의 화살표는 이 신호들의 인과관계를 나타낸다. 즉 한 신호의 변경이 다른 신호의 변화를 일으킨다. 인과관계에 있는 신호들이 서로 변화하는 데 걸리는 시간은 회로의 구현 조건에 달려있다. 여기서 눈여겨볼 사항은 동기화 클록이 없다는 것이다.

간단한 중재기의 상태도가 그림 9.20에 있다. 두 개의 request 입력 신호 r_1과 r_2, 그리고 두 개의 grant 출력 신호인 g_1와 g_2가 있다. 이 다이어그램은 필요한 FSM의 무어 모델로 원호가 r_2r_1과 g_2g_1과 같은 상태 출력으로 표시되었다. 요청이 없는 상태 A는 휴지 상태(quiescent state)이다. 상태 B는 디바이스 1에게 리소스의 사용 허가가 주어진 상황을 나타내고, 상태 C는 디바이스 2에게 리소스의 사용 허가가 주어진 상황을 나타낸다. 따라서 상태 B에서 $r_2r_1 = 01$이면 안정 상태이고, C에서는 $r_2r_1 = 10$이면 안정 상태이다. 비동기회로 설계를 위해 입력 r_1과 r_2는 한 번에 하나만 요청한다고 가정한다. 그러므로 상태 A에서 $r_2r_1 = 00$에서 $r_2r_1 = 11$로 변경되는 것은 불가능하다. grant 신호를 가진 디바이스가 리소스의 사용을 마치기 전에 두 번째 요청에서만, $r_2r_1 = 11$이 발생하며 이 상황은 상태 B와 C에서도 일어날 수 있다. FSM이 상태 B 또는 C에서 안정 상태에 있다면, r_1과 r_2 양쪽 모두 1이 되더라도 이 상태에 머물 것이다.

흐름표와 여기표가 각각 그림 9.21*a*와 그림 9.21*b*에 있다. 오직 한 개의 상태변수만을 변화시켜 상태 *A*, *B*, *C* 사이에 이동이 가능하도록 하는 것은 불가능하다. 그림과 같이 주어진 할당에서 상태 *A*로 들어오고 나가는 천이는 문제가 없지만, *B*와 *C* 사이의 천이는 y_1과 y_2 값이 모두 바뀌어야 한다. 회로가 상태 *B*에서 입력이 $r_2r_1 = 11$이므로 안정 상태에 있다고 가정하자. 입력이 $r_2r_1 = 10$으로 변화된다고 하자. 그렇다면 상태는 *C*로 변화되어야 되는데, 이는 y_2y_1이 01에서 10으로 변화되어야 한다는 뜻이다. 만약 y_1이 y_2보다 빨리 변화되면, 회로는 순간적으로 $y_2y_1 = 00$으로 될 것이다. 그러나 요구되는 최종 상태인 *C*로 천이를 하게 된다. 입력이 10의 조건에서 순간적으로 상태 *A*로 가지만 다시 상태 *C*로 확실히 천이하기 때문에 y_1이 y_2보다 빨리 변하여도 문제가 없다. 하지만 y_2가 y_1보다 빨리 변하면, 회로는 흐름표에 없는 $y_2y_1 = 11$ 상태에 도달한다. 이러한 경우라도 회로가 목적지인 상태 *C*로 가도록 하려면, 여기표에 $y_2y_1 = 11$의 상태를 추가하고 *D*로 표시하여 포함시킬 수 있다. 상태 *C*의 입력이 $r_2r_1 = 11$인 조건으로 회로가 안정 상태에 있을 때, 위와 유사한 상황이 발생한다. 따라서 회로는 r_2가 1에서 0으로 변경될 때, 상태 *B*로 변경되어야 한다.

추가한 상태 *D*의 출력 값은 무정의 항으로 표시된다. 특정 출력이 0에서 1로, 또는 1에서 0으로 변경될 때 회로가 안정 상태에서 정확한 값을 출력한다면, 출력 변화가 언제 발생하는지 정확한 시간은 중요하지 않다. 무정의 조건은 출력에 대한 식을 간략하게 만들 수 있다. 그러나 무정의 항과 같이 정해지지 않은 출력이 회로를 오동작하지 않게 해야 한다. 그림 9.21*b*에서 회로가 불안정 상태 *D*를 통과하는 짧은 시간 동안에 출력이 $g_2g_1 = 11$로 될 수도 있다. 주어진 예제에서 이런 경우 문제가 발생하지는 않는다. 그 이유는 리소스의 사용을 지금 막 끝낸 디바이스는 grant 신호가 0으로 복귀되어 종료되었다는 것을 알려줄 때까지는 또 다시 리소스 사용을 시도하지 않을 것이기 때문이다. 이 조건이 *B*에서 *C* 상태로 변경될 때 일어나면, g_1은 좀 길게 1로 남아있고 g_2는 좀 빨리 1로 된다는 것을 주목하라. 마찬가지로 *C*에서 *B*로 천이가 발생하면 g_1의 0에서 1로 바뀌는 현상은 좀 일찍 일어나고, g_2는 좀 늦게 0으로 변경한다. 이 양쪽 경우 모두 g_1 또는 g_2 상에 글리치는 발생하지 않는다.

여기표에서 다음 상태와 출력 식을 구한다.

$$
\begin{aligned}
Y_1 &= \bar{r}_2 r_1 + r_1 \bar{y}_2 \\
Y_2 &= r_2 \bar{r}_1 + r_2 y_2 \\
g_1 &= y_1 \\
g_2 &= y_2
\end{aligned}
$$

처음 두 식들을 다시 쓰면 다음과 같다.

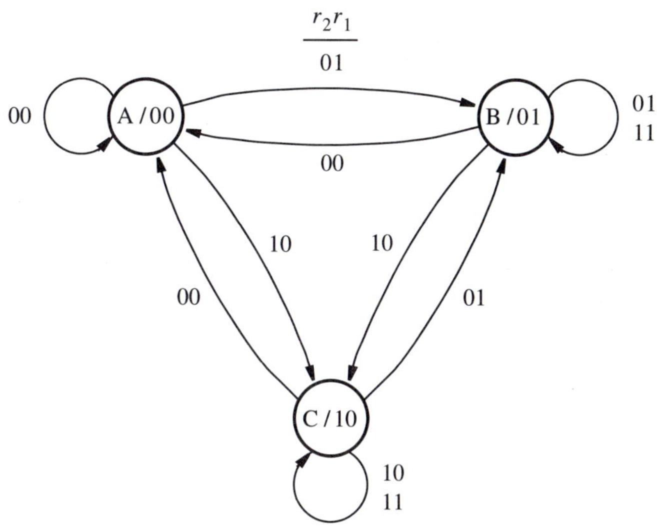

그림 9.20 중재기의 상태도

Present state	Next state r_2r_1 = 00	01	10	11	Output g_2g_1
A	A	B	C	–	00
B	A	B	C	B	01
C	A	B	C	C	10

(a) 흐름표

	Present state y_2y_1	Next state r_2r_1 = 00 (Y_2Y_1)	01	10	11	Output g_2g_1
A	00	00	01	10	–	00
B	01	00	01	10	01	01
C	10	00	01	10	10	10
D	11	–	01	10	–	*dd*

(b) 여기표

그림 9.21 중재기 구현

$$\begin{aligned} Y_1 &= r_1(\bar{r}_2 + \bar{y}_2) \\ &= r_1\overline{r_2 y_2} \\ Y_2 &= r_2(\bar{r}_1 + y_2) \end{aligned}$$

앞의 식에서 그림 9.22의 회로가 생성된다. 이 회로는 입력 신호의 변화에 매우 신속하게 반응한다는 점을 기억하라. 이와 같은 반응은 6.8절의 클록이 최소 응답시간(response time)을 결정하는 중재기 회로와 대조적이다.

상태 B와 C 사이의 경합 조건 때문에 발생하는 문제를 다른 방법으로 해결할 수 있다. 즉 회로가 명시되지 않은 상태로부터 도달하지 못하게 하는 것이다. 그림 9.23a는 수정된 흐름표로 B와 C 사이의 천이가 상태 A를 통해 이루어지도록 하였다. 회로가 B에서 안정 상태에 있고 입력이 $r_2r_1 = 11$에서 10으로 변경되면 A로 먼저 바뀐다. 회로가 상태 A에 도달했으나 입력이 $r_2r_1 = 10$인 경우에 안정 상태에 있지 않으므로 도달하자마자 안정 상태 C로 이동할 것이다. 불안정 상태 A를 우회할 수 있는데, 그 이유는 상태 A에서의 출력은 $g_2g_1 = 00$으로 중재기가 처리하는 값과 일치하기 때문이다. C에서 B로 바뀌는 천이도 같은 방식을 적용하여 이루어진다. 그림 9.23b의 수정된 여기표에서 다음 상태식을 구할 수 있다.

$$\begin{aligned} Y_1 &= r_1\bar{y}_2 \\ Y_2 &= \bar{r}_1 r_2 \bar{y}_1 + r_2 y_2 \end{aligned}$$

이 식들을 회로로 구현하면 그림 9.22의 회로와 다르지만 모두 중재기에서 요구되는 기능을 처리한다.

이번에는 밀리(Mealy) 방법으로 같은 중재기를 설계하자. 그림 9.20에서 상태 B와 C는 근본적으로 다르다는 것이 분명하다. 그 이유는 $r_2r_1 = 11$인 조건에서 상태 B와 C는 두 개의 다른 출력을 제공해야 하기 때문이다. 그러나 $r_2r_1 = 00$에서 상태 A가 만드는 출력 $g_2g_1 = 00$는 유일(unique)하다. 이 조건을 밀리(Mealy)로 상태 B와 C에서 명시할 수 있다. 그림 9.24는 이를 처리하는 상태도이다. 흐름표와 여기표는 그림 9.25에 있다. 이것은 다음 식들로 표현된다.

$$\begin{aligned} Y &= r_2\bar{r}_1 + \bar{r}_1 y + r_2 y \\ g_1 &= r_1\bar{y} \\ g_2 &= r_2 y \end{aligned}$$

한 개의 상태변수가 필요함에도 불구하고 이 회로의 구현을 위해서는 그림 9.22의 무어 모델보다 더 많은 게이트가 요구된다.

위 예제에서 중요한 개념은 상태변수 값의 변경에 있어서 경합조건을 피하기 위해 상태 할당에 매우 신중을 기할 필요가 있다는 것이다. 9.5절에서 이 문제를 보다 상세히 다룬다.

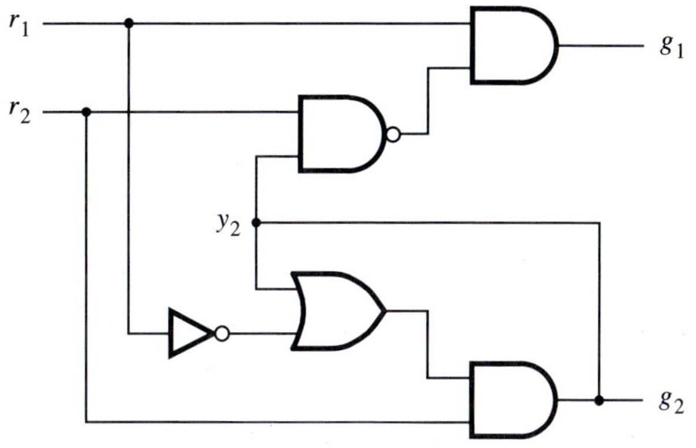

그림 9.22 중재기 회로

Present state	Next state				Output g_2g_1
	r_2r_1 = 00	01	10	11	
A	(A)	B	C	–	00
B	A	(B)	A	(B)	01
C	A	A	(C)	(C)	10

(a) 수정 흐름표

Present state y_2y_1	Next state				Output g_2g_1
	r_2r_1 = 00	01	10	11	
	Y_2Y_1				
00	(00)	01	10	–	00
01	00	(01)	00	(01)	01
10	00	00	(10)	(10)	10

(b) 수정 여기표

그림 9.23 그림 9.21*a* 임계 경합 회피 대안

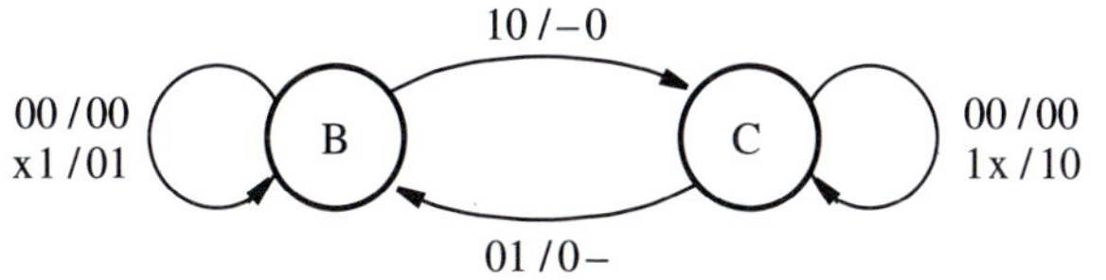

그림 9.24 중재기 FSM의 밀리 모델

중재기 FSM의 request 입력은 기본적으로 한 번에 하나의 값만 변한다고 가정하였는데, 이는 다음 변화의 발생 이전에 이미 안정 상태에 도달하였다는 것을 의미한다. 디바이스들이 완전히 독립적이면 request 입력들은 임의의 시간에 변할 수 있다. 각 디바이스가 몇 초마다 request를 보낸다고 생각하자. 중재기 회로는 한 상태에서 다른 상태로 이동하기 위하여 몇 나노초만 필요하기 때문에 중재기 회로가 잘못된 출력을 내보낼 만큼 모든 디바이스들의 request 신호가 거의 동시에 발생하지는 않을 것이다. 그럼에도 불구하고 request들이 동시에 도착해 에러를 일으킬 확률은 매우 낮지만 0은 아니다. 작은 에러의 가능성도 허용되지 않는 경우라면 *ME*(*mutual exclusion*)라고 하는 특수 회로를 통해 request 신호들을 처리해야 한다. 이 회로는 두 개의 입력과 두 개의 출력으로 구성된다. 입력이 둘 다 0이면, 출력도 모두 0이다. 오직 한 개의 입력이 1이면, 이에 해당하는 출력만 1이다. 입력이 둘 다 1이면, 회로는 한 출력을 1로 만들고 다른 출력은 0으로 유지하게 한다. ME를 사용하려면 중재기의 설계를 약간 바꿔 주어야 한다. $r_2r_1 = 11$의 경우는 결코 일어나지 않기 때문에 그림 9.21의 이에 상응하는 열의 모든 입력 엔트리들은 무정의되어야 한다. ME 소자와 입력 신호들이 동시 변경하는 문제는 참고 문헌에 상세하게 있으므로 참조하라[6]. 마지막으로, 공통 클록에 의해 제어되지 않는 회로에 의해 발생되는 하나 이상의 입력 신호들을 사용하는 동기회로에서도 이와 비슷한 문제가 발생할 수 있음을 알아야 하는데, 이 문제는 7.8.3절에서 다루었다.

9.4 • 상태 축소

6장에서 우리는 상태의 수를 줄이면 일반적으로 주어진 FSM의 기능을 수행하기 위한 상태변수의 수가 줄어들고, 따라서 상응하는 동기 순차회로에서 더 적은 수의 플립플롭들이 사용되는 것을 알았다. 비동기 순차회로에서도 마찬가지로 상태의 수를 줄이면 일반적으로 회로의 구현을 보다 단순화할 수 있다.

비동기 FSM을 설계할 때, 초기 흐름표는 많은 특정되지 않은(don't-care) 엔트리가 남아 있을 수밖에 없다. 그 이유는 한 번에 하나의 입력 값만 변경될 수 있다는 조건을 만족해야 하기 때문이다. 예를 들어, 예제 9.3에서 다룬 간단한 자판기의 FSM을 설계하자. 이 자판기는 50원, 100원짜리 동전을 받을 수 있고, 100원이 투입되면 사탕을 내어준다는 것을 상기하라. 자판기는 150원이 투입되더라도 잔돈을 거슬러 주지 않는다. 이 FSM의 초기 상태도는 투입되는 동전의 합이 적어도 100원이 될 수 있는 가능한 모든 순서를 추적하여 쉽게 그릴 수 있다. 그림 9.26*a*는 무어머신으로 나타낸 상태도다. 초기 상태 *A*에서 출발하여 동전을 받지 않으면 이 상태에서 머무른다. 이것을 $N = D = 0$

을 나타내기 위해 0으로 표시된 원호로 나타내었다. *N*으로 표시된 원호는 50원을 받았다는 신호를 나타낸다. 같은 방법으로 *D*는 100원이 투입되었다는 것을 나타낸다. $N =$ 1이면 FSM은 새로운 상태 *B*로 옮겨가야 하고, *N*이 1의 값을 가지고 있는 동안은 이 상태에서 안정적으로 남아 있어야 한다. 상태 *B*는 50원이 투입된 것으로 이 상태의 출력은 0이어야 한다. 상태 *A*에서 100원을 받으면 FSM은 다른 상태 *C*로 이동해야 한다. 상태 *C*에서 $D = 1$인 동안 C에 있어야 하고, 출력을 1로 만들어 사탕을 내주어야 한다. 이러한 상태들은 상태 *A*에서 올 수 있는 유일한 이동인데, 동시에 두 개의 동전을 넣을 수 없기 때문이다. 즉 $DN = 11$은 무정의 조건으로 취급될 수 있다는 것을 의미한다. 다음으로, 상태 *B*는 다시 입력이 $DN = 00$의 조건이어야 하는데, 앞에서와 같이 두 개의 동전을 동시에 받을 수 없어서 하나의 동전을 받은 후에 다음 동전을 받기 때문이다. 이 동작은 한 번에 하나의 입력만 변할 수 있다는 가정과 일치한다. 그러므로 $DN = 01$에서 $DN = 10$으로 갈 수 없다. 입력 $DN = 10$은 상태 *B*에서 일어날 수 없기 때문에 무정의로 취급되어야 한다. 입력 $DN = 00$은 FSM을 *D*라는 새로운 상태로 이동시킨다. 상태 *D*는 50원이 완전히 투입되었다는 것을 나타낸다. *D*에서는 50원 또는 100원을 받을 수 있다. $DN = 01$이면 상태는 *E*로 간다. 상태 *E*는 100원이 투입되어 출력을 1로 만든다. $DN =$ 10이면 상태는 *F*로 가 출력을 1로 하여 사탕을 내준다. 마지막으로 FSM이 *C*, *E*, *F* 중의 한 상태에 있을 때 가능한 입력은 $DN = 00$이다. $DN = 00$은 상태를 *A*로 복귀시킨다.

이 FSM의 흐름표가 그림 9.26*b*에 있으며 모든 무정의 항들을 나타내었다. 이렇게 정해지지 않은 입력 엔트리들은 상태의 수를 줄이는 데 이용될 수 있다. 이 표는 각 행에 단 하나의 안정상태가 있음을 주목하라. 이렇게 각 행에 단 하나의 안정상태가 있는 표를 **기본 흐름표**(*primitive flow table*)라고 한다.

상태의 수를 줄이기 위한 몇 가지 방법이 개발되었다. 이 절에서는 두 단계로 기술하고자 한다. 첫 단계에서는 흐름표에서 합동이 될 가능성이 있는 행은 같은 출력을 생성해야 한다고 가정하면, 6.6.1절에서 배운 분할(partitioning) 방법을 적용할 것이다. 추가의 제약 조건으로, 두 행이 합동이 되려면 정해지지 않은 입력 엔트리들도 같은 다음 상태 열에 있어야 한다. 따라서 합동인 상태들을 한 개의 상태로 합해도 무정의와 이들의 장점은 없어지지 않을 것이다. 두 번째 단계에서는 정해지지 않은 입력 엔트리를 찾아 행을 **병합한다**(*merge*). 두 행의 다음 상태 엔트리가 서로 충돌하지 않으면 두 행은 병합될 수 있다. 이 말은 임의의 입력에 대하여 다음 상태가 같거나, 둘 중 하나의 다음 상태 엔트리가 명시되지 않거나, 또는 양쪽의 행 둘 다 안정 상태에 있다는 것을 뜻한다. 무어 방법을 사용하면 두 개의 행(상태)은 같은 출력을 만들어야 한다. 밀리(Mealy)를 이용하면 양쪽의 상태 모두 안정 상태에 있는 입력 값에 대하여 두 상태들은 동일한 출력들을 제공하여야 한다.

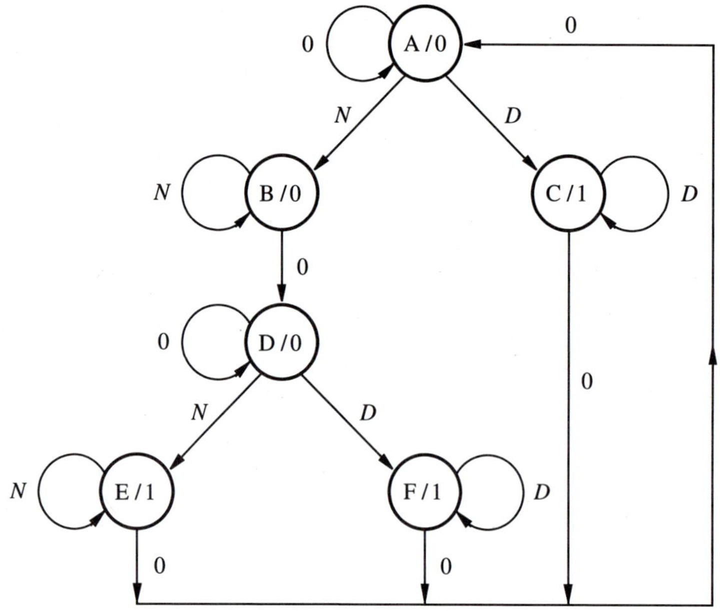

(a) 초기 상태도

Present state	Next state DN = 00	01	10	11	Output z
A	(A)	B	C	–	0
B	D	(B)	–	–	0
C	A	–	(C)	–	1
D	(D)	E	F	–	0
E	A	(E)	–	–	1
F	A	–	(F)	–	1

(b) 초기 흐름표

그림 9.26 간단한 자판기의 FSM 유도

예제 9.7

그림 9.26b의 흐름도가 그림 9.12의 최적화된 형태로 축소될 수 있는지 보이고자 한다. 상태의 수를 줄이는 첫 단계는 6.6.1절에 소개한 분할 과정이다. 상태 A와 D는 출력을 0으로 만들고, 입력 값 DN = 00의 조건에서 안정 상태에 있다. 또한 같은 위치에 명시되지 않은 입력 엔트리도 가지고 있다. 상태 C와 F는 z = 1을 출력하

면서, $DN = 10$일 때 안정 상태에 있고 같은 위치에 명시되지 않은 엔트리를 가지고 있다. 상태 B와 E는 같은 위치에 명시되지 않은 입력 엔트리를 가지고 있지만, $DN = 01$의 조건에서 안정 상태에 있을 때 상태 B는 $z = 0$을 출력하고, 상태 E는 $z = 1$이 되어 B와 E는 합동이 아니다. 따라서 초기의 분할은 다음과 같다.

$$P_1 = (AD)(B)(CF)(E)$$

$DN = 00$에 대하여 A와 D의 후속자(successor)들은 (A, D)이고, $DN = 01$일 경우에 A와 D의 후속자들은 (B, E)이다. $DN = 10$에 대하여서는 (C, F)이다. 후속자 쌍(successor pair) (B, E)는 P_1의 분할에서 같은 블록에 있지 않기 때문에 A와 D는 합동이 될 수 없다. C와 F의 후속자는 $DN = 00$일 경우에 (A, A)이고, $DN = 10$에 대해서는 (C, F)이다. 모든 쌍들은 하나의 블록 안에 있다. 따라서 두 번째 분할은 다음과 같다.

$$P_2 = (A)(D)(B)(CF)(E)$$

C와 F의 후속자는 P_2의 같은 블록에 있으므로 $P_3 = P_2$를 의미한다.
결론적으로 C행과 F행은 합동이다. 이것을 하나의 행으로 병합하고 모든 F행의 것을 C행의 것으로 바꾸면 그림 9.27의 흐름표가 된다.

이번에는 값이 정해지지 않은 입력 엔트리를 활용하여 흐름표의 행을 줄여보자. 다른 행과 병합될 수 있는 유일한 행은 C이다. C는 A 또는 E와 병합될 수 있지만 양쪽 둘 다 동시에 병합될 수 없다. C와 A를 합하면 새로운 상태가 입력이 00일 경우 안정 상태에서 출력 $z = 0$이 되어야 하고, 입력이 10일 경우에는 안정 상태에서 $z = 1$이 되어야 한다는 것을 의미한다. 이와 같은 조건은 밀리 모델에서만 얻을 수 있다. 대신, C와 E를 합하면 새로운 상태는 $DN = 01$과 10의 조건하에서 출력 1을 생성하는 안정 상태이다. 이것은 무어 모델로 얻을 수 있다. C와 E를 하나의 상태 C로 병합하고 모든 E를 C로 바꾸면 그림 9.12와 같은 축소된 흐름표를 얻을 수 있다. C와 E를 병합할 때 새로운 행 C는 행 C와 E의 모든 사양을 포함해야 한다는 것에 주목하라. 양쪽 행은 $DN = 00$이면 A를 새로운 상태로 명시한다. 행 E는 $DN = 01$일 때 안정 상태이다. 그러므로 (C를 호출한)새로운 행은 같은 입력값에 대하여 안정 상태로 명시되어야 한다. 비슷한 방법으로, 행 C는 $DN = 10$에 대하여 안정 상태이다. 그러므로 새로운 행 C에 반드시 반영되어야 한다. 따라서 새로운 행 C의 다음 상태 엔트리는 입력이 00, 01, 10일 경우에 각각 A, Ⓒ, Ⓒ이다.

Present state	Next state				Output
	DN = 00	01	10	11	z
A	(A)	B	C	–	0
B	D	(B)	–	–	0
C	A	–	(C)	–	1
D	(D)	E	C	–	0
E	A	(E)	–	–	1

그림 9.27 그림 9.26*b* FSM의 1단계 간략화

병합 과정

예제 9.7에서 행 *C*를 행 *A* 또는 *E*와 병합하는 것이 오로지 가능한 방법이었기 때문에 병합의 결정은 어려운 일이 아니었다. 무어머신에서 출력 *z*를 좀 더 간단하게 구현할 수 있기 때문에 *C*와 *E*의 병합을 선택했다.

일반적으로, 보다 큰 흐름표의 행들을 병합할 수 있는 경우의 수는 많다. 따라서 이러한 경우 좀 더 체계적인 절차가 필요한데, 상태의 **적합성**(*compatibility*) 개념을 적용하여 유용한 과정을 정의할 수 있다.

정의 9.1 두 개의 상태(흐름표의 행) S_i와 S_j는 어떤 입력 값에도 상태 충돌이 없다면 적합하다. 따라서 각 입력에 대하여 다음 조건 중의 하나는 반드시 true이어야 한다.

- S_i와 S_j 모두 똑 같은 후속자를 갖거나
- S_i와 S_j 모두 안정 상태에 있거나
- S_i 또는 S_j의 후속자, 또는 둘 다 명시되지 않는다.

더욱이, S_i와 S_j 둘 다 명시되었을 때의 출력은 동일해야 한다.

그림 9.28의 기본 흐름표를 고려하자. 이 FSM의 출력이 무어 모델이라 가정하고, 서로 다른 상태들 간의 적합성을 검토하자. 상태 *A*는 오직 상태 *H*와 적합하다. *B*는 *F*, *G*와 적합하다. *C*는 어떤 상태와도 적합하지 않다. *D*는 상태 *E*와 적합하다. *F*는 상태 *G*와 적합하고, *G*는 상태 *H*와 적합하다. 다시 말하면, 다음과 같은 적합 쌍이 존재한다. (*A*, *H*), (*B*, *F*), (*B*, *G*), (*D*, *E*), (*F*, *G*), (*G*, *H*)이다. 다양한 상태 간의 양립 관계는 다음과 같은 방법으로 **병합도**(*merger diagram*)의 형태로 편리하게 나타낼 수 있다.

- 흐름표의 각 행은 행의 이름을 표기한 점들로 표시한다.
- 적합한 상태(행)에 대응하는 어떤 두 점을 연결하여 그린다.

병합도에서 최상의 병합 가능성을 선택하여 축소된 흐름표를 도출한다.

Present state	Next state				Output
	w_2w_1 = 00	01	10	11	z
A	(A)	H	B	–	0
B	F	–	(B)	C	0
C	–	H	–	(C)	1
D	A	(D)	–	E	1
E	–	D	G	(E)	1
F	(F)	D	–	–	0
G	F	–	(G)	–	0
H	–	(H)	–	E	0

그림 9.28 기본 흐름표

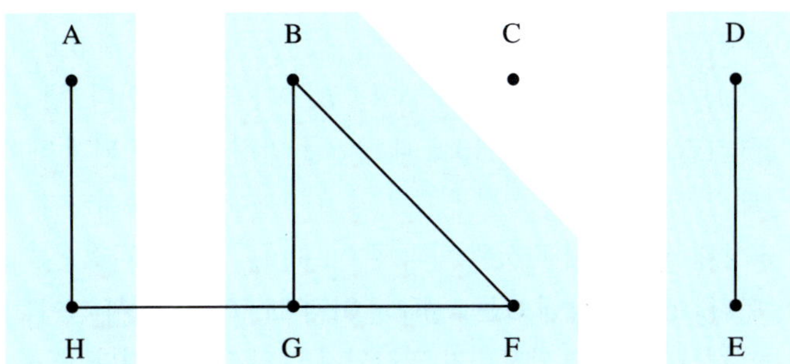

그림 9.29 그림 9.28의 무어 모델을 유지하는 흐름표 병합도

그림 9.29는 그림 9.28의 기본적인 흐름표의 병합도이다. 이 병합도에서 A와 G를 연결하는 선이 없기 때문에 행 A는 H와 G가 병합되지 않는 경우에 H와 병합될 수 있다. B는 F및 G와 병합될 수 있다. F와 G 역시 병합 가능함으로써 B, F, G는 하나가 될 수 있으므로 쌍대 적합(pairwise compatible)이다. 집합 내의 모든 쌍에 대하여 쌍대 적합한 행의 집합은 하나의 상태로 병합 가능하다. 따라서 상태 B, F, G는 상태 G와 H가 병합되지 않는 한 하나의 상태로 병합될 수 있다. C는 어떤 상태와도 병합될 수 없다. D와 E는 병합될 수 있다.

신중한 전략은 상태를 병합하여 가능한 한 적은 수의 상태를 갖는 흐름표를 도출하는 것이다. 위 예제에서 가장 좋은 선택은 (A, H), (B, F, G), (D, E)로 병합하는 것이다. 이 결과가 그림 9.30과 같은 축소된 흐름표로 도출되었다. 두 개 이상의 행을 병합하여 새로운 행이 만들어질 때마다 새로운 행의 모든 입력 엔트리는 요구 조건이 포함

Present state	Next state				Output
	$w_2w_1 = 00$	01	10	11	z
A	(A)	(A)	B	D	0
B	(B)	D	(B)	C	0
C	–	A	–	(C)	1
D	A	(D)	B	(D)	1

그림 9.30 그림 9.28 FSM의 축소된 무어 모델의 흐름표

되도록 수정되어야 한다. 행 A와 H를 새로운 행 A로 대체하려면 $w_2w_1 = 00$과 01 모두에 대하여 상태 A를 안정하게 해야 한다. 이전의 상태 A는 00에 대해 안정 상태에 있어야 하고, H도 01에 대해 안정 상태에 있어야 하기 때문이다. 또한 $w_2w_1 = 10$에 대해 상태 B를 다음 상태로 명시하고, $w_2w_1 = 11$에 대해 E를 다음 상태로 명시해야 한다. 이전의 상태 E는 D가 되므로 D와 E가 병합된 후에, 새로운 행 A는 입력 00, 01, 10, 11에 대하여 각각 다음 상태의 입력 엔트리가 (A), (A), B, D가 되어야 한다. 행 B, F, G를 새로운 행 B로 대체하려면 $w_2w_1 = 00$과 10에 대해 B를 안정 상태가 되게 해야 한다. $w_2w_1 = 01$의 다음 상태 입력 엔트리는 이전 상태 F의 요구사항을 만족시키기 위해 D로 되어야 한다. 이전의 상태 B에 의해 지시된 바와 같이, $w_2w_1 = 11$의 다음 상태 입력 엔트리는 C가 되어야 한다. 이전의 상태 G는 $w_2w_1 = 01$과 11 조건하에서 천이를 요구하지 않는다. 그 이유는 상응하는 입력 엔트리가 명시되지 않았기 때문이다. $w_2w_1 = 01$에 대하여 다음 상태 입력의 명칭이 H에서 A로 변경되는 것을 제외하고, 행 C는 전과 같은 상태로 남아 있다. 같은 이유로, 행 D와 E는 새로운 행 D로 교체된다. 그림 9.30의 흐름표는 아직 무어머신이란 것에 주목하라.

지금까지 그림 9.28 FSM의 무어 모델의 규정을 유지하기 위해 허용된 행들에 대한 병합만을 고려하였다. 밀리머신으로 변경하고자 한다면 다른 방법이 있다. 그림 9.31은 그림 9.28 FSM의 완전한 병합도이다. 검정색 선은 무어 출력을 갖는 새로운 상태로 병합 가능한 적합 상태들을 연결하고 있으며, 그림 9.29의 병합도와 상응한다. 컬러 선은 밀리 출력을 사용하여 병합 가능한 상태들을 연결하고 있다.

밀리 모델로 진행하는 이 경우는 보다 단순한 회로를 만드는 데 적절하지 않아 보인다. 몇 개의 병합 가능성이 존재하지만 그것들은 모두 축소된 흐름표에서 최소 네 개의 상태들이 필요하므로 그림 9.30에서 얻은 결과보다 결코 더 낫지 않다. 예를 들어, 하나의 가능성은 (A, H), (B, C, G), (D, E), (F)에 기초한 병합이다. 다른 가능성은 (A, C) (B, F) (D, E) (G, H)를 사용하는 것이다. 이제 더 이상의 가능성들에 대한 고려를 멈추고, 예제 9.9를 통해 밀리 모델 출력의 명세를 포함하는 문제를 다루기로 한다.

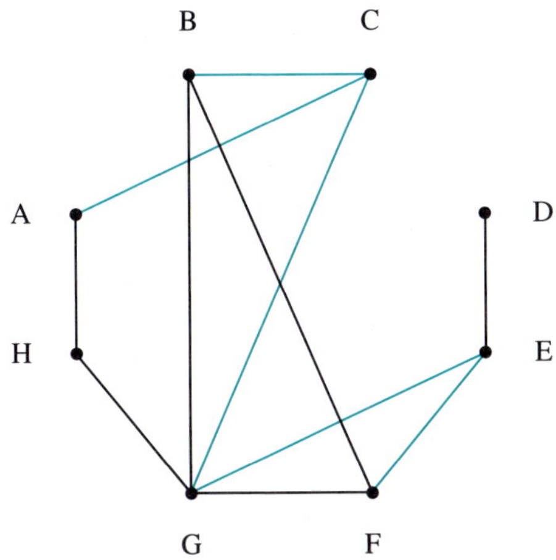

그림 9.31 그림 9.28의 완성된 병합도

상태 축소 과정

기본 흐름표로부터 축소된 흐름표를 생성하는 데 필요한 단계들은 다음과 같이 요약할 수 있다.

1. 기본 흐름표에서 합동 상태들을 제거하기 위해서 분할을 이용한다.
2. 위에서 구한 흐름표의 병합도를 구축한다.
3. 모든 상태를 처리하는 데 필요한 부분 집합의 수를 최소화하면서, 병합 가능한 적합 상태의 부분 집합을 선택한다.
4. 선택된 부분 집합들의 행을 병합함으로써 축소된 흐름표를 도출한다.
5. 더 이상의 축소가 가능한지 2단계에서 4단계까지를 반복한다.

병합을 위한 적합 상태의 최적화된 부분 집합의 선택 작업은 대단히 복잡한 일인데, 많은 상태들로 구성된 FSM에서는 경우의 수가 많기 때문이다. 시행착오(Trial-and-error)를 통해 문제를 해결하는 것도 한 가지 방법이다.

예제 9.8

그림 9.32의 초기의 흐름표를 살펴보자. 분할 방법을 적용하는 데, 상태 쌍 (A, G), (B, L), (H, K)들이 잠재적 합동의 행이 됨을 알 수 있다. 각 쌍의 두 행들이 동일한 출력을 가지며, 무정의 조건들도 같은 위치에 있기 때문이다. 나머지 행들은 이 두 가지 차원에서 대조적이다. 그러므로 첫 번째 분할은 다음과 같다.

$$P_1 = (AG)(BL)(C)(D)(E)(F)(HK)(J)$$

Present state	Next state				Output
	w_2w_1 = 00	01	10	11	z
A	(A)	F	C	–	0
B	A	(B)	–	H	1
C	G	–	(C)	D	0
D	–	F	–	(D)	1
E	G	–	(E)	D	1
F	–	(F)	–	K	0
G	(G)	B	J	–	0
H	–	L	E	(H)	1
J	G	–	(J)	–	0
K	–	B	E	(K)	1
L	A	(L)	–	K	1

그림 9.32 예제 9.8의 흐름표

이제 (A, G)의 후속자는 $w_2w_1 = 00$에서 (A, G)이고, 01에서 (F, B), 10에서는 (C, J)이다. C와 J 뿐만 아니라 F와 B도 같은 블록에 있지 않으므로 A와 G는 합동이 아니다. (B, L)의 후속자는 각각 (A, A), (B, L), (H, K)이다. 모두 한 블록에 있다. (H, K)의 후속자는 한 블록에 포함되어 있는 (L, B), (E, E), (H, K)이며, 모두 한 블록에 들어있다. 따라서 두 번째 분할은 다음과 같다.

$$P_2 = (A)(G)(BL)(C)(D)(E)(F)(HK)(J)$$

후속자 평가를 반복하면 (B, L)과 (H, K)의 후속자는 여전히 하나의 블록에 남아있음을 보여준다. 따라서

$$P_3 = P_2$$

행 B와 L을 B로 표기하여 병합하고, 행 H와 K를 H로 표기하여 병합하면 그림 9.33의 흐름표가 된다.

이 흐름표의 병합도가 그림 9.34이다. 행 B와 H가 B로 표기된 하나의 행으로 병합되었음을 나타낸다. 병합도는 또한 행 D와 E가 병합될 수 있음을 제시한다. 이 새로운 행을 D라고 하자. 나머지 행들은 병합을 위한 몇 가지 선택을 제시한다. 행 A와 F는 병합될 수 있지만, 행 F와 J는 병합될 수 없다. 행 C와 J 또는 행 G와 J는 병합될 수 있다. 행 A와 F를 병합하여 새로운 행 A로, 행 G와 J를 병합하여 새로

운 행 G로 선택할 것이다. 이 선택은 그림에서 컬러로 나타내었다. 이 결과 흐름표가 그림 9.35에 있다. 더 이상 병합될 수 있는지 확인하기 위해 그림 9.36의 병합도를 만들어 볼 수 있다. 이 그림을 통해 행 C와 G가 병합될 수 있음이 명백함으로, 새로운 행을 C라고 하자. 이 병합으로 그림 9.37의 흐름표가 도출되고 더 이상 축소되지는 않는다.

Present state	Next state				Output z
	$w_2w_1 = 00$	01	10	11	
A	(A)	F	C	–	0
B	A	(B)	–	H	1
C	G	–	(C)	D	0
D	–	F	–	(D)	1
E	G	–	(E)	D	1
F	–	(F)	–	H	0
G	(G)	B	J	–	0
H	–	B	E	(H)	1
J	G	–	(J)	–	0

그림 9.33 분할 과정의 사용을 통해 도출한 축소 흐름표

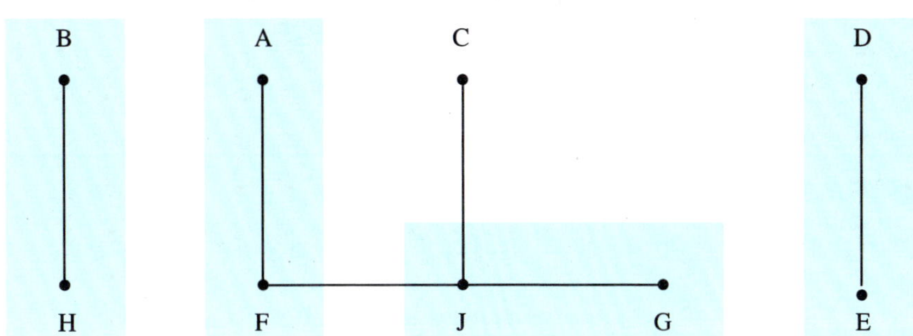

그림 9.34 그림 9.33의 병합도

Present state	Next state				Output
	w_2w_1 = 00	01	10	11	z
A	A	A	C	B	0
B	A	B	D	B	1
C	G	–	C	D	0
D	G	A	D	D	1
G	G	B	G	–	0

그림 9.35 그림 9.34 병합도로 도출한 축소 흐름표

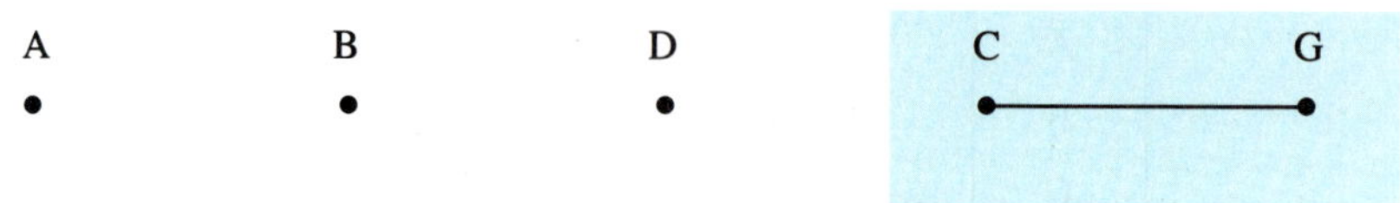

그림 9.36 그림 9.35의 병합도

Present state	Next state				Output
	w_2w_1 = 00	01	10	11	z
A	A	A	C	B	0
B	A	B	D	B	1
C	C	B	C	D	0
D	C	A	D	D	1

그림 9.37 예제 9.8의 축소 흐름표

예제 9.9

그림 9.38의 흐름표를 고려하자. 이 표에 분할 과정을 적용하면 다음과 같다.

$$P_1 = (AFK)(BJ)(CG)(D)(E)(H)$$
$$P_2 = (A)(FK)(BJ)(C)(G)(D)(E)(H)$$
$$P_3 = P_2$$

행 B와 J를 병합하여 새로운 행 B로, 그리고 행 F와 K를 병합하여 행 F로 하면 그림 9.39의 흐름표가 된다.

Present state	Next state				Output
	w_2w_1 = 00	01	10	11	z
A	A	G	E	–	0
B	K	–	B	D	0
C	F	C	–	H	1
D	–	C	E	D	0
E	A	–	E	D	1
F	F	C	J	–	0
G	K	G	–	D	1
H	–	–	E	H	1
J	F	–	J	D	0
K	K	C	B	–	0

그림 9.38 예제 9.9의 흐름표

Present state	Next state				Output
	w_2w_1 = 00	01	10	11	z
A	A	G	E	–	0
B	F	–	B	D	0
C	F	C	–	H	1
D	–	C	E	D	0
E	A	–	E	D	1
F	F	C	B	–	0
G	F	G	–	D	1
H	–	–	E	H	1

그림 9.39 분할 과정으로 도출된 축소 흐름표

그림 9.40*a*는 FSM의 무어 모델이 유지되는 경우 병합 가능성을 지시하는 이 흐름표의 병합도이다. 이 경우 *C*와 *H* 뿐만 아니라, *B*와 *F*도 병합될 수 있으므로 6행의 흐름표가 도출된다.

다음에 밀리 모델로 변경할 경우에 병합 가능성을 고려하자. 무어 모델에서 밀리 모델로 변경할 경우에 밀리 모델에서의 안정 상태는 무어 모델에서와 동일한 출력이 생성되어야 한다. 또한 밀리 모델에서의 천이가 이루어질 때 출력 신호에서 예

상치 않은 글리치가 발생하지 않도록 하는 것이 매우 중요하다.

그림 9.41은 그림 9.39의 FSM을 밀리 모델로 나타낸 것이다. 다음 상태 입력들은 변함이 없다. 그림 9.41의 각 안정 상태 출력 값은 무어 모델의 상응하는 행과 같아야 된다. 예를 들면, 상태 A에서 $w_2w_1 = 00$일 경우에 안정 상태이며 출력 z는 0이다. 또한, 상태 B, D, F는 각각 $w_2w_1 = 10, 11, 00$의 조건에서 안정 상태이며 출력 z는 0이다. 마찬가지로 상태 C, E, G, H는 각각 $w_2w_1 = 01, 10, 01, 11$의 조건에서 안정 상태이며 출력 z는 1이다. 하나의 안정 상태에서 다른 상태로의 천이가 출력을 0에서 1로, 또는 1에서 0으로 변경을 요구하더라도, 그림 9.3에 대해 논의하면서 9.1절에서 설명한 바와 같은 변화가 발생하는 정확한 시간은 중요하지 않다. 예를 들어, FSM이 $z = 0$을 생성하면서 $w_2w_1 = 00$ 조건하에 상태 A에서 안정하다고 하자. 그 다음에 입력이 $w_2w_1 = 01$로 변하면, 출력 $z = 1$이 되면서 상태 G로 천이가 이루어져야 한다. 회로가 상태 G에 도달하기 전에 z가 1이 되는 것은 필요조건이 아니므로, 이 천이에 해당하는 행 A의 출력 엔트리는 무정의로 취급될 수 있다. 따라서 명시되지 않은 상태로 남아 있다. A의 안정 상태에서 E로 변경하는 것도 가능하다. E로 변경하는 것은 z가 0에서 1로 변경되기 때문에 무정의로 나타낼 수 있다. B에서는 다른 상황이 발생한다. 상태 B의 $w_2w_1 = 10$의 조건에서 입력이 11로 변경된다고 가정하자. 그러면 D의 안정 상태로 천이해야 하는데, z는 계속 0을 유지해야 한다. 그러므로 $w_2w_1 = 11$의 조건에서 행 B에 해당하는 출력은 0으로 명시해야 한다. 만약, 무정의로 남겨둔다면 회로를 구현할 때 1로 취급할 가능성이 있다. 이렇게 되면, 입력이 10에서 11로 변화될 때 회로가 B에서 D로 이동하면서 $0 \rightarrow 1 \rightarrow 0$의 글리치가 출력 z에 발생하게 된다. 상태 B에서 입력이 10에서 00으로 변화되면 상태가 F로 바뀌는데 동일한 현상이 발생한다. 따라서 동일한 추론을 사용하여 그림 9.41의 출력 엔트리를 결정할 수 있다.

그림 9.41에서 그림 9.40b의 병합도를 구할 수 있다. 컬러로 표시된 선들은 밀리 모델의 출력을 명시해야만 병합될 수 있는 행들을 연결한다. 검정색 선들은 출력이 무어 모델이라도 연결될 수 있는 행들을 연결하고 있다. 이 그림은 9.40a의 다이어그램과 일치한다. 병합될 수 있는 상태들인 (A, H), (B, G), (C, F), (D, E)의 부분집합들을 선택하여 네 개의 상태로만 나타낼 수 있다. 상태 A와 H를 새로운 상태 A로, B와 G를 새로운 B로, C와 F를 합하여 새로운 상태 C로, 그리고 D와 E를 새로운 상태 D로 병합하여 그림 9.42의 흐름표를 얻는다. 이 표의 각 엔트리는 병합된 해당 행에서 규정된 요구사항을 만족시킨다.

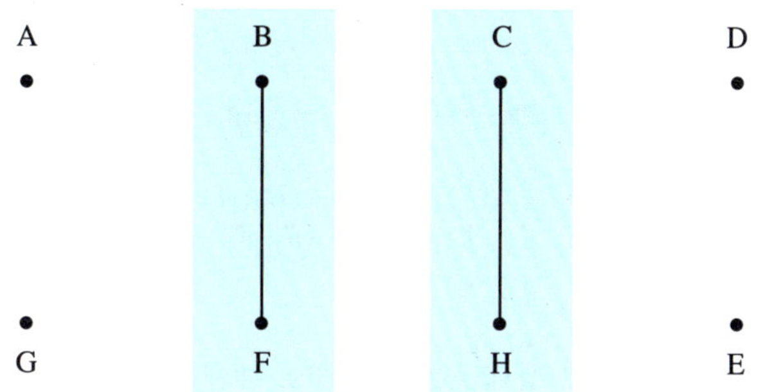

(a) 무어 모델의 유지

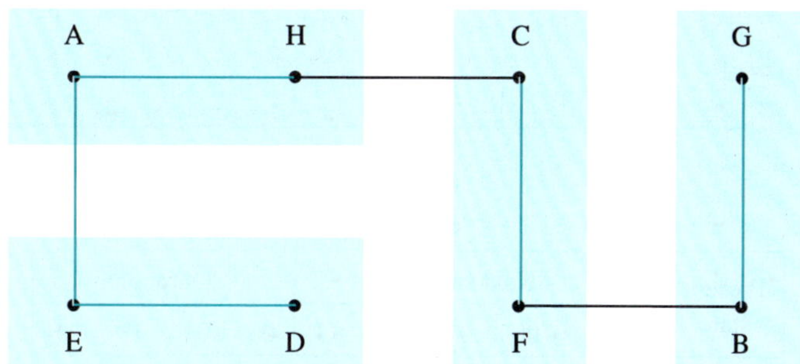

(b) 완성된 병합도

그림 9.40 그림 9.39의 병합도

Present state	Next state				Output z			
	w_2w_1 = 00	01	10	11	00	01	10	11
A	(A)	G	E	–	0	–	–	–
B	F	–	(B)	D	0	–	0	0
C	F	(C)	–	H	–	1	–	1
D	–	C	E	(D)	–	–	–	0
E	A	–	(E)	D	–	–	1	–
F	(F)	C	B	–	0	–	0	–
G	F	(G)	–	D	–	1	–	–
H	–	–	E	(H)	–	–	1	1

그림 9.41 밀리 모델의 형식으로 명시된 그림 9.39의 FSM

예제 9.10

다른 예로 그림 9.43의 흐름표를 고려하자. 분할하면 다음과 같다.

$$P_1 = (AF)(BEG)(C)(D)(H)$$
$$P_2 = (AF)(BE)(G)(C)(D)(H)$$
$$P_3 = P_2$$

상태 F를 상태 A로, 그리고 상태 E를 상태 B로 대체하면 그림 9.44의 흐름표가 된다. 이에 해당되는 병합도가 그림 9.45이다. 상태 A, B, C는 병합되어 새로운 상태 A로 대체될 수 있다. 또한 D, G, H도 새로운 상태 D로 병합될 수 있다. 그 결과가 그림 9.46에 보인 단 두 개의 행만 가진 축소 흐름표이다. G가 $z = 0$을 출력하고 있을 동안 병합된 안정 상태 D와 H는 $z = 1$을 출력하고 있기 때문에 밀리 모델을 사용하였다.

Present state	Next state w_2w_1 = 00	01	10	11	Output z 00	01	10	11
A	(A)	B	D	(A)	0	–	1	1
B	C	(B)	(B)	D	0	1	0	0
C	(C)	(C)	B	A	0	1	0	1
D	A	C	(D)	(D)	–	–	1	0

그림 9.42 예제 9.9의 축소된 흐름표

Present state	Next state w_2w_1 = 00	01	10	11	Output z
A	(A)	B	C	–	0
B	F	(B)	–	H	0
C	F	–	(C)	H	0
D	(D)	G	C	–	1
E	A	(E)	–	H	0
F	(F)	E	C	–	0
G	D	(G)	–	H	0
H	–	G	C	(H)	1

그림 9.43 예제 9.10의 흐름표

Present state	Next state				Output
	w_2w_1 = 00	01	10	11	z
A	(A)	B	C	–	0
B	A	(B)	–	H	0
C	A	–	(C)	H	0
D	(D)	G	C	–	1
G	D	(G)	–	H	0
H	–	G	C	(H)	1

그림 9.44 분할 과정 후의 축소

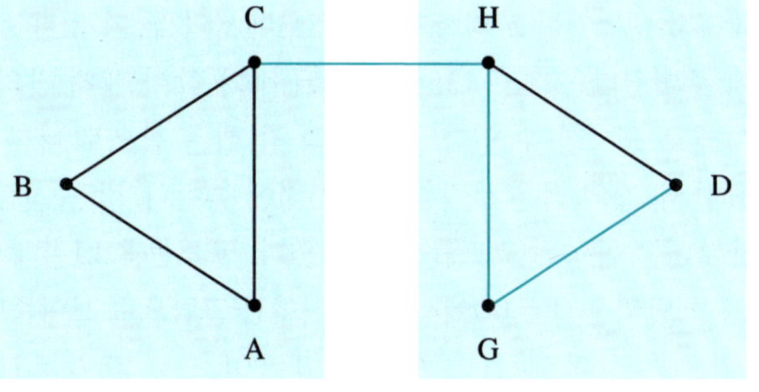

그림 9.45 그림 9.44 병합도

Present state	Next state				Output z			
	w_2w_1 = 00	01	10	11	00	01	10	11
A	(A)	(A)	(A)	D	0	0	0	–
D	(D)	(D)	A	(D)	1	0	–	1

그림 9.46 예제 9.10의 축소된 흐름표

9.5 • 상태 할당

9.3절의 예제에서 비동기 FSM의 상태 할당 작업이 복잡하다고 서술하였다. 상태변수 값이 변경되는 데 필요한 시간은 회로의 전달지연 시간에 따라 다르다. 그러므로 두 개 이상 변수들의 값이 정확히 동시에 변화되는 것에 대한 보장은 불가능하다. 회로를 안정적으로 작동시키려면 상태변수의 값이 한 번에 하나씩 변하도록 제어할 수 있어야 한다. 이러한 제어가 가능하도록 하는 회로는 한 상태에서 다른 상태로의 천이를 한 개의

상태변수만 변경하여 발생하도록 설계하면 된다.

FSM의 상태는 상태변수의 서로 다른 값을 나타내는 비트 스트링(bit string)으로 인코딩된다. 주어진 두 개의 비트 스트링에서 서로 다른 비트 자릿수를 스트링 간의 해밍거리(*Hamming distance*)라고 한다. 예를 들어 비트 스트링 0110과 0100에서 대하여 해밍거리는 1이고 0110과 1101의 해밍거리는 3이다. 이 용어를 사용하면, 이상적인 상태 할당은 한 상태에서 다른 상태로 바뀌는 모든 천이는 해밍거리 1을 취한다. 이상적 상태 할당이 불가능하면 명시되지 않은 상태들이나 불안정 상태를 통한 천이를 이용할 대안을 찾아야 한다. 필요하다면 유연성 있게 상태 변수의 수를 증가시키는 것도 때로는 불가피하다.

예제 9.11

그림 9.13의 패리티 생성기를 고려하자. 이 FSM에서의 두 가지 가능한 상태 할당이 그림 9.14에 주어졌다. 그림 9.13*b*에 표시된 바와 같이 상태 간의 천이는 그림 9.47과 같은 형태로 묘사할 수 있다. 흐름표의 각 행은 점으로 나타낸다. 행을 나타내는 데 필요한 네 개의 점은 사각형의 꼭짓점에 놓는다. 각 꼭짓점은 상태 변수 y_2y_1의 값을 나타내는 할당된 코드를 가지고 있다. 코드는 8.3.1절에서 설명한 2차원 큐브로 좌측 하단의 $y_2y_1 = 00$에서 위로 이어진 그림으로 보여준다. 그림 9.47*a*는 그림 9.14*a*와 같은 상태 할당(즉, $A = 00$, $B = 01$, $C = 10$, $D = 11$)이 발생하는 경우를 보여준다. $w = 1$이면 A에서 B로 천이가 일어나는데, y_1의 변화만 요구된다. C에서 $w = 1$이면 D로 천이가 일어나는데, 이 경우도 y_1만 변한다. 그러나 $w = 0$인 경우 B에서 C로의 천이는 y_2와 y_1의 양쪽 값 모두의 변화가 요구된다. 마찬가지로, $w = 0$일 때 D에서 A로의 천이도 두 개의 변수 모두 변경되어야 한다.

그림 9.47*b*는 그림 9.14*b*의 상태 할당을 이용한 것으로 그림 9.47*a*와 비교하면, C와 D의 위치가 서로 바뀐 결과이다. 이 경우 네 개의 천이 모두 2차원 큐브의 에지를 따라 이루어지므로 상태 변수들은 하나만 변경된다. 따라서 앞의 방법보다 바람직한 상태 할당이다.

예제 9.12

중재기 FSM의 흐름표가 그림 9.21*a*에 있다. 상태 할당 $A = 00$, $B = 01$, $C = 01$을 사용한 FSM의 천이를 9.48*a*에 보인다. 이 경우에 다중 천이(multiple transition)가 가능하다. 예컨대 상태 A와 B 사이에 두 개의 천이가 있는데, $r_2r_1 = 00$이면 상태 B에서 A로, $r_2r_1 = 01$이면 상태 A에서 B로 천이가 일어난다. 상태 B와 C 사이의 천이에 대응하는 대각선 경로가 있는데, 두 개의 변수가 동시에 변해야 하므로 이 천이는 피해야 한다. 가능한 해결책은 그림 9.48*b*에서 지시한 바와 같이 네 번

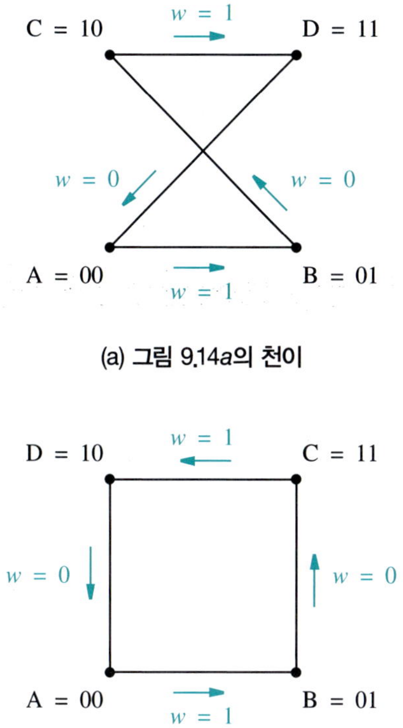

(a) 그림 9.14*a*의 천이

(b) 그림 9.14*b*의 천이

그림 9.47 그림 9.13의 천이

째 상태 *D*를 도입하는 것이다. 이제 *B*와 *C* 사이의 천이는 불안정 상태 *D*를 통해 수행할 수 있다. 따라서 $r_2r_1 = 10$일 때 *B*에서 *C*로 직접 가는 대신에 *B*에서 *D*로 간 다음에 *D*에서 상태 *C*로 갈 것이다.

그림 9.48*b*의 상태 할당을 사용하여 그림 9.49와 같이 흐름표를 수정해야 한다. 상태 *D*는 어떤 입력 값에 대해서도 안정 상태에 있지 않다. 이 상태는 r_2r_1이 00이거나 11이면 도달될 수 없다. 그러므로 해당 엔트리에 명시하지 않았다. 또한 상태 *D*의 출력을 명시하지 않고, 대신에 출력 $g_2g_1 = 10$으로 나타낸 점에 주목하라. 한 상태에서 다른 상태로의 천이가 불안정 상태를 거쳐 일어날 때, 불안정 상태를 거치는 동안 잘못된 출력이 생성되지 않아야 한다. 그러기 위해 불안정 상태의 출력은 천이에 포함된 두 개의 안정 상태 중의 한 출력과 꼭 같은 값이 되어야 한다.

이 흐름표를 역시 추가 상태 *D*를 사용한 그림 9.21*b*의 여기표와 비교해볼 만하다. 그림 9.21*b*의 상태 *D*는 두 개의 상태 변수의 값이 변하는 경합 때문에 필요한 것이었다. 한편, 그림 9.49의 상태 *D*는 어떤 경합조건에도 영향을 받지 않는 순차적인 천이에 사용되었다.

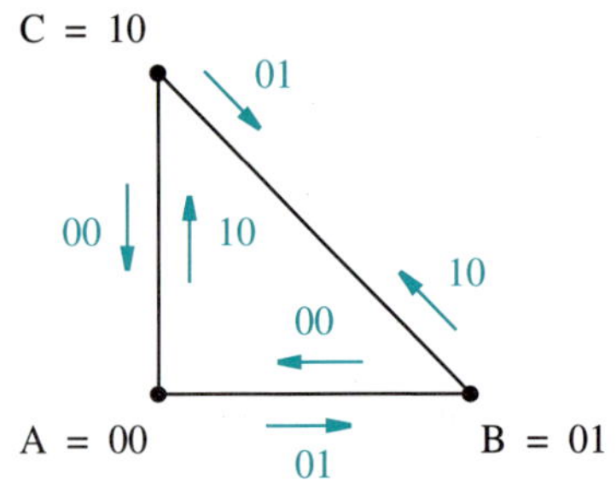

(a) 그림 9.21*a*의 천이

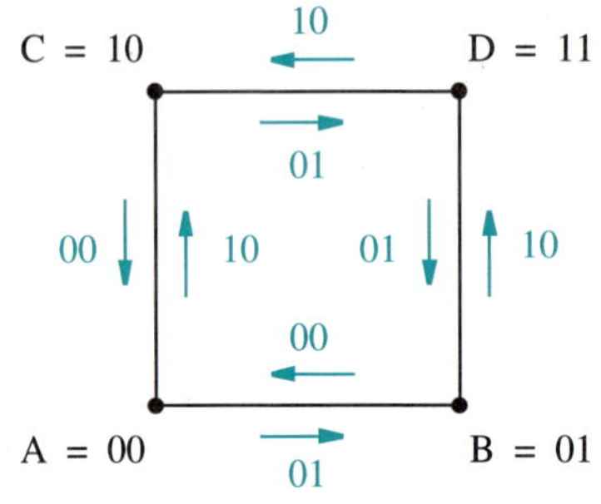

(b) 상태 *D*를 추가한 천이

그림 9.48 그림 9.21의 중재기 FSM의 천이

Present state	Next state				Output g_2g_1
	r_2r_1 = 00	01	10	11	
A	(A)	B	C	–	00
B	A	(B)	D	(B)	01
C	A	D	(C)	(C)	10
D	–	B	C	–	10

그림 9.49 그림 9.48*b*의 천이에 기초해 개선된 흐름표

9.5.1 천이도

흐름표에 명시된 천이를 그림으로 나타낸 것을 **천이도**(*transition diagram*)라고 한다. 어떤 책에서는 *state-adjacency diagram*이라고도 한다. 이 다이어그램은 적당한 상태 할당을 찾는 데 이용할 수 있는 편리한 그림이다.

잘된 상태 할당은 천이도에서 대각선으로 연결된 선들이 없다. 이 요구조건을 진술하는 일반적인 방식은 "천이도가 *k*-차원 큐브에 **내장**(*embedded*) 가능해야 한다"는 것이다. 이것은 큐브에서 이웃하는 꼭짓점 사이의 모든 천이는 해밍거리가 1이기 때문이다. 이상적으로는 그림 9.47*b*와 9.48*b*의 예제처럼 *n*상태 변수를 갖는 FSM의 천이도는 *n*-차원 큐브에 내장될 수 있다. 이것이 가능하지 않으면 나중에 살펴볼 예제에서와 같이 추가의 상태 변수를 도입할 필요가 생기게 된다.

그림 9.47과 9.48의 다이어그램은 주어진 상태 사이에서 일어나는 천이에 관계된 모든 정보를 나타낸다. 보다 큰 FSM의 경우 무질서한 모습의 다이어그램으로 나타나는데, 아래에 서술하는 방법으로 보다 간단한 형태를 대신하여 사용할 수 있다.

천이도는 입력 값들에 대한 상태의 이동을 나타낸다. *A*에서 *B*, 또는 *B*에서 *A*와 같은 이동의 방향은 중요하지 않은데, 모든 천이가 해밍거리 1을 포함하도록 보장하는 것이 필요할 뿐이다. 천이도는 각 안정 상태에서의 개별적 천이 효과를 나타내는데, 불안정 상태들을 통과하는 것도 포함하여야 한다. 흐름표의 주어진 행에서 다른 입력 값에 따라 두 개 이상의 안정 상태 엔트리를 가질 수 있다. 천이도에서 안정 상태로 들어가는 이러한 천이에 대하여 구별하는 이름을 표기하는 방법은 유용하다. 예를 들면, 각 안정 상태의 입력 엔트리에 1, 2, 3, … 등의 숫자를 붙인다. 이와 같이 상태 *A*가 두 개의 입력 값에 대하여 안정 상태에 있다면, 한 입력 값은 이름 *A*를 1로 대체하고 다른 입력은 2로 대체한다.

그림 9.50은 그림 9.21*a*에 있는 흐름표를 새로 명명하여 변경한 것이다. 임의로 Ⓐ를 1로, 두 개의 Ⓑ를 2와 3으로, 두 개의 Ⓒ를 4와 5로 이름 붙였다. 각 행들에서 입력에 따른 다음 상태의 엔트리에 이와 같은 방식으로 명명했다. 이 명명에 의해 식별되는 천이를 그림 9.51*a*에 보여준다. 똑 같은 정보가 그림 9.48*a*에도 있다. 실제로 화살표가 각 천이의 방향을 보여주기 때문에 그림 9.48*a*의 다이어그램이 더 많은 정보를 포함하고 있다. 앞의 다이어그램 연결선들은 r_2r_1의 입력 값으로 부르는 대신에 그림 9.51*a*의 선들은 앞서 설명한 것과 같이 숫자로 표시된 이름이다.

그림 9.50은 안정 상태 *B*에서의 안정 상태 2가 상태 *A* 또는 *C*에 도달할 수 있음을 나타낸다. 레이블 2는 그림 9.51*a*에 있는 다이어그램의 꼭짓점을 연결하는 선에 대응한다. 상태 할당 경우의 문제는 이미 소개한 바와 같이 *C*에서 *B*로 연결되는 대각선을 만난다는 것이다. 예제 9.12에서 이 문제는 새로운 상태 *D*를 도입함으로써 해결하였다. 그림 9.50의 흐름표를 좀 더 세심하게 살펴보면, 중재기 FSM의 동작은 *C*에서 *B*로 바뀌

Present state	Next state				Output
	$r_2r_1 = 00$	01	10	11	g_2g_1
A	①	2	4	–	00
B	1	②	4	③	01
C	1	2	④	⑤	10

그림 9.50 그림 9.21*a*의 재 명명된 흐름표

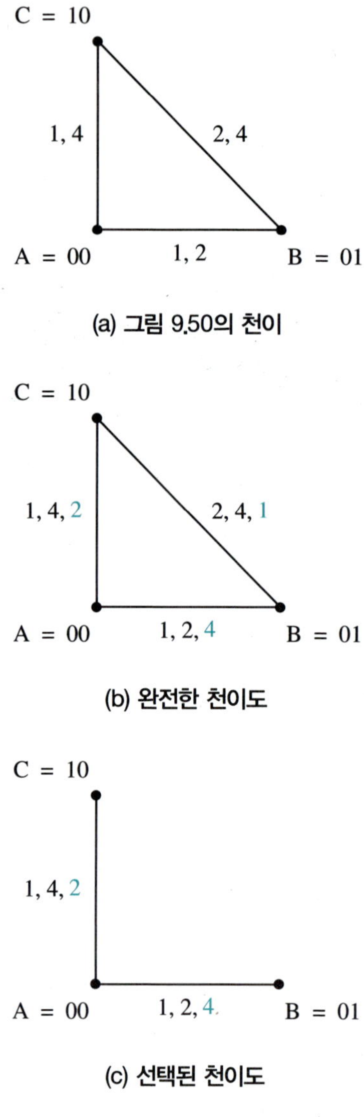

그림 9.51 그림 9.50의 천이도

는 천이가 상태 *A*를 거쳐서 발생된다면 실현될 수도 있다. 다시 말해서, 회로가 *C*에서 안정 상태에 있다면 입력 $r_2r_1 = 01$은 상태 *A*로 천이를 일으키고, 회로는 상태 *A*에서 *B*로 즉시 옮겨갈 것이다. 그림 9.51*a*의 *C*와 *A*를 연결하는 선 위에 2를 레이블하여 이 경로의 사용 가능성을 나타낼 수 있다.

유사한 상황이 *B*에서 4로 레이블된 상태 *C*로 바뀌는 천이에도 존재한다. 만일 입력이 $r_2r_1 = 10$이면 *B*에서 상태 *A*로 가도록 하고, 이어서 곧바로 *C*로 진행하도록 하면 다른 경로가 만들어진다. 이와 같은 경로를 그림 9.51*a*의 *B*와 *A*의 연결선 상에 4를 레이블하여 지시할 수 있다.

새로 표기된 흐름표에서 두 개의 상태가 동그라미가 없는 동일한 레이블을 가질 때마다 우회 경로 이용이 가능하다. 그림 9.50에서 $r_2r_1 = 00$이면 1을 사용한 제3의 경로가 가능한데, 이 경우에는 별로 큰 도움이 되지 못한다. *B*나 *C*에서 *A*로 바뀌는 경우 그림 9.51*a*의 상태 할당을 사용하면 단 하나의 상태 변수만 변하기 때문이다. 그러므로 이 입력의 경우에 *B*와 *C* 사이에 발생하는 천이는 아무런 소득이 없다.

다른 경로가 있는지 알아보기 위하여 다이어그램에 상응하는 천이를 컬러로 표시한다. 따라서 완성된 천이도는 안정 상태로 바뀌는 모든 직접적인 천이를 검정색으로, 불안정 상태를 통하여 일어날 가능성이 있는 간접적인 천이는 컬러로 보여줄 것이다. 그림 9.51*b*는 그림 9.21*a*의 흐름표에 대한 완성된 천이도이다.

그림 9.51*b*의 천이도가 2차원 큐브상에 내장될 수 없는 이유는 어떤 천이가 대각선 경로를 요구하기 때문이다. *B*와 *C* 사이의 경로에 있는 컬러 레이블 1에 관심이 없는 이유는 사용될 필요가 없는 우회 경로만을 나타내기 때문이다. 그러나 상태 *B*와 *C* 사이의 천이는 2와 4가 요구된다. 그림은 상태 *A*를 통해 2와 4의 이름을 가진 우회 경로를 보여준다. 따라서 우회 경로가 사용될 수 있으므로 대각선 경로를 제거할 수 있다. 이렇게 하여 그림 9.51*c*의 천이도를 도출하면, 이것은 2차원 큐브에 내장될 수 있다. 결론적으로 상태 할당 $A = 00$, $B = 01$, $C = 10$은 좋지만, 흐름표는 우회 경로를 이용하는 천이를 명시하기 위하여 수정되어야 한다. 수정된 표는 그림 9.23*a*에서 보인 애드혹(ad hoc) 방식을 사용하여 이전에 설계했던 흐름표와 같다.

이 예제에서 마지막으로 언급하자면, 우회 경로를 이용하여 동작될 경우 출력에 미치는 영향을 주목해야 한다. $r_2r_1 = 01$이면 상태 *C*에서 불안정 상태 *A*를 거쳐 상태 *B*로 바뀌는 변화는 그림 9.21*a*에서 명시된 것과 같이 출력이 $10 \rightarrow 01$로 직접 가기보다는, 출력 g_2g_1이 $10 \rightarrow 00 \rightarrow 01$로 생성된다. 이와 같은 출력은 예제 9.6에서 언급한 대로 중재기 회로에서는 문제되지 않는다.

천이도 유도 과정

흐름표로부터 다음과 같이 천이도를 도출한다.

- 위에서 설명한 바와 같이 이름을 다시 붙인 흐름표를 도출한다. 주어진 입력에 대하여 동일한 안정 상태로 들어가는 모든 천이는 같은 숫자를 붙인다. 결국 안정 상태로 들어가지만 불안정 상태를 통한 천이는 안정 상태와 동일한 숫자가 된다.
- 흐름표의 각 행을 꼭짓점으로 나타낸다.
- 재 명명된 흐름표의 어떤 열에서 숫자가 같으면, 두 꼭짓점 V_i와 V_j를 선으로 잇는다.
- V_i와 V_j의 숫자가 같은 각 열에 대하여 V_i와 V_j 사이의 선을 그 숫자로 붙인다. 원으로 나타낸 안정 상태로 바뀌는 직접적인 천이는 검정색으로, 흐름표에 있는 V_i와 V_j 모두 다음 상태의 입력 엔트리에 원이 없을 때는 컬러로 이름 붙인다.

다시 이름 붙인 흐름표에서 불안정 상태를 통한 천이는 안정 상태의 이름을 붙인다. 예를 들면, 그림 9.23*a*의 흐름표에서 시작하는 천이도를 구하기 위하여 그림 9.50과 같이 다른 이름으로 바꾼다. *A*에서 입력이 $r_2r_1 = 01$일 때 안정 상태 *B*로 바뀌는 천이는 2로 명명한다. 안정 상태 *C*에서 불안정 상태 *A*로 가는 천이도 동일한 이름을 사용하는데, 이 천이는 궁극적으로 안정 상태 *B*로 들어가기 때문이다.

9.5.2 명시되지 않은 다음 상태 엔트리의 활용

흐름표에 명시되지 않은 입력 엔트리는 보다 좋은 상태 할당을 하는 데 편리하게 이용될 수 있다. 다음은 그러한 경우를 다루는 예제이다. 또한 이 예제를 통하여 천이도를 구하는 데 필요한 모든 단계를 설명한다.

예제 9.13

그림 9.52*a*의 흐름표를 생각해 보자. 이 FSM은 일곱 개의 안정 상태의 입력 엔트리들이 있다. 이 입력 엔트리를 1에서 7까지 순서대로 이름 붙이면 그림 9.52*b*와 같다. 이 경우 1과 2는 상태 *A*, 3과 4는 상태 *B*, 5와 6은 상태 *C*, 그리고 7은 상태 *D*에 해당한다. $w_2w_1 = 00$의 열에서 1로 표시된 것은 *C*에서 *A*로 바뀌는 천이이고 *D*에서 *B*로 바뀌는 천이는 3으로 표시하였는데, 이 천이에서 1과 3은 후속자 안정 상태이기 때문이다. 같은 방법으로 $w_2w_1 = 11$의 열에 *B*에서 *C*로, 그리고 *D*에서 *A*로 바뀌는 천이도 각각 6과 2로 붙인다. $w_2w_1 = 01$의 열에 *A*에서 *B*로 바뀌는 천이는 4로 표시된다. 상태 *C*는 입력이 01일 때에 안정 상태이며 5로 이름을 붙였다. 이 안정 상태로 들어가는 천이는 없다. 이 상태는 상태 *C*인 6이 $w_2w_1 = 11$의 조건에서 안정 상태에 있다가 입력이 $w_2w_1 = 01$로 변경되면 도달할 수 있다. 이 FSM은 입력 11에서 01로 또는 01에서 11로 변경되더라도 *C*에서 안정 상태로 남는다. $w_2w_1 = 10$의 열은 불안정 상태를 어떻게 다루는지 알려주고 있다. 안정 상태 *A*에서 불안정 상태 *C*로 바뀌는 천이가 나타났다. FSM이 상태 *C*에 도달하자마자 안정 상태 *D*(새 이름으로는 7)로 변경될 것이다. 그러므로 7을 *A*에서 *C*로, *C*에서 *D*로 가는 전체의 천이 순서를 나타내는 이름으로 사용한다.

행 *A*, *B*, *C*, *D*를 네 개의 꼭짓점으로 그린 초기 천이도가 그림 9.53*a*에 있다. 이 그림은 모든 두 개의 상태들 사이에 일어나는 천이를 나타내며, 모든 천이의 해밍 거리가 1인 상태 할당은 불가능하다는 것을 제시하고 있다. $A = 00$, $B = 01$, $C = 11$, $D = 10$으로 상태 할당하면 *A*와 *C* 또는 *B*와 *D*의 대각선 천이는 모두 양쪽 상태 변수의 변경을 요구한다. *B*에서 *D*로 가는 대각선 경로 7은 필요하지 않은데, *B*에서 *D*로 가는 우회 경로가 상태 *A*나 상태 *C*를 통과하는 7로 존재하기 때문이다. 불행히도 1과 3의 대각선 경로는 우회 경로가 없기 때문에 제거될 수 없다.

적절한 상태 할당을 찾기 위한 다음 시도에 따라, *B*와 *C*에 주어진 코드를 반대

Present state	Next state				Output
	w_2w_1 = 00	01	10	11	z_2z_1
A	(A)	B	C	(A)	00
B	(B)	(B)	D	C	01
C	A	(C)	D	(C)	10
D	B	–	(D)	A	11

(a) 흐름표

Present state	Next state				Output
	w_2w_1 = 00	01	10	11	z_2z_1
A	(1)	4	7	(2)	00
B	(3)	(4)	7	6	01
C	1	(5)	7	(6)	10
D	3	–	(7)	2	11

(b) 재 명명된 흐름표

그림 9.52 예제 9.13의 흐름표

로 하면 그림 9.53*b*의 천이도가 된다. 7의 우회 경로에 대하여 같은 방법을 적용하면 *C*에서 *D*로 가는 대각선은 생략될 수 있다. 또한 *A*와 *B* 사이의 대각선에 있는 7도 생략할 수 있다. 그러나 이 대각선은 4의 우회 경로가 없기 때문에 제거될 수 없다. 그림 9.52b의 흐름표를 보면 $w_2w_1 = 01$의 열에 명시되지 않은 입력 엔트리가 하나 있는 것을 알 수 있다. 이 입력 엔트리를 4로 대치하여 이용할 수 있다. 이 경우에 천이도는 4를 *B*와 *D*뿐만 아니라 *A*와 *D*를 연결하는 선 위에도 나타나게 해야 한다. 따라서 *A*와 *B* 사이의 대각선은 제거되어 그림 9.53*c*로 된다. 이 그림은 2차원 큐브에 내장될 수 있다. 즉 $A = 00$, $B = 11$, $C = 01$, $D = 10$의 상태 할당이 사용될 수 있다는 뜻이다.

그림 9.53*c*의 천이도를 사용하기 위해서 FSM의 흐름표를 그림 9.54*a*와 같이 수정해야 한다. 그림 9.52*a*에서 명시되지 않은 입력 엔트리가 이제 상태 *B*로 이동하도록 하였다. 그림 9.53*c*에 따르면, 입력 값 $w_2w_1 = 01$일 경우 상태 *A*에서 *B*로 바뀌는 천이는 반드시 상태 *D*를 통과해야 한다. 그러므로 첫 행의 해당 입력 엔트리는 이러한 천이가 이루어지도록 수정되어야 한다. 또한 $w_2w_1 = 10$일 때 FSM은 반드시 상태 *D*로 가야 한다. FSM이 상태 *C*에 우연히 있다면 이 변경은 상태 *A*나 *B*를

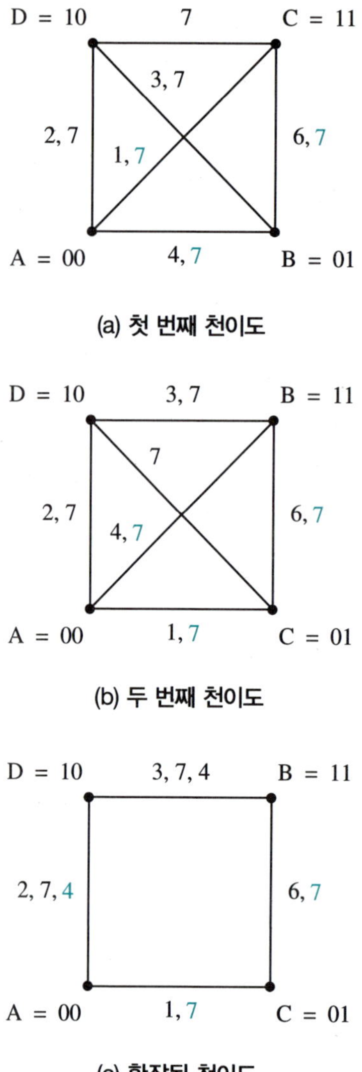

그림 9.53 그림 9.52의 천이도

통해 일어나야 한다. 여기서 그림 9.54*a*의 상태 *B*를 통과하는 경로를 선택하였다.

그림 9.52*a*의 최초의 흐름표는 무어 모델 형태로 기술한 것이다. 밀리 모델을 사용한다면 그림 9.54*a*를 수정해야 하는데, 앞서 기술한 불안정 상태를 통과하는 천이가 반드시 올바른 출력을 생성해야 하기 때문이다. 상태 *A*에서 입력이 $w_2w_1 = 01$인 경우를 고려해 보자. 안정 상태 *A* 동안 회로는 출력 $z_2z_1 = 00$을 생성해야 한다. 다음 안정 상태 *B*에 도달하자마자 출력은 반드시 01이 되어야 한다. 문제는 이 천이가 무어 모델이 출력 $z_2z_1 = 11$을 생성하는 상태 *D*에 짧은 시간 동안 거쳐야

Present state	Next state				Output z_2z_1			
	w_2w_1 = 00	01	10	11	00	01	10	11
A	(A)	D	D	(A)	00	00	11	00
B	(B)	(B)	D	C	01	01	11	01
C	A	(C)	B	(C)	−0	10	1−	10
D	B	B	(D)	A	−1	0−	11	00

(a) 수정된 흐름표

	Present state y_2y_1	Next state Y_2Y_1				Output z_2z_1			
		w_2w_1 = 00	01	10	11	00	01	10	11
A	00	(00)	10	10	(00)	00	00	11	00
B	11	(11)	(11)	10	01	01	01	11	01
C	01	00	(01)	11	(01)	−0	10	1−	10
D	10	11	11	(10)	00	−1	0−	11	00

(b) 여기표

그림 9.54 그림 9.52*a*의 FSM 구현

한다는 데 있다. 따라서 출력 신호 z_2에서 글리치 $0 \to 1 \to 0$이 발생할 것이다. 이러한 원치 않는 글리치를 피하기 위해 상태 *D*의 출력은 이 입력에서 반드시 $z_2 = 0$이어야 한다. 따라서, 그림 9.54*a*에서 보이는 것과 같은 밀리 모델의 사용이 요구된다. $w_2w_1 = 01$인 상태 *D*에서 z_2가 반드시 0인 동안에 z_1은 0이나 1 어느 것이든 될 수 있는데, z_2가 상태 *A*의 0에서 상태 *B*의 1로 변경되기 때문이다. 그러므로 z_1은 명시되지 않은 채 남을 수 있으므로 무정의 조건으로 처리될 수 있다. 회로의 입력이 $w_2w_1 = 10$이면 회로가 *C*에서 *B*를 거쳐 *D*로 변경될 때 같은 상황이 발생한다. 출력이 10에서 11로 반드시 변경되어야 한다는 것은 z_2가 *B*를 거치는 짧은 기간 동안에도 계속 1로 남아 있어야 한다는 것을 뜻하는데, 이 짧은 *B*를 지나는 기간에 무어 모델 출력은 01이 된다.

수정된 흐름표와 결정된 상태 할당을 그림 9.54*b*의 여기표로 표시하였다. 이 표로부터 9.3절의 예제와 같이 다음 상태와 출력식을 구할 수 있다.

름표는 그림 9.59*a*와 같이 수정된다. 이렇게 수정된 흐름표의 입력 엔트리들은 처음 흐름표에서 발생하는 천이가 합동인 두 개의 쌍으로 이루어진 쌍 간의 천이로 처리하여 구현한다. 이 그림에서 처음 흐름표와 마찬가지로 동일한 상태인 쌍들은 입력에 대하여 안정 상태에 있다. 따라서 *A*1과 *A*2는 w_2w_1이 00 또는 01이면 안정 상태이고, *B*1과 *B*2는 $w_2w_1 = 01$ 또는 11이면 안정 상태이다. 이와 같은 상황이 반복된다. 어떤 주어진 시간에 FSM은 최초의 상태를 대표하는 두 개의 합동인 상태들 중 하나에 있다. 그 다음에 다른 상태로 바뀌는 천이는 이 상태 중 하나에서 나온다. 예를 들면, 그림 9.55*a*는 상태 *A*에서 입력이$w_2w_1 = 11$이면 상태 *B*로 변경된다. 수정된 흐름표의 합동인 천이는 *A*1에서 상태 *B*1으로, 또는 *A*2에서 상태 *B*2로 바뀐다. 원래 FSM은 *A*에서 안정 상태이고 입력이 00에서 10으로 변경되면 상태 *C*로 바뀐다. 수정된 흐름표에서는 *A*1에서 *C*1 상태로 바뀌는데, FSM이 우연히 상태 *A*2에 있다면 *A*1로 변경되어야 할 것이다. 그림 9.59*a*의 나머지 입력 엔트리들도 같은 논리를 사용하여 구할 수 있다.

출력들은 무어 모델을 사용하여 표시하는데, 그 이유는 오직 불안정 상태만이 합동인 쌍의 한 상태에서 다른 상태로 변경하는 데 포함되고, 동일한 두 상태들은 같은 출력을 생성해야 하기 때문이다. 앞에서 이미 설명하였듯이 *A*에서 *C*로 바뀌는 천이는 출발점이 *A*2라면 처음에 *A*1로 가고 그 다음에 *C*1로 가야 한다. *A*1이 $w_2w_1 = 10$인 동안 불안정임에도 불구하고 문제가 없는 것은 출력이 *A*2와 같기 때문이다. 그러므로 최초의 흐름표가 무어 모델을 사용하여 기술된 것이면 수정된 흐름표도 무어 모델를 사용하여 나타낼 수 있다.

그림 9.58과 같은 상태 할당하면 여기표는 그림 9.59*b*와 같다.

9.5.4 One-Hot 상태 할당

앞에서 소개한 흐름표를 큐브 내에 내장하는 방법은 최적의 상태 할당이 될지도 모르지만, 보다 큰 회로의 적용에는 곤란한 시행착오 방식이다. 비용이 상대적으로 더 들지만 간단한 대안이 one-hot 코드를 사용하는 것이다. 어떤 FSM의 흐름표의 각 행을 one-hot 코드로 할당하면, 천이에 포함된 두 개의 안정 상태로부터 해밍거리가 1이 되어 불안정 상태를 통과하더라도 경합이 없는 천이를 구현할 수 있다. 예를 들면, 상태 *A*는 코드 0001로 지정되고 상태 *B*는 코드 0010으로 지정된다고 하자. 그러면 *A*에서 *B*로 바뀌는 경합이 없는 천이는 불안정 상태 0011을 통과할 수 있다. 같은 방법으로, *C*가 코드 0100으로 지정된다면 *A*에서 *C*로의 천이는 불안정 상태 0101을 통해서도 이루어질 수 있다.

이 방법을 사용하여 그림 9.55*a*의 흐름표를 그림 9.60과 같이 수정할 수 있다. 네 개의 상태 *A*, *B*, *C*, *D*는 one-hot 코드로 할당된다. 그림에서 보는 바와 같이, 필요한 천이를 위해 *E*부터 *J*까지 여섯 개의 불안정 상태를 추가하였다. 이 불안정 상태들은 특정 천이만을

Present state	Next state				Output
	w_2w_1 = 00	01	10	11	z_2z_1
A1	A1	A1	C1	B1	00
A2	A2	A2	A1	B2	00
B1	A1	B1	B2	B1	01
B2	A2	B2	D2	B2	01
C1	C1	C2	C1	D1	10
C2	C2	B1	C2	D2	11
D1	C1	A2	D1	D1	11
D2	C2	D1	D2	D2	11

(a) 수정 흐름표

	Present state $y_3y_2y_1$	Next state $Y_3Y_2Y_1$				Output z_2z_1
		w_2w_1 = 00	01	10	11	
A1	000	000	000	100	010	00
A2	001	001	001	000	011	00
B1	010	000	010	011	010	01
B2	011	001	011	111	011	01
C1	100	100	110	100	101	10
C2	110	110	010	110	111	10
D1	101	100	001	101	101	11
D2	111	110	101	111	111	11

(b) 여기표

그림 9.59 예제 9.15의 수정 흐름표와 여기표

State assignment	Present state	Next state				Output
		w_2w_1 = 00	01	10	11	z_2z_1
0001	A	(A)	(A)	E	F	00
0010	B	F	(B)	G	(B)	01
0100	C	(C)	H	(C)	I	10
1000	D	I	J	(D)	(D)	11
0101	E	–	–	C	–	–0
0011	F	A	–	–	B	0–
1010	G	–	–	D	–	–1
0110	H	–	B	–	–	01
1100	I	C	–	–	D	1–
1001	J	–	A	–	–	00

그림 9.60 one-hot 인코딩의 상태 할당

위해 사용된다. 반면에 다른 입력 값에 대한 불안정 상태들은 무정의로 처리할 수 있다.

출력은 무어 모델을 이용해 명시될 수 있다. 어떤 경우에는 출력 신호 값이 언제 변경되는가는 중요하지 않다. 예를 들면, 상태 *E*는 상태 *A*에서 *C*로 가는 천이를 돕기 위해 사용된다. *A*에서 z_2z_1은 00이고 *C*에서 10이므로 z_2가 상태 *E*를 통과할 때 변경되더라도 문제가 발생하지 않는다.

구현하기는 쉽지만 one-hot 코딩 방식은 비용이 많이 드는데, 그 이유는 *n*개의 행으로 된 흐름표를 구현하기 위해 *n*개의 상태 변수들을 만들어야 하기 때문이다. 논리회로를 설계하는 데 회로를 간단하게 만드는 것과 비용은 서로 반비례하여 절충(trade-off)되어야 하므로 고려할 만한 가치가 있다.

9.6 • 해저드

비동기 순차회로에서 불필요한 글리치는 발생하지 않도록 해야 한다. 그러므로 글리치들의 발생 가능한 원인을 파악하여 회로의 상태가 바뀔 때 발생하지 않도록 한다. 주어진 회로의 구조에 의해서 생기는 글리치와 회로의 전달 지연을 **해저드**(*hazard*)라고 한다. 해저드의 두 가지 유형이 그림 9.61에 있다.

입력 변수가 자신의 값을 변경할 때 신호가 어떤 특정 논리 값에 있어야 하는데 (0 또는 1), 그대로 있지 않고 순간적으로 변한다면 **정적 해저드**(*static hazard*)가 존재한다. 그림 9.61*a*와 같이 정적 해저드의 한 유형은 논리 1로 남아 있어야 하는데 잠깐 동안 0으로 떨어지는 경우이고, 다른 유형은 논리 0으로 남아 있어야 하는데 순간적으로

(a) 정적 해저드

(b) 동적 해저드

그림 9.61 해저드의 정의

1이 되는 경우이다. 이 두 가지 유형이 전형적인 글리치에 해당된다.

다른 형태의 해저드는 신호가 1에서 0, 또는 0에서 1로 변할 때 발생한다. 이러한 변화는 신호의 값이 새로운 값으로 안정되기 전에 짧은 진동을 포함하는 것으로 **동적 해저드**(*dynamic hazard*)가 존재하기 때문이다. 이러한 동적 해저드의 유형을 그림 9.61*b*에 나타내었다.

9.6.1 정적 해저드

그림 9.62*a*의 회로에는 정적 해저드가 존재한다. 회로의 입력 $x_1 = x_2 = x_3 = 1$이므로 출력은 $f = 1$의 상태에 있다고 가정하자. x_1을 1에서 0으로 바꾸자. 그렇다고 해도 회로는 $f = 1$을 유지해야 한다. 그러나 게이트를 통과하는 전달 지연 시간을 고려하면 어떻게 될 것인가? x_1에서 q로 가는 길에 추가의 NOT 게이트가 있으므로 q점에 x_1의 변화가 나타나기 전에 p점에서 먼저 나타날 수 있다. 그러므로 p점의 신호는 q점의 신호가 1이 되기 전에 먼저 0이 될 것이다. 잠깐 동안에 p와 q 둘 다 0이 되어 f가 1을 유지하기 전에 0으로 떨어지게 된다. 따라서 그림 9.61*a*의 왼쪽에 보이는 것과 같은 신호를 생성한다.

출력 f에 발생하는 글리치를 방지할 수 있는 함수의 논리식은 다음과 같다.

$$f = x_1x_2 + \bar{x}_1x_3$$

위 식의 카르노 맵이 그림 9.62*b*에 있다. 두 개의 곱항은 검정색 타원으로 표시된 프라임 임플리컨트이다. 위에서 설명한 해저드는 프라임 임플리컨트 x_1x_2에서 $\bar{x}_1x_3$으로 천이가 있을 때 발생한다. 이 해저드는 컬러의 타원으로 표시된 제3의 프라임 임플리컨트를 포함시키면 제거할 수 있다(2.5절의 특성 식 17*a*에서 정의한 콘센서스(consensus) 항이다). 함수는 다음 식으로 표현된다.

$$f = x_1x_2 + \bar{x}_1x_3 + x_2x_3$$

이 식에서 곱 항 x_2x_3은 x_1의 값에 관계없이 $x_2 = x_3 = 1$이면 1이 되기 때문에 x_1이 1에서 0으로 변경되더라도 출력 f에 영향을 주지 않는다. 그 결과 해저드 없는 회로가 되며 그림 9.62c와 같다.

민텀들로 표시한 카르노 맵에서 두 개의 이웃한 1이 하나의 곱 항에 포함되지 않으면 잠재적으로 해저드가 발생할 수 있다. 그러므로 해저드를 제거하는 방법은 이웃하는 1들의 각 쌍을 포함하는 커버를 찾는 것이다. 그러면 이웃하는 1들 사이의 천이를 발생시키는 한 개의 입력이 변해도 이들 사이를 포함한 곱 항이 있어 글리치가 일어날 수 없다.

비동기 순차회로에서 해저드는 회로가 잘못된 안정 상태로 이동할 수 있다. 예제 9.16에서 이러한 경우를 다룬다.

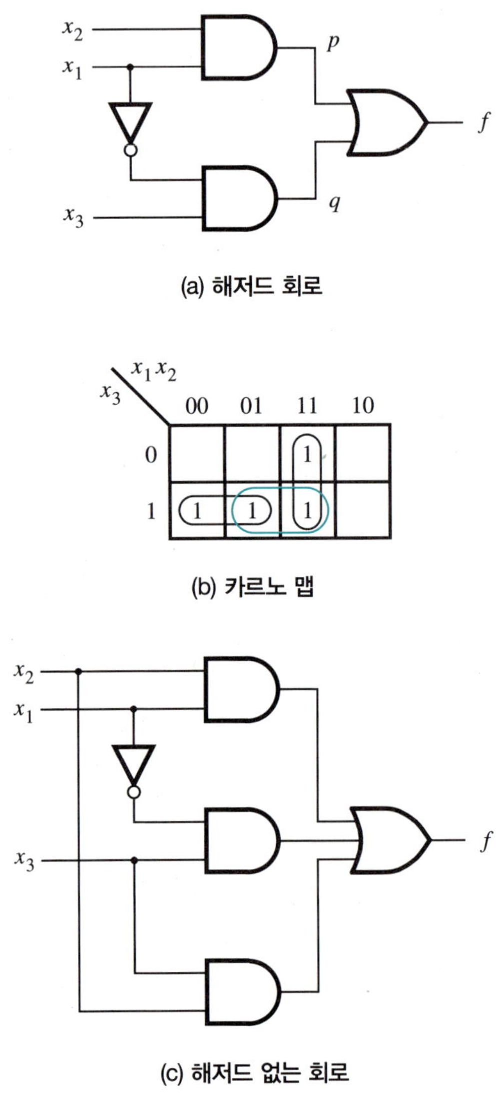

그림 9.62 정적 해저드의 예

예제 9.16

예제 9.2에서 마스터 슬레이브 D 플립플롭을 구현하는 회로를 분석하였다. 그림 9.6a의 여기표를 이용하여 Y_m과 Y_s를 최소 비용으로 구현하면 다음과 같은 논리식이 된다.

$$\begin{aligned} Y_m &= CD + \overline{C}y_m \\ &= (C \uparrow D) \uparrow (\overline{C} \uparrow y_m) \\ Y_s &= \overline{C}y_m + Cy_s \\ &= (\overline{C} \uparrow y_m) \uparrow (C \uparrow y_s) \end{aligned}$$

위 식에 해당하는 회로가 그림 9.63a에 있다. 이 회로는 5장에서 소개하였던 플립플롭보다 비용이 적을 것 같이 보인다. 문제는 이 회로가 정적 해저드를 내포하고 있다는 것이다.

그림 9.63b는 함수 Y_m와 Y_s의 카르노 맵이다. 최소 비용으로 구현하기 위해서는 검정색으로 둘러싸인 프라임 임플리컨트만 사용한다. 이 회로가 정적 해저드 때문에 어떻게 영향을 받는지 알아보기 위해 $Y_s = 1$, $C = D = 1$이라고 하자. 그렇다면 회로는 $Y_m = 1$을 얻는다. 이제 C가 1에서 0으로 변경되도록 하자. 플립플롭이 정상적으로 동작하기 위하여 Y_s는 반드시 1로 남아야 한다. 그림 9.63a에서 C가 0으로 변경될 때 p와 r은 둘 다 1이 된다. NOT 게이트를 통과하는 시간 때문에 q는 아직 1일 수 있어서 회로가 $Y_m = Y_s = 0$을 생성한다. Y_m으로부터의 피드백은 $q = 1$을 유지할 것이다. 따라서 회로는 잘못된 안정 상태인 $Y_s = 0$으로 남는다.

해저드를 피하기 위해 컬러로 둘러싼 항들을 포함시키면 다음 식이 된다.

$$\begin{aligned} Y_m &= CD + \overline{C}y_m + Dy_m \\ Y_s &= \overline{C}y_m + Cy_s + y_my_s \end{aligned}$$

NAND 게이트로 구현된 회로는 그림 9.63c에 있다.

Y_m과 Y_s의 식들을 다시 쓰면 다른 NAND-게이트 구현을 얻을 수 있다.

$$\begin{aligned} Y_m &= CD + (\overline{C} + D)y_m \\ &= (C \uparrow D) \uparrow ((\overline{C} + D) \uparrow y_m) \\ &= (C \uparrow D) \uparrow ((C \uparrow \overline{D}) \uparrow y_m) \\ Y_s &= \overline{C}y_m + (C + y_m)y_s \\ &= (\overline{C} \uparrow y_m) \uparrow ((\overline{C} \uparrow \overline{y}_m) \uparrow y_s) \end{aligned}$$

이 식들은 그림 5.12의 회로와 정확히 일치한다.

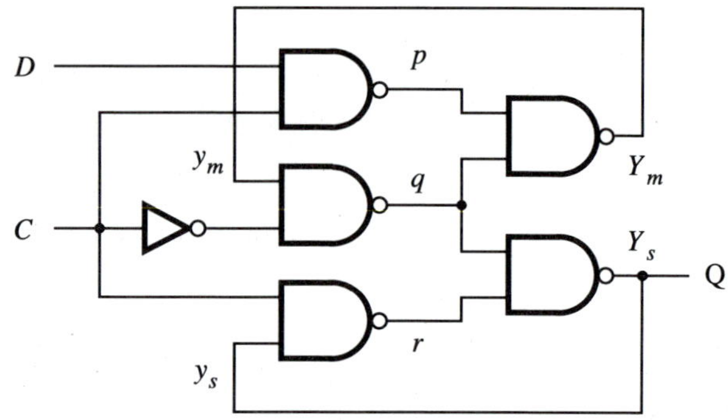

(a) 최소 비용 회로

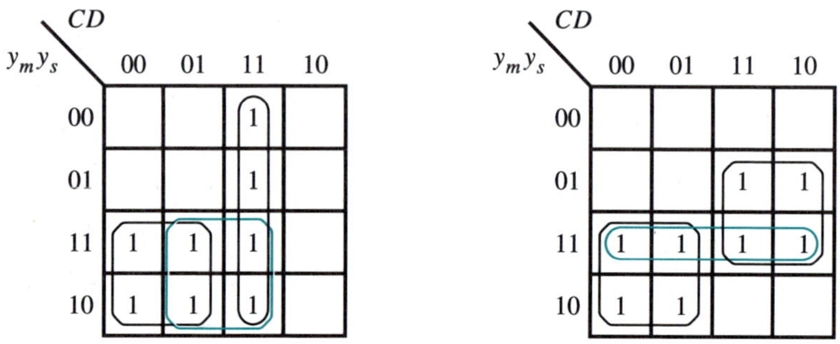

(b) 그림 9.6*a*에서 Y_m과 Y_s의 카르노 맵

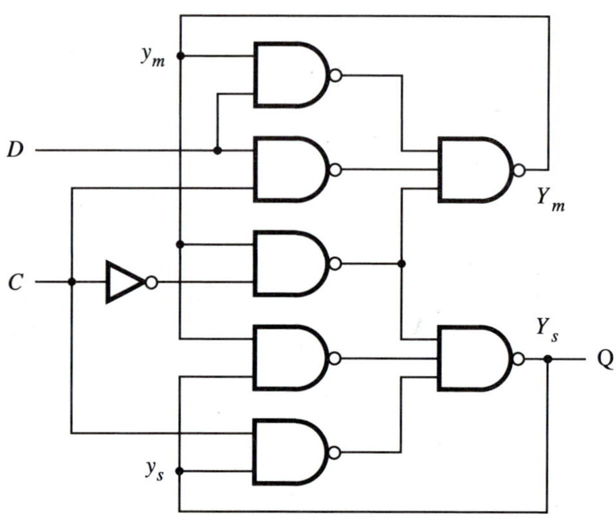

(c) 해저드 없는 회로

그림 9.63 마스터 슬레이브 D 플립플롭의 2단 구현

예제 9.17

앞의 예제에서 주어진 함수를 SOP로 구현한 회로의 모든 프라임 임플리컨트를 포함시킴으로써 정적 해저드가 제거될 수 있는 것처럼 생각된다. 그러나 모든 프라임 임플리컨트를 항상 포함시킬 필요는 없다. 이웃하는 1들을 커버하는 곱 항만을 포함하면 된다. 무정의 항으로 구성된 꼭짓점들은 포함될 필요가 없다.

그림 9.64의 함수를 살펴보자. 해저드가 없는 회로로 구현하려면 컬러로 둘러싸인 항을 반드시 포함해야 하며 다음 식과 같다.

$$f = \bar{x}_1 x_3 + x_2 x_3 + x_3 \bar{x}_4$$

프라임 임플리컨트 $\bar{x}_1\bar{x}_2$는 해저드를 제거하는 데 필요하지 않은데, 오직 맨 왼쪽 열의 두 개의 1만을 나타내기 때문이다. 이 1들은 이미 $\bar{x}_1 x_3$ 항에 포함되어 있다.

예제 9.18

정적 해저드는 다른 형태의 회로에서도 발생할 수 있다. 그림 9.65*a*는 해저드를 내포하고 있는 POS회로이다. $x_1 = x_3 = 0$이고 x_2가 0에서 1로 변경되면 f는 0으로 남아 있어야 한다. 그러나 p의 신호가 q의 신호보다 일찍 변경되면 잠깐 동안 p와 q는 둘 다 1이 되므로 f에서 $0 \rightarrow 1 \rightarrow 0$의 글리치를 일으킨다.

POS 회로에서 이웃하는 0들 사이에서 일어나는 천이 때문에 해저드가 발생한다. 그러므로 해저드 없는 회로를 설계하기 위해서는 이웃하는 0들의 모든 쌍을 포함하는 합 항을 포함시켜야 한다. 이 예제에서 카르노 맵에서 컬러로 둘러싸인 항은 반드시 포함되어야 하며 다음 식이 된다.

$$f = (x_1 + x_2)(\bar{x}_2 + x_3)(x_1 + x_3)$$

이 회로가 그림 9.65*c*에 있다.

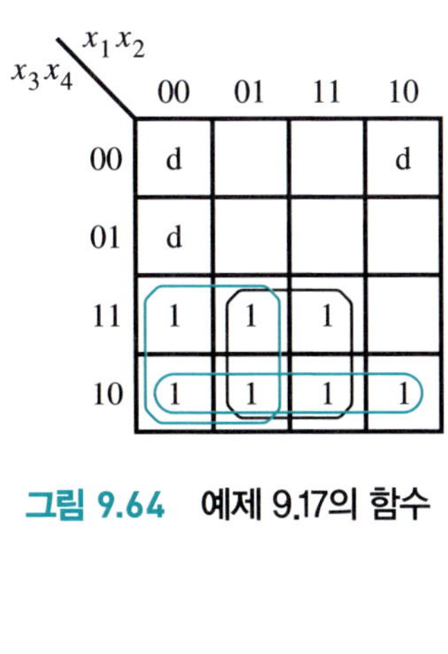

그림 9.64 예제 9.17의 함수

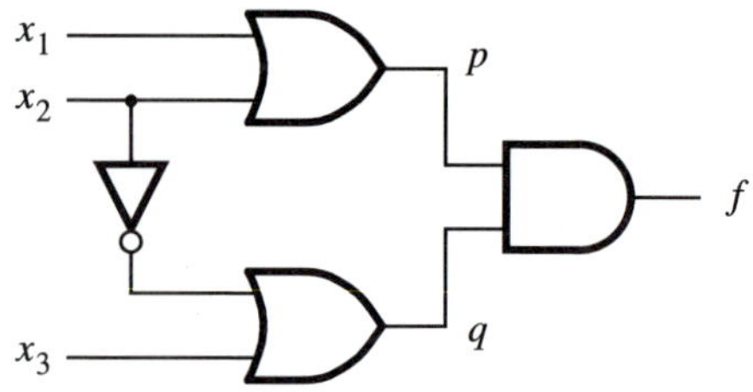

(a) 해저드 회로

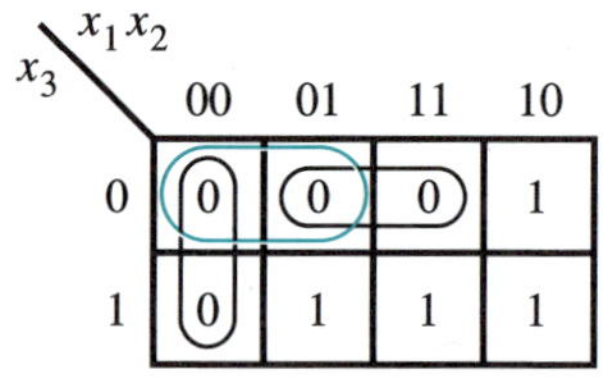

(b) 카르노 맵

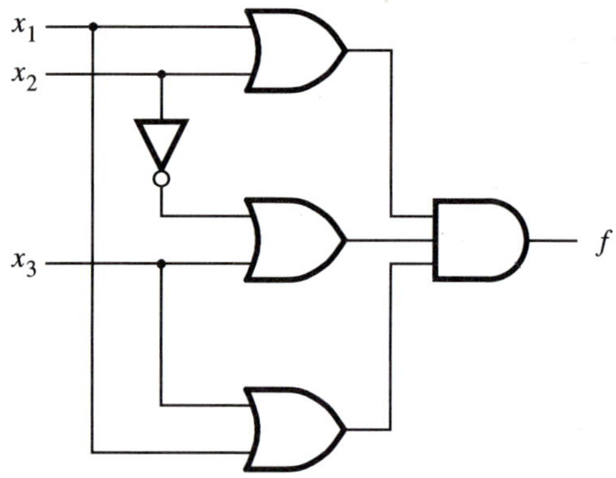

(c) 해저드 없는 회로

그림 9.65 POS 회로의 정적 해저드

9.6.2 동적 해저드

동적 해저드(dynamic hazard)는 출력 신호가 0 → 1 또는 1 → 0으로 바뀔 때 발생하는 글리치이다. 이러한 예제가 그림 9.66에 있다. 모든 NAND 게이트가 동일한 지연 시간을 갖는다고 가정하면 타이밍도는 그림과 같다. 두 수직선 사이에 경과된 시간이 게이트 지연에 해당된다. 출력 f에는 반드시 제거해야 할 글리치가 있다.

이 회로의 아래 함수를 다시 한 번 살펴보자.

$$f = x_1\bar{x}_2 + \bar{x}_3x_4 + x_1x_4$$

위 식은 최소 비용이 드는 2단계 SOP 함수이다. 그러나 이러한 식으로 회로를 구현하면

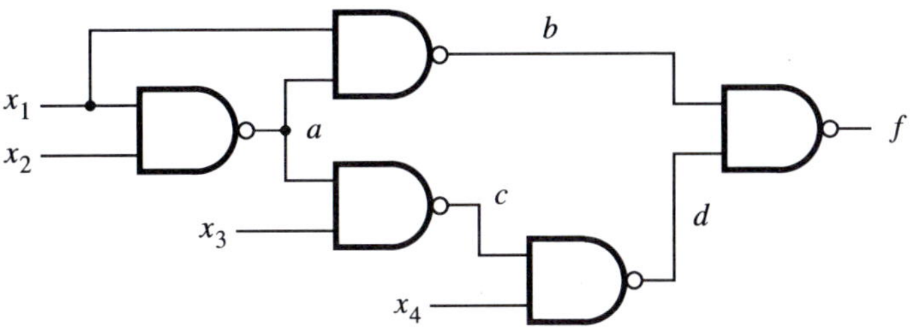

(a) 회로

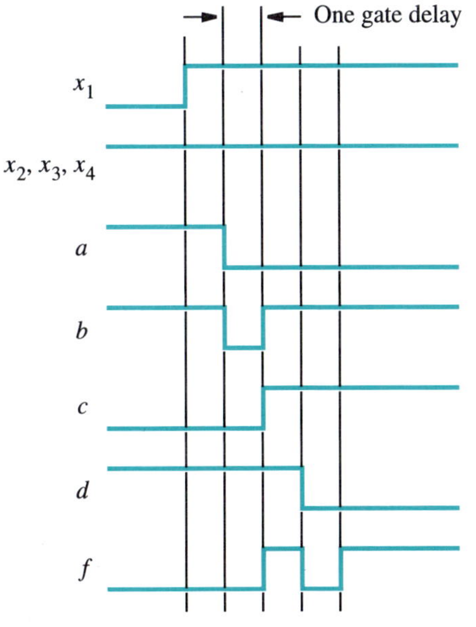

(b) 타이밍도

그림 9.66 동적 해저드 회로

정적 또는 동적 해저드가 발생하지 않을 것이다.

동적 해저드는 주어진 신호가 지나가는 경로가 여러 개 있는 구조의 회로 때문에 발생한다. 출력 신호가 예를 들어 $0 \rightarrow 1 \rightarrow 0 \rightarrow 1$과 같이 세 번 변한다면 초기 입력에서 변경된 값이 전달될 수 있는 경로가 적어도 세 개 존재하여야 한다. 구조적으로 동적 해저드가 존재하는 회로는 어딘가에 정적 해저드도 있다. 그림 9.66*b*에서 보는 바와 같이 신호 *b*에 정적 해저드가 존재한다.

동적 해저드는 8장에서 소개한 팩토링이나 분할(decomposition) 기법을 사용하여 얻은 다단 회로에서 발생한다. 이런 해저드는 발견도 어렵고 다루기도 쉽지 않다. 설계자는 오직 2단(AND-OR나 OR-AND 같은 형태) 회로만을 사용하여 정적 해저드가 없도록 함으로써 동적 해저드를 제거할 수 있다.

9.6.3 해저드의 중요성

비동기 순차회로에서 발생하는 글리치는 회로를 엉뚱한 상태로 이동하게 만들고 그 상태에서 안정 상태로 남아있게 할 수 있다. 그러므로 다음 상태 변수를 만드는 회로는 반드시 해저드가 없어야 한다. 단일 변수 값의 변경으로 인한 해저드를 제거하면 충분하다. 왜냐하면 비동기 순차회로의 기본적인 전제 조건이 초기 입력과 상태 변수의 값 둘 다 반드시 한 번에 하나만 변해야 되기 때문이다.

3장과 4장에서 다룬 조합회로에서는 해저드 문제에 대하여 걱정하지 않았다. 그 이유는 회로의 출력들이 단지 입력들에 의해서만 결정되기 때문이었다. 동기 순차회로에서 입력 신호들은 플립플롭들의 셋업과 대기 시간 범위 내에서 안정 상태에 있어야 된다. 클록 신호를 기준으로 셋업 시간과 대기 시간 범위 밖에서 글리치가 발생해도 회로의 정상적인 동작에는 문제가 없다.

9.7 • 완전한 설계 예

앞 장에서 비동기 순차회로를 설계할 때 고려해야 할 여러 가지 점들을 살펴보았다. 이 절에서는 설계에 필요한 모든 단계를 다루는 예제를 소개하고자 한다.

9.7.1 자판기 제어기

자판기의 제어회로는 디지털회로의 응용을 보여주는 대표적인 예제이다. 6장에서 동기식 자판기를 설계하였다. 9.2절에서도 자판기의 일부분을 분석하는 데 이용하였다. 이제 예제 6.7과 유사한 자판기 제어기를 비동기 순차회로로 어떻게 구현하는지 알아보자. 콘트롤러의 사양은 다음과 같다.

- 50원과 100원짜리 동전이 투입된다.
- 자판기가 사탕을 내어주려면 150원이 필요하다.
- 200원이 투입되어도 거스름돈은 돌려주지 않는다.

동전은 한 번에 하나씩 투입된다. 동전을 감지하는 디바이스는 50원과 100원짜리가 자판기에 투입되면 $N = 1$과 $D = 1$의 신호를 각각 출력시킨다. $N = D = 1$을 동시에 출력하는 것은 불가능하다. 합이 150원 이거나 그 이상의 동전이 들어오면 자판기는 사탕을 내어주고 초기 상태로 되돌아간다.

그림 9.67은 이러한 FSM의 상태도이다. 직관적인 방법을 이용하여 이 그림을 얻었으며 50원과 100원이 투입되었을 경우의 모든 가능성이 트리형 구조로 되어 있다. 이 그림을 일목요연하게 보기 위해 D와 N은 각각 입력 조건 $DN = 10$과 $DN = 01$을 표시한다. 조건 $DN = 00$은 단순하게 0으로 레이블한다. 사탕은 150원이 투입된 상태인 F, H, K에서 나오고, 200원이 투입된 I와 L 상태에서도 나온다.

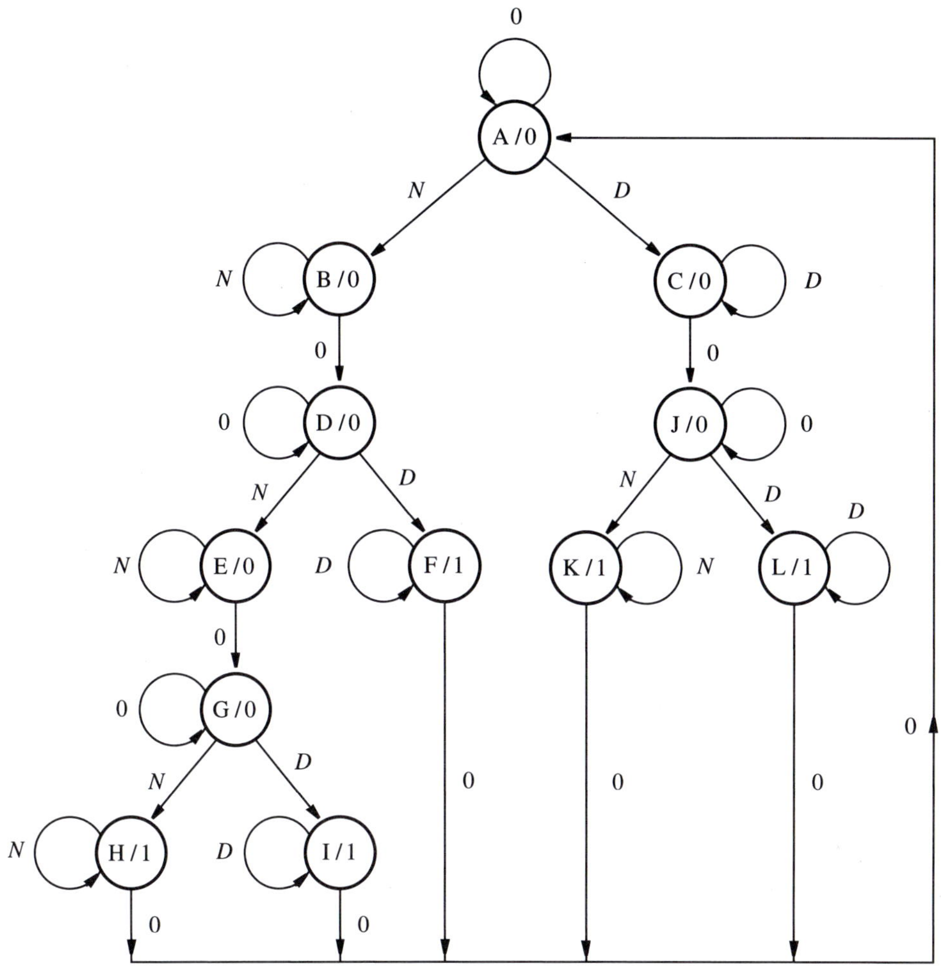

그림 9.67 자판기 제어기의 초기 상태도

그림 9.68은 이에 해당하는 흐름표이다. 분할 과정을 적용하면 다음과 같이 축소할 수 있다.

$$P_1 = (ADGJ)(BE)(C)(FIL)(HK)$$
$$P_2 = (A)(D)(GJ)(B)(E)(C)(FIL)(HK)$$
$$P_3 = P_2$$

합동인 G와 J 상태를 G로 나타내고, F, I, L을 F, H와 K를 H로 나타내면 그림 9.69의 부분적으로 축소된 흐름표가 만들어진다. 이 표의 병합도가 그림 9.70에 있다. 이 그림은 상태 F와 H뿐만 아니라 C와 E가 병합될 수 있음을 나타낸다. 따라서 축소된 흐름표는 그림 9.71a와 같다. 같은 내용을 그림 9.72의 상태도로도 나타낼 수 있다.

다음은 적절한 상태 할당을 찾아야 한다. 흐름표의 각 안정 상태에 특정 번호를 지정하여 그림 9.71b와 같이 나타내었다. 그러면 그림 9.73a의 천이도가 된다. 3차원 큐브

Present state	Next state				Output
	DN = 00	01	10	11	z
A	(A)	B	C	–	0
B	D	(B)	–	–	0
C	J	–	(C)	–	0
D	(D)	E	F	–	0
E	G	(E)	–	–	0
F	A	–	(F)	–	1
G	(G)	H	I	–	0
H	A	(H)	–	–	1
I	A	–	(I)	–	1
J	(J)	K	L	–	0
K	A	(K)	–	–	1
L	A	–	(L)	–	1

그림 9.68 자판기 제어기의 초기 흐름도

Present state	Next state				Output
	DN = 00	01	10	11	z
A	(A)	B	C	–	0
B	D	(B)	–	–	0
C	G	–	(C)	–	0
D	(D)	E	F	–	0
E	G	(E)	–	–	0
F	A	–	(F)	–	1
G	(G)	H	F	–	0
H	A	(H)	–	–	1

그림 9.69 상태 최소화의 첫 단계

에 내장을 원하므로 여덟 개의 꼭짓점을 그림에서 보였다. 이 그림에는 두 개의 대각선 천이가 있다. *D*와 *G*(7번) 사이의 천이는 문제되지 않는데 이 대각선은 우회 경로이기 때문이다. *A*에서 *C*(4번)의 천이가 필요한데 그것은 그림 9.73*b*의 컬러로 표시된 부분과 같이 사용하지 않는 상태들을 통과하여 실현될 수 있다. 이 그림의 상태 할당을 사용하면 그림 9.74의 여기표가 된다.

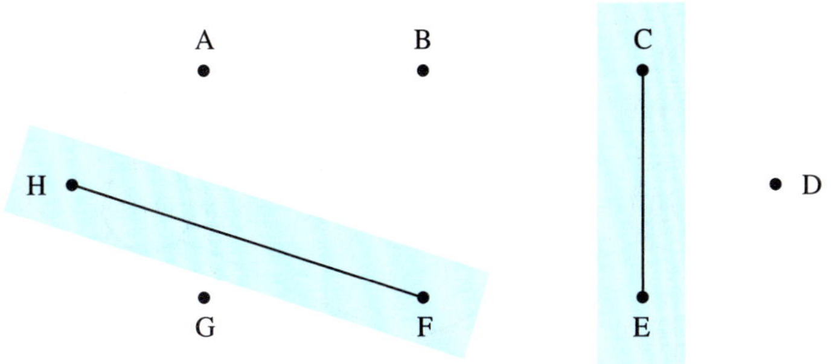

그림 9.70 그림 9.69의 병합도

Present state	Next state				Output
	$DN =$ 00	01	10	11	z
A	(A)	B	C	–	0
B	D	(B)	–	–	0
C	G	(C)	(C)	–	0
D	(D)	C	F	–	0
F	A	(F)	(F)	–	1
G	(G)	F	F	–	0

(a) 최소화된 흐름표

Present state	Next state				Output
	$DN =$ 00	01	10	11	z
A	(1)	2	4	–	0
B	5	(2)	–	–	0
C	8	(3)	(4)	–	0
D	(5)	3	7	–	0
F	1	(6)	(7)	–	1
G	(8)	6	7	–	0

(b) 재명명된 흐름표

그림 9.71 축소된 흐름표

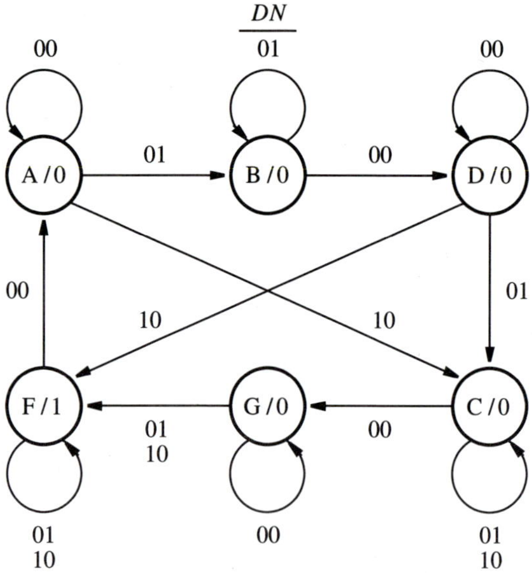

그림 9.72 자판기 제어기 상태도

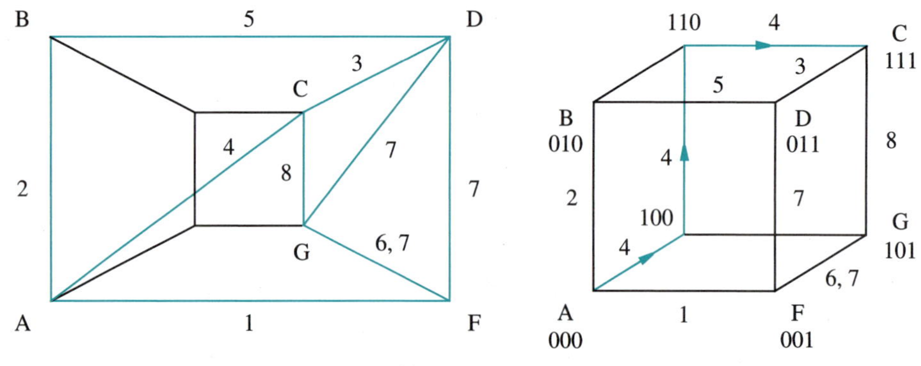

(a) 천이도

(b) 큐브에 내장된 천이도

그림 9.73 상태 할당의 결정

다음 상태 함수의 카르노 맵이 그림 9.75에 있다. 이 맵에서 다음과 같은 해저드 없는 식들을 얻는다.

$$Y_1 = \overline{N}y_2 + Ny_1 + Dy_1 + y_1y_3 + y_1y_2$$
$$Y_2 = N\overline{y}_1 + Ny_2 + \overline{y}_1y_3 + \overline{D}y_2\overline{y}_3 + Dy_2y_3$$
$$Y_3 = D\overline{y}_1 + y_2y_3 + Ny_1y_2 + \overline{D}y_3\overline{N}$$

위 식들의 모든 곱 항은 Y_1 식의 해저드를 없애기 위하여 필요한 y_1y_2를 제외하고는 최

	Present state $y_3y_2y_1$	Next state DN = 00	01	10	11	Output z
		$Y_3Y_2Y_1$				
A	000	(000)	010	100	–	0
B	010	011	(010)	–	–	0
C	111	101	(111)	(111)	–	0
D	011	(011)	111	001	–	0
F	001	000	(001)	(001)	–	1
G	101	(101)	001	001	–	0
	100	–	–	110	–	0
	110	–	–	111	–	0

그림 9.74 그림 9.37*b*의 상태 할당에 기초한 여기표

소 비용의 POS로 구현하는 데 필요하다. 출력 식은 다음과 같다.

$$z = y_1\overline{y}_2\overline{y}_3$$

9.8 • 결론

비동기 순차회로의 설계는 동기 순차회로의 설계보다 어렵다. 경합 조건 때문에 발생되는 문제는 조심스럽게 다루어야 한다. 현재 비동기 회로 설계를 지원하는 CAD 툴은 거의 없다. 그러므로 많은 경우에 실제 회로를 설계하면서 동기 순차회로에 의존한다.

비동기 회로의 중요한 장점 중의 하나는 동작 속도에 있다. 클록이 포함되지 않기 때문에 동작 속도는 회로의 전달 지연 시간에 의해 결정된다. 몇 개로 구성된 비동기 시스템에서 어떤 회로는 다른 것보다 동작 속도가 빠르다. 따라서 시스템의 성능을 향상시킬 수 있는 잠재적인 능력을 갖추고 있다. 이에 반하여 동기 시스템에서는 클록의 주기가 가장 속도가 느린 회로를 수용할 만큼 충분히 길어야 한다. 따라서 속도가 느린 회로가 성능에 큰 영향을 끼친다.

비동기회로의 설계 기법은 서로 다른 클록을 사용하는 여러 개의 동기회로들로 구성된 시스템을 설계하는 경우에도 유용하게 이용된다. 이러한 동기회로 사이의 신호는 종종 비동기적 특성을 갖는다.

독자의 관점에서 보면 비동기회로들은 일반적인 디지털회로를 깊이 있게 이해하는 데 좋은 수단으로 간주될 수도 있다. 이 회로는 전달 지연과 회로 구조의 특성 때문에

y_1y_2 \ DN	00	01	11	10
00			d	
01	1		d	d
11	1	1	d	1
10		1	d	1

$y_3 = 0$

y_1y_2 \ DN	00	01	11	10
00	d	d	d	
01	d	d	d	1
11	1	1	d	1
10	1	1	d	1

$y_3 = 1$

(a) Y_1 의 맵

y_1y_2 \ DN	00	01	11	10
00		1	d	
01	1	1	d	d
11	1	1	d	
10			d	

$y_3 = 0$

y_1y_2 \ DN	00	01	11	10
00	d	d	d	1
01	d	d	d	1
11		1	d	1
10			d	

$y_3 = 1$

(b) Y_2 의 맵

y_1y_2 \ DN	00	01	11	10
00			d	1
01			d	d
11		1	d	
10			d	

$y_3 = 0$

y_1y_2 \ DN	00	01	11	10
00	d	d	d	1
01	d	d	d	1
11	1	1	d	1
10	1		d	

$y_3 = 1$

(c) Y_3 의 맵

그림 9.75 그림 9.74의 함수를 위한 카르노 맵

발생되는 경합 조건의 결과를 설명하는 데 도움이 된다. 안정 상태와 불안정 상태를 통해 보여주었던 회로의 안정적인 동작 개념을 이해할 수 있다. 더 자세한 비동기 순차회로에 대한 내용은 참고문헌을 읽어보라[1-6].

9.9 • 풀이가 있는 예제 문제

이 절은 여러분들이 접하게 되는 전형적인 문제를 제시하였으며 어떤 방법으로 풀 수 있는지 보여준다.

예제 9.19

문제 그림 9.76 회로의 동작을 기술하는 흐름표를 유도하라.

풀이 그림 9.8에 보인 바와 같이 회로의 게이트에 전달 지연을 모델링하면 그림 9.76 회로는 아래와 같은 다음 상태와 출력 식으로 기술할 수 있다.

$$Y_1 = w_1\overline{w}_2 + \overline{w}_2 y_1 + \overline{w}_1 y_1 y_2$$
$$Y_2 = w_2 + \overline{w}_1 y_1 + w_1 y_2$$
$$z = y_2$$

이 식은 그림 9.77*a*의 여기표로 유도할 수 있다. 상태 할당 $A = 00$, $B = 01$, $C = 10$, $D = 11$은 그림 9.77*b*의 흐름표를 산출한다.

주어진 안정 상태에서 회로에 대한 입력은 한 번에 오직 하나만 변경할 수 있으

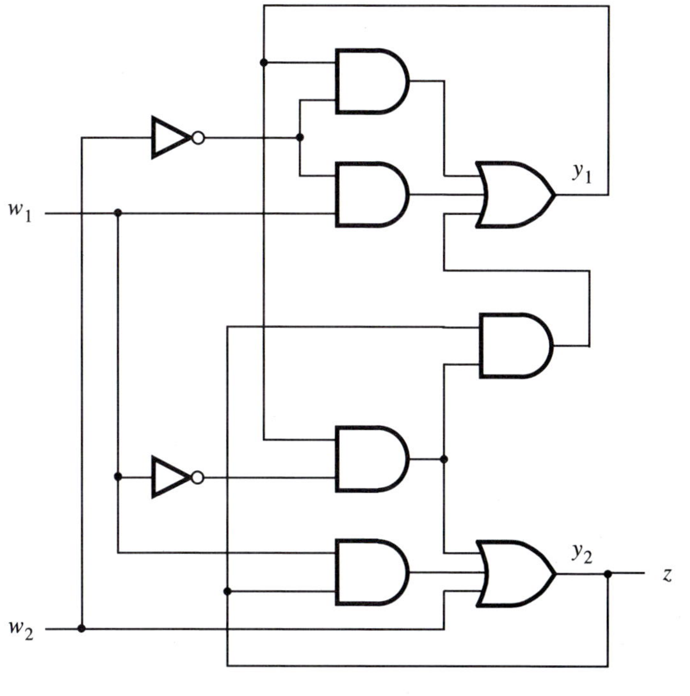

그림 9.76 예제 9.19의 회로

Present state y_2y_1	Next state $w_2w_1 = 00$ Y_2Y_1	01 Y_2Y_1	10 Y_2Y_1	11 Y_2Y_1	Output z
00	(00)	01	10	10	0
01	11	(01)	10	10	0
10	00	11	(10)	(10)	1
11	(11)	(11)	(11)	10	1

(a) 여기표

Present state	Next state $w_2w_1 = 00$	01	10	11	Output z
A	(A)	B	C	C	0
B	D	(B)	C	C	0
C	A	D	(C)	(C)	1
D	(D)	(D)	(D)	C	1

(b) 회로에 의해 구현된 흐름표

Present state	Next state $w_2w_1 = 00$	01	10	11	Output z
A	(A)	B	C	C	0
B	D	(B)	–	C	0
C	A	D	(C)	(C)	1
D	(D)	(D)	(D)	C	1

(c) 최종 흐름표

그림 9.77 그림 9.76의 여기표와 흐름표

므로 흐름표의 몇몇 엔트리는 명시되지 않은 채 설계될 수 있다. 회로가 상태 B에서 안정되고 입력 값이 $w_2w_1 = 01$일 때 그러하다. 지금 두 개의 입력이 동시에 변할 수 없는 데, 이것은 흐름표에서 상응하는 엔트리가 명시되지 않은 채 설계되었음을 의미한다. 그러나 회로가 상태 A에서 안정이고 입력 값이 $w_2w_1 = 00$일 때 다른 상황이 발생한다. 이 경우에는 명시되지 않은 채, 열 $w_2w_1 = 11$에서의 천이를 표시할 수 없다. 그 이유는 회로가 안정 상태 B에서 w_2가 0에서 1로 변할 때 상태 C로 변할 수 있기 때문이다. 상태 B와 상태 C는 $y_2y_1 = 01$과 $y_2y_1 = 10$으로서 각각 구현되어 있다. 두 개의 상태 변수 값이 동시에 변경되어야 하므로 01에서 10으로 변하는 방법은 11이나 00을 통해야 한다, 만약 y_2가 먼저 변한다면 회로는 불안정 상태 D를 통해 안정 상태 C로 진입한다. 그러나 만약 w_1이 먼저 변한다면 회로는 상태 C로 도달하기 전에 불안정 상태 A를 통과해야 한다. 그러므로 첫 번째 행에서 상태 C로 천이는 명시되어야 한다. 이것은 회로의 다른 경로의 전달 지연에 관계없이 올바른 목적 상태에 도달하는 회로에서의 안전 경합에 대한 하나의 예이다. 최종 흐름표를 그림 9.77*c*에 표시하였다.

예제 9.20

문제 그림 9.76 회로에서 해저드가 존재하는가?

풀이 그림 9.78은 예제 9.19에서 유도한 다음 상태 식의 카르노 맵을 보여준다. 맵에서 본 것과 같이 모든 프라임 임플리컨트는 식 Y_1에 포함되어 있다. 그러나 식 Y_2는 네 개의 가능한 프라임 임플리컨트 중 세 개를 포함하고 있다. $w_2y_2y_1 = 011$에서 w_1이 0에서 1 혹은 1에서 0으로 변할 때 정적 해저드가 있다. 이 해저드는 식 Y_2에 대해 네 번째 프라임 임플리컨트를 추가하여 제거할 수 있다.

예제 9.21

문제 입력이 w이고 출력이 z인 회로가 있다. 일련의 펄스가 입력 w에 인가되면 그림 9.79와 같이 매 초마다 펄스를 복사하여 출력하는 적절한 회로를 설계하라.

풀이 그림 9.80은 가능한 상태도와 상응하는 흐름표를 보여준다. 직렬 패리티 생성기를 명시한 그림 9.13의 예제 9.4에서 정의한 FSM과 비교하라. 단 하나의 차이는 출력 신호에 있는데, 이 경우 상태 B에서 오직 $z = 1$이다. 그러므로 다음 상태식은 예제 9.4와 동일하다, 출력 식은 아래와 같다.

$$z = y_1\bar{y}_2$$

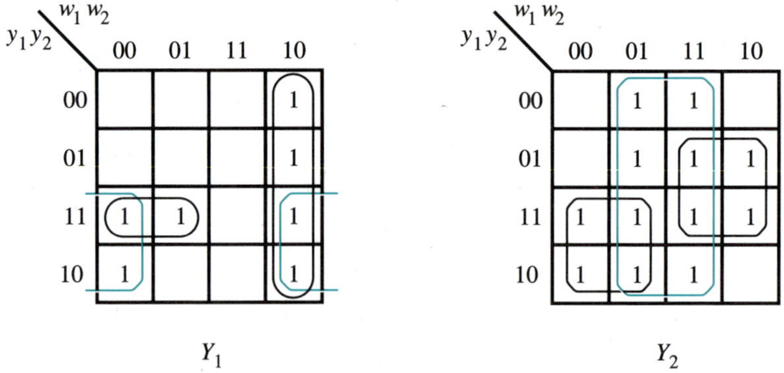

그림 9.78 그림 9.76 회로의 카르노 맵

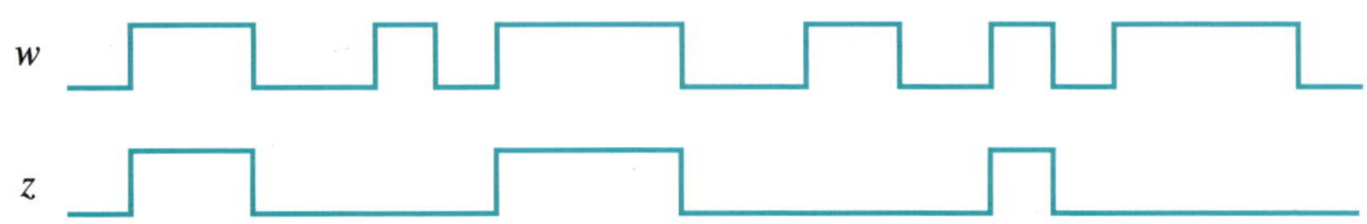

그림 9.79 예제 9.21의 파형

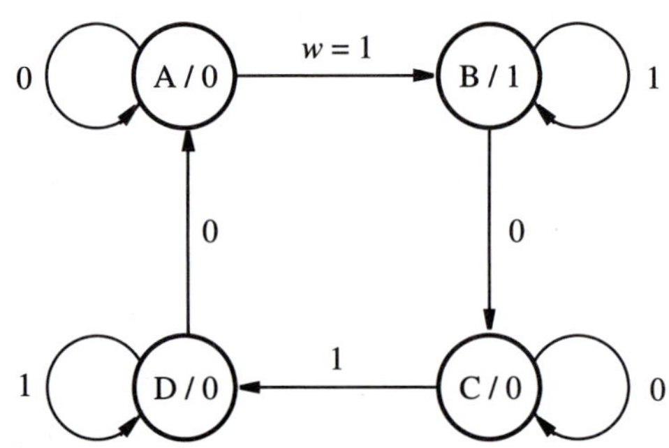

(a) 상태도

Present state	Next state		Output
	$w = 0$	$w = 1$	z
A	Ⓐ	B	0
B	C	Ⓑ	1
C	Ⓒ	D	0
D	A	Ⓓ	0

(b) 흐름표

그림 9.80 예제 9.21의 상태도와 흐름표

Present state	Next state				Output
	w_2w_1 = 00	01	10	11	z
A	A	E	C	–	0
B	–	E	H	B	1
C	G	–	C	F	0
D	A	D	–	B	1
E	G	E	–	B	0
F	–	D	C	F	0
G	G	E	C	–	0
H	A	–	H	B	1

그림 9.81 예제 9.22의 흐름표

예제 9.22

문제 그림 9.81의 흐름표를 고려하자. 흐름표를 축소하고 무어 모델을 유지하면서 이 FSM이 가능한 한 간단히 구현할 수 있게 상태 할당을 찾아라. 여기표도 도출하라.

풀이 그림 9.81 흐름표에 대해 분할 과정을 적용하면 다음과 같다.

$$P_1 = (ACEFG)(BDH)$$
$$P_2 = (AG)(B)(C)(D)(E)(F)(H)$$
$$P_3 = P_2$$

A와 G를 결합하면 그림 9.82의 흐름표를 구할 수 있다. 이 표의 병합도는 그림 9.83과 같다. 상태 (A, E), (C, F), (D, H)를 병합하면 그림 9.84의 축소된 흐름표가 된다. 좋은 상태 할당을 찾기 위해 9.85와 같이 이 흐름표를 재명명하여 그림 9.86a의 천이도를 만든다. 이 그림의 유일한 문제는 1로 레이블된, 상태 D에서 A로의 천이다. 흐름도에 그렇게 규정하면 상태 D에서 상태 A로의 변화는 C를 통해서 이루어질 수 있다. 그림 9.86b에서 설명한 바와 같이 D에서 A로의 직접 천이는 필요 없다. 그 결과 흐름표와 해당되는 여기표가 그림 9.87에 보인다.

Present state	Next state $w_2w_1 = 00$	01	10	11	Output z
A	(A)	E	C	–	0
B	–	E	H	(B)	1
C	A	–	(C)	F	0
D	A	(D)	–	B	1
E	A	(E)	–	B	0
F	–	D	C	(F)	0
H	A	–	(H)	B	1

그림 9.82 분할 과정 후의 축소된 흐름표

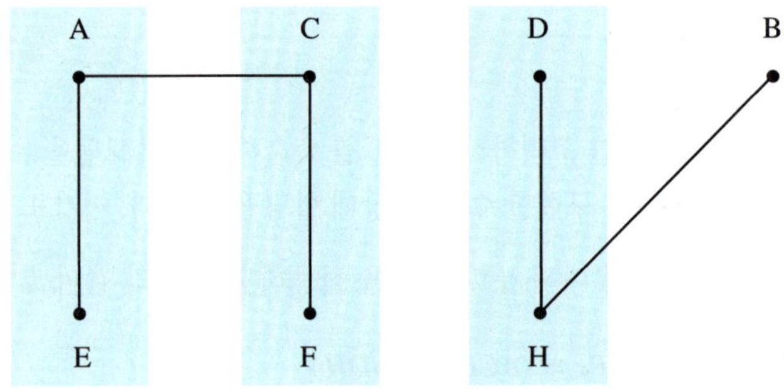

그림 9.83 그림 9.82 흐름표의 병합도

Present state	Next state $w_2w_1 = 00$	01	10	11	Output z
A	(A)	(A)	C	B	0
B	–	A	D	(B)	1
C	A	D	(C)	(C)	0
D	A	(D)	(D)	B	1

그림 9.84 그림 9.82 FSM의 축소된 흐름표

Present state	Next state				Output
	w_2w_1 = 00	01	10	11	z
A	①	②	4	3	0
B	–	2	7	③	1
C	1	6	④	⑤	0
D	1	⑥	⑦	3	1

그림 9.85 그림 9.84의 재명명된 흐름표

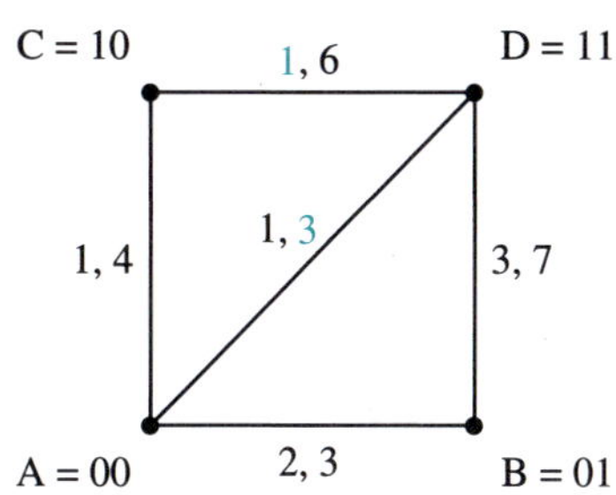

(a) 초기 천이도

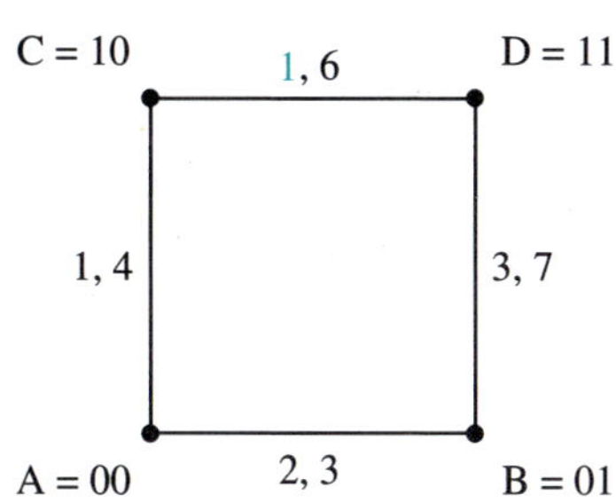

(b) 확장된 천이도

그림 9.86 그림 9.85의 천이도

Present state	Next state $w_2w_1 = 00$	01	10	11	Output z
A	A	A	C	B	0
B	–	A	D	B	1
C	A	D	C	C	0
D	C	D	D	B	1

(a) 최종 흐름표

Present state y_2y_1	Next state $w_2w_1 = 00$ Y_2Y_1	01 Y_2Y_1	10 Y_2Y_1	11 Y_2Y_1	Output z
00	00	00	10	01	0
01	–	00	11	01	1
10	00	11	10	10	0
11	10	11	11	01	1

(b) 여기표

그림 9.87 예제 9.22의 여기표와 흐름표

예제 9.23

문제 아래 함수의 해저드 없는 최소 비용 SOP를 구현하라.

$$f(x_1, \ldots, x_5) = \sum m(2, 3, 14, 17, 19, 25, 26, 30) + D(10, 23, 27, 31)$$

풀이 이 함수의 카르노 맵이 그림 9.88에 주어졌고, 그로부터 다음의 수식을 도출할 수 있다.

$$f = x_1\bar{x}_3x_5 + x_2x_4\bar{x}_5 + \bar{x}_1\bar{x}_2\bar{x}_3x_4 + \bar{x}_2\bar{x}_3x_4x_5$$

첫 세 개의 곱 항은 맵에서 모든 1을 커버한다, 네 번째 항은 $x_2\,x_3\,x_4\,x_5 = 0011$이고 x_1이 0에서 1(또는 1에서 0으로) 변할 때 해저드를 피하기 위해 필요하다. 그러므로 이웃하는 1들의 각 쌍은 식에서 몇 개의 프라임 임플리컨트에 의해 커버된다.

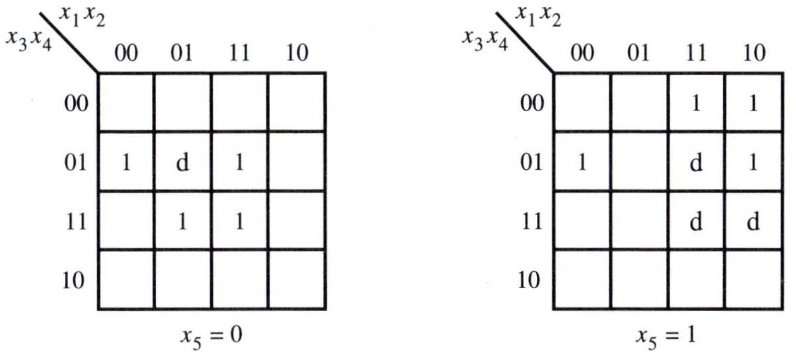

그림 9.88 예제 9.23의 카르노 맵

연습문제

별표로 표시된 문제의 답은 교재 뒤에 수록되어 있다.

***9.1** 그림 P9.1 회로의 동작을 기술하는 흐름표를 유도하라. 구한 답과 그림 9.21의 표와 비교하라. 유사성이 있는가?

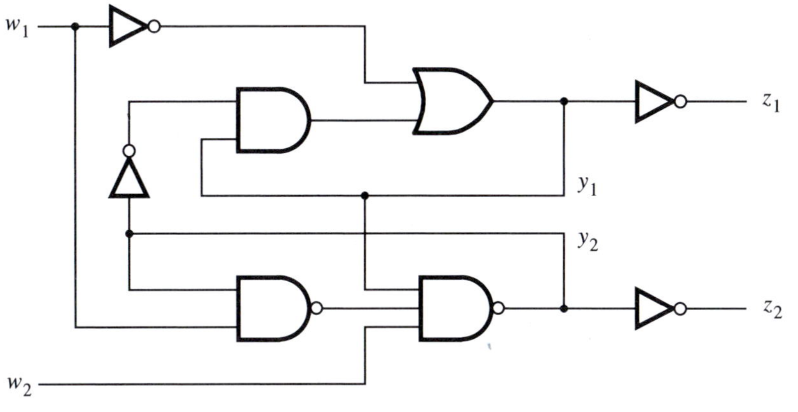

그림 P9.1 문제 9.1의 회로

9.2 그림 P9.2의 회로를 고려하자. 신호 C, z_1, z_2의 파형을 그려라. C는 방형파(square-wave) 클록 신호이고 각 게이트의 전달 지연은 Δ라고 가정하자. 기대되는 신호를 생성할 수 있는 흐름표로 회로의 동작을 표현하라(힌트: 밀리 모델을 사용하라).

9.3 그림 P9.3의 흐름표와 동일한 기능 동작을 명시하는 최소 흐름표를 유도하라.

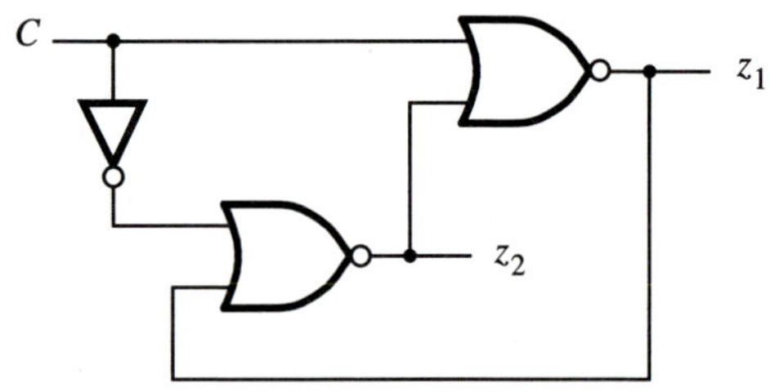

그림 P9.2 문제 9.2의 회로

Present state	Next state w_2w_1 = 00	01	10	11	Output z
A	(A)	B	C	–	0
B	D	(B)	–	–	0
C	P	–	(C)	–	0
D	(D)	E	F	–	0
E	G	(E)	–	–	0
F	M	–	(F)	–	0
G	(G)	H	I	–	0
H	J	(H)	–	–	0
I	A	–	(I)	–	1
J	(J)	K	L	–	0
K	A	(K)	–	–	1
L	A	–	(L)	–	1
M	(M)	N	O	–	0
N	A	(N)	–	–	1
O	A	–	(O)	–	1
P	(P)	R	S	–	0
R	T	(R)	–	–	0
S	A	–	(S)	–	1
T	(T)	U	V	–	0
U	A	(U)	–	–	1
V	A	–	(V)	–	1

그림 P9.3 문제 9.3의 흐름표

9.4 그림 P9.4의 흐름표와 동일한 기능 동작을 명시하는 무어 모델의 최소 흐름표를 구하라.

Present state	Next state				Output z
	w_2w_1 = 00	01	10	11	
A	(A)	B	C	–	0
B	K	(B)	–	H	0
C	F	–	(C)	M	0
D	(D)	E	J	–	1
E	A	(E)	–	M	0
F	(F)	L	J	–	0
G	D	(G)	–	H	0
H	–	G	J	(H)	1
J	F	–	(J)	H	0
K	(K)	L	C	–	1
L	A	(L)	–	H	0
M	–	G	C	(M)	1

그림 P9.4 문제 9.4의 흐름표

9.5 가능한 적은 수의 상태를 사용하여 적절한 상태 할당을 구하고, 그림 9.42의 흐름표에 대한 다음 상태와 출력 식을 유도하라.

9.6 예제 9.15에서 설명한 바와 같이 합동 상태들의 쌍을 사용하여 그림 9.42의 흐름표에 대한 적절한 상태 할당을 찾아라. 다음 상태와 출력 식을 유도하라.

9.7 One-hot 코딩을 이용하여 그림 9.42의 흐름표에 대한 상태 할당을 구하라. 다음 상태와 출력 식을 유도하라.

***9.8** 그림 9.40*a*의 병합도를 이용하여 그림 9.39에서 명시된 FSM을 구현하라.

9.9 그림 P9.5의 흐름표로 정의된 FSM의 적절한 상태 할당을 구하라. 이 상태 할당을 사용하여 다음 상태와 FSM의 출력 식을 유도하라.

***9.10** 다음 함수에 대하여 해저드 없는 최소 비용을 구현하라.

$$f(x_1, \ldots, x_4) = \sum m(0, 4, 11, 13, 15) + D(2, 3, 5, 10)$$

9.11 다음 함수에 대하여 문제 9.10을 반복하라.

$$f(x_1, \ldots, x_5) = \sum m(0, 4, 5, 24, 25, 29) + D(8, 13, 16, 21)$$

***9.12** 다음 함수에 대하여 해저드 없는 최소 비용의 POS를 구현하라.

$$f(x_1, \ldots, x_4) = \Pi M(0, 2, 3, 7, 10) + D(5, 13, 15)$$

Present state	Next state $w_2w_1 = 00$	01	10	11	Output z
A	(A)	B	C	–	0
B	D	(B)	–	G	0
C	F	–	(C)	G	0
D	(D)	E	C	–	1
E	A	(E)	–	G	0
F	(F)	E	C	–	0
G	–	B	C	(G)	1

그림 P9.5 문제 9.9의 흐름표

9.13 다음 함수에 대하여 문제 9.12를 반복하라.

$$f(x_1, \ldots, x_5) = \Pi M(2, 6, 7, 25, 28, 29) + D(0, 8, 9, 10, 11, 21, 24, 26, 27, 30)$$

***9.14** 그림 P9.6의 회로를 고려하자. 이 회로는 어떠한 해저드를 보이는가?

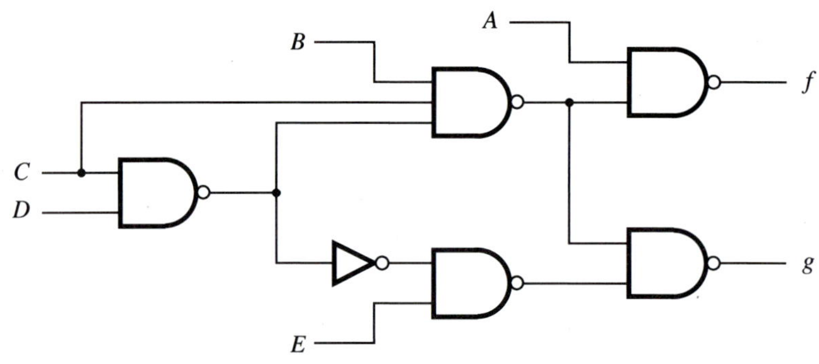

그림 P9.6 문제 9.14의 회로

9.15 동적 해저드가 존재하는 원래의 회로를 설계하라.

9.16 자판기의 제어 메커니즘은 50원과 100원짜리 동전을 받는다. 200원을 넣으면 상품을 내어준다. 250원을 투입하면 잔돈은 거슬러 주지 않는다. 가능한 적은 수의 상태를 사용하여 제어 회로의 FSM을 설계하라. 적절한 상태 할당을 찾고 다음 상태와 출력 식을 유도하라.

***9.17** 다음 조건에 맞는 비동기회로를 설계하라. 이 회로는 클록 입력 c와 제어 입력 w 두 개의 입력을 갖는다. 출력 z는 w가 1일 때 클록 펄스를 복사한다. 이 외에 $z = 0$이다. z에 나타나는 펄스는 반드시 완전한 펄스여야 한다. 결론적으로,

w가 0에서 1로 변경될 때, c가 1이면 회로는 출력 z에 펄스의 일부분이 복사되지 않을 것이고, 다음 클록 펄스까지 기다려 $z = 1$을 생성할 것이다. w가 1에서 0으로 변경할 때 c가 1이면, 반드시 완전한 펄스가 생성되어야 한다. 즉 c가 1인 동안 z는 1이다. 그림 P9.7은 기대되는 동작을 나타내고 있다.

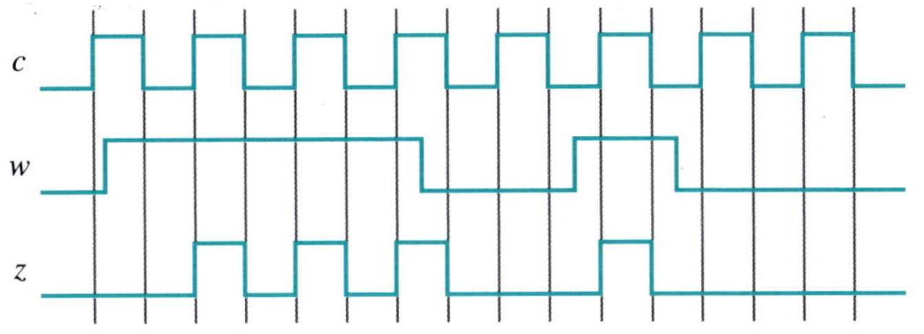

그림 P9.7 문제 9.17의 파형

9.18 설계 조건을 다음과 같이 변경하여 문제 9.17을 반복하라. w가 1일 때, 출력 z는 단 하나의 펄스를 제공한다. 입력 c에 몇 개의 펄스가 발생하더라도 오직 첫 번째 펄스만이 z에 다시 재생된다.

9.19 예제 9.6은 리소스를 서로 먼저 사용하려고 경쟁하는 두 디바이스를 제어하는 간단한 중재기를 다룬 것이었다. 세 개의 디바이스가 리소스를 사용할 경우에 제어하는 유사한 중재기를 설계하라. 동시에 요청하는 경우 한 디바이스만 리소스를 사용할 수 있고, 허용 후 리소스 사용 종료 전에 다른 디바이스들이 계속 요청할 수 있다. 디바이스들의 우선순위는 디바이스 1 > 디바이스 2 > 디바이스 3이다.

9.20 예제 9.6에서 모든 디바이스들이 중재기 회로에 요청하는 것을 피하기 위해 ME(mutual exclusion element)를 사용할 수 있다고 언급하였다. 이 경우의 중재기 회로를 설계하라.

9.21 예제 9.21에서 출력 z의 펄스로서 매 초마다 입력 w에 펄스를 복사하는 회로를 설계하였다. 모든 세 번째 펄스를 복사하는 유사한 회로를 설계하라.

9.22 예제 9.22에서 그림 9.82의 FSM 구현을 위해 상태 D와 H를 병합했다. 다른 방법으로 그림 9.83의 병합도에 의해 상태 B와 H를 병합하는 대안이 있다. 이 방법을 사용하여 구현하라. 그 결과 여기표를 유도하라.

참고문헌

1. K. J. Breeding, *Digital Design Fundamentals*, (Prentice-Hall: Englewood Cliffs, NJ, 1989).
2. F. J. Hill and G. R. Peterson, *Computer Aided Logical Design with Emphasis on VLSI*, 4th ed., (Wiley: New York, 1993).
3. V. P. Nelson, H. T. Nagle, B. D. Carroll, and J. D. Irwin, *Digital Logic Circuit Analysis and Design*, (Prentice-Hall: Englewood Cliffs, NJ, 1995).
4. N. L. Pappas, *Digital Design*, (West: St. Paul, MN, 1994).
5. C. H. Roth Jr., *Fundamentals of Logic Design*, 5th ed., (Thomson/Brooks/Cole: Belmont, Ca., 2004).
6. C. J. Myers, *Asynchronous Circuit Design*, (Wiley: New York, 2001).

chapter 10

CAD 툴

Computer Aided Design Tools

이 장의 목적

이 장에서는 논리회로의 설계와 구현을 위한 CAD 툴 사용법에 관해 학습할 것이다. 아래의 내용들을 포함하여 전형적인 CAD 시스템에서 합성과 물리적 설계 단계를 다룬다.

- 넷리스트 추출
- 제조 기술 적용
- 부품 배열
- 라우팅
- 정적 타이밍 분석

이미 2.9절에서 CAD 툴에 대해 소개하고 다른 장에서 논의한 바 있다. 툴(*tool*)이란 사용자로 하여금 특정 작업을 수행할 수 있게 만들어진 소프트웨어 프로그램을 의미한다. 이 장에서는 소규모의 간단한 예제를 이용하여 CAD의 각 단계별 처리 과정과 최적화 방법을 보임으로써 대표적인 CAD 시스템을 보다 상세히 기술하고자 한다.

10.1 • 합성

그림 2.35를 다시 그린 그림 10.1은 CAD 시스템의 개요를 보여준다. Verilog HDL과 같은 하드웨어 기술 언어(hardware description language, HDL)를 이용하여 기대하는 회로를 준비하였다. 이 Verilog 코드는 CAD 시스템의 합성 단계에서 처리되는데, 합성이란 사용자의 명세(specification)로부터 논리회로를 생성하는 과정이다. 그림 10.2는 합성 과정에서 볼 수 있는 전형적인 3단계 과정을 나타낸다.

10.1.1 넷리스트 생성

넷리스트 생성(*netlist generation*) 단계는 코드의 구문(syntax)을 체크하고 정의되지 않은 신호, 괄호의 누락이나 잘못된 키워드와 같은 오류를 찾아낸다. 오류가 없으면 Verilog 코드의 의미(semantics)에 따라 회로의 넷리스트를 생성한다. 넷리스트는 회로를 기술하기 위한 논리식을 사용하며 가산기, 플립플롭, FSM과 같은 요소들을 포함한다.

10.1.2 게이트 최적화

넷리스트를 추출한 후의 단계는 앞장에서 소개한 **게이트 최적화** 과정이다. 최적화 알고리즘을 적용하여 동일한 기능을 가진 넷리스트를 만들 수도 있지만 최적화된 좋은 회로를 얻을 수 있다. 앞서 설명했듯이, 어떤 회로가 다른 회로보다 더 좋다는 의미는 비용과 동작 속도에 기반한다.

지금까지 논의한 합성 과정의 예를 그림 10.3의 *addersubtractor* 모듈을 위한 Verilog 코드를 가정하여 설명한다. 이것은 n비트의 수를 더하거나 뺀 후에 그 결과를 레지스터에 저장하는 회로이다. 코드에서 합성 툴은 그림 10.4의 회로와 일치하는 넷리스트를 생성한다. $A = a_{n-1}, \ldots, a_0$과 $B = b_{n-1}, \ldots, b_0$의 입력들이 덧셈이나 뺄셈을 하기 전에 *Areg*와 *Breg*에 추가되어야 한다. 만약 A와 B가 외부에서 제공되는 비동기 입력이라면, *Areg*와 *Breg*는 회로의 동작을 동기화해야 한다. 제어 입력 *Sel*은 동작 모드를 선택하는 것으로, $Sel = 0$이면 가산기의 입력으로 A가 선택되고, $Sel = 1$이면 *Zreg*가 결과를 저장하는 레지스터로 선택된다. 다른 제어 입력 *AddSub*는 연산 종류가 덧셈인지 뺄셈인지를 결정한다. *A*, *B*, *Sel*, *AddSub*, *Overflow*를 위한 그림 10.4의 플립플롭은 그림 10.3*a*의 하단에 있는 코드에서 만들어진 것이다. 그림 10.3*b*에서 멀티플렉서는 *mux2to1*에서 가산기는 *adderk*에서 만들어진다. 레지스터 B에 연결된 exclusive-OR 게이트와 *Overflow* 출력을 위한 XOR 게이트는 *addersubtractor* 모듈의 중간 부분에 있는 코드에서 생성된다.

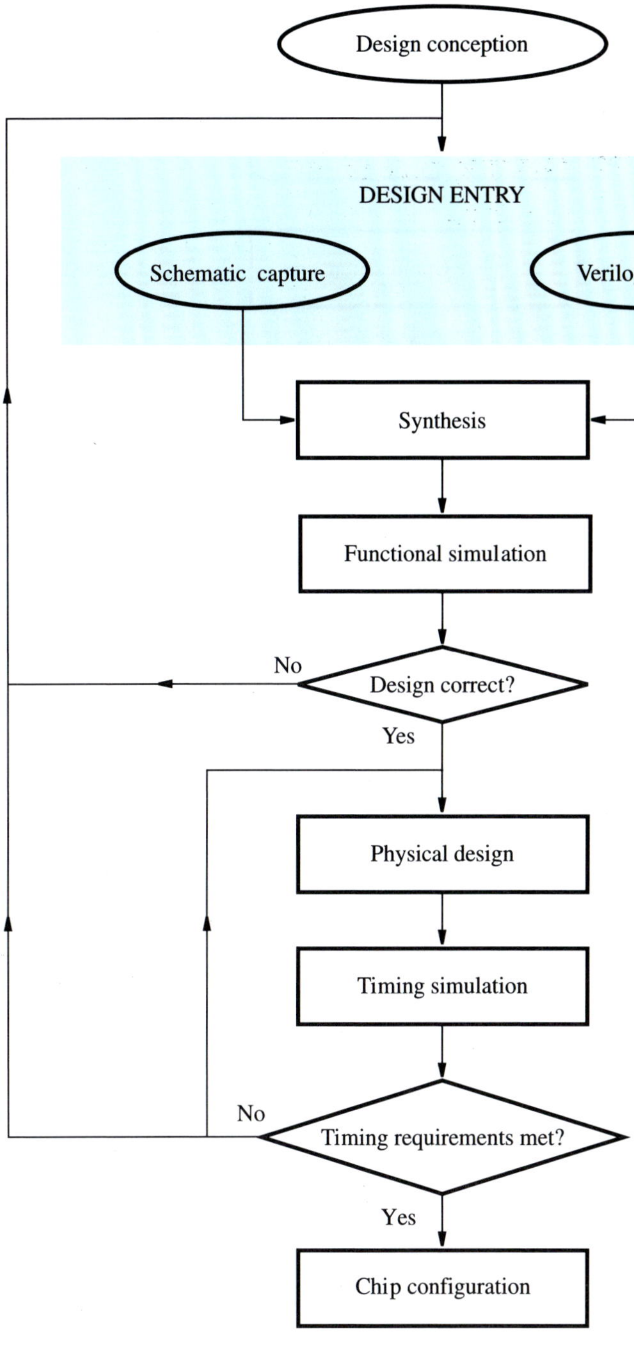

그림 10.1 전형적인 CAD 시스템

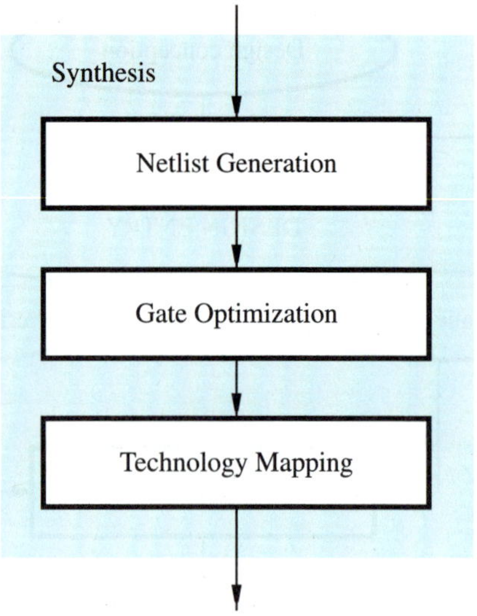

그림 10.2 합성 툴에 포함된 단계

10.1.3 기술적 맵핑

회로 합성의 마지막 단계는 **기술적 맵핑**(*technology mapping*)이다. 넷리스트에 있는 각 소자들이 FPGA와 같은 목표 칩에 구현되는 방법을 이 단계에서 결정한다. 일반적인 FPGA의 논리 블록이 그림 10.5*a*에 기술되었다. 4-입력 LUT와 한 개의 플립플롭, 두 개의 출력을 가지고 있다. 멀티플렉서는 LUT의 출력과 입력 *In3*을 선택하여 플립플롭 입력에 저장할 수 있다. 다른 멀티플렉서 역할은 플립플롭에 저장된 내용이 LUT의 입력으로 되돌아가도록 하는 데 이용된다. 이러한 논리회로들을 적절히 이용하는 방법, 또는 **모드**(*mode*)는 몇 가지가 있다. 가장 직관적인 선택은 LUT에 네 개의 입력을 처리하는 함수를 구현하고, 이 결과를 플립플롭에 저장하는 것이다-LUT와 플립플롭 모두 논리 블록에서 출력할 수 있다. 그림 10.5*b*에서 *e*까지는 블록을 사용한 네 가지의 다른 모드를 나타낸다. 그림 10.5*b*와 *c*에서는 LUT와 플립플롭을 같이 사용하지 않고 오직 둘 중 하나만 이용한다. 그림 10.5*d*는 논리 블록의 출력으로 LUT만 제공되고 LUT 한 개의 입력이 플립플롭과 연결되어 있다.

FPGA는 빠른 가산기 회로 구현을 위해 때로는 전용 회로를 포함한다. 그림 10.5*e*는 그런 회로로 구현할 수 있는 방법을 보여준다. LUT는 두 개의 부분으로 분리하여 사용할 수 있다. 한쪽은 세 개의 LUT 입력의 가산함수(sum function)를 다른 한쪽은 이 입력의 캐리함수(carry function)를 산출한다. 가산함수는 블록의 출력을 산출하거나 플립플롭에 저장되고, 캐리함수는 특별한 출력 신호를 만들어 낸다. 이 캐리 출력은 캐리 입력으로 사용하는 이웃 논리 블록으로 직접 연결된다. 이 블록은 다음 단계의 캐리 출력을 차례차례 계속 생성한다. 이런 방식으로 이웃 논리 블록 간의 직접 연결은 빠른 캐리 체인(carry chain, 연속된 자리올림)을 만드는 데 사용된다.

```
// Top-level module
module addersubtractor (A, B, Clock, Reset, Sel, AddSub, Z, Overflow);
   parameter n = 16;
   input [n−1:0] A, B;
   input Clock, Reset, Sel, AddSub;
   output [n−1:0] Z;
   output Overflow;
   reg SelR, AddSubR, Overflow;
   reg [n−1:0] Areg, Breg, Zreg;
   wire [n−1:0] G, H, M, Z;
   wire carryout, over_flow;

// Define combinational logic circuit
   assign H = Breg ^ {n{AddSubR}};
   mux2to1 multiplexer (Areg, Z, SelR, G);
      defparam multiplexer.k = n;
   adderk nbit_adder (AddSubR, G, H, M, carryout);
      defparam nbit_adder.k = n;
   assign over_flow = carryout ^ G[n−1] ^ H[n−1] ^ M[n−1];
   assign Z = Zreg;

// Define flip-flops and registers
   always @(posedge Reset or posedge Clock)
      if (Reset == 1)
      begin
         Areg <= 0; Breg <= 0; Zreg <= 0;
         SelR <= 0; AddSubR <= 0; Overflow <= 0;
      end
      else
      begin
         Areg <= A; Breg <= B; Zreg <= M;
         SelR <= Sel; AddSubR <= AddSub; Overflow <= over_flow;
      end
endmodule
```

... continued in Part *b*

그림 10.3 누산기 회로의 Verilog 코드(part a)

그림 10.6은 그림 10.4에서 생성한 넷리스트를 기술적 맵핑한 결과의 일부이다. 각 블록은 컬러의 사각형으로 구별하였고, 그림 10.5에 사용된 모드는 블록의 왼쪽 하단에 레이블되었다. 이 그림은 그림 10.5*d* 모드의 논리 블록으로 만들어진 그림 10.4의 비트 h_0을 보여준다. 이 블록은 초기 입력 b_0의 값을 저장하기 위해 플립플롭을 사용하고 LUT에 XOR 함수를 구현하는데, 이것은 뺄셈 연산에서 수 B를 컴플리먼트하는 데 필요하기 때문이다. XOR의 다른 입력은 c 방식으로 구현된 블록과 연결되는데, 이는 저장된 *AddSub*로 덧셈과 뺄셈을 구별하는 입력이다. 이 플립플롭은 또한 $h_1, \ldots, h_{15}$를 구현하는 열다섯 개의 다른 논리 블록을 구동하지만, 이 블록은 그림에 표시하지 않았다.

```
// k-bit 2-to-1 multiplexer
module mux2to1 (V, W, Selm, F);
    parameter k = 8;
    input [k–1:0] V, W;
    input Selm;
    output [k–1:0] F;
    reg [k–1:0] F;

    always @(V or W or Selm)
        if (Selm == 0) F = V;
        else F = W;
endmodule

// k-bit adder
module adderk (carryin, X, Y, S, carryout);
    parameter k = 8;
    input [k–1:0] X, Y;
    input carryin;
    output [k–1:0] S;
    output carryout;
    reg [k–1:0] S;
    reg carryout;

    always @(X or Y or carryin)
        {carryout, S} = X + Y + carryin;
endmodule
```

그림 10.3 누산기 회로의 Verilog 코드(part b)

AddSub 플립플롭은 가산기 첫 블록의 캐리 인으로 연결된다. 이 블록은 합과 캐리 출력을 생성하는 데 10.5의 모드 *e*를 사용한다. 합은 플립플롭에 저장되어 z_0을 산출하고 캐리는 가산기의 다음 단으로 돌아간다. 그림은 다음 식의 형태로 캐리함수를 보여준다.

$$c_1 = \overline{(c_0 \oplus h_0)} \cdot h_0 + (c_0 \oplus h_0) \cdot g_0$$

이 식은 3장에서 사용한 식 $c_1 = c_0h_0 + c_0g_0 + h_0g_0$과 기능적으로는 동일하지만 캐리 체인이 어떻게 FPGA로 구현되는지를 보다 면밀히 나타내고 있다. 합의 출력이 오버플로 신호를 구현하는 블록에 직접 연결되므로 그림 10.6 가산기의 마지막 블록은 플립플롭을 사용하지 않았다. 합의 출력은 조합회로와 레지스터 출력으로부터 동시에 제공되지 않으므로 z_{15} 신호를 위해 그림 10.5의 모드 *c*에 분리된 블록이 필요하다.

기술적 맵핑 도구가 회로를 구현할 수 있는 몇 가지 논리 블록을 그림 10.6에 보인다. 일반적으로 기술적 맵핑으로 구현할 수 있는 다른 방법이 많이 있는데, 각 방법으로 구현한 회로는 다르지만 동등한 기능을 수행한다. 기술적 맵핑에 대한 상세한 내용은 참고문헌 [1-3]을 참조하라.

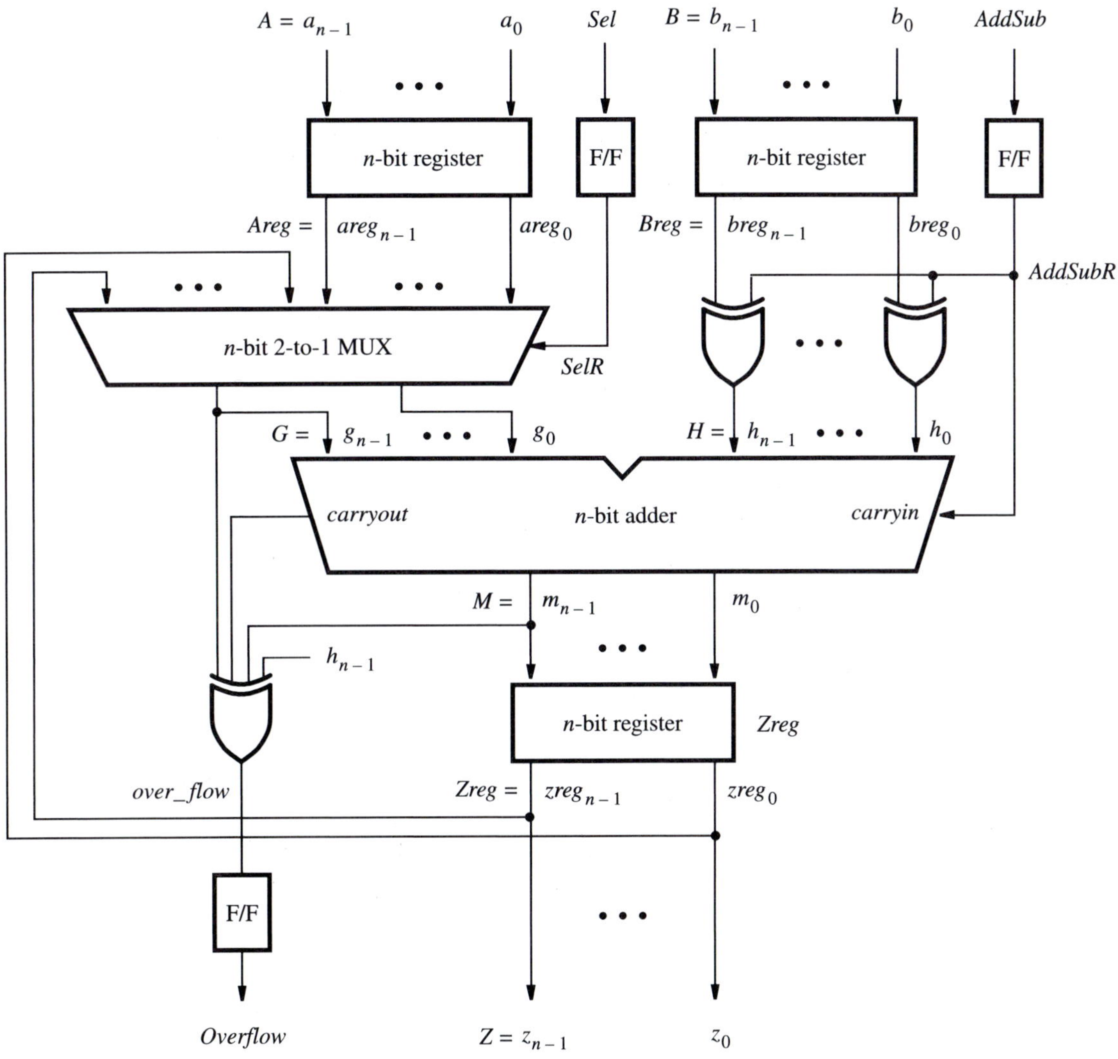

그림 10.4 그림 10.3의 코드에 의해 명세된 회로

10.2 • 물리적 설계

그림 10.1에서 합성의 다음 단계는 기능적 시뮬레이션(functional simulation)과 물리적 설계(physical design)이다. 2.9절에서 언급한 바와 같이 기능적 시뮬레이션은 합성된 논리회로에 테스트 패턴을 적용하여 올바른 결과가 나오는지 확인하는 것이다. 시뮬레이션의 목적이 타이밍보다는 기본적인 기능을 검증하는 것이므로 회로에 전달 지연은 없다고 가정한다. 기능적 시뮬레이션에 사용되는 넷리스트는 기술적 맵핑 이전 또는 이

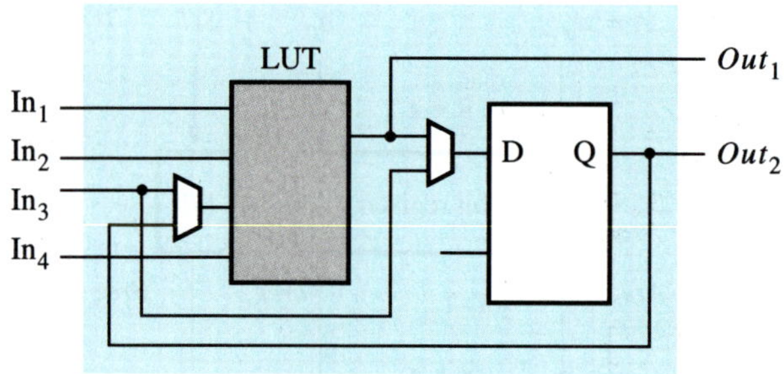

(a) FPFA 논리 요소

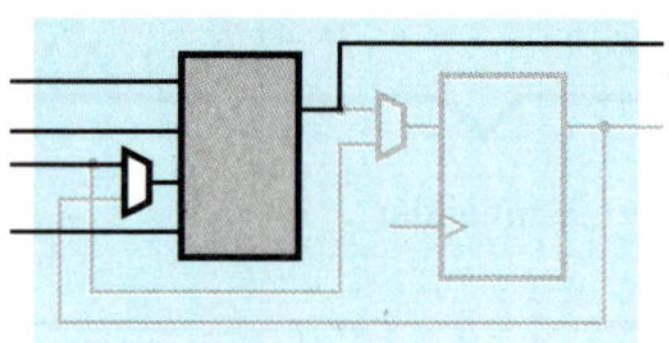

(b) 조합모드

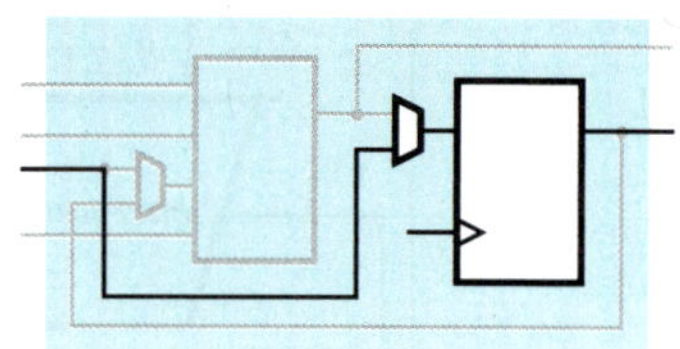

(c) 동기 모드

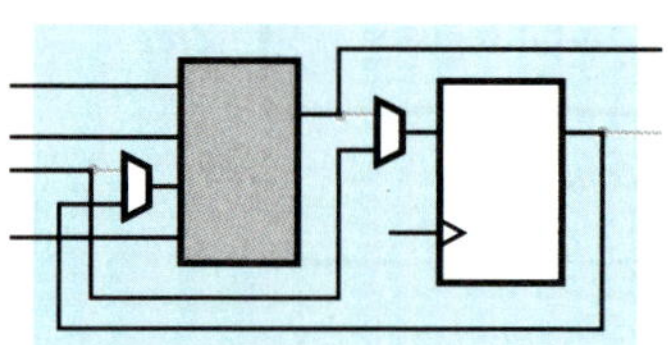

(d) 동기 귀환 모드

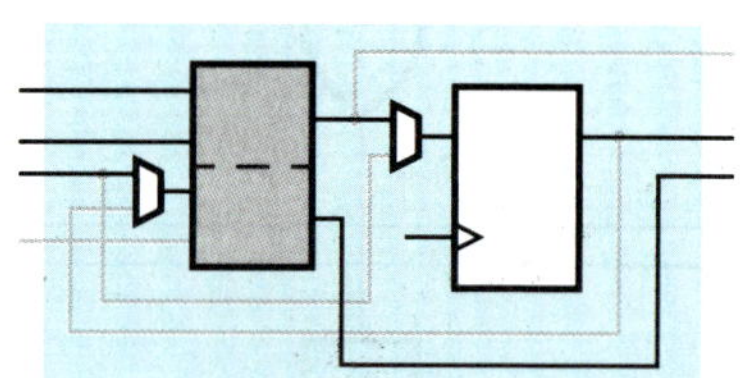

(e) 연산(동기) 모드

그림 10.5 FPGA 논리 블록의 여러 가지 모드

후 버전일 수 있다.[1]

합성에 의해 생성된 넷리스트는 기능적으로 올바르면 물리적 설계 단계가 수행된다. 합성된 넷리스트가 어떻게 목표 칩에 구현될 수 있는지 이 단계에서 명확히 결정한다. 이 단계는 그림 10.7에 설명한 바와 같이 3단계인 부품 배치(placement), 배선 연결(routing) 및 정적 시간 분석(static timing analysis)을 포함한다.

1 역주 따라서 입력에 필요한 정보를 제공해야 하는데 이 입력을 검사유형(test pattern)이라고 한다. 그러나 아직 회로가 반도체로 구현된 것이 아니므로 저항이나 커패시턴스와 같은 정보가 없기 때문에 시간 정보 없이 함수의 기능만을 확인할 수 있다. 즉 시간에 대한 검증은 할 수 없다. 기능적 시뮬레이션에서 이용되는 회로망인 넷리스트는 제조 기술을 적용하기 전이나 적용한 후의 것일 수 있다. 이에 대한 시뮬레이션의 예제가 부록 B에 있으므로 더 이상 여기서 언급하지 않는다.

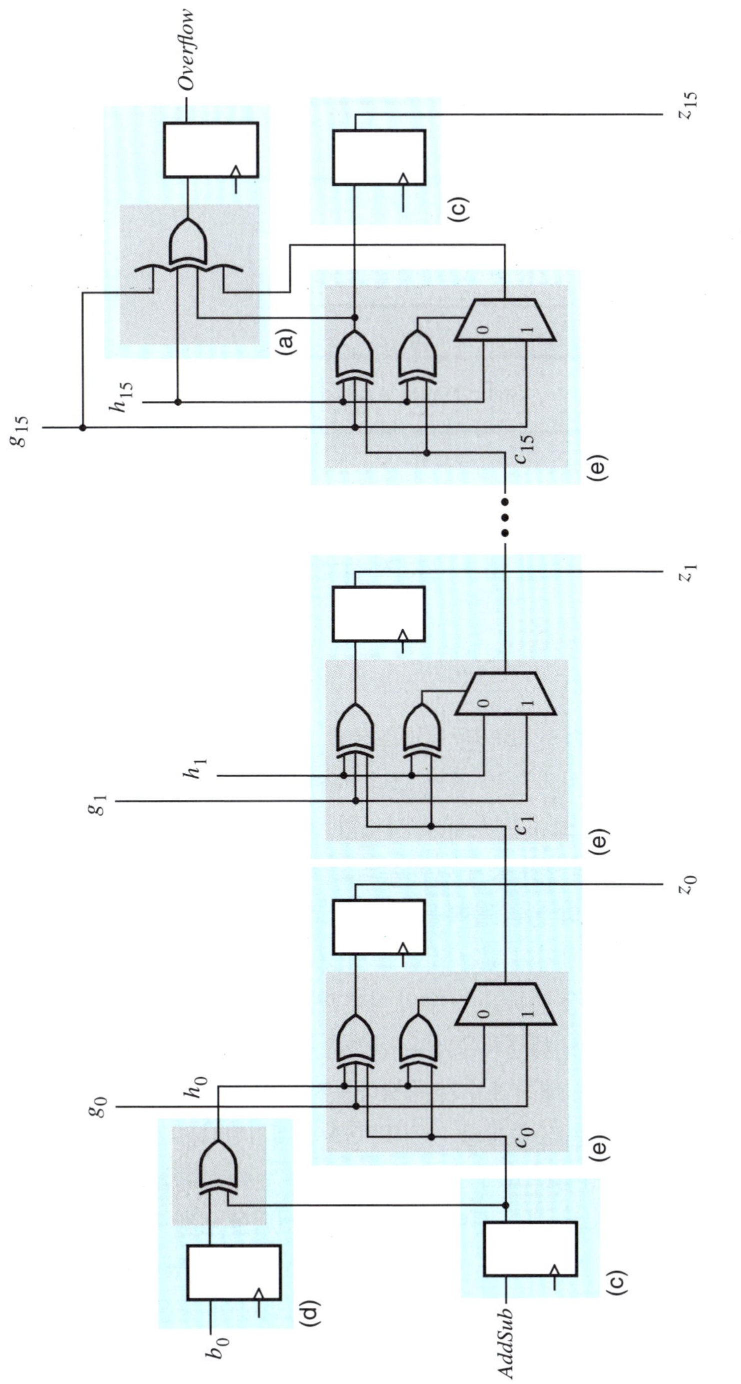

그림 10.6 기술적 맵핑 후의 그림 10.4 회로의 일부

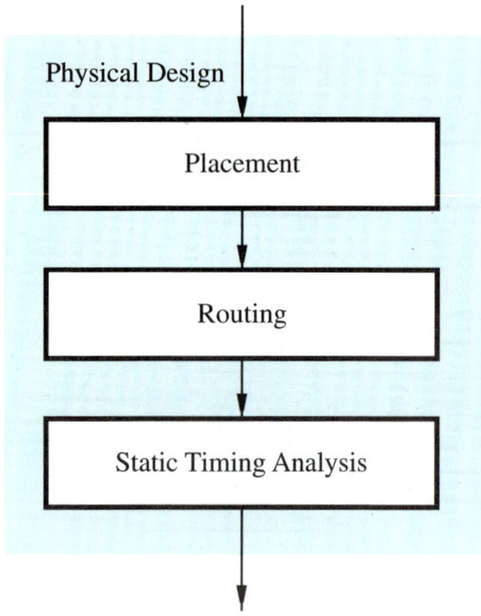

그림 10.7 물리적 설계 과정

10.2.1 배치

배치(placement) 과정은 기술적 맵핑된 넷리스트에 있는 각 논리 블록이 배치될 목표 칩상의 위치를 결정한다. 배치의 결과 예가 그림 10.8에 있다. 이 그림은 FPGA 칩의 일부에 있는 논리 블록 배열을 보여준다. 흰색 사각형은 사용되지 않은 논리 블록들이고, 회색의 사각형은 그림 10.4의 회로를 구현한 논리 블록을 보여준다. 그림 10.6에 보여준 블록을 포함하여 모두 53개의 논리 블록들이 이 회로에서 사용되었다. 입력 신호가 칩 주변에 할당된 입력 핀에 배치되어 있는 것을 그림 10.8에 보여준다.

좋은 배치를 찾기 위해 각 블록은 다수의 다른 위치도 고려되어야 한다. 수만 개 이상의 블록을 갖는 큰 회로에서 해결책은 매우 어려운 문제이다. 복잡도를 이해하기 위해 주어진 회로에서 얼마나 많은 배치의 수가 존재하는지 알아보자. N개의 논리 블록을 가진 회로가 정확하게 N개의 논리 블록을 가진 FPGA에 배치된다고 가정하자. 배치 툴이 첫 번째 블록을 배치하는 방법은 N개의 선택이 있다. 두 번째 블록의 배치는 남아 있는 $N - 1$, 세 번째 블록은 N – 두 개의 선택이 있다. 이들 선택을 곱한 배치의 경우의 수는 $(N)(N - 1)(N - 2) \cdots 1 = N!$이 된다. 비록 N 값이 크지 않은 적당한 값이라 할지라도 경우의 수 $N!$는 대단히 크므로 전체 선택 중 일부를 고려하여 좋은 해결을 찾아낼 수 있는 휴리스틱 기술을 사용해야 한다. 일반적인 상용 배치 툴은 로직 블록을 초기 배치한 후 반복적으로 다른 위치로 이동하며 배치한다. 각 반복에 대해 구현 회로의 속도나 비용 등을 예측하는 지표를 사용하여 해결의 품질을 평가한다. 배치 문제에 대한 연구가 활발히 진행되어 왔는데, 참고문헌 [4-7]에 상세히 기술하고 있다.

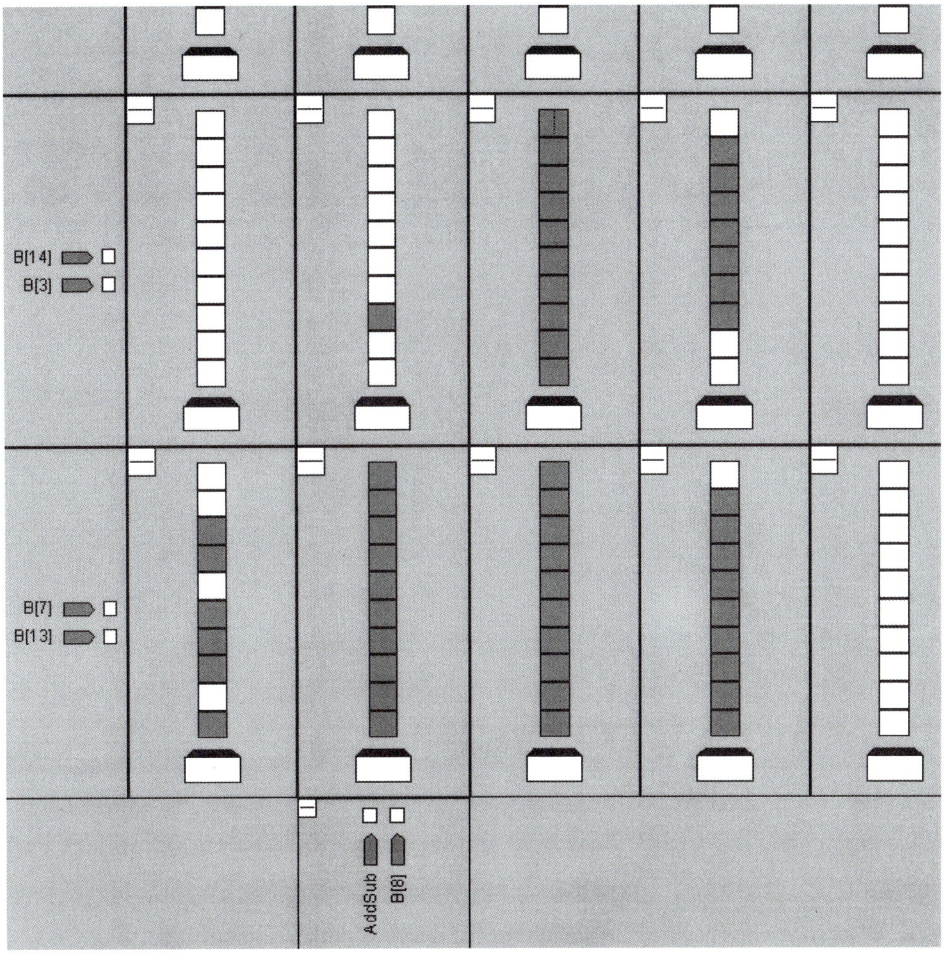

그림 10.8 그림 10.6 회로의 배치

10.2.2 라우팅

칩에서 회로의 논리 블록들의 위치가 고정된 후에 논리 블록들 사이를 내부 선으로 연결하는 과정이 라우팅(routing)이다. 그림 10.8의 배치에 대한 라우팅 결과의 예를 그림 10.9에 도시하였다. 칩에는 논리 블록 외에 몇 개의 선이 서로 연결되어 있다. 구현된 회로에 사용된 선은 회색으로 표시되어 있다. 그림에서 다양한 길이의 개별 선과 회색 사각형으로 된 묶음 선(bundles of wire)을 모두 설명하고 있다. 라우팅 CAD 툴은 캐리 체인과 같이 효율적으로 연결되어야 하는 선을 포함하여 다양한 선을 효과적으로 연결해야 한다. 그림 10.9에서 그림 10.6의 캐리 체인을 검정색 선으로 구분하였다. 검정색 선은 캐리 체인 선을 구분하는데 가산기의 각 단계를 통해 연결되며 *overflow* 레지스터에서 끝을 맺고 있다. 라우팅 툴의 자세한 내용은 참고문헌 [3], [5-6], [8]을 참조하라.

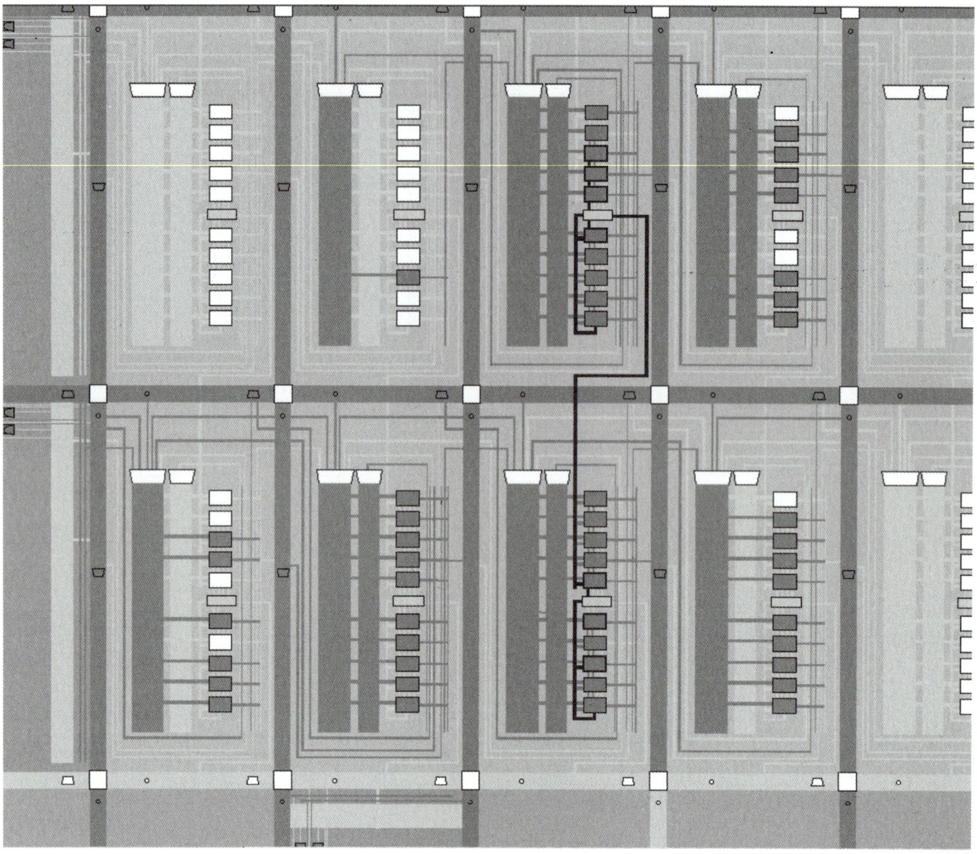

그림 10.9 그림 10.8 배치의 라우팅

10.2.3 정적 타이밍 분석

라우팅이 완료된 후 CAD 툴은 칩 내부의 모든 블록과 선의 시간 지연을 계산하기 때문에 구현된 회로의 알려진 시간 지연을 기입해야 한다. 정적 타이밍 분석(static timing analysis) 도구는 지연 정보를 검사하고 회로의 성능을 파악하는 일련의 표를 산출한다. 타이밍 분석 결과의 예를 F_{max}, t_{su}, t_{co}, t_h의 네 개의 변수 값으로 표 10.1에 표시하였다. F_{max}는 회로 *clock*의 최대 동작 주파수를 명시한다. 이 값은 회로에서 **임계 경로**(*critical path*)라고 하는 어떤 두 개의 플립플롭 사이 최대 전달 지연의 경로에 의해 결정된다. 5.15절과 7.8절에서 경로 지연은 플립플롭의 클록의 Q지연(clock-to-Q delay, t_{cQ})과 셋업 시간(t_{su}) 파라미터뿐만 아니라 논리 블록과 배선을 통과하는 지연도 고려해야 한다. 예제에서 이 임계경로는 $1/261.1 \times 10^6 = 3.83$ ns이다. F_{max}행에 있는 마지막 2열은 그림 10.6의 *AddSub* 플립플롭에서 시작하여 *Overflow* 플립플롭에서 끝나는 경로를 보여준다.

대부분의 CAD 시스템은 설계자가 회로의 타이밍 제약을 정하도록 한다. 표 10.1에서 설계자는 클록 주파수를 200 MHz까지 정확히 동작하도록 하였다. 요구와 CAD 툴

표 10.1 정적 타이밍 분석 결과의 요약

Parameter	Actual	Required	Slack	From	To
F_{max}	261.1 MHz	200 MHz	1.17 ns	*AddSub*	*Overflow*
t_{su}	2.356 ns	10.0 ns	7.644 ns	b_0	$breg_0$
t_{co}	6.772 ns	10.0 ns	3.228 ns	$zreg_0$	z_0
t_h	0.240 ns	N/A	N/A	b_1	$breg_1$

에 의해 얻은 결과의 차이를 슬랙(*slack*, 여유)이라고 한다. 표에서 요구한 전달 지연은 $1/200 \times 10^6 = 5$ ns를 초과하지 않아야 한다. 결과는 3.83 ns이고 슬랙 시간은 1.17 ns이다. 이와 같은 포지티브 슬랙은 제약 조건을 만족하는 것으로 여유가 있다. 만일 네거티브 슬랙이 산출된 경우 요구 조건을 만족할 수 없다면 Verilog 코드를 변경하거나 CAD 설정 값을 바꿔 제약 조건을 만족하도록 해야 한다.

표 10.1의 다른 행에 있는 값들은 회로의 외부 입력과 출력의 시간을 나타낸다. t_{su} 결과 최악의 셋업은 2.356 ns인데 입력 핀 b_0에서 플립플롭 $breg_0$까지의 시간이다. 이 파라미터는 b_0 신호가 할당 핀에서 클록 신호의 활성 에지 전 최소한 2.356 ns 동안은 안정적인 값을 유지해야 한다는 것을 의미한다. 설계에서 요구된 최대 셋업 제한 시간은 10 ns이므로 구현된 회로의 슬랙 값 7.644 ns는 요구 조건을 초과한다. 플립플롭 $zreg_0$에서 출력 핀 z_0까지 최악의 클록 출력 지연은 6.772 ns이다. 이것은 에지 클록 신호가 z_0 신호의 출력 핀까지 전달 지연이 6.772 ns임을 의미한다. t_{co} 신호의 설계 조건이 10 ns이므로 가능한 슬랙은 3.228 ns이다.

표 10.1의 마지막 행은 핀 b_1에서 플립플롭 $breg_1$까지 0.24 ns의 최대 유지 시간을 나타낸다. 클록 핀에서 각각의 활성 에지 후 신호는 핀 b_1에서 최소한 0.24 ns 동안 유지되어야 한다는 것이다. 파라미터의 제약 조건이 없으면, 슬랙 값을 보여주지 않는다.

표 10.1은 최악의 경로에 대한 F_{max}, t_{su}, t_{co}, t_h의 값들을 나열한다. 구현된 회로는 보다 작은 지연 시간과 보다 큰 슬랙 값을 갖는 다수의 다른 경로로 구현될 수 있다. 일반적으로 정적 타이밍 분석 도구는 각 파라미터의 추가 표와 더 많은 경로를 제공해 준다.

그림 10.1에 있는 CAD 툴의 마지막 단계는 타이밍 시뮬레이션이다. 이 단계에서 회로의 기능과 타이밍 동작이 시뮬레이션된다. 타이밍 시뮬레이션 수행 시 CAD 툴은 모든 논리 소자, 라우팅 배선, 대상 디바이스에 있는 다른 소자의 시간 지연 예측을 포함한다.

10.3 • 결론

이 장에서는 강력한 CAD 툴을 가지고 만들 수 있는 일반적인 설계 흐름을 간단히 설명하였다. 여기서는 상용 CAD 시스템에서 유효한 가장 중요한 부분의 일부만 고려하였다.

표 10.2 주요 CAD 툴

Vendor Name	WWW Locator	Product Names
Altera	altera.com	Quartus II
Mentor Graphics	mentorgraphics.com	ModelSim, Precision
Synopsys	synopsys.com	Design Compiler, VCS
Xilinx	xilinx.com	ISE, Vivado

보다 자세한 내용은 참고문헌 [1-8]을 찾아보거나 CAD 툴 제조사의 웹사이트를 참고하라. 표 10.2에 주요 CAD 툴 공급사들의 이름, 웹사이트 및 주요 제품명을 나열하였다.

참고문헌

1. R. Murgai, R. Brayton, A. Sangiovanni-Vincentelli, *Logic Synthesis for Field-Programmable Gate Arrays*, (Kluwer Academic Publishers, 1995).
2. J. Cong and Y. Ding, *FlowMap: An Optimal Technology Mapping Algorithm for Delay Optimization in Lookup-Table Based FPGA Designs*, (in IEEE Transactions on Computer-aided Design 13 (1), January 1994).
3. S. Brown, R. Francis, J. Rose, Z. Vranesic, *Field-Programmable Gate Arrays*, (Kluwer Academic Publishers, 1995).
4. M. Breuer, *A Class of Min-cut Placement Algorithms*, (in Design Automation Conference, pages 284–290, IEEE/ACM, 1977).
5. Carl Sechen, *VLSI Placement and Global Routing Using Simulated Annealing*, (Kluwer Academic Publishers, 1988).
6. V. Betz, J. Rose, and A. Marquardt, *Architecture and CAD for Deep-Submicron FPGAs*, (Kluwer Academic Publishers, 1999).
7. M. Sarrafzadeh, M. Wang, and X. Yang, *Modern Placement Techniques*, (Kluwer Academic Publishers, 2003).
8. L. McMurchie and C. Ebeling, *PathFinder: A Negotiation-Based Performance-Driven Router for FPGAs*, (in International Symposium on Field Programmable Gate Arrays, Monterey, Ca., Feb. 1995).

chapter 11

논리회로의 테스팅

Testing of Logic Circuits

이 장의 목적

이 장을 학습하고 나면 다음과 같은 것을 배울 수 있다.

- 디지털회로를 검사하기 위한 다양한 기술들
- 회로에서 발생하는 일반적인 장애들
- 회로의 동작을 검사하기 위한 테스트 입력의 설정
- 쉽게 검사하기 위한 회로의 설계

앞 장에서 논리회로의 설계에 대하여 공부하였다. 정상적인 절차에 따라 설계된 회로는 요구되는 대로 동작할 것으로 기대된다. 하지만, 회로가 모든 설계 명세를 실질적으로 만족하는지 여부를 확인해야 한다. 회로가 설계에서 요구되는 대로 동작하는지에 대한 기능 동작(functional behavior)과 타이밍 제약(timing constraint)에 대한 검사가 필수적이다. 이미 이 책의 여러 부분에서 타이밍에 대한 문제를 언급하였다. 이 장에서는 설계한 회로의 기능성을 검사하는 방법에 대하여 살펴본다.

논리회로를 검사하는 이유는 다양하다. 회로가 처음 개발되면, 요구되는 기능과 시간 규격을 만족하는지 확인하는 과정이 필요하다. 이미 설계 규격이 입증된 회로를 양산하는 경우에는 각각의 제품에 대하여 제조 과정에서 결함이 발생했는지 여부를 확인할 필요가 있다. 또한, 회로 제품이 현장의 장비에 설치되어 운용되는 경우에도 문제가 발생하였다면 검사가 필요하다.

모든 검사 방법의 기본은 회로에 *tests*라고 하는 미리 정해진 입력을 적용하여 관찰되는 출력 형태를 정상적인 회로에서 기대되는 출력 형태와 비교해 보는 것이다. 이 경우 회로가 정상적으로 동작하는지 여부를 파악할 수 있는 상대적으로 적은 수의 테스트 입력을 구하는 것이 어려운 부분이다. 모든 테스트 입력을 제공하여 비교하는 일은 특히, 커다란 회로의 경우 그 수가 지나치게 광대하므로 현실성이 없다.

11.1 • 장애 모델

회로는 트랜지스터 고장이나 연결 배선 장애 등과 같이 무언가 잘못된 경우 비정상적으로 동작한다. 다양한 장애(fault)를 야기하는 많은 오류가 있을 수 있다. 트랜지스터 스위치가 영구히 개방되거나 폐쇄(단락)되는 고장이 있을 수 있다. 회로의 배선이 V_{DD}나 접지(ground)에 붙어 있거나 아주 끊어져 있을 수 있다. 어떤 경우에는 배선이 잘못 연결되어 있을 수도 있다. 논리게이트 자체가 제조 과정에서 잘못 만들어져 출력 값이 이상하게 나올 수도 있다. 이와 같이 여러 종류의 장애를 모두 고려하는 것은 대단히 번거로운 일이다. 그러나 다행스럽게도 주요 장애를 검사하는 방법들이 개발되어 만족할 만한 결과를 얻을 수 있다.

11.1.1 STUCK-AT 모델

이 책에서 다루는 대부분의 회로는 기본적인 빌딩 블록으로 논리게이트를 이용하였다. 이러한 회로에서 장애를 모델링하는 방법은 게이트의 입력이나 출력 등을 논리 값 0이나 1로 영구히 붙어 있는(stuck) 배선으로 간주하는 것이다. 어떤 배선 w가 기대되는 바와 무관하게 항상 논리 값 0으로 동작할 때 이를 *stuck-at-0*(w/0으로 표기)이라고 한다. 반대로 배선 w가 기대되는 바와 무관하게 항상 논리 값 1로 동작하면 이를 *stuck-at-1*(w/1로 표기)이라고 한다.

Stuck-at 장애의 예로 게이트의 입력이 전원 V_{DD}나 접지에 잘못 연결되어 있는 경우를 들 수 있다. 이 stuck-at 모델은 다른 종류의 장애에도 적용 가능한데, 이는 대부분 배선이 특정 논리 값에 stuck된 상황과 동일한 문제를 유발시키기 때문이다. 회로에서 장애의 구체적인 영향은 회로를 구현하는 기법에 따라 다르다. 여기서는 stuck-at 장애만을 고려하여 회로의 검사 과정을 살펴보도록 한다.

11.1.2 단일 그리고 다중 장애

장애는 회로에서 동시에 여러 곳에서 발생할 수도 있다. 각각의 장애는 서로 다른 방식으로 작용할 수 있으므로 한 번에 다수의 장애를 다루는 것은 어려운 일이다. 실용적 방법은 단일 장애만을 고려하는 것이다. 주어진 회로에서 모든 단일 장애를 검사하는 일련의 테스트를 활용하면 대다수의 다중 장애도 찾아낼 수 있다는 것이 실험적으로 입증되어 있다.

장애는 검사하고자 하는 회로에 적절한 테스트 입력을 적용하여 관찰되는 출력과 정상 회로에 동일한 테스트 입력을 적용하여 얻어지는 출력이 서로 차이가 있는 경우 발견된다. 각각의 테스트가 하나 또는 다수의 장애를 찾아낼 수 있다고 전제하면, 주어진 회로의 모든 장애를 검사할 수 있는 테스트의 집합을 **테스트 세트**(*test set*)라고 한다.

11.1.3 CMOS 회로

CMOS 논리회로는 오동작의 측면에서 특이한 현상을 보여준다. 트랜지스터가 영구히 개방되거나 단락(폐쇄) 상태가 되어 고장날 수 있다. 그러한 고장의 대부분은 stuck-at 장애로 드러나지만 이와는 완전히 다른 현상을 보일 때도 있다. 예를 들면, 단락(short)으로 고장난 트랜지스터들은 V_{DD}에서 접지로 전류가 지속적으로 흐르게 되어 출력 전압이 0이나 1이 아닌 어중간한 값을 갖는 경우가 발생한다. 또한, 개방 상태로 고장난 트랜지스터들은 방전되는 경로가 끊어져 항상 충전된 커패시터의 전압이 출력으로 나오기도 한다. 그 결과 CMOS 조합 회로가 순차회로처럼 동작하는 현상이 발생하기도 한다.

CMOS 회로를 검사하기 위한 구체적인 방법은 이 책에서 취급하지 않는다. CMOS 검사의 기초적인 방법들은 참고문헌 [1-3]에서, 더욱 깊이 있는 내용은 참고문헌 [4-6]에서 찾을 수 있다. 이 책에서는 stuck-at 모델을 활용한 테스트 세트로 모든 회로의 장애를 검사할 수 있다고 가정한다.

11.2 • 테스트 세트의 복잡도

조합회로와 순차회로의 검사에는 큰 차이가 있다. 조합회로는 설계와 무관하게 검사할 수 있다. 그러나 순차회로를 검사하는 것은 회로의 동작이 외부에서 공급하는 테스트 입력은 물론 테스트가 적용되는 시점의 내부적 상태에도 영향을 받기 때문에 훨씬 까다롭다. 애초에 테스트 가능성(testability)을 고려하지 않고 설계된 순차회로를 검사하는 것은 매우 어려운 일이지만, 11.6절에서 소개하는 방법들을 활용하면 보다 쉽게 할 수 있다. 우선 조합회로에 대한 검사 방법부터 살펴보자.

조합회로를 검사하는 가장 확실한 방법은 모든 입력의 조합을 포함하는 테스트 세트를 적용하는 것이다. 각 입력에 대하여 관찰되는 출력이 회로의 동작을 정의한 진리표와 일치하는지 확인하기만 하면 된다. 이 방법은 작은 회로의 경우에는 가능하지만 입력변수가 많은 복잡한 회로에서는 사용할 수 없다. 다행인 것은 입력이 n개인 회로에 2^n개의 모든 입력 조합에 대한 출력을 검사할 필요 없이 훨씬 적은 수의 테스트로 모든 단일 장애를 찾아낼 수 있다는 점이다.

그림 11.1a는 최소 테스트 세트를 찾기 위한 예로써 세 개의 입력을 갖는 간단한 회로이다. 이 회로의 가능한 모든 입력 조합의 수는 여덟 개이다. 그림에서와 같이 회로는 a, b, c, d, f의 다섯 개의 배선으로 구성된다. 앞에서 언급한 장애 모델을 적용하면 각각의 배선은 stuck-at 0 또는 stuck-at 1로 모델링할 수 있다.

그림 11.1b는 검사를 위한 여덟 개의 모든 입력 조합을 나열한 표이다. 테스트 $w_1w_2w_3 = 000$으로는 배선 a, d, f에서 발생하는 stuck-at-1 장애를 찾을 수 있다. 정상적인 회로에서는 출력 $f = 0$을 얻을 것이다. 하지만, 입력 000이 적용되었을 때 세 개의 배선 중 어느 한 곳에서라도 a/1, d/1, f/1 장애가 발생하면 출력 $f = 1$을 얻게 된다. 테스트 $w_1w_2w_3$

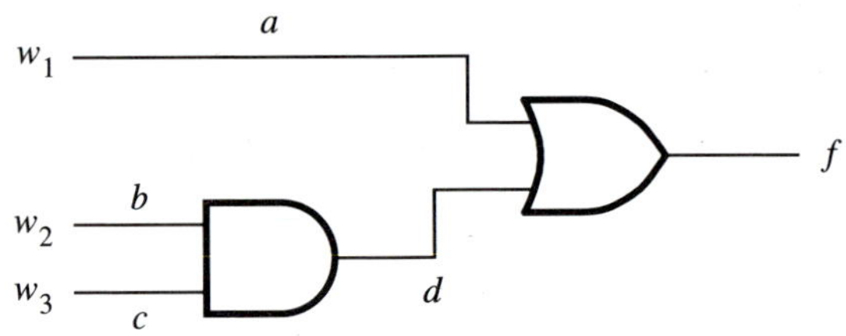

(a) 회로

Test $w_1 w_2 w_3$	Fault detected									
	a/0	a/1	b/0	b/1	c/0	c/1	d/0	d/1	f/0	f/1
000		√						√		√
001		√		√				√		√
010		√				√		√		√
011			√		√		√		√	
100	√								√	
101	√								√	
110	√								√	
111									√	

(b) 다양한 입력 값에 의해 검출된 장애

그림 11.1 단순 회로의 장애 검출

= 001도 정상적인 회로에서는 출력 f = 0이지만, 세 개의 배선 중 어느 한 곳에서라도 a/1, b/1, d/1, f/1 장애가 발생하면 출력 f = 1이 된다. 즉, 001의 테스트 입력으로 네 개의 서로 다른 stuck-at-1 장애를 찾을 수 있는데, 이를 해당 장애를 "커버(cover)한다"라고 한다. 마지막에 있는 테스트 111은 f/0 장애 한 개만을 커버한다.

회로의 모든 장애를 커버하는 최소 테스트 세트는 표를 관찰함으로써 얻을 수 있다. 어떤 장애는 한 개의 테스트에 의해서만 커버되는데, 이 테스트는 반드시 테스트 세트에 포함되어야 함을 의미한다. 예를 들면, b/1 장애는 테스트 001에 의해서만, c/1 장애는 테스트 010에 의해서만 커버된다. 반면에 b/0, c/0, d/0 장애들은 테스트 011에 의해서만 커버된다. 따라서 이 테스트들은 최소 테스트 세트에 반드시 포함되어야 한다. 나머지 장애들을 커버하기 위해서는 사용 가능한 테스트를 적절히 선택한다. 예를 들면, 테스트 001, 010, 011은 a/0 장애를 제외하고 남은 장애들을 모두 커버한다. a/0 장애는 세 개의 테스트 100, 101, 110에 의하여 커버할 수 있는데 임의로 100을 선택하면 회로

의 총 테스트 세트(complete test set)는

$$\text{Test set} = \{001, 010, 011, 100\}$$

이 경우, 회로에 발생할 수 있는 모든 stuck-at 장애를 찾아내기 위해서는 진리표에 나열된 모든 입력 조합인 여덟 개의 테스트 대신에 총 테스트 세트에 포함된 네 개의 테스트로 충분하다.

n개의 입력을 갖는 회로를 위한 총 테스트 세트의 크기는 일반적으로 2^n보다 훨씬 작다. 그러나 이 크기는 실질적으로 여전히 큰 값이다. 적당한 크기의 회로인 경우에도 최소 테스트 세트를 찾아내는 일은 매우 어려우며, 그림 11.1에 보여준 방법은 실용적이지 못하다. 다음 절에서 보다 나은 방법에 대하여 살펴보자.

11.3 • 경로 센서타이징

11.2절에서 유도했던 바와 같이, 회로의 모든 배선에 대하여 각 장애를 고려하여 테스트 세트를 구하는 방법은 고려해야 하는 배선이나 장애의 수가 지나치게 많기 때문에 실용적이지 못하다. 더 나은 방법은 하나의 테스트로 여러 개의 장애들을 동시에 검사할 수 있도록, 여러 개의 배선으로 구성된 경로(path)를 다루는 것이다. 즉, 경로를 따라 전파되는 신호의 변화가 출력에 직접 영향을 미칠 수 있도록 해당 경로를 활성화시킬 수 있다.

그림 11.2에서 입력 w_1에서 출력 f까지 세 개의 게이트를 통해 배선 a, b, c, f로 구성된 경로를 볼 수 있다. 이 경로는 회로의 다른 경로들에 의해 출력 f의 값이 결정될 수 없게 함으로써 활성화된다. 예를 들면, b의 신호가 a값에만 의존할 수 있도록 $w_2 = 1$로 설정한다. 마찬가지로 $w_3 = 0$으로 설정하여 NOR 게이트에, $w_4 = 1$로 설정하여 AND 게이트에 영향을 미치지 못하도록 한다. 이와 같은 설정에서는 $w_1 = 0$이면 출력 $f = 1$이 되고, $w_1 = 1$이면 출력 $f = 0$이 된다. 기술적 문서에서는 w_1에서 f까지의 경로가 활성화 되었다는 표현 대신 그 경로가 **센서타이즈**(*sensitize*) 되었다고 한다.

AND나 NAND 게이트의 한 입력을 통한 경로를 센서타이즈하기 위해서는 다른 모든 입력을 1로 설정한다. 반면, OR나 NOR 게이트의 한 입력을 통한 경로를 센서타이즈하기 위해서는 다른 입력들을 0으로 설정한다.

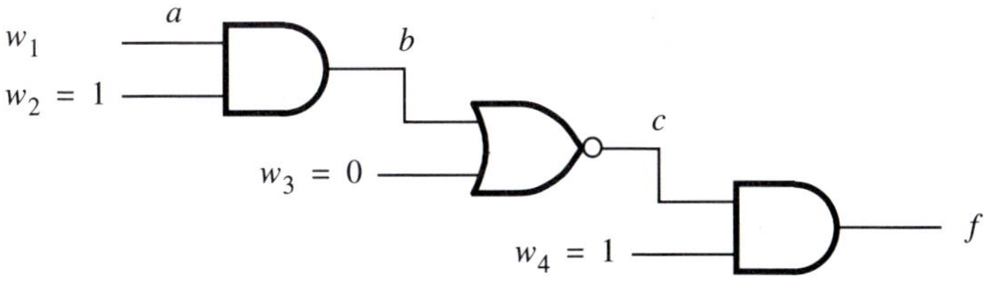

그림 11.2 센서타이즈 된 경로

이제 센서타이즈된 경로에서 장애가 발생하는 경우를 어떻게 찾아내는지 알아보자. 그림 11.2의 회로에서 $a/0$ 장애가 발생하면 $w_1 = 1$이라도 $f = 1$이 될 것이다. $b/0$ 혹은 $c/1$ 장애들이 발생하는 경우도 동일하게 출력 $f = 1$이 된다. 따라서 테스트 $w_1w_2w_3w_4 = 1101$은 $a/0$, $b/0$, $c/1$ 장애의 발생 여부를 검출할 수 있다. 마찬가지로 $w_1 = 0$이면 출력 $f = 1$이 되어야 하는데 $a/1$, $b/1$, $c/0$ 중 하나의 장애라도 발생하면 출력 $f = 0$이 된다. 그러므로 이 세 가지 장애는 테스트 0101로 검출할 수 있다. 결국, 단 두 개의 테스트를 적용함으로써 해당 센서타이즈된 경로의 모든 stuck-at 장애를 검출할 수 있게 된다.

회로의 경로 수는 배선 수보다 훨씬 적으므로 센서타이즈된 경로에 기반한 테스트 세트를 이용하는 방법은 보다 실용적이다. 다음의 예제에서는 센서타이즈된 경로에 기반한 방법을 보여준다.

예제 11.1 경로 센서타이즈된 테스트

그림 11.3은 다섯 개의 경로를 갖고 있는 회로이다. 경로 $w_1 - c - f$는 $w_2 = 1$, $w_4 = 0$으로 설정함으로써 센서타이즈된다. 입력 $w_2 = 1$이면 배선 b의 신호는 0이 되며, 이는 w_3의 값과 무관하게 $d = 0$으로 만들기 때문이다. 따라서 $w_2w_3w_4 = 1x0$으로 설정하면 경로 $w_1 - c - f$는 센서타이즈 된다. 여기서, 기호 x는 w_3값이 0이나 1이 되어도 관계가 없는 무정의를 의미한다. 이제 테스트 $w_1w_2w_3w_4 = 01x0$과 11x0만으로 해당 경로의 모든 장애를 검사할 수 있다. 두 번째 경로 $w_2 - c - f$는 테스트 1000과 1100을 이용하여 검사할 수 있다. 경로 $w_2 - b - d - f$는 0010과 0110으로, 경로 $w_3 - d -$ f는 x000과 x010으로 검사할 수 있다. 마지막 다섯 번째 경로 $w_4 - f$는 0x00과 0x01으로 검사할 수 있다. 이상의 열 개의 테스트를 모두 사용하는 대신 관찰을 통해 테스트 0110은 01x0을, 1100은 11x0을, 1000은 x000을, 0010은 x010을 대체할 수 있음을 볼 수 있다. 따라서 총 테스트 세트는 다음과 같다.

Test set = {0110, 1100, 1000, 0010, 0x00, 0x01}

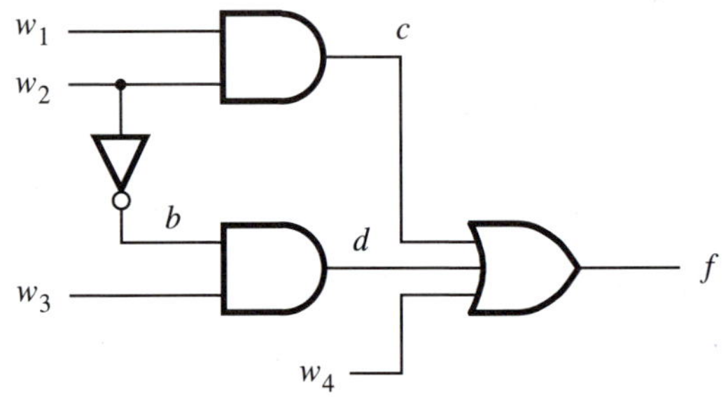

그림 11.3 예제 11.1의 회로

예제를 통해 풀어본 방법은 앞서 소개한 방법보다 간단해 보이지만, 복잡한 회로에서는 여전히 실용적이지 못하다. 그럼에도 불구하고 경로 센서타이징의 개념은 매우 유용하다.

11.3.1 특정 장애의 검출

그림 11.3의 회로에서 배선 b가 stuck-at-1 장애로 의심이 간다고 가정하자. 해당 장애의 발생 여부를 검사하는 테스트는 출력 f에서 장애를 관찰할 수 있도록 그 장애가 전달되는 경로를 센서타이즈함으로써 구한다. 해당 경로는 b에서 d로, 다시 f까지 연결되어 있다. 이를 위하여 $w_3 = 1$, $w_4 = 0$, $c = 0$으로 설정한다. 마지막 설정은 $w_1 = 0$으로 대신할 수도 있다. 의심이 가는 장애가 $b/1$이기 때문에 정상적인 회로와 오동작하는 회로의 결과 값이 다르게 나타날 수 있도록 배선 $b = 0$을 만드는 입력을 적용해야 한다. 즉, $w_2 = 1$로 설정한다. 따라서 $b/1$ 장애를 찾기 위한 테스트는 $w_1w_2w_3w_4 = 0110$이다.

일반적으로 하나의 배선에 대한 장애는 해당 장애를 출력으로 전달함으로써, 그리고 관련된 경로를 센서타이징함으로써 찾을 수 있다. 이는 해당 경로를 따라 연결된 게이트들의 나머지 입력 값을 할당하는 과정을 포함한다. 이 게이트들의 입력 값은 회로 전체의 입력에 특정 값을 적용함으로써 결정되어야 하며, 경우에 따라서는 불가능할 수도 있다. 예제 11.2는 이런 과정을 보여준다.

예제 11.2 장애 전달

센서타이즈된 경로를 따라 연결된 게이트를 통해 장애가 전달될 때 인버팅 게이트를 만나면 신호의 값이 바뀌게 된다. Stuck-at-0 장애를 기호 D로 표시하기로 하자. AND나 OR 게이트를 통과할 때 stuck-at-0 장애는 그 영향이 변하지 않는다. AND(OR) 게이트의 입력에 D가 있을 때 그리고 다른 입력들이 1(0)으로 설정되어 있다면 게이트 출력은 D가 있는 것처럼 동작한다. 그러나 NOT, NAND 혹은 NOR 게이트의 입력에 D가 있다면, 출력은 $\overline{D}$로 표시되는 stuck-at-1으로 나타날 것이다.

그림 11.4는 D와 $\overline{D}$ 기호를 이용하여 장애의 효과가 어떻게 전달되는지 보여주는 회로이다. 우선 배선 b에 stuck-at-0(b/0) 장애가 있다고 가정하자. 이 장애가 경로 $b - h - f$를 따라서 전달되는 것을 그림 11.4b와 같이 보여주려 한다. $g = 1$로 설정하면 $b/0$ 장애는 배선 h에 $\overline{D}$로 표시된 stuck-at-1 장애로 나타나게 되며, 이 장애가 f로 전달되기 위해서는 $k = 1$로 설정해야 한다. 마지막 NAND 게이트는 신호를 반전시키므로, 출력은 D로 표시된 $f/0$장애로 나타난다. 따라서 정상적인 회로에서 출력 $f = 1$이어야 하지만 장애 회로에서는 $f = 0$이 된다. 이와 같은 과정을

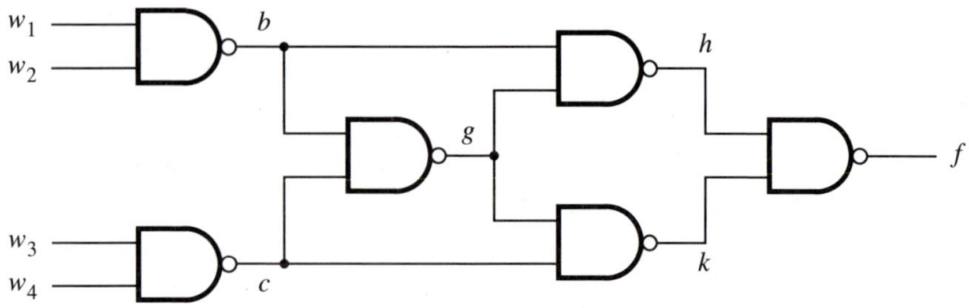

(a) 회로

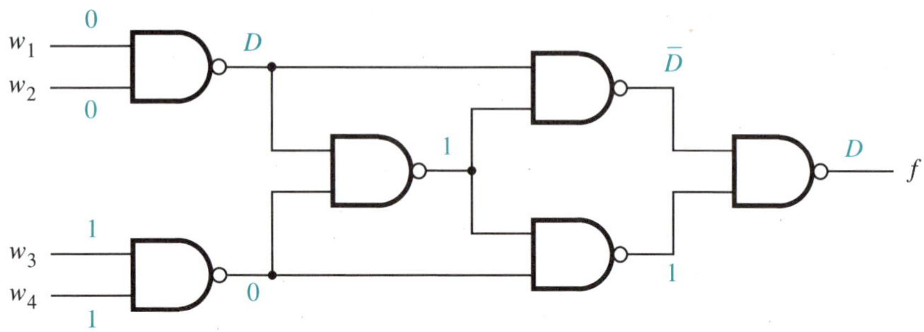

(b) b/0 장애 검출

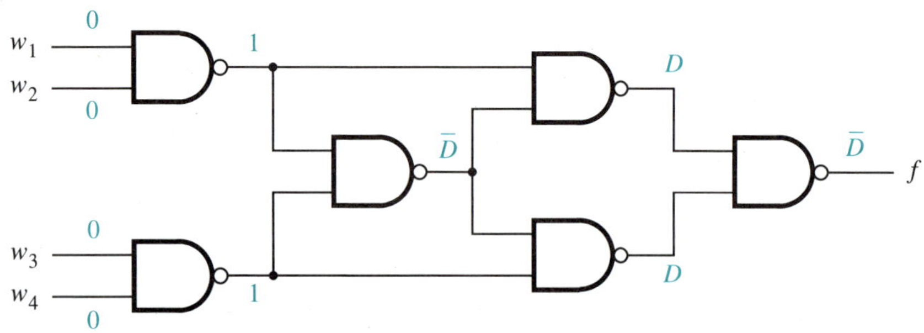

(c) g/0 장애 검출

그림 11.4 장애의 검출

위해서는 회로 전체의 입력에 적절한 값을 공급함으로써 $g = 1$, $k = 1$로 설정할 수 있어야 한다. 이 조건을 만족시키는 과정을 **일관성 검사**(*consistency check*)라고 한다. 회로에서 $c = 1$로 설정하면 $g = 1$, $k = 1$이 되며, 이는 $w_3 = w_4 = 1$로 설정함으로써 만들 수 있다. 끝으로 배선 b의 장애 D가 전달되기 위해서는 b가 1이 되는 신호의 설정이 필요하며 이는 w_1이나 w_2 중에 하나가 0이면 된다. 그러므로 테스트 $w_1w_2w_3w_4 = 0011$은 b/0 장애를 검출할 수 있다.

다음으로 배선 g가 $\overline{D}$로 표시되는 stuck-at-1 장애의 경우를 보자. 이 장애는 $b = 1, k = 1$로 설정하여 경로 $g - h - f$를 따라 전달할 수 있다. $b = 1$로 만들기 위해서 $w_1 = w_2 = 0$으로 설정한다. $k = 1$로 설정하려면 $c = 0$으로 만들어야 한다. 그러나 g의 $\overline{D}$(stuck-at-1) 장애를 검출하는 것이므로 정상 회로에 대하여 $g = 0$이 되도록 전달해야 한다. 그러기 위해서 $b = c = 1$로 설정해야 되지만, 앞에서 $c = 0$과 $k = 1$로 설정하는 조건과 충돌한다. 그러므로 일관성 검사가 실패하여 $g/1$ 장애는 전달될 수 없다.

장애를 그림 11.4c에 보여준 것과 같이 두 개의 경로로 동시에 전달하는 경우도 있다. 이 경우 장애는 경로 $g - h - f$와 경로 $g - h - f$를 따라서 전달된다. 이 $g/1$ 장애를 전달하기 위해서는 $b = 1, c = 1$로 설정해야 하므로 테스트 0000을 사용하여 $g/1$ 장애를 검사할 수 있다. NAND 게이트의 두 입력이 모두 D(혹은 $\overline{D}$)이면 출력은 $\overline{D}$(혹은 D)가 된다는 점을 주목하라.

경로 센서타이징을 이용하여 장애의 효과를 전달하는 개념은 장애를 검출하기 위한 테스트 세트를 찾는 다양한 방법들에서 활용된다. 그림 11.4에서 기술한 방식은 장애를 찾아내기 위한 최초의 실질적인 알고리즘 중에 하나인 D 알고리즘의 기본이다[7]. 이 알고리즘을 개선하여 여러 다른 방법들이 개발되었다[8].

11.4 • 트리 구조를 갖는 회로

각 게이트의 팬 아웃(fan-out)이 하나인 트리 구조를 갖는 회로의 검사는 쉽다. 이와 같은 구조의 회로는 SOP나 POS로 설계된 것으로 이미 앞에서 배운 기본적인 조합회로이다. 회로의 입력에서 출력까지 고유의 경로를 가지므로 장애를 찾기 위한 테스트를 쉽게 구할 수 있다. 이 개념을 그림 11.5의 SOP 회로를 이용하여 설명한다.

어느 하나의 AND 게이트 입력이 stuck-at-0 장애라면 해당 게이트의 모든 입력을 1로 설정하고 다른 모든 AND 게이트가 0을 출력하도록 설정함으로써 장애를 검사할 수 있다. 세 개의 AND 게이트가 있으므로 세 개의 테스트가 필요하다.

Stuck-at-1 장애를 검사하기 위해서는 조금 더 고려해야 할 사항이 있다. 어느 하나의 AND 게이트 입력 하나에 대한 stuck-at-1 장애를 검사하기 위해서는 해당 입력을 논리 0으로 설정하고 나머지 입력은 모두 1로 설정한다. 정상적인 게이트는 출력이 0으로 장애 있는 게이트는 출력이 1이 된다. 동시에 다른 모든 AND 게이트의 출력을 0으로 만들어야 하므로 이들 입력 중 적어도 하나는 0으로 설정한다.

그림 11.6의 표는 이에 필요한 테스트이다. 처음 세 개의 테스트는 stuck-at-0 장애를 찾기 위한 것이다. 네 번째 테스트는 맨 위에 있는 AND 게이트의 첫 번째 입력이나 다른 두 개의 AND 게이트의 세 번째 입력에 대한 stuck-at-1 장애를 찾기 위한 것이다.

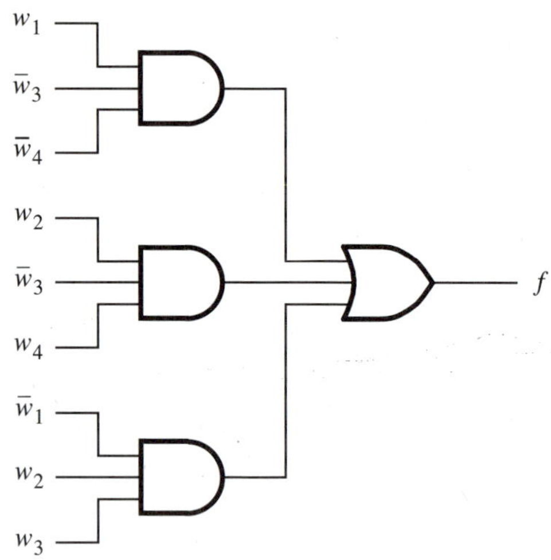

그림 11.5 트리 구조의 회로

	No.	Product term			Test
		$w_1\bar{w}_3\bar{w}_4$	$w_2\bar{w}_3w_4$	$\bar{w}_1w_2w_3$	$w_1w_2w_3w_4$
Stuck-at-0 tests	1	1 1 1	0 1 0	0 0 0	1 0 0 0
	2	0 1 0	1 1 1	1 1 0	0 1 0 1
	3	0 0 0	1 0 1	1 1 1	0 1 1 1
Stuck-at-1 tests	4	0 1 1	1 1 0	1 1 0	0 1 0 0
	5	1 0 1	1 0 0	0 1 1	1 1 1 0
	6	1 1 0	0 1 1	0 0 0	1 0 0 1
	7	1 0 0	1 0 1	0 1 1	1 1 1 1
	8	0 0 0	0 0 1	1 0 1	0 0 1 1

그림 11.6 그림 11.5의 회로에 대한 테스트 유도

각 경우에 대하여 검사하고자 하는 입력은 0으로 설정하고 나머지 입력은 모두 1로 설정한다는 점을 주목하라. 이 경우에 테스트 $w_1w_2w_3w_4 = 0100$이 된다. 하나의 테스트로 가능한 많은 게이트의 입력에 대해 검사하는 것이 바람직하다. 다섯 번째 테스트는 맨 위에 있는 AND 게이트의 두 번째 입력이나 제일 아래에 있는 AND 게이트의 첫 번째 입력을 검사하지만 중간에 있는 AND 게이트의 입력은 검사하지 못한다. 이 테스트는 1110이 된다. AND 게이트의 나머지 입력에 대한 stuck-at-1 장애 검사를 위해 세 개의 테스트가 더 필요하다. 그러므로 총 테스트 세트는 다음과 같다.

Test Set = {1000, 0101, 0111, 0100, 1110, 1001, 1111, 0011}

11.5 • 랜덤 테스트

이제까지 회로에서 어느 곳의 장애를 검사하기 위해서 주로 경로 센서타이징을 이용한 단정적(*deterministic*) 테스트 세트를 찾는 방법을 고려하였다. 일반적으로 회로가 커지면 이와 같은 테스트 세트를 찾아내는 일은 매우 어려워진다. 다른 대안으로 테스트 세트를 무작위로 만들어 검사하는 방법을 이 절에서 살펴본다.

그림 11.7은 두 개의 변수로 구성되는 함수를 모두 나열해 보여준다. n개의 변수로 구성되는 함수의 수는 2^{2^n}개이므로 두 개의 변수로 구성되는 함수는 $2^{2^2} = 16$개이다. 그림 11.8에 있는 XOR 함수에 대하여 배선 b, c, d, h와 k에서 stuck-at-0 또는 stuck-at-1 장애가 발생할 수 있다고 가정하자. 각각의 장애는 회로가 정상적인 XOR로 동작하지 못하도록 하여 그림 11.9에 나열된 장애가 있는 회로의 결과로 나타날 것이다. 따라서 이 회로를 검사하기 위해서는 그림 11.9에 나열된 장애 회로와 정상 회로를 구별지어줄 수 있는 입력들이 필요하다. 임의로 $w_1w_2 = 01$을 첫 번째 테스트로 선택한다. 이 테스트는 정상 회로에서는 출력 $f = 1$이지만, 장애 회로에서는 출력 $f = 0$이 된다. 이 경우에 해당하는 장애 회로는 f_0, f_2, f_3, f_{10}이다. 다음으로, 역시 임의로 $w_1w_2 = 11$을 테스트로 선택한다. 이 테스트는 출력 $f = 0$을 만드는 정상 회로와 출력 $f = 1$을 만드는 장애 회로를 구별해 준다. 이 경우에 해당하는 장애 회로는 f_3, f_5, f_7, f_{15}이며, 그중 f_3은 이미 $w_1w_2 = 01$로 검사를 하였다. 세 번째로 $w_1w_2 = 10$을 테스트로 선택한다. 이 테스트는 정상

w_1w_2	f_0	f_1	f_2	f_3	f_4	f_5	f_6	f_7	f_8	f_9	f_{10}	f_{11}	f_{12}	f_{13}	f_{14}	f_{15}
00	0	0	0	0	0	0	0	0	1	1	1	1	1	1	1	1
01	0	0	0	0	1	1	1	1	0	0	0	0	1	1	1	1
10	0	0	1	1	0	0	1	1	0	0	1	1	0	0	1	1
11	0	1	0	1	0	1	0	1	0	1	0	1	0	1	0	1

그림 11.7 두 개의 변수를 모든 함수

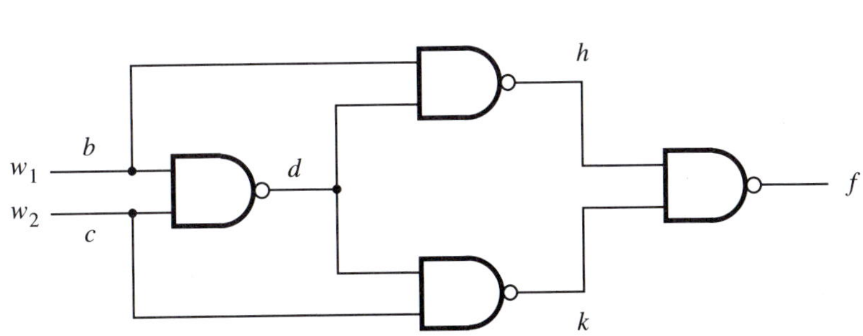

그림 11.8 XOR 게이트

Fault	Circuit implements
$b/0$	$f_5 = w_2$
$b/1$	$f_{10} = \overline{w}_2$
$c/0$	$f_3 = w_1$
$c/1$	$f_{12} = \overline{w}_1$
$d/0$	$f_0 = 0$
$d/1$	$f_7 = w_1 + w_2$
$h/0$	$f_{15} = 1$
$h/1$	$f_4 = \overline{w}_1 w_2$
$k/0$	$f_{15} = 1$
$k/1$	$f_2 = w_1 \overline{w}_2$

그림 11.9 다양한 장애의 효과

회로와 f_4와 f_{12}의 장애 회로를 구별해 준다. 이렇게 세 개의 랜덤한 방식으로 선택한 테스트로 그림 11.9에 있는 모든 장애를 검사할 수 있다. 처음 두 개의 테스트만으로 아홉 개 장애 중 일곱 개 장애에 대한 검사가 가능하였다.

이 예제에서 테스트를 랜덤하게 선택하여 만든 테스트 세트로 검사를 해도 된다는 것을 보았는데, 문제는 얼마나 효과적이냐 하는 것이다. 그림 11.7을 보면 하나의 입력에 대하여 16개의 함수 중에 여덟 개의 함수가 다른 출력을 보이기 때문에 네 개 중 어느 하나의 테스트만으로 정상적인 함수와 여덟 개의 장애가 있는 함수들을 구별해낼 수 있다. 하나의 테스트로 검사할 수 있는 여덟 개의 장애가 있는 함수는 모든 가능한 함수의 절반(두 개의 변수로 구성되는 함수는 2^{2^2-1})이다. 그러나 이 테스트로는 정상적인 함수와 동일한 값을 출력하는 일곱 개의 장애가 있는 함수를 구별할 수 없다. 다음의 두 번째 테스트를 적용하면 나머지 일곱 개의 장애가 있는 함수 중에 정상적인 출력과 다른 값을 주는 네 개의 함수를 구분할 수 있다. 따라서 계속적으로 새로운 테스트를 적용하면 검출하지 못한 장애가 있는 함수의 수를 반으로 줄일 수 있다. 결론적으로, 처음의 몇 차례 테스트를 통하여 발생 가능한 모든 장애 회로의 대부분을 검출할 수 있는 확률은 매우 높다. 첫 테스트를 통해 장애 회로를 검출할 수 있는 확률은

$$P_1 = \frac{1}{2^{2^2} - 1} \cdot 2^{2^2-1} = \frac{8}{15} = 0.53$$

으로 전체 발생 가능한 장애 회로 수에 대한 검출 가능한 장애 회로 수의 비율이다.

이러한 계산을 n개의 변수로 구성된 함수에 대하여 쉽게 확장할 수 있다. 첫 번째 테스트에서는 가능한 2^{2^n-1}개의 장애가 있는 함수 중에서 $2^{2^n} - 1$개를 검출할 수 있다. 따라서 m개의 테스트로 검사한다면 장애 회로를 검출하는 확률은 다음과 같다.

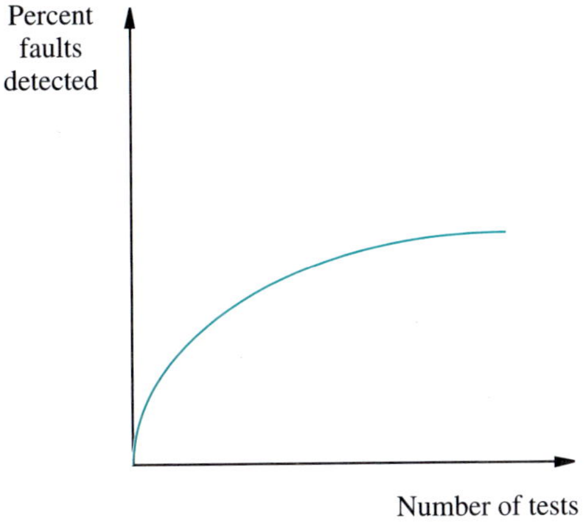

그림 11.10 랜덤 테스팅의 유효성

$$P_m = \frac{1}{2^{2^n} - 1} \cdot \sum_{i=1}^{m} 2^{2^n - i}$$

그림 11.10은 이 계산 값을 그래프로 보여준다. 결론은 랜덤 테스트는 매우 효과적이어서 회로가 큰 경우에도 몇 십 개 정도의 테스트만으로 장애의 존재 여부를 검출할 가능성이 높다.

랜덤 테스트는 많은 수의 팬인(fan-in)을 갖지 않는 회로에 특히 효과적이다. 팬인이 많은 경우에는 다른 방법의 검사가 필요할 수도 있다. 예를 들어, 많은 수의 입력을 갖는 AND 게이트에 대하여 그 입력에 대한 stuck-at-1 장애를 검사해야 하는 경우에는 랜덤 테스트로 어려울 수 있다. 하지만, 이런 경우에는 11.4절에 기술된 방법으로 장애를 검사할 수 있다.

랜덤 테스트 방법은 효율적이고 간단하므로 실제로 많이 이용된다.

11.6 • 순차회로의 테스트

앞에서 조합회로는 단정적 혹은 랜덤 테스트 세트를 이용하여 효과적으로 검사할 수 있음을 배웠다. 그러나 순차회로를 검사하기는 어렵다. 순차회로에 있는 메모리 소자는 내부적으로 다양한 상태를 가질 뿐만 아니라 외부 입력과 연계하여 출력이 결정되기 때문이다.

조합회로는 진리표에 있는 출력 값과 동일하게 동작되는지 비교하면 검사가 가능하다. 이와 유사하게 순차회로에서도 입력을 주고 그에 대응하는 상태표에 있는 출력이 나타나는지를 비교할 수 있다. 이 방법은 회로의 모든 상태 천이가 정상적인지 그리고 해당 출력이 모두 정상적인지를 확인해야 한다. 이런 검사는 쉬울 것처럼 보이지만 전혀 실용적이지 못하다. 그 이유는 외부에서 회로의 상태를 파악할 수 있는 핀이 없다면 회로가 어느 상태에 있는지 알 수 없기 때문이다. 또 다른 문제는 각 상태 천이를 검사하는 경우 최종 안정 상태에 완전히 도달하였는지를 확인할 수 있어야 한다는 것이다. 이런 방법의 검사는 매우 작은 규모의 순차회로에만 적용 가능하며 실제적인 규모의 회로에는 적용할 수 없다. 대안으로 순차회로를 설계할 때부터 검사가 용이하도록 미리 고려하는 것이다.

11.6.1 테스트를 위한 설계

동기 순차회로는 출력과 다음 상태(next-state)를 결정하는 조합회로와 클록에 맞추어 상태 정보를 저장하는 플립플롭으로 구성된다. 그림 6.85는 일반적인 순차회로를 나타낸 것이었다. 조합회로의 입력인 $w_1, w_2, \ldots, w_n$은 전체 회로의 입력(primary inputs)이고, 플립플롭에서 오는 $y_1, y_2, \ldots, y_k$는 현재 상태를 나타낸다. 출력인 $z_1, z_2, \ldots, z_m$은 전체 회로의 출력(primary outputs)이고, $Y_1, Y_2, \ldots, Y_k$는 다음 상태를 나타낸다. 그림에 나타난 조합회로는 전체 회로의 모든 외부 입력에 대하여 출력을 관찰할 수만 있다면 앞 절에서 설명한 방법을 활용하여 쉽게 검사할 수 있다. 전체 회로의 입력에 테스트 벡터를 공급하고 전체 회로의 출력의 값을 관찰하는 일은 어렵지 않다. 문제는 현재 상태에 대한 테스트 벡터를 어떻게 제공하며, 다음 상태의 값들을 어떻게 관찰하느냐는 것이다.

가능한 접근 방법으로 조합회로의 입력으로 상태 변수(해당 플립플롭의 출력) 혹은 테스트 벡터를 선택할 수 있도록 현재 상태와 관련된 경로에 2-to-1 멀티플렉서를 사용하는 것이다. 이 방식의 치명적인 단점은 각 멀티플렉서에 대하여 하나의 입력을 외부에서 직접 설정할 수 있어야 하므로 상태 변수의 수가 많아지면 핀 수도 많아진다는 것이다. 다른 접근 방법으로 테스트 벡터를 1-비트씩 이동시켜서 제공할 수 있도록 회로를 구성하는 것으로 검사를 수행하는 시간이 길어지는 대신 핀 수의 증가는 최소화할 수 있다. 여러 가지 방법들이 제안되어 있는데 그중 하나를 아래에 소개한다.

스캔-경로 기법

플립플롭의 입력에 멀티플렉서를 이용하는 **스캔-경로**(*scan-path*)라고 부르는 방법이 많이 이용되며, 플립플롭이 정상 동작을 위한 순차회로로 사용되거나 검사를 위한 시프트 레지스터의 일부분으로 사용되도록 한다. 그림 11.11은 세 개의 플립플롭으로 구성된 일반적인 스캔-경로 구조의 회로를 보여준다. 각 2-to-1 멀티플렉서는 해당 플립플롭의 *D* 입력을 다음 상태 변수 혹은 모든 플립플롭을 연이어 구성되는 시프트 레지스터의 직렬 경로와 연결한다. 제어 신호인 $\overline{Normal}/Scan$에 따라 멀티플렉서의 입력이 선택된다. 정상 동작을 하는 경우 플립플롭은 다음 상태 변수 $Y_1Y_2 \ldots Y_3$을 입력받는 데 사용된다.

회로 검사를 하는 경우 플립플롭으로 연결된 시프트 레지스터는 현재 상태 변수 $y_1y_2 \cdots y_3$의 일부와 각 테스트 벡터의 일부를 스캔하는 데 사용된다. Q_i 출력이 $D_i + 1$의 입력으로 연결되어 있다. 맨 처음 플립플롭의 입력은 *Scan_in* 핀에 연결되어 외부 입력을 받을 수 있고, 마지막 플립플롭의 출력은 *Scan_out* 핀에 연결되어 외부에서 측정할 수 있다.

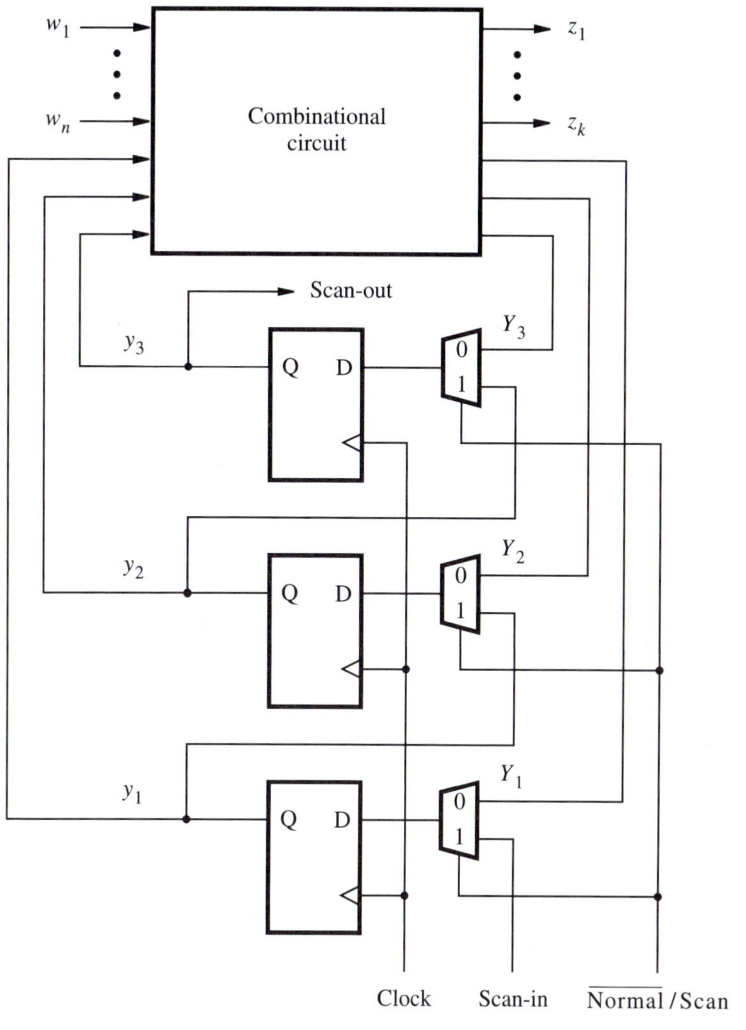

그림 11.11 스캔-경로를 위한 구성

다음은 스캔-경로 기법의 동작 순서이다.

1. 플립플롭 동작에 대한 검사는 *Scan_in*에 0이나 1을 임의의 형태(예를 들면, 01011001과 같은)로 연속적으로 입력하여 *Scan_out*에 같은 순서의 출력이 나오는지를 관찰함으로써 수행한다.
2. 조합회로에 대한 검사는 $w_1w_2 \cdots w_ny_1y_2y_3$에 테스트 벡터를 적용하고 회로에 나타는 $z_1z_2 \cdots z_mY_1Y_2Y_3$을 관찰함으로써 수행한다. 이는 다음과 같이 이루어진다.

   - 테스트 벡터의 $y_1y_2y_3$ 부분은 $\overline{Normal}/Scan$ = 1로 하여 플립플롭을 시프트 레지스터로 이용함으로써 3 클록 사이클에 걸쳐 공급한다.

- 테스트 벡터의 $w_1w_2 \cdots w_n$ 부분은 $\overline{Normal}/Scan = 0$로 하여 순차회로가 정상 동작하도록 함으로써 1 클록 사이클에 걸쳐 제공한다. 출력 $z_1z_2 \cdots z_m$을 관찰한다. 이때 회로에 나타나는 다음 상태 $Y_1Y_2Y_3$는 플립플롭에 저장된다.
- 검사 결과의 일부인 $Y_1Y_2Y_3$를 외부에서 관찰할 수 있도록 $\overline{Normal}/Scan = 1$로 하여 3 클록 사이클을 구동시키면 플립플롭에 저장된 내용을 얻어낼 수 있다. 동시에 다음 테스트 벡터를 공급하면 회로를 검사하는 데 필요한 시간을 줄일 수 있다.

다음의 예제는 스캔-경로 기법으로 검사를 하도록 설계한 회로이다.

예제 11.3

그림 6.75는 6.9절에서 논의했던 직렬 입력에서 특별한 순서의 값을 인식하는 회로이다. 이 회로를 스캔-경로를 고려하여 그림 11.12와 같이 쉽게 검사할 수 있도록 수정하였다. 네 개의 AND 게이트와 두 개의 OR 게이트로 구성된 조합회로 부분은 두 그림 모두에서 동일하다.

플립플롭의 검사는 앞에서 설명한 것과 같이 일련의 0이나 1을 연속적으로 입력하여 수행한다. 조합회로를 검사하기 위해서는 테스트 벡터를 wy_1y_2에 공급한다. 테스트 벡터로는 랜덤 테스팅 방법을 이용하여 wy_1y_2 = 001, 110, 100, 111의 네 개를 사용한다. 첫 번째 테스트 벡터 001을 적용하기 위해 y_1y_2 = 01을 2 클록 사이클에 걸쳐 scan-in 하고, 세 번째 클록 사이클에 회로가 정상 동작하도록 하여 $w = 0$을 공급한다. 이는 결국 wy_1y_2 = 001이 AND-OR 회로에 입력된 것과 같다. 결과는 $z = 0$, $Y_1 = 0$, $Y_2 = 0$이 되어야 한다. 출력 z는 바로 관찰할 수 있지만, Y_1과 Y_2는 플립플롭에 저장되어 있으므로 다음 2 클록 사이클에 걸쳐 scan-out 하여 관찰한다. 이 값을 scan_out 하는 동안에 다음 테스트 벡터인 y_1y_2 = 10을 scan_in 할 수 있다. 따라서 한 개의 검사를 수행하기 위해서 5 클록 사이클이 필요하지만, 마지막 2 클록 사이클은 두 번째 검사와 겹쳐진다. 세 번째와 네 번째 검사는 동일한 방법으로 수행한다. 네 개의 테스트 벡터를 모두 검사하는 데 14 클록 사이클이 소요된다.

이 예제는 순차회로를 검사하기 위해서 앞 절에서 논의했던 조합회로의 검사 방법을 기반으로 한다. 이 스캔-경로 방법은 회로의 상태표에 기술된 모든 상태 천이를 고려하는 테스트 벡터를 공급함으로써 순차회로를 검사할 수 있다. 회로는 상태 변수에 해당하는 값을 단순히 플립플롭에 scan-in 함으로써 특정 상태로 설정할 수 있다. 상태 천이의 결과는 전체 회로의 출력을 관찰하고 다음 상태로 나타나는 플립플롭을 scan-out 함으로써 확인할 수 있다. 자세한 과정은 연습문제를 통하여 학습하기 바란다(문제 11.16).

스캔-경로 방법의 한계는 정상 동작 중에 플립플롭의 비동기 프리셋(preset)과

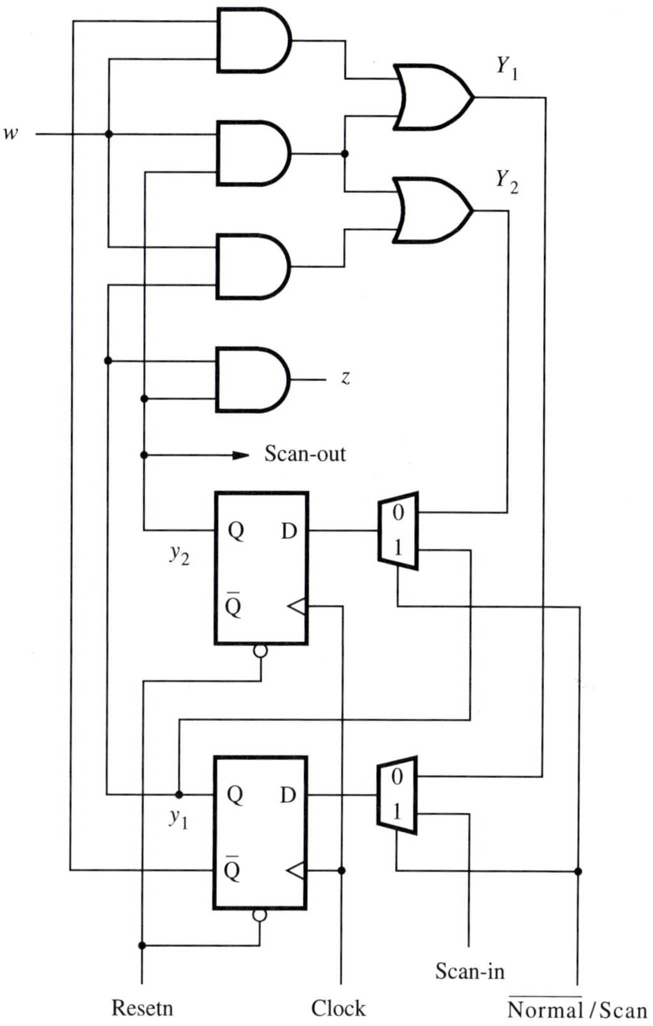

그림 11.12 예제 11.3의 회로

리셋 기능을 활용하는 회로에서 동작하지 않는다는 것이다. 앞에서 가능하면 비동기 프리셋과 리셋 기능을 사용하도록 권장하였다. 부득이 비동기 프리셋과 리셋 기능을 사용해야 한다면 **레벨 센서티브 디자인**(*level-sensitive design*)이라는 방법을 이용하여 회로를 설계하는 것이 바람직하다[1, 9]. 관련 기술에 대한 내용은 참고문헌을 참고할 수 있다.

11.7 • 빌트 인 셀프 테스트

지금까지 회로를 검사하기 위하여 외부에서 테스트 입력을 공급한 후에 회로에서 관찰되는 출력과 예상되는 결과를 비교하였다. 이를 위해서는 회로와 외부의 검사 장비를 연결해야 한다. 그렇다면 외부 장비 없이 회로 자체 내에서 스스로 검사할 수 있는 기능을 추가하는 방법을 생각해 볼 수 있다. 그렇게 탑재된 기능은 회로 자체만으로 장애를 검사할 수 있도록 한다. 이 절에서는 *BIST(built-in selt-test)* 기능을 제공하는 방법을 학습한다.

그림 11.13은 테스트 벡터 제너레이터가 검사하고자 하는 회로에 적용해야 하는 테스트 벡터를 발생시키는 BIST 개념의 예를 보여준다. 11.5절에서 랜덤하게 선택된 테스트 벡터가 효과적이며 수행하는 테스트의 수에 따라 상당 부분의 장애를 커버할 수 있음을 설명했다. 회로에 공급되는 각 테스트 벡터에 대한 정상적인 회로의 결과는 CAD 시뮬레이터 등을 사용하여 구하고, 회로를 검사할 때 비교할 수 있도록 칩에 저장한다.

칩 내에 테스트 벡터를 만드는 실질적인 방법은 랜덤 테스트와 동일한 특성을 갖는 **의사 랜덤**(*pseudorandom*) **테스트**를 이용하는 것으로, 이는 테스트 벡터를 미리 단정적으로 만들어 필요에 따라 반복하여 사용할 수 있도록 한다. 그림 11.14는 이와 같은 의사 랜덤 테스트 제너레이터이다. 이는 처음과 마지막 비트는 XOR 게이트를 통하여 피드백되어 있는 4-비트 시프트 레지스터 형태로 연속된 클록 사이클에 걸쳐 15개의 패턴을 생성한다. 예를 들어 초기에 시프트 레지스터가 $x_3x_2x_1x_0 = 1000$으로 설정되었다면, 그림 11.14*b*에 기술된 패턴을 발생시킨다. 패턴 0000의 경우는 그 상태에 무한히 머무르게 되므로 사용될 수 없음을 주목하라.

그림 11.14와 같은 종류의 회로를 **선형 피드백 시프트 레지스터**(*linear feedback shift registers,* LFSRs)로 분류하는데, *n*-비트 시프트 레지스터의 첫 번째 비트와 또 다른 비트를 XOR 게이트를 이용하여 피드백함으로써 랜덤하게 발생되는 2^n − 한 개의 패턴을 얻을 수 있다. 이와 같은 회로들은 오류 정정 코드에 많이 사용되며, 회로의 동작 특성은 다수의 참고문헌에서 찾을 수 있다[1-3, 10]. 다양한 *n*값에 대한 피드백 연결에서 얻을 수 있는 최대 길이 의사 랜덤 시퀀스(maximum length pseudo random sequence)는 패터슨(Peterson)과 웰던(Weldon)의 『Error-Correcting Code』라는 참고문헌에서 찾을 수 있다[11].

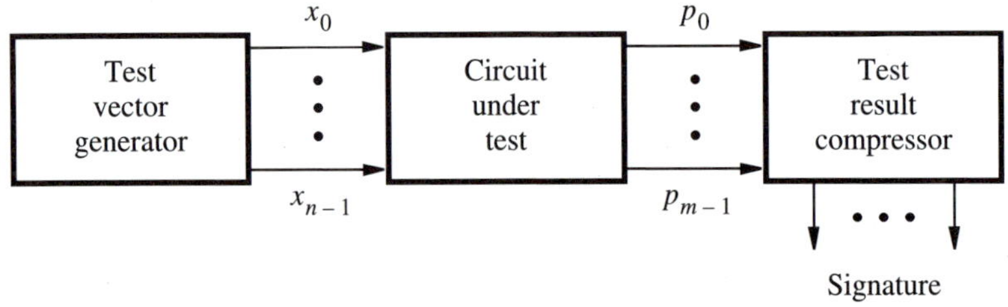

그림 11.13 테스트를 위한 구성

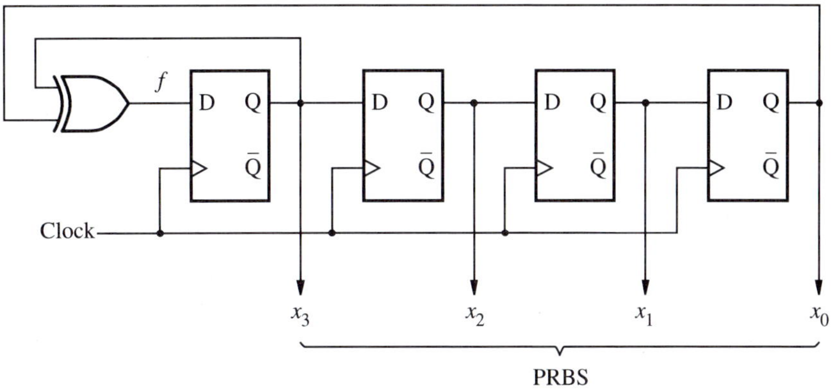

(a) 회로

x_3	1	1	1	1	0	1	0	1	1	0	0	1	0	0	0	1	···
x_2	0	1	1	1	1	0	1	0	1	1	0	0	1	0	0	0	···
x_1	0	0	1	1	1	1	0	1	0	1	1	0	0	1	0	0	···
x_0	0	0	0	1	1	1	1	0	1	0	1	1	0	0	1	0	···
f	1	1	1	0	1	0	1	1	0	0	1	0	0	0	1	1	···

(b) 생성된 시퀀스

그림 11.14 의사 랜덤 바이너리 시퀀스 제너레이터(PRBSG)

PRBSG(*Pseudo random binary sequence generator*)는 테스트를 만드는 간단한 방법 중 하나이다. 검사할 회로에서 예상되는 출력은 CAD 시뮬레이터 툴을 이용하여 구할 수 있다. 남은 문제는 회로가 실제로 원하는 출력을 만들어내는지 검사하는 것이다. 회로를 구성하고 있는 칩에 테스트에 대한 많은 수의 결과 값을 저장하는 것은 비현실적이다. 가능한 방법은 LFSR 회로를 이용하여 테스트에 대한 결과를 압축하여 하나의 패턴으로 만드는 것이다. 단순히 피드백 신호를 입력으로 연결하는 대신에, 압축 회로가 검사할 회로에서 발생하는 출력 신호를 포함한다. 그림 11.15는 그림 11.14의 PRBSG 회로와 동일한 피드백을 사용하는 SIC(single-input compressor) 회로를 보여준다. 입력 p는 검사하고자 하는 회로에서 나오는 출력이다. 테스트 벡터를 공급한 후에 출력 값 p가 SIC를 구동시키고 LFSR과 연계하여 4-비트 패턴을 만든다. SIC에 의해 만들어진 패턴을 회로의 시그니처(*signature*)라고 부르는데 이 값이 테스트들의 결과 해석에 이용된다. 즉 이 값을 미리 알고 있는 패턴과 비교함으로써 회로의 정상적인 동작 여부를 검사하는 것이다. 이 하나의 n-비트 패턴을 저장하는 비용은 전체적으로 볼 때 큰 문제가 되지 않는다. 이렇게 LFSRs에 기반한 압축 회로의 랜덤한 속성은 만족할 만한 장애 커

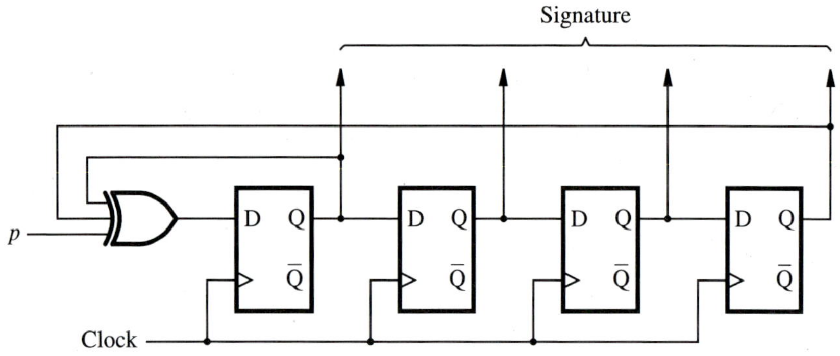

그림 11.15 단일 입력 압축 회로(SIC)

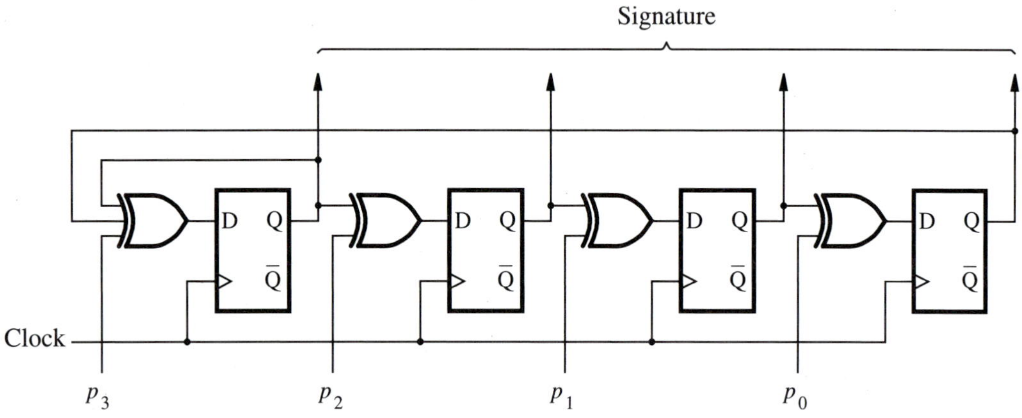

그림 11.16 다중 입력 압축 회로(MIC)

버리지(coverage)를 제공한다[12].

만일 회로의 출력이 한 개가 아니라면, 다중 입력을 갖는 LSFR 회로를 이용한다. 그림 11.16은 그림 11.14의 기본 회로에 네 개의 입력 $p_0p_1p_2p_3$이 추가된 회로를 보여준다. 이 경우 4-비트 시그니처를 사용하여 *MIC(multiple-input compressor circuit)*의 입력으로 나타날 수 있는 다양한 비트 패턴을 제공할 수 있다.

완전한 BIST 기능을 갖춘 순차회로가 그림 11.17에 있다. 스캔-경로 기법을 사용하였으며, 일반적으로는 전체 회로의 입력 $W = w_1w_2 \cdots w_m$에 의해 설정되는 테스트 패턴으로 $X = x_1x_2 \cdots x_n$을 내부적으로 발생시킨다. W와 X 사이의 선택을 위해 멀티플렉서를 이용하였다. 의사 랜덤 바이너리 시퀀스 제너레이터인 PRBSG-X는 테스트 패턴 X를 생성한다. 상태 신호 y는 두 번째 PRBS 제너레이터인 PRBSG-y에 의해 생성되고, 이 패턴을 11.6절에서 설명한 바와 같이 플립플롭으로 scan-in 한다.

테스트 출력은 두 개의 압축 회로를 사용하여 압축된다. 전체 회로의 출력 $Z = z_1z_2$

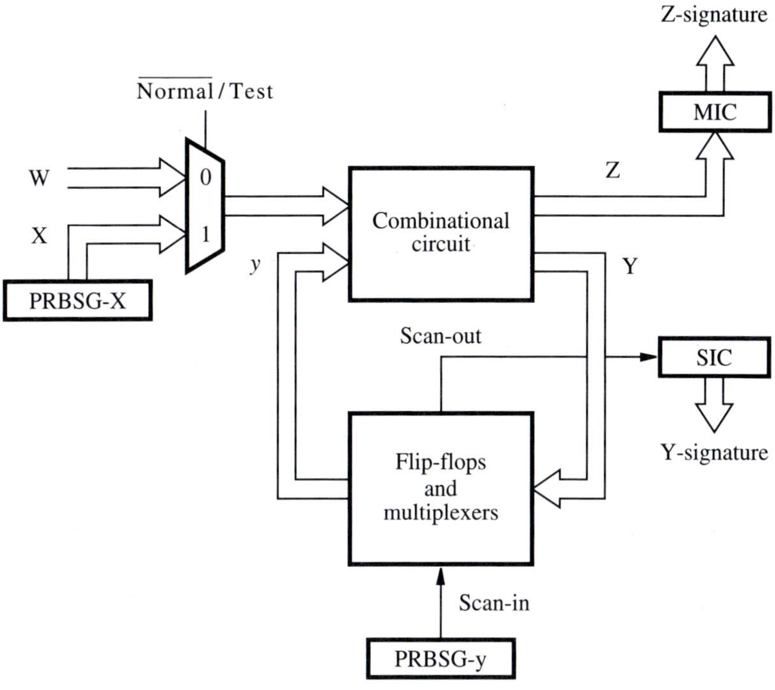

그림 11.17 순차회로의 BIST

$\cdots z_m$는 MIC 회로에 의해 압축되고, 다음 상태 $Y = Y_1Y_2 \cdots Y_k$는 SIC 회로에 의해 압축된다. 각각의 회로는 Z-signature와 Y-signature를 생성한다. 테스팅 절차는 정상적인 회로에서 기대되는 검사 결과의 비교가 단 1회로 끝나는 점을 제외하면 예제 11.3에서 설명한 것과 동일하다. 검사 과정의 끝 부분에서 두 개의 시그니처(signature)를 이미 저장된 패턴과 비교한다. 그림 11.17은 이러한 패턴을 저장하고 비교를 수행하기 위해 필요한 회로 부분은 생략하였다. 요구되는 결과의 시그니처 패턴을 회로에 내부적으로 저장하는 대신 MIC와 SIC 시프트 레지스터의 값을 두 개의 출력 핀으로 전달하여 기대되는 시그니처와 외부적으로 비교하는 방법도 가능하다. 이러한 방식의 시그니처를 이용한 검사는 각각의 출력을 scan-out 하여 미리 만들어진 패턴과 비교하는 방법에 비해 시간을 많이 줄일 수 있다.

BIST 방법의 효과는 LFSR 제너레이터와 압축 회로의 길이에 따라 달라진다. 시프트 레지스터의 길이가 길수록 효율이 좋다[13]. 장애를 찾아내지 못할 가능성은 주로 의사 랜덤하게 만들어낸 테스트가 모든 장애를 완전히 커버하지 못하는 데 기인하며, 또 다른 가능성은 장애 회로의 출력을 압축하여 얻어진 시그니처가 우연히도 정상적인 회로의 시그니처와 동일한 경우이다. 후자의 문제는 압축에 따른 불가피한 정보의 손실 때문이며 이를 **앨리어싱**(*aliasing*) 문제라고 한다.

11.7.1 빌트 인 논리 블록 옵서버

BIST의 특징은 회로 내부에서 테스트를 만들고, 결과를 압축하는 것이다. 이 두 개의 기능을 위해 별도의 회로를 사용하는 대신에 하나의 회로로 처리를 할 수 있다. 그림 11.18은 단일 회로의 예로 **빌트 인 논리 블록 옵서버**(*built-in logic block observer*, BILBO)라는 회로의 구조를 보여준다[14]. 이 4-비트 회로는 그림 11.14와 동일한 피드백 연결을 갖는다.

BILBO 회로는 모드 비트, M_1과 M_2에 의해 제어되는 다음의 네 가지 동작 모드를 지원한다.

- $M_1M_2 = 11$: 정상 시스템 모드로 모든 플립플롭은 p_0에서 p_3까지의 입력 신호에 의해 독립적으로 제어된다. 이 동작 모드에서 각 플립플롭은 $p_0, \ldots, p_3$ 신호를 $y_0, \ldots, y_3$으로 해석하여 유한상태머신의 상태 변수로 사용할 수 있다.
- $M_1M_2 = 00$: 시프트 레지스터 모드로 모든 플립플롭은 시프트 레지스터 형태로 연결된다. 이 동작 모드에서 $\overline{G}/S$가 1이면 테스트 벡터를 scan-in 하고 테스트 결과가 scan-out 되도록 한다. $\overline{G}/S = 0$이면 회로는 PRBS 제너레이터 역할을 한다.
- $M_1M_2 = 10$: 시그니처(signature) 모드로 일련의 패턴이 p_0에서 p_3까지 입력되면 압축되어 q_0에서 q_3까지의 패턴으로 시그니처를 출력한다.
- $M_1M_2 = 01$: Reset 모드로 모든 플립플롭이 0이 된다.

효율적으로 BILBO를 이용한 회로가 그림 11.19에 있다. 조합회로는 두 개 이상의 부분으로 나누어 검사를 할 수 있다. BILBO 회로는 조합회로의 한 부분에 입력을 제공하고 다른 부분으로부터 출력을 받는 데 사용된다. 테스트 과정은 2단계로 처리되는데, 첫째 BILBO1은 조합 회로 1(CN1)을 위한 테스트 패턴을 만드는 PRBS 제너레이터로 사용되고, 이때 BILBO2는 압축기로 동작하며 테스트를 위한 시그니처를 만든다. 이 시그니처는 BILBO2를 시프트 레지스터 모드로 바꾸어 시프트 아웃(shift out)시킨다. 다음 단계에서는 BILBO1과 BILBO2의 역할이 CN2 테스트를 위해 바뀌는데 자세한 내용은 다음과 같다.

1. BILBO1으로 초기 테스트 패턴을 scan-in하고, BILBO2에 있는 플립플롭을 0으로 리셋시킨다.
2. 일정 시간 동안 BILBO1은 PRBS 제너레이터로 사용하고, BILBO2는 시그니처를 만든다.
3. BILBO2의 내용을 scan-out하여 외부적으로 시그니처와 비교한다. 다음 CN2 검사를 위해 초기 테스트 패턴을 scan-in한다. BILBO1의 플립플롭은 리셋한다.
4. 일정 시간 동안 BILBO2는 PRBS 제너레이터로 사용하고, BILBO1은 시그니처를 만든다.
5. BILBO1의 내용은 scan-out하여 정상 값과 외부적으로 비교한다.

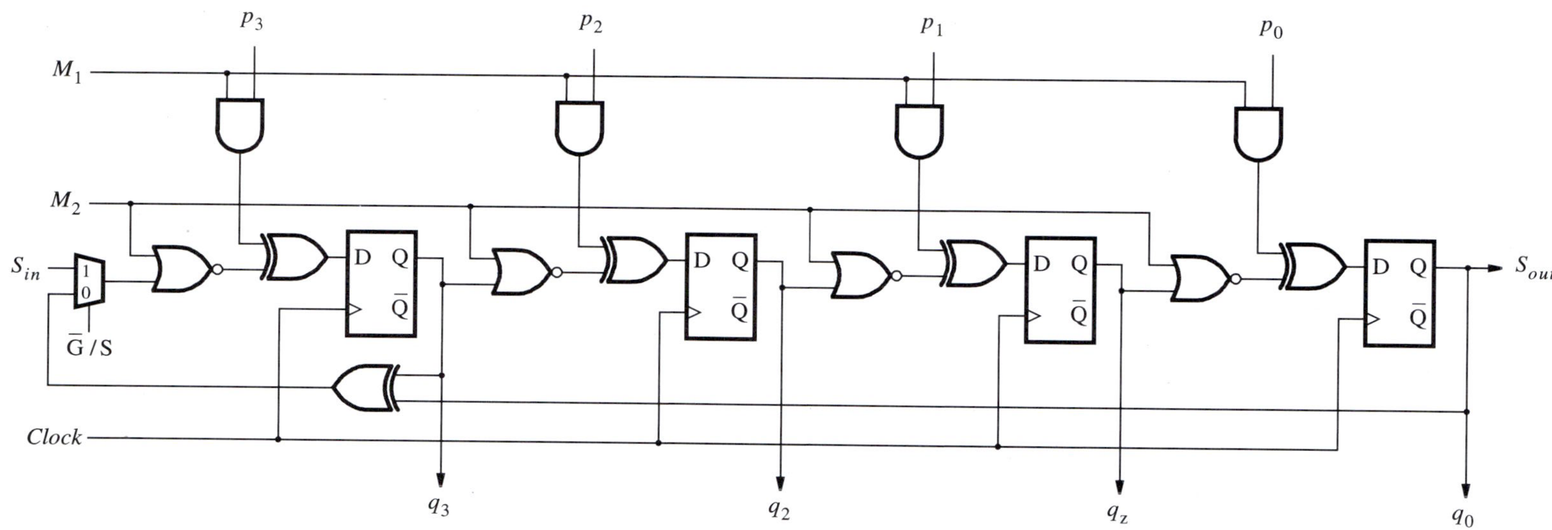

그림 11.18 4비트 빌트 인 논리 블록 옵서버(BILBO)

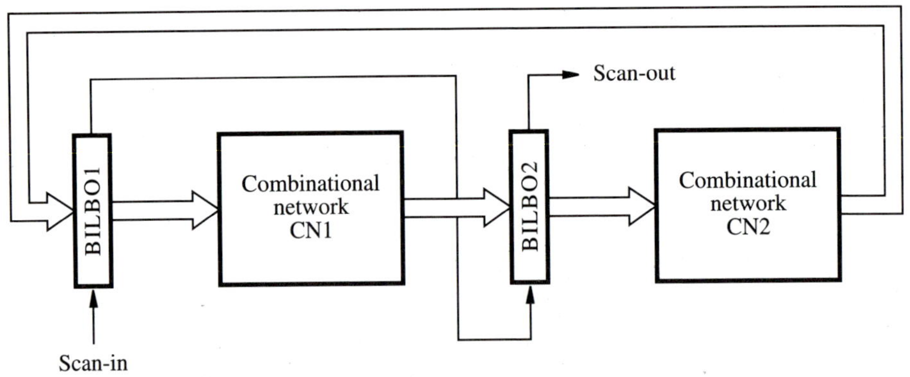

그림 11.19 테스트를 위한 BILBO 회로

BILBO 회로는 이렇게 테스팅하기 위한 목적으로 사용된다. 그 외의 경우에는 정상 시스템 모드(normal system mode)로 사용된다.

11.7.2 시그니처 분석

시그니처를 BIST에서 사용하는 것이 효율적이라는 점을 이미 설명하였다. 긴 테스트 결과를 압축하여 한 개의 시그니처로 묶는 개념은 1970년대에 HP에서 개발된 계측 장비인 시그니처 분석기(Signature Analyzer)에서 시작된 것이다[15]. 따라서 **시그니처 분석**(*signature analysis*)이라는 명칭은 적용하는 테스트 결과를 나타내는 시그니처를 사용하는 검사 방법을 의미한다.

시그니처 분석은 특별히 원하는 테스트 패턴을 만들 수 있는 회로를 포함하는 디지털시스템에 적합하다. 그러한 경우로 컴퓨터시스템을 들 수 있으며, 소프트웨어에 의해 만들어지는 테스트 패턴으로 시스템의 다양한 부분을 검사할 수 있는 특성을 갖는다.

11.7.3 경계 스캔

앞 절에서 소개한 검사법들은 단일 칩으로 구성된 회로에서나 여러 개의 칩으로 구성된 PCB에 모두 적용할 수 있다. 회로의 검사가 가능하려면 회로에 테스트 입력을 설정할 수 있고, 발생하는 출력을 관찰할 수 있어야 한다. 즉 전체 회로의 입력(primary input)과 전체 회로의 출력(primary output)이 있어야 하는 것이다.

칩이 PCB에 몰딩되어 있어 테스트 프로브를 핀에 연결하는 것이 불가능할 경우가 있다. 이러한 경우 간접적으로 핀을 연결할 수 없다면 회로의 검사가 어려울 것이다. 이와 같은 문제는 스캔-경로의 개념을 보드 수준으로 확장함으로써 해결할 수 있다. 칩의 각 입력 핀과 출력 핀을 D 플립플롭을 통해 연결하고, 모든 플립플롭들이 시프트 레지스터 형태로 연결되어 테스트 모드를 지원한다고 가정하자. 그러면 테스트와 그 결과가 시프트 레지스터 경로와 직렬 입출력을 지원하는 두 개의 핀을 이용하여 scan-in 또는 scan-out될 수 있다. 하나의 칩의 직렬 출력 핀을 다른 칩의 직렬 입력 핀으로 연결함으로써 검사를 목적으로 모든 칩의 핀이 연결되는 보즈 수준의 시프트 레지스터를 구성할 수 있다. 이러한 개념은 실용화되어 광범위하게 사용되고 있으며 IEEE 표준 1149.1로 구체화되어 있다[16].

11.8 • 회로 설계 기판

이 책에서 다루는 설계와 검증 기법은 단일 칩으로 구성된 회로는 물론 PCB(Printed Circuit Board) 상에 여러 개의 칩들로 구성된 회로를 포함하여 모든 논리 회로에 적용할 수 있다. 이 절에서는 PCB상에 구현되는 커다란 디지털시스템에서 발생하게 되는 실질적인 문제들에 대하여 알아보기로 한다.

일반적으로 PCB는 회로를 배선들로 연결하기 위해 여러 개의 레이어(layer)가 필요하다. 따라서 보드를 만들 때 각 레이어에 대한 배선 패턴을 만든다. 여러 개의 레이어를 절연 물질로 분리하면서 압축하여 샌드위치 모양으로 보드를 형성한다. 서로 다른 레이어 사이의 배선은 절연체 사이를 관통하는 구멍(hole)을 만들어 연결한다. 반도체 칩이나 다른 부품들은 PCB 최상단 혹은 최하단 레이어에 납땜을 통해 붙인다.

앞 장에서는 FPGA와 같은 하나의 칩에 구현될 수 있는 회로의 설계를 위한 CAD 툴에 대하여 자세히 살펴보았다. 그러나 여러 개의 칩으로 구현되는 회로를 위해서는 칩과 이들을 연결하여 구성되는 디지털시스템을 위해 PCB를 설계하는 또 다른 일련의 CAD 툴이 필요하다. 예를 들면 Cadence Design System과 Mentor Graphics와 같은 회사의 제품이 있다. 각각의 칩을 PCB 상에 자동으로 배치해 주며, 설계자가 특정 칩의 위치를 수동으로 정할 수도 있다. 이 과정을 **배치**(*placement*)라고 한다. 커넥터, 커패시터, 레지스터와 같은 구성품과 칩을 배치한 후에 툴은 보드의 각 레이어에 필요한 배선의 연결 패턴을 만들어 낸다. 이 과정을 **라우팅**(*routing*)이라고 한다. 이 과정에서 설계자는 특정 배선의 연결 작업을 수작업으로 처리할 수도 있다. 그렇지만 연결하는 배선의 수가 수만 개 이상이기 때문에 성능 좋은 자동화 솔루션을 갖추는 것이 중요하다.

앞 장에서 다룬 설계에 관한 문제들 외에도, PCB 위에 만드는 커다란 회로들은 다른 제약조건들이 있다. 배선을 따라 이동하는 전기적인 신호는 **혼선**(*crosstalk*), 전원 전압의 스파이크(spike), 긴 배선의 종단에서 발생하는 반사(reflection)로 인한 노이즈 문제가 발생할 수 있다.

혼선

서로 가까이 나란하게 배치된 두 개의 배선은 용량성 결합(capacitively coupled) 현상으로 인하여 한쪽의 배선에 생기는 펄스가 크지는 않지만 다른 쪽의 배선에도 유도되어 나타난다. 이러한 현상을 **혼선**(*crosstalk*)이라고 한다. 이는 노이즈 문제와 관련되므로 혼선이 없도록 하는 것이 바람직하다.

신호의 파형을 그릴 때, 보통은 논리 값 0과 1에 해당하는 전압 레벨에 맞춰 값이 변하는 경우 이상적인 파형의 형태인 직각으로 그린다. 그러나 실제 회로에서는 이상적인 상황과 많이 다르다. 부록 B에 설명되어 있는 바와 같이 회로의 노이즈는 파형의 전압 레벨에 영향을 미쳐 문제를 복잡하게 만든다. 예를 들면, 노이즈가 어느 순간에 논리 값이 1인 신호에 영향을 주어 전압 레벨이 줄어들면 다음 게이트의 입력에서는 0으로 취급되어 회로가 비정상적으로 동작될 수도 있다. 이러한 노이즈의 영향은 랜덤하게 발생하는 경향이 있어 검출이 어렵다.

이와 같은 혼선을 최소화하려면 긴 배선들이 서로 가깝게 마주하여 평행하게 놓이는 것을 피해야 한다. 그렇지만 PCB의 제한된 공간 위에 많은 배선들을 배치해야 하므로 이를 완전히 제거하기는 어렵다. 배선을 위한 레이어를 추가하는 것이 혼선에 따른 문제 해결에 도움이 될 수 있다.

전원 공급 노이즈

CMOS 회로의 상태 천이가 발생하면 순간적으로 회로에 전류가 흐르게 되고 이는 전원 공급 배선(V_{DD}와 *Ground*)에 전류 펄스로 나타난다. PCB의 배선 트레이스는 작은 '라인 인덕턴스(line inductance)'가 있기 때문에 CMOS 스위칭에 의한 전류 펄스는 해당 배선에 전압 스파이크(spike)를 만든다. 이런 전압 스파이크가 누적되면 회로의 오동작을 초래할 수 있다.

이렇게 유도되는 전압 스파이크는 V_{DD}와 *Ground* 배선 사이에 작은 커패시터를 노이즈가 발생하는 곳에 최대한 가깝게 배치하여 연결함으로써 크게 줄일 수 있다. 이러한 스파이크는 주파수가 매우 높은 특성을 가지므로 커패시터를 통한 경로는 단락된 회로로 동작한다. 따라서 전압 스파이크는 전원 공급 라인에서 우회(bypass)되어 같은 라인에 연결되어 있는 다른 칩에 영향을 미치지 않게 된다. 이러한 커패시터를 **바이패스 커패시터**(*bypass capacitor*)라 하며, 전원 공급 라인의 DC 전압에는 아무런 영향을 주지 않는다.

반사와 종단

PCB에 있는 배선 트레이스는 클록 주파수가 낮을 때는 단순한 배선으로 동작하지만, 높은 주파수에서는 **전송선 효과**(*transmission-line effect*)라고 하는 현상을 고려해야 한다. 긴 배선을 따라 신호가 전파될 때, 배선 자체에 있는 저항 때문에 신호가 점점 줄어들고 혼선의 영향으로 노이즈가 발생하며, 배선의 종단 부분에 도달하면 반사될 수 있다. 이 반사(reflection)된 신호가 클록의 다음 활성 에지 전까지 소멸되지 않으면 문제가 발생한다. 이러한 전송선 효과는 이 책에서 다를 내용이 아니므로 단순히 라인에 적절한 종단 소자(termination component)를 달아 방지할 수 있다는 사실만 언급한다. 이 종단 소자는 라인의 **특성 임피던스**(*characteristic impedance*)라고 알려진 저항과 매칭 값을 갖는 간단한 레지스터가 될 수도 있다. 다른 종류의 종단도 가능한데 더 자세한 내용은 참고문헌에 있다[17, 18].

11.8.1 PCB 테스트

제작된 PCB는 철저히 검증해야 한다. 제조 과정 중에 연결이 떨어지거나 납땜이 근처의 배선과 붙어 회로가 단락되기도 한다. 설계 과정에서 예상하거나 발견할 수도 없는 설계 자체의 문제도 있을 수 있다. 마지막으로 PCB에 있는 어떤 칩이나 소자가 불량인 경우도 있다.

전원 공급

첫 단계는 회로에 전원을 공급하는 것이다. 최악의 경우 전원 공급 시 치명적인 단락으로 인해 칩이 파괴되거나 타버리는 경우가 있다. 이런 경우가 아니라면 칩이 비정상적으로 너무 뜨겁지 않은지 검사할 필요가 있다. 과열은 반도체 칩에 치명적인 문제를 일으키므로 반드시 해결해야 한다.

또한 각 칩에 대한 V_{DD}와 *Ground* 연결이 적절한지 전압 수준은 규정된 바와 같은지 점검해야 한다.

리셋

다음 단계는 PCB의 모든 회로를 리셋하여 미리 정한 초기 상태로 만드는 것이다. 이는 일반적으로 플립플롭의 공통 리셋 라인을 활성화시키는 것을 의미한다. 초기 상태가 정상적으로 설정되는지 확인하는 것은 중요하다.

저단계 기능 테스트

실제 회로는 매우 복잡하므로 우선 기본적인 기능만을 점검한다. 주요 검사는 제어 신호가 정상적으로 동작되는지 확인하는 것이다. 분할 정복(divide-and-conquer) 방식으로 간단한 기능부터 차례대로 하나씩 점검하며, 점차 복잡한 기능을 점검하도록 한다.

전체 기능 테스트

작고 간단한 회로의 일부에 대한 점검이 끝나면, PCB 상의 전체 시스템에 대하여 검사한다. 발생 가능한 오류의 수는 설계 과정에서 시뮬레이션을 얼마나 철저히 수행하였는지에 따라 다를 것이다. 일반적으로 복잡한 디지털시스템의 완벽한 시뮬레이션에는 한계가 있으므로 오류가 발생하게 마련인데, 그 오류들은 보통 다음과 같은 이유로 발생한다.

- 제작상의 오류들로 잘못된 배선, 타버린 소자, 부적절한 전원 전압
- 부적절한 명세(specification)
- 칩의 데이터 시트에 대한 설계자의 부정확한 이해
- 칩 제조사에서 부적절한 데이터 시트를 제공

앞에서 언급한 바와 같이 PCB는 여러 개의 레이어로 되어 있다. 각 레이어는 수천 개의 배선으로 이루어져 있으므로 발생한 오류를 찾아내어 수정하는 일은 어렵고 시간

소모가 많다. 특히 PCB 내부에 있는 레이어에서 오류가 발생한다면 찾아내어 고치기는 더욱 어렵다.

타이밍

다음으로 회로의 타이밍을 확인한다. 처음에는 낮은 클록 주파수로 천천히 동작시킨 후에, 정상적으로 동작하면 요구되는 동작 주파수까지 점차적으로 클록 주파수를 높여 간다.

타이밍 문제는 회로의 수많은 경로에 따른 지연 때문에 발생한다. 이러한 지연은 논리게이트 지연과 이를 연결하는 배선 지연이 있다. 플립플롭에서 요구되는 셋업 시간이 만족되도록 모든 데이터 입력은 활성 클록 에지에 앞서 안정적이어야 한다.

신뢰도

디지털시스템은 장시간 동안 정상적으로 동작할 것으로 기대되지만 타이밍, 노이즈, 혼선 등과 같은 문제로 그렇지 못할 경우가 발생한다.

신호의 타이밍은 전달 지연 시간이 어느 정도 변해도 이를 충분히 만족할 수 있을 만큼 여유(safety margin)를 두도록 한다. 만일 타이밍에 너무 여유가 없다면 회로가 정상적으로 동작하다가도 타이밍 오류로 인해 결국에는 오동작에 이르게 된다. 칩의 타이밍은 온도에 따라 변할 수 있으므로 온도 제약 조건을 준수하지 못하면 회로는 오동작을 하게 된다. 냉각은 주로 팬을 활용하여 제공한다.

11.8.2 계측기

PCB에 있는 회로를 검사하기 위해서는 다음과 같은 장비들이 필요하다.

오실로스코프

오실로스코프(oscilloscope)를 사용하면 신호를 자세히 관찰할 수 있다. 이 계측기는 노이즈나 전달 지연과 관련된 문제를 볼 수 있도록 신호의 전압 파형을 자세히 보여준다. 오실로스코프는 직각 형태로 나타나는 신호의 이상적인 파형이 아니라 실질적인 전압 수준을 나타낸다. 오로지 신호의 논리 값(0 혹은 1)에 대한 확인만을 원한다면 논리 분석기(logic analyzer)라는 계측기를 사용한다.

논리 분석기

오실로스코프는 몇 개 신호의 정확한 파형을 동시에 보여주는 반면에, 논리 분석기(logic analyzer)는 수십 개에서 많게는 수백 개의 신호를 한 번에 볼 수 있다. 회로에서 측정하려는 위치에 프로브를 연결하여 신호를 얻고, 이를 디지털화한 1과 0의 단순한 파형을 화면에 보여준다. 논리 분석기의 장점은 상당한 시간 동안의 신호 변화를 내부적으로 저장하여 보여주는 데 있다. 따라서 어느 특정 부분의 값을 관찰할 수 있다. 일반적으로 수 밀리초 단위의 변화를 기록할 수 있다.

회로가 정상적으로 동작하는 동안에 신호의 파형을 관찰하는 것은 디버깅하는 데 도움이 되지 않는다. 오동작할 때에 발생하는 파형을 보는 것이 필요하다. 논리 분석기는 트리거 이벤트를 설정하여 그 전후에 발생하는 이벤트를 기록하기 위해 '트리거(trigger)' 기능을 제공한다. 예를 들면, 원래는 동시에 활성화되지 않도록 설계한 두 개의 제어 신호 A와 B에 의한 오동작이 의심된다고 하자. 그렇다면 트리거 포인트를 A와 B값이 동시에 1이 되는 조건으로 설정하면 이러한 조건이 발생하는지 측정 가능하다. 적절한 트리거 이벤트를 찾아내는 것은 간단한 일이 아니며 많은 경험과 감각적인 훈련이 필요하다.

논리 분석기를 효과적으로 다루기 위해서는 회로 내의 적절한 위치에 프로브의 연결이 가능해야 한다. 그러므로 PCB를 설계할 때에 그러한 테스트 포인트를 제공하는 것도 중요하다.

11.9 • 결론

생산된 제품들은 정해진 조건을 만족하며 동작되는지 확인해야 한다. 이 장에서 취급한 모든 기술이 이러한 유형의 검사와 관련이 있다. 검증 기법과 요구되는 결과에 대한 연구 개발은 회로가 제대로 설계되었다는 것을 전제로 한다. 그러므로 이는 검사할 제품에 대한 물리적 완성에 대한 확인인 것이다.

검증의 또 다른 면은 설계 과정에서 발생한다. 즉 설계자는 설계된 회로가 규격을 만족함을 확인해야 한다. 그러나 테스트라는 관점에서 보면 바람직한 테스트를 위한 완전한 회로라는 것은 없기 때문에 문제가 발생한다. CAD 툴을 활용하면 설계한 회로를 위한 테스트를 만들 수는 있지만 회로가 실질적으로 설계자가 의도한 기능성을 갖추었는지 여부를 판단할 수는 없다. 설계 오류는 보통 규격에서 요구하는 내용과는 다른 기능성을 유발한다.

소규모 회로의 경우에는 기능성을 완전하게 검사할 수 있다. 조합회로는 진리표에 따라 동작하는지 검사 가능하다. 순차회로는 상태표대로 상태 변화가 이루어지는지 검사할 수 있다. 검사할 회로가 11.6.1절에서 언급한 바와 같이 테스트 가능성을 고려하여 설계된다면 테스트는 매우 용이해진다. 복잡한 회로는 모든 테스트 세트가 너무 많아 테스트 벡터를 전부 적용할 수 없다. 이 경우 신뢰도를 증명할 수 있는 가능한 적은 수의 테스트를 만들어 내기 위해서는 설계자의 설계 능력을 발휘하는 지혜가 필요하다.

연습문제

***11.1** 여덟 가지 테스트로 다양한 stuck-at 장애를 커버함을 확인할 수 있도록 그림 P.11.1의 회로의 검증을 위한 그림 11.1*b*와 유사한 표를 구하라. 회로의 최소 테스트 세트를 찾아라.

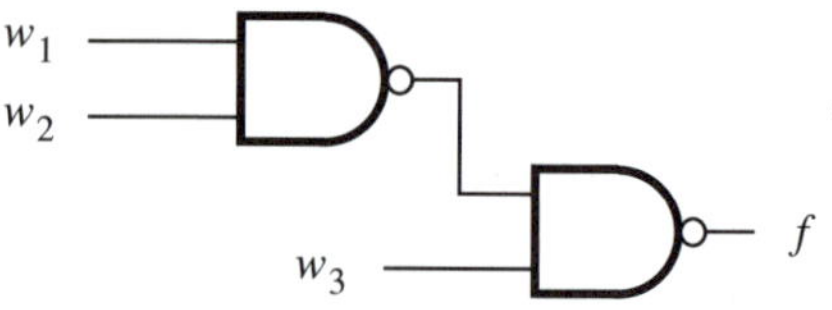

그림 P11.1 문제 11.1의 회로

11.2 그림 P11.2의 회로에 대하여 문제 11.1을 풀어라.

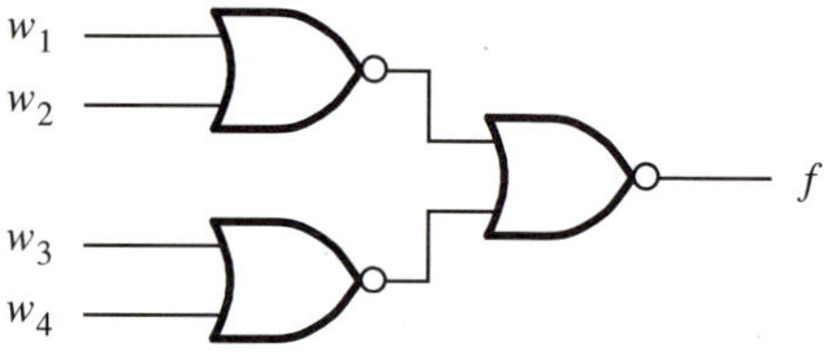

그림 P11.2 문제 11.2의 회로

***11.3** 다음과 같이 주어진 두 개의 회로를 구분할 수 있는 테스트를 고안하라.

$$f = x_1x_2x_3 + x_2\bar{x}_3x_4 + \bar{x}_1\bar{x}_2x_4 + \bar{x}_1x_3\bar{x}_4$$
$$g = (\bar{x}_1 + x_2)(x_3 + x_4)$$

11.4 그림 P11.3의 회로에서 가장 적은 수로 구성되는 총 테스트 세트를 구하기 위한 각 경로를 센서타이즈(sensitize)하라.

***11.5** 그림 11.4*a* 회로에서 $w_1/0$, $w_4/1$, $g/0$, $c/1$ 장애를 검사하는 테스트를 구하라.

11.6 그림 11.3 회로에 대하여 랜덤 테스트 세트로 $w_1w_2w_3w_4$ = 0100, 1010, 0011, 1111, 0110이 주어졌다고 하면, 검출 가능한 단일 장애의 비율은 얼마인가?

11.7 그림 11.4*a* 회로에 대하여 문제 11.6을 풀어라.

11.8 그림 11.5 회로에 대하여 문제 11.6을 풀어라.

***11.9** 그림 P11.4의 회로에서 모든 단일 stuck-at-0과 단일 stuck-at-1 장애가 검출 가능한가? 가능하지 않다면 그 이유를 설명하라.

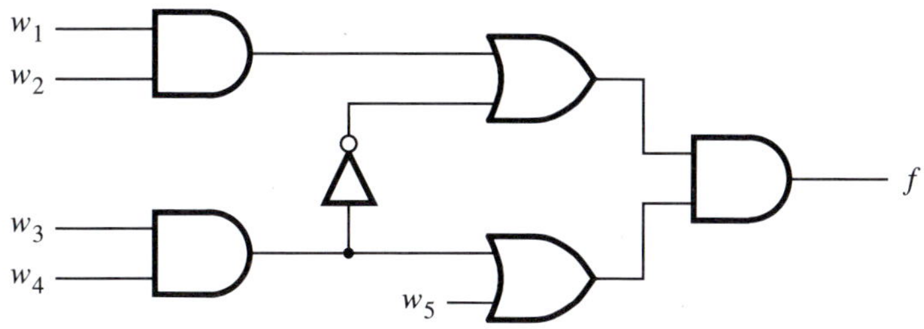

그림 P11.3 문제 11.4의 회로

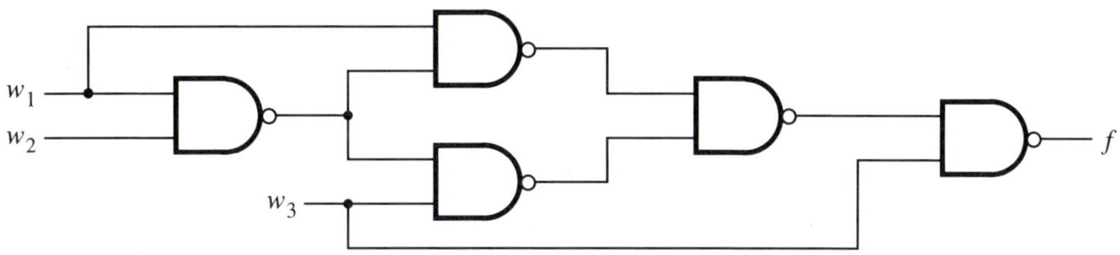

그림 P11.4 문제 11.9의 회로

11.10 모든 게이트의 팬 아웃이 한 개인 회로에서 입력 배선에 대한 모든 단일 장애를 검출할 수 있는 테스트 세트를 사용하면 회로 전체의 모든 단일 장애도 검출할 수 있음을 증명하라.

***11.11** 그림 P11.5는 4-비트 데이터의 패러티를 결정하는 회로이다. 회로의 모든 단일 stuck-at-0과 단일 stuck-at-1 장애를 검출할 수 있는 최소 테스트 세트를 구하라. 이들 XOR 게이트가 그림 8.9*c*의 회로에서 사용된 NAND 게이트로 구성되었을 경우에도 동작하는가? 회로를 *n*-비트로 확장하였을 경우에도 사용 가능한가?

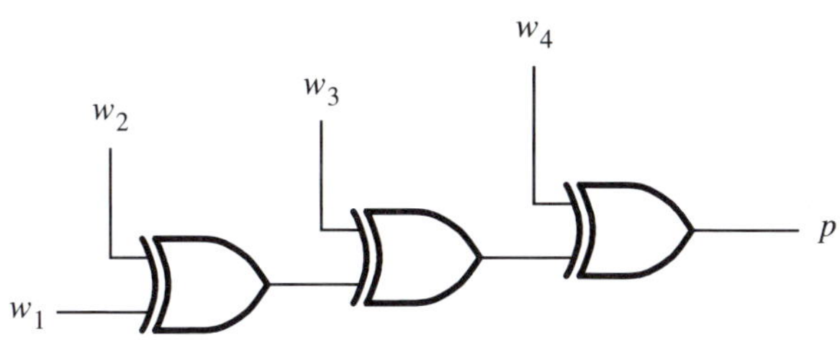

그림 P11.5 문제 11.11의 회로

***11.12** 그림 4.14*c*의 디코더 회로에서 모든 단일 장애를 검사할 수 있는 테스트 세트를 구하라.

11.13 그림 11.4a의 회로에서 테스트 $w_1w_2w_3w_4$ = 1100, 0010, 0110으로 검사할 수 있는 모든 단일 장애를 구하라.

11.14 그림 11.12의 조합회로 부분에서 가장 적은 테스트로 총 테스트 세트를 구하기 위해 각 경로를 센서타이즈하라. 그리고 이 테스트 세트가 회로에 어떻게 적용되는지 설명하고, 소요되는 클록 사이클의 수를 구하라.

11.15 그림 11.12 회로의 검사에 필요한 제어의 흐름을 ASM 차트로 표현하라.

11.16 그림 11.12의 회로는 그림 6.76의 FSM을 쉽게 테스트할 수 있도록 구현한 것이다. 예제 11.3에서 회로의 조합 부분을 랜덤하게 고른 테스트로 검사할 수 있음을 보았다. 다른 검사 방법은 회로가 그림 6.76*b*의 상태표에 기술된 기능성을 실질적으로 만족하는지 검사하는 것이다. 이는 상태표에 기술된 모든 상태 천이를 고려한다. 예를 들면, *Resetn* = 0 신호를 제공한 후에 회로는 상태 *A*에서 시작한다. 회로가 실제로 이 상태에 있는지를 $y_1y_2 = 00$을 scan-out하여 확인한다. 다음으로 각 상태로의 천이를 검사한다. $w = 0$인 경우 $A \rightarrow A$로 천이되는지를 검사하기 위하여 입력 $w = 0$을 공급하고, $\overline{Normal}/Scan = 0$으로 하여 1 클록 사이클 동안 정상 동작시킨다. 출력 z를 관찰한다. 더불어 y_2와 y_1을 scan-out하여 $y_1y_2 = 00$인지 확인한다. 이와 동시에 다음 검사를 위한 테스트를 scan-in한다. $w = 0$인 경우 $B \rightarrow A$로 천이를 검증하기 위한 테스트라면, $y_1y_2 = 01$이 scan-in 되어야 한다. 이렇게 모든 상태의 천이가 확인될 때까지 검사한다. 위에서 설명한 방법으로 회로의 완벽한 테스트를 위해 수행되어야 하는 클록 사이클마다 신호의 값 $\overline{Normal}/Scan$, *scan_in*, *scan-out*, *w*, *z* 및 검사하는 상태 천이를 표의 형태로 만들어라.

11.17 그림 11.12의 회로를 Verilog 코드로 기술하라.

11.18 그림 11.18과 11.19에서 BILBO 구조를 사용한 디지털시스템을 검사하는 데 필요한 제어의 흐름을 ASM 차트로 표현하라.

참고문헌

1. A. Miczo, *Digital Logic Testing and Simulation* (Wiley: New York, 1986).
2. P. K. Lala, *Practical Digital Logic Design and Testing* (Prentice-Hall: Englewood Cliffs, NJ, 1996).
3. F. H. Hill and G. R. Peterson, *Computer Aided Logical Design with Emphasis on VLSI*, 4th ed. (Wiley: New York, 1993).
4. Y. M. El Ziq, "Automatic Test Generation for Stuck-Open Faults in CMOS VLSI," Proc. 18th Design Automation Conf., 1981, pp. 347–54.
5. D. Baschiera and B. Courtois, "Testing CMOS: A Challenge," *VLSI Design*, October 1984, pp. 58–62.
6. P. S. Moritz and L. M. Thorsen, "CMOS Circuit Testability," *IEEE Journal of Solid State Circuits* SC-21 (April 1986), pp. 306–9.
7. J. P. Roth et al., "Programmed Algorithms to Compute Tests to Detect and Distinguish Between Failures in Logic Circuits," *IEEE Transactions on Computers* EC-16, no. 5, (October 1967), pp. 567–80.
8. J. Abraham and V. K. Agarwal, "Test Generation for Digital Systems," in D. K. Pradhan, *Fault-Tolerant Computing*, vol. 1, (Prentice-Hall: Englewood Cliffs, NJ, 1986).
9. T. W. Williams and K. P. Parker, "Design for Testability—a Survey," *IEEE Transactions on Computers* C-31 (January 1982), pp. 2–15.
10. V. P. Nelson, H. T. Nagle, B. D. Carroll, and J. D. Irwin, *Digital Logic Circuit Analysis and Design* (Prentice-Hall: Englewood Cliffs, NJ, 1995).
11. W. W. Peterson and E. J. Weldon Jr., *Error-Correcting Codes*, 2nd ed. (MIT Press: Boston, MA, 1972).
12. J. E. Smith, "Measures of Effectiveness of Fault Signature Analysis," *IEEE Transactions on Computers* C-29, no. 7 (June 1980), pp. 510–4.
13. R. David, "Testing by Feedback Shift Register," *IEEE Transactions on Computers* C-29, no. 7 (July 1980), pp. 668–73.
14. B. Koenemann, J. Mucha, and G. Zwiehoff, "Built-In Logic Block Observation Techniques," Proceedings 1977 Test Conference, IEEE Pub. 79CH1609-9C, October 1979, pp. 37–41.
15. A. Y. Chan, "Easy-to-Use Signature Analyzer Accurately Troubleshoots Complex Logic Circuits," *Hewlett-Packard Journal*, May 1997, pp. 9–14.
16. *Test Access Port and Boundary-Scan Architecture*, IEEE Standard 1149.1, May 1990.
17. *High-Speed Board Designs*, Application Note 75, Altera Corporation, January 1998.
18. L. Y. Levesque, "High-Speed Interconnection Techniques," Technical Report, Texas Instruments Inc., 1994.

appendix A

VERILOG 참고

VERILOG Reference

부록에서는 이 책에서 사용된 Verilog의 특징을 다루는데, 독자들이 편리하게 참고할 수 있도록 예제를 이용하여 Verilog에 대한 전반적인 사용법만을 간략히 설명하기로 한다. 이미 2.10절에 소개한 Verilog 기초에 대한 내용을 우선 학습하는 것을 권장한다.

이 부록은 Verilog의 종합적인 매뉴얼이 아니다. 여기서는 논리회로의 합성에 유용한 대부분의 특징을 소개하며, 회로의 시뮬레이션만에 유용한 특징만을 논하지는 않는다. 이 책에 사용된 예제에 필요하지 않은 특징은 생략하였으므로 관심 있는 독자들은 참고문헌을 통하여 배우기 바란다[1-7].

Verilog 코드 작성법

초보자들은 많은 변수와 루프를 포함하는 컴퓨터 프로그램과 유사하게 Verilog 코드를 작성하는 경향이 있다. 이러한 코드를 합성하는 경우 CAD 툴이 어떤 논리회로를 생성해 낼지 판단하기 어렵다. 합성 툴은 언어(language)의 시맨틱(semantic)에 따라 Verilog 코드 조각을 분석함으로써 해당 코드를 구현하기 위해 어떤 회로를 사용할지를 결정한다. 예를 들면, 다음과 같은 코드를 살펴보자.

```
if (s == 0)
    f = w0;
else
    f = w1;
```

우리는 시뮬레이션 툴이 그러하듯이 순서대로 각 문장을 고려함으로써 코드의 의미를 이해할 수 있다. 이 코드는 s의 값에 따라 f에 w_0이나 w_1 값을 할당한다. 합성 툴은 보통 이 동작을 멀티플렉서 회로를 사용하여 구현한다.

일반적으로 합성 툴은 위에 기술한 멀티플렉서의 경우처럼 코드 안에 있는 임의의 구조를 인지한다. 실용적 관점에서 보면 공통적으로 사용되는 스타일의 코드를 작성해야만 동작한다. 그러므로 Verilog 초보 사용자는 경험이 많은 설계자가 추천하는 검증된 형태의 코드를 활용하는 것이 바람직하다. 이 책에는 120개가 넘는 다양한 종류의 논리회로를 Verilog 코드로 작성한 예제를 수록하였다. 이들 예제에서 사용된 코드는 해당 논리회로와 쉽게 관련지을 수 있다. 독자들은 동일한 형태의 코드를 사용할 것을 권장한다. 좋은 방법은 원하는 회로를 구현이 검증된 Verilog 코드로 작성하는 것이다.

비록 Verilog가 배우기 쉽고 사용하기 편한 언어이지만 초보자들은 문법과 시맨틱에 있어 흔히 공통적인 오류를 범한다. A.15절에는 전형적으로 나타나는 오류와 함께 전문가가 추천하는 명확하고 효과적인 코드의 형태를 수록하였다.

설계하려는 회로를 Verilog 코드로 작성한 후에는, CAD 툴에 의해 합성된 결과물로써 회로를 분석하는 것이 유용하며, 이 과정을 통하여 논리회로, 논리합성, Verilog에 대하여 많은 것을 배울 수 있다.

A.1 • VERILOG 코드에서의 문서 작업

Verilog 코드에서 문서화(documentation)는 주석(comment)으로 포함시킬 수 있다. 짧은 주석은 //기호로 시작하는데 줄의 끝까지 계속된다. 여러 줄로 구성되는 긴 주석은 /*로 시작하여 */로 끝을 맺는다. 다음은 주석의 예제들이다.

```
// This is a short comment
/*This is a long Verilog comment
  that spans two lines */
```

A.2 • 여백

Space나 Tab과 같은 여백(white space) 문자와 아무 내용도 없는 공백 라인(blank line)은 Verilog 컴파일러가 무시한다. 여러 개의 문장을 다음과 같이 한 줄에 작성할 수도 있다.

```
f = w0; if (s == 1) f = w1;
```

이 코드는 비록 문법상으로 아무 오류가 없으나, 이해하기가 어려우며 바람직하지 않은 형태이다. 문장 별로 줄을 달리 하고, **if-else**와 같은 코드 블록은 들여쓰기를 사용하는 것이 코드의 가독성을 향상시키는 바람직한 방식이다.

A.3 • VERILOG 코드의 신호

Verilog에서 신호는 특정 형태의 *net* 혹은 *variable*로 표현한다. *net*라는 개념은 회로에서 둘 이상의 어떤 지점을 연결하는 것을 나타내는 전기 용어로부터 나왔다. net 혹은

variable의 선언은 다음의 형태를 갖는다.

type [range] signal_name{, signal_name};

대괄호 [ ]는 선택 사항을 의미하며, 중괄호 { }는 추가적인 엔트리가 허용됨을 의미한다. 부록에서는 이와 같은 표기법을 사용한다. *signal_name*은 식별자로 다음 절에서 소개한다. *range*가 생략된 경우 선언된 net 혹은 variable은 스칼라이며 1비트의 신호이다. A.6 절에 기술된 것과 같이 range는 여러 비트의 신호에 해당하는 벡터를 나타낼 때 사용한다.

A.4 • 식별자 이름

식별자(*identifier*)는 Verilog 코드의 변수나 다른 소자의 이름이다. 식별자는 문자, 숫자, _, 그리고 $ 기호로 구성된다. 여기에는 두 가지 단순한 규칙이 있는데, 식별자는 숫자로 시작할 수 없으며 Verilog에 이미 정의된 키워드와 동일한 이름은 사용할 수 없다. 예를 들면, *f*, *x*1, *x_y*, *Byte*는 올바른 식별자이고, 1*x*, +*y*, *x***y*, 258는 잘못된 식별자이다. Verilog는 대문자와 소문자를 구별하므로 BYTE와 Byte, k와 K는 서로 다른 식별자이다.

특별한 목적을 위해 Verilog에는 확장 식별자(escaped identifier)라는 형태의 식별자가 있다. 이 확장 식별자는 역 슬래시 문자 \로 시작하며 여백을 제외한 출력 가능한 ASCII 문자로 구성된다. \123, *sig-name*, *a*+*b*는 확장 식별자의 예이다. 일반적인 Verilog 코드에서는 확장 식별자를 사용하지 않는다. 이들은 주로 다른 컴퓨터 언어를 Verilog 코드로 변환시킬 때 자동으로 생성되는 코드에서 사용된다.

A.5 • 신호 값, 수와 파라미터

Verilog는 개별 신호를 나타내는 스칼라 형태와 다중 신호를 나타내는 벡터 형태의 net 혹은 variable을 지원한다. 각 신호는 다음과 같은 네 개의 값을 가질 수 있다.

0 = 논리 값 0
1 = 논리 값 1
z = 하이 임피던스
x = 미지의 값

z와 x는 대문자 Z와 X로도 표현이 가능하다. Verilog 코드에서 x는 무정의 상태를 나타내며, 물음표 기호 ?도 같은 목적으로 사용될 수 있다. 벡터 변수의 값은 다음의 형태로 표현되는 상수(constant)로 기술한다.

[size]['radix]constant

여기서 *size*는 상수의 비트 수를, *radix*는 기수(number base)를 의미한다. 지원하는 radix는

d = 10진수
b = 2진수
h = 16진수
o = 8진수

Radix가 기술되지 않을 때는 10진수를 디폴트로 한다. 만약 size가 상수를 표현하기 위한 값보다 크다면, 대부분의 경우 MSB 부분의 남는 비트는 0으로 채워진다. 이 상수 값의 첫 비트가 x나 z인 경우는 예외로 0이 아닌 x나 z 값으로 채워진다. 다음은 상수를 표현하는 예제들이다.

0	0
10	10진수 10
'b10	2진수 10=(2)10
'h10	16진수 10=(16)10
4'b100	2진수 0100=(4)10
4'bx	미지의 4-bit 값 xxxx
8'b1000_0011	_는 읽기 쉽게 편의상 이용 가능
8'hfx	8'b1111_xxxx과 동일

A.5.1 파라미터

파라미터(*Parameter*)란 상수에 식별자 이름을 부여한 것이다. Verilog 코드가 다음과 같은 정의를 포함하면,

```
parameter n = 4;
parameter S0 = 2'b00, S1 = 2'b01, S2 = 2'b10, S3 = 2'b11;
```

식별자 *n*은 4라는 숫자 대신에 이용될 수 있고, *S*0 등은 2'b00 등으로 대체된다. 이와 같은 파라미터는 A.12 절에서 소개할 파라미터화된 부분회로의 사양에서 주로 활용된다.

A.6 • 네트와 변수 유형

Verilog에는 여러 종류의 네트와 변수를 정의한다. 이들은 언어 자체에서 정의되며, 사용자가 임의로 정의할 수 없다.

A.6.1 네트

네트(*net*)는 회로에서 노드(node)를 나타낸다. *wire*, *tri*를 포함하여 회로상의 여러 유형의 노드를 구분하기 위한 여러 유형의 네트가 있으나, 합성에 필요하지 않은 다수의 네트들은 이 책에서 다루지 않는다.

Wire는 회로에서 하나의 논리 소자의 출력을 다른 논리 소자의 입력에 연결하는 데 사용된다. 다음은 스칼라 **wire**를 정의하는 예제이다.

```
wire x;
wire Cin, AddSub;
```

다음은 여러 개의 노드로 구성되는 벡터 **wire**의 예를 보여준다.

```
wire [3:0] S;
wire [1:2] Array;
```

대괄호 [ ]는 벡터의 범위를 나타낸다. 범위 $[R_a:R_b]$에서 R_a나 R_b는 오름차순 혹은 내림차순으로 기술될 수 있으며, 두 경우 모두 R_a가 벡터의 최상위 비트를, R_b가 최하위 비트를 나타낸다. R_a나 R_b는 양의 정수나 음의 정수가 될 수 있다.

위에서 네트 S는 하나의 4-비트 묶음으로, 혹은 $S[3]$, $S[2]$, $S[1]$, $S[0]$과 같이 각각의 비트를 개별적으로 사용할 수 있다. S = 4'b0011과 같이 S에 값을 할당하면 결과는 $S[3] = 0$, $S[2] = 0$, $S[1] = 1$, $S[0] = 1$이 된다. $f = S[0]$과 같이 벡터의 비트 하나만을 다른 네트에 할당하는 것을 **비트 선택 연산**(*bit-select operation*)이라고 부른다. 벡터의 일정 부분만을 다른 벡터에 할당할 수 있는데, 이를 **파트 선택 연산**(*part-select operation*)이라고 한다. Array = S[2:1]을 수행하면 결과는 $Array[1] = S[2]$와 $Array[2] = S[1]$이 된다. 비트 선택 연산에 이용되는 인덱스(index)는 $S[i]$와 같이 변수를 사용할 수도 있지만, 파트 선택 연산에 이용되는 인덱스는 $S[2:1]$과 같이 상수여야 한다.

*Tri*는 3상태 형태로 연결된 회로의 노드를 표현한다. 다음은 **tri** 네트의 예를 보여준다.

```
tri z;
tri [7:0] DataOut;
```

이들은 **wire** 형태의 네트와 동일하게 다루어지는데, 다만 3상태 게이트를 포함하는 코드의 가독성을 높이기 위해 사용한다.

A.6.2 변수

네트는 논리 소자를 연결하는 수단으로 제공되며 회로의 **동작**(*behavior*)을 기술하는 데 사용할 수는 없다. 회로의 동작을 기술하기 위해서 Verilog는 **변수**(*variable*)를 제공한다. 변수는 Verilog의 어떤 문장에서 값이 할당되면 이후에 다른 문장에서 새로운 값으로 바뀔 때까지 그 값을 유지한다. 변수의 종류에는 *reg*와 *integer*의 두 가지가 있다. 다음의 예를 살펴보자.

```
Count = 0;
for (k = 0; k < 4; k = k + 1)
   if (S[k])
      Count = Count + 1;
```

여기의 **for**와 **if** 문은 A.11 절에서 설명한다. 위의 코드는 *Count*에 신호 *S*가 갖는 1의 개수를 저장한다. 이는 회로의 동작을 나타내므로 *Count*는 단순히 **wire**가 아닌 변수로 선언해야 한다. 만약 *Count*가 3비트라면, 이에 대한 선언은 다음과 같다.

```
reg [2:0] Count;
```

키워드 **reg**는 저장 소자 또는 레지스터를 의미하는 것이 아니다. Verilog에서 **reg**라는 변수는 회로의 조합 혹은 순차 부분을 모델링하는 데 이용될 수 있다. 예제에서 변수 *k*는 루프의 인덱스로 사용되었으며, 다음과 같이 **integer** 형태로 선언한다.

```
integer k;
```

Integer 변수는 모듈의 동작을 모델링하는 데 사용하며, 회로의 노드와는 무관하다. 이 책에서는 루프를 제어하는 변수로 **integer**를 사용한다.

A.6.3 메모리

메모리는 비트의 2차원 배열이다. Verilog에서는 메모리를 벡터의 배열인 변수(**reg**나 **integer**)로 다음과 같이 선언한다.

```
reg [7:0] R [3:0];
```

이 문장은 *R*[3], *R*[2], *R*[1], *R*[0]으로 이름이 주어진 네 개의 8-비트 변수를 정의한다. R[3][7]과 같이 2차원 인덱스를 이용할 수 있다. 더 높은 차원의 배열도 지원하며 3차원 배열은 다음과 같이 선언할 수 있다.

```
reg [7:0] R [3:0] [1:0];
```

A.7 • 연산자

표 A.1은 Verilog에서 사용하는 연산자를 보여준다. 첫 번째 열(column)은 카테고리를, 두 번째 열은 사용 예를, 마지막 열은 연산 결과로 나타나는 비트의 수를 표시하였다. 편의상 피연산자를 A, B, C로 표기하였는데 이들은 스칼라나 벡터가 될 수 있다. ~A와 같은 구문은 ~ 연산자가 변수 A에 적용되는 것을 나타내며, $L(A)$와 같은 구문은 결과가 A의 비트 수와 같다는 뜻이다.

표 A.1에 있는 대부분의 연산자는 표 4.2에도 기술되어 있으며 4.6.5 절에 자세히 설명되어 있다. 비트 연산자(bitwise operator)에는 1의 보수(~), 단항 플러스(+), 2의 보수(–), AND(&), OR(|), XOR(^), XNOR(~^ 또는 ^~)가 있다. 이들 비트 연산자는 보통 피연산자의 비트 수와 동일한 수의 비트로 구성된 결과를 만들어 낸다. 예를 들어 $A = a_1a_0$, $B = b_1b_0$, $C = c_1c_0$이라고 하면 $C = A$ & B의 결과는 $c_1 = a_1$ & b_1이며 $c_0 = a_0$ & b_0이 된다. 단항 플러스(unary plus)는 단지 양수를 표현하며 다른 효과는 없다.

논리 연산자(logical operator)는 1-비트 결과를 출력시키며, NOT(!), AND(&&), OR(||)가 있다. 만일 NOT(!) 연산자의 피연산자가 벡터일 경우에 !A는 A의 모든 비트가 0이면 1(true)을, 그렇지 않으면 0(false)을 출력한다. A와 B가 모두 0이 아니면 A && B의 결과는 1이 되고, A || B의 결과는 1이 된다. 만일 피연산자의 값을 알 수 없는 경우(x를 포함하는 경우) 결과는 x가 된다. 논리 연산자는 보통 if (($A < B$) && ($B < C$))와 같은 조건문에 이용된다.

표 A.1 Verilog 연산자와 비트 길이

Category	Examples	Bit Length
Bitwise	~A, +A, −A A & B, A | B, A ~^ B, A ^~ B	L(A) MAX (L(A), L(B))
Logical	!A, A&&B, A || B	1 bit
Reduction	&A, ~&A, |A, ~|A, ^~ A, ~^ A	1 bit
Relational	A == B, A! = B, $A > B$, $A < B$ $A >= B$, $A <= B$ A === B, A! == B	1 bit
Arithmetic	$A + B$, $A - B$, $A * B$, A/B A % B	MAX (L(A), L(B))
Shift	$A << B$, $A >> B$	L(A)
Concatenate	{$A, \ldots, B$}	L(A) + ⋯ + L(B)
Replication	{B{A}}	B ∗ L(A)
Condition	A ? B : C	MAX (L(B), L(C))

축소 연산자(reduction operator)는 일부 비트 연산자와 동일한 기호를 이용하는데, 피연산자가 한 개인 점이 다르다. &*A*와 같은 축소 연산자는 *A*의 모든 비트를 AND 연산한다는 것이며, ~&*A*는 NAND가 된다. 같은 방식으로 다른 축소 연산자도 1 비트인 결과를 출력한다.

관계 연산자(relational operator)의 출력은 기술된 *A*나 *B*의 값의 비교에 따라 결과는 1(True)이나 0(False)이 된다. 논리회로를 합성하기 위해 *A*와 *B*는 보통 **wire**나 **reg** 형태가 되고, Verilog는 이들을 무부호 정수(unsigned number)로 취급한다. 만일 **integer** 변수가 지원된다면 부호 정수(signed number)로 간주한다. 또한, 피연산자의 일부라도 명시되지 않은 경우 관계 연산자의 결과는 x가 된다. 예외의 경우가 있는데, 피연산자가 같은지 비교하는 ===와 다른지 비교하는 !== 연산자는 각 digit이 0이나 1은 물론 x와 z 값으로도 비교를 한다.

Verilog는 많이 사용되는 산술 연산자(arithmetic operator)인 +, −, *와 /를 지원한다. 나머지(modulus) 연산자인 %도 사용하지만, 이는 단순히 컴파일 타임 상수 계산을 위해 사용되는 목적 외의 실제 회로 합성에서는 지원되지 않는다. *A* % *B* 연산은 정수 나눗셈 *A* ÷ *B* 연산의 나머지를 반환한다. **Wire**와 **reg** 형태의 산술 피연산자는 무부호 정수로 다루어진다. 두 개의 피연산자가 서로 크기가 같지 않을 경우에는 0의 자리가 왼쪽으로부터 채워지고, 결과의 비트 길이가 피연산자의 크기보다 작을 경우에 비트가 무시(truncate)된다. Integer 변수는 2의 보수로 취급된다.

시프트 연산자(shift operator)에는 <<와 >>가 있다. 왼쪽으로 시프트되는 <<의 경우에는 LSB로 0이 채워지며, 오른쪽으로 시프트되는 >> 경우에는 MSB가 0으로 채워진다. 합성을 위해서 피연산자 *B*는 상수여야 한다.

연결 연산자(concatenate operator) { , }는 벡터 피연산자를 묶어 더 큰 벡터를 만든다. 상수 피연산자인 경우에는 크기를 4‘b0011과 같이 기술해야 한다. 복제 연산자(replication operator)는 피연산자를 여러 번 반복하여 나타낸다. {{3{A}}, {2{B}}와 같이 표현하면 {*A*, *A*, *A*, *B*, *B*}가 된다. 복제 연산자는 *n*-비트의 벡터를 형성할 때 사용될 수 있는데, {n{1’b1}} 연산은 *n*개의 1을 만든다.

표 A.1의 마지막에 있는 ? : 는 조건 연산자(conditional operator)이다. 예를 들면, A ? B : C의 결과는 *A* = 1(True)이면 *B*가 되고, 그렇지 않으면 *C*가 된다. *A*가 x인 경우 조건 연산자는 비트 단위 출력을 만드는데, *B*와 *C*에 있는 해당 비트가 모두 1이면 출력은 1, 모두 0이면 출력은 0, 그렇지 않으면 x가 된다.

Verilog 연산자의 우선순위는 일반적인 산술 연산이나 부울 연산과 같다. 예를 들면, *는 +에 우선하고, &는 |에 우선한다. 표 4.3은 우선순위에 대한 규칙을 보여준다.

A.8 • Verilog 모듈

Verilog 코드로 기술된 회로 또는 부분 회로(subcircuit)를 **모듈**이라고 한다. 그림 A.1은 **모듈** 선언에 대한 일반적인 구조이다. 모듈은 유효한 식별자로 주어지는 *module_name* 이름을 가지며, 그 다음에 포트 목록을 나열한다. **포트**(*Port*)라는 개념은 전기회로의 입출력 연결을 일컫는 전기적 용어에서 유래한다. 포트는 **input**, **output** 또는 **inout** 중 하나의 형태를 가지며, 스칼라 혹은 벡터가 될 수 있다. 포트의 예는 다음과 같다.

```
input Cin, x, y;
input [3:0] X, Y;
output Cout, s;
inout [7:0] Bus;
output [3:0] S;

wire Cout, s;
wire [7:0] Bus;
reg [3:0] S;
```

위에서 보인 바와 같이, output과 input 포트는 해당되는 유형을 갖는다. 이 예에서 *Cout*, *s*, *Bus*는 네트이고 *S*는 변수이다. Verilog에서 **wire** 선언은 신호의 디폴트 형태를 net으로 가정하므로 생략할 수 있다. 그러나 변수로 이용되는 포트는 그 형태를 명확히 선언해야 한다.

변수 *S*가 **reg** 형태라는 것을 별도의 문장으로 선언하는 대신 다음과 같이 **output**을 기술하는 하나의 문장에 포함시킬 수 있다.

```
output reg [3:0] S;
```

이 책에서는 이와 같은 방식을 이용하기로 한다.

```
module module_name [(port_name{, port_name})];
   [parameter declarations]
   [input declarations]
   [output declarations]
   [inout declarations]
   [wire or tri declarations]
   [reg or integer declarations]
   [function or task declarations]
   [assign continuous assignments]
   [initial block]
   [always blocks]
   [gate instantiations]
   [module instantiations]
endmodule
```

그림 A.1 모듈의 일반적 형식

```
module fulladd (Cin, x, y, s, Cout);
    input Cin, x, y;
    output s, Cout;

    assign s = x ^ y ^ Cin;
    assign Cout = (x & y) | (Cin & x) | (Cin & y);

endmodule
```

그림 A.2 전가산기 모듈

```
module fulladd (Cin, x, y, s, Cout);
    input Cin, x, y;
    output s, Cout;

    assign {Cout, s} = x + y + Cin;

endmodule
```

그림 A.3 + 연산자를 이용한 전가산기 모듈

그림 A.1에서처럼 모듈은 임의의 수의 네트(**wire**나 **tri**)나 변수(**reg**나 **integer**) 선언과 뒤에 소개할 다양한 다른 형태의 문장을 포함할 수 있다.

그림 A.2는 3.2절에서 다룬 전가산기 회로를 표현한 *fulladd* 모듈의 Verilog 코드이다. *Cin*은 캐리를 받기 위한 입력 포트이고, *x*와 *y*는 더해지는 비트를 나타내는 입력 포트이다. 출력 포트는 *x*와 *y*의 합 *s*와 발생된 캐리, *Cout*이다. 전가산기의 기능인 덧셈은 A.10 절에 소개될 **assign**이라는 키워드 뒤에 기술되어 있다.

전가산기를 Verilog로 기술하는 방법은 이외에도 여러 가지가 있다. 그림 A.3은 *fulladd* 모듈의 다른 예로써 연결 연산자와 산술 연산자를 이용하여 표현한다.

```
assign {Cout, s} = x + y + Cin;
```

위 문장은 $x + y + Cin$의 결과 중 LSB는 *s*로, MSB는 *Cout*으로 할당한다. 그림 A.2와 그림 A.3의 모듈로 만들어지는 회로는 동일하다.

A.9 • 게이트 인스턴스 생성

Verilog에는 기본적인 게이트를 구현한 몇 가지 모듈을 제공한다. 이들 게이트는 다음과 같은 게이트 인스턴스 생성(*instantiation*) 문을 이용하여 회로를 구조화하는 데 사용할 수 있다.

gate_name [instance_name] (output_port, input_port {, input_port});

*gate_name*은 사용하고자 하는 게이트를 나타내며, *instance_name*은 고유 식별자이다. 각 게이트는 서로 다른 수의 포트를 가질 수 있으며, 출력 포트를 먼저 나열하고, 다수의 입력 포트를 그 다음에 나열한다. 그림 A.4는 게이트를 이용하여 전가산기를 구현하는 예를 보여준다. 코드는 게이트를 연결하는 *z*1, *z*2, *z*3, *z*4의 네 개 **wire** 네트로 정의되고, 각 게이트는 고유의 이름(*And*1, *And*2, *And*3, *Or*1, *Xor*1, *Xor*2)을 갖는다. 그림 A.5는 인스턴스 이름을 포함하지 않고, *z*1~*z*4의 선언이 생략된 간단한 버전이다. net가 명시적으로 선언되어 있지 않으므로 암묵적으로 **wire** 형으로 가정한다.

표 A.2는 Verilog에서 지원하는 논리게이트를 요약하여 보여준다. 두 번째 열은 각 게이트의 기능을, 마지막 열은 사용법을 나타낸다. Verilog는 게이트의 입력 수에 제한

```
// Structural specification of a full-adder
module fulladd (Cin, x, y, s, Cout);
    input Cin, x, y;
    output s, Cout;
    wire z1, z2, z3, z4;

    and And1 (z1, x, y);
    and And2 (z2, x, Cin);
    and And3 (z3, y, Cin);
    or Or1 (Cout, z1, z2, z3);
    xor Xor1 (z4, x, y);
    xor Xor2 (s, z4, Cin);

endmodule
```

그림 A.4 게이트 인스턴스를 이용한 전가산기

```
// Structural specification of a full-adder
module fulladd (Cin, x, y, s, Cout);
    input Cin, x, y;
    output s, Cout;

    and (z1, x, y);
    and (z2, x, Cin);
    and (z3, y, Cin);
    or (Cout, z1, z2, z3);
    xor (z4, x, y);
    xor (s, z4, Cin);

endmodule
```

그림 A.5 그림 A.4의 간단한 버전

표 A.2 Verilog 게이트

Name	Description	Usage
and	$f = (a \cdot b \cdot \cdots)$	**and** $(f, a, b, \ldots)$
nand	$f = \overline{(a \cdot b \cdot \cdots)}$	**nand** $(f, a, b, \ldots)$
or	$f = (a + b + \cdots)$	**or** $(f, a, b, \ldots)$
nor	$f = \overline{(a + b + \cdots)}$	**nor** $(f, a, b, \ldots)$
xor	$f = (a \oplus b \oplus \cdots)$	**xor** $(f, a, b, \ldots)$
xnor	$f = (a \odot b \odot \cdots)$	**xnor** $(f, a, b, \ldots)$
not	$f = \overline{a}$	**not** (f, a)
buf	$f = a$	**buf** (f, a)
notif0	$f = (!e\ ?\ \overline{a} : \text{'}bz)$	**notif0** (f, a, e)
notif1	$f = (e\ ?\ \overline{a} : \text{'}bz)$	**notif1** (f, a, e)
bufif0	$f = (!e\ ?\ a : \text{'}bz)$	**bufif0** (f, a, e)
bufif1	$f = (e\ ?\ a : \text{'}bz)$	**bufif1** (f, a, e)

을 두지 않지만, CAD 툴에 따라 실질적인 제한이 설정되기도 한다. *notif*와 *bufif* 게이트는 3상태 버퍼를 나타내며, *notif0* 게이트는 active-low로 활성화되는 인버팅 3상태 버퍼이며, *notif1*은 active-high로 활성화되는 인버팅 3상태 버퍼이다. *bufif0*와 *bufif1* 게이트는 출력에 인버트가 없는 3상태 버퍼이다.

시뮬레이션을 위하여 게이트의 전달 지연을 나타내는 파라미터를 사용할 수 있다. 다음의 예는 5 단위 시간의 지연을 갖는 3-입력 AND 게이트를 인스턴스화하는 예를 보여준다(시간의 단위는 사용하는 시뮬레이터에 의해 결정된다).

```
and #(5) And3(z, x1, x2, x3);
```

지연 시간 파라미터의 형태는 논리회로를 합성하는 데는 아무런 의미가 없고 단순히 시뮬레이션을 위한 것이다.

A.10 • 병렬문

Verilog를 포함한 HDL(Hardware Description Language)에서 **병렬문**(*concurrent statement*)의 개념은 코드가 다수의 이러한 문장을 포함할 수 있음을 의미하며, 각각은 회로의 일부분을 나타낸다. **병렬**(*concurrent*)이라는 단어를 사용하는 것은 코드에서 해당 문장의 위치나 순서에 관계없이 동시에 처리되기 때문이다. 게이트 인스턴스 생성은 이러한 병렬문의 한 유형이다. 이 절에서는 **연속 할당**(*continuous assignment*)이라고 하는 또 다른 유형의 병렬문을 소개한다.

A.10.1 연속 할당

게이트 인스턴스 생성이 회로의 구조적 기술에 이용되는 병렬문인 데 비해, 연속 할당은 회로를 기능적으로 기술한다. 이 문장의 일반적인 형식은 다음과 같다.

```
assign net_assignment{, net_assignment};
```

*net_assignment*는 표 A.1에 있는 어떤 연산자를 포함하는 표현이 될 수 있다. 다음은 예문들이다.

```
assign Cout = (x & y) | (x & Cin) | (y & Cin);
assign s = x ^ y ^ z;
```

*Cout*을 만드는 연산에 괄호( )는 연산의 우선순위가 있어 불필요하지만 명확히 기술하기 위해 포함되어 있다. 복수의 할당도 콤마(,)로 분리하여 하나의 **assign** 문으로 묶어 다음과 같이 기술할 수 있다.

```
assign Cout = (x & y) | (x & Cin) | (y & Cin),
       s = x ^ y ^ z;
```

다음은 다중 비트 할당의 예이다.

```
wire [1:3] A, B, C;
    ⋮
assign C = A & B;
```

이 결과는 $c_1 = a_1b_1$, $c_2 = a_2b_2$, $c_3 = a_3b_3$이다.

다음의 산술 할당은 캐리 인과 캐리 아웃이 없는 4-비트 가산기를 나타낸다.

```
wire [3:0] X, Y, S;
    ⋮
assign S = X + Y;
```

만일 캐리 인과 캐리 아웃을 선언하면

```
wire carryin, carryout;
```

과 같고, 캐리 인과 캐리 아웃이 있는 4-비트 가산기를 위한 문장은

```
assign {carryout, S} = X + Y + carryin;
```

과 같이 작성한다. 이미 앞의 A.7절에서 언급한 바와 같이 Verilog는 **wire** 유형을 무부호 정수로 취급한다. {carryout, S}를 표현하기 위해서는 5-비트가 필요하므로, 각 피연

```
module adder_sign (X, Y, S, S2s);
    input  [3:0] X, Y;
    output  [7:0] S, S2s;

    assign   S = X + Y,
             S2s = {{4{X[3]}}, X} + {{4{Y[3]}}, Y};

endmodule
```

그림 A.6 산술 할당과 부호 확장의 예

산자의 앞에는 0이 첨가된다. Verilog 코드를 합성할 때 캐리 아웃을 갖는 4-비트 가산기가 필요한지 여부는 컴파일러에 따라 결정된다.

그림 A.6은 완전한 산술 할당의 예제이다. 두 개의 4-비트 입력 X와 Y가 있고, 두 개의 8-비트 출력 S와 $S2s$가 있다. 8-비트 출력 $S = X + Y$를 얻기 위해서 Verilog 컴파일러는 자동으로 X와 Y에 네 개의 0을 붙인다. $S2s$에 대한 두 번째 할당문은 부호화된 (2의 보수) 결과가 어떻게 만들어지는지 보여준다.

3.3절에서 2의 보수의 최상위 비트는 부호 비트라고 설명하였다. $S2s$의 할당은 부호 확장(sign extension)을 위해서, X와 Y에 MSB를 네 개 붙이는 연결 연산자와 복제 연산자를 사용하였다.

예를 들어, $X = 0011$, $Y = 1101$이면 무부호 결과는 $S = 0011 + 1101 = 00010000$으로 $S = 3 + 13 = 16$이지만, 부호화된 결과는 $S2s = 0011 + 1101 = 00000000$로 $S2s = 3 + (-3) = 0$이 된다.

A.10.2 파라미터의 사용

그림 A.6은 4-비트 숫자에 대한 가산기를 보여준다. 이 코드는 가산기의 비트 수를 나타내는 파라미터를 이용함으로써 좀 더 일반화시킬 수 있다. 그림 A.7은 *addern*으로 명명한 n-비트 가산기 모듈의 코드이다. 계산할 수의 비트 수는 A.5 절에서 소개한 **parameter** 키워드로 정의하였다. n값은 X, Y, S, $S2s$의 길이를 결정한다.

wire 선언과 연속 할당을 결합하여 사용할 수 있는데 예를 들면, 반가산기의 합 s, 캐리 아웃 c는 다음과 같이 정의할 수 있다.

```
wire s = x ^ y,
     c = x & y;
```

Verilog는 시간 지연과 같은 파라미터를 연속 할당에 사용할 수 있도록 한다. 이들 파라미터는 합성하는 데는 아무런 의미가 없으나 설명을 위해 기술하였다. 다음과 같은 문장을 생각해보자.

```
wire #8 s = x ^ y,
     #5 c = x & y;
```

이 할당에서 $x \wedge y$ 연산은 8 단위 시간의 지연을, $x \& y$ 연산은 5 단위 시간의 지연을 갖는다. 이들 지연은 오직 시뮬레이션 목적으로만 의미를 가지며 다음과 같이 **wire**와 연관 지어 표현할 수도 있다.

```
wire   #2 c;
assign #5 c = x & y;
```

이 코드는 $x \& y$ 연산에서 발생하는 5 단위 시간의 지연에 추가로 **wire** c에서 2 단위 시간의 지연이 존재함을 의미한다.

A.11 • 순차문

Verilog는 앞에서 언급한 병렬문 이외에 순차문(*procedural statement, sequential statement*라고도 함)을 제공한다. 병렬문은 동시에 처리되지만 순차문은 코드 상에 나타나는 순서대로 처리된다. Verilog 문법에서 순차문은 **always** 블록 내부에 있어야 한다.

A.11.1 always와 initial 블록

always 블록은 하나 이상의 순차문을 포함할 수 있는 구조로 그 형식은 다음과 같다.

```
always @(sensitivity_list)
[begin]
    [procedural assignment statements]
    [if-else statements]
    [case statements]
    [while, repeat, and for loops]
    [task and function calls]
[end]
```

Verilog는 몇 가지 유형의 순차문을 포함한다. 이 문장들은 연속 할당이나 게이트 인스턴스 생성을 이용하는 것보다 동작적 측면에서 회로를 훨씬 강력한 방식으로 기술한다.

하나의 **always** 블록에 여러 개의 문장이 포함될 경우에는 **begin**과 **end** 키워드가 필요하지만, 여러 개가 아닐 경우에는 생략할 수 있다. **begin**과 **end** 키워드는 Verilog의 다른 구조에서도 사용되며, **begin**과 **end**로 둘러싸인 문장을 *begin-end* 블록이라고 한다.

*sensitivity_list*란 **always** 블록에서 발생하는 출력에 직접적으로 영향을 미치는 신호의 리스트이다. **always** 블록의 간단한 예제는 다음과 같다.

```
always @(x, y)
begin
    s = x ^ y;
    c = x & y;
end
```

출력 변수 *s*와 *c*는 *x*와 *y*에 따라 변하기 때문에 이 신호가 반응 리스트에 콤마(,) 혹은 키워드 **or**로 분리하여 나열된다. 이 책에서는 콤마를 사용하지만, 초기 Verilog에서는 **or**를 사용하였었다. **always** 블록을 사용하여 조합회로를 기술할 때, 다음과 같이 간단하게 사용할 수 있다.

always @∗

이는 **always** 블록 안의 모든 입력 신호가 반응 리스트(sensitivity list)에 포함된다는 의미이다. 이 책의 예제에서는 Verilog 코드의 이해를 도울 수 있도록 반응 리스트에 신호를 나열하였다.

Always 블록의 시맨틱은 다음과 같다. 반응 리스트에 있는 신호의 값이 바뀌면, **always** 블록 내에 있는 문장이 순서대로 평가(evaluation)된다.

시뮬레이션을 위해서 Verilog는 *initial* 블록을 제공한다. **Initial**과 **always** 블록은 동일한 형태지만, **initial** 블록은 시뮬레이션을 시작하는 시점에 한 번만 실행된다. 역시 **initial** 블록은 합성을 고려하는 경우에는 아무런 의미를 갖지 않으므로 더 이상 다루지 않는다.

Verilog 모듈은 여러 개의 **always** 블록을 포함할 수 있으며 각 블록은 구현할 회로의 일부분을 나타낸다. 각 **always** 블록 내의 문장은 순서대로 평가되지만 서로 다른 **always** 블록 사이의 순서는 의미가 없다. Verilog 컴파일러는 모든 **always** 블록을 동시에 처리하므로 각각의 **always** 블록은 개개의 병렬문이라고 볼 수 있다.

순차적 할당문

Always 블록 내에서 값이 부여된 신호는 **reg**나 **integer** 형태의 변수여야 한다. 변수는 **순차적 할당문**(*procedural assignment statement*)으로 값을 할당하는데, 여기에는 **블로킹**(*blocking*) 할당(= 기호로 표현)과 **논블로킹**(*non-blocking*) 할당(<= 기호로 표현) 등 두 종류의 할당이 있다. 블로킹이라는 개념은 할당문이 다음 문장을 실행하기 전에 완전히 종료되어 좌변을 갱신한다는 의미로 그 개념을 아래의 시뮬레이션으로 설명한다. 다음의 블로킹 할당 예문을 살펴보자.

```
S = X + Y;
p = S[0];
```

시뮬레이션 시간 t_i에서 문장은 순서대로 평가된다. 첫 번째 문장은 *X*와 *Y*의 현재 값을 사용하여 *S*를 설정하고, 다음으로 두 번째 문장은 *S*의 새로운 값에 따라 *p*를 설정한다. Verilog가 제공하는 논블로킹 문장의 경우는 다음과 같다.

```
S <= X + Y;
p <= S[0];
```

시뮬레이션 시간 t_i에서 문장은 역시 순서대로 평가된다. 그러나 두 문장 모두 변수가 시뮬레이션 시작 시간 t_i에서 존재하는 값을 이용한다. 첫 번째 문장은 블로킹과 동일하게 X와 Y의 현재 값을 사용하여 새로운 S의 값을 계산하지만, S의 값은 **always** 블록에 있는 모든 문장이 평가되기 전까지는 변하지 않는다. 따라서 시뮬레이션 시간 t_i에서 p 값은 t_{i-1}에서의 값 S 값을 이용하여 계산된다. 요약하면, 블로킹 할당의 경우에는 시간 t_i에서 각 문장에 기술된 변수의 값은 **always** 블록 안의 앞선 문장에 의해 시간 t_i에서 설정된 새로운 값들이고, 논블로킹 할당의 경우에는 시간 t_i에서 각 문장에 기술된 변수의 값은 시간 t_{i-1}에서의 값이다.

시뮬레이션의 측면으로 블로킹과 논블로킹 할당의 차이를 설명하였지만 합성하는 측면에서 두 개의 시맨틱은 동일하다. 조합회로에서는 오직 블로킹 할당만이 사용되는데 A.11.7 절에서 설명한다. 다음 절에서 조합회로의 다양한 예제를 살펴보고, **if-else**, **case**, **loop** 문도 취급하기로 한다. A.14 절에서는 순차회로에 대하여 중점적으로 다루고 논블로킹 할당으로 설계해야 하는 점을 설명하기로 한다.

A.11.2 if-else 문

그림 A.8은 **if-else** 문의 일반적인 형태를 보여준다. 만일 *expression*1이 true라면, 첫 번째 문장이 수행된다. 여러 개의 문장이 필요한 경우에는 **begin-end** 블록을 만들어 그 안에 포함시킨다.

else-if와 **else** 절들은 선택 사항이다. Verilog 문법에서는 **else-if**나 **else**가 있을 경우 가장 가까이 있는 마무리되지 않은 **if**나 **else-if**와 쌍을 이루도록 한다.

예를 들면 조합회로에 이용되는 **if-else** 문은 다음과 같다.

```
always @(w0, w1, s)
   if (s == 0)
      f = w0;
   else
      f = w1;
```

이 코드는 데이터 입력 w_0, w_1과 제어 입력 s와 출력 f를 갖는 2-to-1 멀티플렉서를 정의한다.

```
module addern (X, Y, S, S2s);
   parameter n = 4;
   input [n−1:0] X, Y;
   output [2*n−1:0] S, S2s;

   assign  S = X + Y,
           S2s = {{n{X[n−1]}}, X} + {{n{Y[n−1]}}, Y};

endmodule
```

그림 A.8 if-else문의 형식

A.11.3 문장의 순서

그림 A.9는 **if-else** 문을 사용하여 2-to-1 멀티플렉서를 기술하는 또 다른 코드이다. **else** 절을 사용하는 대신에, 디폴트 할당으로 $f = w_0$을 먼저 실행하고 s =인 경우 $f = w_1$로 변하도록 하였다. Verilog 문법에는 **always** 블록 내에서 여러 개의 값이 할당 되는 신호는 마지막으로 할당되는 값을 갖게 된다. 이 예는 **always** 블록 내에서 문장의 순서가 중요함을 보여준다. 다음과 같이 문장의 순서가 바뀌었다면,

```
always @(w0, w1, s)
begin
    if ( s == 1 )
        f = w1;
    f = w0;
end
```

if 문이 먼저 평가되고 할당 $f = w_0$이 마지막으로 수행된다. 따라서 이 코드는 항상 $f = w_0$ 값을 갖게 된다.

묵시적 메모리

다음의 **always** 블록을 살펴보자.

```
always @( w0, w1, s )
begin
    if (s == 1)
        f = w1;
end
```

이 코드는 디폴트 할당 $f = w_0$이 삭제된 것을 제외하면 그림 A.9와 동일하다. 여기서는 $s = 0$일 때 f에 대한 값을 할당하지 않았으므로 Verilog 시맨틱에 따라 f는 현재 값을 유지한다. 합성되는 회로는 다음의 기능을 구현한다.

```
module mux2to1 (w0, w1, s, f);
    input w0, w1, s;
    output reg f;

    always @(w0, w1, s)
    begin
        f = w0;
        if (s == 1)
            f = w1;
    end

endmodule
```

그림 A.9 2-to-1 멀티플렉서의 코드

$$f = s \cdot w_1 + \bar{s} \cdot f$$

따라서 $s = 0$이면 w_1 값은 출력 f에 래치를 사용하여 기록되어야 한다. 이 효과를 **묵시적 메모리**(*implied memory*)라고 부른다. 이 묵시적 메모리는 순차회로를 기술하는 데 중요한 개념으로 다시 언급할 것이다.

A.11.4 CASE 문

그림 A.10은 **case** 문의 일반적인 형태를 보여준다. 제어식(*controlling expression*)이라 부르는 *expression*에 있는 비트가 각 *alternative*와 일치하는지를 비교한다. 각 alternative의 모든 자릿수의 값이 0, 1, x와 z의 네 가지 값 중 하나와 정확하게 일치하는지 확인한다. **default** 절은 특수한 경우인데, 일치하는 alternative가 없는 경우에 수행된다. 시뮬레이션에서 alternative는 일반적인 expression일 수 있지만, 회로를 합성하는 경우에는 1'b0와 같은 하나의 상수이거나 1, 2, 3과 같이 콤마로 구분된 상수의 리스트여야 한다.

Case 문의 예는 다음과 같다.

```
always @(w0, w1, s)
   case (s)
      1'b0:  f = w0;
      1'b1:  f = w1;
   endcase
```

이 코드는 A.11.2에서 **if-else** 문을 이용하여 구현한 것과 동일한 2-to-1 멀티플렉서이다. 시뮬레이션을 위해 Verilog를 이용하는 경우 제어식의 모든 가능한 값에 대한 alternative를 포함시켜야 한다. 이 예제에서 s는 네 개 값인 0, 1, x와 z를 가질 수 있다. 따라서 디폴트는 $s = x$와 $s = z$인 경우를 처리한다. 이 코드에서는 합성만 고려하였기 때문에 **default** 절을 사용하지 않았으며 합성 툴은 0 혹은 1의 값만이 요구된다.

그림 A.11은 진리표를 표현하는 목적으로 **case** 문을 사용하였다. 이 코드는 그림 A.2와 A.3에 기술된 전가산기와 동일하다. **Case** 문의 제어식은 연결 연산자를 사용하

```
case (expression)
   alternative1: begin
                    statement;
                 end
   alternative2: begin
                    statement;
                 end
   [default:     begin
                    statement;
                 end]
endcase
```

그림 A.10 case 문의 일반 형식

```
// Full adder
module fulladd (Cin, x, y, s, Cout);
    input Cin, x, y;
    output reg s, Cout;

    always @(Cin, x, y)
    begin
        case ( {Cin, x, y} )
            3'b000: {Cout, s} = 'b00;
            3'b001: {Cout, s} = 'b01;
            3'b010: {Cout, s} = 'b01;
            3'b011: {Cout, s} = 'b10;
            3'b100: {Cout, s} = 'b01;
            3'b101: {Cout, s} = 'b10;
            3'b110: {Cout, s} = 'b10;
            3'b111: {Cout, s} = 'b11;
        endcase
    end

endmodule
```

그림 A.11 진리표를 명시하기 위한 **case** 문의 사용

여 {*Cin*, *x*, *y*}로 기술하였고, alternative는 그림 3.3*a*의 진리표 행에 해당된다.

이 **case** 문은 또한 A.14 절에서 설명할 FSM과 같은 순차회로를 표현하는 데 중요한 역할을 한다.

A.11.5 Casez와 Casex 문

Case 문에서는 alternative의 x 또는 z 값에 대하여 제어식과 정확히 일치하는지 여부를 비교한다. **Casez** 문은 alternative의 z 값을 무정의 조건으로 간주함으로써 유연한 처리가 가능하도록 한다. **Casex** 문은 x와 z 모두를 무정의로 간주한다. 이들 alternative는 서로 배타적일(mutually exclusive) 필요는 없다. 배타적인 경우가 아니라면, 맨 처음에 일치하는 alternative가 우선순위를 갖는다. 그림 A.12는 4-비트 입력 *W*와 출력 *Y* 및 *f*로 구성된 우선순위 인코더를 기술하는 데 **casex**를 사용한 예제이다. 우선순위 인코더에 대한 설명은 그림 4.20을 참조(그림 4.20의 출력 *z*는 그림 A.12에서 *f*로 표현됨)하라. 이 예에서 첫 번째 alternative인 'b1xxx는 w_3이 1이면 다른 입력들과 무관하게 출력 $Y = 3$으로 설정한다. 마찬가지로 다른 alternative도 요구되는 우선순위에 맞춰 기술되어 있다.

```
module priority (W, Y, f);
   input [3:0] W;
   output reg [1:0] Y;
   output f;

   assign f = (W != 0);
   always @(W)
   begin
      casex (W)
         'b1xxx: Y = 3;
         'b01xx: Y = 2;
         'b001x: Y = 1;
         default: Y = 0;
      endcase
   end

endmodule
```

그림 A.12 casex 문을 사용한 우선순위 인코더

A.11.6 루프문

Verilog는 **for**, **while**, **repeat**, **forever** 등 네 가지 유형의 루프문을 제공한다. 합성 툴은 주로 **for** 루프를 지원하며 그 형식은 다음과 같다.

```
for (initial_index; terminal_index; increment)
begin
   statement;
end
```

이는 C 언어에서 사용하는 **for** 루프의 구조와 매우 유사하다. 처음 루프를 수행하기 전에 *initial_index*가 한 번 수행되며, 보통 $k = 0$과 같이 루프 제어 변수의 초기화를 수행한다. 그 후 매번 루프가 반복될 때마다 **begin-end** 블록과 *increment* 문이 순서대로 수행된다. 전형적인 increment문은 $k = k + 1$과 같은 형태이다. 마지막으로 *terminal_index* 조건을 검사하여 true(1)이면 루프를 반복 수행한다. 합성하는 경우에는 *terminal_index* 조건은 $k < 8$과 같이 루프 인덱스를 상수와 비교하도록 해야 한다.

그림 A.13은 n-비트 리플 캐리 가산기를 **for** 루프로 기술한 코드이다. 루프를 사용하여 **begin-end** 블록이 k번 반복 수행된다. 이 예에서는 루프가 반복될 때마다 각 루프 인덱스 k에 대하여 입력 x_k, y_k, c_k와 출력 s_k, c_{k+1}를 갖는 전가산기가 하나씩 정의된다. **Begin-end** 블록이 레이블을 갖고 있는 경우 **always** 블록 내에서 **integer** k를 정의할 수 있다. 예를 들면 다음과 같다.

```
module ripple (carryin, X, Y, S, carryout);
   parameter n = 4;
   input carryin;
   input [n–1:0] X, Y;
   output reg [n–1:0] S;
   output reg carryout;
   reg [n:0] C;
   integer k;

   always @(X, Y, carryin)
   begin
      C[0] = carryin;
      for (k = 0; k <= n–1; k = k+1)
      begin
         S[k] = X[k] ^ Y[k] ^ C[k];
         C[k+1] = (X[k] & Y[k]) | (C[k] & X[k]) | (C[k] & Y[k]);
      end
      carryout = C[n];
   end

endmodule
```

그림 A.13 for 루프를 사용한 n-비트 리플 캐리 가산기

```
always @(X, Y, carryin)
begin: fulladders
   integer k;
   C[0] = carryin;
   for (k = 0; k <= n–1; k = k+1)
   begin
      S[k] = X[k] ^ Y[k] ^ C[k];
      C[k+1] = (X[k] & Y[k]) | (C[k] & X[k]) | (C[k] & Y[k]);
   end
   carryout = C[n];
end
```

그림 A.14의 **for** 루프 예제는 n-비트 입력 X에 대하여 값이 1인 비트 수를 계산하는 코드이다. 이 루프를 펼치면 처음 두 번의 반복은 다음과 같다.

$$\text{Count} = \text{Count} + \text{X}[0];$$
$$\text{Count} = \text{Count} + \text{X}[1];$$

첫 번째 문장은 $Count = 0 + X[0] = X[0]$이 된다. 두 번째 할당은 $Count = X[0] + X[1]$이 되며, 최종적으로 다음과 같이 된다.

$$\text{Count} = \text{X}[0] + \text{X}[1] + \cdots + \text{X}[\text{n}-1]$$

```
module bit_count (X, Count);
   parameter n = 4;
   parameter logn = 2;
   input [n–1:0] X;
   output reg [logn:0] Count;
   integer k;

   always @(X)
   begin
      Count = 0;
      for (k = 0; k < n; k = k+1)
         Count = Count + X[k];
   end

endmodule
```

그림 A.14 비트 카운팅의 예

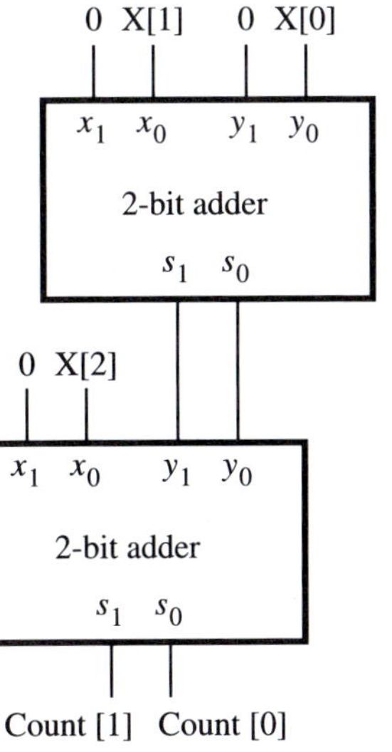

그림 A.15 그림 A.14의 코드를 구현한 회로

합성 툴은 이와 같이 기술된 회로의 구현을 위해 가산기를 연속적으로 연결해 만든다. 예를 들면, $n = 3$인 경우에는 그림 A.15와 같이 2-비트 가산기를 이용한 회로가 된다.

그림 A.16은 **while**과 **repeat** 루프의 일반적인 형식이다. 이 **while** 루프는 C의 **while** 루프 구조와 같고 **repeat** 루프는 **begin-end** 블록이 반복하는 횟수를 단순히 기술한다. 마지막으로, **forever** 루프는 그림에 포함되어 있지 않지만 무한정 루프를 반복한다.

```
while (condition)
begin
    statement;
end

    :

repeat (constant_value)
begin
    statement;
end
```

그림 A.16 while과 repeat 문의 일반적 형식

A.11.7 조합회로의 블로킹과 논블로킹 할당

앞에서 소개한 조합회로는 모두 블로킹 할당을 이용하였으며, 그렇게 설계하는 것이 바람직하다. 그렇다면 논블로킹 할당을 이용하여 조합회로를 기술할 수 있을까? 이에 대한 답은 많은 경우에 가능하다고 할 수 있으나, 뒤에 나오는 할당이 앞에 있는 할당의 결과에 따라 달라진다면 논블로킹 할당은 형편없는 회로를 만들어낼 수도 있다. 예를 들면, 그림 A.14의 **for** 루프를 수정하여 그림 A.17과 같이 논블로킹 할당을 사용해보자. 여기서 $n = 3$인 경우에 루프를 풀어서 보면 다음과 같다.

```
Count <= Count + X[0];
Count <= Count + X[1];
Count <= Count + X[2];
```

논블로킹 할당을 사용하였기 때문에, 우변에 있는 *Count*는 바로 앞에서 처리된 새로운 *Count* 값을 갖지 않고 초기 값인 *Count* = 0으로 판단을 한다. 따라서 **for** 루프는

```
Count <= 0 + X[0];
Count <= 0 + X[1];
Count <= 0 + X[2];
```

Always 블록의 여러 곳에서 동일한 변수에 값을 할당하는 경우에 Verilog는 마지

```
always @(X)
begin
    Count = 0;
    for (k = 0; k < n; k = k+1)
        Count <= Count + X[k];
end
```

그림 A.17 논블로킹 할당문을 이용한 조합 회로

막에 할당된 값만을 유지하도록 처리한다. 따라서 위의 코드는 $Count = X[2]$라는 잘못된 결과를 얻는다.

A.12 • 부회로의 사용

Verilog 모듈은 다른 모듈의 부회로(subcircuit)로 포함시켜 사용할 수 있다. 이것을 위해서는 두 개의 모듈이 같은 파일 내에서 정의되거나, Verilog 컴파일러에게 각 모듈의 위치를 알려주어야 한다(이 후자의 방법은 컴파일러마다 다를 수 있다). **모듈 인스턴스 생성문**의 일반적인 형식은 게이트 인스턴스 생성문과 유사하다.

```
module_name [#(parameter overrides)] instance_name (
        .port_name ( [expression] ) {, .port_name ( [expression] )} );
```

여기서 *instance_name*은 유효한 Verilog 식별자이고, 포트 커넥션은 모듈이 회로의 나머지 부분과 어떻게 연결되는지 기술한다. 동일한 하나의 모듈이 각각 고유한 이름을 갖는다면 여러 번 인스턴스 생성될 수 있다. #(parameter overrides)는 *module_name* 모듈 내에서 정의된 파라미터의 값을 설정하는 데 이용될 수 있으며, 다음 절에서 이에 대하여 언급하기로 한다. 각 *port_name*은 부회로에 있는 포트의 이름이며, 각 *expression*은 해당 포트로의 연결을 기술한다. *.port_name* 문법은 인스턴스 생성문에 열거된 신호의 순서가 부회로의 **module** 문장에 있는 포트 순서와 같을 필요가 없도록 제공되는 것이다. 이를 Verilog에서는 **네임드 포트 커넥션**(*named* port connection)이라고 한다. 만약 포트 커넥션이 부회로의 것과 같은 순서라면 *.port_name*을 생략할 수 있다. 이런 형식을 **오더드 포트 커넥션**(*ordered* port connection)이라고 한다.

이에 대한 예를 그림 A.18에 나타내었다. 이 코드는 그림 A.2에 있는 *fulladd*를 부회

```
module adder4 (carryin, X, Y, S, carryout);
   input carryin;
   input [3:0] X, Y;
   output [3:0] S;
   output carryout;
   wire [3:1] C;

   fulladd stage0 (carryin, X[0], Y[0], S[0], C[1]);
   fulladd stage1 (C[1], X[1], Y[1], S[1], C[2]);
   fulladd stage2 (C[2], X[2], Y[2], S[2], C[3]);
   fulladd stage3 (.Cout(carryout), .s(S[3]), .y(Y[3]), .x(X[3]), .Cin(C[3]));

endmodule
```

그림 A.18 모듈 인스턴스 생성의 예

로로 네 번 인스턴스 생성하여 4-비트 리플 캐리 가산기를 만든다. 입력으로는 *carryin*과 두 개의 4-비트 수인 *X*와 *Y*가 있다. 출력으로는 4-비트 합 *S*와 *carryout*이 있다. 3-비트 신호인 *C*는 stage 0, 1, 2에서 발생되는 캐리를 나타낸다. 이 신호는 3-비트 **wire** 벡터로 선언되어 있다.

adder4 모듈은 전가산기를 부회로로 네 개를 인스턴스 생성했다. 처음 세 개의 인스턴스 생성문에서는 신호가 그림 A.2의 *fulladd*와 동일한 순서로 연결하였으므로 오더드 포트 커넥션을 이용하였다. 마지막 인스턴스 생성문은 네임드 포트 커넥션의 예로 주어졌다. 이 문장은 *fulladd* 인스턴스가 가산기 모듈을 만들기 위해 net로 어떻게 연결되어야 하는지를 보여준다.

그림 A.19는 두 개의 모듈을 포함하고 있는 계층적 Verilog 파일의 예제이다. 아래에 있는 *seg*7 모듈은 그림 2.63의 BCD-to-7-세그먼트 코드 컨버터를 표현한 모듈로 BCD digit을 나타내는 4-비트 *bcd* 입력과, digit-oriented display의 *a*에서 *g*까지 일곱 개의 세그먼트를 구동시키기 위한 7-비트 *leds* 출력을 갖고 있다. 상위 모듈인 group에는 이 7-세그먼트 디코더 세 개가 인스턴스 생성되어 있다. 12-비트의 입력 *Digits*과 세 개의 인스턴스 생성된 부회로와 연결되어 있는 21-비트 출력 *Lights*로 구성되어 있다.

A.12.1 부회로 파라미터

부회로가 파라미터를 포함하고 있는 경우 디폴트 값을 인스턴스 생성문에서 변경할 수 있다. 그림 A.20은 8-비트 입력 *X*, *Y*와 4-비트 출력 *C*로 된 모듈을 보여준다. 이 모듈은 *X*와 *Y*에 대하여 값이 같은 비트의 수를 구한다. 우선 비트 단위 XNOR 연산을 통하여 신호 T를 발생시키며, 신호 *T*는 *X*와 *Y*의 비트 값이 동일한 위치의 비트가 1이 된다. 다음으로 그림 A.14에 기술된 부회로를 인스턴스 생성하여 T에 있는 1의 개수를 계산한다. #(8, 3) 표현법은 부회로에서 파라미터의 디폴트 값을 무시하고 주어진 값으로 재설정한다. 그림 A.14의 파라미터는 *n*, *logn*의 순서로 #(8, 3)에 의해 $n = 8$로 $logn = 3$으로 설정된다. 만일 #(8)과 같이 한 개의 파라미터만 제공되었다면, 부회로에서 주어진 첫 번째 파라미터만을 재설정한다. 파라미터는 #(.n(8), .logn(3))과 같이 이름을 사용하여 기술할 수도 있다.

그림 A.21은 파라미터를 재설정하는 또다른 신택스를 보여준다. 여기서 부회로 파라미터는 다음과 같이 별개의 문장에 의해 명시되었다.

```
defparam cbits.n = 8, cbits.logn = 3;
```

이 문장은 인스턴스 생성문의 일부가 아니므로 코드의 아무 위치에서 기술될 수 있다. 사용하고자 하는 부회로는 고유 이름 *cbits*로 구별되어 진다. 만일 **defparam** 문장이 다른 모듈에 있다면, 부회로의 인스턴스 이름과 함께 모듈 이름을 추가적으로 명시해야 한다. 다음은 이에 대한 예이다.

```
module group (Digits, Lights);
   input [11:0] Digits;
   output [1:21] Lights;

   seg7 digit0 (Digits[3:0], Lights[1:7]);
   seg7 digit1 (Digits[7:4], Lights[8:14]);
   seg7 digit2 (Digits[11:8], Lights[15:21]);

endmodule

module seg7(bcd, leds);
   input [3:0] bcd;
   output reg [1:7] leds;

   always @(bcd)
      case (bcd)   //abcdefg
         0: leds = 7'b1111110;
         1: leds = 7'b0110000;
         2: leds = 7'b1101101;
         3: leds = 7'b1111001;
         4: leds = 7'b0110011;
         5: leds = 7'b1011011;
         6: leds = 7'b1011111;
         7: leds = 7'b1110000;
         8: leds = 7'b1111111;
         9: leds = 7'b1111011;
         default: leds = 7'bx;
      endcase

endmodule
```

그림 A.19 계층적 설계의 예

```
module common (X, Y, C);
   input [7:0] X, Y;
   output [3:0] C;
   wire [7:0] T;

   // Make T[i] = 1 if X[i] == Y[i]
   assign T = X ~^ Y;

   bit_count #(8,3) cbits (T, C);

endmodule
```

그림 A.20 #을 이용한 모듈 파라미터의 재설정

```
module common (X, Y, C);
   input [7:0] X, Y;
   output [3:0] C;
   wire [7:0] T;

   // Make T[i] = 1 if X[i] == Y[i]
   assign T = X ~^ Y;

   bit_count cbits (T, C);
      defparam cbits.n = 8, cbits.logn = 3;

endmodule
```

그림 A.21 defparam 문을 이용한 모듈 파라미터의 재설정

```
defparam bit_count.cbits.n = 8, bit_count.cbits.logn = 3;
```

A.12.2 generate 문

그림 A.18은 4-비트 리플 캐리 가산기를 구현하기 위하여 *fulladd* 네 개를 부회로로 인스턴스 생성하였다. 이 코드를 일반적으로 확장하기 위해서는 비트 수를 설정하는 파라미터를 추가하고 나서 부회로의 인스턴스 생성을 위한 루프를 사용한다. 이러한 경우에 **generate** 문을 활용한다.

generate 블록의 단순한 형태는 다음과 같다.

```
generate
   [for loops]
   [if-else statements]
   [case statements]
   [instantiation statements]
endgenerate
```

이는 **for** 루프와 **if-else** 문 내에 인스턴스 생성문을 허용하기 때문에 Verilog 모듈의 유연성을 향상시킨다. 만약에 **for** 루프가 **generate** 블록 내에 있다면, 루프 인덱스 변수는 **genvar** 형으로 선언되어야 한다. **genvar** 변수는 **integer** 변수와 유사하지만, 양수 값만 가질 수 있으며 **generate** 블록 내에서만 사용된다.

그림 A.22는 *n*개의 *fulladd* 모듈을 인스턴스 생성하는 *ripple-g* 모듈이다. **for** 루프 내에서 만들어진 각각의 인스턴스는 **for** 루프 레이블에 근거하여 컴파일러가 고유의 이름을 붙인다. 이들 이름은 *addbit*[0].*stage*, … , *addbit*[*n* − 1].*stage*와 같다. 이 코드의 결과는 그림 A.13의 코드와 동일하다.

generate 블록은 병렬문과 순차문을 포함할 수 있으나 최대 장점은 이미 언급한 바와 같이 **for** 루프나 **if-else** 문 내에서 게이트나 모듈을 인스턴스 생성한다는 것이다.

```
module ripple_g (carryin, X, Y, S, carryout);
   parameter n = 4;
   input carryin;
   input [n–1:0] X, Y;
   output [n–1:0] S;
   output carryout;
   wire [n:0] C;

   genvar i;
   assign C[0] = carryin;
   assign carryout = C[n];

   generate
      for (i = 0; i <= n–1; i = i+1)
      begin:addbit
         fulladd stage (C[i], X[i], Y[i], S[i], C[i+1]);
      end
   endgenerate

endmodule
```

그림 A.22 generate 문을 사용한 *n*-비트 리플 캐리 가산기

A.13 • function과 task

그림 4.4에서 다섯 개의 4-to-1 멀티플렉서를 인스턴스 생성하여 16-to-1 멀티플렉서 모듈을 만드는 것을 보았다. 다음과 같은 형태의 Verilog 코드의 *function*을 이용하여 회로를 모델링할 수도 있다.

```
function [range | integer] function_name;
   [input declarations]
   [parameter, reg, integer declarations]
   begin
      statement;
   end
endfunction
```

function의 목적은 별도의 모듈을 정의하지 않으면서 모듈화된 코드를 작성하도록 한다. **function**은 모듈 내에서 정의하고 그 모듈 내의 연속 할당문과 순차문에서 호출될 수 있다. **function**은 하나 이상의 입력을 가질 수 있으나 출력은 없는데, 이는 **function** 이름 자체를 출력 변수로 이용하기 때문이다. 그림 A.23은 **function**을 이용하여 16대 1 멀티플렉서 모듈을 작성한 코드이다. 이 코드가 어떻게 동작하는지를 알기 위해 다음의 할당을 살펴보자.

```
f = mux4to1(M[0:3], S16[3:2]);
```

```
module mux_f (W, S16, f);
    input [0:15] W;
    input [3:0] S16;
    output reg f;
    reg [0:3] M;

    function mux4to1;
        input [0:3] W;
        input [1:0] S;

        if (S == 0) mux4to1 = W[0];
        else if (S == 1) mux4to1 = W[1];
        else if (S == 2) mux4to1 = W[2];
        else if (S == 3) mux4to1 = W[3];
    endfunction

    always @(W, S16)
    begin
        M[0] = mux4to1(W[0:3], S16[1:0]);
        M[1] = mux4to1(W[4:7], S16[1:0]);
        M[2] = mux4to1(W[8:11], S16[1:0]);
        M[3] = mux4to1(W[12:15], S16[1:0]);
        f = mux4to1(M[0:3], S16[3:2]);
    end

endmodule
```

그림 A.23 fucntion의 예제

여기서 **function**을 호출하면, 컴파일러는 할당문을 **function**으로 바꾼다. 위에 보인 **function** 호출은 다음과 동일하다.

```
if (S16[3:2] == 0)   f = M[0];
else if (S16[3:2] == 1)   f = M[1];
else if (S16[3:2] == 2)   f = M[2];
else if (S16[3:2] == 3)   f = M[3];
```

마찬가지로 각 **function**의 호출은 적절한 *S16*, *W*, *M*값을 가지고 인라인(in-line)으로 처리된다.

그림 A.24는 **function**에 대한 두 번째 예제이다. *group_f* 모듈은 그림 A.19에 있는 *group* 모듈과 동일한데, 이 *group* 모듈은 세 개의 부회로 *seg7*을 인스턴스 생성하였다. *group_f*는 **function**을 사용하여 동일한 효과를 얻는다. 7-비트 값을 반환하므로 문법적으로 **function**은 다음과 같이 정의된다.

```
function [1:7] leds;
```

그림 A.23에 있는 16-to-1 멀티플렉서를 다시 한 번 살펴보자. 이 회로를 다르게 작성한 것이 그림 A.25에 있다. 이 코드는 Verilog의 *task*를 사용하였는데 **function**과 유사하다. **function**은 한 개의 값을 반환하지만 **task**는 반환하는 값이 없으며, 모듈과 같이 입력과 출력 변수를 갖는다. **task**는 **always**(또는 **initial**) 블록 내에서만 호출할 수 있다. Verilog **function**과 유사하게, **task**가 호출된 자리에 컴파일러가 코드를 채워 넣는다.

function과 **task**는 Verilog 코드를 작성하는 데 중요한 역할을 하지는 않지만, 별도의 모듈을 사용하지 않고 모듈화된 형식으로 코드를 편리하게 작성하는 데 도움이 된다. 이들의 장점 중에 하나는 **always** 블록 내에서 호출할 수 있는 것인데, 이들 블록은 인스턴스 생성문을 허용하지 않는다. 코드의 크기가 커질수록 Verilog의 **function**과 **task** 기능은 유용해진다.

```
module group_f (Digits, Lights);
   input [11:0] Digits;
   output reg [1:21] Lights;

   function [1:7] leds;
      input [3:0] bcd;
      begin
         case (bcd)   //  abcdefg
            0: leds = 7'b1111110;
            1: leds = 7'b0110000;
            2: leds = 7'b1101101;
            3: leds = 7'b1111001;
            4: leds = 7'b0110011;
            5: leds = 7'b1011011;
            6: leds = 7'b1011111;
            7: leds = 7'b1110000;
            8: leds = 7'b1111111;
            9: leds = 7'b1111011;
            default: leds = 7'bx;
         endcase
      end
   endfunction

   always @(Digits)
   begin
      Lights[1:7] = leds(Digits[3:0]);
      Lights[8:14] = leds(Digits[7:4]);
      Lights[15:21] = leds(Digits[11:8]);
   end

endmodule
```

그림 A.24 *group* 모듈을 구현하기 위한 function의 사용

```
module mux_t (W, S16, f);
   input [0:15] W;
   input [3:0] S16;
   output reg f;
   reg [0:3] M;

   task mux4to1;
      input [0:3] W;
      input [1:0] S;
      output Result;
      begin
         if (S == 0) Result = W[0];
         else if (S == 1) Result = W[1];
         else if (S == 2) Result = W[2];
         else if (S == 3) Result = W[3];
      end
   endtask

   always @(W, S16)
   begin
      mux4to1(W[0:3], S16[1:0], M[0]);
      mux4to1(W[4:7], S16[1:0], M[1]);
      mux4to1(W[8:11], S16[1:0], M[2]);
      mux4to1(W[12:15], S16[1:0], M[3]);
      mux4to1(M[0:3], S16[3:2], f);
   end

endmodule
```

그림 A.25 **task의 예제**

A.14 • 순차회로

조합회로는 연속 할당문이나 순차적 할당문으로 기술할 수 있으나 순차회로는 순차문으로만 기술할 수 있다. 다음에 순차회로의 몇 가지 예를 다루어 보자.

A.14.1 Gated D 래치

그림 A.26은 gated D 래치 회로의 코드이다. **always** 블록의 반응 리스트로 입력 *D*와 클록인 *clk*를 이용하였다. **if** 문은 *clk*이 1일 경우에 Q가 *D*의 값을 갖도록 하였다. 이 **if** 문에서 **else** 부분은 없다. 즉, A.11.3 절에서 설명한 바와 같이 **if** 조건이 만족되지 않는 경우 Q는 현재 값을 유지한다.

A.14.2 D 플립플롭

플립플롭을 기술한 코드가 그림 A.27에 있다. **always**에 반응 리스트 @(**posedge** Clock)이 있다. 이 이벤트 표현으로 Verilog 컴파일러는 **always** 블록 안에서 값을 할당받는 **reg** 변수를 D 플립플롭의 출력으로 해석한다. 클록이 내려갈 때 동작되는 네거티브 에지 센서티브 플립플롭의 경우에는 @(**negedge** Clock)으로 표현한다.

순차회로는 논블로킹 할당으로 기술해야 한다고 A.11.1 절에서 이미 설명하였으며, 그림 A.27은 이러한 할당으로 기술한 것이다. 순차회로의 블로킹과 논블로킹 할당에 대한 동작의 차이는 A.14.5 절에서 설명한다.

A.14.3 Reset 신호를 갖는 플립플롭

그림 A.28의 **always** 블록은 그림 A.27의 코드와 유사하다. 이 플립플롭은 비동기 리셋 입력 *Rsetn*을 가지며 *Rsetn* = 0이면 출력 Q = 0이 된다. 신호 이름에 *n*을 붙인 것은 통상 액티브 로우(active low)로 동작된다는 것을 의미하기 위한 관습적 표현이다.

Verilog의 반응 리스트는 모두 에지 센서티브 이벤트이거나, 모두 레벨 센서티브 이벤트여야 하며 둘을 혼합하여 사용하는 것을 허용하지 않는다. 따라서 reset으로 **negedge** Resetn을 이용하였다. 액티브 하이 리셋(active-high reset)은 **posedge** Reset으로 표현할 수 있으며 **if-else** 문에서 이 조건을 만족하는지 Reset == 1로 검사하면 된다.

```
module latch (D, clk, Q);
   input D, clk;
   output reg Q;

   always @(D, clk)
      if (clk)
         Q = D;

endmodule
```

그림 A.26 Gated D 래치

```
module flipflop (D, Clock, Q);
   input D, Clock;
   output reg Q;

   always @(posedge Clock)
      Q <= D;

endmodule
```

그림 A.27 D 플립플롭

Verilog를 이용하여 주어진 회로를 다양한 방식으로 표현할 수 있음을 알았다. 그러나 플립플롭을 기술할 때에는 코드 형태가 다양하지 못하여 그림 A.27이나 그림 A.28에서 크게 벗어날 수 없다. 예를 들면, **if-else** 문에서 **if**(! Resetn)로 수정하여 기술할 수 있으나, 이는 **always** 블록에서 맨 첫 번째 문장이어야만 한다. Verilog 컴파일러는 **posedge**나 **always** 블록의 나머지 부분들로 클록 신호를 인식하므로 *Clock*과 같은 변수 이름은 바꿔 사용해도 무방하다.

그림 A.29는 동기 리셋 입력을 갖는 플립플롭의 경우를 기술한 코드이다. **always** 블록의 반응 리스트에 **posedge** 클록만 있기 때문에 리셋 동작은 클록 에지에 동기화시켜야 한다.

A.14.4 레지스터

멀티 비트 레지스터를 기술하는 한 가지 방법은 플립플롭을 여러 개 인스턴스 생성하는 엔티티를 만드는 것이다. 더 편한 방법이 그림 A.30에 기술되어 있는데, 그림 A.28의 코드를 기본으로 4-비트 입력 *D*와 4-비트 출력 *Q*를 갖도록 확장하였다. 이 코드는 비동

```
module flipflop_ar (D, Clock, Resetn, Q);
   input D, Clock, Resetn;
   output reg Q;

   always @(posedge Clock, negedge Resetn)
      if (Resetn == 0)
         Q <= 0;
      else
         Q <= D;

endmodule
```

그림 A.28 비동기 리셋을 갖는 D 플립플롭

```
module flipflop_sr (D, Clock, Resetn, Q);
   input D, Clock, Resetn;
   output reg Q;

   always @(posedge Clock)
      if (Resetn == 0)
         Q <= 0;
      else
         Q <= D;

endmodule
```

그림 A.29 동기 리셋을 갖는 D 플립플롭

기 클리어 기능을 갖는 4-비트 레지스터이다.

그림 A.31은 그림 A.30을 확장하여 n-비트를 처리하도록 하였으며, enable 입력 E를 추가한 코드이다. 플립플롭의 수는 파라미터 n을 사용하여 처리하였다. 입력 $E = 0$이면 클록 에지가 활성화되어도 레지스터의 플립플롭은 변하지 못하고, $E = 1$이여야 활성화된 클록 에지에서 정상적으로 동작한다.

A.14.5 시프트 레지스터

3-비트 시프트 레지스터를 기술한 코드의 예제가 그림 A.32에 있다. 코드 왼쪽의 라인 숫자는 참조의 편의상 부여하였다. 시프트 레지스터는 직렬 입력으로 w, 병렬 출력으로는 3-비트 Q를 갖는다. 가장 오른쪽의 비트가 Q[3]이고 가장 왼쪽이 Q[1]이다. 시프팅은 오른쪽에서 왼쪽 방향으로 이루어진다. 플립플롭의 출력 Q의 모든 할당은 (**posedge** Clock) 이벤트에 의한 클록 에지에 동기화되어 동작한다. 여섯 번째 줄에 있는 문장은

```
module reg4 (D, Clock, Resetn, Q);
   input [3:0] D;
   input Clock, Resetn;
   output reg [3:0] Q;

   always @(posedge Clock, negedge Resetn)
   if (Resetn == 0)
      Q <= 4'b0000;
   else
      Q <= D;

endmodule
```

그림 A.30 비동기 클리어 기능을 갖는 4-비트 레지스터

```
module regne (D, Clock, Resetn, E, Q);
   parameter n = 4;
   input [n–1:0] D;
   input Clock, Resetn, E;
   output reg [n–1:0] Q;

   always @(posedge Clock, negedge Resetn)
      if (Resetn == 0)
         Q <= 0;
      else if (E)
         Q <= D;

endmodule
```

그림 A.31 비동기 클리어와 인에이블 기능을 갖는 n-비트 레지스터

```
1   module shift3 (w, Clock, Q);
2      input w, Clock;
3      output reg [1:3] Q;

4      always @(posedge Clock)
5      begin
6         Q[3] <= w;
7         Q[2] <= Q[3];
8         Q[1] <= Q[2];
9      end

10  endmodule
```

그림 A.32 3-비트 시프트 레지스터

w 입력을 출력 Q[3]에 할당한다. 논블로킹 할당으로 다음 클록에서 **always** 블록이 수행되기 전까지 w에 의한 새로운 Q[3] 값을 인지하지 못한다. 따라서 7번 문장은 6번 문장의 결과로써 시프트되기 전의 현재 Q[3] 값이 Q[2]에 할당된다. 8번 문장은 7번의 결과로써 값이 변하기 전에 Q[2]의 현재 값을 Q[1]에 할당함으로써 시프트 연산을 완료한다.

그림 A.32의 코드에서 중요한 것은 6, 7, 8번 문장의 할당은 **always** 블록이 끝나기 전까지는 영향을 미치지 못한다는 점이다. 따라서 모든 플립플롭은 원래 시프트 레지스터의 목적에 맞게 동시에 값이 변하게 된다. 6, 7, 8번 문장의 순서는 중요하지 않다.

순차회로를 위한 블로킹 할당

앞에서 블로킹 할당을 순차회로에서는 사용하지 않아야 한다고 하였다. 그림 A.33은 그림 A.32의 **always** 블록에 블로킹 할당을 사용한 코드이다. 첫 할당은 Q[3] = *w*을 설정한다. 블로킹 할당을 사용했으므로 다음 문장은 Q[3]의 새로운 값을 인지하여 Q[2] = Q[3] = *w*가 된다. 마찬가지로 마지막 할당도 Q[1] = Q[2] = *w*가 된다. 따라서 이 코드는 우리가 원하는 시프트 레지스터가 아니다.

그림 A.33의 코드가 시프트 레지스터로서 바르게 동작하기 위해서는 할당의 순서가 바뀌도록 수정해야 한다. 처음 할당은 Q[2]의 값을 Q[1]로, 다음 Q[3]의 값을 Q[2]으로, 마지막에는 *w*를 Q[3]로 설정하는 순서로 정정하여야 한다. 이렇게 하면 앞에 오는 할당의 영향을 받지 않게 되어 블로킹 할당의 사용으로 문제가 유발되지 않는다.

할당의 순서에 따른 혼란을 방지하기 위하여 순차회로를 모델링할 경우에는 논블로킹 할당의 사용을 피하여야 한다. 또한 **always** 블록 내에서는 블로킹과 논블로킹의 의미가 다르므로 하나의 **always** 구조에 섞어서 사용하지 말아야 한다.

```
module shift3 (w, Clock, Q);
    input w, Clock;
    output reg [1:3] Q;

    always @(posedge Clock)
    begin
        Q[3] = w;
        Q[2] = Q[3];
        Q[1] = Q[2];
    end

endmodule
```

그림 A.33 3-비트 시프트 레지스터의 잘못된 코드

```
module count4 (Clock, Resetn, E, Q);
    input Clock, Resetn, E;
    output reg [3:0] Q;

    always @(posedge Clock, negedge Resetn)
        if (Resetn == 0)
            Q <= 0;
        else if (E)
            Q <= Q + 1;

endmodule
```

그림 A.34 4-비트 카운터의 코드

A.14.6 카운터

비동기 리셋 입력이 있는 4-비트 카운터의 Verilog 코드가 그림 A.34에 기술되어 있다. 이 카운터는 인에이블 입력 E를 지원한다. $E = 1$이면 포지티브 클록 에지에서 카운터가 증가하고, $E = 0$이면 현재 값을 유지한다.

A.14.7 순차회로의 예제

그림 A.35는 순차회로의 예를 보여준다. 이는 연속적으로 클록 사이클에 맞추어 k-비트 입력 X를 더하여 결과를 k-비트 레지스터에 저장한다. 이러한 회로를 **어큐뮬레이터** (*accumulator*)라고 부른다. 각 덧셈의 결과를 저장하기 위해 회로는 비동기 리셋 입력인 *Resetn*을 갖는 k-비트 레지스터를 포함하며 이는 다운 카운터에 의해 제어되는 인에이블 입력, E를 갖는다. 다운 카운터는 비동기 로드 입력과 카운트 인에이블 입력을 갖는다. 회로의 동작은 처음에 k-비트 레지스터를 초기화시키기 위해 *Resetn* = 0으로 설정하고 Y의 m-비트 값을 다운 카운터에 로드한 후에 시작한다.

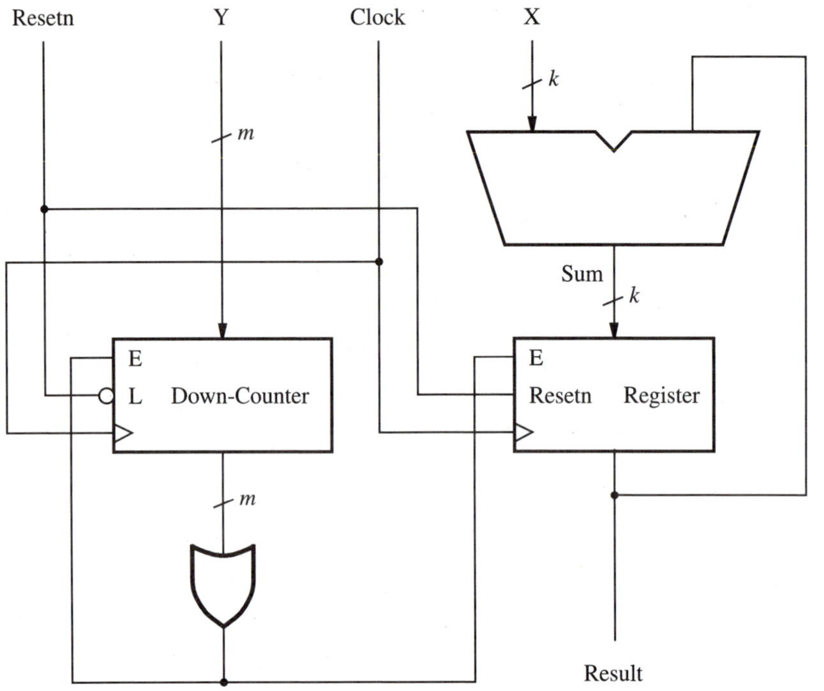

그림 A.35 어큐뮬레이터 회로

매 클록 사이클마다 카운터는 감소될 것이고 가산기 출력은 레지스터에 저장된다. 카운터가 0이 되면 출력이 OR 게이트에 의해 레지스터와 카운터의 인에이블 입력이 0이 된다. 회로는 이 상태에서 다음 *Resetn*이 0이 될 때까지 유지된다. 최종적으로 레지스터에는 *X* 값을 *Y* 클록 사이클 만큼 합한 값이 저장된다.

이 부록에서 이미 *ripple*(그림 A.13)과 *regne*(그림 A.31)의 부회로를 이용하여 어큐뮬레이터를 설계하였다. 그림 A.36에 *k*-비트 어큐뮬레이터의 코드를 기술하였다. 이 코드는 파라미터 *k*를 이용하여 입력 *X*의 크기를 설정하고, *m*으로 카운터의 크기를 결정한다. 파라미터를 이용하면 추후에 크기가 다른 카운터로 손쉽게 변경할 수 있다. 신호 *Sum*은 가산기의 출력을 나타내는데, *k*-비트에 충분히 저장될 수 있도록 편의상 산술적 오버플로(arithmetic overflow)는 없다고 가정한다. 신호 *C*는 다운 카운터의 출력으로 길이가 *m*-비트이다. 신호 *Go*는 레지스터와 카운터에 연결된 인에이블 입력이다.

A.14.8 무어형 FSM

그림 A.37은 간단한 무어 머신의 상태천이도이다. 이 머신의 Verilog 코드를 그림 A.38에 나타내었다. 2-비트 벡터인 *y*는 현재 상태를 나타내고, 이 상태 코드를 파라미터를 사용하여 정의하였다. 어떤 CAD 시스템은 상태 할당을 자동으로 처리하지만, 여기서는 *A*, *B*, *C*와 같이 수동으로 나타내었다.

```
module accum (X, Y, Clock, Resetn, Result);
  parameter k = 8;
  parameter m = 4;
  input [k–1:0] X;
  input [m–1:0] Y;
  input Clock, Resetn;
  output [k–1:0] Result;
  wire [k–1:0] Sum;
  wire Cout, Go;
  reg [m–1:0] C;

  ripple u1 (.carryin(0), .X(X), .Y(Result), .S(Sum), .carryout(Cout));
    defparam u1.n = k;
  regne u2 (.D(Sum), .Clock(Clock), .Resetn(Resetn), .E(Go), .Q(Result));
    defparam u2.n = 8;

  always @(posedge Clock, negedge Resetn)
    if (Resetn == 0)
      C <= Y;
    else if (Go)
      C <= C – 1;

  assign Go = | C;

endmodule
```

그림 A.36 *k*-비트 어큐뮬레이터 회로의 코드

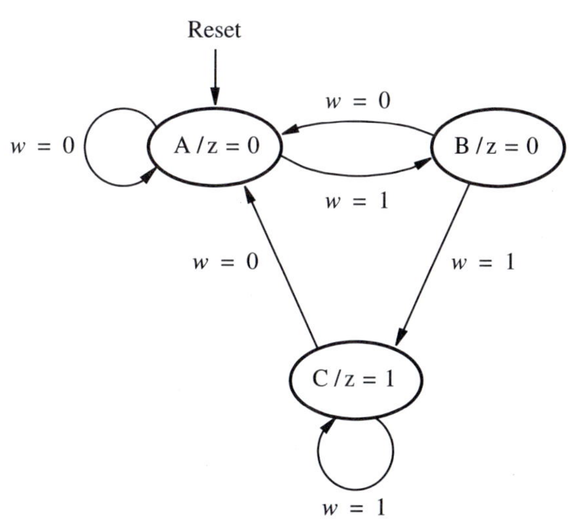

그림 A.37 간단한 무어형 FSM의 상태 천이도

```
module moore (Clock, w, Resetn, z);
   input Clock, w, Resetn;
   output z;
   reg [1:0] y, Y;
   parameter A = 2'b00, B = 2'b01, C = 2'b10;

   always @(w, y)
   begin
      case (y)
         A:   if (w == 0)  Y = A;
              else         Y = B;
         B:   if (w == 0)  Y = A;
              else         Y = C;
         C:   if (w == 0)  Y = A;
              else         Y = C;
         default:          Y = 2'bxx;
      endcase
   end

   always @(posedge Clock, negedge Resetn)
   begin
      if (Resetn == 0)
         y <= A;
      else
         y <= Y;
   end

   assign z = (y == C);

endmodule
```

그림 A.38 무어 머신의 코드

현재 상태를 y로, 다음 상태가 될 플립플롭의 입력을 Y로 표시하였다. 이 코드에는 두 개의 **always** 블록이 있는데, 위의 블록은 조합회로를 기술하는 것으로 **case** 문을 이용하여 y에 따른 Y를 결정한다. 아래의 **always** 블록은 순차회로로 포지티브 클록 에지에서 y의 값을 Y로 할당한다. 비동기 리셋인 $Resetn = 0$일 경우에는 y가 A값을 취하는 것도 기술하였다.

이 회로는 무어형이므로 출력 z는 현재 상태에만 의존하며 z=(y==C)의 할당을 이용하여 처리하였다. 이 출력은 코드 끝 부분에 연속 할당 방식으로 처리하여 계속적인 출력을 얻도록 하였으나, FSM의 조합회로를 표현한 위의 **always** 블록 내로 이동하여 처리해도 된다. 이 할당은 아래의 **always** 블록에 포함시킬 수는 없다. 만약 아래의 **always** 블록에 배치하면, z가 조합회로의 y 대신 별도의 플립플롭 출력이 된다. 이 경우 z는 회로에서 요구되는 상태 C로 바뀔 때가 아닌 1 클록 사이클 지연되어 설정된다.

```
module moore (Clock, w, Resetn, z);
   input Clock, w, Resetn;
   output z;
   reg [1:0] y;
   parameter A = 2'b00, B = 2'b01, C = 2'b10;

   always @(posedge Clock, negedge Resetn)
   begin
      if (Resetn == 0)
         y <= A;
      else
         case (y)
            A:    if (w == 0)  y <= A;
                  else         y <= B;
            B:    if (w == 0)  y <= A;
                  else         y <= C;
            C:    if (w == 0)  y <= A;
                  else         y <= C;
            default:           y <= 2'bxx;
         endcase
   end

   assign z = (y == C);

endmodule
```

그림 A.39 다른 방식의 코드를 사용한 무어 머신

이 무어 머신에 대하여 다른 방식으로 기술한 코드가 그림 A.39에 있다. 이 코드는 회로의 조합 부분과 순차 부분을 한 개의 **always** 블록으로 처리하였는데, 실제적으로는그림 A.38과 같은 형식의 코드가 더 많이 이용된다.

A.14.9 밀리형 FSM

간단한 밀리 머신의 상태 천이도가 그림 A.40에 기술되어 있고, 이에 대한 코드가 그림 A.41에 있다. 이 코드는 그림 A.38과 거의 유사하지만, 출력 z가 위의 **always** 블록 내에서 정의되어 있다는 점이 다르다. **case** 문은 FSM이 상태 A에 있을 때 $z = 0$으로, 상태 B에 있을 때는 $z = w$가 되도록 한다. 위의 **always** 블록은 조합회로이므로 밀리 머신의 특징대로 출력 z는 입력 w가 바뀌면 곧바로 변한다.

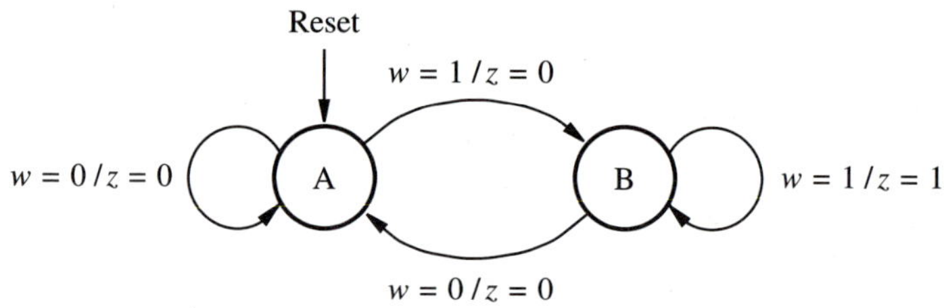

그림 A.40 밀리형 FSM의 상태 천이도

```
module mealy (Clock, w, Resetn, z);
   input Clock, w, Resetn;
   output reg z;
   reg y, Y;
   parameter A = 1'b0, B = 1'b1;

   always @(w, y)
      case (y)
         A: if (w == 0)
            begin
               Y = A;
               z = 0;
            end
            else
            begin
               Y = B;
               z = 0;
            end
         B: if (w == 0)
            begin
               Y = A;
               z = 0;
            end
            else
            begin
               Y = B;
               z = 1;
            end
      endcase

   always @(posedge Clock, negedge Resetn)
      if (Resetn == 0)
         y <= A;
      else
         y <= Y;

endmodule
```

그림 A.41 밀리 머신의 코드

A.15 • Verilog 코드 작성을 위한 가이드라인

디지털시스템은 갈수록 커지면서 복잡해지고 있다. 이러한 디지털시스템을 설계하는 좋은 방법 중의 하나는 쉽게 설계 가능한 부분으로 작게 분할하는 것이다. 각 부분은 이 책에서 언급한 부회로 빌딩 블록을 이용하여 구성하면 된다.

Verilog를 회로 제작의 목적으로 사용하였다면, 컴파일러가 원하는 회로를 만들 수 있도록 코드를 작성해야 한다. 예를 들면, 가산기, 멀티플렉서, 인코더, 디코더 등과 같은 조합회로의 코드는 3장과 4장에서 소개한 것과 같이 작성해야 한다. 플립플롭, 레지스터, 카운터 등과 같은 회로는 5장에서 소개한 것과 같이 작성하고, FSM은 6장에서 소개한 것과 같은 형태로 작성해야 한다. 7장에서는 공통적인 빌딩 블록을 이용하여 커다란 회로들을 설계하는 예제를 설명하였다. 이와 같이 상대적으로 간단하면서 공통적인 블록을 연결하여 구성되는 시스템을 기술하는 HDL 코드를 *RTL*(*register-transfer level*) 형식의 코드라고 한다. RTL 방식은 실제로 많이 이용되는 방법이다. 이 절의 나머지 부분에서는 Verilog 코드 작성에서 흔히 범하는 오류와 코드 작성 시 도움이 되는 몇 가지 주의 점들에 대해 소개한다.

begin-end의 누락

always 블록 내에 여러 개의 문장이 있다면 **begin**과 **end**로 구분해야 한다. 컴파일러는 들여쓰기를 고려하지 않는다. 예를 들면, 다음의 **always** 블록은

```
always @(w0, w1, s)
   if ( s == 1 )
      f = w1;
   f = w0;
```

always 블록에 **if** 문 한 개만을 가지고 있어 **if** 조건에 따른 $f = w_0$은 **always** 블록에 있는 것이 아니고 밖에 있는 것으로 취급한다.

세미콜론의 누락

모든 Verilog 문장은 세미콜론 ;으로 끝맺어야 한다.

중괄호 { }의 누락

복제 연산자는 많은 { 과 }를 필요로 한다. 흔히 범하기 쉬운 실수는 {{3{A}}, {2{B}}} 대신 {3{A}, 2{B}}와 같은 경우이다.

잘못된 할당

다음 문장을 보자.

```
always @(w0, w1, s)
begin
    if ( s = 1 )
        f = w1;
    f = w0;
end
```

if 문은 *s*의 값을 검사하는 것이 아니라, *s*의 값을 1로 설정하고 있다.

불완전 반응 리스트

다음의 **always** 블록을 살펴보자.

```
always @(x)
begin
    s = x ^ y;
    c = x & y;
end
```

회로를 합성할 목적으로 Verilog 코드를 작성하였다면 이 코드는 반가산기로 구현된다. 그러나 이 코드가 시뮬레이션 목적으로 사용된다면, *s*와 *c*는 *x* 값이 바뀔 때에만 새로운 값으로 변할 것이다. 즉 반응 리스트에 *y*가 없으므로 *y* 값의 변화는 아무런 영향을 미치지 못한다. 이와 같이 시뮬레이션과 회로 합성 간의 차이점을 제거하기 위해 조합회로를 기술하는 **always** 블록은 할당문의 우변에 있는 모든 신호를 반응 리스트에 포함시켜야 한다.

변수 대 네트

오직 네트만이 연속 할당문을 이용하여 값을 받을 수 있다. **always** 블록 내에서 값을 할당받은 변수는 **reg**나 **integer** 형이어야 한다. **always** 블록이나 연속 할당문을 같이 사용하여 신호에 값을 할당하는 것은 가능하지 않다.

다중 always 블록에서의 할당

always 블록이 여러 개 있는 모듈에서 모든 **always** 블록은 동시에 처리된다. 그러므로 동일한 변수에 한 개 이상의 **always** 블록에서 값을 할당하도록 작성하면 충돌이 일어나 어떤 값이 되는지 알 수 없으므로 사용하지 말아야 한다.

블로킹 대 논블로킹 할당

always 문으로 조합회로를 기술할 때, 블로킹 할당만을 사용하는 것이 제일 좋은 방법이다(A.11.7 절 참조). 순차회로의 경우에는 논블로킹을 사용해야 한다(A.14.5 절 참조). 블로킹과 논블로킹 할당은 하나의 **always** 블록 내에서 혼용해 사용하지 말아야 한다.

하나의 **always** 블록 내에서 조합회로의 출력과 순차회로의 출력을 동시에 모델링하는 것은 가능하지 않다. 순차회로의 출력은 @(**posedge** Clock)과 같이 에지 트리거된 이벤트로 동작되므로 **always** 블록 내에서 값을 할당받는 모든 변수는 플립플롭의 출력으로 구현된다.

모듈 인스턴스 생성

defparam 문장은 부회로의 모듈 이름이 아니고 모듈의 인스턴스 이름을 지칭해야 한다. 다음의 코드

```
bit_count cbits (T, C);
   defparam bit_count.n = 8, bit_count.logn = 3;
```

는 올바르지 못하다. 그러나 다음의 코드는

```
bit_count cbits (T, C);
   defparam cbits.n = 8, cbits.logn = 3;
```

은 문법적으로 문제가 없다.

레이블, net, 그리고 변수 이름

Verilog 키워드를 레이블, net, 변수 이름으로 사용할 수 없다. 예를 들면, 어떤 신호의 이름을 *input*, *output*과 같은 이름으로 사용하는 것은 허용되지 않는다.

레이블된 begin-end 블록

블록이 레이블을 갖고 있는 경우에만 **begin-end** 블록 내에서 변수나 파라미터를 정의할 수 있다. 다음과 같은 코드

```
always @(X)
begin
   integer k;
   Count = 0;
   for (k = 0; k < n; k = k+1)
      Count = Count + X[k];
end
```

는 잘못된 것이지만, 아래의 코드

```
always @(X)
begin: label
   integer k;
   Count = 0;
   for (k = 0; k < n; k = k+1)
      Count = Count + X[k];
end
```

는 문법적으로 올바른 코드이다.

묵시적 메모리

A.14.1 절에서 저장 소자를 기술하기 위하여 묵시적 메모리를 사용하였다. 원하지

않는 묵시적 메모리가 만들어지는 것을 막기 위해 세심한 주의가 필요하다. 다음의 코드

```
always @(LA)
   if (LA == 1)
      EA = 1;
```

는 EA 변수를 묵시적 메모리로 처리한다. 이러한 메모리를 원하지 않는다면 이 코드를 다음과 같이 수정해야 한다.

```
always @(LA)
   if (LA == 1)
      EA = 1;
   else
      EA = 0;
```

묵시적 메모리는 **case** 문에서도 적용되어,

```
always @(W)
   case (W)
      2'b01:  EA = 1;
      2'b10:  EB = 1;
   endcase
```

는 *W*가 01이 아니면 *EA* 값을 정하지 못하고, 마찬가지로 *W*가 10이 아니면 *EB* 값을 정하지 못한다. 이와 같이 *EA*와 *EB*를 묵시적 메모리로 처리하지 않기 위해 다음의 코드에서와 같이 디폴트 값을 할당해야 한다.

```
always @(W)
begin
   EA = 0; EB = 0;
   case (W)
      2'b01:  EA = 1;
      2'b10:  EB = 1;
   endcase
end
```

A.16 • 결론

이 부록에서는 Verilog의 여러가지 기능 중 논리회로를 합성하기 위해 중요한 기능만을 언급하였다. 이미 앞에서 밝힌 바와 같이 시뮬레이션이나 다른 목적을 위한 기능은 다루지 않았다. Verilog의 더 많은 기능을 배우고 싶은 독자는 참고문헌을 읽어보라[1-7].

참고문헌

1. D. A. Thomas and P. R. Moorby, *The Verilog Hardware Description Language*, 5th ed., (Kluwer: Norwell, MA, 2002).
2. Z. Navabi, *Verilog Digital System Design*, 2nd ed., (McGraw-Hill: New York, 2006).
3. S. Palnitkar, *Verilog HDL—A Guide to Digital Design and Synthesis*, 2nd ed., (Prentice-Hall: Upper Saddle River, NJ, 2003).
4. D. R. Smith and P. D. Franzon, *Verilog Styles for Synthesis of Digital Systems*, (Prentice-Hall: Upper Saddle River, NJ, 2000).
5. J. Bhasker, *Verilog HDL Synthesis—A Practical Primer*, (Star Galaxy Publishing: Allentown, PA, 1998).
6. D. J. Smith, *HDL Chip Design*, (Doone Publications: Madison, AL, 1996).
7. S. Sutherland, *Verilog 2001. A Guide to the New Features of the Verilog Hardware Description Language*, (Kluwer: Hingham, MA, 2001).

appendix B

구현 기법

Implementation Technology

부록 B에서는 집적회로 기술에 대하여 자세히 알아본다. 트랜지스터가 간단한 스위치로 동작하는 방법과 논리게이트가 트랜지스터를 사용하여 어떻게 구성되는지 소개한다. 또한, PLD(programmable logic device), 게이트 어레이, 메모리 칩 등 논리회로를 구현하는 집적회로 칩의 구조를 소개한다. 마지막으로 전류의 흐름과 전력 소모를 포함하는 전자 회로의 특성을 학습한다.

먼저 논리 변수가 전자회로에서 어떻게 신호로 표현되는지 알아보자. 여기서는 0과 1의 값으로 표현되는 바이너리 변수로 제한하며, 회로에서 이 값은 전압이나 전류 값으로 표현할 수 있다. 전압과 전류를 이용한 표현은 서로 다른 기술에서 사용된다. 여기서는 가장 간단하고 많이 사용되는 전압을 이용한 표현으로 설명한다.

전압으로 두 가지 논리 값을 표현하는 확실한 방법은 **임계 전압**(*threshold*, **문턱 전압**)을 정의하는 것이다. 임계 전압 이하의 전압을 하나의 논리 값으로 설정하고, 임계 전압 이상의 전압을 다른 하나의 논리 값으로 설정한다. 전압이 높고 낮음을 임의로 선택하여 0과 1의 논리 값으로 설정한다. 일반적으로 논리 0은 낮은 전압으로, 논리 1은 높은 전압으로 표현되는데, 이것을 **포지티브 논리** 시스템이라고 한다. 그 반대의 경우는 **네거티브 논리** 시스템인데, 낮은 전압으로 논리 1을, 높은 전압으로는 논리 0을 표현한다. 이 책에서는 포지티브 논리 시스템만 사용하지만 B.4절에서 네거티브 논리 시스템도 간단히 설명한다.

포지티브 논리 시스템을 사용하면 논리 값 0과 1은 'low'와 'high'로 간단히 나타낼 수 있다. 임계 전압 개념을 구현하기 위해 low와 high의 영역을 그림 B.1과 같이 정의한다. 이 그림은 회로에서 존재할 수 있는 최소 전압 V_{SS}와 최대 전압 V_{DD}를 보여준다. V_{SS}는 0 V인데 전기적인 접지(ground)에 해당되며 *Gnd*로 표시한다. V_{DD}는 공급 전원의 전압을 표시한다. 가장 공통적인 V_{DD} 전압은 1 V와 5 V 사이이다. 이 부록에서는 일반적으로 V_{DD} = 5 V라고 가정한다. 그림 B.1은 *Gnd*와 $V_{0,max}$ 범위를 논리 값 0으로 표현한다. $V_{0,max}$는 논리회로에서 low로 인식되어야 하는 최대 전압이다. 이와 비슷하게 $V_{1,min}$에서 V_{DD}까지의 범위는 논리 값 1로 표현되며, $V_{1,min}$은 회로에서 high로 인식되어야 하

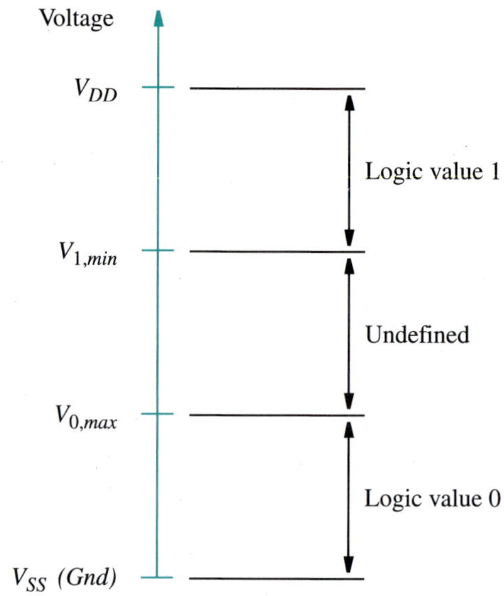

그림 B.1 전압 레벨를 이용한 논리 값의 표현

는 최소 전압이다. $V_{0,max}$과 $V_{1,min}$의 정확한 값은 사용된 기술에 따라 정해진다. 대표적인 예로 $V_{0,max}$는 V_{DD}의 40%까지이며, $V_{1,min}$은 V_{DD}의 60%에 해당될 수 있다. $V_{0,max}$와 $V_{1,min}$ 사이의 영역은 정의되지 않는다. 일반적으로 신호가 어떤 논리 값에서 다른 논리 값으로 변화하는 경우를 제외하고 이 범위에서의 전압은 고려하지 않는다. 논리회로에서 사용되는 전압의 값은 B.8.3절에서 보다 상세하게 설명한다.

B.1 • 트랜지스터 스위치

논리회로는 트랜지스터로 만들어진다. 트랜지스터의 설명은 이 책의 범위를 벗어나므로 전자공학에 관한 서적을 참고하라[1, 2]. 논리회로가 어떻게 제작되는지 이해하기 위해 트랜지스터를 간단한 스위치처럼 동작한다고 가정한다. 그림 B.2*a*는 논리 신호 x에 의해 제어되는 스위치를 보여준다. 스위치는 x가 low일 때 열리고, high일 때 닫힌다. 스위치를 만들기 위해 가장 많이 사용하는 트랜지스터의 종류는 *MOSFET*(*metal oxide semiconductor field-effect transistor*)이다. MOSFET는 *NMOS*라고 하는 *n*-채널과 *PMOS*라고 하는 *p*-채널 두 가지 종류가 있다.

그림 B.2*b*는 NMOS 트랜지스터의 기호이다. 소스(*Source*), 드레인(*drain*), 게이트(*gate*), 기저(*substrate, body*라고도 함)라는 네 개의 전극이 있다. 논리회로에서 기저 단자는 *Gnd*에 연결된다. 우리는 그림 B.2*c*와 같이 기저 노드가 없는 간단한 기호를 사용하기로 한다. 소스와 드레인 단자는 물리적으로 차이가 없다. 실제로 이 단자들은 트랜지스터

(a) 입력 x에 의해 제어되는 간단한 스위치

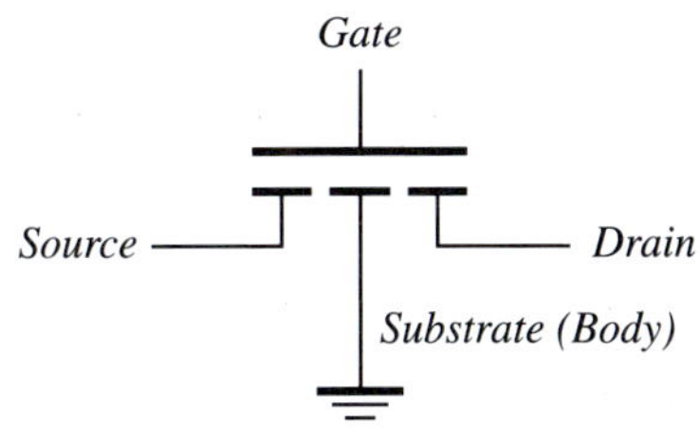

(b) NMOS 트랜지스터

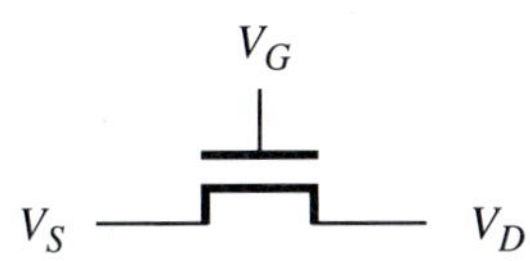

(c) NMOS 트랜지스터를 위한 단순 기호

그림 B.2 스위치로서의 NMOS 트랜지스터

에 가해지는 전압 값에 의해 구분된다. 보통 낮은 전압에 연결되는 단자가 소스가 된다.

트랜지스터 동작에 대한 자세한 내용은 B.8.1절에서 설명한다. 우선 트랜지스터가 게이트 단자 전압 V_G에 의해 제어된다는 것을 이해하면 충분하다. 만약 V_G가 low이면 소스와 드레인 사이에 연결이 없어지며 이것을 트랜지스터가 *OFF*(*turned-off*)되었다고 한다. 만약 V_G가 high이면 트랜지스터는 *ON*(*turned-on*) 되며 소스와 드레인 단자 사이를 연결하는 닫힌 스위치로서 동작한다. B.8.2절에서 트랜지스터가 ON이 되었을 때 소스와 드레인 사이의 저항을 계산하는 방법을 설명한다. 현재는 저항을 0 Ω이라고 가정한다.

PMOS 트랜지스터는 NMOS 트랜지스터와 반대의 성질을 가진다. PMOS는 그림 B.3*a*에 표시한 형태의 스위치를 구현한다. 게이트의 제어 입력 x가 high일 때 스위치가 열리고, x가 low일 때 스위치는 닫힌다. 기호는 그림 B.3*b*에 나타내었다. 논리회로에서 PMOS 트랜지스터의 기저는 항상 V_{DD}에 연결되는데, 그림 B.3*c*에서 보듯이 단순화된 기호로 표현한다. 만약 V_G가 high이면 PMOS 트랜지스터는 OFF가 되며 열린 스위치로 동작한다. 만약 V_G가 low이면 트랜지스터는 ON이 되며 소스와 드레인 단자 사이를 연결하는 닫힌 스위치로 동작한다. PMOS 트랜지스터에서 소스는 드레인보다 높은 전압을 가지는 단자이다.

(a) 그림 3.2a의 반대 동작을 갖는 스위치

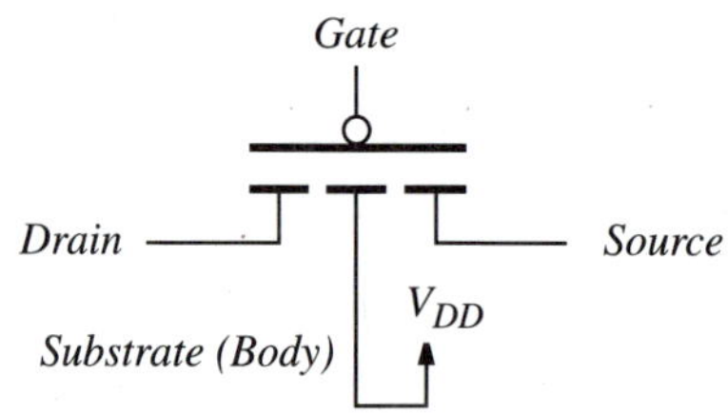

(b) PMOS 트랜지스터

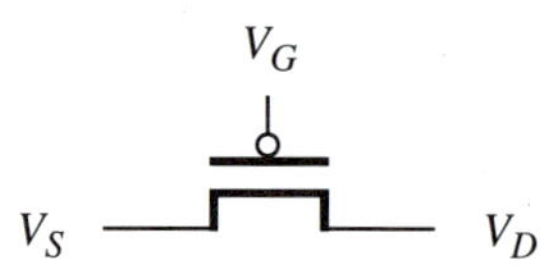

(c) PMOS 트랜지스터를 위한 단순 기호

그림 B.3 스위치로서의 PMOS 트랜지스터

그림 B.4는 논리회로에서 NMOS와 PMOS 트랜지스터의 전형적인 사용을 요약해 보여준다. NMOS 트랜지스터는 게이트 단자가 high일 때 ON이 되나 PMOS 트랜지스터는 게이트 단자가 low일 때 ON이 된다. NMOS 트랜지스터가 ON이 되면 드레인은 *Gnd*로 풀다운(pull down)되며, PMOS 트랜지스터가 ON이 되면 드레인은 V_{DD}로 풀업(pull up)된다. 트랜지스터의 동작 특성 때문에 NMOS 트랜지스터를 사용하여 드레인 단자를 V_{DD}로 완전히 풀업할 수 없다. 이와 비슷하게 PMOS 트랜지스터를 사용하여 드레인 단자를 *Gnd*로 완전히 풀다운할 수 없다. B.8절에서 MOSFET의 동작에 대하여 자세히 설명한다.

B.2 • NMOS 논리게이트

논리게이트를 MOSFET으로 제작하는 기술은 1970년대에 보편화되었으며 PMOS나 NMOS 트랜지스터로 구현하였다. 그 후 1980년대 초부터 NMOS와 PMOS 트랜지스터를 같이 조합하여 제작하는 기술이 개발되어 보편화되었다. 동작을 이해하기 쉬우므로 NMOS 트랜지스터를 사용하여 논리회로를 만드는 NMOS 회로를 먼저 살펴보고, 다

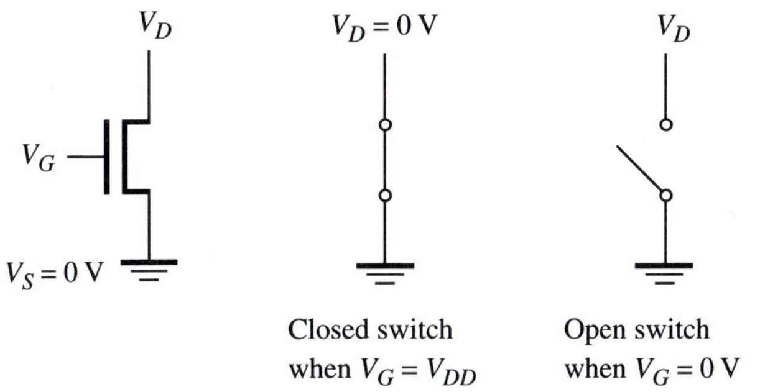

(a) NMOS 트랜지스터

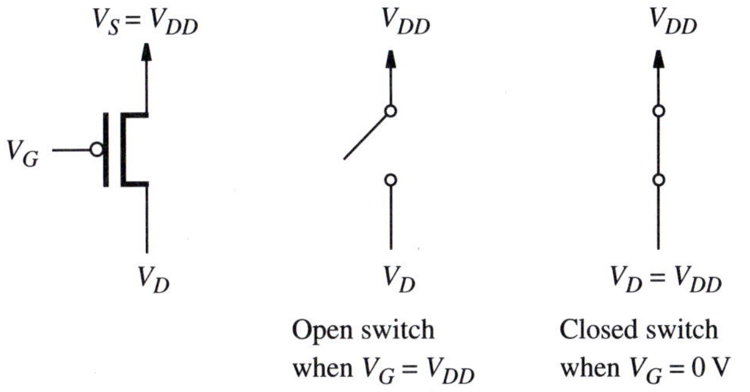

(b) PMOS 트랜지스터

그림 B.4 논리회로에서 NMOS와 PMOS 트랜지스터

음에 현재 보편적으로 사용하는 NMOS와 PMOS 트랜지스터를 같이 조합하여 만드는 *CMOS(complementary MOS)*에 대해 설명한다.

그림 B.5*a*의 회로에서 $V_x = 0$ V일 때 NMOS 트랜지스터는 OFF 되므로 저항 *R*을 통해 전류가 흐르지 않으며 $V_f = 5$ V가 된다. 반면에 $V_x = 5$ V일 때 트랜지스터는 ON 되므로 전압 V_f는 낮아진다. 이 경우 V_f의 정확한 전압 값은 저항과 트랜지스터를 통해 흐르는 전류의 양에 좌우된다. 일반적으로 V_f는 대략 0.2 V이다(B.8.3절 참조). 만약 V_f를 V_x의 함수로 볼 경우 회로는 NOT 게이트를 NMOS로 구현한 것이다. 논리 표현으로 이 회로는 함수 $f = \bar{x}$가 된다. 그림 B.5*b*는 회로도를 보여주며, 전원의 양(+) 단자 연결은 V_{DD}로 표기한 화살표로 나타내었고, 전원의 음(–) 단자 연결은 *Gnd* 기호로 나타내었다. 이 부록에서는 이렇게 간단히 표시된 회로 기호를 사용한다.

NOT 게이트 회로에서 저항의 목적은 $V_x = 5$ V일 때 흐르는 전류의 양을 제한하는 데 사용된다. 이러한 목적으로는 저항 대신에 트랜지스터를 주로 사용한다. B.8.3절에서 이 문제를 자세히 언급한다. 이후에 나오는 그림에서 저항 *R* 주위를 둘러싼 점선은 트랜지스터를 사용해 구현됨을 의미한다.

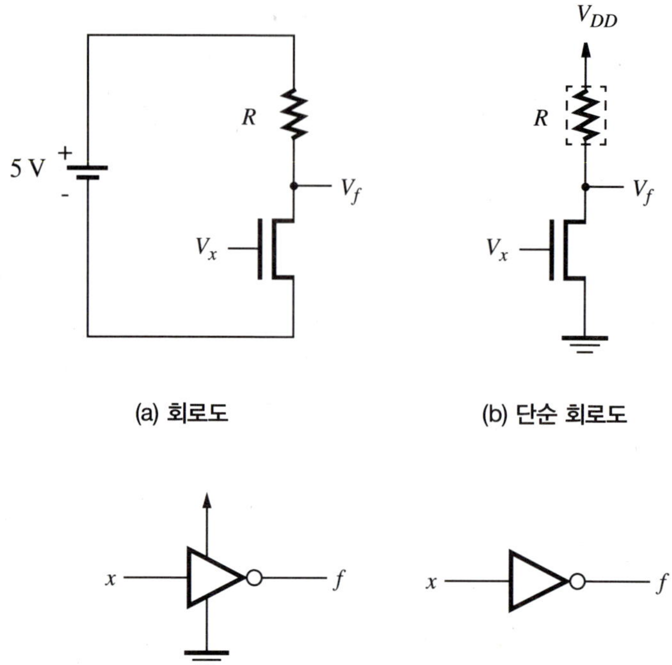

(a) 회로도 (b) 단순 회로도

(c) 그래픽 기호

그림 B.5 NMOS 기술을 사용하여 구현한 NOT 게이트

그림 B.5c는 NOT 게이트의 기호이다. 왼쪽 기호는 입력, 출력, 전원 및 접지 단자를 모두 보여주며 오른쪽 기호는 입력과 출력 단자만을 표시한 간단한 기호이다. 실제로는 간단히 표시된 기호만 사용된다. 종종 NOT 게이트를 인버터라고 하는데, 이 책에서는 두 용어를 모두 사용한다.

2.1절에서 스위치의 직렬연결은 AND 함수와 일치하며 병렬연결은 OR 함수로 표현됨을 설명하였다. 그림 B.6a와 같이 NMOS 트랜지스터를 사용하여 직렬연결을 구현할 수 있다. 만약 $V_{x_1} = V_{x_2} = 5$ V이면 트랜지스터는 모두 ON 되므로 V_f는 0 V에 가깝게 된다. 그러나 V_{x_1} 혹은 V_{x_2} 중 하나가 0 V라면 직렬로 연결된 트랜지스터에 전류가 흐르지 않으므로 V_f는 5 V가 된다. 논리 값으로 표현한 f의 진리표는 그림 B.6b와 같다. 회로에 구현된 함수는 NAND 함수이며, 기호는 그림 B.6c와 같이 표시한다.

NMOS 트랜지스터의 병렬연결은 그림 B.7a와 같다. 여기서 만약 V_{x_1}이나 V_{x_2}가 5 V이면 V_f는 0 V에 가깝게 된다. V_{x_1}과 V_{x_2}가 모두 0 V인 경우에만 V_f는 5 V가 된다. 이를 표현하는 진리표는 그림 B.7b와 같이 된다. 회로에 구현된 함수는 NOR 함수이며, 기호는 그림 B.7c에 나타내었다.

그림 B.8은 NAND 게이트에 인버터를 추가하여 NMOS 기술로 AND 게이트를 구현한 회로이다. 노드 A는 입력이 x_1과 x_2인 NAND이며, f는 AND 함수를 나타낸다. 마찬가지 방식으로 OR 게이트는 그림 B.9와 같이 NOR 게이트에 인버터를 추가하여 구현한다.

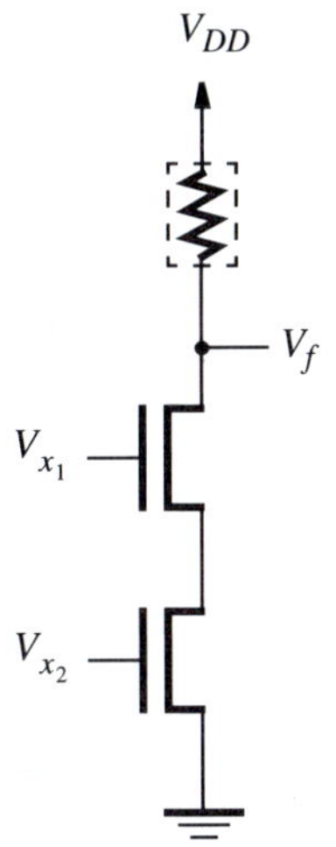

(a) 회로

x_1	x_2	f
0	0	1
0	1	1
1	0	1
1	1	0

(b) 진리표

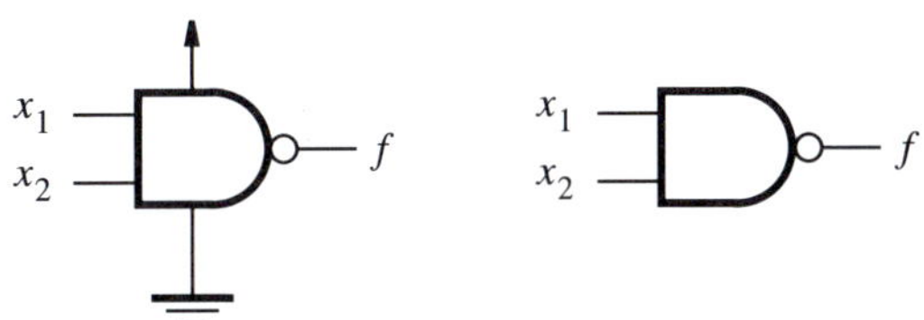

(c) 그래픽 심벌

그림 B.6 NMOS를 사용한 NAND 게이트의 구현

B.3 • CMOS 논리게이트

지금까지 NMOS 트랜지스터를 사용해 논리게이트를 구현하는 방법에 대해 알아보았다. 이들 회로를 PMOS 트랜지스터로 구현할 수도 있다. 그러나 NMOS와 PMOS 트랜지스터를 같이 사용하는 방법은 더 흥미롭다. 가장 보편적인 방법은 CMOS 기술이다. B.8절에서 CMOS 기술이 NMOS 기술에 비해 매력적이면서 실용적인 몇 가지 장점들을 소개한다.

NMOS 회로에서 논리함수는 NMOS 트랜지스터를 연결하고 저항으로 작동하는 풀업 소자와 결합하여 구현된다. NMOS 트랜지스터를 포함한 회로를 *PDN*(*pull-down network*)이라고 한다. 그림 B.5에서 그림 B.9까지의 회로 구조는 그림 B.10에 있는 블록 다이어그램으로 표현될 수 있다. CMOS 회로의 개념은 풀업 소자를 PMOS 트랜지스터를 사용해서 만든 *PUN*(*pull-up network*)으로 대체하는 것인데, PDN과 PUN으로 구현된 함수들은 서로 컴플리먼트이다. 전형적인 논리게이트와 같이 논리회로는 그림 B.11과 같이 구현된다. 입력 신호의 값에 대해 PDN이 V_f를 *Gnd*까지 당겨 내리거나, PUN이

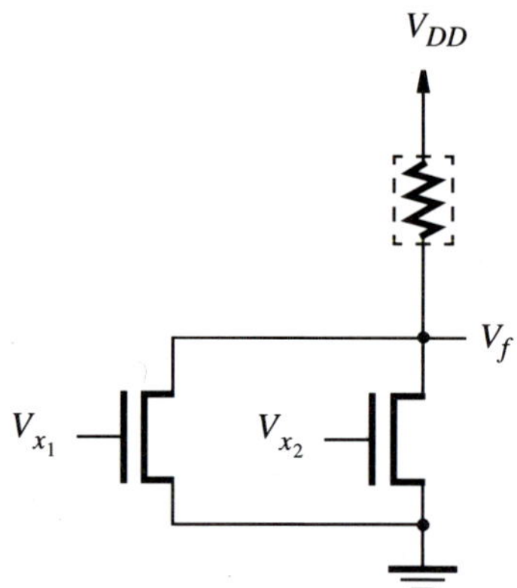

(a) 회로

x_1	x_2	f
0	0	1
0	1	0
1	0	0
1	1	0

(b) 진리표

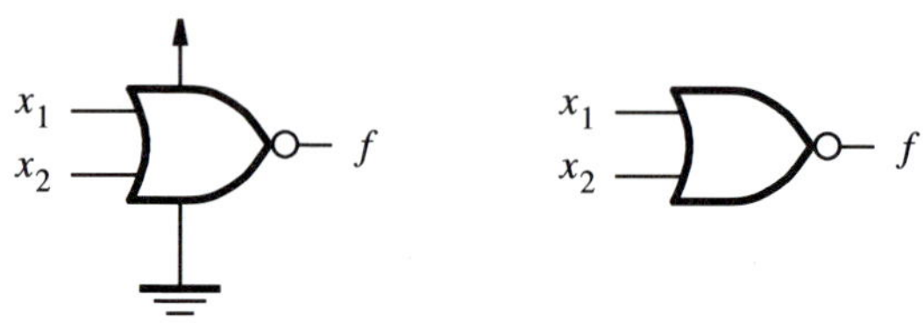

(c) 그래픽 기호

그림 B.7 NMOS를 사용한 NOR 게이트의 구현

V_f를 V_{DD}까지 끌어올린다. PDN과 PUN은 동일한 수의 트랜지스터를 가지는데, 두 개의 네트워크가 서로 대칭이 되도록 연결한다. PDN이 직렬로 연결된 NMOS 트랜지스터라면 PUN은 반대로 병렬 연결된 PMOS 트랜지스터로 구성되는 식이다.

CMOS 회로의 가장 간단한 회로인 NOT 게이트가 그림 B.12에 있다. $V_x = 0$ V일 때 트랜지스터 T_2는 OFF 되고 트랜지스터 T_1은 ON 된다. 이것은 $V_f = 5$ V로 만들고 T_2가 OFF 되었으므로 트랜지스터를 통해 전류가 흐르지 않는다. $V_x = 5$ V일 때 T_2는 ON이고 T_1은 OFF 된다. 따라서 $V_f = 0$ V이고 T_1이 OFF이기 때문에 전류는 흐르지 않는다.

중요한 점은 입력이 낮거나 높을 때 CMOS 인버터에 전류가 흐르지 않는다는 것이다. 이것은 모든 CMOS 회로의 특징이다. 전류가 전혀 흐르지 않는 안정 상태에서는 전력이 소모되지 않는다. 이 특성은 오늘날 논리회로를 제작하는 데 CMOS가 가장 인기 있는 이유이기도 하다. 전류의 흐름과 전력 소모에 대해서는 B.8.6절에서 자세히 설명한다.

그림 B.13은 CMOS NAND 게이트의 회로도이다. 풀업 소자가 두 개의 PMOS 트랜지스터가 병렬로 연결된 PUN에 의해 대체된 것을 제외하고는 그림 B.6의 NMOS 회로와 유사하다. 그림에서 진리표는 입력 x_1과 x_2의 각 논리 값에 대한 네 개의 트랜지스터 상태를 기술하고 있다. 회로가 정확히 NAND 함수로 구현된 것을 확인할 수 있다. 안정 상태에서는 V_{DD}에서 *Gnd*까지 전류가 흐르는 경로가 존재하지 않는다.

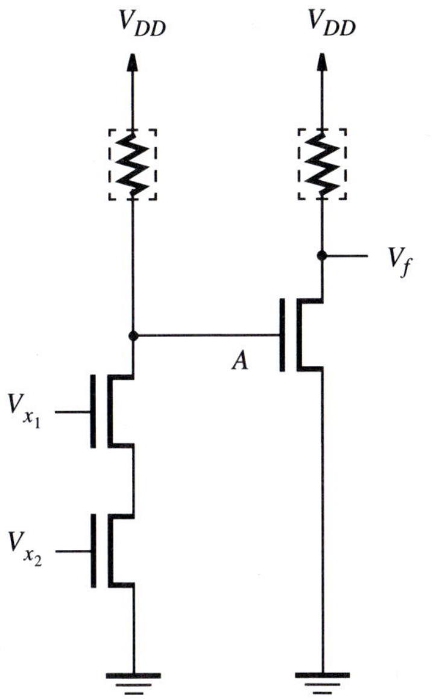

(a) 회로

x_1	x_2	f
0	0	0
0	1	0
1	0	0
1	1	1

(b) 진리표

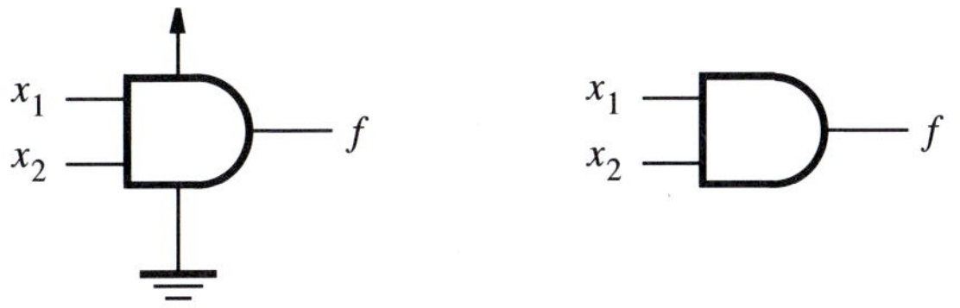

(c) 그래픽 기호

그림 B.8 NMOS를 사용한 AND 게이트의 구현

그림 B.13의 회로는 NAND 연산인 $f = \overline{x_1 x_2}$를 정의하는 논리식에서 유도될 수 있다. 이 식은 $f = 1$이라는 상태를 명시하므로 PUN을 정의한다. PUN은 제어(게이트) 입력이 0일 때 ON 되는 PMOS 트랜지스터로 구성되므로, 입력 변수인 $x_i = 0$이면 트랜지스터를 ON시킨다. 드모르간 법칙에 의해 다음과 같이 표시할 수 있다.

$$f = \overline{x_1 x_2} = \bar{x}_1 + \bar{x}_2$$

따라서 입력 x_1이나 x_2 값이 0일 때 $f = 1$이 되는데, 이는 PUN이 두 개의 PMOS 트랜지스터를 병렬로 연결해야 한다는 것을 의미한다. PDN은 f의 컴플리먼트로 구현되는데 다음과 같다.

$$\bar{f} = x_1 x_2$$

x_1과 x_2가 모두 1일 때 $\bar{f} = 1$이므로, PDN은 두 개의 NMOS 트랜지스터가 직렬연결되어야 한다.

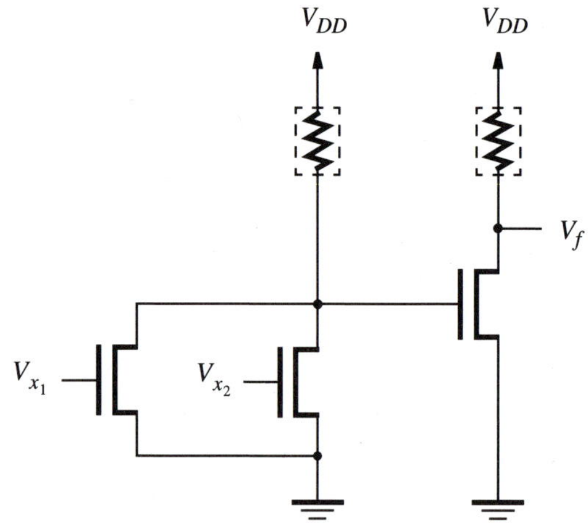

(a) 회로

x_1	x_2	f
0	0	0
0	1	1
1	0	1
1	1	1

(b) 진리표

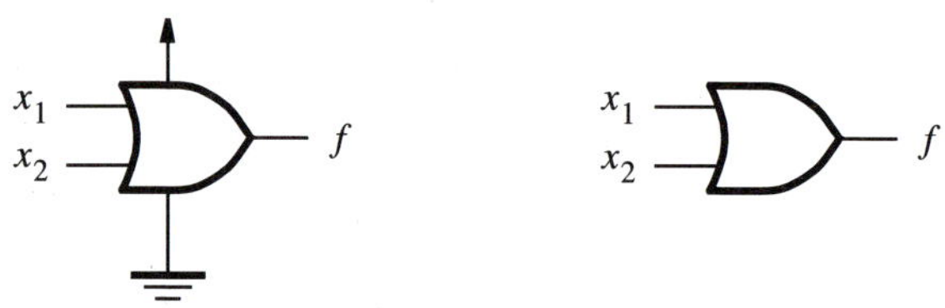

(c) 그래픽 기호

그림 B.9 NMOS를 사용한 OR 게이트의 구현

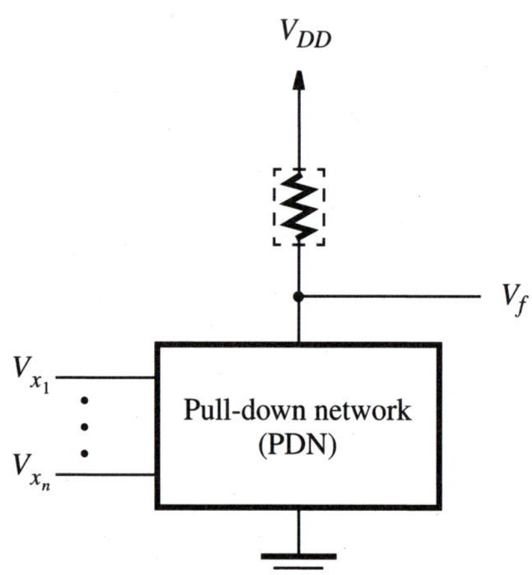

그림 B.10 NMOS 회로의 구조

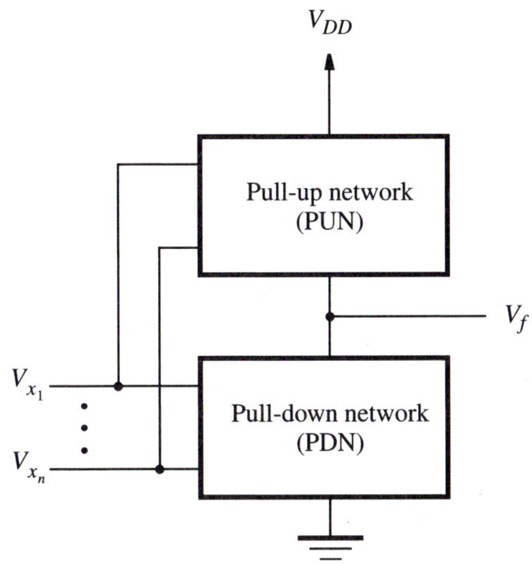

그림 B.11 CMOS 회로의 구조

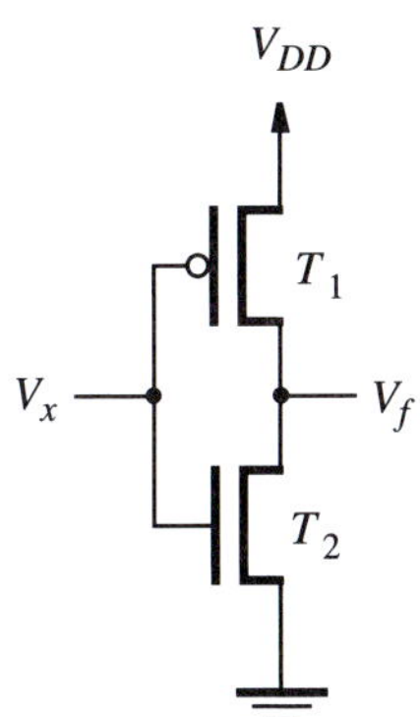

(a) 회로

x	T_1	T_2	f
0	on	off	1
1	off	on	0

(b) 진리표와 트랜지스터 상태

그림 B.12 CMOS를 사용한 NOT 게이트의 구현

CMOS NOR 게이트 회로는 NOR 동작의 논리식에서 유도될 수 있다.

$$f = \overline{x_1 + x_2} = \bar{x}_1\bar{x}_2$$

x_1과 x_2가 모두 0일 때 $f = 1$이므로 PUN은 직렬로 연결된 두 개의 PMOS 트랜지스터를 가져야 한다. $\bar{f} = x_1 + x_2$로 구현되는 PDN은 그림 B.14와 같이 두 개의 NMOS 트랜지스터가 병렬로 연결된다.

그림 B.15와 같이 CMOS AND 게이트는 NAND 게이트에 인버터를 연결하여 만든다. 이와 유사하게 OR 게이트는 NOR 게이트에 NOT 게이트를 연결하여 만든다.

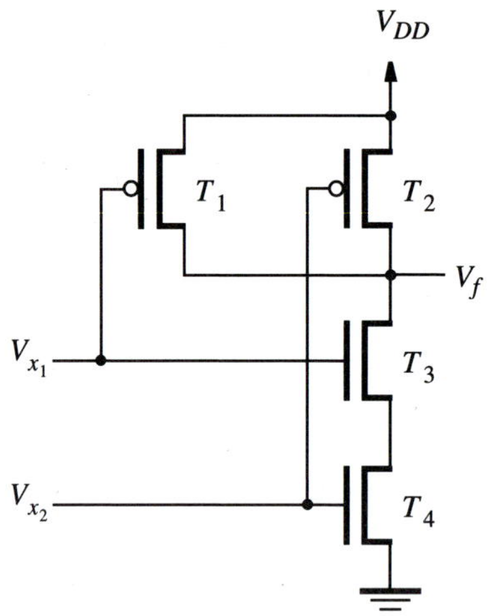

(a) 회로

x_1	x_2	T_1	T_2	T_3	T_4	f
0	0	on	on	off	off	1
0	1	on	off	off	on	1
1	0	off	on	on	off	1
1	1	off	off	on	on	0

(b) 진리표와 트랜지스터 상태

그림 B.13 CMOS를 사용한 NAND 게이트의 구현

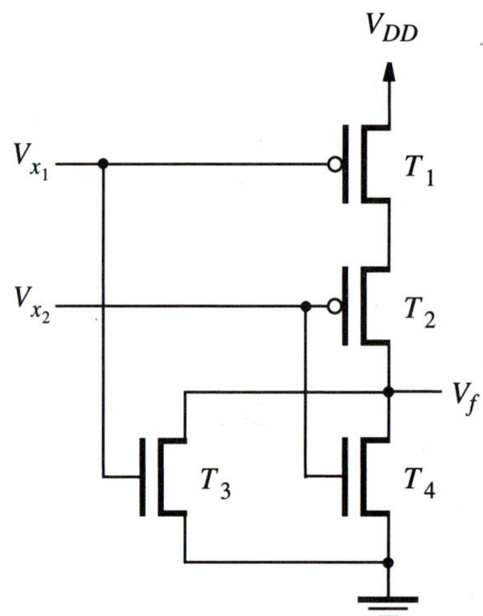

(a) 회로

x_1	x_2	T_1	T_2	T_3	T_4	f
0	0	on	on	off	off	1
0	1	on	off	off	on	0
1	0	off	on	on	off	0
1	1	off	off	on	on	0

(b) 진리표와 트랜지스터 상태

그림 B.14 CMOS를 사용한 NOR 게이트의 구현

CMOS 회로를 만들어 내는 위의 과정은 복합 게이트(*complex gate*)를 만들기 위해 일반적인 논리함수에 적용할 수 있다. 이 과정을 다음 두 예제로 설명한다.

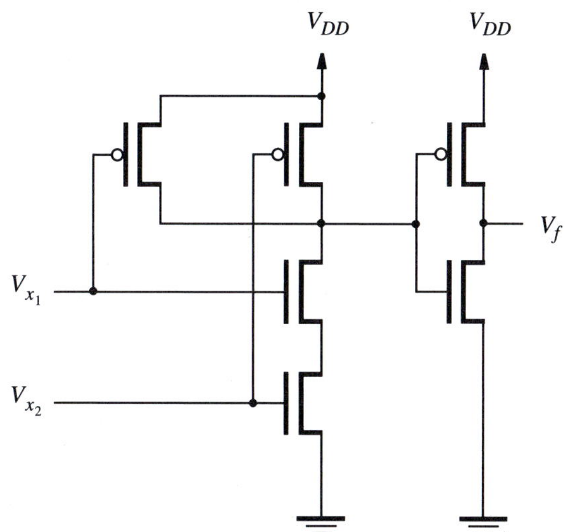

그림 B.15 CMOS를 사용한 AND 게이트의 구현

예제 B.1

다음 함수를 고려하자.

$$f = \bar{x}_1 + \bar{x}_2\bar{x}_3$$

모든 변수가 컴플리먼트된 형태로 표현되었으므로 PUN을 바로 유도할 수 있다. x_2와 x_3에 의해 제어되는 직렬로 연결된 PMOS 트랜지스터와 x_1에 의해 제어되는 PMOS 트랜지스터가 병렬로 연결되어 있다. PDN은 다음 식에서 얻을 수 있다.

$$\bar{f} = \overline{\bar{x}_1 + \bar{x}_2\bar{x}_3} = x_1(x_2 + x_3)$$

이 식은 x_2와 x_3으로 제어되는 병렬로 연결된 NMOS와 x_1에 의해 제어되는 NMOS 트랜지스터가 직렬로 연결된 PDN이다. 이 회로가 그림 B.16에 있다.

예제 B.2

다음 함수를 고려하자.

$$f = \bar{x}_1 + (\bar{x}_2 + \bar{x}_3)\bar{x}_4$$

위의 식에서 $\bar{f}$는 아래와 같이 표현된다.

$$\bar{f} = x_1(x_2x_3 + x_4)$$

이 식은 그림 B.17의 회로를 직접 유도해낼 수 있다.

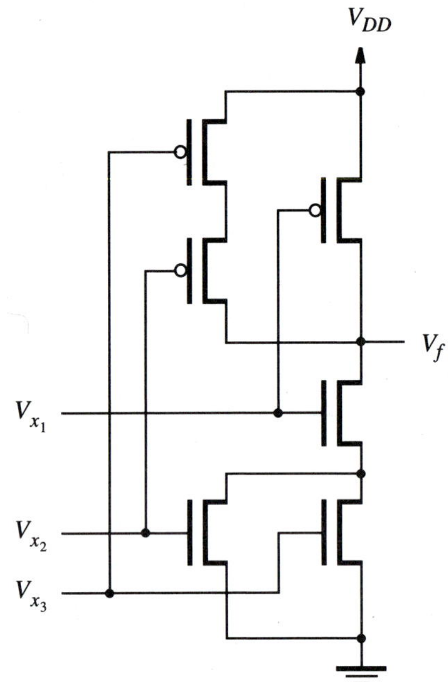

그림 B.16 예제 B.1의 회로

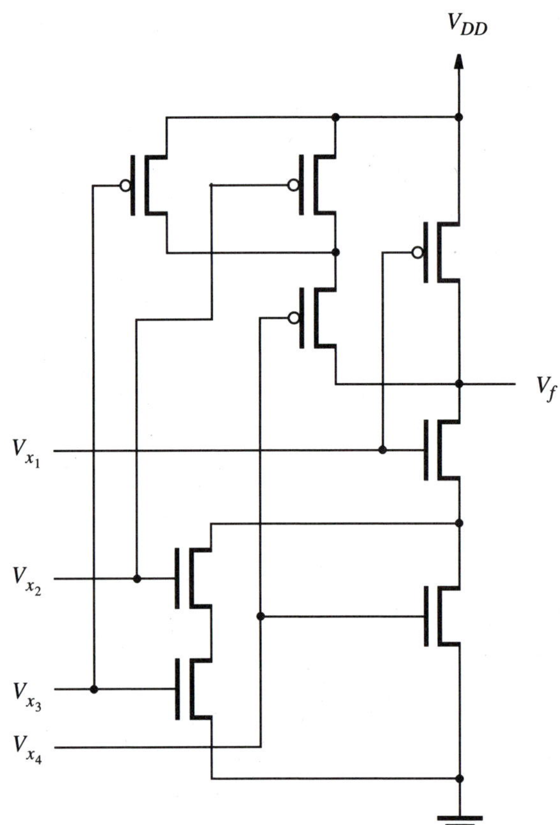

그림 B.17 예제 B.2의 회로

그림 B.16과그림 B.17의 회로는 그림 B.15와 같은 완전한 AND나 OR 게이트를 직렬 또는 병렬로 연결하지 않고, 단지 스위치로서 동작하는 트랜지스터를 직병렬 연결하여 복잡한 논리함수를 구현할 수 있음을 보여준다.

B.3.1 논리게이트 회로의 동작 속도

앞 절에서 트랜지스터가 저항이 없는 이상적인 스위치로 동작한다고 가정했다. 그러므로 요구되는 기능을 구현하기 위한 논리회로의 설계에서 회로의 동작 속도 문제는 무시했다. 실제로 트랜지스터의 스위치는 ON 될 때 상당한 저항을 가진다. 그리고 트랜지스터 회로는 생산 과정에서 발생하는 부차적인 효과로 인하여 커패시터가 저절로 만들어진다. 이러한 요소는 논리게이트를 통해 신호를 전파하는 시간에 영향을 준다. 실제로 일어나는 여러 가지 문제들과 논리회로의 속도에 대하여 B.8절에서 설명한다.

B.4 • 네거티브 논리 시스템

B.1절에서 논리 값은 두 개의 전압으로써 표현한다고 설명했다. 높은 전압을 논리 1로, 낮은 전압은 논리 0으로 정하여 사용하였다. 이 약속은 포지티브 논리 시스템으로 알려져 있으며 대부분의 실제 응용에서 사용되고 있다. 이 절에서는 전압 레벨과 논리 값의 약속이 서로 반대되는 네거티브 논리 시스템을 생각하여 보자.

그림 B.13의 CMOS 회로를 수정한 그림 B.18*a*를 다시 살펴보자. 그림 B.13*b*는 회로의 진리표인데, 논리 값 대신 전압 레벨을 보여주고 있다. 이 진리표에서 L은 0 V와 같이 낮은 전압을 나타내고, H는 V_{DD}와 같은 높은 전압을 나타낸다. 이와 같은 표시는 IC 제조회사들이 칩의 기능을 설명하는 데이터 시트에서 사용하는 진리표 형식이다. L과 H가 $L = 0$, $H = 1$ 혹은 $L = 1$, $H = 0$과 같은 논리 값으로 해석하는 것은 전적으로 사용자에게 달려 있다.

그림 B.19*a*는 포지티브 논리로 해석하여 $L = 0$이고 $H = 1$로 해석한 것이다. 이미 그림 B.13에서 보였듯이 이 회로는 NAND 게이트를 표현하고 있다. 반대로 해석하는 네거티브 논리인 $L = 1$과 $H = 0$의 경우가 그림 B.19*b*에 있다. 이 경우 진리표는 NOR 게이트로 된다. 진리표의 행이 그림 B.18*b*의 L, H 값과 일관성을 가질 수 있도록 보통 표현하는 순서와는 반대로 표시된 점에 주목하라. 그림 B.19*b*는 NOR 게이트의 논리 기호인데, 게이트 단자에 네거티브 논리를 표시하는 작은 삼각형이 사용된다.

다른 예로써 그림 B.15의 회로를 다시 고려해보자. 이 진리표는 그림 B.20*a*에서 전압 레벨로 표현되어 있다. 포지티브 논리를 사용하면 이 회로는 그림 B.20*b*와 같이 AND 게이트를 나타낸다. 그러나 네거티브 논리를 사용하면 그림 B.20*c*에 보는 것처럼 OR 게이트가 된다.

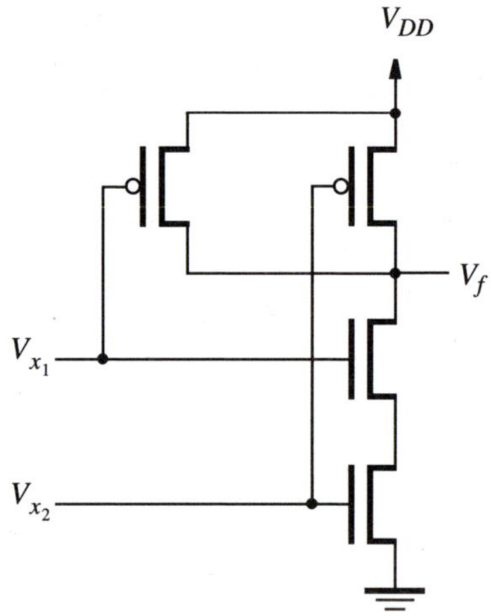

(a) 회로

V_{x_1}	V_{x_2}	V_f
L	L	H
L	H	H
H	L	H
H	H	L

(b) 전압 레벨

그림 B.18 그림 B.13 회로의 전압 레벨

x_1	x_2	f
0	0	1
0	1	1
1	0	1
1	1	0

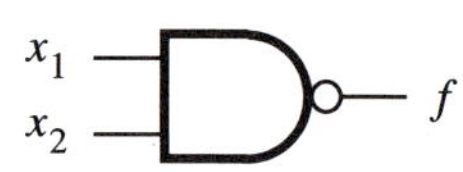

(a) 포지티브 논리 진리표와 게이트 심벌

x_1	x_2	f
1	1	0
1	0	0
0	1	0
0	0	1

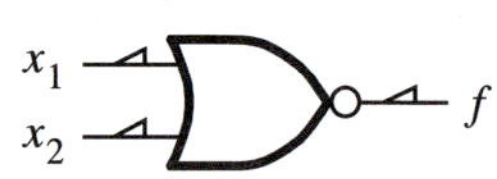

(b) 네거티브 논리 진리표와 게이트 심벌

그림 B.19 그림 B.18 회로의 해석

한 회로 내에서 포지티브 논리와 네거티브 논리를 혼합하여 사용할 수 있는데 이것을 혼합 논리시스템(*mixed logic system*)이라고 한다. 실제로 포지티브 논리가 대부분의 경우에서 사용되고 있다. 이 책에서 네거티브 논리는 크게 고려하지 않는다.

V_{x_1}	V_{x_2}	V_f
L	L	L
L	H	L
H	L	L
H	H	H

(a) 전압 레벨

x_1	x_2	f
0	0	0
0	1	0
1	0	0
1	1	1

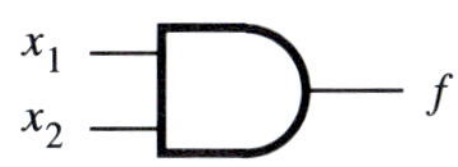

(b) 포지티브 논리

x_1	x_2	f
1	1	1
1	0	1
0	1	1
0	0	0

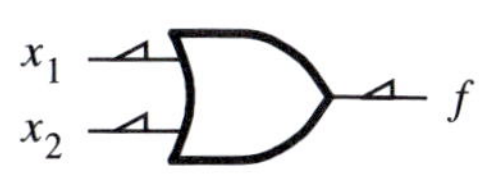

(c) 네거티브 논리

그림 B.20 그림 B.15 회로의 해석

B.5 • 표준 칩

1장에서 논리회로를 구현하는 데 몇 가지 종류의 IC 칩이 있다고 하였다. 이러한 IC의 선택에 대하여 자세히 설명한다.

B.5.1 7400 시리즈 표준 칩

1980년도 중반까지 수 개의 게이트로 구성된 칩을 여러 개 서로 연결하여 전체를 구성하는 방식이 널리 이용되었다. 또한, 이러한 목적으로 여러 종류의 논리게이트를 구현한 칩이 개발되었다. 이러한 IC 부품을 7400 시리즈라고 부르는데, 그 이유는 칩의 번호가 항상 숫자 74로 시작하기 때문이다. 7400 시리즈 부품의 예를 그림 B.21에 보였다. 그림 B.21*a*는 *DIP*(*dual-inline package*)라고 부르는 칩 패키지의 한 종류를 보여준다. 그림 B.21*b*는 7404 칩인데 여섯 개의 NOT 게이트로 구성된다. 칩의 외부 연결 단자를 핀

(a) DIP

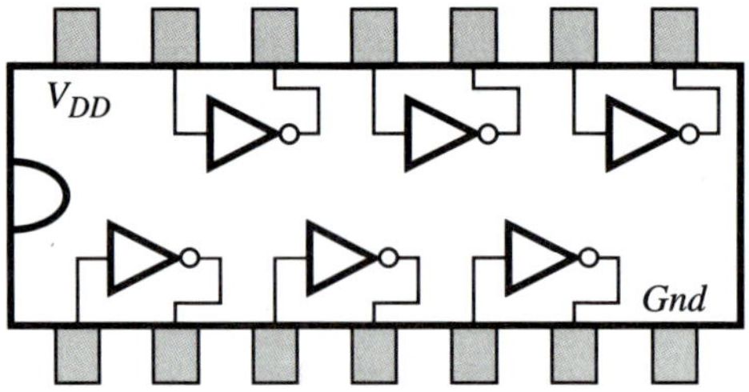

(b) 7400 시리즈 칩

그림 B.21 7400 시리즈 칩

(*pin*) 혹은 리드(*lead*)라고 한다. 두 개의 핀은 V_{DD}와 *Gnd*와의 연결을 위해, 다른 핀은 NOT 게이트와의 연결을 위해 제공된다. 여러 가지 7400 시리즈가 있는데, 이 칩은 제조회사에서 제공하는 데이터 북에 설명되어 있다[3-7]. 어떤 칩의 다이어그램은 몇몇 교과서에서도 소개하고 있다[8-12].

7400 시리즈 칩은 제조회사 사이에서 동의한 사양을 만족하는 표준 형태로 생산된다. 제조회사 사이의 경쟁은 소비자에게 안정적으로 저렴한 부품을 제공하는 계기가 되었다. 각 7400 시리즈 칩은 서로 다른 기술에 기초해 제조된 여러 변종이 있다. 예를 들면, 74LS00 부품은 [1]에 기술되어 있는 TTL(transistor-transistor logic)이라는 기술로 제작되었고, 74HC00은 CMOS 기술을 이용한 것이다. 일반적으로 현재 사용되고 있는 칩은 대부분 CMOS 기술을 사용한다.

7400 시리즈 칩을 사용하여 논리회로를 구현하는 예로, 함수 $f = x_1x_2 + \bar{x}_2x_3$을 살펴보자. 두 개의 2-입력 AND 게이트, 한 개의 2-입력 OR 게이트와 더불어 한 개의 NOT 게이트가 필요하다. 그림 B.22는 함수의 구현에 사용된 세 개의 7400 시리즈 칩을 연결하는 방법을 보여주고 있다. 입력 신호 x_1, x_2, x_3는 어떤 다른 회로에서 만들어 내는 출력으로 와이어로 세 개의 칩에 연결된다고 가정한다. 여기서, 전원과 접지 연결은 세 개의 칩 모두에 연결되어 있는 것에 주목하라. 이 예제에서는 세 개의 칩에서 필요한 일부의 게이트만 사용하였으며, 나머지 게이트는 다른 함수의 구현에 사용될 수 있다.

포함하는 논리 크기가 너무 제한적이므로 7400 시리즈 표준 칩은 오늘날 거의 사용

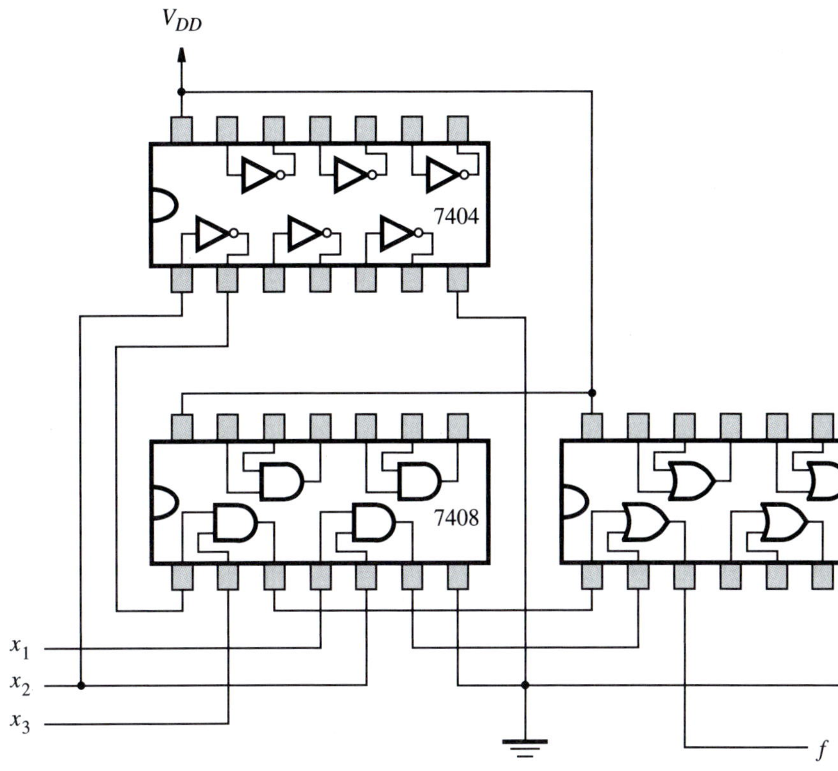

그림 B.22 **함수 $f = x_1x_2 + \bar{x}_2x_3$의 구현.**

되지 않는다. 한 가지 예외로 드라이버를 포함하는 표준 칩의 사용이다. 드라이버(버퍼라고도 부른다)는 일반적으로 회로의 속도를 향상시키기 위해 사용하는 논리게이트이다.

드라이버 칩의 예가 그림 B.23에 있다. 74244 칩으로 여덟 개의 3상태 **드라이버**로 이루어져 있다. 7.1.1절에서 3상태 드라이버의 동작에 대해 설명한다. 그림 B.21의 NOT 게이트에서와 같이 칩 내에 드라이버가 배열된 형태를 보여주는 대신 드라이버에 연결된 패키지의 핀 번호만 나타낸다. 패키지는 20개의 핀을 가지며 각 핀은 가장 왼쪽 아래를 1번으로, 가장 왼쪽 위를 20번으로 번호를 매긴다. *Gnd*와 V_{DD} 연결은 각각 10번과 20번 핀이다. 많은 드라이버 칩이 있는데, 예를 들면 16244 칩은 16개의 3상태 드라이버로 구성된다. 칩에 두 배 이상의 게이트가 있는 것을 제외하면 7400 시리즈 칩과 유사하다. 이러한 칩은 가장 인기가 있는 *SOIC*(*small-outline integrated circuit*) 패키지를 포함하여 다양한 패키지 형태로 제공된다. SOIC 패키지는 DIP와 유사한 모양을 지니고 있지만 크기가 상당히 작은 장점이 있다.

IC 기술이 발전됨에 따라 칩이 포함하는 논리의 크기에 따라 분류하기도 한다. 7400 시리즈 칩과 같은 초기 칩은 단지 몇 개의 논리게이트가 포함되어 있다. 이 칩을 생산하는 데 사용된 기술을 *SSI*(*small scale integration*, 소규모 집적회로)라고 한다. 조금

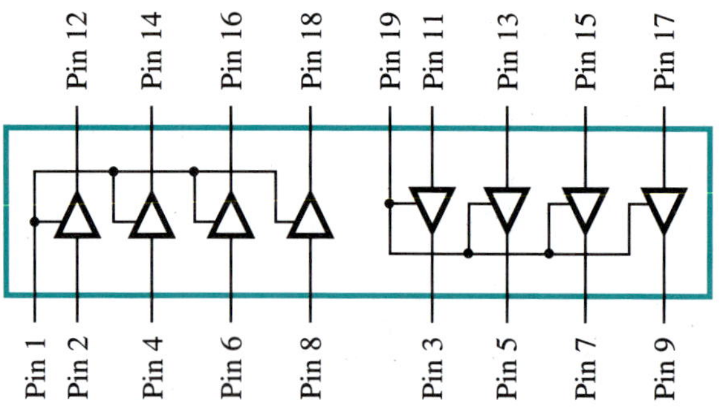

그림 B.23 74244 드라이버 칩

더 많은 논리를 포함하는, 보통 10~100개의 논리게이트가 포함된 칩을 *MSI(medium scale integration*, 중규모 집적회로)라고 한다. 1980년대 중반까지 너무 커서 MSI로 분류되지 못했던 칩은 *LSI(large scale integration*, 대규모 집적회로)로 분류하였다. 최근에는 칩의 논리 크기에 따라 회로를 분류하는 개념은 필요 없게 되었다. 오늘날 대부분의 IC는 수천 또는 수백만 개의 트랜지스터를 포함하고 있다. 칩의 논리 크기에 관계없이 이런 칩은 *VLSI(very large scale integration*, 초대형 집적회로) 기술을 사용하여 제작된다. 근래에 디지털 하드웨어는 하나의 칩에 가능한 많은 회로를 집적하여 생산하고 있다. 그러므로 오늘날 사용되는 대부분의 칩은 VLSI 기술을 사용하며 이전의 기술은 거의 사용되지 않는다.

B.6 • PLD

7400 시리즈 부품의 기능은 고정되어 있으므로 어떤 특정 설계 상황에 맞춰 수정할 수 없다. 이는 각 칩이 제한적인 수 개의 논리게이트만을 포함한다는 사실과 함께 큰 논리회로를 구성하기에는 비효율적이다. 고정되지 않은 구조로 비교적 많은 논리회로를 포함하는 칩의 제조가 가능하다. 이런 종류의 칩이 1970년도에 발표되었는데, 이를 *PLD(programmable logic devices)*라고 한다.

PLD는 논리회로를 구현하기 위한 범용성을 갖는 칩이다. 여러 가지 방법으로 각각 다른 요구 조건에 맞게 회로를 구성할 수 있는 논리회로 소자를 내장하고 있다. 그림 B.24와 같이 PLD는 논리게이트와 프로그래머블(programmable) 스위치를 내장한 '블랙 박스'처럼 볼 수 있다. 필요한 논리회로가 구현될 수 있도록 프로그래머블 스위치는 PLD 내의 논리게이트를 서로 연결한다.

B.6.1 PLA

PLD에는 여러 가지 종류가 있다. 처음으로 개발된 것은 *PLA(programmable logic array)*이다. 그림 B.25는 PLA의 일반적인 구조를 보여준다. 논리함수를 SOP 형식으로 구현할 수 있다는 사실을 바탕으로 PLA는 일련의 OR 게이트에 입력되는 AND 게이트의

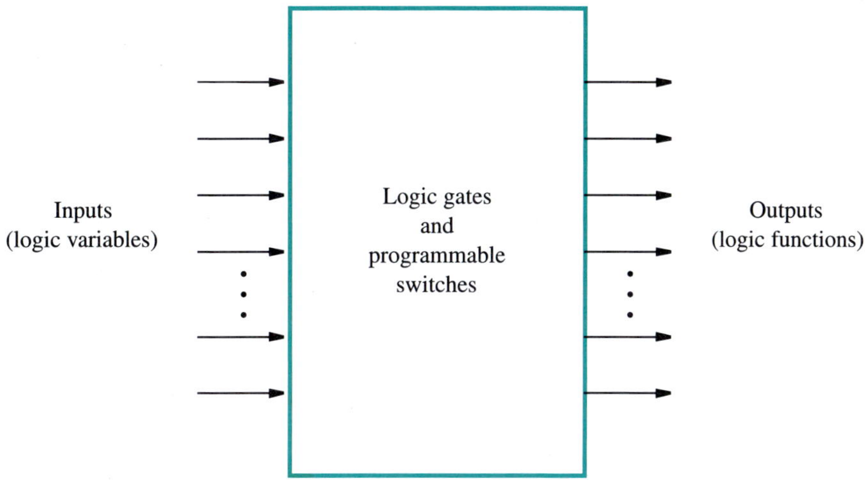

그림 B.24 블랙박스로서의 PLD

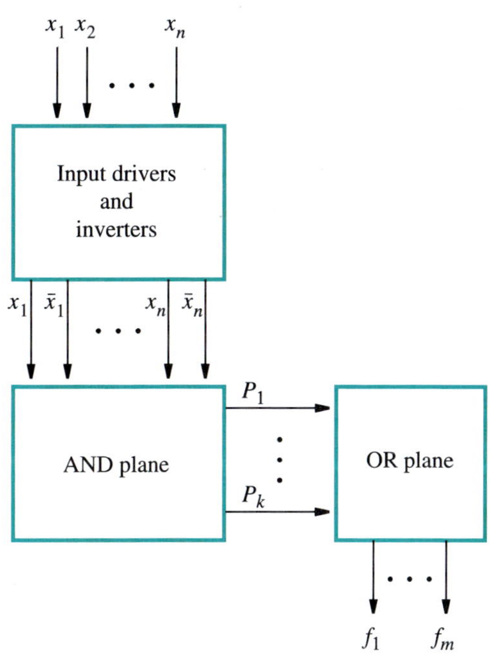

그림 B.25 PLA의 일반적 구조

집합으로 구성되어 있다. 그림 B.25에서 PLA의 입력 $x_1, \ldots, x_n$는 각 입력의 true 값과 컴플리먼트 값을 제공받는 일련의 드라이버를 통하여 *AND* **플레인**(*plane*) 또는 *AND* **어레이**(*array*)라고 불리는 회로 블록에 전달된다. AND 플레인은 일련의 곱의 항 $P_1, \ldots, P_k$를 만들며, 각 P_k의 항은 $x_1, \ldots, x_n$의 AND 함수가 된다. 이 곱의 항은 *OR* **플레인**에 입력되어 출력 $f_1, \ldots, f_m$을 만들며, 각 출력은 $P_1, \ldots, P_k$의 OR 함수가 된다. 따라서 PLA는 입력에 대한 임의의 SOP 함수를 구현해낼 수 있다.

그림 B.26에서 세 개의 입력과 네 개의 곱의 항 및 두 개의 출력으로 구성된 작은 PLA 회로를 자세하게 나타내었다. AND 플레인에 있는 각 AND 게이트는 세 개 입력 신호에 대한 true 값과 컴플리먼트 값에 해당하는 여섯 개의 입력을 가진다. AND 게이트에 대한 각 연결은 프로그램이 가능하다. AND 게이트에 연결된 신호는 물결 모양으로 표시하였고 연결되지 않은 신호는 절단된 선으로 표시하였다. AND 게이트에 연결되지 않은 입력은 게이트의 출력에 영향을 주지 않도록 회로가 설계되어 있다. 상용 PLA에서 프로그램을 위해 커넥션을 구현하는 방법에는 여러 가지가 있다. 트랜지스터를 사용하여 PLA를 구현하는 방법을 B.10절에서 자세히 다룬다.

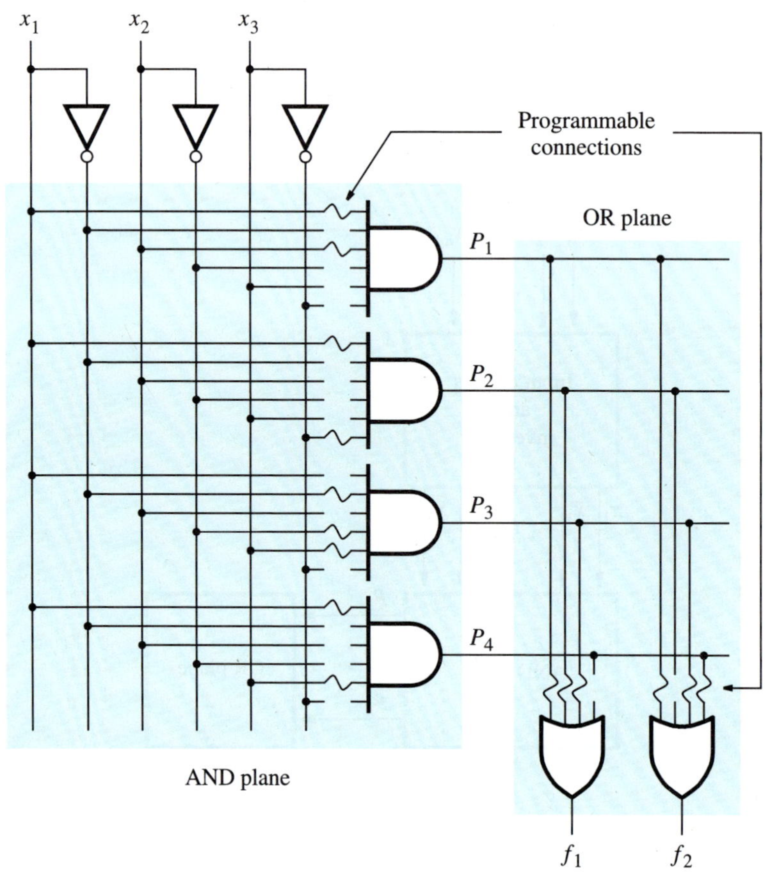

그림 B.26 PLA의 게이트 레벨 다이어그램

그림 B.26에서 P_1을 만들어내는 AND 게이트는 입력 x_1과 x_2에 연결되어 있다. 그러므로 $P_1 = x_1x_2$, $P_2 = x_1\bar{x}_3$, $P_3 = \bar{x}_1\bar{x}_2x_3$, $P_4 = x_1x_3$이 된다. OR 플레인도 프로그램이 가능하다. 출력 f_1은 곱의 항 P_2, P_2, P_3에 연결되어 있다. 따라서 이는 함수 $f_1 = x_1x_2 + x_1\bar{x}_3 + \bar{x}_1\bar{x}_2x_3$을 구현한다. 마찬가지로 출력 $f_2 = x_1x_2 + \bar{x}_1\bar{x}_2x_3 + x_1x_3$이 된다. 그림 B.26은 앞의 함수를 구현하기 위해 프로그래밍된 PLA를 보여주지만, AND와 OR 플레인을 다르게 프로그래밍하면 f_1, f_2의 출력으로 x_1, x_2, x_3에 대한 다양한 함수를 구현할 수 있다. 구현할 수 있는 함수에 대한 유일한 제약은 AND 플레인의 크기인데, 그 이유는 단지 네 개의 곱의 항만을 출력할 수 있기 때문이다. 보통 구할 수 있는 PLA 제품은 이것보다 크기가 크다. 전형적인 PLA는 16개의 입력, 32개의 곱 항 및 여덟 개의 출력으로 구성된다.

그림 B.26은 PLA의 기능적 구조를 명확히 표현하나 이런 형태로는 더 큰 칩을 표시하기 어렵다. 대신에 그림 B.27과 같이 표현한다. 각 AND 게이트는 하나의 수평선이 연결되어 있다. AND 게이트 입력은 수평선에 교차되는 수직선으로 그려져 있다. 프로그래밍 가능한 수평선과 수직선의 교차점에 연결을 X로 표시한다. 그림 B.27은 그림 B.26의 곱의 항을 구현하기 위해 프로그래밍한 연결을 보여주고 있다. 비슷한 방법으로, 각 OR 게이트는 수직선이 OR 게이트에 연결되도록 그린다. AND 게이트 출력은 이 선과

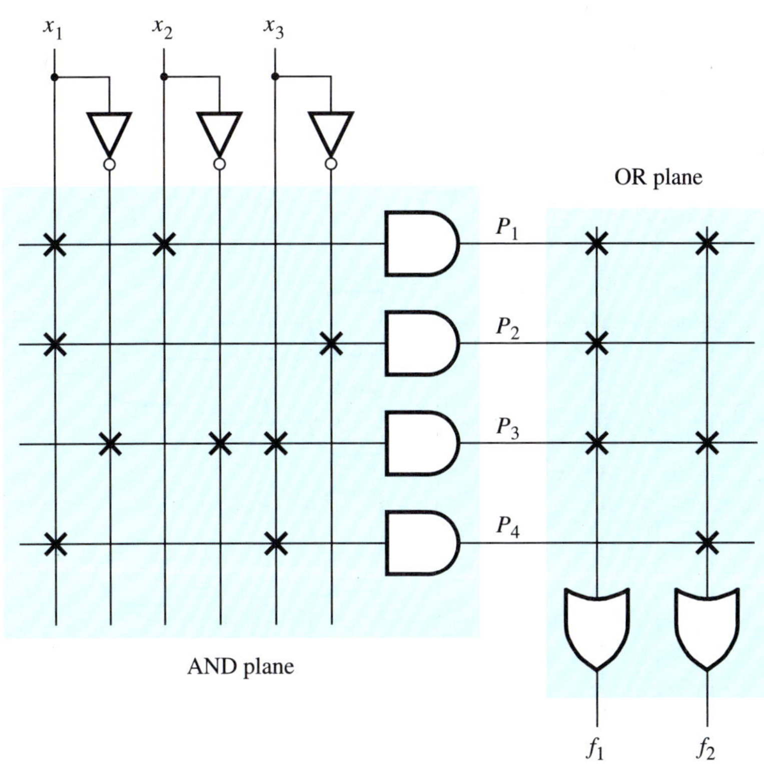

그림 B.27 그림 B.26의 PLA를 위한 일반적인 개략도

교차하며 프로그래밍 가능한 연결을 만들 수 있다. 이 그림은 그림 B.26의 함수 f_1과 f_2를 구현하기 위해 프로그래밍한 연결을 나타낸 것이다.

PLA는 IC로 구현할 필요가 있는 논리회로의 구현에 효율적이다. 그런 이유로 PLA는 종종 마이크로프로세서와 같은 큰 시스템의 일부분으로 사용된다. 이 경우 PLA는 프로그래밍 가능한 연결이 아닌 AND와 OR 게이트의 연결을 고정하여 사용한다. B.10 절에서 고정형과 프로그래밍 가능한 PLA가 서로 비슷한 구조를 가진다는 점을 설명한다.

B.6.2 PAL

PLA에서는 AND와 OR 플레인 모두 프로그래밍 가능하다. 역사적으로 보면 프로그래머블 스위치 제작에 따르는 두 가지의 기술적 어려움이 있었는데, 정확한 제작이 어렵다는 것과 속도 측면에서 성능이 떨어진다는 것이다. 이러한 결점으로 AND 플레인만 프로그래밍 가능하게 하고 OR 플레인은 고정 형태로 수정된 디바이스가 개발되었다. 이런 종류의 칩을 *PAL(programmable array logic)*이라고 한다.

그림 B.28에 세 개의 입력과 네 개의 곱 항 및 두 개의 출력을 갖는 PAL의 회로가 있다. 곱의 항 P_1과 P_2는 하나의 OR 게이트에 연결되어 있고, P_3과 P_4는 다른 하나의 OR 게이트에 연결되어 있다. 그림의 PAL은 두 논리함수 $f_1 = x_1x_2\bar{x}_3 + \bar{x}_1x_2x_3$과 $f_2 = \bar{x}_1\bar{x}_2 + x_1x_2x_3$을 구현하도록 프로그래밍되었다. 그림 B.27의 PLA와 비교하면 PAL은 융통성이 적다. PLA는 각 OR 게이트마다 네 개의 곱 항을 입력으로 가질 수 있으

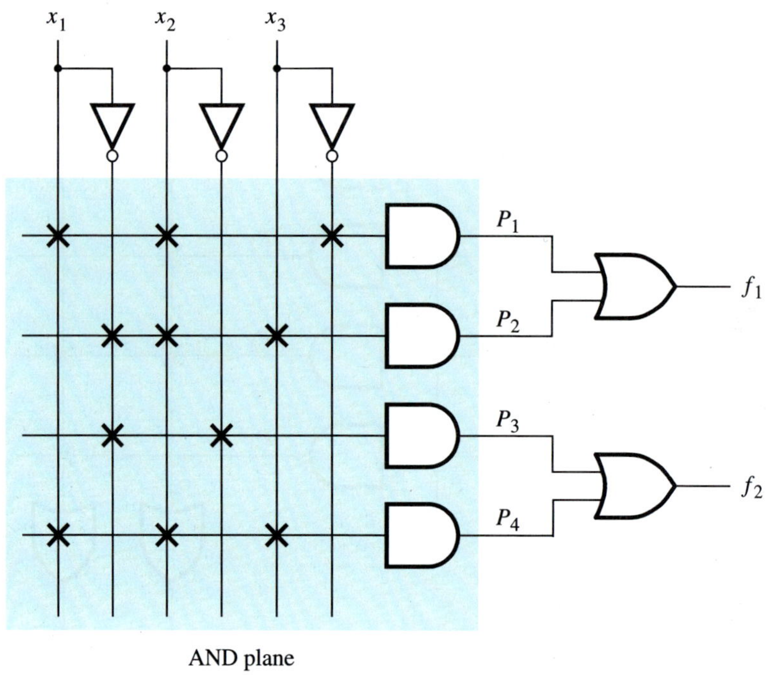

그림 B.28 PAL의 예제

나 PAL에서는 각 OR 게이트마다 단지 두 개의 입력만이 있다. 이러한 단점을 보완하기 위해서 PAL은 다양한 크기의 입력과 출력, 그리고 OR 게이트의 입력을 지원하는 구조로 제작된다.

그림 B.29는 22V10이라는 많이 사용되는 PAL의 예를 보여준다. AND 플레인으로 열한 개의 입력과 추가적으로 클록 입력을 사용할 수 있는 입력 한 개를 지원한다. OR 게이트는 8~16개의 범위에서 다양한 입력을 갖는다. 각 출력 핀은 선택적으로 입력 핀으로 사용될 수 있도록 3상태 드라이버에 연결된다. 각 OR 게이트는 **매크로셀**(*macrocell*)이라고 하는 추가적인 회로에 연결되어 있다.

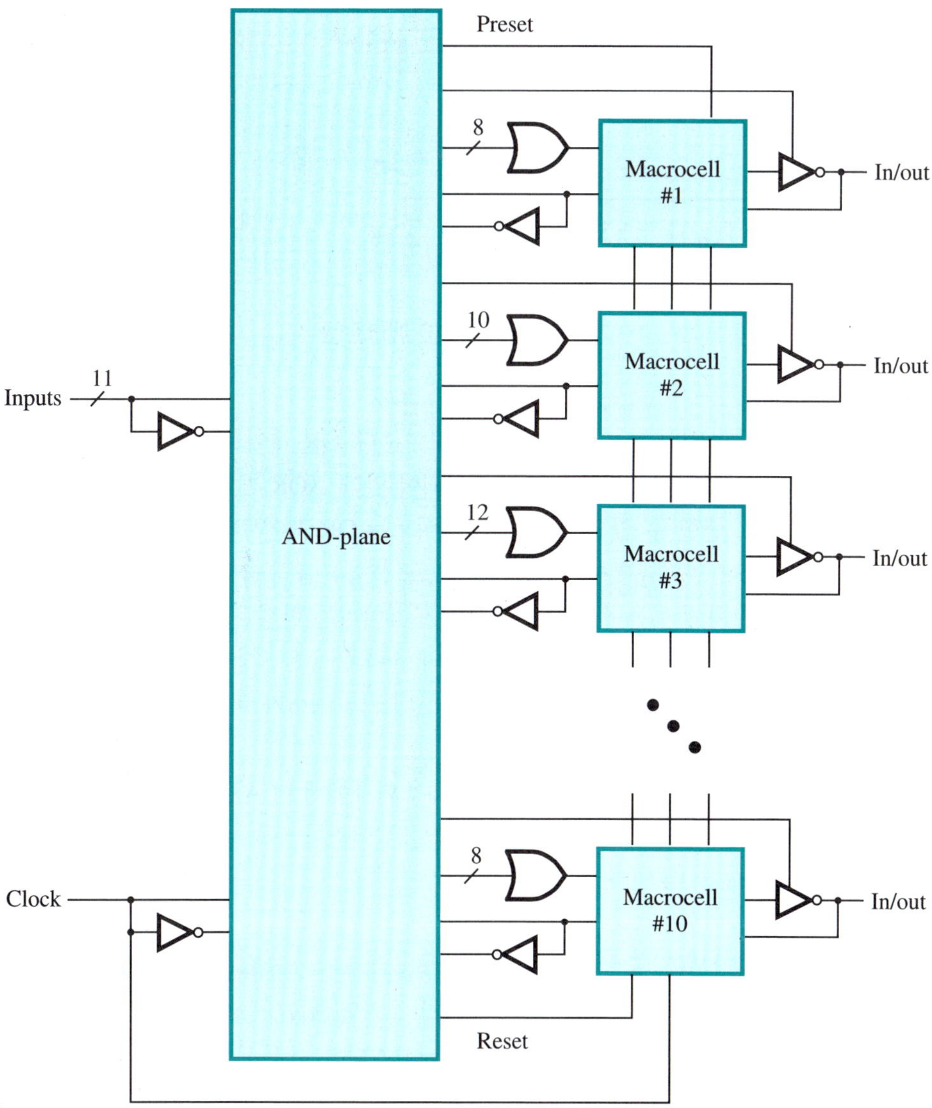

그림 B.29 22V10 PAL 소자

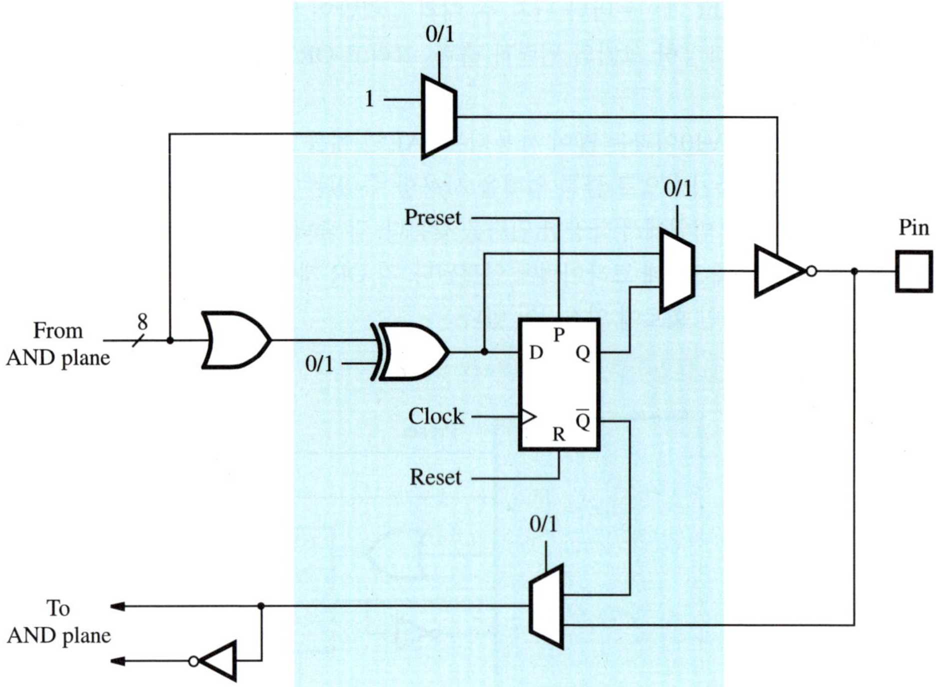

그림 B.30 22V10 매크로셀

그림 B.30은 22V10 PAL의 매크로셀을 보여준다. OR 게이트가 D 플립플롭의 입력으로 주어지는 XOR 게이트의 입력에 연결되어 있다. XOR 게이트의 나머지 입력을 0 혹은 1로 프로그램할 수 있으므로 XOR 게이트는 OR 게이트의 출력을 컴플리먼트시킬 수 있다. 2-to-1 멀티플렉서는 PAL 출력으로 플립플롭의 출력이나 플립플롭을 배제시킨 OR 게이트의 출력을 선택하며, 3상태 드라이버는 항상 활성화되거나 AND 플레인의 곱의 항으로 조절될 수 있다. 플립플롭의 출력 $\overline{Q}$ 혹은 3상태 드라이버의 출력은 피드백되어 AND 플레인에 연결될 수 있다. 3상태 드라이버가 비활성화되는 경우에는 해당 핀을 입력 핀으로 사용할 수 있다.

Altera, Atmel, Lattice를 포함하는 많은 제조회사에서 PLA, PAL, 혹은 유사한 형태의 *PLD*(*SPLD*)를 생산한다. 관심 있는 독자들은 이러한 제품에 관련된 정보를 제조사 홈페이지에서 얻을 수 있다.

B.6.3 PLA와 PAL의 프로그래밍

그림 B.27과 B.28에서 PAL이나 PLA에서 논리 신호와 AND/OR 게이트 간을 연결하는 스위치는 X로 표시되었다. 이 스위치가 트랜지스터를 사용해서 어떻게 구현되는지는 B.10절에서 설명한다. 이러한 디바이스에 사용자가 회로를 구현하려면 스위치를 **프로그램**(또는 *configuring*)한다. 상용 칩은 수천 개의 프로그램 가능한 스위치로 구성되며, 사용자가 각 스위치의 프로그래밍 상태를 수작업으로 처리하는 것은 불가능하다. 대신 CAD 시스템으로 처리한다.

PLD 회로의 설계를 지원하는 CAD 시스템은 디바이스 내의 스위치 하나하나를 프로그래밍하기 위한 정보를 자동으로 만들어 낸다. CAD 툴을 실행하는 컴퓨터는 PLD 전용의 **프로그래밍 장치**와 케이블로 연결된다. 사용자가 회로 설계를 마치면 CAD 툴은 프로그래밍 **파일** 또는 **퓨즈 맵**(*fuse map*)이라는 파일을 만든다. 이 파일은 설계하는 회로를 구현하기 위한 PLD 내 각 스위치의 상태를 명시한 것이다. PLD를 프로그래밍 장치에 삽입한 후 프로그램 파일을 컴퓨터로부터 전송하는데, 프로그래밍 장치는 칩을 프로그래밍 모드로 설정하여 각 스위치를 프로그램(configure)한다.

논리회로의 일부분으로 사용되는 PLA와 PAL은 일반적으로 다른 칩과 함께 PCB 위에 배치되어 전체 회로를 구성한다. 위에서 기술한 절차는 필요에 따라 칩을 PCB에서 제거하여 프로그래밍을 위해 프로그래밍 장치에 삽입될 수 있다고 가정한 것이다. PCB에서 칩을 제거하기 위해서는 그림 B.31과 같이 소켓을 사용하면 된다. PLA와 PAL은 그림 B.21*a*와 같은 DIP 패키지도 사용하지만, 그림 B.31과 같이 *PLCC*(*plastic-leaded chip carrier*)로 부르는 패키지도 많이 사용된다. PLCC 패키지는 DIP와 같이 수직으로 내려가는 형태의 핀 대신에 칩의 모든 네 모서리에 "wrap around" 된 형태의 핀을 갖는다. PLCC 소켓은 납땜(soldering)으로 PCB에 장착되고 PLCC 칩은 소켓과 마찰력으로 PCB와 연결된다.

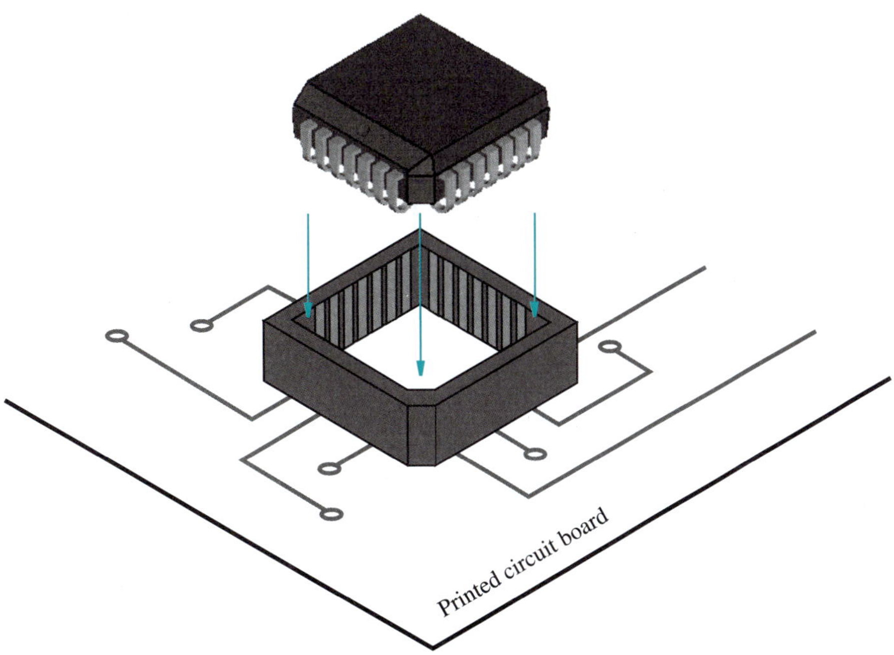

그림 B.31 PLCC 패키지와 소켓

칩을 구성하기 위해 프로그래밍 장치를 사용하는 대신 칩을 PCB에 장착한 채 프로그램할 수 있으면 유리하다. 이러한 프로그래밍 방법을 *ISP*(*in system programming*)이라고 한다. ISP는 PLA나 PAL에서는 제공되지 않지만, 다음에 설명하는 칩과 같이 복잡한 회로에서 사용된다.

B.6.4 CPLD

복잡하지 않은 디지털 회로를 설계할 경우에는 PAL과 PLA로 손쉽게 구현할 수 있다. 이들 소자들은 칩에서 지원하는 입출력과 곱 항의 수를 초과하지 않는 범위의 회로를 구현할 수 있다. 이들 칩은 일반적으로 입출력을 합쳐 32를 초과하지 않는 크기로 제한된다. 많은 입출력을 요구하는 회로의 경우, 여러 개의 PLA나 PAL를 사용하거나 아니면 *CPLD*(*complex programmable logic device*)라는 복잡한 종류의 칩을 사용할 수 있다.

CPLD는 한 개의 칩에 내부 배선으로 연결된 여러 개의 회로 블록으로 구성된 형태의 소자이다. 각 회로 블록은 PLA 혹은 PAL과 유사하므로 *PAL-like* **블록**이라고 부른다. 그림 B.32는 상호 접속 배선으로 연결된 네 개의 PAL-like 블록을 포함하는 CPLD의 한 예를 보여준다. 각 PAL-like 블록은 *I/O* **블록**이라고 표시된 부회로에 연결되며, 이 I/O 블록은 또한 칩의 입출력 핀에 연결되어 있다.

그림 B.33은 CPLD의 배선 구조와 PAL-like 블록의 연결의 예를 보여준다. PAL-like 블록은 세 개의 매크로셀을 가지고 있는데(실제의 경우에는 하나의 PAL-like 블록이 보통 16개의 매크로셀을 갖는다), 각 매크로셀은 4-입력 OR 게이트를 가지고 있다(실제의 경우에는 각 OR 게이트가 보통 5~20개의 입력으로 구성된다). OR 게이트의 출력은 XOR 게이트의 입력으로 연결되는데, XOR 게이트의 다른 입력은 0이나 1로 프

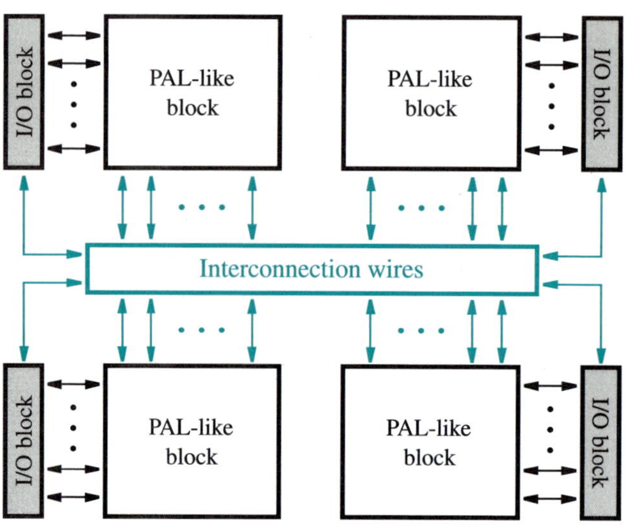

그림 B.32 CPLD의 구조

로그램할 수 있다. 만약 이 입력이 1이라면 XOR 게이트 출력은 OR 게이트 출력을 컴플리먼트(1이면 0, 0이면 1이 된다)하며, 0이라면 XOR 게이트는 영향을 주지 않는다. 또한 매크로셀은 플립플롭, 멀티플렉서, 3상태 드라이버를 포함한다. 각 3상태 드라이버는 CPLD 패키지의 핀에 연결된다. 3상태 드라이버를 사용하여 CPLD의 각 핀이 출력이나 입력으로 사용되는지 여부를 결정한다.

CPLD의 배선은 PAL-like 블록을 연결하기 위해 프로그래밍 가능한 스위치를 포함하고 있다. 각 수평 배선(horizontal wire)은 교차하는 몇몇 수직 배선(vertical wire)과 연결될 수 있다. 한 가지 주의해야 할 것은 핀이 입력으로 사용되면, 그 핀과 관련된 매크로셀은 사용될 수 없으며 낭비된다는 것이다. 이런 매크로셀의 낭비를 막기 위해 매크로셀과 연결 배선 사이에 부가적인 연결을 제공하는 CPLD도 있다.

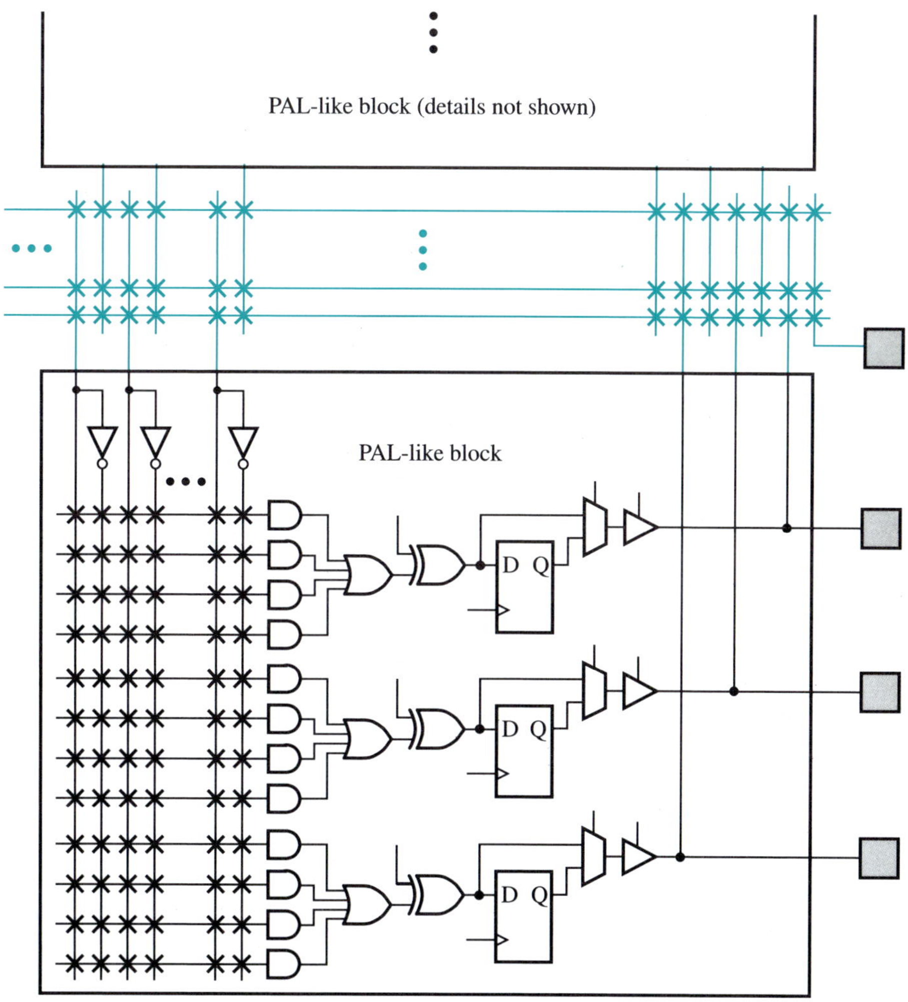

그림 B.33 CPLD의 일부

상용 CPLD는 두 개에서 100개 이상의 PAL-like 블록을 지원하는 다양한 크기가 있다. CPLD는 그림 B.31에 보인 PLCC 이외에 다양한 패키지로 제공된다. 그림 B.34*a*는 *QFP*(*quad flat pack*)라는 다른 유형의 패키지에 CPLD가 포장된 것이다. PLCC 패키지와 마찬가지로 QFP 패키지도 네 방향으로 핀이 있으나, PLCC의 핀이 패키지 모서리를 감싸는데 비해 QFP 핀은 아래 방향으로 내린 다음 바깥쪽으로 펼쳐진다. QFP 핀은 PLCC의 핀보다 훨씬 얇으므로 더 많은 수의 핀을 지원할 수 있다. PLCC는 100개 이하의 핀을 지원하지만 QFP는 200개 이상의 핀을 지원한다.

대부분의 CPLD는 B.10절에서 기술한 SPLD와 같은 프로그래머블 스위치를 사용한다. 스위치를 프로그래밍하는 방법은 B.6.3절에서 기술한 바와 같이 프로그래밍 장치를 이용한다. 그러나 이 방법은 두 가지 이유 때문에 큰 CPLD에서는 다소 불편하다. 첫째, 큰 CPLD는 200개 이상의 많은 핀으로 제조되므로 핀이 쉽게 부러지고 자주 휘어진다. 둘째, 커다란 칩을 프로그램하기 위한 큰 소켓이 필요하다. 큰 QFP 패키지의 소켓은 비싸며 CPLD 칩보다 더 비싼 경우도 있다. 이러한 이유로 인해 CPLD는 일반적으로 ISP 기술을 지원한다. CPLD가 장착된 PCB에 작은 커넥터를 통해 컴퓨터와 연결한다. CAD 시스템에 의해 만들어진 자료를 케이블을 통해 CPLD로 전송하여 프로그램한다. 이런 방식으로 프로그램하는 것은 IEEE에서 표준화하였으며 CPLD 상의 회

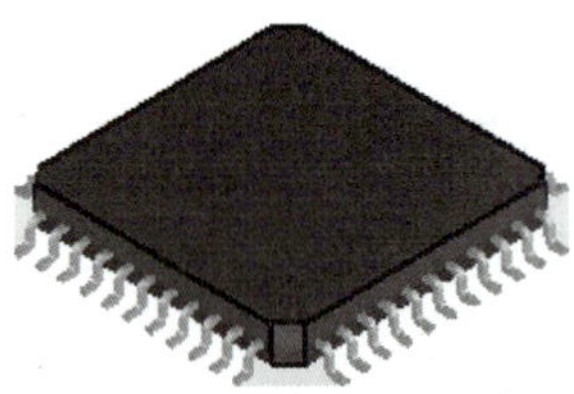

(a) QFP 패키지의 CPLD

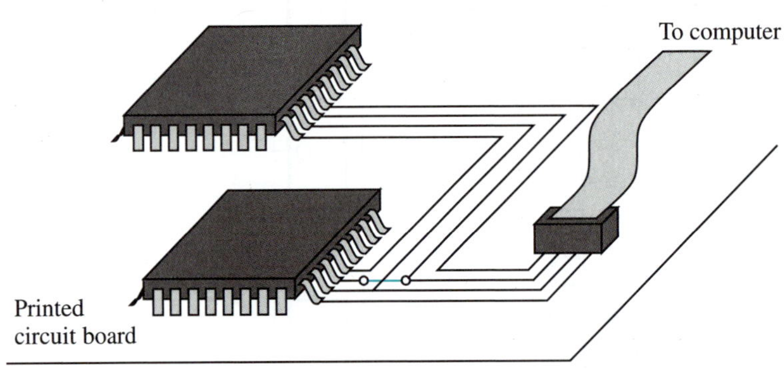

(b) JTAG 프로그래밍

그림 B.34 CPLD 패키지와 프로그래밍

로를 *JTAG* **포트**라고 한다. 컴퓨터와 프로그램할 소자 사이의 자료 전송은 네 개의 선을 사용한다. *JTAG*은 Joint Test Action Group의 준말이다. 그림 B.34*b*는 PCB에 두 개의 CPLD를 프로그램하기 위한 JTAG 포트의 사용을 보여준다. 두 개의 CPLD가 서로 연결되어 하나의 컴퓨터로 프로그래밍 될 수 있다. CPLD는 한 번 프로그램되면 칩의 전원 공급이 끊겨도 프로그램된 상태를 영구히 유지한다. 이런 속성을 **비휘발성**(*nonvolatile*)이라고 한다.

CPLD는 다양한 형태의 디지털 회로의 구현에 사용된다. PLD를 사용하는 산업 설계 분야에서 CPLD가 주로 사용되며 SPLD의 사용은 점차 줄고 있다. Altera, Lattice, Xilinx를 포함하는 많은 제조회사에서 CPLD를 생산한다. 이러한 제품에 관련된 정보는 인터넷에서 얻을 수 있다.

B.6.5 FPGA

앞에서 기술한 7400 시리즈, SPLD, CPLD와 같은 칩은 작거나 중간 크기의 논리회로 구현에 편리하다. 회로의 크기를 정하는 한 가지 방법은 회로가 간단한 논리게이트로만 구성된다고 가정한 후 필요한 게이트 수를 추정하는 것이다. 흔히 사용하는 측정 방법은 회로의 구성에 필요한 2-입력 NAND 게이트의 수인데, 이 측정을 **등가 게이트**(*equivalent gate*) 수라고 한다.

등가 게이트의 수를 사용한 7400 시리즈 칩의 크기 측정은 칩이 간단한 게이트만을 포함하기 때문에 간단하다. SPLD와 CPLD의 경우에는 일반적으로 각 매크로셀이 약 20개의 등가 게이트와 같다고 본다. 따라서 여덟 개의 매크로셀을 가진 보통의 PAL은 약 160개의 등가 게이트 회로를, 그리고 500개의 매크로셀을 가진 큰 CPLD는 약 10,000개의 등가 게이트 회로를 구현할 수 있다.

10,000개의 게이트를 가진 논리회로는 현재의 기준으로는 큰 것이 아니다. 보다 큰 회로를 구현하기 위해 큰 논리회로를 수용할 수 있는 칩이 필요하다. *FPGA*(*Field-programmable gate array*)는 상당히 큰 논리회로를 구현할 수 있는 프로그래밍 가능한 논리 소자이다. FPGA는 AND나 OR 플레인을 가지고 있지 않으므로 SPLD나 CPLD와는 다르다. 그 대신에 FPGA는 필요한 함수를 구현하기 위해 **논리 소자**를 제공한다. FPGA의 일반적인 구조가 그림 B.35*a*에 있다. FPGA는 논리 소자, 패키지의 핀과 연결해주는 I/O 블록, 접속 배선 및 스위치로 구성되어 있다. 논리 소자는 2차원 배열이며 접속 배선은 논리 소자의 행과 열 사이에 있는 수직과 수평 **라우팅 채널**(*routing channel*)로 구성되어 있다. 라우팅 채널은 논리 소자를 서로 연결시킬 수 있도록 와이어와 프로그래머블 스위치로 구성된다. 그림 B.35*a*는 프로그래머블 스위치의 두 가지 위치를 보여준다. 논리 소자 옆으로 있는 컬러로 표시된 상자는 논리 소자의 입력과 출력 단자를 접속 배선과 연결해주는 스위치를 가지며, 논리 소자 사이에 대각선 방향으로 있는 컬러로 표시된 상자는 접속 배선 사이(수직 배선과 수평 배선)의 연결을 위한 스위치를 갖는다. 그리고 프로그래밍 가능한 연결은 I/O 블록과 접속 배선 사이에

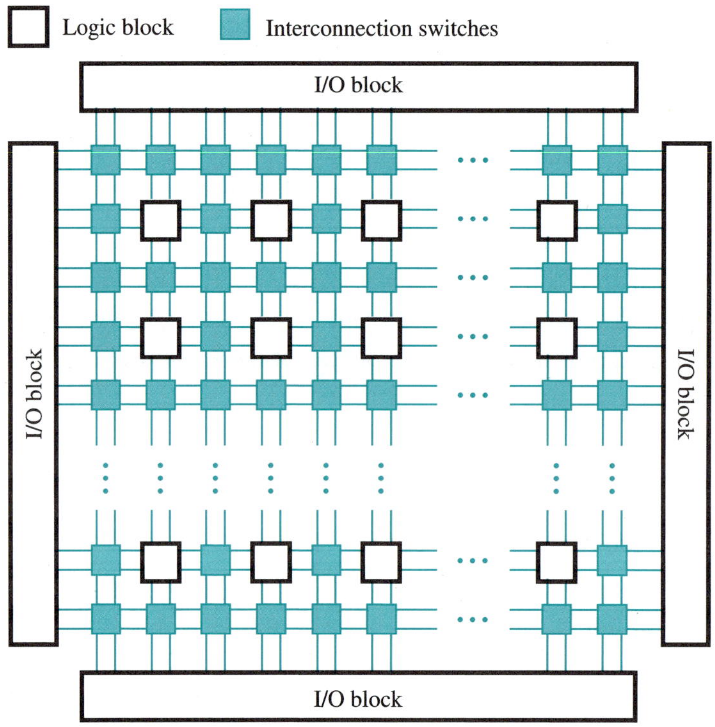

(a) FPGA의 일반적 구조

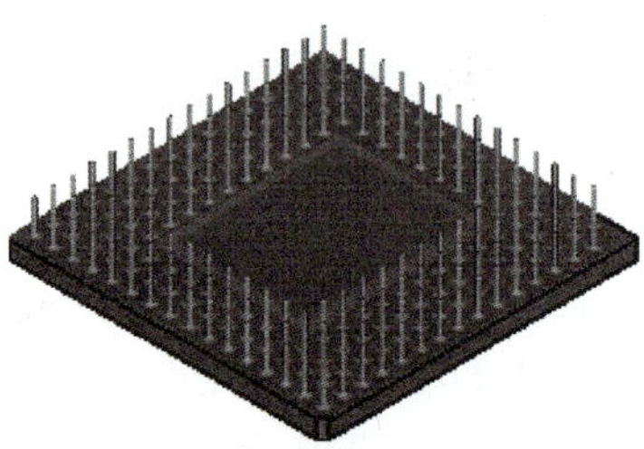

(b) PGA 패키지(바닥 면)

그림 B.35 FPGA

도 존재한다. FPGA에서 프로그래머블 스위치와 배선의 수는 칩마다 다르다.

FPGA는 수백만 개 이상의 등가 게이트를 가진 논리회로의 구현에 사용될 수 있다. 상용 FPGA 제품의 예는 FPGA 칩의 주요 생산업체인 Altera와 Xilinx의 웹사이트에서 찾을 수 있다. FPGA는 앞에서 기술한 PLCC와 QFP 패키지 외에 여러 가지 패키지로 제조된다. 그림 B.35*b*는 *PGA(pin grid array)*라는 다른 종류의 패키지이다. PGA 패키지는 수백 개의 핀을 지원할 수 있는데, 이것은 그리드(grid, 격자) 형식으로 패키지의 밑에서 밖으로 향하도록 핀이 부착된 것이다. 유사한 형태의 패키지 기술로 *BGA*(*ball grid array*)가 있다. BGA는 핀이 막대기처럼 튀어나온 포스트 대신에 작은 둥근 볼을 배치한 것을 제외하고는 PGA와 비슷하다. BGA 패키지의 장점은 핀이 매우 작으며 더 많은 핀을 지원할 수 있다는 것이다.

일반적으로 FPGA에 있는 논리 소자는 입력과 출력의 수가 많지 않다. 상업 FPGA 제품은 다양한 형태의 논리 소자로 구성된다. 가장 많이 사용하는 논리 소자는 간단한 논리함수를 구현하기 위한 **기억소자**(*storage cell*)로 구성된 *LUT*(*lookup table*)이다. 각 셀은 단일 논리 값인 0 또는 1을 저장할 수 있다. 다양한 크기의 LUT를 만들 수 있는데, 이 크기는 입력 수에 의해 정해진다. 그림 B.36*a*는 간단한 LUT의 구조로 2개의 입력 x_1, x_2와 출력 f를 가지고 있다. 이 LUT는 두 개의 변수를 사용하는 모든 논리함수를 구현할 수 있다. 두 개의 변수를 갖는 함수의 진리표는 4행을 가지므로 이 LUT는 네 개의 기억소자를 갖는다. 각 셀은 각 진리표의 한 행의 출력에 해당한다. 입력 변수 x_1과 x_2가 세 개의 멀티플렉서의 선택 입력으로 사용되는데, x_1과 x_2의 값에 따라 LUT 출력으로서 네 개의 기억소자 중 하나를 선택한다. B.9절에서 기억소자에 대해 설명한다.

논리함수가 2-입력 LUT로 구현되는 방법을 보기 위해 그림 B.36*b*의 진리표를 살

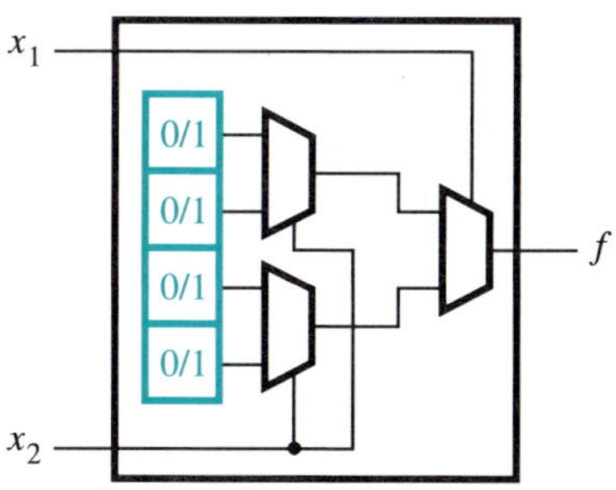

(a) 2-입력 LUT를 위한 회로

x_1	x_2	f_1
0	0	1
0	1	0
1	0	0
1	1	1

(b) $f_1 = \overline{x}_1 \overline{x}_2 + x_1 x_2$

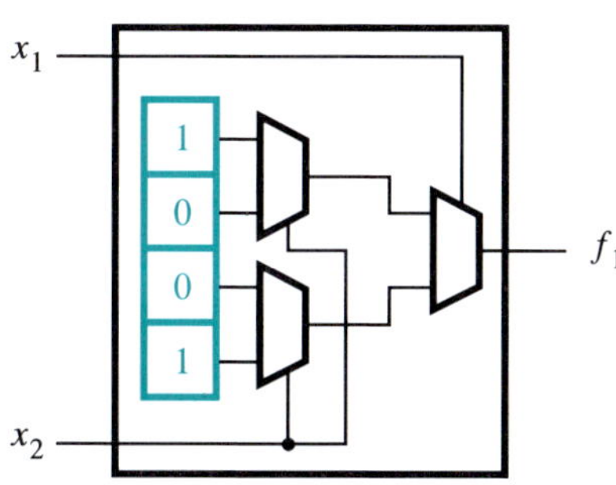

(c) LUT에서의 기억소자의 구성

그림 B.36 2-입력 LUT

펴보자. 이 진리표에서 함수 f_1은 그림 B.36c와 같이 LUT에 저장될 수 있다. LUT에서 멀티플렉서의 사용으로 함수 f_1을 구현할 수 있다. $x_1 = x_2 = 0$일 때 LUT의 출력은 가장 위에 있는 기억소자에 의해 구동되는데, 이는 진리표에서 $x_1x_2 = 00$에 해당한다. 같은 방법으로 x_1과 x_2의 모든 값에 대해 진리표의 행에 해당되는 값은 기억소자의 논리 값으로 LUT 출력에 나타난다.

그림 B.37에 3-입력 LUT를 나타내었다. 세 개의 변수는 진리표에서 8행을 가지므로 LUT는 여덟 개의 기억소자를 가진다. 상용 FPGA 칩에서 LUT는 보통 네 개나 여섯 개의 입력을 지원하며 각각 16개와 32개의 기억소자가 필요하다. 대부분의 FPGA 논리 소자는 LUT 이외에 그림 B.38에서와 같이 플립플롭을 포함한다.

FPGA로 구현하는 논리회로는 각 논리함수가 단일 논리 소자 안에 구현될 수 있도록 충분히 작아야 한다. 실제로 CAD 툴은 설계된 회로를 요구된 형식으로 자동 변환한

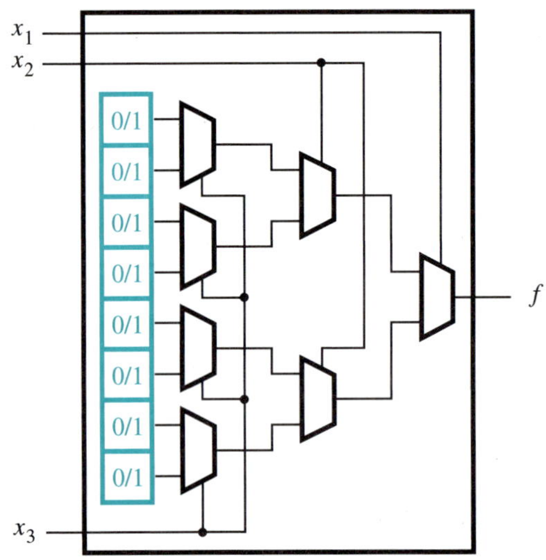

그림 B.37 세 개의 입력을 갖는 LUT

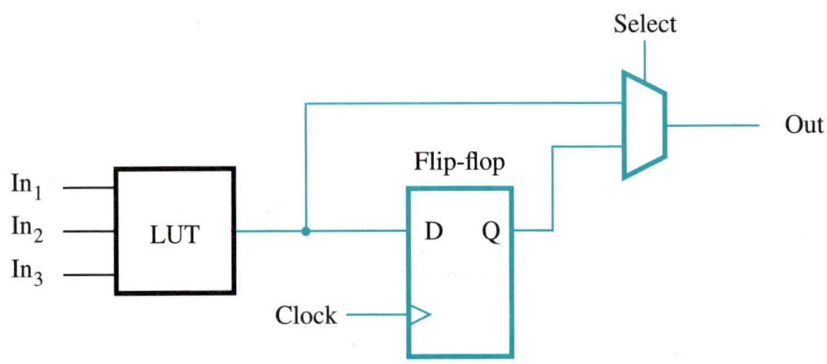

그림 B.38 플립플롭을 포함하는 FPGA 논리 소자

다(10장 참고). 회로가 FPGA에서 구현될 때 논리 소자는 필요한 함수를 구현하기 위해 프로그램되며, 라우팅 채널은 논리 소자 사이를 연결할 수 있도록 프로그램된다. FPGA는 ISP 방식을 사용하여 프로그램되는데, ISP는 B.6.4절에서 설명하였다. FPGA LUT의 기억소자는 **휘발성**(*volatile*)인데, 이는 칩의 전원 공급이 끊어지면 저장된 내용이 지워진다는 것을 의미한다. 그러므로 FPGA는 매번 전원이 공급될 때마다 프로그램되어야 한다. 정보를 영구히 보관할 수 있는 *PROM*(*programmable read-only memory*)이라는 소형 메모리 칩이 FPGA 칩과 함께 회로 기판에 포함된다. 전력이 칩에 공급될 때 FPGA의 기억소자는 PROM으로부터 자동으로 다시 프로그램된다.

회로를 구현하도록 프로그램된 FPGA의 일부가 그림 B.39에 있다. FPGA는 2-입력 LUT를 가지며 각 라우팅 채널에 네 개의 배선이 있다. 이 그림은 FPGA 일부분으로 논리 소자와 배선 스위치의 프로그램된 상태를 보여준다. 프로그래머블 스위치는 X로 표시되었다. 컬러로 표시한 각 X 스위치는 ON 되어 수직선과 수평선을 연결한다. 검정색으로 표시된 X 스위치는 OFF된 것이다. 트랜지스터를 사용한 스위치 구현 방법은 B.10.1절에서 기술한다. FPGA의 위쪽의 논리 블록 내에 프로그램된 진리표는 함수 $f_1 = x_1x_2$ 및 $f_2 = \bar{x}_2x_3$과 일치한다. 그림의 오른쪽 밑에 있는 논리 소자는 $f = f_1 + f_2 = x_1x_2 + \bar{x}_2x_3$을 만들기 위해 프로그램된 것이다.

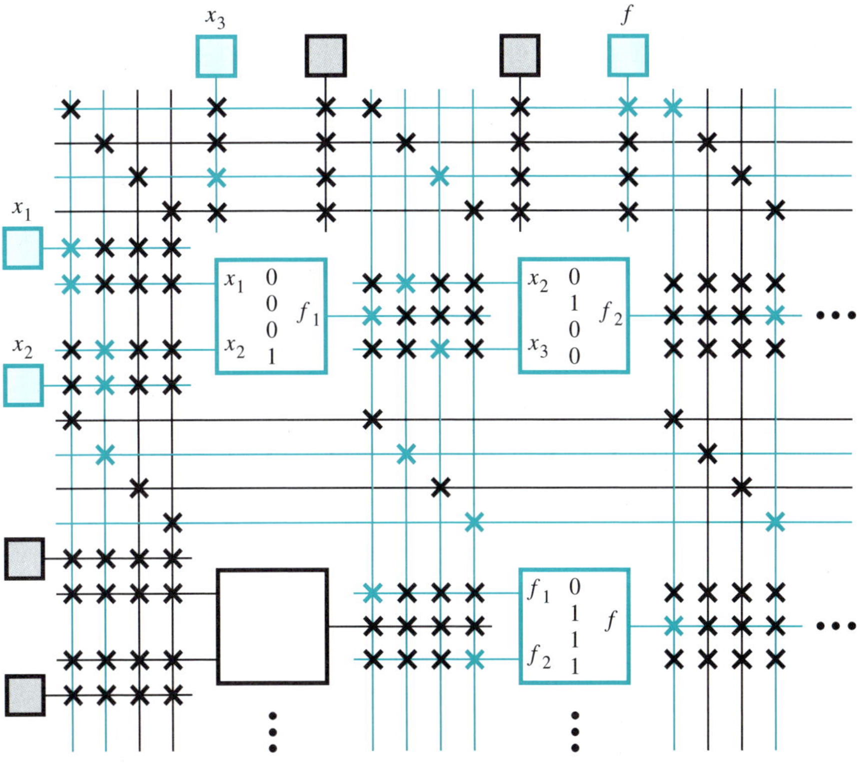

그림 B.39 프로그래밍된 FPGA의 일부분

B.7 • 커스텀 칩, 표준 셀, 그리고 게이트 어레이

PLD에서 사용하는 프로그래머블 스위치는 프로그램 가능하다는 장점을 제공하지만, 칩 공간의 상당한 부분을 차지함으로써 비용의 증가를 수반한다. 또한 회로의 동작 속도를 저하시키는 원인이 되며 소모 전력을 증가시킨다. 이 절에서는 프로그래머블 스위치를 사용하지 않는 높은 용량의 IC(집적회로) 기술을 소개한다.

많은 논리게이트, 빠른 속도와 저전력을 제공하기 위해 **커스텀 칩**(*custom chip*, 특별히 주문 제작된 반도체 칩)을 제작할 수 있다. PLD는 사용자가 원하는 회로를 구현하기 위해 논리게이트와 프로그래머블 스위치를 이용하여 미리 제조되는 반면에 커스텀 칩은 처음부터 간단한 게이트를 가지고 만들어야 한다. 커스텀 칩의 설계자는 칩의 크기, 트랜지스터의 수, 트랜지스터의 위치 및 연결 방법까지 모든 것을 자유롭게 결정할 수 있다. 칩에서 트랜지스터와 배선의 위치를 정확하게 처리하는 과정을 **배치**(*chip layout*)라고 한다. 커스텀 칩을 설계하는 설계자는 원하는 어떤 배치도 할 수 있다. 그러나 커스텀 칩 설계에는 많은 노력이 필요하며 고가이다. 따라서 커스텀 칩은 FPGA와 같은 표준화된 부품으로는 만족할 수 없는 경우에만 제작된다. 제작 비용이 보상될 정도의 충분한 수량을 판매할 수 있어야 한다. 커스텀 칩으로 제작하는 제품의 두 가지 예로는 마이크로프로세서와 메모리 칩을 들 수 있다.

커스텀 칩을 설계할 경우에 들여야 하는 많은 노력은 **표준 셀**(*standard cell*)이라는 기술을 사용하여 단축할 수 있다. 이 기술을 사용해서 만들어진 칩을 *ASIC*(*application specific integrated circuits*)이라고 한다. 그림 B.40에 ASIC의 일부분을 나타내었다. CAD 툴을 사용하면 자동으로 표준 셀을 행으로 배열하고 **라우팅 채널**이라는 배선으로 연결한다. 기본 논리게이트, 래치, 플립플롭 등을 포함한 다양한 표준 셀이 제공된다. 이용 가능한 표준 셀은 미리 설계하여 사용할 수 있도록 라이브러리로 저장되어 있다. 그림 B.40에서 배선은 두 가지 색으로 그려져 있다. 이 금속 배선(metal wire)은 **다층**(*multiple layer*)으로 IC 위에 제조할 수 있으므로 단락회로 없이 두 개의 배선을 교

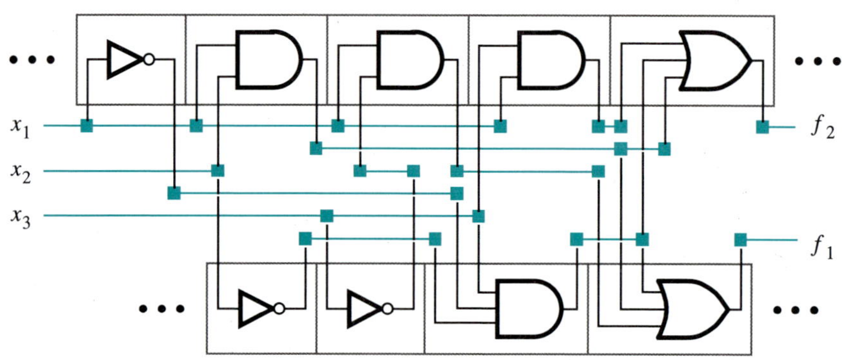

그림 B.40 표준 셀 칩의 두 개의 행의 일부분

차할 수 있게 한다. 컬러 선은 금속 배선 한 개의 층을 표시하며, 검정색 선은 다른 층의 선이다. 컬러로 표시된 네모는 서로 다른 층에 있는 선을 연결할 수 있는 결선을 표시하는데, 이를 하드 와이어드 커넥션(hard-wired connection, *via*라고 부름)이라고 한다. 현재 기술로 금속 배선은 10층 이상 가능하다. 몇 개의 금속 층은 논리게이트의 트랜지스터 위에 둘 수도 있어 보다 효과적인 배치를 가능하게 한다.

커스텀 칩을 설계할 때와 마찬가지로 표준 셀은 처음부터 사용자의 명세에 맞춰 만들어야 한다. 그림 B.40의 회로는 그림 B.26에서 PLA로 구현한 $f_1 = x_1x_2 + x_1\bar{x}_3 + \bar{x}_1\bar{x}_2x_3$와 $f_2 = x_1x_2 + \bar{x}_1\bar{x}_2x_3 + x_1x_3$을 구현한 것이다. 가격이 비싸므로 표준 셀 칩은 이와 같이 작은 칩에는 절대 사용하지 않으며, 그림은 큰 칩의 일부분만을 나타낸 것이다. 표준 셀에서의 각 게이트의 배치는 미리 설계되어 고정된다. 이 배치는 각 행 있는 논리게이트의 규칙적인 정렬 덕분에 자동으로 CAD 툴에 의해 처리된다. 일반 칩은 논리게이트를 가진 여러 개의 긴 행과 그 사이에 많은 배선이 있다. 주변의 I/O 블록이 QFP, PGA, BGA와 같은 칩 패키지의 핀으로 연결된다.

표준 셀과 비슷한 다른 기술로 게이트 어레이 기술이 있다. 게이트 어레이 부분은 미리 제조되고, 다른 부분은 사용자 회로에 맞게 맞춤 제조된다. 이 개념은 IC가 트랜지스터를 만들어내는 단계와 트랜지스터를 서로 연결하는 배선을 만드는 단계 등 일련의 연속적인 단계로 제조된다는 사실을 바탕으로 한다. 게이트 어레이 기술에서 제조사는 사용자 회로의 요구 사항에 대한 고려 없이 전형적인 트랜지스터 제조를 포함하는 대부분의 과정을 수행한다. 이 과정은 게이트 어레이 **템플릿**(*template*)이라고 하는 부분 완성 칩의 실리콘 웨이퍼를 만들어 낸다. 추후에 이 템플릿은 각각의 완성된 칩에 사용자 요구에 맞은 회로를 생성하기 위해 일반적으로 트랜지스터를 서로 연결하는 배선 공정으로써 수정된다. 게이트 어레이 방식은 제조회사들이 동일한 제품의 템플릿 웨이퍼를 대량 생산함으로써 칩 제조비용을 분할할 수 있으므로 커스텀 칩 방식보다 가격을 절감할 수 있다. 다양한 게이트 어레이 방식이 있는데, 어떤 게이트 어레이는 큰 논리 셀을 지원하고 어떤 게이트 어레이는 한 개의 트랜지스터 수준으로 구성할 수도 있다.

게이트 어레이의 템플릿의 예를 그림 B.41에 나타내었다. 게이트 어레이는 2차원의 논리 셀을 포함하고 있다. 게이트 어레이에서 논리 셀이 모두 같다는 것을 제외하면 칩 구조는 표준 셀과 비슷하다. 게이트 어레이에서 사용하는 논리 셀은 종류가 다양하다. 일반적인 예로 2-입력 혹은 3-입력 NAND 게이트를 사용한다. 어떤 게이트 어레이에서는 나중에 다른 논리 셀과의 연결을 추가하는 배선을 넣을 수 있도록 논리 셀의 행 사이에 빈 공간을 제공하기도 한다. 그러나 대부분의 게이트 어레이는 논리 셀 사이에 공간이 없으며, 접속 배선은 논리 셀 위에 만들어진다. 그림 B.40에서 설명하듯이 금속 배선은 칩 위에 다층으로 구성할 수 있으므로 이러한 설계를 가능하게 한다. 이러한 방법은 *sea-of-gates* 기술로 알려져 있다. 그림 B.42는 논리함수 $f = x_2\bar{x}_3 + x_1x_3$을 구현하기 위해 맞춤으로 설계된 게이트 어레이의 일부분이다. 2.7절에서 설명했듯이 단지 NAND 게이트로만 구성된 이 회로는 AND-OR 회로와 등가라는 것을 쉽게 확인할 수 있다.

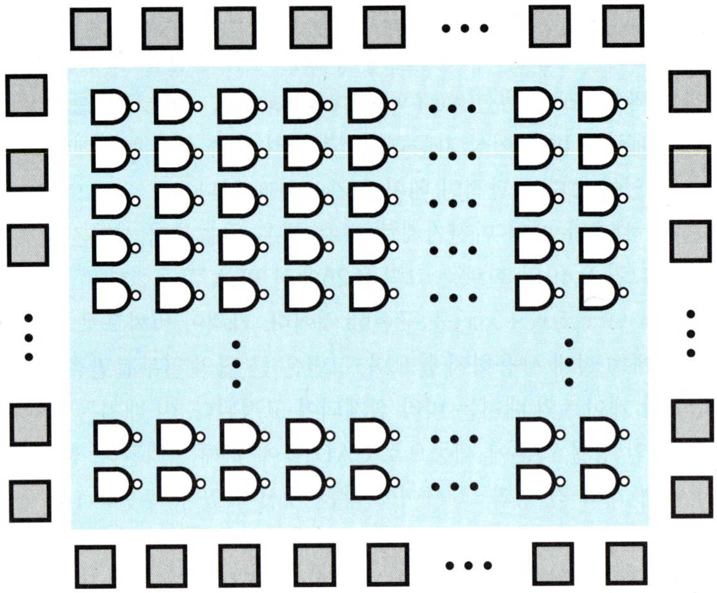

그림 B.41 sea-of-gates 게이트 어레이

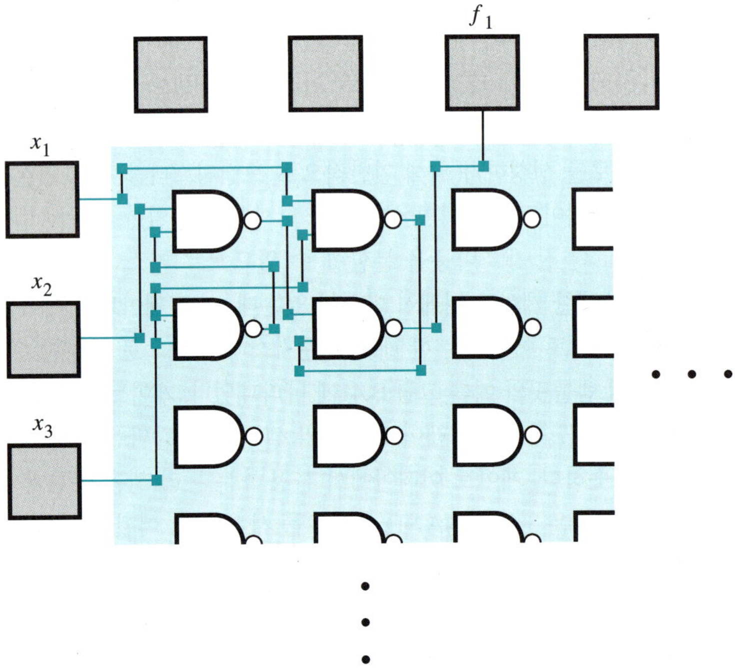

그림 B.42 그림 B.41의 게이트 어레이에서의 함수 $f_1 = x_2\bar{x}_3 + x_1x_3$의 구현

B.8 • 실용적인 고려사항

지금까지 논리게이트의 기초와 상용 칩의 예를 설명하였다. 이 절에서는 디지털 회로에 대해 좀 더 자세하게 관찰해보자. 트랜지스터가 실리콘에 제작되는 방법과 트랜지스터의 동작에 대해 자세히 설명한다. 논리회로의 안정적 동작과 신호 지연 및 전력 소모에 대한 중요한 문제점을 설명한다.

B.8.1 MOSFET 제작과 동작

NMOS와 PMOS 트랜지스터의 동작을 이해하기 위해 IC 내에서의 제조 방법을 고려할 필요가 있다. IC는 실리콘 위에 제조되는데 실리콘 웨이퍼는 보통 6, 8, 12인치의 직경으로 오디오 CD(컴팩트 디스크)와 비슷한 모양이다. 많은 IC 칩은 한 장의 웨이퍼 상에 제조되고, 웨이퍼는 각각의 칩으로 절단된다.

실리콘은 일종의 **전기적 반도체**(*electrical semiconductor*)이다. 이것은 경우에 따라 전류를 흐르게 하거나 그렇지 않도록 조작이 가능하다는 의미이다. 트랜지스터는 양전하나 음전하를 갖는 실리콘 서브스트레이트(substrate) 위에 만든다. 음전하로 충전된 영역을 *n*형이라고 하며, 양전하로 충전된 영역을 *p*형이라 한다. 그림 B.43은 NMOS 트랜지스터의 구조를 나타낸 그림이다. NMOS 트랜지스터는 소스와 드레인 단자에 *n*형 실리콘을 사용하고 서브스트레이트 단자는 *p*형을 사용한다. 금속 배선은 소스와 드레인 단자의 전기적 연결을 만들기 위해 사용한다.

MOSFET가 발명되었을 당시 게이트 단자는 금속으로 만들어졌다. 현재는 **폴리실리콘**(*polysilicon*)이라는 재료를 사용한다. 폴리실리콘은 금속처럼 도체이다. 게이트는 실리콘 이산화물(dioxide, SiO_2) 층에 의해 트랜지스터의 나머지 부분과 전기적으로 분리되어 있는데, 실리콘 이산화물은 게이트 단자와 서브스트레이트 사이를 절연하는 유리 종류이다. 트랜지스터의 동작은 아래에서 설명하는 것처럼 단자에 가해지는 전압에 의해 발생하는 전기장(electric field)에 의해 제어된다.

그림 B.43에서 소스, 게이트, 드레인 단자에 걸리는 전압을 각각 V_S, V_G, V_D라고 하자. 먼저 그림 B.43*a*에서 소스와 게이트 모두 *Gnd*에 연결($V_S = V_G = 0$ V)되어 있는 경우를 고려해보자. *n*형 소스와 *n*형 드레인 단자는 *p*형 서브스트레이트에 의해 서로 분리되어 있다. 전기적인 관점에서 두 개의 다이오드가 소스와 드레인 사이에 존재한다. 다이오드 중 하나는 서브스트레이트와 소스 사이에서 *p-n* **접합**(*junction*)으로, 다른 다이오드는 서브스트레이트와 드레인 사이에서 *p-n* 접합으로 형성된다. 이렇게 역으로 연결된 다이오드는 드레인과 소스 사이에서 전류의 흐름을 막는 매우 높은 저항 값(약 10^{12} Ω [1])을 갖는다. 이 상태를 트랜지스터가 *turned off* 또는 *cut off* 되었다고 한다.

다음으로 소스보다 게이트 단자의 전압을 높였을 경우를 살펴보자. V_{GS}는 게이트와 소스 사이의 전압을 나타낸다. V_{GS}가 임계 전압 V_T라고 하는 최소 전압보다 크다면 트랜지스터는 아래에 설명하는 것처럼 열린 스위치에서 닫힌 스위치로 변한다. 정확한

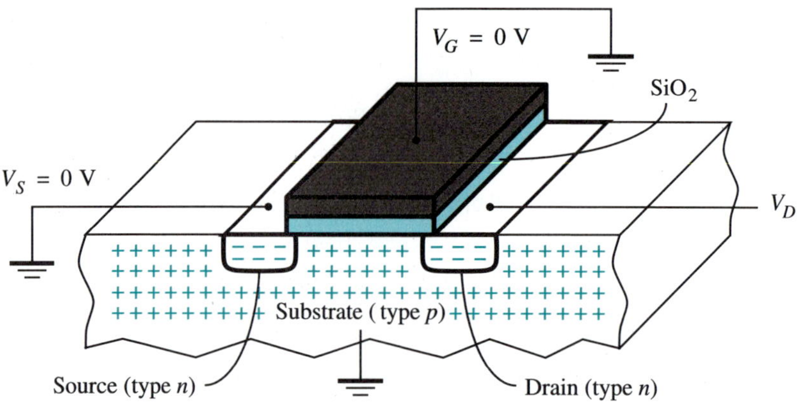

(a) V_{GS}가 0 V일 때 off 되는 트랜지스터

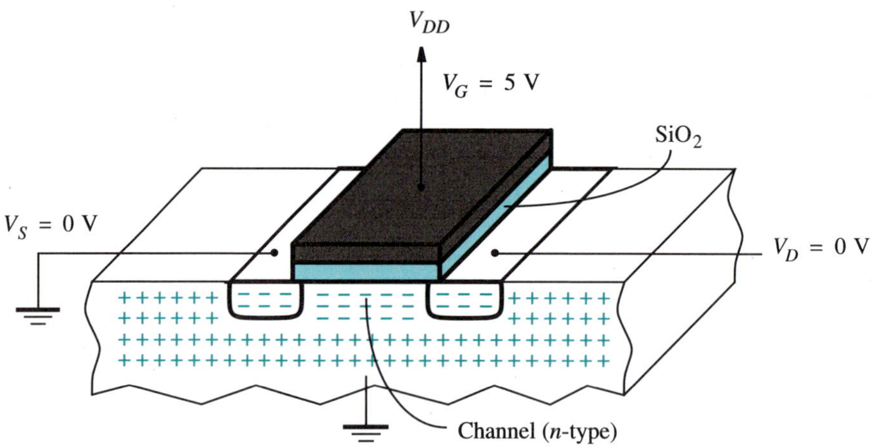

(b) V_{GS}가 5 V일 때 on 되는 트랜지스터

그림 B.43 NMOS 트랜지스터의 물리적 구조

V_T의 값은 여러 가지 요인에 따라 다르나 일반적으로 약 0.2 V_{DD} 정도이다.

$V_{GS} > V_T$일 때 트랜지스터의 상태를 그림 B.43*b*에 표현하였다. 게이트 단자가 V_{DD}에 연결되면 $V_{GS} = 5$ V가 된다. 게이트에서 + 전압은 *n*형 소스 단자에 있는 자유 전자(free electron)뿐만 아니라 트랜지스터의 다른 영역에 존재하는 자유 전자를 게이트 쪽으로 끌어당긴다. 이러한 전자는 게이트 아래의 절연체인 실리콘 이산화물 층을 통과할 수 없으므로 소스와 드레인 사이에 모이게 되는데, 이것을 **채널**(*channel*)이라고 한다. 집결된 전자는 채널을 *p*형에서 *n*형으로 **반전**(*invert*)시키고 소스와 드레인을 연결하는 효과를 만든다. 채널의 크기는 게이트의 길이와 폭에 의해 결정된다. 채널 길이 *L*과 채널 폭 *W*는 각각 소스와 드레인 사이의 길이와 폭이다. 채널은 소스, 게이트 그리고 드

레인에 가해진 전압에 의해 좌우되는 깊이(depth)를 가지고 있는 것처럼 생각할 수 있다.

서브스트레이트와 게이트를 절연시키는 유리층 때문에 전류는 트랜지스터의 게이트 노드를 통해 흐를 수 없다. 전류 I_D는 드레인으로부터 소스로 흐를 수 있다. 고정된 $V_{GS} > V_T$인 값에 대해서 I_D 값은 채널 V_{DS}에 인가된 전압에 좌우된다. $V_{DS} = 0$ V라면 전류는 흐르지 않는다. V_{DS}가 증가됨에 따라, I_D 값도 V_{DS} 값에 비례해 증가한다. 그러나 이러한 증가는 $V_{GD} > V_T$를 만족시키는 경우, 즉 V_D가 채널의 드레인 끝을 건너 적어도 V_T를 공급할 수 있을 만큼 작은 범위인 경우에만 비례하여 증가한다. 이 전압 범위, 즉 $0 < V_{DS} < (V_{GS} - V_T)$에서 트랜지스터는 3극관 영역(triode region), 또는 선형 영역(linear region)에서 동작한다고 한다. 전압과 전류 사이의 관계는 다음 근사식으로 계산한다.

$$I_D = k'_n \frac{W}{L}\left[(V_{GS} - V_T)V_{DS} - \frac{1}{2}V_{DS}^2\right] \quad \textbf{[B.1]}$$

기호 k'_n은 *process transconductance parameter*라고 하는데, 이는 사용된 기술에 따라 다르며 A/V^2의 단위를 가지는 상수이다.

V_D가 증가할수록 트랜지스터를 통과하는 전류는 식 B.1과 같이 증가하나 일정한 지점까지만 증가한다. $V_{DS} = V_{GS} - V_T$일 때, 전류는 최댓값에 도달한다. 이보다 큰 V_{DS} 값에 대해서는 트랜지스터는 더 이상 3극관 영역에서 동작하지 않는다. 전류가 포화(최대) 값에 있으므로 트랜지스터는 포화 영역(saturation region)에 있다고 한다. 전류는 이제 V_{DS}에 무관하고 다음 식으로 기술할 수 있다.

$$I_D = \frac{1}{2}k'_n \frac{W}{L}(V_{GS} - V_T)^2 \quad \textbf{[B.2]}$$

그림 B.44는 고정된 $V_{GS} > V_T$의 값을 가질 때 NMOS 트랜지스터에서의 전류-전압 관계를 보여 준다. 이 그림은 트랜지스터가 3극관 영역을 지나 포화 영역으로 들어가는 점을 보여주는데, 이 점은 $V_{DS} = V_{GS} - V_T$에서 발생한다.

예제 B.3

$k'_n = 60\ \mu A/V^2$, $W/L = 2.0\ \mu m/0.5\ \mu m$, $V_S = 0$ V, $V_G = 5$ V, 그리고 $V_T = 1$이라고 가정하라. 만약 $V_D = 2.5$ V일 때 트랜지스터의 전류는 식 B.1에서 $I_D \approx 1.7$ mA이다. $V_D = 5$ V라면 포화 전류(saturation current)는 식 B.2에 의해 $I_D \approx 2$ mA이다.

PMOS 트랜지스터

PMOS 트랜지스터의 동작은 모든 전압과 전류가 반대라는 것을 제외하고는 NMOS와 같다. PMOS 트랜지스터의 소스 단자는 높은 전압을 가지는 단자이고, 트랜지스터를 ON하기 위한 임계 전압은 −의 값을 가진다(NMOS 트랜지스터에서 소스 단자는 낮

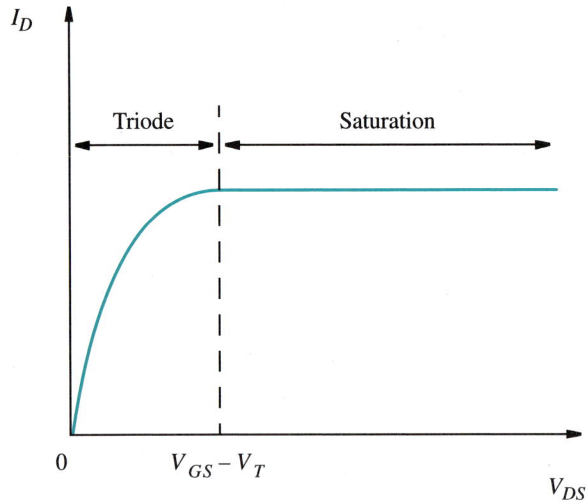

그림 B.44 NMOS 트랜지스터의 전류-전압 관계

은 전압이라는 것을 상기하라). NMOS 트랜지스터가 n형 채널을, PMOS 트랜지스터는 p형 채널로 동작되는 점을 제외하고는 PMOS 트랜지스터는 NMOS 트랜지스터와 물리적 구조는 같다. PMOS 트랜지스터에서 소스와 게이트가 V_{DD}와 연결되면 그림 B.43*a*와 같이 트랜지스터는 OFF된다. 그림 B.43*b*와 같이 PMOS 트랜지스터가 ON되기 위해서는 게이트를 *Gnd*에 연결하면 되는데, 그 결과는 $V_{GS} = -5$ V가 된다.

채널이 n형 대신 p형 실리콘이므로 PMOS 트랜지스터에서 전류 전도에 대한 물리적 현상은 NMOS 트랜지스터와 다르다. 이 문제에 대한 자세한 언급은 이 책의 범위를 벗어나지만 한 가지만 더 설명한다. 식 B.1과 B.2는 파라미터 k_n'을 사용한다. PMOS 트랜지스터에서 이에 대응하는 파라미터는 k_p'이다. 전류는 p형보다 n형 실리콘에서 더 쉽게 흐르는데 일반적으로 사용하는 기술에서 보통 $k_p' \approx 0.4 \times k_n'$이다. PMOS 트랜지스터가 NMOS 트랜지스터와 같은 전류 용량을 가지려면 W/L 비율이 2~3배 정도 더 큰 값으로 PMOS 트랜지스터를 설계해야 한다. 논리게이트에서 PMOS와 NMOS 트랜지스터의 크기는 보통 이 점을 고려해 결정된다.

B.8.2 MOSFET on-resistance

B.1절에서 스위치가 꺼졌을 때 무한대 저항 값을 가지며, 켜져 있을 때 저항이 없는 이상적인 스위치로서의 MOSFET를 고려했다. 트랜지스터가 ON일 때 채널의 실제 저항을 on-resistance라 부르며 V_{DS}/I_D로 주어진다. 식 B.1을 이용해서 아래에서 소개하는 것 같이 3극관 영역에서의 *on-resistance*를 계산할 수 있다.

예제 B.4

입력 전압 V_x가 5 V인 CMOS 인버터를 생각하자. NMOS 트랜지스터는 ON이고 출력 $V_f = 0$ V에 가깝다. 그러므로 NMOS 트랜지스터에 V_{DS}는 거의 0이고, 트랜지스터는 3극관 영역에서 동작 중이다. 그림 B.44의 곡선에서 트랜지스터는 원점에 매우 가까운 점에서 동작 중이다. V_{DS}의 값이 매우 작더라도 정확히 0은 아니다. 다음 절에서 일반적인 V_{DS}는 약 0.1 mV라는 것을 설명한다. 그러므로 전류 I_D는 식 B.1에 정의되어 있는 바와 같이 정확히 0이 아니다. 이 식에서 V_{DS}가 매우 작기 때문에 V_{DS}^2를 포함하는 항을 무시할 수 있다. 이 경우에 on-resistance는 다음과 같은 근사 값을 가진다.

$$R_{DS} = V_{DS}/I_D = 1/\left[k_n' \frac{W}{L}(V_{GS} - V_T)\right] \qquad \textbf{[B.3]}$$

$k_n' = 60\ \mu\text{A/V}^2$, $W/L = 2.0\ \mu\text{m}/0.5\ \mu\text{m}$, $V_{GS} = 5$ V, $V_T = 1$ V라 가정하면 $R_{DS} \approx$ 1 kΩ을 얻을 수 있다.

B.8.3 논리게이트의 전압 레벨

그림 B.1에서 논리 값이 전압의 범위로 표현되는 것을 보았다. 이제 전압의 범위를 자세히 살펴보자.

논리회로에서 높고 낮은 전압은 기본적인 인버터의 동작에 의해 정해진다. 그림 B.45*a*는 NMOS로 만든 인버터로 그림 B.5의 회로를 다시 그린 것이다. $V_x = 0$ V일 때 NMOS 트랜지스터는 OFF이다. 전류가 흐르지 않으므로 $V_f = 5$ V이다. $V_x = V_{DD}$일 때

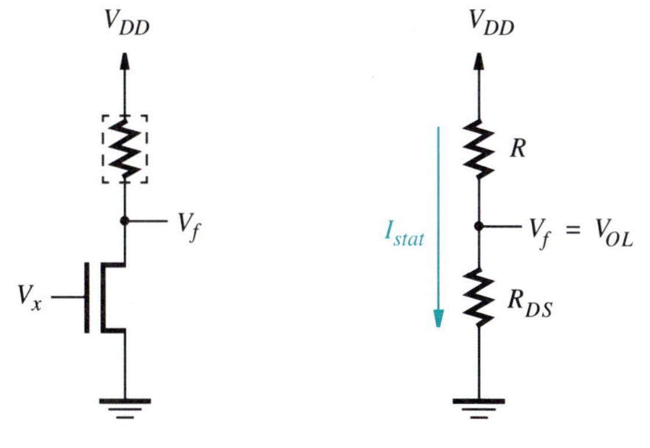

(a) NMOS NOT 게이트 (b) $V_x = 5$ V

그림 B.45 NMOS 인버터의 전압 레벨

NMOS 트랜지스터는 ON이다. V_f의 값을 계산하기 위해 그림 B.45*b*와 같이 NMOS 트랜지스터를 R_{DS}의 값을 가진 저항으로 바꿔서 표현할 수 있다. 그러면 V_f는 전압이 분배된 값으로 주어진다.

$$V_f = V_{DD} \frac{R_{DS}}{R_{DS} + R}$$

예제 B.5

$R = 25\ \text{k}\Omega$이라 가정하자. 예제 B.4의 결과를 이용하면 $R_{DS} = 1\ \text{k}\Omega$이고 $V_f \approx 0.2$ V였다.

그림 B.45*b*에서 제시된 것과 같이 전류 I_{stat}는 $V_x = V_{DD}$인 정적 조건하에서 NMOS 인버터를 통해 흐른다. 이 전류는 다음과 같이 주어진다.

$$I_{stat} = V_f / R_{DS} = 0.2\ \text{V}/1\ \text{k}\Omega = 0.2\ \text{mA}$$

이 정적 전류는 중요한 의미를 가지고 있는데 B.8.6절에서 논의한다.

실제로 풀업 소자 R은 대부분 PMOS 트랜지스터를 이용해서 구현된다. 그러한 회로를 의사 *NMOS(pseudo-NMOS)* 회로라고 한다. 이 회로는 CMOS 회로와 완벽하게 호환된다. 그러므로 단일 칩은 CMOS와 의사 NMOS 게이트를 모두 가지고 있다. 연습문제 B.17은 의사 NMOS 인버터 회로에서 드레인 전압을 계산하는 방법에 대해 논의한다.

CMOS 인버터

논리회로에서 전압 값을 나타내기 위하여 기호 V_{OH}와 V_{OL}을 사용하는 것이 관례이다. V_{OH}의 의미는 출력이 high일 때 발생하는 전압을 의미한다. 같은 방법으로 V_{OL}은 출력이 low일 때 발생하는 전압을 말한다. 앞에서 논의했던 것과 같이 NMOS 인버터에서 $V_{OH} = V_{DD}$이고 V_{OL}은 약 0.2 V이다.

그림 B.12*a*의 CMOS 인버터에 대해 다시 생각해 보자. 입력과 출력의 전압 관계는 그림 B.46에 보인 것과 같이 **전압 전달 특성**(*voltage transfer characteristic*)으로 요약할 수 있다. 곡선은 V_x의 각 값에 대한 안정 상태의 V_f 값을 나타낸다. $V_x = 0$ V일 때 NMOS 트랜지스터는 OFF이다. 전류는 흐르지 않으므로 $V_f = V_{OH} = V_{DD}$이다. $V_x = V_{DD}$일 경우, PMOS 트랜지스터는 OFF이고 전류는 흐르지 않으며 $V_f = V_{OL} = 0$ V이다. 좀 더 정확하게는 트랜지스터가 OFF일 때도 **누설전류**(*leakage current*)라고 하는 작은 전류가 흐른다. 이 전류는 V_{OH}와 V_{OL}에 아주 작은 영향을 끼친다. 예를 들어, 일반적인 V_{OL}의 대표적인 값은 0 V보다 큰 0.1 mV이다[1].

그림 B.46은 출력 전압이 high에서 low로, low에서 high로 바뀌기 시작한 점을 표시하고 있다. 전압 V_{IL}은 출력 전압이 high이고 곡선의 기울기가 -1인 점을 나타낸다.

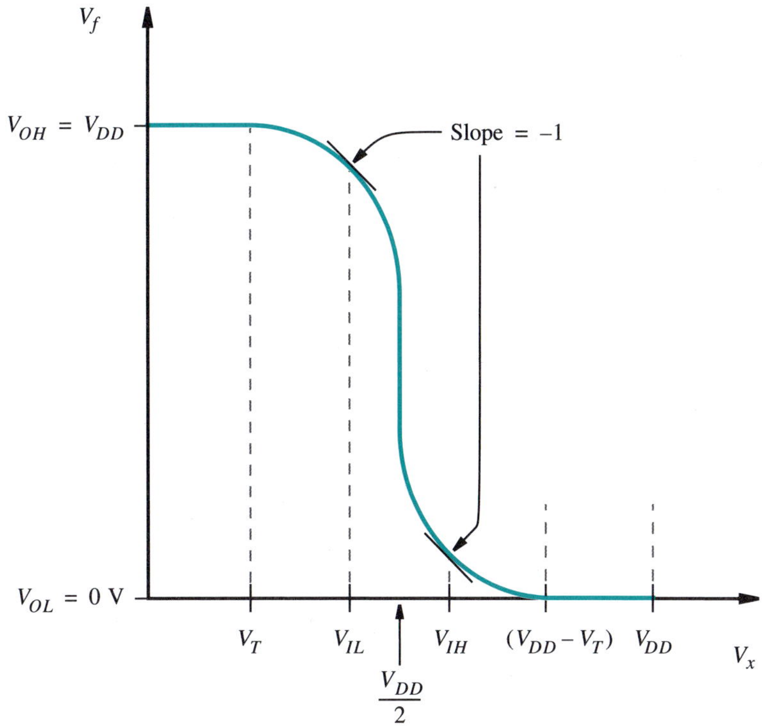

그림 B.46 CMOS 인버터의 전압 전달 특성

이 전압 값은 인버터가 low라고 해석할 수 있는 최대 입력 전압 크기로 정의되므로 high 출력을 발생시킨다. 마찬가지로 기울기가 −1인 곡선의 다른 점의 V_{IH}는 인버터가 high라고 해석할 수 있는 최저 입력 전압 크기이므로 low 출력을 발생시킨다. V_{OH}, V_{OL}, V_{IL}, V_{IH}는 다음에서 논의할 논리회로의 안정도(robustness)를 나타내는 중요한 파라미터이다.

B.8.4 노이즈 마진

그림 B.47*a*의 두 개의 NOT 게이트를 생각해보자. 좌측과 우측의 게이트를 각각 N_1, N_2라 하자. 전자회로는 노이즈라는 일정하지 않은 불규칙한 파형의 간섭을 지속적으로 받는데, 이들은 게이트 N_1에서 발생된 출력 전압의 값을 바꿀 수 있다. 이 노이즈의 영향으로 게이트 N_2가 높은 논리 값을 낮은 논리 값으로, 혹은 낮은 논리 값을 높은 논리 값으로 잘못 해석되지 않도록 해야 한다. N_1이 low 전압 레벨 V_{OL}을 발생시킬 경우를 고려해보자. 노이즈의 존재는 출력 값을 바꿀 수도 있으나, 그 값이 V_{IL}보다 작다면 N_2에 의해 올바로 해석될 것이다. 회로의 동작에 영향을 끼치지 않고 노이즈를 허용하는 범위를 **노이즈 마진**(*noise margin*, **잡음 폭**)이라고 한다. Low 출력 전압에 대해 low 노이즈 마진은 다음과 같이 정의된다.

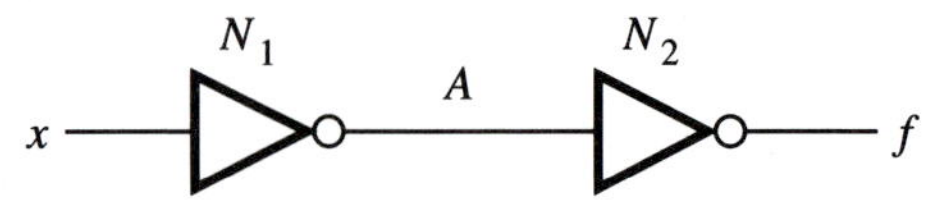

(a) 다른 NOT 게이트를 구동하는 NOT 게이트

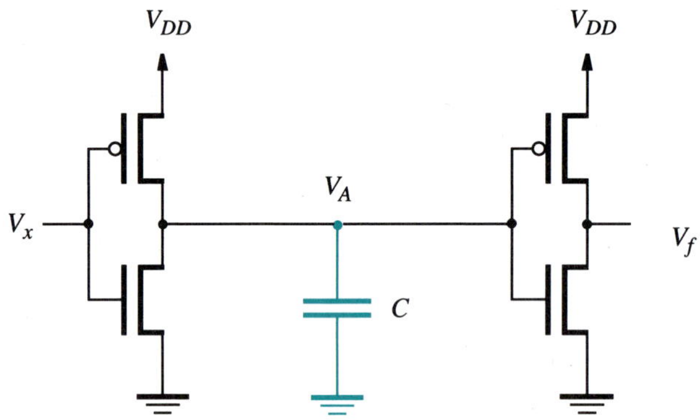

(b) 노드 A에서의 커패시터 로드

그림 B.47 집적회로의 패러스틱 커패시턴스

$$NM_L = V_{IL} - V_{OL}$$

N_1이 high 출력 전압 V_{OH}를 발생할 때도 이와 비슷한 상황이 존재한다. 회로에 존재하는 어떤 노이즈라도 전압의 크기를 바꿀 수 있으나 전압이 V_{IH}보다 크면 N_2에 의해 올바로 해석될 것이다. High 노이즈 마진은 다음과 같이 정의된다.

$$NM_H = V_{OH} - V_{IH}$$

예제 B.6

회로 제조 기술에 따라 인버터의 전압 전달 특성은 V_{OH}, V_{OL}, V_{IL}과 V_{IH}의 값들을 결정한다. 그림 B.46의 CMOS에 대해 $V_{OH} = V_{DD}$이고 $V_{OL} = 0$ V이다. 특성 곡선의 기울기가 -1인 두 점을 찾으면 $V_{IL} \cong \frac{1}{8}(3V_{DD} + 2V_T)$와 $V_{IH} \cong \frac{1}{8}(5V_{DD} - 2V_T)$임을 발견할 수 있다[1]. 대표적인 $V_T = 0.2\ V_{DD}$ 값에 대해 아래와 같이 주어진다.

$$NM_L = NM_H = 0.425 \times V_{DD}$$

그러므로 가능한 노이즈 마진은 전원 공급 전압 값에 좌우된다. $V_{DD} = 5$ V에 대해 노이즈 마진은 2.1 V이고, $V_{DD} = 3.3$ V일 때 노이즈 마진은 1.4 V이다.

B.8.5 논리게이트의 동적 동작

그림 B.47*a*에서 두 게이트 사이의 노드를 *A*라 하자. 실리콘에 만들어지는 트랜지스터는 특성 때문에 N_2는 노드 *A*에 용량성 부하(capacitive load)를 갖는다. 앞에서 본 그림 B.43은 서로 다른 재료로 몇 개의 층을 사용하여 제조되는 트랜지스터를 보여준다. 두 가지 다른 재료가 트랜지스터 안에서 교차하거나 겹치는 지점에서는 커패시터가 만들어지는 현상이 발생한다. 이 커패시터는 트랜지스터 제조 시에 원하지 않은 부작용으로 만들어지기 때문에 **패러스틱**(*parasitic*, 기생) 혹은 **스트레이**(*stray*, 표류) 커패시터라고 한다. 그림 B.47에서 노드 *A*에 존재하는 커패시턴스에 대하여 살펴보자. 노드 *A*에는 다수의 패러스틱 커패시터가 붙어 있는데 일부는 N_1에 의해 발생하고 나머지는 N_2에 의해 발생한다. 결정적인 패러스틱 커패시터는 인버터 N_2의 입력과 접지(ground) 사이에 존재한다. 이 커패시터 값은 N_2 트랜지스터의 크기에 좌우된다. 각 트랜지스터는 **게이트 커패시턴스** $C_g = W \times L \times C_{ox}$의 값을 갖는다. **산화막 커패시턴스**(*Oxide capacitance*)로 불리는 C_{ox}는 제조 기술에 따른 상수로 단위는 fF/μm^{2}이다. N_1에 의한 커패시턴스는 노드 *A*에 붙은 금속 배선에 의해 발생한다. 모든 패러스틱 커패시턴스는 노드 *A*와 접지 사이에 한 개의 등가 커패시턴스로 표현할 수 있다[2]. 그림 B.47*b*에서 이 등가 커패시턴스를 *C*라고 표시한다.

스트레이 커패시턴스는 논리회로의 속도를 떨어뜨린다. 커패시터의 양단에 걸리는 전압은 순간적으로 변하지 않는다. 커패시터의 충전 또는 방전에 필요한 시간은 커패시턴스 *C*의 크기와 커패시터를 통해 흐르는 전류의 양에 의존한다. 그림 B.47*b*의 회로에서, N_1에 있는 PMOS 트랜지스터가 ON 될 때 커패시터는 V_{DD}로 충전된다. NMOS 트랜지스터가 ON 될 때 커패시터는 방전된다. 각각의 경우에 전류 I_D가 동작하고 있는 트랜지스터를 통해 흐르고 *C*의 값은 커패시터의 충방전율을 결정한다.

2장에서 타이밍도의 개념을 소개하였는데, 그림 2.10은 논리 값이 게이트를 거치면서 변화되는 과정에서 완전한 수직 파형의 모양으로 그렸다. 실제 회로에서 이들 파형은 이렇게 이상적(ideal)인 모양이 아니며 그림 B.48과 같은 모양을 가진다. 이 그림은 노드 *A*에서의 파형으로 그림 B.47*b*의 입력 V_x에 대한 파형을 보여준다. 처음 V_x에는 전압 V_{DD}에서 0으로 변화한다고 가정하자. 한 번 V_x가 충분히 낮은 전압으로 떨어지면, N_1은 V_A 전압에서 V_{DD}로 구동을 시작한다. 패러스틱 커패시턴스 때문에 V_A는 즉시 변할 수 없으며 그림과 같은 모양의 파형으로 변한다. V_A가 low에서 high로 변하는 데 필요한 시간을 **상승시간**(*rise time*) t_r이라고 하고 V_A가 V_{DD}의 10%인 점에서 90%로 올라가는 데 소요되는 시간으로 정의한다. 그림 B.48은 V_x의 변화가 V_A의 변화를 유도하는 데 걸리는 시간도 정의한다. 이 간격을 인버터의 **전달 지연**(*propagation delay*)이라 하며 t_p로 표기한다. V_x가 V_{DD}의 50%인 점에서 V_A가 같은 값에 도달할 때까지의 시간이다.

얼마동안 V_x가 0 V로 있다가 V_{DD}로 변화하면 N_1의 *C*를 *Gnd*로 방전시킨다. 이 경우 노드 *A*의 천이 시간은 high에서 low로 변하는 시간으로 **하강시간**(*fall time*) t_f라고 하며 V_{DD}의 90%에서 10%로 떨어지는 데 소요되는 시간으로 정의한다. 그림에서 V_x 값의

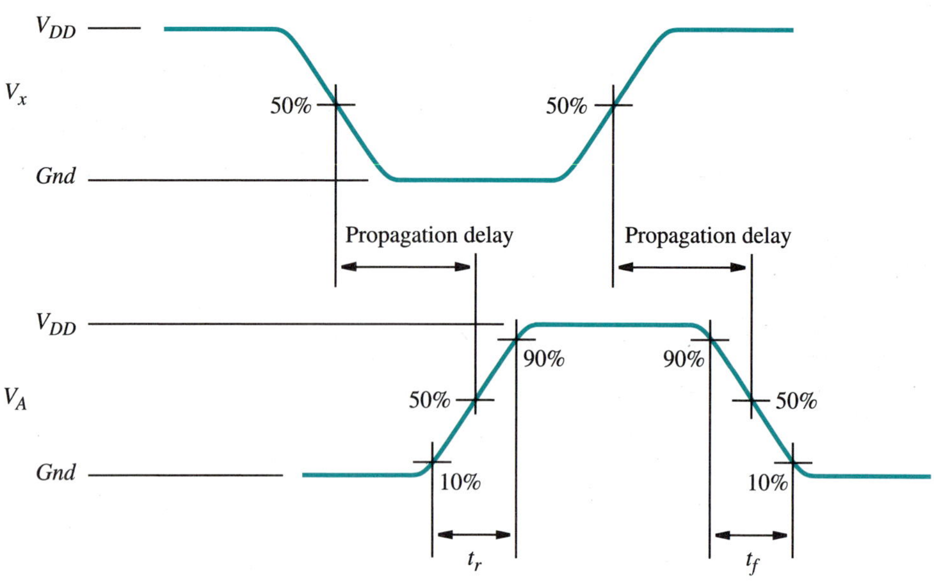

그림 B.48 논리게이트의 전압 파형

변화가 V_A에 영향을 주는 전달 지연을 볼 수 있다. 주어진 논리게이트에서 t_r과 t_f가 같은 값을 가지도록 PMOS와 NMOS 트랜지스터의 상대적인 크기를 결정한다.

식 B.1과 B.2는 NMOS 트랜지스터를 통해 흐르는 전류의 양을 나타낸다. 그림 B.47의 C 값이 주어지면 V_A가 high에서 low로 변하는 데 소요되는 지연 시간을 계산할 수 있다. 간단하게, V_x가 0 V로 초기화되었다면 PMOS 트랜지스터는 ON이고 $V_A = 5$ V이다. 그때 V_x가 시간 0에서 V_{DD}로 변하면, PMOS 트랜지스터는 OFF 되고 NMOS 트랜지스터는 ON 된다. 전달 지연은 C가 NMOS 트랜지스터를 통해 방전되어 $V_{DD}/2$ 전압을 가질 때까지 소요되는 시간이다. V_x가 처음 V_{DD}로 변화하면 NMOS 트랜지스터는 $V_{DS} = V_{DD}$가 되어 포화 영역에 있게 된다. 전류 I_D는 식 B.2에 의해 주어진다. V_A가 $V_{DD} - V_T$ 이하로 떨어지면 NMOS 트랜지스터는 I_D가 식 B.1의 값을 가지는 3극관 영역(triode region)으로 들어간다. $V_{DS} = V_{DD}$를 사용한 식 B.2와 $V_{DS} = V_{DD}/2$를 사용한 식 B.1의 결과를 평균하여 V_A가 V_{DD}에서 $V_{DD}/2$로 변할 때 전류 흐름의 근사 값을 구할 수 있다. 커패시터를 충전하는 시간의 기본 식(예제 B.15 참조)을 사용하여 아래와 같은 식을 얻을 수 있다.

$$t_p = \frac{C\Delta V}{I_D} = \frac{CV_{DD}/2}{I_D}$$

위에서 논의했던 I_D의 평균값으로 대치하면 다음 식을 얻는다[1].

$$t_p \cong \frac{1.7\,C}{k_n' \frac{W}{L} V_{DD}} \qquad \text{[B.4]}$$

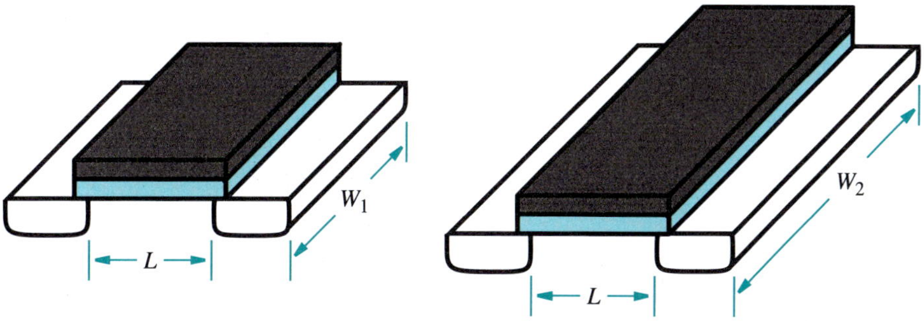

(a) 작은 규모의 트랜지스터 (b) 보다 큰 규모의 트랜지스터

그림 B.49 트랜지스터의 크기

회로의 속도는 C 값과 트랜지스터 크기에 따라 좌우됨을 보여준다. C를 작게 만들거나 W/L의 비율을 크게 함으로써 지연을 줄일 수 있다. 이 식은 출력이 high에서 low로 변할 때의 전달 지연이다. Low에서 high로 변할 때의 전달 지연은 PMOS 트랜지스터의 k'_p와 W/L 값을 사용하는 것을 제외하고는 같은 수식으로 표현된다.

일반적으로 논리회로에서 L은 사용된 제조 기술의 규격에 따라 허용될 수 있는 최솟값으로 정한다. W 값은 전류 세기에 따라 선택되므로 원하는 지연 시간을 조절할 수 있다. 그림 B.49는 트랜지스터의 두 가지 크기를 보여준다. 그림 B.49*a*는 최소 크기의 트랜지스터로 커패시터 로드가 작거나 동작 속도가 중요하지 않은 회로에 사용된다. 그림 B.49*b*는 큰 트랜지스터를 보여주는데, 그림 B.49*a*의 트랜지스터와 같은 길이를 가지나 폭이 더 크다. 큰 트랜지스터가 작은 트랜지스터보다 더 많은 공간을 차지하므로 트랜지스터 크기 선정에 있어 절충을 고려해야 한다. 또한 W를 늘이면 트랜지스터의 전류량이 증가할 뿐 아니라 패러스틱 커패시턴스도 증가하는데(게이트와 *Gnd* 사이의 커패시턴스 C_g는 $W \times L$에 비례하는 것을 기억하라), 증가되는 패러스틱 커패시턴스 때문에 기대되는 성능 향상이 상쇄되기도 한다. 논리회로에서 큰 트랜지스터는 높은 용량성 부하를 구동해야 하는 곳이나, 신호의 지연 시간이 적어야 하는 곳에 사용된다.

예제 B.7

그림 B.47의 회로에서 $C = 70$ fF이고 $W/L = 2.0\ \mu\text{m}/0.5\ \mu\text{m}$이라 하자. 또한 $k'_n = 60\ \mu\text{A/V}^2$이고 $V_{DD} = 5$ V이다. 식 B.4를 이용하면 인버터의 high에서 low로의 전달 지연은 $t_p \approx 0.1$ ns이다.

B.8.6 논리게이트의 전력 소모

전자회로에서 트랜지스터가 소모하는 전력량을 고려하는 것이 중요하다. 하나의 IC 칩 위에 수백만 개의 트랜지스터를 제조하므로 각 트랜지스터의 소비 전력량은 작아야 한다. 전력 소모는 모든 응용 분야에서 고려되어야 하며, 특히 포터블 컴퓨터와 같이 배터리로 동작되는 장비의 경우에는 반드시 검토해야 한다.

그림 B.45의 NMOS 인버터에 대해 다시 생각해보자. $V_x = 0$ V일 때 흐르는 전류는 없으므로 전력은 소모되지 않는다. 그러나 $V_x = 5$ V일 때 전류 I_{stat} 때문에 전력이 소비된다. 정상 상태에서 소비되는 전력은 $P_s = I_{stat} V_{DD}$로 주어진다. 예제 B.5에서 $I_{stat} =$ 0.2 mA라고 계산하였다. 이때 소비되는 전력은 $P_s = 0.2$ mA $\times$ 5 V = 1.0 mW가 된다. 만약 칩에 10,000개의 인버터가 있다면 총 전력 소비는 10 W이다. 큰 소비 전력 때문에 NMOS 게이트는 특별한 목적에서만 사용되는데, B.8.9절에서 논의한다.

정상 상태에서 소모되는 전력과 신호가 변화할 때 소모되는 전력을 구별하기 위해 두 가지 형태의 전력을 정의한다. **정적 전력**(*static power*)은 안정 상태에서 흐르는 전류에 의해 소모되고, **동적 전력**(*dynamic power*)은 신호 값의 변화로 전류가 흐를 때 소모되는 전력이다. NMOS 회로는 동적 전력뿐만 아니라 정적 전력도 소비하는데 비해, CMOS 회로는 거의 동적 전력만 소비한다. B.8.3절에서 OFF 상태의 트랜지스터에서 흐르는 작은 양의 누설(leakage) 전류에 대하여 언급하였다. CMOS 회로에서 누설 전류에 의해 정적 전력이 소비되지만 앞으로의 논의에서는 배제하기로 한다.

그림 B.12*a*에 표현된 CMOS 인버터를 고려해보자. 입력 V_x가 low일 때, NMOS 트랜지스터는 OFF이므로 전류는 흐르지 않는다. V_x가 high일 때 PMOS 트랜지스터는 OFF 되므로 전류는 흐르지 않는다. 그러므로 정상 상태에서 CMOS 회로에는 전류가 흐르지 않는다. 그러나 전압 값이 변하는 잠깐 동안 CMOS 회로에 전류는 흐른다.

그림 B.50*a*는 다음과 같은 경우를 설명한다. 입력 V_x가 얼마 동안 0 V에 있다고 가정하면 $V_f = 5$ V이다. V_x가 5 V로 변화하면 NMOS 트랜지스터가 ON 되며 V_f를 Gnd로 만든다. 노드 f에 패러스틱 커패시턴스 C 때문에 V_f는 즉시 변하지 않으며 커패시터가 방전되는 짧은 시간 동안 NMOS 트랜지스터를 통해 전류 I_D가 흐른다. 그림 B.50*b*에서 보듯이 V_x가 5 V에서 0 V로 변할 때도 비슷한 상황이 일어난다. 커패시터 C는 처음에 0 V이며 PMOS 트랜지스터에 의해 5 V로 충전된다. 커패시터가 충전되는 동안 전류는 전원에서 PMOS 트랜지스터를 통해 흐른다.

그림 B.46에 보이는 CMOS 인버터의 전압 전달 특성으로부터 인버터의 두 트랜지스터가 모두 ON 되는 입력 전압 V_x의 범위가 존재한다는 것을 알 수 있다. 특별히 $V_T < V_x < (V_{DD} - V_T)$인 전압 범위 내에서, 전류는 두 트랜지스터를 통해 V_{DD}로부터 Gnd로 흐른다. 이 전류를 종종 게이트에서 **단락회로**(*short-circuit*) 전류라고 말한다. 커패시터 C의 충전과 방전에 사용되는 전류의 양과 비교하면 단락회로 전류는 대부분 무시해도 된다.

한 개의 CMOS 인버터가 소비하는 전력은 매우 작다. 그림 B.50*a*에서 $V_f = V_{DD}$인 경우를 고려해 보자. 커패시터에 저장된 에너지는 $CV_{DD}^2/2$이다(예제 B.12 참조). 커패시

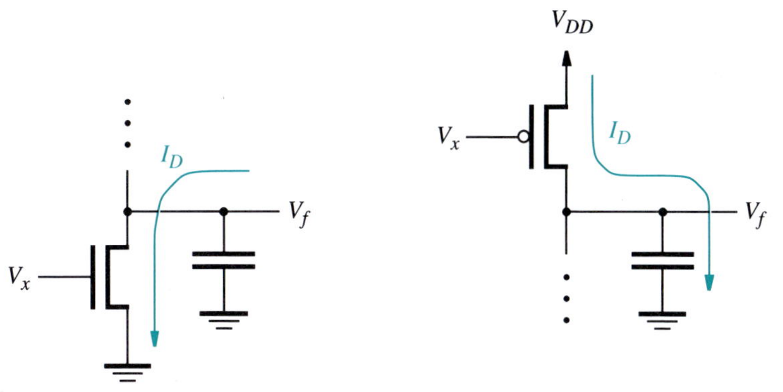

그림 B.50 CMOS 회로의 동적 전류의 흐름

터가 0 V로 방전될 때, 이 저장된 에너지는 NMOS 트랜지스터에서 소모된다. 이와 유사하게, 그림 B.50*b*의 경우에는 C가 V_{DD}로 충전될 때 에너지 $CV_{DD}^2/2$가 PMOS 트랜지스터에서 소모된다. 그러므로 인버터가 충방전되는 각 사이클 동안 소모되는 에너지의 양은 CV_{DD}^2이다. 전력은 단위 시간당 사용된 에너지로 정의되므로, 인버터에서 소비되는 전력은 일회의 충방전 주기에서 소비되는 에너지와 1초당 사이클의 수인 f의 곱이다. 따라서 소비되는 동적 전력은 아래와 같다.

$$P_D = fCV_{DD}^2$$

실제로 CMOS 회로에서 사용된 동적 전력의 전체 양은 NMOS 회로와 같이 다른 기술에서 소모되는 전체 전력보다 상당히 낮다. 이러한 이유 때문에 오늘날 제조되는 거의 모든 IC는 CMOS 기술을 기초로 하고 있다.

예제 B.8

CMOS 인버터에서 C = 70 fF이고 f = 100 MHz라 가정하자. 게이트에 의해 소비되는 동적 전력 P_D = 175 μW이다. 만약 어떤 칩에 10,000개의 인버터에 해당하는 등가 회로를 포함하고 있고, 평균적으로 게이트의 20%가 주어진 시간에 값이 바뀐다고 가정하면, 그때 칩이 사용하는 동적 전력의 총합 $P_D = 0.2 \times 10{,}000 \times 0.175\ \mu\text{W} = 0.35$ W이다.

B.8.7 트랜지스터 스위치를 통한 1과 0의 전달

그림 B.4에서 NMOS 트랜지스터는 풀다운 소자로 사용되고, PMOS 트랜지스터는 풀업 소자로 사용됨을 알았다. 이제는 반대로 출력을 high로 구동하기 위해 NMOS 트랜지스터를 사용하고, 출력을 low로 구동하기 위하여 PMOS 트랜지스터를 사용하는 것을 고려할 수 있다.

그림 B.51*a*는 게이트 단자와 스위치의 한쪽이 모두 V_{DD}에 연결된 NMOS 트랜지스터 회로이다. 초기값으로 게이트의 전압 V_G와 노드 *A*를 0 V로 가정한 후 V_G를 5 V로 바꾸자. 노드 *A*는 가장 낮은 전압을 가지므로 트랜지스터의 소스 단자이다. $V_{GS} = V_{DD}$이므로 트랜지스터는 ON 되고, 노드 *A*는 V_{DD} 값이 된다. 노드 *A*의 전압이 상승하면 V_{GS}는 V_T보다 작아질 때까지 전압이 감소하며, 이때 트랜지스터는 OFF 된다. 그러므로 안정 상태 $V_A = V_{DD} - V_T$에서 NMOS 트랜지스터는 높은(high) 전압 신호를 부분적으로만 통과시킬 수 있음을 의미한다.

그림 B.51*b*와 같이 PMOS 트랜지스터를 낮은 전압을 통과시키는 데 사용하면 비슷한 경우가 발생한다. 여기서 초기값으로 V_G와 노드 *B*를 5 V라고 가정하면 트랜지스터가 OFF 된다. 소스 노드 (노드 *B*)를 구동할 수 있도록 V_G를 0 V로 변화시킨다. 그러면 트랜지스터는 활성화되고 소스 노드는 0 V로 유도된다. 노드 *B*가 V_T로 감소될 때 트랜지스터는 OFF 된다. 따라서 정상 상태의 전압은 V_T와 같다.

B.1절에서 NMOS 트랜지스터의 서브스트레이트는 *Gnd*에 연결되며 PMOS 트랜지스터의 서브스트레이트는 V_{DD}에 연결된다고 했다. 소스 단자와 서브스트레이트 사이의 전압, V_{SB}를 **서브스트레이트 바이어스 전압**(*substrate bias voltage*)이라고 하며 논리회로에서 일반적으로 0 V이다. 그러나 그림 B.51에서의 NMOS 트랜지스터와 PMOS 트랜지스터에서 $V_{SB} = V_{DD}$이다. 바이어스 전압은 트랜지스터의 임계 전압 V_T를 1.5배 이상 상승시키는 효과를 낸다[2, 1]. 이런 현상을 **바디 이펙트**(*body effect*)라 한다.

그림 B.52의 논리게이트를 생각해 보자. 이 회로에서 V_{DD}와 *Gnd*의 연결은 앞서 논의한 회로에서 사용한 방법과는 다르게 반대로 연결되어 있다. V_{x_1}과 V_{x_2} 모두 high일 때 V_f는 높은 출력 전압인 $V_{OH} = V_{DD} - 1.5\ V_T$로 바뀐다. 만약 $V_{DD} = 5$ V이고 $V_T = 1$ V라면 $V_{OH} = 3.5$ V이다. V_{x_1} 또는 V_{x_2}가 low가 되었을 때는 V_f는 낮은 출력 전압인 $V_{OL} = 1.5\ V_T$ 혹은 약 1.5 V로 바뀐다. 그림의 진리표에서 이 회로는 AND 게이트를 표시한다. 그림 B.15에서 보여준 일반 AND 게이트와 비교해 볼 때, 그림 B.52의 회로는 더 적은 수의 트랜지스터가 필요하므로 보다 나은 것처럼 보인다. 그러나 이 회로의 단점은 V_{OH}와 V_{OL}의 낮은 값 때문에 노이즈 마진이 낮다는 것이다.

그림 B.52 회로의 또 다른 중요한 단점은 정상적인 CMOS AND 게이트와 달리 정적 전력 손실이 발생한다. 이와 같은 AND 게이트의 출력이 CMOS 인버터의 입력을 구동한다고 가정해 보자. $V_f = 3.5$ V일 때 인버터의 NMOS 트랜지스터는 ON 되고, 인버터의 출력은 낮은 전압이 된다. 그러나 인버터에 있는 PMOS 트랜지스터의 게이트와 소스 사이의 전압이 V_T보다 큰 −1.5 V이므로 인버터의 PMOS 트랜지스터는 OFF 되지 않

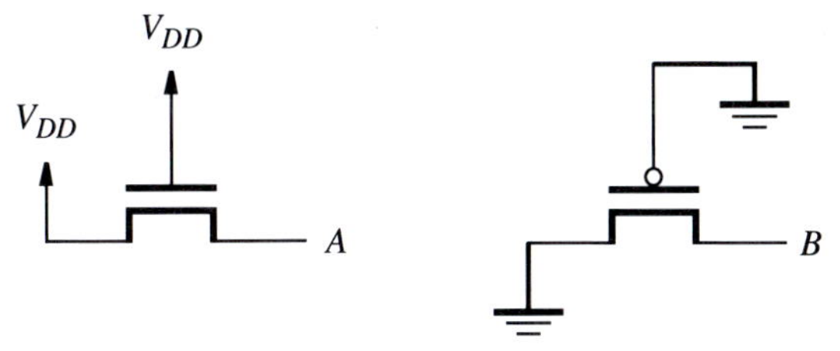

(a) NMOS 트랜지스터 (b) PMOS 트랜지스터

그림 B.51 그림 B.4와 대비되는 NMOS와 PMOS

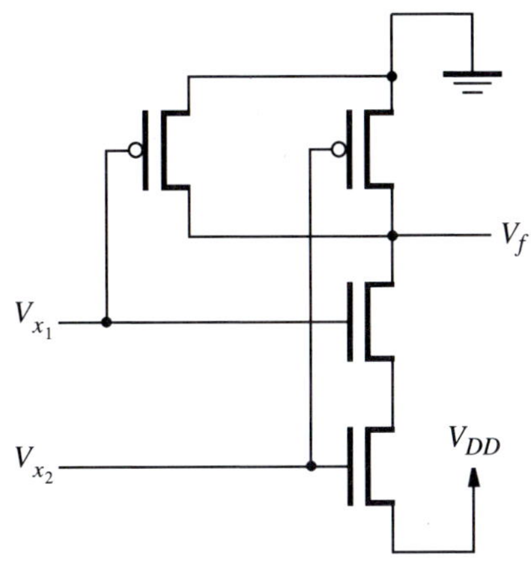

(a) AND 게이트 회로

Logic value		Voltage	Logic value
x_1	x_2	V_f	f
0	0	1.5 V	0
0	1	1.5 V	0
1	0	1.5 V	0
1	1	3.5 V	1

(b) 진리표와 전압 레벨

그림 B.52 CMOS AND 게이트의 바람직하지 않은 구현

는다. 정적 전류는 V_{DD}에서 인버터를 통해 *Gnd*로 흐른다. AND 게이트가 V_f = 1.5 V인 낮은 출력을 만들어낼 때도 유사한 상황이 발생한다. 여기서 인버터의 PMOS 트랜지스터는 ON 되나 NMOS 트랜지스터는 OFF 되지 않는다. 그림 B.52에 구현한 AND 게이트는 실제로는 사용되지 않는다.

B.8.8 트랜스미션 게이트

B.8.7절에서 NMOS 트랜지스터는 0은 잘 통과시키지만 1은 그렇지 않다는 것을 배웠다. 반면에 PMOS는 1은 잘 통과시키지만 0은 그렇지 않다. 출력에 0과 1에 해당하는 전압을 모두 잘 통과시킬 수 있도록 NMOS와 PMOS를 하나의 스위치로 결합할 수 있다. 그림 B.53*a*는 트랜스미션 게이트 회로이다. 그림 B.53*b*와 그림 B.53*c*와 같이, *x*와 *f*를 연결해주는 스위치로 동작한다. 스위치의 제어는 선택 입력 *s*와 컴플리먼트된 입력 $\bar{s}$로 동작한다. V_s = 5 V이고 $V_{\bar{s}}$ = 0 V일 때 스위치는 ON 된다. V_x가 0 V일 때 NMOS

트랜지스터는 ON($V_{GS} = V_s - V_x = 5$ V이므로) 되고 V_f는 0 V가 된다. 반면에 V_x가 5 V일 때는 PMOS 트랜지스터는 ON($V_{GS} = V_{\bar{s}} - V_x = -5$ V) 되고 V_f는 5 V가 된다. 트랜스미션 게이트의 기호는 그림 B.53*d*와 같다.

트랜스미션 게이트는 다양하게 응용될 수 있다. 다음의 예제는 트랜스미션 게이트를 사용한 멀티플렉서, XOR 게이트와 래치 회로의 구현을 보여준다.

예제 B.9

그림 4.1*d*에서 트랜스미션 게이트를 가지고 멀티플렉서를 구현하기 위한 회로를 보였는데, 그림 B.54에 다시 그렸다. 선택 입력 s는 출력 f가 x_1이나 x_2의 입력 중 하나를 선택하는 데 사용된다. 즉, $s = 0$이면 $f = x_1$이고 $s = 1$이면 $f = x_2$가 된다.

예제 B.10

XOR는 SOP 형식으로 구현될 수 있다.

$$x_1 \oplus x_2 = \bar{x}_1 x_2 + x_1 \bar{x}_2$$

위 식은 두 개의 NOT 게이트, 두 개의 2-입력 AND 게이트와 하나의 2-입력 OR 게이트가 필요하다. B.3절에서 AND 게이트와 OR 게이트는 여섯 개의 트랜지스터가 필요하고, NOT 게이트는 두 개의 트랜지스터가 필요하다는 것을 배웠다. 따라서 CMOS 기술로 이 회로를 구현하기 위해 스물두 개의 트랜지스터가 필요하다. 트랜스미션 게이트를 사용하여 필요한 트랜지스터의 개수를 크게 줄일 수 있다. 그림 B.55는 그림 B.54의 멀티플렉서 구조를 사용한 XOR 게이트 회로를 보여준다. 상위 트랜스미션 게이트에 의해 $x_1 = 0$일 때 출력 f는 x_2 값으로 설정된다. 하위 트랜스미션 게이트는 $x_1 = 1$일 때 f를 $\bar{x}_2$로 설정한다. 이 회로는 단지 여섯 개의 트랜지스터가 필요하다. 4.1절에 논리함수를 구현하기 위해 멀티플렉서를 사용하는 방법을 소개한다.

예제 B.11

그림 B.56은 두 개의 트랜스미션 게이트를 포함하는 회로이다. 트랜스미션 게이트 *TG*1은 회로의 *A* 지점을 *Data* 입력 단자에 연결하기 위해 사용하며, *TG*2는 회로의 상태를 유지하기 위한 **피드백 루프**의 스위치로써 사용한다. 트랜스미션 게이트는 *Load* 신호로 제어한다. *Load* = 1인 경우 *TG*1은 ON 되고 *A* 지점은 *Data* 입력과 같은 값을 갖는다. *Output*에 나타나는 값은 *Data* 값과 다를 수 있으므로 *Load*

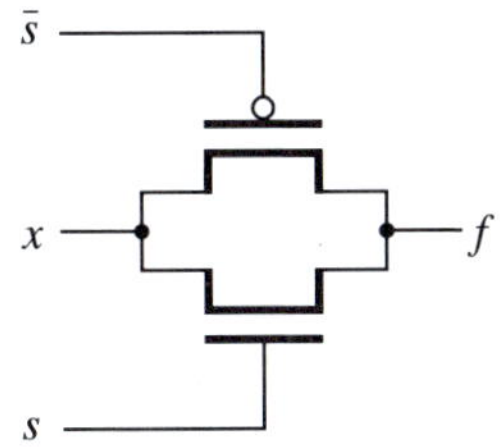

(a) 회로

s	f
0	Z
1	x

(b) 진리표

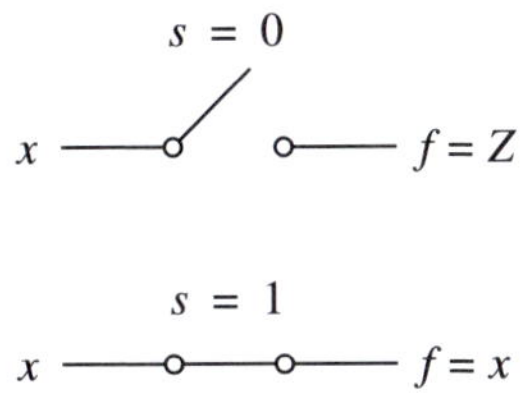

(c) 등가회로

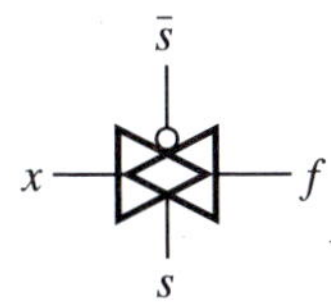

(d) 그래픽 심벌

그림 B.53 트랜스미션 게이트

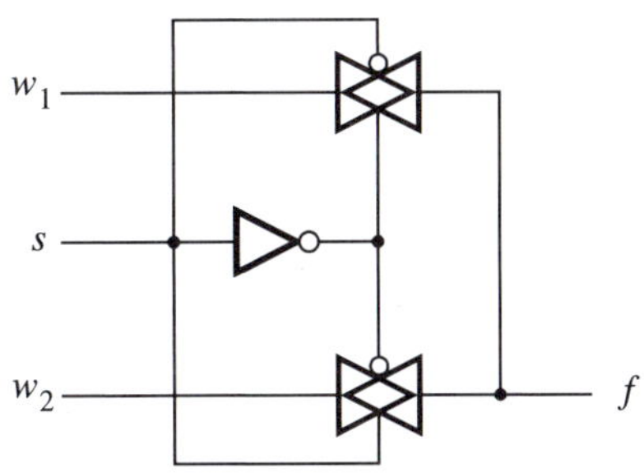

그림 B.54 트랜스미션 게이트를 사용한 2-to-1 멀티플렉서의 구현

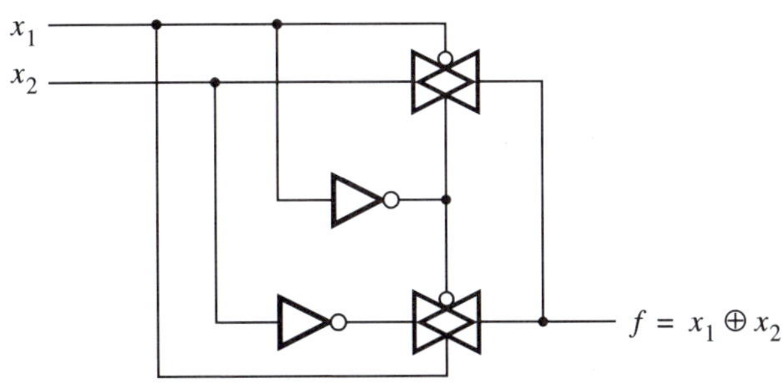

그림 B.55 XOR 게이트의 구현

= 1일 때 $TG2$는 OFF 되어 피드백 루프를 제거한다. *Load* = 0인 경우 $TG1$은 OFF 되고 $TG2$는 ON 된다. *Load* = 0의 값을 유지하는 한 피드백 루프가 형성되어 메모리 소자의 상태가 유지된다. 이 회로는 gated D 래치를 구현한 것이다. 그림 5.7에 보인 NAND 게이트로 구성된 회로와 동일하게 동작하며, 그림 B.56의 *Load* 신호는 *Clk* 신호의 역할을 한다.

B.8.9 논리게이트의 팬인과 팬아웃

논리회로에서의 팬인(*fan-in*)은 게이트에 연결할 수 있는 입력 수로 정의된다. 논리회로의 제조 기술에 따라 달라질 수 있지만 입력 수를 많이 늘리는 것은 실용적이지 않다. 예를 들면, 그림 B.57의 k개의 입력을 연결할 수 있는 NMOS NAND 게이트를 생각해보자. 게이트를 통한 전달 지연 시간 t_p에 대해 입력 k의 영향을 알아보자. 모든 k개의 NMOS 트랜지스터는 같은 폭 W와 길이 L을 갖는다고 가정한다. 트랜지스터가 직렬로 연결되므로 길이가 $k \times L$이고 폭이 W인 하나의 긴 트랜지스터로 볼 수 있다. CMOS 게이트와 NMOS 게이트에 모두 적용 가능한 식 B.4를 사용하여, 다음과 같이 전달 지연 시간을 나타낼 수 있다.

$$t_p \cong \frac{1.7\,C}{k'_n \frac{W}{L} V_{DD}} \times k$$

여기서 C는 게이트의 출력에 있는 등가 커패시턴스인데 k개 트랜지스터에 의해 만들어지는 패러스틱 커패시턴스를 포함한다. 게이트의 성능은 각각의 NMOS 트랜지스터의 W를 증가시켜 어느 정도 향상될 수 있다. 그러나 이런 수정은 C를 더 증가시키고 칩 면적이 증가한다. 이 회로의 다른 결점은 각 NMOS 트랜지스터의 V_{OL}을 증가시키는 효과를 초래하므로 노이즈 마진이 감소된다. 실제로 팬인이 작은 경우에만 이런 방법으로 NAND 게이트를 만들 수 있다.

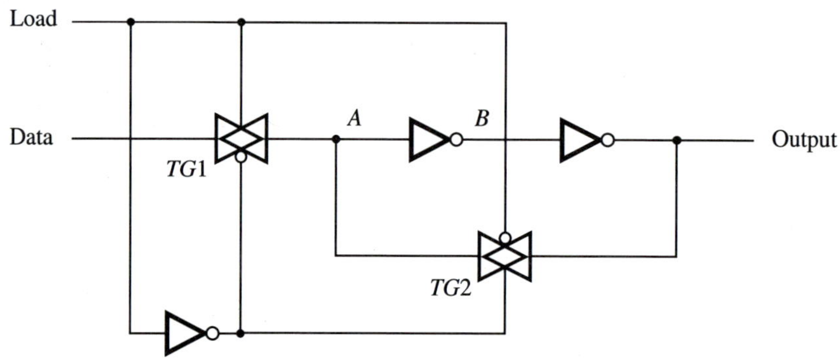

그림 B.56 게이트된 D 래치의 구현을 위한 트랜스미션 게이트의 사용

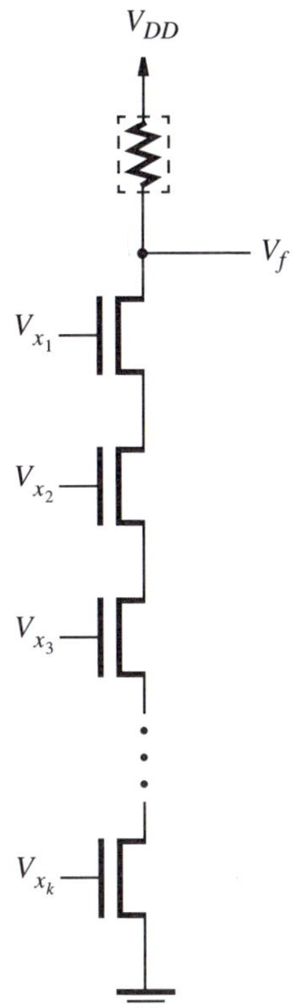

그림 B.57 NMOS NAND 게이트의 높은 팬인

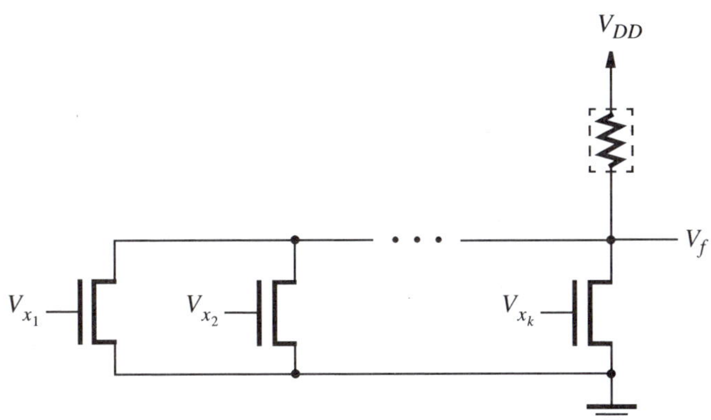

그림 B.58 NMOS NOR 게이트의 높은 팬인

다른 예로, 그림 B.58은 k개의 입력을 가지는 NMOS NOR 게이트를 보여주고 있다. 병렬로 연결된 k개의 NMOS 트랜지스터는 폭이 $k \times W$이고 길이가 L인 하나의 트랜지스터로 볼 수 있다. 식 B.4에 의해 전달 지연은 계수 k에 따라 감소하게 된다. 그러나 병렬로 연결된 트랜지스터는 게이트의 출력에서 로드 커패시터 C를 증가시킨다, 더 중요한 것은 V_f가 high에서 low로 바뀔 때 모든 트랜지스터가 ON 되는 경우가 빈번히 발생하지는 않을 것이다. 그러므로 NMOS 기반으로 높은 팬인을 갖는 NOR 게이트를 만드는 것은 실용적이다. 그러나 NMOS 게이트에서 풀업 소자가 전류를 제한하는 영향 때문에 low-to-high 전달 지연은 high-to-low 지연 시간보다 더 느려질 수 있다는 점에 주목해야 한다(예제 B.13과 B.14).

CMOS 논리게이트의 경우 항상 직렬로 연결된 k개의 NMOS나 k개의 PMOS 트랜지스터가 필요하므로 결코 실용적이지 않다. CMOS에서 높은 팬인을 갖는 게이트를 만드는 합리적인 방법은 낮은 팬인을 갖는 게이트를 여러 개 사용하는 것이다. 예를 들어, 여섯 개의 입력이 있는 AND 게이트는 입력이 세 개인 AND 게이트를 두 개 사용한 후 이들의 출력을 입력이 두 개인 AND 게이트에 연결하면 된다. 이 방법보다 적은 개수의 트랜지스터를 사용하여 여섯 개의 입력을 갖는 CMOS AND 게이트를 설계할 수 있으나 독자를 위해 연습문제로 남겨둔다(연습문제 B.4).

팬아웃

그림 B.48은 한 개의 NOT 게이트가 다른 게이트를 구동하는 경우에 시간에 대한 변화를 설명한 것이다. 실제 회로에서 각 논리게이트는 다수의 다른 게이트를 구동한다. 하나의 게이트가 구동할 수 있는 다른 게이트의 수를 **팬아웃**(*fan-out*)이라고 한다. 팬아웃에 대한 예를 그림 B.59*a*에 보여주는데, N_1은 n개의 다른 인버터의 입력을 구동한다. 각각의 다른 인버터는 노드 f에서의 용량성 부하에 영향을 미친다. 그림의 B.59*b*에서 n개의 인버터를 하나의 큰 커패시터 C_n으로 표현했다. 편의상 각 인버터가 커패시턴스 C를 갖는다면 전체는 $C_n = n \times C$가 된다. 식 B.4에서 전달 지연은 n에 직접 비례하여 증가한다는 것을 알려준다.

그림 B.59*c*는 n이 전달 지연 시간에 어떻게 영향을 주는지 보여준다. 신호 x의 논리 값이 1에서 0으로 시간 0에서 변화한다고 가정하자. 하나는 $n = 1$인 경우이고, 다른 것은 $n = 4$인 경우이다. 예제 B.7의 파라미터를 사용하여 $n = 1$일 때 $t_p = 0.1$ ns이다. 그리고 $n = 4$일 때 $t_p \approx 0.4$ ns이다. N_1 트랜지스터의 W/L 비를 증가시켜 t_p를 줄이는 것도 가능하다.

드라이버

큰 용량성 부하(capacitive load)를 구동하는 회로의 성능 향상을 위해 드라이버를 사용한다. **드라이버**는 한 개의 입력 x와 출력 f를 가지며, $f = x$의 관계를 만드는 논리게이트이다. 드라이버의 간단한 구현은 그림 B.60*a*와 같이 두 개의 인버터를 사용하는 것이다. 드라이버는 트랜지스터의 크기에 따라서 서로 다른 **구동 용량**(*drive capability*)

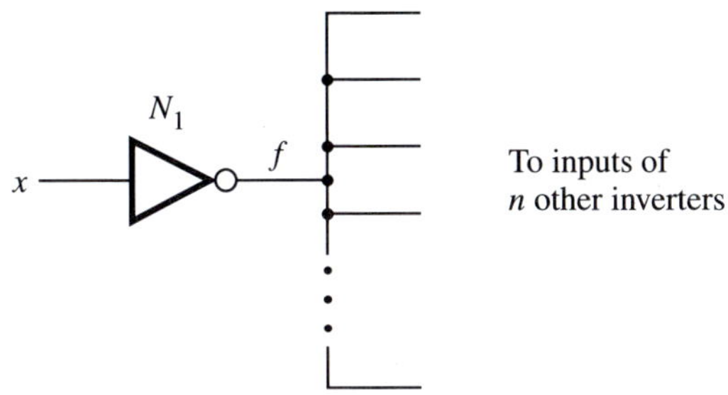

(a) n개의 다른 인버터를 유도하는 인버터

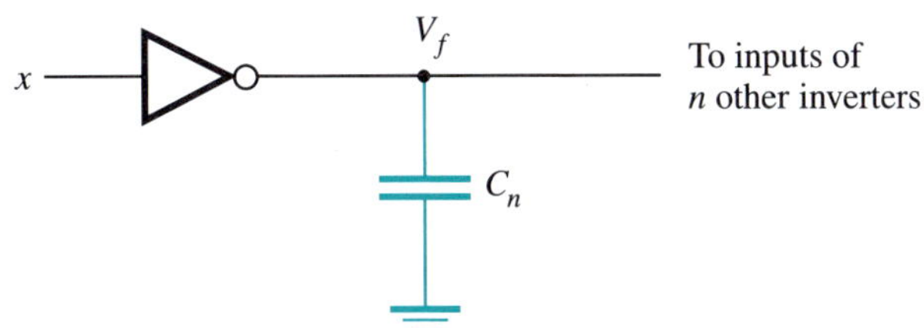

(b) 타이밍 목적의 등가회로

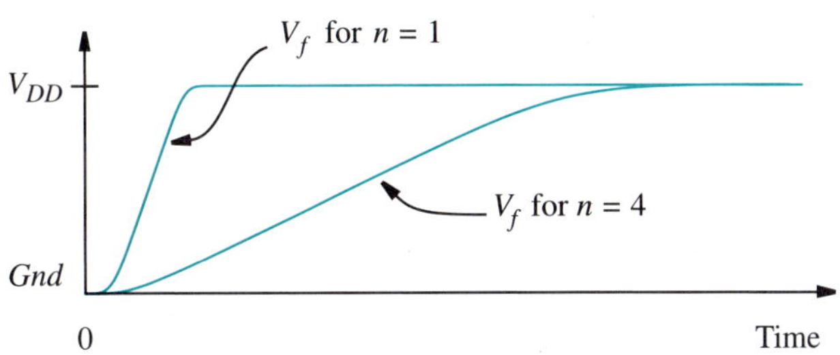

(c) 다른 n 값의 전달 지연 시간

그림 B.59 전달 지연에 대한 팬아웃의 효과

을 가지도록 만들 수 있다(그림 B.49 참조). 일반적으로 드라이버는 정상보다 큰 용량성 부하를 구동하는 데 사용하므로, 전형적인 논리게이트보다 더 큰 트랜지스터를 사용한다. 논인버팅 드라이버(Noninverting driver, 비반전 드라이버)의 기호가 그림 B.60*b*에 있다.

드라이버의 또 다른 형태는 인버팅 드라이버(*inverting driver*, 반전 드라이버)이다. 이것은 $f = \overline{x}$와 같은 출력을 만드나 비교적 큰 트랜지스터로 만든다. 인버팅 드라이버의 기호는 NOT 게이트와 같고, 단지 큰 용량성 부하를 구동하는 NOT 게이트이다. 그림 B.59에서 n이 크다면 N_1 대신에 인버팅 드라이버를 사용할 수 있다.

회로의 속도 향상 이외에 드라이버는 외부 소자를 구동하기 위해 높은 전류가 필요한 경우에도 사용된다. 커다란 트랜지스터를 사용하므로 드라이버는 비교적 큰 전류의

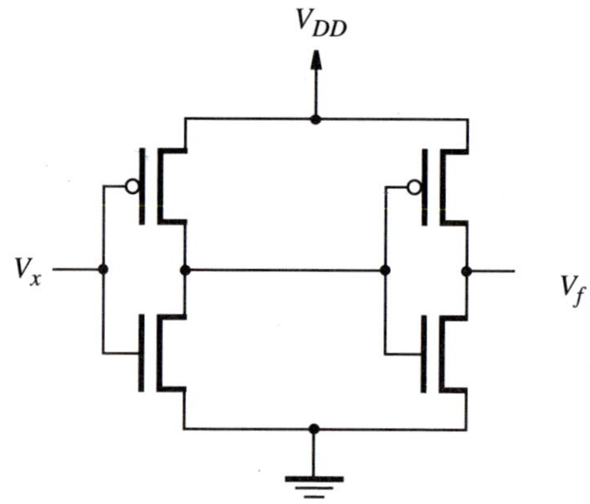

(a) 드라이버의 구현

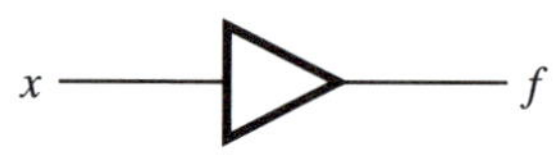

(b) 그래픽 심벌

그림 B.60 논인버팅 드라이버

흐름을 제어할 수 있다. 이러한 드라이버를 사용하는 일반적인 예가 LED를 동작시키는 것이다. 5.14.1절에서 드라이버의 응용 예를 소개한다.

일반적으로 팬아웃과 용량성 부하 및 전류 흐름은 디지털 회로를 설계할 경우에 주의해야 하는 중요한 문제들이다. 실제 회로에서 드라이버가 필요한지의 여부는 CAD 툴의 도움을 받아 처리한다.

B.8.10 3상태 드라이버

그림 7.1에 보인 바와 같이 3상태 드라이버는 하나의 입력 w, 하나의 출력 f, 그리고 *enable*이라 불리는 제어 입력 e를 가지고 있다. 드라이버는 $e = 0$일 때 출력 f와 완전히 단절되고, $e = 1$일 때 $f = w$가 되도록 w 값을 f로 구동한다. 그림 B.61은 3상태 드라이버를 구현하는 방법 중에 NOT 게이트와 트랜스미션 게이트를 사용한 예이다.

그림 B.62는 여러 종류의 3상태 드라이버를 보여준다. 그림 B.62b의 드라이버에서는 $e = 1$일 경우에 $f = \overline{w}$을 출력하는 것을 제외하고는 B.62a에 있는 드라이버와 같은 동작을 한다. 그림 B.62c는 인에이블 신호가 반대로 동작을 하는 3상태 드라이버인데, 이것은 $e = 0$일 때 $f = w$이며, $e = 1$일 때 $f = Z$를 출력한다. 이러한 동작을 인에이블이 *active low*하다고 표현한다. 그림 B.62d의 드라이버 역시 active low 특징을 가지며 $e = 0$일 때 $f = \overline{w}$를 출력한다.

3상태 드라이버가 사용되는 간단한 예로, 그림 B.63의 회로를 생각해 보자. 이 회로에서 출력 f는 s 값에 따라서 w_1이거나 w_2이다. $s = 0$일 때 $f = w_1$이고, $s = 1$일 때

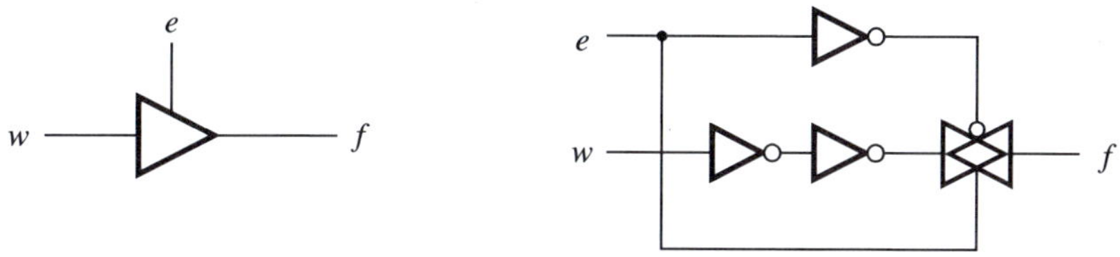

(a) 어떤 3상태 드라이버 (b) 3상태 드라이버의 구현

그림 B.61 3상태 드라이버

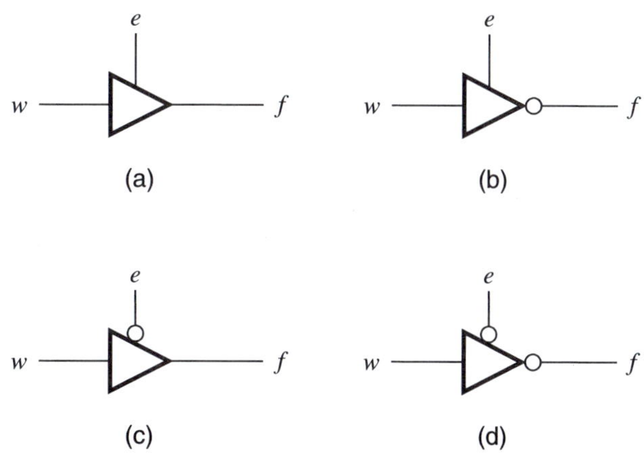

그림 B.62 3상태 드라이버의 네 가지 유형

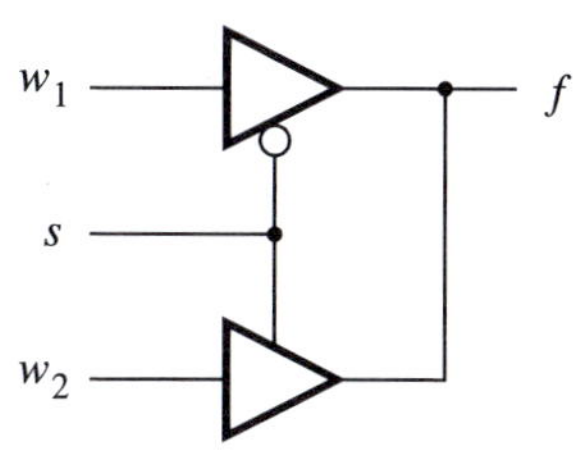

그림 B.63 3상태 드라이버의 응용

$f = w_2$이다. 따라서 이 회로는 2-to-1 멀티플렉서를 구현한 것이다.

그림 B.63의 회로에서 3상태 드라이버의 출력은 선으로 직접 연결되어 있다. 이러한 연결은 제어 입력 s가 두 드라이버 중 하나를 하이 임피던스 상태로 보장하므로 가능하다. w_1 드라이버는 $s = 0$일 때만 활성화되고, w_2 드라이버는 $s = 1$일 때만 활성화된다. 두 드라이버가 동시에 활성화된다면 트랜지스터가 파괴된다. 즉, 두 드라이버가 서로 다른 값을 출력하면 V_{DD}와 Gnd 사이에 단락 회로가 형성된다. 예를 들어, $w_1 = 1$이고 $w_2 = 0$이라고 가정하자. w_1 드라이버는 출력 값 V_{DD}를, 그리고 w_2 드라이버는 Gnd를 출력할 것이다. 3상태 드라이버 안의 트랜지스터를 통하여 V_{DD}와 *Gnd* 사이에 단락 회로가 형성된다. 이런 단락 회로를 통해 흐르는 전류의 양은 회로를 파괴하기에 충분하다.

이와 같이 3상태 드라이버에서 사용된 배선 연결은 정상적인 논리게이트에는 불가능하다. 그 이유는 일반 논리게이트는 항상 활성화되어 있으므로 단락 회로가 발생하기 때문이다. 정상적인 논리회로에서 배선과 동등한 결과는 SOP 형태에서 볼 수 있듯이 신호를 결합하는 OR 게이트를 사용하여 얻을 수 있다.

B.9 • SRAM

5장에서 데이터의 저장에 사용할 수 있는 몇 가지 회로를 소개하였다. 이제 길이가 *n*-비트인 임의의 데이터 *m*개를 저장해야 한다고 가정하자. 한 가지 방법은 각 데이터를 위해 *n*개의 D 플립플롭으로 구성된 *n*-비트 레지스터를 이용하는 것이다. 그렇다면 각각의 값들을 저장하고 읽기 위해서는 *n*-비트 레지스터 *m*개를 제어할 수 있는 회로가 필요할 것이다.

숫자 *m*이 클 경우에 개개의 레지스터를 사용하면 크기나 소비 전력 및 회로가 복잡해지는 등 단점이 많다. 이러한 경우 대신에 *SRAM*(*static random access memory*) 블록을 사용한다. 한 개의 SRAM 블록은 2차원 배열된 SRAM 셀로 구성되는데, 각 셀은 1-비트를 저장할 수 있다. 즉 *m*개의 *n*-비트 구조를 갖는 자료를 저장하려면, $m \times n$ SRAM 셀의 어레이를 이용한다. 이 SRAM 어레이의 구성을 **종횡비**(*aspect ratio*)라고 한다.

한 개의 SRAM 블록은 많은 SRAM 셀로 구성되므로, 각 셀의 크기는 가능한 작게 만들어야 한다. 그러므로 셀은 가능한 적은 개수의 트랜지스터를 사용해야 한다. 그림 B.64는 실제 많이 이용되는 셀의 회로로 동작은 다음과 같다. 셀에 정보를 저장하기 위해서는 *Sel* 입력이 1이 되고, 저장할 정보가 *Data* 입력에 준비되어야 한다. SRAM 셀은 그림의 컬러로 표시된 것과 같이 컴플리먼트된 입력을 별도로 포함하기도 한다. 그러나 여기서는 편의상 별도의 트랜지스터를 고려하지 않는다. 입력 값이 두 개의 NOT 게이트에 의해 형성되는 피드백 경로를 충분히 지날 만큼의 시간이 경과 한 후에 *Sel* 입력이 0으로 바뀌면, 저장된 값은 피드백 경로에 의하여 동일한 값을 유지하게 된다. 만약 $Sel = 1$일 때, 입력 *Data* 값이 피드백된 NOT 게이트에 의한 출력 값과 동일하지 않다면 문제가 발생할 수 있다. 즉 *Sel*에 의해 저장될 값이 1이고 NOT 게이트에 의한 출력 값이 0과 같은 경우일 것이다. 이러한 문제를 해결하기 위하여 피드백 루프의 NOT 게이트를 작은(약한) 트랜지스터로 만들어 그 출력이 새로운 입력 *Data*에 의해 무시되도록 한다.

저장된 값을 읽기 위해서는 *Sel*을 1로 공급하면 된다. 이 경우에 *Data* 노드는 SRAM에 저장된 값이 *Data* 노드로 출력될 수 있도록 외부 회로에 의해 어떤 값으로 설정되면 안 된다. 그림에는 나타나 있지 않으나 드라이버를 통하여 *Data* 노드의 값이 SRAM 블록의 출력으로 나타나게 된다.

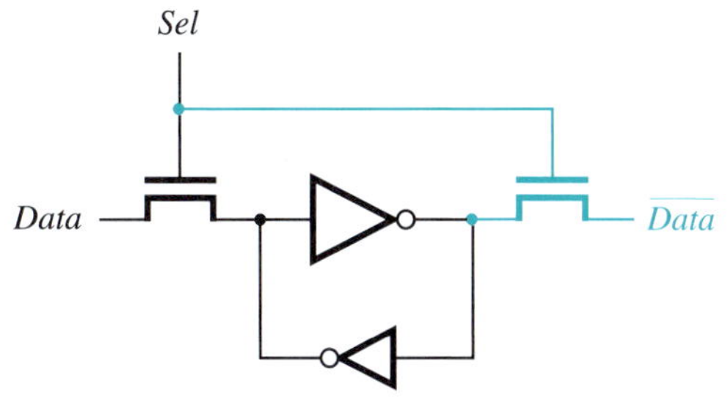

그림 B.64 SRAM 셀

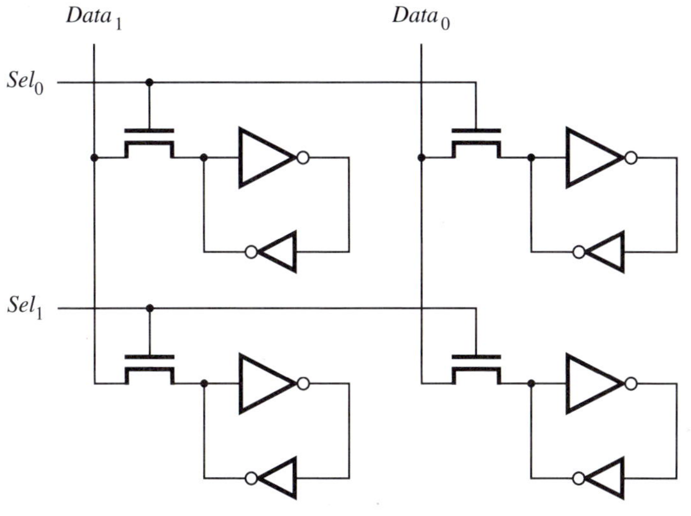

그림 B.65 SRAM 셀의 2 × 2 어레이

SRAM 블록은 셀의 어레이로 구성되어 있다. 그림 B.65는 두 개의 행에 각 두 개의 셀로 구성된 어레이이다. 어레이의 각 열은 셀의 *Data* 노드가 모두 연결되어 있다. 각 행 i 마다 독립적인 Sel_i 입력이 있으며, 그 행의 셀에 값을 읽거나 저장할 때 사용된다. 더 큰 어레이는 각 행에 더 많은 셀을 Sel_i 입력에 연결하고 행을 더 추가하여 구성된다. SRAM 블록은 어레이에서 각 행을 찾을 수 있는 회로가 포함되어야 한다.

그림 B.66은 그림 B.65의 형태를 갖는 셀로 구성된 $2^m \times n$ 어레이를 보여주며, 어레이의 각 행을 구동시키는 *Sel*의 입력을 위해 디코더를 사용한다. 이 디코더의 입력을 **어드레스**(*Address*)라고 부른다. 디코더가 m개의 어드레스를 가지고 있으면 2^m개의 *Sel* 출력을 얻을 수 있다. 만약 *Write* 입력이 1이면 그림의 위쪽에 있는 3상태 드라이버가 활성화되어 입력 $d_{n-1}, \ldots, d_0$에 있는 값이 어드레스 입력에 의해 선택된 해당 행에 저장된다. 저장된 값을 읽기 위해서는 $Read = 1$로 하면 그림의 아래쪽에 있는 3상태 드라이버가 활성화되어, 어드레스 입력에 의해 선택된 해당 행에 저장된 값이 출력 $q_{n-1}, \ldots, q_0$

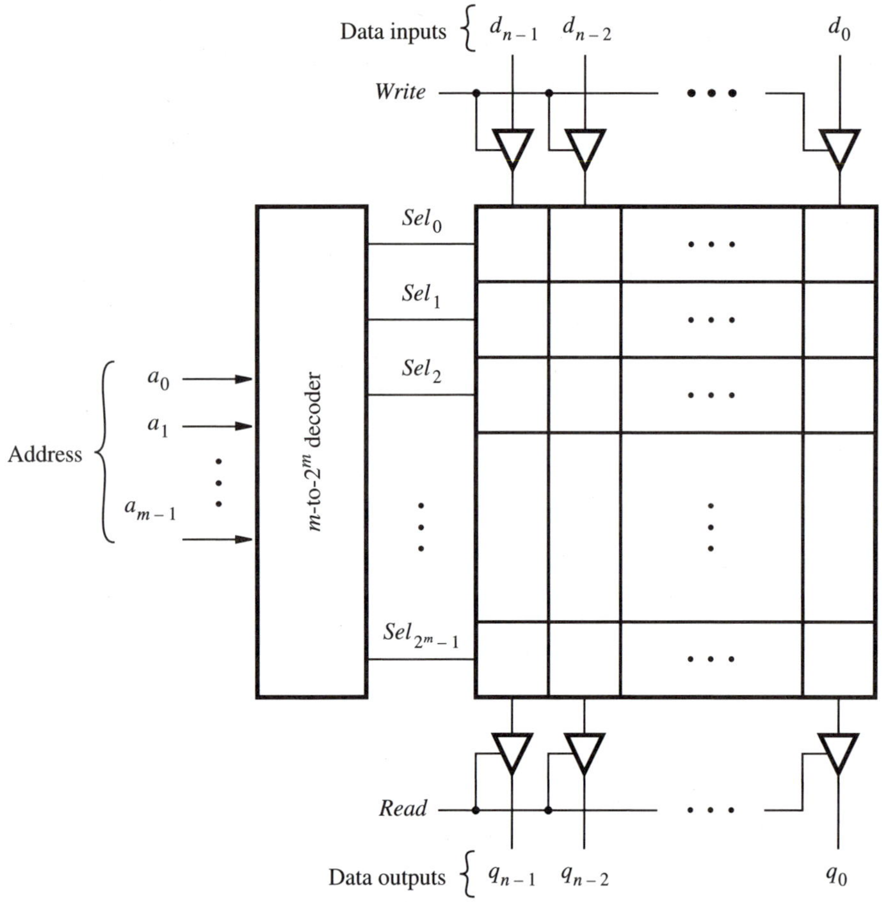

그림 B.66 $2^m \times n$ SRAM 블록

에 나타나게 된다. 실제의 경우에는 입력과 출력들이 서로 연결되어 있다. 따라서 *Write*와 *Read*는 동시에 1이 되어서는 안 된다.

메모리 블록에 대해 많은 연구와 개발이 되어왔는데, 여기서는 가장 기본적인 형태의 메모리 블록에 대하여 기술하였다. 자세한 내용은 컴퓨터 구조 관련 도서를 참고하라[14, 15].

B.9.1 PLD의 SRAM 블록

대부분의 FPGA는 칩 내부에 구현하는 논리회로의 일부분으로 사용하기 위해 SRAM을 포함하고 있다. 많이 사용되는 칩의 하나는 수 개의 SRAM 블록을 갖는데, 각 블록은 4096 SRAM 셀로 구성되어 있다. SRAM 블록의 종횡비는 설계 용도에 맞게 다르게 구성할 수 있다. 한 개의 SRAM 블록은 보통 256 × 8에서 4096 × 1의 종횡비로 되어 있으며, 더 많은 메모리 어레이를 구성하기 위해서 여러 개의 블록이 결합될 수 있다.

회로 내에 SRAM 블록을 포함하기 위해서는 CAD 툴의 일부인 라이브러리로 제공되는 미리 제작된 모듈을 사용하거나 합성 툴이 메모리 블록으로 인식할 수 있는 Verilog 코드를 사용한다.

B.10 • SPLD, CPLD, 그리고 FPGA의 상세 구현

B.6절에서 PLD에 대해 소개하였다. 앞 절에서 보여준 칩에서 프로그래머블 스위치는 기호 X를 사용하여 표현하였다. 이런 스위치가 트랜지스터로 구현되는 방법을 기술한다.

상용 SPLD에서는 주로 두 가지 기술을 사용하여 프로그래머블 스위치를 제조한다. 오래된 기술은 프로그래밍 가능한 연결(link)에 금속 합금 퓨즈를 사용한다. 이 기술에서 PLA와 PAL은 서로 교차하는 수직선과 수평선의 각 쌍이 금속 퓨즈로 연결된다. 칩이 프로그램될 때, 회로의 구성에 필요하지 않은 연결에 결합된 퓨즈를 녹여 제거한다. 녹아버린 퓨즈는 파괴되기 때문에 이런 프로그램 과정을 역으로 재생할 수는 없다. 이 방식은 이미 더 좋은 기술로 대체되었으므로 상세하게 설명하지 않는다.

현재 생산되는 PLA와 PAL에서 프로그래머블 스위치는 특별한 형태의 **프로그래머블 트랜지스터**를 사용하여 구현된다. CPLD는 PAL-like 블록을 포함하므로 SPLD에서 사용된 기술은 CPLD에도 적용 가능하다. 먼저 PLA에 대한 기술을 통해 중요한 개념을 설명한다. PLA가 광범위하게 사용되기 위해서는 변수가 적은 함수는 물론 많은 변수를 가진 함수도 지원할 수 있어야 한다. B.8.9절에서 논리게이트의 팬인 문제에 대해 논의했다. 팬인이 높은 경우 가장 좋은 게이트는 NMOS NOR 게이트이다. 그러므로 PLA는 일반적으로 이런 형태의 게이트로 구성되어 있다.

그림 B.67과 같이 비교적 간단한 회로의 PLA를 살펴보자. S_1이라고 표시된 수평선은 입력 x_2와 $\bar{x}_3$을 가진 NMOS NOR 게이트의 출력이다. 즉, $S_1 = \overline{x_2 + \bar{x}_3}$이다. 마찬가지로 S_2와 S_3은 NOR 게이트의 출력으로 $S_2 = \overline{x_1 + x_3}$이며 $S_3 = \overline{x_1 + \bar{x}_2 + x_3}$이 된다. S_1, S_2, S_3을 출력하는 세 개의 NOR 게이트는 IC를 효율적으로 만들기 위한 규칙적인 구조로 배열된다. 이런 구조를 ***NOR* 플레인**이라고 한다. NOR 플레인은 더 많은 입력을 위해서는 열을, 더 많은 NOR 게이트를 만들기 위해서는 행을 추가하여 확장된다.

신호 S_1, S_2, S_3은 두 번째 NOR 플레인의 입력으로 제공된다. 이 NOR 플레인을 쉽게 나타내기 위해 첫 번째 NOR 플레인에 대해 오른쪽으로 90° 회전한 것이다. 출력 f_1을 만들어내는 NOR 게이트는 입력 S_1과 S_2를 갖는데 다음과 같다.

$$f_1 = \overline{S_1 + S_2} = \overline{(\overline{x_2 + \bar{x}_3}) + (\overline{x_1 + x_3})}$$

드모르간 법칙을 사용하여 POS 표현으로 나타내면 다음과 같다.

$$f_1 = \bar{S}_1\bar{S}_2 = (x_2 + \bar{x}_3)(x_1 + x_3)$$

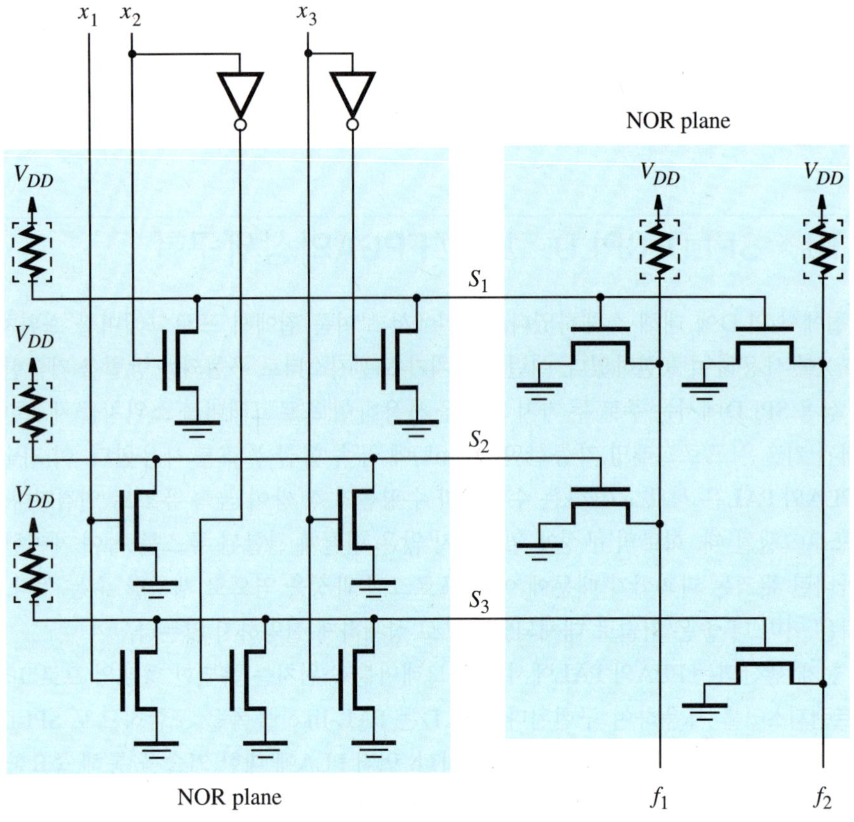

그림 B.67 NOR-NOR PLA의 예제

비슷한 방법으로 출력이 f_2인 NOR 게이트는 입력이 S_1과 S_3으로 구성된다. 그러므로 다음과 같이 표현된다.

$$f_2 = \overline{S_1 + S_3} = \overline{\overline{(x_2 + \overline{x}_3)} + \overline{(x_1 + \overline{x}_2 + x_3)}}$$

이것은 다음 식과 같다.

$$f_2 = \overline{S}_1\overline{S}_3 = (x_2 + \overline{x}_3)(x_1 + \overline{x}_2 + x_3)$$

그림 B.67과 같은 PLA 구조를 *NOR-NOR PLA*라고 한다. 다른 유사한 구현 방법이 있으나 단순하기 때문에 NOR-NOR 형식이 많이 이용되고 있다. 그림 B.67에 보인 바와 같이 연결된 트랜지스터를 갖는 PLA는 프로그램할 수 없음에 주의해야 한다. 다만 두 개의 특정한 논리함수 f_1과 f_2를 구현한 것이다. 그러나 NOR-NOR 구조는 아래 설명과 같이 프로그래머블 PLA로 사용할 수 있다.

엄밀히 말해 PLA라는 용어는 그림 B.67에서 설명한 고정된 형태의 PLA를 지칭하는 말이다. 프로그램 가능한 형태의 PLA에 적합한 용어는 FPGA(field-programmable logic array)이다. 그러나 일반적으로 *F*를 생략하여 사용한다. 그림 B.68*a*는 프로그램 가능한 형태의 NOR 플레인이다. *N*개의 입력 $x_1, \ldots, x_n$과 *k*개의 출력 $S_1, \ldots, S_k$로 구성되었다. 수직선과 수평선의 각 교차점에서 프로그래머블 스위치가 존재한다. 스위치는 직렬로 연결된 두 개의 트랜지스터를 포함하는데, NMOS 트랜지스터와 *EEPROM*(*electrically erasable programmable read-only memory*) 트랜지스터이다.

프로그래머블 스위치는 EEPROM 트랜지스터의 동작 원리를 이용한 것이다. 참고문헌[1, 2]에서 EEPROM 트랜지스터의 동작 방법을 상세히 설명하므로 여기서는 간단히 설명한다. 프로그래머블 스위치는 그림 B.68*b*에 있으며 EEPROM 트랜지스터의 구조는 그림 B.68c에서 볼 수 있다. EEPROM 트랜지스터는 한 가지 차이를 제외하고는 NMOS 트랜지스터와 거의 같다(그림 B.43 참고). EEPROM 트랜지스터는 두 개의 게이트를 가지고 있는데, 하나는 NMOS 트랜지스터처럼 정상적인 게이트이고 다른 하나는 **플로팅 게이트**(*floating gate*)이다. 플로팅 게이트는 절연체인 유리에 의해 둘러싸여 있으므로 떠있는 것과 같아 플로팅이라고 하는데 트랜지스터의 어느 부분과도 연결되어 있지 않다. 트랜지스터가 프로그램되지 않은 상태에 있을 때 플로팅 게이트는 트랜지스터의 동작에는 전혀 영향을 미치지 않으며 정상적인 NMOS 트랜지스터로 동작한다. PLA를 정상적으로 사용하는 동안, 플로팅 게이트 V_e 전압은 그림에 없는 회로에 의해 V_{DD}로 설정되고, EEPROM 트랜지스터는 ON 된다.

EEPROM 트랜지스터의 프로그램은 트랜지스터에 정상 전압보다 높은 전압(일반적으로, $V_e = 12$ V)을 공급하여 처리되는데, 이것은 트랜지스터의 채널을 통해 상당히 많은 양의 전류를 흐르게 한다. 그림 B.68*c*는 채널의 위쪽 표면에 아주 가까워지도록 플로팅 게이트의 일부분이 아래쪽으로 확장된다. 채널을 통한 많은 전류의 흐름은 *FN* **터널링**(*Fowler-Nordheim tunneling*)으로 알려진 효과를 일으키며 채널에 있는 일부 전자는 절연된 유리의 가장 얇은 지점을 통과하여 플로팅 게이트 밑에서 갇히게 된다. 프로그램 과정이 끝나면 갇힌 전자는 채널에 들어오는 다른 전자를 밀어낸다. EEPROM 트랜지스터에 전압 $V_e = V_{DD}$가 가해지면 정상적인 동작에서 ON 되지만 갇힌 전자가 트랜지스터를 OFF 상태로 유지되도록 한다. 그러므로 그림 B.68*a*의 NOR 플레인에서 프로그램은 NOR 게이트의 입력을 '절연(disconnect)'시킨다. 각 NOR 게이트에 연결되어야 하는 입력에 대해, 이 입력에 해당되는 EEPROM 트랜지스터는 프로그램되지 않은 상태로 남아 있다.

일단 EEPROM 트랜지스터에 프로그램되면 그 상태를 영원히 유지하게 된다. 그러나 프로그램 과정이 반대로 이루어질 수도 있다. 이 단계를 **소거**(*erasing*)라고 하는데, 사용된 단자에 프로그램할 때와는 반대의 극성인 전압을 가한다. 이런 경우에 가해진 전압은 플로팅 게이트 밑에 갇힌 전자를 채널로 되돌아가게 터널을 일으키게 한다. EEPROM 트랜지스터는 원래의 상태로 돌아가고, 다시 정상적인 NMOS 트랜지스터와 같이 동작한다.

EEPROM과 비슷한 EPROM(erasable PROM)이라는 또 다른 기술을 살펴보자. 실

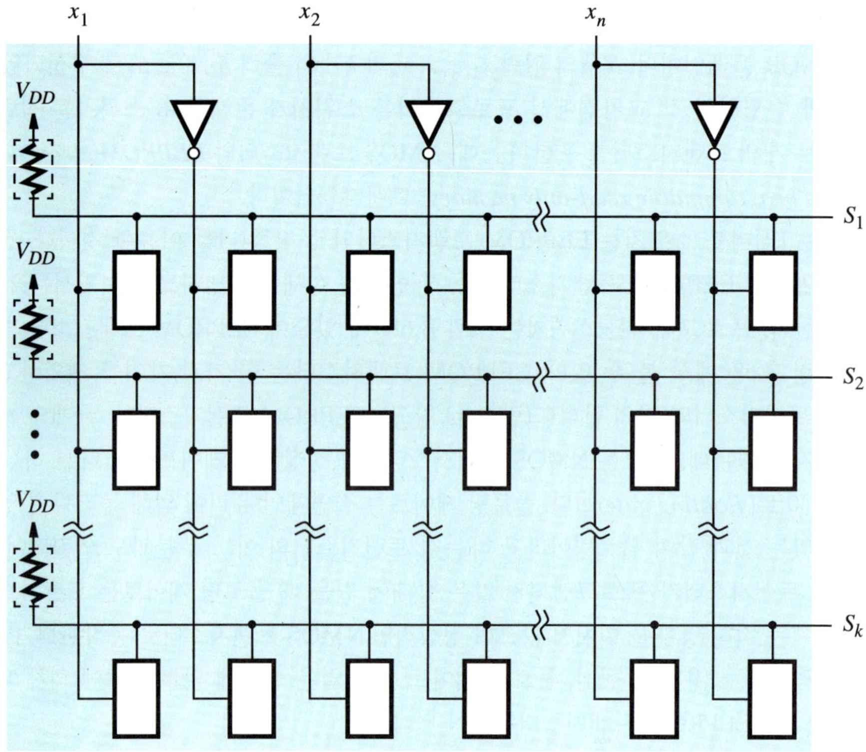

(a) 프로그래머블 NOR 플레인

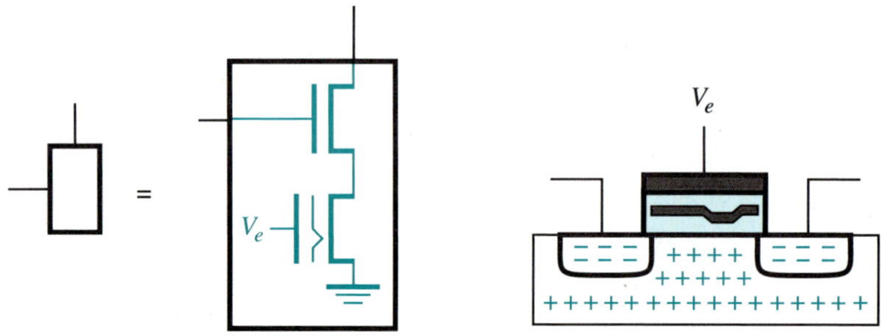

(b) 프로그래머블 스위치 (c) EEPROM 트랜지스터

그림 B.68 EEPROM 트랜지스터를 사용한 프로그래머블 NOR 플레인의 구현

제 EEPROM 보다 먼저 개발된 EPROM은 EEPROM과 비슷하게 프로그램되지만 소거 과정이 다른데, EPROM을 지우기 위해서는 특정 파장의 빛 에너지를 공급해야 한다. 이런 과정이 용이하도록 EPROM은 칩 내부를 볼 수 있는 투명 유리창을 갖는 패키지로 제조된다. 칩을 지우기 위해 자외선 아래에 몇 분 정도 노출시킨다. 그러나 EPROM 트랜지스터의 소거는 EEPROM을 소거할 때 사용하는 전기적 방법보다 불편하기 때문에 EEPROM 기술로 교체되었다.

네 개의 입력과 첫 NOR 플레인에 여섯 개의 합의 항, 그리고 두 개의 출력을 가지는 EEPROM을 사용한 NOR-NOR PLA를 그림 B.69에 나타내었다. 각 프로그래머블 스위치가 OFF로 프로그램된 경우 검정 X로 표시하였으며, 프로그램되지 않아 연결된 경우는 컬러로 표시하였다. 그림에서 보여준 상태를 가지고 PLA는 논리함수 $f_1 = (x_1 + x_3)(x_1 + \bar{x}_2)(\bar{x}_1 + x_2 + \bar{x}_3)$와 $f_2 = (x_1 + \bar{x}_3)(\bar{x}_1 + x_2)(x_1 + \bar{x}_2)$를 구현한다.

PLA도 POS 형식의 논리함수 대신에 SOP 형식으로 구현할 수 있다. SOP로 사용하기 위해 PLA의 첫 번째 NOR 플레인에 AND 게이트를 구현할 필요가 있다. 먼저 NOR 플레인의 입력에 컴플리먼트 값을 취하면, 드모르간 법칙에 의해 이것을 AND 플레인으로 만들 수 있다. PLA에서 각 입력이 인버트된 컴플리먼트 값과 원래 값이 모두 제공되므로 추가 비용 없이 컴플리먼트를 만들 수 있다. SOP 형식으로 구현하는 예가 그림 B.70에 있다. 곱의 항으로 해석하기 위해 첫 NOR 플레인의 출력은 $P_1, \ldots, P_6$으로 표시한다. P_1은 $\overline{\bar{x}_1 + \bar{x}_2} = x_1x_2$로 구현하기 위해 프로그램된다. 마찬가지 방법으로 $P_2 = x_1\bar{x}_3$, $P_3 = \bar{x}_1\bar{x}_2x_3$, $P_4 = \bar{x}_1\bar{x}_2\bar{x}_3$이 된다. 원하는 곱의 항이 생성되면, 이들을 OR연산할 필요가 있다. 이 작업은 두 번째 NOR 플레인의 출력을 컴플리먼트하여 얻을 수 있다. 그림 B.70에는 이런 목적을 위해서 NOT 게이트를 포함하고 있다. 그림에서 OR 플레인(두 번째 NOR 플레인)의 프로그래머블 스위치 상태는 다음의 출력을 만들어 낸

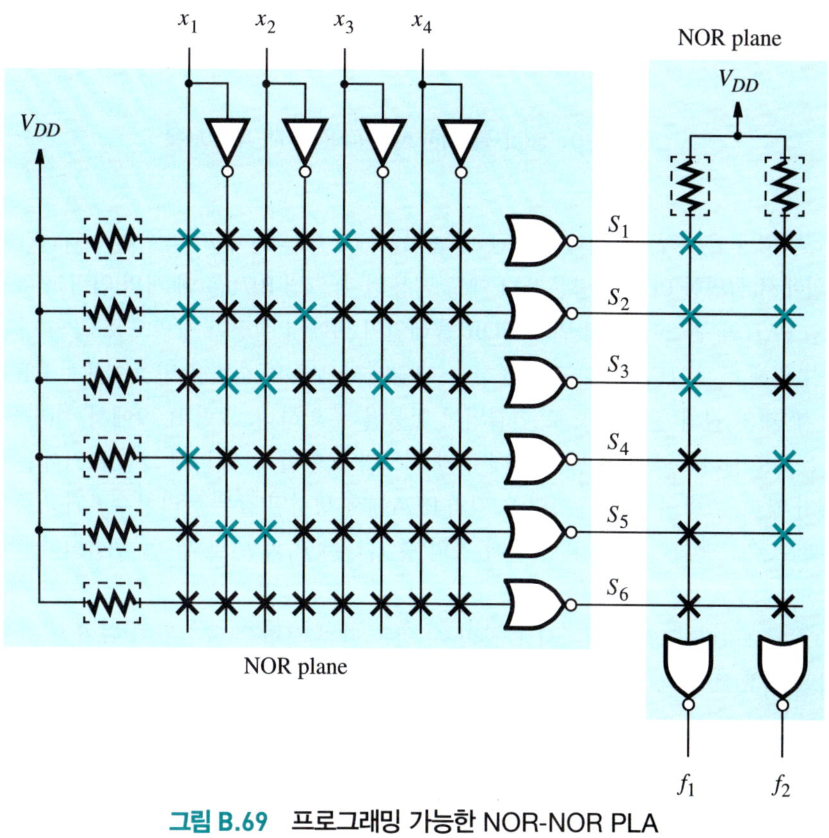

그림 B.69 프로그래밍 가능한 NOR-NOR PLA

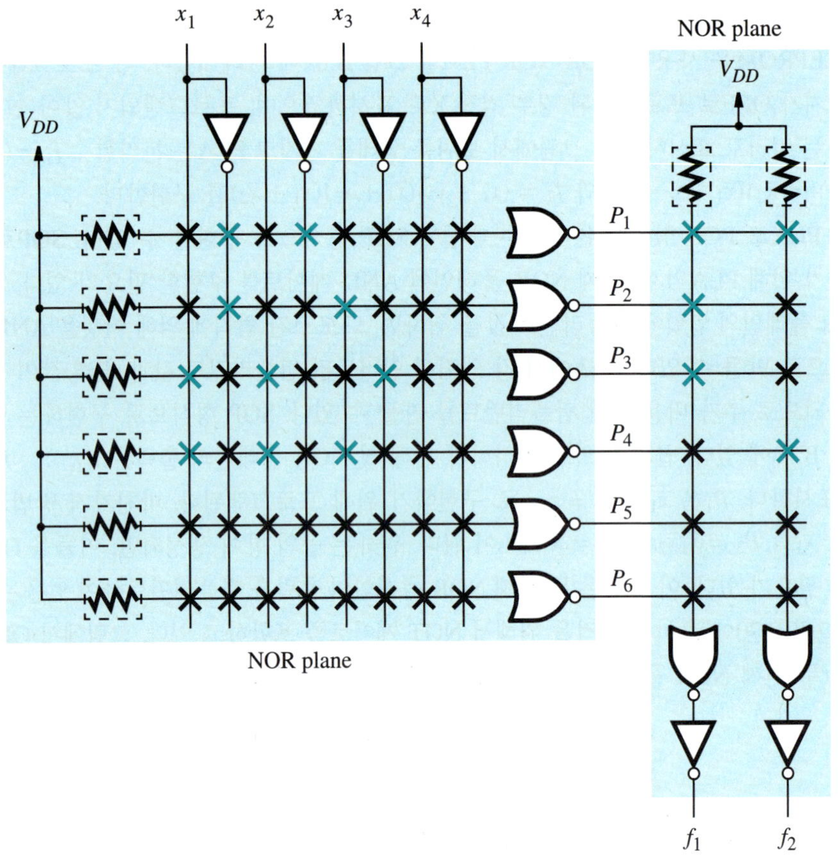

그림 B.70 SOP를 위한 NOR-NOR PLA의 사용

다. $f_1 = P_1 + P_2 + P_3 = x_1x_2 + x_1\bar{x}_3 + \bar{x}_1\bar{x}_2x_3$이고, $f_2 = P_1 + P_4 = x_1x_2 + \bar{x}_1\bar{x}_2\bar{x}_3$이다.

위에서 설명한 PLA 개념은 PAL에도 적용된다. 그림 B.71은 네 개의 입력과 두 개의 출력인 PAL의 구조이다. 첫 번째 NOR 플레인이 위에서 설명한 방법으로 곱의 항을 구현하기 위해 프로그램되었다고 가정하자. 그림에서 PAL의 출력을 만들어내는 OR 게이트가 세 개의 곱의 항 그룹으로 연결되어 있음을 주의하라. 그림 B.29에서 설명했듯이 PAL은 OR 게이트와 출력 핀 사이에 추가 회로를 포함할 수 있는데 그림 B.71에는 나타나 있지 않다. 그림의 PAL은 그림 B.70의 PLA에서 생성된 같은 논리함수 f_1과 f_2를 구현하도록 프로그램되어 있다. PAL에서 곱의 항 x_1x_2는 P_1과 P_4로 두 번 구현되어 있음에 주목한다. PLA와는 다르게 PAL에서 곱의 항은 여러 출력으로 공유될 수 없기 때문에 중복이 필요하다. 그림 B.71에서 관찰할 수 있는 다른 사항은 함수 f_2가 단지 두 개의 곱의 항을 필요로 하더라도 각 OR 게이트는 세 개의 곱의 항으로 연결되어 있다는 점이다. 여분의 곱의 항 P_6은 논리 0으로 설정되어 결과에 아무런 영향이 없도록 처리해야 한다. 이것은 P_6을 입력과 이의 컴플리먼트의 곱으로 프로그래밍하여 만들어지며 그 결과는 항상 0이다. 그림에서 $P_6 = x_1\bar{x}_1 = 0$을 사용했지만, 다른 입력 변수를 사용할 수도 있다.

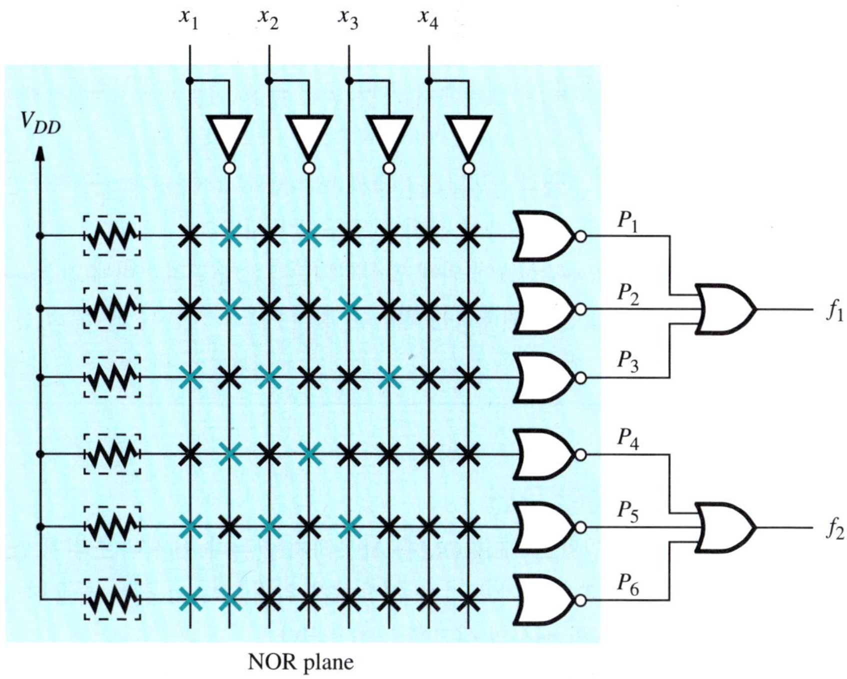

그림 B.71 그림 B.70의 함수의 구현을 위해 프로그램한 PAL

CPLD에 포함된 PAL-like 블록은 이번 절에서 논의한 기술로 구현된다. 일반적인 CPLD에서 AND 플레인은 입력에 적당한 컴플리먼트를 취한 NMOS NOR 게이트를 사용해 만들어진다. OR 플레인은 PLA와 같이 완전히 프로그램될 수 있도록 하기보다는 PAL과 같이 미리 배선된다. 그러나 각 OR 게이트로 공급되는 곱의 항 수에는 어느 정도의 융통성이 있다. 그 융통성은 OR 게이트에 입력되는 곱의 항을 조절할 수 있도록 프로그래머블 회로를 사용함으로써 확보한다.

예제 B.12

B.9절에서 SRAM을 설명하였다. 이런 형태의 메모리는 데이터를 읽고 쓰기 모두에 유용하다. 많은 경우 메모리에 쓰고 난 후 저장된 데이터를 변형시키지 않고 지속적 사용이 필요할 때도 있다. ROM(Read-only memory)은 그런 응용 분야에 적합하다. ROM에서 기억소자는 EEPROM(혹은 EPROM) 트랜지스터를 사용하여 그림 B.68과 유사한 구조로 제작된다. ROM의 각 비트는 해당되는 EEPROM 셀이 OFF로 프로그램되었을 때 1을 제공하고, ON으로 프로그램되었을 때 0으로 풀다운된다.

그림 B.72는 ROM 블록의 예를 보여준다. 기억소자는 2^m개의 행으로 배열되며 각 행은 n개의 셀을 갖는다. 그러므로 각 행은 n비트를 저장한다. ROM의 각 행의 위치는 **어드레스**로 구별 짓는다. 그림에서 가장 위쪽 행은 어드레스 0, 가장 아래쪽의 행은 어드레스 $2^m - 1$이 된다. 각 행에 저장된 정보는 Sel_0에서 Sel_{2^m-1}의 선택 신호를 활성화하여 접근할 수 있다. 그림에서 보는 바와 같이 m개의 입력과 2^m개의 출력을 갖는 디코더를 사용하여 선택 신호를 발생시킨다. 그림 B.72는 각 데이터 라인이 ROM 입력 *Read* 신호에 의해 활성화되는 3상태 드라이버에 연결되어 있다. ROM에서 데이터를 읽기 위해서는 원하는 행의 어드레스를 주고 *Read* 신호를 1로 설정한다.

B.10.1 FPGA를 활용한 구현

FPGA는 프로그래머블 스위치로 EEPROM을 사용하지 않는다. 대신에 스위치 정보를 SRAM 셀에 저장한다. LUT에 진리표 값을 저장하기 위해 SRAM 셀을 사용한다. 또한, SRAM 셀은 FPGA에서의 배선의 설정에도 이용된다.

그림 B.73은 그림 B.39의 FPGA의 일부분을 나타낸 것이다. 사각형으로 나타낸 논리 소자는 출력 f_1을 만드는데, 컬러로 표시된 수평선이다. 이 출력은 프로그래머블 스위치를 사용하여 교차되는 여러 개의 수직선과 연결할 수 있다. 이 스위치는 SRAM 셀에 의해서 제어되는 게이트 단자를 가진 NMOS 트랜지스터를 사용하여 구현된다. 이런 스위치를 **패스–트랜지스터 스위치**라고 한다. 만약 0이 SRAM 셀에 저장되었다면 관련된 NMOS 트랜지스터는 OFF 된다. 그러나 컬러로 표시된 스위치와 같이 1이 SRAM에 저장되었다면, NMOS 스위치는 ON 된다. 이 스위치는 소스 단자와 드레인 단자에 연결된 두 선을 연결해준다. 스위치의 개수는 FPGA 칩 구조에 따라 다르다.

B.8.7절에서 NMOS 트랜지스터는 high 논리 값을 부분적으로 통과시킨다는 것을 지적하였다. 그러므로 그림 B.73에서 V_{f_1}이 높은 전압 값이면 V_A는 조금 높은 전압 값이다. B.8.7절의 값을 사용하여 $V_{f_1} = 5$ V이면 $V_A = 3.5$ V이다. B.8.7절에서 설명한 것처럼 이렇게 낮아진 전압은 정적 전력 소비를 일으키는 결과를 초래한다(예제 B.19를 참고). 이 문제의 한 가지 해결책을 그림 B.74에 설명한다[1]. 신호 V_A가 다른 논리 소자에 있는 목적지에 도달하기 전에 다른 패스 트랜지스터 스위치를 통과한다고 가정하자. 첫 번째 패스 트랜지스터를 통과할 때에만 임계 전압만큼 떨어지기 때문에 신호 V_B는 V_A와 같은 값을 가진다. V_B 값을 회복하기 위해서 인버터로 구동될 수 있다. PMOS 트랜지스터는 인버터의 입력과 V_{DD}에 연결되고, 그 트랜지스터는 인버터의 출력으로 제어된다. PMOS 트랜지스터는 $V_B = 0$ V일 때 인버터의 출력 전압 값에 영향을 받지 않는다. 그러나 $V_B = 3.5$ V일 때는 인버터의 출력이 낮아지고 PMOS 트랜지스터가 ON 된다. 이 트랜지스터는 V_B를 빠르게 V_{DD} 값으로 회복시키고 안정 상태에서 전류가 흐르는 것을 막아준다. 풀업 트랜지스터 해결 방법을 사용하는 대신에 가능한 다른 방법

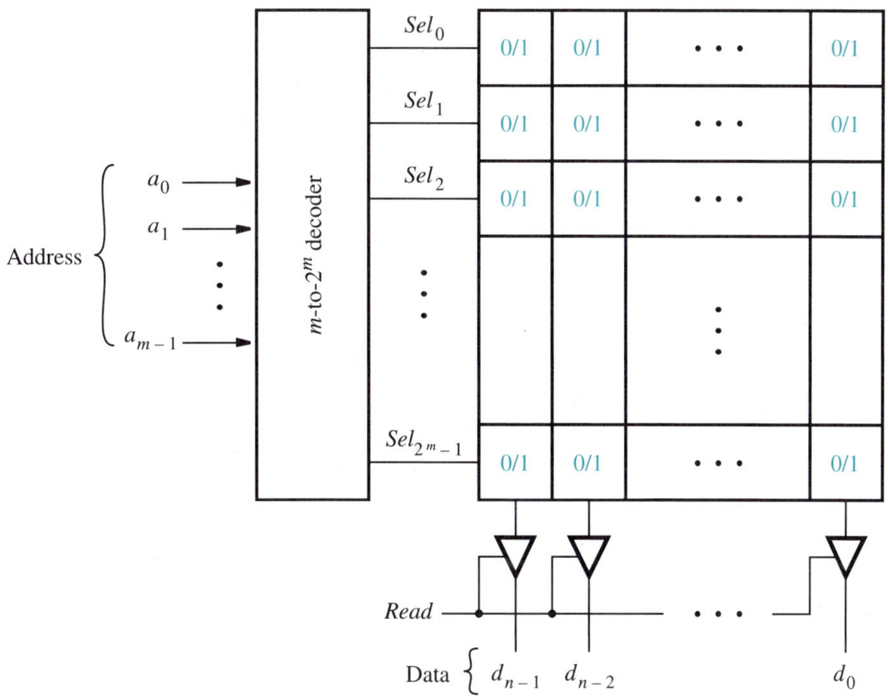

그림 B.72 $2^m \times n$ ROM 블록

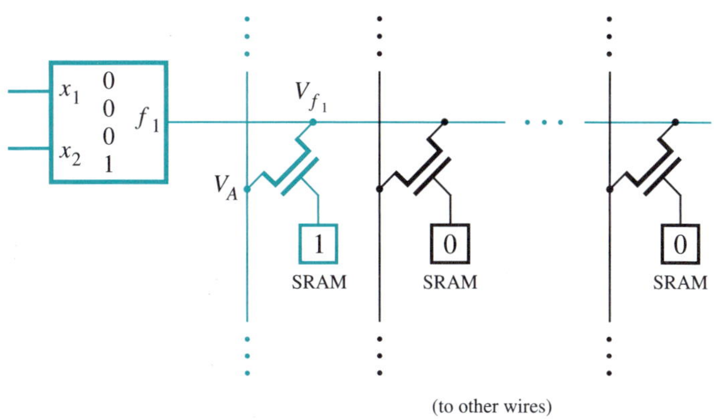

그림 B.73 FPGA의 패스 트랜지스터 스위치

은 그림 B.74의 인버터에서 PMOS 트랜지스터의 임계 전압을 변경(IC 제조 과정에서)하는 것인데, 이 임계 전압의 크기를 V_B = 3.5 V에서도 트랜지스터가 OFF를 유지할 수 있을 만큼 크게 만드는 것이다. 상용 FPGA에서는 칩에 따라 이 두 가지 방법을 모두 이용한다.

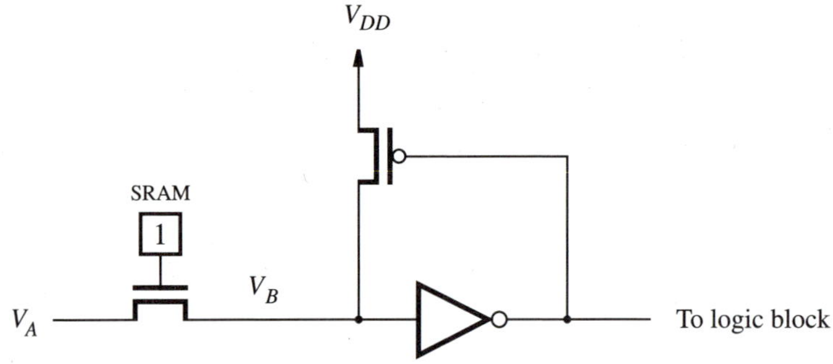

그림 B.74 High 전압 레벨의 복원

다른 방법으로는 스위치로 한 개의 NMOS 트랜지스터를 사용하는 대신 B.8.8절에 설명한 트랜스미션 게이트를 사용하는 것이다. 이것은 전압 레벨 문제는 해결되나 두 가지 약점을 가지고 있다. 첫 번째는 NMOS와 PMOS 트랜지스터 모두를 사용하는 스위치는 연결 배선에서 용량성 부하가 증가되어 전달 지연 시간과 전력 소모가 증가된다는 것이다. 두 번째는 트랜스미션 게이트는 한 개의 NMOS 트랜지스터보다 더 큰 칩 면적이 요구된다. 이러한 이유 때문에 상용 FPGA 칩에서 트랜스미션 게이트 스위치를 사용하지 않는다.

B.11 • 결론

트랜지스터를 사용한 논리게이트의 제작 방법을 이해하는 데 매우 중요한 개념에 대해 설명했다. 트랜지스터 제작, 전압 값, 전달 지연 시간, 전력 소모 등과 같은 논의는 논리회로를 설계하거나 사용할 때 고려해야 하는 실질적인 문제들이다.

지금까지 여러 가지 IC 칩에 대해 소개를 하였다. 각 칩의 유형은 응용 분야에 따라 적합하게 사용해야 한다. 7400 시리즈 같은 표준 칩은 몇 개의 간단한 게이트를 포함하고 있으며 현재는 많이 사용되지 않는다. 그러나 예외로 드라이버 칩은 큰 용량성 부하를 구동시켜야 하는 경우에 이용되고 있다. 다양한 PLD 종류는 많은 응용 분야에서 폭넓게 사용되고 있다. PLA와 PAL과 같은 간단한 PLD는 작은 논리회로의 구현에 적합하다. SPLD는 저렴한 가격과 고속 동작에 적당하다. CPLD는 SPLD와 같은 분야에서 사용할 수 있으나 약 10,000개에서 20,000개의 게이트가 필요한 대형 회로의 구현에 적합하다. CPLD를 사용하는 대신에 FPGA를 이용하여 구현할 수도 있다. 어떤 종류의 칩을 사용할 것인가는 여러 가지 요인에 의해 결정된다. 한 칩에 가능한 많은 회로를 집적시키려는 현재의 추세로 FPGA는 다른 PLD보다 훨씬 폭 넓게 사용된다. 오늘날 생산되는 대부분의 디지털 설계에서는 보통 수 개의 FPGA를 포함하고 있다.

게이트-어레이, 표준 셀, 커스텀 칩 기술은 PLD가 적합하지 않은 경우에 사용된다. 대단히 복잡하고 용량이 크면서 높은 동작 속도와 낮은 전력 소모가 요구되며 대량 판매를 기대할 수 있는 회로의 경우에 위와 같은 기술을 이용하여 제조한다.

B.12 • 풀이가 있는 예제 문제

이 절에서는 독자가 직면하게 되는 전형적인 문제와 풀이 과정을 소개한다.

예제 B.13

문제 B.7절에서 기본적인 논리게이트와 같은 단순한 함수를 구현한 빌딩 블록을 연결하여 회로를 구현하는 표준 셀 기술을 소개하였다. 보편적으로 사용되는 표준 셀의 형태로 CMOS 게이트를 사용하여 효율적으로 구현할 수 있는 AOI(and-or-invert) 셀이 있다. 그림 B.75는 함수 $f = \overline{x_1x_2 + x_3x_4 + x_5}$를 구현하는 AOI 셀이다. 이 셀을 구현하기 위한 CMOS 게이트를 유도하라.

풀이 드모르간 정리를 2회 사용하면 다음과 같다.

$$\begin{aligned} f &= \overline{x_1x_2} \cdot \overline{x_3x_4} \cdot \overline{x_5} \\ &= (\overline{x}_1 + \overline{x}_2) \cdot (\overline{x}_3 + \overline{x}_4) \cdot \overline{x}_5 \end{aligned}$$

모든 입력 변수가 컴플리먼트되어 있으므로 x_1과 x_2에 의해 제어되는 병렬연결된 PMOS 트랜지스터와 x_3와 x_4에 의해 제어되는 병렬연결된 트랜지스터를 직렬연결하고 x_5에 의해 제어되는 트랜지스터를 직렬연결함으로써 풀업 네트워크를 구성한다. 그림 B.76는 풀다운 네트워크와 함께 회로를 보여준다.

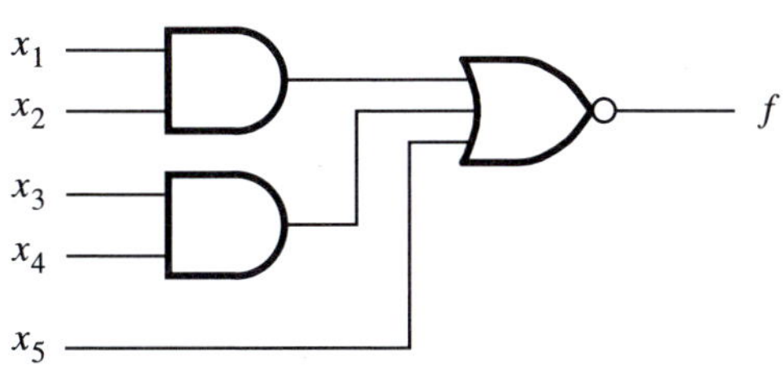

그림 B.75 예제 B.13을 위한 AOI 셀

예제 B.14

문제 그림 B.76의 CMOS 게이트에 대하여 속도 측면의 성능이 인버터와 유사하도록 트랜지스터의 크기를 결정하라.

풀이 B.8.5절에서 길이 L, 폭 W를 갖는 트랜지스터는 W/L의 비율에 비례하는 구동 강도(drive strength)를 갖는다고 하였다. 또한, 트랜지스터가 병렬연결되면 폭이 더해져 구동 강도가 증가한다고 하였다. 마찬가지로 트랜지스터가 직렬연결되면 길이가 더해져 구동 강도가 감소한다고 하였다. 모든 NMOS, PMOS 트랜지스터가 $L_n = L_p = L$로 동일한 길이를 갖는다고 가정하자. 그림 B.76에서 입력 V_{x_5}에 연결된 NMOS 트랜지스터는 인버터와 같은 폭 W_n을 가질 수 있다. 하지만, 회로의 풀다운 네트워크를 통한 최악의 경로에서 두 개의 직렬연결된 NMOS 트랜지스터와 관련된다. 입력 $V_{x_1}, \ldots, V_{x_4}$에 연결된 NMOS 트랜지스터에 대하여 $2 \times W_n$의 폭을 갖도록 해야 한다. 풀다운 네트워크를 통한 최악의 경로는 세 개의 직렬연결된 트랜지스터와 관련된다. B.8.1절에서 기술된 바와 같이 PMOS 트랜지스터는 NMOS 트랜지스터에 비해 약 절반의 구동 강도를 가지므로 PMOS 트랜지스터의 실질적인 폭은 다음과 같이 만들어야 한다.

$$W_p = 3 \times W_n \times 2 = 6W_n$$

예제 B.15

문제 B.8.5절에서 커패시터를 충전시키기 위해 필요한 시간은 다음 식으로 표현하였다.

$$t_p = \frac{C\Delta V}{I}$$

수식을 유도하라.

풀이 B.8.5절에서 언급된 바와 같이 커패시터에 걸리는 전압은 순간적으로 변할 수 없다. 그림 B.50*b*에서 V_f가 0 V에서 V_{DD}로 변함에 따라 전압은 다음 식에 따라 변한다.

$$V_f = \frac{1}{C}\int_0^{\infty} i(t)\,dt$$

여기서 독립 변수 t는 시간, $i(t)$는 시간 t에서 커패시터를 통해 흐르는 전류를 의미한다. 양변을 시간에 대하여 적분하면,

$$i(t) = C\frac{dV_f}{dt}$$

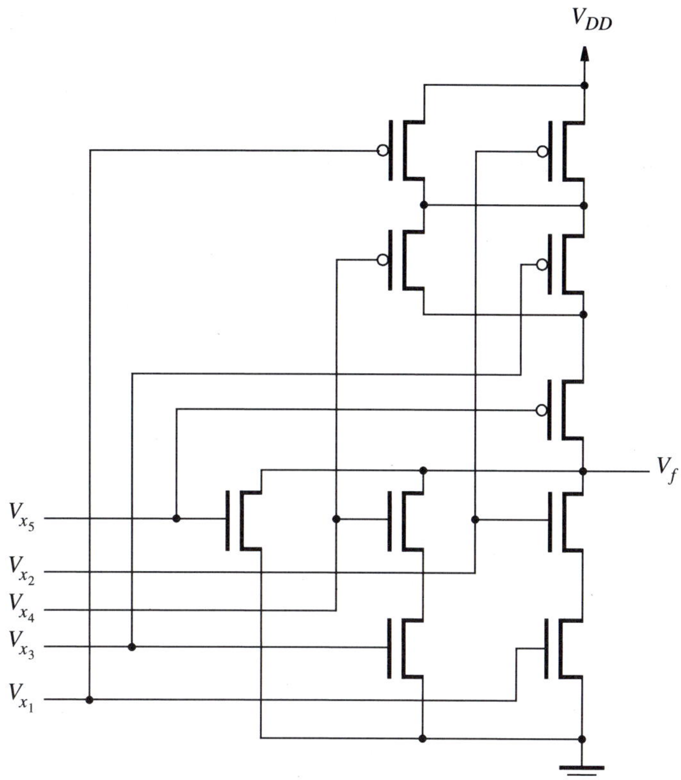

그림 B.76 예제 B.13과 B.14의 회로

이다. 전류 I가 상수일 경우,

$$\frac{I}{C} = \frac{\Delta V}{\Delta t}$$

이다. 그러므로 다음의 식이 유도된다.

$$\Delta t = t_p = \frac{C\Delta V}{I}$$

예제 B.16

문제 B.8.6절의 그림 B.50a의 논의에서 전압 $V_f = V_{DD}$로 충전된 커패시터 C는 $CV_{DD}^2/2$에 해당하는 에너지를 저장한다. 수식을 유도하라.

풀이 예제 B.15에서 보인 바와 같이 충전된 커패시터 C를 통해 흐르는 전류는 커패시터에 걸리는 전압의 변화율에 따라 결정된다.

$$i(t) = C\frac{dV_f}{dt}$$

커패시터에서의 순간적인 전력 소모는

$$P = i(t) \times V_f$$

이다. 에너지는 주어진 시간 동안에 소모되는 전력으로 정의되므로 0 V에서 V_{DD}로의 V_f의 변화에 따른 커패시터에 저장된 에너지 E_C는 순간적인 전력 소모를 시간에 대한 적분을 통해 다음과 같이 계산할 수 있다.

$$E_C = \int_0^\infty i(t)V_f\,dt$$

위에 기술된 전류 $i(t)$의 식을 대입하면 결과 식은 다음과 같다.

$$\begin{aligned} E_C &= \int_0^\infty C\frac{dV_f}{dt}V_f\,dt \\ &= C\int_0^{V_{DD}} V_f\,dV_f \\ &= \frac{1}{2}CV_{DD}^2 \end{aligned}$$

예제 B.17

문제 원래의 NMOS 기술에서 풀업 소자는 *n*-채널 MOSFET이다. 그러나 오늘날 대부분의 집적회로는 CMOS 기술을 사용하여 생산된다. 그러므로 그림 B.77과 같이 PMOS 트랜지스터를 사용한 풀업 저항의 구현이 편리하다. 그런 회로를 의사 NMOS(pseudo-NMOS) 회로라고 한다. 풀업 소자는 *W*/*L* 비율이 작기 때문에 '약한(weak)' PMOS 트랜지스터라고 한다.

$V_x = V_{DD}$일 때 V_f는 low 값을 갖는다. PMOS 트랜지스터는 포화 영역에서 작동하기 때문에 전류의 흐름을 제한하는 반면, NMOS 트랜지스터는 3극관 영역에서 작동한다. NMOS와 PMOS 트랜지스터를 통하는 전류는 같아야 하고 수식 B.1과 B.2에 의해 나타낸다. 낮은 출력 전압 $V_f = V_{OL}$이 아래와 같이 주어짐을 밝혀라.

$$V_f = (V_{DD} - V_T)\left[1 - \sqrt{1 - \frac{k_p}{k_n}}\right]$$

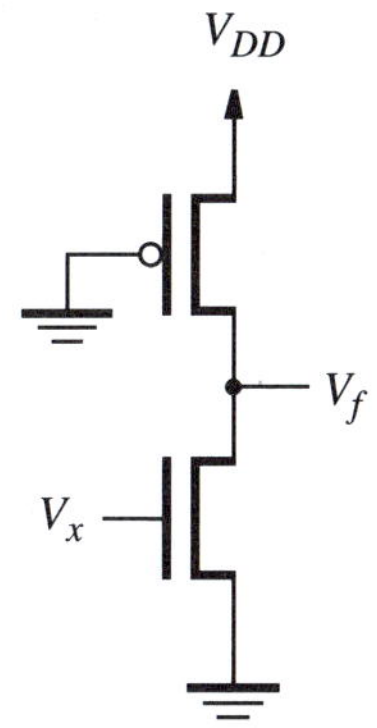

그림 B.77 의사 NMOS(pseudo-NMOS) 인버터

여기서 k_p, k_n은 이득 계수(gain factor)라고 하며 각각 PMOS와 NMOS 트랜지스터의 크기에 의존한다. 이것은 $k_p = k'_p W_p / L_p$와 $k_n = k'_n W_n / L_n$으로써 정의된다.

풀이 편의를 위해 PMOS와 NMOS 트랜지스터의 임계 전압의 크기는 같다고 가정한다.

$$V_T = V_{TN} = -V_{TP}$$

PMOS 트랜지스터는 포화 영역에서 작동하므로 이를 통하여 흐르는 전류는

$$\begin{aligned} I_D &= \frac{1}{2} k'_p \frac{W_p}{L_p} (-V_{DD} - V_{TP})^2 \\ &= \frac{1}{2} k_p (-V_{DD} - V_{TP})^2 \\ &= \frac{1}{2} k_p (V_{DD} - V_T)^2 \end{aligned}$$

이다. 마찬가지로 NMOS 트랜지스터는 3극관 영역에서 작동하므로 이를 통하여 흐르는 전류는

$$\begin{aligned} I_D &= k'_n \frac{W_n}{L_n} \left[(V_x - V_{TN}) V_f - \frac{1}{2} V_f^2 \right] \\ &= k_n \left[(V_x - V_{TN}) V_f - \frac{1}{2} V_f^2 \right] \\ &= k_n \left[(V_{DD} - V_T) V_f - \frac{1}{2} V_f^2 \right] \end{aligned}$$

이다. 전류가 흐르는 경로는 하나뿐이므로 PMOS와 NMOS 트랜지스터를 통하여 흐르는 전류를 같게 놓고 V_f에 대하여 풀이하면,

$$k_p(V_{DD}-V_T)^2 = 2k_n\left[(V_{DD}-V_T)V_f - \frac{1}{2}V_f^2\right]$$
$$k_p(V_{DD}-V_T)^2 - 2k_n(V_{DD}-V_T)V_f + k_nV_f^2 = 0$$

이다. 이차방정식은 다음의 파라미터를 사용하여 표준 공식에 적용할 수 있다.

$$a = k_n,\ b = -2k_n(V_{DD}-V_T),\ c = k_p(V_{DD}-V_T)^2$$

풀이하면,

$$\begin{aligned} V_f &= \frac{-b}{2a} \pm \sqrt{\frac{b^2}{4a^2} - \frac{c}{a}} \\ &= (V_{DD}-V_T) \pm \sqrt{(V_{DD}-V_T)^2 - \frac{k_p}{k_n}(V_{DD}-V_T)^2} \\ &= (V_{DD}-V_T)\left[1 \pm \sqrt{1-\frac{k_p}{k_n}}\right] \end{aligned}$$

이다. PMOS 트랜지스터는 포화 영역, 그리고 NMOS 트랜지스터는 3극관 영역에서 동작한다는 가정으로 풀이를 시작하였으므로 두 해 중 하나만 유효하다.

$$V_f = (V_{DD}-V_T)\left[1 - \sqrt{1-\frac{k_p}{k_n}}\right]$$

예제 B.18

문제 그림 B.77의 회로에서 $k'_n = 60\ \mu\text{A/V}^2$, $k'_p = 0.4\,k'_n$, $W_n/L_n = 2.0\ \mu\text{m}/0.5\ \mu\text{m}$, $W_p/L_p = 0.5\ \mu\text{m}/0.5\ \mu\text{m}$, $V_{DD} = 5$ V, $V_T = 1$ V라고 가정하라. $V_x = V_{DD}$일 때 다음을 계산하라.

(a) 정적인 전류 I_{stat}
(b) NMOS 트랜지스터의 on-resistance
(c) V_{OL}
(d) 인버터에서 소모된 정적 전력
(e) PMOS 트랜지스터의 on-resistance
(f) 인버터가 70 fF의 용량성 부하를 구동하는 데 사용된다면, 수식 B.4를 사용해서 low에서 high까지, high에서 low까지의 전달 지연 시간을 계산하라.

풀이 *(a)* PMOS 트랜지스터는 포화되었으므로

$$I_{stat} = \frac{1}{2}k'_p\frac{W_p}{L_p}(V_{DD} - V_T)^2$$
$$= 12\ \frac{\mu\text{A}}{\text{V}^2} \times 1 \times (5\ \text{V} - 1\ \text{V})^2 = 192\ \mu\text{A}$$

(*b*) 식 B.3을 이용하면

$$R_{DS} = 1/\left[k'_n\frac{W_n}{L_n}(V_{GS} - V_T)\right]$$
$$= 1/\left[0.060\ \frac{\text{mA}}{\text{V}^2} \times 4 \times (5\ \text{V} - 1\ \text{V})\right] = 1.04\ \text{k}\Omega$$

(*c*) 예제 B.17에서 유도된 수식을 사용하면

$$k_p = k'_p\frac{W_p}{L_p} = 24\ \frac{\mu\text{A}}{\text{V}^2}$$
$$k_n = k'_n\frac{W_n}{L_n} = 240\ \frac{\mu\text{A}}{\text{V}^2}$$

$$V_{OL} = V_f = (5\ \text{V} - 1\ \text{V})\left[1 - \sqrt{1 - \frac{24}{240}}\right]$$
$$= 0.21\ \text{V}$$

(*d*)

$$P_D = I_{stat} \times V_{DD}$$
$$= 192\ \mu\text{A} \times 5\ \text{V} = 960\ \mu\text{W} \approx 1\ \text{mW}$$

(*e*)

$$R_{SDP} = V_{SD}/I_{SD}$$
$$= (V_{DD} - V_f)/I_{stat}$$
$$= (5\ \text{V} - 0.21\ \text{V})/0.192\ \text{mA} = 24.9\ \text{k}\Omega$$

(*f*) low에서 high 전달 지연 시간은

$$t_{p_{LH}} = \frac{1.7C}{k'_p\frac{W_p}{L_p}V_{DD}}$$
$$= \frac{1.7 \times 70\ \text{fF}}{24\ \frac{\mu\text{A}}{\text{V}^2} \times 1 \times 5\ \text{V}} = 0.99\ \text{ns}$$

이다. high에서 low 전달 지연 시간은 다음과 같다.

$$t_{p_{HL}} = \frac{1.7C}{k'_n\frac{W_n}{L_n}V_{DD}}$$
$$= \frac{1.7 \times 70\ \text{fF}}{60\ \frac{\mu\text{A}}{\text{V}^2} \times 4 \times 5\ \text{V}} = 0.1\ \text{ns}$$

예제 B.19

문제 그림 B.74에서 NMOS 패스 트랜지스터가 사용될 때 정적 전력 소모 문제에 대한 해결 방법을 설명했다. PMOS 풀업 트랜지스터가 이 회로에서 제거된다고 가정하며, 파라미터 $k'_n = 60\ \mu A/V^2$, $k'_p = 0.5 \times k'_n$, $W_n/L_n = 2.0\ \mu m/0.5\ \mu m$, $W_p/L_p = 4.0\ \mu m/0.5\ \mu m$, $V_{DD} = 5$ V, $V_T = 1$ V라고 가정하라. $V_B = 3.5$ V에 대해서 다음을 계산하라.

(a) 정적 전류 I_{stat}

(b) 인버터의 출력에서 전압 V_f

(c) 인버터에서 정적인 전력 소모

(d) 이 방법으로 사용된 250,000개의 인버터를 포함하는 칩이 있다면 전체 정적 전력 소모를 구하라.

풀이 (*a*) PMOS 트랜지스터가 포화 영역에서 동작한다고 가정하면 인버터를 통해 흐르는 전류는 다음과 같이 정의된다.

$$I_{stat} = \frac{1}{2}k'_p\frac{W_p}{L_p}(V_{GS} - V_{Tp})^2$$
$$= 120\ \frac{\mu A}{V^2} \times ((3.5\ V - 5\ V) + 1\ V)^2 = 30\ \mu A$$

(*b*) PMOS 트랜지스터를 통해 흐르는 정적 전류 I_{stat}는 NMOS 트랜지스터에도 흐르므로 NMOS 트랜지스터가 3극관 영역에서 동작한다고 가정하면,

$$I_{stat} = k'_n\frac{W_n}{L_n}\left[(V_{GS} - V_{Tn})V_{DS} - \frac{1}{2}V_{DS}^2\right]$$
$$30\ \mu A = 240\ \frac{\mu A}{V^2} \times \left[2.5\ V \times V_f - \frac{1}{2}V_f^2\right]$$
$$1 = 20V_f - 4V_f^2$$

이다. 이차방정식을 풀이하면 $V_f = 0.05$ V가 된다. 출력 전압 V_f는 PMOS 트랜지스터가 포화 영역, NMOS 트랜지스터가 3극관 영역에서 동작한다는 가정을 만족한다.

(*c*) 인버터에서 정적인 전력 소모는 다음과 같다.

$$P_S = I_{stat} \times V_{DD} = 30\ \mu A \times 5\ V = 150\ \mu W$$

(*d*) 250,000개의 인버터에 의한 정적인 전력 소모는 다음과 같다.

$$250{,}000 \times P_S = 37.5\ W$$

연습문제

별표로 표시된 문제에 대한 답은 교재의 뒤에 수록되어 있다.

B.1 그림 PB.1에 주어진 회로에서

(a) 논리함수 f의 진리표를 작성하라.

(b) 회로의 각 게이트가 CMOS 게이트로 구현된다면 몇 개의 트랜지스터가 필요한가?

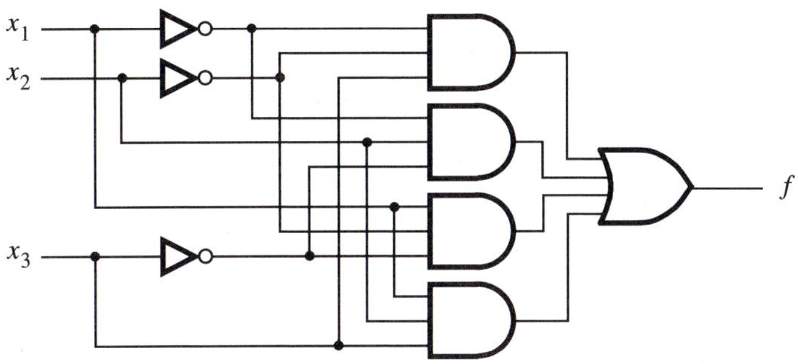

그림 PB.1 SOP CMOS 회로

B.2 (a) 그림 PB.2의 회로가 그림 PB.1의 회로와 기능적으로 같음을 보여라.

(b) 이 CMOS 회로를 만들기 위해 몇 개의 트랜지스터가 필요한가?

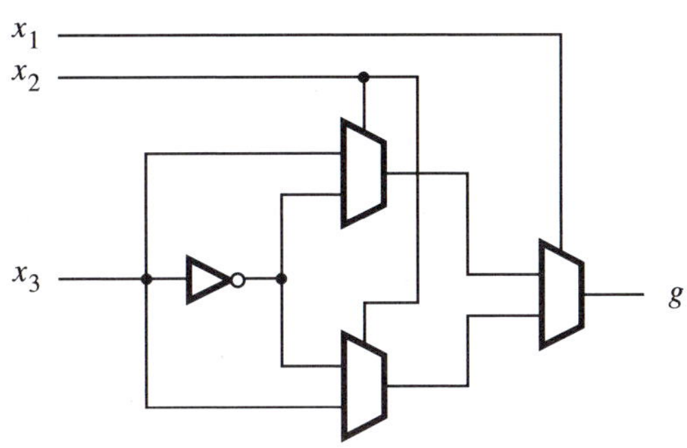

그림 PB.2 멀티플렉서를 갖는 CMOS 회로의 구성

B.3 (a) 그림 PB.3의 회로가 그림 PB.2의 회로와 기능적으로 같음을 보여라.

(b) 만약 각 XOR 게이트로 그림 B.55의 회로를 사용한다면 이 CMOS 회로를 만드는데 몇 개의 트랜지스터가 필요한가?

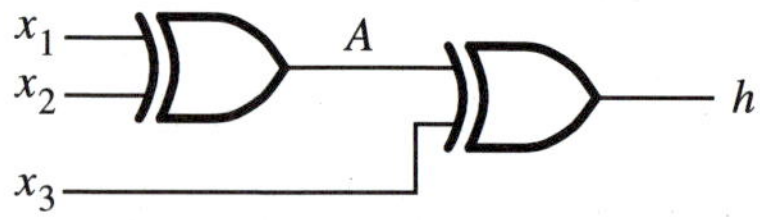

그림 PB.3 연습문제 B.3의 회로

***B.4** B.8.9절에서 한 개의 6-입력 CMOS AND 게이트가 두 개의 3-입력 AND 게이트와 한 개의 2-입력 AND 게이트를 사용해서 구성될 수 있다고 하였다. 이 방법은 22개의 트랜지스터를 필요로 한다. 6-입력 AND 게이트를 CMOS NAND 게이트와 NOR 게이트만을 사용해서 구성할 수 있는 방법을 설명하고, 필요한 트랜지스터의 수를 계산하라(힌트: 드모르간 정리를 이용하라).

B.5 연습문제 B.4를 8-입력 CMOS OR 게이트로 바꿔서 풀어라.

B.6 (a) 그림 PB.4에 있는 CMOS 회로의 진리표를 구하라.
(b) (*a*)의 진리표를 표준 SOP 표현으로 유도하라. AND, OR, NOT 게이트만 사용한다면 표준 형태로 표현한 회로의 구현에 몇 개의 트랜지스터가 필요한가?

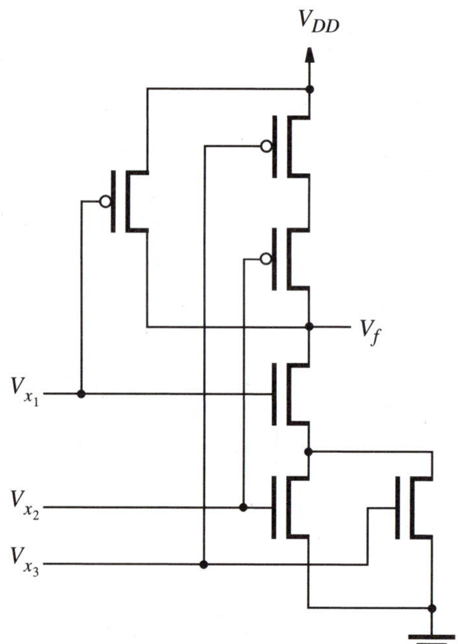

그림 PB.4 3-입력 CMOS 회로

B.7 (a) 그림 PB.5에 있는 CMOS 회로의 진리표를 구하라.
(b) (*a*)에서 구한 진리표를 가장 간단한 SOP 표현으로 유도하라. CMOS AND, OR, NOT 게이트를 사용하여 SOP회로를 구현하는 데 몇 개의 트랜지스터가 필요한가?

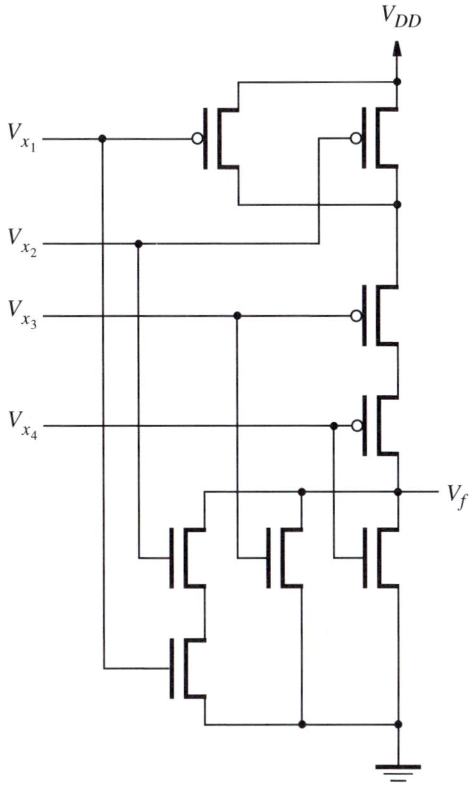

그림 PB.5 4-입력 CMOS 회로

***B.8** 그림 PB.6은 CMOS 회로의 절반을 나타낸다. PMOS 트랜지스터를 포함하는 나머지 절반을 유도하라.

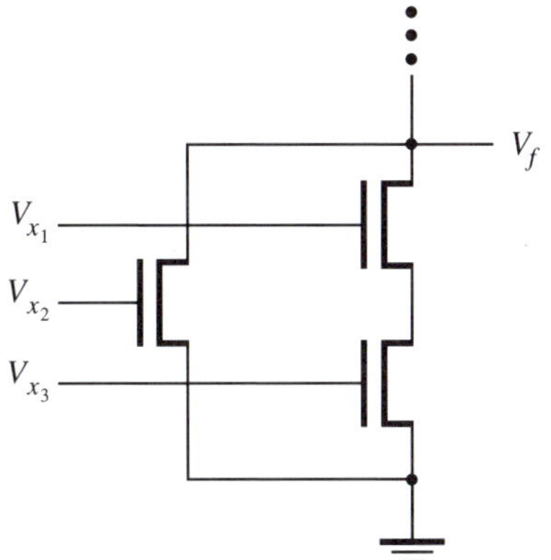

그림 PB.6 CMOS 회로의 PDN

B.9 그림 PB.7은 CMOS 회로의 절반을 나타낸다. NMOS 트랜지스터를 포함하는 나머지 절반을 유도하라.

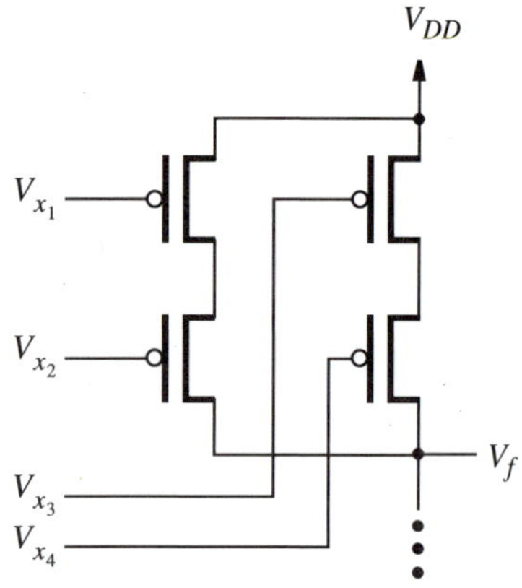

그림 PB.7 CMOS 회로의 PUN

B.10 논리함수 $f(x_1, x_2, x_3, x_4) = \sum m(0, 1, 2, 4, 5, 6, 8, 9, 10)$에 대하여 CMOS 게이트를 유도하라.

B.11 논리함수 $f(x_1, x_2, x_3, x_4) = \sum m(0, 1, 2, 4, 6, 8, 10, 12, 14)$에 대하여 CMOS 게이트를 유도하라.

***B.12** 논리함수 $f = xy + xz$에 대하여 CMOS 게이트를 유도하라. 단, 가능한 한 트랜지스터를 적게 사용하라(힌트: $\overline{f}$를 생각하라).

B.13 논리함수 $f = xy + xz + yz$에 대하여 CMOS 게이트를 유도하라. 단, 가능한 한 트랜지스터를 적게 사용하라(힌트: $\overline{f}$를 생각하라).

***B.14** NMOS 트랜지스터에서 $k'_n = 20\ \mu A/V^2$, $W/L = 2.5\ \mu m/0.5\ \mu m$, $V_{GS} = 5$ V, $V_T = 1$ V라고 가정하고 다음을 계산하라.

(a) $V_{DS} = 5$ V일 때 I_D (b) $V_{DS} = 0.2$ V일 때 I_D

B.15 PMOS 트랜지스터에서 $k'_p = 10\ \mu A/V^2$, $W/L = 2.5\ \mu m/0.5\ \mu m$, $V_{GS} = -5$ V, $V_T = -1$ V라고 가정하고 다음을 계산하라.

(a) $V_{DS} = -5$ V일 때 I_D (b) $V_{DS} = -0.2$ V일 때 I_D

B.16 NMOS 트랜지스터에서 V_{DS}값이 작을 때 R_{DS}를 계산하라. $k'_n = 20\ \mu A/V^2$, $W/L = 5.0\ \mu m/0.5\ \mu m$, $V_{GS} = 5$ V, $V_T = 1$ V라고 가정하라.

***B.17** NMOS 트랜지스터에서 V_{DS} 값이 작을 때 R_{DS}를 계산하라. $k'_n = 40\ \mu A/V^2$, $W/L = 3.5\ \mu m/0.35\ \mu m$, $V_{GS} = 3.3$ V, $V_T = 0.66$ V라고 가정하라.

B.18 PMOS 트랜지스터에서 $V_{DS} = -4.8$ V일 때 R_{DS}를 계산하라. $k'_p = 10\ \mu A/V^2$, $W/L = 5.0\ \mu m/0.5\ \mu m$, $V_{GS} = -5$ V, $V_T = -1$ V라고 가정하라.

B.19 PMOS 트랜지스터에서 $V_{DS} = -3.2$ V일 때 R_{DS}를 계산하라. $k'_p = 16\ \mu A/V^2$, $W/L = 3.5\ \mu m/0.35\ \mu m$, $V_{GS} = -3.3$ V, $V_T = -0.66$ V라고 가정하라.

B.20 예제 B.17에서 pseudo-NMOS 인버터의 전압 값을 계산하는 방법을 소개했다. 그림 PB.8은 pseudo-PMOS 인버터를 보여주는데, 풀다운 레지스터를 구현하기 위한 트랜지스터로 약한(weak) NMOS 트랜지스터를 사용한다.

$V_x = 0$일 때 V_f는 high 값을 갖는다. NMOS 트랜지스터는 포화 영역에서 동작하기 때문에 전류의 흐름을 제한하는 반면, PMOS 트랜지스터는 3극관 영역에서 동작한다. NMOS와 PMOS 트랜지스터를 통하는 전류의 양은 같아야 하고 수식 B.1과 B.2에 의해 나타낸다. high 출력 전압 $V_f = V_{OH}$을 V_{DD}, V_T, k_p와 k_n으로 표현하라. k_p와 k_n은 예제 B.17에서 정의한 이득 계수(gain factor)이다.

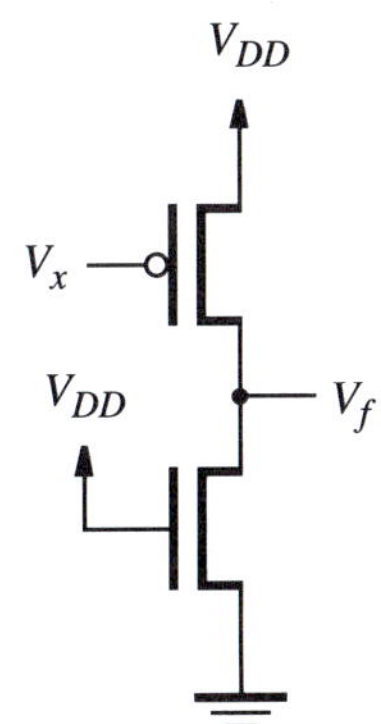

그림 PB.8 pseudo-NMOS 인버터

***B.21** 그림 PB.8의 회로에서 $k'_n = 60\ \mu A/V^2$, $k'_p = 0.4\,k'_n$, $W_n/L_n = 0.5\ \mu m/0.5\ \mu m$, $W_p/L_p = 4.0\ \mu m/0.5\ \mu m$, $V_{DD} = 5$ V, $V_T = 1$ V라고 가정하라. $V_x = 0$일 때 다음을 계산하라.

(a) 정적인 전류 I_{stat}

(b) PMOS 트랜지스터의 on-resistance.

(c) V_{OH}

(d) 인버터에서 소모된 정적 전력

(e) NMOS 트랜지스터의 on-resistance.

(f) 인버터가 70 fF의 용량성 부하를 구동하는 데 사용된다면 수식 B.4를 사용해서 low에서 high까지, high에서 low까지의 전달 지연 시간을 계산하라.

B.22 NMOS 트랜지스터의 크기가 $W_n/L_n = 4.0\ \mu m/0.5\ \mu m$으로 바뀌었다고 가정하고 연습문제 B.21을 풀어라.

B.23 예제 B.17(그림 B.77 참고)은 풀업 소자가 PMOS 트랜지스터를 사용해서 구현된 pseudo-NMOS 기술을 보여준다. pseudo-NMOS 기술을 사용하여 구현한 NAND 게이트에 대하여 문제를 반복하라. 게이트에 있는 두 개의 NMOS 트랜지스터는 예제 B.18에서 주어진 것처럼 동일한 파라미터를 가진다고 가정하라.

B.24 Pseudo-NMOS NOR 게이트에 대해서 연습문제 B.23을 풀어라.

***B.25** (a) $V_{IH} = 4$ V, $V_{OH} = 4.5$ V, $V_{IL} = 1$ V, $V_{OL} = 0.3$ V, $V_{DD} = 5$ V일 때, 노이즈 마진 NMH와 NML을 계산하라.
(b) NMOS 기술을 사용해서 만들어진 8-입력 NAND 게이트를 생각해보자. 각 트랜지스터를 통과하는 전압 강하가 0.1 V라고 할 때 V_{OL}은 얼마인가? 다른 파라미터는 (*a*)에서와 동일하다고 할 때 NM_L을 계산하라.

B.26 *n*-입력 CMOS NAND 게이트의 안정 상태 조건에서 V_{OL}과 V_{OH}의 전압은 얼마인지 설명하라.

B.27 CMOS 인버터에서 로드 커패시턴스 $C = 150$ fF, $V_{DD} = 5$ V라고 가정하라. 그 인버터는 평균적으로 $f = 75$ MHz로 low와 high 전압으로 반복된다.
(a) 인버터에서 소모된 동적인 전력을 계산하라.
(b) 250,000개 인버터를 포함하는 칩에 대해서 주어진 시간에서 게이트의 20%가 값이 변한다면 소모된 전체 동적 전력을 계산하라.

***B.28** $C = 120$ fF, $V_{DD} = 3.3$ V, $f = 125$ MHz에 대해 연습문제 B.27을 풀어라.

B.29 CMOS 인버터에서 $k'_n = 20\,\mu A/V^2$, $k'_p = 0.4 \times k'_n$, $W_n/L_n = 5.0\,\mu m/0.5\,\mu m$, $W_p/L_p = 5.0\,\mu m/0.5\,\mu m$, $V_{DD} = 5$ V라고 가정하라. 그 인버터는 150 fF의 로드 커패시턴스를 구동한다.
(a) high-to-low 전달 지연을 구하라.
(b) low-to-high 전달 지연을 찾아라.
(c) low-to-high 전달 지연과 high-to-low 전달 지연이 같을 때 PMOS 트랜지스터의 크기는 얼마인가? 인버터의 로드 커패시턴스에 대한 PMOS 트랜지스터의 크기 효과는 무시하라.

B.30 파라미터 $k'_n = 40\,\mu A/V^2$, $k'_p = 0.4 \times k'_n$, $W_n/L_n = W_p/L_p = 3.5\ \mu m/0.35\ \mu m$, $V_{DD} = 3.3$ V일 때 연습문제 B.29를 풀어라.

B.31 CMOS 인버터에서 $W_n/L_n = 2$, $W_p/L_p = 4$라고 가정하자. CMOS NAND 게이트에 대해 low와 high 출력 구동을 위한 게이트 내의 가용 전류가 인버터의 전류와 같도록 NMOS와 PMOS 트랜지스터의 *W*/*L* 비율을 계산하라.

***B.32** CMOS NOR 게이트에 대해서 연습문제 B.31을 풀어라.

B.33 그림 B.16에 있는 CMOS 게이트에 대해서 연습문제 B.31을 풀어라. 최악의 경우에도 가용 전류가 최소한 인버터와 같아지도록 트랜지스터의 크기가 결정되어야 한다.

B.34 그림 B.17에 있는 CMOS 게이트에 대해서 연습문제 B.31을 풀어라.

B.35 그림 B.74에서 NMOS 패스 트랜지스터가 사용될 때 정적 전력 소모 문제에 대한 해결 방법을 설명했다. PMOS 풀업 트랜지스터가 이 회로에서 제거된다고 가정하고, 파라미터 $k'_n = 60\ \mu A/V^2$, $k'_p = 0.4 \times k'_n$, $W_n/L_n = 1.0\ \mu m/0.25\ \mu m$, $W_p/L_p = 2.0\ \mu m/0.25\ \mu m$, $V_{DD} = 2.5$ V, $V_T = 0.6$ V라고 가정하라. $V_B = 1.6$ V에 대해서 다음을 계산하라.

(a) 정적 전류 I_{stat}

(b) 인버터의 출력에서 전압 V_f

(c) 인버터에서 정적인 전력 소모.

(d) 이 방법으로 사용된 500,000개의 인버터를 포함하는 칩이 있다면 전체 정적 전력 소모를 구하라.

B.36 그림 B.70에서 그려진 형식을 사용해서 $f_1(x_1, x_2, x_3) = \sum m(1, 2, 4, 7)$의 구현을 위해 프로그램된 PLA를 그려라. PLA는 입력 x_1, x_2, x_3, 곱의 항 $P_1, \ldots, P_4$, 출력 f_1, f_2를 갖는다.

B.37 그림 B.70과 같은 형식을 사용해서 $f_1(x_1, x_2, x_3) = \sum m(0, 3, 5, 6)$의 구현을 위해 프로그램된 PLA를 그려라. PLA는 입력으로 x_1, x_2, x_3; 곱의 항으로 $P_1, \ldots, P_4$; 출력으로 f_1, f_2를 갖는다.

B.38 연습문제 B.36에서 구한 함수 f_1이 그림 B.71에서 보인 PLA로 어떻게 구현될 수 있는지 보여라. f_1을 구현하기 위해 프로그램된 PLA를 그려라. PLA는 입력 x_1, x_2, x_3, 합의 항 $S_1, \ldots, S_4$, 출력 f_1, f_2를 갖는다.

B.39 연습문제 B.37에서 구한 함수 f_1이 그림 B.71과 같은 PLA로 어떻게 구현될 수 있는지 보여라. f_1을 프로그램된 PLA로 그려라. PLA는 입력 x_1, x_2, x_3, 합의 항 $S_1, \ldots, S_4$, 출력 f_1, f_2를 갖는다.

B.40 그림 B.67에서 보인 PLA을 사용하여 연습문제 B.38을 풀어라.

B.41 그림 B.67에서 보인 PLA을 사용하여 연습문제 B.39을 풀어라.

B.42 f_1이 문제 B.36에서 기술된 것처럼 구현되었다면 PLA에서 출력 f_2를 사용하여 구현될 수 있는 다른 가능한 논리함수를 모두 나열하라.

B.43 f_1이 문제 B.37에서 기술된 것처럼 구현되었다면 PLA에서 출력 f_2를 사용하여 구현될 수 있는 다른 가능한 논리함수를 모두 나열하라.

B.44 함수 $f(x_1, x_2, x_3) = x_1\bar{x}_2 + x_1x_3 + x_2\bar{x}_3$을 생각하자. 이 수식을 구현하기 위해 다섯 개의 2-입력 LUT를 사용한 회로를 그려라. 그림 B.39에서 보인 것처럼 각 LUT에서 구현된 진리표를 나타내어라. FPGA에서 배선을 나타낼 필요는 없다.

***B.45** 함수 $f_1(x_1, x_2, x_3) = \sum m(2, 3, 4, 6, 7)$을 생각하자. 이것이 두 개의 2-입력 LUT를 사용하여 어떻게 구현될 수 있는지 보여라. 그림 B.39에서 보인 것처럼 각 LUT에서 구현된 진리표를 나타내어라. FPGA에서 배선을 나타낼 필요는 없다.

B.46 함수 $f = x_1x_2x_4 + x_2x_3\bar{x}_4 + \bar{x}_1\bar{x}_2\bar{x}_3$이 주어졌을 때, 3-입력 LUT를 가진 FPGA에서 직접 구현을 위해서는 네 개의 LUT가 필요하다. 이것을 세 개의 3-입력 LUT만을 사용하여 구현할 수 있는지 보여라. 구현할 논리함수를 나타내는 식을 가지고 각 LUT의 출력에 표시하라.

B.47 연습문제 B.46의 f에 대해 그 함수를 구현하는 2-입력 LUT의 회로를 보여라. 정확하게 일곱 개의 2-입력 LUT를 사용해야 한다. 구현할 논리함수를 나타내는 식을 가지고 각 LUT의 출력에 표시하라.

B.48 그림 B.39는 함수를 구현하기 위해 프로그램된 FPGA이다. 이 그림은 함수 f를 한 개의 핀을 사용하고, 사용되지 않은 몇 개의 핀을 나타내고 있다. 그림의 FPGA에서 *ON* 되어 있는 스위치를 바꾸지 않고 f에 추가하여 사용되지 않는 핀으로 구현할 수 있는 열 개의 다른 논리함수를 나열하라.

B.49 게이트 어레이가 그림 PB.9에 있는 논리 셀을 포함한다고 가정하자. 입력 in_1, …, in_7은 1 또는 0 혹은 다른 논리 신호에 연결될 수 있다.
(a) 논리 셀이 $f = x_1x_2 + x_3$을 어떻게 구현하는지 보여라.
(b) 논리 셀이 $f = x_1x_3 + x_2x_3$을 어떻게 구현하는지 보여라.

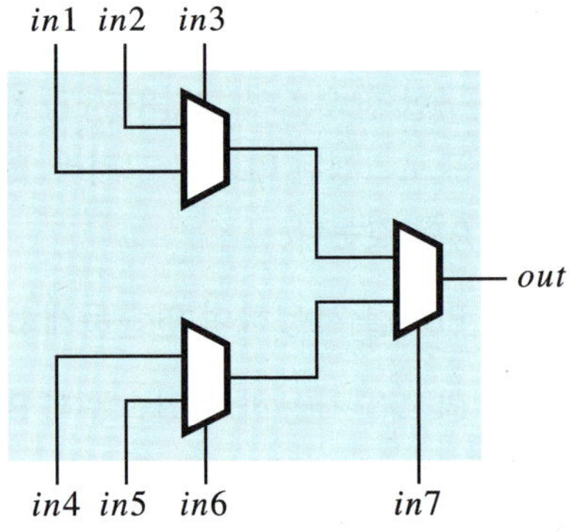

그림 PB.9 게이트 어레이 논리 셀

B.50 사용된 논리 셀이 3-입력 NAND 게이트인 게이트 어레이가 있다. 각 NAND 게이트의 입력은 1 이나 0 혹은 다른 논리 신호에 연결될 수 있다. 다음의 논리 함수가 게이트 어레이에 어떻게 구현될 수 있는지 보여라(힌트: 드모르간 정리를 사용하라).

(a) $f = x_1x_2 + x_3$

(b) $f = x_1x_2x_4 + x_2x_3\bar{x}_4 + \bar{x}_1$

B.51 그림 PB.10의 회로는 어떤 논리게이트를 구현하는가? 이 회로는 어떤 단점이 있는가?

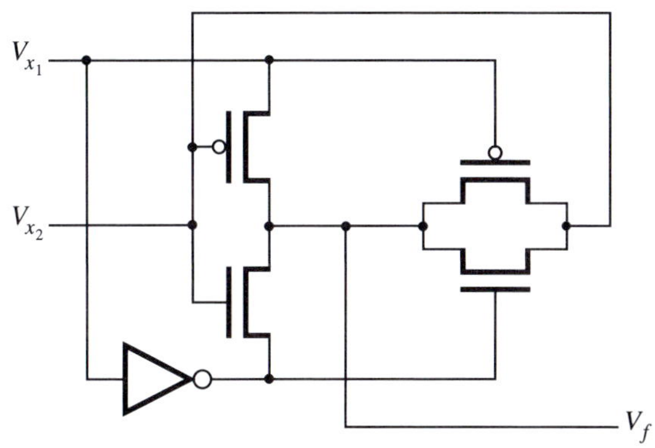

그림 PB.10 연습문제 B.51의 회로

***B.52** 그림 PB.11의 회로는 어떤 논리게이트를 구현하는가? 이 회로는 어떤 단점이 있는가?

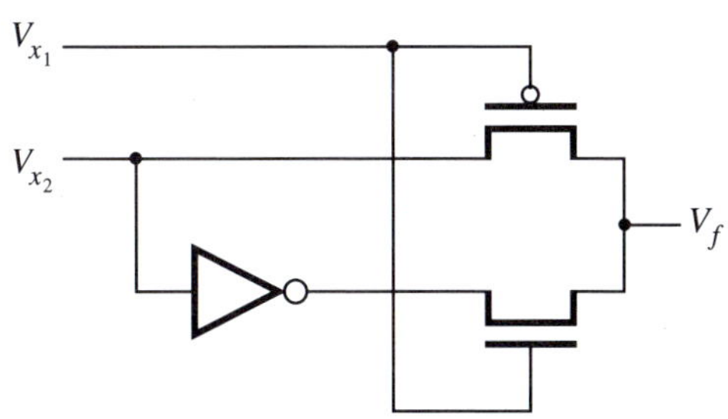

그림 PB.11 연습문제 B.52의 회로

참고문헌

1. A. S. Sedra and K. C. Smith, *Microelectronic Circuits*, 5th ed. (Oxford University Press: New York, 2003).
2. J. M. Rabaey, *Digital Integrated Circuits*, (Prentice-Hall: Englewood Cliffs, NJ, 1996).
3. Texas Instruments, *Logic Products Selection Guide and Databook CD-ROM*, 1997.
4. National Semiconductor, *VHC/VHCT Advanced CMOS Logic Databook*, 1993.
5. Motorola, *CMOS Logic Databook*, 1996.
6. Toshiba America Electronic Components, *TC74VHC/VHCT Series CMOS Logic Databook*, 1994.
7. Integrated Devices Technology, *High Performance Logic Databook*, 1994.
8. J. F. Wakerly, *Digital Design Principles and Practices* 3rd ed. (Prentice-Hall: Englewood Cliffs, NJ, 1999).
9. M. M. Mano, *Digital Design* 3rd ed. (Prentice-Hall: Upper Saddle River, NJ, 2002).
10. R. H. Katz, *Contemporary Logic Design* (Benjamin/Cummings: Redwood City, CA, 1994).
11. J. P. Hayes, *Introduction to Logic Design* (Addison-Wesley: Reading, MA, 1993).
12. D. D. Gajski, *Principles of Digital Design* (Prentice-Hall: Upper Saddle River, NJ, 1997).
13. Lattice Semiconductor, Simple PLDs Data Sheets, http://www.latticesemi.com
14. V. C. Hamacher, Z. G. Vranesic, S. G. Zaky, and N. Manjikian, *Computer Organization and Embedded Systems*, 6th ed. (McGraw-Hill: New York, 2011).
15. D. A. Patterson and J. L. Hennessy, *Computer Organization and Design—The Hardware/Software Interface*, 3rd ed. (Morgan Kaufmann: San Francisco, CA, 2004).

해답

Answers

chapter 1

1.1. (a) 10100 (b) 1100100 (c) 10000001 (d) 100000100 (e) 10100000000000

1.4. (a) 10001 (b) 100001 (c) 1000011 (d) 10000010 (e) 101000000000
(f) 1100100000000000

1.6. (a) 9 (b) 28 (c) 63 (d) 2730

1.8. (a) 9 (b) 10 (c) 10 (d) 11

chapter 2

2.7. (a) Yes (b) Yes (c) No

2.12. $f = x_1x_3 + x_2x_3 + \bar{x}_2\bar{x}_3$

2.15. $f = (x_1 + x_2)(\bar{x}_2 + x_3)$

2.20. $f = x_2x_3 + x_1\bar{x}_3$

2.23. $f = (x_1 + x_2)(\bar{x}_1 + \bar{x}_3)$

2.28. $f = x_1x_2 + x_1x_3 + x_2x_3$

2.32. $f = (x_1 + x_2 + \bar{x}_3)(x_1 + \bar{x}_2 + x_3)(\bar{x}_1 + \bar{x}_2 + \bar{x}_3)(\bar{x}_1 + x_2 + x_3)$

2.33. $f = \bar{x}_1x_3 + \bar{x}_1x_2 + x_2x_3 + x_1\bar{x}_2\bar{x}_3$

2.37. SOP form: $f = \bar{x}_1x_2 + \bar{x}_2x_3$
POS form: $f = (\bar{x}_1 + \bar{x}_2)(x_2 + x_3)$

2.38. SOP form: $f = x_1\bar{x}_2 + x_1x_3 + \bar{x}_2x_3$
POS form: $f = (x_1 + x_3)(x_1 + \bar{x}_2)(\bar{x}_2 + x_3)$

2.41. SOP form: $f = \bar{x}_3\bar{x}_5 + \bar{x}_3x_4 + x_2x_4\bar{x}_5 + \bar{x}_1x_3\bar{x}_4x_5 + x_1x_2\bar{x}_4x_5$
POS form: $f = (\bar{x}_3 + x_4 + x_5)(\bar{x}_3 + \bar{x}_4 + \bar{x}_5)(x_2 + \bar{x}_3 + \bar{x}_4)(x_1 + x_3 + x_4 + \bar{x}_5)(\bar{x}_1 + x_2 + x_4 + \bar{x}_5)$

2.45. $f = x_1x_2x_3 + x_1x_2x_4 + x_1x_3x_4 + x_2x_3x_4$

2.47. The statement is false. As a counter example consider $f(x_1, x_2, x_3) = \sum m(0, 5, 7)$. Then, the minimum-cost SOP form $f = x_1x_3 + \overline{x}_1\overline{x}_2\overline{x}_3$ is unique. But, there are two minimum-cost POS forms:

$$f = (x_1 + \overline{x}_3)(\overline{x}_1 + x_3)(x_1 + \overline{x}_2) \quad \text{and}$$
$$f = (x_1 + \overline{x}_3)(\overline{x}_1 + x_3)(\overline{x}_2 + x_3)$$

2.48. In a combined circuit:

$$f = \overline{x}_2x_3\overline{x}_4 + \overline{x}_1\overline{x}_3\overline{x}_4 + x_1\overline{x}_2\overline{x}_3x_4 + \overline{x}_1x_2x_3$$
$$g = \overline{x}_2x_3\overline{x}_4 + \overline{x}_1\overline{x}_3\overline{x}_4 + x_1\overline{x}_2\overline{x}_3x_4 + x_1x_2x_4$$

The first 3 product terms are shared, hence the total cost is 31.

2.50. $f = (x_1 + x_4 + x_5) \cdot (x_1 + x_2 + x_3) \cdot (\overline{x}_1 + \overline{x}_2 + x_3) \cdot (\overline{x}_1 + \overline{x}_4 + x_5)$

2.54. The circuit is

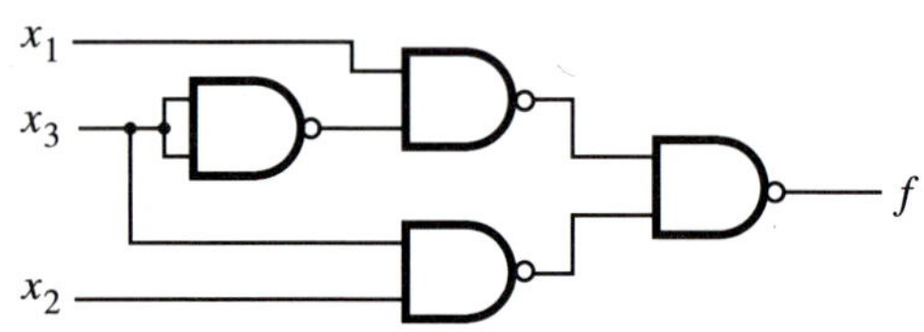

2.56. The circuit is

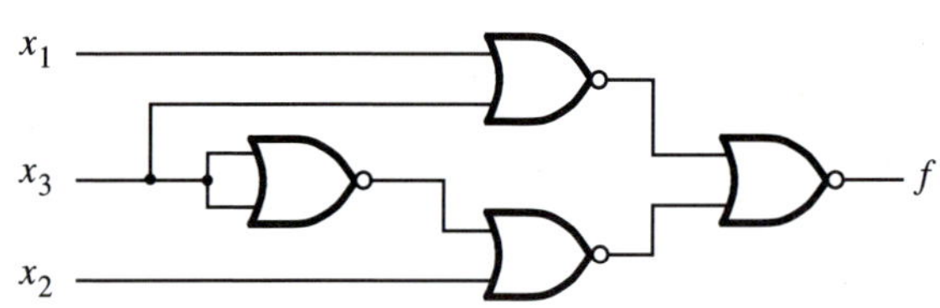

2.66. Representing both functions in the form of Karnaugh map, it is easy to show that $f = g$.

chapter 3

3.1. (a) 478 (b) 743 (c) 2025 (d) 41567 (e) 61680

3.2. (a) 478 (b) −280 (c) −1

3.3. (a) 478 (b) −281 (c) −2

3.4. The numbers are represented as follows:

Decimal	Sign and Magnitude	1's Complement	2's Complement
73	000001001001	000001001001	000001001001
1906	011101110010	011101110010	011101110010
−95	100001011111	111110100000	111110100001
−1630	111001011110	100110100001	100110100010

3.11. Yes, it works. The NOT gate that produces c_i is not needed in stages where $i > 0$. The drawback is "poor" propagation of $\overline{c}_i = 1$ through the topmost NMOS transistor. The positive aspect is fewer transistors needed to produce $\overline{c}_{i+1}$.

3.12. From Equation 3.4, each c_i requires i AND gates and one OR gate. Therefore, to determine all c_i signals we need $\sum_{i=1}^{n}(i+1) = (n^2+3n)/2$ gates. In addition to this, we need $3n$ gates to generate all g, p, and s functions. Therefore, a total of $(n^2+9n)/2$ gates are needed.

3.13. 84 gates

3.17. The code in Figure P3.2 represents a multiplier. It multiplies the lower two bits of *Input* by the upper two bits of *Input*, producing the four-bit *Output*.

3.21. A full-adder circuit can be used, such that two of the bits of the number are connected as inputs x and y, while the third bit is connected as the carry-in. Then, the carry-out and sum bits will indicate how many input bits are equal to 1. The circuit is

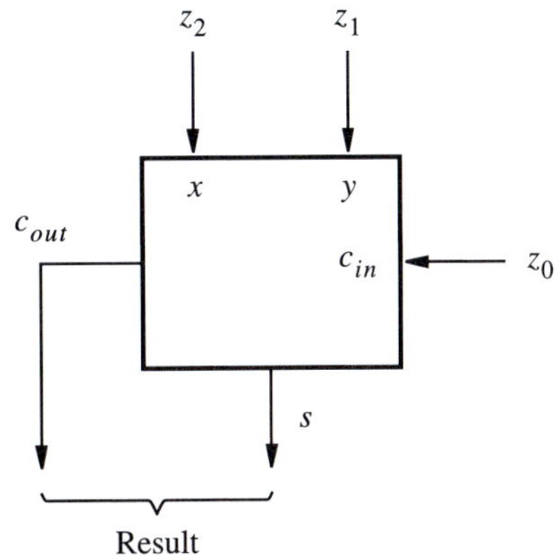

chapter 4

4.3.

w_1	w_2	w_3	f
0	0	0	1
0	0	1	0
0	1	0	1
0	1	1	1
1	0	0	0
1	0	1	0
1	1	0	1
1	1	1	0

w_1	f
0	$w_2 + \overline{w}_3$
1	$w_2\overline{w}_3$

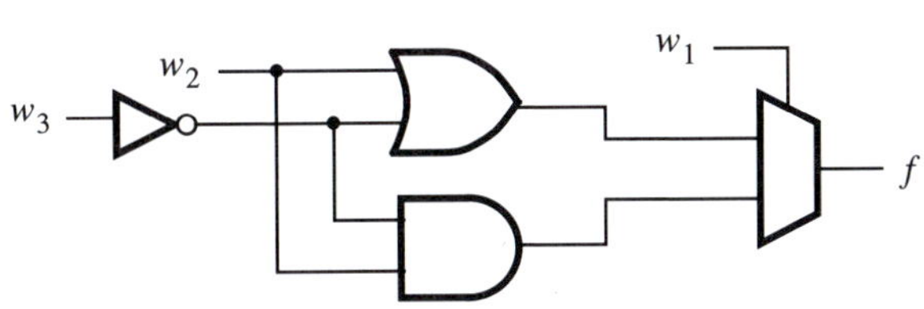

4.5. The derived circuit is

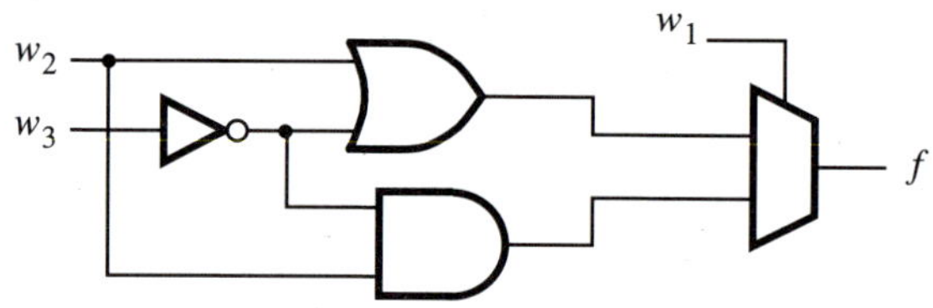

4.10. $f(w_1, w_2, \ldots, w_n) = [w_1 + f(0, w_2, \ldots, w_n)] \cdot [\overline{w}_1 + f(1, w_2, \ldots, w_n)]$

4.11. Expansion of f in terms of w_2 gives

$$\begin{aligned} f &= \overline{w}_2(\overline{w}_1 + \overline{w}_3) + w_2(w_1 w_3) \\ &= w_2 \oplus (\overline{w}_1 + \overline{w}_3) \\ &= w_2 \oplus \overline{w_1 w_3} \end{aligned}$$

The cost of this circuit is 2 gates + 4 inputs = 6.

4.13.

$$\begin{aligned} a &= w_3 + w_2 w_0 + w_1 + \overline{w}_2 \overline{w}_0 \\ b &= \overline{w}_1 \overline{w}_0 + w_1 w_0 + \overline{w}_2 \\ c &= w_2 + \overline{w}_1 + w_0 \end{aligned}$$

4.18. The code in Figure P4.2 is a 2-to-4 decoder with an enable input. It is not a good style for defining this decoder. The code is not easy to read. Moreover, the Verilog compiler often turns **if** statements into multiplexers, in which case the resulting decoder may have multiplexers controlled by the *En* signal on the output side.

chapter 5

5.3. The circuit is

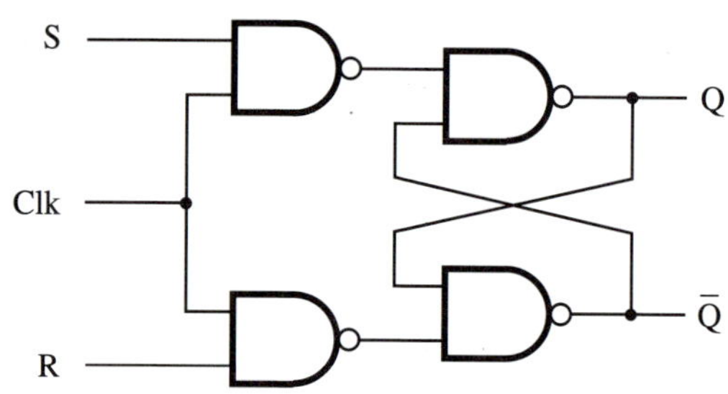

5.5. A possible circuit is

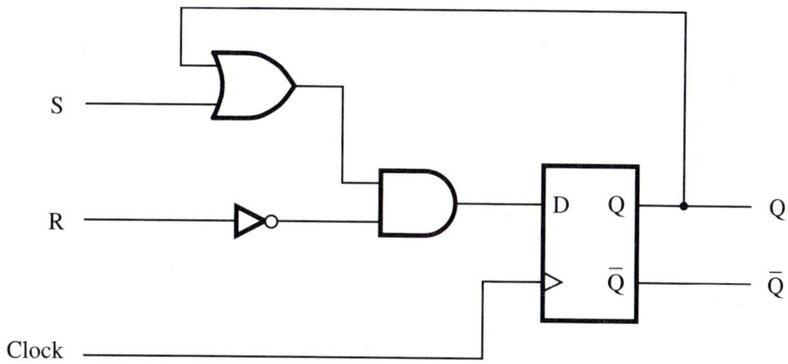

S	R	Q(t + 1)
0	0	Q(t)
0	1	0
1	0	1
1	1	0

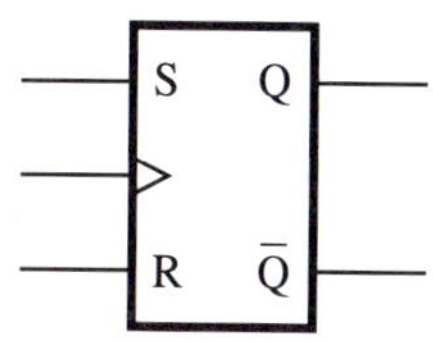

5.8. The circuit acts as a negative-edge-triggered JK flip-flop, in which $J = A$, $K = B$, Clock $= C$, $Q = D$, and $\overline{Q} = E$.

5.15. The following circuit implements the desired counter

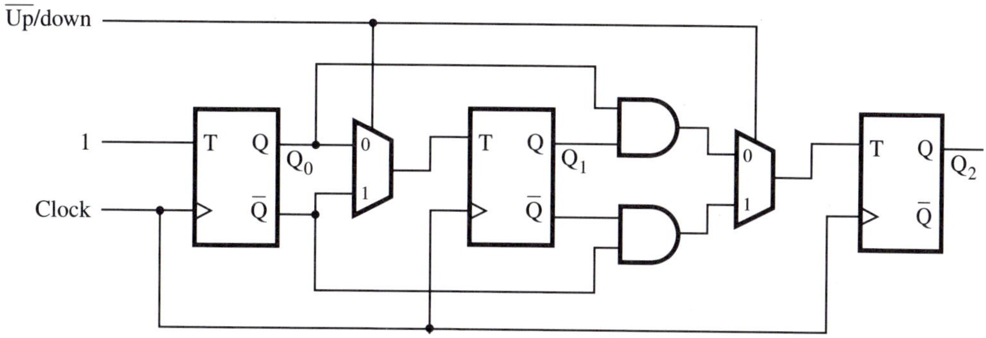

5.17. The counting sequence is 000, 001, 010, 111.

5.21. The longest delay in the circuit is the from the output of FF_0 to the input of FF_3. This delay totals 5 ns. Thus the minimum period for which the circuit will operate reliably is

$$T_{\min} = 5 + 3 + 1 = 9 \text{ ns}$$

The maximum frequency is

$$F_{\max} = 1/T_{\min} = 111 \text{ MHz}$$

5.26. A suitable circuit is

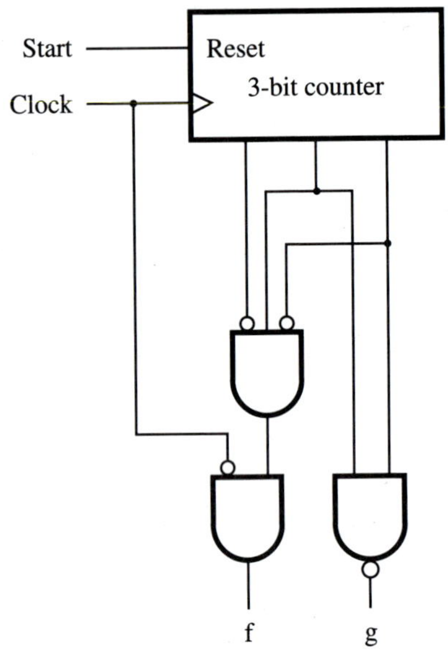

chapter 6

6.1. The expressions for the inputs of the flip-flops are

$$D_2 = Y_2 = \overline{w}y_2 + \overline{y}_1\overline{y}_2$$
$$D_1 = Y_1 = w \oplus y_1 \oplus y_2$$

The output equation is $z = y_1 y_2$.

6.2. The expressions for the inputs of the flip-flops are

$$J_2 = \overline{y}_1$$
$$K_2 = w$$
$$J_1 = \overline{w}y_2 + w\overline{y}_2$$
$$K_1 = J_1$$

The output equation is $z = y_1 y_2$.

6.5. Minimal state table is

Present state	Next state		Output
	$w = 0$	$w = 1$	z
A	A	B	0
B	E	C	0
C	D	C	0
D	A	F	1
E	A	F	0
F	E	C	1

6.6. Minimal state table is

Present state	Next state		Output z	
	$w = 0$	$w = 1$	$w = 0$	$w = 1$
A	A	B	0	0
B	D	C	0	0
C	D	C	1	0
D	A	B	0	1

6.12. Minimal state table is

Present state	Next state		Output p
	$w = 0$	$w = 1$	
A	B	C	0
B	D	E	0
C	E	D	0
D	A	F	0
E	F	A	0
F	B	C	1

6.15. The next-state expressions are

$$\begin{aligned} D_4 = Y_4 &= \overline{w}y_3 + wy_1 \\ D_3 = Y_3 &= \overline{w}(y_1 + y_4) \\ D_2 = Y_2 &= \overline{w}y_2 + wy_4 \\ D_1 = Y_1 &= w(y_2 + y_1) \end{aligned}$$

The output is given by $z = y_4$.

6.17. Minimal state table is

Present state	Next state		Output z	
	$w = 0$	$w = 1$	$w = 0$	$w = 1$
A	A	C	0	0
C	F	C	0	1
F	C	A	0	1

6.21. The desired circuit is

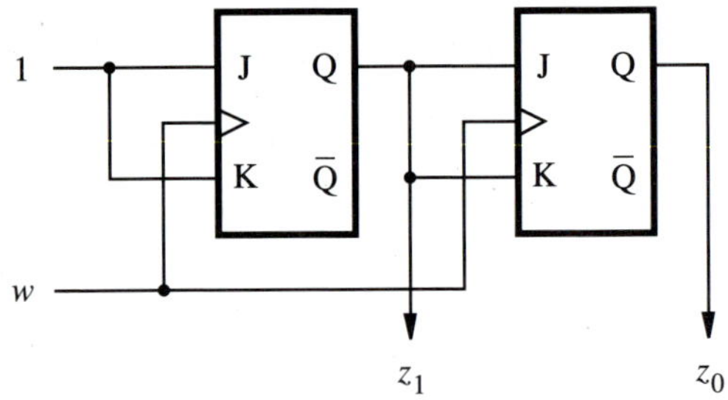

6.22. The desired circuit is

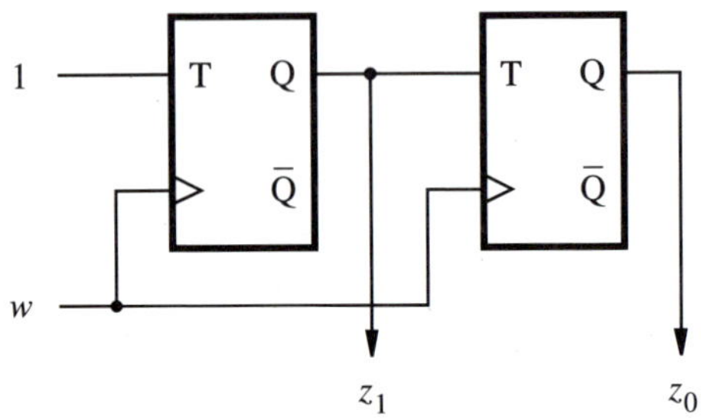

6.29. The state table is

Present state	Next state		Output z
	$w = 0$	$w = 1$	
A	A	C	0
B	A	D	1
C	A	D	0
D	A	B	0

The circuit produces $z = 1$ whenever the input sequence on w comprises a 0 followed by an even number of 1s.

chapter 8

8.1. $f = (x_3 \uparrow g) \uparrow ((g \uparrow g) \uparrow x_4)$ where $g = (x_1 \uparrow (x_2 \uparrow x_2)) \uparrow ((x_1 \uparrow x_1) \uparrow x_2)$

8.2. $\overline{f} = (((x_3 \downarrow x_3) \downarrow g) \downarrow ((g \downarrow g) \downarrow (x_4 \downarrow x_4))$, where
$g = ((x_1 \downarrow x_1) \downarrow x_2) \downarrow (x_1 \downarrow (x_2 \downarrow x_2))$. Then, $f = \overline{f} \downarrow \overline{f}$.

8.5. $f = \overline{x}_1(x_2 + x_3)(x_4 + x_5) + x_1(\overline{x}_2 + x_3)(\overline{x}_4 + x_5)$

8.8. $f = g \cdot h + \overline{g} \cdot \overline{h}$, where $g = x_1x_2$ and $h = x_3 + x_4$

8.12. The BDD is

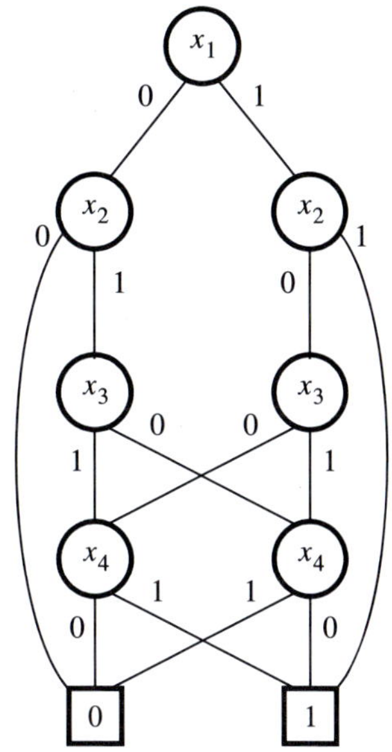

8.18. $f = \bar{x}_1\bar{x}_2\bar{x}_4 + \bar{x}_1 x_2 \bar{x}_3 + x_1\bar{x}_2\bar{x}_3 + x_2 x_3 x_4$

chapter 9

9.1. The flow table is

Present state	Next state				z_2z_1
	$w_2w_1 = 00$	01	10	11	
A	D	C	D	C	11
B	D	D	(B)	(B)	10
C	D	(C)	D	(C)	01
D	(D)	C	B	C	00

The behavior is the same as described in the flow table in Figure 9.21*a*, if the state interchanges A ↔ D and B ↔ C are made.

9.8. Using the merger diagram in Figure 9.40*a*, the FSM in Figure 9.39 becomes

Present state	Next state				Output z
	$w_2w_1 = 00$	01	10	11	
A	Ⓐ	G	E	–	0
B	Ⓑ	C	Ⓑ	D	0
C	B	Ⓒ	E	Ⓒ	1
D	–	C	E	Ⓓ	0
E	A	–	Ⓔ	D	1
G	B	Ⓖ	–	D	1

9.10. The minimum-cost hazard-free implementation is

$$f = \overline{x}_1\overline{x}_3\overline{x}_4 + x_1x_2x_4 + x_1x_3x_4$$

9.12. The minimum-cost hazard-free POS implementation is

$$f = (x_1+x_2+x_4)(x_1+x_2+\overline{x}_3)(x_1+\overline{x}_3+\overline{x}_4)(x_2+\overline{x}_3+x_4)$$

9.14. If $A = B = D = E = 1$ and C changes from 0 to 1, then f changes $0 \to 1 \to 0$ and g changes $0 \to 1 \to 0 \to 1$. Therefore, there is a static hazard on f and a dynamic hazard on g.

9.17. The excitation table is

Present state y	Next state				Output			
	$wc = 00$	01	10	11	00	01	10	11
	Y				z			
0	⓪	⓪	1	⓪	0	0	0	0
1	0	①	①	①	0	1	0	1

The next-state expression is $Y = w\overline{c} + cy + wy$. Note that the term wy is included to prevent a static hazard. The output expression is $z = cy$.

chapter 11

11.1. A minimal test set must include the tests $w_1w_2w_3 = 011$, 101, and 111, as well as one of 000, 010, or 100.

11.3. The two functions differ only in the vertex $x_1x_2x_3x_4 = 0111$. Therefore, the circuits can be distinguished by applying this input valuation.

11.5. The tests are $w_1w_2w_3w_4 = 1111$, 1110, 0111, and 1111.

11.9. Cannot detect if the input wire w_1 is stuck-at-1. The reason is that this circuit is highly redundant. It realizes the function $f = w_3(\overline{w}_1 + \overline{w}_2)$, which can be implemented with a simpler circuit.

11.11. Test set = {0000, 0111, 1111, 1000}. It would work with XORs implemented as shown in Figure 4.26*c*. For *n* bits, the same patterns can be used; thus

$$\text{Test set} = \{00\ldots00, 011\ldots1, 11\ldots1, 100\ldots0\}.$$

11.12. In the decoder circuit in Figure 6.16*c* the four AND gates are enabled only if the *En* signal is active. The required test set has to include all four valuations of w_1 and w_2 when $En = 1$. It is also necessary to test if the *En* wire is stuck at 1, which can be accomplished with the test $w_1w_2En = 000$. Therefore, a complete test set comprises $w_1w_2En = 000, 001, 011, 101$, and 111.

appendix B

B.4. Using the circuit

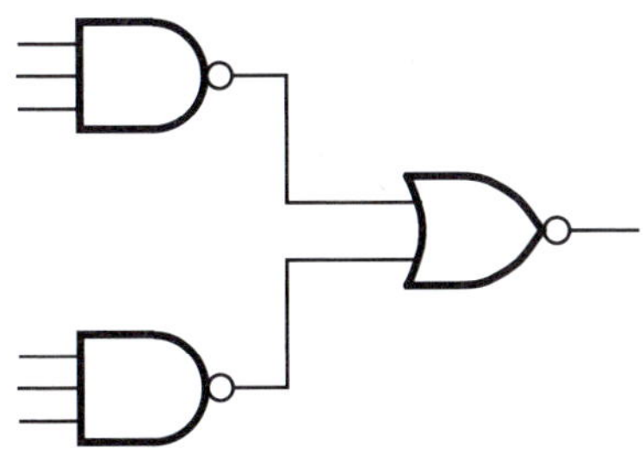

The number of transistors needed is 16.

B.8. The complete circuit is

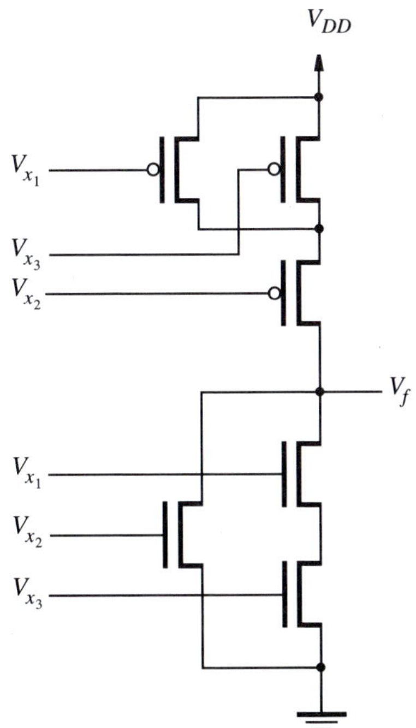

B.12. The required circuit is

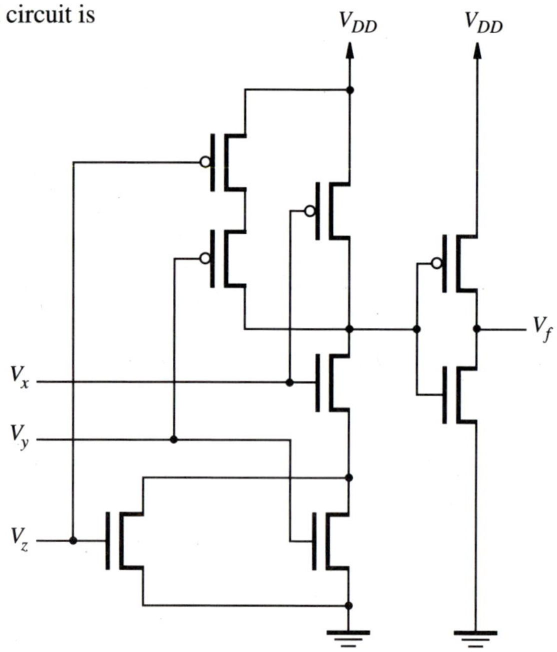

B.14. (a) $I_D = 800\ \mu$A (b) $I_D = 78\ \mu$A

B.17. $R_{DS} = 947\ \Omega$

B.25. (a) $NM_H = 0.5$ V $NM_L = 0.7$ V (b) $V_{OL} = 0.8$ V $NM_L = 0.2$ V

B.28. (a) $P_{\text{NOT_gate}} = 163\ \mu$W (b) $P_{\text{total}} = 8.2$ W

B.32. The two NMOS transistors in a CMOS NOR gate are connected in parallel. The worst case current to drive the output low happens when only one of these transistors is turned "ON". Thus each transistor has to have the same dimensions as the NMOS transistor in the inverter, namely $W_n/L_n = 2$.

The two PMOS transistors are connected in series. If each of these transistors had the ratio W_p/L_p, then the two transistors could be thought of as one transistor with a $W_p/2L_p$ ratio. Thus each PMOS transistor must be made twice as wide as that in the inverter, namely $W_n/L_n = 8$.

B.45. $f = x_2 + x_1\bar{x}_3$. The corresponding circuit is

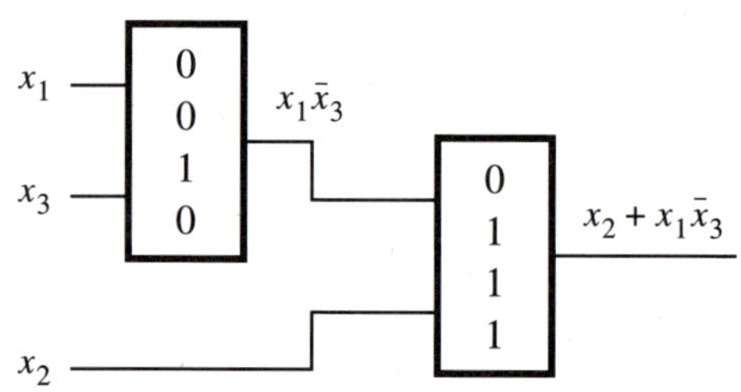

B.55. The circuit in Figure PB.11 is a two-input XOR gate. This circuit has two drawbacks: when both inputs are 0 the PMOS transistor must drive f to 0, resulting in $f = V_T$ volts. Also, when $x_1 = 1$ and $x_2 = 0$, the NMOS transistor must drive the output high, resulting in $f = V_{DD} - V_T$.

찾아보기

Index

ㄱ

ㄴ

ㅂ

ㅅ

ㅇ

ㅈ

ㅎ

A

B

C

D

E

F

G

H

I

J

K

L

M

N

O

P

Q

R

S

T

U

V

W

X

기호